Mathematische Leitfäden

Harro Heuser

Funktionalanalysis

Mathematische Leitfäden

Herausgegeben von
Prof. Dr. Dr. h. c. mult. Gottfried Köthe
Prof. Dr. Klaus-Dieter Bierstedt, Universität-Gesamthochschule Paderborn
Prof. Dr. Günter Trautmann, Universität Kaiserslautern

Harro Heuser

Funktionalanalysis

Theorie und Anwendung

4., durchgesehene Auflage

Teubner

Bibliografische Information der Deutschen Bibliothek
Die Deutsche Bibliothek verzeichnet diese Publikation in der Deutschen Nationalbibliografie; detaillierte bibliografische Daten sind im Internet über <http://dnb.d-nb.de> abrufbar.

1. Auflage 1975
4., durchgesehene Auflage November 2006

Lektorat: Ulrich Sandten / Kerstin Hoffmann

Der B.G. Teubner Verlag ist ein Unternehmen von Springer Science+Business Media.
www.teubner.de

Umschlaggestaltung: Ulrike Weigel, www.CorporateDesignGroup.de
Druck und buchbinderische Verarbeitung: Strauss Offsetdruck, Mörlenbach
Gedruckt auf säurefreiem und chlorfrei gebleichtem Papier.

ISBN-10 3-8351-0026-2
ISBN-13 978-3-8351-0026-8

Meiner Mutter

Die Wissenschaft kann den Geist in ebenderselben Weise ergötzen wie die Kunst.

Georg Cantor, These I der Habilitationsschrift

So sah ich denn, daß nichts Besseres ist, als daß ein Mensch fröhlich sei in seiner Arbeit; denn das ist sein Teil.
Prediger Salomo 3,22

Vorwort zur zweiten Auflage

Dieses Buch ist aus Vorlesungen und Seminaren entstanden, die ich mehrfach an den Universitäten Mainz, Frankfurt und Karlsruhe gehalten habe. Ich habe es bewußt so abgefaßt, daß es zum *Selbststudium* geeignet ist: die Entwicklungen sind ausgiebig *motiviert*, die Beweise *detailliert* und die Aufgaben *zahlreich* (viele von ihnen mit Lösungen oder Lösungshinweisen).

Eine lebendige Wissenschaft wie die Funktionalanalysis läßt sich nur ungern definieren – „definieren“ heißt ja „eingrenzen“ und damit auch „einsperren“. Von einem späten und hohen Standpunkt aus könnte man versucht sein, als ihr Leitmotiv die Verschmelzung algebraischer mit topologischen Strukturen und das Studium der hieraus resultierenden Phänomene anzusehen. Das mutet nicht wenig abstrakt und blutleer an, und die Funktionalanalysis ist in der Tat abstrakt – blutleer aber ist sie keineswegs. Schon ihr *Ursprung* hat die Gefahr der Anämie gar nicht erst aufkommen lassen; denn entstanden ist sie im Umgang mit Problemen, die der Mathematik in reichem Maße aus den empirischen Wissenschaften zugeströmt sind. Ihre Ammen und Ziehmütter sind denn auch aus der Schwingungs- und Elektrizitätslehre, aus der Potential- und Quantentheorie gekommen, und auf die große Bedeutung der Integralgleichungen, einer ihrer ergiebigsten Quellen, wurde der Mathematiker Paul du Bois-Reymond von dem Physiologen Adolph Fick hingewiesen, der „die Bemerkung machte, daß die Bestimmung von Dichtigkeiten, die von inneren Kräften der Substanz abhängen, vielfach (auf Integralgleichungen) führt“. Der Vater der Funktionalanalysis aber ist der Drang, das Überflüssig-Konkrete von einem Problem abzustreifen, um sein verborgenes Innere aufzudecken, und in Analogien, wenn sie denn gar zu häufig auftreten, strukturelle Identitäten zu suchen. Mit diesem Drang aber streitet der andere, sehr menschliche, fest am Konkreten zu hängen: wie es jener Mann tat, der ein Pferd kaufen wollte und auf die anpreisenden Worte des Händlers, mit diesem Roß könne er in einer bloßen Stunde nach Oldenburg reiten, trocken erwiderte „Ich reite *nie* nach Oldenburg“. Auch die großen Schöpfer der Funktionalanalysis fanden sich eingeklemmt zwischen den beiden Antrieben: den abstrakten Kern zu gewinnen und das konkrete Äußere nicht fahren zu lassen. Nicht viele Kapitel der Mathematikgeschichte sind so faszinierend wie jenes, das von ihrem Ringen um die „richtigen“ Begriffe und tragfähigen Grundtheoreme spricht und von ihrer Suche nach dem gemeinsamen Kern dessen redet, was in endlichen und unendlichen Gleichungssystemen, in Momentenproblemen der Mechanik und Wahrscheinlichkeitsrechnung, in Integralgleichungen, schwingenden Membranen und Hauptachsentransformationen so penetrant ähnlich erschienen war. Die Italiener machten den Anfang, den Polen gelang der Durchbruch, und dazwischen begegnen uns die glanzvollen Namen der Fredholm, Fréchet, Hilbert, Schmidt, Riesz und Hahn (um nur einige zu nennen). Zwischen 1890 und 1940 befand sich Europa in einer Art funktionalanalytischer Gärung; im letzten Kapitel habe ich versucht, ein weniges von dem Geist dieser fünfzig Jahre einzufangen.

Das Gärungsprodukt konnte sich sehen lassen: die richtigen Begriffe, die zentralen Theoreme waren zutagegetreten, und als Folge hiervon wurde auch der herkömmlichen Analysis ein ganz neues Licht aufgesteckt. Es kam z. B. heraus - und die Verblüffung darüber wird nicht gering gewesen sein -, daß die Biederkeit des Toeplitzschen Permanenzsatzes ebendenselben Ursprung hat wie jene unfrisierte Macht, die so mancher stetigen Funktion eine Fourierreihe mit Divergenzpunkten aufzwingt. Es kam weiter heraus, daß entscheidende Feststellungen über unendliche lineare Gleichungssysteme (übrigens eine Erfindung des Physikers Fourier), über Momentenprobleme und Approximationsfragen - Dinge, die weit auseinanderzuliegen schienen - letztlich aus ein und derselben Quelle fließen: aus dem Fortsetzungssatz von Hahn-Banach, der sich von Jahr zu Jahr deutlicher als eines der wichtigsten Theoreme der Mathematik überhaupt zu erkennen gibt und heutzutage bis in Fragen der Technik und Wirtschaftswissenschaft hineinwirkt. Und durch die Brille der Rieszschen Theorie kompakter Operatoren konnte man nun gewissermaßen einen Blick tun in das *Innenleben* der Fredholmschen Integralgleichungen, der Dirichletschen Randwertprobleme und der rudelweise aus Physik und Technik herandrängenden Eigenwertaufgaben. Es war, als sei ein Schleier hinweggezogen worden von Dingen, die man bisher so gut zu kennen glaubte und doch so wenig gekannt hatte. Nicht ohne berechtigten Stolz schreibt Banach im Jahre 1932:

> *Cette théorie merite donc avec raison, aussi bien par sa valeur esthétique que par la portée de ses raisonnements (même abstraction faite de ses nombreuses applications) l'intérêt de plus en plus croissant que lui prêtent les mathématiciens.*

Das vorliegende Buch versucht, etwas von diesem Drängen und Treiben ahnen zu lassen. Es will deshalb nicht nur die Grundbegriffe, Haupttheoreme und tragenden Methoden der Funktionalanalysis vermitteln - und dies möglichst lebendig und eingängig -, sondern möchte das alles herauswachsen lassen aus dem Fragen- und Erfahrungsmaterial der Naturwissenschaften und der klassischen Analysis, und möchte umgekehrt das Neuerworbene, wenn auch nur exemplarisch, wieder für diese Disziplinen fruchtbar machen - bis hin zu so handfesten Dingen wie Biegung von Balken, Stabilität von Schwingungen, Wachstumsprozesse, numerische Integration und Summation von Reihen wie $\sum 1/n^2$ und $\sum 1/(2n-1)^4$. In einem derartigen Rahmen ist es dann allerdings nicht weiter schwer, den theoretischen Fortgang auch ausreichend zu motivieren. Gerade diese *Motivierung* aber lag mir besonders am Herzen, weil sie dem Studenten das Verständnis so ungemein erleichtert.[1] Das erste Kapitel z. B. dient einzig und allein dem Zweck, für alles Weitere ein empirisches Unterfutter bereitzustellen und zu zeigen, daß man der Funktionalanalysis nicht ohne Schaden aus dem Weg gehen kann. Dabei hatte ich ständig die Worte Hilberts in den Ohren, die er auf dem Internationalen Mathematikerkongreß 1900 in Paris gesprochen hat:

> *Sicherlich stammen die ersten und ältesten Probleme in jedem mathematischen Wissenszweige aus der Erfahrung und sind durch die Welt der äußeren Erscheinungen angeregt worden ...*
>
> *Bei der Weiterentwicklung einer mathematischen Disziplin wird sich jedoch der menschliche Geist, ermutigt durch das Gelingen der Lösungen, seiner Selbständigkeit bewußt; er schafft aus sich selbst heraus oft ohne erkennbare äußere Anregung allein durch logisches Kombinieren, durch Verallgemeinerung, Spezialisieren, durch Trennen und Sammeln der Begriffe in glücklichster Weise neue und fruchtbare Probleme und tritt dann selbst als der eigentliche Frager in den Vordergrund ...*
>
> *Inzwischen, während die Schaffenskraft des reinen Denkens wirkt, kommt auch wieder von neuem die Außenwelt zur Geltung, zwingt uns durch die wirklichen Erscheinungen neue Fragen auf, erschließt neue mathematische Wissensgebiete und, indem wir diese neuen Wissensgebiete für das Reich des reinen Denkens zu erwerben suchen, finden wir häufig die Antworten auf alte ungelöste Probleme und fördern so am besten die alten Theorien. Auf diesem stets sich wiederholenden und wechselnden Spiel zwischen Denken und Erfahrung beruhen, wie mir scheint, die zahlreichen und überraschenden Analogien und jene scheinbar prästabilierte Harmonie, welche der Mathematiker so oft in den Fragestellungen, Methoden und Begriffen verschiedener Wissensgebiete wahrnimmt.*

Aus einem etwas anderen Geist ist die Theorie der *Piffles* erwachsen. Diese Theorie ist wenig bekannt, hauptsächlich deshalb, weil es sie gar nicht gibt. Sie existiert nur in einer hintergründigen Satiren, die der englische Geist, diesmal verkörpert in A. K. Austin, immer wieder hervorbringt. In *The Mathematical Gazette* **51** (1967) 149–150 tut ein fingierter Autor der Welt folgendes kund:

> *A. C. Jones in his paper "A Note on the Theory of Boffles", Proceedings of the National Society, 13, first defined a Biffle to be a non-definite Boffle and asked if every Biffle was reducible.*
>
> *C. D. Brown in "On a paper by A. C. Jones", Biffle, 24, answered in part this question by defining a Wuffle to be a reducible Biffle and he was then able to show that all Wuffles were reducible.*
>
> *H. Green, P. Smith and D. Jones in their review of Brown's paper, Wuffle Review, 48, suggested the name Woffle for any Wuffle other than the non-trivial Wuffle and conjectured that the total number of Woffles would be at least as great as the number so far known to exist. They asked if this conjecture was the strongest possible.*
>
> *T. Brown in "A collection of 250 papers on Woffle Theory dedicated to R. S. Green on his 23rd Birthday" defined a Piffle to be an infinite multi-variable sub-polynormal Woffle which does not satisfy the lower regular Q-property. He stated, but was unable to prove, that there were at least a finite number of Piffles.*

---

[1] Natürlich auch der *Studentin* (dies, um dem Zeitgeist meinen Tribut zu entrichten, so sehr es sich auch von selbst versteht).

> *T. Smith, L. Jones, R. Brown and A. Green in their collected works "A short introduction to the classical theory of the Piffle", Piffle Press, 6 gns., showed that all bi-universal Piffles were strictly descending and conjectured that to prove a stronger result would be harder.*
>
> *It is this conjecture which motivated the present paper.*

Womit *the present paper* denn auch bereits zu Ende ist.

Das vorliegende Buch will den Leser zum wenigsten davon überzeugen, daß die Funktionalanalysis *keine* Theorie der *Piffles* ist. Was es im einzelnen bringt, lehrt am besten das Inhaltsverzeichnis und ein rasches Durchblättern. Gegenüber der ersten Auflage wurden einige einschneidende Veränderungen vorgenommen. Um neuere Entwicklungen (besonders im Bereich der Fredholmtheorie) aufnehmen zu können, vor allem aber, um den *Anwendungen* in weitaus größerem Maße als bisher ihr Recht zu gönnen und doch den Umfang nicht über Gebühr anschwellen zu lassen, wurden die Kapitel über topologische Vektorräume stark zurückgeschnitten; im Grunde ist davon nicht viel mehr übriggeblieben, als was zu einem angemessenen Verständnis der Konjugierbarkeit von Operatoren und der Reflexivität von Banachräumen unentbehrlich scheint. Die Fixpunktsätze von Banach, Brouwer und Schauder wurden, abgesehen von Aufgaben, herausgenommen, weil ich sie inzwischen in meinem „Lehrbuch der Analysis" ausführlich dargestellt habe. Die für den Physiker und Ingenieur besonders wichtigen Hilberträume habe ich weit nach vorne gezogen, um sie leichter zugänglich zu machen. Die Zahl der Aufgaben wurde um drastische 60 Prozent auf 742 gesteigert, die der Figuren (da der Mensch nun einmal ein Augenwesen ist) auf 30 verfünffacht. In einem neu aufgenommenen Kapitel habe ich den Versuch gewagt, das Werden der Funktionalanalysis in wenigen Strichen nachzuzeichnen. Schließlich habe ich dem Buch eine deutliche Gliederung in Theorie- und Anwendungskapitel aufgeprägt (wobei sich allerdings zahlreiche Anwendungen auch in den *Aufgaben* zu den theoretischen Abschnitten finden). Wer also nur das methodische Gerüst der Funktionalanalysis kennenlernen will (das aber sollte niemand wollen!) kann dies dank der beschriebenen Gliederung tun, ohne in jedem Einzelfall prüfen zu müssen, ob der Stoff für seine Zwecke relevant ist oder wo die ihn interessierende theoretische Überlegung wieder aufgegriffen wird.

Mehrfach wurde ein und derselbe Sachverhalt von ganz verschiedenen Seiten angegangen und ausgeleuchtet, z. B. (aber nicht nur) das Invarianztheorem von Lomonosov, die Sturm-Liouvillesche Eigenwertaufgabe und der Fredholmsche Alternativsatz. Kaum etwas anderes scheint mir so instruktiv und auflockernd zu sein, als sich einem Problem aus verschiedenen Richtungen und auf verschiedenen Niveaus zu nähern. Dies kostet zwar Platz, aber ich glaube, der Leser wird es mir danken.

Eine zentrale Rolle spielt in dem vorliegenden Buch die Fredholmsche Integralgleichung zweiter Art. Von einem Physiker, A. Beer, ans Licht gezogen, um elektrostatische Probleme zu lösen, hat sie den Anstoß zur Neumannschen Reihe, einem funktionalanalytischen Energiespender ersten Ranges, und zur Fredholmschen Theorie gegeben, die ihrerseits aufs stärkste die bahnbrechenden Arbeiten von Hilbert und Riesz beeinflußt hat und ein Meilenstein in der Entwicklung der Funktionalanalysis genannt werden darf. Diese Integralgleichung ist ein ideales Bindeglied zwischen Theorie und Anwendung und kam daher meinen Absichten aufs beste entgegen. Im übrigen ist der Ausbau der korrespondierenden Operatorentheorie keineswegs abgeschlossen, so daß diese Integralgleichung nicht nur Theorie und Anwendung, sondern auch Vergangenheit und Gegenwart miteinander verknüpft. Sie gehört zu den großen Gleichungen der Mathematik.

Ich komme nun zu der angenehmen Pflicht, all denen meinen Dank abzustatten, die mich bei der Arbeit an diesem Buch unterstützt haben. Die Herren Dipl.-Math. Chr. Schmoeger und Dr. H.-D. Wacker haben es nie an Rat und Anregung fehlen lassen; ihren Vorschlägen bin ich gerne und immer mit Gewinn gefolgt. Herr Schmoeger hat die Aufgaben sorgfältig überprüft, Herr Dr. Wacker nicht minder gewissenhaft das Manuskript; beide Herren haben darüber hinaus auch noch das mühselige, aber bitter nötige Geschäft des Korrekturenlesens besorgt. Herr Stud.-Assessor D. Buksch hat mir tatkräftig bei der Anfertigung der Figuren geholfen. Frau K. Zeder hat mit gewohnter, aber nie genug zu preisender Akribie ein schlimmes Manuskript in ein sauberes Maschinenskript transformiert. Ihnen allen danke ich auf das herzlichste. Dem Teubner-Verlag danke ich für seine bewährte Kooperationsbereitschaft und für die vorzügliche Ausstattung des Buches.

Ein Dank, der seine Adressaten nicht erreichen kann, geht an die großen Schöpfer der Funktionalanalysis. Ohne ihre inspirierenden Werke wären wir alle ärmer.

Karlsruhe, im Januar 1986 Harro Heuser

Vorwort zur vierten Auflage

Für diese vierte Auflage habe ich bekanntgewordene Druckfehler beseitigt und einige kleine Ergänzungen eingefügt.

Karlsruhe, im September 2006 Harro Heuser

Inhalt

Symbolverzeichnis

Einleitung

In diesem Abschnitt sollen einige Bezeichnungen und Sachverhalte dargelegt werden, die für alles Weitere grundlegend sind.

Allgemeine Bezeichnungen $\mathbf{N}$, $\mathbf{R}$ bzw. $\mathbf{C}$ bedeutet die Menge der natürlichen, reellen bzw. komplexen Zahlen. $\mathbf{K}$ steht für den Körper $\mathbf{R}$ oder für den Körper $\mathbf{C}$; wir nennen die Elemente von $\mathbf{K}$ auch Skalare und bezeichnen sie gewöhnlich mit kleinen griechischen Buchstaben. $\operatorname{Re}\alpha$ bzw. $\operatorname{Im}\alpha$ ist der Real- bzw. Imaginärteil von α, $\bar{\alpha}$ die zu α konjugiert komplexe Zahl. Die Determinante der (n,n)-Matrix $A=(\alpha_{\nu\mu})$ bezeichnen wir mit $\det A$ oder mit $|\alpha_{\nu\mu}|$; Verwechslungen mit dem Betrag der Zahl $\alpha_{\nu\mu}$ sind nicht zu befürchten. In Definitionsgleichungen benutzen wir das Zeichen „:=" bzw. „=:", wobei der Doppelpunkt bei dem zu definierenden Symbol steht.

Beispiele: 1. $f(x):=x^2$; 2. $\{1,2,3\}=:M$; 3. das Kroneckersymbol

$$\delta_{ik}:=\begin{cases}1 & \text{für } i=k\\ 0 & \text{für } i\neq k.\end{cases}$$

$A\Rightarrow B$ bedeutet, daß aus der Aussage A die Aussage B folgt; $A\Longleftrightarrow B$ besagt, daß A und B äquivalent sind (jede folgt aus der anderen). $A:\Longleftrightarrow B$ drückt aus, daß wir A durch B definieren.

Das Ende eines Beweises wird gewöhnlich durch ■ markiert.

Mengen $\emptyset$ ist die leere Menge. $A\subset B$ bedeutet, daß A Teilmenge von B ist (dabei ist $A=B$ zugelassen). Für die Vereinigungs- bzw. Durchschnittsbildung werden die Zeichen $\cup$ bzw. $\cap$ benutzt. Die Differenzmenge $E\setminus M$ ist die Menge aller Elemente von E, die nicht zu M gehören; ist M Teilmenge von E, so wird $E\setminus M$ auch das Komplement von M in E genannt.

Besteht eine Menge M aus allen Elementen einer Menge E, die eine gewisse Eigenschaft P besitzen, so schreiben wir $M=\{x\in E: x \text{ besitzt die Eigenschaft } P\}$. Beispiele (in denen gleichzeitig gewisse Symbole definiert werden): $[\alpha,\beta]:=\{\xi\in\mathbf{R}:\alpha\leqslant\xi\leqslant\beta\}$ ist das abgeschlossene, $(\alpha,\beta):=\{\xi\in\mathbf{R}:\alpha<\xi<\beta\}$ das offene Intervall der reellen Achse mit den Endpunkten α,β.

Abbildungen E,F seien nichtleere Mengen. Eine Abbildung f von E in F ordnet jedem $x\in E$ ein und nur ein $y\in F$ zu, das auch mit $f(x)$ bezeichnet und das Bild von x (unter f) genannt wird. E ist die Definitions-, F die Zielmenge von f. Um die drei Bestandteile einer Abbildung (*Zuordnungsvorschrift* f, *Definitionsmenge* E, *Zielmenge* F) deutlich vor Augen zu stellen, benutzen wir die Schreibweise

$$f: E \to F \quad \text{oder} \quad f: \begin{cases} E \to F \\ x \mapsto f(x). \end{cases}$$

($x \mapsto f(x)$ bedeutet, daß dem Element x das Bild $f(x)$ zugeordnet wird). Auch die Bezeichnungen $f: x \mapsto f(x)$ oder noch kürzer $x \mapsto f(x)$ sind gebräuchlich; Definitions- und Zielmenge müssen dann, wenn sie sich nicht von selbst verstehen, gesondert angegeben werden. Gelegentlich wird es bequem – und ungefährlich – sein, gegen diese Bezeichnungsvereinbarungen zu verstoßen. So werden wir etwa von der Funktion $\sin x$ (statt $x \mapsto \sin x$), von dem Polynom x^2 (statt $x \mapsto x^2$) und von dem Kern $k(s,t)$ (statt $(s,t) \mapsto k(s,t)$) einer Integralgleichung sprechen. Eine Selbstabbildung von E ist eine Abbildung von E in E. Die identische Abbildung i_E von E ist die Abbildung $x \mapsto x \, (x \in E)$.

Zwei Abbildungen $f_1: E_1 \to F_1, f_2: E_2 \to F_2$ heißen gleich, wenn $E_1 = E_2$, $F_1 = F_2$ und $f_1(x) = f_2(x)$ für alle $x \in E_1$ ist.

Ist eine Abbildung $f: E \to F$ vorgelegt, so bedeutet das Symbol $f|E_0$ die Einschränkung von f auf die (nichtleere) Teilmenge E_0 von E, also die Abbildung „$x \mapsto f(x)$ für $x \in E_0$". f selbst heißt dann auch eine Fortsetzung von $f|E_0$ auf E.

Sei $f: E \to F$ gegeben. Für $A \subset E$, $B \subset F$ ist $f(A) := \{f(x) \in F : x \in A\}$ das Bild von A, $f^{-1}(B) := \{x \in E : f(x) \in B\}$ das Urbild von B. f heißt surjektiv, wenn $f(E) = F$ ist, injektiv, wenn aus $f(x) = f(y)$ stets $x = y$ folgt, bijektiv, wenn f surjektiv *und* injektiv ist. Die Sprechweise „f bildet E *auf* F ab" bedeutet, daß f surjektiv ist.

Eine Familie $(a_\iota : \iota \in J)$ ist nur eine andere Bezeichnung und Schreibweise für die Abbildung $\iota \mapsto a_\iota$ einer Indexmenge J in eine Menge A. Im Falle $J = \mathbf{N}$ spricht man lieber von einer Folge statt von einer Familie. Eine Folge von Elementen $a_1, a_2, \ldots$ aus A bezeichnen wir kurz mit (a_n) oder $(a_n) \subset A$, gelegentlich auch mit $(a_1, a_2, \ldots)$.

Das Wort Funktion benutzen wir i. allg. nur für Abbildungen einer Menge E in den Körper $\mathbf{K}$, also nur für skalarwertige ($\mathbf{K}$-wertige) Abbildungen.

Sind die Abbildungen $f: E \to F$, $g: F \to G$ gegeben (beachte, daß die *Zielmenge* von f die *Definitionsmenge* von g ist), so versteht man unter ihrem Kompositum (Produkt) $g \circ f$ diejenige Abbildung von E in G, die jedem $x \in E$ das Bild $(g \circ f)(x) := g(f(x))$ in G zuordnet. Für eine *Selbstabbildung* f von E werden die Iterierten (Potenzen) f^n rekursiv durch $f^0 := i_E$, $f^n := f \circ f^{n-1} \, (n = 1, 2, \ldots)$ erklärt.

Jede *injektive* Abbildung $f: E \to F$ besitzt eine Umkehrabbildung

$$f^{-1}: \begin{cases} f(E) \to E \\ f(x) \mapsto x. \end{cases}$$

Für sie gilt $\quad f^{-1} \circ f = i_E, \; f \circ f^{-1} = i_{f(E)}$.

$f: E \to F$ ist genau dann bijektiv, wenn es Abbildungen $g: F \to E$, $h: F \to E$ mit

$$g \circ f = i_E, \qquad f \circ h = i_F$$

gibt. In diesem Falle ist $g = h = f^{-1}$.

Die nachstehenden Regeln werden wir immer wieder bei der Untersuchung von Abbildungen $f: E \to F$ benutzen (A, A_ι seien Teilmengen von E, während B, B_ι solche von F bedeuten mögen; $f^{-1}(B)$ ist das oben definierte Urbild von B, wobei f keineswegs als injektiv vorausgesetzt wird):

$$A_1 \subset A_2 \Rightarrow f(A_1) \subset f(A_2),$$

$$f\Big(\bigcap_{\iota \in J} A_\iota\Big) \subset \bigcap_{\iota \in J} f(A_\iota), \qquad f\Big(\bigcup_{\iota \in J} A_\iota\Big) = \bigcup_{\iota \in J} f(A_\iota);$$

$$B_1 \subset B_2 \Rightarrow f^{-1}(B_1) \subset f^{-1}(B_2),$$

$$f^{-1}\Big(\bigcup_{\iota \in J} B_\iota\Big) = \bigcup_{\iota \in J} f^{-1}(B_\iota), \qquad f^{-1}\Big(\bigcap_{\iota \in J} B_\iota\Big) = \bigcap_{\iota \in J} f^{-1}(B_\iota),$$

$$f^{-1}(F \backslash B) = E \backslash f^{-1}(B),$$

$$f^{-1}(f(A)) \supset A, \qquad f \text{ ist injektiv} \iff f^{-1}(f(A)) = A \text{ für jedes } A \subset E,$$

$$f(f^{-1}(B)) \subset B, \qquad f \text{ ist surjektiv} \iff f(f^{-1}(B)) = B \text{ für jedes } B \subset F.$$

Ist noch die Abbildung $g: F \to G$ gegeben, so gilt

$$(g \circ f)^{-1}(C) = f^{-1}(g^{-1}(C)) \qquad \text{für jedes } C \subset G.$$

Das **cartesische Produkt** einer Familie $(E_\iota: \iota \in J)$ nichtleerer Mengen E_ι ist die Menge aller Familien $(x_\iota \in E_\iota: \iota \in J)$, also die Menge der auf J definierten Abbildungen $\iota \mapsto x_\iota \in E_\iota$. Es wird mit $\prod_{\iota \in J} E_\iota$, im Falle *endlicher* bzw. *abzählbarer* Indexmenge auch mit $E_1 \times \cdots \times E_n$ bzw. $E_1 \times E_2 \times \cdots$ bezeichnet. $E_1 \times \cdots \times E_n$ ist also die Menge aller n-Tupel $(x_1, \ldots, x_n)$ mit $x_k \in E_k$ für $k = 1, \ldots, n$ und $E_1 \times E_2 \times \cdots$ die Gesamtheit aller Folgen $(x_1, x_2, \ldots)$ mit $x_k \in E_k$ für $k \in \mathbf{N}$. – Eine Verwechslung des 2-Tupels $(x_1, x_2) \in E_1 \times E_2$ mit einem offenen Intervall steht nicht zu befürchten. Ist $x := (x_\iota: \iota \in J) \in \prod_{\iota \in J} E_\iota$ gegeben, so nennt man x_ι die **Komponente** von x in E_ι; die Abbildungen $\pi_\iota: (x_\iota: \iota \in J) \mapsto x_\iota$ heißen die **Komponentenprojektoren**.

Komplementierungsregeln $(A_\iota: \iota \in J)$ sei eine Familie von Teilmengen von E und $M' := E \backslash M$ das Komplement von $M \subset E$ in E. Dann ist

$$\Big(\bigcup_{\iota \in J} A_\iota\Big)' = \bigcap_{\iota \in J} A_\iota', \qquad \Big(\bigcap_{\iota \in J} A_\iota\Big)' = \bigcup_{\iota \in J} A_\iota'.$$

Zornsches Lemma Für gewisse Paare von Elementen x, y einer Menge $\mathfrak{M} \neq \emptyset$ sei eine Relation „$x \prec y$" definiert, die folgenden Axiomen genügen möge:

1. $\quad x \prec x$ *für jedes* $x \in \mathfrak{M}$.

2. *Gilt* $x \prec y$ *und* $y \prec x$, *so ist* $x = y$.

3. *Gilt* $x \prec y$ *und* $y \prec z$, *so ist* $x \prec z$.

Eine solche Relation heißt eine Ordnung auf $\mathfrak{M}$, $\mathfrak{M}$ selbst wird eine geordnete Menge genannt. Die Ordnung heißt eine Vollordnung, $\mathfrak{M}$ eine vollgeordnete Menge, wenn zwei Elemente x, y aus $\mathfrak{M}$ stets vergleichbar sind, d.h., wenn entweder $x \prec y$ oder $y \prec x$ gilt. Jede nichtleere Teilmenge von $\mathfrak{M}$ wird durch die auf $\mathfrak{M}$ schon vorhandene Ordnung zu einer *geordneten*, möglicherweise sogar *vollgeordneten* Menge. $y \in \mathfrak{M}$ heißt eine obere Schranke für $\mathfrak{N} \subset \mathfrak{M}$, wenn $x \prec y$ für alle $x \in \mathfrak{N}$ gilt. $z \in \mathfrak{M}$ ist ein maximales Element, wenn $z \prec x$ nur für $x = z$ richtig ist. Das Zornsche Lemma lautet nun so:

Besitzt jede vollgeordnete *Teilmenge einer geordneten Menge* $\mathfrak{M}$ *eine obere Schranke in* $\mathfrak{M}$, *so gibt es in* $\mathfrak{M}$ *mindestens ein* maximales *Element.*

Ungleichungen Die im folgenden auftretenden Zahlen $\alpha_k, \beta_k, f(x), g(x)$ sind komplex, die Summen endlich oder unendlich; im letzteren Falle wird vorausgesetzt, daß jede Reihe, die auf der *rechten* Seite einer Ungleichung steht, konvergiert. In den Integralungleichungen sollen die *rechts* stehenden Integranden zu $L^p(a, b)$ gehören, im Falle der Cauchy-Schwarzschen Ungleichungen zu $L^2(a, b)$.

Höldersche Ungleichungen *Ist* $p > 1$ *und* $\frac{1}{p} + \frac{1}{q} = 1$, *so gilt*

$$\sum |\alpha_k \beta_k| \leqslant \left(\sum |\alpha_k|^p\right)^{1/p} \left(\sum |\beta_k|^q\right)^{1/q},$$

$$\int_a^b |f(x) g(x)| \mathrm{d}x \leqslant \left(\int_a^b |f(x)|^p \mathrm{d}x\right)^{1/p} \left(\int_a^b |g(x)|^q \mathrm{d}x\right)^{1/q}.$$

Für $p = q = 2$ erhält man die

Cauchy-Schwarzschen Ungleichungen

$$\sum |\alpha_k \beta_k| \leqslant \left(\sum |\alpha_k|^2\right)^{1/2} \left(\sum |\beta_k|^2\right)^{1/2},$$

$$\int_a^b |f(x) g(x)| \mathrm{d}x \leqslant \left(\int_a^b |f(x)|^2 \mathrm{d}x\right)^{1/2} \left(\int_a^b |g(x)|^2 \mathrm{d}x\right)^{1/2}.$$

In der Hölderschen Summenungleichung gilt das Gleichheitszeichen genau dann, wenn von den Folgen $(|\alpha_k|^p)$, $(|\beta_k|^q)$ eine ein Vielfaches der anderen, in der Integralungleichung genau dann, wenn von den Funktionen $|f|^p$, $|g|^q$ eine fast überall ein Vielfaches der anderen ist.

Minkowskische Ungleichungen *Ist* $p > 1$, *so gilt*

$$\left(\sum |\alpha_k + \beta_k|^p\right)^{1/p} \leqslant \left(\sum |\alpha_k|^p\right)^{1/p} + \left(\sum |\beta_k|^p\right)^{1/p},$$

$$\left(\int_a^b |f(x) + g(x)|^p \mathrm{d}x\right)^{1/p} \leqslant \left(\int_a^b |f(x)|^p \mathrm{d}x\right)^{1/p} + \left(\int_a^b |g(x)|^p \mathrm{d}x\right)^{1/p}.$$

In der Minkowskischen Summenungleichung tritt das Gleichheitszeichen genau dann ein, wenn eine der Folgen (α_k), (β_k) ein nichtnegatives Vielfaches der anderen, in der Integralungleichung genau dann, wenn eine der Funktionen f, g fast überall ein nichtnegatives Vielfaches der anderen ist.

Jensensche Ungleichung *Ist* $0<p\leqslant q$, *so gilt*

$$\left(\sum|\alpha_k|^q\right)^{1/q}\leqslant\left(\sum|\alpha_k|^p\right)^{1/p}.$$

Verweistechnik, Literaturangaben Die *Kapitel* dieses Buches werden mit römischen, die *Nummern* (*Abschnitte*) durchlaufend mit arabischen Zahlen bezeichnet. Sätze, Hilfssätze und Beispiele werden in jedem einzelnen Abschnitt unterschiedslos *durchnumeriert* und zur leichteren Auffindbarkeit in der Regel mit einer vorangestellten *Doppelzahl* versehen (z. B.: 11.1 Hilfssatz, 11.2 Satz, 13.1 Beispiel): die erste Zahl gibt die Nummer des Abschnittes, die zweite die des Satzes (Hilfssatzes, Beispiels) an. Gelegentlich wird das Wort „Beispiel" ersetzt durch eine Angabe dessen, um was es sich handelt (z. B.: 5.3 Operatoren der Quantenmechanik). Dreifachzahlen treten nur ganz selten und nur im Zusammenhang mit Beispielen auf (z. B.: 5.1.6 Interpolationsoperator – es handelt sich hier um das sechste „Kleinbeispiel" in dem „Großbeispiel" 5.1: Lineare Abbildungen in der Analysis). Bei Verweisen werden aus sprachlichen Gründen die Zahlen nachgestellt (z. B.: „wegen Hilfssatz 11.1 ..." oder „aufgrund des Satzes 11.2 ..."). Entscheidend sind immer die *Zahlen*, mit deren Hilfe der Leser sich völlig mühelos orientieren kann.

Die *Aufgaben* stehen am Ende eines Abschnittes und werden in jedem einzelnen Abschnitt durchnumeriert (ohne Doppelzahl, also ohne Abschnittsangabe). Wird in einem Abschnitt auf die Aufgabe 2 verwiesen, so ist damit die Aufgabe 2 in ebendiesem Abschnitt gemeint. Für Verweise auf Aufgaben in anderen Abschnitten werden Wendungen benutzt wie „s. (= siehe) Aufgabe 2 in Nr. 10" oder kürzer: „s. A 10.2" (wobei also wie bei Sätzen die erste Zahl die Nummer des Abschnitts, die zweite die Nummer der Aufgabe in dem Aufgabenanhang dieses Abschnitts angibt).

Auf das Literaturverzeichnis wird durch den Namen des Autors und eine in runden Klammern eingefügte Jahreszahl verwiesen. Beispiel: „F. Riesz (1918)" bedeutet diejenige im Literaturverzeichnis aufgeführte Arbeit von F. Riesz, die im Jahre 1918 erschienen ist. Für Grundtatsachen der klassischen Analysis verweise ich meistens auf mein zweibändiges „Lehrbuch der Analysis" und zitiere es kurz unter der Bezeichnung „Heuser I" bzw. „Heuser II", je nachdem ob es sich um den ersten oder den zweiten Band handelt.

Aufgaben Die Aufgaben bilden einen wesentlichen Bestandteil dieses Buches. Sie dienen der Einübung der im Haupttext dargestellten Kenntnisse und Methoden, bereiten kommende Entwicklungen vor und vermitteln weitere interessante Aussagen der Funktionalanalysis. *Einige Aufgaben werden im Fortgang des Haupttextes benötigt*; sie sind mit einem Stern vor der Aufgabennummer markiert

(z. B. *5). Der Leser wird dringend gebeten, *alle* Aufgaben - die gesternten *und* die ungesternten - zu bearbeiten, um so zu einem *aktiven* Wissen zu kommen, zu dem also, was im Englischen unübertrefflich und unübersetzbar *working knowledge* heißt. Um dem Sündenfall der Beweislücke, dem eigentlichen *peccatum originale* in der Mathematik, aus dem Wege zu gehen, sind die gesternten Aufgaben (und auch einige ungesternte) mit ganz wenigen Ausnahmen alle mit einer Lösung versehen. Ausnahmen habe ich mir nur dort gestattet, wo die Lösung so gut wie selbstverständlich ist oder ein „Hinweis" völlig ausreicht. Alle diese Lösungen sind am Schluß des Buches zusammengefaßt.

Diejenigen ungesternten Aufgaben, die besonders interessante, im Haupttext nicht mehr auftretende funktionalanalytische Tatsachen enthalten, sind mit einem Pluszeichen vor der Aufgabennummer gekennzeichnet (z. B. +2).

Lebensdaten der in diesem Buche vorkommenden Mathematiker habe ich angegeben, soweit ich sie ausfindig machen konnte. Hinter einem Semikolon habe ich immer das Lebensalter aufgeführt (genauer: die Differenz zwischen Todes- und Geburtsjahr). Beispiel: René Maurice Fréchet (1878–1973; 95). Der Leser wird so ohne große Mühe dahinterkommen, daß Mathematik neben allen sonstigen Vorzügen vielleicht auch noch der Gesundheit zuträglich ist.

I Zur Einstimmung

1 Die schwingende Saite und Fourierreihen

Pythagoras spannte eine Saite über einen Kanon (Maßstab) und teilte ihn in zwölf Teile. Dann ließ er zunächst die ganze Saite ertönen, darauf die Hälfte, d. h. sechs Teile, und er fand, daß die ganze Saite zu ihrer Hälfte konsonant sei, und zwar nach dem Zusammenklang der Oktave. Nachdem er darauf die ganze Saite, dann Dreiviertel von ihr hatte erklingen lassen, erkannte er die Konsonanz der Quarte und analog für die Quinte.

Mit diesen Worten berichtet der spätantike Musiktheoretiker Gaudentius von einem der folgenreichsten Ereignisse in der Geschichte der Wissenschaft: der Entdeckung des legendenumrankten Pythagoras (570?–497? v. Chr.; 73?), daß den konsonanten Intervallen Oktave, Quinte und Quarte die einfachen *Zahlenverhältnisse* 2:1, 3:2 und 4:3 entsprechen. Die Zahlen regierten also das, was den Griechen so teuer war: die *Musik*. Und da Pythagoras bei den babylonischen Priestern erfahren hatte, daß sie auch das Erhabenste regieren: die *Sterne*, dämmerte ihm die Erkenntnis, daß sie *alles* regieren: *„Alles ist Zahl"*. Dieser Satz ist der Wegweiser der mathematischen Naturwissenschaft geworden – und am Anfang ihres Weges steht die schwingende Saite.

Aber sie verharrt nicht dort. Ganz im Gegenteil: Das Problem der schwingenden Saite ist eines der großen und fruchtbaren Probleme der Mathematik geworden, von dem zahllose Anstöße ausgegangen sind. Brook Taylor (1685–1731; 46), der Entdecker des Taylorschen Satzes, hat es aufgegriffen, der Mathematiker und Aufklärer Jean Baptiste le Rond d'Alembert (1717–1783; 66) es zum ersten Mal systematisch behandelt, Leonhard Euler (1707–1783; 76), „die fleischgewordene Analysis", und sein Freund Daniel Bernoulli (1700–1782; 82) haben (wegweisend wie immer) die *Fourierreihen* geschaffen, um seiner Herr zu werden – und damit eine wissenschaftliche Großlawine losgetreten. Denn nun kamen der alte Funktions- und Integralbegriff ins Gerede – man war ja durch das *physikalische* Problem dazu gezwungen, möglichst allgemeine Funktionen in diese neuen Reihen zu entwickeln: aber wie in aller Welt sollte man diese „willkürlichen" Funktionen begrifflich fassen und wie sollte man sie integrieren? Fragen dieser Art haben Peter Gustav Lejeune-Dirichlet (1805–1859; 54) dazu gedrängt, den *modernen Funktionsbegriff* zu schaffen und haben Bernhard Riemann (1826–1866; 40) die Idee des *Riemannschen Integrals* eingegeben. Das vertrackte Konvergenzverhalten der Fourierreihen hat *ganz neue Konvergenzbegriffe* neben dem altehrwürdigen der punktweisen Konvergenz aufsprießen lassen, und die Anfänge der *Mengenlehre* finden sich in Georg Cantors (1845–1918; 73) Untersuchungen über die Eindeutigkeit trigonometrischer Entwicklungen. Schließlich hat die *Funktionalanalysis* aus der Theorie der Fourierreihen stärkste Anregungen für ihre abstrakten Begriffe und Methoden erhalten; dies werden wir bald sehen. *„Das gründliche Studium der Natur ist die fruchtbarste Quelle mathematischer Entdeckungen"* – dieser Satz von Jean Baptiste Joseph Fourier (1768–1830; 62), nach dem die Fourierreihen (fälschlich) benannt sind, trifft auf kaum ein anderes Problem so genau zu wie auf das der schwingenden Saite.[1]

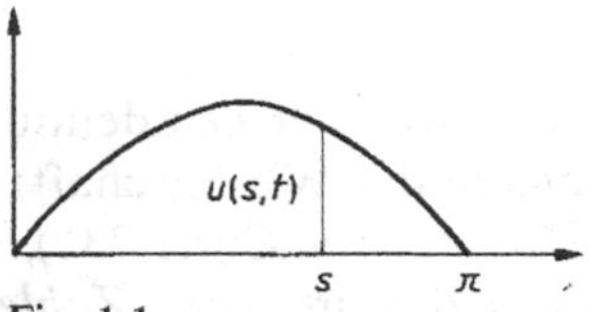

Fig. 1.1

Worum handelt es sich hierbei? Eine Saite der Länge π sei in den Punkten 0 und π einer s-Achse fest eingespannt. Setzt man sie (etwa durch Zupfen oder Streichen) in Bewegung, so hat sie im Punkte s zur Zeit t eine gewisse Auslenkung $u(s, t)$ (s. Fig. 1.1), und diese genügt der partiellen Differentialgleichung

$$\frac{\partial^2 u}{\partial t^2} = \alpha^2 \frac{\partial^2 u}{\partial s^2} \quad (\alpha \text{ eine positive Konstante}). \tag{1.1}$$

Um sie zu lösen, machen wir den Separationsansatz

$$u(s, t) = v(s)\, w(t).$$

(1.1) geht damit über in die Beziehung

$$\frac{\ddot{w}(t)}{w(t)} = \alpha^2 \frac{v''(s)}{v(s)}\ ^{2)},$$

und diese kann offensichtlich nur bestehen, wenn mit einer gewissen Konstanten λ

$$\frac{v''(s)}{v(s)} = -\lambda \quad \text{und} \quad \frac{\ddot{w}(t)}{w(t)} = -\alpha^2\lambda$$

ist, die Funktionen v und w also den Differentialgleichungen

$$v'' + \lambda v = 0 \quad \text{bzw.} \quad \ddot{w} + \alpha^2 \lambda w = 0 \tag{1.2}$$

[1] Näheres über die wechselvolle Geschichte der schwingenden Saite findet der Leser in Heuser (1991a), S. 441–449.

[2] Mit Punkten bezeichnen wir die Ableitungen nach t, mit Strichen die nach s.

genügen. Ist dies der Fall, so sieht man leicht, daß $u := vw$ tatsächlich die Saitengleichung (1.1) löst.

Nun aber macht sich der Umstand bemerkbar, daß die Saite in den Punkten $s=0$ und $s=\pi$ fest *eingespannt*, also $u(0,t)=u(\pi,t)=0$ für alle t ist. Für eine Separationslösung $u := vw$ ergibt sich daraus nämlich $v(0)w(t)=v(\pi)w(t)=0$ und daraus nun wieder

$$v(0)=v(\pi)=0 \tag{1.3}$$

(sofern nicht der völlig uninteressante Fall der ruhenden Saite vorliegt). v muß also eine Lösung des Randwertproblems

$$v''+\lambda v=0, \qquad v(0)=v(\pi)=0 \tag{1.4}$$

sein. *Dieses Problem besitzt aber nur für* gewisse *Werte von λ eine nichttriviale (nicht überall verschwindende) Lösung.* Ist nämlich v eine solche, so kann sie nicht konstant sein (andernfalls müßte sie wegen $v(0)=0$ identisch verschwinden), ihre Ableitung ist also nicht durchweg $=0$, und deshalb folgt aus $\lambda v=-v''$ und der Einspannbedingung (1.3), daß

$$\lambda \int_0^\pi v^2\,ds = -\int_0^\pi v v''\,ds = -[vv']_0^\pi + \int_0^\pi (v')^2\,ds = \int_0^\pi (v')^2\,ds > 0,$$

also $\lambda>0$ sein muß. Infolgedessen werden alle Lösungen der Differentialgleichung $v''+\lambda v=0$ gegeben durch

$$v(s) := C_1 \cos\sqrt{\lambda}\,s + C_2 \sin\sqrt{\lambda}\,s \quad \text{mit willkürlichen Konstanten } C_1, C_2.$$

Die erste Randbedingung $v(0)=0$ erzwingt nun $C_1=0$, und die zweite – $v(\pi)=0$ – zieht dann die Beziehung $C_2 \sin\sqrt{\lambda}\,\pi=0$ nach sich. Und da $C_2 \neq 0$ ist (andernfalls wäre v die triviale Lösung), ergibt sich jetzt $\sin\sqrt{\lambda}\,\pi=0$, also $\sqrt{\lambda}\,\pi=n\pi$ und somit $\lambda=n^2$ ($n \in \mathbf{N}$). *Das Randwertproblem* (1.4) *ist also nicht für alle λ, sondern nur für die Zahlen*

$$\lambda_n := n^2 \quad (n \in \mathbf{N})$$

nichttrivial lösbar. Man nennt sie die Eigenwerte der Aufgabe (1.4); die zugehörigen Lösungen $v_n(s) := C_2 \sin ns$ ($C_2 \neq 0$) heißen die Eigenfunktionen von (1.4).

Und nun brauchen wir natürlich auch die zweite Differentialgleichung in (1.2) nur noch im Falle $\lambda=n^2$ zu lösen. Da dann alle ihre Lösungen durch

$$\tilde{C}_1 \cos\alpha n t + \tilde{C}_2 \sin\alpha n t \quad \text{mit beliebigen Konstanten } \tilde{C}_1, \tilde{C}_2$$

gegeben sind, können wir nun sagen, daß jede der Funktionen

$$u_n(s,t) := C_2 \sin ns \cdot (\tilde{C}_1 \cos \alpha n t + \tilde{C}_2 \sin \alpha n t)$$

oder also

$$u_n(s,t) := \sin ns \cdot (A_n \cos \alpha n t + B_n \sin \alpha n t) \quad (n \in \mathbf{N}) \tag{1.5}$$

bei beliebiger Wahl der Konstanten A_n, B_n eine Lösung der Saitengleichung (1.1) ist – und zwar eine solche, die der *Einspannbedingung* $u_n(0,t) = u_n(\pi,t) = 0$ genügt.

Aber das reicht noch nicht aus! Denn das physikalisch entscheidende (und mathematisch brisante) Problem lautet doch so: *Wie sehen die Bewegungen der Saite aus, wenn man ihr zur Zeit $t=0$ eine bestimmte* Anfangslage $g(s)$ *und* Anfangsgeschwindigkeit $h(s)$ *erteilt? Wie also sind die Lösungen $u(s,t)$ der Gl.* (1.1) *beschaffen, die nicht nur den* Randbedingungen

$$u(0,t) = u(\pi,t) = 0 \quad \textit{für alle } t \geqslant 0, \tag{1.6}$$

sondern auch noch den Anfangsbedingungen

$$u(s,0) = g(s), \qquad \frac{\partial u}{\partial t}(s,0) = h(s) \quad \textit{für alle } s \in [0,\pi] \tag{1.7}$$

genügen? Die Funktionen u_n in (1.5) erfüllen zwar (1.6), werden jedoch nur in seltenen Fällen auch noch (1.7) befriedigen. Aber nun hilft die folgende Beobachtung weiter: Wenn die Reihe

$$u(s,t) := \sum_{n=1}^{\infty} u_n(s,t) = \sum_{n=1}^{\infty} \sin ns \cdot (A_n \cos \alpha n t + B_n \sin \alpha n t) \tag{1.8}$$

konvergiert und zweimal gliedweise nach s und t differenziert werden darf, so genügt sie offenbar sowohl der Saitengleichung (1.1) als auch den Randbedingungen (1.6) – und alles spitzt sich nun auf die Frage zu, *ob man die Konstanten A_n und B_n so bestimmen kann, daß auch die Anfangsbedingungen* (1.7) *erfüllt sind, also*

$$u(s,0) = \sum_{n=1}^{\infty} A_n \sin ns = g(s) \quad \textit{und} \quad \frac{\partial u}{\partial t}(s,0) = \sum_{n=1}^{\infty} \alpha n B_n \sin ns = h(s) \tag{1.9}$$

ist. Damit sind wir von der schwingenden Saite her auf das Problem gestoßen, *„willkürliche" Funktionen* – Anfangslage $g(s)$ und Anfangsgeschwindigkeit $h(s)$ – *in Reihen der Form $\sum C_n \sin ns$ („Sinusreihen") zu entwickeln.* Natürlich wird man sofort auch fragen, ob – oder wann – eine Funktion in eine *„Kosinusreihe"* $\sum D_n \cos ns$ oder, noch allgemeiner, in eine trigonometrische Reihe

$$\frac{1}{2}a_0 + \sum_{n=1}^{\infty} (a_n \cos ns + b_n \sin ns) \tag{1.10}$$

entwickelt werden kann.[1] Falls z. B. die Funktion $u(s, t)$ in (1.8) tatsächlich eine Lösung des Saitenproblems liefert und wir $\alpha = 1$ annehmen (was durch geeignete Wahl der Maßeinheiten stets erreicht werden kann), so haben wir für sie bei festem s die trigonometrische Entwicklung

$$u(s, t) = \sum_{n=1}^{\infty} [(A_n \sin ns) \cos nt + (B_n \sin ns) \sin nt].$$

Angenommen, die Reihe (1.10) konvergiere auf dem Intervall $[-\pi, \pi]$ *gleichmäßig* gegen eine (von selbst stetige) Funktion x:

$$x(s) = \frac{1}{2} a_0 + \sum_{n=1}^{\infty} (a_n \cos ns + b_n \sin ns) \text{ gleichmäßig auf } [-\pi, \pi]. \quad (1.11)$$

Dann wird man einen formelmäßig angebbaren Zusammenhang zwischen den Koeffizienten a_n, b_n und der Summe x erwarten. Diesen Zusammenhang hat Euler aufgedeckt mittels der ebenso einfachen wie fundamentalen Integralrelationen

$$\begin{aligned} &\int_{-\pi}^{\pi} \cos ns \sin ms \, ds = 0 \quad \text{für } n, m = 0, 1, \ldots, \\ &\int_{-\pi}^{\pi} \cos ns \cos ms \, ds = \int_{-\pi}^{\pi} \sin ns \sin ms \, ds = \begin{cases} 0, & \text{falls } n \neq m, \\ \pi, & \text{falls } n = m \geqslant 1. \end{cases} \end{aligned} \quad (1.12)$$

Multipliziert man nämlich (1.11) mit $\cos ms$ bzw. $\sin ms$, integriert dann gliedweise (was wegen der gleichmäßigen Konvergenz erlaubt ist) und schreibt schließlich noch n statt m, so erhält man sofort den gesuchten Zusammenhang in den sogenannten Euler-Fourierschen Formeln

$$\begin{aligned} a_n &= \frac{1}{\pi} \int_{-\pi}^{\pi} x(s) \cos ns \, ds \quad \text{für } n = 0, 1, \ldots, \\ b_n &= \frac{1}{\pi} \int_{-\pi}^{\pi} x(s) \sin ns \, ds \quad \text{für } n = 1, 2, \ldots\,.^{2)} \end{aligned} \quad (1.13)$$

In der Theorie der Fourierreihen kehrt man nun diese Überlegungen in charakteristischer Weise um. Man geht nämlich *nicht* aus von einer vorgegebenen trigonometrischen *Reihe*, sondern von einer auf $[-\pi, \pi]$ stetigen *Funktion* x,[3] bildet ge-

---

[1] Es wird bald deutlich werden, weshalb wir den Koeffizienten a_0 mit dem an sich überflüssigen Faktor 1/2 behaftet haben.

[2] Man sieht jetzt, warum es zweckmäßig war, das Anfangsglied der Reihe (1.10) mit dem Faktor 1/2 zu versehen: Bei dieser Schreibweise gelten die Formeln für a_n auch noch im Falle $n = 0$.

[3] *Stetigkeit* setzen wir nur bequemlichkeitshalber voraus; in Wirklichkeit hat man es mit sehr viel allgemeineren Funktionen zu tun.

mäß (1.13) ihre sogenannten **Fourierkoeffizienten** $a_0, a_1, a_2, \ldots, b_1, b_2, b_3, \ldots$, und mit ihnen die trigonometrische Reihe

$$\frac{1}{2}a_0 + \sum_{n=1}^{\infty}(a_n \cos ns + b_n \sin ns); \tag{1.14}$$

diese Reihe nennt man die **Fourierreihe** von x. Und nun drängt sich natürlich die Frage auf, *ob diese Reihe auf* $[-\pi, \pi]$ *gegen ebendieselbe Funktion konvergiert, aus der sie entsprungen ist – nämlich gegen* x.

Die Antwort ist mühsam und unbefriedigend zugleich: die Theorie der *punktweisen* Konvergenz Fourierscher Reihen ist leider ein steiniger Acker.[1] Und deshalb hat man das Konvergenzproblem von einer ganz anderen Seite her aufgerollt. Der Grundgedanke ist ebenso einfach wie folgenreich. Die entscheidende Operation, die uns zu den Fourierkoeffizienten und der Fourierreihe führte, ist „Multiplikation + Integration“, genauer: die Bildung von Ausdrücken der Form

$$(x|y) := \int_{-\pi}^{\pi} x(s)y(s)\,\mathrm{d}s \tag{1.15}$$

(s. nochmals (1.12) und (1.13)). Diese Operation ist das genaue Analogon zur Bildung des wohlvertrauten **Innenprodukts**

$$(\boldsymbol{x}|\boldsymbol{y}) := \sum_{s=1}^{n} x_s y_s \quad \text{von } \boldsymbol{x} := (x_1, \ldots, x_n), \quad \boldsymbol{y} := (y_1, \ldots, y_n) \in \mathbf{R}^n.^{2)} \tag{1.16}$$

Dieses Innenprodukt aber ist fundamental: Aus ihm entspringt nämlich die **euklidische Länge** oder **Norm**

$$\|\boldsymbol{x}\| := \sqrt{\sum_{s=1}^{n} x_s^2} \tag{1.17}$$

eines Vektors $\boldsymbol{x}$ vermöge der Gleichung

$$\|\boldsymbol{x}\| = \sqrt{(\boldsymbol{x}|\boldsymbol{x})} \tag{1.18}$$

und die **euklidische Distanz (Entfernung)**

$$d(\boldsymbol{x}, \boldsymbol{y}) := \sqrt{\sum_{s=1}^{n} (x_s - y_s)^2} \tag{1.19}$$

---

[1] S. etwa Heuser II, Nr. 136 und 137.

[2] Vektoren $\boldsymbol{x}, \boldsymbol{y}, \ldots$ drucken wir hier noch halbfett, um sie gegenwärtig besser von Funktionen $x, y, \ldots$ unterscheiden zu können. Später werden wir auch sie mit mageren Buchstaben bezeichnen (dafür aber ihre Komponenten mit griechischen).

zwischen x, y mittels der Beziehung

$$d(x,y) = \sqrt{(x-y|x-y)} = \|x-y\| \; ; \tag{1.20}$$

ferner taucht es auf bei der Definition der Orthogonalität $x \perp y$ zweier Vektoren x, y:

$$x \perp y :\Longleftrightarrow (x|y) = 0 \,. \tag{1.21}$$

Und *last but not least* wird die Konvergenz einer Folge von Vektoren $x_k \to x$ mittels der euklidischen Distanz, also letztlich *auch* über das Innenprodukt, erklärt:

$$x_k \to x \quad \textit{bedeutet, daß} \quad \|x_k - x\| \to 0 \quad \textit{strebt für } k \to \infty \,.$$

Nach all diesen Bemerkungen wird man nur schwer der Versuchung widerstehen können, den in (1.15) definierten Ausdruck $(x|y)$ das „Innenprodukt" der Funktionen x, y zu nennen, die „Länge" oder „Norm" von x durch

$$\|x\| := \sqrt{(x|x)} = \sqrt{\int_{-\pi}^{\pi} x^2(s)\,\mathrm{d}s} \tag{1.22}$$

und die „Distanz" zwischen x, y durch

$$d(x,y) := \sqrt{(x-y|x-y)} = \|x-y\| = \sqrt{\int_{-\pi}^{\pi} (x(s)-y(s))^2\,\mathrm{d}s} \tag{1.23}$$

zu definieren, ferner zu sagen, zwei Funktionen x, y seien (zueinander) „orthogonal" oder „stünden aufeinander senkrecht" (in Zeichen: $x \perp y$), wenn ihr Innenprodukt verschwindet:

$$x \perp y :\Longleftrightarrow (x|y) = 0 \,.$$

Und schließlich werden wir einen ganz neuen Begriff der „Konvergenz" $x_k \to x$ durch die Festsetzung einführen

$$x_k \to x \quad \textit{bedeutet, daß} \quad \|x_k - x\| \to 0 \quad \textit{strebt für } k \to \infty \,, \tag{1.24}$$

d.h., daß die „Distanz" zwischen x_k und x mit wachsendem k unter jede positive Größe sinkt. *Dieser* Konvergenzbegriff ist scharf zu unterscheiden von dem der punktweisen Konvergenz (s. Aufgaben 5,6); man nennt ihn aus naheliegenden Gründen Konvergenz im quadratischen Mittel.

Bei all den oben gegebenen Definitionen wollen wir der Einfachheit wegen zunächst voraussetzen, daß die beteiligten Funktionen auf dem Intervall $[-\pi, \pi]$ *stetig* sind. Die Menge aller dieser Funktionen bezeichnen wir mit $C[-\pi, \pi]$.

Wir kehren zu den Fourierreihen zurück. Die Gln. (1.12) enthalten offensichtlich *Orthogonalitätsaussagen*, und man nennt sie denn auch die Orthogonalitätsrelationen der trigonometrischen Funktionen. Die Fourierkoeffizienten von x in (1.13) sind nichts anderes als die *Innenprodukte* von x mit den Funktionen

$$y_0(s) := \frac{1}{\pi}, \quad y_{2n-1}(s) := \frac{\cos ns}{\pi}, \quad y_{2n}(s) := \frac{\sin ns}{\pi} \quad (n \in \mathbf{N}), \tag{1.25}$$

und diese Funktionen bilden eine Orthogonalfolge: *es ist* $y_j \perp y_k$ *für* $j \neq k$. Die Funktionen

$$z_0(s) := \frac{1}{\sqrt{2\pi}}, \quad z_{2n-1}(s) := \frac{\cos ns}{\sqrt{\pi}}, \quad z_{2n}(s) := \frac{\sin ns}{\sqrt{\pi}} \quad (n \in \mathbf{N}) \tag{1.26}$$

bilden sogar eine Orthonormalfolge, d.h., *es ist nicht nur* $z_j \perp z_k$ *für* $j \neq k$, *sondern auch durchweg* $\|z_j\| = 1$.
Ist $\{z_1, \ldots, z_n\}$ eine Orthonormalbasis des $\mathbf{R}^n$, also eine Basis mit den Eigenschaften

$$z_j \perp z_k \quad \text{für } j \neq k \quad \text{und} \quad \|z_j\| = 1 \quad \text{für } j = 1, \ldots, n, \tag{1.27}$$

so läßt sich jedes $x \in \mathbf{R}^n$ in der Form $x = \sum_{k=1}^{n} \alpha_k z_k$ darstellen, und daraus folgt mit (1.27) und den bekannten Rechenregeln für das Innenprodukt

$$(x|z_j) = \sum_{k=1}^{n} \alpha_k (z_k|z_j) = \alpha_j,$$

also

$$x = \sum_{k=1}^{n} (x|z_k) z_k. \tag{1.28}$$

Die Orthonormalfolge $\{z_0, z_1, z_2, \ldots\}$ in (1.26) würde man dementsprechend wohl eine Orthonormalbasis für $C[-\pi, \pi]$ nennen dürfen, wenn man für jedes $x \in C[-\pi, \pi]$ die Darstellung

$$x = \sum_{k=0}^{\infty} (x|z_k) z_k \tag{1.29}$$

hätte – und zwar im Sinne der *Konvergenz im quadratischen Mittel*:

$$\|x - \sum_{k=0}^{n} (x|z_k) z_k\|^2 = \int_{-\pi}^{\pi} \left[x(s) - \sum_{k=0}^{n} (x|z_k) z_k(s)\right]^2 ds \to 0 \quad \text{für } n \to \infty. \tag{1.30}$$

Diesen Konvergenzbegriff wird man hier schon deshalb bevorzugen, weil er ebenso aus dem Innenprodukt entspringt wie die Reihenkoeffizienten $(x|z_k)$, mit der Reihe also in *natürlicherer Weise* verbunden ist als die punktweise Konvergenz.

Aus (1.13) und (1.26) folgt sofort

$$(x|z_0)z_0(s)=\frac{1}{2}a_0,\quad (x|z_{2k-1})z_{2k-1}(s)=a_k\cos ks,\quad (x|z_{2k})z_{2k}(s)=b_k\sin ks,$$

die Reihe in (1.29) ist also nichts anderes als die Fourierreihe von x, und *die „Basisdarstellung"* (1.29) *würde bedeuten, daß die Fourierreihe jeder Funktion* $x\in C[-\pi,\pi]$ *jedenfalls* im quadratischen Mittel *gegen x konvergierte.*
Es ist eine fundamentale und tiefliegende Tatsache, daß dies tatsächlich gilt.[1] Sie zeigt, daß der Begriff der Konvergenz im quadratischen Mittel den Fourierreihen besonders gut angepaßt ist, gewissermaßen den für sie *natürlichen* Konvergenzbegriff bedeutet. Es ist nur ein anderer Ausdruck dieses Gedankens, wenn man sagt, im Rahmen der Fouriertheorie sei die Distanz (1.23) der *natürliche* Begriff des Abstandes zwischen zwei Funktionen. Dies wird durch die folgende Überlegung in ein noch helleres Licht gerückt. Es sei T_n die Menge aller trigonometrischen Polynome

$$p(s):=\frac{\alpha_0}{2}+\sum_{k=1}^{n}(\alpha_k\cos ks+\beta_k\sin ks)\quad (n \text{ fest}). \tag{1.31}$$

Wir fragen nun, ob es in T_n ein p_0 gibt, das im Sinne der Distanz (1.23) einer gegebenen Funktion $x_0\in C[-\pi,\pi]$ *am nächsten* liegt, so daß also

$$\|x_0-p_0\|\leqslant\|x_0-p\|\quad \textit{für alle } p\in T_n \tag{1.32}$$

bleibt (p_0 nennt man dann eine Bestapproximation an x_0 in T_n). Die Antwort ist ebenso einfach wie aufschlußreich: *Es gibt eine, aber auch nur eine solche Bestapproximation p_0 – und sie ist gerade die n-te Teilsumme der Fourierreihe von x_0.*[2]
Die später zu entwickelnde Theorie der *Hilberträume* ist in ihren Grundzügen kaum etwas anderes als eine Wendung der oben dargelegten „Fourierfakten" ins Abstrakte.

Aufgaben

1. Satz des Pythagoras Sind die Funktionen $x_1,\dots,x_n$ aus $C[-\pi,\pi]$ paarweise orthogonal, ist also $x_j\perp x_k$ für $j\neq k$, so gilt

$$\|x_1+\cdots+x_n\|^2=\|x_1\|^2+\cdots+\|x_n\|^2.$$

Warum trägt dieser Satz ausgerechnet den Namen des *Pythagoras*?

---

[1] S. etwa Heuser II, Nr. 141.

[2] S. etwa Heuser II, Satz 134.2.

2. Parallelogrammsatz Für je zwei Funktionen x, y aus $C[-\pi, \pi]$ ist

$$\|x+y\|^2+\|x-y\|^2=2\|x\|^2+2\|y\|^2.$$

Welcher elementargeometrische Satz liegt dieser Namensgebung zugrunde?

3. Für Funktionen aus $C[-\pi, \pi]$ kann man die *Schwarzsche Ungleichung* sehr knapp in der Form $|(x|y)| \leqslant \|x\| \, \|y\|$ schreiben. Zeige mit ihrer Hilfe: Aus $x_n \to x$ (im quadratischen Mittel) folgt $(x_n|y) \to (x|y)$ für jedes $y \in C[-\pi, \pi]$. Daraus wiederum ergibt sich: Aus $x = \sum_{k=1}^{\infty} x_k$ (im quadratischen Mittel) folgt $(x|y) = \sum_{k=1}^{\infty} (x_k|y)$ für jedes $y \in C[-\pi, \pi]$.

4. Parsevalsche Gleichung Zeige mit Hilfe der (unbewiesenen) Darstellung (1.29) und der Aufgabe 3, daß

$$\|x\|^2 = \sum_{k=0}^{\infty} (x|z_k)^2 \quad \text{oder also} \quad \frac{1}{2} a_0^2 + \sum_{k=1}^{\infty} (a_k^2+b_k^2) = \frac{1}{\pi} \int_{-\pi}^{\pi} x^2(s)\,\mathrm{d}s$$

ist; die a_k, b_k sind hierbei die Fourierkoeffizienten von x. Jede dieser Gleichungen nennt man nach dem obskuren französischen Mathematiker Marc-Antoine Parseval (?–1836; ?) Parsevalsche Gleichung. Aus ihr folgt insbesondere $a_k \to 0$ *und* $b_k \to 0$ *für* $k \to \infty$.

5. Konstruiere eine Folge von Funktionen $x_n \in C[-\pi, \pi]$, die zwar *im quadratischen Mittel*, nicht jedoch *punktweise* gegen 0 (die identisch verschwindende Funktion) strebt.

6. Konstruiere eine Folge von Funktionen $x_n \in C[-\pi, \pi]$, die zwar *punktweise*, nicht jedoch *im quadratischen Mittel* gegen 0 (die identisch verschwindende Funktion) strebt.

7. Temperaturverteilung in einem Stab $u(s, t)$ sei die orts- und zeitabhängige Temperaturverteilung eines von $s=0$ bis $s=L>0$ reichenden dünnen Stabes, dessen linkes Ende auf der konstanten Temperatur 0 gehalten wird, während am rechten Ende Wärmeabgabe an ein umgebendes Medium der Temperatur 0 zugelassen sein soll; zur Zeit $t=0$ habe der Stab an der Stelle s die *vorgegebene* Temperatur $f(s)$. Die Temperaturverteilung ergibt sich dann als diejenige Lösung $u(s, t)$ der Wärmeleitungsgleichung

$$\frac{\partial u}{\partial t} = a^2 \frac{\partial^2 u}{\partial s^2}, \tag{1.33}$$

die den Randbedingungen

$$u(0, t)=0, \qquad \frac{\partial u}{\partial s}(L, t)+\sigma u(L, t)=0 \quad \text{für alle } t \geqslant 0 \tag{1.34}$$

und den Anfangsbedingungen

$$u(s, 0)=f(s) \quad \text{für } 0 \leqslant s \leqslant L \tag{1.35}$$

genügt; a und σ sind positive Materialkonstanten. Zeige:

a) Ist $v(s)$ eine Lösung der Randwertaufgabe

$$v''+\lambda v=0, \qquad v(0)=0, \quad v'(L)+\sigma v(L)=0 \tag{1.36}$$

und $w(t)$ eine Lösung der Differentialgleichung

$$\dot{w}+a^2\lambda w=0, \tag{1.37}$$

so ist $u(s,t):=v(s)w(t)$ eine Lösung von (1.33), die den Randbedingungen (1.34) genügt.

b) Die Randwertaufgabe (1.36) kann höchstens für *positive* λ nichttriviale (nicht identisch verschwindende) Lösungen besitzen. Genauer: Sie besitzt nichttriviale Lösungen (Eigenfunktionen) $v_n(s):=\sin(\sqrt{\lambda_n}\,s)$ genau für die positiven λ-Werte (Eigenwerte) $\lambda_n\,(n=1,2,\ldots)$, die sich aus der Gleichung $\tan(\sqrt{\lambda}\,L)=-\sqrt{\lambda}/\sigma$ ergeben (v_n kann noch mit einer multiplikativen Konstanten $\neq 0$ versehen werden). Die Folge (λ_n) divergiert streng wachsend gegen $+\infty$.

c) Es ist

$$\int_0^L v_n(s)v_m(s)\,\mathrm{d}s=\begin{cases}0, & \text{falls } n\neq m,\\ \mu_n\neq 0, & \text{falls } n=m.\end{cases} \tag{1.38}$$

Die $v_1, v_2, \ldots$ bilden also eine Orthogonalfolge bezüglich des Innenproduktes $(x|y):=\int_0^L x(s)y(s)\,\mathrm{d}s$ auf $C[0,L]:=$ Menge der auf $[0,L]$ stetigen reellen Funktionen.

Hinweis: $v_m(v_n''+\lambda_n v_n)=0$ und $v_n(v_m''+\lambda_m v_m)=0 \Rightarrow 0=(\lambda_n-\lambda_m)v_n v_m+(v_m v_n''-v_n v_m'') \Rightarrow$ $0=(\lambda_n-\lambda_m)\int_0^L v_n v_m\,\mathrm{d}s+\int_0^L \frac{\mathrm{d}}{\mathrm{d}s}(v_m v_n'-v_n v_m')\,\mathrm{d}s=(\lambda_n-\lambda_m)\int_0^L v_n v_m\,\mathrm{d}s$ (benutze bei dem letzten Schritt die Randbedingungen). - Man beachte, daß wir die Orthogonalitätsrelationen (1.38) im Unterschied zu (1.12) diesmal *aus dem zugrundeliegenden Randwertproblem selbst* gewonnen haben.

d) Für jede Wahl der Konstanten A_n ist $u_n(s,t):=A_n\sin(\sqrt{\lambda_n}\,s)\,\mathrm{e}^{-\lambda_n a^2 t}$ eine Lösung von (1.33), die den Randbedingungen (1.34) genügt.

e) Wenn die Reihe $u(s,t):=\sum A_n\sin(\sqrt{\lambda_n}\,s)\,\mathrm{e}^{-\lambda_n a^2 t}$ konvergiert und die Ableitungen $\partial u/\partial t$, $\partial^2 u/\partial s^2$ durch gliedweise Differentiation gewonnen werden können, ist $u(s,t)$ eine Lösung von (1.33), die den *Randbedingungen* (1.34) genügt.

f) Unter den Voraussetzungen von e) läuft die Frage, ob $u(s,t)$ auch noch der *Anfangsbedingung* (1.35) angepaßt werden kann, auf das Problem hinaus, die A_n so zu bestimmen, daß

$$f(s)=\sum_{n=1}^{\infty}A_n\sin(\sqrt{\lambda_n}\,s) \tag{1.39}$$

ist - also auf das Problem, *eine „willkürliche" Funktion nach paarweise orthogonalen Funktionen zu entwickeln.*

2 Die Tschebyscheffsche Approximationsaufgabe. Gleichmäßige Konvergenz

In der angewandten Mathematik spielt eine Approximationsaufgabe eine entscheidende Rolle, die mit dem Problem (1.32) *formal* aufs engste verwandt ist - und sich doch tiefgreifend von ihm unterscheidet (s. Nr. 121). Es handelt sich um folgendes.

Vorgelegt sei eine stetige Funktion $x_0: [a, b] \to \mathbf{R}$. Wir suchen in der Menge P_n aller Polynome $p(t) := \alpha_0 + \alpha_1 t + \cdots + \alpha_n t^n$ vom Grade $\leqslant n$ (n fest vorgegeben) ein p_0, dessen *Maximalabweichung* von x_0 kleiner (oder jedenfalls nicht größer) ist als die Maximalabweichung eines jeden anderen $p \in P_n$ von x_0:

$$\max_{a \leqslant t \leqslant b} |x_0(t) - p_0(t)| \leqslant \max_{a \leqslant t \leqslant b} |x_0(t) - p(t)| \quad \text{für alle } p \in P_n. \tag{2.1}$$

Diese Aufgabe wird nach dem russischen Mathematiker Pafnutij L. Tschebyscheff (1821–1894; 73) die Tschebyscheffsche Approximationsaufgabe genannt.[1] Wir werden in Nr. 120 sehen, daß sie stets eine Lösung besitzt.

Die Maxima in (2.1) wird man anschaulich als *Distanzen* (*Abstände*) zwischen den beteiligten Funktionen ansehen, genauer: Ist $C[a, b]$ die Menge aller stetigen reellen Funktionen auf $[a, b]$, so definiert man die Distanz $d(x, y)$ zwischen $x, y \in C[a, b]$ durch

$$d(x, y) := \max_{a \leqslant t \leqslant b} |x(t) - y(t)| \tag{2.2}$$

(s. Fig. 2.1). Die Tschebyscheffsche Approximationsaufgabe verlangt also, in P_n ein p_0 zu finden, das im Sinne dieser Distanz der Funktion x_0 *am nächsten* liegt. p_0 nennt man dann eine Bestapproximation an x_0 in P_n (s. Fig. 2.2; jedes $p \in P_n$ muß den oberen oder unteren Rand des „δ-Streifens" um x_0 treffen oder sogar durchsetzen).

Den Abstand zwischen der Funktion x und der Nullfunktion 0 ($0(t) := 0$ für alle

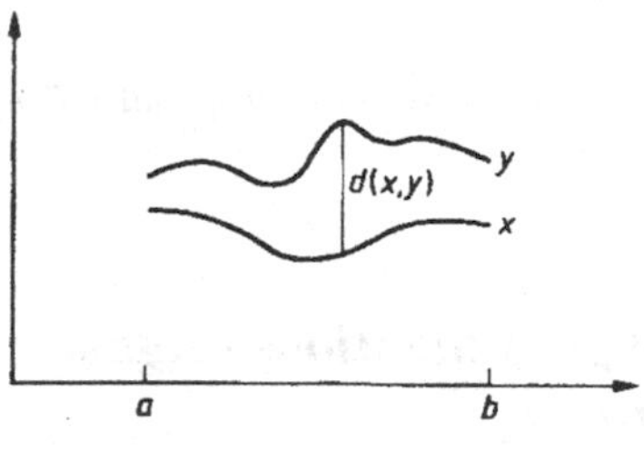

Fig. 2.1

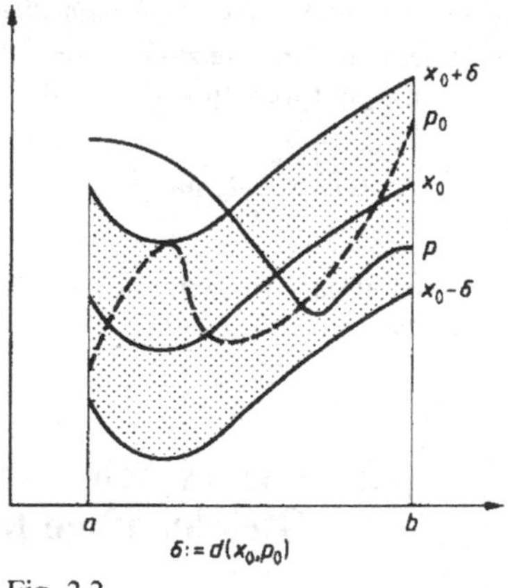

Fig. 2.2

[1] Tschebyscheff wurde auf sie durch Probleme der Kolbenbewegung in Dampfmaschinen geführt. S. Tschebyscheff (1854).

$t \in [a, b]$) wird man die „Länge" oder „Norm" von x nennen und mit $\|x\|$ bezeichnen:

$$\|x\| := d(x, 0) = \max_{a \leqslant t \leqslant b} |x(t)|. \tag{2.3}$$

Es ist dann $d(x, y) = \|x - y\|$, und (2.1) schreibt sich in der Form

$$\|x_0 - p_0\| \leqslant \|x_0 - p\| \quad \text{für alle } p \in P_n, \tag{2.4}$$

in perfekter formaler Übereinstimmung mit (1.32). Diese Übereinstimmung darf aber nicht darüber hinwegtäuschen, daß wir es mit *völlig verschiedenen Abständen oder Normen* zu tun haben: in (1.32) mit der „euklidischen Norm" (1.22), in (2.4) mit der „Maximumsnorm" (2.3). Wir werden die weitreichenden Auswirkungen dieser Tatsache später eingehend studieren.

Die Maximumsnorm spielt auch bei der gleichmäßigen Konvergenz von Funktionenfolgen eine maßgebliche Rolle. Eine Folge von Funktionen $x_n \in C[a, b]$ konvergiert (definitionsgemäß) gleichmäßig auf $[a, b]$ gegen die Funktion $x: [a, b] \to \mathbf{R}$, wenn es zu jedem $\varepsilon > 0$ ein $n_0 = n_0(\varepsilon)$ gibt, so daß

$$\textit{für alle } n \geqslant n_0 \textit{ und alle } t \in [a, b] \textit{ stets } \quad |x_n(t) - x(t)| \leqslant \varepsilon \tag{2.5}$$

ausfällt; x erweist sich dann als stetig auf $[a, b]$. (2.5) ist offenbar gleichbedeutend mit der Aussage

$$\textit{für alle } n \geqslant n_0 \textit{ ist } \quad \|x_n - x\| = \max_{a \leqslant t \leqslant b} |x_n(t) - x(t)| \leqslant \varepsilon, \tag{2.6}$$

und dies wiederum bedeutet, daß

$$\|x_n - x\| \to 0 \quad \textit{strebt für } n \to \infty, \tag{2.7}$$

eine Grenzwertbeziehung, die wir in Worten so formulieren werden: Die Folge (x_n) strebt „im Sinne der Maximumsnorm" gegen x, in Zeichen: $x_n \xrightarrow{\|\cdot\|} x$. Nach all diesen Vereinbarungen können wir nun zusammenfassend sagen: Die Folge $(x_n) \subset C[a, b]$ strebt genau dann gleichmäßig auf $[a, b]$ gegen $x \in C[a, b]$, wenn sie im Sinne der Maximumsnorm gegen x konvergiert, oder noch kürzer: *Die gleichmäßige Konvergenz in $C[a, b]$ ist gleichbedeutend mit der Konvergenz im Sinne der Maximumsnorm.*

Für die gleichmäßige Konvergenz in $C[a, b]$ gilt bekanntlich das Cauchysche Konvergenzkriterium: *Genau dann besitzt die Folge $(x_n) \subset C[a, b]$ einen gleichmäßigen Grenzwert in $C[a, b]$, wenn es zu jedem $\varepsilon > 0$ ein $n_0 = n_0(\varepsilon)$ gibt, so daß*

$$\textit{für alle } m, n \geqslant n_0 \textit{ und alle } t \in [a, b] \textit{ stets } \quad |x_m(t) - x_n(t)| \leqslant \varepsilon$$

bleibt. Mittels der Maximumsnorm können wir dieses Kriterium in einer Form schreiben, die völlig analog ist zu dem Cauchyschen Konvergenzkriterium für Zahlenfolgen, nämlich so:

Genau dann besitzt die Folge $(x_n) \subset C[a,b]$ *im Sinne der Maximumsnorm einen Grenzwert in* $C[a,b]$, *wenn es zu jedem* $\varepsilon > 0$ *ein* $n_0 = n_0(\varepsilon)$ *gibt, so daß*

$$\text{für alle } m, n \geqslant n_0 \text{ stets } \quad \|x_m - x_n\| \leqslant \varepsilon \quad \text{bleibt,} \tag{2.8}$$

wenn sie also, kurz gesagt, eine „Cauchyfolge im Sinne der Maximumsnorm" ist.
Die euklidische Funktionennorm hatten wir bisher nur in $C[-\pi, \pi]$ definiert, selbstverständlich können wir sie aber auch in $C[a,b]$ erklären:

$$\|x\|_2 := \left(\int_a^b x^2(t)\,\mathrm{d}t \right)^{1/2}; \tag{2.9}$$

wir bezeichnen sie jetzt mit dem Symbol $\|\cdot\|_2$, um sie von der gleichzeitig vorhandenen Maximumsnorm zu unterscheiden, für die wir von nun an das Zeichen $\|\cdot\|_\infty$ benutzen wollen:

$$\|x\|_\infty := \max_{a \leqslant t \leqslant b} |x(t)|. \tag{2.10}$$

Da Konvergenz im Sinne der Maximumsnorm gleichbedeutend ist mit gleichmäßiger Konvergenz und gleichmäßig konvergente Folgen gliedweise integriert werden dürfen, erhält man sofort eine wichtige Beziehung zwischen Konvergenz im Sinne der Maximumsnorm ($x_n \xrightarrow{\|\cdot\|_\infty} x$) und Konvergenz im Sinne der euklidischen Norm ($x_n \xrightarrow{\|\cdot\|_2} x$):

$$\textit{Aus} \quad x_n \xrightarrow{\|\cdot\|_\infty} x \quad \textit{folgt stets} \quad x_n \xrightarrow{\|\cdot\|_2} x. \tag{2.11}$$

Die Maximumsnorm ist also „stärker" als die euklidische: Konvergenz in *ihrem* Sinne erzwingt die „euklidische Konvergenz". Die Umkehrung gilt jedoch nicht, wie man aus A 1.5 entnehmen kann.

Aufgaben

1. Für die Maximumsnorm gilt *kein* Parallelogrammsatz (s. A 1.2).

2. In $C[a,b]$ gilt $\|x\|_2 \leqslant \mu \|x\|_\infty$ mit einer von x unabhängigen Konstanten $\mu > 0$. Eine Ungleichung der Form $\|x\|_\infty \leqslant \mu \|x\|_2$ kann jedoch nicht für alle x gelten.

+3. Weierstraßscher Approximationssatz (Karl Weierstraß, 1815–1897; 82). Er besagt, daß man zu jedem $x \in C[a,b]$ eine *Polynomfolge* (p_k) finden kann, die *gleichmäßig* auf $[a,b]$ gegen x konvergiert.[1] Formuliere diesen Satz mit Hilfe der Maximumsnorm und prüfe, worin sein Unterschied zur Tschebyscheffschen Approximationsaussage besteht.

---

[1] S. etwa Heuser II, Satz 115.5. Einen Beweis, der letzlich auf einem der fundamentalsten Sätze der Funktionalanalysis, dem Fortsetzungssatz von Hahn-Banach beruht, wird der Leser in A 56.9 selbst erarbeiten können.

3 Rand- und Eigenwertprobleme

An die schwingende Saite knüpft sich neben der Fourierentwicklung (und eng mit ihr zusammenhängend) noch ein weiterer Komplex von Fragen und Tatsachen, den wir schon angedeutet haben, nun aber präziser umreißen und deutlicher in seiner Eigenart herausstellen wollen. Bei der Diskussion der Saitenschwingung nämlich und dann wieder bei der Frage der Temperaturverteilung (in A 1.7) sind wir Aufgaben begegnet, die wir *Randwertprobleme* nannten, Aufgaben, in die sich in natürlicher Weise ein *Parameter* λ einmischte, dessen Größe das Lösungsverhalten ganz entscheidend bestimmte; wir rufen sie noch einmal ins Gedächtnis:

$$x''-\lambda x=0, \quad x(0)=0, \quad x(\pi)=0 \qquad \text{(s. (1.4)),}^{1)} \tag{3.1}$$

$$x''-\lambda x=0, \quad x(0)=0, \quad \sigma x(L)+x'(L)=0 \quad \text{(s. (1.36) in A 1.7)}^{1)}. \tag{3.2}$$

Aufgaben dieser Art treten so häufig in Physik und Technik auf, daß man sie zu den unabweisbaren Problemen der Mathematik rechnen muß. Auch wir werden uns ausgiebig mit ihnen beschäftigen und wollen hier der späteren abstrakten Theorie einen konkreten Hintergrund geben. Die Begründungen für die Sachverhalte, die wir nun kurz schildern wollen (und überdies viele weitere Beispiele), findet man etwa in Collatz (1963) oder in Heuser (1991 a). Zunächst arbeiten wir die *Struktur* der Randwertprobleme (3.1), (3.2) heraus. Dabei bezeichnen wir mit $C^{(k)}[a,b]$ die Menge aller auf $[a,b]$ k-mal stetig differenzierbaren Funktionen $x\colon [a,b]\to\mathbf{R}$.

Unter einem linearen Differentiationsoperator n-ter Ordnung versteht man eine Abbildung L, die vermöge der Erklärung

$$(Lx)(t) := \sum_{\nu=0}^{n} f_\nu(t)x^{(\nu)}(t) \qquad (f_\nu\in C[a,b],\ f_n(t)\neq 0 \text{ auf } [a,b]) \tag{3.3}$$

jeder Funktion $x\in C^{(n)}[a,b]$ eine Funktion $Lx\in C[a,b]$ zuordnet. Randbedingungen für eine solche Funktion sind Gleichungen der Form

$$R_\mu x := \sum_{\nu=0}^{n-1} [\alpha_{\mu\nu}x^{(\nu)}(a)+\beta_{\mu\nu}x^{(\nu)}(b)]=0 \qquad (\mu=1,\ldots,n) \tag{3.4}$$

mit gegebenen Zahlen $\alpha_{\mu\nu}, \beta_{\mu\nu}$. Ein Randwertproblem für L ist die Aufgabe, eine auf $[a,b]$ n-mal stetig differenzierbare Funktion x zu bestimmen, die bei gegebenem $y\in C[a,b]$ den Gleichungen

$$Lx=y \quad \text{und} \quad R_\mu x=0 \qquad \text{für } \mu=1,\ldots,n \tag{3.5}$$

genügt. Ist für ein Fundamentalsystem $x_1,\ldots,x_n$ der homogenen Differentialgleichung $Lx=0$ die Determinante

---

[1] Wir schreiben diesmal x statt v und $-\lambda$ statt λ.

$$|R_\mu x_k| \neq 0, \tag{3.6}$$

so gibt es eine und nur eine Greensche Funktion G, die auf dem Quadrat $a \leqslant s, t \leqslant b$ stetig ist und mit deren Hilfe die – unter den vorliegenden Voraussetzungen *eindeutig* bestimmte – Lösung x des Randwertproblems (3.5) in der Form

$$x(s) = \int_a^b G(s,t)y(t)\,\mathrm{d}t \tag{3.7}$$

dargestellt werden kann.[1] Wir betrachten nun (vgl. (3.1), (3.2)) die Randwertaufgabe

$$Lx - \lambda rx = 0, \quad R_\mu x = 0 \qquad (\mu = 1, \ldots, n;\ \lambda \text{ ein Parameter}); \tag{3.8}$$

dabei ist $r \in C[a,b]$, und das Produkt rx wird wie üblich *punktweise* definiert: $(rx)(t) := r(t)x(t)$. Jeder Wert λ, für den (3.8) eine nichttriviale (d.h. nicht identisch verschwindende) Lösung x besitzt, heißt ein Eigenwert des Problems, x selbst wird eine zu λ gehörende Eigenlösung genannt. Eigenwerte und Eigenlösungen oder von ihnen in einfacher Weise abhängende Ausdrücke haben häufig eine wichtige physikalisch-technische Bedeutung (Knicklasten, Resonanzfrequenzen, Energieniveaus, Schwingungsfiguren usw.). Diese Tatsache erklärt die fundamentale Rolle der Eigenwerttheorie in den naturwissenschaftlichen Disziplinen.

λ ist offenbar genau dann ein Eigenwert von (3.8), wenn für ein Fundamentalsystem $x_{\lambda 1}, \ldots, x_{\lambda n}$ der homogenen Differentialgleichung $Lx - \lambda rx = 0$ die Determinante

$$D(\lambda) := |R_\mu x_{\lambda k}| \tag{3.9}$$

verschwindet. *Infolgedessen ist* (3.6) *genau dann erfüllt, wenn* $\lambda = 0$ *kein Eigenwert ist. In diesem Falle existiert, wie wir gesehen haben, die Greensche Funktion G der Randwertaufgabe* (3.5). Besitzt die Aufgabe

$$Lx - \lambda rx = y, \quad R_\mu x = 0 \qquad (\mu = 1, \ldots, n) \tag{3.10}$$

für ein $y \in C[a,b]$ die Lösung x, so genügt diese wegen (3.7) der Integralgleichung

$$x(s) = \int_a^b G(s,t)[\lambda r(t)x(t) + y(t)]\,\mathrm{d}t, \tag{3.11}$$

[1] Die Greensche Funktion ist einer der großen Beiträge des englischen Autodidakten und späteren Cambridge-Professors George Green (1793–1841; 48) zur Mathematik. In Nr. 92 werden wir übrigens einen „Greenschen Operator" präsentieren, der in viel weiterem Rahmen das leistet, was hier die Greensche Funktion zuwege bringt.

die mit

$$k(s,t):=G(s,t)r(t), \qquad g(s):=\int_a^b G(s,t)y(t)\,dt \tag{3.12}$$

die Form einer sogenannten Fredholmschen Integralgleichung

$$x(s)-\lambda\int_a^b k(s,t)x(t)\,dt=g(s) \tag{3.13}$$

mit dem stetigen Kern $k(s,t)$ annimmt.[1] Umgekehrt läßt sich zeigen, daß jede stetige Lösung von (3.13) auch (3.10) löst. *Unter der Voraussetzung* (3.6) *kann somit das Randwertproblem* (3.10) *vollständig auf eine Fredholmsche Integralgleichung mit stetigem Kern zurückgeführt werden.* Diese Tatsache ist ein wesentlicher Grund dafür, daß wir uns ausgiebig mit solchen Integralgleichungen beschäftigen werden.

Die Probleme (3.1) und (3.2) sind von der Gestalt (3.8). Von entscheidender Bedeutung aber ist, daß sie sogar eine noch *speziellere* Struktur haben: sie sind nämlich sogenannte Sturm-Liouvillesche Eigenwertprobleme.[2]

Unter dem Sturm-Liouvilleschen Eigenwertproblem versteht man die mit dem Differentiationsoperator

$$Lx:=(px')'+qx \tag{3.14}$$

und den Randwertoperatoren

$$R_1x:=\alpha_1x(a)+\alpha_2x'(a), \qquad R_2x:=\beta_1x(b)+\beta_2x'(b) \tag{3.15}$$

gebildete Aufgabe

$$Lx-\lambda rx=0, \qquad R_1x=R_2x=0, \tag{3.16}$$

wobei die folgenden Voraussetzungen erfüllt sein mögen:

$$\left.\begin{array}{l}\textit{alle auftretenden Funktionen sind reell und auf } [a,b] \textit{ definiert},\\ p\in C^{(1)}[a,b] \textit{ und } q,r\in C[a,b],\\ p(t)>0 \textit{ und } r(t)>0 \textit{ auf } [a,b],\\ (\alpha_1,\alpha_2) \textit{ und } (\beta_1,\beta_2) \textit{ sind reelle Vektoren } \neq(0,0).\end{array}\right\} \tag{3.17}$$

---

[1] Der Schwede Ivar Fredholm (1866–1927; 61), Professor für mathematische Physik in Uppsala, hat sie zwar nicht erfunden, hat aber als erster eine wirklich befriedigende Lösungstheorie für sie entwickelt, eine Theorie, die in der Geschichte der Funktionalanalysis nichts weniger als Epoche gemacht hat.

[2] Der Schweizer Charles Sturm (1803–1855; 52) und der Franzose Josef Liouville (1809–1882; 73) waren befreundete Mathematiker. Beide lehrten in Paris.

$u \in C^{(2)}[a, b]$ heißt Vergleichsfunktion, wenn $R_1 u = R_2 u = 0$ ist. Für zwei Vergleichsfunktionen u, v haben wir

$$\int_a^b v\, Lu\, dt = \int_a^b u\, Lv\, dt; \tag{3.18}$$

dies folgt sofort aus der Beziehung $v\, Lu - u\, Lv = [p(vu' - uv')]'$.
Wir nehmen nun an, daß $\lambda = 0$ *kein Eigenwert der Aufgabe* (3.16) *sei. Dann existiert die Greensche Funktion* $G(s, t)$ *des Randwertproblems*

$$Lx = y, \qquad R_1 x = R_2 x = 0; \tag{3.19}$$

G ist stetig auf dem Quadrat $a \leqslant s, t \leqslant b$, und für jedes $y \in C[a, b]$ ist, wie wir wissen,

$$x(s) = \int_a^b G(s, t) y(t)\, dt \tag{3.20}$$

die eindeutig bestimmte Lösung von (3.19). Wir zeigen nun, *daß* G *symmetrisch ist*: $G(s, t) = G(t, s)$. Für beliebige $y, z \in C[a, b]$ sei

$$u(s) := \int_a^b G(s, t) y(t)\, dt, \qquad v(s) := \int_a^b G(s, t) z(t)\, dt. \tag{3.21}$$

Nach der eben gemachten Bemerkung ist

$$\begin{aligned} &Lu = y, \qquad Lv = z, \\ &R_1 u = R_2 u = R_1 v = R_2 v = 0; \end{aligned} \tag{3.22}$$

insbesondere sind also u, v Vergleichsfunktionen, so daß wir (3.18) auf sie anwenden können. Beachten wir dabei (3.21) und (3.22), so folgt

$$\begin{aligned} \int_a^b \left[\int_a^b G(s, t) z(t)\, dt\right] y(s)\, ds &= \int_a^b \left[\int_a^b G(s, t) y(t)\, dt\right] z(s)\, ds \\ &= \int_a^b \left[\int_a^b G(t, s) y(s)\, ds\right] z(t)\, dt, \end{aligned}$$

also $\quad \int_a^b \int_a^b [G(s, t) - G(t, s)]\, y(s) z(t)\, dt\, ds = 0 \quad$ für alle $y, z \in C[a, b]$,

woraus sich sofort die Symmetrie von G ergibt.
Eine Funktion x ist genau dann eine Lösung von (3.16), wenn sie der Integralgleichung

$$x(s) - \lambda \int_a^b k(s, t) x(t)\, dt = 0 \quad \text{mit} \quad k(s, t) := G(s, t) r(t)$$

genügt (s. (3.10) bis (3.13)). Wir definieren nun eine Abbildung $K: C[a,b] \to C[a,b]$ durch

$$(Kx)(s) := \int_a^b k(s,t)x(t)\,\mathrm{d}t; \tag{3.23}$$

aus offensichtlichen Gründen nennen wir K einen Fredholmschen Integraloperator.[1] Mit seiner Hilfe können wir die obige Integralgleichung kurz in der Form

$$x - \lambda Kx = 0 \tag{3.24}$$

schreiben. Ferner führen wir in $C[a,b]$ vermöge der Erklärung

$$(x\,|\,y) := \int_a^b r(t)x(t)y(t)\,\mathrm{d}t \tag{3.25}$$

ein Innenprodukt mit der „Gewichtsfunktion" r ein. *Und das Eigentümliche des Sturm-Liouvilleschen Problems* (3.16) *besteht nun darin, daß sein Integraloperator K bezüglich des Innenprodukts* (3.25) symmetrisch *ist, d.h., daß gilt:*

$$(Kx\,|\,y) = (x\,|\,Ky) \quad \textit{für alle } x, y \in C[a,b]. \tag{3.26}$$

Diese Tatsache folgt aus der Symmetrie der Greenschen Funktion G; ihre tiefgreifende Bedeutung wird sich uns im weiteren Fortgang der Untersuchungen immer nachdrücklicher aufdrängen.

Aufgaben

1. Zeige, daß die „Bildfunktion" Kx in (3.23) tatsächlich auf $[a,b]$ stetig ist.
Hinweis: Der Kern k ist auf dem kompakten Quadrat $[a,b]\times[a,b]$ *gleichmäßig* stetig.

+2. Für den Integraloperator K in (3.23) gilt die Abschätzung

$$\|Kx\|_\infty \leqslant M\|x\|_\infty \quad \text{mit} \quad M := (b-a)\max_{a\leqslant s,t\leqslant b}|k(s,t)| \tag{3.27}$$

und sogar

$$\|Kx\|_\infty \leqslant \mu\|x\|_\infty \quad \text{mit} \quad \mu := \max_{a\leqslant s\leqslant b}\int_a^b |k(s,t)|\,\mathrm{d}t. \tag{3.28}$$

Daraus folgt: Strebt $x_n \to x$, so strebt $Kx_n \to Kx$ (Konvergenz immer *im Sinne der Maximumsnorm*). Man wird also K eine „stetige" Abbildung nennen dürfen.

---

[1] Ein solcher Operator ordnet also stetigen Funktionen als Bilder stetige Funktionen zu. Früher nannte man so etwas gerne eine „Funktionenfunktion". Diese Wortgroteske ist glücklicherweise inzwischen mit Tod abgegangen.

*3. Der Integraloperator K in (3.23) hat die folgende Eigenschaft, die, wie sich später zeigen wird, alle seine anderen in den Schatten stellt: *Sei* (x_n) *eine normbeschränkte Folge in* $C[a, b]$, *also* $\|x_n\|_\infty < \gamma < \infty$ *für alle* $n \in \mathbf{N}$. *Dann enthält* (Kx_n) *eine (im Sinne der Maximumsnorm) konvergente Teilfolge.*

Hinweis: Zeige mittels der gleichmäßigen Stetigkeit des Kerns k, daß (Kx_n) eine gleichgradig stetige Funktionenfolge ist und wende den Satz von Arzelà-Ascoli[1] an (s. Heuser I, Satz 106.2).

4. Verifiziere, daß die Fredholmsche Integralgleichung

$$x(s) - \lambda \int_0^1 st\,x(t)\,dt = g(s)$$

für $\lambda \neq 3$ und $g \in C[0, 1]$ die Lösung $x(s) := g(s) + \frac{3\lambda s}{3-\lambda} \int_0^1 t g(t)\,dt$ besitzt.

5. Löse die Integralgleichung $x(s) - \frac{1}{3} \int_0^1 (s+t) x(t)\,dt = 15s - 2$.

Hinweis: Eine Lösung x, falls vorhanden, muß die Form

$$x(s) = 15s - 2 + \frac{1}{3} s \int_0^1 x(t)\,dt + \frac{1}{3} \int_0^1 t x(t)\,dt = as + b$$

haben. Gehe mit dem Ansatz $x(s) := as + b$ in die Integralgleichung ein und verifiziere, daß die so gewonnene Funktion x tatsächlich eine Lösung ist.

6. Die Greensche Funktion $G(s, t)$ für die Sturm-Liouvillesche Randwertaufgabe

$$Lx := (px')' + qx = y, \qquad R_1 x := \alpha_1 x(a) + \alpha_2 x'(a) = 0, \qquad R_2 x := \beta_1 x(b) + \beta_2 x'(b) = 0,$$

wobei die in (3.17) aufgeführten Voraussetzungen erfüllt sein mögen, kann bekanntlich folgendermaßen gefunden werden (s. Heuser (1991 a), S. 380): Man bestimmt ein Fundamentalsystem $\{x_1, x_2\}$ der homogenen Gleichung $Lx = 0$, das den Bedingungen $R_1 x_1 = 0$, $R_2 x_2 = 0$ genügt und setzt $c := p(x_1 x_2' - x_1' x_2)$ (c erweist sich als Konstante). Dann ist

$$G(s, t) = \begin{cases} x_1(s) x_2(t)/c & \text{für } a \leqslant s \leqslant t \leqslant b, \\ x_1(t) x_2(s)/c & \text{für } a \leqslant t \leqslant s \leqslant b. \end{cases}$$

Berechne nun die Greensche Funktion $G(s, t)$ der folgenden Aufgaben:

a) $x'' = y, \quad x(0) = x(1) = 0.$

b) $x'' = y, \quad x(0) = x'(1) = 0.$

c) $x'' = y, \quad x(0) = \sigma x(1) + x'(1) = 0 \quad (\sigma > 0).$

Die *Fredholmschen Integralgleichungen*, die zu den Randwertaufgaben

$x'' - \lambda x = 0$ mit den in a), b), c) auftretenden Randbedingungen

[1] So genannt nach den italienischen Mathematikern Cesare Arzelà (1847–1912; 65) und Giulio Ascoli (1843–1896; 53).

gehören, sind dann gegeben durch

$$x(s)-\lambda\int_0^1 G(s,t)x(t)\,\mathrm{d}t=0$$

mit der jeweiligen Greenschen Funktion. Auf diese Aufgaben (und Integralgleichungen) wird man beziehentlich geführt durch die Probleme der *schwingenden Saite* (s. (3.1)), der *Stabknickung* (s. A 33.3) und der *Temperaturverteilung in einem Stab* (s. (3.2)), wobei die Saiten- und Stablängen jeweils $=1$ sein sollen.

4 Lineare Probleme

Sinn und Bedeutung der „linearen Probleme" erläutern wir zweckmäßigerweise durch einige Beispiele.

4.1 Lineare Gleichungssysteme Das sind bekanntlich Systeme der Form

$$\sum_{k=1}^{n}\alpha_{jk}\xi_k=n_j\qquad(j=1,\ldots,m)\tag{4.1}$$

mit vorgegebener Systemmatrix

$$A:=\begin{pmatrix}\alpha_{11}&\alpha_{12}\ldots\alpha_{1n}\\ \alpha_{21}&\alpha_{22}\ldots\alpha_{2n}\\ \vdots&\\ \alpha_{m1}&\alpha_{m2}\ldots\alpha_{mn}\end{pmatrix}\quad\text{und rechter Seite}\quad y:=\begin{pmatrix}\eta_1\\ \eta_2\\ \vdots\\ \eta_m\end{pmatrix}^{1)}\tag{4.2}$$

($\alpha_{jk}, \xi_k, \eta_j \in \mathbf{K}$). In der Matrizenschreibweise läßt sich das System (4.1) übersichtlich so darstellen:

$$Ax=y.\tag{4.3}$$

Gesucht ist ein $x\in\mathbf{K}^n$, das diese Gleichung befriedigt - wenn es denn überhaupt ein solches x gibt. Man wird also etwas vorsichtiger zuerst nach *Lösbarkeitsbedingungen* für (4.3) fragen, ferner wird man auch noch wissen wollen, ob die Lösung (falls vorhanden) *eindeutig* bestimmt ist oder, wenn es mehrere Lösungen gibt, ob man etwas über die *Struktur der Lösungsmenge* aussagen kann. Da die Matrix A vermöge

$$Ax:=Ax\tag{4.4}$$

---

1) Im Zusammenhang mit Matrizen werden wir Vektoren aus den Räumen $\mathbf{K}^p$ gewöhnlich in *Spalten* schreiben, ansonsten aber lieber die raumsparende Zeilenschreibweise benutzen. Im übrigen bezeichnen wir sie von nun an mit *mageren* Buchstaben.

eine Abbildung $A: \mathbf{K}^n \to \mathbf{K}^m$ definiert und (4.3) gleichbedeutend ist mit der „Operatorengleichung“

$$Ax = y, \tag{4.5}$$

laufen diese Probleme im wesentlichen auf das Studium der *Abbildungseigenschaften* von A hinaus, insbesondere auf eine Beschreibung der Bildmenge $A(\mathbf{K}^n)$ und eine Klärung der Frage, ob A injektiv ist. Und hierbei ist nun entscheidend, daß A eine „lineare“ Abbildung ist, d. h., daß

$$A(x_1 + x_2) = Ax_1 + Ax_2, \qquad A(\alpha x) = \alpha Ax \quad \text{für alle } x, x_1, x_2 \in \mathbf{K}^n \text{ und } \alpha \in \mathbf{K} \tag{4.6}$$

gilt. Dieser Eigenschaft wegen nennen wir (4.1) ein „lineares Problem“.

4.2 Fredholmsche Integralgleichungen Das sind, wie wir schon wissen, Gleichungen der Form

$$x(s) - \int_a^b k(s, t)x(t)\,dt = y(s) \quad (a \leqslant s \leqslant b) \tag{4.7}$$

wobei der Kern k auf dem Quadrat $[a, b]x[a, b]$ und die rechte Seite y auf dem Intervall $[a, b]$ stetig ist.[1] Gesucht ist ein $x \in C[a, b]$, das (4.7) erfüllt - wobei nun sinngemäß wieder alle die Fragen hochkommen, die wir im Zusammenhang mit (4.3) schon gestellt hatten.

Mit Hilfe des Fredholmschen Integraloperators K aus (3.23) können wir (4.7) kurz in der Form

$$x - Kx = y \tag{4.8}$$

schreiben. Und wenn wir noch durch

$$Ax := x - Kx$$

eine Abbildung $A: C[a, b] \to C[a, b]$ erklären, so schrumpft (4.7) sogar auf die stenogrammartige „Operatorengleichung“

$$Ax = y \tag{4.9}$$

zusammen - und die oben angedeuteten Fragen werden nun zu Fragen über die *Abbildungseigenschaften* von A. Auch hier wird wieder die Tatsache entscheidend sein, daß A eine „lineare“ Abbildung ist, daß also analog zu (4.6) gilt:

$$A(x_1 + x_2) = Ax_1 + Ax_2, \qquad A(\alpha x) = \alpha Ax \quad \text{für alle } x, x_1, x_2 \in C[a, b],\ \alpha \in \mathbf{R}. \tag{4.10}$$

Dieser Eigenschaft wegen ist (4.7) ein „lineares Problem“. Und da nach Nr. 3 Randwertprobleme der Form (3.10), sofern sie der Voraussetzung (3.6) genügen,

---

[1] Vgl. (3.13). Die Konstante λ denken wir uns hier zu dem Kern k geschlagen.

in Fredholmsche Integralgleichungen transformiert werden können, sind auch sie „lineare Probleme". Entsprechendes gilt für eines der beherrschenden Probleme der mathematischen Physik: das *Dirichletsche Randwertproblem*; denn auch dieses läßt sich unter geeigneten Voraussetzungen in eine Fredholmsche Integralgleichung überführen (s. Nr. 85 und 86).

Die Fredholmsche Integralgleichung (4.7) ist gewissermaßen das „kontinuierliche Analogon" zu dem linearen Gleichungssystem

$$x_s - \sum_{t=1}^{n} k_{st} x_t = y_s \quad (s=1,\ldots,n), \tag{4.11}$$

und man wird daher erwarten, daß man wenigstens einen Teil seiner Lösungstheorie auch für (4.7) retten kann. Dies ist tatsächlich möglich, wie wir noch sehen werden.

4.3 Volterrasche Integralgleichungen Zwischen dem Torsionswinkel y und dem Torsionsmoment M eines gedrehten Drahtes besteht in erster Näherung die Proportionalität $y=\alpha M$. Da nun aber das Material bei der Drehung durch Ermüdungseffekte Veränderungen seiner Eigenschaften erleidet und diese Veränderungen „im Erbgang" weitergegeben werden, verfeinerte der italienische Mathematiker Vito Volterra (1860–1940; 80) im Jahre 1913 dieses einfache Modell zu der Beziehung

$$y(s) = \alpha M(s) + \int_a^s v(s,t) M(t)\,dt; \tag{4.12}$$

$v(s,t)$ nannte er den „Vererbungskoeffizienten". Mit $x(s) := \alpha M(s)$ und $k(s,t) := -v(s,t)/\alpha$ geht (4.12) über in die Integralgleichung

$$x(s) - \int_a^s k(s,t) x(t)\,dt = y(s) \quad (a \leqslant s \leqslant b) \tag{4.13}$$

für x. Integralgleichungen dieser Bauart werden nach Volterra benannt.[1] Den Volterraschen Kern (oder Dreieckskern) $k(s,t)$ setzen wir in der Regel als stetig auf dem Dreieck $a \leqslant t \leqslant s \leqslant b$ voraus, die rechte Seite y soll aus $C[a,b]$ sein, und gesucht wird eine Lösung $x \in C[a,b]$.

Definieren wir den Volterraschen Integraloperator $K: C[a,b] \to C[a,b]$ durch

$$(Kx)(s) := \int_a^s k(s,t) x(t)\,dt, \tag{4.14}$$

so können wir (4.13) in der Kurzform

$$x - Kx = y \tag{4.15}$$

[1] Volterra hatte sie schon vor 1913 studiert. Banach hat Volterra dieser Untersuchungen wegen den Begründer der Operatorentheorie genannt.

schreiben, und erklären wir noch die Abbildung $A: C[a, b] \to C[a, b]$ durch

$$Ax := x - Kx,$$

so reduziert sich (4.13) sogar auf die noch kürzere „Operatorengleichung"

$$Ax = y. \tag{4.16}$$

Alle mit der Auflösung von (4.13) zusammenhängenden Fragen werden damit zu Fragen über die *Abbildungseigenschaften* von A. Und wieder wird sich die Tatsache als fundamental erweisen, daß A eine „lineare" Abbildung ist, d. h., daß (4.10) auch diesmal wieder gilt.

Die Volterrasche Integralgleichung scheint sich von der Fredholmschen nur geringfügig zu unterscheiden: in (4.13) ist die obere Integrationsgrenze *variabel*, in (4.7) ist sie *fest*. Dieser minimale Unterschied wirkt sich aber tiefgreifend auf das Lösungsverhalten aus. Während nämlich die Fredholmsche Integralgleichung *nicht* für jede Seite lösbar zu sein braucht und die Lösung auch nicht eindeutig bestimmt sein muß (s. A 4.3), *besitzt die Volterrasche für jede rechte Seite eine, aber auch nur eine Lösung* (s. A 6.21 oder Nr. 15).

4.4 Anfangswertprobleme für lineare Differentialgleichungen L bedeute wieder den linearen Differentialoperator in (3.3), y eine Funktion aus $C[a, b]$, t_0 irgendeinen festen Punkt aus $[a, b]$ und $(\eta_0, \eta_1, \dots, \eta_{n-1})$ ein beliebiges n-Tupel reeller Zahlen. Das Anfangswertproblem

$$Lx = y, \qquad x^{(\nu)}(t_0) = \eta_\nu \quad \text{für } \nu = 0, 1, \dots, n-1 \tag{4.17}$$

fordert uns auf, eine Funktion $x \in C^{(n)}[a, b]$ zu finden, die der Differentialgleichung $Lx = y$ genügt und mitsamt ihren Ableitungen bis zur $(n-1)$-ten Ordnung an der Anfangsstelle t_0 vorgeschriebene Anfangswerte annimmt: $x(t_0) = \eta_0, x'(t_0) = \eta_1, \dots, x^{(n-1)}(t_0) = \eta_{n-1}$.

Um auch dieses Problem der Operatorenbetrachtung zu unterwerfen, definieren wir eine Abbildung A von $C^{(n)}[a, b]$ in die Menge F der $(n+1)$-Tupel $(z, \xi_0, \xi_1, \dots, \xi_{n-1})$ $(z \in C[a, b], \xi_\nu \in \mathbf{R})$ durch

$$Ax := (Lx, x(t_0), x'(t_0), \dots, x^{(n-1)}(t_0)). \tag{4.18}$$

Das Anfangswertproblem (4.17) läßt sich dann als „Operatorengleichung"

$$Ax = (y, \eta_0, \eta_1, \dots, \eta_{n-1}) \tag{4.19}$$

schreiben und entpuppt sich so als ein „lineares Problem", weil A offenbar eine „lineare" Abbildung ist:

$$A(x_1 + x_2) = Ax_1 + Ax_2, \qquad A(\alpha x) = \alpha Ax \quad \text{für alle } x, x_1, x_2 \in C^{(n)}[a, b] \text{ und } \alpha \in \mathbf{R}.$$

Aus der Theorie der Differentialgleichungen weiß man, daß die Aufgabe (4.17) für jedes $y \in C[a, b]$ und jedes n-Tupel $(\eta_0, \dots, \eta_{n-1})$ genau eine Lösung besitzt, kurz: daß die Abbildung $A: C^{(n)}[a, b] \to F$ *bijektiv* ist. Die Fragen nach Lösbarkeitsbedingungen, Eindeutigkeit der Lösung usw., die wir bisher in den Vordergrund gerückt hatten, erübrigen sich also hier – *dafür aber drängt sich nun ein ganz anderes Problem auf*, das von eminenter Bedeutung für die Praxis ist: Kann, grob gesagt, die Lösung x von (4.17) *stark, zu stark* variieren, wenn man die rechte Seite y und die Anfangswerte $\eta_0, \ldots, \eta_{n-1}$ nur wenig ändert – oder *ist es nicht vielleicht so, daß x „stetig" von diesen Daten abhängt, kleine Änderungen von* $y, \eta_0, \ldots, \eta_{n-1}$ *sich also nur geringfügig auf x auswirken?* Es liegt auf der Hand, wie wichtig diese „stetige Abhängigkeit der Lösung von den Ausgangsdaten" gerade in Naturwissenschaft und Technik ist. Hat man dort nämlich ein Problem mathematisch als eine Anfangswertaufgabe (4.17) formuliert, so ist man sofort mit dem Mißstand konfrontiert, daß $y, \eta_0, \ldots, \eta_{n-1}$ stets mit unvermeidlichen Fehlern behaftet sind und daß somit die Lösung x in Gefahr gerät, von dem realen Vorgang (den sie doch beschreiben soll) viel zu weit abzuweichen, um noch brauchbar zu sein – wenn die „stetige Abhängigkeit der Lösung von den Ausgangsdaten" *nicht* gegeben ist. Glücklicherweise ist sie vorhanden, wie wir später sehen werden.

Aber auch für den mathematischen Praktiker ist diese „stetige Abhängigkeit" von vitaler Bedeutung. Die rechte Seite y kann nämlich durchaus eine sehr unangenehme Funktion sein (stetige Funktionen sind nicht ohne Tücken!) – und dann liegt der Gedanke nahe, sie durch eine „benachbarte" einfachere Funktion (etwa durch ein Polynom) zu ersetzen und zu hoffen, daß die Lösung des *geänderten* Problems nicht allzuweit abliegt von der Lösung des *ursprünglichen*. Um dieses Verfahren zu rechtfertigen, bedarf es wieder der oft beschworenen „stetigen Abhängigkeit der Lösung", diesmal nur von der rechten Seite y.

Dieses „Stetigkeitsproblem" stellt sich natürlich nicht nur bei der Anfangswertaufgabe (4.17), sondern grundsätzlich bei jeder (eindeutig lösbaren) Gleichung, z. B. auch bei der Fredholmschen und der Volterraschen Integralgleichung. Wir werden noch eingehend darauf zu sprechen kommen.

Redewendungen wie „die Lösung x variiert nur wenig, wenn sich die Ausgangsdaten $y, \eta_0, \ldots, \eta_{n-1}$ nur wenig ändern" sind natürlich erst dann wirklich sinnvoll, wenn wir einen „Abstand" zwischen Funktionen aus $C^{(n)}[a, b]$ und ebenso einen „Abstand" zwischen Elementen $(z, \xi_0, \ldots, \xi_{n-1})$ aus F definieren können, Abstände, die uns die „Änderungen" *quantitativ* überhaupt erst greifbar machen. Gelingt uns dies (das wird der Fall sein), so entpuppt sich die „stetige Abhängigkeit der Lösung von den Ausgangsdaten" einfach als die (im üblichen Sinne zu präzisierende) Stetigkeit der inversen Abbildung A^{-1}, die jedem Bild Ax sein Urbild x zuordnet. Wir sehen hier schon, *wie wichtig die Frage nach der Stetigkeit der inversen Abbildung ist*, und werden denn auch einen beträchtlichen Teil unserer Anstrengungen diesem Problem zuwenden.

Wir haben in dieser Nummer nichts bewiesen – außer dem einen: daß diese Welt, wie dürftig sie auch sein mag, jedenfalls an *linearen* Problemen *keinen* Mangel leidet.

Aufgaben

+**1. Lösungssatz für lineare Gleichungssysteme** Gegeben sei das Gleichungssystem

$$\sum_{k=1}^{n} \alpha_{jk}\xi_k=\eta_j \quad (j=1,\ldots,n) \quad \text{mit} \quad \alpha_{jk},\xi_k,\eta_j\in\mathbf{K}. \tag{4.20}$$

Es sei

$$A:=\begin{pmatrix}\alpha_{11}\,\alpha_{12}\ldots\alpha_{1n}\\ \vdots\\ \alpha_{n1}\,\alpha_{n2}\ldots\alpha_{nn}\end{pmatrix} \quad \text{und} \quad A^+:=\begin{pmatrix}\alpha_{11}\,\alpha_{21}\ldots\alpha_{n1}\\ \vdots\\ \alpha_{1n}\,\alpha_{2n}\ldots\alpha_{nn}\end{pmatrix}, \quad \text{ferner}$$

$$x:=\begin{pmatrix}\xi_1\\ \vdots\\ \xi_n\end{pmatrix}, \quad x^+:=\begin{pmatrix}\xi_1^+\\ \vdots\\ \xi_n^+\end{pmatrix}, \quad y:=\begin{pmatrix}\eta_1\\ \vdots\\ \eta_n\end{pmatrix} \quad \text{und} \quad \langle x,x^+\rangle:=\sum_{k=1}^{n}\xi_k\xi_k^+.$$

Zeige der Reihe nach:

a) $\langle Ax,x^+\rangle=\langle x,A^+x^+\rangle$ für alle $x,x^+\in\mathbf{K}^n$.

b) Ist U ein echter Untervektorraum von $\mathbf{K}^n$ und $v\in\mathbf{K}^n\setminus U$, so gibt es ein $z\in\mathbf{K}^n$ mit $\langle u,z\rangle=0$ für alle $u\in U$ und $\langle v,z\rangle\neq 0$.

c) Das System (4.20) ist genau dann lösbar, wenn $\langle y,x^+\rangle=0$ ist für alle $x^+\in\mathbf{K}^n$ mit $A^+x^+=0$ (diese x^+ sind die Lösungen des zu (4.20) gehörenden transponierten homogenen Systems).

2. Die lineare Abbildung $A:\mathbf{K}^n\to\mathbf{K}^m$ sei durch (4.4) definiert. Führe auf $\mathbf{K}^p$ ($p=n,m$) die euklidische Norm

$$\|x\|_2:=\left(\sum_{k=1}^{p}|\xi_k|^2\right)^{1/2} \quad \text{für} \quad x:=\begin{pmatrix}\xi_1\\ \vdots\\ \xi_p\end{pmatrix}$$

ein und zeige mit Hilfe der Schwarzschen Ungleichung:

$$\|Ax\|_2\leqslant\left(\sum_{j=1}^{m}\sum_{k=1}^{n}|\alpha_{jk}|^2\right)^{1/2}\|x\|_2 \quad \text{für alle } x\in\mathbf{K}^n. \tag{4.21}$$

3. Die Fredholmsche Integralgleichung $x(s)-\int_0^1 x(t)\,\mathrm{d}t=s$ besitzt *keine* Lösung in $C[0,1]$.

Hinweis: Für eine Lösung x wäre $x(s)=s+\tau$. Gehe damit in die Integralgleichung ein.

4. Für den Volterraschen Integraloperator K in (4.14) ist

$$\|Kx\|_\infty\leqslant\lambda\|x\|_\infty \quad \text{für alle } x\in C[a,b] \quad \text{mit} \quad \lambda:=(b-a)\max_{a\leqslant t\leqslant s\leqslant b}|k(s,t)|. \tag{4.22}$$

5. Die Volterrasche Integralgleichung (4.13) ist das *kontinuierliche Analogon* zu dem linearen Gleichungssystem

$$x_s-\sum_{t=1}^{s}k_{st}x_t=y_s \quad (s=1,\ldots,n). \tag{4.23}$$

Dieses System hat genau dann für jede rechte Seite eine und nur eine Lösung, wenn alle $k_{ss} \neq 1$ sind.

Bemerkung: Im Unterschied zu (4.23) ist (4.13) *immer* eindeutig lösbar (s. A 6.21 oder Nr. 15).

6. Der Volterrasche Integraloperator K in (4.14) hat die folgende Eigenschaft: Ist (x_n) eine normbeschränkte Folge in $C[a, b]$, also $\|x_n\|_\infty < \gamma < \infty$ für alle $n \in \mathbf{N}$, so enthält (Kx_n) eine (im Sinne der Maximumsnorm) konvergente Teilfolge.

Hinweis: Vgl. A 3.3.

5 Lineare Abbildungen

5.1 Lineare Abbildungen in der Analysis Lineare Abbildungen spielen nicht nur bei *Gleichungsproblemen* (wie in Nr. 4) eine Rolle - sie tauchen vielmehr in der Analysis geradezu rudelweise auf. Wir wollen dies hier durch einige weitere Beispiele belegen, die fundamentalen Charakter tragen. Dabei sollen *Summen* und *Vielfache* von Funktionen bzw. Folgen stets *punkt-* bzw. *komponentenweise* gebildet werden (wie wir es auch bisher schon immer getan haben):

$$(x+y)(t) := x(t)+y(t), \qquad (\alpha x)(t) := \alpha x(t), \tag{5.1}$$

$$(\xi_n)+(\eta_n) := (\xi_n+\eta_n), \qquad \alpha(\xi_n) := (\alpha \xi_n). \tag{5.2}$$

Bequemlichkeitshalber führen wir die folgenden Bezeichnungen ein:

(s) := Menge aller Zahlenfolgen $(\xi_n) \subset \mathbf{K}$,

(c) := Menge aller konvergenten Zahlenfolgen $(\xi_n) \subset \mathbf{K}$,

P := Menge aller reellen Polynome.

Wir erinnern noch einmal daran, daß $C[a, b]$ die Menge der *stetigen* und $C^{(n)}[a, b]$ die der *n-mal stetig differenzierbaren* Funktionen $x:[a, b] \to \mathbf{R}$ bedeutet.[1]

Die nun folgenden Abbildungen oder Operatoren sind alle „linear“, d.h., für sie gelten auf ihren Definitionsmengen die Beziehungen

$$A(x+y) = Ax + Ay, \qquad A(\alpha x) = \alpha A x;$$

der Leser wird dies mühelos verifizieren können. Statt A schreiben wir gelegentlich aus offensichtlichen Gründen A_n.

5.1.1 Grenzwertoperator

$$A:(c) \to \mathbf{K} \quad \text{mit} \quad A(\xi_n) := \lim \xi_n.$$

[1] Später werden wir auch *komplexwertige* Funktionen zulassen.

5.1.2 Integrationsoperator

$$A\colon C[a,b]\to\mathbf{R} \quad \text{mit} \quad Ax:=\int_a^b x(t)\,\mathrm{d}t.$$

5.1.3 Keplerscher Quadraturoperator[1]

$$A\colon C[a,b]\to\mathbf{R} \quad \text{mit} \quad Ax:=\frac{b-a}{6}\left[x(a)+4x\left(\frac{a+b}{2}\right)+x(b)\right].$$

5.1.4 Differentiationsoperator

$$A\colon C^{(1)}[a,b]\to C[a,b] \quad \text{mit} \quad Ax:=\frac{\mathrm{d}x}{\mathrm{d}t}.$$

(Auch der in (3.3) erklärte allgemeinere Differentiationsoperator $L\colon C^{(n)}[a,b]\to C[a,b]$ ist offensichtlich linear.)

5.1.5 Differenzenoperator

$$A\colon (s)\to(s) \quad \text{mit} \quad A(\xi_1,\xi_2,\ldots):=(\xi_2-\xi_1,\xi_3-\xi_2,\ldots).$$

5.1.6 Interpolationsoperator

$$A\colon C[a,b]\to P \quad \text{mit} \quad Ax:=\sum_{k=0}^{n} x(t_k)L_k;$$

hierbei sind $t_0, t_1, \ldots, t_n$ paarweise verschiedene „Stützstellen" in $[a,b]$, und L_k ist das zugehörige k-te Lagrangesche Polynom[2]

$$L_k(t):=\frac{(t-t_0)\cdots(t-t_{k-1})\;(t-t_{k+1})\cdots(t-t_n)}{(t_k-t_0)\cdots(t_k-t_{k-1})(t_k-t_{k+1})\cdots(t_k-t_n)}.$$

Es ist $(Ax)(t_k)=x(t_k)$ für $k=0,1,\ldots,n$, Ax ist also ein Interpolationspolynom für x.

5.1.7 n-ter Taylorscher Operator

$$A_n\colon C^{(n)}[a,b]\to P \quad \text{mit} \quad (A_n x)(t):=\sum_{k=0}^{n}\frac{x^{(k)}(a)}{k!}(t-a)^k.$$

---

[1] Nach Johannes Kepler (1571–1630; 59), dessen Weltruhm allerdings weit weniger auf der obigen „Keplerschen Faßregel" zur numerischen Integration von x als vielmehr auf den Keplerschen Planetengesetzen beruht.

[2] Josef Louis Lagrange (1736–1813; 77) war einer der Großen des großen 18. Jahrhunderts und ein würdiger Nachfolger Eulers an der Berliner Akademie der Wissenschaften.

5.1.8 n-ter Bernsteinscher Approximationsoperator[1)]

$$A_n : C[0,1] \to P \quad \text{mit} \quad (A_n x)(t) := \sum_{k=0}^{n} x\left(\frac{k}{n}\right)\binom{n}{k} t^k (1-t)^{n-k}.$$

Für $n \to \infty$ strebt die Polynomfolge $(A_n x)$ *gleichmäßig auf* $[0, 1]$ (also im Sinne der Maximumsnorm) gegen x (einen funktionalanalytischen Beweis hierfür werden wir in A 56.9 erbringen). Liegt x sogar in $C^{(1)}[0, 1]$, so strebt auch noch

$$\frac{\mathrm{d}}{\mathrm{d}t} A_n x \to \frac{\mathrm{d}}{\mathrm{d}t} x \quad \textit{gleichmäßig auf } [0, 1].$$

5.1.9 Fouriertransformation: Diese Abbildung $x \mapsto X$ mit

$$X(\omega) := \int_{-\infty}^{+\infty} x(t) \mathrm{e}^{-\mathrm{i}\omega t} \mathrm{d}t \tag{5.3}$$

spielt nicht nur in der Analysis, sondern auch in den Anwendungen, besonders in der Elektrotechnik, eine herausragende Rolle, weil man mit ihrer Hilfe *Zeit*funktionen $x(t)$ unter Erhaltung der Energie in *Frequenz*funktionen $X(\omega)$ und *Faltungen* (Konvolutionen) von Signalen in deren *Produkte* verwandeln kann.[2)]

5.1.10 Laplacetransformation[3)]: Sie ordnet der Funktion $x(t)$ die Funktion

$$\xi(s) := \int_{0}^{+\infty} \mathrm{e}^{-st} x(t) \mathrm{d}t \tag{5.4}$$

zu und ist in den technischen Disziplinen sehr beliebt, da man mit ihrer Hilfe Differentialgleichungsprobleme auf algebraische Aufgaben zurückführen kann. S. etwa die Nummern 17 und 54 in Heuser (1991 a).

5.2 Lineare und multiplikative Systeme in der Nachrichtentechnik In der Nachrichtentechnik hat man es u. a. zu tun mit „Eingangssignalen" x, die einem gewissen System A eingegeben, dort verarbeitet und dann als „Ausgangssignale" Ax herausgegeben werden (s. Fig. 4.1). Signale sind Zeitfunktionen, die addiert und

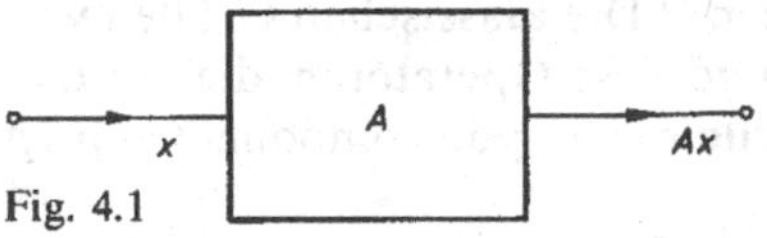

Fig. 4.1

[1)] So genannt nach dem russischen Mathematiker Serge N. Bernstein (1880–1968; 88).

[2)] In der Elektrotechnik bezeichnet man die „Fouriertransformierte" von x gerne, wie hier geschehen, mit dem zugehörigen großen Buchstaben X und drückt die Beziehung zwischen diesen beiden Funktionen durch das Symbol x ○—● X aus.

[3)] Pierre Simon Laplace (1749–1827; 78). Das Hauptwerk dieses französischen Mathematikers, Physikers und Astronomen ist sein fünfbändiger *Traité de mécanique céleste*.

vervielfacht wieder Signale ergeben. In vielen Fällen verarbeitet das System A die Signale *linear*, also so, daß

$$A(x+y)=Ax+Ay, \qquad A(\alpha x)=\alpha Ax \tag{5.5}$$

ist; A nennt man dann ein lineares System und (5.5) das Superpositionsprinzip. Ein lineares System bewirkt also, in mathematischer Sprache, eine *lineare Abbildung von Signalen.*

Neben den linearen Systemen benutzt man in der Nachrichtentechnik auch multiplikative Systeme oder Logarithmierer L. Diese haben die Aufgabe, *Produkte* xy und *Potenzen* x^α von Signalen in *Summen* und *Vielfache* umzuwandeln, um so die Signale zur Verarbeitung durch ein lineares System vorzubereiten; für L gilt also

$$L(xy)=Lx+Ly, \qquad L(x^\alpha)=\alpha Lx. \tag{5.6}$$

L wirkt somit wie ein Logarithmus; die Eingangssignale sollen dabei positiv sein.

Mathematisch läßt sich auch L als ein *linearer* Operator auffassen. Definiert man nämlich eine „Summe" $x\oplus y$ und ein „Vielfaches" $\alpha\odot x$ der positiven Eingangssignale x, y vermöge

$$x\oplus y:=xy, \qquad \alpha\odot x:=x^\alpha, \tag{5.7}$$

so genügt diese „Addition" $\oplus$ und „Vervielfachung" $\odot$ den üblichen Regeln (das additiv neutrale Element ist die Funktion 1, das zu x additiv inverse Element die Funktion $1/x$), und wegen (5.6) gilt

$$L(x\oplus y)=Lx+Ly, \qquad L(\alpha\odot x)=\alpha Lx, \tag{5.8}$$

womit die Linearität von L dargelegt ist.

5.3 Operatoren der Quantenmechanik In der Quantenmechanik beschreibt man das Verhalten von Mikroteilchen (Elektronen, Protonen usw.) nicht wie in der klassischen Mechanik durch die gleichzeitige Angabe von Ort und Impuls, sondern mittels komplexwertiger „Wellenfunktionen" $\psi(x, y, z, t)$, die von den Ortskoordinaten x, y, z und der Zeit t abhängen.[1] Die klassischen Größen wie Impuls, Energie usw. werden dabei ersetzt durch gewisse Operatoren, die auf die Wellenfunktionen anzuwenden sind. An die Stelle der Impulskomponenten p_x, p_y, p_z treten z.B. die Impulsoperatoren

$$\frac{h}{2\pi i}\frac{\partial}{\partial x}, \qquad \frac{h}{2\pi i}\frac{\partial}{\partial y}, \qquad \frac{h}{2\pi i}\frac{\partial}{\partial z}; \tag{5.9}$$

[1] $|\psi(x,y,z,t)|^2 dx\,dy\,dz$ gibt die Wahrscheinlichkeit dafür an, daß sich das Teilchen zur Zeit t in dem Quader $[x, x+dx]\times[y, y+dy]\times[z, z+dz]$ befindet – wenn ψ „normiert" ist:

$$\int_{\mathbf{R}^3} |\psi|^2 dx\,dy\,dz = 1.$$

dabei ist h das Plancksche Wirkungsquantum[1] und

$$\frac{\mathrm{h}}{2\pi\mathrm{i}}\frac{\partial}{\partial x}\psi := \frac{\mathrm{h}}{2\pi\mathrm{i}}\frac{\partial\psi}{\partial x} \quad \text{usw.}$$

In der klassischen Mechanik wird die kinetische Energie T eines Körpers K mit Masse m und Impulsvektor (p_x, p_y, p_z) gegeben durch

$$T = \frac{1}{2m}(p_x^2 + p_y^2 + p_z^2)\,;$$

ersetzt man hierin $p_x^2 = p_x p_x$ durch den zweimal angewandten Impulsoperator $\frac{\mathrm{h}}{2\pi\mathrm{i}}\frac{\partial}{\partial x}$, also durch

$$\frac{\mathrm{h}}{2\pi\mathrm{i}}\frac{\partial}{\partial x}\left(\frac{\mathrm{h}}{2\pi\mathrm{i}}\frac{\partial}{\partial x}\right) = -\frac{\mathrm{h}^2}{4\pi^2}\frac{\partial^2}{\partial x^2},$$

und verfährt man entsprechend bei p_y^2 und p_z^2, so erhält man den **Operator** T **der kinetischen Energie** in der Gestalt

$$T := -\frac{\mathrm{h}^2}{8\pi^2 m}\left(\frac{\partial^2}{\partial x^2} + \frac{\partial^2}{\partial y^2} + \frac{\partial^2}{\partial z^2}\right) = -\frac{\mathrm{h}^2}{8\pi^2 m}\,\Delta, \tag{5.10}$$

wobei Δ das Symbol für den **Laplaceoperator** ist. Dies bedeutet also, daß

$$T\psi := -\frac{\mathrm{h}^2}{8\pi^2 m}\,\Delta\,\psi = -\frac{\mathrm{h}^2}{8\pi^2 m}\left(\frac{\partial^2\psi}{\partial x^2} + \frac{\partial^2\psi}{\partial y^2} + \frac{\partial^2\psi}{\partial z^2}\right)$$

für jede Wellenfunktion ψ ist. In der klassischen Mechanik ist die Gesamtenergie H des Körpers K die Summe $T + U$ seiner kinetischen Energie T und seiner potentiellen Energie U; der **Energieoperator** H der Quantenmechanik ist demgemäß gegeben durch

$$H := -\frac{\mathrm{h}^2}{8\pi^2 m}\,\Delta + U, \tag{5.11}$$

d.h., für jede Wellenfunktion ψ ist

$$H\psi := -\frac{\mathrm{h}^2}{8\pi^2 m}\,\Delta\,\psi + U\psi$$

($U\psi$ ist das punktweise Produkt der Funktionen U und ψ).
Alle diese fundamentalen Operatoren des Impulses und der Energie sind nun offensichtlich *linear*. Aber es gilt noch mehr! Führt man nämlich für Wellenfunktionen ein *Innenprodukt* durch

[1] Der deutsche Physiker Max Planck (1858–1947; 89) erhielt 1918 für seine bahnbrechenden Arbeiten zur Quantentheorie den Nobelpreis.

$$(\varphi|\psi) := \int_{-\infty}^{+\infty} \int_{-\infty}^{+\infty} \int_{-\infty}^{+\infty} \varphi \overline{\psi} \, \mathrm{d}x \, \mathrm{d}y \, \mathrm{d}z \tag{5.12}$$

ein und setzt zur Abkürzung

$$A := \frac{\mathrm{h}}{2\pi \mathrm{i}} \frac{\partial}{\partial x} \quad \text{(erster Impulsoperator)},$$

so findet man nach rascher und ruppiger Rechnung *à la physique*[1], daß durchweg

$$(A\varphi|\psi) = (\varphi|A\psi) \tag{5.13}$$

ist, und dasselbe gilt auch, wenn A für einen der anderen Impulsoperatoren oder für einen der Energieoperatoren T, H steht[2]. Alle diese Operatoren kann man also, kurz gesagt, *durch das Innenprodukt* (5.12) *hindurchschieben.* Wir haben hier somit eine zu (3.26) völlig analoge Situation, und wie wir dort den Integraloperator K wegen (3.26) *symmetrisch* nannten, so werden wir auch hier die quantenmechanischen Operatoren wegen (5.13) *symmetrisch* nennen – wobei „Symmetrie" immer als „Symmetrie bezüglich eines vorgegebenen Innenproduktes" zu verstehen ist. Auf die durchschlagenden Auswirkungen der Gl. (5.13) werden wir noch zu sprechen kommen.

In diesem Kapitel sind uns aus Physik und Technik – und aus der Mathematik selbst – Probleme zugeströmt, die gebieterisch danach verlangen, daß wir „Abstände" zwischen Funktionen und „Innenprodukte" für sie betrachten, daß wir mittels solcher Abstände „Konvergenz" und „Stetigkeit" studieren und unser Augenmerk sehr intensiv auf das Phänomen der Linearität richten. *Begrifflich* sind wir dabei etwas im Vagen geblieben. Das aber wird sich im folgenden Kapitel gründlich ändern.

Aufgaben

1. Setze $\|x\| := \|x\|_\infty + \|\mathrm{d}x/\mathrm{d}t\|_\infty$ für $x \in C^{(1)}[0, 1]$. Zeige mit Hilfe der in Beispiel 5.1.8 mitgeteilten Ergebnisse (und der dort eingeführten Bezeichnungen): Für jedes $x \in C^{(1)}[0, 1]$ strebt

$$A_n x \xrightarrow{\|\cdot\|} x, \quad \text{d. h.} \quad \|A_n x - x\| \to 0 \quad \text{für } n \to \infty.$$

2. Bedeutet A den Integrationsoperator (Beispiel 5.1.2) bzw. den Keplerschen Quadraturoperator (Beispiel 5.1.3), so ist $|Ax| \leqslant (b-a)\|x\|_\infty$. Diese Abschätzung kann nicht verschärft werden, denn es gibt ein x_0 mit $\|x_0\|_\infty = 1$ und $|Ax_0| = b-a$.

---

[1] Man integriere partiell (und bedenkenlos) und beachte, daß Wellenfunktionen „im Unendlichen rasch verschwinden".

[2] Dabei kann man sich auf die Ergebnisse über die Impulsoperatoren stützen.

3. A sei der Interpolationsoperator in Beispiel 5.1.6 zu $n+1$ äquidistanten Stützstellen $t_0=a<t_1<t_2<\cdots<t_n=b$. Dann ist (sehr grob) $\|Ax\|_\infty \leqslant n^{n+1}\|x\|_\infty$ für jedes $x\in C[a,b]$.

4. Sei A_n der n-te Bernsteinsche Approximationsoperator (Beispiel 5.1.8). Dann ist $\|A_n x\|_\infty \leqslant \|x\|_\infty$ für jedes $x\in C[0,1]$. Diese Abschätzung kann nicht verschärft werden (s. Aufgabe 5).

5. Sei A_n wie in Aufgabe 4 der n-te Bernsteinsche Approximationsoperator und $x_0(t):=1, x_1(t):=t, x_2(t):=t^2$ für $0\leqslant t\leqslant 1$. Zeige der Reihe nach:

$$\sum_{k=0}^{n}\binom{n}{k}t^k(1-t)^{n-k}=1, \quad \text{also} \quad A_n x_0=x_0 \quad (n\geqslant 1),$$

$$\sum_{k=0}^{n}\frac{k}{n}\binom{n}{k}t^k(1-t)^{n-k}=t, \quad \text{also} \quad A_n x_1=x_1 \quad (n\geqslant 1),$$

$$\sum_{k=0}^{n}\frac{k^2}{n^2}\binom{n}{k}t^k(1-t)^{n-k}=\left(1-\frac{1}{n}\right)t^2+\frac{1}{n}t, \quad \text{also} \quad A_n x_2=\left(1-\frac{1}{n}\right)x_2+\frac{1}{n}x_1 \quad (n\geqslant 1).$$

6. Sei A der **Stammfunktionsoperator** auf $C[a,b]$, definiert durch

$$(Ax)(s):=\int_a^s x(t)\,\mathrm{d}t \quad (a\leqslant s\leqslant b) \qquad \text{für} \quad x\in C[a,b].$$

A ist eine lineare Selbstabbildung von $C[a,b]$ mit $\|Ax\|_\infty \leqslant (b-a)\|x\|_\infty$. Diese Abschätzung kann nicht verschärft werden.

7. Finde eine Integraldarstellung für die n-te Potenz A^n des Stammfunktionsoperators A in Aufgabe 6 ($n=1,2,\ldots$).
Hinweis: Heuser I, Satz 86.2.

8. A sei der Stammfunktionsoperator in Aufgabe 6. Zeige induktiv: Für $n\in\mathbf{N}$ ist

$$|(A^n x)(s)| \leqslant \frac{(s-a)^n}{n!}\|x\|_\infty, \quad \text{also} \quad \|A^n x\|_\infty \leqslant \frac{(b-a)^n}{n!}\|x\|_\infty .$$

9. Vorgelegt sei die Randwertaufgabe

$$\frac{\mathrm{d}^2x}{\mathrm{d}t^2}+x=y, \quad x(0)=x\left(\frac{\pi}{2}\right)=0 \tag{5.14}$$

mit $y\in C[0,\pi/2]$. Zeige, daß die lineare Selbstabbildung A von $C[0,\pi/2]$, definiert durch

$$(Ay)(t):=\int_0^t y(\tau)\sin(t-\tau)\,\mathrm{d}\tau-\sin t\int_0^{\pi/2} y(\tau)\sin\left(\frac{\pi}{2}-\tau\right)\mathrm{d}\tau \quad \left(0\leqslant t\leqslant\frac{\pi}{2}\right),$$

der **Lösungsoperator** der Randwertaufgabe ist, d.h., daß (5.14) eindeutig durch Ay gelöst wird. Gewinne diese Lösung (und damit auch A) durch die Methode der Variation der Konstanten. Zeige ferner, daß $\|Ay\|_\infty \leqslant \pi\|y\|_\infty$ ist und schließe daraus, daß die Lösung der Aufgabe (5.14) „stetig von der rechten Seite y abhängt".

II Normierte Räume

In diesem Kapitel werden wir zunächst den vielbeschworenen Begriff des *Abstandes* präzise formulieren, dann Mengen mit einer *linearen Struktur* („Vektorräume") betrachten und schließlich die metrischen und linearen Strukturen im Begriff des *normierten Raumes* miteinander verschmelzen. Dadurch versetzen wir uns in die Lage, die linearen Abbildungen und ihr Stetigkeitsverhalten in gebotener Allgemeinheit und Sorgfalt definieren und studieren zu können.

6 Metrische Räume

Mit dem Abstandsbegriff sind wir bisher sehr sorglos umgegangen. Wir haben nämlich in einigen konkreten Fällen zwar „Abstände" („Distanzen") $d(x, y)$ zwischen Elementen x, y gewisser Mengen erklärt, z. B.

$$d(x,y) := \left(\int_{-\pi}^{\pi} |x(t)-y(t)|^2 \, dt \right)^{1/2} \quad \text{für} \quad x, y \in C[-\pi, \pi], \tag{6.1}$$

$$d(x,y) := \max_{a \leqslant t \leqslant b} |x(t)-y(t)| \quad \text{für} \quad x, y \in C[a, b], \tag{6.2}$$

aber wir haben nicht daran gedacht zu fragen, ob diese „Abstände" denn auch diejenigen Eigenschaften haben, die man intuitiverweise von jedem vernünftigen Abstand erwarten sollte. Derartige Eigenschaften sind z. B. die folgenden, wobei wir Objekte, zwischen denen Abstände definiert sind, gern „Punkte" nennen: Der Abstand eines Punktes von sich selbst und nur von sich selbst ist 0, der Abstand eines Punktes x von einem Punkte y ist ebenso groß wie umgekehrt der Abstand des Punktes y von dem Punkt x (*Symmetrieeigenschaft* des Abstandes) und schließlich noch eine *Umwegeigenschaft*: Geht man von einem Punkt x *nicht direkt* zum Punkte y, sondern zuerst zum Punkte z und von dort zu y, so hat man jedenfalls nicht abgekürzt, ungünstigenfalls vielmehr einen Umweg gemacht. Wir brauchen nun diese Eigenschaften nur noch präzise in mathematischer Formelsprache auszudrücken, um den grundlegenden Begriff der Metrik und des metrischen Raumes zu gewinnen:

Eine Funktion d, die je zwei Elementen x, y einer nichtleeren Menge E eine reelle Zahl $d(x, y)$ zuordnet, heißt **Metrik** auf E, wenn sie die folgenden Eigenschaften besitzt:

(M 1) $d(x, y) \geqslant 0$, *wobei* $d(x, y) = 0$ *genau für* $x = y$ *gilt*,

(M 2) $d(x, y) = d(y, x)$,

(M 3) $d(x, y) \leqslant d(x, z) + d(z, y)$.

Ein **metrischer Raum** (E, d) ist eine (nichtleere) Menge E, auf der eine Metrik d erklärt ist.

Die Elemente eines metrischen Raumes nennen wir gewöhnlich **Punkte**, die Zahl $d(x, y)$ heißt die **Distanz**, die **Entfernung** oder der **Abstand** zwischen den Punkten x, y. (M 3) nennt man die **Dreiecksungleichung** (s. Fig. 6.1).

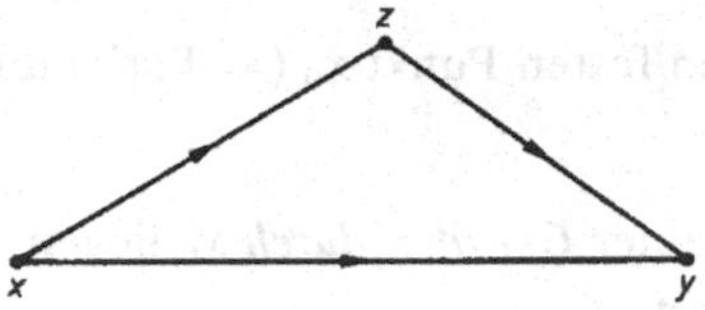

Fig. 6.1

Aus (M 3) folgt sofort die **verallgemeinerte Dreiecksungleichung**

$$d(x, y) \leqslant d(x, x_1) + d(x_1, x_2) + \cdots + d(x_n, y).$$

Auf einer Menge E können durchaus *mehrere* Metriken definiert werden. Die Schreibweise (E, d) trägt dieser Tatsache Rechnung: sie läßt nicht nur die zugrunde liegende *Menge* E, sondern auch die jeweils auf ihr vorhandene *Metrik* d erkennen. Nicht immer ist diese sorgfältige Schreibweise notwendig; wir werden uns deshalb häufig die Freiheit nehmen, einfach von dem *metrischen Raum* E statt (E, d) zu sprechen. Die Metrik von E soll dann stets mit d bezeichnet werden.

Der bekannteste metrische Raum ist der Körper $\mathbf{K}$ mit $d(x, y) := |x - y|$. Dieses $d(x, y)$ nennt man den **natürlichen Abstand** – und er ist in der Regel auch der einzig sinnvolle in $\mathbf{K}$; mit ihm soll $\mathbf{K}$ *stets* ausgestattet sein. Aber schon in $\mathbf{R}^2$ (geometrisch: in der Ebene) gibt es mehrere ganz verschiedene und doch gleichermaßen einleuchtende Abstände. Der geläufigste ist der *euklidische Abstand* (die „Luftlinienentfernung")

$$d_2(x, y) := \sqrt{|\xi_1 - \eta_1|^2 + |\xi_2 - \eta_2|^2} \quad \text{zwischen} \quad x := (\xi_1, \xi_2), y := (\eta_1, \eta_2). \tag{6.3}$$

Die Innenstadt von Mannheim jedoch mit ihrem rechtwinkligen Straßensystem (s. Fig. 6.2) zwingt dem Fußgänger bereits eine ganz andere Abstandsmessung auf: Um von x zu y zu gelangen, muß er nämlich die Entfernung

$$d_1(x, y) := |\xi_1 - \eta_1| + |\xi_2 - \eta_2| \tag{6.4}$$

überwinden. Noch betrüblicher liegen die Dinge bei einer Metrik, die man nicht ohne Grund (und nicht ohne Bosheit) die des *französischen Eisenbahnsystems* ge-

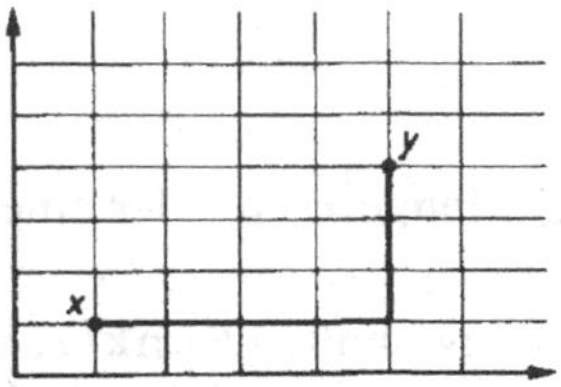

Fig. 6.2

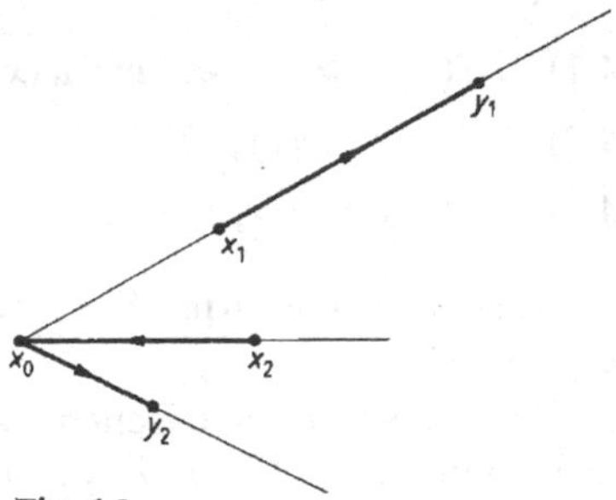

Fig. 6.3

nannt hat. Man wähle in der Ebene $\mathbf{R}^2$ einen festen Punkt x_0 (= Paris) und setze nun (s. Fig. 6.3)

$$d(x, y) := \begin{cases} d_2(x, y), & \text{falls } x, y \text{ auf einer } \textit{Geraden durch } x_0 \text{ liegen,} \\ d_2(x, x_0) + d_2(x_0, y) & \text{sonst.} \end{cases}$$

Wir bringen nun einige Beispiele, die wir später ständig verwenden werden. Die metrischen Axiome sind dabei so leicht zu verifizieren, daß wir uns mit wenigen Hinweisen begnügen dürfen.

6.1 Beispiel Sei $p \geqslant 1$ eine feste reelle Zahl. Dann definieren wir eine Metrik d_p auf $\mathbf{K}^n$, indem wir je zwei Punkten $x := (\xi_1, \ldots, \xi_n)$, $y := (\eta_1, \ldots, \eta_n)$ aus $\mathbf{K}^n$ den Abstand

$$d_p(x, y) := \left(\sum_{\nu=1}^{n} |\xi_\nu - \eta_\nu|^p \right)^{1/p} \tag{6.5}$$

zuordnen. Die Dreiecksungleichung (M 3) folgt sofort aus der Minkowskischen Ungleichung; es ist nämlich mit $z := (\zeta_1, \ldots, \zeta_n)$

$$\begin{aligned} d_p(x, y) &= \left(\sum_{\nu=1}^{n} |(\xi_\nu - \zeta_\nu) + (\zeta_\nu - \eta_\nu)|^p \right)^{1/p} \leqslant \left(\sum_{\nu=1}^{n} |\xi_\nu - \zeta_\nu|^p \right)^{1/p} + \left(\sum_{\nu=1}^{n} |\zeta_\nu - \eta_\nu|^p \right)^{1/p} \\ &= d_p(x, z) + d_p(z, y). \end{aligned}$$

Unser Beispiel zeigt, daß man auf $\mathbf{K}^n$ *unendlich viele* Metriken definieren kann. Für $p = 2$ erhalten wir die euklidische Metrik (vgl. (6.3)), für $p = 1$ die „Mannheimer Metrik" (vgl. (6.4)).

Führen wir in $\mathbf{K}^n$ den Abstand (6.5) ein, so bezeichnen wir den entstehenden metrischen Raum mit $l^p(n)$.

6.2 Beispiel Wir erhalten den metrischen Raum $l^\infty(n)$, indem wir – mit den Bezeichnungen des Beispiels 6.1 – auf $\mathbf{K}^n$ die sogenannte Maximumsmetrik durch

$$d_\infty(x,y) := \max_{\nu=1}^{n} |\xi_\nu - \eta_\nu| \tag{6.6}$$

definieren. Zu ihrer Bezeichnung mit dem Symbol d_∞ s. Aufgabe 1.

6.3 Beispiel $C[a,b]$ sei die Menge aller Funktionen x mit Werten in $\mathbf{K}$, die auf dem kompakten Intervall $[a,b]$ *stetig* sind.[1] Auf $C[a,b]$ führen wir durch

$$d_\infty(x,y) := \max_{a\leqslant t\leqslant b} |x(t)-y(t)| \tag{6.7}$$

die wohlvertraute Maximumsmetrik ein.

6.4 Beispiel Sei T eine nichtleere Menge und $B(T)$ die Menge aller *beschränkten* Funktionen $x: T \to \mathbf{K}$. $B(T)$ wird mittels der Supremumsmetrik, die wir durch

$$d_\infty(x,y) := \sup_{t\in T} |x(t)-y(t)| \tag{6.8}$$

definieren, ein metrischer Raum. Im Falle $T=\mathbf{N}$ ist $B(T)$ die Menge l^∞ aller *beschränkten* Folgen $x := (\xi_n), y := (\eta_n), \ldots$ mit der Abstandsdefinition

$$d_\infty(x,y) := \sup_{n=1}^{\infty} |\xi_n - \eta_n|. \tag{6.9}$$

Für $T = \{1, 2, \ldots, n\}$ ist $B(T)$ offenbar der Raum $l^\infty(n)$ in Beispiel 6.2.

6.5 Beispiel Auf der Menge (s) *aller* Folgen mit Gliedern aus $\mathbf{K}$ definieren wir eine Metrik durch

$$d(x,y) := \sum_{n=1}^{\infty} \frac{1}{2^n} \frac{|\xi_n-\eta_n|}{1+|\xi_n-\eta_n|}, \tag{6.10}$$

wobei $x := (\xi_1, \xi_2, \ldots), y := (\eta_1, \eta_2, \ldots)$ ist. Die Konvergenz der Reihe $\sum 1/2^n$ sichert, daß $d(x,y)$ für alle Punkte x, y aus (s) existiert. Zum Beweis von (M 3) bemerken wir, daß die Funktion $t \mapsto t/(1+t)$ für $t > -1$ eine positive Ableitung hat, also monoton wächst. Daraus ergibt sich für beliebige Skalare α, β die Abschätzung

$$\frac{|\alpha+\beta|}{1+|\alpha+\beta|} \leqslant \frac{|\alpha|+|\beta|}{1+|\alpha|+|\beta|} \leqslant \frac{|\alpha|}{1+|\alpha|} + \frac{|\beta|}{1+|\beta|} \tag{6.11}$$

und damit für jedes $z := (\zeta_1, \zeta_2, \ldots)$ die Dreiecksungleichung:

[1] Abweichend von unserem bisherigen Gebrauch wollen wir in $C[a,b]$ von jetzt an auch *komplexwertige* Funktionen zulassen.

$$d(x,y)=\sum\frac{1}{2^n}\frac{|(\xi_n-\zeta_n)+(\zeta_n-\eta_n)|}{1+|(\xi_n-\zeta_n)+(\zeta_n-\eta_n)|}\leqslant\sum\frac{1}{2^n}\frac{|\xi_n-\zeta_n|}{1+|\xi_n-\zeta_n|}+\sum\frac{1}{2^n}\frac{|\zeta_n-\eta_n|}{1+|\zeta_n-\eta_n|}$$
$$=d(x,z)+d(z,y).$$

Bemerkenswerterweise ist in (s) stets $d(x,y)\leqslant 1$.

Die in den obigen Beispielen eingeführten Metriken sind kanonisch, d.h., daß z.B. $B(T)$ *immer* – falls nicht ausdrücklich etwas anderes gesagt wird – mit der *Supremumsmetrik* versehen wird; entsprechendes gilt für die anderen Räume.

Der Leser wird bemerkt haben, daß aus den Bezeichnungen $l^p(n)$, $B(T)$, $C[a,b]$ und (s) nicht hervorgeht, ob bei der Bildung dieser Räume der Körper $\mathbf{R}$ oder $\mathbf{C}$ benutzt wurde. In der Tat sind unsere Ergebnisse weitgehend unabhängig davon, ob die vorkommenden Funktionen (Folgen) alle *reell-* oder alle *komplex*wertig sind, so daß sich eine Unterscheidung in der Regel erübrigt. Will man sich jedoch aus irgendeinem Grunde etwa auf den Raum aller *reell*wertigen stetigen Funktionen auf $[a,b]$ kaprizieren und dies auch bezeichnungsmäßig ausdrücken, so schreibt man gerne $C_{\mathbf{R}}[a,b]$ statt $C[a,b]$. Was unter $C_{\mathbf{C}}[a,b]$ zu verstehen ist, dürfte nun klar sein. Entsprechend wird man natürlich auch in anderen Fällen verfahren und Symbole wie $B_{\mathbf{R}}[a,b]$, $l^\infty_{\mathbf{C}}$ usw. benutzen.

6.6 Beispiel In der Codierungstheorie versteht man unter einem n-stelligen Binärwort ein n-Tupel $(\xi_1,\xi_2,\ldots,\xi_n)$, dessen Komponenten ξ_ν nur der Werte 0 und 1 fähig sind; man schreibt es gewöhnlich in der Form $\xi_1\xi_2\ldots\xi_n$. Z.B. sind

$$1011 \quad \text{und} \quad 0110 \tag{6.12}$$

vierstellige Binärwörter. Die sogenannte Hamming-Distanz zwischen $x:=\xi_1\ldots\xi_n$, $y:=\eta_1\ldots\eta_n$ wird definiert durch

$$d_H(x,y):=\textit{Anzahl der Stellen, an denen sich } x \textit{ und } y \textit{ unterscheiden.} \tag{6.13}$$

Die Hamming-Distanz der Binärwörter in (6.12) ist $=3$. Da zwei gleichstellige Komponenten ξ_k, η_k genau dann gleich sind, wenn $\xi_k+\eta_k=0 \bmod 2$ ist, läßt sich $d_H(x,y)$ auch darstellen durch

$$d_H(x,y)=\sum_{\nu=1}^{n}[(\xi_\nu+\eta_\nu)\bmod 2]. \tag{6.14}$$

Mit der Hamming-Distanz wird die Menge der n-stelligen Binärwörter ein metrischer Raum.

Man kann *jede* nichtleere Menge zu einem metrischen Raum machen (also, wenn man durchaus will, auch die Menge der Löwen in Afrika oder die der Weinflaschen im Rheingau). Das zeigt das nächste

6.7 Beispiel Auf *jeder* Menge $E \neq \emptyset$ kann durch

$$d(x,y) := \begin{cases} 1, & \text{falls } x \neq y, \\ 0, & \text{falls } x = y \end{cases} \tag{6.15}$$

die sogenannte diskrete Metrik eingeführt werden. E heißt dann ein diskreter Raum.

Weitere Beispiele metrischer Räume, darunter auch die wichtigen L^p-Räume, werden wir in Nr. 9 kennenlernen. Dabei wird uns auch die Metrik (6.1) wieder begegnen.

Metrische Räume dienen u.a. dazu, den *Konvergenzbegriff* in reiner Form zu gewinnen. Dies gelingt durch die nachstehende Definition:

Die Folge (x_k) aus dem metrischen Raum E konvergiert gegen den Punkt $x \in E$ (in Zeichen: $x_k \to x$ oder $\lim x_k = x$), wenn $d(x_k, x) \to 0$ strebt, d.h., wenn es zu jedem $\varepsilon > 0$ einen Index $k_0(\varepsilon)$ gibt, so daß $d(x_k, x) < \varepsilon$ bleibt für alle $k \geqslant k_0(\varepsilon)$. x heißt Grenzwert der Folge (x_k).

Der Grenzwert x ist eindeutig bestimmt. Strebt nämlich (x_k) auch gegen y, so folgt aus $0 \leqslant d(x,y) \leqslant d(x,x_k) + d(x_k,y) \to 0$, daß $d(x,y) = 0$, also $x = y$ sein muß.

Die Räume $l^p(n)$, $B(T)$, $C[a,b]$ und (s) sind Funktionenräume, d.h., ihre Elemente sind (skalarwertige) *Funktionen* mit jeweils gemeinsamem Definitionsbereich T. Ist $T = \mathbf{N}$, so nennt man den Funktionenraum meistens Folgenraum; l^∞ und (s) sind also Folgenräume. In einem Funktionenraum hat man *zwei natürliche Konvergenzbegriffe*: die punktweise Konvergenz (in Folgenräumen und in $\mathbf{K}^n$ spricht man lieber von der komponentenweisen Konvergenz) und die gleichmäßige Konvergenz. Die Funktionenfolge (x_k) konvergiert punktweise auf T gegen die Funktion x, wenn

$$x_k(t) \to x(t) \quad \text{strebt für jedes } t \in T;$$

sie konvergiert gleichmäßig auf T gegen x, wenn es zu jedem $\varepsilon > 0$ ein $k_0 = k_0(\varepsilon)$ gibt, so daß

$$\text{für alle } k \geqslant k_0 \text{ und alle } t \in T \text{ stets } \quad |x_k(t) - x(t)| < \varepsilon$$

bleibt. Schon in Nr. 2 (nach (2.7)) haben wir gesehen, *daß in $C[a,b]$ die Konvergenz im Sinne der Maximumsmetrik gleichbedeutend ist mit der gleichmäßigen Konvergenz, und genauso sieht man, daß auch in $B(T)$ die Konvergenz im Sinne der Supremumsmetrik auf die gleichmäßige Konvergenz hinausläuft. In $l^p(n)$ $(1 \leqslant p \leqslant \infty)$ bedeutet die „metrische Konvergenz" offensichtlich nichts anderes als die komponentenweise.* Daraus ergibt sich übrigens, daß die $l^p(n)$-Konvergenz (Konvergenz im Sinne der Metrik von $l^p(n)$) völlig gleichwertig mit der $l^q(n)$-Konvergenz ist: *$x_k \to x$ in $l^p(n)$ gilt genau dann, wenn $x_k \to x$ in $l^q(n)$ gilt.* Vom Standpunkt einer bloßen *Konvergenztheorie* aus betrachtet leisten also alle durch (6.5) und (6.6) definierten Metriken des $\mathbf{K}^n$ genau dasselbe; daß ihre gesonderte Betrachtung dennoch nützlich sein kann, werden wir schon in A 6.18 sehen.

Eine Zahlenfolge konvergiert bekanntlich genau dann, wenn sie eine Cauchyfolge ist.[1] Den Begriff der Cauchyfolge können wir in metrischen Räumen sofort nachbilden: Die Folge (x_n) in einem metrischen Raum heißt Cauchyfolge, wenn es zu jedem $\varepsilon>0$ ein $n_0=n_0(\varepsilon)$ gibt, so daß für alle $n, m \geqslant n_0$ stets $d(x_n, x_m)<\varepsilon$ bleibt.

Eine konvergente Folge ist immer eine Cauchyfolge. Haben wir nämlich $\lim x_n = x$, so gibt es zu $\varepsilon>0$ ein n_0 mit $d(x_n, x)<\varepsilon/2$ für $n \geqslant n_0$. Ist also $n, m \geqslant n_0$, so zeigt die Abschätzung $d(x_n, x_m) \leqslant d(x_n, x)+d(x, x_m)=d(x_n, x)+d(x_m, x)<(\varepsilon/2)+(\varepsilon/2)=\varepsilon$, daß (x_n) in der Tat eine Cauchyfolge sein muß. ■

Eine Cauchyfolge ist jedoch nicht immer konvergent. Betrachten wir etwa das offene Intervall $E:=(0, 1)$ und definieren wir auf E durch $d(x, y):=|x-y|$ den üblichen Abstand, so ist die Folge $(1/(n+1))$ offenbar eine Cauchyfolge in dem metrischen Raum E, besitzt jedoch keinen Grenzwert *in* E, ist also *in* E nicht konvergent. Bei vielen Untersuchungen macht sich die mögliche Nichtkonvergenz von Cauchyfolgen sehr störend bemerkbar, so daß man sich auf sogenannte *vollständige* Räume beschränken muß, die wir nun definieren:

Ein metrischer Raum E heißt vollständig, wenn *jede* Cauchyfolge in E gegen ein Element *von* E konvergiert.

Genau in den vollständigen Räumen gilt also das Cauchysche Konvergenzkriterium: *Eine Folge konvergiert dann und nur dann, wenn sie eine Cauchyfolge ist.*

Die Räume $l^p(n)$ sind alle vollständig. Ist nämlich (x_k) eine Cauchyfolge in $l^p(n)$ mit $x_k:=(\xi_1^{(k)}, \ldots, \xi_n^{(k)})$, so erkennt man sofort, daß jede der n Komponentenfolgen $(\xi_\nu^{(k)})$, $\nu=1, \ldots, n$, eine Cauchyfolge in $\mathbf{K}$ ist, also gegen einen Skalar ξ_ν konvergiert. Die Folge (x_k) strebt daher zunächst komponentenweise, nach dem oben gewonnenen Ergebnis also auch im Sinne der $l^p(n)$-Metrik gegen $x:=(\xi_1, \ldots, \xi_n) \in l^p(n)$. ■

Auch die Räume $B(T)$ – insbesondere also l^∞ – und $C[a, b]$ sind vollständig. Sei etwa (x_n) eine Cauchyfolge in $B(T)$. Es gibt dann zu jedem $\varepsilon>0$ ein $n_0=n_0(\varepsilon)$, so daß $d(x_n, x_m)=\sup\limits_{t \in T}|x_n(t)-x_m(t)|<\varepsilon$ für $n, m \geqslant n_0$ ausfällt; erst recht ist also

$$|x_n(t)-x_m(t)|<\varepsilon \qquad \text{für } n, m \geqslant n_0 \text{ und alle } t \in T.$$

$(x_n(t))$ ist somit für jedes $t \in T$ eine Cauchyfolge. Durch $x(t):=\lim x_n(t)$ wird daher eine Funktion x auf T definiert, für die

$$|x_n(t)-x(t)| \leqslant \varepsilon \qquad \text{für } n \geqslant n_0 \text{ und alle } t \in T \tag{6.16}$$

[1] Augustin-Louis Cauchy (1789–1857; 68) war einer der fruchtbarsten und bedeutendsten Mathematiker des 19. Jahrhunderts.

ist. Wegen $|x(t)| \leqslant |x(t)-x_{n_0}(t)|+|x_{n_0}(t)| \leqslant \varepsilon+\sup_{t\in T}|x_{n_0}(t)|$ ist die Funktion x auf T beschränkt, liegt also in $B(T)$. Aus (6.16) folgt nun, daß (x_n) gleichmäßig auf T, also auch im Sinne der $B(T)$-Metrik gegen x konvergiert. Der Vollständigkeitsbeweis für $C[a, b]$ verläuft ganz ähnlich; man hat nur den Satz zu benutzen, daß eine *gleichmäßig* konvergente Folge *stetiger* Funktionen eine *stetige* Grenzfunktion besitzt. ■

Jede konvergente Zahlenfolge ist *beschränkt*. Um diesen Satz auf metrische Räume zu übertragen, müssen wir einen Beschränktheitsbegriff haben. Ist E ein metrischer Raum, so nennen wir wie in der Analysis die Menge $K_r(x_0):=\{x\in E: d(x, x_0)<r\}$ die offene, $K_r[x_0]:=\{x\in E: d(x, x_0)\leqslant r\}$ die abgeschlossene Kugel mit Radius $r>0$ und Mittelpunkt x_0. Die Unterscheidung zwischen offenen und abgeschlossenen Kugeln ist häufig unwesentlich; reden wir einfach von einer *Kugel*, so mag sie offen oder abgeschlossen sein. Mit Hilfe der Dreiecksungleichung sieht man, daß eine Teilmenge von E, die ganz in einer Kugel um x_0 liegt, auch ganz in einer geeigneten Kugel um jeden anderen Mittelpunkt x_1 enthalten ist. Diese Tatsache macht es möglich, eine Teilmenge (oder Folge) in E beschränkt zu nennen, wenn sie in einer Kugel liegt. *Jede Cauchyfolge (x_n), insbesondere jede konvergente Folge ist beschränkt.* Zu $\varepsilon=1$ existiert nämlich ein m, so daß für $n\geqslant m$ stets $d(x_n, x_m)<1$ bleibt. Dann ist für jedes n offenbar $d(x_n, x_m)\leqslant \sum_{\mu=1}^{m-1} d(x_\mu, x_m)+1$, so daß (x_n) in einer Kugel um x_m liegt. ■

In einem metrischen Raum gilt die sogenannte Viereckungleichung

$$|d(x, y)-d(u, v)|\leqslant d(x, u)+d(y, v). \tag{6.17}$$

Wegen $d(u, v)\leqslant d(u, x)+d(x, y)+d(y, v)$ ist nämlich

$$d(u, v)-d(x, y)\leqslant d(x, u)+d(y, v);$$

entsprechend gilt auch

$$d(x, y)-d(u, v)\leqslant d(x, u)+d(y, v).$$

Aus diesen beiden Ungleichungen folgt sofort (6.17). ■

Die Metrik ist eine stetige *Funktion, d.h., aus $x_n\to x, y_n\to y$ folgt $d(x_n, y_n)\to d(x, y)$.*[1] Um dies einzusehen, braucht man in (6.17) nur $u=x_n$, $v=y_n$ zu setzen. ■

Wörtlich wie in der klassischen Analysis nennt man eine Teilmenge M des metrischen Raumes E offen, wenn es um jeden Punkt von M eine Kugel gibt, die noch ganz in M liegt. Und genau wie dort sieht man: *Ø und E sind offen; der Durch-*

[1] Die „offizielle" Stetigkeitsdefinition wird gegen Ende dieser Nummer gegeben. Vgl. auch Aufgabe 10.

schnitt von endlich vielen und die Vereinigung von beliebig vielen offenen Mengen sind wieder offen.

Wieder wörtlich wie in der Analysis nennt man $M \subset E$ abgeschlossen, wenn der Grenzwert jeder konvergenten Folge aus M selbst wieder in M liegt. Und mühelos sieht man: *M ist genau dann abgeschlossen, wenn $E \setminus M$ offen ist; $\emptyset$ und E sind abgeschlossen; der Durchschnitt von beliebig vielen und die Vereinigung von endlich vielen abgeschlossenen Mengen sind wieder abgeschlossen.*

Eine offene Kugel ist eine offene, eine abgeschlossene Kugel eine abgeschlossene Menge (dies sind keine Tautologien!).

Unter der Abschließung oder abgeschlossenen Hülle $\overline{M}$ einer Teilmenge M von E versteht man den Durchschnitt aller abgeschlossenen Teilmengen von E, die M enthalten. Es gilt: *$M \subset \overline{M}$, $\overline{M}$ ist abgeschlossen, M selbst ist genau im Falle $M = \overline{M}$ abgeschlossen, $\overline{M}$ ist die Menge aller Grenzwerte konvergenter Folgen aus M.* Man sagt, M liege dicht in E, wenn $\overline{M} = E$ ist, wenn also jedes $x \in E$ sich als Grenzwert einer Folge aus M erweist.

Eine nichtleere Teilmenge F des metrischen Raumes E wird in natürlicher Weise selbst zu einem metrischen Raum, wenn man je zweien ihrer Elemente x, y denjenigen Abstand $d_0(x, y)$ gibt, den sie *als Elemente von E* sowieso schon haben: $d_0(x, y) := d(x, y)$. Diese Metrik d_0 wird die von E (oder von d) induzierte Metrik genannt, und F, versehen mit d_0, heißt ein Unterraum von E. So ist z.B. $C[a, b]$ ein Unterraum von $B[a, b]$; stattet man aber die Menge $C[a, b]$ ausnahmsweise mit der diskreten Metrik (6.15) aus, so ist sie zwar nach wie vor eine Unter*menge* von $B[a, b]$, aber nicht mehr ein Unter*raum*.

Wenn nichts anderes gesagt wird, fassen wir eine nichtleere Teilmenge von E stets als Unterraum *von E auf.*

Ohne jede Mühe sieht man: *Ein vollständiger Unterraum eines metrischen Raumes E ist eine abgeschlossene Teilmenge von E; eine abgeschlossene Teilmenge eines vollständigen metrischen Raumes E ist ein vollständiger Unterraum von E.*

Auf die Gefahr hin zu langweilen, schreiben wir weiter sklavisch von der klassischen Analysis ab und geben die folgende Definition:

Eine Teilmenge K des metrischen Raumes E heißt kompakt, wenn jede Folge aus K eine Teilfolge enthält, die gegen ein Element *von* K konvergiert.[1]

6.8 Satz *Jede kompakte Teilmenge K eines metrischen Raumes E ist beschränkt und abgeschlossen.*

Beweis. Wäre K unbeschränkt, so gäbe es eine Folge $(x_n) \subset K$ mit $d(x_n, y) > n$ für $n = 1, 2, \ldots$ ($y \in E$ beliebig, aber fest). Dann wäre aber auch jede Teilfolge von (x_n) unbeschränkt und somit divergent, K also nicht kompakt. - Sei $(y_n) \subset K$ konvergent. (y_n) enthält wegen der Kompaktheit von K eine Teilfolge, die gegen ein

---

[1] Es gibt auch eine „folgenfreie" Charakterisierung der Kompaktheit mittels der Heine-Borelschen Überdeckungseigenschaft. In Nr. 61 werden wir darauf zurückkommen.

$y \in K$ konvergiert. Dieses y ist aber offenbar auch Grenzwert der Gesamtfolge (y_n), also liegt $\lim y_n$ in K, und somit ist K auch abgeschlossen. ■

6.9 Satz *Eine Teilmenge K von $l^p(n)$ ist genau dann* kompakt, *wenn sie* beschränkt *und* abgeschlossen *ist.*

Beweis. Sei K beschränkt und abgeschlossen und (x_k) eine Folge aus K. Dann ist jede Komponentenfolge von (x_k) beschränkt, und eine mehrfache Anwendung des Satzes von Bolzano-Weierstraß für Zahlenfolgen lehrt nun, daß (x_k) eine komponentenweise konvergente Teilfolge enthält. Diese konvergiert aber auch im Sinne der $l^p(n)$-Metrik, und ihr Grenzwert liegt in K, da K abgeschlossen ist. Also ist K kompakt. - Die Umkehrung ergibt sich aus Satz 6.8. ■

Und noch einmal übernehmen wir wörtlich einen fundamentalen Begriff der Analysis (E, F seien metrische Räume):
Die Abbildung $A: E \to F$ heißt stetig im Punkte $x \in E$, wenn aus $x_n \to x$ stets $Ax_n \to Ax$ folgt. Sie heißt schlechthin stetig, wenn sie in *jedem* Punkt von E stetig ist.
Stetigkeit von Abbildungen und *Offenheit* (*Abgeschlossenheit*) von Mengen hängen durch den folgenden schönen Satz miteinander zusammen:

6.10 Satz *Die Abbildung $A: E \to F$ ist genau dann stetig, wenn das Urbild $A^{-1}(M)$ jeder offenen (abgeschlossenen) Menge $M \subset F$ offen (abgeschlossen) in E ist.*

Beweis. Daß „offen" durch „abgeschlossen" ersetzt werden darf, ist klar, weil die abgeschlossenen Mengen gerade die Komplemente der offenen sind. In der „Abgeschlossenheitsformulierung" ist aber die eine, in der „Offenheitsformulierung" die andere Richtung des Satzes so gut wie selbstverständlich. ■

Der Hauptsatz über stetige Abbildungen ist der

6.11 Satz *Das stetige Bild einer kompakten Menge ist kompakt, genauer: Ist $A: E \to F$ stetig und $K \subset E$ kompakt, so ist auch $A(K)$ kompakt.*

Den (nur bei *großer* Handschrift) zweizeiligen Beweis übergehen wir.
Aus dem letzten Satz folgt mit einem Schlag der fundamentale

6.12 Extremalsatz *Sei K eine kompakte Teilmenge von E und $f: K \to \mathbf{R}$ eine stetige Funktion. Dann besitzt f ein Minimum und ein Maximum, d.h., es gibt Punkte $x_1, x_2 \in K$ mit*

$$f(x_1) \leqslant f(x) \leqslant f(x_2) \quad \textit{für alle } x \in K.$$

6.13 Beispiel Der letzte Satz eröffnet die Möglichkeit, bei nichtleerem und *kompaktem $T \subset E$* die Menge $C(T)$ aller stetigen Funktionen $x: T \to \mathbf{K}$ durch die Abstandsdefinition

$$d_\infty(x, y) := \max_{t \in T} |x(t) - y(t)| \tag{6.18}$$

zu einem metrischen Raum zu machen. Die Konvergenz einer Folge $(x_n) \subset C(T)$ im Sinne der **Maximumsmetrik** d_∞ läuft auf die *gleichmäßige* Konvergenz von (x_n) auf T hinaus, und daraus ergibt sich in gewohnter Weise, *daß* $C(T)$ *vollständig ist*.

Wir machen noch eine letzte Bemerkung allgemeiner Art. Eine bijektive Abbildung $A: E \to F$ der metrischen Räume E, F, die **abstandserhaltend (abstandstreu)** ist, für die also

$$d(Ax, Ay) = d(x, y) \quad \text{für alle } x, y \in E$$

gilt,[1] nennt man eine **Isometrie** und sagt dann auch, die beiden Räume E, F seien **isometrisch** (diese symmetrische Sprechweise ist deshalb gerechtfertigt, weil mit A auch A^{-1} eine Isometrie ist). Übrigens hätte es genügt, für A nur die *Surjektivität* zu fordern; die *Injektivität* ergibt sich nämlich aus der Abstandstreue ganz von selbst. Durch eine Isometrie A werden die Elemente $x, y, \ldots$ von E so mit den Elementen $Ax, Ay, \ldots$ von F gekoppelt, daß das einzig Interessante in einem metrischen Raum, der *Abstand*, davon überhaupt nicht berührt wird. Deshalb kann man sagen, daß sich die Räume E und F eigentlich nur durch die *Namen* ihrer Elemente unterscheiden: die von E heißen $x, y, \ldots$, die von F hingegen $Ax, Ay, \ldots$ Jede metrische Beziehung zwischen Punkten des einen Raumes gilt unverändert auch für ihre „Zwillingsbrüder" in dem anderen: Aus $d(x,y) = \delta$ folgt $d(Ax, Ay) = \delta$ und umgekehrt; F ist gewissermaßen nur eine Fotokopie von E. *Deshalb darf man isometrische Räume einfach identifizieren*, also auch noch von ihrem letzten Unterschied, der Verschiedenheit der Elementenamen absehen („Namen sind Schall und Rauch"). Z. B. wird zwischen $E := l^\infty(n)$ und dem Unterraum F von l^∞, der aus allen Folgen der Form $(\xi_1, \ldots, \xi_n, 0, 0, \ldots)$ besteht, durch $A(\xi_1, \ldots, \xi_n) := (\xi_1, \ldots, \xi_n, 0, 0, \ldots)$ eine Isometrie A gestiftet, und es lohnt i. allg. nicht, zwischen dem Vektor $(\xi_1, \ldots, \xi_n)$ und der zugeordneten Folge $(\xi_1, \ldots, \xi_n, 0, 0, \ldots)$ zu unterscheiden: diese ist im Grunde nur eine andere (und umständlichere) Bezeichnung für jenen.

Was haben wir in dieser Nummer getan? Wir haben einen dürftigen Apparat entwickelt, der im wesentlichen aus dem Begriff des *metrischen Raumes*, der *Konvergenz* von Folgen und der *Stetigkeit* von Abbildungen besteht. Und dies alles haben wir, nachdem der metrische Raum erst einmal geschaffen war, durch fortgesetztes *Abschreiben* elementaranalytischer Texte zustande gebracht – ein Verfahren, das man nicht leicht gegen den Vorwurf des Stumpfsinns verteidigen kann. Das Erregende ist aber nun, daß dieser Stumpfsinn, *intelligent angewandt*, reiche Früchte trägt. Der Leser möge, um dessen inne zu werden, nur einen Blick auf die Aufgaben 16 bis 25 werfen.

---

[1] Wir bezeichnen, ohne Verwirrung befürchten zu müssen, die Metriken auf E und F mit ein und demselben Buchstaben d (und wollen dies auch später so halten).

Aufgaben

1. Für $x, y \in \mathbf{K}^n$ ist $\lim_{p \to \infty} d_p(x, y) = d_\infty(x, y)$.

2. Mittels einer ständig von Null verschiedenen Funktion $g \in C[a, b]$ können wir auf $C[a, b]$ eine „gewichtete Distanz“

$$d_g(x, y) := \max_{a \leqslant t \leqslant b} |g(t)(x(t) - y(t))| \tag{6.19}$$

einführen. Zeige: a) d_g ist eine Metrik auf $C[a, b]$. b) d_g-Konvergenz ist gleichbedeutend mit *gleichmäßiger* Konvergenz auf $[a, b]$. c) $(C[a, b], d_g)$ ist vollständig.

3. Beweise, daß durch

$$d_1(x, y) := \int_a^b |x(t) - y(t)| \mathrm{d}t, \qquad d_2(x, y) := \left(\int_a^b |x(t) - y(t)|^2 \mathrm{d}t \right)^{1/2} \tag{6.20}$$

Metriken auf $C[a, b]$ definiert werden. Begründe sorgfältig, warum (M 1) gilt und zeige, daß $C[a, b]$ mit *keiner* dieser Metriken vollständig ist. Diese Unvollständigkeit ist der Hauptgrund, warum wir für $C[a, b]$ die Maximumsmetrik d_∞ der „Mannheimer Metrik“ d_1 und der „euklidischen Metrik“ d_2 vorziehen.

⁺4. In (s) sind metrische und komponentenweise Konvergenz gleichbedeutend:

$$(\xi_1^{(k)}, \xi_2^{(k)}, \ldots) \to (\xi_1, \xi_2, \ldots) \text{ in } (s)\text{-Metrik} \iff \lim_{k \to \infty} \xi_n^{(k)} = \xi_n \text{ für alle } n \in \mathbf{N}.$$

(s) ist vollständig.

5. In einem diskreten Raum E ist eine Folge genau dann konvergent, wenn sie ab einer Stelle *konstant* ist. E ist vollständig. Eine Kugel in E enthält entweder nur ihren Mittelpunkt oder fällt mit dem gesamten Raum zusammen. Jede Abbildung $A: E \to F$ von E in einen *beliebigen* metrischen Raum F ist *stetig*.

6. Sind auf E zwei Metriken d_1, d_2 erklärt, so nennt man d_1 stärker als d_2, wenn aus $d_1(x_n, x) \to 0$ stets $d_2(x_n, x) \to 0$ folgt (wenn also die d_1-Konvergenz immer die d_2-Konvergenz zum selben Grenzwert erzwingt); d_2 heißt dann auch schwächer als d_1. Ist d_1 gleichzeitig stärker und schwächer als d_2 (ist also die d_1-Konvergenz gleichbedeutend mit der d_2-Konvergenz), so sagt man, die beiden Metriken seien äquivalent. Zeige: a) Die diskrete Metrik ist die stärkste Metrik auf E (benutze Aufgabe 5). b) d_1 ist genau dann stärker als d_2, wenn für jedes $x \in E$ der folgende Tatbestand vorliegt: Jede offene d_2-Kugel um x enthält eine offene d_1-Kugel um x. c) Auf jedem metrischen Raum (E, d) läßt sich durch

$$d_1(x, y) := \frac{d(x, y)}{1 + d(x, y)}$$

eine zu d äquivalente Metrik erklären. d) Auf der Menge der n-stelligen Binärwörter sind die diskrete und die Hamming-Metrik äquivalent.

7. Sind $(E_1, d_1), \ldots, (E_n, d_n)$ metrische Räume, so wird das cartesische Produkt $E = E_1 \times \cdots \times E_n$ durch die Abstandsdefinition $d(x, y) := \sum_{k=1}^{n} d_k(x_k, y_k)$ ein metrischer Raum; hierbei ist

$x:=(x_1, \ldots, x_n)$, $y:=(y_1, \ldots, y_n)$. Konvergenz in E ist gleichbedeutend mit *komponentenweiser* Konvergenz. E ist genau dann *vollständig*, wenn jedes E_k vollständig ist. Definiere andere Metriken auf E, die zu d äquivalent sind (vgl. die Räume $l^p(n)$).

8. Sind (E_1, d_1), $(E_2, d_2), \ldots$ metrische Räume, so wird das cartesische Produkt $E = \prod_{k=1}^{\infty} E_k$ durch die Abstandsdefinition

$$d(x, y) := \sum_{k=1}^{\infty} \frac{1}{2^k} \frac{d_k(x_k, y_k)}{1 + d_k(x_k, y_k)}$$

ein metrischer Raum; hierbei ist $x:=(x_1, x_2, \ldots)$, $y:=(y_1, y_2, \ldots)$. Konvergenz in E ist gleichbedeutend mit *komponentenweiser* Konvergenz. E ist genau dann *vollständig*, wenn jedes E_k vollständig ist (vgl. Beispiel 6.5 und Aufgabe 4).

+9. E sei mit der diskreten Metrik ausgestattet. Dann ist jede Teilmenge von E sowohl offen als auch abgeschlossen, und genau die endlichen Teilmengen sind kompakt (letzteres zeigt, daß Satz 6.8 nicht umkehrbar ist).

Hinweis: Aufgabe 5.

10. Die Metrik d von E ist eine reellwertige Funktion auf dem cartesischen Produkt $E \times E$, das man gemäß Aufgabe 7 metrisieren kann. Zeige, daß die früher (nach dem Beweis von (6.17)) formlos gebrauchte Aussage, die Metrik sei eine *stetige* Funktion, darauf hinausläuft, daß die Funktion $d: E \times E \to \mathbf{R}$ im Sinne der obigen Stetigkeitsdefinition stetig ist.

11. Jede abgeschlossene Teilmenge einer kompakten Menge ist kompakt.

12. Der Durchschnitt beliebig vieler kompakter Mengen ist kompakt.

13. Jeder kompakte metrische Raum ist vollständig.

Hinweis: Besitzt eine Cauchyfolge (x_n) eine konvergente Teilfolge (x_{n_k}), so ist sie selbst konvergent mit $\lim_{n\to\infty} x_n = \lim_{k\to\infty} x_{n_k}$.

14. $\varepsilon\delta$-Definition der Stetigkeit Die Abbildung $A: E \to F$ ist genau dann stetig in $x_0 \in E$, wenn es zu jedem $\varepsilon > 0$ ein $\delta = \delta(\varepsilon, x_0) > 0$ gibt, so daß gilt:

$$d(x, x_0) < \delta \Rightarrow d(Ax, Ax_0) < \varepsilon.$$

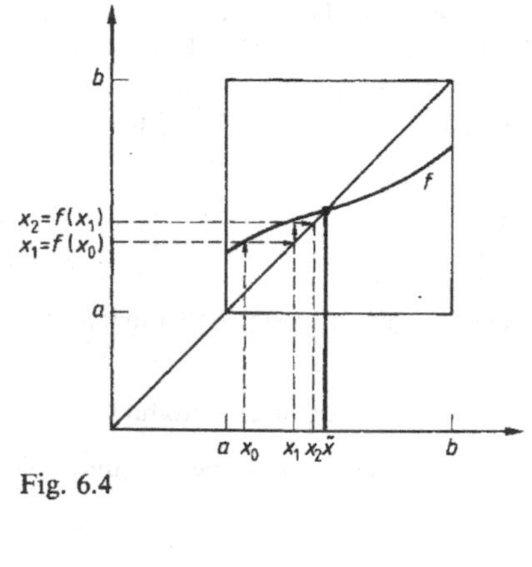

Fig. 6.4

15. Iterationssatz für reelle Funktionen Der folgende elementaranalytische Sachverhalt soll die Aufgabe 16 vorbereiten.

Sei X ein abgeschlossenes Intervall der reellen Achse und $f: X \to X$ eine differenzierbare Funktion mit

$$|f'(x)| \leqslant q < 1 \quad \text{für alle } x \in X \quad (q \text{ fest}). \tag{6.21}$$

Da die Ableitung geometrisch die *Steigung* von f angibt, ist es klar, daß das Schaubild von f die Gerade $x \mapsto x$ genau einmal treffen und es somit ein und nur ein $\tilde{x} \in X$ mit $f(\tilde{x}) = \tilde{x}$ (einen Fixpunkt von f) geben muß; s. Fig. 6.4. Diese Figur läßt auch vermuten, daß man $\tilde{x}$ als *Grenzwert einer Iterationsfolge* (x_n) gewinnen kann, die durch

$$x_{n+1} := f(x_n) \quad \text{für } n = 0, 1, 2, \ldots \text{ mit beliebigem } x_0 \in X$$

definiert ist. Alles dies ist tatsächlich der Fall, und es gilt außerdem noch die *Fehlerabschätzung*

$$|\tilde{x} - x_n| \leqslant \frac{q^n}{1-q} |x_1 - x_0|. \tag{6.22}$$

Zeige, um dies alles zu beweisen, der Reihe nach:

a) Für $x, y \in X$ ist

$$|f(x) - f(y)| \leqslant q|x - y|, \tag{6.23}$$

f ist also eine ***dehnungsbeschränkte*** (***kontrahierende***) Funktion.

b) Es ist $|x_{n+1} - x_n| \leqslant q^n |x_1 - x_0|$ für $n = 1, 2, \ldots$ (Induktion!) und somit

$$|x_{n+k} - x_n| \leqslant \sum_{\nu=1}^{k} |x_{n+\nu} - x_{n+\nu-1}| \leqslant \frac{q^n}{1-q} |x_1 - x_0| \quad \text{für } n, k = 1, 2, \ldots; \tag{6.24}$$

(x_n) ist also eine Cauchyfolge in X.

c) $\tilde{x} := \lim x_n$ liegt in X und ist der *einzige* Fixpunkt von f in X.

d) (6.22) folgt aus (6.24) für $k \to \infty$.

Bemerkung: Alle Beweise fließen aus der *Kontraktionseigenschaft* (6.23). (6.21) fungiert nur als hinreichende Bedingung für (6.23).

⁺**16. Banachscher Fixpunktsatz**[1] Sei X eine nichtleere abgeschlossene Teilmenge eines vollständigen metrischen Raumes und A eine kontrahierende Selbstabbildung von X, d.h., für alle $x, y \in X$ gelte

$$d(Ax, Ay) \leqslant q\, d(x, y) \quad \text{mit einem festen } q < 1. \tag{6.25}$$

Zeige: a) A ist stetig. b) Definiert man mit einem beliebigen Startpunkt $x_0 \in X$ die Iterationsfolge (x_n) durch $x_{n+1} := Ax_n$ $(n = 0, 1, 2, \ldots)$, so strebt (x_n) gegen einen Grenzwert $\tilde{x} \in X$, und es gilt

$$A\tilde{x} = \tilde{x}, \quad \text{d.h., } \tilde{x} \text{ ist ein Fixpunkt von } A.$$

---

[1] Der Pole Stefan Banach (1892–1945; 53), ein ungewöhnlich instinktsicherer Mathematiker, ist einer der Begründer der Funktionalanalysis. Sein wegweisendes Buch „Théorie des opérations linéaires" (1932) ist heute noch lesenswert.

$\tilde{x}$ ist sogar der *einzige* Fixpunkt ($Ax=x$ für $x\in X\Rightarrow x=\tilde{x}$). Überdies hat man die *Fehlerabschätzung*

$$d(\tilde{x}, x_n) \leqslant \frac{q^n}{1-q} d(x_1, x_0). \tag{6.26}$$

Bemerkung: Es ist $x_n = A^n x_0$ (A^n die n-te Iterierte von A).

+**17. Weissingerscher Fixpunktsatz**[1] Sei $\sum \alpha_n$ eine konvergente Reihe mit nichtnegativen Gliedern, X eine nichtleere abgeschlossene Teilmenge eines vollständigen metrischen Raumes und A eine Selbstabbildung von X mit

$$d(A^n x, A^n y) \leqslant \alpha_n d(x, y) \quad \text{für alle } x, y \in X,\ n \in \mathbf{N}. \tag{6.27}$$

Dann besitzt A genau einen Fixpunkt $\tilde{x}$ in X, dieser Fixpunkt ist Grenzwert der Iterationsfolge $(A^n x_0)$ bei beliebigem $x_0 \in X$, und es gilt die Fehlerabschätzung

$$d(\tilde{x}, A^n x_0) \leqslant \left(\sum_{\nu=n}^{\infty} \alpha_\nu\right) d(Ax_0, x_0). \tag{6.28}$$

Hinweis: Analysiere den Beweis des Banachschen Fixpunktsatzes.

+**18. Iterative Auflösung linearer Gleichungssysteme** Gegeben sei ein lineares Gleichungssystem mit n Gleichungen für n Unbekannte in der Form

$$\xi_j - \sum_{k=1}^{n} \alpha_{jk} \xi_k = \eta_j \quad (j=1, \ldots, n) \tag{6.29}$$

(jedes lineare (n, n)-Gleichungssystem läßt sich in diese Gestalt bringen). Mit der Abbildung $A: \mathbf{K}^n \to \mathbf{K}^n$, definiert durch

$$A(\xi_1, \ldots, \xi_n) := \left(\sum_{k=1}^{n} \alpha_{1k} \xi_k + \eta_1, \ldots, \sum_{k=1}^{n} \alpha_{nk} \xi_k + \eta_n\right), \tag{6.30}$$

geht (6.29) über in das „Fixpunktproblem"

$$x = Ax \quad \text{mit} \quad x := (\xi_1, \ldots, \xi_n). \tag{6.31}$$

Zeige: Ist eine der Zahlen

$$q_1 := \max_{k=1}^{n} \sum_{j=1}^{n} |\alpha_{jk}|, \qquad q_2 := \left(\sum_{j,k=1}^{n} |\alpha_{jk}|^2\right)^{1/2}, \qquad q_\infty := \max_{j=1}^{n} \sum_{k=1}^{n} |\alpha_{jk}| \tag{6.32}$$

kleiner als 1, so besitzt (6.29) genau eine Lösung $\tilde{x}$, und diese ist der komponentenweise Grenzwert der Iterationsfolge $(A^n x_0)$ mit beliebigem $x_0 \in \mathbf{K}^n$.

Hinweis: Mache $\mathbf{K}^n$ zu einem metrischen Raum $l^p(n)$ ($p = 1, 2, \infty$) und ziehe den Banachschen Fixpunktsatz heran. Es zeigt sich hier, *daß es nützlich sein kann, auf ein und derselben Menge verschiedene Metriken zu haben – auch dann, wenn sie alle denselben Konvergenzbegriff liefern.*

---

[1] J. Weissinger (1952). Dort findet man auch zahlreiche Anwendungen.

+19. Iterative Auflösung Fredholmscher Integralgleichungen Gegeben sei die Fredholmsche Integralgleichung (s. (3.13))

$$x(s) - \int_a^b k(s,t)x(t)\,dt = y(s) \quad (a \leqslant s \leqslant b) \tag{6.33}$$

mit stetigem Kern und stetiger rechter Seite. Gesucht ist eine Lösung $x \in C[a,b]$. Mit der Abbildung $A: C[a,b] \to C[a,b]$, definiert durch

$$(Ax)(s) := \int_a^b k(s,t)x(t)\,dt + y(s) \quad \text{für alle } x \in C[a,b], \tag{6.34}$$

geht (6.33) über in das „Fixpunktproblem"

$$x = Ax \quad \text{mit } x \in C[a,b]. \tag{6.35}$$

Zeige: Ist

$$q_\infty := \max_{a \leqslant s \leqslant b} \int_a^b |k(s,t)|\,dt < 1 \quad \text{oder sogar} \quad \max_{a \leqslant s,t \leqslant b} |k(s,t)| < \frac{1}{b-a}, \tag{6.36}$$

so besitzt die Fredholmsche Integralgleichung (6.33) genau eine Lösung $\tilde{x} \in C[a,b]$, und diese ist der gleichmäßige Grenzwert der Iterationsfolge $(A^n x_0)$ mit beliebigem $x_0 \in C[a,b]$.

Hinweis: Führe auf $C[a,b]$ die Maximumsmetrik ein und ziehe den Banachschen Fixpunktsatz heran.

+20. Fredholmsche Integralgleichung: Stetige Abhängigkeit der Lösung von der rechten Seite Wir benutzen die Ergebnisse und Bezeichnungen der Aufgabe 19 mit folgender Ergänzung: $\tilde{x}_m \in C[a,b]$ sei die Lösung der Gl. (6.33) mit $y = y_m$ $(m = 1, 2)$ unter der durchgängigen Voraussetzung $q_\infty < 1$. Zeige, daß

$$d_\infty(\tilde{x}_1, \tilde{x}_2) \leqslant \frac{1}{1-q_\infty} d_\infty(y_1, y_2) \tag{6.37}$$

ist und schließe daraus, daß die Lösung der Gl. (6.33) *stetig von der rechten Seite abhängt*. Auf die Bedeutung solcher Stetigkeitsaussagen sind wir im Beispiel 4.4 ausführlich eingegangen.

Hinweis: Im folgenden sei K der in (3.23) erklärte Integraloperator, so daß

$$\tilde{x}_m - K\tilde{x}_m = y_m \quad \text{für } m = 1, 2$$

ist. Zeige unter Benutzung der Definition von d_∞, daß

$$\begin{aligned} d_\infty(\tilde{x}_1, \tilde{x}_2) &= d_\infty(y_1 + K\tilde{x}_1, y_2 + K\tilde{x}_2) \leqslant d_\infty(y_1, y_2) + d_\infty(K\tilde{x}_1, K\tilde{x}_2) \\ &\leqslant d_\infty(y_1, y_2) + q_\infty d_\infty(\tilde{x}_1, \tilde{x}_2) \end{aligned}$$

ist.

+21. Iterative Auflösung Volterrascher Integralgleichungen Gegeben sei die Volterrasche Integralgleichung

$$x(s) - \int_a^s k(s,t)x(t)\,dt = y(s) \quad (a \leqslant s \leqslant b) \tag{6.38}$$

mit stetigem Kern (s. Beispiel 4.3). Zeige, daß sie für *jedes* $y \in C[a, b]$ genau eine Lösung $\tilde{x} \in C[a, b]$ besitzt und daß man $\tilde{x}$ iterativ gewinnen kann.

Hinweis: K sei der Volterrasche Integraloperator (4.14) und A die Selbstabbildung $x \mapsto y + Kx$ von $C[a, b]$. Mit ihr entpuppt sich (6.38) als das Fixpunktproblem $x = Ax$. Zeige nun der Reihe nach:

a) $$A^n x = y + Ky + K^2 y + \cdots + K^{n-1} y + K^n x.$$

b) $$|(K^n x)(s)| \leqslant M^n \frac{(s-a)^n}{n!} \mu \quad \text{für } s \in [a, b]$$

mit $$M := \max_{a \leqslant t \leqslant s \leqslant b} |k(s, t)|, \quad \mu := \max_{a \leqslant t \leqslant b} |x(t)|. \tag{6.39}$$

c) $$d_\infty(A^n u, A^n v) \leqslant M^n \frac{(b-a)^n}{n!} d_\infty(u, v).$$

d) $(A^n x_0)$ strebt bei beliebigem $x_0 \in C[a, b]$ gleichmäßig auf $[a, b]$ gegen ein $\tilde{x} \in C[a, b]$, und dieses $\tilde{x}$ ist die einzige Lösung der Gl. (6.38).

Hinweis: Weissingerscher Fixpunktsatz.

$^+$**22. Volterrasche Integralgleichung: Stetige Abhängigkeit der Lösung von der rechten Seite** Wir benutzen die Ergebnisse und Bezeichnungen der Aufgabe 21 mit folgender Ergänzung: $\tilde{x}_m \in C[a, b]$ sei die Lösung der Gl. (6.38) mit $y = y_m$ $(m = 1, 2)$. Zeige, daß

$$d_\infty(\tilde{x}_1, \tilde{x}_2) \leqslant e^{M(b-a)} d_\infty(y_1, y_2) \tag{6.40}$$

ist und schließe daraus, daß die Lösung der Gl. (6.38) *stetig von der rechten Seite abhängt.*

Hinweis: Sei K der Volterrasche Integraloperator (4.14) und $A_m x := y_m + Kx$. Benutze

$$d_\infty(\tilde{x}_1, \tilde{x}_2) \leqslant d_\infty(\tilde{x}_1, A_1^n y_1) + d_\infty(A_1^n y_1, A_2^n y_2) + d_\infty(\tilde{x}_2, A_2^n y_2)$$

und den „Hinweis" zur Aufgabe 21.

$^+$**23. Der Existenz- und Eindeutigkeitssatz von Picard-Lindelöf[1] für die Anfangswertaufgabe $\mathrm{d}x/\mathrm{d}t = f(t, x), x(t_0) = \xi_0$** Er lautet folgendermaßen: Die reellwertige Funktion $f(t, x)$ sei stetig auf dem kompakten Rechteck

$$R := \{(t, x) \in \mathbf{R}^2 : |t - t_0| \leqslant a, |x - \xi_0| \leqslant b\} \quad (a, b > 0)$$

und genüge dort einer Lipschitzbedingung[2] bezüglich x, d.h., es gebe eine positive Lipschitzkonstante L mit

$$|f(t, x) - f(t, \bar{x})| \leqslant L |x - \bar{x}| \quad \text{für alle zulässigen } t, x, \bar{x}. \tag{6.41}$$

Dann besitzt das Anfangswertproblem

$$\frac{\mathrm{d}x}{\mathrm{d}t} = f(t, x), \qquad x(t_0) = \xi_0 \tag{6.42}$$

---

[1] Emile Picard (1856–1941; 85); Ernst Lindelöf (1870–1946; 76).

[2] Rudolf Lipschitz (1832–1903; 71).

genau eine Lösung $\tilde{x}(t)$ auf dem Intervall

$$J:=\{t\in\mathbf{R}:|t-t_0|\leqslant\alpha\} \tag{6.43}$$

mit $$\alpha:=\min\left(a,\frac{b}{M}\right),\qquad M:=\max_{(t,x)\in R}|f(t,x)|. \tag{6.44}$$

Zeige zuerst, daß dieser Satz mit folgender Aussage äquivalent ist: Die Integralgleichung

$$x(t)=\xi_0+\int_{t_0}^{t}f(\tau,x(\tau))\,\mathrm{d}\tau\quad(t\in J) \tag{6.45}$$

besitzt genau eine Lösung $\tilde{x}\in C(J)$. Beweise dann *diese* Aussage mit Hilfe des Weissingerschen Fixpunktsatzes.

Hinweis: Sei $C_b(J)$ die Menge aller $x\in C(J)$ mit $|x(t)-\xi_0|\leqslant b$ (das Schaubild eines solchen x verläßt nicht das Rechteck R, so daß $f(t,x(t))$ für alle $t\in J$ vorhanden ist). Definiere nun auf $C_b(J)$ eine Abbildung A durch

$$(Ax)(t):=\xi_0+\int_{t_0}^{t}f(\tau,x(\tau))\,\mathrm{d}\tau\quad\text{für alle } t\in J \tag{6.46}$$

und zeige:

a) $C_b(J)$ ist ein abgeschlossener Unterraum des metrischen Raumes $C(J)$ (versehen mit der Maximumsmetrik d_∞).

b) A ist eine Selbstabbildung von $C_b(J)$.

c) Für alle $n\in\mathbf{N}$ und $x,\bar{x}\in C_b(J)$ ist (Induktion!)

$$|(A^nx-A^n\bar{x})(t)|\leqslant L^n\frac{|t-t_0|^n}{n!}d_\infty(x,\bar{x})\quad(t\in J),$$

also $$d_\infty(A^nx,A^n\bar{x})\leqslant L^n\frac{\alpha^n}{n!}d_\infty(x,\bar{x}). \tag{6.47}$$

Bemerkung: Der Weissingersche Fixpunktsatz liefert nicht nur eine Existenz- und Eindeutigkeitsaussage für das Anfangswertproblem (6.42), sondern auch eine *iterative Konstruktion der Lösung* und eine vorzügliche *Fehlerabschätzung*: Ist x_0 beliebig aus $C_b(J)$, so strebt die Funktionenfolge (A^nx_0) gleichmäßig auf J gegen die Lösung $\tilde{x}\in C(J)$ von (6.42), und es gilt

$$d_\infty(\tilde{x},A^nx_0)\leqslant\left(\sum_{\nu=n}^{\infty}\frac{(\alpha L)^\nu}{\nu!}\right)d_\infty(Ax_0,x_0), \tag{6.48}$$

insbesondere

$$d_\infty(\tilde{x},A^nx_0)\leqslant\alpha M\sum_{\nu=n}^{\infty}\frac{(\alpha L)^\nu}{\nu!}\quad\text{für } x_0(t):=\xi_0. \tag{6.49}$$

24. Nochmals der Satz von Picard-Lindelöf Der Banachsche Fixpunktsatz läßt sich *einfacher* auf das Anfangswertproblem (6.42) anwenden als der Weissingersche – man bezahlt diese Erleichterung allerdings mit einer evtl. Verkleinerung des Existenzintervalles der Lösung und mit einer Vergröberung der Fehlerabschätzung. Das wollen wir uns nun verdeutlichen. Voraussetzungen und Bezeichnungen seien wie in Aufgabe 23, ferner sei δ irgendeine Zahl mit

$$0<\delta<\min\left(a,\frac{b}{M},\frac{1}{L}\right)\quad\text{und}\quad J_0:=\{t\in\mathbf{R}:|t-t_0|\leqslant\delta\};$$

es ist also $J_0 \subset J$ (s. (6.43), (6.44)), und diese Inklusion kann sehr wohl *echt* sein. $C_b(J_0)$ bedeute die Menge aller $x \in C(J_0)$ mit $|x(t)-\xi_0| \leqslant b$. A wird auf $C_b(J_0)$ analog zu (6.46) definiert. Zeige, daß A eine kontrahierende Selbstabbildung von $C_b(J_0)$ ist und gewinne so die Existenz, Eindeutigkeit und iterative Konstruierbarkeit der Lösung $\tilde{x} \in C(J_0)$ von (6.42), ferner die Fehlerabschätzung

$$d_\infty(\tilde{x}, A^n x_0) \leqslant \frac{(\delta L)^n}{1-\delta L} d_\infty(A x_0, x_0). \tag{6.50}$$

25. Zum letzen Mal der Satz von Picard-Lindelöf Den in Aufgabe 24 geschilderten Mißstand bei der Anwendung des Banachschen Fixpunktsatzes auf (6.42) - eine evtl. *Verkleinerung* des Existenzintervalles J der Lösung - kann man vermeiden, indem man statt der Maximumsmetrik d_∞ eine geeignet *gewichtete* Maximumsmetrik δ_∞ einführt, nämlich

$$\delta_\infty(x, y) := \max_{t \in J} |e^{-\lambda|t-t_0|}(x(t)-y(t))| \quad \text{(s. Aufgabe 2).}$$

Dabei ist λ eine zunächst noch frei verfügbare positive Konstante. Zeige unter den Voraussetzungen und mit den Bezeichnungen der Aufgabe 23:

$$|(Ax-A\bar{x})(t)| \leqslant \left| \int_{t_0}^{t} L|x(\tau)-\bar{x}(\tau)| e^{-\lambda|\tau-t_0|} e^{\lambda|\tau-t_0|} d\tau \right| \leqslant \frac{L}{\lambda} \delta_\infty(x, \bar{x}) e^{\lambda|t-t_0|},$$

also $$\delta_\infty(Ax, A\bar{x}) \leqslant \frac{L}{\lambda} \delta_\infty(x, \bar{x}) \quad \text{für alle } x, \bar{x} \in C_b(J).$$

Für $\lambda > L$ ist A eine kontrahierende Selbstabbildung von $(C_b(J), \delta_\infty)$, und der Banachsche Fixpunktsatz liefert uns jetzt tatsächlich eine Lösung $\tilde{x} \in C(J)$.

26. Ein trivialer Iterationssatz Ist A eine stetige Selbstabbildung des (nicht notwendigerweise vollständigen) metrischen Raumes E und strebt $A^n x_0 \to \tilde{x} \in E$ für ein $x_0 \in E$, so gilt $\tilde{x} = A\tilde{x}$. - Der Wert der Banachschen und Weissingerschen Fixpunktsätze liegt gerade darin, daß sie leicht nachprüfbare *Bedingungen* für die Konvergenz der Iterationsfolge $(A^n x_0)$ bei beliebigem x_0 angeben.

+**27. Ein Fixpunktsatz für Abbildungen mit einer kontrahierenden Potenz** A sei eine Selbstabbildung des vollständigen metrischen Raumes E, und eine gewisse Potenz A^m $(m \geqslant 1)$ von A sei kontrahierend. Dann besitzt die Gleichung $Ax = x$ genau eine Lösung $\tilde{x} \in E$, und es ist $\tilde{x} = \lim_{n \to \infty} A^{mn} x_0$ mit einem beliebigen $x_0 \in E$.

Hinweis: Banachscher Fixpunktsatz.

+**28.** Formuliere und beweise eine Verallgemeinerung des Weissingerschen Fixpunktsatzes, die analog ist zu der in Aufgabe 27 gegebenen Verallgemeinerung des Banachschen.

7 Vektorräume

Wir haben im Verlauf unserer Arbeit schon häufig benutzt, daß man **K**-wertige Funktionen aus gewissen Funktionenmengen E, z. B. aus $C[a, b]$ oder $B(T)$, punktweise *addieren und vervielfachen kann, ohne aus E herauszufallen*: E war *ab-*

geschlossen gegenüber diesen Operationen.[1] Entsprechendes war uns auch bei gewissen Mengen E von $\mathbf{K}$-gliedrigen Folgen, z. B. bei (s) und (c), bezüglich der komponentenweisen Addition und Vervielfachung begegnet (s. (5.2)) – und selbstverständlich auch bei dem Prototyp dieses Phänomens, dem Vektorraum $E:=\mathbf{K}^n$. Bei Licht besehen sind allerdings Folgen $(\xi_1, \xi_2, \ldots)$ und Vektoren $(\xi_1, \ldots, \xi_n)$ nichts anderes als Funktionen mit den besonders einfachen Definitionsbereichen $\{1, 2, \ldots\}$ bzw. $\{1, \ldots, n\}$, und die komponentenweise Addition und Vervielfachung läuft gerade auf die punktweise hinaus; wir brauchen also im Grunde genommen Folgen und Vektoren begrifflich gar nicht von Funktionen zu unterscheiden. Die (punktweise) Bildung von Summen $x+y$ und skalaren Vielfachen αx $(\alpha \in \mathbf{K})$ genügen in jeder der oben erwähnten Mengen von Funktionen $x: T \to \mathbf{K}$ (wozu also auch die aufgeführten Folgenmengen und $\mathbf{K}^n$ gehören) trivialerweise den folgenden wohlvertrauten Regeln der Vektorrechnung:

(V 1) $x+(y+z)=(x+y)+z$,
(V 2) $x+y=y+x$,
(V 3) *in E gibt es ein Nullelement* 0, *so daß* $x+0=x$ *für alle* $x \in E$ *ist*,
(V 4) *zu jedem* $x \in E$ *gibt es ein Element* $-x \in E$, *so daß* $x+(-x)=0$ *ist*,
(V 5) $\alpha(x+y)=\alpha x+\alpha y$,
(V 6) $(\alpha+\beta)x=\alpha x+\beta x$,
(V 7) $(\alpha\beta)x=\alpha(\beta x)$,
(V 8) $1 \cdot x=x$.

Das Nullelement ist natürlich die auf T identisch verschwindende Funktion, das zu x inverse Element $-x$ die Funktion $t \mapsto -x(t)$.

Wir nennen allgemein eine nichtleere Menge E einen **Vektorraum** oder **linearen Raum** über $\mathbf{K}$, wenn für je zwei Elemente x, y aus E und jedes α aus $\mathbf{K}$ eine Summe $x+y \in E$ und ein Produkt $\alpha x \in E$ so definiert sind, daß die Vektorraumaxiome (V 1) bis (V 8) gelten. Die Elemente von E nennen wir **Punkte** oder **Vektoren**. E heißt **reell** bzw. **komplex**, je nachdem ob $\mathbf{K}$ der Körper der reellen bzw. komplexen Zahlen ist.

Die Definition des Vektorraumes wird dem Leser aus der Linearen Algebra vertraut sein. Ebenso wird er von dorther wissen, daß das Nullelement 0 und bei gegebenem x das Element $-x$ *eindeutig* bestimmt ist, daß die Beziehungen $0x=0$, $\alpha 0=0$ und $(-1)x=-x$ für alle x aus E und α aus $\mathbf{K}$ gelten und daß die Gleichung $y+x=z$ die eindeutige Lösung $x=z+(-y)$ besitzt. Statt $z+(-y)$ schreiben wir hinfort kürzer $z-y$.

---

[1] Schon bei der Definition der Maximums- bzw. Supremumsmetrik in $C[a, b]$ bzw. in $B(T)$ haben wir uns auf diese ebenso elementare wie fundamentale Tatsache gestützt (s. (6.7). (6.8)). Und auch der bloße *Begriff* der „linearen Abbildung" A setzt schon die Möglichkeit voraus, die abzubildenden Elemente addieren und vervielfachen zu können, ohne dabei aus dem Definitionsbereich von A herauszugeraten; Entsprechendes gilt für die Bildelemente (s. etwa (4.10)).

Eine nichtleere Menge E skalarwertiger Funktionen auf T ist bereits dann ein Vektorraum über $\mathbf{K}$, wenn die (punktweise) Addition und Multiplikation mit Zahlen $\alpha \in \mathbf{K}$ nicht aus E herausführen; die Axiome (V 1) bis (V 8) sind dann von selbst erfüllt. Eine solche Menge nennen wir einen linearen Funktionenraum. Ist $T = \mathbf{N}$, so spricht man meistens von einem linearen Folgenraum.

Die folgenden Mengen sind lineare Funktionen- bzw. Folgenräume über $\mathbf{K}$; die Funktionswerte bzw. Folgenglieder sollen dabei alle in $\mathbf{K}$ liegen:

1. Die Menge $\mathbf{K}^n$ aller n-Tupel $(\xi_1, \ldots, \xi_n)$, insbesondere $\mathbf{K}$ selbst.

2. Die Menge (s) *aller* Folgen.

3. Die Menge l^p $(1 \leqslant p < \infty)$ aller Folgen $x = (\xi_1, \xi_2, \ldots)$, *für die* $\sum_{n=1}^{\infty} |\xi_n|^p$ *konvergiert*. – Offenbar liegt mit x auch jedes Vielfache αx in l^p. Aus der Minkowskischen Ungleichung folgt sofort, daß auch die Addition nicht aus l^p herausführt.

4. Die Menge l^∞ aller *beschränkten* Folgen.

5. Die Menge (c) aller *konvergenten* Folgen.

6. Die Menge (c_0) aller *Nullfolgen*.

7. Die Menge $B(T)$ aller *beschränkten* Funktionen auf T. – l^∞ ist, wie schon früher bemerkt, nichts anderes als $B(\mathbf{N})$.

8. Die Menge $C[a, b]$ aller *stetigen* Funktionen auf $[a, b]$.

9. Die Menge $C^{(n)}[a, b]$ aller Funktionen, die auf dem Intervall $[a, b]$ *n-mal stetig differenzierbar* sind.

10. Die Menge $C_0(\mathbf{R})$ aller auf $\mathbf{R}$ stetigen Funktionen x, die „*im Unendlichen verschwinden*“, d.h., für die es zu jedem $\varepsilon > 0$ eine Zahl $\varrho = \varrho(\varepsilon, x) > 0$ gibt, so daß $|x(t)| < \varepsilon$ bleibt für alle t mit $|t| > \varrho$.

11. Die Menge $BV[a, b]$ aller Funktionen, die auf $[a, b]$ definiert und dort *von beschränkter Variation* sind.

Mit Ausnahme von $\mathbf{K}^n$ haben wir bei den Bezeichnungen der obigen Räume durch Symbole wie (s), l^p usw. nicht zwischen dem *reellen* und *komplexen* Raum unterschieden, da eine solche Unterscheidung meistens unwesentlich ist. *Wenn nicht ausdrücklich etwas anderes gesagt wird, gelten unsere Ergebnisse sowohl im reellen wie im komplexen Fall.*

Nach diesen Beispielen, die u. a. zeigen, wie häufig lineare Strukturen in der Analysis auftreten, beginnen wir nun, die Geometrie linearer Räume E über $\mathbf{K}$ zu studieren. Eine nichtleere Teilmenge F von E heißt (linearer) Unterraum oder Teilraum von E, wenn Summe und skalare Vielfache von Elementen aus F stets wieder in F liegen; F ist dann selbst ein Vektorraum. *Alle linearen Folgenräume sind Unterräume von* (s). Jeder Unterraum von E enthält das Nullelement 0, und $\{0\}$ ist selbst ein Unterraum. *Der Durchschnitt beliebig vieler Unterräume von E ist wieder ein Unterraum von E.* Speziell ist der Durchschnitt aller Unterräume, die eine nichtleere Teilmenge M von E umfassen, ein Unterraum; er heißt der von M erzeugte oder aufgespannte Unterraum oder auch die lineare Hülle von M und wird mit $[M]$ bezeichnet. $[M]$ ist der kleinste Unterraum, der M umfaßt; seine Elemente sind alle (endlichen) Linearkombinationen $\alpha x+\beta y+\cdots$ von Elementen $x, y, \ldots$ aus M. Die lineare Hülle einer höchstens abzählbaren Menge $\{x_1, x_2, \ldots\}$ wird auch mit $[x_1, x_2, \ldots]$ bezeichnet.

Eine *endliche* Teilmenge $\{x_1, \ldots, x_n\}$ von E heißt linear unabhängig, wenn aus $\alpha_1 x_1+\cdots+\alpha_n x_n=0$ stets $\alpha_1=\cdots=\alpha_n=0$ folgt, andernfalls heißt sie linear abhängig. Eine *unendliche* Teilmenge M von E wird linear unabhängig genannt, wenn jede *endliche* Teilmenge von M linear unabhängig ist; andernfalls nennen wir sie wieder linear abhängig.

Der k-te Einheitsvektor $e_k:=(0, \ldots, 0, 1, 0, \ldots)$, also die Folge, die an der k-ten Stelle eine 1 und sonst überall 0 hat, liegt in allen bisher betrachteten Folgenräumen l^p, (c_0), (c) und (s). Man sieht sofort, daß $\{e_1, e_2, \ldots\}$ eine linear unabhängige Teilmenge aller dieser Räume ist. Aus dem Identitätssatz für Polynome folgt, daß die Menge der auf $[a, b]$ definierten Funktionen $t \mapsto t^n$ $(n=0, 1, 2, \ldots)$ eine linear unabhängige Teilmenge von $C[a, b]$ ist.

Von besonderer Bedeutung sind diejenigen linear unabhängigen Teilmengen von E, die ganz E erzeugen. Eine solche Menge heißt (algebraische oder Hamelsche) Basis von E.[1] Mit Hilfe einer Basis $B=\{x_\lambda : \lambda \in L\}$ läßt sich jeder Vektor x aus E in der Form $x=\sum_{\lambda \in L} \alpha_\lambda x_\lambda$ darstellen, wobei die Koeffizienten α_λ eindeutig bestimmt und nur endlich viele α_λ von Null verschieden sind. Die Frage, ob es überhaupt eine Basis in E gibt, beantwortet der folgende

7.1 Satz *Zu jeder* linear unabhängigen *Teilmenge M von E gibt es eine M umfassende Basis von E. Ist $E \neq \{0\}$, so besitzt E eine Basis.*

Der Beweis wird mit Hilfe des Zornschen Lemmas geführt. Die Menge $\mathfrak{M}$ aller M umfassenden und linear unabhängigen Teilmengen von E ist nicht leer (sie enthält nämlich M) und wird durch die mengentheoretische Inklusion geordnet. Jede vollgeordnete Teilmenge $\mathfrak{V}$ von $\mathfrak{M}$ besitzt die obere Schranke $\bigcup_{V \in \mathfrak{V}} V$ in $\mathfrak{M}$. Infolgedessen gibt es in $\mathfrak{M}$ ein maximales Element B. Für jeden nicht in B liegenden Vektor x ist $B \cup \{x\}$ als echte Obermenge von B linear abhängig. Daher gibt es Vektoren $y_1, \ldots, y_n$ aus B und Zahlen $\alpha_0, \alpha_1, \ldots, \alpha_n$, die nicht alle verschwinden, so daß $\alpha_0 x+\alpha_1 y_1+\cdots+\alpha_n y_n=0$ ist. Wegen der linearen Unabhängigkeit von B muß $\alpha_0 \neq 0$ sein; wir erhalten somit, daß x eine Linearkombination der Vektoren $y_1, \ldots, y_n$ ist, also in der linearen Hülle $[B]$ von B liegt. Da trivialerweise auch jedes x aus B in $[B]$ liegt, ist $[B]=E$. In der Tat ist also B eine M umfassende Basis von E. - Gibt es in E ein Element $x_0 \neq 0$, so ist die Menge $\{x_0\}$ linear unabhängig, kann also nach dem eben Bewiesenen zu einer Basis von E erweitert werden. ■

---

[1] Nach Georg Hamel (1877–1954; 77).

Besitzt $E \neq \{0\}$ eine Basis aus *endlich* vielen, etwa n Elementen, so besteht jede andere Basis von E ebenfalls aus n Elementen, wie der Leser aus der Linearen Algebra weiß. In diesem Fall sagen wir, E habe die Dimension n oder sei n-dimensional und schreiben $\dim E = n$. Dem trivialen Raum $\{0\}$ wird die Dimension 0 zugeordnet. Besitzt E keine endliche Basis, so setzen wir $\dim E = \infty$ und nennen E unendlichdimensional. Abgesehen von $\mathbf{K}^n$ sind alle in diesem Abschnitt betrachteten Funktionen- und Folgenräume unendlichdimensional, weil sie unendliche linear unabhängige Teilmengen enthalten. Es läßt sich zeigen, daß auch in einem unendlichdimensionalen Vektorraum zwei Basen stets die gleiche Kardinalzahl (Mächtigkeit) haben; diese Kardinalzahl kann man dann die Dimension des Raumes nennen. Vgl. etwa Köthe (1966), S. 56.

Für Teilmengen M, N von E, Vektoren x_0 aus E und Skalare α setzen wir

$$x_0 \pm M := \{x_0 \pm x : x \in M\},$$
$$M \pm N := \{x \pm y : x \in M, y \in N\},$$
$$\alpha M := \{\alpha x : x \in M\}.$$

Natürlich läßt sich die Summe von Mengen auch ganz entsprechend für mehr als zwei Summanden erklären.

Die Summe $F+G$ zweier Unterräume F, G von E ist selbst wieder ein Unterraum. Sie heißt direkt und wird mit $F \oplus G$ bezeichnet, wenn $F \cap G = \{0\}$ ist. Dies ist offenbar genau dann der Fall, wenn für jedes Element $z = x + y$ aus $F + G$ die Komponenten $x \in F$, $y \in G$ eindeutig bestimmt sind. Ist $F \oplus G = E$, so heißt G (algebraischer) Komplementärraum zu F (in E). In diesem Falle ergibt die Vereinigung einer Basis von F mit einer Basis von G eine Basis von E. Erweitert man umgekehrt gemäß Satz 7.1 eine Basis des Unterraumes F durch Hinzunahme einer geeigneten linear unabhängigen Menge M zu einer Basis von E, so erzeugt M einen Komplementärraum zu F. Damit haben wir den folgenden Satz bewiesen:

7.2 Satz *Zu jedem Unterraum eines Vektorraumes gibt es mindestens einen algebraischen Komplementärraum.*

Ist $E = F \oplus G_1 = F \oplus G_2$, so läßt sich unter Verwendung des oben erwähnten allgemeinen Dimensionsbegriffs zeigen, daß G_1 und G_2 die gleiche (evtl. transfinite) Dimension haben. Ist G_1 sogar *endlich*dimensional, so kann der Beweis hierfür höchst einfach mit den Mitteln der Linearen Algebra geführt und deshalb dem Leser überlassen werden (vgl. auch A 8.7). Wir halten dieses spezielle, für uns jedoch wichtige Ergebnis fest:

7.3 Satz *Zwei Komplementärräume eines gegebenen Unterraumes sind entweder beide unendlichdimensional oder haben die gleiche endliche Dimension.*

Dieser Satz gibt uns die Möglichkeit, die Kodimension eines Unterraumes G von E als die Dimension irgendeines Komplementärraumes F von G in E zu definieren. Bezeichnen wir diese Größe mit $\operatorname{codim}_E G$ oder einfach mit codim G, falls der Bezugsraum E festliegt, so ist also

$$\begin{aligned} &\operatorname{codim} G=\infty, && \text{falls } \dim F=\infty, \\ &\operatorname{codim} G=\dim F, && \text{falls } 1\leqslant \dim F<\infty, \\ &\operatorname{codim} G=0, && \text{falls } G=E. \end{aligned}$$

Die Kodimension eines Unterraumes ist ein Maß dafür, wie stark dieser Unterraum von dem Gesamtraum abweicht. Einen Unterraum der Kodimension 1 nennt man, wie in der Analytischen Geometrie, eine Hyperebene (durch 0).

Das cartesische Produkt $\prod_{\lambda\in L} E_\lambda$ einer Familie $(E_\lambda\colon \lambda\in L)$ von Vektorräumen über **K** wird zu einem Vektorraum über **K** gemacht, indem man Summen und skalare Vielfache komponentenweise erklärt: $(x_\lambda)+(y_\lambda):=(x_\lambda+y_\lambda)$, $\alpha(x_\lambda):=(\alpha x_\lambda)$.

Aufgaben

1. Die Einheitsvektoren $e_1, e_2, \ldots$ bilden *keine* Basis von (s).

2. Gelegentlich ist es vorteilhaft, die Elemente eines *komplexen* Vektorraumes E vorübergehend nur mit *reellen* Skalaren zu multiplizieren. *Aus E entsteht dann ein* reeller *Vektorraum* E_r. Beachte, daß E_r genau dieselben Elemente enthält wie E. Der Raum $C[a, b]$ der *komplexwertigen* stetigen Funktionen auf dem Intervall $[a, b]$ ist z.B. von Hause aus ein *komplexer* Vektorraum; läßt man jedoch vorübergehend nur *reelle* Zahlen als Multiplikatoren zu, so erhält man einen *reellen* Vektorraum $C_r[a, b]$ – der aber wohl zu unterscheiden ist von dem reellen Raum $C_{\mathbf{R}}[a, b]$ aller *reellwertigen* stetigen Funktionen auf $[a, b]$. Beweise die folgenden Behauptungen im Falle eines komplexen Vektorraumes E:

a) Ist die Menge $\{x_\lambda\colon \lambda\in L\}$ in E linear unabhängig, so sind die Mengen $\{x_\lambda\colon \lambda\in L\}$ und $\{x_\lambda\colon \lambda\in L\}\cup\{\mathrm{i}x_\lambda\colon \lambda\in L\}$ in E_r linear unabhängig.

b) Ist $\{x_\lambda\colon \lambda\in L\}$ eine Basis von E, so ist $\{x_\lambda\colon \lambda\in L\}\cup\{\mathrm{i}x_\lambda\colon \lambda\in L\}$ eine Basis von E_r.

Der Leser verdeutliche sich diese Verhältnisse in $\mathbf{C}^n$. $\mathbf{C}^n$ hat als Vektorraum über $\mathbf{C}$ die Dimension n, als Vektorraum über $\mathbf{R}$ die Dimension $2n$.

3. $F_+(T)$ sei die Menge aller positiven Funktionen $x\colon T\to\mathbf{R}$ (T eine beliebige nichtleere Menge). In $F_+(T)$ definieren wir eine Summe $x\oplus y$ und ein Vielfaches $\alpha\odot x$ $(\alpha\in\mathbf{R})$ durch $x\oplus y:=xy$, $\alpha\odot x:=x^\alpha$; dabei sind die Produkte xy und Potenzen x^α wie üblich punktweise erklärt: $(xy)(t):=x(t)y(t)$, $(x^\alpha)(t)=x(t)^\alpha$. Zeige, daß $F_+(T)$ mit $\oplus$ und $\odot$ ein reeller Vektorraum ist. Dieser Raum ist kein kapriziöser Einfall mathematischer Laune, sondern ein Produkt technischer Praxis (s. Beispiel 5.2). Was bedeutet die lineare Unabhängigkeit in $F_+(T)$?

4. Unter der Summe $F=\sum_{\lambda\in L} F_\lambda$ einer Familie $(F_\lambda\colon \lambda\in L)$ von Teilräumen eines Vektorraumes E versteht man die Menge aller Elemente $x=\sum_{\lambda\in L} x_\lambda$, wobei die x_λ aus F_λ und nur endlich viele x_λ von Null verschieden sind. F ist die lineare Hülle von $\bigcup_{\lambda\in L} F_\lambda$. F heißt direkte Summe der

F_λ - in Zeichen: $F=\bigoplus_{\lambda\in L} F_\lambda$ -, wenn für jedes $x=\sum x_\lambda$ aus F die Komponenten $x_\lambda \in F_\lambda$ eindeutig bestimmt sind. Zeige, daß die folgenden Aussagen äquivalent sind:

a) $F=\bigoplus_{\lambda\in L} F_\lambda$.

b) Aus $\sum_{\lambda\in L} x_\lambda=0$, $x_\lambda\in F_\lambda$, folgt $x_\lambda=0$ für alle $\lambda\in L$.

c) $F_\lambda \cap \sum_{\substack{\mu\in L\\ \mu\neq\lambda}} F_\mu=\{0\}$ für alle $\lambda\in L$.

5. Zeige, daß die Bedingung c) in Aufgabe 4 zwar $F_\lambda\cap F_\mu=\{0\}$ für $\lambda\neq\mu$ nach sich zieht, daß aber keineswegs die Umkehrung gilt. Bestimme zu diesem Zweck drei Unterräume F_1, F_2, F_3 von $\mathbf{R}^3$ mit

$$F_1\cap F_2=F_1\cap F_3=F_2\cap F_3=\{0\} \quad \text{und} \quad F_1\cap(F_2+F_3)\neq\{0\}.$$

6. Zeige, daß die geraden Funktionen $x\in C[-1,1]$ ebenso wie die ungeraden jeweils einen Unterraum G bzw. U von $C[-1,1]$ bilden und daß $C[-1,1]=G\oplus U$ ist (Bemerkung: x wird gerade bzw. ungerade genannt, wenn $x(-t)=x(t)$ bzw. $x(-t)=-x(t)$ für alle zulässigen t ist).

7. Die folgenden Mengen reellwertiger Funktionen auf $[a, b]$ bilden *keine* reellen Vektorräume: a) die monoton wachsenden bzw. fallenden Funktionen, b) die nach oben bzw. nach unten beschränkten Funktionen.

8 Lineare Abbildungen

Lineare Abbildungen sind uns bereits in den Nummern 4 und 5 in großer Zahl und praxisrelevanter Gestalt begegnet. Nachdem wir nun über den Begriff des Vektorraumes verfügen, können wir sie endlich *allgemein* definieren:

Die Abbildung $A: E\to F$ des Vektorraumes E über $\mathbf{K}$ in den Vektorraum F über $\mathbf{K}$ heißt linear, wenn für alle x, y aus E und alle α aus $\mathbf{K}$ stets gilt:

$$A(x+y)=Ax+Ay, \qquad A(\alpha x)=\alpha Ax.$$

Lineare Abbildungen nennt man auch lineare Transformationen, lineare Operatoren (oder einfach Operatoren) oder Homomorphismen. Ein Endomorphismus des Vektorraumes E ist eine lineare Selbstabbildung von E. Mit $\mathscr{S}(E, F)$ bezeichnen wir die Menge aller linearen Abbildungen von E in F, $\mathscr{S}(E):=\mathscr{S}(E, E)$ ist die Gesamtheit der Endomorphismen von E.

$\mathscr{S}(E, F)$ wird ein *Vektorraum* (über dem gemeinsamen Skalarkörper von E und F), indem man Summen $A+B$ und Vielfache αA punktweise definiert:

$$(A+B)x:=Ax+Bx, \qquad (\alpha A)x:=\alpha(Ax) \quad \text{für alle } x\in E.$$

Das Nullelement dieses Raumes ist die *Nullabbildung* 0, die jedem Element aus E das Nullelement von F zuordnet.

Das Kompositum $B \circ A$ der linearen Abbildungen $A: E \to F$, $B: F \to G$, ist eine lineare Abbildung von E in G. Wir bezeichnen es kürzer mit BA und nennen es das Produkt von B mit A.

Falls die untenstehenden Produkte existieren, gelten die folgenden Rechenregeln:

$$\begin{aligned} &A(BC)=(AB)C, \\ &A(B+C)=AB+AC, \qquad (A+B)C=AC+BC, \\ &\alpha(AB)=(\alpha A)B=A(\alpha B). \end{aligned} \tag{8.1}$$

Produkte existieren insbesondere immer dann, wenn alle Faktoren in $\mathscr{S}(E)$ liegen.

Die *identische Abbildung* von E bezeichnen wir mit I oder auch mit I_E; es ist also $Ix := x$ für alle $x \in E$. I ist trivialerweise linear. Schließlich erinnern wir daran, daß die *Potenzen* oder *Iterierten* eines Endomorphismus A rekursiv durch $A^0 := I$, $A^n := AA^{n-1}$ $(n=1, 2, \ldots)$ definiert werden.

Viele fundamentalen Probleme der Mathematik und ihrer Anwendungen führen zu der Aufgabe, eine Gleichung der Form

$$Ax = y \quad \text{mit einer linearen Abbildung} \quad A: E \to F \tag{8.2}$$

zu studieren (s. Nr. 4). Wir stellen nun einige einfache Begriffe und Tatsachen bereit, die bei der Untersuchung solcher „Operatorengleichungen" dienlich sind und sich insbesondere mit ihrer eindeutigen bzw. durchgängigen Lösbarkeit, also der *Injektivität* bzw. *Surjektivität* der Abbildung $A \in \mathscr{S}(E, F)$ befassen.

Wir stellen zunächst fest, daß

der Bildraum $\quad A(E) := \{Ax : x \in E\}$

und der Nullraum $\quad N(A) := \{x \in E : Ax = 0\}$

von *A lineare Räume* sind, insbesondere ist also $0 \in N(A)$, d.h., es ist $A0 = 0$. Besitzt die Gleichung (8.2) die beiden Lösungen x_0, x_1, so ist $A(x_1 - x_0) = Ax_1 - Ax_0 = y - y = 0$, also $x_1 - x_0 \in N(A)$ und damit $x_1 \in x_0 + N(A)$. Ist umgekehrt x_1 in $x_0 + N(A)$ enthalten, so ist offenbar $Ax_1 = Ax_0 = y$. Damit haben wir eine erste Aussage über die Struktur der Lösungsmenge von (8.2):

8.1 Satz *Die Gesamtheit der Lösungen von* (8.2) *läßt sich mit Hilfe irgendeiner Lösung x_0 in der Form $x_0 + N(A)$ darstellen. A ist also genau dann* injektiv, *wenn $N(A) = \{0\}$ ist, d.h., wenn aus $Ax = 0$ stets $x = 0$ folgt.*

Ist A injektiv, so bezeichnen wir die auf $A(E)$ definierte Umkehrabbildung mit A^{-1} und nennen sie die Inverse von A. Es ist leicht zu sehen, daß A^{-1} linear ist. Daraus ergibt sich zusammen mit der Diskussion der Umkehrabbildung in der Einleitung sofort der

8.2 Satz *Die lineare Abbildung $A: E \to F$ ist genau dann* bijektiv, *wenn es lineare Abbildungen B und C von F in E mit*

$$BA = I_E \quad \text{und} \quad AC = I_F$$

gibt. In diesem Falle ist $B = C = A^{-1}$.

Eine bijektive lineare Abbildung $A: E \to F$ nennt man auch einen Isomorphismus (der Räume E und F) und sagt, E und F seien isomorph. Diese symmetrische Sprechweise ist deshalb berechtigt, weil *mit A auch A^{-1} ein Isomorphismus ist.*

Ohne Übertreibung kann man sagen, daß sich zwei isomorphe (wörtlich: „gleichgestaltige") Räume E und F im Grunde nur durch die Namen ihrer Elemente unterscheiden: die von E heißen $x, y, \ldots$, die von F hingegen $Ax, Ay, \ldots$, wenn $A: E \to F$ der vermittelnde Isomorphismus ist. Alle durch Addition und Vervielfachung ausdrückbaren Beziehungen zwischen Elementen des einen Raumes gelten ohne jede Änderung auch für ihre „Zwillingsbrüder" in dem anderen: Aus $\alpha_1 x_1 + \cdots + \alpha_n x_n = 0$ folgt $\alpha_1 A x_1 + \cdots + \alpha_n A x_n = 0$ und umgekehrt. Deshalb werden wir uns gelegentlich die Freiheit nehmen, *isomorphe Räume einfach zu identifizieren*, also auch noch von ihrem letzten Unterschied, der Verschiedenheit der Elementenamen abzusehen (vgl. die Bemerkungen über isometrische Räume am Ende der Nr. 6).

Das Produkt BA zweier bijektiver linearer Abbildungen $A: E \to F$ und $B: F \to G$ ist selbst wieder bijektiv und besitzt die Inverse $(BA)^{-1} = A^{-1}B^{-1}$.

Eine besonders wichtige Endomorphismenklasse wird von den sogenannten Projektoren gebildet. Ist $E = F \oplus G$, hat man also für den Vektor x in E die Zerlegung $x = y + z$ mit eindeutig bestimmten Komponenten $y \in F$, $z \in G$, so kann man eine Abbildung $P: E \to F$ durch $Px := y$ definieren. P ist linear und heißt *Projektor*, weil in sinngemäßer Übertragung geometrischer Sprechweise P den Raum E längs (oder parallel zu) G auf F projiziert. $I - P$ projiziert dann E längs F auf G (s. Fig. 8.1).

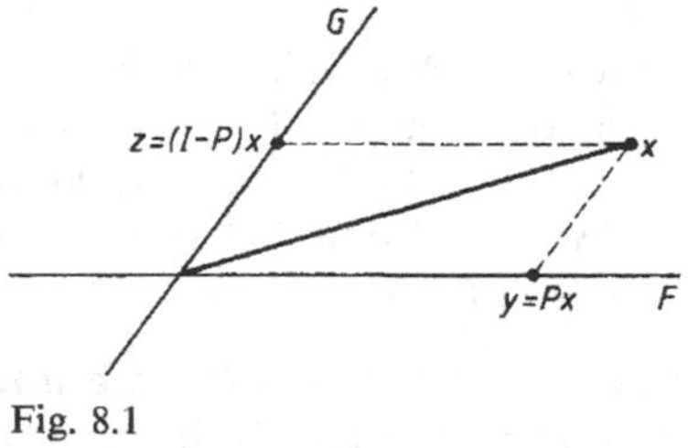

Fig. 8.1

Offenbar ist

$$P(E) = F, \qquad N(P) = G \quad \text{und} \quad P^2 = P.$$

Nennt man einen Endomorphismus A idempotent, wenn $A^2 = A$ ist, so besagt die letzte Gleichung gerade, *daß Projektoren idempotent sind. Diese Eigenschaft ist sogar charakteristisch für sie.* Ist nämlich P ein idempotenter Endomorphismus von E, so ist wegen $x = Px + (I-P)x$ der Raum E die *Summe* der beiden Unterräume $P(E)$ und $(I-P)(E)$, und diese Summe ist sogar *direkt*; denn aus

$$z \in P(E) \cap (I-P)(E),$$

also $\quad z = Px = (I-P)y,$

folgt $\quad z = Px = P^2x = P(I-P)y = Py - P^2y = Py - Py = 0.$

Es ist nun sofort zu sehen, daß P mit dem Projektor von E auf $P(E)$ längs $(I-P)(E)$ übereinstimmt. ■

Wegen Satz 7.2 *gibt es zu jedem Unterraum F von E einen Projektor, der E auf F projiziert.* Der Bildraum eines Projektors P von E wird durch $P(E) = \{x \in E: Px = x\}$ gegeben; *er ist also derjenige Unterraum, auf dem P wie die Identität wirkt.* Ist nämlich $x \in P(E)$, also $x = Py$, so ist $Px = P^2y = Py = x$; umgekehrt folgt aus $Px = x$ trivialerweise, daß x in $P(E)$ liegt. Mit Hilfe von Projektoren können wir nun die *Abweichung einer linearen Abbildung* $A: E \to F$ *von der Bijektivität* algebraisch beschreiben. Sei P ein Projektor von E auf $N(A)$ und Q_0 ein Projektor von F auf $A(E)$; die zugehörigen Zerlegungen von E und F seien

$$E = N(A) \oplus U, \qquad F = A(E) \oplus V.$$

Wir definieren nun eine lineare Abbildung $A_0: U \to A(E)$ durch $A_0x := Ax$ für $x \in U$. A_0 ist trivialerweise surjektiv, und da aus $A_0x = 0$ offenbar $x \in N(A) \cap U = \{0\}$ folgt, ist A_0 auch injektiv, so daß $A_0^{-1}: A(E) \to U$ existiert. Damit ist $B := A_0^{-1}Q_0$ eine lineare Abbildung von F in E. Stellen wir ein beliebiges $x \in E$ in der Form $x = y + z$ mit $y \in N(A)$, $z \in U$ dar, so erhalten wir

$$BAx = A_0^{-1}Q_0A(y+z) = A_0^{-1}Q_0Az = A_0^{-1}Az = z = x - y = x - Px,$$

es ist also $BA = I_E - P$. Ähnlich sieht man die Gleichung $AB = Q_0$ ein. Mit dem zu Q_0 komplementären Projektor $Q := I_F - Q_0$, der F längs $A(E)$ auf V projiziert, gilt also $AB = I_F - Q$. Wir fassen zusammen:

8.3 Satz *Ist $A: E \to F$ linear, P ein Projektor von E auf $N(A)$ und Q ein Projektor von F längs $A(E)$, so gibt es eine lineare Abbildung $B: F \to E$, mit der die Gleichungen*

$$BA = I_E - P, \qquad AB = I_F - Q$$

gelten (vgl. Satz 8.2).

Der lineare Unterraum F von E heißt **invariant** unter $A \in \mathscr{S}(E)$, wenn $A(F) \subset F$ ist. Man sagt, das Unterraumpaar (F, G) **reduziere** A, wenn $E = F \oplus G$ und sowohl F als auch G unter A invariant ausfällt. Und ohne Mühe beweist man den

8.4 Satz *P sei ein Projektor von E auf F parallel zu G. Genau dann ist F* invariant *unter A, wenn $AP=PAP$ gilt. Genau dann wird A von (F, G)* reduziert, *wenn $AP=PA$ ist.*

Aufgaben

1. $A: E\to F$ sei eine lineare Abbildung. Zeige: a) Ist $\{Ax_\lambda:\lambda\in L\}\subset A(E)$ linear unabhängig, so ist auch $\{x_\lambda:\lambda\in L\}\subset E$ linear unabhängig. b) Ist A injektiv und $\{x_\lambda:\lambda\in L\}\subset E$ linear unabhängig, so ist auch $\{Ax_\lambda:\lambda\in L\}$ linear unabhängig.

2. E und F seien zwei Vektorräume derselben *endlichen* Dimension und $A\in\mathscr{S}(E, F)$. Mit Hilfe der Aufgabe 1 sieht man: Die Abbildung A ist genau dann bijektiv, wenn sie injektiv *oder* surjektiv ist (vgl. Aufgabe 3).

3. Konstruiere einen Endomorphismus von (s), der zwar injektiv, aber nicht surjektiv, und einen anderen, der zwar surjektiv, aber nicht injektiv ist (vgl. Aufgabe 2).

***4.** E, F seien zwei Vektorräume über $\mathbf{K}$ und E sei endlichdimensional. Genau dann sind E und F isomorph, wenn $\dim E=\dim F$ ist.

***5.** Ist P ein Projektor von E und $M\subset E$, so ist $P(M)\subset M+N(P)$.

***6.** Zu $A\in\mathscr{S}(E, F)$ gibt es ein $B\in\mathscr{S}(F, E)$ mit $ABA=A$.

7. Beweise den Satz 7.3 mit Hilfe linearer Abbildungen. Hinweis: Sei $E=F\oplus G_1=F\oplus G_2$, $\dim G_1<\infty$. Jedes $u\in G_1$ läßt sich als Summe $u=y+v$ mit eindeutig bestimmtem $y\in F$, $v\in G_2$ schreiben. Zeige, daß die Abbildung $u\mapsto v$ ein Isomorphismus zwischen G_1 und G_2 ist und wende Aufgabe 4 an.

+8. Ein *reeller* Vektorraum E läßt sich durch Komplexifikation zu einem *komplexen* Vektorraum E_c erweitern, und zwar in genau derselben Weise, wie man aus dem reellen Zahlkörper $\mathbf{R}$ den Körper $\mathbf{C}$ gewinnt. Wir deuten die Konstruktion und die Haupttatsachen an:

a) Es sei E_c die Menge aller geordneten Paare (x, y), $x, y\in E$. Addition und Multiplikation mit einer komplexen Zahl $\alpha+i\beta$ $(\alpha,\beta\in\mathbf{R})$ werden wie folgt festgesetzt: $(x_1, y_1)+(x_2, y_2):=(x_1+x_2, y_1+y_2)$, $(\alpha+i\beta)(x, y):=(\alpha x-\beta y, \beta x+\alpha y)$. Damit ist E_c ein Vektorraum über $\mathbf{C}$.

b) $E_0:=\{(x, 0): x\in E\}\subset E_c$ ist ein Vektorraum über $\mathbf{R}$, die Abbildung $x\mapsto(x, 0)$ ein Isomorphismus der Räume E und E_0. Deshalb identifiziert man die Elemente x und $(x, 0)$ und erhält so E als Teilmenge von E_c.

c) Die Elemente (x, y) von E_c können nun wegen $(x, y)=(x, 0)+(0, y)=(x, 0)+i(y, 0)$ in der Form $(x, y)=x+iy$ geschrieben werden, und es ist $(x_1+iy_1)+(x_2+iy_2)=(x_1+x_2)+i(y_1+y_2)$, $(\alpha+i\beta)(x+iy)=(\alpha x-\beta y)+i(\beta x+\alpha y)$ für $\alpha,\beta\in\mathbf{R}$. Die Vektoren x aus E finden sich in E_c als Elemente $x=x+i0$ wieder.

d) Ist die Menge $\{x_\iota:\iota\in J\}\subset E$ in E linear unabhängig, so ist sie auch in E_c linear unabhängig.

e) Eine Basis $\{x_\iota:\iota\in J\}$ von E ist auch eine Basis von E_c. Insbesondere ist $\dim E=\dim E_c$.

+9. Binomischer Satz für Endomorphismen Sind die Endomorphismen A, B des Vektorraumes E miteinander *vertauschbar* $(AB=BA)$, so ist

$$(A+B)^n=\sum_{k=0}^{n}\binom{n}{k}A^{n-k}B^k \quad \text{für } n\in\mathbf{N}.$$

Hinweis: Vollständige Induktion.

10. Darstellung höherer Differenzen Auf dem Vektorraum (s) aller Zahlenfolgen $x := (\xi_0, \xi_1, \ldots)$ definieren wir den (linearen) Differenzenoperator D durch

$$D(\xi_0, \xi_1, \xi_2, \ldots) := (\xi_1 - \xi_0, \xi_2 - \xi_1, \xi_3 - \xi_2, \ldots)$$

und die k-ten Differenzen $\Delta^k \xi_\nu$ für $\nu, k = 0, 1, 2, \ldots$ rekursiv durch

$$\Delta^0 \xi_\nu := \xi_\nu, \qquad \Delta^k \xi_\nu := \Delta^{k-1} \xi_{\nu+1} - \Delta^{k-1} \xi_\nu \quad \text{für } k \geqslant 1.$$

Zeige der Reihe nach:

a) $(I+D)^k x = (\xi_k, \xi_{k+1}, \ldots)$ für $k = 0, 1, 2, \ldots$.

b) $D^k = [-I + (I+D)]^k = \sum_{\nu=0}^{k} (-1)^\nu \binom{k}{\nu} (I+D)^{k-\nu}$ (s. Aufgabe 9).

c) $\Delta^k \xi_0 = \sum_{\nu=0}^{k} (-1)^\nu \binom{k}{\nu} \xi_{k-\nu}$.

+11. Eine allgemeine Summenformel Definiere auf dem Vektorraum (s) aller Zahlenfolgen $(\xi_0, \xi_1, \ldots)$ den linken Verschiebungsoperator L durch

$$L(\xi_0, \xi_1, \xi_2, \ldots) := (\xi_1, \xi_2, \xi_3, \ldots).$$

Mit dem Differenzenoperator D aus Aufgabe 10 ist offenbar $L = I + D$. Setze $S := I + L + L^2 + \cdots + L^{n-1}$ und zeige der Reihe nach:

a) $SL - S = SD = L^n - I = \sum_{k=1}^{n} \binom{n}{k} D^k$.

b) $S = \sum_{k=1}^{n} \binom{n}{k} D^{k-1}$ (beachte, daß D den Unterraum der Zahlenfolgen $(0, \xi_1, \xi_2, \ldots)$ bijektiv auf (s) abbildet).

c) $\xi_0 + \xi_1 + \cdots + \xi_{n-1} = \sum_{k=1}^{n} \binom{n}{k} \Delta^{k-1} \xi_0$ (s. Aufgabe 10).

Gewinne aus dieser *Summenformel* die wohlbekannten Gleichungen

$$1 + 2 + \cdots + n = \frac{n(n+1)}{2},$$

$$1^2 + 2^2 + \cdots + n^2 = \frac{n(n+1)(2n+1)}{6},$$

$$1^3 + 2^3 + \cdots + n^3 = \frac{n^2(n+1)^2}{4}.$$

9 Normierte Räume

„Normen" oder „Längen" von Funktionen sind uns schon sehr früh (und sehr formlos) begegnet; die Kardinalbeispiele sind die *euklidische Norm* und die *Maximumsnorm*:

$$\|x\|_2 := \left(\int_a^b |x(t)|^2 \mathrm{d}t\right)^{1/2} \quad \text{und} \quad \|x\|_\infty := \max_{a \leqslant t \leqslant b} |x(t)|, \tag{9.1}$$

beide erklärt auf $C[a, b]$ (s. (2.9) und (2.10)). Die euklidische und die Maximumsmetrik auf $C[a, b]$ entspringen aus ihnen vermöge der Gleichungen

$$d_2(x, y) = \|x-y\|_2 \quad \text{und} \quad d_\infty(x, y) = \|x-y\|_\infty. \tag{9.2}$$

Diese Normen sind aber auch ganz eng mit der *linearen Struktur* des Vektorraumes $C[a, b]$ liiert. Darf nämlich das Symbol $\|\cdot\|$ jede von ihnen bedeuten, so gelten offenbar die folgenden Aussagen (N 1) bis (N 3):

(N 1) $\|x\| \geqslant 0$, *wobei* $\|x\| = 0$ *genau dann gilt, wenn* $x = 0$ *ist*,

(N 2) $\|\alpha x\| = |\alpha| \, \|x\|$,

(N 3) $\|x+y\| \leqslant \|x\| + \|y\|$ (Dreiecksungleichung).

Diese beiden gleichartigen Erscheinungen geben Anstoß zur folgenden Definition:

Ein Vektorraum E über $\mathbf{K}$ heißt normierter Raum, wenn jedem $x \in E$ eine reelle Zahl $\|x\|$ so zugeordnet ist, daß die Normaxiome (N 1) bis (N 3) erfüllt sind. $\|x\|$ wird dann die Norm von x genannt.[1]

Aus den Normaxiomen ergibt sich sofort, *daß auf einem normierten Raum durch*

$$d(x, y) := \|x-y\| \tag{9.3}$$

eine Metrik - die kanonische Metrik - *definiert wird.* In ihr bedeutet $x_n \to x$, daß $\|x_n - x\| \to 0$ strebt; die Folge (x_n) ist genau dann eine *Cauchyfolge*, wenn es zu jedem $\varepsilon > 0$ ein $n_0 = n_0(\varepsilon)$ gibt, so daß für alle $m, n \geqslant n_0$ stets $\|x_m - x_n\| < \varepsilon$ ausfällt.

Ein Banachraum ist ein normierter Raum, der bezüglich seiner kanonischen Metrik *vollständig* ist.[2]

Wir bringen nun einige Beispiele von Banachräumen. Der Vektorraumcharakter dieser Räume - außer den L^p-Räumen - wurde schon in Nr. 7 festgestellt; die Verifikation der Normaxiome dürfen wir, mit wenigen Ausnahmen, getrost

[1] Normen werden wir gelegentlich auch mit anderen Symbolen, z. B. mit $|\cdot|$ oder $\mathbf{|}\cdot\mathbf{|}$ bezeichnen.

[2] Banach selbst sprach noch nicht von *Banach*räumen, sondern mit gewinnender Bescheidenheit von *espaces du type* (*B*).

dem Leser überlassen (die Dreiecksungleichung (N 3) ist mehrmals nichts anderes als die Minkowskische Ungleichung).

9.1 Beispiel $l^p(n)$ $(1\leqslant p\leqslant\infty)$ mit

$$\|x\|:=\|x\|_p:=\begin{cases}\left(\sum_{k=1}^{n}|\xi_k|^p\right)^{1/p}, & \text{falls } p<\infty,\\ \max_{k=1}^{n}|\xi_k|, & \text{falls } p=\infty;\end{cases} \tag{9.4}$$

dabei ist $x:=(\xi_1,\ldots,\xi_n)$. Die Vollständigkeit wurde schon in Nr. 6 bewiesen.

9.2 Beispiel Dem Vektorraum $l^p(1\leqslant p<\infty)$ der Zahlenfolgen $x:=(\xi_n)$ mit $\sum_{n=1}^{\infty}|\xi_n|^p<\infty$ verleihen wir die Norm

$$\|x\|:=\|x\|_p:=\left(\sum_{n=1}^{\infty}|\xi_n|^p\right)^{1/p}. \tag{9.5}$$

Wir beweisen seine *Vollständigkeit*. Die Elemente $x_k:=(\xi_n^{(k)})$ mögen eine Cauchyfolge in l^p bilden, und $\varepsilon>0$ sei beliebig. Dann gibt es ein k_0, so daß

$$\|x_k-x_l\|=\left(\sum_{n=1}^{\infty}|\xi_n^{(k)}-\xi_n^{(l)}|^p\right)^{1/p}<\varepsilon \quad \text{für } k,l\geqslant k_0 \tag{9.6}$$

ausfällt. Erst recht ist also $|\xi_n^{(k)}-\xi_n^{(l)}|<\varepsilon$ für $k,l\geqslant k_0$ und $n=1,2,\ldots$, d.h., jede *Komponentenfolge* $(\xi_n^{(1)},\xi_n^{(2)},\ldots)$ ist eine Cauchyfolge, besitzt also einen Grenzwert ξ_n. Aus (9.6) erhalten wir für alle m die Ungleichung $\left(\sum_{n=1}^{m}|\xi_n^{(k)}-\xi_n^{(l)}|^p\right)^{1/p}<\varepsilon$ für $k,l\geqslant k_0$; lassen wir in ihr $k\to\infty$ gehen, so folgt $\left(\sum_{n=1}^{m}|\xi_n-\xi_n^{(l)}|^p\right)^{1/p}\leqslant\varepsilon$ für $l\geqslant k_0$ und $m=1,2,\ldots$, also ist auch

$$\left(\sum_{n=1}^{\infty}|\xi_n-\xi_n^{(l)}|^p\right)^{1/p}\leqslant\varepsilon \quad \text{für } l\geqslant k_0. \tag{9.7}$$

Daraus ergibt sich, daß für $l\geqslant k_0$ die Folge $(\xi_1-\xi_1^{(l)},\xi_2-\xi_2^{(l)},\ldots)$ in l^p liegt; da l^p ein Vektorraum ist, gehört also auch die Folge $x:=(\xi_1,\xi_2,\ldots)=(\xi_1-\xi_1^{(l)},\xi_2-\xi_2^{(l)},\ldots)+(\xi_1^{(l)},\xi_2^{(l)},\ldots)$ zu l^p, und die Ungleichung (9.7) kann nun in der Form $\|x-x_l\|\leqslant\varepsilon$ für $l\geqslant k_0$ geschrieben werden, in der sie gerade besagt, daß $x_l\to x$ strebt. l^p ist also in der Tat ein Banachraum.

9.3 Beispiel $l^\infty:=$ Vektorraum der *beschränkten Zahlenfolgen* $x:=(\xi_n)$ mit

$$\|x\|:=\|x\|_\infty:=\sup_{n=1}^{\infty}|\xi_n| \quad \text{(Supremumsnorm)}. \tag{9.8}$$

Die Vollständigkeit wurde schon in Nr. 6 bewiesen.

9.4 Beispiel (c):= Vektorraum der *konvergenten Zahlenfolgen* $x:=(\xi_n)$ mit

$$\|x\|:=\|x\|_\infty:=\sup_{n=1}^{\infty}|\xi_n| \quad \text{(Supremumsnorm)}. \tag{9.9}$$

Diese Normierung liegt nahe, weil (c) ein linearer Unterraum von l^∞ ist.[1] Bilden die Elemente $x_k:=(\xi_n^{(k)})$ eine Cauchyfolge in (c), also auch in l^∞, so konvergiert jedenfalls, weil l^∞ vollständig ist, $x_k\to x:=(\xi_1,\xi_2,\ldots)\in l^\infty$. Da aber Konvergenz im Sinne der Supremumsnorm gleichbedeutend ist mit gleichmäßiger Konvergenz, also $\xi_n^{(k)}\to\xi_n$ *gleichmäßig für alle* $n\in\mathbf{N}$ strebt, wenn $k\to\infty$ geht, ergibt sich nun aus einem bekannten Satz der Analysis (s. etwa Heuser I, Satz 104.1), daß

$$\lim_{n\to\infty}\xi_n=\lim_{n\to\infty}\lim_{k\to\infty}\xi_n^{(k)} \quad \text{vorhanden} \quad \Big(\text{und} =\lim_{k\to\infty}\lim_{n\to\infty}\xi_n^{(k)}\Big) \tag{9.10}$$

ist. x liegt also in (c), und somit ist dieser Raum vollständig.

9.5 Beispiel (c_0):= Vektorraum der *Nullfolgen* $x:=(\xi_n)$ mit

$$\|x\|:=\|x\|_\infty:=\sup_{n=1}^{\infty}|\xi_n| \quad \text{(Supremumsnorm)}. \tag{9.11}$$

Diese Norm „erbt" (c_0) von (c). Aber die eigentliche Rechtfertigung für ihre Wahl liegt darin, daß (c_0) mit ihr ein *Banachraum* wird. Die Vollständigkeit ergibt sich ganz ähnlich wie die von (c) im letzten Beispiel; man muß diesmal nur noch den eingeklammerten Teil von (9.10) heranziehen.

9.6 Beispiel $B(T)$:= Vektorraum der *beschränkten Funktionen* $x\colon T\to\mathbf{K}$ mit

$$\|x\|:=\|x\|_\infty:=\sup_{t\in T}|x(t)| \quad \text{(Supremumsnorm)}. \tag{9.12}$$

Die Vollständigkeit wurde schon in Nr. 6 bewiesen.

9.7 Beispiel $C(T)$:= Vektorraum der *stetigen Funktionen* $x\colon T\to\mathbf{K}$ (T eine nichtleere kompakte Teilmenge eines metrischen Raumes) mit

$$\|x\|:=\|x\|_\infty:=\max_{t\in T}|x(t)| \quad \text{(Maximumsnorm)}. \tag{9.13}$$

Die Vollständigkeit wurde schon in Nr. 6 bewiesen. Speziell ist $C[a,b]$ mit kompaktem Intervall $[a,b]$ ein Banachraum.

---

[1] Das Argument ist jedoch nicht zwingend; bei der Normierung von $l^p\subset l^\infty$ für $1\leqslant p<\infty$ haben wir uns nicht von ihm leiten lassen! Aus gutem Grund: mit der von l^∞ herrührenden Supremumsnorm ist l^p *nicht vollständig* (warum?).

9.8 Beispiel Im Vektorraum $C^{(n)}[a, b]$ der auf $[a, b]$ *n-mal stetig differenzierbaren Funktionen* wird man eine Norm so einzuführen wünschen, daß Konvergenz $x_k \to x$ im Sinne der Norm äquivalent ist mit $x_k^{(\nu)}(t) \to x^{(\nu)}(t)$ *gleichmäßig für* $t \in [a, b]$, $\nu = 0, 1, \ldots, n$. Dies gelingt im Falle $n < \infty$ vermöge der Definition

$$\|x\| := \sum_{\nu=0}^{n} \|x^{(\nu)}\|_\infty = \sum_{\nu=0}^{n} \max_{a \leqslant t \leqslant b} |x^{(\nu)}(t)|. \tag{9.14}$$

Man überblickt ohne sonderliche Mühe, daß $C^{(n)}[a, b]$ vollständig ist. $C^{(\infty)}[a, b]$ wird in Aufgabe 1 betrachtet.

9.9 Beispiel Im Vektorraum $C_0(\mathbf{R})$ aller *stetigen Funktionen, die „im Unendlichen verschwinden"*, kann man eine Norm durch $\|x\| := \max_{t \in \mathbf{R}} |x(t)|$ einführen. Wie im Falle $C[a,b]$ erkennt man, daß $x_k \to x$ in $C_0(\mathbf{R})$ äquivalent ist zu $x_k(t) \to x(t)$ *gleichmäßig für alle* $t \in \mathbf{R}$ und daß $C_0(\mathbf{R})$ *vollständig* ist.

9.10 Beispiel Wir normieren nun den Vektorraum $BV[a,b]$ der $\mathbf{K}$-wertigen *Funktionen von beschränkter Variation* auf $[a,b]$. Für ein $x \in BV[a,b]$ ist definitionsgemäß die totale Variation

$$V(x) := \sup_Z \sum_{\nu=1}^{n} |x(t_\nu) - x(t_{\nu-1})|$$

endlich; Z durchläuft dabei alle Zerlegungen $a = t_0 < t_1 < \cdots < t_n = b$ des Intervalls $[a,b]$. Beachtet man, daß eine solche Funktion genau dann konstant ist, wenn $V(x)$ verschwindet, so sieht man leicht ein, daß durch

$$\|x\| := |x(a)| + V(x) \tag{9.15}$$

eine Norm auf $BV[a,b]$ definiert wird.
Aus der für jedes $x \in BV[a,b]$ und jedes $t \in [a,b]$ gültigen Abschätzung

$$|x(t)| - |x(a)| \leqslant |x(t) - x(a)| \leqslant |x(t) - x(a)| + |x(b) - x(t)| \leqslant V(x)$$

folgt
$$\sup_{a \leqslant t \leqslant b} |x(t)| \leqslant |x(a)| + V(x)\,; \tag{9.16}$$

insbesondere ist also $BV[a,b]$ ein linearer Unterraum von $B[a,b]$. Die $BV[a,b]$-Norm stimmt jedoch nicht mit der $B[a,b]$-Norm überein; wegen (9.16) haben wir nur – in sofort verständlicher Schreibweise – die Beziehung

$$\|x\|_\infty \leqslant \|x\|_{BV}. \tag{9.17}$$

$BV[a,b]$ ist *vollständig*: Eine Cauchyfolge (x_k) in $BV[a,b]$ ist nämlich wegen (9.17) auch eine Cauchyfolge in $B[a,b]$, infolgedessen gibt es ein $x \in B[a,b]$ mit

$x_k(t) \to x(t)$ für alle $t \in [a,b]$. Ferner gibt es zu jedem $\varepsilon > 0$ ein $k_0 = k_0(\varepsilon)$, so daß für jede Zerlegung Z von $[a,b]$ und für alle $k, l \geqslant k_0$ die Abschätzung

$$|x_k(a) - x_l(a)| + \sum_{\nu=1}^{n} |x_k(t_\nu) - x_l(t_\nu) - [x_k(t_{\nu-1}) - x_l(t_{\nu-1})]| \leqslant \|x_k - x_l\| < \varepsilon$$

gilt. Läßt man $k \to \infty$ gehen und beachtet, daß die entstehende Ungleichung für alle Zerlegungen Z gilt, so folgt

$$|x(a) - x_l(a)| + V(x - x_l) \leqslant \varepsilon \quad \text{für } l \geqslant k_0. \tag{9.18}$$

Insbesondere ist also $x - x_{k_0}$ und damit auch $x = (x - x_{k_0}) + x_{k_0}$ von beschränkter Variation. (9.18) besagt nun, daß (x_l) in der Metrik von $BV[a,b]$ gegen x strebt.

9.11 Beispiel Sei $1 \leqslant p < \infty$, J ein völlig beliebiges (auch unendliches) Intervall mit den Endpunkten $a < b$. Mit $L^p(J)$ oder $L^p(a,b)$ bezeichnen wir die Menge der *Funktionen* $x\colon J \to \mathbf{K}$, *die auf* J *meßbar sind und für die* $\int_a^b |x(t)|^p \,\mathrm{d}t$ *im Lebesgueschen Sinne existiert.*[1] Aus der Lebesgueschen Integrationstheorie folgt, daß $L^p(a,b)$ ein linearer Funktionenraum ist und

$$\|x\| := \|x\|_p := \left(\int_a^b |x(t)|^p \,\mathrm{d}t\right)^{1/p} \tag{9.19}$$

alle Eigenschaften einer Norm *außer einer* hat: aus $\|x\|_p = 0$ folgt nicht $x = 0$, sondern nur $x = 0$ *fast überall auf* J. Diesen Mißstand umgeht man in der L^p-Theorie durch die Übereinkunft, zwei Funktionen, die fast überall gleich sind, einfach zu *identifizieren.*[2] Durch diesen Kunstgriff wird nun $L^p(a,b)$ tatsächlich ein normierter Raum – und sogar ein Banachraum (s. Heuser II, Nr. 130).

9.12 Beispiel Sei J wieder das Intervall in Beispiel 9.11 und $L^\infty(J)$ oder $L^\infty(a,b)$ die Menge der *Funktionen* $x\colon J \to \mathbf{K}$, *die auf* J *meßbar und essentiell beschränkt sind*; zu jedem $x \in L^\infty(J)$ gibt es also eine positive Konstante M_x mit $|x(t)| \leqslant M_x$ fast überall auf J. Das *kleinste* M_x, das man in einer solchen Abschätzung wählen

---

[1]) Henri Lebesgue (1875–1941; 66) hat die Welt gelehrt, auch schlechterzogene Funktionen zu integrieren; zum Dank dafür war er lange Zeit verschrien als „der Mann der nichtdifferenzierbaren Funktionen".

[2]) Dieser Kniff ist etwas mehr als landläufige Bauernschläue. Mathematisch steht folgendes dahinter: Man nennt zwei Funktionen $x, y \in L^p(J)$ „äquivalent" $(x \sim y)$, wenn sie sich nur auf einer Menge vom Maß 0 unterscheiden oder gleichbedeutend: wenn $\|x - y\|_p = 0$ ist. Diese Definition stiftet eine Äquivalenzrelation $\sim$ in $L^p(J)$ und damit eine Einteilung dieser Menge in Äquivalenzklassen $\hat{x}$ (:= Äquivalenzklasse der Funktion x). Durch die übliche Definition von $\hat{x} + \hat{y}$, $\alpha\hat{x}$ und $\|\hat{x}\|_p$ mittels Repräsentanten wird die Menge der $\hat{x}, \hat{y}, \ldots$ zu einem normierten Raum $\mathscr{L}^p(a,b)$ – und es ist dieser *Äquivalenzklassenraum* $\mathscr{L}^p(a,b)$, den man eigentlich unter $L^p(a,b)$ versteht.

kann, wird das essentielle Supremum (sup ess) von $|x|$ genannt. $L^\infty(J)$ ist ein linearer Funktionenraum und wird durch die Normierung

$$\|x\| := \|x\|_\infty := \sup_{t \in J} \operatorname{ess} |x(t)| \tag{9.20}$$

zu einem Banachraum - wenn man sich nur wieder an die oben getroffene Identifizierungsübereinkunft hält. Beweise für all dies findet man etwa in Hewitt-Stromberg (1965).

Die bisher definierten Banachräume sind in einer Tabelle auf S. 90 zusammengestellt. Wir heben noch einmal hervor, daß *diese Räume* immer *mit den dort angegebenen* kanonischen Normen *versehen werden, falls nicht ausdrücklich etwas anderes gesagt wird.*

Ein linearer Unterraum F des normierten Raumes E wird ein normierter Raum, wenn man seine Elemente mit *der* Norm versieht, die sie *schon als Elemente von E* haben; diese Norm auf F wird die von E induzierte Norm genannt, und F heißt dann ein Unterraum von E. So ist (c_0) ein Unterraum von (c) und (c) ein Unterraum von l^∞; andererseits ist $BV[a,b]$ zwar ein *linearer* Unterraum, jedoch kein *Unterraum* von $B[a,b]$, weil die Norm auf $BV[a,b]$ nicht von $B[a,b]$ induziert wird.

Im Begriff des normierten Raumes verschmelzen zum ersten Mal die bisher fremd nebeneinander stehenden *metrischen* und *linearen* Strukturen. Dies hat u.a. die folgende Konsequenz, ohne die unsere Normierungskunststücke zur Unfruchtbarkeit verurteilt wären:

9.13 Satz *In einem normierten Raum sind Addition, Multiplikation mit Skalaren und die Norm* stetig, *d.h., aus* $x_n \to x$, $y_n \to y$ *und* $\alpha_n \to \alpha$ *folgt*

$$x_n + y_n \to x + y, \qquad \alpha_n x_n \to \alpha x, \qquad \|x_n\| \to \|x\|.$$

Der Beweis der beiden ersten Behauptungen folgt aus den Abschätzungen

$$\|(x_n+y_n)-(x+y)\| = \|(x_n-x)+(y_n-y)\| \leqslant \|x_n-x\| + \|y_n-y\|,$$

$$\|\alpha_n x_n - \alpha x\| = \|\alpha_n(x_n-x)+(\alpha_n-\alpha)x\| \leqslant |\alpha_n|\,\|x_n-x\| + |\alpha_n-\alpha|\,\|x\|;$$

die Stetigkeit der Norm ergibt sich aus der Stetigkeit der Metrik. ■

Gemäß der Definition der Beschränktheit in metrischen Räumen ist eine Menge in einem normierten Raum genau dann beschränkt, wenn sie in einer Kugel um 0 liegt, wenn also mit einer gewissen Zahl r für alle ihre Elemente x die Abschätzung $\|x\| \leqslant r$ gilt.

Setzt man in der Vierecksungleichung (6.17) $y = v = 0$ und benutzt dann statt u den Buchstaben y, so erhält man die wichtige Abschätzung

$$|\,\|x\| - \|y\|\,| \leqslant \|x-y\|. \tag{9.21}$$

Übersicht über die Banachräume

Bezeichnung	Definition	kanonische Norm $\|\cdot\|$
$l^p(n)$, $1\leqslant p\leqslant\infty$	Menge $\mathbf{K}^n$ der n-Tupel $x=(\xi_1,\ldots,\xi_n)$	$\|x\|=\left(\sum_{\nu=1}^{n}\|\xi_\nu\|^p\right)^{1/p}$, falls $1\leqslant p<\infty$, $\|x\|=\max_{\nu=1}^{n}\|\xi_\nu\|$, falls $p=\infty$
l^p, $1\leqslant p<\infty$	Menge der Folgen $x=(\xi_\nu)$ mit $\sum_{\nu=1}^{\infty}\|\xi_\nu\|^p<\infty$	$\|x\|=\left(\sum_{\nu=1}^{\infty}\|\xi_\nu\|^p\right)^{1/p}$
l^∞	Menge der beschränkten Folgen $x=(\xi_\nu)$	$\|x\|=\sup_{\nu=1}^{\infty}\|\xi_\nu\|$
(c)	Menge der konvergenten Folgen $x=(\xi_\nu)$	$\|x\|=\sup_{\nu=1}^{\infty}\|\xi_\nu\|$
(c_0)	Menge der Nullfolgen $x=(\xi_\nu)$	$\|x\|=\sup_{\nu=1}^{\infty}\|\xi_\nu\|$
$B(T)$	Menge der beschränkten Funktionen $x\colon t\mapsto x(t)$ auf T	$\|x\|=\sup_{t\in T}\|x(t)\|$
$C(T)$, insbes. $C[a,b]$	Menge der stetigen Funktionen $x\colon t\mapsto x(t)$ auf kompaktem T	$\|x\|=\max_{t\in T}\|x(t)\|$
$C^{(n)}[a,b]$, $n=1,2,\ldots$	Menge der n-mal stetig differenzierbaren Funktionen $x\colon t\mapsto x(t)$ auf $[a,b]$	$\|x\|=\sum_{\nu=0}^{n}\max_{a\leqslant t\leqslant b}\|x^{(\nu)}(t)\|$
$C_0(\mathbf{R})$	Menge der auf $\mathbf{R}$ stetigen Funktionen $x\colon t\mapsto x(t)$, die im Unendlichen verschwinden	$\|x\|=\max_{t\in\mathbf{R}}\|x(t)\|$
$BV[a,b]$	Menge der Funktionen $x\colon t\mapsto x(t)$ von beschränkter Variation auf $[a,b]$	$\|x\|=\|x(a)\|+V(x)$, $V(x)$ die totale Variation von x
$L^p(a,b)$, $1\leqslant p<\infty$	Menge der meßbaren Funktionen $x\colon t\mapsto x(t)$, für die das L-Integral $\int_a^b\|x(t)\|^p\,dt$ existiert	$\|x\|=\left(\int_a^b\|x(t)\|^p\,dt\right)^{1/p}$
$L^\infty(a,b)$	Menge der meßbaren und essentiell beschränkten Funktionen $x\colon t\mapsto x(t)$ auf (a,b)	$\|x\|=\sup\operatorname{ess}_{t\in(a,b)}\|x(t)\|$

Aufgaben

+1. In dem Vektorraum $C^{(\infty)}[a,b]$ aller beliebig oft differenzierbaren Funktionen auf $[a,b]$ läßt sich eine Metrik d vermöge der Definition

$$d(x,y):=\sum_{\nu=0}^{\infty}\frac{1}{2^\nu}\frac{p_\nu(x-y)}{1+p_\nu(x-y)} \quad \text{mit} \quad p_\nu(z):=\max_{a\leqslant t\leqslant b}|z^{(\nu)}(t)| \tag{9.22}$$

erklären. $x_k\to x$ ist gleichbedeutend mit $x_k^{(\nu)}(t)\to x^{(\nu)}(t)$ *gleichmäßig auf* $[a,b]$, $\nu=0,1,2,\ldots$. $C^{(\infty)}[a,b]$ ist *vollständig*, aber d entspringt nicht gemäß (9.3) aus einer Norm.

Hinweis: Beispiel 6.5 und A 6.4.

2. Führt man in l^p, $1\leqslant p<\infty$, die von l^∞ induzierte Supremumsnorm ein, so ist l^p *nicht* vollständig.

Hinweis: Benutze eine Folge von Elementen x_n der Form $(\xi_1^{(n)},\ldots,\xi_n^{(n)},0,0,\ldots)$.

3. $BV[a,b]$ ist mit der von $B[a,b]$ induzierten Norm *nicht* vollständig.

4. $C^{(1)}[a,b]$ ist mit der von $C[a,b]$ induzierten Norm *nicht* vollständig.

Hinweis: Weierstraßscher Approximationssatz (s. A 2.3).

5. Die folgenden Räume sind mit den angegebenen Normen *Banachräume*:

a) Der Raum (bv) aller *Folgen* $x=(\xi_n)$ *von beschränkter Variation* $V(x):=\sum_{n=1}^{\infty}|\xi_{n+1}-\xi_n|$ mit $\|x\|:=|\xi_1|+V(x)$.

b) Der Raum (bts) aller *Folgen* $x=(\xi_n)$ *mit beschränkten Teilsummen*, d.h. aller Folgen, für die $\|x\|:=\sup_{n=1}^{\infty}\left|\sum_{\nu=1}^{n}\xi_\nu\right|<\infty$ ist.

c) Der Raum (kr) aller *Folgen* $x=(\xi_n)$ *mit konvergenter Reihe* $\sum_{n=1}^{\infty}\xi_n$ und $\|x\|:=\sup_{n=1}^{\infty}\left|\sum_{\nu=1}^{n}\xi_\nu\right|$.

*6. Sind $E_1,\ldots,E_n$ normierte Räume über **K** mit den Normen $|\cdot|_1,\ldots,|\cdot|_n$, so wird für die Elemente $x:=(x_1,\ldots,x_n)$ des Vektorraumes $E:=E_1\times\cdots\times E_n$ durch $\|x\|:=\sum_{k=1}^{n}|x_k|_k$ eine Norm definiert. Konvergenz in E ist gleichbedeutend mit komponentenweiser Konvergenz, und E ist genau dann vollständig, wenn jedes E_k vollständig ist (vgl. Aufgabe 10).

*7. Die Abschließung des Unterraumes F in dem normierten Raum E ist ein Unterraum in E.

+8. $1\leqslant p\leqslant q\leqslant\infty\Rightarrow l^p\subset l^q$ und $\|x\|_q\leqslant\|x\|_p$ für jedes $x\in l^p$.

Hinweis: Jensensche Ungleichung.

9. Für jedes $x:=(\xi_k)\in l^\infty$ ist $\|x\|_\infty=\lim_{n\to\infty}\lim_{p\to\infty}\left(\sum_{k=1}^{n}|\xi_k|^p\right)^{1/p}$ (vgl. A 6.1).

+10. Sind $E_1,E_2,\ldots$ normierte Räume über **K** mit den Normen $|\cdot|_1,|\cdot|_2,\ldots$, so läßt sich auf dem Vektorraum $E:=E_1\times E_2\times\cdots$ mit den Elementen $x:=(x_1,x_2,\ldots)$, $y:=(y_1,y_2,\ldots),\ldots$ $(x_k,y_k\in E_k)$ eine Metrik d durch

$$d(x,y):=\sum_{k=1}^{\infty}\frac{1}{2^k}\frac{|x_k-y_k|_k}{1+|x_k-y_k|_k} \tag{9.23}$$

einführen. Konvergenz in E ist gleichbedeutend mit komponentenweiser Konvergenz. E ist genau dann vollständig, wenn jedes E_k vollständig ist. d kann nicht gemäß (9.3) aus einer Norm entspringen.

Hinweis: Beispiel 6.5, A 6.4.

+**11. Durch Halbnormen definierte Metriken** Unter einer Halbnorm p auf einem Vektorraum E versteht man eine Abbildung $p: E \to \mathbf{R}$ mit folgenden Eigenschaften:

$$p(x) \geqslant 0, \qquad p(\alpha x) = |\alpha| p(x), \qquad p(x+y) \leqslant p(x) + p(y).$$

Es ist $p(0)=0$, und p ist genau dann eine Norm, wenn gilt: $p(x)=0 \Rightarrow x=0$. Analog zu (9.21) ist ferner $|p(x)-p(y)| \leqslant p(x-y)$. Halbnormen sind z. B.

$$p_k(\xi_1, \xi_2, \ldots) := |\xi_k| \text{ auf } (s), \qquad p_k(x) := \max_{a \leqslant t \leqslant b} |x^{(k)}(t)| \text{ auf } C^{(\infty)}[a,b]. \tag{9.24}$$

Eine (endliche oder unendliche) Folge von Halbnormen $p_1, p_2, \ldots$ auf E heißt total, wenn gilt: $p_1(x) = p_2(x) = \cdots = 0 \Rightarrow x = 0$. Zeige:

a) Ist $(p_1, p_2, \ldots)$ eine totale Folge von Halbnormen auf E, so wird durch

$$d(x,y) := \sum_{k=1}^{\infty} \frac{1}{2^k} \frac{p_k(x-y)}{1+p_k(x-y)} \tag{9.25}$$

eine Metrik d auf E erklärt, die jedoch nicht gemäß (9.3) aus einer Norm entspringen kann. $x_n \to x$ im Sinne dieser Metrik ist äquivalent mit $p_k(x_n - x) \to 0$ für $k = 1, 2, \ldots$. Die metrischen Räume (s) in Beispiel 6.5, $C^{(\infty)}[a,b]$ in Aufgabe 1 und $E_1 \times E_2 \times \cdots$ (E_k normierter Raum) in Aufgabe 10 lassen sich alle in dieses Schema einordnen.

Hinweis: Beispiel 6.5 und A 6.4.

b) Satz 9.13 gilt entsprechend: Addition, Vervielfachung mit Skalaren und die Halbnormen p_k sind *stetig* bezüglich der Metrik d.

+**12. p-normierte Räume** Sei $0<p<1$ und l^p die Menge der $x := (\xi_k)$ mit $\sum_{k=1}^{\infty} |\xi_k|^p < \infty$, $L^p(a,b)$ die Menge der meßbaren Funktionen x, für die das Lebesguesche Integral $\int_a^b |x(t)|^p \, dt$ existiert; l^p und $L^p(a,b)$ sind also genauso definiert wie im Falle $p \geqslant 1$. Aber nun tritt ein gravierender Unterschied auf: es gilt nicht mehr die Minkowskische Ungleichung - und deshalb kann man auf $\mathbf{K}^n$, l^p und $L^p(a,b)$ durch (9.4), (9.5) bzw. (9.19) keine *Norm* mehr definieren. Stattdessen hat man die Ungleichungen

$$\sum |\xi_k + \eta_k|^p \leqslant \sum |\xi_k|^p + \sum |\eta_k|^p \qquad (0<p<1), \tag{9.26}$$

$$\int_a^b |x(t)+y(t)|^p \, dt \leqslant \int_a^b |x(t)|^p \, dt + \int_a^b |y(t)|^p \, dt \qquad (0<p<1) \tag{9.27}$$

(s. Hardy-Littlewood-Pólya (1959)). Setzt man also für $x := (\xi_1, \ldots, \xi_n)$ oder $x := (\xi_1, \xi_2, \ldots) \in l^p$ oder $x \in L^p(a,b)$ beziehentlich

$$\|x\|_p := \sum_{k=1}^{n} |\xi_k|^p, \qquad \|x\|_p := \sum_{k=1}^{\infty} |\xi_k|^p, \qquad \|x\|_p := \int_a^b |x(t)|^p \, dt, \tag{9.28}$$

so gilt für diese $\|\cdot\|_p$ gewiß die Dreiecksungleichung (N 3) und trivialerweise auch das Definitheitsaxiom (N 1) - *aber statt der Homogenitätseigenschaft* (N 2) *hat man diesmal* $\|\alpha x\|_p = |\alpha|^p \|x\|_p$. Diese Vorkommnisse geben Anlaß zu der folgenden Definition:

Sei $0 < p \leqslant 1$. Jedem Element x eines Vektorraumes E sei eine reelle Zahl $\|x\|_p$ so zugeordnet, daß gilt[1]:

$$\|x\|_p \geqslant 0, \quad \|x\|_p = 0 \Longleftrightarrow x = 0, \quad \|\alpha x\|_p = |\alpha|^p \|x\|_p, \quad \|x+y\|_p \leqslant \|x\|_p + \|y\|_p. \tag{9.29}$$

Dann nennt man E einen p-normierten Raum und $\|x\|_p$ die p-Norm von x (ein 1-*normierter* Raum ist einfach ein *normierter* Raum). Zeige:

a) Durch $d(x, y) := \|x - y\|_p$ wird eine Metrik d auf E definiert.

b) Satz 9.13 gilt entsprechend: Addition, Multiplikation mit Skalaren und die p-Norm sind stetig bezüglich der Metrik d.

c) (9.21) gilt entsprechend: $|\,\|x\|_p - \|y\|_p\,| \leqslant \|x-y\|_p$.

$^+$**13. Metrische Vektorräume** In den Aufgaben 11 und 12 sind uns Vektorräume E begegnet, auf denen eine Metrik d definiert war - und zwar so, daß die linearen Operationen allesamt *stetig* waren: aus $x_n \to x$, $y_n \to y$ und $\alpha_n \to \alpha$ folgte stets $x_n + y_n \to x + y$ und $\alpha_n x_n \to \alpha x$. Vektorräume mit solchen Metriken nennt man metrische Vektorräume (manchmal fordert man auch noch, daß die Metrik d translationsinvariant sei: $d(x+z, y+z) = d(x, y)$ für alle $x, y, z \in E$). Zeige:

a) Definiert man auf einem Vektorraum E Metriken mittels Halbnormen oder p-Normen gemäß Aufgabe 11 bzw. 12, so erhält man metrische Vektorräume mit translationsinvarianten Metriken. Insbesondere sind also (s), $C^{(\infty)}[a, b]$, das cartesische Produkt $E_1 \times E_2 \times \cdots$ abzählbar vieler normierter Räume, l^p und $L^p(a, b)$ für $0 < p < 1$ metrische Vektorräume mit translationsinvarianten Metriken.

b) Ein Vektorraum $E \neq \{0\}$ mit der *diskreten* Metrik (6.15) ist *kein* metrischer Vektorraum.

10 Stetige lineare Abbildungen

Sei $A: E \to F$ eine lineare Abbildung der normierten Räume E, F. Bei mehreren konkreten Anlässen, z. B. bei Fredholmschen und Volterraschen Integraloperatoren, bei Quadratur-, Interpolations- und Approximationsoperatoren[2] sind wir auf Abschätzungen der Form

$$\|Ax\| \leqslant \lambda \|x\| \quad \text{für alle } x \in E \tag{10.1}$$

gestoßen.[3] Solche Abschätzungen spielen auch bei technischen Systemen A, die einen „*input*" x linear zu einem „*output*" Ax verarbeiten (s. Fig. 4.1) eine große

[1] $\|\cdot\|_p$ hat in diesem Fall natürlich nichts mit den $\|\cdot\|_p$ in (9.28) zu tun.

[2] Vgl. A 3.2, A 4.4 und A 5.2–A 5.4, A 5.6, A 5.8–A 5.9.

[3] Wir bezeichnen die Normen auf E und F mit ein und demselben Symbol $\|\cdot\|$, ohne Verwirrung befürchten zu müssen.

Rolle. Die Norm bedeutet hier nämlich in der Regel eine gewisse technische Kenngröße, und (10.1), geschrieben in der Form

$$\frac{\|Ax\|}{\|x\|} \leqslant \lambda \quad \text{für alle } x \neq 0 \text{ aus } E, \tag{10.2}$$

bedeutet dann, daß die *relative Änderung* der Kenngröße, die der *input* in dem System A erleidet, unter einer festen Schranke bleibt, das System also in diesem Sinne *stabil* ist.

Wir nennen die lineare Abbildung $A: E \to F$ der normierten Räume E, F **beschränkt**, wenn (10.1) mit einer gewissen Konstanten $\lambda \geqslant 0$ gilt. Eine solche Abbildung ist immer *stetig*, denn aus $x_n \to x$ folgt

$$\|Ax_n - Ax\| = \|A(x_n - x)\| \leqslant \lambda \|x_n - x\| \to 0, \quad \text{also} \quad Ax_n \to Ax.$$

Für alles Weitere ist nun entscheidend, daß hiervon auch die Umkehrung gilt: *Stetige* lineare Abbildungen sind auch *beschränkt*. Ist nämlich die Abbildung A unbeschränkt, so gibt es zu jeder natürlichen Zahl n ein x_n mit $\|Ax_n\| > n\|x_n\|$. Für $y_n := x_n / \|x_n\|$ haben wir also

$$\|y_n\| = 1 \quad \text{und} \quad \|Ay_n\| \to \infty, \tag{10.3}$$

und für $z_n := y_n / \|Ay_n\|$ gilt infolgedessen $z_n \to 0$ und $\|Az_n\| = 1$. Wäre A stetig, so würde aus $z_n \to 0$ folgen, daß $Az_n \to A0 = 0$, also auch $\|Az_n\| \to 0$ strebt. Wegen $\|Az_n\| = 1$ ist dies nicht möglich, A also nicht stetig. Wir halten dieses Ergebnis fest:

10.1 Satz *Eine lineare Abbildung des normierten Raumes E in den normierten Raum F ist dann und nur dann* stetig, *wenn sie* beschränkt *ist.*

Die oben erwähnten Integral-, Quadratur-, Interpolations- und Approximationsoperatoren sind also alle stetig; weitere Beispiele findet der Leser in den Aufgaben. Man gebe sich jedoch keiner Selbsttäuschung hin: viele wichtige Operatoren, z. B. die der Quantenmechanik, sind unstetig (s. Aufgabe 22).

Mit $\mathscr{L}(E, F)$ bezeichnen wir die Menge aller stetigen linearen Abbildungen von E in F, mit $\mathscr{L}(E) := \mathscr{L}(E, E)$ die Menge der stetigen Endomorphismen von E. Die kleinste Zahl λ die man in (10.1) wählen kann, heißt die **Norm von** A und wird mit $\|A\|$ bezeichnet. Es ist also

$$\|Ax\| \leqslant \|A\| \, \|x\| \qquad \text{für alle } x \text{ in } E \tag{10.4}$$

und

$$\|A\| = \sup_{x \neq 0} \frac{\|Ax\|}{\|x\|} = \sup_{\|x\| \leqslant 1} \|Ax\| = \sup_{\|x\| = 1} \|Ax\|. \tag{10.5}$$

Offenbar ist $\|0\| = 0$ und $\|I\| = 1$ (letzteres nur in dem einzig interessanten Fall $E \neq \{0\}$).

Wir halten noch drei triviale **Bemerkungen** ausdrücklich fest:

1. $\|Ax\| \leqslant \lambda \|x\|$ für alle $x \in E \Rightarrow \|A\| \leqslant \lambda$.
2. $\|Ax\| \leqslant \lambda \|x\|$ für alle $x \in E$ und $\|Ax_0\| = \lambda \|x_0\|$ für ein $x_0 \neq 0 \Rightarrow \|A\| = \lambda$.
3. Eine lineare Abbildung ist genau dann (*überall*) stetig, wenn sie sich auch nur *in einem einzigen Punkt* als stetig erweist.

Mit der Abbildungsnorm ist $\mathscr{L}(E, F)$ ein normierter Raum. Es gilt nämlich der

10.2 Satz *Mit A und B liegen auch $A+B$ und αA in $\mathscr{L}(E, F)$, und es ist*

$$\|A+B\| \leqslant \|A\| + \|B\|, \qquad \|\alpha A\| = |\alpha| \, \|A\|.$$

Ferner ist $\|A\| \geqslant 0$, und $\|A\| = 0$ gilt nur für die Nullabbildung $A = 0$. $\mathscr{L}(E, F)$ ist also mit der in (10.5) *erklärten Norm ein* normierter Raum.

Wir beweisen nur die Behauptung über die Summe. Es ist

$$\|(A+B)x\| = \|Ax + Bx\| \leqslant \|Ax\| + \|Bx\| \leqslant (\|A\| + \|B\|) \, \|x\|,$$

also ist $A+B$ beschränkt und somit stetig, ferner $\|A+B\| \leqslant \|A\| + \|B\|$. ■

Für Produkte gilt der folgende Satz, dessen Beweis wir dem Leser überlassen.

10.3 Satz *Für $A \in \mathscr{L}(E, F)$, $B \in \mathscr{L}(F, G)$* ist *$BA \in \mathscr{L}(E, G)$ und*

$$\|BA\| \leqslant \|B\| \, \|A\|; \tag{10.6}$$

insbesondere gilt für A aus $\mathscr{L}(E)$

$$\|A^n\| \leqslant \|A\|^n \quad (n = 1, 2, \ldots). \tag{10.7}$$

Da $\mathscr{L}(E, F)$ einerseits eine Menge von *Abbildungen*, andererseits ein *normierter Raum* ist, haben wir für Folgen $(A_n) \subset \mathscr{L}(E, F)$ in natürlicher Weise *zwei* Konvergenzbegriffe: die *punktweise Konvergenz* (wie immer bei Folgen von Abbildungen) und die *Konvergenz im Sinne der Norm* (wie immer bei Folgen in normierten Räumen). Wir wollen hinfort diese beiden Konvergenzbegriffe durch Bezeichnung und Benennung sorgfältig voneinander unterscheiden. Es bedeute

$A_n \to A$ die punktweise Konvergenz: $A_n x \to Ax$ für alle $x \in E$,

$A_n \Rightarrow A$ die Normkonvergenz: $\|A_n - A\| \to 0$.

Die Normkonvergenz wird häufig auch **gleichmäßige** Konvergenz genannt (s. Aufgabe 7).

Wegen $\|A_n x - Ax\| = \|(A_n - A)x\| \leqslant \|A_n - A\| \, \|x\|$ *folgt aus der gleichmäßigen Konvergenz die punktweise*; die Umkehrung gilt jedoch nicht (s. Aufgabe 8).

Nach Satz 9.13 sind in dem normierten Raum $\mathscr{L}(E, F)$ *Addition, Multiplikation mit Skalaren und die Norm stetig*, d.h., aus $A_n \Rightarrow A$, $B_n \Rightarrow B$ und $\alpha_n \to \alpha$ folgt

$$A_n + B_n \Rightarrow A + B, \qquad \alpha_n A_n \Rightarrow \alpha A, \qquad \|A_n\| \to \|A\|;$$

insbesondere ist $(\|A_n\|)$ *beschränkt. Auch die Multiplikation von Abbildungen ist stetig*, genauer: Sind A_n und A aus $\mathscr{L}(E, F)$, B_n und B aus $\mathscr{L}(F, G)$ und strebt $A_n \Rightarrow A$, $B_n \Rightarrow B$, so konvergiert

$$B_n A_n \Rightarrow BA. \tag{10.8}$$

Mit (10.6) erhält man nämlich die Abschätzung

$$\|B_n A_n - BA\| = \|B_n(A_n - A) + (B_n - B)A\| \leqslant \|B_n\| \, \|A_n - A\| + \|B_n - B\| \, \|A\|,$$

aus der wegen der Beschränktheit von $(\|B_n\|)$ die Behauptung sofort folgt.

Addition und Multiplikation mit Skalaren genügen bezüglich der punktweisen Konvergenz entsprechenden Grenzwertbeziehungen: Aus $A_n \to A$, $B_n \to B$ und $\alpha_n \to \alpha$ folgt

$$A_n + B_n \to A + B, \qquad \alpha_n A_n \to \alpha A.$$

Dagegen können wir nicht mehr auf $\|A_n\| \to \|A\|$ schließen. Auch (10.8) gilt nicht ohne weiteres für die punktweise an Stelle der gleichmäßigen Konvergenz (s. dazu Nr. 40).

Auf die Frage, wann der normierte Raum $\mathscr{L}(E, F)$ *vollständig* ist, können wir die folgende Antwort geben:

10.4 Satz *Ist E ein normierter Raum, F sogar ein Banachraum, so ist auch $\mathscr{L}(E, F)$ ein Banachraum.*

Zum Beweis sei (A_n) eine Cauchyfolge in $\mathscr{L}(E, F)$, zu beliebigem $\varepsilon > 0$ gebe es also ein $n_0 = n_0(\varepsilon)$, so daß $\|A_n - A_m\| < \varepsilon$ bleibt für $n, m \geqslant n_0$. Für jedes x in E und alle $n, m \geqslant n_0$ ist dann

$$\|A_n x - A_m x\| = \|(A_n - A_m)x\| \leqslant \|A_n - A_m\| \, \|x\| < \varepsilon \|x\|, \tag{10.9}$$

d.h., $(A_n x)$ ist eine Cauchyfolge in dem Banachraum F, besitzt also ein Grenzelement $\lim A_n x$. Die durch $Ax := \lim A_n x$ definierte Abbildung $A: E \to F$ ist offenbar linear. Mit Satz 9.13 folgt aus (10.9) für $m \to \infty$ die Abschätzung $\|(A_n - A)x\| \leqslant \varepsilon \|x\|$ für $n \geqslant n_0$ und alle x in E. Daraus ergibt sich, daß $A_{n_0} - A$, also auch $A = (A - A_{n_0}) + A_{n_0}$ stetig und $\|A_n - A\| \leqslant \varepsilon$ für $n \geqslant n_0$ ist. Also strebt $A_n \Rightarrow A \in \mathscr{L}(E, F)$. ■

In Beispiel 4.4 hatten wir herausgearbeitet, wie wesentlich die Stetigkeit der Inversen A^{-1} einer linearen Abbildung A gerade vom Standpunkt der Praxis aus ist. Daß A^{-1} nicht stetig zu sein braucht, zeigt die Aufgabe 2. Umso wichtiger ist der

10.5 Satz *Die lineare Abbildung $A: E \to F$ der normierten Räume E, F besitzt genau dann eine auf $A(E)$ definierte* stetige *Inverse A^{-1}, wenn mit einer Konstanten $m > 0$ die Abschätzung $m\|x\| \leqslant \|Ax\|$ für alle x in E besteht.*

Nehmen wir zunächst an, die angegebene Abschätzung gelte, so folgt aus $Ax=0$ offenbar $x=0$, nach Satz 8.1 besitzt also A eine auf $A(E)$ definierte Inverse A^{-1}. Für ein beliebiges Element $y=Ax$ aus $A(E)$ ist nun $m\|A^{-1}y\|=m\|x\|\leqslant \|Ax\|=\|y\|$, also $\|A^{-1}y\|\leqslant\|y\|/m$, d.h., A^{-1} ist beschränkt und somit stetig. Den Beweis der Umkehrung überlassen wir dem Leser. ■

Besitzt A *keine* stetige Inverse, so gibt es nach dem letzten Satz zu jedem $n\in\mathbf{N}$ ein x_n mit

$$\frac{1}{n}\|x_n\|>\|Ax_n\|, \quad \text{also auch ein } u_n \text{ mit } \quad \|u_n\|=1 \text{ und } \frac{1}{n}>\|Au_n\|$$

(nämlich $u_n:=x_n/\|x_n\|$). Es strebt also $Au_n\to 0$. Gibt es umgekehrt eine Folge (u_n) mit $\|u_n\|=1$ und $Au_n\to 0$, so kann trivialerweise A keine stetige Inverse besitzen. Wir halten dieses einfache, aber nützliche Ergebnis fest (wobei wir x_n an Stelle von u_n schreiben):

10.6 Satz *Genau dann besitzt die lineare Abbildung $A: E\to F$ der normierten Räume E, F* keine *stetige Inverse, wenn es eine Folge $(x_n)\subset E$ mit $\|x_n\|=1$ und $Ax_n\to 0$ gibt.*

Auf einem Vektorraum E seien zwei Normen $|\cdot|$, $\|\cdot\|$ definiert, die E zu dem normierten Raum E_1 bzw. E_2 machen. Im Anschluß an (2.11) nennen wir $|\cdot|$ stärker als $\|\cdot\|$, wenn aus $|x_n-x|\to 0$ stets $\|x_n-x\|\to 0$ folgt; dies ist offenbar damit gleichbedeutend, daß die Identität I_E auf E als Abbildung von E_1 nach E_2 stetig ist, daß also ein $\mu>0$ existiert, mit dem $\|x\|=\|I_E x\|\leqslant\mu|x|$ für alle x in E gilt. Nennen wir die beiden Normen äquivalent, wenn jede von ihnen stärker als die andere ist, so erhalten wir sofort den

10.7 Satz *Eine Norm $|\cdot|$ auf einem Vektorraum E ist genau dann* stärker *als eine zweite Norm $\|\cdot\|$ auf E, wenn mit einer Konstanten $\mu>0$ die Abschätzung*

$$\|x\|\leqslant\mu|x| \qquad \text{für alle } x \text{ in } E$$

gilt. Die beiden Normen sind genau dann äquivalent, *wenn es positive Zahlen γ_1, γ_2 gibt, so daß*

$$\gamma_1\leqslant\frac{|x|}{\|x\|}\leqslant\gamma_2 \qquad \text{für alle } x\neq 0 \text{ in } E \text{ ist.}$$

Da die Konvergenz in $l^p(n)$ mit der komponentenweisen Konvergenz gleichbedeutend ist, *sind die $l^p(n)$-Normen auf $\mathbf{K}^n$ für alle $p\geqslant 1$ äquivalent.*

Ist $A: E\to F$ eine bijektive lineare Abbildung der normierten Räume E und F, so dürfen wir E und F als *lineare* Räume identifizieren, genauer: wir brauchen das Element $x\in E$ *nicht von seinem „Zwillingsbruder“* $Ax\in F$ zu unterscheiden (s. die Ausführungen nach Satz 8.2). Ist A auch noch normerhaltend (normtreu), gilt also $\|x\|=\|Ax\|$ für alle $x\in E$, so sind die „algebraischen Zwillinge“ x und Ax

sogar „gleichgroß" und überdies ist A auch abstandserhaltend (eine Isometrie), weil dann

$$\|Ax-Ay\|=\|A(x-y)\|=\|x-y\| \quad \text{für alle } x,y\in E$$

gilt; E und F können also auch als *metrische* Räume identifiziert werden (s. Ende der Nr. 6). Mit anderen Worten: Wenn es eine bijektive, lineare und normtreue Abbildung, einen Normisomorphismus, zwischen zwei normierten Räumen gibt, so bleibt alles in normierten Räumen Erhaltungswürdige auch tatsächlich unter ihr erhalten: die linearen Beziehungen, die Längen und die Abstände. Die beiden Räume sind dann nur makellose Kopien voneinander und dürfen ohne Bedenken identifiziert werden. Wenn wir sie aus irgendeinem Grunde doch noch auseinanderhalten wollen, nennen wir sie normisomorph.

Übrigens braucht man in der Definition des Normisomorphismus statt der Bijektivität nur die *Surjektivität* zu fordern; die Injektivität ist nämlich bereits eine Folge der Normtreue.

Nach diesen abstrakten Erörterungen fassen wir zum Schluß (und zur Erholung) die ganz konkrete Aufgabe ins Auge, *die Norm des Fredholmschen Integraloperators K: $C[a,b]\rightarrow C[a,b]$* zu berechnen, der durch

$$(Kx)(s):=\int_a^b k(s,t)x(t)\,\mathrm{d}t \quad (k \text{ stetig auf } [a,b]\times[a,b]) \tag{10.10}$$

definiert ist (s. (3.23)); $C[a,b]$ wird dabei wie üblich mit der Maximumsnorm $\|\cdot\|_\infty$ versehen. Und nun gilt der befriedigende

10.8 Satz *Für den Fredholmschen Integraloperator K in* (10.10) *mit reellem und stetigem Kern ist*

$$\|K\|=\max_{a\leqslant s\leqslant b}\int_a^b |k(s,t)|\,\mathrm{d}t. \tag{10.11}$$

Beweis. Handgreiflicherweise gilt

$$\|K\|\leqslant\mu:=\max_{a\leqslant s\leqslant b}\int_a^b |k(s,t)|\,\mathrm{d}t. \tag{10.12}$$

Wir definieren nun die Funktionen φ_n: $\mathbf{R}\rightarrow[-1,1]$ wie in Fig. 10.1 angedeutet und setzen

$$x_{n,s}(t):=\varphi_n(k(s,t)) \quad \text{für } a\leqslant s,t\leqslant b \text{ und } n=1,2,\ldots$$

Offenbar ist $x_{n,s}\in C[a,b]$, $\|x_{n,s}\|_\infty\leqslant 1$ und

$$0\leqslant k(s,t)x_{n,s}(t)\begin{cases} =|k(s,t)|, & \text{falls } |k(s,t)|\geqslant 1/n,\\ \leqslant |k(s,t)| & \text{sonst.}\end{cases}$$

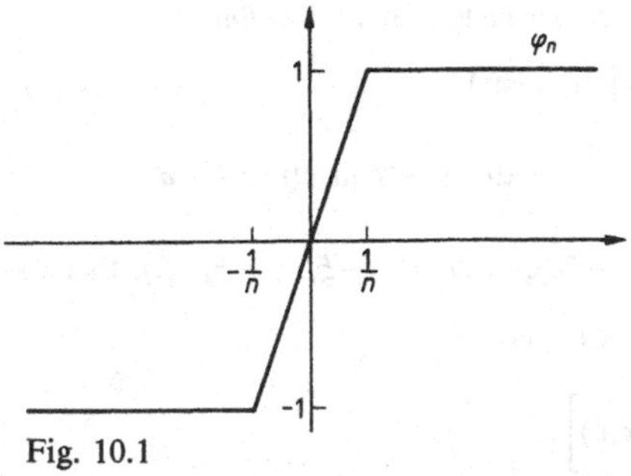

Fig. 10.1

Infolgedessen haben wir

$$(Kx_{n,s})(s) = \int_a^b k(s,t)x_{n,s}(t)\,dt \geqslant \int_a^b |k(s,t)|\,dt - \frac{1}{n}(b-a),$$

und daraus folgt

$$\|K\| = \sup_{\|x\|_\infty \leqslant 1} \|Kx\|_\infty \geqslant \sup_{n,s} \|Kx_{n,s}\|_\infty \geqslant \sup_s \int_a^b |k(s,t)|\,dt = \mu.$$

Mit (10.12) erhalten wir nun die behauptete Gleichung $\|K\| = \mu$. ■

Aufgaben

1. Sei $A \in \mathscr{S}(E,F)$ und A_0 die Einschränkung von A auf den Unterraum E_0 von E. Dann ist $\|A_0\| \leqslant \|A\|$.

2. $A: l^\infty \to l^\infty$ sei definiert durch $A(\xi_1, \xi_2, \ldots) := (\xi_1, \xi_2/2, \xi_3/3, \ldots)$. Zeige:

a) A ist injektiv und stetig mit $\|A\| = 1$, jedoch nicht surjektiv.

b) A^{-1} ist nicht stetig.

3. Jede lineare Abbildung des $l^p(n)$ in einen normierten Raum ist stetig.

***4.** Die Norm eines stetigen Projektors $P \neq 0$ in einem normierten Raum ist $\geqslant 1$.

5. Eine lineare Abbildung A des normierten Raumes E in den normierten Raum F ist genau dann beschränkt, wenn sie jede *beschränkte* Menge in eine *beschränkte* Menge transformiert.

6. Die Abbildung A aus Aufgabe 5 ist genau dann beschränkt, wenn es in E eine Kugel um 0 gibt, deren Bild beschränkt ist.

7. A_n und A seien aus $\mathscr{S}(E,F)$. Die Folge (A_n) konvergiert genau dann gleichmäßig gegen A, wenn $(A_n x)$ auf jeder *beschränkten* Teilmenge M von E *gleichmäßig* gegen Ax konvergiert, wenn es also zu jedem M dieser Art und jedem $\varepsilon > 0$ ein $n_0 = n_0(\varepsilon, M)$ gibt, so daß für alle $n \geqslant n_0$ und alle x in M stets $\|A_n x - Ax\| < \varepsilon$ bleibt.

8. Definiere auf l^1 für jedes natürliche n einen stetigen Endomorphismus A_n durch $A_n(\xi_1, \xi_2, \ldots) := (\xi_1, \xi_2, \ldots, \xi_n, 0, 0, \ldots)$. Zeige, daß (A_n) zwar *punktweise*, aber keineswegs *gleichmäßig* gegen I konvergiert.

Die Operatoren in den Aufgaben 9 bis 13 hatten wir in Beispiel 5.1 *definiert.*

9. Die Norm des *Grenzwertoperators* $(\xi_n) \mapsto \lim \xi_n$ ist 1.

10. Die Norm des *Integrationsoperators* $x \mapsto \int_a^b x(t)\,dt$ $\quad (x \in C[a,b])$ ist $b-a$.

11. $D: l^\infty \to l^\infty$ sei der *Differenzenoperator*: $D(\xi_1, \xi_2, \ldots) := (\xi_2 - \xi_1, \xi_3 - \xi_2, \ldots)$. Es ist $\|D\| = 2$.

12. $Q: C[a,b] \to \mathbf{R}$ sei der *Keplersche Quadraturoperator*:

$$Qx := \frac{b-a}{6}\left[x(a) + 4x\left(\frac{a+b}{2}\right) + x(b)\right].$$

Es ist $\|Q\| = b-a$.

13. $B_n: C[0,1] \to C[0,1]$ sei der *n-te Bernsteinsche Approximationsoperator*:

$$(B_n x)(t) := \sum_{k=0}^{n} x\left(\frac{k}{n}\right)\binom{n}{k} t^k (1-t)^{n-k}.$$

Es ist $\|B_n\| = 1$.

14. Der Endomorphismus A des $\mathbf{K}^n$ sei mittels der Matrix (α_{ik}) durch

$$A(\xi_1, \ldots, \xi_n) := \left(\sum_{k=1}^{n} \alpha_{1k}\xi_k, \ldots, \sum_{k=1}^{n} \alpha_{nk}\xi_k\right)$$

definiert. Zeige:

a) Wird $\mathbf{K}^n$ mit der Norm $\|(\xi_1, \ldots, \xi_n)\|_\infty = \max_{k=1}^{n} |\xi_k|$ versehen, so ist $\|A\| = \max_{i=1}^{n} \sum_{k=1}^{n} |\alpha_{ik}|$.

b) Wird $\mathbf{K}^n$ mit der Norm $\|(\xi_1, \ldots, \xi_n)\|_1 = \sum_{k=1}^{n} |\xi_k|$ versehen, so ist $\|A\| = \max_{k=1}^{n} \sum_{i=1}^{n} |\alpha_{ik}|$.

c) Wird $\mathbf{K}^n$ mit der Norm $\|(\xi_1, \ldots, \xi_n)\|_2 = \left(\sum_{k=1}^{n} |\xi_k|^2\right)^{1/2}$ versehen, so ist $\|A\| \leqslant \left(\sum_{i,k=1}^{n} |\alpha_{ik}|^2\right)^{1/2}$.

15. Die lineare Abbildung, die jedem $x \in C[0,a]$ die Funktion $(Ax)(s) := s\int_0^a x(t)\,dt\, (0 \leqslant s \leqslant a)$ aus $C[0,a]$ zuordnet, hat die Norm a^2.

***16.** Die lineare Abbildung $K: E \to F$ der normierten Räume E, F besitze die folgende Eigenschaft: Das Bild (Kx_n) jeder beschränkten Folge (x_n) enthält eine konvergente Teilfolge (der *Fredholmsche Integraloperator* besitzt nach A 3.3, der *Volterrasche* nach A 4.6 diese Eigenschaft). Derartige Operatoren K nennt man k o m p a k t. Zeige, daß K stetig ist.

17. $\|\cdot\|_p$ sei die kanonische Norm (9.4) auf $l^p(n)$ $(1 \leqslant p \leqslant \infty)$. Beweise, daß für alle $p, \tilde{p} \in [1, +\infty]$ stets eine Ungleichung der Form $\|x\|_p \leqslant \gamma_{p,\tilde{p}} \|x\|_{\tilde{p}}$ $(x \in \mathbf{K}^n$ beliebig) mit einer positiven Konstanten $\gamma_{p,\tilde{p}}$ besteht. Zeige speziell: Ist $1 < p < \infty$ und q die zu p konjugierte Zahl $(1/p + 1/q = 1)$, so ist

$$\frac{1}{\sqrt[q]{n}}\|x\|_1 \leqslant \|x\|_p \leqslant \sqrt[p]{n}\,\|x\|_\infty \quad \text{für alle } x \in \mathbf{K}^n.$$

H i n w e i s: Höldersche Ungleichung für die linke Abschätzung.

$^+$**18. Unstetigkeit des Differentiationsoperators** Der Differentiationsoperator $\mathrm{d}/\mathrm{d}t$ ordnet jeder Funktion $x \in C^{(1)}[a,b]$ ihre Ableitung $\frac{\mathrm{d}}{\mathrm{d}t} x \in C[a,b]$ zu. $C[a,b]$ versehen wir, wie immer, mit der Maximumsnorm $\|\cdot\|_\infty$, und abweichend von der Normierung in Beispiel 9.8 wollen wir diesmal auch $C^{(1)}[a,b] \subset C[a,b]$ mit dieser Norm ausstatten, $C^{(1)}[a,b]$ also als einen *Unterraum* von $C[a,b]$ auffassen. Zeige mittels einer einfachen Funktionenfolge, daß $\mathrm{d}/\mathrm{d}t$ unbeschränkt, also unstetig ist (O.B.d.A. darf man zur rechnerischen Vereinfachung $a=0$, $b=1$ annehmen).

$^+$**19. „Faststetigkeit" des Differentiationsoperators** Wir benutzen die Bezeichnungen und Normierungen aus Aufgabe 18. Zeige durch Berufung auf einen bekannten Satz der Analysis (s. Heuser I, Satz 104.3): Sei $(x_n) \subset C^{(1)}[a,b]$, und es strebe (im Sinne der Maximumsnorm)

$$x_n \to x \in C[a,b] \quad \text{und gleichzeitig} \quad \frac{\mathrm{d}}{\mathrm{d}t} x_n \to y \in C[a,b].$$

Dann gehört x sogar zu $C^{(1)}[a,b]$, und es ist $\frac{\mathrm{d}}{\mathrm{d}t} x = y$.

Die abgeleitete Folge $\left(\frac{\mathrm{d}}{\mathrm{d}t} x_n\right)$ strebt also unter diesen Voraussetzungen jedenfalls gegen die „richtige" Grenzfunktion $\frac{\mathrm{d}}{\mathrm{d}t} x$, es tritt keine „Fehlkonvergenz" auf. $\mathrm{d}/\mathrm{d}t$ benimmt sich bei Grenzprozessen $x_n \to x$ wie ein *stetiger* Operator, *wenn man ihm nur Folgen* (x_n) *vorlegt, bei denen die Bildfolgen* $\left(\frac{\mathrm{d}}{\mathrm{d}t} x_n\right)$ *schon von sich aus konvergieren*. Man könnte auch sagen, der Differentiationsoperator habe den dringenden *Wunsch*, stetig zu sein. Diesen Wunsch wollen wir ihm jetzt erfüllen.

$^+$**20. Stetigkeit des Differentiationsoperators** Wir statten nun den Vektorraum $C^{(1)}[a,b]$ mit seiner kanonischen Norm (9.14) aus (er ist also *kein* Unterraum von $C[a,b]$ mehr). Zeige, daß jetzt der Differentiationsoperator $\mathrm{d}/\mathrm{d}t$: $C^{(1)}[a,b] \to C[a,b]$ stetig ist.

Daß wir $C^{(1)}[a,b]$ nicht mit der von $C[a,b]$ induzierten, sondern mit der Norm (9.14) versehen haben, hat uns also mit einem Schlag zwei nicht hoch genug zu preisende Vorteile eingebracht: es hat $C^{(1)}[a,b]$ *vollständig* und $\mathrm{d}/\mathrm{d}t$ *stetig* gemacht.

$^+$**21. Abgeschlossene Operatoren** Aus Aufgabe 19 destillieren wir nun die folgende Begriffsbildung: E und F seien normierte Räume über $\mathbf{K}$, D sei ein Unterraum von E und $A: D \to F$ eine lineare Abbildung. A heißt a b g e s c h l o s s e n, wenn für Folgen $(x_n) \subset D$ gilt:

$$\textit{aus } x_n \to x \in E \quad \textit{und} \quad A x_n \to y \in F \quad \textit{folgt stets} \quad x \in D \quad \textit{und} \quad A x = y.$$

Zeige: a) Der Operator A ist genau dann abgeschlossen, wenn sein „Graph" $G := \{(x, Ax) : x \in D\}$ in dem Raum $E \times F$ mit der Norm $\|(x,y)\| := \|x\| + \|y\|$ abgeschlossen ist (s. A 9.6. Der Graph ist das Analogon des Schaubildes einer Funktion).

b) Durch $\|x\|_A := \|x\| + \|Ax\|$ für $x \in D$ wird D ein normierter Raum D_A ($\|\cdot\|_A$ nennt man die „Graphennorm": sie verpflanzt die Normierung des Graphen nach D).

c) Sind die Räume E, F vollständig und ist A abgeschlossen, so ist auch D_A vollständig und $A: D_A \to F$ stetig (vgl. Aufgabe 20).

22. Die Unstetigkeit der quantenmechanischen Operatoren Beweise den folgenden Satz (s. H. Wielandt (1949)): Für $A, B \in \mathscr{S}(E)$ (E ein normierter Raum $\neq \{0\}$) ist stets $AB-BA \neq I$.
Hinweis: Mache die Annahme

$$AB-BA=I \tag{10.13}$$

und zeige der Reihe nach:

a) $AB^{n+1}-B^{n+1}A=(AB^n-B^nA)B+B^n(AB-BA)$ (trivial).

b) $AB^{n+1}-B^{n+1}A=(n+1)B^n$ für $n=0, 1, \ldots$ (Induktion). (10.14)

Dies führt bereits zu einem Widerspruch, wenn $B^{n+1}=0$, aber $B^n \neq 0$ für ein gewisses n ist. Ist ständig $B^n \neq 0$, so gewinne aus (10.14) die Abschätzung $(n+1)\|B^n\| \leqslant 2\|A\|\,\|B\|\,\|B^n\|$, die nun ihrerseits sofort einen Widerspruch liefert.

Aus dem Wielandtschen Satz ergibt sich die *Unbeschränktheit der quantenmechanischen Operatoren*, weil für sie die sogenannte *Heisenbergsche Vertauschungsrelation*[1] auf (10.13) hinausläuft.

11 Endlichdimensionale normierte Räume

Diese Räume haben besonders einfache – und starke – Eigenschaften, die im wesentlichen aus dem folgenden Hilfssatz fließen.

11.1 Hilfssatz *Zu endlich vielen* linear unabhängigen *Elementen* $x_1, \ldots, x_n$ *eines normierten Raumes gibt es stets ein* $\mu > 0$, *so daß*

$$|\alpha_1|+\cdots+|\alpha_n| \leqslant \mu\|\alpha_1 x_1+\cdots+\alpha_n x_n\| \tag{11.1}$$

für alle Zahlen $\alpha_1, \ldots, \alpha_n$ *ist.*

Beweis. Die auf $l^1(n)$ definierte Abbildung $(\alpha_1, \ldots, \alpha_n) \mapsto \alpha_1 x_1+\cdots+\alpha_n x_n$ ist stetig.[2] Da nun die Menge der $(\alpha_1, \ldots, \alpha_n)$ mit $|\alpha_1|+\cdots+|\alpha_n|=1$ in $l^1(n)$ kompakt ist (Satz 6.9), muß auch ihre Bildmenge $M:=\{\alpha_1 x_1+\cdots+\alpha_n x_n : |\alpha_1|+\cdots+|\alpha_n|=1\}$ kompakt sein (Satz 6.11). Die nach Satz 9.13 stetige Abbildung $x \mapsto \|x\|$ besitzt also auf M ein Minimum $\gamma \geqslant 0$ (Satz 6.12), und dieses muß wegen der linearen Unabhängigkeit der $x_1, \ldots, x_n$ offenbar $\neq 0$, also > 0 sein. Mit $\mu := 1/\gamma > 0$ ist somit

$$1 \leqslant \mu\|\alpha_1 x_1+\cdots+\alpha_n x_n\| \quad \text{für} \quad |\alpha_1|+\cdots+|\alpha_n|=1. \tag{11.2}$$

Sind nun die α_ν beliebig (aber nicht alle $=0$, um Triviales zu vermeiden), so erhalten wir (11.1), wenn wir in (11.2) α_ν durch $\alpha_\nu/(|\alpha_1|+\cdots+|\alpha_n|)$ ersetzen. ■

Wir lassen nun diesen Hilfssatz für uns arbeiten.

---

[1] Werner Heisenberg (1901–1976; 75) erhielt für seine Grundlegung der Quantenmechanik, die er bereits im Alter von 25 Jahren geschaffen hatte, 1932 den Nobelpreis für Physik.

[2] Dies ergibt sich aus der Bedeutung der Konvergenz in $l^1(n)$ als *komponentenweiser* Konvergenz (s. Nr. 6) in Verbindung mit Satz 9.13.

11.2 Satz *In einem endlichdimensionalen normierten Raum ist Konvergenz gleichbedeutend mit* komponentenweiser *Konvergenz, d.h., ist* $\{x_1, \ldots, x_n\}$ *eine Basis des Raumes, so strebt genau dann*

$$y_k := \sum_{\nu=1}^{n} \alpha_\nu^{(k)} x_\nu \to y := \sum_{\nu=1}^{n} \alpha_\nu x_\nu, \quad \textit{wenn} \quad \alpha_\nu^{(k)} \to \alpha_\nu \quad \textit{für } \nu = 1, \ldots, n$$

konvergiert.

Daß aus der komponentenweisen Konvergenz die Normkonvergenz folgt, ist wegen der Stetigkeit der Rechenoperationen klar (Satz 9.13). Die Umkehrung ergibt sich aus dem obigen Hilfssatz; denn nach ihm ist $\sum_{\nu=1}^{n} |\alpha_\nu^{(k)} - \alpha_\nu| \leqslant \mu \, \|y_k - y\|$. ■

Aus Satz 11.2 folgt sofort

11.3 Satz *Alle Normen auf einem* endlichdimensionalen *Vektorraum sind äquivalent.*

Ebenso einfach ergibt sich der

11.4 Satz *Ein* endlichdimensionaler *normierter Raum ist* vollständig; *jeder endlichdimensionale Unterraum eines normierten Raumes ist also abgeschlossen.*

Auf unendlichdimensionalen Räumen kann es durchaus *unstetige* lineare Abbildungen geben (s. Aufgabe 1), im Endlichdimensionalen aber gilt der beruhigende

11.5 Satz *Jede lineare Abbildung eines* endlichdimensionalen *normierten Raumes in einen beliebigen normierten Raum ist* stetig.

Ist nämlich $\{x_1, \ldots, x_n\}$ eine Basis des ersten Raumes, A die gegebene Abbildung und strebt $y_k := \sum_{\nu=1}^{n} \alpha_\nu^{(k)} x_\nu \to y := \sum_{\nu=1}^{n} \alpha_\nu x_\nu$, so konvergiert $\alpha_\nu^{(k)} \to \alpha_\nu$ (Satz 11.2), und wegen der Stetigkeit der Rechenoperationen folgt daraus

$$A y_k = \sum_{\nu=1}^{n} \alpha_\nu^{(k)} A x_\nu \to \sum_{\nu=1}^{n} \alpha_\nu A x_\nu = A\left(\sum_{\nu=1}^{n} \alpha_\nu x_\nu\right) = A y. \qquad ■$$

Den Hauptsatz 11.7 dieser Nummer bereiten wir vor durch folgendes

11.6 Rieszsches Lemma[1] *Ist F ein echter* abgeschlossener *Unterraum des normierten Raumes E, so gibt es zu jedem η mit $0 < \eta < 1$ einen Vektor x_η in E mit*

$$\|x_\eta\| = 1 \quad \textit{und} \quad \|x - x_\eta\| \geqslant \eta \quad \textit{für alle } x \in F \quad \text{(s. Fig. 11.1).}$$

[1] Der Ungar Frigyes Riesz (1880–1956; 76) ist einer der Väter der Funktionalanalysis. Sein Name wird uns noch oft begegnen.

Beweis. In E gibt es einen Vektor $y \notin F$. Sei $d := \inf_{x \in F} \|x-y\|$ und $(x_n) \subset F$ *mit* $\|x_n - y\| \to d$. d muß >0 sein (andernfalls strebte $x_n \to y$, wegen der Abgeschlossenheit von F wäre also $y \in F$). Daraus folgt wegen $0 < \eta < 1$, daß $d/\eta > d$ ist; es gibt also ein $z \in F$ mit $0 < \|z-y\| \leqslant d/\eta$. Setzt man $\gamma := 1/\|z-y\|$ und $x_\eta := \gamma(y-z)$, so ist $\|x_\eta\| = 1$, und für alle $x \in F$ hat man wegen $\gamma \geqslant \eta/d$ und $(1/\gamma)x + z \in F$

$$\|x - x_\eta\| = \|x - \gamma(y-z)\| = \|(x+\gamma z) - \gamma y\| = \gamma \left\| \left(\frac{1}{\gamma} x + z\right) - y \right\| \geqslant \frac{\eta}{d} \cdot d = \eta. \qquad \blacksquare$$

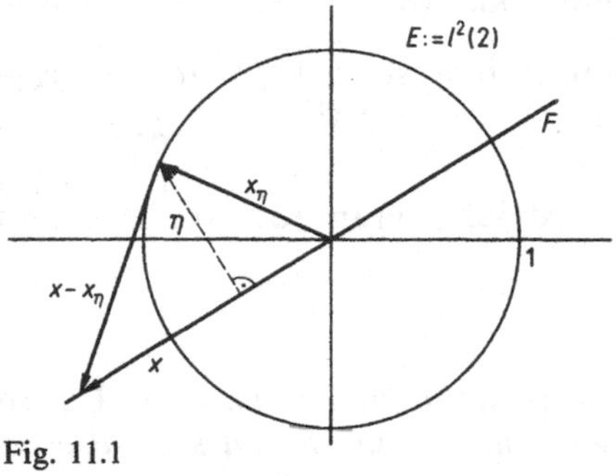

Fig. 11.1

Wir können nun die Endlichkeit der Dimension eines normierten Raumes (eine *algebraische* Eigenschaft) durch eine *metrische* Eigenschaft (die Gültigkeit des Bolzano-Weierstraßschen Satzes) charakterisieren. Daß so etwas überhaupt möglich ist, liegt letztlich daran, daß die algebraische und metrische Struktur normierter Räume nicht unverbunden nebeneinander stehen, sondern *via* Stetigkeit ineinandergreifen.

11.7 Satz *Genau dann gilt in einem normierten Raum der Satz von Bolzano-Weierstraß, d.h., genau dann enthält jede beschränkte Folge eine konvergente Teilfolge, wenn der Raum von endlicher Dimension ist.*

Beweis: Sei $\{x_1, \ldots, x_n\}$ eine Basis des Raumes, $y_k := \sum_{\nu=1}^{n} \alpha_\nu^{(k)} x_\nu$ und $\|y_k\| \leqslant \gamma$ für $k = 1, 2, \ldots$ Nach Hilfssatz 11.1 ist mit einem geeigneten $\mu > 0$

$$\sum_{\nu=1}^{n} |\alpha_\nu^{(k)}| \leqslant \mu \left\| \sum_{\nu=1}^{n} \alpha_\nu^{(k)} x_\nu \right\| = \mu \|y_k\| \leqslant \mu\gamma,$$

die Folge der $a_k := (\alpha_1^{(k)}, \ldots, \alpha_n^{(k)})$ ist also in $l^1(n)$ beschränkt. Da aber dort der Satz von Bolzano-Weierstraß gilt (s. Satz 6.9), strebt eine gewisse Teilfolge (a_{k_l}) bezüglich der Norm $\|\cdot\|_1$ - und somit auch komponentenweise - gegen ein $a := (\alpha_1, \ldots, \alpha_n)$, also haben wir $\alpha_\nu^{(k_l)} \to \alpha_\nu$ für $\nu = 1, \ldots, n$ und daher auch $y_{k_l} = \sum_{\nu=1}^{n} \alpha_\nu^{(k_l)} x_\nu \to \sum_{\nu=1}^{n} \alpha_\nu x_\nu$. (y_k) besitzt also eine konvergente Teilfolge.

Nun sei der normierte Raum E unendlichdimensional. Sei $x_1 \in E$, $\|x_1\|=1$ und $F_1 := [x_1]$. F_1 ist $\neq E$ und nach Satz 11.4 abgeschlossen. Nach dem Rieszschen Lemma gibt es also ein $x_2 \in E$ mit $\|x_2\|=1$ und $\|x-x_2\| \geqslant 1/2$ für alle $x \in F_1$. Sei $F_2 := [x_1, x_2]$. Wiederum ist $F_2 \neq E$ und abgeschlossen, es gibt also ein $x_3 \in E$ mit $\|x_3\|=1$ und $\|x-x_3\| \geqslant 1/2$ für alle $x \in F_2$. So fährt man fort, genauer: hat man $x_1, \ldots, x_n$ konstruiert, so ist $F_n := [x_1, \ldots, x_n] \neq E$ und abgeschlossen, es gibt also ein x_{n+1} mit $\|x_{n+1}\|=1$ und $\|x-x_{n+1}\| \geqslant 1/2$ für alle $x \in F_n$. Die Folge (x_n) ist zwar beschränkt - sie enthält aber keine konvergente Teilfolge, nicht einmal eine Cauchyteilfolge, weil für $n \neq m$ stets $\|x_n - x_m\| \geqslant 1/2$ ausfällt. ■

Kaum mehr als eine *Umformulierung* des Satzes 11.7 ist der

11.8 Satz *Für einen normierten Raum E sind die folgenden Aussagen gleichwertig:*

a) *E ist endlichdimensional.*

b) *Jede abgeschlossene und beschränkte Teilmenge von E ist kompakt.*

c) *Die abgeschlossene Einheitskugel $K_1[0]$ ist kompakt.*

Aufgaben

1. Definiere die lineare Abbildung $A: l^2 \to l^2$ durch $Ax := \left(\sum_{\nu=1}^{\infty} \frac{\xi_\nu}{\nu}, 0, 0, \ldots\right)$ und zeige, daß A stetig ist. (Hinweis: Cauchy-Schwarzsche Ungleichung.) Führt man aber auf $l^2 \subset l^\infty$ die l^∞-Norm $\|x\|_\infty = \sup |\xi_\nu|$ ein, so ist A unstetig (betrachte die Folge der Elemente $x_n := (1, 1, \ldots, 1, 0, 0, \ldots)$ - die n ersten Glieder $=1$, alle anderen $=0$).

2. Aus der beschränkten Folge der Einheitsvektoren $e_n := (0, \ldots, 0, 1, 0, \ldots)$ in l^2 - das n-te Glied $=1$, alle anderen $=0$ - kann man keine Cauchyteilfolge auswählen.

3. Ein Distanzierungsproblem: Sei F ein echter Unterraum des normierten Raumes E und $\delta > 0$. Gibt es ein $y \in E$, so daß $\|x-y\| \geqslant \delta$ für alle $x \in F$ ist?
Zeige an einem geeigneten Unterraum von l^2, daß die Frage zu verneinen ist, wenn F nicht abgeschlossen ist. Für abgeschlossenes F ist sie jedoch zu bejahen.

Den Aufgaben 4 bis 7 schicken wir eine Definition voraus, die durch die zentrale Rolle des Satzes von Bolzano-Weierstraß veranlaßt wird:

Die Teilmenge M des metrischen Raumes E heißt **relativ kompakt**, wenn jede Folge aus M eine konvergente Teilfolge besitzt (der Grenzwert braucht *nicht* in M zu liegen).

4. E sei ein metrischer Raum und M eine Teilmenge von E. Zeige:

a) M ist kompakt $\Longleftrightarrow$ M ist relativ kompakt und abgeschlossen.

*b) M ist relativ kompakt $\Longleftrightarrow$ die Abschließung $\overline{M}$ ist kompakt.

c) M ist relativ kompakt $\Rightarrow$ M ist beschränkt.

Um in den Aufgaben 5 bis 7 die Hinlänglichkeit der angegebenen Bedingungen zu erkennen, wähle man aus einer vorgelegten Folge mittels des Diagonalverfahrens eine (zunächst nur) komponentenweise konvergente Teilfolge aus.

5. $M \subset l^p$, $1 \leqslant p < \infty$, ist genau dann relativ kompakt, wenn M beschränkt ist und $\sum_{\nu=n}^{\infty} |\xi_\nu|^p \to 0$ strebt für $n \to \infty$, und zwar *gleichmäßig* für alle $(\xi_1, \xi_2, \ldots)$ in M.

6. $M \subset (c_0)$ ist genau dann relativ kompakt, wenn M beschränkt ist und $\sup_{\nu \geqslant n} |\xi_\nu| \to 0$ strebt für $n \to \infty$, und zwar *gleichmäßig* für alle $(\xi_1, \xi_2, \ldots)$ in M.

7. $M \subset (c)$ ist genau dann relativ kompakt, wenn M beschränkt ist und $\sup_{\nu, \mu \geqslant n} |\xi_\nu - \xi_\mu| \to 0$ strebt für $n \to \infty$, und zwar *gleichmäßig* für alle $(\xi_1, \xi_2, \ldots)$ in M.

8. Sei (p_k) eine gleichmäßig konvergente Folge von Polynomen mit Grad $\leqslant n$ (n fest) auf $[a,b]$. Zeige, daß die Grenzfunktion wieder ein Polynom mit Grad $\leqslant n$ ist. In der Polynomfolge des Weierstraßschen Approximationssatzes (s. A 2.3) müssen also immer dann Polynome beliebig hohen Grades vorkommen, wenn die zu approximierende Funktion selbst *kein* Polynom ist. Diese Bemerkung macht den Unterschied zwischen der Weierstraßschen und der Tschebyscheffschen Approximation (s. Nr. 2) besonders deutlich.

***9.** Sei K aus $\mathscr{S}(E, F)$. Zeige: Ist die Dimension des Definitionsraumes E oder die des Bildraumes $K(E)$ endlich, so hat K dieselbe Fundamentaleigenschaft wie der Fredholmsche und Volterrasche Integraloperator: Ist (x_j) eine beschränkte Folge in E, so besitzt ihr Bild (Kx_j) eine konvergente Teilfolge. - Operatoren K mit dieser Eigenschaft hatten wir schon in A 10.16 betrachtet und kompakt genannt.

***10.** Für einen kompakten Operator $K: E \to E$ ist $\dim N(I-K) < \infty$.

***11.** Für einen kompakten Operator $K: E \to E$ sei $I-K$ injektiv. Dann ist $(I-K)^{-1}$ stetig.
Hinweis: Widerspruchsbeweis mit Satz 10.6. Beachte, daß K nach A 10.16 stetig ist.

⁺12. In dem Folgenraum (s) ist die metrische Konvergenz gleichbedeutend mit der komponentenweisen (s. Beispiel 6.5 und A 6.4). Zeige, daß man auf (s) keine Norm so einführen kann, daß die metrische Konvergenz mit der Normkonvergenz äquivalent ist.
Hinweis: Definiere die linearen Abbildungen $f_k: (s) \to \mathbf{K}$ durch $f_k(\xi_1, \xi_2, \ldots) := \xi_k$. Jedes f_k ist d-stetig (stetig im Sinne der Metrik d von (s)). Gäbe es eine Norm, die denselben Konvergenzbegriff auf (s) erzeugte wie d, so wären die f_k auch normstetig, also beschränkt. Zeige nun mit Hilfe des Satzes von Bolzano-Weierstraß für Zahlenfolgen und des Diagonalverfahrens, daß in dem normierten Raum (s) der Satz von Bolzano-Weierstraß gelten müßte.

13. $Q := \{(\xi_1, \xi_2, \ldots) \in l^2 : |\xi_n| \leqslant 1/n$ für $n = 1, 2, \ldots\}$ ist eine kompakte Teilmenge von l^2.

12 Die Neumannsche Reihe

Bei der Untersuchung linearer Gleichungssysteme, Volterrascher und Fredholmscher Integralgleichungen (als Umformulierungen von Randwertaufgaben) waren wir immer wieder auf Operatorengleichungen der Form $x - Kx = y$ oder also

$$(I-K)x = y \quad \text{mit einem} \quad K \in \mathscr{S}(E) \tag{12.1}$$

gestoßen. Die bei weitem angenehmste Situation liegt ohne Zweifel dann vor, wenn (12.1) für *jedes* $y \in E$ *genau eine* Lösung besitzt, $I-K$ also *bijektiv* ist. Die

Lösung wird dann gegeben durch $(I-K)^{-1}y$ - und alles spitzt sich nun auf die Frage zu, wie man sich der Inversen $(I-K)^{-1}$ tatsächlich bemächtigen kann.

Wir ergehen uns jetzt in einem nachgerade sträflichen Analogisierungsexzess. Im Skalaren entspricht der Inversen $(I-K)^{-1}$ die Reziproke $(1-q)^{-1}$, und bekanntlich ist

$$(1-q)^{-1} = \sum_{n=0}^{\infty} q^n, \quad \text{falls} \quad |q|<1. \tag{12.2}$$

Könnte dann nicht vielleicht gelten

$$(I-K)^{-1} = \sum_{n=0}^{\infty} K^n, \quad \text{falls} \quad \|K\|<1\,? \tag{12.3}$$

Da in dieser waghalsigen Gleichung eine unendliche Reihe auftaucht, müssen wir zuallererst klären, was man unter ihr - und ihrer Konvergenz - zu verstehen hat. Das geschieht wieder wörtlich wie in der klassischen Analysis, wobei wir von vornherein Reihen mit Gliedern aus einem *beliebigen* normierten Raum (nicht notwendigerweise aus $\mathscr{S}(E)$) betrachten:

Eine unendliche Reihe $\sum_{\nu=0}^{\infty} x_\nu$ mit Gliedern x_ν aus einem normierten Raum E soll nichts anderes bedeuten als die Folge ihrer Teilsummen $s_n := x_0 + x_1 + \cdots + x_n$. Die Reihe heißt konvergent mit der Summe s, in Zeichen: $\sum_{\nu=0}^{\infty} x_\nu = s$, wenn $s_n \to s$ strebt; sie heißt eine Cauchyreihe, wenn (s_n) eine Cauchyfolge ist, wenn es also zu jedem $\varepsilon>0$ ein $n_0 = n_0(\varepsilon)$ gibt, so daß für $n>m\geqslant n_0$ stets $\|s_n - s_m\| = \|x_{m+1} + \cdots + x_n\| < \varepsilon$ bleibt.

Eine konvergente Reihe ist eine Cauchyreihe, die Folge ihrer Glieder strebt daher gegen 0. *In einem Banachraum ist jede Cauchyreihe auch konvergent.*

12.1 Hilfssatz *Konvergiert* $\sum_{\nu=0}^{\infty} \|x_\nu\|$, *so ist die Reihe* $\sum_{\nu=0}^{\infty} x_\nu$ *eine Cauchyreihe. In einem* vollständigen *Raum ist sie also* konvergent, *und es gilt die verallgemeinerte Dreiecksungleichung*

$$\left\| \sum_{\nu=0}^{\infty} x_\nu \right\| \leqslant \sum_{\nu=0}^{\infty} \|x_\nu\|. \tag{12.4}$$

Aus $\left\| \sum_{\nu=m}^{n} x_\nu \right\| \leqslant \sum_{\nu=m}^{n} \|x_\nu\|$ folgt nämlich, daß $\sum x_\nu$ eine Cauchyreihe ist. (12.4) ergibt sich aus $\left\| \sum_{\nu=0}^{n} x_\nu \right\| \leqslant \sum_{\nu=0}^{n} \|x_\nu\|$ für $n\to\infty$, falls $\sum x_\nu$ konvergiert. ■

Dieser Hilfssatz gestattet es, aus der Konvergenz der *Zahlen*reihe $\sum\|x_\nu\|$ auf die der *Vektoren*reihe $\sum x_\nu$ zu schließen (falls der Raum vollständig ist) - und macht damit das reiche Arsenal der klassischen Konvergenzkriterien für die Untersuchung von Vektorenreihen verfügbar. Als Beispiel diene das wichtige

12.2 Wurzelkriterium *Sei $\sum x_n$ eine Reihe mit Gliedern aus einem Banachraum und*

$$\alpha := \limsup \|x_n\|^{1/n}. \tag{12.5}$$

Dann ist die Reihe konvergent, wenn $\alpha<1$, und divergent, wenn $\alpha>1$ ausfällt. Im Falle $\alpha=1$ ist ohne nähere Untersuchung keine Konvergenzaussage möglich.

In (12.3) taucht eine Reihe der Form $\sum A_n$ mit stetigen Operatoren A_n eines normierten Raumes E auf. Hier werden wir wie bei Operatorenfolgen zwischen punktweiser und gleichmäßiger Konvergenz unterscheiden: $\sum_{n=0}^{\infty} A_n$ konvergiert *punktweise* bzw. *gleichmäßig* gegen S, je nachdem, ob für $n\to\infty$

$$\sum_{\nu=0}^{n} A_\nu x \to Sx \quad \text{für jedes} \quad x\in E \quad \text{oder} \quad \left\|\sum_{\nu=0}^{n} A_\nu - S\right\| \to 0$$

strebt. Aus der gleichmäßigen Konvergenz folgt, wie wir schon wissen, die punktweise:

$$\sum_{n=0}^{\infty} A_n = S \quad \textit{gleichmäßig} \Rightarrow \sum_{n=0}^{\infty} A_n x = Sx \quad \textit{für jedes } x\in E. \tag{12.6}$$

Wir nehmen nun an, die Reihe $\sum K^n$ in (12.3) sei für ein $K\in\mathscr{L}(E)$ gleichmäßig konvergent (ohne Rücksicht auf die Größe von $\|K\|$), es sei also

$$\sum_{n=0}^{\infty} K^n = S \in \mathscr{L}(E) \quad \text{im Sinne der Normkonvergenz.}$$

Wegen der Stetigkeit der Operatorenmultiplikation (s. (10.8)) folgt daraus

$$SK = \sum_{n=0}^{\infty} K^{n+1} = S-I \quad \text{und} \quad KS = \sum_{n=0}^{\infty} K^{n+1} = S-I,$$

also $\quad I=S(I-K)=(I-K)S.$

Mit Satz 8.2 ergibt sich nun, daß $I-K$ bijektiv, $(I-K)^{-1}=S$ und daher tatsächlich

$$(I-K)^{-1} = \sum_{n=0}^{\infty} K^n \quad \textit{im Sinne gleichmäßiger Konvergenz}$$

ist - ein unerwartet glücklicher Ausgang unseres Husarenritts.

Mit E ist auch $\mathscr{L}(E)$ ein Banachraum (Satz 10.4), und in diesem Falle dürfen wir auf die Reihe $\sum K^n$ das Wurzelkriterium 12.2 anwenden. Hierbei können wir uns glücklicherweise den unhandlichen lim sup dank des folgenden Satzes vom Halse schaffen:

12.3 Satz *Für jeden stetigen Endomorphismus A eines normierten Raumes ist*

$$\lim_{n\to\infty} \|A^n\|^{1/n} \quad \textit{vorhanden und} \quad = \inf_{k=1}^{\infty} \|A^k\|^{1/k} \leqslant \|A\|. \tag{12.7}$$

Beweis. Mit $\alpha_n := \|A^n\|$ ist $0 \leqslant \alpha_{n+m} \leqslant \alpha_n \alpha_m$ (s. (10.6)), also konvergiert die Folge $(\alpha_n^{1/n})$ gegen ihre untere Grenze (s. Heuser I, Satz 25.7). ■

Wir sind nun in der angenehmen Lage, ein genaues Kriterium für die (gleichmäßige) Konvergenz der Reihe $\sum K^n$ angeben zu können, wobei $K \in \mathscr{L}(E)$ und E ein Banachraum sein soll. Ist nämlich diese Reihe konvergent, so strebt notwendigerweise $K^n \Rightarrow 0$, für ein gewisses natürliches m bleibt also $\|K^m\| < 1$, damit auch $\|K^m\|^{1/m} < 1$ und wegen (12.7) erst recht $\lim \|K^n\|^{1/n} < 1$. Gilt umgekehrt diese Ungleichung, so liefert das Wurzelkriterium 12.2 sofort die Konvergenz unserer Reihe. Konvergenz findet also genau dann statt, wenn $\lim \|K^n\|^{1/n} < 1$ ausfällt.

Aus dem bisher Gesagten erhalten wir nun mit einem Schlag den schönen und kraftvollen

12.4 Satz über die Neumannsche Reihe[1] *Ist K ein stetiger Endomorphismus des Banachraumes E, so besitzt I − K immer dann eine stetige Inverse auf ganz E, wenn die* Neumannsche Reihe $\sum_{n=0}^{\infty} K^n$ *gleichmäßig konvergiert; in diesem Falle ist*

$$(I-K)^{-1} = \sum_{n=0}^{\infty} K^n. \tag{12.8}$$

Die Neumannsche Reihe konvergiert genau dann gleichmäßig, wenn

$$\lim \|K^n\|^{1/n} < 1, \quad \textit{also gewiß dann, wenn} \quad \|K\| < 1 \tag{12.9}$$

ist. Im Falle $\|K\| < 1$ hat man überdies noch die Abschätzung

$$\|(I-K)^{-1}\| \leqslant \frac{1}{1-\|K\|}.^{2)} \tag{12.10}$$

Wenn die (normkonvergente) Entwicklung (12.8) gilt, besitzt die Operatorengleichung

---

[1] Nach Carl Neumann (1832–1925; 93), der auf Reihen der Form (12.12) bei seinem mühseligen Studium des *Dirichletschen Randwertproblems* stieß.

[2] Weil dann $\left\| \sum_{n=0}^{\infty} K^n \right\| \leqslant \sum_{n=0}^{\infty} \|K^n\| \leqslant \sum_{n=0}^{\infty} \|K\|^n = \dfrac{1}{1-\|K\|}$ ist.

$$(I-K)x=y \tag{12.11}$$

für jedes $y \in E$ die eindeutig bestimmte und *stetig* von y abhängende Lösung

$$\tilde{x} := \sum_{n=0}^{\infty} K^n y. \tag{12.12}$$

Auch die Reihe in (12.12) wird Neumannsche Reihe genannt.
Die Hoffnung, Existenz und Stetigkeit von $(I-K)^{-1}$ könnten bereits die Konvergenz der Neumannschen Reihe nach sich ziehen, ist trügerisch (s. Aufgabe 1).

Aufgaben

1. Die lineare und stetige Selbstabbildung K des Banachraumes $l^\infty(n)$ werde durch $K(\xi_1, \ldots, \xi_n) := (2\xi_1, \ldots, 2\xi_n)$ definiert. Die zugehörige Neumannsche Reihe divergiert – und doch existiert die Inverse $(I-K)^{-1}$ auf $l^\infty(n)$ und ist dort stetig.

2. Behandle A 6.18 (*lineare Gleichungssysteme*) mit Hilfe der Neumannschen Reihe.

3. Behandle die Aufgaben 6.19 und 6.20 (*Fredholmsche Integralgleichung*) mit Hilfe der Neumannschen Reihe.

4. Behandle die Aufgaben 6.21 und 6.22 (*Volterrasche Integralgleichung*) mit Hilfe der Neumannschen Reihe.

5. Für die Integraltransformation $K: C[0,1] \to C[0,1]$, definiert durch

$$(Kx)(s) := \int_0^1 s \cdot x(t)\,dt, \quad 0 \leqslant s \leqslant 1,$$

ist zwar $\|K\| = 1$, aber $\lim \|K^n\|^{1/n} = 1/2$. Die Neumannsche Reihe $\sum_{n=0}^{\infty} K^n y$ konvergiert also für jedes $y \in C[0,1]$ und liefert die stetige Lösung $\tilde{x}$ der Integralgleichung $x(s) - \int_0^1 sx(t)\,dt = y(s)$. Man kann $\tilde{x}$ explizit angeben.

6. Führt man in $C[0,1]$ durch $\|x\|_1 := \int_0^1 |x(t)|\,dt$ die L^1-Norm ein, so ist für die Integraltransformation K aus Aufgabe 5 die Abbildungsnorm $\|K\|_1 = 1/2$. Satz 12.4 kann jedoch nicht benutzt werden, weil $C[0,1]$ mit obiger Norm nicht vollständig ist (s. A 6.3).

7. Führt man in $C[a,b]$ statt der Maximumsnorm $\|\cdot\|_\infty$ die L^1- bzw. L^2-Norm

$$\|x\|_1 := \int_a^b |x(t)|\,dt \quad \text{bzw.} \quad \|x\|_2 := \left(\int_a^b |x(t)|^2\,dt\right)^{1/2}$$

ein, so liegt die korrespondierende Norm $\|K\|_1$ bzw. $\|K\|_2$ des Fredholmschen Integraloperators $(Kx)(s) := \int_a^b k(s,t)x(t)\,dt$ (k stetig) unter 1, wenn

$$q_1 := \max_{a \leqslant t \leqslant b} \int_a^b |k(s,t)|\,ds < 1 \quad \text{bzw.} \quad q_2 := \sqrt{\int_a^b \int_a^b |k(s,t)|^2\,ds\,dt} < 1$$

ist (vgl. diese Größen mit den Zahlen q_1, q_2 in (6.32)). Man kann jedoch nicht den Satz 12.4 anwenden (s. A 6.3).

8. Unendliche lineare Gleichungssysteme in l^∞ Gegeben sei das unendliche lineare Gleichungssystem

$$\xi_i - \sum_{k=1}^{\infty} \alpha_{ik}\xi_k = \eta_i \qquad (i=1,2,\ldots). \tag{12.13}$$

Unter einer *Lösung* dieses Systems versteht man eine Folge $(\xi_1, \xi_2, \ldots)$, für die jede der Reihen $\sum_{k=1}^{\infty} \alpha_{ik}\xi_k$ konvergiert und die Summe $\xi_i - \eta_i$ hat. Zeige: Ist $y := (\eta_1, \eta_2, \ldots)$ aus l^∞ und $q_\infty := \sup_{i=1}^{\infty} \sum_{k=1}^{\infty} |\alpha_{ik}| < 1$, so besitzt (12.13) genau eine Lösung in l^∞. Diese Lösung kann mit Hilfe einer auf $\mathbf{N}$ gleichmäßig konvergenten Neumannschen Reihe gewonnen werden. Vgl. Aufgabe 2 und (6.32).

9. Unendliche lineare Gleichungssysteme in l^1 und l^2 Benutze die Banachräume l^1, l^2, um Lösungssätze für unendliche lineare Gleichungssysteme der Form $\xi_i - \sum_{k=1}^{\infty} \alpha_{ik}\xi_k = \eta_i$ $(i=1,2,\ldots)$ aufzustellen (vgl. Aufgaben 8,2 und (6.32)).

10. Nilpotente Operatoren Darunter versteht man Endomorphismen K eines (nicht notwendigerweise normierten) Vektorraumes E, für die eine Potenz K^m $(m \in \mathbf{N})$ verschwindet: $K^m = 0$. Zeige, daß in einem solchen Fall $I-K$ bijektiv ist und $(I-K)^{-1}$ durch eine abbrechende Neumannsche Reihe dargestellt werden kann (vgl. A 16.3). Ja sogar dann, wenn K nicht geradezu nilpotent ist, es aber doch zu jedem $y \in E$ ein $m = m(y) \in \mathbf{N}$ mit $K^m y = 0$ gibt, wird $I-K$ bijektiv sein.

11. Genaue Konvergenzkriterien für Neumannsche Reihen Für $K \in \mathscr{S}(E)$ (E ein Banachraum) sind die folgenden Aussagen äquivalent:

a) Die Neumannsche Reihe $\sum_{n=0}^{\infty} K^n$ konvergiert gleichmäßig.
b) $K^n \rightrightarrows 0$.
c) Es gibt ein $m \in \mathbf{N}$ mit $\|K^m\| < 1$.
d) $\sum_{n=0}^{\infty} \|K^n\|$ konvergiert.

12. In einem Banachraum E sei die Gleichung $x - Kx = y$ mit $K \in \mathscr{S}(E)$, $\|K\| < 1$ gegeben. Zeige mit Hilfe des Banachschen Fixpunktsatzes in A 6.16 (also unabhängig von den Erörterungen der gegenwärtigen Nummer), daß die Gleichung für jedes $y \in E$ eindeutig durch $\tilde{x} := \sum_{n=0}^{\infty} K^n y$ gelöst wird. Beweise dann mit Hilfe der Fehlerabschätzung (6.26), daß $(I-K)^{-1}$ stetig ist und $\sum K^n$ gleichmäßig konvergiert.
Hinweis: Wähle beim Iterationsverfahren den Startpunkt $x_0 := y$.

13. In einem Banachraum E sei die Gleichung $x - Kx = y$ mit $K \in \mathscr{S}(E)$ gegeben, und $\sum \|K^n\|$ sei konvergent. Zeige mit Hilfe des Weissingerschen Fixpunktsatzes in A 6.17, daß diese Gleichung für jedes $y \in E$ eindeutig durch $\tilde{x} := \sum_{n=0}^{\infty} K^n y$ gelöst wird. Beweise dann mit Hilfe der Fehlerabschätzung (6.28), daß $(I-K)^{-1}$ stetig ist und $\sum K^n$ gleichmäßig konvergiert.

Hinweis: Wähle beim Iterationsverfahren den Startpunkt $x_0 := y$. - Bemerkung: Vgl. diese Aufgabe mit Aufgabe 11.

Neumannsche Reihen in beliebigen (auch unvollständigen) normierten Räumen E werden in den Aufgaben 14 bis 19 untersucht.

*__14.__ Ist K ein stetiger Endomorphismus von E und konvergiert die Neumannsche Reihe $\sum_{n=0}^{\infty} K^n y$ für ein gewisses $y \in E$ gegen ein $x \in E$, so ist $(I-K)x = y$.

15. Für einen stetigen Endomorphismus K von E sind die folgenden Aussagen äquivalent:

a) $I-K$ ist injektiv, und die Neumannsche Reihe $\sum_{n=0}^{\infty} K^n y$ konvergiert für alle $y \in (I-K)(E)$.

b) $K^n \to 0$.

Hinweis: Aus $(I-K)x = y$ folgt $x = y + Ky + \cdots + K^{n-1}y + K^n x$; Aufgabe 14.

16. Für $K \in \mathscr{S}(E)$ strebe $K^n \Rightarrow 0$. Dann ist $(I-K)^{-1}$ auf $(I-K)(E)$ vorhanden und stetig.

Hinweis: Aufgabe 15, die Abschätzung $\|(I-K^m)x\| \geqslant \varepsilon \|x\|$ für ein gewisses $m \in \mathbf{N}$ und $\varepsilon > 0$, die Gleichung $I - K^m = (I + K + \cdots + K^{m-1})(I-K)$ und Satz 10.6.

17. Ist der Bildraum $K(E)$ eines $K \in \mathscr{S}(E)$ vollständig (etwa endlichdimensional), so konvergiert die Neumannsche Reihe $\sum_{n=0}^{\infty} K^n y$ bereits dann, wenn sie eine Cauchyreihe ist.

18. K sei ein (nicht notwendigerweise stetiger) Endomorphismus von $(E, \|\cdot\|)$ mit $\dim K(E) < \infty$, und $|\cdot|$ sei irgendeine weitere Norm auf E. Ist für ein $y \in E$ die Neumannsche Reihe

$$\sum_{n=0}^{\infty} K^n y \quad \text{bezüglich } \|\cdot\| \text{ eine Cauchyreihe,} \tag{12.14}$$

so konvergiert sie bezüglich $|\cdot|$ gegen eine Lösung der Gleichung $(I-K)x = y$. Gilt (12.14) für jedes $y \in E$, so existiert $(I-K)^{-1}$ auf ganz E und ist stetig bezüglich jeder Norm $|\cdot|$, in der K selbst stetig ist.

Hinweis: Sätze der Nr. 11; Satz 10.6; $|1 - \|Ku\|| \leqslant \|u - Ku\|$, falls $\|u\| = 1$.

19. Es seien die Voraussetzungen der Aufgabe 18 bis einschließlich (12.14) gegeben, ferner sei $\{x_1, \ldots, x_r\}$ eine Basis von $K(E)$. Zeige:

a) Vermöge der Basisdarstellung $Kx = \sum_{\varrho=1}^{r} f_\varrho(x) x_\varrho$ werden lineare Abbildungen $f_\varrho : E \to \mathbf{K}$ definiert; mit ihnen ist $K^n x = \sum_{\varrho=1}^{r} f_\varrho(K^{n-1}x) x_\varrho$ für $n = 1, 2, \ldots$.

b) Beweise mittels a) die Konvergenzaussage der Aufgabe 18 allein unter Verwendung des Satzes 11.2.

+**20. Absolute und unbedingte Konvergenz von Reihen** Die Reihe $\sum_{n=0}^{\infty} x_n$ in einem Banachraum E heißt absolut konvergent, wenn $\sum_{n=0}^{\infty} \|x_n\|$ konvergiert (nach Hilfssatz 12.1 ist eine absolut konvergente Reihe auch konvergent); sie wird unbedingt konvergent genannt, wenn jede ihrer Umordnungen gegen ein und denselben Vektor $x \in E$ konvergiert. Zeige: a) Absolute Konvergenz $\Rightarrow$ unbedingte Konvergenz. b) In endlichdimensionalen Räumen gilt: Absolute Konvergenz $\Longleftrightarrow$ unbedingte Konvergenz.

Die Äquivalenz in b) ist übrigens für die endlichdimensionalen Räume *charakteristisch*; s. Dvoretzky-Rogers (1950).

13 Normierte Algebren

Funktionen aus $C[a,b]$ kann man nicht nur *addieren* und *vervielfachen* - man kann sie auch gemäß der Festsetzung

$$(xy)(t):=x(t)y(t) \quad \text{für alle } t\in[a,b]$$

multiplizieren, ohne aus $C[a,b]$ herauszugeraten. Entsprechendes gilt für Funktionen aus $B(T)$. In beiden Fällen gehorcht die Multiplikation den folgenden Regeln:

$$\begin{aligned} &x(yz)=(xy)z,\\ &x(y+z)=xy+xz, \qquad (x+y)z=xz+yz, \\ &\alpha(xy)=(\alpha x)y=x(\alpha y). \end{aligned} \tag{13.1}$$

Die analoge Situation haben wir bereits in dem Vektorraum $\mathscr{S}(E)$ aller Endomorphismen des linearen Raumes E angetroffen (wobei die Multiplikation zweier Endomorphismen ihre Hintereinanderausführung ist; s. (8.1)). Und sie ist uns noch einmal begegnet bei dem Vektorraum $\mathscr{L}(E)$ aller stetigen Endomorphismen eines normierten Raumes. Im Unterschied zu $C[a,b]$ und $B(T)$ ist die Multiplikation in $\mathscr{S}(E)$ und $\mathscr{L}(E)$ jedoch nicht durchweg kommutativ: es kann Operatoren A, B mit $AB\neq BA$ geben; wir haben deshalb in (13.1) das Kommutativgesetz für Produkte erst gar nicht hingeschrieben (dafür aber zwei Distributivgesetze).

Es ist nun an der Zeit, diese Erscheinungen begrifflich zu fassen:

Ein Vektorraum R über $\mathbf{K}$ heißt eine Algebra über $\mathbf{K}$, wenn für je zwei Elemente x, y aus R ein Produkt $xy\in R$ so definiert ist, daß die Rechenregeln (13.1) gelten. Die Algebra R heißt kommutativ, wenn stets $xy=yx$ ist.

In dieser Sprechweise sind $C[a,b]$ und $B(T)$ kommutative, $\mathscr{S}(E)$ und $\mathscr{L}(E)$ nichtkommutative Algebren.

Gilt $xy=yx$, so sagen wir, die Elemente x, y seien (miteinander) vertauschbar oder kommutierten. Das Nullelement 0 von R ist mit jedem $x\in R$ vertauschbar: $0x=x0=0$. Ein Element e aus R mit $xe=ex=x$ für alle $x\in R$ heißt Einselement von R. In einer Algebra gibt es höchstens ein (u. U. kein) Einselement. Die oben genannten Algebren besitzen alle ein Einselement: $C[a,b]$ und $B(T)$ die konstante Funktion 1, $\mathscr{S}(E)$ und $\mathscr{L}(E)$ die identische Transformation I_E.

Eine Abbildung $A: R \to S$ der Algebren R, S über $\mathbf{K}$ nennt man einen Homomorphismus (oder genauer: einen Algebrenhomomorphismus), wenn durchweg

$$A(x+y)=Ax+Ay, \quad A(\alpha x)=\alpha Ax \quad \text{und} \quad A(xy)=(Ax)(Ay)$$

gilt. Ein solcher Homomorphismus ist also eine lineare und „multiplikative" Abbildung. Ist er bijektiv, so wird er ein (Algebren-)Isomorphismus genannt, und von den Algebren R und S sagt man dann, sie seien isomorph. Isomorphe Algebren darf man bedenkenlos identifizieren (vgl. die entsprechenden Ausführungen über isomorphe Vektorräume in Nr. 8).

Die Algebren $C[a,b]$, $B(T)$ und $\mathscr{S}(E)$ sind gleichzeitig *normierte* Räume, und in ihnen sind Norm und Multiplikation durch die Ungleichung

$$\|xy\| \leqslant \|x\| \, \|y\| \tag{13.2}$$

miteinander verknüpft (das multiplikative Analogon zu der Dreiecksungleichung $\|x+y\| \leqslant \|x\| + \|y\|$). Diese Beobachtung regt zu der folgenden Definition an:

Eine Algebra R heißt normierte Algebra, wenn sie ein normierter Vektorraum ist und für Produkte die Ungleichung (13.2) gilt.

$C[a,b]$, $B(T)$ und $\mathscr{S}(E)$ sind also normierte Algebren.

In einer normierten Algebra sind alle algebraischen Operationen und die Norm stetig, *d.h., aus $x_n \to x$, $y_n \to y$ und $\alpha_n \to \alpha$ folgt*

$$x_n+y_n \to x+y, \qquad \alpha_n x_n \to \alpha x, \qquad x_n y_n \to xy, \qquad \|x_n\| \to \|x\|. \tag{13.3}$$

Die *Stetigkeit der linearen Operationen und der Norm* wird durch Satz 9.13 garantiert, die *Stetigkeit der Multiplikation* folgt aus (13.2) in derselben Weise, wie (10.8) aus (10.6) gewonnen wurde.

Für Potenzen x^n ist wegen (13.2)

$$\|x^n\| \leqslant \|x\|^n \quad \text{für } n=1,2,\ldots. \tag{13.4}$$

Das Studium der Operatorengleichung $Ax=y$ hat uns die Augen für die Bedeutung der Inversen A^{-1} geöffnet, und wir bilden deshalb diesen Begriff nun in Algebren nach (wobei wir uns an Satz 8.2 orientieren).

Besitzt eine – nicht notwendigerweise normierte – Algebra R ein Einselement e und ist $xy=e$, so sagt man, x sei linksinvers zu y und y rechtsinvers zu x oder auch y sei linksinvertierbar, x rechtsinvertierbar. Ist x sowohl links- als auch rechtsinvertierbar, gibt es also Elemente y und z mit $yx=xz=e$, so heißt x invertierbar oder regulär; es ist dann $y=z$ und dieses eindeutig bestimmte Element y wird die Inverse von x genannt und mit x^{-1} bezeichnet. *Die Menge der invertierbaren Elemente bildet eine Gruppe bezüglich der Multiplikation. Sind x*

und y invertierbar, so ist $(xy)^{-1}=y^{-1}x^{-1}$. Ein nichtinvertierbares Element wird auch singulär genannt.

Man beachte, daß in der Algebra $\mathscr{S}(E)$ das Wort „Inverse" zwei Bedeutungen hat, eine *abbildungstheoretische* und eine *algebrentheoretische*:
Besitzt $A\in\mathscr{S}(E)$ eine algebrentheoretische Inverse, gibt es also ein $B\in\mathscr{S}(E)$, so daß $BA=AB=I$ ist, so ist nach Satz 8.2 A insbesondere injektiv, besitzt also eine abbildungstheoretische Inverse, nämlich die Umkehrabbildung A^{-1}, und es ist $B=A^{-1}$: algebren- und abbildungstheoretische Inverse stimmen überein. Weiß man nur, daß A eine abbildungstheoretische Inverse - eine Umkehrabbildung - besitzt, so braucht A noch keine algebrentheoretische Inverse zu haben; eine solche existiert nach Satz 8.2 erst dann, wenn A auch noch surjektiv ist. Anders ausgedrückt: *Die Umkehrabbildung (Inverse)* A^{-1} *ist genau dann die algebrentheoretische Inverse von A, wenn sie auf dem* ganzen *Raum E definiert ist.* Sprechen wir hinfort einfach von der „Inversen" einer *Abbildung*, so meinen wir damit immer die *Umkehrabbildung*, auch wenn letztere nicht auf ganz E existiert.

Man beachte ferner, daß wir uns bei der Suche nach einer Inversen von $x\in R$ definitionsgemäß *nur in R bewegen dürfen.* Ein *in R* nichtinvertierbares Element x kann in einer R umfassenden Algebra sehr wohl eine Inverse besitzen - aber das ändert nichts daran, daß x *in R* eben doch nicht invertierbar ist. Sei etwa T das offene Intervall (0,1) und x die Funktion $t\mapsto t$ auf T. x liegt in $B(T)$, ist aber dort nicht invertierbar. In der Algebra *aller* skalarwertigen Funktionen auf T besitzt x jedoch eine Inverse, nämlich die Funktion $t\mapsto 1/t$. Wenn ein Operator $A\in\mathscr{S}(E)$ bijektiv ist, hat er gewiß eine Inverse A^{-1} in der Algebra $\mathscr{S}(E)$. Aber nur dann, wenn A^{-1} auch noch *stetig* ist, darf man ihn invertierbar in der (kleineren) Algebra $\mathscr{S}(E)$ nennen.

In einer Algebra R mit Einselement e setzen wir $x^0:=e$. Ist R normiert und $\neq\{0\}$, so folgt aus $\|e\|=\|e^2\|\leqslant\|e\|^2$ sofort $\|e\|\geqslant 1$.
In einer Algebra gilt für *vertauschbare* Elemente x,y der binomische Satz:

$$(x+y)^n=x^n+\binom{n}{1}x^{n-1}y+\binom{n}{2}x^{n-2}y^2+\cdots+\binom{n}{n-1}xy^{n-1}+y^n.$$

Grundlegend für das Weitere ist der Begriff der Banachalgebra. Darunter versteht man eine normierte Algebra, die als normierter Raum *vollständig* ist.

13.1 Beispiel Banachalgebren sind: $\mathbf{K}$, $C[a,b]$, allgemeiner $C(T)$ mit kompaktem T, $B(T)$ und $\mathscr{S}(E)$, falls E ein Banachraum ist (s. Satz 10.4).

Für die Mathematik und ihre Anwendungen (besonders in der Elektrotechnik) sind sogenannte Faltungsalgebren (Konvolutionsalgebren) von herausragender Bedeutung. In diesen Algebren werden Folgen bzw. Funktionen nicht komponenten- bzw. punktweise multipliziert, sondern vermöge der sogenannten Faltung (Konvolution) $*$. Aus der großen Zahl von Faltungsalgebren bringen wir drei Beispiele.

13.2 Beispiel Für absolut konvergente Reihen $\sum_{n=0}^{\infty} \xi_n$, $\sum_{n=0}^{\infty} \eta_n$ ist bekanntlich

$$\left(\sum_{n=0}^{\infty} \xi_n\right) \cdot \left(\sum_{n=0}^{\infty} \eta_n\right) = \sum_{n=0}^{\infty} (\xi_0 \eta_n + \xi_1 \eta_{n-1} + \cdots + \xi_n \eta_0),$$

wobei die rechtsstehende Reihe wieder absolut konvergiert. In strenger Analogie zu diesem Cauchyschen Produkt definiert man nun für zwei Elemente $x := (\xi_0, \xi_1, \ldots)$, $y := (\eta_0, \eta_1, \ldots)$[1] des Banachraumes l^1 ihre *Faltung* $x * y$ durch

$$x * y := (\xi_0 \eta_0, \xi_0 \eta_1 + \xi_1 \eta_0, \ldots, \xi_0 \eta_n + \xi_1 \eta_{n-1} + \cdots + \xi_n \eta_0, \ldots). \tag{13.5}$$

$x * y$ liegt in l^1, und aus der Theorie der Reihenmultiplikation ergibt sich in bequemster Weise, daß die Operation $*$ alle Eigenschaften (13.1) einer Algebrenmultiplikation besitzt[2] und auch der Fundamentalungleichung (13.2) genügt (mit der l^1-Norm $\|\cdot\|_1$ an Stelle von $\|\cdot\|$). Mit der Faltung als Multiplikation wird also der Banach*raum* l^1 zu der Banach*algebra* l^1. Sie ist kommutativ und besitzt das Einselement $(1, 0, 0, 0, \ldots)$.

13.3 Beispiel $l^1(\mathbf{Z})$ sei die Menge der „doppelt-unendlichen" Folgen $x := (\ldots, \xi_{-2}, \xi_{-1}, \xi_0, \xi_1, \xi_2, \ldots)$, für die $\sum_{n=-\infty}^{\infty} |\xi_n|$ konvergiert. $l^1(\mathbf{Z})$ wird mit üblicher komponentenweiser Addition und Vervielfachung und der Normdefinition

$$\|x\|_1 := \sum_{-\infty}^{\infty} |\xi_n|$$

ein Banach*raum*; man sieht dies sofort, wenn man die doppeltunendliche Folge $(\ldots, \xi_{-1}, \xi_0, \xi_1, \ldots)$ zu der einfach-unendlichen Folge $(\xi_0, \xi_{-1}, \xi_1, \xi_{-2}, \xi_2, \ldots)$ umschreibt und die entsprechenden Ergebnisse über l^1 benutzt. Und wie in Beispiel 13.2 motiviert nun die Multiplikationstheorie absolut konvergenter Reihen, für zwei Elemente $x := (\xi_n)$, $y := (\eta_n)$ des $l^1(\mathbf{Z})$ ihre *Faltung* $x * y$ als diejenige doppeltunendliche Folge zu definieren, deren n-tes Glied $(x * y)_n$ gegeben wird durch

$$(x * y)_n := \sum_{k=-\infty}^{\infty} \xi_{n-k} \eta_k, \quad n \in \mathbf{Z}. \tag{13.6}$$

Aus der genannten Multiplikationstheorie (oder auch durch direkte Rechnung) ergibt sich, daß die Faltung eine Algebrenmultiplikation ist und $l^1(\mathbf{Z})$ zu einer Banach*algebra* macht. Sie spielt eine große Rolle in der Nachrichtentechnik; die Glieder von $(\xi_n) \in l^1(\mathbf{Z})$ bedeuten dabei diskrete „Abtastwerte" kontinuierlicher Signale.

---

[1] Wir lassen die Indizierung bei 0 beginnen, um die Analogie zur Reihenmultiplikation zu betonen.

[2] Dies kann man natürlich auch direkt verifizieren, aber das ist doch recht mühselig.

$l^1(\mathbf{Z})$ ist kommutativ und besitzt das Einselement $(\ldots, 0, 0, 1, 0, 0, \ldots)$ (1 an der Stelle 0, sonst überall 0).

13.4 Beispiel Das kontinuierliche Analogon zu $l^1(\mathbf{Z})$ ist der Banachraum $L^1(\mathbf{R})$ mit der Faltung $x*y$, definiert durch

$$(x*y)(t) := \int_{-\infty}^{+\infty} x(t-s)y(s)\,\mathrm{d}s, \quad -\infty < t < +\infty.$$

Daß dieses Integral existiert, $x*y$ wieder zu $L^1(\mathbf{R})$ gehört und die Faltungsoperation (als Multiplikation) den Banach*raum* $L^1(\mathbf{R})$ zu einer Banach*algebra* macht – all dies folgt in einfacher Weise aus bekannten Sätzen der Lebesgueschen Integrationstheorie.

$L^1(\mathbf{R})$ ist kommutativ, besitzt aber *kein* Einselement (s. Larsen (1973), S. 107 f).

Wir schließen hier noch eine Bemerkung an, die für die Anwendung der Faltung in Naturwissenschaft und Technik von größter Bedeutung ist. Durch gewisse Transformationen T kann man nämlich *die Faltung in* l^1, $l^1(\mathbf{Z})$ *und* $L^1(\mathbf{R})$ *in die* punktweise *Multiplikation der Transformationsergebnisse verwandeln.* Für $x := (\xi_0, \xi_1, \ldots)$ aus l^1 sei Tx die *Potenzreihe* $\sum_{n=0}^{\infty} \xi_n \lambda^n$ $(|\lambda| \leqslant 1)$, für $x := (\xi_n)$ aus $l^1(\mathbf{Z})$ die (komplex geschriebene) *Fourierreihe* $\sum_{n=-\infty}^{\infty} \xi_n \mathrm{e}^{\mathrm{i}nt}$ $(0 \leqslant t < 2\pi)$ und für x aus $L^1(\mathbf{R})$ die *Fouriertransformierte* $\int_{-\infty}^{+\infty} x(t)\mathrm{e}^{-\mathrm{i}\omega t}\,\mathrm{d}t$ $(-\infty < \omega < +\infty)$. Stets ist

$$T(x*y) = (Tx)(Ty).$$

In den beiden ersten Fällen ist diese Gleichung evident, im letzten Fall benötigt man zu ihrer Begründung Sätze aus der Theorie des Lebesgueschen Integrals.

Wenn hinfort im Kontext der Algebrentheorie der Buchstabe e oder das Wort „Inverse" auftaucht, so wird stillschweigend vorausgesetzt, daß die betreffende Algebra ein mit e bezeichnetes Einselement besitzt.

Die Beweise der Sätze 12.3 und 12.4 (bis (12.10) einschließlich) machten nur davon Gebrauch, daß die auftretenden Operatoren *Elemente der normierten Algebra (bzw. Banachalgebra)* $\mathscr{L}(E)$, nicht davon, daß sie auch *Abbildungen* sind. Infolgedessen erhalten wir ohne Umschweife die beiden folgenden Sätze:

13.5 Satz *Für jedes Element x einer normierten Algebra ist der Grenzwert*

$$\lim_{n\to\infty} \|x^n\|^{1/n} \quad \textit{vorhanden und} \quad = \inf_{k=1}^{\infty} \|x^k\|^{1/k} \leqslant \|x\|. \tag{13.7}$$

13.6 Satz *Das Element $e - x$ einer Banachalgebra R besitzt immer dann eine Inverse in R, wenn die Neumannsche Reihe $\sum_{n=0}^{\infty} x^n$ konvergiert; in diesem Falle ist*

$$(e-x)^{-1} = \sum_{n=0}^{\infty} x^n. \tag{13.8}$$

Die Neumannsche Reihe konvergiert genau dann, wenn $\lim \sqrt[n]{\|x^n\|} < 1$ *ausfällt, insbesondere konvergiert sie für alle x mit* $\|x\| < 1$.

Wenn ein $\xi_0 \in \mathbf{K}$ invertierbar ist (d.h. eine Reziproke besitzt), so ist $\xi_0 \neq 0$, und dann sind auch alle $\xi \in \mathbf{K}$ mit

$$|\xi - \xi_0| < |\xi_0| = 1/|\xi_0^{-1}|$$

von Null verschieden, also invertierbar. Ist ein $x_0 \in C[a,b]$ invertierbar, so ist $x_0(t) \neq 0$ für alle $t \in [a,b]$, also $\min_{a \leqslant t \leqslant b} |x_0(t)| > 0$, und dann sind offensichtlich auch alle $x \in C[a,b]$ mit

$$\|x - x_0\|_\infty < \min_{a \leqslant t \leqslant b} |x_0(t)| = \frac{1}{\max\limits_{a \leqslant t \leqslant b} |1/x_0(t)|} = \frac{1}{\|x_0^{-1}\|_\infty}$$

punktweise auf $[a,b]$ von 0 verschieden und somit invertierbar. Diese Verhältnisse in den konkreten Banachalgebren $\mathbf{K}$ und $C[a,b]$ übertragen sich ohne jede Änderung auf beliebige Banachalgebren R mit Einselement, wie wir gleich sehen werden.

Ist $x_0 \in R$ invertierbar und

$$\|x - x_0\| < \frac{1}{\|x_0^{-1}\|}, \tag{13.9}$$

so folgt aus

$$x = x_0 - (x_0 - x) = x_0[e - x_0^{-1}(x_0 - x)],$$

daß x ebenfalls invertierbar ist; denn in dem rechts stehenden Produkt ist der erste Faktor nach Voraussetzung invertierbar, und der zweite besitzt wegen $\|x_0^{-1}(x_0 - x)\| \leqslant \|x_0^{-1}\| \, \|x_0 - x\| < 1$ nach Satz 13.6 eine Inverse. x^{-1} wird gegeben durch

$$x^{-1} = [e - x_0^{-1}(x_0 - x)]^{-1} x_0^{-1} = x_0^{-1} + \sum_{n=1}^{\infty} [x_0^{-1}(x_0 - x)]^n x_0^{-1};$$

daraus folgt die Abschätzung

$$\|x^{-1} - x_0^{-1}\| \leqslant \frac{\|x_0 - x\|}{1 - \|x_0^{-1}\| \, \|x_0 - x\|} \|x_0^{-1}\|^2. \tag{13.10}$$

Aus ihr ergibt sich, daß die Inverse x^{-1} *stetig* von x abhängt: *Wenn* $x_n \to x_0$ *strebt, so strebt* $x_n^{-1} \to x_0^{-1}$. Wir fassen zusammen:

13.7 Satz *Die Gruppe der invertierbaren Elemente in einer Banachalgebra ist offen, und die Inverse* x^{-1} *hängt stetig von x ab. Quantitativ: Genügt x der Bedingung* (13.9), *so besitzt x eine Inverse, und diese genügt ihrerseits der Ungleichung* (13.10).

Dieser Satz kann bei der Auflösung von Gleichungen der Form $Ax = y$ von Bedeutung sein, wo A eine stetige lineare Selbstabbildung des Banachraumes E ist. Falls nämlich die Transformation A und evtl. auch noch die rechte Seite y „schwierig" sind, wird man daran denken, sie durch eine „einfache" Transformation B und eine „einfache" rechte Seite z zu ersetzen, und wird hoffen, durch die Auflösung der Gleichung $Bx=z$ wenigstens eine *Näherungslösung* des ursprünglichen Problems $Ax=y$ zu erhalten - jedenfalls dann, wenn B „nahe" bei A und z „nahe" bei y liegt. Daß diese Hoffnung (bei vernünftigen Voraussetzungen) nicht trügt, lehrt der folgende Satz, der sich ohne großen Aufwand aus dem letzten ergibt.

13.8 Satz *Besitzt der stetige Endomorphismus A des Banachraumes E eine stetige Inverse auf E, streben die stetigen linearen Abbildungen $A_n \Rightarrow A$ und die Elemente $y_n \to y$, so sind die Gleichungen $A_n x_n = y_n$ jedenfalls ab einem gewissen Index n_0 alle eindeutig auflösbar, und die Folge der Lösungen x_n strebt gegen die Lösung der Gleichung $Ax=y$.*

Nachdem wir mit der *geometrischen Reihe* in Banachalgebren (nämlich der Neumannschen) so viel Glück gehabt haben, ist die Versuchung nicht gering, sich auch auf *allgemeine Potenzreihen*

$$\sum_{n=0}^{\infty} \alpha_n x^n \tag{13.11}$$

mit $\alpha_n \in \mathbf{K}$ und x aus einer Banachalgebra mit Einselement einzulassen.[1] Dabei wird, wie schon bei der Neumannschen Reihe, der sogenannte

$$\text{Spektralradius} \quad r(x) := \lim \sqrt[n]{\|x^n\|} \quad \text{von } x \tag{13.12}$$

eine beherrschende Rolle spielen.[2]

$\sum \alpha_n x^n$ kann man sich entstanden denken, indem man in der *skalaren* Potenzreihe $\sum \alpha_n \lambda^n$ die Veränderliche λ durch x ersetzt. Da wir von den analytischen Eigenschaften dieser Potenzreihe Gebrauch machen wollen, werden wir durchweg annehmen, daß sie nicht nur für $\lambda=0$ konvergiert. Übrigens kann selbst für *nirgends* konvergente Potenzreihen die korrespondierende Reihe $\sum \alpha_n x^n$ durchaus existieren; dies ist etwa der Fall, wenn x nilpotent, d.h., eine der Potenzen $x^n=0$ ist; vgl. auch A 15.2.

Mit Hilfe des Wurzelkriteriums 12.2 beweist der Leser sehr leicht folgenden

13.9 Konvergenzsatz *Die Potenzreihe $\sum \alpha_n \lambda^n$ habe den Konvergenzradius*

$$r = \frac{1}{\limsup \sqrt[n]{|\alpha_n|}} > 0. \tag{13.13}$$

---

[1] Die Existenz eines Einselementes setzen wir wegen der Vereinbarung $x^0 := e$ voraus.

[2] Diese Bezeichnung kann hier noch nicht verständlich gemacht werden - schon gar nicht durch den Hinweis, daß das lateinische Wort *spectrum* das „Bild in der Seele" bedeutet.

Dann konvergiert die Reihe

$$\sum \alpha_n x^n \quad (x \textit{ aus einer Banachalgebra } R \textit{ mit Einselement}), \tag{13.14}$$

wenn $r(x) < r$ *und divergiert, wenn* $r(x) > r$ *ist.*

Man beachte, daß für $\limsup \sqrt[n]{|\alpha_n|} = 0$ (*beständig* konvergente Potenzreihe) $r = \infty$ gesetzt wird; (13.14) konvergiert dann für *jedes* $x \in R$.

Im Falle der Banachalgebra $\mathbf{K}$ reduziert sich Satz 13.9 auf den bekannten Konvergenzsatz für skalare Potenzreihen, weil dann $r(x) = |x|$ ist. Da man schon bei solchen Reihen keine allgemeine Konvergenzaussage für $|x| = r$ machen kann, wird man erst recht nicht die Konvergenzfrage für (13.14) im Falle $r(x) = r$ abschließend beantworten können.

Wie auch die Potenzreihe $\sum \alpha_n \lambda^n$ beschaffen sein mag: sofern nur ihr Konvergenzradius > 0 ist, konvergiert $\sum \alpha_n x^n$ jedenfalls für alle $x \in R$ mit $r(x) = 0$. Diese Elemente nennt man quasinilpotent.

Ist

$$f(\lambda) := \sum_{n=0}^{\infty} \alpha_n \lambda^n \quad (|\lambda| < r) \tag{13.15}$$

die Summe unserer skalaren Ausgangsreihe, so setzen wir

$$f(x) := \sum_{n=0}^{\infty} \alpha_n x^n \quad \textit{für jedes} \quad x \in R \quad \textit{mit} \quad r(x) < r.^{1)} \tag{13.16}$$

Eine der wichtigsten Funktionen der Analysis ist die Exponentialfunktion

$$\mathrm{e}^{\lambda} := \sum_{n=0}^{\infty} \frac{\lambda^n}{n!} \quad \text{für alle } \lambda \in \mathbf{K}.$$

Definitionsgemäß ist dann

$$\mathrm{e}^{x} := \sum_{n=0}^{\infty} \frac{x^n}{n!} \quad \textit{für alle } x \in R.^{2)} \tag{13.17}$$

Für diese „Exponentialfunktion in R" haben wir den folgenden zentralen Satz, den wir in den Aufgaben 5 und 6 beweisen werden:

13.10 Satz *Sei R eine Banachalgebra mit Einselement. Dann gilt:*

a) $\mathrm{e}^{x+y} = \mathrm{e}^x \mathrm{e}^y$, *falls* x, y kommutieren; (13.18)

b) *die Inverse* $(\mathrm{e}^x)^{-1}$ *ist stets vorhanden und* $= \mathrm{e}^{-x}$. (13.19)

---

[1] Im Sinne dieser Definition ist z. B. $\frac{1}{e-x} = \sum_{n=0}^{\infty} x^n$ für alle $x \in R$ mit $r(x) < 1$, also $(e-x)^{-1} = \frac{1}{e-x}$ (s. Satz 13.6).

[2] Die Eulersche Zahl e in e^x drucken wir als Steilbuchstaben. Eine Verwechslung mit dem kursiv gedruckten Einselement e von R dürfte daher nicht zu befürchten sein.

Ist T eine offene Teilmenge von $\mathbf{K}$ und E ein normierter Raum über $\mathbf{K}$, so nennt man die Funktion $g\colon T \to E$ differenzierbar im Punkte $t_0 \in T$, wenn der Grenzwert

$$g'(t_0) := \lim_{t \to t_0} \frac{g(t) - g(t_0)}{t - t_0} \tag{13.20}$$

vorhanden ist; $g'(t_0)$ heißt dann die Ableitung von g an der Stelle t_0. Die Differentiation deuten wir auch durch das Symbol $\mathrm{d}/\mathrm{d}t$ an.

Besonders wichtig für uns sind diejenigen Funktionen $g(t)$, die aus (13.16) entstehen, indem man x durch at mit einem festen $a \in R$ ersetzt:

$$g(t) := f(at) = \sum_{n=0}^{\infty} \alpha_n a^n t^n\,; \tag{13.21}$$

um die Analogie mit den Verhältnissen im Skalaren deutlicher hervortreten zu lassen, haben wir entgegen unserer Gepflogenheit diesmal at statt ta geschrieben.

(13.21) ist eine Potenzreihe in der *skalaren* Variablen t mit Koeffizienten aus R, also ein ganz anderer Potenzreihentyp als (13.16). Sie konvergiert für alle t mit $r(at) < r$, d.h. mit

$$|t| < \frac{r}{r(a)} \quad (r \text{ der Konvergenzradius von (13.15)}). \tag{13.22}$$

Für diese t darf man sie *gliedweise differenzieren*;[1] es ist also

$$\frac{\mathrm{d}}{\mathrm{d}t} \sum_{n=0}^{\infty} \alpha_n a^n t^n = \sum_{n=1}^{\infty} n\alpha_n a^n t^{n-1} = a \sum_{n=1}^{\infty} n\alpha_n a^{n-1} t^{n-1}$$

und somit (wie im Skalaren)

$$\frac{\mathrm{d}}{\mathrm{d}t} f(at) = af'(at). \tag{13.23}$$

Insbesondere gilt die Differentiationsformel

$$\frac{\mathrm{d}}{\mathrm{d}t}\, \mathrm{e}^{at} = a\,\mathrm{e}^{at}, \tag{13.24}$$

von deren Durchschlagskraft wir uns in Kürze überzeugen werden.

---

[1] Man sieht dies am einfachsten, wenn man eine Potenzreihentheorie im Skalaren hernimmt, die bloß auf Manipulationen der Potenzreihen selbst aufgebaut ist und deshalb des Mittelwertsatzes der Differentialrechnung entraten kann (der ja im Falle vektorwertiger Funktionen nicht mehr gilt); eine so aufgebaute Theorie läßt sich sofort auf unsere jetzigen Verhältnisse übertragen. S. etwa Nr. 64 in Heuser I.

Zum Schluß geben wir noch eine nützliche Eigenschaft des Spektralradius an:

13.11 Satz *Für* vertauschbare *Elemente x, y einer normierten Algebra ist*

$$r(x+y)\leqslant r(x)+r(y) \quad \textit{und} \quad r(xy)\leqslant r(x)r(y). \tag{13.25}$$

Beweis. Die zweite Abschätzung ist so gut wie trivial:

$$\begin{aligned} r(xy) &= \lim \|(xy)^n\|^{1/n} = \lim \|x^n y^n\|^{1/n} \\ &\leqslant \lim (\|x^n\|^{1/n}\|y^n\|^{1/n}) = r(x)r(y). \end{aligned}$$

Zum Beweis der ersten seien die Zahlen $\alpha>r(x)$ und $\beta>r(y)$ beliebig gegeben und $m\in\mathbf{N}$ werde so bestimmt, daß

$$\|x^n\|<\alpha^n, \qquad \|y^n\|<\beta^n \quad \text{für alle } n\geqslant m$$

bleibt. Mit $\xi:=\|x\|$, $\eta:=\|y\|$ ist

$$\|x^k\|\leqslant\xi^k, \quad \|y^k\|\leqslant\eta^k \qquad \text{für } k=0,1,\ldots$$

Für $n>2m$ erhalten wir nun

$$\begin{aligned} \|(x+y)^n\| &= \left\| \sum_{\nu=0}^{n} \binom{n}{\nu} x^\nu y^{n-\nu} \right\| \leqslant \sum_{\nu=0}^{n} \binom{n}{\nu} \|x^\nu\|\,\|y^{n-\nu}\| \\ &\leqslant \sum_{\nu=0}^{m-1} \binom{n}{\nu} \xi^\nu \beta^{n-\nu} + \sum_{\nu=m}^{n-m} \binom{n}{\nu} \alpha^\nu\beta^{n-\nu} + \sum_{\nu=n-m+1}^{n} \binom{n}{\nu} \alpha^\nu \eta^{n-\nu} \\ &= \sum_{\nu=0}^{m-1} \binom{n}{\nu} \alpha^\nu\beta^{n-\nu} \left(\frac{\xi}{\alpha}\right)^\nu + \sum_{\nu=m}^{n-m} \binom{n}{\nu} \alpha^\nu\beta^{n-\nu} \\ &\quad + \sum_{\nu=n-m+1}^{n} \binom{n}{\nu} \alpha^\nu\beta^{n-\nu} \left(\frac{\eta}{\beta}\right)^{n-\nu} \\ &\leqslant \gamma \sum_{\nu=0}^{n} \binom{n}{\nu} \alpha^\nu\beta^{n-\nu} = \gamma(\alpha+\beta)^n \end{aligned}$$

mit
$$\gamma:=\max_{0\leqslant\nu\leqslant m-1}\left(\frac{\xi}{\alpha}\right)^\nu + 1 + \max_{0\leqslant\nu\leqslant m-1}\left(\frac{\eta}{\beta}\right)^\nu.$$

Daraus folgt $r(x+y)\leqslant(\alpha+\beta)\lim\sqrt[n]{\gamma}=\alpha+\beta$, also auch $r(x+y)\leqslant r(x)+r(y)$. ■

Für jedes natürliche m ist $\lim\limits_{n\to\infty}\|(x^m)^n\|^{1/n}=(\lim\limits_{n\to\infty}\|x^{mn}\|^{1/mn})^m$, also

$$r(x^m)=[r(x)]^m. \tag{13.26}$$

Was wir nach Satz 13.8 getrieben haben, mag wie ein bloßes Spiel anmuten. Aber schon im nächsten Kapitel werden wir sehen, wie fruchtbar mathematisches Spielen sein kann.

Aufgaben

R sei im folgenden stets eine Banachalgebra mit Einselement $e \neq 0$.

1. Die Reziproke einer Potenzreihe Sei P die Menge aller Funktionen $f\colon \{\lambda : |\lambda| \leqslant 1\} \to \mathbf{C}$, die sich in eine Potenzreihe $f(\lambda) = \sum_{n=0}^{\infty} \alpha_n \lambda^n$ mit konvergenter Absolutkoeffizientenreihe $\sum_{n=0}^{\infty} |\alpha_n|$ entwickeln lassen. Zeige:

a) Mit der punktweisen Definition von $f+g$, αf, fg und der Norm $\|f\| := \sum_{n=0}^{\infty} |\alpha_n|$ ist P eine Banachalgebra.

b) Sei $f(\lambda) = \sum_{n=0}^{\infty} \alpha_n \lambda^n$ und $\alpha_0 \neq 0$. Setze $\beta_n := -\alpha_n/\alpha_0$ für $n \geqslant 1$. Dann gehört für ein hinreichend kleines $\varrho \in (0, 1)$ die Funktion $g(\lambda) := \sum_{n=1}^{\infty} \beta_n \varrho^n \lambda^n$ zu P und hat eine Norm < 1.

c) $1 - g$ ist in P invertierbar.

d) $\dfrac{1}{f(\lambda)}$ *läßt sich für* $|\lambda| \leqslant \varrho$ *in eine Potenzreihe* $\sum_{n=0}^{\infty} \gamma_n \lambda^n$ *entwickeln.*

***2.** Die Menge L der linksinvertierbaren Elemente von R ist offen und enthält mit je zwei Elementen auch ihr Produkt (L ist eine multiplikative Halbgruppe). Dasselbe gilt für die Menge der rechtsinvertierbaren Elemente.

3. Konvergieren die Reihen $\sum_{n=0}^{\infty} \|a_n\|$, $\sum_{n=0}^{\infty} \|b_n\|$, so konvergiert $\sum_{n=0}^{\infty} \|a_0 b_n + a_1 b_{n-1} + \cdots + a_n b_0\|$, und es ist $\left(\sum_{n=0}^{\infty} a_n\right)\left(\sum_{n=0}^{\infty} b_n\right) = \sum_{n=0}^{\infty} (a_0 b_n + a_1 b_{n-1} + \cdots + a_n b_0)$ (Cauchysche Multiplikation).

4. Konvergiert $\sum_{n=0}^{\infty} \alpha_n \lambda^n$ für $|\lambda| < r$ und ist $r(x) < r$, so konvergiert auch $\sum_{n=0}^{\infty} |\alpha_n| \, \|x^n\|$.

***5.** Benutze Aufgabe 3 und 4, um die Funktionalgleichung (13.18) der Exponentialfunktion zu beweisen.

***6.** Benutze (13.18), um (13.19) zu beweisen.

***7.** Die Elemente x_n aus R seien nichtinvertierbar, und es strebe $x_n \to x \in R$. Dann ist auch x nichtinvertierbar.

8. Sei $x_n \in B(T)$, $\inf_{t \in T} |x_n(t)| = 0$ für $n = 1, 2, \ldots$, und es strebe $x_n(t) \to x(t)$ gleichmäßig auf T. Dann ist auch $\inf_{t \in T} |x(t)| = 0$. Führe den Beweis zuerst direkt und dann (viel einfacher) mit Aufgabe 7.

9. Sei T ein kompakter metrischer Raum, $x_n \in C(T)$ verschwinde in mindestens einem Punkt t_n von T, und es strebe $x_n(t) \to x(t)$ gleichmäßig auf T. Dann besitzt auch x eine Nullstelle in T. Zeige an einem Beispiel, daß man die *gleichmäßige* Konvergenz nicht durch die *punktweise* ersetzen kann. Führe den Beweis zuerst direkt und dann (viel einfacher) mit Aufgabe 7.

10. Zeige: a) Für jedes $x \in B(T)$ ist $r(x) = \|x\|_\infty$.

b) Sei $f(\lambda) := \sum_{n=0}^{\infty} \alpha_n \lambda^n$ für $|\lambda| < r$. Dann ist $[f(x)](t) = f(x(t))$ für alle $t \in T$, wenn $x \in B(T)$ und $\|x\|_\infty < r$ ist.

11. Das Element x einer normierten Algebra heißt normaloid, wenn $r(x)=\|x\|$ ist (vgl. Aufgabe 10). Für ein solches x ist $\|x^n\|=\|x\|^n$ $(n=1,2,\ldots)$.

***12.** Für vertauschbare x,y einer normierten Algebra ist $|r(x)-r(y)|\leqslant r(x-y)$.

13. Auf einer kommutativen normierten Algebra ist die Abbildung $x\mapsto r(x)$ eine Halbnorm (dieser Begriff ist in A 9.11 erklärt).

14. Beweise die folgenden Differentiationsregeln für Funktionen $u\colon T\to E$ ($T\subset\mathbf{K}$, E ein normierter Raum): $(u+v)'=u'+v'$, $(\alpha u)'=\alpha u'$, $(uv)'=uv'+u'v$ (die letzte Formel gilt natürlich nur, wenn E eine normierte *Algebra* ist).

***15.** Sei $E\neq\{0\}$ ein Banachraum, $A\in\mathscr{S}(E)$ und $u\colon T\to E$ eine differenzierbare Funktion der skalaren Veränderlichen t. Dann gilt die „Produktregel"

$$(\mathrm{e}^{At}u(t))'=\mathrm{e}^{At}u'(t)+A\,\mathrm{e}^{At}u(t).$$

16. Für jedes $x\in R$ existieren die trigonometrischen Funktionen

$$\sin x:=x-\frac{x^3}{3!}+\frac{x^5}{5!}-+\cdots,\qquad \cos x:=e-\frac{x^2}{2!}+\frac{x^4}{4!}-+\cdots,$$

und es gelten die aus dem Skalaren bekannten Additionstheoreme, falls x und y kommutieren:

$$\sin(x+y)=\sin x\cos y+\cos x\sin y,\qquad \cos(x+y)=\cos x\cos y-\sin x\sin y.$$

Hinweis: Verfahre ähnlich wie in Aufgabe 5 (mit Lösung).

17. Falls R komplex ist, gelten für jedes $x\in R$ die Eulerschen Formeln

$$\mathrm{e}^{\mathrm{i}x}=\cos x+\mathrm{i}\sin x,\qquad \cos x=\frac{\mathrm{e}^{\mathrm{i}x}+\mathrm{e}^{-\mathrm{i}x}}{2},\qquad \sin x=\frac{\mathrm{e}^{\mathrm{i}x}-\mathrm{e}^{-\mathrm{i}x}}{2\mathrm{i}}.$$

***18. Umnormierung einer normierten Algebra** In einer normierten Algebra $(R,\|\cdot\|)$ mit Einselement $e\neq 0$ kann man stets eine zu $\|\cdot\|$ äquivalente Norm $|\cdot|$ so einführen, daß $|e|=1$ wird.
Hinweis: Definiere den „Operator L_x der Linksmultiplikation mit x" durch $L_x r:=xr$ für alle $r\in R$ und zeige der Reihe nach: a) Die Abbildung $x\mapsto Ax:=L_x$ $(x\in R)$ ist ein Isomorphismus zwischen den Algebren R und $\tilde{R}:=\{L_x\colon x\in R\}\subset\mathscr{S}(R)$. b) A und A^{-1} sind stetig. c) Durch $|x|:=\|L_x\|$ wird in R eine Norm $|\cdot|$ eingeführt, die das Gewünschte leistet.

$^+$19. Sei R eine normierte Algebra mit normiertem Einselement e (also $\|e\|=1$). Dann ist R normisomorph zu einer Unteralgebra von $\mathscr{S}(R)$, kurz: *R ist eine Algebra stetiger Operatoren.*
Hinweis: Aufgabe 18.

$^+$20. Jedes quasinilpotente Element einer normierten Algebra mit Einselement $\neq 0$ ist singulär.

$^+$21. Sei R eine Banachalgebra mit Einselement $\neq 0$; die Folge $(x_n)\subset R$ invertierbarer Elemente strebe gegen x. Zeige: Ist x *nicht* invertierbar, so gibt es eine Folge $(y_n)\subset R$ mit $\|y_n\|=1$ und $y_n x\to 0$.
Hinweis: x nicht invertierbar $\Rightarrow$ $\|x-x_n\|\geqslant\|x_n^{-1}\|^{-1}$ nach (13.9). Setze $y_n:=x_n^{-1}\|x_n^{-1}\|^{-1}$.

III Anwendungen

Das im letzten Kapitel zusammengestoppelte Arsenal ist ärmlich genug: es besteht im wesentlichen nur aus den Begriffen des normierten Raumes und der normierten Algebra und aus einigen sehr elementaren Sätzen über lineare Abbildungen und unendliche Reihen. Und doch scheint es, als hätten wir jetzt schon eine Goldader getroffen, die weiter aufzuschlagen sich lohnen dürfte. Das jedenfalls läßt uns das nun folgende Kapitel ahnen.

14 Matrixnormen und lineare Gleichungssysteme. Die Leontieffschen Matrizen der Produktionstheorie

Bekanntlich gibt es zu jedem $A \in \mathscr{S}(\mathbf{K}^n)$ genau eine Matrix $\mathbf{A} := (\alpha_{jk})$, $j, k = 1, \ldots, n$, so daß die Komponenten des Bildvektors $(\eta_1, \ldots, \eta_n) := A(\xi_1, \ldots, \xi_n)$ durch die Formeln

$$\eta_j = \sum_{k=1}^{n} \alpha_{jk} \xi_k \quad (j = 1, \ldots, n) \tag{14.1}$$

gegeben werden; umgekehrt definiert jede (n, n)-Matrix (α_{jk}) vermittels (14.1) einen Endomorphismus von $\mathbf{K}^n$. Die Zuordnung $A \mapsto \mathbf{A}$ ist ein Isomorphismus zwischen der Algebra $\mathscr{S}(\mathbf{K}^n)$ und der n^2-dimensionalen Algebra aller (n, n)-Matrizen. Der Einfachheit halber identifizieren wir diese beiden Algebren; *wir unterscheiden also nicht zwischen der Matrix $\mathbf{A}$ und der von ihr erzeugten Abbildung A.* Wird $\mathbf{K}^n$ mit einer Norm versehen, so bezeichnen wir mit $\|A\|$ die zugehörige Norm der linearen Abbildung A und nennen sie, um sie gegen die gleich einzuführenden Matrixnormen abzuheben, die A b b i l d u n g s n o r m von A. Diese Abbildungsnorm hängt selbstverständlich von der in $\mathbf{K}^n$ eingeführten Norm ab, und insofern sollte man sorgfältiger nicht von *der*, sondern von *einer* Abbildungsnorm reden (vgl. A 10.14). Daß sie überhaupt existiert, liegt an dem Satz 11.5. *Jede Abbildungsnorm macht $\mathscr{S}(\mathbf{K}^n)$ zu einer n^2-dimensionalen Banachalgebra mit dem Einselement*

$$I := (\delta_{jk}) = (n, n)\text{-}Einheitsmatrix.$$

Denkt man an den Satz über die Neumannsche Reihe, so stellt sich natürlich sofort die Frage, wie denn nun die Abbildungsnorm $\|A\|$ und vor allem der Spektralradius $r(A)=\lim \|A^m\|^{1/m}$ der Matrix $A=(\alpha_{jk})$ aus den α_{jk} berechnet werden können. Dieses Problem kann sehr dornig sein; man sollte es deshalb nicht lösen, sondern *unterlaufen*. Und dieses Manöver gelingt so. Es sei $|\cdot|$ eine irgendwie definierte Norm auf dem n^2-dimensionalen Vektorraum $\mathscr{S}(\mathbf{K}^n)$ (von der multiplikativen Struktur in ihm sehen wir zunächst ab). $|\cdot|$ nennen wir eine **Matrixnorm**. Jede Abbildungsnorm auf $\mathscr{S}(\mathbf{K}^n)$ ist natürlich auch eine Matrixnorm. Aus den Sätzen 11.3 und 11.2 ergibt sich nun sofort, *daß alle Matrixnormen auf* $\mathscr{S}(\mathbf{K}^n)$ *äquivalent sind und Konvergenz* $(\alpha_{jk}^{(m)})\to(\alpha_{jk})$ *bezüglich irgendeiner von ihnen gleichbedeutend ist mit elementweiser Konvergenz* $\alpha_{jk}^{(m)}\to\alpha_{jk}$ $(j,k=1,\ldots,n)$. Die Konvergenz einer Matrizenfolge kann man also mit Hilfe *irgendeiner* Matrixnorm untersuchen. Gern benutzte Matrixnormen sind

$$|(\alpha_{jk})|_1 := \max_{k=1}^{n} \sum_{j=1}^{n} |\alpha_{jk}| \qquad \text{(Spaltensummennorm)}, \tag{14.2}$$

$$|(\alpha_{jk})|_2 := \left(\sum_{j,k=1}^{n} |\alpha_{jk}|^2\right)^{1/2} \qquad \text{(Quadratsummennorm)}, \tag{14.3}$$

$$|(\alpha_{jk})|_\infty := \max_{j=1}^{n} \sum_{k=1}^{n} |\alpha_{jk}| \qquad \text{(Zeilensummennorm)}. \tag{14.4}$$

Daß diese Größen tatsächlich *Normen* sind, läßt sich leicht verifizieren (vgl. auch A 10.14).

Gilt für eine Matrixnorm $|\cdot|$ überdies noch

$$|AB|\le|A|\,|B|, \tag{14.5}$$

so nennt man sie eine **Matrixalgebranorm**; Beispiele hierfür sind, wie leicht zu sehen ist, die Abbildungsnormen und die in (14.2) bis (14.4) angegebenen Normen. *Eine Matrixalgebranorm* $|\cdot|$ *macht* $\mathscr{S}(\mathbf{K}^n)$ *zu einer Banachalgebra,* so daß wir auf $(\mathscr{S}(\mathbf{K}^n), |\cdot|)$ die Theorie der Nr. 13 anwenden können.

Sei $\|\cdot\|$ eine Abbildungsnorm und $|\cdot|$ irgendeine Matrixalgebranorm auf $\mathscr{S}(\mathbf{K}^n)$. Da die beiden Normen äquivalent sind, gibt es nach Satz 10.7 positive Konstanten γ_1, γ_2 mit

$$\gamma_1\|A^m\|\leqslant|A^m|\leqslant\gamma_2\|A^m\| \quad \text{für alle } A\in\mathscr{S}(\mathbf{K}^n) \quad \text{und } m\in\mathbf{N}.$$

Hieraus folgt ohne Umstände die entscheidende Beziehung

$$\lim_{m\to\infty} |A^m|^{1/m} = \lim_{m\to\infty} \|A^m\|^{1/m}. \tag{14.6}$$

Es gibt also, kurz gesagt, für A nur **einen** *Spektralradius* $r(A)$, *und dieser kann gemäß*

$$r(A) = \lim_{m\to\infty} |A^m|^{1/m} \tag{14.7}$$

mit Hilfe einer beliebigen Matrixalgebranorm $|\cdot|$ *berechnet werden.*

Auf das lineare (n, n)-Gleichungssystem

$$x - Kx = y \tag{14.8}$$

angewandt, liefern unsere obigen Betrachtungen in Verbindung mit Satz 12.4 nun auf einen Schlag den wertvollen Satz: *Berechnet man mit Hilfe* irgendeiner *Matrixalgebranorm den Spektralradius* $r(K)$ *und fällt dieser* <1 *aus, so ist* (14.8) *eindeutig lösbar, und die Lösung* $\tilde{x}$ *wird gegeben durch die komponentenweise konvergente Neumannsche Reihe*

$$\tilde{x} = \sum_{\nu=0}^{\infty} K^{\nu} y. \tag{14.9}$$

In mathematischen Modellen der *industriellen Produktion* treten lineare Gleichungssysteme der Form

$$\xi_j = \sum_{k=1}^{n} \varkappa_{jk} \xi_k + \eta_j \quad (j = 1, \ldots, n) \tag{14.10}$$

auf, deren Koeffizienten den Bedingungen

$$\varkappa_{jk} \geqslant 0 \quad \text{für } j, k = 1, \ldots, n, \tag{14.11}$$

$$\sum_{j=1}^{n} \varkappa_{jk} \leqslant 1 \quad \text{für } k = 1, \ldots, n \tag{14.12}$$

genügen. Die Matrix $K := (\varkappa_{jk})$ nennt man eine Leontieffsche Matrix[1], und mit ihrer Hilfe läßt sich (14.10) in der Form

$$(I - K)x = y \quad \text{mit} \quad x := \begin{pmatrix} \xi_1 \\ \vdots \\ \xi_n \end{pmatrix}, \quad y := \begin{pmatrix} \eta_1 \\ \vdots \\ \eta_n \end{pmatrix} \tag{14.13}$$

schreiben. Für die Produktionstheorie ist nun nicht nur die Frage der *Lösbarkeit* des Systems (14.13) von Interesse, sondern darüber hinaus auch noch die Frage, *ob die Lösungskomponenten* ξ_j *allesamt* positiv *ausfallen, sofern nur die rechten Seiten* η_j *ausnahmslos* >0 *sind.* Unterliegen nun die Matrixelemente $\varkappa_{jk}$ - neben (14.11) - sogar der Bedingung

$$\sum_{j=1}^{n} \varkappa_{jk} < 1 \quad \text{für } k = 1, \ldots, n, \tag{14.14}$$

---

[1] So genannt nach Wassily Leontieff, dem 1906 in St. Petersburg (dem heutigen Leningrad) geborenen amerikanischen Volkswirt, der 1973 den Nobelpreis für Wirtschaftswissenschaften erhielt.

so bleibt die Spaltensummennorm $|K|_1$ und damit erst recht der Spektralradius $r(K)$ unterhalb von 1, das Gleichungssystem (14.13) besitzt also die eindeutig bestimmte Lösung (14.9), und da offenbar die Elemente der Potenzen K^ν alle $\geqslant 0$, die von $K^0 = I$ sogar > 0 sind, werden die Komponenten der Lösung $\tilde{x}$ tatsächlich alle positiv sein, wenn ebendasselbe für die Komponenten von y gilt - ein für die Praxis wichtiges Resultat, das aber dank unserer Theorie der Neumannschen Reihe geradezu mit Händen zu greifen ist. Eine andere Bedingung für die $\varkappa_{jk}$, die zu demselben Ergebnis führt, findet der Leser in Aufgabe 6 (s. dazu auch Aufgabe 5).

Aufgaben

1. Zeige, daß durch $|(\alpha_{jk})| := \sum_{j,k=1}^{n} |\alpha_{jk}|$ eine Matrixalgebranorm definiert wird.

2. Die Quadratsummennorm (14.3) wird bei *keiner* Normierung von $\mathbf{K}^n$ eine Abbildungsnorm.

+3. Verträgliche Matrixnormen Versieht man $\mathbf{K}^n$ mit irgendeiner Norm $\|\cdot\|$, so nennt man eine Matrixnorm $|\cdot|$ auf $\mathscr{S}(\mathbf{K}^n)$ verträglich mit $\|\cdot\|$, wenn die Abschätzung

$$\|Ax\| \leqslant |A|\,\|x\| \quad \text{für alle } x \in \mathbf{K}^n \text{ und alle } A \in \mathscr{S}(\mathbf{K}^n)$$

gilt (die zu $\|\cdot\|$ gehörende *Abbildungsnorm* ist trivialerweise verträglich mit $\|\cdot\|$). Zeige, daß die Zeilensummen-, Spaltensummen- und Quadratsummennorm beziehentlich mit den Normen $\|\cdot\|_\infty$, $\|\cdot\|_1$ und $\|\cdot\|_2$ verträglich sind. Die in Aufgabe 1 definierte Matrixnorm ist mit $\|\cdot\|_1$ verträglich.

4. Gibt es auf $\mathscr{S}(\mathbf{K}^n)$ eine Matrixalgebranorm $|\cdot|$ mit $|AB| = |A|\,|B|$ für alle A, B?

5. Zeige anhand einer Leontieffschen (2,2)-Matrix K, daß die Bedingung $\sum_{j=1}^{2} \varkappa_{jk} = 1$ für $k = 1, 2$ nicht die durchgängige Lösbarkeit von (14.13) gewährleistet.

+6. Ist K eine Leontieffsche (n,n)-Matrix mit durchweg *positiven* Elementen, bei der wenigstens eine der Spaltensummen $\sum_{j=1}^{n} \varkappa_{jk}$ *unterhalb* von 1 bleibt, so besitzt (14.13) für jedes y genau eine Lösung x, und deren Komponenten sind alle positiv, wenn ebendasselbe für die Komponenten von y gilt.
Hinweis: Zeige, daß $|K^2|_1 < 1$ ist.

7. A, B, seien Leontieffsche (n,n)-Matrizen. Dann sind auch die Matrizen AB und $\lambda A + \mu B$ ($\lambda, \mu \geqslant 0, \lambda + \mu = 1$) Leontieffsch.

8. Für eine Diagonalmatrix $D := (\delta_k)$ ist $e^D = (e^{\delta_k})$.

9. $A := (\alpha_{jk})$ sei eine reelle (n,n)-Matrix. Genau dann sind alle Elemente von e^{At} für alle $t \geqslant 0$ nichtnegativ, wenn $\alpha_{jk} \geqslant 0$ für $j \neq k$ ist.
Hinweis für den Beweis der Hinlänglichkeit: Wähle $\alpha \in \mathbf{R}$ so groß, daß die Elemente von $A + \alpha I$ alle $\geqslant 0$ sind, und beachte die Gleichung $e^{tA} = e^{t(A+\alpha I)}\,e^{-t\alpha I}$.

[+]**10. Die Kondition einer Matrix** Hier geht es darum, die *Empfindlichkeit eines linearen Problems gegenüber kleinen Änderungen der Ausgangsdaten* zahlenmäßig zu fixieren. Solche „Störungen" des Datenmaterials sind allein schon wegen der *Rundungsfehler* bei Rechnungen oder der *Meßfehler* bei Beobachtungen schlechterdings unvermeidlich.

A sei im folgenden eine invertierbare (n, n)-Matrix und $\|A\|$ ihre Abbildungsnorm bei irgendeiner Normierung von $\mathbf{C}^n$.

a) Empfindlichkeit der Lösung des Gleichungssystems $Ax=y$ gegenüber Störungen von y: y werde abgeändert zu $y+v$, und $x+u$ sei die Lösung des gestörten Problems:

$$A(x+u)=y+v.$$

Zeige: Der *relative Lösungsfehler* $\|u\| / \|x\|$ läßt sich mittels des relativen Datenfehlers $\|v\| / \|y\|$ abschätzen durch

$$\frac{\|u\|}{\|x\|} \leqslant \|A\| \, \|A^{-1}\| \, \frac{\|v\|}{\|y\|}. \tag{14.15}$$

b) Empfindlichkeit der Lösung des Gleichungssystems $Ax=y$ gegenüber Störungen von A: A werde abgeändert zu $A+S$, und $x+u$ sei die Lösung des gestörten Problems:

$$(A+S)(x+u)=y;$$

dabei möge S „klein" sein, schärfer: es bleibe $\|S\| < 1/\|A^{-1}\|$, so daß auch $A+S$ noch invertierbar ist (s. Satz 13.7). Zeige: Der *relative Lösungsfehler* $\|u\|/\|x\|$ läßt sich mittels des relativen Datenfehlers $\|S\|/\|A\|$ abschätzen durch

$$\frac{\|u\|}{\|x\|} \leqslant \frac{\|A\| \, \|A^{-1}\| (\|S\|/\|A\|)}{1-\|A\| \, \|A^{-1}\| (\|S\|/\|A\|)}. \tag{14.16}$$

Hinweis: (12.10).

In den Abschätzungen (14.15) und (14.16) tritt als beherrschende Größe die Zahl $\|A\| \, \|A^{-1}\|$ auf: Je *kleiner* sie ist, umso *unempfindlicher* sind die beiden behandelten Probleme gegenüber Störungen der Ausgangsdaten, umso besser „konditioniert" sind sie. $\|A\| \, \|A^{-1}\|$ nennt man die Konditionszahl oder kurz die Kondition der Matrix A. Sie spielt, wie jetzt verständlich sein dürfte, in der numerischen Mathematik eine entscheidende Rolle.

15 Die Volterrasche Integralgleichung

Sie ist uns zum ersten Mal in Beispiel 4.3 im Zusammenhang mit der Torsion von Drähten begegnet. Wie dort definieren wir den Volterraschen Integraloperator K auf $C[a,b]$ durch

$$(Kx)(s) := \int_a^s k(s,t)\,x(t)\,\mathrm{d}t, \tag{15.1}$$

wobei der Kern k auf dem Dreieck $a \leqslant t \leqslant s \leqslant b$ stetig sei. Diese Transformation ist eine lineare und stetige Selbstabbildung von $C[a,b]$, und die Volterrasche Integralgleichung

$$x(s) - \int_a^s k(s,t)x(t)\,dt = y(s) \tag{15.2}$$

schreiben wir mit ihrer Hilfe in der Form

$$(I-K)x = y;$$

dabei liege y in $C[a,b]$, und x soll nur in $C[a,b]$ gesucht werden.
Wir untersuchen nun die Iterierten K^n. Mit $\mu := \max_{a \leqslant t \leqslant s \leqslant b} |k(s,t)|$ erhält man

$$|(Kx)(s)| = \left| \int_a^s k(s,t)x(t)\,dt \right| \leqslant \mu \|x\|_\infty (s-a),$$

$$|(K^2x)(s)| = \left| \int_a^s k(s,t)(Kx)(t)\,dt \right| \leqslant \int_a^s \mu \cdot \mu \|x\|_\infty (t-a)\,dt = \mu^2 \|x\|_\infty \frac{(s-a)^2}{2},$$

$$|(K^3x)(s)| = \left| \int_a^s k(s,t)(K^2x)(t)\,dt \right| \leqslant \int_a^s \mu \cdot \mu^2 \|x\|_\infty \frac{(t-a)^2}{2}\,dt = \mu^3 \|x\|_\infty \frac{(s-a)^3}{3!},$$

allgemein

$$|(K^n x)(s)| \leqslant \mu^n \|x\|_\infty \frac{(s-a)^n}{n!} \quad (n=1,2,\ldots).$$

Es ist daher

$$\|K^n x\|_\infty = \max_{a \leqslant s \leqslant b} |(K^n x)(s)| \leqslant \mu^n \frac{(b-a)^n}{n!} \|x\|_\infty,$$

also

$$\|K^n\| \leqslant \mu^n \frac{(b-a)^n}{n!}.$$

Wegen $\sqrt[n]{n!} \to \infty$ erhalten wir daraus

$$r(K) = \lim \|K^n\|^{1/n} = 0, \tag{15.3}$$

$(I-K)^{-1}$ existiert also nach Satz 12.4 auf $C[a,b]$, d.h., *die Volterrasche Integralgleichung* (15.2) *besitzt für jede stetige rechte Seite y genau eine stetige Lösung, gleichgültig, wie groß im übrigen* $\|K\|$ *ist* – und diese Norm kann durch Vervielfachen des Kerns beliebig groß gemacht werden. Die Konvergenzbedingung $r(K) < 1$ ist also viel *milder* als die hausbackene Forderung $\|K\| < 1$. Gl. (15.3) entlarvt übrigens den Volterraschen Integraloperator als ein quasinilpotentes Element der Banachalgebra $\mathscr{S}(C[a,b])$.

Da $(I-K)^{-1}$ stetig ist, *hängt die Lösung $\tilde{x}$ von* (15.2) *stetig von der rechten Seite y ab. Sie läßt sich darstellen mittels der Neumannschen Reihe*

$$\tilde{x}=\sum_{n=0}^{\infty} K^n y, \tag{15.4}$$

die im Sinne der Maximumsnorm, also gleichmäßig auf $[a,b]$, *konvergiert.*

Aufgaben

1. Das endlichdimensionale Analogon zu einer Volterraschen Integraltransformation des $C[a,b]$ ist eine Selbstabbildung K des $l^\infty(n)$ mittels einer Dreiecksmatrix (α_{jk}), die oberhalb der Hauptdiagonalen nur Nullen enthält, so daß die Komponenten η_j des Bildvektors $(\eta_1,\ldots,\eta_n):=K(\xi_1,\ldots,\xi_n)$ gegeben werden durch

$$\eta_j:=\sum_{k=1}^{j}\alpha_{jk}\xi_k \quad (j=1,\ldots,n).$$

Die Neumannsche Reihe konvergiert jedoch nicht immer (s. A 12.1), und die Inverse $(I-K)^{-1}$ ist ebenfalls nicht immer vorhanden (s. A 4.5).

2. Die Potenzreihe $\sum_{n=0}^{\infty} n!\,\lambda^n$ ist *nirgends* konvergent. Ist K der Volterrasche Integraloperator, so konvergiert jedoch $\sum_{n=0}^{\infty} n!\,K^n$, wenn $(b-a)\max_{s,t}|k(s,t)|<1$ bleibt.

3. Der lösende Kern K sei der Volterrasche Integraloperator in (15.1) mit dem (stetigen) Kern k. Definiere die iterierten Kerne k_n rekursiv durch

$$k_1(s,t):=k(s,t), \qquad k_n(s,t):=\int_t^s k(s,u)k_{n-1}(u,t)\,du \quad \text{für } n\geqslant 2$$

und zeige, daß K^n ein Volterrascher Integraloperator mit dem Kern k_n ist. Die Reihe

$$\sum_{n=1}^{\infty} k_n(s,t)=:r(s,t)$$

konvergiert gleichmäßig auf $a\leqslant t\leqslant s\leqslant b$; ihre Summe r ist dort also stetig. Die Lösung $\tilde{x}$ der Volterraschen Integralgleichung (15.2) kann man nun in die Form

$$\tilde{x}(s)=y(s)+\int_a^s r(s,t)y(t)\,dt \quad \text{oder also} \quad \tilde{x}=(I+R)y$$

bringen, wobei R der Volterrasche Integraloperator mit dem Kern r sein möge. r heißt der lösende Kern, R die lösende Transformation. *Bemerkenswerterweise läßt sich also die Lösung einer Volterraschen Gleichung stets wieder in „Volterrascher Form" schreiben.*

4. Finde eine Potenzreihendarstellung für die Lösung der Integralgleichung

$$x(s) - \int_0^s stx(t)\,dt = 1.$$

5. Bestimme den lösenden Kern der Integralgleichung

$$x(s) - \int_0^s e^{s-t}x(t)\,dt = y(s).$$

6. Bestimme die Lösung der Integralgleichung

$$x(s) - \int_a^s (s-t)x(t)\,dt = y(s)$$

in der Gestalt

$$x(s) = y(s) + \int_a^s r(s,t)y(t)\,dt.$$

Welche Funktion x erhält man im Falle $a=0$, $y(s)=s$?

7. Lineare Differentialgleichungen n-ter Ordnung und Volterrasche Integralgleichungen Vorgelegt sei die lineare Differentialgleichung

$$x^{(n)}(s) + f_{n-1}(s)x^{(n-1)}(s) + \cdots + f_0(s)x(s) = g(s) \quad (f_\nu \in C[0,b]).$$

Mit Hilfe des linearen Differentiationsoperators L, definiert durch

$$(Lx)(s) := f_{n-1}(s)x^{(n-1)}(s) + \cdots + f_0(s)x(s),$$

schreiben wir sie kurz in der Form

$$x^{(n)} + Lx = g$$

und stellen uns die Aufgabe, sie unter den Anfangsbedingungen

$$x(0) = \xi_0,\ x'(0) = \xi_1, \ldots, x^{(n-1)}(0) = \xi_{n-1}$$

zu lösen. Hierzu erinnern wir zunächst an die *Taylorsche Formel mit Integralrestglied*:

$$x(s) = x(0) + \frac{x'(0)}{1!}s + \frac{x''(0)}{2!}s^2 + \cdots + \frac{x^{(n-1)}(0)}{(n-1)!}s^{n-1} + \int_0^s \frac{(s-t)^{n-1}}{(n-1)!}x^{(n)}(t)\,dt$$

(s. Heuser II, A 168.2). Zeige nun mit ihrer Hilfe der Reihe nach:

a) $x^{(\nu)}(s) = x^{(\nu)}(0) + \dfrac{x^{(\nu+1)}(0)}{1!}s + \cdots + \dfrac{x^{(n-1)}(0)}{(n-\nu-1)!}s^{n-\nu-1} + \displaystyle\int_0^s \frac{(s-t)^{n-\nu-1}}{(n-\nu-1)!}x^{(n)}(t)\,dt.$

b) Die Differentialgleichung $x^{(n)} + Lx = g$ führt zusammen mit den Anfangsbedingungen zu der folgenden Volterraschen Integralgleichung für $x^{(n)}$ (wobei wir uns eine ungefährliche Laxheit in der Schreibweise erlauben):

$$x^{(n)}(s)+\int_0^s L\left(\frac{(s-t)^{n-1}}{(n-1)!}\right)x^{(n)}(t)\,\mathrm{d}t=g(s)-\sum_{\nu=0}^{n-1}f_\nu(s)\left(\xi_\nu+\frac{\xi_{\nu+1}}{1!}s+\cdots+\frac{\xi_{n-1}}{(n-\nu-1)!}s^{n-\nu-1}\right).$$

Aus ihrer Lösung erhält man durch n-fache Integration unter nochmaliger Beachtung der Anfangsbedingungen die Lösung unseres Anfangswertproblems.

16 Die Fredholmsche Integralgleichung

Diese Integralgleichung ist von ungewöhnlicher Bedeutung, weil sich viele der physikalisch und technisch so wichtigen Randwertprobleme in sie transformieren lassen (s. Nr. 3). Mit dem Fredholmschen Integraloperator $K\colon C[a,b]\to C[a,b]$, definiert durch

$$(Kx)(s):=\int_a^b k(s,t)x(t)\,\mathrm{d}t \quad (k \text{ stetig auf } [a,b]\times[a,b]), \tag{16.1}$$

schreibt sie sich in der Form

$$(I-K)x=y. \tag{16.2}$$

$C[a,b]$ statten wir wie üblich mit der Maximumsnorm aus. K ist dann stetig (s. A 3.2), und im Falle $r(K)<1$ kann (16.2) für jedes $y\in C[a,b]$ eindeutig durch die stetige Funktion

$$\tilde{x}:=(I-K)^{-1}y=\sum_{n=0}^{\infty}K^n y \tag{16.3}$$

gelöst werden. Die Reihe konvergiert im Sinne der Maximumsnorm, also *gleichmäßig auf* $[a,b]$. Da $(I-K)^{-1}$ beschränkt ist, hängt die Lösung $\tilde{x}$ *stetig* von der rechten Seite y ab (s. für all dies wieder den Satz 12.4).

Die Konvergenzbedingung $r(K)<1$ ist insbesondere dann erfüllt, wenn $\|K\|<1$ bleibt, und dies wiederum ist gewiß dann der Fall, wenn gilt:

$$q:=\max_{a\leqslant s\leqslant b}\int_a^b |k(s,t)|\,\mathrm{d}t<1 \tag{16.4}$$

oder sogar

$$(b-a)\max_{a\leqslant s,\,t\leqslant b}|k(s,t)|<1.$$

Wir erarbeiten nun eine *Integraldarstellung* der Lösung (16.3). Offenbar ist

$$(K^2x)(s) = \int_a^b k(s,u)\left[\int_a^b k(u,t)x(t)\,\mathrm{d}t\right]\mathrm{d}u = \int_a^b\left[\int_a^b k(s,u)k(u,t)\,\mathrm{d}u\right]x(t)\,\mathrm{d}t\,;$$

K^2 ist also ebenfalls eine Integraltransformation, und zwar mit dem Kern

$$k_2(s,t) := \int_a^b k(s,u)k(u,t)\,\mathrm{d}u\,.$$

Definiert man allgemein die iterierten Kerne k_n durch

$$k_1(s,t) := k(s,t), \qquad k_n(s,t) := \int_a^b k(s,u)k_{n-1}(u,t)\,\mathrm{d}u \quad \text{für } n \geqslant 2, \tag{16.5}$$

so sieht man, daß K^n eine *Integraltransformation mit dem Kern* k_n ist. Bleibt nun die in (16.4) erklärte Zahl q unterhalb von 1, so kann die Lösung (16.3) in der Form

$$\tilde{x}(s) = y(s) + \sum_{n=1}^{\infty}\int_a^b k_n(s,t)y(t)\,\mathrm{d}t$$

dargestellt werden; die Reihe konvergiert gleichmäßig auf $[a,b]$. Mit $\mu := \max_{s,t}|k(s,t)|$ ist $|k_n(s,t)| \leqslant \mu q^{n-1}$ für $a \leqslant s, t \leqslant b, n \geqslant 1$; wegen $q<1$ konvergiert also die Reihe

$$\sum_{n=1}^{\infty} k_n(s,t) =: r(s,t)$$

absolut und gleichmäßig auf $a \leqslant s, t \leqslant b$, die Summe r ist somit dort stetig. Es folgt

$$\tilde{x}(s) = y(s) + \int_a^b r(s,t)y(t)\,\mathrm{d}t, \quad \text{also} \quad \tilde{x} = y + Ry = (I+R)y, \tag{16.6}$$

wenn R die Integraltransformation mit dem Kern $r(s,t)$ ist. $r(s,t)$ heißt der lösende Kern, R die lösende Transformation.

Dieses Ergebnis stellt sich übrigens auch dann ein, wenn nicht gerade q, aber doch irgendeine der Zahlen

$$q_m := \max_{a \leqslant s \leqslant b}\int_a^b |k_m(s,t)|\,\mathrm{d}t < 1$$

ausfällt. Denn dann bleibt gewiß $\|K^m\|$, um so mehr also auch $r(K) = \inf_n \|K^n\|^{1/n}$ unterhalb von 1, und daher wird jeder der Operatoren $I-K^m$ und $I-K$ bijektiv sein. Nun ist aber handgreiflicherweise

$$I-K^m=(I-K)(I+K+\cdots+K^{m-1}),$$

so daß man aus der Lösung $\tilde{z}$ der Gleichung $(I-K^m)z=y$ sofort die Lösung

$$\tilde{x}:=(I+K+\cdots+K^{m-1})\tilde{z}$$

von $(I-K)x=y$ gewinnen kann. Mit der lösenden Transformation R_m der erstgenannten Gleichung ist also

$$\tilde{x}=(I+K+\cdots+K^{m-1})(I+R_m)y=(I+R)y,$$

wobei $R:=R_m+K+\cdots+K^{m-1}+KR_m+\cdots+K^{m-1}R_m$

sein soll. Nach dem oben Bewiesenen läßt sich der Kern r_m von R_m durch die absolut und gleichmäßig konvergente Reihe

$$r_m(s,t)=\sum_{n=1}^{\infty} k_{mn}(s,t) \quad (a\leqslant s,t\leqslant b)$$

darstellen, und nun bedarf es nur noch einer mäßigen Anstrengung, um auch R als einen Fredholmschen Integraloperator mit dem oben schon dingfest gemachten Kern $r(s,t):=\sum_{n=1}^{\infty} k_n(s,t)$ zu erkennen.

Bewegen wir uns ausschließlich im *Reellen*, so lehren all diese Überlegungen in Verbindung mit Satz 10.8, *daß die Reihe* $\sum_{n=1}^{\infty} k_n(s,t)$ *gewiß immer dann absolut und gleichmäßig auf* $a\leqslant s,t\leqslant b$ *gegen den lösenden Kern konvergieren wird, wenn* $r(K)<1$ *ausfällt.*

Man halte sich bei all dem jedoch vor Augen, daß eine Fredholmsche Integralgleichung im Unterschied zu einer Volterraschen keineswegs immer lösbar sein muß (s. A 4.3).

Wenn der (stetige) Kern $k(s,t)$ „schwierig" ist, können wir im Geiste der Vorbemerkung zu Satz 13.8 versuchen, ihn durch einen „einfachen" Kern zu approximieren, um so wenigstens *Näherungslösungen* der Gl. (16.2) zu erhalten. Nun gibt es nach dem Weierstraßschen Approximationssatz[1] eine Folge von Polynomen $p_n(s,t):=\sum_{i,k}\alpha_{ik}^{(n)}s^i t^k$ in zwei Veränderlichen, die gleichmäßig auf $[a,b]\times[a,b]$ gegen $k(s,t)$ konvergiert, es strebt also

$$\max_{a\leqslant s,t\leqslant b} |p_n(s,t)-k(s,t)|\to 0 \quad \text{für } n\to\infty. \tag{16.7}$$

[1] S. etwa Heuser II, Satz 115.6.

Definieren wir die stetigen Endomorphismen P_n des $C[a,b]$ durch

$$(P_n x)(s) := \int_a^b p_n(s,t)x(t)\,dt,$$

so ist

$$\|(P_n - K)x\|_\infty = \max_s \left| \int_a^b [p_n(s,t) - k(s,t)]x(t)\,dt \right|$$

$$\leqslant (b-a) \max_{s,t} |p_n(s,t) - k(s,t)| \, \|x\|_\infty,$$

also $\quad \|P_n - K\| \leqslant (b-a) \max_{s,t} |p_n(s,t) - k(s,t)|$;

wegen (16.7) strebt daher

$$P_n \Rightarrow K, \qquad \text{also auch} \qquad I - P_n \Rightarrow I - K. \tag{16.8}$$

Falls $(I-K)^{-1}$ auf $C[a,b]$ existiert, ergibt sich nun aus Satz 13.8, daß für alle hinreichend großen n die Integralgleichungen

$$(I - P_n)x = y \tag{16.9}$$

jeweils eindeutig durch ein x_n aus $C[a,b]$ lösbar sind und daß die Folge (x_n) gleichmäßig auf $[a,b]$ gegen die Lösung von (16.2) konvergiert.[1] (16.9) kann aber in einfachster Weise *rein algebraisch* gelöst werden. Dies nehmen wir nun in Angriff.

Ein Polynomkern $p(s,t)$ kann immer in der Form

$$p(s,t) = \sum_{i=1}^{n} x_i(s) x_i^+(t), \quad x_i \text{ und } x_i^+ \text{ in } C[a,b],$$

geschrieben werden;[2] die zugehörige Integraltransformation P ist dann gegeben durch

$$(Px)(s) = \int_a^b \sum_{i=1}^{n} x_i(s) x_i^+(t) x(t)\,dt = \sum_{i=1}^{n} \left(\int_a^b x_i^+(t) x(t)\,dt \right) x_i(s),$$

also durch

$$Px = \sum_{i=1}^{n} \int_a^b x_i^+(t) x(t)\,dt \cdot x_i. \tag{16.10}$$

Hierbei dürfen wir offenbar die $x_1, \ldots, x_n$ als linear unabhängig voraussetzen.

---

[1] Die Stetigkeit von $(I-K)^{-1}$ braucht hier nicht *vorausgesetzt* zu werden, weil sie kraft der Kompaktheit des Operators K *von selbst vorhanden* ist (s. A 11.11 und A 3.3).

[2] Die obere Summationsgrenze n hat hier nichts mit dem Folgenindex n in (16.8) zu tun.

Mit der Abkürzung

$$\langle x, x^+ \rangle := \int_a^b x(t)x^+(t)\,dt \quad \text{für } x, x^+ \in C[a,b] \tag{16.11}$$

schreibt sich Px in der Form

$$Px = \sum_{i=1}^n \langle x, x_i^+ \rangle x_i, \tag{16.12}$$

und die Integralgleichung $(I-P)x=y$ geht über in

$$x - \sum_{i=1}^n \langle x, x_i^+ \rangle x_i = y. \tag{16.13}$$

Jede Lösung x dieser Gleichung hat die Gestalt

$$x = y + \sum_{i=1}^n \xi_i x_i, \tag{16.14}$$

und indem man sie in (16.13) einträgt, erhält man

$$\sum_{i=1}^n \left[\xi_i - \langle y, x_i^+ \rangle - \sum_{k=1}^n \xi_k \langle x_k, x_i^+ \rangle\right] x_i = 0.^{1)} \tag{16.15}$$

Mit

$$\eta_i := \langle y, x_i^+ \rangle \quad \text{und} \quad \alpha_{ik} := \langle x_k, x_i^+ \rangle \tag{16.16}$$

folgt aus (16.15) wegen der linearen Unabhängigkeit der $x_1, \ldots, x_n$, daß die Koeffizienten $\xi_1, \ldots, \xi_n$ dem Gleichungssystem

$$\xi_i - \sum_{k=1}^n \alpha_{ik} \xi_k = \eta_i \quad (i = 1, \ldots, n) \tag{16.17}$$

genügen. Ist umgekehrt $(\xi_1, \ldots, \xi_n)$ eine Lösung dieses Systems mit der rechten Seite $\eta_i := \langle y, x_i^+ \rangle (i=1, \ldots, n)$ und definiert man x durch (16.14), so befriedigt x offenbar die Gleichung (16.13). Wir halten dieses Ergebnis fest:

$$x := y + \sum_{i=1}^n \xi_i x_i \textit{ löst } (16.13) \iff (\xi_1, \ldots, \xi_n) \textit{ löst } (16.17) \textit{ mit } \eta_i := \langle y, x_i^+ \rangle. \tag{16.18}$$

[1)] Bei dieser Rechnung braucht man nicht auf die in (16.11) erklärte Bedeutung von $\langle x, x^+ \rangle$ zurückzugehen, sondern nur auszunutzen, daß $\langle x, x^+ \rangle$ im ersten Glied linear ist: $\langle u+v, x^+ \rangle = \langle u, x^+ \rangle + \langle v, x^+ \rangle$, $\langle \alpha x, x^+ \rangle = \alpha \langle x, x^+ \rangle$. Natürlich ist $\langle x, x^+ \rangle$ auch im zweiten Glied linear, insgesamt also „bilinear“.

Die Auflösung der Gl. (16.13) ist also tatsächlich durch *elementar-algebraische* Methoden möglich.

Bei diesen Betrachtungen sind wir davon ausgegangen, daß $(I-K)^{-1}$ auf $C[a,b]$ existiert. Aber selbst wenn dies *nicht* der Fall sein sollte, können wir die Approximierbarkeit von K durch Operatoren der Bauart (16.12) immer noch ausnutzen, um jedenfalls das *Lösungsverhalten* der Fredholmschen Integralgleichung (16.2) zu untersuchen. Halten wir zu diesem Zweck zunächst aus unserer Diskussion nur folgendes fest: Zu K können wir gewiß einen stetigen Endomorphismus S von $C[a,b]$ finden, für den mit linear unabhängigen $x_1, \ldots, x_n$ gilt:

$$Sx = \sum_{i=1}^{n} \langle x, x_i^+ \rangle x_i, \qquad \|K-S\| < 1. \tag{16.19}$$

Nach Satz 12.4 ist also $R := I-(K-S)$ bijektiv mit stetiger Inversen R^{-1}, und wegen $I-K = I-(K-S)-S = R-S$ verwandelt sich (16.2) nun in die Gleichung

$$(R-S)x = y \quad \text{mit} \quad R^{-1} \in \mathscr{L}(C[a,b]) \quad \text{und} \quad Sx = \sum_{i=1}^{n} \langle x, x_i^+ \rangle x_i. \tag{16.20}$$

Das Problem, das Lösungsverhalten derartiger Gleichungen aufzuklären, werden wir in Kapitel IX auf breiter Front angreifen. Jedoch können wir allein mit unseren bescheidenen Mitteln schon jetzt einen Satz beweisen, der in der Theorie der Fredholmschen Integralgleichungen und der Randwertprobleme eine zentrale Rolle spielt:

16.1 Fredholmscher Alternativsatz (einfachste Form) *Die Funktion $k(s,t)$ sei stetig für $a \leqslant s, t \leqslant b$. Dann ist die Fredholmsche Integralgleichung*

$$\text{(I)} \qquad x(s) - \int_a^b k(s,t)x(t)\,dt = y(s)$$

immer dann für jede *rechte Seite y aus $C[a,b]$* eindeutig *lösbar, wenn die zugehörige homogene Gleichung*

$$\text{(H)} \qquad x(s) - \int_a^b k(s,t)x(t)\,dt = 0$$

in $C[a,b]$ nur die triviale *Lösung $x=0$ besitzt.*[1]

Beweis. Nach den obigen Überlegungen können wir (I) auf die Form (16.20) und damit auf die Form $R(I-R^{-1}S)x = y$ oder also

$$(I-S_1)x = z \quad \text{mit} \quad S_1 := R^{-1}S \quad \text{und} \quad z := R^{-1}y \tag{16.21}$$

[1] Offen gestanden ist hier von einer „Alternative" eigentlich noch keine Rede. Sie wird sich erst im Satz 53.1 einstellen, der das jetzige Theorem ganz entscheidend vertiefen und mit vollem Recht den Namen „Alternativsatz" führen wird.

bringen. S_1 hat die Darstellung

$$S_1 x = \sum_{i=1}^{n} \langle x x_i^+ \rangle z_i \quad \text{mit linear unabhängigen} \quad z_1 := R^{-1} x_1, \ldots, z_n := R^{-1} x_n. \tag{16.22}$$

(16.21) läuft also auf

$$x - \sum_{i=1}^{n} \langle x, x_i^+ \rangle z_i = z \tag{16.23}$$

hinaus - und das ist gerade die Gl. (16.13) mit z_i, z anstelle von x_i, y. Ihr zur Seite steht das entsprechend modifizierte lineare System (16.17):

$$\xi_i - \sum_{k=1}^{n} \beta_{ik} \xi_k = \zeta_i \quad (i = 1, \ldots, n) \quad \text{mit} \quad \beta_{ik} := \langle z_k, x_i^+ \rangle, \quad \zeta_i := \langle z, x_i^+ \rangle. \tag{16.24}$$

Wegen (16.18) können wir also sagen:

$$x := z + \sum_{i=1}^{n} \xi_i z_i \textit{ löst } (16.23) \iff (\xi_1, \ldots, \xi_n) \textit{ löst } (16.24) \textit{ mit } \zeta_i := \langle z, x_i^+ \rangle. \tag{16.25}$$

Die korrespondierenden homogenen Probleme sind

$$(I - S_1)x = x - \sum_{i=1}^{n} \langle x, x_i^+ \rangle z_i = 0, \tag{16.26}$$

$$\xi_i - \sum_{k=1}^{n} \beta_{ik} \xi_k = 0 \quad (i = 1, \ldots, n), \tag{16.27}$$

und wegen (16.25) gilt:

$$x := \sum_{i=1}^{n} \xi_i z_i \textit{ löst } (16.26) \iff (\xi_1, \ldots, \xi_n) \textit{ löst } (16.27). \tag{16.28}$$

Wenn nun (H) nur die triviale Lösung besitzt, so gilt dank der Injektivität von R dasselbe für (16.26), also wegen (16.28) auch für (16.27). Dann ist aber bekanntlich das inhomogene System (16.24) für jede rechte Seite eindeutig lösbar, wegen (16.25) besitzt also auch (16.23) und damit (16.21) für jedes z genau eine Lösung. Und daraus folgt wegen der Bijektivität von R sofort, daß auch die Gleichung

$$(I - K)x = R(I - R^{-1}S)x = y \quad \text{oder also} \quad (I - S_1)x = R^{-1}y$$

für jedes y eindeutig lösbar ist. ■

Der Fredholmsche Alternativsatz ist deshalb so wertvoll, weil er das i. allg. schwierige Problem, die durchgängige Lösbarkeit von (I) zu erweisen, auf die viel leichtere Aufgabe zurückspielt, nichttriviale Lösungen von (H) auszuschließen: er verwandelt ein *Existenzproblem* in eine *Eindeutigkeitsfrage*. Aufgrund unserer Ausführungen in Nr. 3 können wir deshalb z. B. sofort sagen: *Wenn 0 kein Eigen-*

wert der Randwertaufgabe (3.10) *ist, besitzt diese im Falle* $\lambda \neq 0$ *gewiß dann für jede rechte Seite eine und nur eine Lösung, wenn auch* λ *keiner ist.* Auch die Lösbarkeit des physikalisch so wichtigen *Dirichletschen Randwertproblems* fließt aus dem einfachen Alternativsatz (s. Nr. 85). Mit dem Ertrag unserer mäßigen Anstrengungen dürfen wir also vollauf zufrieden sein.

Erinnern wir uns zum Schluß daran, daß der *Beweis* dieses kraftvollen Satzes sich im wesentlichen nur auf die *Weierstraßsche Approximation* und die *Neumannsche Reihe* stützte (die elementaren Sätze über lineare Gleichungssysteme wollen wir hier gar nicht in Rechnung stellen).

Aufgaben

1. Im Zusammenhang mit Randwertproblemen trat uns die Fredholmsche Integralgleichung zuerst in der Gestalt

$$(I-\lambda K)x=y \quad \text{mit einem Parameter } \lambda \in \mathbf{K} \tag{16.29}$$

entgegen (s. (3.13)); K ist dabei wieder durch (16.1) definiert. Zeige: Ist $|\lambda|<1/r(K)$, so besitzt (16.29) für jedes $y \in C[a,b]$ genau eine Lösung $\tilde{x}_\lambda \in C[a,b]$. $\tilde{x}_\lambda$ ist die Summe der auf $[a,b]$ gleichmäßig konvergenten Reihe $y+\lambda K y+\lambda^2 K^2 y+\cdots$, hängt also *analytisch* von λ ab.

2. Ist $\lambda=0$ kein Eigenwert der Aufgabe (3.8) und G die Greensche Funktion von (3.5), so ist im Falle

$$|\lambda| < \left[\max_{a \leqslant s \leqslant b} \int_a^b |G(s,t)r(t)|\,dt\right]^{-1}$$

die Randwertaufgabe (3.10) für jedes $y \in C[a,b]$ eindeutig lösbar. Die Lösung erhält man als Summe der auf $[a,b]$ gleichmäßig konvergenten Reihe $g+\lambda K g+\lambda^2 K^2 g+\cdots$; dabei ist K durch (16.1), k und g durch (3.12) definiert.
Hinweis: Aufgabe 1.

3. Zu lösen sei die Integralgleichung $x(s)-\lambda \int_0^{2\pi} k(s,t)x(t)\,dt=y(s)$, wobei

$$k(s,t) := \sum_{k=1}^{\infty} a_k \sin ks \cos kt \quad \text{und} \quad \sum_{k=1}^{\infty} |a_k| < \infty$$

sein soll. Zeige:

a) Es ist $k_2(s,t) \equiv 0$, also $K^2=0$ und damit trivialerweise $r(K)=0$.

b) Die Lösung $x_\lambda \in C[0,2\pi]$ ist für jedes $y \in C[0,2\pi]$ und jedes λ eindeutig bestimmt und wird gegeben durch

$$\tilde{x}_\lambda(s)=y(s)+\lambda \int_0^{2\pi} k(s,t)y(t)\,dt=y(s)+\lambda \sum_{k=1}^{\infty} a_k \left(\int_0^{2\pi} y(t)\cos kt\,dt\right) \sin ks \quad \text{(vgl. A 12.10).}$$

4. Vorgelegt sei die Fredholmsche Integralgleichung

$$x(s)-\lambda \int_0^1 e^{s-t}x(t)\,dt=y(s) \quad \text{oder also} \quad (I-\lambda K)x=y \tag{16.30}$$

mit dem Kern $k(s,t):=e^{s-t}$. Zeige:

a) Alle iterierten Kerne k_n stimmen mit k überein.

b) $r(K)=1$ (Hinweis: Satz 10.8).

c) Für $|\lambda|<1$ wird die eindeutig bestimmte Lösung $\tilde{x}_\lambda \in C[0,1]$ von (16.30) gegeben durch

$$\tilde{x}_\lambda(s)=y(s)+\frac{\lambda}{1-\lambda}\int_0^1 e^{s-t}y(t)\,dt \quad \text{(Hinweis: lösender Kern).}$$

$\tilde{x}_\lambda$ löst (16.30) aber sogar für *alle* $\lambda \neq 1$.

5. Wir betrachten die Fredholmsche Integralgleichung

$$x(s)-\lambda\int_0^\pi \sin(s+t)\cdot x(t)\,dt=1 \quad \text{oder also} \quad (I-\lambda K)x=1 \tag{16.31}$$

mit dem Kern $k(s,t):=\sin(s+t)$. Zeige:

a) Der n-te iterierte Kern k_n wird gegeben durch

$$k_n(s,t)=\begin{cases}(\pi/2)^{n-1}\sin(s+t), & \text{falls } n \text{ ungerade},\\ (\pi/2)^{n-1}\cos(s-t), & \text{falls } n \text{ gerade}.\end{cases}$$

b) $r(K)=\dfrac{\pi}{2}$ (Hinweis: Satz 10.8).

c) Für $|\lambda|<2/\pi$ wird die eindeutig bestimmte Lösung $\tilde{x}_\lambda \in C[0,\pi]$ von (16.31) gegeben durch

$$\tilde{x}_\lambda(s)=1+\frac{2\lambda\cos s+\lambda^2\pi\sin s}{1-\lambda^2\pi^2/4}.$$

Löst $\tilde{x}_\lambda$ die Gl. (16.31) auch noch für andere λ-Werte?

6. Löse die Integralgleichung in A 3.4.

7. Löse die Integralgleichung $x(s)-\int_0^1 (s+t)x(t)\,dt=s$.

8. Ersetze den Kern der Integralgleichung

$$x(s)-\int_0^1 (\sin st)x(t)\,dt=s \tag{16.32}$$

durch seine Taylorapproximation $st-(st)^3/6$ und bestimme so eine Näherungslösung von (16.32). Eine Abschätzung des hierbei begangenen *Fehlers* wird in der Aufgabe zu Nr. 45 gegeben.

9. Der n-te iterierte Kern kann auch geschrieben werden in der Form

$$k_n(s,t)=\int_a^b k_\nu(s,u)k_{n-\nu}(u,t)\,du \quad (n=2,3,\ldots;\ 0<\nu<n).$$

10. K sei wieder der durch (16.1) definierte Operator. Setze eine Lösung $\tilde{x}$ der Integralgleichung $x-\lambda Kx=y$ an in der Form

$$\tilde{x}(s)=y(s)+\lambda y_1(s)+\lambda^2 y_2(s)+\cdots,$$

gehe damit in die Gleichung ein und gewinne durch Koeffizientenvergleich die Darstellungen

$$y_n(s) = \int_a^b k(s,t)y_{n-1}(t)\,dt = \int_a^b k_n(s,t)y(t)\,dt \quad (n \geqslant 1;\ y_0 := y),$$

also die *Neumannsche Reihe*

$$\tilde{x}(s) = y(s) + \sum_{n=1}^{\infty} \lambda^n \int_a^b k_n(s,t)y(t)\,dt.$$

Diese zunächst ganz formalen Überlegungen lassen sich alle rechtfertigen, sofern nur $|\lambda|$ hinreichend klein bleibt (wie klein?) und erweisen von neuem - diesmal jedoch unter *rein analytischen* Gesichtspunkten - die Bedeutung des Parameters λ, der uns bislang nur von Physik und Technik angedient wurde.

$^+$**11.** Der identische Operator I auf $C[a,b]$ ist *kein* Fredholmscher Integraloperator mit stetigem Kern.

Hinweis: A 3.3 und A 11.10.

12. Eine nichtlineare Integralgleichung Die nichtlineare Integralgleichung

$$x(s) - \int_0^1 e^{-st} \cos(\lambda x(t))\,dt = 0 \quad (0 \leqslant s \leqslant 1) \quad \text{mit} \quad 0 < \lambda < 1 \tag{16.33}$$

ist den „linearen Methoden“ dieser Nummer nicht zugänglich. Man kann sich jedoch immer noch der Existenz genau einer Lösung $\tilde{x} \in C[0,1]$ vergewissern, und zwar mit Hilfe des *Banachschen Fixpunktsatzes* in A 6.16.

Hinweis: Nach dem Mittelwertsatz ist $\cos\alpha - \cos\beta = (\beta - \alpha)\sin\gamma$ mit einem geeigneten γ.

13. Eine zweite nichtlineare Integralgleichung Die nichtlineare Integralgleichung

$$x(s) - \int_0^1 e^{-st} \cos x(t)\,dt = 0 \quad (0 \leqslant s \leqslant 1) \tag{16.34}$$

(vgl. Aufgabe 12) versagt sich auch dem Banachschen Fixpunktsatz. Und doch kann man ihre Lösbarkeit in $C[0,1]$ garantieren.

Hinweis: Wähle irgendeine Folge positiver Zahlen $\lambda_n < 1$ mit $\lambda_n \to 1$. Bestimme zu der Integralgleichung (16.33) mit $\lambda := \lambda_n$ die eindeutig festliegende Lösung $\tilde{x}_n \in C[0,1]$, zeige mit Hilfe des Satzes von Arzelà-Ascoli (s. Satz 106.2 in Heuser I), daß $(\tilde{x}_n)$ eine gleichmäßig konvergente Teilfolge enthält und daß deren Grenzwert (16.34) löst.

14. Eine dritte nichtlineare Integralgleichung Die nichtlineare Integralgleichung

$$x(s) - \int_0^1 e^{-st} \cos(\lambda x(t))\,dt = 0 \quad (0 \leqslant s \leqslant 1) \quad \text{mit } \lambda > 1 \tag{16.35}$$

ist im Gegensatz zu (16.34) auch nicht mehr indirekt mittels des Banachschen Fixpunktsatzes zu fassen. Nichtsdestoweniger besitzt sie eine Lösung in $C[0,1]$ - aber um dies einzusehen, muß man diesmal den *Schauderschen Fixpunktsatz* heranziehen (Satz 230.3 in Heuser II).

Hinweis: Zeige mit Hilfe des Satzes von Arzelà-Ascoli, daß die Funktionen $y(s) := \int_0^1 e^{-st}\cos(\lambda x(t))\,dt$ eine kompakte Teilmenge der Einheitskugel K von $C[0, 1]$ bilden, wenn x alle Elemente von K durchläuft.

17 Systeme linearer Differentialgleichungen mit konstanten Koeffizienten

In diesem Kapitel haben wir bisher auf Kosten der Neumannschen Reihe gelebt. Nunmehr nehmen wir die Exponentialreihe (13.17) in Dienst.
Vorgelegt sei ein homogenes System von n linearen Differentialgleichungen mit konstanten Koeffizienten für n skalarwertige Funktionen $u_1, \ldots, u_n$ der reellen Veränderlichen t:

$$\begin{aligned} u_1' &= \alpha_{11} u_1 + \cdots + \alpha_{1n} u_n \\ &\vdots \\ u_n' &= \alpha_{n1} u_1 + \cdots + \alpha_{nn} u_n . \end{aligned}$$

Mit der Koeffizientenmatrix $A := (\alpha_{jk})$ und dem Spaltenvektor $u := \begin{pmatrix} u_1 \\ \vdots \\ u_n \end{pmatrix}$ schreiben wir es in der Kurzform

$$u' = Au. \tag{17.1}$$

Der folgende Satz ist in der Theorie dieser Systeme grundlegend:

17.1 Satz *Das Anfangswertproblem*

$$u' = Au, \quad u(0) = u_0 \tag{17.2}$$

besitzt die eindeutig bestimmte und auf ganz **R** *definierte Lösung* $u(t) := e^{At} u_0$.

Der Beweis ist denkbar einfach. Zunächst ist wegen A 13.15 (beachte, daß die Ableitung des konstanten Vektors u_0 verschwindet)

$$u'(t) = A e^{At} u_0 = Au(t), \quad \text{ferner} \quad u(0) = e^0 u_0 = I u_0 = u_0,$$

$u(t)$ löst also unser Anfangswertproblem und ist offenbar auch auf ganz **R** erklärt. Angenommen, $v(t)$ sei eine zweite Lösung. Dann ist (wieder wegen A 13.15)

$$\begin{aligned} (e^{-At} v(t))' &= e^{-At} v'(t) - A e^{-At} v(t) = e^{-At} v'(t) - e^{-At} A v(t) \\ &= e^{-At} v'(t) - e^{-At} v'(t) = 0, \end{aligned}$$

daraus folgt aber, daß die Funktion $e^{-At} v(t)$ konstant $= c$, also $v(t) = e^{At} c$ sein muß (hier haben wir (13.19) benutzt). Wegen $u_0 = v(0) = Ic = c$ ist $v(t) = e^{At} u_0 = u(t)$, womit auch die Eindeutigkeit der Lösung festgestellt ist. ■

Die lineare Differentialgleichung n-ter Ordnung

$$u^{(n)}+\alpha_{n-1}u^{(n-1)}+\cdots+\alpha_1 u'+\alpha_0 u=0 \tag{17.3}$$

läßt sich auf das folgende homogene lineare System zurückspielen:

$$\begin{aligned} u_0' &= u_1 \\ u_1' &= u_2 \\ &\vdots \\ u_{n-2}' &= u_{n-1} \\ u_{n-1}' &= -\alpha_{n-1}u_{n-1}-\cdots-\alpha_1 u_1-\alpha_0 u_0 . \end{aligned} \tag{17.4}$$

Ist nämlich $u(t)$ eine Lösung von (17.3), so bilden die n Funktionen

$$u_0(t):=u(t),\ u_1(t):=u'(t), \ldots, u_{n-1}(t):=u^{(n-1)}(t)$$

eine Lösung von (17.4), und umgekehrt gewinnt man aus jeder Lösung $u_0(t), \ldots, u_{n-1}(t)$ von (17.4) sofort die Lösung $u(t):=u_0(t)$ der Gl. (17.3). Aus Satz 17.1 folgt daher umstandslos der

17.2 Satz *Das Anfangswertproblem*

$$u^{(n)}+\alpha_{n-1}u^{(n-1)}+\cdots+\alpha_1 u'+\alpha_0 u=0, \quad u(0)=u_0,\ u'(0)=u_0', \ldots, u^{(n-1)}(0)=u_0^{(n-1)}$$

besitzt bei jeder Wahl der Anfangswerte $u_0, u_0', \ldots, u_0^{(n-1)}$ genau eine auf ganz $\mathbf{R}$ definierte Lösung.

Wir haben in dieser Nummer starke Sätze mit schwachen Mitteln bewiesen. Ein solches Kunststück ist nur möglich, wenn man von vornherein die „richtigen" Begriffe getroffen hat. Das ist uns offenbar geglückt.

Aufgaben

1. Inhomogene lineare Systeme Vorgelegt sei das Anfangswertproblem

$$u'=Au+f, \qquad u(0)=u_0 \tag{17.5}$$

mit einer stetigen Funktion f: $[0, a]\to\mathbf{R}^p$. Zeige, daß es genau eine Lösung u besitzt und daß diese gegeben wird durch

$$u(t)=e^{At}u_0+\int_0^t e^{A(t-s)}f(s)\,ds$$

(die Integration einer vektorwertigen Funktion ist komponentenweise auszuführen).
Hinweis: Es ist

$$e^{-At}(u'-Au)=(e^{-At}u)'.$$

2. In (17.5) seien die Komponenten von f für $t \geqslant 0$ und die von u_0 nichtnegativ. Zeige: Gewiß dann sind die Komponenten der Lösung u für $t \geqslant 0$ nichtnegativ, wenn für die Elemente α_{jk} der Matrix A gilt:

$$\alpha_{jk} \geqslant 0 \quad \text{für } j \neq k.$$

Für die praktische Bedeutung dieses Satzes beim Studium von „Kompartimentmodellen" s. Heuser (1991 a), S. 485.

Hinweis: A 14.9.

3. Inhomogene lineare Differentialgleichungen Das Anfangswertproblem

$$u^{(n)} + \alpha_{n-1} u^{(n-1)} + \cdots + \alpha_1 u' + \alpha_0 u = f, \qquad u(0) = u_0,\ u'(0) = u_0', \ldots, u^{(n-1)}(0) = u_0^{(n-1)}$$

mit einer stetigen Funktion $f: [0, a] \to \mathbf{R}$ besitzt eine und nur eine Lösung.

Hinweis: Aufgabe 1.

4. Beweise den Satz 17.1 mit Hilfe des Weissingerschen Fixpunktsatzes in A 6.17.

5. Für jede Diagonalmatrix $D := \begin{pmatrix} d_1 & & 0 \\ & \ddots & \\ 0 & & d_n \end{pmatrix}$ ist $e^D = \begin{pmatrix} e^{d_1} & & 0 \\ & \ddots & \\ 0 & & e^{d_n} \end{pmatrix}$.

6. Für $A := \begin{pmatrix} 2 & 1 \\ 0 & 2 \end{pmatrix}$ ist $e^{At} = e^{2t} \begin{pmatrix} 1 & t \\ 0 & 1 \end{pmatrix}$.

Hinweis: Die Summanden in $\begin{pmatrix} 2 & 1 \\ 0 & 2 \end{pmatrix} = \begin{pmatrix} 2 & 0 \\ 0 & 2 \end{pmatrix} + \begin{pmatrix} 0 & 1 \\ 0 & 0 \end{pmatrix}$ kommutieren; Aufgabe 5.

7. Löse die Anfangswertaufgabe

$$\dot{u}_1 = 2u_1 + u_2, \quad \dot{u}_2 = 2u_2, \qquad u_1(0) = u_2(0) = 1.$$

Hinweis: Aufgabe 6.

8. Löse die Anfangswertaufgabe

$$\dot{u}_1 = u_2, \quad \dot{u}_2 = u_1, \qquad u_1(0) = u_2(0) = 1.$$

Hinweis: Das Quadrat der Koeffizientenmatrix ist $= I$.

IV Innenprodukt- und Hilberträume

Schon mehrmals sind wir auf Ausdrücke gestoßen, die wir etwas formlos „Innenprodukte" genannt haben, und die in bedeutungsvollem Zusammenhang mit anderen fundamentalen Gegebenheiten standen, z. B. mit der euklidischen Norm und der Orthogonalität von Funktionen oder der Symmetrie von Operatoren der Randwertaufgaben und der Quantenmechanik. In diesem Kapitel werden wir nun endlich den Begriff des Innenproduktes in der nötigen Schärfe und Allgemeinheit einführen, mit seiner Hilfe Normen definieren, die weitaus reichere Eigenschaften haben als allgemeine Normen besitzen können - vor allem aber werden wir das große Thema der Orthogonalität anschlagen und uns damit eines ganz neuen und alles andere in den Schatten stellenden Strukturelements bemächtigen.

Es ist etwas Abgründiges um die Orthogonalität. Die Mathematik erlebte ihre erste Grundlagenkrise, als die Pythagoreer, mit dem Satz ihres Meisters in der Hand, an rechtwinkligen Dreiecken inkommensurable Strecken entdeckten. Platon demonstrierte an Quadraten die Unsterblichkeit der Seele (wobei er freilich verunglückt ist). Fourierreihen und Eigenwertprobleme sind ohne Orthogonalität gar nicht denkbar, und dasselbe gilt denn auch von den großen physikalischen Komplexen, die von diesen Theorien beherrscht werden - angefangen bei der schwingenden Saite bis hin zur Quantenmechanik. Es ist, als reiche die Orthogonalltät tief hinein in das Innerste der Natur - als sei die Natur „rechtwinklig gebaut an Leib und Seele", um ein Wort Nietzsches über die Marathonkämpfer auszuborgen.

18 Innenprodukträume

Das Innenprodukt zweier Vektoren $x:=(\xi_1, \ldots, \xi_n)$, $y:=(\eta_1, \ldots, \eta_n)$ des $\mathbf{K}^n$ ist dem Leser schon aus der Linearen Algebra vertraut; es wird definiert durch

$$(x|y) := \sum_{k=1}^{n} \xi_k \eta_k \quad \text{oder durch} \quad (x|y) := \sum_{k=1}^{n} \xi_k \bar{\eta}_k, \tag{18.1}$$

je nachdem, ob es sich um den $\mathbf{R}^n$ oder den $\mathbf{C}^n$ handelt. In (1.15) erklärten wir ein den Fourierreihen angepaßtes Innenprodukt reellwertiger stetiger Funktionen durch

$$(x|y) := \int_{-\pi}^{\pi} x(t)y(t)\,\mathrm{d}t \tag{18.2}$$

und in (5.12) ein Innenprodukt komplexwertiger Wellenfunktionen durch

$$(\varphi|\psi) := \int_{-\infty}^{+\infty}\int_{-\infty}^{+\infty}\int_{-\infty}^{+\infty} \varphi\overline{\psi}\,dx\,dy\,dz. \tag{18.3}$$

Diese „Innenprodukte" haben offensichtlich die folgenden Eigenschaften:

(IP1) $(x+y|z)=(x|z)+(y|z)$,

(IP2) $(\alpha x|y) = \alpha(x|y)$,

(IP3) $(x|y) = \overline{(y|x)}$,

(IP4) $(x|x)\geqslant 0$, *wobei* $(x|x)=0$ *genau für* $x=0$ gilt.

Und nun bringen wir diese Erscheinungen auf den Begriff:

Ein Vektorraum E über $\mathbf{K}$ heißt **Innenproduktraum** oder **prähilbertscher Raum**, wenn jedem Paar (x,y) von Elementen aus E eine Zahl $(x|y)$ aus $\mathbf{K}$ so zugeordnet ist, daß (IP1) bis (IP4) gilt. $(x|y)$ heißt das **Innenprodukt** der Vektoren x,y. Den Raum E, versehen mit dem Innenprodukt $(\cdot|\cdot)$, bezeichnen wir gelegentlich sorgfältiger mit $(E,(\cdot|\cdot))$.[1]
Aus (IP1) und (IP2) folgt mit (IP3) sofort

$$(x|y+z)=(x|y)+(x|z) \quad \text{und} \quad (x|\alpha y)=\overline{\alpha}(x|y). \tag{18.4}$$

In $\mathbf{K}^n$ und $C[-\pi,\pi]$ waren die euklidischen Normen $\|\cdot\|_2$ durch $\|x\|_2=(x|x)^{1/2}$ gegeben. Wir werden uns deshalb fragen, ob man nicht in einem beliebigen Innenproduktraum E vermöge

$$\|x\| := \sqrt{(x|x)} \tag{18.5}$$

immer eine Norm einführen kann? Daß durch (18.5) jedem $x\in E$ eine reelle Zahl zugeordnet wird und daß diese Zuordnung den Normaxiomen (N1), (N2) in Nr. 9 genügt, folgt sofort aus (IP4), (IP2) und (18.4). Den Beweis der Dreiecksungleichung (N3) stützen wir auf die

18.1 Schwarzsche Ungleichung[2] *Für alle Vektoren x,y eines Innenproduktraumes ist*

$$|(x|y)| \leqslant \sqrt{(x|x)}\,\sqrt{(y|y)}. \tag{18.6}$$

Das Gleichheitszeichen gilt genau dann, wenn x,y linear abhängig sind.

---

[1] In einem *reellen* Innenproduktraum erübrigt sich natürlich das Konjugationsmanöver in (IP3); dort ist das Innenprodukt einfach *kommutativ*: $(x|y)=(y|x)$.

[2] Sie ist die abstrakte Formulierung der *Cauchy-Schwarzschen Ungleichungen* in $l^2(n)$, l^2 und $L^2(a,b)$ (s. Einleitung). Ihren Namen hat sie von Hermann Amandus Schwarz (1843–1921; 78).

Beweis. (18.6) ist für $y=0$ trivial (beachte, daß $(x|0)=(x|0\cdot 0)=0(x|0)=0$ ist); wir nehmen deshalb $y\neq 0$ an. Für alle α gilt $0\leqslant(x+\alpha y|x+\alpha y)=(x|x)+\alpha(y|x)+\bar{\alpha}(x|y)+\alpha\bar{\alpha}(y|y)$; daraus erhalten wir (18.6), indem wir $\alpha=-(x|y)/(y|y)$ setzen. Die Behauptung über das Gleichheitszeichen ist sofort einsehbar. ■

Aus der Definition (18.5) ergibt sich nun mit Hilfe der Schwarzschen Ungleichung

$$\begin{aligned}\|x+y\|^2&=(x+y|x+y)=\|x\|^2+(x|y)+\overline{(x|y)}+\|y\|^2\\&=\|x\|^2+2\operatorname{Re}(x|y)+\|y\|^2\leqslant\|x\|^2+2\|x\|\,\|y\|+\|y\|^2=(\|x\|+\|y\|)^2,\end{aligned}$$

infolgedessen gilt auch (N 3). Wir können also sagen:

18.2 Satz *In jedem Innenproduktraum E wird durch* $\|x\|:=\sqrt{(x|x)}$ *eine Norm, die* kanonische *Norm von E, definiert.*

Die Innenproduktnorm zeichnet sich vor den allgemeinen Normen durch ihren „quadratischen" Charakter aus; er kommt besonders deutlich zum Ausdruck in der wichtigen

18.3 Parallelogrammgleichung *Für Vektoren x, y eines Innenproduktraumes gilt*

$$\|x+y\|^2+\|x-y\|^2=2\|x\|^2+2\|y\|^2. \tag{18.7}$$

Beweis. Nach den Innenproduktregeln ist

$$\begin{aligned}\|x+y\|^2&=(x+y|x+y)=(x|x)+(x|y)+(y|x)+(y|y),\\\|x-y\|^2&=(x-y|x-y)=(x|x)-(x|y)-(y|x)+(y|y),\end{aligned}$$

woraus sich (18.7) durch Addition ergibt. ■

Ähnlich einfach sieht man, *daß sich das Innenprodukt mittels der Norm ausdrücken läßt:*

$$(x|y)=\begin{cases}\left\|\dfrac{x+y}{2}\right\|^2-\left\|\dfrac{x-y}{2}\right\|^2, & \textit{falls } \mathbf{K}=\mathbf{R}\\[2ex]\left\|\dfrac{x+y}{2}\right\|^2-\left\|\dfrac{x-y}{2}\right\|^2+\mathrm{i}\left\|\dfrac{x+\mathrm{i}y}{2}\right\|^2-\mathrm{i}\left\|\dfrac{x-\mathrm{i}y}{2}\right\|^2, & \textit{falls } \mathbf{K}=\mathbf{C}.\end{cases} \tag{18.8}$$

Umgekehrt kann man in einem normierten Raum, in dem die Parallelogrammgleichung gilt, vermöge (18.8) immer ein Innenprodukt $(\cdot|\cdot)$ definieren, das die vorhandene Norm erzeugt; s. Day (1973), S. 153. *Genau diejenigen normierten Räume also, in denen die Parallelogrammgleichung gilt, sind Innenprodukträume.*

Für den euklidischen $\mathbf{R}^2$ drückt die Parallelogrammgleichung übrigens den elementargeometrischen Satz aus, daß in einem Parallelogramm die Summe der Quadrate über den Seiten gleich der Summe der Quadrate über den Diagonalen ist.

Ein Innenproduktraum wird von nun an stets mit seiner kanonischen Norm versehen.
Die Schwarzsche Ungleichung (18.6) läßt sich kürzer in der Form

$$|(x|y)| \leqslant \|x\| \; \|y\| \tag{18.9}$$

schreiben. Aus ihr ergibt sich rasch die Stetigkeit des Innenproduktes:

18.4 Satz *In einem Innenproduktraum folgt aus $x_n \to x$, $y_n \to y$ stets $(x_n|y_n) \to (x|y)$. Insbesondere darf aus $x = \sum_{n=1}^{\infty} x_n$ immer auf $(x|y) = \sum_{n=1}^{\infty} (x_n|y)$ geschlossen werden.*

Der Beweis ergibt sich aus der Abschätzung

$$|(x_n|y_n) - (x|y)| = |(x_n|y_n - y) + (x_n - x|y)| \leqslant \|x_n\| \; \|y_n - y\| + \|x_n - x\| \; \|y\|. \quad \blacksquare$$

Ein Innenproduktraum, der als normierter Raum vollständig ist, heißt Hilbertraum.[1]

18.5 Beispiel $l^2(n)$, l^2 und $L^2(a,b)$ mit den Innenprodukten $(x|y) := \sum_{\nu=1}^{n} \xi_\nu \overline{\eta_\nu}$, $(x|y) := \sum_{\nu=1}^{\infty} \xi_\nu \overline{\eta_\nu}$ und $(x|y) := \int_a^b x(t)\overline{y(t)}\,dt$ sind Hilberträume; daß die Innenprodukte in l^2 und $L^2(a,b)$ existieren, ergibt sich aus den Cauchy-Schwarzschen Ungleichungen.

18.6 Beispiel Sei T eine beliebige nichtleere Menge und $l^2(T)$ die Menge aller Funktionen $x: T \to \mathbf{K}$ mit folgenden Eigenschaften:
a) $x(t) \neq 0$ für höchstens abzählbar viele $t \in T$;
b) $\sum_{t \in T} |x(t)|^2$ konvergiert (die Summe wird nur über die t mit $x(t) \neq 0$ erstreckt).

$l^2(T)$ ist ein linearer Funktionenraum über $\mathbf{K}$ und wird durch die Einführung des Innenproduktes $(x|y) := \sum_{t \in T} x(t)\overline{y(t)}$ ein Hilbertraum. Es ist $l^2(1, \ldots, n) = l^2(n)$ und $l^2(\mathbf{N}) = l^2$.

18.7 Beispiel $C[a,b]$ mit $(x|y) := \int_a^b x(t)\overline{y(t)}\,dt$ ist ein *unvollständiger* Innenproduktraum (s. A 6.3), ebenso die Menge aller finiten Folgen mit $(x|y) := \sum_\nu \xi_\nu \overline{\eta_\nu}$.[2]

---

[1] Nach David Hilbert (1862–1943; 81), einem der ganz großen Mathematiker, der auf allen Feldern der reinen und angewandten Mathematik zu ackern und zu ernten wußte.

[2] Das sind Folgen $(\xi_1, \xi_2, \ldots)$, bei denen nur endlich viele Glieder $\neq 0$ sind. Die Stelle, ab der alle Folgenglieder verschwinden, darf sich dabei von Folge zu Folge ändern. Z. B. sind die Folgen $(1, 0, 0, 0, \ldots)$, $(0, 1, 0, 0, \ldots)$, $(0, 0, 1, 0, \ldots)$, ... alle finit.

Ein linearer Unterraum F des Innenproduktraumes E wird in natürlicher Weise – durch Einschränkung des Innenproduktes auf F – ein Innenproduktraum, dessen kanonische Norm mit der von E induzierten übereinstimmt.
Das Produkt $E_1 \times \cdots \times E_n$ endlich vieler Innenprodukträume $(E_\nu, (\cdot|\cdot)_\nu)$ wird vermöge

$$(x|y) := \sum_{\nu=1}^{n} (x_\nu|y_\nu)_\nu \quad \text{mit} \quad x := (x_1, \ldots, x_n),\; y := (y_1, \ldots, y_n) \tag{18.10}$$

ein Innenproduktraum. Seine Norm ist $\|x\| = \left(\sum_{\nu=1}^{n} \|x_\nu\|_\nu^2\right)^{1/2}$; er ist genau dann ein Hilbertraum, wenn jedes E_ν vollständig ist (s. Aufgabe 5).
Es ist eine Tatsache von tiefgreifender Bedeutung, daß Innenprodukte und die aus ihnen entspringenden Normen nicht nur ein gutgelaunter mathematischer Einfall sind, sondern sich in der Natur selbst finden, und zwar an entscheidenden Stellen. Dies mag daran liegen, daß die fundamentalste physikalische Größe, die Energie, „quadratischen Charakter" hat. Die kinetische Energie eines Teilchens mit Masse m und Impulsvektor (p, q, r) ist z. B. $\frac{1}{2m}(p^2+q^2+r^2)$, die Energie eines elektrischen Feldes mit dem Feldvektor (u, v, w) in einem Raumstück G ist $\frac{1}{2}\int_G (u^2+v^2+w^2)\,\mathrm{d}(x,y,z)$ – alles Quadrate von Innenproduktnormen. Die Überlagerungswahrscheinlichkeit zweier Quantenzustände φ, ψ läßt sich in der Form $|(\varphi|\psi)|^2$ ausdrücken, ist also ebenfalls mit einem Innenprodukt liiert. Es ist, als hielte es die Natur mit Innenprodukten.

Aufgaben

1. Sind $\alpha_1, \ldots, \alpha_n$ vorgegebene positive Zahlen, so wird in $\mathbf{K}^n$ durch $(x|y) := \sum_{\nu=1}^{n} \alpha_\nu \xi_\nu \bar{\eta}_\nu$ ein Innenprodukt definiert; $(\alpha_1, \ldots, \alpha_n)$ wird in diesem Zusammenhang *Gewichtsvektor* genannt. Definiere mittels einer „Gewichtsfolge" ein neues Innenprodukt in l^2.

2. Ist $p(t) > 0$ und stetig auf $[a,b]$ („Gewichtsfunktion"), so ist $(x|y) := \int_a^b p(t)x(t)\overline{y(t)}\,\mathrm{d}t$ ein Innenprodukt auf $C[a,b]$.

+3. L^2-Räume mit gewichtetem Innenprodukt Die Funktion $\varrho(t)$ sei positiv und meßbar (eine „Gewichtsfunktion") auf dem beliebigen Intervall J mit den Endpunkten $a < b$. $L^2_\varrho(a,b)$ sei die Menge aller meßbaren Funktionen $x: J \to \mathbf{K}$, für die das Lebesguesche Integral $\int_a^b |x(t)|^2 \varrho(t)\,\mathrm{d}t$ existiert (Funktionen, die fast überall gleich sind, sollen, wie immer in diesem Zusammenhang, identifiziert werden). Dann wird $L^2_\varrho(a,b)$ vermöge des „gewichteten" Innenproduktes

$$(x|y) := \int_a^b x(t)\overline{y(t)}\varrho(t)\,\mathrm{d}t \tag{18.11}$$

ein Hilbertraum.

+4. **Der Hardyraum $H^2(D)$**[1] Sei $D:=\{z\in\mathbf{C}: |z|<1\}$ die offene Einheitskreisscheibe der komplexen Ebene und $H^2(D)$ die Menge aller Funktionen $f: D\to\mathbf{C}$, die auf D holomorph sind und für die

$$\|f\|:=\sup_{0\leq r<1}\left(\frac{1}{2\pi}\int_0^{2\pi}|f(re^{i\varphi})|^2\,d\varphi\right)^{1/2}<\infty \tag{18.12}$$

ist. Zeige:

a) Durch (18.12) wird eine Norm $\|f\|$ auf $H^2(D)$ definiert.

b) Ist $\sum_{n=0}^{\infty} a_n z^n$ die Potenzreihenentwicklung von $f\in H^2(D)$ um den Nullpunkt, so gilt

$$\frac{1}{2\pi}\int_0^{2\pi}|f(re^{i\varphi})|^2\,d\varphi=\sum_{n=0}^{\infty}|a_n|^2 r^{2n} \quad \text{für } 0\leq r<1.$$

Schließe daraus, daß

$$\|f\|=\left(\sum_{n=0}^{\infty}|a_n|^2\right)^{1/2}$$

ist und daß, wenn noch $g(z):=\sum_{n=0}^{\infty} b_n z^n$ aus $H^2(D)$ ist, durch

$$(f|g):=\sum_{n=0}^{\infty} a_n\overline{b_n}$$

ein Innenprodukt auf $H^2(D)$ definiert wird, das die Norm $\|f\|$ aus (18.12) liefert.

c) $H^2(D)$ ist ein Hilbertraum.

5. Die Norm $\left(\sum_{\nu=1}^{n}\|x_\nu\|_\nu^2\right)^{1/2}$ auf $E_1\times\cdots\times E_n$ ist zu der Norm $\sum_{\nu=1}^{n}\|x_\nu\|_\nu$ (s. A 9.6) äquivalent.

6. **Satz des Apollonius** (262?–190 v. Chr.; 72?) In jedem Innenproduktraum ist

$$\|z-x\|^2+\|z-y\|^2=\frac{1}{2}\|x-y\|^2+2\left\|z-\frac{x+y}{2}\right\|^2.$$

7. Die Vektoren $x_1,\ldots,x_n$ des Innenproduktraumes E sind genau dann linear abhängig, wenn ihre Gramsche Determinante $|(x_i|x_k)|$ verschwindet (Jorgen Pedersen Gram, 1850–1916; 66).

8. Genau dann strebt $x_n\to x$, wenn $(x_n|x)\to(x|x)$ und $\|x_n\|\to\|x\|$ konvergiert.

9. Auf l^p $(1\leq p\leq\infty)$ kann man nur im Falle $p=2$ ein Innenprodukt erklären, das die l^p-Norm $\|\cdot\|_p$ erzeugt. Vgl. Aufgabe 10.

10. Sei $x:=(\xi_n), y:=(\eta_n)\in l^p$ $(1\leq p\leq\infty)$. Zeige: Durch $(x|y):=\sum_{n=1}^{\infty}\xi_n\overline{\eta_n}$ kann man ein Innenprodukt auf l^p definieren, wenn $1\leq p\leq 2$, aber nicht, wenn $p>2$ ist.

11. Auf jedem Vektorraum E läßt sich ein Innenprodukt erklären.
Hinweis: Hamelsche Basis.

---

[1] Godfrey H. Hardy (1877–1947; 70), englischer Mathematiker.

19 Orthogonalität

In der euklidischen Geometrie, der Theorie der Fourierreihen (Nr. 1) und der Temperaturverteilung in einem Stab (A 1.7) sind wir schon auf den Begriff (und die Bedeutung) der „Orthogonalität" gestoßen. Wir definieren sie nun allgemein:

Zwei Vektoren x, y eines Innenproduktraumes E heißen (zueinander) **orthogonal** oder **senkrecht** (in Zeichen: $x \perp y$), wenn $(x|y)=0$ ist.[1)]

Der Nutzen dieses Begriffes zeigt sich sehr nachdrücklich bereits in der Linearen Algebra. Will man nämlich einen Vektor x aus $\mathbf{K}^n$ als Linearkombination von n Basisvektoren $y_1, \ldots, y_n$ darstellen, so muß man die Koeffizienten α_ν in $x=\alpha_1 y_1+\cdots+\alpha_n y_n$ i. allg. mühsam aus einem linearen Gleichungssystem berechnen. Ist $\{y_1, \ldots, y_n\}$ jedoch eine sogenannte **Orthonormalbasis**, gilt also $(y_\nu|y_\mu)=\delta_{\nu\mu}$ für alle ν, μ, so ist $(x|y_\mu)=\left(\sum_{\nu=1}^n \alpha_\nu y_\nu \middle| y_\mu\right)=\sum_{\nu=1}^n \alpha_\nu (y_\nu|y_\mu)=\alpha_\mu$, und x hat daher die mühelos hinzuschreibende Darstellung

$$x=\sum_{\nu=1}^n (x|y_\nu)y_\nu. \tag{19.1}$$

$N \perp M$ bedeute, daß jeder Vektor aus N zu jedem Vektor aus M orthogonal ist. Besteht N nur aus einem Element x, so schreiben wir kürzer $x \perp M$. Die Menge

$$M^\perp := \{x \in E : x \perp M\} \tag{19.2}$$

ist ein abgeschlossener linearer Unterraum von E, der sogenannte **Orthogonalraum** zu M. Ist M selbst ein linearer Unterraum von E, so haben wir offenbar $M \cap M^\perp = \{0\}$; von dieser Tatsache werden wir oft und stillschweigend Gebrauch machen.

Der Nullvektor ist als einziger Vektor orthogonal zu allen Elementen aus E. Steht x senkrecht auf den Vektoren $x_1, \ldots, x_n$, so ist $x \perp [x_1, \ldots, x_n]$. Aus der Stetigkeit des Innenproduktes folgt, daß ein Vektor, der zu allen Gliedern einer konvergenten Folge orthogonal ist, auch senkrecht auf dem Grenzwert steht. Aus diesen Bemerkungen ergibt sich, *daß aus $x \perp M$ stets $x \perp \overline{[M]}$ folgt.*

Eine herausragende Rolle spielt, wie in der euklidischen Geometrie, der

19.1 Satz des Pythagoras *Die Elemente $u_1, \ldots, u_n$ seien paarweise orthogonal ($u_j \perp u_k$ für $j \neq k$). Dann ist*

$$\|u_1+\cdots+u_n\|^2=\|u_1\|^2+\cdots+\|u_n\|^2. \tag{19.3}$$

Beweis.

$$\left\|\sum_{\nu=1}^n u_\nu\right\|^2=\left(\sum_{\nu=1}^n u_\nu \,\middle|\, \sum_{\mu=1}^n u_\mu\right)=\sum_{\nu=1}^n \sum_{\mu=1}^n (u_\nu|u_\mu)=\sum_{\nu=1}^n (u_\nu|u_\nu)=\sum_{\nu=1}^n \|u_\nu\|^2. \qquad \blacksquare$$

---

1) Die symmetrische Sprechweise wird durch (IP 3) gerechtfertigt.

Eine nichtleere Teilmenge S von E heißt Orthogonalsystem, wenn zwei verschiedene Elemente aus S stets zueinander orthogonal sind. Sind überdies die Vektoren aus S normiert ($\|u\|=1$ für jedes $u\in S$), so heißt S Orthonormalsystem. Ein *abzählbares* Orthogonalsystem wird auch Orthogonalfolge genannt; der Begriff der Orthonormalfolge versteht sich nun von selbst. Ein Orthogonalsystem S braucht nicht linear unabhängig zu sein, weil es den Nullvektor enthalten kann; liegt jedoch 0 nicht in S (ist z. B. S ein Ortho*normal*system), so ist die lineare Unabhängigkeit gesichert: Aus $\alpha_1 u_1+\cdots+\alpha_n u_n=0$ $(u_k\in S)$ folgt dann nämlich

$$0=\left(\sum_{k=1}^{n}\alpha_k u_k \Big| u_m\right)=\sum_{k=1}^{n}\alpha_k(u_k|u_m)=\alpha_m(u_m|u_m),\quad \text{also } \alpha_m=0 \quad (m=1,\ldots,n).$$

19.2 Verallgemeinerter Satz des Pythagoras *Ist $(u_1, u_2, \ldots)$ eine Orthogonalfolge und konvergiert $\sum_{k=1}^{\infty} u_k$, so konvergiert auch $\sum_{k=1}^{\infty}\|u_k\|^2$, und es ist*

$$\left\|\sum_{k=1}^{\infty}u_k\right\|^2=\sum_{k=1}^{\infty}\|u_k\|^2. \tag{19.4}$$

Zum Beweis sei $s_n:=u_1+\cdots+u_n$ und $u:=\sum_{k=1}^{\infty}u_k=\lim s_n$. Aus dem Satz des Pythagoras und der Stetigkeit des Innenproduktes folgt

$$\sum_{k=1}^{n}\|u_k\|^2=\left\|\sum_{k=1}^{n}u_k\right\|^2=(s_n|s_n)\to(u|u)=\|u\|^2=\left\|\sum_{k=1}^{\infty}u_k\right\|^2. \quad ■$$

Im $l^2(3)$ bilden die Vektoren $e_1:=(1,0,0)$ und $e_2:=(0,1,0)$ ein Orthonormalsystem S_0. Dieses System kann durch Hinzunahme des Vektors $e_3:=(0,0,1)$ zu einem größeren Orthonormalsystem S erweitert werden. S selbst hingegen ist nicht mehr „orthonormal erweiterungsfähig" (es ist *vollständig* oder *maximal*); denn aus $x\perp e_k$ für $k=1,2,3$ folgt offensichtlich $x=0$. Erst dieses *vollständige* System S ist wirklich wertvoll, weil es eine Basis von $l^2(3)$ ist; mit den Vektoren aus dem unvollständigen System S_0 hingegen kann man nicht jedes $x\in l^2(3)$ linear darstellen (z. B. nicht e_3). Dies läßt uns ahnen, daß auch in beliebigen Innenprodukträumen E diejenigen Orthonormalsysteme eine herausragende Rolle spielen werden, die nicht mehr erweitert werden können, und legt uns die folgende Definition in den Mund:

Ein Orthonormalsystem S in einem Innenproduktraum heißt vollständig oder maximal, wenn es nicht mehr orthonormal vergrößert werden kann - wenn also aus $x\perp S$ stets $x=0$ folgt.

Wir bringen nun einige Beispiele von Orthonormalsystemen. Die meisten von ihnen sind Systeme von Eigenlösungen physikalisch wichtiger Randwertaufgaben; ihre gelegentlich exotisch anmutenden Definitionen sind also keine *ad hoc*-Künsteleien, sondern Früchte der mathematisch verfahrenden Natur (s. dazu Aufgabe 1). Die Orthonormalitäts- und Maximalitätsbeweise sind entweder trivial (wir verlieren dann kein weiteres Wort über sie) oder so aufwendig, daß wir uns mit Literaturhinweisen begnügen müssen - und dürfen, denn diese Dinge gehen mehr die Analysis als die Funktionalanalysis selbst an.

19.3 Beispiel Die n-gliedrigen Vektoren

$$(1, 0, 0, \ldots, 0), \quad (0, 1, 0, \ldots, 0), \ldots, (0, 0, \ldots, 0, 1) \tag{19.5}$$

bilden ein maximales Orthonormalsystem in $l^2(n)$, die Folgen

$$(1, 0, 0, \ldots), \quad (0, 1, 0, \ldots), \quad (0, 0, 1, \ldots), \ldots \tag{19.6}$$

eines in l^2.

19.4 Beispiel In dem Hilbertraum $l^2(T)$ (s. Beispiel 18.6) definieren wir für jedes $s \in T$ eine Funktion $e_s \in l^2(T)$ durch

$$e_s(t) := \begin{cases} 1 & \text{für } t = s, \\ 0 & \text{sonst}. \end{cases} \tag{19.7}$$

Die Menge $\{e_s : s \in T\}$ bildet ein maximales Orthonormalsystem in $l^2(T)$. Es hat dieselbe Mächtigkeit wie T, kann also auch *überzählbar* sein.

19.5 Trigonometrische Funktionen Die Funktionen

$$\frac{1}{\sqrt{2\pi}}, \quad \frac{\cos t}{\sqrt{\pi}}, \quad \frac{\sin t}{\sqrt{\pi}}, \quad \frac{\cos 2t}{\sqrt{\pi}}, \quad \frac{\sin 2t}{\sqrt{\pi}}, \ldots \tag{19.8}$$

(s. (1.26)) und die vermöge der Eulerschen Formel $e^{i\varphi} = \cos\varphi + i \sin\varphi$ mit ihnen zusammenhängenden Funktionen

$$\frac{e^{int}}{\sqrt{2\pi}} \quad (n = 0, \pm 1, \pm 2, \ldots) \tag{19.9}$$

bilden jeweils eine maximale Orthonormalfolge in $L^2(-\pi, \pi)$ (s. Heuser II, Satz 141.3). Das System (19.8) wird man im Falle reellwertiger, das System (19.9) im Falle komplexwertiger Funktionen verwenden.

Für die Beispiele 19.6 bis 19.9 verweisen wir auf Achieser-Glasmann (1954), S. 27-30. Szegö (1959) und Tricomi (1955) vertiefen die hier angesprochenen Dinge. S. dazu auch die Aufgaben 7 bis 10 in Nr. 20 und die Nummern 26, 29 in Heuser (1991a).

19.6 Legendresche Funktionen Die Legendreschen Polynome[1)]

$$P_n(t) := \frac{1}{2^n n!} \frac{d^n}{dt^n} (t^2 - 1)^n \quad (n = 0, 1, 2, \ldots) \tag{19.10}$$

[1)] Adrien Marie Legendre (1752-1833; 81), französischer Mathematiker.

bilden eine Orthogonalfolge und die Legendreschen Funktionen

$$\eta_n(t) := \sqrt{n+\frac{1}{2}}\, P_n(t) \quad (n=0, 1, 2, \ldots) \tag{19.11}$$

eine maximale Orthonormalfolge in $L^2(-1, 1)$.

19.7 Tschebyscheffsche Funktionen Die Tschebyscheffschen Polynome werden durch

$$T_0(t) := 1, \qquad T_n(t) := \frac{1}{2^{n-1}} \cos(n \arccos t) \quad (n=1, 2, \ldots) \tag{19.12}$$

definiert.[1] Die Tschebyscheffschen Funktionen

$$\tau_0(t) := \frac{1}{\sqrt{\pi}}, \qquad \tau_n(t) := \sqrt{\frac{2^{2n-1}}{\pi}}\, T_n(t) \quad (n=1, 2, \ldots) \tag{19.13}$$

bilden eine maximale Orthonormalfolge in $L^2_\varrho(-1, 1)$ mit $\varrho(t) := 1/\sqrt{1-t^2}$ (vgl. A 18.3).

19.8 Laguerresche Funktionen Die Laguerreschen Polynome[2]

$$L_n(t) := \mathrm{e}^t \frac{\mathrm{d}^n}{\mathrm{d}t^n}(t^n \mathrm{e}^{-t}) \quad (n=0, 1, 2, \ldots) \tag{19.14}$$

führen zu der maximalen Orthonormalfolge der Laguerreschen Funktionen

$$\varphi_n(t) := \frac{1}{n!} \mathrm{e}^{-t/2} L_n(t) \quad (n=0, 1, 2, \ldots) \tag{19.15}$$

in $L^2(0, \infty)$.

19.9 Hermitesche Funktionen Die Hermiteschen Polynome[3]

$$H_n(t) := (-1)^n \mathrm{e}^{t^2} \frac{\mathrm{d}^n}{\mathrm{d}t^n} \mathrm{e}^{-t^2} \quad (n=0, 1, 2, \ldots) \tag{19.16}$$

---

[1] Daß sie tatsächlich Polynome in t sind, ergibt sich aus der bekannten Gleichung

$$\cos n\varphi = \cos^n \varphi - \binom{n}{2} \cos^{n-2}\varphi \sin^2\varphi + \binom{n}{4} \cos^{n-4}\varphi \sin^4\varphi - + \cdots.$$

Wir machen darauf aufmerksam, daß man häufig auch die Polynome $1, 2^{n-1}\, T_n$ $(n=1, 2, \ldots)$ als Tschebyscheffsche Polynome bezeichnet.

[2] Edmond Nicolas Laguerre (1834–1886; 52), französischer Mathematiker.

[3] Der französische Mathematiker Charles Hermite (1822–1901; 79) entdeckte u. a. die Transzendenz der Eulerschen Zahl e.

liefern die maximale Orthonormalfolge der Hermiteschen Funktionen

$$\psi_n(t) := \frac{1}{\sqrt{2^n n! \sqrt{\pi}}} e^{-t^2/2} H_n(t) \quad (n=0, 1, 2, \ldots) \tag{19.17}$$

in $L^2(-\infty, +\infty)$.

19.10 Haarsche Funktionen[1] Wir definieren diese Funktionen

$$h_0^{(0)}, h_1^{(0)} \quad \text{und} \quad h_n^{(k)} \quad (n=1, 2, \ldots; k=1, \ldots, 2^n) \tag{19.18}$$

auf [0, 1] durch die Festsetzungen

$$h_0^{(0)}(t) := 1, \quad h_1^{(0)}(t) := \begin{cases} 1 & \text{für } t \in [0, \frac{1}{2}), \\ 0 & \text{für } t = \frac{1}{2}, \\ -1 & \text{für } t \in (\frac{1}{2}, 1] \end{cases} \tag{19.19}$$

und für $n = 1, 2, \ldots; k = 1, \ldots, 2^n$ durch

$$h_n^{(k)}(t) := \begin{cases} \sqrt{2^n} & \text{für } t \in ((k-1)/2^n, (k-1/2)/2^n), \\ -\sqrt{2^n} & \text{für } t \in ((k-1/2)/2^n, k/2^n), \\ 0 & \text{für } t \in [0, 1] \setminus [(k-1)/2^n, k/2^n] \end{cases} \tag{19.20}$$

mit der naheliegenden Zusatzvereinbarung: An jeder der endlich vielen Stellen in (0, 1), an denen die Funktion $h_n^{(k)}$ noch nicht definiert ist, soll ihr Wert das arithmetische Mittel ihrer links- und rechtsseitigen Grenzwerte an ebendieser Stelle sein, außerdem sei

$$h_n^{(k)}(0) := h_n^{(k)}(0+) \quad \text{und} \quad h_n^{(k)}(1) := h_n^{(k)}(1-).$$

Dieses Haarsche System ist ein maximales Orthonormalsystem in $L^2(0,1)$ (Goffman-Pedrick (1965), S. 194).

19.11 Rademachersche Funktionen[2] Diese Funktionen r_n $(n=0, 1, \ldots)$ auf [0, 1] lassen sich mit Hilfe der Haarschen Funktionen aus Beispiel 19.10 so definieren:

$$r_0 := h_0^{(0)}, \quad r_1 := h_1^{(0)}, \quad r_n := \frac{1}{\sqrt{2^n}} \sum_{k=1}^{2^n} h_n^{(k)} \quad (n \geq 2). \tag{19.21}$$

[1] Alfred Haar (1885–1933; 48) war ein bedeutender ungarischer Funktionalanalytiker.

[2] Hans Rademacher (1892–1969; 77).

Daß sie eine Orthonormalfolge in $L^2(0, 1)$ bilden, ergibt sich aus der Orthonormalitätseigenschaft der Haarschen Funktionen. Das Rademachersche System ist aber im Gegensatz zu dem Haarschen *unvollständig* (z. B. ist die Funktion $\cos 2\pi t$ zu allen r_n orthogonal).

19.12 Walshsche Funktionen Diese Funktionen w_n $(n=0, 1, \ldots)$ auf $[0, 1]$ können mittels der Rademacherschen Funktionen r_n folgendermaßen erklärt werden:

$$w_0 := 1, \quad w_n := r_{\nu_1+1} \cdots r_{\nu_p+1} \quad (n \geqslant 1), \text{ wenn } \quad n = 2^{\nu_1} + \cdots + 2^{\nu_p} \quad (\nu_1 < \nu_2 < \cdots < \nu_p) \tag{19.22}$$

ist (Binärdarstellung von n). Sie bilden eine maximale Orthonormalfolge in $L^2(0, 1)$ (Goffman-Pedrick (1965), S. 200) und werden ausgiebig in der Nachrichtentechnik verwendet (s. Harmuth (1969)).

19.13 Hardysche Funktionen Auch diese Funktionen spielen eine zentrale Rolle in der Nachrichtentechnik, vor allem bei dem grundlegenden *Abtasttheorem von Shannon*. Es sind das die Funktionen

$$\frac{\sin \pi(t-k)}{\pi(t-k)} \quad (k=0, \pm 1, \pm 2, \ldots). \tag{19.23}$$

Sie bilden eine unvollständige Orthonormalfolge in $L^2(-\infty, +\infty)$, sind aber vollständig in demjenigen Unterraum von $L^2(-\infty, +\infty)$, dessen Elemente Fouriertransformierte mit kompaktem Träger in $[-\pi, \pi]$ haben (Unterraum der *Paley-Wienerschen Funktionen*) (Hardy (1941)).

Aufgaben

1. Orthogonalität von Eigenlösungen In Nr. 3 haben wir gesehen: Wenn 0 kein Eigenwert der Sturm-Liouvilleschen Eigenwertaufgabe (3.16) ist, so ist dieses physikalisch hochwichtige Problem äquivalent mit der Fredholmschen Integralgleichung $x - \lambda Kx = 0$ (s. (3.24)), und K ist bezüglich des Innenproduktes (3.25) *symmetrisch*: $(Kx|y) = (x|Ky)$ (alle Funktionen seien reellwertig). Zeige: Sind u_1, u_2 Eigenlösungen der Sturm-Liouvilleschen Aufgabe zu verschiedenen Eigenwerten λ_1, λ_2 (ist also $u_j - \lambda_j K u_j = 0$ für $j = 1, 2$), so sind u_1, u_2 bezüglich des Innenproduktes (3.25) zueinander *orthogonal*. Hier zeigt sich die mathematische und physikalische Bedeutung der Orthogonalität in besonders hellem Licht.

2. Für $(M^\perp)^\perp$ schreiben wir kürzer $M^{\perp\perp}$. Zeige:

a) $M_1 \subset M_2 \Rightarrow M_2^\perp \subset M_1^\perp$.

b) $M \subset M^{\perp\perp}$ und sogar $\overline{[M]} \subset M^{\perp\perp}$.

c) $M^\perp = M^{\perp\perp\perp}$.

3. In einem *reellen* Innenproduktraum gilt die Umkehrung des pythagoreischen Satzes: $\|x+y\|^2 = \|x\|^2 + \|y\|^2 \Rightarrow x \perp y$. Im komplexen Fall ist dies falsch.

4. In einem *reellen* Innenproduktraum gilt: $x \perp y \Longleftrightarrow \|x+y\| = \|x-y\|$.

5. In jedem Innenproduktraum gilt: $x \perp y \Longleftrightarrow \|x+\alpha y\| = \|x-\alpha y\|$ für alle $\alpha \in \mathbf{K}$.

6. Orthogonalität in einem Innenproduktraum läßt sich allein mit Hilfe der Norm auch so charakterisieren (vgl. Aufgabe 5):

$$x \perp y \Longleftrightarrow \|x\| \leqslant \|x-\alpha y\| \qquad \text{für alle } \alpha \in \mathbf{K}$$

(geometrische Bedeutung?). Durch die rechtsstehende Ungleichung kann man nun in einem beliebigen normierten Raum die Orthogonalität von x zu y (in Zeichen: $x \perp y$) *definieren*. Führe in $\mathbf{R}^2$ die Maximumsnorm ein, stelle fest, zu welchen $x \in \mathbf{R}^2$ mit $\|x\| = 1$ der Vektor $(0, 1)$ orthogonal ist und zeige, daß aus $x \perp y$ nicht $y \perp x$, aus $x \perp y_1, y_2$ nicht $x \perp (y_1 + y_2)$ zu folgen braucht. – Diese Orthogonalitätsdefinition stammt von dem amerikanischen Mathematiker G. Birkhoff.

***7.** F und G seien abgeschlossene und zueinander orthogonale Unterräume eines Hilbertraumes. Dann ist ihre Summe $F+G$ direkt und abgeschlossen.

8. Die auf dem offenen Einheitskreis $D := \{z \in \mathbf{C}: |z| < 1\}$ holomorphen Funktionen f mit endlichem Dirichlet-Integral $\int_D |f(z)|^2 \, dx\, dy$ bilden mit

$$(f|g) := \int_D f(z)\overline{g(z)} \, dx\, dy$$

einen Innenproduktraum. Die Folge der

$$\varphi_n(z) := \sqrt{\frac{n}{\pi}}\, z^{n-1} \quad (n = 1, 2, \ldots)$$

ist orthonormal.

9. Das n-te Legendresche Polynom $P_n(t)$ genügt der Legendreschen Differentialgleichung

$$(1-t^2)y'' - 2ty' + n(n+1)y = 0.$$

10. Das n-te Tschebyscheffsche Polynom $T_n(t)$ genügt der Differentialgleichung

$$(1-t^2)y'' - ty' + n^2 y = 0.$$

11. Das n-te Laguerrsche Polynom $L_n(t)$ genügt der Laguerrschen Differentialgleichung

$$ty'' + (1-t)y' + ny = 0.$$

12. Das n-te Hermitesche Polynom $H_n(t)$ genügt der Hermiteschen Differentialgleichung

$$y'' - 2ty' + 2ny = 0.$$

20 Gaußapproximation[1] und Orthogonalisierungsverfahren

Am Ende der Nr. 1 hatten wir ein frappierendes Ergebnis aus der Theorie der Fourierreihen mitgeteilt: In der Menge T_n aller trigonometrischen Polynome

$$p(t) := \frac{\alpha_0}{2} + \sum_{k=1}^{n} (\alpha_k \cos kt + \beta_k \sin kt) \quad (n \text{ fest}) \tag{20.1}$$

gibt es genau eines (nennen wir es p_0), das *im Sinne der L^2-Norm* einer gegebenen Funktion $x \in C[-\pi, \pi]$ am nächsten liegt, so daß also

$$\|x - p_0\|_2 \leqslant \|x - p\|_2 \quad \text{für alle } p \in T_n \tag{20.2}$$

bleibt - *und diese Bestapproximation p_0 ist gerade die n-te Teilsumme der Fourierreihe von x.* Wir wollen nun dieses Resultat in abstrakter Form wiedergewinnen (und damit auch beweisen). Das gelingt durch den folgenden, alles Weitere beherrschenden

20.1 Satz *Es sei $S := \{u_1, \ldots, u_n\}$ ein Orthonormalsystem in dem Innenproduktraum E. Dann ist die* Gaußsche Approximationsaufgabe, *zu gegebenem $x \in E$ Zahlen $\alpha_1, \ldots, \alpha_n$ so zu bestimmen, daß $\left\| x - \sum_{\nu=1}^{n} \alpha_\nu u_\nu \right\|$ minimal wird, eindeutig durch $\alpha_\nu := (x|u_\nu)$ lösbar. Der Vektor $x - \sum_{\nu=1}^{n} (x|u_\nu) u_\nu$ steht senkrecht auf S und damit senkrecht auf $[u_1, \ldots, u_n]$. Ferner gilt die* Besselsche Gleichung[2]

$$\left\| x - \sum_{\nu=1}^{n} (x|u_\nu) u_\nu \right\|^2 = \|x\|^2 - \sum_{\nu=1}^{n} |(x|u_\nu)|^2 \tag{20.3}$$

und die Besselsche Ungleichung

$$\sum_{\nu=1}^{n} |(x|u_\nu)|^2 \leqslant \|x\|^2. \tag{20.4}$$

---

[1] Sie wird nach Carl Friedrich Gauß (1777-1855; 78) genannt (in Erinnerung an seine berühmte „Methode der kleinsten Quadrate"). Über diesen genialen Mann braucht hier nichts weiter gesagt zu werden; er gehört mit Archimedes und Newton zu dem großen Dreigestirn der Mathematik.

[2] Friedrich Wilhelm Bessel (1784-1846; 62), Astronom in Königsberg.

Beweis. Für beliebige α_ν ist

$$0 \leqslant \left\| x - \sum_{\nu=1}^{n} \alpha_\nu u_\nu \right\|^2 = \left(x - \sum_{\nu=1}^{n} \alpha_\nu u_\nu \,\middle|\, x - \sum_{\mu=1}^{n} \alpha_\mu u_\mu \right)$$

$$= (x|x) - \sum_{\nu=1}^{n} \alpha_\nu (u_\nu|x) - \sum_{\mu=1}^{n} \bar{\alpha}_\mu (x|u_\mu) + \sum_{\nu,\mu=1}^{n} \alpha_\nu \bar{\alpha}_\mu (u_\nu|u_\mu)$$

$$= \|x\|^2 - \sum_{\nu=1}^{n} \alpha_\nu \overline{(x|u_\nu)} - \sum_{\nu=1}^{n} \bar{\alpha}_\nu (x|u_\nu) + \sum_{\nu=1}^{n} \alpha_\nu \bar{\alpha}_\nu$$

$$= \|x\|^2 - \sum_{\nu=1}^{n} |(x|u_\nu)|^2 + \sum_{\nu=1}^{n} [(x|u_\nu) - \alpha_\nu][\overline{(x|u_\nu)} - \bar{\alpha}_\nu]$$

$$= \|x\|^2 - \sum_{\nu=1}^{n} |(x|u_\nu)|^2 + \sum_{\nu=1}^{n} |(x|u_\nu) - \alpha_\nu|^2 .$$

Der Abstand $\left\| x - \sum_{\nu=1}^{n} \alpha_\nu u_\nu \right\|$ wird also genau dann minimal, wenn $\alpha_\nu = (x|u_\nu)$ für jedes ν gewählt wird. Die Besselsche Gleichung ist unmittelbar unserer Rechnung zu entnehmen, die Besselsche Ungleichung folgt aus (20.3), weil dort die linke Seite nichtnegativ ist. $z := x - \sum_{\nu=1}^{n} (x|u_\nu) u_\nu$ steht senkrecht auf S, weil $(z|u_\mu) = (x|u_\mu) - \sum_{\nu=1}^{n} (x|u_\nu)(u_\nu|u_\mu) = (x|u_\mu) - (x|u_\mu) = 0$ für $\mu = 1, \ldots, n$ ist. ■

Von der letzten Aussage gilt übrigens die Umkehrung: Steht $x - \sum_{\nu=1}^{n} \alpha_\nu u_\nu$ senkrecht auf S, so muß $\alpha_\nu = (x|u_\nu)$ sein; es ist dann nämlich

$$0 = \left(x - \sum_{\mu=1}^{n} \alpha_\mu u_\mu \,\middle|\, u_\nu \right) = (x|u_\nu) - \sum_{\mu=1}^{n} \alpha_\mu (u_\mu|u_\nu) = (x|u_\nu) - \alpha_\nu .$$

Die Bestapproximation $y \in [u_1, \ldots, u_n]$ des Punktes x ist also dadurch charakterisiert, daß $x - y$ orthogonal zu $[u_1, \ldots, u_n]$ ist: y ist der „Fußpunkt des Lotes" von x auf $[u_1, \ldots, u_n]$ (s. Fig. 20.1).

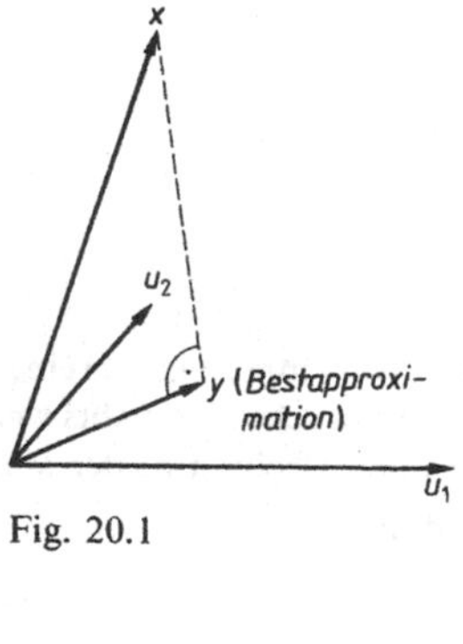

Fig. 20.1

In den Anwendungen tritt jedoch häufig der Fall auf, daß man die Approximationsaufgabe

$$\left\| x - \sum_{\nu=1}^{n} \alpha_\nu x_\nu \right\| = \min$$

zu lösen hat, in der die „Ansatzvektoren" $x_1, \ldots, x_n$ zwar noch *linear unabhängig*, aber nicht mehr *orthonormal* sind. Da diese Aufgabe aber genau wie die Gaußsche darauf hinausläuft, in einem endlichdimensionalen Unterraum, nämlich in $[x_1, \ldots, x_n]$, denjenigen Punkt zu suchen, der x am nächsten liegt, kann man sich dadurch helfen, daß man in $[x_1, \ldots, x_n]$ zunächst eine Orthonormalbasis $\{u_1, \ldots, u_n\}$ bestimmt, dann die Bestapproximation y des Punktes x in der Form $y = \sum_{\nu=1}^{n} (x|u_\nu) u_\nu$ angibt und schließlich – falls gewünscht – y noch als Linearkombination der $x_1, \ldots, x_n$ schreibt (s. auch Aufgabe 12). Daß man eine solche Orthonormalbasis leicht bestimmen kann, stellt das Schmidtsche Orthogonalisierungsverfahren[1] sicher, das im nächsten Satz beschrieben wird.

Wir wollen es uns zunächst an drei linear unabhängigen Vektoren x_1 x_2, x_3 des $l^2(3)$ veranschaulichen (wobei wir statt $\|\cdot\|_2$ kurz $\|\cdot\|$ schreiben).
Zunächst wird x_1 normiert und liefert $u_1 := x_1/\|x_1\|$. Dann ziehen wir von dem Vektor x_2 seine Bestapproximation $y_2 := (x_2|u_1)u_1$ in $[u_1]$ ab und erhalten so in $z_2 := x_2 - y_2 = x_2 - (x_2|u_1)u_1$ einen Vektor, der orthogonal zu u_1 ist (s. Satz 20.1 und Fig. 20.2). Nun wird z_2 normiert und liefert $u_2 := z_2/\|z_2\|$. Von dem Vektor x_3 schließlich subtrahieren wir seine Bestapproximation $y_3 := (x_3|u_1)u_1 + (x_3|u_2)u_2$ in $[u_1, u_2]$; dies führt zu

$$z_3 := x_3 - y_3 = x_3 - \{(x_3|u_1)u_1 + (x_3|u_2)u_2\} \quad \perp \quad [u_1, u_2]$$

(s. Satz 20.1 und Fig. 20.3). Wir setzen $u_3 := z_3/\|z_3\|$ und haben nun in $\{u_1, u_2, u_3\}$ tatsächlich eine Orthonormalbasis von $l^2(3)$ – und zwar eine, die in einfachster Weise aus den x_1, x_2, x_3 konstruiert werden kann.

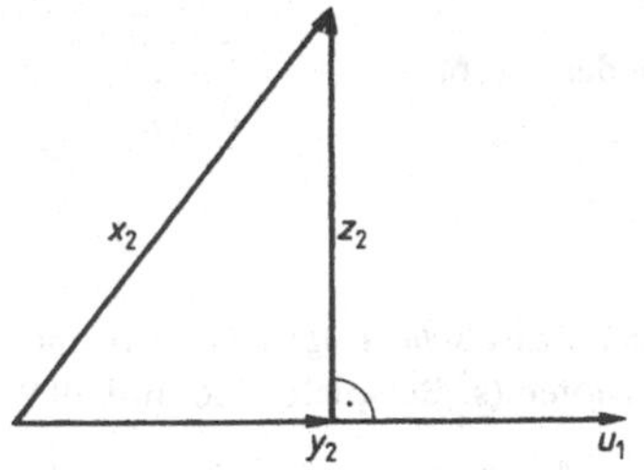

Fig. 20.2

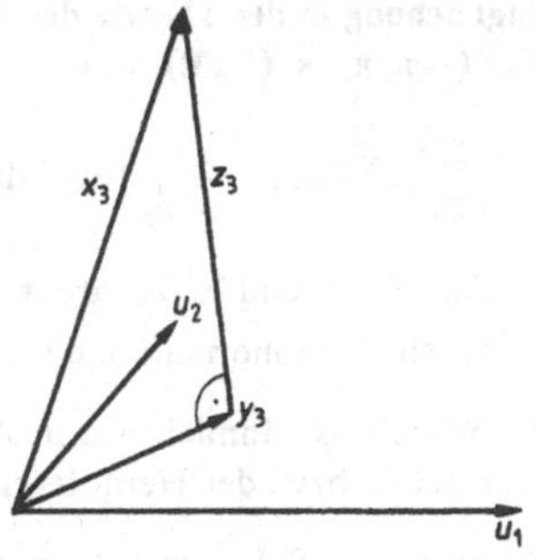

Fig. 20.3

[1] Erhard Schmidt (1876–1959; 83) hat viel dazu beigetragen, eine *geometrische Sprechweise* in die Funktionalanalysis einzuführen. In der englischsprachigen Literatur wird sein Verfahren meistens das Gram-Schmidtsche Orthogonalisierungsverfahren genannt.

Der angekündigte Schmidtsche Orthogonalisierungssatz lautet nun so:

20.2 Satz *Aus einer höchstens abzählbaren und linear unabhängigen Teilmenge* $\{x_1, x_2, \ldots\}$ *des Innenproduktraumes E läßt sich ein Orthonormalsystem* $\{u_1, u_2, \ldots\}$ *so konstruieren, daß für alle einschlägigen n gilt:*

$$u_n = \alpha_{n1}x_1 + \cdots + \alpha_{nn}x_n, \qquad x_n = \beta_{n1}u_1 + \cdots + \beta_{nn}u_n. \tag{20.5}$$

Insbesondere erzeugt also $\{u_1, \ldots, u_n\}$ *bzw.* $\{u_1, u_2, \ldots\}$ *denselben Unterraum wie* $\{x_1, \ldots, x_n\}$ *bzw.* $\{x_1, x_2, \ldots\}$.

Beweis. Wir legen die Folge $\{u_1, u_2, \ldots\}$ induktiv fest:

a) $u_1 := x_1/\|x_1\|$. Trivialerweise gilt nun (20.5) für $n=1$.

b) Sei bereits ein Orthonormalsystem $\{u_1, \ldots, u_{r-1}\}$ so definiert, daß (20.5) für $n = 1, 2, \ldots, r-1$ gilt. Dann ist

$$z_r := x_r - \sum_{\varrho=1}^{r-1} (x_r|u_\varrho)u_\varrho \perp \{u_1, \ldots, u_{r-1}\} \quad \text{(s. Satz 20.1).}$$

z_r verschwindet nicht, weil andernfalls x_r in $[u_1, \ldots, u_{r-1}]$ und damit (nach Induktionsvoraussetzung) auch in $[x_1, \ldots, x_{r-1}]$ läge – das aber geht wegen der linearen Unabhängigkeit der $x_1, x_2, \ldots, x_r$ nicht an. Mit $u_r := z_r/\|z_r\|$ ist $\{u_1, \ldots, u_r\}$ nun ein Orthonormalsystem, und (20.5) gilt für $n = 1, \ldots, r$. ■

Aufgaben

1. Beweise den eingangs mitgeteilten Satz aus der Theorie der Fourierreihen.
Hinweis: Benutze die Orthonormalfolge (1.26).

2. Besselsche Ungleichung in der Theorie der Fourierreihen Zeige: Sind a_k, b_k die Fourierkoeffizienten von $x \in L^2(-\pi, \pi)$ (s. (1.13)), so ist

$$\frac{1}{2}a_0^2 + \sum_{k=1}^{n}(a_k^2 + b_k^2) \leqslant \frac{1}{\pi}\int_{-\pi}^{\pi}|x(t)|^2\,dt \quad \text{für jedes } n \in \mathbf{N}.$$

Schließe daraus, daß $a_k \to 0$ und $b_k \to 0$ strebt.
Hinweis: Benutze die Orthonormalfolge (1.26).

3. Formuliere und beweise ähnlich wie in Aufgabe 2 *Besselsche Ungleichungen* unter Verwendung der Legendreschen bzw. der Hermiteschen Polynome (s. Beispiele 19.6 und 19.9).

4. Sei P_n die Menge aller Polynome $\alpha_0 + \alpha_1 t + \cdots + \alpha_n t^n$ vom Grade $\leqslant n$. Zeige: Für ein vorgegebenes $x \in C[a,b]$ ist die Approximationsaufgabe

$$\int_a^b |x(t) - p(t)|^2\,dt = \min \quad (p \in P_n)$$

eindeutig durch ein $p_0 \in P_n$ lösbar.

5. Betrachte im $\mathbf{R}^2$ die Aufgabe, zu dem Vektor (0, 1) eine Bestapproximation in dem von (1, 0) aufgespannten Unterraum zu finden, und zwar zuerst im Sinne der euklidischen, dann im Sinne der Maximumsnorm. Zeige, daß die erste Aufgabe *nur eine*, die zweite jedoch *unendlich viele* Lösungen besitzt (Zeichnung!). Hier zeigt sich zum ersten Mal ein tiefgreifender Unterschied zwischen diesen beiden Normen.

6. Approximation mit linear abhängigen Ansatzvektoren In einem Innenproduktraum E ist die Approximationsaufgabe

$$\left\| x - \sum_{\nu=1}^{n} \alpha_\nu x_\nu \right\| = \min$$

auch dann lösbar, wenn die $x_1, \ldots, x_n$ *linear abhängig* sind. Die Bestapproximation an x in $[x_1, \ldots, x_n]$ ist eindeutig bestimmt, die lösenden Koeffizienten $\alpha_1, \ldots, \alpha_n$ dagegen brauchen es nicht zu sein.

7. Legendresche Funktionen Orthogonalisiere in $L^2(-1, 1)$ nach dem Schmidtschen Verfahren die Polynome $1, t, t^2, \ldots$ und gewinne so die ersten *Legendreschen Funktionen*

$$\eta_n(t) := \sqrt{n + 1/2}\, P_n(t)$$

mit $\quad P_0(t) := 1, \quad P_1(t) := t, \quad P_2(t) := \frac{3}{2}t^2 - \frac{1}{2}, \quad P_3(t) := \frac{5}{2}t^3 - \frac{3}{2}t$

(s. Beispiel 19.6).

8. Tschebyscheffsche Funktionen Orthogonalisiere die Polynome $1, t, t^2, \ldots$ bezüglich des gewichteten Innenproduktes

$$(x|y) := \int_{-1}^{+1} x(t)\overline{y(t)} \frac{1}{\sqrt{1-t^2}}\, dt$$

und gewinne so die ersten *Tschebyscheffschen Funktionen*

$$\tau_0(t) := \frac{1}{\sqrt{\pi}},$$

$$\tau_n(t) := \sqrt{\frac{2^{2n-1}}{\pi}}\, T_n(t)$$

mit $\quad T_1(t) := t, \quad T_2(t) := t^2 - \frac{1}{2}, \quad T_3(t) := t^3 - \frac{3}{4}t$

(s. Beispiel 19.7).

9. Laguerresche Funktionen Orthogonalisiere in $L^2(0, +\infty)$ die Funktionén $e^{-t/2}$, $te^{-t/2}$, $t^2 e^{-t/2}, \ldots$ und gewinne so die ersten *Laguerreschen Funktionen*

$$\frac{1}{n!} e^{-t/2} L_n(t)$$

mit $\quad L_0(t) := 1, \quad L_1(t) := 1 - t, \quad L_2(t) := 2 - 4t + t^2, \quad L_3(t) := 6 - 18t + 9t^2 - t^3$

(s. Beispiel 19.8).

10. Hermitesche Funktionen Orthogonalisiere in $L^2(-\infty, +\infty)$ die Funktionen $e^{-t^2/2}$, $t e^{-t^2/2}$, $t^2 e^{-t^2/2}, \ldots$ und gewinne so die ersten *Hermiteschen Funktionen*

$$\psi_n(t) := \frac{1}{\sqrt{2^n n! \sqrt{\pi}}} e^{-t^2/2} H_n(t)$$

mit $\quad H_0(t) := 1, \quad H_1(t) := 2t, \quad H_2(t) := 4t^2 - 2, \quad H_3(t) := 8t^3 - 12t$

(s. Beispiel 19.9).

11. $x_1, x_2, \ldots, x_n$ seien linear unabhängige Elemente eines Innenproduktraumes und $\{u_1, \ldots, u_n\}$ das gemäß Satz 20.2 aus ihnen gewonnene Orthonormalsystem. Dann ist (s. (20.5))

$$\begin{aligned} u_1 &= \alpha_{11} x_1 \\ u_2 &= \alpha_{21} x_1 + \alpha_{22} x_2 \\ &\vdots \\ u_n &= \alpha_{n1} x_1 + \alpha_{n2} x_2 + \cdots + \alpha_{nn} x_n . \end{aligned}$$

Sei nun

$$S_n := \begin{vmatrix} \alpha_{11} & 0 & 0 \ldots 0 \\ \alpha_{21} & \alpha_{22} & 0 \ldots 0 \\ \vdots & & \\ \alpha_{n1} & \alpha_{n2} & \alpha_{n3} \ldots \alpha_{nn} \end{vmatrix} \quad \text{und} \quad G_n := \begin{vmatrix} (x_1|x_1) & (x_1|x_2) \ldots (x_1|x_n) \\ (x_2|x_1) & (x_2|x_2) \ldots (x_2|x_n) \\ \vdots & \\ (x_n|x_1) & (x_n|x_2) \ldots (x_n|x_n) \end{vmatrix}$$

(G_n ist die Gramsche Determinante der Vektoren $x_1, \ldots, x_n$; s. A 18.7). Zeige: $S_n G_n \overline{S}_n = 1$.

12. Normalgleichungen zur Lösung der Approximationsaufgabe $x_1, \ldots, x_n$ seien *linear unabhängige* Vektoren in dem Innenproduktraum E. Genau dann ist $\left\| x - \sum_{\nu=1}^{n} \alpha_\nu x_\nu \right\| = \min$ ($x \in E$ fest), wenn die α_ν dem System der sogenannten Normalgleichungen $\sum_{\mu=1}^{n} \alpha_\mu (x_\mu | x_\nu) = (x | x_\nu)$ ($\nu = 1, \ldots, n$) genügen. Die Lösbarkeit des Systems wird durch A 18.7 sichergestellt. Diskutiere auch den Fall *linear abhängiger* Ansatzvektoren unter Verwendung der Normalgleichungen.

13. Methode der kleinsten Quadrate Zwischen einer physikalischen Größe η und n weiteren physikalischen Größen $\xi_1, \ldots, \xi_n$ bestehe vermutungsweise eine lineare Beziehung

$$\eta = \sum_{\nu=1}^{n} \alpha_\nu \xi_\nu \quad \text{(alle Größen reell).}$$

Um die $\alpha_1, \ldots, \alpha_n$ zu bestimmen, macht man $m > n$ Messungen der Größen η und ξ_ν und erhält so zu dem k-ten Meßwertsatz $\xi_1^{(k)}, \ldots, \xi_n^{(k)}$ jeweils den Meßwert $\eta^{(k)}$ ($k = 1, \ldots, m$).
Die Methode der kleinsten Quadrate besteht nun darin, die $\alpha_1, \ldots, \alpha_n$ so zu bestimmen, daß der Ausdruck

$$\sum_{k=1}^{m} \left(\eta^{(k)} - \sum_{\nu=1}^{n} \alpha_\nu \xi_\nu^{(k)} \right)^2$$

minimal wird. Zeige, daß dies eine Approximationsaufgabe des Typs

$$\left\| y - \sum_{\nu=1}^{n} \alpha_\nu x_\nu \right\| = \min$$

im reellen $l^2(m)$ mit evtl. linear abhängigen Ansatzvektoren $x_1, \ldots, x_n$ ist (vgl. Aufgabe 6). Zur Lösung können die Normalgleichungen aus Aufgabe 12 herangezogen werden.

14. Finite harmonische Analyse Sei $M := \left\{0, \frac{2\pi}{n}, 2\frac{2\pi}{n}, \ldots, (n-1)\frac{2\pi}{n}\right\}$ und $E(M)$ der (reelle) Vektorraum der reellwertigen Funktionen auf M mit dem Innenprodukt

$$(x|y) := \sum_{t\in M} x(t)y(t) \quad \text{und der Norm} \quad \|x\| := \sqrt{(x|x)}\,;$$

$E(M)$ ist also im Grunde nichts anderes als der $l^2(n)$. Ferner seien $x_0, x_1, \ldots, x_m$ beziehentlich die auf M eingeschränkten Funktionen $1, \cos t, \ldots, \cos mt$ und $y_1, \ldots, y_m$ die entsprechend eingeschränkten Funktionen $\sin t, \ldots, \sin mt$. Die Aufgabe der finiten harmonischen Analyse besteht nun darin, zu vorgelegtem $x \in E(M)$ die $2m+1$ Zahlen $\alpha_0, \alpha_1, \ldots, \alpha_m, \beta_1, \ldots, \beta_m$ so zu bestimmen, daß

$$\left\| x - \left(\frac{\alpha_0}{2} x_0 + \sum_{\mu=1}^{m} (\alpha_\mu x_\mu + \beta_\mu y_\mu)\right) \right\| \quad \textit{minimal}$$

wird; dabei soll $2m+1 \leqslant n$ sein. Auf dieses Problem stößt man, wenn eine „empirische Funktion" der harmonischen Analyse unterworfen werden soll, eine Funktion also, von der uns nur *endlich* viele ihrer Werte durch *Messungen* bekannt sind. Zeige, daß die finite harmonische Analyse stets und auf nur eine Weise möglich ist und daß die gesuchten Zahlen gegeben werden durch

$$\alpha_\mu := \frac{2}{n} \sum_{t\in M} x(t)x_\mu(t) = \frac{2}{n}(x|x_\mu) \quad \text{für } \mu = 0, 1, \ldots, m,$$

$$\beta_\mu := \frac{2}{n} \sum_{t\in M} x(t)y_\mu(t) = \frac{2}{n}(x|y_\mu) \quad \text{für } \mu = 1, \ldots, m.$$

Hinweis: Zeige, daß die Funktionen $x_0, x_1, \ldots, x_m, y_1, \ldots, y_m$ ein Orthogonalsystem bilden. Benutze hierzu die folgenden Formeln, in denen $\mu = 1, 2, \ldots, m$ sein soll:

$$\sum_{t\in M} e^{i\mu t} = 0 \quad \text{(geometrische Summenformel!)},$$

$$\cos\mu t \cdot \sin\nu t = \frac{1}{2}[\sin(\mu+\nu)t - \sin(\mu-\nu)t],$$

$$\cos\mu t \cdot \cos\nu t = \frac{1}{2}[\cos(\mu+\nu)t + \cos(\mu-\nu)t],$$

$$\sin\mu t \cdot \sin\nu t = \frac{1}{2}[\cos(\mu-\nu)t - \cos(\mu+\nu)t].$$

21 Das allgemeine Approximationsproblem

Die *Gaußsche Approximationsaufgabe* sucht zu einem gegebenen Punkt $x \in E$ einen nächstgelegenen Punkt y in einem *endlichdimensionalen Unterraum* $F \subset E$. In dem *allgemeinen Approximationsproblem* läßt man zu, daß F eine *beliebige nichtleere Teilmenge von* E ist. In dieser dünnen Allgemeinheit ist das Problem jedoch nicht lösbar; notgedrungen muß man F einigen Einschränkungen unterwerfen. Wir werden zum Ziel kommen, wenn wir F als vollständig und „konvex" voraussetzen: Vollständigkeit bedeutet natürlich, daß jede Cauchyfolge $\subset F$ einen Grenzwert *in* F besitzt; Konvexität von F besagt, daß mit je zwei Punkten x_1, x_2 aus F auch ihre gesamte Verbindungsstrecke

$$\{\lambda_1 x_1 + \lambda_2 x_2 : \lambda_1, \lambda_2 \geqslant 0, \lambda_1 + \lambda_2 = 1\} \tag{21.1}$$

zu F gehört. Der Begriff der Konvexität ist in jedem Vektorraum sinnvoll. *Lineare Unterräume von Vektorräumen und Kugeln in normierten Räumen sind stets konvex;*

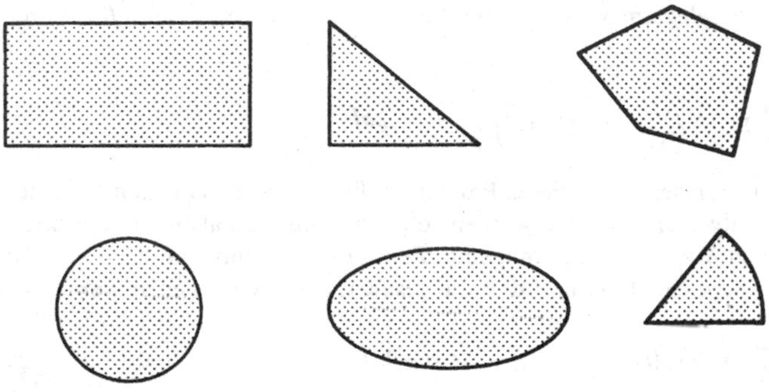

Fig. 21.1

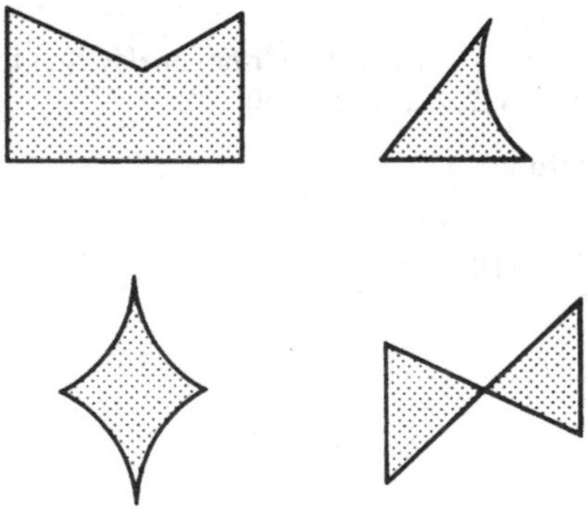

Fig. 21.2

s. auch Fig. 21.1, die einige konvexe Mengen im $\mathbf{R}^2$ zeigt. Die Mengen in Fig. 21.2 hingegen sind *nicht* konvex.

Der angekündigte Approximationssatz lautet nun so (s. Fig. 21.3):

21.1 Satz *Ist $K \neq \emptyset$ eine* konvexe *und* vollständige *Teilmenge des Innenproduktraumes E – z. B ein* vollständiger Unterraum *von E –, so ist für jedes $x \in E$ die Aufgabe*

$$\|x-y\| = \min, \qquad y \in K, \tag{21.2}$$

eindeutig in K lösbar, d.h., es gibt genau ein $y_0 \in K$ *mit*

$$\|x-y_0\| \leqslant \|x-y\| \qquad \textit{für alle } y \in K.^{1)} \tag{21.3}$$

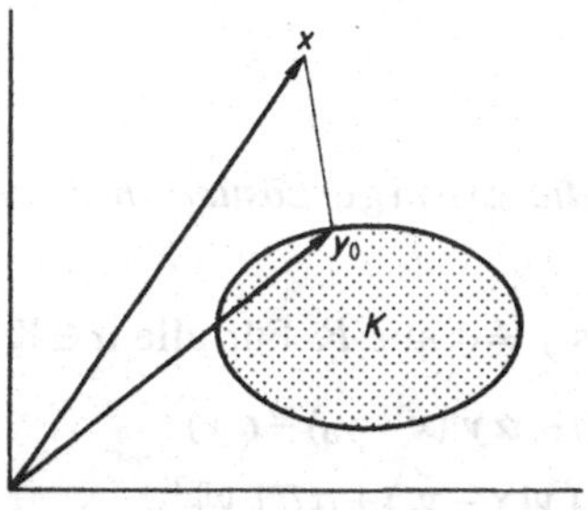

Fig. 21.3

Beweis. Sei $\gamma := \inf_{y \in K} \|x-y\|$ und (y_n) eine *Minimalfolge* in K, also

$$\lim \|x-y_n\| = \gamma.$$

Im Parallelogrammsatz $\|u+v\|^2 + \|u-v\|^2 = 2\|u\|^2 + 2\|v\|^2$ setzen wir $u := x - y_m$ und $v := x - y_n$. Da

$$u+v = (x-y_m)+(x-y_n) = 2\left[x - \frac{y_m+y_n}{2}\right], \quad u-v = (x-y_m)-(x-y_n) = y_n - y_m$$

ist und $(y_m+y_n)/2$ wegen der Konvexität von K in K liegt, haben wir

$$\begin{aligned}\|y_n-y_m\|^2 &= 2\|x-y_m\|^2 + 2\|x-y_n\|^2 - 4\left\|x - \frac{y_m+y_n}{2}\right\|^2\\ &\leqslant 2\|x-y_m\|^2 + 2\|x-y_n\|^2 - 4\gamma^2 \to 0 \qquad \text{für } n, m \to \infty.\end{aligned}$$

(y_n) ist also eine Cauchyfolge in K und besitzt somit einen Grenzwert $y_0 \in K$. Da $\|x-y_n\|$ gegen γ und gegen $\|x-y_0\|$ strebt, muß $\|x-y_0\| = \gamma$, also y_0 eine Lösung von (21.2) sein.

Wir halten fest, daß *jede Minimalfolge in K (bezüglich x) eine Cauchyfolge ist.* Sind nun $u, v \in K$ zwei Lösungen von (21.2), ist also $\|x-u\| = \|x-v\| = \gamma$, so ist trivialerweise die Folge $u, v, u, v, \ldots$ eine Minimalfolge, also eine Cauchyfolge, und daher muß $u = v$ sein. ■

Die Voraussetzungen des Satzes 21.1 sind insbesondere dann erfüllt, wenn *E vollständig und K eine konvexe, abgeschlossene Teilmenge* $\neq \emptyset$ *von E ist.*

---

1) Insbesondere gibt es in K immer ein, aber auch nur ein Element *kleinster Norm*. In gewissen physikalischen Situationen entspricht dies dem stabilen Zustand *minimaler Energie*. S. dazu auch die Ausführungen über das Dirichletsche Prinzip in Nr. 34.

Im Falle der *Gaußapproximation* (K ein *endlichdimensionaler* Unterraum) ist y_0 der „Fußpunkt des Lotes" von x auf K ($x-y_0 \perp K$). Dies gilt auch für *beliebige* Unterräume, genauer:

21.2 Satz *Ist F ein beliebiger linearer Unterraum des Innenproduktraumes E und besitzt für ein $x\in E$ die Aufgabe*

$$\|x-y\|=\min, \qquad y\in F, \tag{21.4}$$

überhaupt eine Lösung $y_0\in F$, so ist y_0 sogar die einzige *Lösung in F, und $x-y_0$ steht* senkrecht *auf F.*

Beweis. Wir zeigen zuerst $x-y_0\perp y$ für jedes $y\neq 0$ aus F. Für alle $\alpha\in\mathbf{K}$ ist

$$\begin{aligned}\|x-y_0\|^2 &\leqslant \|x-(y_0+\alpha y)\|^2=((x-y_0)-\alpha y|(x-y_0)-\alpha y)\\ &= \|x-y_0\|^2-\bar{\alpha}(x-y_0|y)-\alpha(y|x-y_0)+\alpha\bar{\alpha}\|y\|^2.\end{aligned} \tag{21.5}$$

Setzt man

$$\alpha:=\frac{(x-y_0|y)}{\|y\|^2}, \quad \text{also} \quad \bar{\alpha}=\frac{(y|x-y_0)}{\|y\|^2},$$

so erhält man aus (21.5) die Abschätzung

$$\|x-y_0\|^2\leqslant\|x-y_0\|^2-2\frac{|(x-y_0|y)|^2}{\|y\|^2}+\frac{|(x-y_0|y)|^2}{\|y\|^2}, \quad \text{also} \quad \frac{|(x-y_0|y)|^2}{\|y\|^2}\leqslant 0$$

und somit, wie behauptet, $(x-y_0|y)=0$. - Für jede weitere Lösung $y_1\in F$ von (21.4) haben wir nun $y_0-y_1=(x-y_1)-(x-y_0)\in F\cap F^\perp=\{0\}$, womit auch die Einzigkeit gezeigt ist. ■

Aufgaben

1. Satz 21.2 läßt sich umkehren: Ist $y_0\in F$ und $x-y_0\perp F$, so ist y_0 (die einzige) Lösung von (21.4). Insgesamt gilt also in verkürzter Sprechweise, *daß genau die Lotfußpunkte (falls sie existieren) Bestapproximationen sind.*

2. Es seien die Voraussetzungen des Satzes 21.1 erfüllt. Dann ist die (*nicht immer lineare*) Abbildung $B\colon E\to K$, die jedem Vektor $x\in E$ seine Bestapproximation $Bx\in K$ zuordnet, *stetig.*
Hinweis: Es strebe $x_n\to x$. Setze $\gamma_n:=\inf_{y\in K}\|x_n-y\|$, $\gamma:=\inf_{y\in K}\|x-y\|$, wähle $\varepsilon>0$ beliebig und zeige, daß für hinreichend große Indizes $\gamma_n<\gamma+\varepsilon$ und $\gamma\leqslant\|x-Bx_n\|<\gamma_n+\varepsilon$ ist.

3. Die Menge der $x\in C[a,b]$, die bei vorgegebenen Zahlen $\alpha<\beta$ für alle $t\in[a,b]$ der Abschätzung $\alpha\leqslant x(t)\leqslant\beta$ genügen, ist konvex, ebenso die Menge der auf $[a,b]$ nichtnegativen Polynome mit Grad $\leqslant n$ (n fest).

4. Sei $P_n^+[a,b]$ die Menge der Polynome mit Grad $\leqslant n$ (n fest), die auf $[a,b]$ nichtnegativ sind. Zeige, daß es zu vorgegebenem $x\in L^2(a,b)$ genau ein $p_0\in P_n^+[a,b]$ gibt, so daß für alle $p\in P_n^+[a,b]$ gilt:

$$\int_a^b |x(t)-p_0(t)|^2\,dt \leqslant \int_a^b |x(t)-p(t)|^2\,dt. \tag{21.6}$$

Hinweis: Aufgabe 3, Sätze der Nr. 11.

5. K sei die Menge aller Polynome p mit Grad $\leqslant n$ (n fest), für die $p''(t)\geqslant 0$ auf $[a,b]$ ist (K besteht also aus allen Polynomen des Grades $\leqslant n$, die auf $[a,b]$ *konvex* sind). Zeige, daß es zu vorgegebenem $x\in L^2(a,b)$ genau ein $p_0\in K$ gibt, so daß (21.6) für alle $p\in K$ gilt.

Konvexe Mengen sind von außergewöhnlicher Bedeutung. Wir behandeln deshalb einige ihrer Eigenschaften in den Aufgaben 6 bis 11.

***6.** K und L seien konvexe Teilmengen des Vektorraumes E. Zeige:

a) $K+L$, $z+L$ und αK ($z\in E$, $\alpha\in\mathbf{K}$ beliebig) sind konvex.

b) Für $\alpha,\beta\geqslant 0$ ist $(\alpha+\beta)K=\alpha K+\beta K$.

c) Sind $x_1,\ldots,x_n$ Elemente von K und $\lambda_1,\ldots,\lambda_n$ nichtnegative Zahlen mit $\lambda_1+\cdots+\lambda_n=1$, so liegt die konvexe Kombination $\lambda_1x_1+\cdots+\lambda_nx_n$ wieder in K.

Hinweis: Induktion.

***7.** M sei eine Teilmenge des Vektorraumes E. Zeige:

a) Der Durchschnitt aller konvexen Mengen $K\supset M$ ist konvex. Er wird die konvexe Hülle von M genannt.

b) Die konvexe Hülle von M ist die Menge aller konvexen Kombinationen der Elemente aus M, d.h. die Menge aller Summen der Form $\lambda_1x_1+\cdots+\lambda_nx_n$ mit $x_\nu\in M$, $\lambda_\nu\geqslant 0$ ($\nu=1,\ldots,n$) und $\lambda_1+\cdots+\lambda_n=1$.

Hinweis: Aufgabe 6c.

***8.** Sind $K_1,\ldots,K_n$ *konvexe* Teilmengen des Vektorraumes E, so ist

$$\{\lambda_1x_1+\cdots+\lambda_nx_n : x_\nu\in K_\nu, \lambda_\nu\geqslant 0 \quad (\nu=1,\ldots,n), \lambda_1+\cdots+\lambda_n=1\}$$

die konvexe Hülle von $\bigcup_{\nu=1}^{n} K_\nu$.

Hinweis: Aufgabe 7.

***9.** Die Abschließung einer konvexen Menge in einem normierten Raum ist konvex.

10. Die konvexe Hülle einer offenen Menge in einem normierten Raum ist offen.

Hinweis: Aufgabe 7.

11. $A: E\to F$ sei eine lineare Abbildung von E in F, M eine konvexe Menge in E und N eine konvexe Menge in F. Dann sind auch die Mengen $A(M)$ und $A^{-1}(N)$ konvex (kurz: lineare Bilder und Urbilder konvexer Mengen sind konvex).

12. Ein Ergodensatz Sei T ein stetiger Endomorphismus des Hilbertraumes E mit $\|T\|\leqslant 1$ und K die Abschließung der konvexen Hülle C von $\{x, Tx, T^2x,\ldots\}$ (s. Aufgaben 7 und 9). Dann strebt die Folge der

$$y_n := \frac{x+Tx+\cdots+T^{n-1}x}{n}$$

gegen die Bestapproximation y_0 an 0 in K (also gegen das Element kleinster Norm in K).

Hinweis: Zeige der Reihe nach:

a) Die Behauptung ist richtig, wenn für jedes $\varepsilon>0$ gilt:

$$\|y_n\|<\|y_0\|+\varepsilon \qquad \text{für alle hinreichend großen } n.$$

b) Es gibt ein $u\in C$ mit $\|u\|<\|y_0\|+\varepsilon/2$, und mit $v_n:=(u+Tu+\cdots+T^{n-1}u)/n$ ist

$$\|y_n\|\leqslant\|y_n-v_n\|+\|v_n\|<\|y_n-v_n\|+\|y_0\|+\frac{\varepsilon}{2}$$

(hierbei wird die Voraussetzung $\|T\|\leqslant 1$ benötigt).

c) Es ist $\|y_n-v_n\|<\varepsilon/2$ für alle hinreichend großen n (hierbei wird die Voraussetzung $u\in C$, also die Darstellung

$$u=\sum_{k=0}^{m-1}\lambda_k T^k x \quad \text{mit} \quad \lambda_k\geqslant 0, \quad \sum_{k=0}^{m-1}\lambda_k=1$$

benötigt, und noch einmal die Annahme $\|T\|\leqslant 1$).

22 Orthogonale Komplemente

Aus den Sätzen 21.1 und 21.2 ergibt sich unmittelbar der fundamentale

22.1 Zerlegungssatz *Ist F ein* vollständiger *Unterraum des Innenproduktraumes E, so läßt sich jeder Vektor $x\in E$ eindeutig in der Form*

$$x=u+v \quad \textit{mit} \quad u\in F, v\in F^\perp \tag{22.1}$$

darstellen. Mit anderen Worten: Es besteht die Orthogonalzerlegung

$$E=F\oplus F^\perp. \tag{22.2}$$

Die Voraussetzungen des Satzes sind insbesondere dann erfüllt, wenn E ein Hilbertraum *und F ein* abgeschlossener *Unterraum von E ist.*

Wenn mit einem Unterraum F die Darstellung (22.2) tatsächlich besteht, so nennen wir den Orthogonalraum $F^\perp$ das orthogonale Komplement von F (in E). In diesem Falle ist, wie man leicht sieht, $F^{\perp\perp}=F$, d.h., F ist das orthogonale Komplement von $F^\perp$. Insbesondere ist dann F als Orthogonalraum abgeschlossen: *Nur* abgeschlossene *Unterräume können orthogonale Komplemente besitzen* (und besitzen sie tatsächlich, falls nur E vollständig ist).

Gilt die Orthogonalzerlegung (22.2), so nennen wir den Projektor P von E auf F längs $F^\perp$ den Orthogonalprojektor von E auf F. Aus (22.1) folgt mit dem Satz des Pythagoras $\|Px\|^2=\|u\|^2\leqslant\|u\|^2+\|v\|^2=\|x\|^2$, infolgedessen ist P stetig und $\|P\|\leqslant 1$. Da im Falle $P\neq 0$ immer $\|P\|\geqslant 1$ ist, besitzt jeder Orthogonalprojektor $P\neq 0$ die Norm 1 (s. A 10.4).

Neben der Zerlegung (22.1) des Vektors x betrachten wir noch die entsprechende Zerlegung $y=u'+v'$ $(u'\in F, v'\in F^{\perp})$ eines Elementes y. Es ist

$$(Px|y)=(u|u'+v')=(u|u')=(u+v|u')=(x|Py),$$

also $(Px|y)=(x|Py)$. Wir haben hier wieder das Phänomen, daß man einen Operator durch das Innenprodukt „hindurchschieben" kann, ein Phänomen, das uns schon bei dem Integraloperator des Sturm-Liouvilleschen Eigenwertproblems und bei den Grundoperatoren der Quantenmechanik begegnet war. Es ist nun an der Zeit, dieser Erscheinung einen Namen zu geben: Wir wollen hinfort einen Endomorphismus A des Innenproduktraumes E symmetrisch nennen, wenn

$$(Ax|y)=(x|Ay) \quad \text{für alle } x, y\in E \tag{22.3}$$

gilt. Mit dieser Sprechweise können wir nun sagen, daß ein Orthogonalprojektor P notwendigerweise symmetrisch sein muß. Ist umgekehrt P ein *symmetrischer* Projektor und $E=P(E)\oplus N(P)$ die korrespondierende Zerlegung, so sieht man sofort, daß $P(E)\perp N(P)$, also P ein orthogonaler Projektor ist. Wir fassen zusammen:

22.2 Satz *Jeder Orthogonalprojektor $\neq 0$ besitzt die Norm* 1. *Ein Projektor ist genau dann orthogonal, wenn er symmetrisch ist.*

Wegen seines Zusammenhanges mit Orthogonalprojektoren nennt man den Satz 22.1 auch häufig Projektionssatz. Wir halten noch ausdrücklich den folgenden evidenten Tatbestand fest:

22.3 Satz *Unter den Voraussetzungen des Zerlegungssatzes sei P der Orthogonalprojektor von E auf F. Dann ist Px die* Bestapproximation *an x in F, also*

$$\|x-Px\|\leqslant\|x-u\| \quad \textit{für alle } u\in F.$$

Aufgaben

+1. Jeder endlichdimensionale Unterraum eines Innenproduktraumes besitzt ein orthogonales Komplement.

+2. Liegt der lineare Unterraum F nicht dicht in dem Hilbertraum E, so gibt es ein $x_0\neq 0$ in E mit $x_0\perp F$.

+3. Für einen Orthogonalprojektor P von E ist $P(E)=\{y\in E: \|Py\|=\|y\|\}$.

+4. Ist $E=F\oplus F^{\perp}$ und $A\in\mathscr{S}(E)$ symmetrisch, so ist mit F auch $F^{\perp}$ invariant unter A.

5. Für jeden *abgeschlossenen* Unterraum F eines Hilbertraumes E gilt $F^{\perp\perp}=F$. Ein Unterraum G von E ist genau dann abgeschlossen, wenn die Gleichung $G=G^{\perp\perp}$ besteht.

6. Besitzt $F:=\{(\xi_n)\in l^2: \xi_{2n}=0 \text{ für } n=1, 2, \ldots\}$ ein orthogonales Komplement in l^2? Wenn ja, wie ist es beschaffen? Formuliere selbst analoge Fragestellungen (mit analogen Unterräumen) in $l^2(T)$ – und beantworte sie.

7. Die im folgenden auftretenden Polynome sollen reelle Koeffizienten haben und werden auf dem Intervall $[a,b]$ betrachtet. Orthogonalität ist im Sinne des Innenproduktes $(p|q) := \int_a^b p(t)q(t)\,dt$ zu verstehen. Zeige: Es gibt genau ein Polynom p_n vom Grade n mit höchstem Koeffizienten 1, das zu allen Polynomen von Grade $<n$ orthogonal ist. Sämtliche Nullstellen von p_n sind reell, einfach und liegen in (a,b).

$^+$**8. Numerische Integration** Alle auftretenden Funktionen seien reellwertig und stetig auf $[a,b]$. $t_0,\dots,t_{n-1}$ seien n paarweise verschiedene „Stützstellen" in $[a,b]$. Bildet man zu ihnen und der Funktion x das Lagrangesche Interpolationspolynom $\sum_{k=0}^{n-1} x(t_k)L_k$ (s. Beispiel 5.1.6), so wird

$$\lambda_n(x) := \sum_{k=0}^{n-1} x(t_k)\int_a^b L_k(t)\,dt \quad \text{ein } \textit{Näherungswert} \text{ für} \quad \int_a^b x(t)\,dt$$

sein. Ist x sogar ein Polynom vom Grade $<n$, so hat man

$$x(t) = \sum_{k=0}^{n-1} x(t_k)L_k(t) \quad \text{für alle } t \text{ und somit} \quad \int_a^b x(t)\,dt = \lambda_n(x).$$

Zeige nun: Wählt man als Stützstellen $t_0,\dots,t_{n-1}$ die (verschiedenen) Nullstellen des „Orthogonalpolynoms" p_n aus Aufgabe 7, so ist

$$\int_a^b x(t)\,dt = \lambda_n(x) \qquad \text{für alle Polynome } x \text{ vom Grade } <2n.$$

Die mit den Lagrangeschen Polynomen L_k vom Grade $n-1$ konstruierte Näherungsformel liefert bei dieser Wahl der Stützstellen also überraschenderweise für alle Polynome vom Grade $<2n$ den *genauen* Integralwert, ein Phänomen, das von Gauß entdeckt worden ist.
Hinweis: Es ist $x = qp_n + r$ mit Grad $q<n$, Grad $r<n$ und $x(t_k)=r(t_k)$ für $k=0,1,\dots,n-1$.

9. Ist das Integrationsintervall $[a,b]$ in Aufgabe 8 das Intervall $[-1,1]$, so hat man für die dort beschriebene „Gaußsche Integration" als Stützstellen $t_0,\dots,t_{n-1}$ die Nullstellen des Legendreschen Polynoms P_n zu wählen (s. A 20.7).

10. Die Auflösung unlösbarer Gleichungen und die verallgemeinerte Inverse Sei $A: E \to F$ eine stetige lineare Abbildung der Hilberträume E, F, und zur Diskussion stehe die Gleichung

$$Ax = y, \quad \text{peinlicherweise allerdings mit } y \notin A(E). \tag{22.4}$$

Der Wunsch, eine solche unlösbare Gleichung dennoch zu „lösen", ist nicht ganz so pervers, wie er *a prima vista* scheinen mag. Denn gerade die Anwendungen drängen uns ständig in derartig verfahrene Situationen hinein - weil nämlich die rechte Seite y in der Regel *empirisch* bestimmt wird und so wegen der unvermeidlichen Meßfehler selbst dann nicht im Bildraum $A(E)$ zu liegen braucht, wenn sie *theoretisch* noch so sehr zu ihm gehören müßte. Die Frage ist natürlich, wie man sich mit Anstand aus einer solchen Affäre herauswinden kann.
Im Geiste der *Methode der kleinsten Quadrate* (s. A 20.13) kann man es jedenfalls immer dann, wenn $A(E)$ *abgeschlossen* ist. In diesem Falle existiert nämlich der Orthogonalprojektor P von F auf $A(E)$, und man kann nun anstelle von (22.4) die domestizierte Gleichung

$$Ax = Py \quad \text{mit der Bestapproximation } Py \text{ zu } y \text{ in } A(E) \tag{22.5}$$

lösen. Wenn $N(A) \neq \{0\}$ ist, wird man, wiederum inspiriert von den kleinsten Quadraten, unter den unendlich vielen Lösungen diejenige mit *kleinster Norm* auszusondern versuchen. Zeige nun:

a) In der Menge der Lösungen von (22.5) (bei festem y) gibt es genau eine mit kleinster Norm. Wir nennen sie die Minimalquadratlösung von (22.4) und bezeichnen sie mit $A^{\sim 1}y$.

b) $A^{\sim 1}$ ist eine stetige lineare Abbildung von F in E. Sie heißt die verallgemeinerte Inverse von A und stimmt bei bijektivem A mit A^{-1} überein.

Hinweis: A 21.2.

Weitere Auskünfte über diesen interessanten Komplex verallgemeinerter Invertierung kann der Leser in Groetsch (1977) finden.

23 Orthogonalreihen

Bei der Untersuchung der schwingenden Saite und der Temperaturverteilung in einem Stab waren wir auf das Problem gestoßen, eine vorgegebene Funktion in eine Reihe *paarweise orthogonaler* Funktionen zu entwickeln. Das Problem wird nicht geändert, wenn wir von vornherein diese Funktionen sogar als *normiert* annehmen. Den mit solchen Entwicklungen nach orthonormalen Funktionen zusammenhängenden Fragen wollen wir uns nun in allgemeiner Form zuwenden, um eine Theorie *abstrakter Fourierreihen* zu gewinnen.

E ist in dieser Nummer durchweg ein Innenproduktraum.

23.1 Satz $\{u_1, u_2, \ldots\}$ *sei ein abzählbares Orthonormalsystem in E. Dann gelten für die* Orthogonalreihe

$$\sum_{\nu=1}^{\infty} \alpha_\nu u_\nu \tag{23.1}$$

die folgenden Aussagen:

a) *Genau dann ist* (23.1) *eine Cauchyreihe, wenn*

$$\sum_{\nu=1}^{\infty} |\alpha_\nu|^2 \tag{23.2}$$

konvergiert. In einem vollständigen *Raume E konvergiert also* (23.1) *genau mit* (23.2).

b) *Aus* $\sum_{\nu=1}^{\infty} \alpha_\nu u_\nu = x$ *folgt* $\alpha_\nu = (x|u_\nu)$ *für alle* ν, *und die Reihe konvergiert sogar bei jeder Umordnung ihrer Glieder gegen* x (unbedingte Konvergenz).

c) $\sum_{\nu=1}^{\infty} (x|u_\nu) u_\nu = x$ *gilt genau dann, wenn die Gleichung*

$$\sum_{\nu=1}^{\infty} |(x|u_\nu)|^2 = \|x\|^2 \tag{23.3}$$

besteht.

d) *Ist E vollständig, so konvergiert die Reihe* $\sum_{\nu=1}^{\infty} (x|u_\nu)u_\nu$ *für jedes* $x\in E$ *gegen ein* $z\in E$, *und* $x-z$ *steht senkrecht auf* $\overline{[u_1, u_2, \ldots]}$.

Beweis. Nach Satz 19.1 ist $\left\|\sum_{\nu=m}^{n} \alpha_\nu u_\nu\right\|^2 = \sum_{\nu=m}^{n} |\alpha_\nu|^2$, woraus bereits a) folgt. – Aus $\sum_{\nu=1}^{\infty} \alpha_\nu u_\nu = x$ folgt mit Satz 18.4 $(x|u_\mu) = \sum_{\nu=1}^{\infty} \alpha_\nu (u_\nu|u_\mu) = \alpha_\mu$ für alle μ, also die *erste* Behauptung in b). – c) ergibt sich unmittelbar aus der Besselschen Gleichung (20.3). – Wir gehen zur *zweiten* Behauptung in b) über: Ist $\sum_{\nu=1}^{\infty} \alpha_\nu u_\nu = x$, so ist nach dem in b) schon Bewiesenen $\alpha_\nu = (x|u_\nu)$, wegen c) gilt also (23.3). Diese Gleichung bleibt aber bei jeder Anordnung der u_ν bestehen; wiederum nach c) konvergiert also $\sum_{\nu=1}^{\infty} \alpha_\nu u_\nu$ bei jeder Umordnung gegen x. – Wegen der Besselschen Ungleichung (20.4) konvergiert $\sum_{\nu=1}^{\infty} |(x|u_\nu)|^2$ für jedes $x\in E$; ist E vollständig, so konvergiert also nach a) $\sum_{\nu=1}^{\infty} (x|u_\nu)u_\nu$ gegen ein $z\in E$. Aus b) folgt nun $(x|u_\nu) = (z|u_\nu)$, also $(x-z|u_\nu)=0$ für alle ν. Dann ist aber $x-z$ auch senkrecht zu $\overline{[u_1, u_2, \ldots]}$ (Bemerkung vor Satz 19.1). Damit ist d) bewiesen. ■

Von der Beschränkung auf *abzählbare* Orthonormalsysteme können wir uns rasch mit Hilfe des folgenden Satzes befreien.

23.2 Satz *Ist S ein beliebiges Orthonormalsystem in E, so sind für jedes* $x\in E$ *höchstens abzählbar viele der sogenannten* Fourierkoeffizienten $(x|u)$, $u\in S$, *von Null verschieden, und es gilt die (verallgemeinerte)* Besselsche Ungleichung

$$\sum_{u\in S} |(x|u)|^2 \leqslant \|x\|^2, \tag{23.4}$$

wobei nur die von Null verschiedenen Fourierkoeffizienten in die Reihe aufgenommen werden sollen.

Beweis. $\varepsilon>0$ sei gegeben, und $v_1, \ldots, v_n$ seien Elemente aus S mit $|(x|v_\nu)|\geqslant\varepsilon$. Nach (20.4) ist dann $n\varepsilon^2 \leqslant \sum_{\nu=1}^{n} |(x|v_\nu)|^2 \leqslant \|x\|^2$, also $n\leqslant\varepsilon^{-2}\|x\|^2$. Es können daher höchstens *endlich* viele $u\in S$ mit $|(x|u)|\geqslant\varepsilon$ vorhanden sein. Setzt man ε der Reihe nach gleich $1, 1/2, 1/3, \ldots$, so sieht man, daß es höchstens *abzählbar* viele $u\in S$, etwa $u_1, u_2, \ldots$ gibt, für die $(x|u)\neq 0$ ausfällt. Für die u_ν gilt nach (20.4) bei beliebigem n die Ungleichung $\sum_{\nu=1}^{n} |(x|u_\nu)|^2 \leqslant \|x\|^2$, aus der sich für $n\to\infty$ die Abschätzung (23.4) ergibt. ■

Vereinbaren wir ein für allemal, daß in eine Reihe, in der Fourierkoeffizienten $(x|u)$ bezüglich eines überabzählbaren Orthonormalsystems auftreten, nur die *von Null verschiedenen* Koeffizienten $(x|u_1)$, $(x|u_2)$, ... aufgenommen werden, so erhalten wir aus Satz 23.1 fast unmittelbar den

23.3 Satz *Ist S ein beliebiges Orthonormalsystem in E, so gelten die folgenden Aussagen:*

a) *Die Orthogonalreihe* $\sum_{u \in S} (x|u)u$ *ist entweder divergent oder konvergiert bei* jeder *Anordnung der Fourierkoeffizienten* $(x|u) \neq 0$ *gegen ein und dasselbe Element z. Sie konvergiert genau dann gegen den erzeugenden Vektor x, wenn die Gleichung*

$$\sum_{u \in S} |(x|u)|^2 = \|x\|^2 \tag{23.5}$$

besteht.

b) *Ist E* vollständig, *so konvergiert für jedes* $x \in E$ *die Reihe* $\sum_{u \in S} (x|u)u$ *gegen ein Element z von E, und* $x - z$ *steht senkrecht auf der abgeschlossenen linearen Hülle von S; diese ist gerade die Menge* $\left\{ \sum_{u \in S} (y|u)u : y \in E \right\}$.

Wir brauchen nur noch die Orthogonalitätsaussage und die Hüllencharakterisierung in b) zu beweisen. Sei $x \in E$ gegeben und $S_0 := \{u_1, u_2, \ldots\}$ die Menge aller $u \in S$, die nichtverschwindende Fourierkoeffizienten $(x|u)$ von x liefern. Für jedes $u \in S \setminus S_0$ ist dann $(x|u) = 0$ und $(z|u) = \sum (x|u_\nu)(u_\nu|u) = 0$, also $x - z \perp (S \setminus S_0)$. Da aber nach Satz 23.1 d $x - z$ auch senkrecht auf S_0 steht, ist $x - z \perp S$, also auch $\perp \overline{[S]}$. - Sei $G := \left\{ \sum_{u \in S} (y|u)u : y \in E \right\}$. Trivialerweise ist $G \subset \overline{[S]}$. Ist nun x ein beliebiges Element aus $\overline{[S]}$ und $z = \sum_{u \in S} (x|u)u$, so liegt $x - z$ in $\overline{[S]}$. Andererseits steht aber nach dem eben Bewiesenen $x - z$ auch senkrecht auf $\overline{[S]}$. Es folgt $x - z = 0$, also $\sum_{u \in S} (x|u)u = x$, und somit gehört x zu G. Insgesamt ist also tatsächlich $G = \overline{[S]}$. ■

Die Reihe $\sum_{u \in S} (x|u)u$ nennt man die Fourierreihe von x bezüglich des Orthonormalsystems S, auch wenn sie *nicht* gegen x konvergiert. Gilt $x = \sum_{u \in S} (x|u)u$, so sagen wir, daß x in seine Fourierreihe bezüglich S *entwickelt* sei.

Aufgaben

1. Ist (u_n) eine Orthonormalfolge, so streben für jedes x die Fourierkoeffizienten $(x|u_n) \to 0$.

2. Eine Familie $(x_\iota : \iota \in I)$ von Vektoren in einem normierten Raum E heißt summierbar zur Summe $x \in E$, in Zeichen $\sum_{\iota \in I} x_\iota = x$, wenn es zu jedem $\varepsilon > 0$ eine endliche Indexmenge $J(\varepsilon)$ gibt, so daß für jede endliche Indexmenge $J \supset J(\varepsilon)$ stets $\left\| x - \sum_{\iota \in J} x_\iota \right\| < \varepsilon$ ist. Zeige:

a) Aus $\sum_{\iota\in I} x_\iota = x$, $\sum_{\iota\in I} y_\iota = y$ folgt $\sum_{\iota\in I}(x_\iota + y_\iota) = x+y$ und $\sum_{\iota\in I} \alpha x_\iota = \alpha x$ für alle $\alpha \in \mathbf{K}$.

b) Höchstens abzählbar viele Glieder einer summierbaren Familie sind $\neq 0$.

c) Ist die abzählbare Familie $(x_n : n \in \mathbf{N})$ summierbar zur Summe x, so konvergiert die Reihe $\sum_{n=1}^{\infty} x_n$ unbedingt (d. h. bei jeder Anordnung ihrer Glieder) gegen x.

d) Die Familie $(x_\iota : \iota \in I)$ in einem Banachraum E ist genau dann summierbar, wenn es zu jedem $\varepsilon > 0$ eine endliche Indexmenge $J(\varepsilon)$ gibt, so daß für jede endliche und zu $J(\varepsilon)$ fremde Indexmenge J stets $\left\| \sum_{\iota\in J} x_\iota \right\| < \varepsilon$ ist (*Cauchysches Kriterium*).

e) Eine Familie $(\alpha_\iota : \iota \in I)$ positiver Zahlen ist genau dann summierbar, wenn es eine Zahl γ gibt, so daß für jede endliche Indexmenge J stets $\sum_{\iota\in J} \alpha_\iota \leqslant \gamma$ ist. In diesem Falle ist auch $\sum_{\iota\in I} \alpha_\iota \leqslant \gamma$.

f) Ein Orthogonalsystem $(u_\iota : \iota \in I)$ in einem Hilbertraum ist genau dann summierbar, wenn die Zahlenfamilie $(\|u_\iota\|^2 : \iota \in I)$ summierbar ist.

3. Zeige durch ein Beispiel im l^2, daß in der Besselschen Ungleichung (23.4) das strenge Kleiner-Zeichen stehen kann und daß eine konvergente Orthonormalreihe $\sum (x|u_k)u_k$ nicht die Summe x zu haben braucht.

4. Aus $x = \sum_{k=1}^{\infty} (x|u_k)u_k$, $y = \sum_{k=1}^{\infty} (y|u_k)u_k$ folgt stets $(x|y) = \sum_{k=1}^{\infty} (x|u_k)\overline{(y|u_k)}$; die letzte Reihe konvergiert sogar *absolut*.

24 Orthonormalbasen

Ein Orthonormalsystem S in dem Innenproduktraum E heißt Orthonormalbasis (von E), wenn für *jedes* $x \in E$ die Fourierentwicklung $x = \sum_{u\in S} (x|u)u$ besteht.[1]

Aus Satz 23.3 a entnehmen wir unmittelbar das folgende Kriterium:

24.1 Satz *Das Orthonormalsystem S in dem Innenproduktraum E ist genau dann eine Orthonormalbasis, wenn für jedes $x \in E$ gilt:*

$$\|x\|^2 = \sum_{u\in S} |(x|u)|^2 \quad \text{(Parsevalsche Gleichung).} \tag{24.1}$$

Es stellt sich sofort die Frage, ob jeder Innenproduktraum E eine Orthonormalbasis besitzt. Die Antwort ist bejahend, falls E „separabel" oder vollständig ist (Sätze 24.2 und 24.4). Dabei nennt man einen metrischen Raum separabel, wenn es eine höchstens abzählbare Menge gibt, die dicht in ihm liegt (s. Aufgaben 7 bis 14).

[1] Vgl. die Erörterungen um (1.28) und (1.29).

24.2 Satz *Jeder* separable *Innenproduktraum $E \neq \{0\}$ besitzt eine höchstens abzählbare Orthonormalbasis.*

Beweis. Sei $M := \{x_1, x_2, \ldots\}$ dicht in E, x_{n_1} das erste Element $\neq 0$ aus M, x_{n_2} das erste Element aus M, das nicht in $[x_{n_1}]$ liegt, allgemein x_{n_k} das erste Element aus M, das nicht in $[x_{n_1}, \ldots, x_{n_{k-1}}]$ enthalten ist. Offenbar ist $\{x_{n_1}, x_{n_2}, \ldots\}$ eine linear unabhängige Menge, deren lineare Hülle dicht in E liegt. Das Schmidtsche Orthogonalisierungsverfahren (Satz 20.2) liefert nun ein Orthonormalsystem $\{u_1, u_2, \ldots\}$, dessen lineare Hülle ebenfalls dicht in E liegt. Zu jedem $x \in E$ gibt es also eine gegen x konvergierende Folge von Elementen

$$y_n := \sum_{\nu=1}^{m_n} \alpha_{n\nu} u_\nu \qquad (m_1 < m_2 < \cdots).$$

Nach Satz 20.1 haben wir

$$\begin{aligned} 0 \leqslant \|x\|^2 - \sum_{\nu=1}^{m_n} |(x|u_\nu)|^2 &= \left\| x - \sum_{\nu=1}^{m_n} (x|u_\nu)\, u_\nu \right\|^2 \\ &\leqslant \left\| x - \sum_{\nu=1}^{m_n} \alpha_{n\nu} u_\nu \right\|^2 = \|x - y_n\|^2; \end{aligned}$$

für $n \to \infty$ strebt also die Folge der Teilsummen $\sum_{\nu=1}^{m_n} |(x|u_\nu)|^2$ gegen $\|x\|^2$, und da nach Satz 23.2 die Reihe $\sum_{\nu=1}^{\infty} |(x|u_\nu)|^2$ konvergiert, folgt daraus $\sum_{\nu=1}^{\infty} |(x|u_\nu)|^2 = \|x\|^2$. Der Satz 24.1 weist nun $\{u_1, u_2, \ldots\}$ als eine Orthonormalbasis von E aus. ■

Ist S eine Orthonormalbasis von E, so muß offenbar jeder zu S orthogonale Vektor verschwinden. S ist also ein *maximales* Orthonormalsystem. Umgekehrt wird ein maximales Orthonormalsystem jedenfalls dann eine Orthonormalbasis sein, wenn E vollständig ist (s. Satz 23.3 b). Es gilt also:

24.3 Satz *Ein Orthonormalsystem S in einem* Hilbertraum *ist dann und nur dann eine Orthonormalbasis, wenn es* maximal *ist.*

Die nun sich aufdrängende Frage nach der *Existenz* maximaler Orthonormalsysteme erledigt der

24.4 Satz *Ein Innenproduktraum $E \neq \{0\}$ besitzt maximale Orthonormalsysteme und somit, falls er vollständig ist, auch Orthonormalbasen. Jedes Orthonormalsystem kann zu einem maximalen erweitert werden.*

Wir beweisen zunächst die zweite Aussage. Sei S_0 ein Orthonormalsystem in E und $\mathfrak{M}$ die Menge aller Orthonormalsysteme $S \supset S_0$ in E. Ordnen wir $\mathfrak{M}$ durch die Inklusion, so erhalten wir die Behauptung aus dem Zornschen Lemma. – Die Existenz maximaler Orthonormalsysteme ergibt sich nun, indem man ein Orthonormalsystem der Form $S_0 = \{x/\|x\|\}$, $x \neq 0$, zu einem maximalen erweitert. ■

Übrigens kann ein *maximales* Orthonormalsystem S selbst dann nützlich sein, wenn es *keine* Orthonormalbasis ist, und zwar deshalb, weil *die Fourierkoeffizienten* $(x|u)$ *eines Elementes* x *bezüglich* S *dieses Element eindeutig bestimmen:* Aus $(x|u)=(y|u)$, also $(x-y|u)=0$ für alle $u\in S$ folgt nämlich $x-y=0$.

In Dixmier (1953) werden Beispiele unvollständiger Innenprodukträume angegeben, die *keine* Orthonormalbasis besitzen. In den Aufgaben 15–21 findet der Leser Orthonormalbasen für einige besonders wichtige Hilberträume.

Aufgaben

+**1.** Die folgenden Aussagen über das Orthonormalsystem S in dem Innenproduktraum E sind äquivalent: a) S ist eine Orthonormalbasis. b) S ist eine Grundmenge (d.h. $\overline{[S]}=E$). c) Für alle x,y aus E gilt $(x|y)=\sum_{u\in S}(x|u)\overline{(y|u)}$ (auch diese Gleichung wird Parsevalsche Gleichung genannt).

2. Sei $S:=\{u_1,u_2,\ldots\}$ ein maximales Orthonormalsystem in dem Innenproduktraum E. Genau dann ist E vollständig, wenn $\sum_{\nu=1}^{\infty}\alpha_\nu u_\nu$ für jede Zahlenfolge (α_ν) mit $\sum_{\nu=1}^{\infty}|\alpha_\nu|^2<\infty$ konvergiert.

Anleitung für den Beweis der Hinlänglichkeit: Zeige, daß jedes $x\in E$ nach S entwickelt werden kann und konstruiere dann einen Normisomorphismus von E auf l^2.

3. Sei $\{u_t: t\in T\}$ ein maximales Orthonormalsystem in dem Innenproduktraum E. Genau dann ist E vollständig, wenn $\sum_{t\in T}\alpha_t u_t$ für jede Zahlenfamilie $(\alpha_t: t\in T)$ konvergiert, die folgende Eigenschaften besitzt: a) Höchstens abzählbar viele Glieder der Familie (α_t) sind $\neq 0$ (und nur diese Glieder sollen in der obigen Reihe wirklich auftreten). b) $\sum_{t\in T}|\alpha_t|^2<\infty$.

Anleitung: Verfahre wie in Aufgabe 2, ersetze jedoch l^2 durch den Raum $l^2(T)$ in Beispiel 18.6.

+**4.** Zwei maximale Orthonormalsysteme S_1, S_2 in dem Innenproduktraum E haben stets die gleiche Kardinalzahl (die man auch die Hilbertdimension von E nennt).

Anleitung: Jedem $u\in S_1$ ordne man die (höchstens abzählbare) Menge $S_2(u):=\{v\in S_2: (u|v)\neq 0\}$ zu und zeige, daß $S_2=\bigcup_{u\in S_1}S_2(u)$ ist.

5. Vergleiche die Parsevalsche Gleichung (24.1) mit der Parsevalschen Gleichung der klassischen Fouriertheorie in A 1.4.

***6.** Jeder Unterraum eines separablen metrischen Raumes ist wieder separabel.

Beispiele separabler und nichtseparabler Räume werden in den Aufgaben 7–14 angegeben.

7. Jeder endlichdimensionale normierte Raum E ist separabel.

Hinweis: Ist $\{x_1,\ldots,x_n\}$ eine Basis von E, so ist die Menge $\{\xi_1x_1+\cdots+\xi_nx_n: \xi_1,\ldots,\xi_n \text{ rational}\}$ abzählbar und liegt dicht in E (dabei wird eine komplexe Zahl rational genannt, wenn ihr Real- und Imaginärteil rational sind).

8. Die Räume l^p sind für $1 \leqslant p < \infty$ separabel.

Hinweis: Sei $e_k = (0, \ldots, 0, 1, 0, \ldots)$ (1 an der k-ten Stelle, sonst 0). Für jedes $x := (\xi_k) \in l^p$ gilt (Beweis!)

$$x = \sum_{k=1}^{\infty} \xi_k e_k, \quad \text{also} \quad \sum_{k=1}^{n} \xi_k e_k \to x \quad \text{für } n \to \infty. \tag{24.2}$$

Argumentiere nun ähnlich wie in Aufgabe 7.

9. l^∞ ist *nicht* separabel.

Hinweis: Sei $\{x_1, x_2, \ldots\} \subset l^\infty$ mit $x_n := (\xi_1^{(n)}, \xi_2^{(n)}, \ldots)$. Für $x := (\xi_1, \xi_2, \ldots)$ mit

$$\xi_k := \begin{cases} \xi_k^{(k)} + 1, & \text{falls } |\xi_k^{(k)}| \leqslant 1, \\ 0 & \text{sonst} \end{cases}$$

ist $\|x - x_k\|_\infty \geqslant 1$ für alle k.

10. $B(T)$ ist bei unendlichem T *nicht* separabel.

Hinweis: Argumentiere ähnlich wie in Aufgabe 9.

11. (c) ist separabel.

Hinweis: Mit $e_0 := (1, 1, 1, \ldots)$ und den $e_1, e_2, \ldots$ aus Aufgabe 8 hat jedes $x := (\xi_1, \xi_2, \ldots) \in (c)$ mit $\xi := \lim_{n \to \infty} \xi_n$ die Darstellung (Beweis!)

$$x = \xi e_0 + \sum_{k=1}^{\infty} (\xi_k - \xi) e_k. \tag{24.3}$$

12. (c_0) ist separabel.

Hinweis: Aufgaben 6 und 11.

13. $C[a, b]$ ist separabel.

Hinweis: Weierstraßscher Approximationssatz.

14. Die Räume $L^p(a, b)$ sind für $1 \leqslant p < \infty$ separabel, dagegen ist $L^\infty(a, b)$ *nicht* separabel. Zum Beweis bedarf es einer gewissen Kenntnis der Lebesgueschen Theorie. Auf $L^2(a, b)$ werden wir noch zu sprechen kommen.

Orthonormalbasen in wichtigen Hilberträumen werden in den Aufgaben 15-21 angegeben.

15. Die n-gliedrigen Vektoren

$$(1, 0, 0, \ldots, 0), \quad (0, 1, 0, \ldots, 0), \ldots, \quad (0, 0, \ldots, 0, 1)$$

bilden eine Orthonormalbasis in $l^2(n)$, die Folgen

$$(1, 0, 0, \ldots), \quad (0, 1, 0, \ldots), \quad (0, 0, 1, 0, \ldots), \ldots$$

eine in l^2.

16. Die Funktionen

$$\frac{1}{\sqrt{2\pi}}, \quad \frac{\cos t}{\sqrt{\pi}}, \quad \frac{\sin t}{\sqrt{\pi}}, \quad \frac{\cos 2t}{\sqrt{\pi}}, \quad \frac{\sin 2t}{\sqrt{\pi}}, \ldots$$

bilden eine Orthonormalbasis in $L^2_{\mathbf{R}}(-\pi,\pi)$, die Funktionen

$$\frac{1}{\sqrt{2\pi}} e^{int} \quad (n=0, \pm 1, \pm 2, \ldots)$$

eine in $L^2_{\mathbf{C}}(-\pi,\pi)$.
Hinweis: Beispiel 19.5.

17. Die *Legendreschen Funktionen* bilden eine Orthonormalbasis in $L^2(-1,1)$, die *Tschebyscheffschen* eine in $L^2_\varrho(-1,1)$ mit $\varrho(t):=1/\sqrt{1-t^2}$.
Hinweis: Beispiele 19.6 und 19.7.

18. Die *Laguerreschen Funktionen* bilden eine Orthonormalbasis in $L^2(0,\infty)$.
Hinweis: Beispiel 19.8.

19. Die *Hermiteschen Funktionen* bilden eine Orthonormalbasis in $L^2(-\infty,+\infty)$.
Hinweis: Beispiel 19.9.

20. Die *Haarschen Funktionen* bilden eine Orthonormalbasis in $L^2(0,1)$, ebenso die *Walshschen Funktionen*.
Hinweis: Beispiele 19.10 und 19.12.

21. Die *Hardyschen Funktionen* bilden eine Orthonormalbasis in demjenigen Unterraum von $L^2(-\infty,+\infty)$, dessen Elemente Fouriertransformierte mit kompaktem Träger in $[-\pi,\pi]$ haben.
Hinweis: Beispiel 19.13.

22. Der Unterraum F des Hilbertraumes E liege dicht in E, und S sei eine Orthonormalbasis von F. Dann ist S auch eine Orthonormalbasis von E.
Hinweis: Aufgabe 1.

23. Das isoperimetrische Problem (Problem der Dido) Es lautet so: Bestimme unter allen Kurven mit vorgegebener Länge L diejenigen, welche den inhaltsgrößten Bereich umschließen. Nichts scheint evidenter zu sein, als daß die einzige Lösung der *Kreis* mit dem Umfang L ist, und diese Vermutung trifft auch das Richtige - aber merkwürdigerweise liegen die Gründe hierfür keineswegs an der Oberfläche. Einer der möglichen Beweise bedient sich der *Parsevalschen Gleichung*

$$\frac{1}{2}a_0^2 + \sum_{n=1}^{\infty}(a_n^2+b_n^2) = \frac{1}{\pi}\int_{-\pi}^{\pi} x^2(t)\,dt$$

für die Funktion $x \in L^2_{\mathbf{R}}(-\pi,\pi)$ mit der (klassischen) Fourierentwicklung

$$\frac{a_0}{2} + \sum_{n=1}^{\infty}(a_n \cos nt + b_n \sin nt)$$

(s. A 1.4). Eine nähere Beschreibung dieses Zugangs zu dem altehrwürdigen *Problem der Dido* (einer sagenhaften karthagischen Königin) findet der Leser in Heuser II, Nr. 223.

25 Die kanonischen Hilbertraummodelle

Man darf getrost sagen, daß Hilberträume an allen Kreuzwegen der höheren Analysis auftauchen; außerdem spielen sie eine tonangebende Rolle in der Quantentheorie. Umso überraschender ist, daß es nur *sehr wenige* von ihnen gibt - wenn man die Sache nur im rechten Lichte sieht. Das rechte Licht steckt uns der Begriff des Normisomorphismus auf.

Angenommen, $A: E \to F$ sei ein Normisomorphismus zwischen den Innenprodukträumen E und F (Vollständigkeit ist zunächst nicht erforderlich). Dann dürfen wir E und F als *normierte* Räume identifizieren (s. Ende der Nr. 10). Aber in *Innenprodukträumen* gibt es noch ein Strukturelement, das wir in normierten Räumen *nicht* haben: eben das *Innenprodukt.* Um Innenprodukträume in jeder Beziehung als „gleichgestaltig" (isomorph) und damit als identifizierbar auffassen zu dürfen, benötigen wir offenbar Normisomorphismen A, die auch noch das Innenprodukt erhalten, mit denen also gilt:

$$(Ax|Ay)=(x|y) \quad \textit{für alle } x, y \in E. \tag{25.1}$$

Aber dies leistet glücklicherweise bereits ein ganz gewöhnlicher Normisomorphismus! Denn das Innenprodukt läßt sich gemäß (18.8) allein durch die Norm ausdrücken, so daß ein normerhaltender Isomorphismus von selbst auch das Innenprodukt erhält. Mit anderen Worten: *Zwei Innenprodukträume können bereits dann* als Innenprodukträume *identifiziert werden, wenn sie nur normisomorph sind.*

Wir beweisen nun den grundlegenden, aber beim jetzigen Stand der Dinge fast trivialen

25.1 Satz *Ein Hilbertraum $E \neq \{0\}$ ist stets normisomorph zu $l^2(T)$, wobei die Menge T beliebig sein darf, sofern sie nur dieselbe Mächtigkeit wie eine Orthonormalbasis S von E hat.*[1]

Beweis. Wir indizieren die Elemente von S mit denen von T: $S=\{u_t: t \in T\}$. Für jedes $x \in E$ haben wir dann die Entwicklung

$$x = \sum_{t \in T} (x|u_t)\, u_t \tag{25.2}$$

und nach Satz 24.1 die Parsevalsche Gleichung

$$\|x\|^2 = \sum_{t \in T} |(x|u_t)|^2. \tag{25.3}$$

[1] $l^2(T)$ ist im Beispiel 18.6 definiert. Für T kann man z.B. S selbst nehmen. Orthonormalbasen existieren nach Satz 24.4.

In (25.2) und (25.3) sind höchstens abzählbar viele der Fourierkoeffizienten $(x|u_t)$ von Null verschieden. Erklären wir nun für jedes $x \in E$ die Funktion $\varphi_x\colon T \to \mathbf{K}$ durch

$$\varphi_x(t) := (x|u_t) \quad (t \in T), \tag{25.4}$$

so folgt aus (25.3), daß φ_x in $l^2(T)$ liegt und $\|x\| = \|\varphi_x\|$ ist. Die Abbildung $A\colon E \to l^2(T)$, definiert durch

$$Ax := \varphi_x,$$

ist also normtreu und trivialerweise linear. Unser Satz ist daher in dem Augenblick bewiesen, wo wir ihre *Surjektivität* garantieren können. Ist nun φ beliebig aus $l^2(T)$, so konvergiert $\sum_{t \in T} |\varphi(t)|^2$, infolgedessen existiert nach Satz 23.1 ein $x \in E$ mit $x = \sum_{t \in T} \varphi(t) u_t$, und nach demselben Satz ist $\varphi(t) = (x|u_t)$, d.h. $\varphi = \varphi_x$ oder also $Ax = \varphi$. A ist somit tatsächlich surjektiv. ■

Ist E n-dimensional, so können wir für T die Menge $\{1, 2, \ldots, n\}$ nehmen. Es ist dann $l^2(T) = l^2(n)$. Ist E unendlichdimensional, aber separabel, so kann $\mathbf{N}$ die Rolle von T spielen (s. Satz 24.2), und dann ist $l^2(T) = l^2$. Wir können somit folgendes festhalten:

25.2 Satz *Jeder n-dimensionale Hilbertraum ist normisomorph zu $l^2(n)$, jeder unendlichdimensionale separable Hilbertraum normisomorph zu l^2.*

Etwas pointiert dürfen wir also sagen: Es gibt nur *einen* n-dimensionalen Hilbertraum, nämlich $l^2(n)$, und nur *einen* unendlichdimensionalen separablen, nämlich l^2.

Der unendlichdimensionale Hilbertraum $L^2(a, b)$ ist separabel (s. A 24.14). Man kann diese nicht an der Oberfläche liegende Tatsache z.B. mit Hilfe der Fouriertheorie beweisen, die uns lehrt, daß es „kleine", nämlich abzählbare Orthonormalbasen in $L^2(a, b)$ gibt (s. die Aufgaben 16–20 in Nr. 24). Aus Satz 25.2 folgt nun das verblüffende Ergebnis, *daß $L^2(a, b)$ im Grunde nur der verkleidete l^2 ist.* Diese Tatsache ist der mathematische Grund für die Äquivalenz der Matrizen- und Wellenmechanik in der Quantentheorie: die eine operiert in l^2, die andere in L^2.

26 Die stetigen Linearformen eines Hilbertraumes

Auf einem Innenproduktraum E wird für jedes feste $z \in E$ durch

$$f(x) := (x|z) \tag{26.1}$$

offensichtlich eine lineare Abbildung f von E in den zugehörigen Skalarkörper $\mathbf{K}$ erklärt. Keine linearen Abbildungen eines Vektorraumes sind so einfach gebaut wie die *skalarwertigen*, und da sie sich zudem auch noch in zahllose analytische Untersuchungen eindrängen (wie schon die Beispiele 5.1.1 bis 5.1.3 ahnen lassen), hat man sie durch einen eigenen Namen ausgezeichnet: man nennt sie Linearformen oder lineare Funktionale. Die durch (26.1) definierte Abbildung ist also eine *Linearform auf E*.[1)]

Diese Linearform ist überdies *stetig* mit

$$\|f\| = \|z\|. \tag{26.2}$$

Denn dank der Schwarzschen Ungleichung ist $|f(x)| \leqslant \|z\|\,\|x\|$, also f beschränkt und $\|f\| \leqslant \|z\|$. Und wegen $|f(z)| = |(z|z)| = \|z\|^2 = \|z\|\,\|z\|$ muß sogar $\|f\| = \|z\|$ sein. ■

Das Entscheidende aber ist nun, daß diese Betrachtungen sich bei *vollständigem E* umkehren lassen, d.h., daß dann nicht nur durch (26.1) eine stetige Linearform definiert wird, sondern sogar *jede* stetige Linearform f sich mittels eines „erzeugenden Elementes" z in der Form (26.1) schreiben läßt. Das besagt der muskulöse

26.1 Darstellungssatz von Fréchet-Riesz[2)] *Für jedes feste Element z des Hilbertraumes E wird durch $f(x) := (x|z)$ eine stetige Linearform auf E definiert. Umgekehrt gibt es zu jeder stetigen Linearform f auf E genau einen Vektor $z \in E$, so daß $f(x) = (x|z)$ für alle $x \in E$ gilt. Überdies ist $\|f\| = \|z\|$.*

Wir brauchen nur noch zu beweisen, daß jede stetige Linearform f durch genau ein z erzeugt wird. Die *Eindeutigkeit* aber ist trivial; denn aus $f(x) = (x|z) = (x|w)$, also $(x|z-w) = 0$ für alle $x \in E$, folgt $z - w = 0$. Es geht also nur noch um die *Existenz* von z. Im Falle $f = 0$ leistet bereits $z = 0$ das Gewünschte. Nun sei $f \neq 0$. Dann ist der Nullraum $N(f)$ gewiß $\neq E$, und da er wegen der Stetigkeit von f offenbar auch abgeschlossen ist, gibt es dank des Satzes 22.1 eine Orthogonalzerlegung

$$E = N(f) \oplus N(f)^{\perp} \quad \text{mit} \quad N(f)^{\perp} \neq \{0\}. \tag{26.3}$$

Die Einschränkung von f auf $N(f)^{\perp}$ ist unverkennbar ein Isomorphismus zwischen $N(f)^{\perp}$ und dem Skalarkörper $\mathbf{K}$, infolgedessen muß $N(f)^{\perp}$ eindimensional, also $N(f)^{\perp} = [x_0]$ mit einem $x_0 \neq 0$ sein (s. A 8.4). Wegen (26.3) läßt sich also jedes $x \in E$ in der Form $x = \alpha x_0 + y$ mit eindeutig bestimmtem $\alpha \in \mathbf{K}$ und $y \in N(f)$ schreiben, so daß

$$f(x) = \alpha f(x_0) \tag{26.4}$$

[1)] Um Linearformen schon äußerlich von den allgemeinen linearen Transformationen abzuheben, bezeichnet man sie gerne mit kleinen Buchstaben (wie $f, g, \ldots$) und verwendet zur Angabe ihres Wertes an der Stelle x die Klammerschreibweise $f(x), g(x), \ldots$, die wir ansonsten bei linearen Abbildungen ja nicht benutzen.

[2)] Der französische Mathematiker René Maurice Fréchet (1878–1973; 95) ist einer der Väter der modernen Topologie.

ist. Mit $z := \dfrac{\overline{f(x_0)}}{(x_0|x_0)} x_0 \in N(f)^\perp$ haben wir daher

$$(x|z) = (\alpha x_0 + y|z) = \alpha (x_0|z) = \alpha \left(x_0 \,\middle|\, \overline{f(x_0)} \frac{x_0}{(x_0|x_0)} \right) = \alpha f(x_0) = f(x).$$

z erzeugt also tatsächlich f. ■

26.2 Beispiel Sei f eine stetige Linearform auf l^2 bzw. $L^2(a, b)$. Dann gibt es genau eine Folge $z := (\zeta_1, \zeta_2, \ldots) \in l^2$ bzw. genau eine Funktion $z \in L^2(a, b)$, so daß

$$f(x) = \sum_{n=1}^{\infty} \xi_n \bar{\zeta}_n \quad \text{für alle} \quad x := (\xi_1, \xi_2, \ldots) \in l^2 \tag{26.5}$$

$$\text{bzw.} \quad f(x) = \int_a^b x(t)\overline{z(t)}\,\mathrm{d}t \quad \text{für alle} \quad x \in L^2(a, b) \tag{26.6}$$

ist; ferner haben wir

$$\|f\| = \left(\sum_{n=1}^{\infty} |\zeta_n|^2 \right)^{1/2} \quad \text{bzw.} \quad \|f\| = \left(\int_a^b |z(t)|^2 \,\mathrm{d}t \right)^{1/2}. \tag{26.7}$$

Die Menge $\mathscr{L}(E, \mathbf{K})$ der stetigen Linearformen auf einem normierten Raum E ist wegen Satz 10.4 ein *Banachraum* mit der üblichen Abbildungsnorm

$$\|f\| = \sup_{x \neq 0} \frac{|f(x)|}{\|x\|}. \tag{26.8}$$

Diesen Banachraum bezeichnet man mit dem Symbol E' und nennt ihn den Dualraum oder einfach den Dual von E. Der Fréchet-Rieszsche Darstellungssatz stiftet eine Beziehung zwischen einem Hilbertraum E und seinem Dual E', die wir nun aufklären wollen.

Der größeren Deutlichkeit wegen bezeichnen wir den erzeugenden Vektor von $f \in E'$ mit z_f. Nach Satz 26.1 wird durch $f \mapsto z_f$ eine normerhaltende und bijektive Abbildung A von E' auf E definiert. Offenbar ist $z_{f+g} = z_f + z_g$, A also additiv. Da aber wegen $(x|z_{\alpha f}) = (\alpha f)(x) = \alpha f(x) = (x|\bar{\alpha} z_f)$ die Gleichung $z_{\alpha f} = \bar{\alpha} z_f$, also $A(\alpha f) = \bar{\alpha} A f$ besteht, ist A nur im Falle *reeller* Hilberträume linear und damit ein Normisomorphismus zwischen E' und E. Ist E *komplex*, so definieren wir mittels einer Orthonormalbasis S von E eine Selbstabbildung K von E (eine Konjugation) durch $Kx := \sum_{u \in S} \overline{(x|u)} u$. Offenbar besitzt K die folgenden Eigenschaften:

$$K(x+y) = Kx + Ky, \quad K(\alpha x) = \bar{\alpha} K x, \quad K^2 = I, \quad \|Kx\| = \|x\|,$$
$$K \text{ ist bijektiv und } K^{-1} = K.$$

Es folgt nun, daß $f \mapsto K z_f$ ein Normisomorphismus zwischen E' und E ist. Wir fassen zusammen:

26.3 Satz *Jeder Hilbertraum ist normisomorph zu seinem Dual.*[1]

Aufgrund dieses Satzes *muß der Dual E' eines Hilbertraumes E selbst ein Hilbertraum sein.* In der Tat wird durch

$$(f|g) := (z_g|z_f) \tag{26.9}$$

auf E' ein Innenprodukt definiert, das die Norm von E' erzeugt.

Aufgaben

1. Die zweite Behauptung des Satzes 26.1 ist in *unvollständigen* Innenprodukträumen falsch. Es gibt auf solchen Räumen *mehr* stetige Linearformen als durch die Raumelemente erzeugt werden.

$^+$**2. Sesquilinearformen** E sei ein Innenproduktraum über $\mathbf{K}$. Eine Abbildung $(x,y) \mapsto s(x,y)$ von $E \times E$ in $\mathbf{K}$ heißt eine Sesquilinearform, wenn gilt:

$$s(x_1+x_2, y) = s(x_1, y) + s(x_2, y), \quad s(x, y_1+y_2) = s(x, y_1) + s(x, y_2),$$
$$s(\alpha x, y) = \alpha s(x, y), \quad s(x, \alpha y) = \bar{\alpha} s(x, y).$$

Für jedes $A \in \mathscr{S}(E)$ ist z.B. $s(x,y) := (Ax|y)$ sesquilinear. Die Sesquilinearform s heißt stetig, wenn aus $x_n \to x$, $y_n \to y$ stets $s(x_n, y_n) \to s(x,y)$ folgt; sie heißt beschränkt, wenn es eine Konstante $\lambda \geqslant 0$ gibt, so daß $|s(x,y)| \leqslant \lambda \|x\| \, \|y\|$ für alle $x, y \in E$ ist. Zeige:

a) Die beschränkten Sesquilinearformen sind genau die stetigen.

b) Sei $A \in \mathscr{S}(E)$. $s(x,y) := (Ax|y)$ ist genau dann stetig, wenn A stetig ist. In diesem Falle ist

$$\|A\| = \sup_{x,y \neq 0} \frac{|s(x,y)|}{\|x\| \, \|y\|}.$$

c) Sei E vollständig und s eine stetige Sesquilinearform. Dann gibt es genau ein $A \in \mathscr{S}(E)$ mit

$$s(x,y) = (Ax|y) \text{ für alle } x, y \in E.$$

$^+$**3. Der Satz von Lax-Milgram**[2] *Sei s eine stetige Sesquilinearform auf dem Hilbertraum E, die* koerzitiv *ist, d.h. mit einer Konstanten $m > 0$ der Bedingung*

$$|s(x,x)| \geqslant m \|x\|^2 \quad \textit{für alle } x \in E \tag{26.10}$$

genügt. Dann ist der in Aufgabe 2c *auftretende Operator $A \in \mathscr{S}(E)$ bijektiv und A^{-1} stetig mit $\|A^{-1}\| \leqslant 1/m$.*

Hinweis: Zeige der Reihe nach: A^{-1} existiert und ist stetig (Satz 10.5); $A(E)$ ist abgeschlossen; $A(E) = E$ (Satz 22.1).

---

[1] Man sagt wohl auch, ein Hilbertraum sei *selbstdual.* Diese Tatsache wird sich als der entscheidende Grund dafür erweisen, daß der Mensch sich in Hilberträumen weitaus wohler fühlt als in Banachräumen.

[2] Eine zweite Fassung dieses Satzes wird in A 58.8 gegeben.

+4. **Der Satz von Aronszajn-Bergman über reproduzierende Kerne** Sei E ein Hilbertraum komplexwertiger Funktionen auf irgendeiner nichtleeren Menge T. Wir wollen sagen, E besitze einen reproduzierenden Kern, wenn es auf $T\times T$ eine komplexwertige Funktion $(s,t)\mapsto k(s,t)$ mit folgenden Eigenschaften gibt:

(a) Für jedes feste $t\in T$ gehört die Funktion $k_t: s\mapsto k(s,t)$ $(s\in T)$ zu E.

(b) Für jedes $x\in E$ und jedes $t\in T$ ist $x(t)=(x|k_t)$.

(b) nennt man die *Reproduktionseigenschaft* des Kerns k. Der Satz von Aronszajn-Bergman lautet nun so:

Genau dann besitzt E einen reproduzierenden Kern, wenn für jedes $t\in T$ das „Auswertungsfunktional" $x\mapsto x(t)$ auf ganz E stetig ist, mit anderen Worten: wenn es zu jedem $t\in T$ eine (von t abhängende) Konstante M_t mit $|x(t)|\leqslant M_t\|x\|$ für alle $x\in E$ gibt. In diesem Falle ist der reproduzierende Kern eindeutig bestimmt.

Nur beiläufig können wir erwähnen, daß reproduzierende Kerne eine gewichtige Rolle in der Theorie der konformen Abbildungen spielen. Z. B. läßt sich die *Riemannsche Abbildungsfunktion* mit Hilfe eines sogenannten *Bergmanschen Kerns* darstellen. S. dazu S. Bergman (1950).

5. Der reproduzierende Kern k (s. Aufgabe 4) ist in folgendem Sinne *positiv*: Für jedes $n\in\mathbf{N}$, für alle Punkte $t_1,\ldots,t_n$ aus T und für alle komplexen $\xi_1,\ldots,\xi_n$ bleibt dauernd

$$\sum_{i,j=1}^{n} k(t_i,t_j)\xi_i\bar{\xi}_j\geqslant 0.$$

27 Schwache Konvergenz

In einem *endlichdimensionalen* Hilbertraum E wird die Normkonvergenz $x_n\to x$ nach Einführung irgendeiner Basis gleichbedeutend mit der komponentenweisen, und diese wieder läßt sich *basisfrei* beschreiben durch die Aussage $(x_n|z)\to(x|z)$ für jedes $z\in E$. Die Lage ändert sich aber radikal, wenn wir in einen *unendlichdimensionalen* Hilbertraum gehen.

Im l^2 z. B. folgt zwar aus

$$x_n:=(\xi_1^{(n)},\xi_2^{(n)},\ldots)\to x:=(\xi_1,\xi_2,\ldots) \quad \text{im Sinne der Norm} \tag{27.1}$$

wegen der Stetigkeit des Innenproduktes sofort

$$(x_n|z)\to(x|z) \quad \text{für jedes } z\in l^2 \tag{27.2}$$

und daraus wieder – wähle $z=e_k:=(0,\ldots,0,1,0,\ldots)$ –

$$\xi_k^{(n)}\to\xi_k \quad \text{für jedes } k \quad \text{(komponentenweise Konvergenz)}, \tag{27.3}$$

aber weder kann man aus (27.3) die Aussage (27.2) noch aus (27.2) die Normkonvergenz (27.1) gewinnen (s. Aufgaben 1 und 2). Die Beziehung (27.2) hält gewissermaßen die Mitte zwischen der kraftvollen Normkonvergenz und der marklosen

Komponentenstreberei. Man kann sie als eine *neue Art von Konvergenz* auffassen, tut dies auch und gibt ihr einen eigenen Namen: Man sagt, die Folge (x_n) in dem beliebigen Hilbertraum E konvergiere schwach gegen $x \in E$ (in Zeichen: $x_n \rightharpoonup x$) wenn gilt:

$$(x_n|z) \to (x|z) \quad \text{für jedes } z \in E; \tag{27.4}$$

x heißt dann der schwache Grenzwert von (x_n). Er ist offensichtlich eindeutig bestimmt, und ebenso offensichtlich hat die schwache Konvergenz die folgenden Eigenschaften: *Aus* $x_n \rightharpoonup x$, $y_n \rightharpoonup y$ *und* $\alpha_n \to \alpha$ *ergibt sich*

$$x_n + y_n \rightharpoonup x + y \quad \textit{und} \quad \alpha_n x_n \rightharpoonup \alpha x, \tag{27.5}$$

ferner erzwingt $x_n \to x$ *immer* $x_n \rightharpoonup x$.

Die Konvergenz im Sinne der Norm nennt man auch starke Konvergenz.

Warum aber überhaupt die Begierde nach einem neuen Konvergenzbegriff? Der Grund dafür liegt in der betrüblichen Tatsache, daß der Satz von Bolzano-Weierstraß, ein Kraftzentrum der klassischen Analysis, nur im *Endlich*dimensionalen gilt (s. Satz 11.7), also gerade nicht in den Räumen, die der Funktionalanalysis besonders am Herzen liegen. Die starke Konvergenz stellt so hohe Anforderungen, daß es einer bloß beschränkten Folge nur selten glücken kann, eine konvergente Teilfolge abzusondern. Wer einen Satz vom Bolzano-Weierstraß-Typ haben will, wird also Ausschau halten müssen nach einer Konvergenz, die weniger fordert als die starke, und die dann vielleicht das BW-Auswahlkunststück zuwege bringt. Und das entscheidende Faktum ist nun, daß der schwachen Konvergenz dies tatsächlich gelingt. Von diesem Glücksfall berichtet der folgende

27.1 Satz *Jede* beschränkte *Folge in einem Hilbertraum besitzt eine* schwach konvergente *Teilfolge.*

Wir führen den Beweis zunächst für einen *separablen* Hilbertraum F. $\{y_1, y_2, \ldots\}$ sei eine dicht in ihm liegende Menge. Für eine beschränkte Folge $(x_n) \subset F$, $\|x_n\| < \gamma$ für alle n, ist offenbar jede der Zahlenfolgen

$$(x_1|y_k),\ (x_2|y_k),\ (x_3|y_k),\ \ldots \quad (k=1,2,\ldots)$$

beschränkt: $|(x_n|y_k)| \leqslant \|x_n\|\,\|y_k\| \leqslant \gamma \|y_k\|$. Nach dem Satz von Bolzano-Weierstraß gibt es also eine Teilfolge (x_{1n}) von (x_n), so daß die Folge der $(x_{1n}|y_1)$ gegen ein $\xi_1 \in \mathbf{K}$ konvergiert, ferner eine Teilfolge (x_{2n}) von (x_{1n}), so daß $(x_{2n}|y_2) \to \xi_2$ strebt, usw. Man erhält so das Schema

$$\begin{matrix} x_{11} & x_{12} & x_{13}\ldots \\ x_{21} & x_{22} & x_{23}\ldots \\ x_{31} & x_{32} & x_{33}\ldots \\ \vdots & & \end{matrix},$$

in dem jede Zeile eine Teilfolge der darüberstehenden ist und

$$(x_{kn}|y_k)\to\xi_k \quad \text{für jedes } k\in\mathbf{N} \tag{27.6}$$

strebt. Die „Diagonalglieder" $z_n := x_{nn}$ bilden ab $n=k$ eine Teilfolge von $(x_{k1}, x_{k2}, \ldots)$, und aus (27.6) ergibt sich daher

$$(z_n|y_k)\to\xi_k \quad \text{für jedes } k\in\mathbf{N}. \tag{27.7}$$

Definieren wir nun durch

$$f_n(x) := (x|z_n)$$

Linearformen f_n auf F, so können wir zusammenfassend sagen: Für jedes n ist

$$\|f_n\| = \|z_n\| \leqslant \gamma \quad \text{(s. Satz 26.1)},$$

$$\text{die Folge } (f_n(y_k)) \text{ konvergiert für jedes } k\in\mathbf{N}. \tag{27.8}$$

Nun seien $x\in F$ und $\varepsilon>0$ beliebig gegeben. Dann gibt es ein $y\in\{y_1, y_2, \ldots\}$ mit

$$\|x-y\| \leqslant \frac{\varepsilon}{3\gamma}$$

und zu diesem y ein n_0 mit

$$|f_n(y)-f_m(y)| \leqslant \frac{\varepsilon}{3} \quad \text{für alle } n,m>n_0 \quad \text{(s. (27.8))}.$$

Für diese Indizes n,m ist dann

$$\begin{aligned}|f_n(x)-f_m(x)| &\leqslant |f_n(x)-f_n(y)| + |f_n(y)-f_m(y)| + |f_m(y)-f_m(x)| \\ &\leqslant \|f_n\|\,\|x-y\| + |f_n(y)-f_m(y)| + \|f_m\|\,\|y-x\| \\ &\leqslant \gamma\frac{\varepsilon}{3\gamma} + \frac{\varepsilon}{3} + \gamma\frac{\varepsilon}{3\gamma} = \varepsilon.\end{aligned}$$

Daraus folgt, daß

$$f(x) := \lim f_n(x) \quad \text{für jedes } x\in F \text{ existiert}.$$

f ist offenbar eine Linearform auf F, und wegen $|f(x)| = \lim|f_n(x)| \leqslant \gamma\|x\|$ sogar stetig. Nach dem Darstellungssatz 26.1 von Fréchet-Riesz wird also f von einem wohlbestimmten $z\in F$ erzeugt: $f(x)=(x|z)$. Somit strebt

$$(z_n|x) = \overline{f_n(x)} \to \overline{f(x)} = (z|x) \quad \text{für alle } x\in F,$$

und dies besagt gerade, daß die Teilfolge (z_n) von (x_n) schwach gegen z konvergiert.

Damit ist die Hauptarbeit geleistet. Sei jetzt E ein völlig beliebiger Hilbertraum und (x_n) eine beschränkte Folge in ihm. Dann ist $F := \overline{[x_1, x_2, \ldots]}$ offenbar ein separabler und abgeschlossener (also auch vollständiger) Unterraum von E.[1] Nach dem eben Bewiesenen gibt es also eine Teilfolge (z_n) von (x_n), die in F schwach gegen ein $z \in F$ konvergiert:

$$(z_n|u) \to (z|u) \quad \text{für alle } u \in F. \tag{27.9}$$

Ist $F=E$, so sind wir bereits fertig. Andernfalls stellen wir jedes $x \in E$ gemäß Satz 22.1 in der Form $x=u+v$ mit $u \in F$, $v \in F^\perp$ dar. Aus (27.9) folgt dann

$$(z_n|x)=(z_n|u)+(z_n|v)=(z_n|u) \to (z|u)=(z|u+v)=(z|x),$$

und das bedeutet gerade, daß (z_n) schwach gegen z konvergiert. Damit ist nun unser Auswahlsatz (nach Aufgebot vieler Mittel) endlich bewiesen. ■

Aufgaben

1. Die Folge der $x_n := \Big(\underbrace{\frac{1}{\ln(n+1)}, \ldots, \frac{1}{\ln(n+1)}}_{n+1 \text{ Stellen}}, 0, 0, \ldots\Big) \in l^2$ strebt zwar komponentenweise, aber nicht schwach gegen $(0, 0, \ldots)$.

2. Sei $e_n := (0, \ldots, 0, 1, 0, \ldots)$ (1 an der n-ten Stelle). Was kann man über die komponentenweise, schwache und starke Konvergenz der Folge $(e_n) \subset l^2$ sagen?

3. Jede Orthonormalfolge strebt schwach gegen 0.

4. In einem Hilbertraum ist „$x_n \to x$" gleichbedeutend mit „$x_n \rightharpoonup x$ und $\|x_n\| \to \|x\|$".

5. Die Folge der $x_n \in l^2$ konvergiere komponentenweise gegen $x \in (s)$ und sei beschränkt. Dann liegt x in l^2, und es strebt $x_n \rightharpoonup x$.

6. Die Folge $(x_n) \subset C[a,b]$ sei gleichmäßig beschränkt auf $[a,b]$, es gebe also eine Konstante $M>0$ mit $|x_n(t)| \leqslant M$ für alle $n \in \mathbf{N}$ und $t \in [a,b]$. Dann gibt es eine Teilfolge (x_{n_k}) von (x_n) und ein $x \in L^2(a,b)$, so daß gilt:

$$\int_a^b x_{n_k}(t)y(t)\,dt \to \int_a^b x(t)y(t)\,dt \qquad \text{für jedes } y \in C[a,b].$$

7. Ist die Folge (x_n) in Aufgabe 6 überdies gleichgradig stetig, so enthält sie eine Teilfolge, die gleichmäßig auf $[a,b]$ gegen eine stetige Funktion konvergiert.

Hinweis: Satz von Arzelà-Ascoli (s. Heuser I, Satz 106.2).

$^+$**8.** Sei x ein Element des unendlichdimensionalen Hilbertraumes E. Zeige: $\|x\| \leqslant 1 \Leftrightarrow$ es gibt eine Folge normierter $x_n \in E$ mit $x_n \rightharpoonup x$.

Hinweis für „$\Rightarrow$" im Falle $\|x\|<1$: In $[x]^\perp$ gibt es eine Orthonormalfolge (u_n). Setze $x_n := x + (1-\|x\|^2)^{1/2} u_n$ und benutze A 23.1.

---

[1] F ist separabel, weil man jedes $x \in F$ beliebig gut durch Linearkombinationen der x_k mit rationalen Koeffizienten approximieren kann.

V Eigenwerttheorie symmetrischer kompakter Operatoren

28 Kompakte Operatoren

Wir erinnern eingangs an ein Phänomen, das uns schon mehrfach begegnet ist.

1. Sei $K: C[a,b] \to C[a,b]$ der Fredholmsche Integraloperator mit stetigem Kern k, definiert durch

$$(Kx)(s) := \int_a^b k(s,t)x(t)\,\mathrm{d}t \quad \text{für alle } x \in C[a,b]. \tag{28.1}$$

Ist (x_n) eine im Sinne der Norm beschränkte Folge in $C[a,b]$, so enthält (Kx_n) eine normkonvergente Teilfolge (s. A 3.3).

2. Nun sei $K: E \to F$ eine lineare Abbildung der normierten Räume E, F, und der *Definitionsraum* E sei endlichdimensional. Dann ist K stetig (Satz 11.5), und es gilt wieder: Ist (x_n) eine beschränkte Folge in E, so enthält (Kx_n) eine konvergente Teilfolge (s. A 11.9).

3. Diesmal sei $K: E \to F$ eine *stetige* lineare Abbildung der normierten Räume E, F, und nun sei der *Bildraum* $K(E)$ endlichdimensional. Auch jetzt kann man wieder aus dem Bild (Kx_n) einer beschränkten Folge (x_n) eine konvergente Teilfolge auswählen (s. A 11.9).

Dieses „Auswahlphänomen" gibt Anlaß zu der folgenden Definition:

Eine lineare Abbildung K eines normierten Raumes E in einen normierten Raum F heißt **kompakt**, wenn das Bild (Kx_n) jeder beschränkten Folge $(x_n) \subset E$ eine konvergente Teilfolge enthält.

Fredholmsche Integraloperatoren mit stetigen Kernen sind kompakt, ebenso lineare Abbildungen $K: E \to F$ normierter Räume E, F, falls der Definitionsraum E oder der Bildraum $K(E)$ *endlichdimensional* ist - wobei im letzteren Falle allerdings ausdrücklich noch die *Stetigkeit* von K gefordert werden muß.

Eine lineare Abbildung mit endlichdimensionalem Bildraum werden wir hinfort **endlichdimensional** oder **von endlichem Rang** nennen.

Ein kompakter Operator ist von selbst stetig (s. A 10.16), und ohne Mühe kann der Leser einsehen, daß *skalare Vielfache und Summen kompakter Operatoren kompakt sind; das Produkt eines kompakten mit einem stetigen Operator ist - gleichgültig, in welcher Reihenfolge die Faktoren auftreten - ebenfalls kompakt.* Die identische Transformation I ist nur auf endlichdimensionalen Räumen kompakt, und *ein kompakter Operator kann nur dann eine stetige Inverse besitzen, wenn sein Definitionsraum von endlicher Dimension ist.*

Ferner hatten wir in den Aufgaben 10 und 11 der Nr. 11 bereits die folgenden Ergebnisse gewonnen:

28.1 Satz *Für einen kompakten Operator $K: E \to E$ ist die Dimension des Nullraumes von $I-K$ endlich. Ist $I-K$ injektiv, so muß die Inverse $(I-K)^{-1}$ stetig sein.*

Die Menge der kompakten Operatoren $K: E \to F$ bezeichnen wir mit $\mathscr{K}(E,F)$; $\mathscr{K}(E) := \mathscr{K}(E,E)$ ist die Menge aller kompakten Selbstabbildungen von E. Nach den obigen Ergebnissen ist $\mathscr{K}(E,F)$ *ein linearer Unterraum des Vektorraumes* $\mathscr{L}(E,F)$, $\mathscr{K}(E)$ *sogar ein (zweiseitiges) „Ideal" in der Algebra* $\mathscr{L}(E)$ - bekanntlich nennt man die Teilmenge M einer Algebra R ein (zweiseitiges) Ideal, wenn sie ein linearer Unterraum von R ist und für jedes x aus R und m aus M die Produkte xm und mx in M liegen. Den Zusatz „zweiseitig" werden wir meistens weglassen.

Der nächste Satz lehrt, daß $\mathscr{K}(E,F)$ sogar ein *abgeschlossener* Unterraum von $\mathscr{L}(E,F)$ ist, falls F *vollständig* ist; $\mathscr{K}(E)$ *ist also bei vollständigem E ein abgeschlossenes Ideal in der Banachalgebra* $\mathscr{L}(E)$.

28.2 Satz *Konvergiert die Folge der kompakten Abbildungen K_n eines normierten Raumes E in einen Banachraum F* gleichmäßig *gegen K, so ist K kompakt.*

Zum Beweis sei (x_i) eine beschränkte Folge in E: $\|x_i\| \leqslant \gamma$. Dann gibt es eine Teilfolge (x_{1i}) von (x_i), so daß $(K_1 x_{1i})$ konvergiert, ferner eine Teilfolge (x_{2i}) von (x_{1i}), so daß $(K_2 x_{2i})$ konvergiert usw. Die Diagonalglieder $y_i := x_{ii}$ bilden dann - ab einem gewissen Index - eine Teilfolge jeder der Folgen $(x_{k1}, x_{k2}, \ldots)$, und deshalb konvergiert die Folge $(K_n y_i)$ für jeden Operator K_n. Es werde nun ein $\varepsilon > 0$ beliebig gewählt und dazu ein n_0 so bestimmt, daß $\|K_{n_0} - K\| < \varepsilon$ ist. Legt man ein i_0 so fest, daß für $i, k \geqslant i_0$ stets $\|K_{n_0} y_i - K_{n_0} y_k\| < \varepsilon$ bleibt, so ist für diese i, k

$$\begin{aligned}\|Ky_i - Ky_k\| &\leqslant \|Ky_i - K_{n_0} y_i\| + \|K_{n_0} y_i - K_{n_0} y_k\| + \|K_{n_0} y_k - Ky_k\| \\ &< \varepsilon \|y_i\| + \varepsilon + \varepsilon \|y_k\| \leqslant (2\gamma + 1)\varepsilon .\end{aligned}$$

(Ky_i) ist also eine Cauchyfolge in dem Banachraum F und somit eine *konvergente* Teilfolge von (Kx_i). ■

Wir halten noch ausdrücklich den folgenden Spezialfall fest:

28.3 Satz *Eine gleichmäßig konvergente Folge stetiger endlichdimensionaler Operatoren $K_n: E \to F$ hat immer dann einen kompakten Grenzoperator, wenn F vollständig ist.*

Die Frage, ob umgekehrt jeder kompakte Operator $K: E \to F$ (F vollständig) Grenzwert einer gleichmäßig konvergenten Folge von stetigen endlichdimensionalen Operatoren ist, muß verneint werden (vgl. Enflo (1973) und Davie (1973)).

In (16.8) hatten wir mit Hilfe des *Weierstraßschen Approximationssatzes* gesehen, daß ein Fredholmscher Integraloperator K gleichmäßiger Grenzwert stetiger endlichdimensionaler Operatoren ist. Satz 28.3 liefert uns nun die Kompaktheit von K – *aber auf einem ganz anderen Weg als dem der Aufgabe* 3 *in Nr.* 3, wo wir uns auf den *Satz von Arzelà-Ascoli* stützten.

28.4 Beispiel Sei (α_{ik}) eine unendliche Matrix mit

$$\sum_{i,k=1}^{\infty} |\alpha_{ik}|^2 < \infty. \tag{28.2}$$

Aus der Cauchy-Schwarzschen Ungleichung folgt zunächst, daß für jedes $x = (\xi_1, \xi_2, \ldots)$ in l^2 die Reihen $\sum_{k=1}^{\infty} \alpha_{ik}\xi_k$ $(i = 1, 2, \ldots)$ konvergieren und dann, daß

$$\sum_{i=1}^{\infty} \left| \sum_{k=1}^{\infty} \alpha_{ik}\xi_k \right|^2 \leqslant \sum_{i=1}^{\infty} \sum_{k=1}^{\infty} |\alpha_{ik}|^2 \cdot \sum_{k=1}^{\infty} |\xi_k|^2$$

ist. Die Matrixtransformation K, definiert durch

$$K(\xi_1, \xi_2, \ldots) := \left(\sum_{k=1}^{\infty} \alpha_{1k}\xi_k, \sum_{k=1}^{\infty} \alpha_{2k}\xi_k, \ldots \right), \tag{28.3}$$

bildet also l^2 in sich ab, ist offenbar linear und wegen $\|Kx\| \leqslant (\sum |\alpha_{ik}|^2)^{1/2} \|x\|$ auch stetig. Erklärt man die stetigen Operatoren endlichen Ranges $K_n: l^2 \to l^2$ durch

$$K_n(\xi_1, \xi_2, \ldots) := \left(\sum_{k=1}^{\infty} \alpha_{1k}\xi_k, \ldots, \sum_{k=1}^{\infty} \alpha_{nk}\xi_k, 0, 0, \ldots \right),$$

so ist $\|K - K_n\| \leqslant \left(\sum_{i=n+1}^{\infty} \sum_{k=1}^{\infty} |\alpha_{ik}|^2 \right)^{1/2}$, und da die rechte Seite dieser Ungleichung für $n \to \infty$ gegen 0 konvergiert, strebt $K_n \Rightarrow K$. *Die durch* (28.3) *definierte Matrixtransformation* $K: l^2 \to l^2$ *ist also immer dann kompakt, wenn* (28.2) *gilt.*

Zum Schluß werfen wir noch einen Blick auf die *endlichdimensionalen Operatoren.* Die Menge dieser Operatoren $K: E \to F$, wobei E und F Vektorräume seien – nicht notwendig normiert –, bezeichnen wir mit $\mathscr{E}(E, F)$; für $\mathscr{E}(E, E)$ schreiben wir kürzer $\mathscr{E}(E)$. Sind E und F normiert, so sei $\mathscr{F}(E, F)$ die Menge der *stetigen* endlichdimensionalen Abbildungen von E in F und $\mathscr{F}(E) := \mathscr{F}(E, E)$. Da skalare Vielfache und Summen endlichdimensionaler Operatoren und ihre Produkte mit beliebigen Operatoren offenbar stets wieder endlichdimensional sind, können wir festhalten, daß $\mathscr{E}(E, F)$ *und* $\mathscr{F}(E, F)$ *Vektorräume und* $\mathscr{E}(E)$ *bzw.* $\mathscr{F}(E)$ *Ideale in der Algebra* $\mathscr{S}(E)$ *bzw.* $\mathscr{L}(E)$ *sind.*

Ist $K: E \to F$ endlichdimensional und $\{y_1, \ldots, y_n\}$ eine Basis von $K(E)$ - im Falle $K=0$ setzen wir $n=1$ und nehmen für y_1 irgendein Element $\neq 0$ in F -, so kann man Kx für jedes $x \in E$ in der Form

$$Kx = \sum_{\nu=1}^{n} f_\nu(x) y_\nu \tag{28.4}$$

mit skalaren Koeffizienten $f_\nu(x)$ darstellen. Aus $K(x+y)=Kx+Ky$ folgt $\sum f_\nu(x+y)y_\nu = \sum [f_\nu(x)+f_\nu(y)]y_\nu$ und daraus durch Koeffizientenvergleich $f_\nu(x+y)=f_\nu(x)+f_\nu(y)$; ähnlich erhält man $f_\nu(\alpha x)=\alpha f_\nu(x)$. Die Abbildungen $x \mapsto f_\nu(x)$ von E in $\mathbf{K}$ sind also linear, d.h., die f_ν sind *Linearformen auf E. Ein endlichdimensionaler Operator $K: E \to F$ kann also stets in der Form* (28.4) *mit Vektoren $y_1, \ldots, y_n$ aus F und Linearformen $f_1, \ldots, f_n$ auf E dargestellt werden, und umgekehrt wird bei dieser Bedeutung der y_ν und f_ν durch* (28.4) *immer ein endlichdimensionaler Operator $K: E \to F$ definiert.* Bilden die $y_1, \ldots, y_n$ sogar eine Basis des Bildraumes $K(E)$, so sind die Koeffizientenfunktionale $f_1, \ldots, f_n$ *linear unabhängig,* wie man leicht sehen kann.

Wegen Satz 28.3 kommt es uns besonders auf die *stetigen* Operatoren endlichen Ranges an. Wir charakterisieren sie durch den folgenden

28.5 Satz *Ist die endlichdimensionale Abbildung $K: E \to F$ (E, F normierte Räume) durch* (28.4) *mit linear unabhängigen Vektoren $y_1, \ldots, y_n$ gegeben, so ist K genau dann stetig - also genau dann kompakt -, wenn alle Koeffizientenfunktionale stetig sind.*

Zum Beweis brauchen wir nur zu bemerken, daß für jede Folge (x_i) in E die Aussage $Kx_i \to Kx$ gleichbedeutend ist mit $f_\nu(x_i) \to f_\nu(x)$ für $\nu = 1, \ldots, n$ (Satz 11.2). ■

Aufgaben

1. Benutze A 11.5, um einen neuen Beweis für die Kompaktheit der Matrixtransformation K in Beispiel 28.4 zu liefern.

2. Zeige mittels einer geeigneten Diagonalmatrix, daß die Voraussetzung (28.2) nicht notwendig für die Kompaktheit der Matrixtransformation K in Beispiel 28.4 ist.

⁺3. Nukleare Abbildungen E, F seien Banachräume. E' bedeute die Menge der stetigen Linearformen auf E. Die lineare Abbildung $A: E \to F$ heißt nuklear, wenn sie in der Form

$$Ax = \sum_{\nu=1}^{\infty} f_\nu(x) y_\nu \quad \text{mit} \quad f_\nu \in E', \quad y_\nu \in F, \quad \sum_{\nu=1}^{\infty} \|f_\nu\| \|y_\nu\| < \infty$$

dargestellt werden kann. $\mathscr{N}(E,F)$ sei die Menge aller nuklearen Abbildungen von E in F, $\mathscr{N}(E) := \mathscr{N}(E,E)$. Zeige:

a) $A \in \mathscr{N}(E,F)$ kann stets dargestellt werden in der Form

$$Ax = \sum_{\nu=1}^{\infty} \alpha_\nu g_\nu(x) z_\nu \quad \text{mit} \quad \alpha_\nu \geq 0, \quad \sum_{\nu=1}^{\infty} \alpha_\nu < \infty, \quad \|g_\nu\| = \|z_\nu\| = 1.$$

b) $\mathscr{N}(E,F)$ ist ein linearer Unterraum von $\mathscr{L}(E,F)$.

c) Das Produkt eines nuklearen mit einem stetigen Operator ist nuklear - gleichgültig, in welcher Reihenfolge die Faktoren auftreten.

d) $\mathscr{N}(E)$ ist ein (zweiseitiges) Ideal in $\mathscr{L}(E)$.

e) $\mathscr{F}(E,F)\subset\mathscr{N}(E,F)\subset\mathscr{K}(E,F)$. (Zum Beweis der zweiten Inklusion benutze a) und ein Diagonalverfahren, um aus einer beschränkten Folge $(x_n)\subset E$ eine Teilfolge (x_{n_k}) zu extrahieren, so daß $(g_\nu(x_{n_k}))$ für jedes ν eine Cauchyfolge ist.)

4. Ein Orthogonalprojektor eines Hilbertraumes ist genau dann kompakt, wenn er endlichdimensional ist.

5. Die lineare Abbildung $K: E\to F$ ist genau dann kompakt, wenn das Bild $K(M)$ jeder beschränkten Menge $M\subset E$ in einer kompakten Teilmenge von F liegt oder gleichbedeutend: wenn die Abschließung $\overline{K(M)}$ kompakt, $K(M)$ selbst also relativ kompakt ist (s. A 11.4b).

6. Die lineare Abbildung $K: E\to F$ ist genau dann kompakt, wenn für jede Folge $(x_n)\subset E$ mit $\|x_n\|\leqslant 1$ die Bildfolge (Kx_n) eine konvergente Teilfolge enthält.

7. Zeige, daß der Satz 28.2 falsch wird, wenn man *gleichmäßige* Konvergenz durch *punktweise* ersetzt.

Hinweis: Betrachte die Folge der $K_n: l^2\to l^2$, definiert durch $K_n(\xi_1,\xi_2,\ldots):=(\xi_1,\ldots\xi_n,0,0,\ldots)$.

8. Jeder kompakte Endomorphismus K eines separablen Hilbertraumes E ist gleichmäßiger Grenzwert einer Folge stetiger endlichdimensionaler Endomorphismen von E.

Hinweis: Sei $\{u_1,u_2,\ldots\}$ eine Orthonormalbasis von E. Definiere K_n durch $K_nx:=\sum_{i=1}^n\sum_{j=1}^n(x|u_i)(Ku_i|u_j)u_j$ und zeige, daß $K_n\rightrightarrows K$ strebt.

29 Symmetrische Operatoren

Symmetrische Operatoren auf Innenprodukträumen sind uns bisher schon mehrfach - und immer in wichtigen Zusammenhängen - begegnet: bei der Sturm-Liouvilleschen Eigenwertaufgabe, in der Quantenmechanik und bei Orthogonalzerlegungen. Wir wollen in dieser Nummer einige ihrer fundamentalen Eigenschaften zusammenstellen, erinnern aber zuerst noch einmal an ihre Definition:
Ein Endomorphismus A des Innenproduktraumes E heißt **symmetrisch**, wenn

$$(Ax|y)=(x|Ay) \quad \text{für alle } x,y \text{ in } E \tag{29.1}$$

ist. Ohne Mühe beweist der Leser den

29.1 Satz *Reelle Vielfache, Summen und punktweise Grenzwerte symmetrischer Operatoren sind wieder symmetrisch. Das Produkt symmetrischer Endomorphismen A, B ist genau dann symmetrisch, wenn A, B kommutieren. Für einen symmetrischen Operator A ist $(Ax|x)$ stets reell.*

Wir nennen den symmetrischen Operator A **positiv** und schreiben $A \geqslant 0$, wenn für $x \in E$ stets $(Ax|x) \geqslant 0$ bleibt. In diesem Falle wird durch $[x|y] := (Ax|y)$ ein sogenanntes **Halbinnenprodukt** auf E definiert, also ein Ausdruck, der alle Eigenschaften eines Innenproduktes hat mit *einer* möglichen Ausnahme: Aus $[x|x] = 0$ braucht nicht $x = 0$ zu folgen. *Die Schwarzsche Ungleichung* (18.6) *gilt jedoch auch für solche Halbinnenprodukte*, wie man durch eine leichte Modifikation des Beweises sofort feststellt. Wir können deshalb den folgenden Satz aussprechen:

29.2 Satz *Ist* $A \geqslant 0$, *so gilt die* verallgemeinerte Schwarzsche Ungleichung

$$|(Ax|y)|^2 \leqslant (Ax|x)(Ay|y) \quad \textit{für alle } x, y \textit{ in } E. \tag{29.2}$$

Und nun ergibt sich, daß ein symmetrischer Endomorphismus bereits durch seine quadratische Form $(Ax|x)$ eindeutig bestimmt wird:

29.3 Satz *Gilt für die* symmetrischen *Endomorphismen* A *und* B *durchweg* $(Ax|x) = (Bx|x)$, *so stimmen sie überein.*

In diesem Falle ist nämlich $T := A - B$ symmetrisch und ständig $(Tx|x) = 0$. Aus (29.2) folgt nun $(Tx|y) = 0$ für alle x, y, also auch $\|Tx\|^2 = (Tx|Tx) = 0$ für alle x und somit $T = 0$. ■

Für beliebige Endomorphismen A ist dieser Satz nur dann richtig, wenn der Raum *komplex* ist. Zum Beweis benutzen wir die folgende Darstellung der hermiteschen Form $(Ax|y)$ von A:

$$\begin{aligned} 4(Ax|y) &= (A(x+y)|x+y) - (A(x-y)|x-y) \\ &\quad + \mathrm{i}(A(x+\mathrm{i}y)|x+\mathrm{i}y) - \mathrm{i}(A(x-\mathrm{i}y)|x-\mathrm{i}y). \end{aligned} \tag{29.3}$$

Diese Formel drückt, kurz gesagt, die hermitesche Form durch die quadratische aus. Stimmen also die quadratischen Formen von A und B überein, so ist $(Ax|y) = (Bx|y)$ für alle x, y, woraus wie oben $A = B$ folgt. – Wir betrachten nun neben (29.3) die analoge Darstellung

$$\begin{aligned} 4(x|Ay) &= (x+y|A(x+y)) - (x-y|A(x-y)) \\ &\quad + \mathrm{i}(x+\mathrm{i}y|A(x+\mathrm{i}y)) - \mathrm{i}(x-\mathrm{i}y|A(x-\mathrm{i}y)). \end{aligned} \tag{29.4}$$

Ist $(Az|z)$ stets *reell*, so folgt $(Az|z) = (z|Az)$; aus (29.3) und (29.4) ergibt sich dann $(Ax|y) = (x|Ay)$ für alle x, y, also ist A symmetrisch. Beachten wir noch die letzte Aussage des Satzes 29.1, so können wir folgendes Ergebnis notieren:

29.4 Satz *A und B seien Endomorphismen des* komplexen *Innenproduktraumes E. Dann gelten die nachstehenden Aussagen:*

a) *Aus* $(Ax|x) = (Bx|x)$ *für alle* $x \in E$ *folgt* $A = B$.

b) *A ist genau dann symmetrisch, wenn* $(Ax|x)$ *für alle* $x \in E$ *reell ist.*

Der nächste Satz zeigt, daß sich die Norm eines stetigen symmetrischen Operators mit Hilfe seiner quadratischen Form bestimmen läßt.

29.5 Satz *Für den stetigen symmetrischen Operator A ist*

$$\|A\| = \sup_{\|x\|=1} |(Ax|x)|. \tag{29.5}$$

Beweis. Für jedes normierte x ist $|(Ax|x)| \leqslant \|A\|\ \|x\|^2 = \|A\|$, also

$$\nu(A) := \sup_{\|x\|=1} |(Ax|x)| \leqslant \|A\|. \tag{29.6}$$

Für beliebiges $\lambda > 0$ haben wir

$$\begin{aligned} 4\|Ax\|^2 &= \left(A\left(\lambda x + \frac{1}{\lambda}Ax\right)\middle|\lambda x + \frac{1}{\lambda}Ax\right) - \left(A\left(\lambda x - \frac{1}{\lambda}Ax\right)\middle|\lambda x - \frac{1}{\lambda}Ax\right) \\ &\leqslant \nu(A)\left[\left\|\lambda x + \frac{1}{\lambda}Ax\right\|^2 + \left\|\lambda x - \frac{1}{\lambda}Ax\right\|^2\right] \\ &= 2\nu(A)\left[\lambda^2\|x\|^2 + \frac{1}{\lambda^2}\|Ax\|^2\right] \end{aligned}$$

(die letzte Gleichung ergibt sich aus dem Parallelogrammsatz). Ist $\|Ax\| \neq 0$ und setzt man $\lambda^2 = \|Ax\|/\|x\|$, so folgt $\|Ax\| \leqslant \nu(A)\|x\|$. Diese Ungleichung ist trivialerweise auch im Falle $\|Ax\| = 0$ richtig und liefert die Normabschätzung $\|A\| \leqslant \nu(A)$, aus der mit (29.6) die Behauptung folgt. ■

Symmetrische Operatoren haben, weil ihre quadratische Form *reell* ist, mancherlei Eigenschaften, die an Verhältnisse im reellen Zahlkörper erinnern. So läßt sich für sie z.B. eine Ordnung einführen: Für zwei symmetrische Operatoren A, B bedeute $A \leqslant B$ (oder $B \geqslant A$), daß $(Ax|x) \leqslant (Bx|x)$ für alle x gilt (zur Verifizierung der Ordnungsaxiome benötigt man Satz 29.3). $A \leqslant B$ ist offenbar mit $B - A \geqslant 0$ äquivalent. Eine Folge symmetrischer Operatoren A_n heißt monoton (wachsend bzw. fallend), wenn $A_1 \leqslant A_2 \leqslant \cdots$ bzw. $A_1 \geqslant A_2 \geqslant \cdots$ ist; sie heißt nach oben (unten) beschränkt, wenn es einen symmetrischen Operator B mit $A_n \leqslant B$ ($A_n \geqslant B$) für alle n gibt. Eine Folge heißt beschränkt, wenn sie nach unten und nach oben beschränkt ist. Analog zu dem bekannten Konvergenztheorem für monotone *Zahlen*folgen gilt nun der wichtige

29.6 Satz *Jede monotone und beschränkte Folge symmetrischer Operatoren eines Hilbertraumes konvergiert punktweise gegen einen symmetrischen Operator.*

Wir führen den Beweis für eine monoton wachsende Folge: $A_1 \leqslant A_2 \leqslant \cdots \leqslant B$. Für $n > m$ ist $A_n - A_m \geqslant 0$; mit Satz 29.5 erhalten wir daraus zunächst

$$\|A_n - A_m\| = \sup_{\|x\|=1} (A_n x - A_m x|x) \leqslant \sup_{\|x\|=1} [(Bx|x) - (A_1 x|x)] =: \alpha,$$ [1]

und dann mit Satz 29.2

$$\begin{aligned}\|A_n x - A_m x\|^4 &= ((A_n - A_m)x|(A_n - A_m)x)^2 \\ &\leqslant ((A_n - A_m)x|x)((A_n - A_m)^2 x|(A_n - A_m)x) \\ &\leqslant [(A_n x|x) - (A_m x|x)]\alpha^3 \|x\|^2 .\end{aligned}$$

Die Folge der Zahlen $(A_n x|x)$ ist monoton wachsend und beschränkt, also konvergent. Die obige Abschätzung zeigt nun, daß $(A_n x)$ eine Cauchyfolge ist. Dank der Vollständigkeit des Raumes konvergiert sie, d.h., (A_n) strebt punktweise gegen einen (symmetrischen) Operator A. ■

Wir wenden uns noch einmal der Ordnungsbeziehung zwischen symmetrischen Operatoren zu. Sind A, B, C symmetrisch, *so folgt aus $A \leqslant B$ stets $A + C \leqslant B + C$ und $\alpha A \leqslant \alpha B$, falls $\alpha \geqslant 0$.* Die Frage, ob man die Ungleichung $A \leqslant B$ mit einem positiven Operator multiplizieren „darf", ist ein wenig schwieriger. Zu ihrer Untersuchung benötigen wir die

29.7 Reidsche Ungleichung[2] *Sind A, B stetige Operatoren, ist $A \geqslant 0$ und AB symmetrisch, so gilt*

$$|(ABx|x)| \leqslant \|B\| (Ax|x) \quad \textit{für alle } x. \tag{29.7}$$

Beweis. Aus Satz 29.2 und der Ungleichung vom arithmetisch-geometrischen Mittel folgt

$$|(Ax|y)| \leqslant \tfrac{1}{2}[(Ax|x) + (Ay|y)]. \tag{29.8}$$

Wegen $(AB^n x|y) = (B^{n-1}x|ABy) = (AB^{n-1}x|By) = (B^{n-2}x|AB^2 y) = \cdots = (x|AB^n y)$ ist AB^n symmetrisch; aus (29.8) ergibt sich also für $n = 1, 2, \ldots$ die Abschätzung

$$|(AB^n x|x)| = |(x|AB^n x)| = |(Ax|B^n x)| \leqslant \tfrac{1}{2}[(Ax|x) + (AB^{2n} x|x)].$$

Durch vollständige Induktion erhält man nun die Ungleichung

$$|(ABx|x)| \leqslant \left(\frac{1}{2} + \frac{1}{4} + \cdots + \frac{1}{2^n}\right)(Ax|x) + \frac{1}{2^n}(AB^{2^n} x|x). \tag{29.9}$$

Ist $\|B\| = 1$, so strebt wegen $|(AB^{2^n} x|x)| \leqslant \|A\| \, \|x\|^2$ der letzte Term in (29.9) gegen 0; für $n \to \infty$ erhalten wir also $|(ABx|x)| \leqslant (Ax|x)$. Aus diesem Spezialfall der Reidschen Ungleichung ergibt sich (29.7), indem man B durch $B/\|B\|$ ersetzt. ■

---

[1] Wir benutzen hier vorgreifend schon den Satz 39.6, nach dem ein symmetrischer Endomorphismus eines *Hilbertraumes* von selbst *stetig* ist.

[2] Vgl. Reid (1951).

Wir können nun zeigen, daß die Ordnungsrelation zwischen stetigen symmetrischen Operatoren mit der Multiplikation verträglich ist:

29.8 Satz *Sind A, B, C stetige symmetrische Operatoren, so folgt aus $A \leqslant B$ und $C \geqslant 0$ immer dann $AC \leqslant BC$, wenn C mit A und B* vertauschbar *ist. Insbesondere ist das Produkt von zwei stetigen, positiven und vertauschbaren Operatoren stets positiv.*

Wir beweisen zunächst die letzte Behauptung. A, B seien stetig, positiv und vertauschbar. Wir dürfen $0 \leqslant I - B \leqslant I$ annehmen; ist dies nicht *a priori* richtig, so ersetzen wir B durch βB mit einem geeigneten positiven Faktor β. Nach Satz 29.5 ist dann $\|I - B\| \leqslant 1$, und da A mit $I - B$ vertauschbar, also $A(I - B)$ symmetrisch ist, folgt aus Satz 29.7

$$(A[I-B]x|x) \leqslant (Ax|x), \quad \text{also} \quad A - AB \leqslant A \quad \text{und somit} \quad 0 \leqslant AB.$$

Die erste Behauptung des Satzes ergibt sich nun sofort aus dem eben Bewiesenen: man braucht nur $B - A \geqslant 0$ mit C zu multiplizieren. ■

Von besonderer Bedeutung in der Operatorentheorie sind die Begriffe des Eigenwertes und der Eigenlösung; wir werden dies schon in der nächsten Nummer sehen. Ist A eine lineare Abbildung, so heißt die Zahl λ Eigenwert von A, wenn es ein $x \neq 0$ mit $Ax = \lambda x$ gibt; x selbst heißt dann eine Eigenlösung oder ein Eigenvektor von A zum Eigenwert λ. Auf eine Eigenlösung wirkt also der Operator A in der denkbar einfachsten Weise, nämlich bloß als ein *Vervielfacher*. λ ist offenbar genau dann ein Eigenwert von A, wenn $N(\lambda I - A)$ nicht nur aus dem Nullelement besteht. In diesem Falle heißt $N(\lambda I - A)$ der Eigenraum von A zum Eigenwert λ und $\dim N(\lambda I - A)$ die Vielfachheit von λ. $N(\lambda I - A) \setminus \{0\}$ ist die Menge aller Eigenlösungen von A zum Eigenwert λ.

Eigenwerte spielen in der Quantenmechanik eine zentrale Rolle; sie treten dort als Ergebnisse von Messungen mechanischer Größen auf, die durch geeignete Operatoren beschrieben werden.[1] Als Meßergebnisse müssen sie *reell* sein. Die erste Aussage des folgenden Satzes ist deshalb von besonderer *physikalischer* Bedeutung.

29.9 Satz *Jeder Eigenwert eines symmetrischen Operators ist* reell, *und Eigenvektoren zu verschiedenen Eigenwerten sind zueinander* orthogonal.

Beweis. Für einen Eigenwert λ ist $Ax = \lambda x$ mit einem $x \neq 0$ und somit $\lambda = \frac{(Ax|x)}{(x|x)}$ reell (s. Satz 29.1). Ist überdies $Ay = \mu y$ mit $y \neq 0$ und $\mu \neq \lambda$, so folgt

$$\lambda(x|y) = (\lambda x|y) = (Ax|y) = (x|Ay) = (x|\mu y) = \mu(x|y),$$

also $(\lambda - \mu)(x|y) = 0$ und somit $(x|y) = 0$. ■

[1] Allerdings sind die Physiker so sehr auf Eigenwerte versessen, daß sie selbst dort welche finden, wo es gar keine gibt.

Aufgaben

*1. Für jeden stetigen positiven Operator ist $\|Ax\|^2 \leqslant \|A\|(Ax|x)$.

+2. Ist $[x|y]$ ein *stetiges* Halbinnenprodukt auf dem Hilbertraum E mit dem Innenprodukt $(x|y)$ (folgt also aus $x_n \to x$, $y_n \to y$ stets $[x_n|y_n] \to [x|y]$), so gibt es einen stetigen, positiven Operator S mit $[x|y]=(Sx|y)$ für alle $x, y \in E$ (s. A 26.2).

*3. Auf dem Vektorraum E sei ein Halbinnenprodukt $[x|y]$ und damit eine Halbnorm $|x|:=\sqrt{[x|x]}$ gegeben. Ferner sei $A \in \mathscr{S}(E)$ symmetrisch: $[Ax|y]=[x|Ay]$ für alle $x, y \in E$. Zeige: a) $[Ax|x] \in \mathbf{R}$ für alle $x \in E$. b) Ist A sogar vollsymmetrisch, d.h., ist $|u| \neq 0$ für alle Eigenlösungen u von A zu Eigenwerten $\neq 0$, so sind die Eigenwerte allesamt reell und Eigenlösungen zu verschiedenen Eigenwerten orthogonal. c) Aus $\nu(A):=\sup_{|x|=1} |[Ax|x]| < \infty$ folgt, daß A beschränkt und seine Norm $|A|=\nu(A)$ ist, falls überhaupt Elemente x mit $|x| \neq 0$ vorhanden sind; andernfalls gilt trivialerweise $|A|=\nu(A)=0$ (Beschränktheit und Norm von A werden wie in normierten Räumen definiert).

+4. Der Endomorphismus A des Hilbertraumes E heißt symmetrisierbar, wenn es ein stetiges Halbinnenprodukt $[x|y]$ auf E gibt, bezüglich dessen A symmetrisch ist; A wird vollsymmetrisierbar genannt, wenn wir außerdem $|x|:=\sqrt{[x|x]} \neq 0$ für alle Eigenlösungen x zu Eigenwerten $\neq 0$ haben. Zeige:

a) A ist genau dann symmetrisierbar, wenn ein $H \geqslant 0$ existiert, so daß HA symmetrisch bezüglich des Innenproduktes von E ist.

b) Die Eigenwerte eines vollsymmetrisierbaren Operators sind alle reell; für Eigenlösungen u, v zu verschiedenen Eigenwerten ist $[u|v]=0$.

c) Ein symmetrisierbarer und beschränkter Operator A ist auch bezüglich der Halbnorm $|x|$ beschränkt, und es gilt $|A| \leqslant \|A\|$.

Hinweis: Aufgaben 2, 3; Satz 29.7.

+5. Die Definition der Symmetrisierbarkeit bzw. vollen Symmetrisierbarkeit in Aufgabe 4 läßt sich wörtlich für den Fall übernehmen, daß E ein *Banachraum* ist (vgl. Lax (1954)). Zeige:

a) Ein Halbinnenprodukt $[x|y]$ auf E ist genau dann stetig, wenn mit einem $\gamma \geqslant 0$ stets $|x|:=\sqrt{[x|x]} \leqslant \gamma \|x\|$ gilt.

b) Für ein vollsymmetrisierbares A gilt die Aussage b) in Aufgabe 4.

c) Für ein symmetrisierbares und beschränktes A gilt die Aussage c) in Aufgabe 4.

Hinweis für c): Aus $|A^n x|^2 \leqslant |x|\,|A^{2n}x|$ folgt $|Ax|/|x| \leqslant (|A^{2^k}x|/|x|)^{1/2^k}$, falls $|x| \neq 0$. Benutze nun a).

*6. A sei ein symmetrischer Endomorphismus des Innenproduktraumes E und F ein unter A invarianter Teilraum von E. Dann ist auch $F^\perp$ unter A invariant. Ist A überdies kompakt, so muß auch $A|F^\perp$ kompakt sein.

7. **Netze symmetrischer Operatoren** Sei $\Delta=(\Delta, \prec)$ eine gerichtete Menge mit Elementen $\alpha, \beta, \ldots$ (s. Heuser I, Nr. 44) und E ein Hilbertraum. Eine Abbildung $\alpha \mapsto A_\alpha$ von Δ in die Menge der symmetrischen Operatoren auf E heißt ein Netz (eine verallgemeinerte Folge) symmetrischer Operatoren (auf E) und wird mit (A_α) bezeichnet. (A_α) soll (punktweise) konvergent heißen, wenn ein Operator A existiert, so daß gilt: Zu jedem $\varepsilon>0$ und jedem $x \in E$ gibt es ein $\alpha_0=\alpha_0(\varepsilon, x) \in \Delta$ mit

$$\|A_\alpha x - Ax\| < \varepsilon \quad \text{für alle } \alpha \succ \alpha_0.$$

A heißt dann der Grenzwert des Netzes (A_α), und wir schreiben $A_\alpha \to A$. (A_α) wird (punktweises) Cauchynetz genannt, wenn nach Wahl von $\varepsilon > 0$ stets ein $\alpha_0 = \alpha_0(\varepsilon, x) \in \Delta$ vorhanden ist, so daß

$$\|A_\alpha x - A_\beta x\| < \varepsilon \quad \text{für alle } \alpha, \beta \succ \alpha_0 \quad \text{und jedes } x \in E$$

ausfällt. Wir wollen ferner (A_α) monoton wachsend nennen, wenn aus $\alpha \prec \beta$ immer $A_\alpha \leqslant A_\beta$ folgt; ganz entsprechend werden monoton abnehmende Netze erklärt. Und schließlich soll (A_α) nach oben beschränkt heißen, wenn es einen symmetrischen Operator B und ein α_0 so gibt, daß für $\alpha \succ \alpha_0$ stets $A_\alpha \leqslant B$ bleibt; nach unten beschränkte Netze werden in völlig analoger Weise definiert. Zeige der Reihe nach:

a) Ein konvergentes Netz (A_α) besitzt nur *einen* Grenzwert.

b) Aus $A_\alpha \to A$ folgt $(A_\alpha x | y) \to (Ax | y)$ für alle $x, y \in E$ (letzteres natürlich im Sinne der Konvergenz komplexwertiger Netze), und A ist *symmetrisch*.

c) Das Netz (A_α) konvergiert genau dann, wenn es ein Cauchynetz ist.

d) Hauptsatz: *Jedes monoton wachsende und nach oben beschränkte Netz symmetrischer Operatoren auf einem Hilbertraum konvergiert (punktweise) gegen einen symmetrischen Operator. Und Entsprechendes gilt für monoton abnehmende, nach unten beschränkte Netze.*

Hinweis: Sätze 44.1, 44.5 und 44.6 in Heuser I; Beweis des Satzes 29.6.

8. Ein Definitheitskriterium für Matrixoperatoren $A := (\alpha_{jk})$ sei eine reelle symmetrische (n, n)-Matrix, also $\alpha_{jk} = \alpha_{kj} \in \mathbf{R}$ für alle j, k. Zeige:

a) A ist ein symmetrischer Operator auf dem reellen Hilbertraum $l^2_{\mathbf{R}}(n)$.

b) Genau dann ist $(Ax|x) > 0$ für alle $x \neq 0$, wenn alle Abschnittsdeterminanten

$$\Delta_k := \begin{vmatrix} \alpha_{11} \ldots \alpha_{1k} \\ \vdots \\ \alpha_{k1} \ldots \alpha_{kk} \end{vmatrix} > 0$$

ausfallen.

Hinweis: Induktion.

30 Die Entwicklung symmetrischer kompakter Operatoren nach Eigenvektoren

Zur Motivation der nun folgenden Dinge betrachten wir zunächst Endomorphismen A eines n-dimensionalen Hilbertraumes E. Auf einen Eigenvektor u wirkt A wie die Multiplikation mit einer Zahl: $Au = \lambda u$. A wird infolgedessen analytisch immer dann leicht zu beherrschen sein, wenn E eine *Basis* $\{u_1, \ldots, u_n\}$ *aus Eigenvektoren* u_k besitzt. Sind nämlich $\lambda_1, \ldots, \lambda_n$ die zugehörigen (nicht notwendigerweise verschiedenen) Eigenwerte und stellt man x in der Form $x = \sum_{k=1}^{n} \alpha_k u_k$ dar, so wirkt A wie eine Überlagerung von „Streckungen" in den „Eigenrichtungen":

$Ax = \sum_{k=1}^{n} \lambda_k \alpha_k u_k$. Noch übersichtlicher werden die Verhältnisse, wenn die Eigenvektoren sogar *orthonormal* sind. In diesem Falle wird die u.U. mühselige Bestimmung der Entwicklungskoeffizienten α_k denkbar einfach, denn jetzt ist $x = \sum_{k=1}^{n} (x|u_k)u_k$ und somit

$$Ax = \sum_{k=1}^{n} \lambda_k (x|u_k) u_k. \tag{30.1}$$

In (30.1) brauchen übrigens nur die Eigenvektoren zu Eigenwerten $\neq 0$ aufgenommen zu werden.

Bei der Diskussion der Sturm-Liouvilleschen Eigenwertaufgabe in Nr. 3 sind wir auf symmetrische Fredholmsche Integraloperatoren gestoßen, Operatoren also, die kompakt sind (s. Nr. 28). Es ist nun eine schwergewichtige Tatsache, daß wir für *symmetrische kompakte Operatoren* ein genaues Analogon zu (30.1) gewinnen und so zu einer vollkommenen analytischen Beherrschung dieser Operatoren mittels ihrer Eigenwerte und Eigenvektoren gelangen können. Diese ideal zu nennende Situation wollen wir nun genauer ins Auge fassen.

A sei ein symmetrischer kompakter Endomorphismus des Innenproduktraumes E. Wir erinnern daran, daß A stetig ist (s. Nr. 28). Um Triviales zu vermeiden, setzen wir $A \neq 0$ voraus.

Nach Satz 29.5 ist $\sup_{\|x\|=1} |(Ax|x)| = \|A\|$, infolgedessen gibt es eine Folge (x_n) und eine Zahl μ mit $|\mu| = \|A\| > 0$, so daß

$$\|x_n\| = 1 \quad \text{ist und} \quad (Ax_n|x_n) \to \mu \quad \text{strebt.}$$

Aus $0 \leqslant \|Ax_n - \mu x_n\|^2 = \|Ax_n\|^2 - 2\mu(Ax_n|x_n) + \mu^2 \|x_n\|^2 \leqslant \|A\|^2 - 2\mu(Ax_n|x_n) + \|A\|^2$ folgt nun

$$Ax_n - \mu x_n \to 0. \tag{30.2}$$

Wegen der Kompaktheit von A besitzt (Ax_n) eine konvergente Teilfolge (Ax_{n_k}); aus (30.2) ergibt sich, daß dann auch (x_{n_k}) gegen ein (normiertes) Element u strebt und daß $Au - \mu u = 0$, *also u eine Eigenlösung zum Eigenwert $\mu = \pm \|A\|$ ist.* Offenbar gilt

$$|(Au|u)| = \sup_{\|x\|=1} |(Ax|x)|, \tag{30.3}$$

und umgekehrt ist jeder Vektor u, der (30.3) genügt, eine Eigenlösung von A zum Eigenwert $\pm \|A\|$ (man wähle $x_n = u$).

Sei nun $\mu_1 := \mu$, $u_1 := u$ und $E_1 := [u_1]^{\perp}$. Die Einschränkung A_1 von A auf E_1 ist ein symmetrischer kompakter Endomorphismus von E_1 (s. A 29.6), nach dem eben Bewiesenen besitzt sie also, falls sie $\neq 0$ ist, einen Eigenwert μ_2 mit $0 < |\mu_2| = \|A_1\| \leqslant \|A\| = |\mu_1|$. u_2 sei eine zugehörige normierte Eigenlösung. Ist A_2

die Einschränkung von A auf $E_2 := [u_1, u_2]^\perp$, so liefern uns dieselben Schlüsse, falls $A_2 \neq 0$ ist, einen Eigenwert μ_3 von A_2 mit $0 < |\mu_3| = \|A_2\| \leqslant \|A_1\| = |\mu_2|$ und eine zugehörige Eigenlösung u_3; trivialerweise sind u_2, u_3 auch Eigenlösungen von A zu den Eigenwerten μ_2, μ_3. Der Fortgang des Verfahrens ist nun klar. Man erhält eine möglicherweise abbrechende Eigenwertfolge (μ_n) mit $|\mu_1| \geqslant |\mu_2| \geqslant \cdots > 0$ und eine Orthonormalfolge (u_n) von zugehörigen Eigenlösungen. (μ_n) bricht genau dann mit μ_m ab, wenn A auf $E_m := [u_1, \ldots, u_m]^\perp$ verschwindet; in diesem Falle ist $E = [u_1, \ldots, u_m] \oplus E_m$ (Satz 22.1), also $x = \sum_{k=1}^{m} (x|u_k) u_k + y$ mit $y \in E_m$ und somit

$$Ax = \sum_{k=1}^{m} \mu_k (x|u_k) u_k .$$

Bricht (μ_n) nicht ab, so strebt $\mu_n \to 0$. Andernfalls wäre nämlich die Folge (u_n/μ_n) beschränkt, und ihre Bildfolge $(A u_n/\mu_n) = (u_n)$ müßte somit eine konvergente Teilfolge enthalten; wegen $\|u_n - u_m\| = \sqrt{2}$ für $n \neq m$ ist dies aber unmöglich. Für beliebiges $x \in E$ liegt $y_n := x - \sum_{k=1}^{n} (x|u_k) u_k$ in E_n, infolgedessen ist $\|A y_n\| \leqslant \|A_n\| \, \|y_n\| = |\mu_{n+1}| \, \|y_n\|$ und $\|y_n\|^2 = \|x\|^2 - \sum_{k=1}^{n} |(x|u_k)|^2 \leqslant \|x\|^2$. Daraus folgt $A y_n \to 0$, also

$$Ax = \sum_{k=1}^{\infty} \mu_k (x|u_k) u_k .$$

In der Folge (μ_k) tritt jeder Eigenwert $\neq 0$ von A so oft auf, wie es seiner Vielfachheit entspricht. Andernfalls gäbe es eine Eigenlösung u mit $Au \neq 0$ und $u \perp u_k$ $(k = 1, 2, \ldots)$, für die dann absurderweise $Au = \sum \mu_k (u|u_k) u_k = 0$ sein müßte. - Wir fassen zusammen:

30.1 Satz *Ist $A \neq 0$ ein symmetrischer kompakter Endomorphismus des Innenproduktraumes E, so erhält man eine Orthonormalfolge von Eigenvektoren u_n, indem man zunächst eine Lösung u_1 der Variationsaufgabe*

$$|(Ax|x)| = \max \quad \textit{unter der Nebenbedingung } \|x\| = 1$$

und dann sukzessiv für $n = 2, 3, \ldots$ eine Lösung u_n der Aufgabe

$$|(Ax|x)| = \max \quad \textit{unter den Nebenbedingungen } \|x\| = 1,\ (x|u_k) = 0 \quad \textit{für } k = 1, \ldots, n-1$$

bestimmt, solange dieses Maximum positiv ist; der zu u_n gehörende Eigenwert μ_n ist dem Betrage nach gleich diesem Maximum. Das geschilderte Verfahren liefert jeden Eigenwert $\neq 0$ von A so oft, wie es seine Vielfachheit angibt, und es gilt die Entwicklung

$$Ax = \sum \mu_n (x|u_n) u_n = \sum (Ax|u_n) u_n \quad \textit{für alle } x \in E. \tag{30.4}$$

Die Folge (μ_n) bricht entweder ab oder strebt gegen 0.

(30.4) nennt man auch den **Entwicklungssatz für symmetrische kompakte Operatoren**. Er ist das angekündigte Analogon zu (30.1).

Ist E ein Hilbertraum, so ist der Entwicklungssatz (30.4) sogar charakteristisch für symmetrische kompakte Operatoren, genauer: *Gilt für den Endomorphismus A des Hilbertraumes E die Darstellung* (30.4) *mit einer endlichen oder gegen* 0 *strebenden Folge reeller Zahlen μ_n und einem Orthonormalsystem $\{u_1, u_2, \ldots\}$, so ist A symmetrisch und kompakt.* Die Symmetrie ist fast selbstverständlich, die Kompaktheit erkennt man so: Man erklärt den stetigen endlichdimensionalen Operator A_k durch $A_k x := \sum_{n=1}^{k} \mu_n (x|u_n) u_n$; es ist dann

$$\|(A-A_k)x\|^2 = \sum_{n>k} |\mu_n|^2 |(x|u_n)|^2 \leqslant \max_{n>k} |\mu_n|^2 \|x\|^2,$$

infolgedessen strebt $A_k \rightrightarrows A$, und nach Satz 28.3 ist somit A kompakt. ■

Aufgaben

*1. Unter den Voraussetzungen des Satzes 30.1 bilden die Eigenlösungen $u_1, u_2, \ldots$ von A genau dann ein maximales Orthonormalsystem in E (im Falle eines *vollständigen* E also genau dann eine Orthonormal*basis* von E), wenn 0 *kein* Eigenwert von A ist.

2. Unter den Voraussetzungen des Satzes 30.1 gibt es paarweise verschiedene reelle Zahlen λ_n und endlichdimensionale Orthogonalprojektoren P_n, mit denen die gleichmäßig konvergente Entwicklung $A = \sum \lambda_n P_n$ gilt.

3. Zu dem Endomorphismus A des Innenproduktraumes E gebe es eine Folge von Zahlen $\mu_n \neq 0$ und eine Orthonormalfolge $(u_1, u_2, \ldots)$, so daß

$$Ax = \sum \mu_n (x|u_n) u_n \quad \text{für alle } x \in E$$

gilt. Zeige: a) $A u_n = \mu_n u_n$. b) A ist genau mit (μ_n) beschränkt. c) A ist genau dann symmetrisch, wenn alle μ_n reell sind. d) A ist genau dann positiv, wenn alle $\mu_n > 0$ sind.

4. **Hauptachsentransformation** $A := (\alpha_{jk})$ sei eine reelle symmetrische (n,n)-Matrix: $\alpha_{jk} \in \mathbf{R}$, $\alpha_{jk} = \alpha_{kj}$ für alle j, k. Dann ist A ein kompakter symmetrischer Operator auf $l^2_{\mathbf{R}}(n)$ und hat infolgedessen im Sinne des Satzes 30.1 die Darstellung

$$Ax = \sum_{k=1}^{n} \mu_k (x|u_k) u_k,$$

falls man auch (eigentlich überflüssigerweise und nur, um die Summation von 1 bis $n = \dim l^2_{\mathbf{R}}(n)$ erstrecken zu können) den Eigenwert 0 und eine Orthonormalbasis von $N(A)$ mit aufnimmt; $\{u_1, \ldots, u_n\}$ ist dann eine Orthonormalbasis von $l^2_{\mathbf{R}}(n)$. Ist $\{e_1, \ldots, e_n\}$ die natürliche Basis von $l^2(n)$ (also $e_\mu :=\mu$-ter Einheitsvektor), so hat man

$$x = \sum_{i=1}^{n} \xi_i e_i = \sum_{k=1}^{n} \eta_k u_k = \sum_{k=1}^{n} \eta_k \left(\sum_{i=1}^{n} \beta_{ik} e_i \right), \quad \text{also} \quad \xi_i = \sum_{k=1}^{n} \beta_{ik} \eta_k,$$

und damit eine Regel, nach der die Komponenten eines Vektors x bezüglich der natürlichen Basis aus seinen Komponenten bezüglich der Eigenvektorbasis berechnet werden können. In Matrizenschreibweise ist

$$\begin{pmatrix}\xi_1\\ \vdots\\ \xi_n\end{pmatrix} = \boldsymbol{B}\begin{pmatrix}\eta_1\\ \vdots\\ \eta_n\end{pmatrix} \quad \text{mit} \quad \boldsymbol{B} := \begin{pmatrix}\beta_{11}\dots\beta_{1n}\\ \vdots\\ \beta_{n1}\dots\beta_{nn}\end{pmatrix}.$$

Zeige der Reihe nach:

a) $\boldsymbol{B}^T\boldsymbol{B} = \boldsymbol{B}\boldsymbol{B}^T = \boldsymbol{I}$; dabei bedeutet $\boldsymbol{B}^T$ die Transponierte von $\boldsymbol{B}$.

b) $\boldsymbol{B}$ erhält das Innenprodukt und die Norm: $(\boldsymbol{B}x|\boldsymbol{B}y) = (x|y)$, $\|\boldsymbol{B}x\|_2 = \|x\|_2$.

c) $\det \boldsymbol{B} = \pm 1$.

d) Durch die Substitution $x = \boldsymbol{B}y$ geht die quadratische Form $(\boldsymbol{A}x|x) = \sum_{i,k=1}^{n} \alpha_{ik}\xi_i\xi_k$ in eine quadratische Form mit „reinen Quadraten" über:

$$\sum_{i,k=1}^{n} \alpha_{ik}\xi_i\xi_k = \sum_{k=1}^{n} \mu_k\eta_k^2.$$

Aus Gründen, die in der Theorie der Kegelschnitte liegen, nennt man diese Prozedur eine *Hauptachsentransformation*. Es war das Problem der Hauptachsentransformation, das auf die große Bedeutung der Eigenwerte aufmerksam gemacht hat.

e) $\det \boldsymbol{A} = \mu_1 \cdot \mu_2 \cdots \mu_n$. *Hinweis*: $\boldsymbol{B}^T\boldsymbol{A}\boldsymbol{B} = \begin{pmatrix}\mu_1 & & 0\\ & \ddots & \\ 0 & & \mu_n\end{pmatrix}$.

5. Das Integral $J(A) := \int_{-\infty}^{+\infty} \dots \int_{-\infty}^{+\infty} e^{-\sum_{i,k=1}^{n} \alpha_{ik}\xi_i\xi_k} \, d\xi_1 \cdots d\xi_n$ Es spielt in den verschiedensten Anwendungen der Analysis, besonders aber in der Wahrscheinlichkeitstheorie, eine bedeutende Rolle. Dabei wird vorausgesetzt, daß die (reelle) Matrix $A := (\alpha_{ik})$ symmetrisch und streng positiv definit sei: $\alpha_{ik} = \alpha_{ki}$ für alle Indizes und $(Ax|x) > 0$ für jedes von 0 verschiedene $x \in l^2_{\mathbf{R}}(n)$. Zeige:

$$J(A) = \sqrt{\pi^n / \det A}.$$

Hinweis: Führe wie in Aufgabe 4 eine Hauptachsentransformation $x = \boldsymbol{B}y$ aus, wobei o. B. d. A. $\det \boldsymbol{B} = 1$ angenommen werden darf, benutze (behutsam) die Substitutionsregel für Integrale und beachte die Formel $\int_{-\infty}^{+\infty} e^{-t^2} dt = \sqrt{\pi}$ (s. Heuser II, Nr. 151).

6. Inhalt eines n-dimensionalen Ellipsoids Sei wieder wie in Aufgabe 5 $A := (\alpha_{ik})$ eine reelle und streng positive Matrix. Dann wird der Inhalt $|Q|$ des n-dimensionalen Ellipsoids $Q := \left\{(\xi_1, \dots, \xi_n) \in l^2_{\mathbf{R}}(n) : \sum_{i,k=1}^{n} \alpha_{ik}\xi_i\xi_k \leqslant 1\right\}$ mittels der Γ-Funktion gegeben durch

$$|Q| = \frac{2\sqrt{\pi^n}}{\sqrt{\det A}\, n\Gamma(n/2)} = \frac{2}{n\Gamma(n/2)} J(A)$$

mit dem in Aufgabe 5 auftretenden $J(A)$ – eine ganz unerwartete Beziehung zwischen Wahrscheinlichkeits- und Kegelschnittstheorie. Für $A = I/r^2$ $(r > 0)$ erhält man den Inhalt

$$\frac{2\sqrt{\pi^n}}{n\,\Gamma(n/2)}\,r^n \quad \text{der } n\text{-dimensionalen Kugel mit Radius } r,$$

für $A = \begin{pmatrix} 1/a_1^2 & & 0 \\ & \ddots & \\ 0 & & 1/a_n^2 \end{pmatrix}$ $(a_1, \ldots, a_n > 0)$ den Inhalt

$$\frac{2\sqrt{\pi^n}}{n\,\Gamma(n/2)}\,a_1 \cdots a_n \quad \text{des } n\text{-dimensionalen Ellipsoids mit den Halbachsen } a_1, \ldots, a_n.$$

Hinweis: Heuser II, A 203.6.

31 Die Gleichung $(\lambda I - A)x = y$ mit symmetrischem kompakten A

Auf Gleichungen dieser Art stößt man, wenn man gewisse Randwertaufgaben der mathematischen Physik in Fredholmsche Integralgleichungen verwandelt; s. Nr. 3.[1] Wir wollen nun sehen, wie man ihnen mit Hilfe des Entwicklungssatzes auf den Leib rücken kann. Was wir hier schildern, ist die Hilbertsche Methode der Eigenlösungen; sie setzt natürlich voraus, daß die Eigenwerte und Eigenlösungen von A bekannt sind.

Es sei also $A \neq 0$ ein symmetrischer kompakter Endomorphismus des Innenproduktraumes E über $\mathbf{K}$, und vorgelegt sei die Gleichung

$$(\lambda I - A)x = y \quad \text{mit gegebenem } \lambda \neq 0 \text{ aus } \mathbf{K} \text{ und } y \in E. \tag{31.1}$$

Für eine Lösung x von (31.1) ist notwendigerweise $\lambda x = y + Ax$, und mit (30.4) erhalten wir daraus

$$x = \frac{1}{\lambda}\,y + \frac{1}{\lambda}\sum \mu_n (x|u_n)\,u_n, \tag{31.2}$$

nach innerer Multiplikation mit u_m also $(x|u_m) = \frac{1}{\lambda}(y|u_m) + \frac{1}{\lambda}\mu_m (x|u_m)$, d.h.

$$(\lambda - \mu_m)(x|u_m) = (y|u_m) \quad \text{für alle } m. \tag{31.3}$$

Nun nehmen wir zunächst an, λ *stimme mit keinem Eigenwert von A überein.* Wegen (31.3) ist dann

$$(x|u_m) = \frac{(y|u_m)}{\lambda - \mu_m} \quad \text{für alle } m.$$

---

[1] In Nr. 3 hatten wir diese Gleichungen in der Form $(I - \mu K)x = y$ mit einem symmetrischen Integraloperator K geschrieben. In dem einzig interessanten Fall $\mu \neq 0$ laufen sie nach Division durch μ auf Gleichungen der in der Überschrift genannten Form mit $\lambda = 1/\mu \neq 0$ hinaus.

Mit (31.2) ergibt sich nun, daß x notwendigerweise die Gestalt

$$x=\frac{1}{\lambda}y+\frac{1}{\lambda}\sum\frac{\mu_n}{\lambda-\mu_n}(y|u_n)u_n \tag{31.4}$$

haben muß. Wenn umgekehrt die hier auftretende Reihe gegen ein Element von E konvergiert, läßt sich x mittels (31.4) *definieren*, und für dieses x ist dann

$$\begin{aligned}(\lambda I-A)x&=\frac{1}{\lambda}(\lambda I-A)y+\frac{1}{\lambda}\sum\frac{\mu_n}{\lambda-\mu_n}(y|u_n)(\lambda I-A)u_n\\&=y-\frac{1}{\lambda}Ay+\frac{1}{\lambda}\sum\mu_n(y|u_n)u_n=y-\frac{1}{\lambda}Ay+\frac{1}{\lambda}Ay=y\end{aligned}$$

(hier haben wir noch einmal (30.4) benutzt). x ist also eine Lösung - und zwar die einzige - von (31.1). Alles läuft somit auf die Frage hinaus, *ob die Reihe in* (31.4) *konvergiert.*

Sie tut es tatsächlich. Zunächst ist sie jedenfalls eine Cauchyreihe. Setzt man nämlich

$$s_n:=\sum_{k=1}^{n}\frac{\mu_k}{\lambda-\mu_k}(y|u_k)u_k \tag{31.5}$$

und beachtet, daß wegen $\lambda\neq\mu_k$ und $\mu_k\to 0$ mit einem geeigneten $\alpha>0$ gewiß

$$\left|\frac{1}{\lambda-\mu_k}\right|\leqslant\alpha\quad\text{und}\quad\left|\frac{\mu_k}{\lambda-\mu_k}\right|\leqslant\alpha M\quad\text{mit}\quad M:=\max_{k=1}^{\infty}|\mu_k|$$

ist, so erhält man für $n>m$ dank des pythagoreischen Satzes

$$\|s_n-s_m\|^2=\sum_{k=m+1}^{n}\left|\frac{\mu_k}{\lambda-\mu_k}\right|^2|(y|u_k)|^2\leqslant\alpha^2M^2\sum_{k=m+1}^{n}|(y|u_k)|^2.$$

Der rechte Term kann aber unter jede vorgegebene Größe gedrückt werden, wenn man nur m hinreichend groß macht (s. Satz 23.2). Damit ist klar, daß die Reihe in (31.4) jedenfalls immer dann konvergiert, wenn E *vollständig* ist. Was aber, wenn wir es mit einem *unvollständigen* E zu tun haben? In diesem Falle bedarf es eines zusätzlichen Argumentes. Für die Elemente

$$y_n:=\sum_{k=1}^{n}\frac{1}{\lambda-\mu_k}(y|u_k)u_k$$

erhalten wir mit Hilfe des pythagoreischen Satzes und der Besselschen Ungleichung die Abschätzung

$$\|y_n\|^2=\sum_{k=1}^{n}\left|\frac{1}{\lambda-\mu_k}\right|^2|(y|u_k)|^2\leqslant\alpha^2\|y\|^2;$$

(y_n) ist also eine beschränkte Folge. Wegen der Kompaktheit von A enthält dann die Folge der Bilder

$$Ay_n = \sum_{k=1}^{n} \frac{\mu_k}{\lambda-\mu_k}(y|u_k)u_k = s_n$$

eine konvergente Teilfolge. Da (s_n) aber nach unserer obigen Überlegung eine Cauchyfolge ist, muß sie gegen den Grenzwert dieser Teilfolge streben. Damit haben wir nun endlich bewiesen, daß unsere Reihe *immer* konvergiert und vermöge (31.4) die eindeutig bestimmte Lösung x der Gleichung (31.1) liefert - dies alles jedoch unter der Voraussetzung, daß λ mit keinem Eigenwert von A zusammenfällt.

Nun nehmen wir an, λ stimme mit einem Eigenwert von A der Vielfachheit r überein, es sei also

$$\lambda = \mu_{s+1} = \cdots = \mu_{s+r},$$

aber $\quad \lambda \neq \mu_k$ für $k<s+1$ und $k>s+r$.

Aus (31.3) ergibt sich dann, daß die Gleichung (31.1) höchstens für rechte Seiten y mit

$$(y|u_m)=0 \quad \text{für } m=s+1,\ldots,s+r, \quad \text{also mit} \quad y\perp N(\lambda I-A) \tag{31.6}$$

lösbar sein wird. Für diese y kann sie aber auch tatsächlich gelöst werden, z.B. durch das Element

$$x_0 := \frac{1}{\lambda}y + \frac{1}{\lambda}\sum_{\mu_n\neq\lambda}\frac{\mu_n}{\lambda-\mu_n}(y|u_n)u_n. \tag{31.7}$$

Es bedarf dazu keiner anderen Überlegung als der oben schon angestellten. Nach Satz 8.1 wird nun die Gesamtheit der Lösungen von (31.1) durch $x_0+N(\lambda I-A)$ gegeben, also durch die Menge der Vektoren

$$x_0+\alpha_1 u_{s+1}+\cdots+\alpha_r u_{s+r} \quad \text{mit beliebigen } \alpha_1,\ldots,\alpha_r \text{ aus } \mathbf{K}. \tag{31.8}$$

Damit haben wir tatsächlich das Gleichungsproblem (31.1) mittels der Eigenwerte und Eigenlösungen von A erschöpfend behandelt: wir haben genaue Lösbarkeitsbedingungen und explizite Lösungsformeln gewonnen. Diese wertvollen Ergebnisse wollen wir festhalten:

31.1 Satz *Für einen symmetrischen kompakten Endomorphismus $A\neq 0$ des Innenproduktraumes E ist die Gleichung*

$$(\lambda I-A)x=y \quad \textit{mit } \lambda\neq 0 \tag{31.9}$$

genau dann lösbar, wenn y orthogonal zu $N(\lambda I - A)$ *ist;*[1] *in diesem Falle wird (mit den Bezeichnungen des Satzes* 30.1) *durch*

$$x_0 := \frac{1}{\lambda} y + \frac{1}{\lambda} \sum_{\mu_n \neq \lambda} \frac{\mu_n}{\lambda - \mu_n} (y|u_n) u_n \tag{31.10}$$

eine Lösung der Gl. (31.9) *und durch* $x_0 + N(\lambda I - A)$ *die Gesamtheit ihrer Lösungen gegeben.*

Aufgaben

1. Sei $A \neq 0$ ein symmetrischer, kompakter und injektiver Endomorphismus des Hilbertraumes E, und $\lambda \neq 0$ sei kein Eigenwert von A. Dann existiert die Inverse $(\lambda I - A)^{-1}$ auf ganz E, ist stetig, und für ihre Norm gilt (mit den Bezeichnungen des Satzes 30.1) die Abschätzung

$$\|(\lambda I - A)^{-1}\| \leqslant \frac{1}{\min\limits_n |\lambda - \mu_n|}.$$

Hinweis: Mit A 30.1 und Satz 31.1 erhält man

$$(\lambda I - A)^{-1} y = \sum_n \frac{1}{\lambda - \mu_n} (y|u_n) u_n \quad \text{für jedes } y \in E.$$

2. Für die reelle Randwertaufgabe

$$\frac{d^2 x}{ds^2} + \lambda x = 0, \qquad x(0) = x(1) = 0, \tag{31.11}$$

kann $\lambda = 0$ kein Eigenwert sein, infolgedessen ist sie nach den Darlegungen in Nr. 3 völlig äquivalent zu der Integralgleichung

$$x(s) - \lambda \int_0^1 k(s,t) x(t)\, dt = 0, \tag{31.12}$$

deren Kern k das Negative der zu (31.11) gehörenden Greenschen Funktion G ist. Letztere ist aus A 3.6 bekannt, und man erhält so

$$k(s,t) = \begin{cases} s(1-t) & \text{für } 0 \leqslant s \leqslant t \leqslant 1, \\ t(1-s) & \text{für } 0 \leqslant t \leqslant s \leqslant 1. \end{cases} \tag{31.13}$$

Die Eigenwerte der Aufgabe (31.11) sind die Zahlen $\lambda_n := \pi^2 n^2$, und zu ihnen gehören die normierten Eigenlösungen

$$u_n(s) := \sqrt{2} \sin n\pi s \quad (n \in \mathbf{N}),$$

wie man der Diskussion des von (31.11) nur ganz unerheblich verschiedenen Problems (1.4) leicht entnehmen kann. Zeige nun, daß die Integralgleichung

$$x(s) - \lambda \int_0^1 k(s,t) x(t)\, dt = y(s) \quad \text{mit} \quad y \in C[0,1]$$

---

[1] Wenn λ kein Eigenwert von A, also $N(\lambda I - A) = \{0\}$ ist (erster Fall unserer obigen Diskussion), ist dies eine nichtssagende Bedingung: jedes y erfüllt sie.

für jedes $\lambda \neq \pi^2 n^2$ ($n=1, 2, \ldots$) die eindeutig bestimmte Lösung

$$x(s)=y(s)+\lambda \sum_{n=1}^{\infty} \frac{2}{\pi^2 n^2-\lambda}\left(\int_0^1 \sin n\pi t \cdot y(t)\,dt\right)\sin n\pi s \tag{31.14}$$

besitzt. Von der hier auftretenden Reihe können wir allerdings beim gegenwärtigen Stand der Dinge nur sagen, daß sie lediglich *im quadratischen Mittel* gegen x konvergieren wird.

32 Bestimmung und Abschätzung von Eigenwerten

Im folgenden sei A durchweg ein symmetrischer kompakter Operator auf dem Innenproduktraum E. Nach Satz 30.1 ist dann

$$Ax=\sum \mu_n (x|u_n)u_n \quad \text{für jedes } x \in E, \tag{32.1}$$

wobei die (reellen und von Null verschiedenen) Eigenwerte μ_n sich höchstens in Null häufen können und die Eigenlösungen $u_1, u_2, \ldots$ eine (evtl. abbrechende) Orthonormalfolge bilden. Wir sagen, μ_n sei an x beteiligt, wenn $(x|u_n)\neq 0$ ist. Aus (32.1) erhalten wir durch sukzessive Anwendung von A die Entwicklung

$$A^k x=\sum \mu_n^k (x|u_n)u_n \quad (k=1, 2, \ldots). \tag{32.2}$$

Die Darstellung

$$(Ax|x)=\sum \mu_n |(x|u_n)|^2 \tag{32.3}$$

lehrt, daß *A genau dann positiv ist, wenn alle $\mu_n>0$ sind.* Offenbar wird mit A auch jede Potenz A^k ($k=1, 2, \ldots$) positiv sein.

Wir nehmen nun vorübergehend an, A sei *positiv* und (μ_n) *monoton fallend*; die letzte Voraussetzung bedeutet keine Beschränkung der Allgemeinheit. Für ein x mit $Ax\neq 0$ ist dann das Maximum $\mu(x)$ der an x beteiligten Eigenwerte gewiß positiv. Stimmt $\mu(x)$ mit den Eigenwerten $\mu_m, \ldots, \mu_{m+r}$ und nur mit ihnen überein, so erhalten wir aus (32.2) mit $\mu:=\mu(x)$ die Entwicklung

$$A^k x=\mu^k \sum_{n=m}^{m+r} (x|u_n)u_n+\sum_{n>m+r} \mu_n^k (x|u_n)u_n,$$

wobei die erste Summe nicht verschwindet und in der zweiten alle $\mu_n<\mu$ sind. Für $k\to\infty$ strebt daher

$$\left(\frac{\|A^k x\|}{\mu^k}\right)^2=\sum_{n=m}^{m+r} |(x|u_n)|^2+\sum_{n>m+r}\left(\frac{\mu_n}{\mu}\right)^{2k}|(x|u_n)|^2 \to \sum_{n+m}^{m+r}|(x|u_n)|^2>0,$$

also $$\frac{\|A^{k+1}x\|}{\|A^k x\|}=\frac{\|A^{k+1}x\|}{\mu^{k+1}}\,\frac{\mu^k}{\|A^k x\|}\mu \to \mu.$$

Ähnlich sieht man, daß

$$\frac{A^k x}{\|A^k x\|} = \frac{A^k x}{\mu^k} \frac{\mu^k}{\|A^k x\|} \to \frac{\sum_{n=m}^{m+r} (x|u_n) u_n}{\left\| \sum_{n=m}^{m+r} (x|u_n) u_n \right\|}$$

strebt; der Grenzwert ist eine normierte Eigenlösung zum Eigenwert μ.
Nicht weniger leicht läßt sich erkennen, daß

$$\frac{(A^{k+1}x|x)}{(A^k x|x)} \to \mu$$

konvergiert. Diese Folge hat den Vorteil, *monoton wachsend* zu sein; denn nach Satz 29.2 gilt

$$(A^{k+1}x|x)^2 = (A^k(Ax)|x)^2 \leqslant (A^k(Ax)|Ax)(A^k x|x) = (A^{k+2}x|x)(A^k x|x).$$

Ist A *nicht* mehr positiv, so können wir unsere Resultate auf den positiven Operator A^2 anwenden und erhalten so alle Aussagen des folgenden Satzes mit Ausnahme der letzten.

32.1 Iterationssatz *Ist $Ax \neq 0$, so strebt*

$$\frac{\|A^{2k+2}x\|}{\|A^{2k}x\|} \to \alpha^2 > 0,$$

$$\frac{(A^{2k+2}x|x)}{(A^{2k}x|x)} \nearrow \alpha^2,$$

$$\frac{A^{2k}x}{\|A^{2k}x\|} \to u \quad \textit{mit} \quad \|u\| = 1 \quad \textit{und} \quad A^2 u = \alpha^2 u.$$

Mindestens einer der Vektoren

$$v := u + \frac{1}{\alpha} A u \quad \textit{bzw.} \quad w := u - \frac{1}{\alpha} A u$$

ist Eigenlösung von A zum Eigenwert α bzw. $-\alpha$.

Die letzte Behauptung ergibt sich aus den Gleichungen $Av = \alpha v$, $Aw = -\alpha w$ und dem Umstand, daß wegen $v + w = 2u \neq 0$ mindestens einer der Vektoren v, w nicht verschwindet. ■

Wir gehen nun zu Eigenwert*abschätzungen* und *-vergleichen* über. Dabei konzentrieren wir uns auf die *positiven* Eigenwerte von A. Aussagen über negative Eigenwerte erhält man, indem man die Sätze 32.2 bis 32.6 auf den Operator $-A$ anwendet.

32.2 Satz *Ist α eine positive und r eine natürliche Zahl, so besitzt A genau dann mindestens r Eigenwerte $\geqslant \alpha$, wenn es einen r-dimensionalen Teilraum F von E gibt, so daß*

$$(Ax|x) \geqslant \alpha(x|x) \quad \textit{für alle } x \in F$$

ausfällt; die Eigenwerte sind dabei gemäß ihrer Vielfachheit zu zählen.

Beweis. Wir nehmen zuerst an, A besitze r Eigenwerte $\geqslant \alpha$; durch Umindizierung der μ_n können wir erreichen, daß dies die Eigenwerte $\mu_1, \ldots, \mu_r$ sind. Für jedes Element $x = \sum_{\varrho=1}^{r} \xi_\varrho u_\varrho$ des r-dimensionalen Unterraumes $F := [u_1, \ldots, u_r]$ ist dann

$$(Ax|x) = \sum_{\varrho=1}^{r} \mu_\varrho |\xi_\varrho|^2 \geqslant \alpha \sum_{\varrho=1}^{r} |\xi_\varrho|^2 = \alpha(x|x).$$

Nun sei umgekehrt ein r-dimensionaler Unterraum $F = [y_1, \ldots, y_r]$ vorhanden, auf dem $(Ax|x) \geqslant \alpha(x|x)$ bleibt. Wir nehmen an, A besitze nur $q < r$ Eigenwerte $\geqslant \alpha$; evtl. Umindizierung erlaubt uns die Annahme, daß $\mu_n \geqslant \alpha$ für $n = 1, \ldots, q$ und $\mu_n \leqslant \alpha - \delta$ (mit einem $\delta \in (0, \alpha)$) für $n > q$ ist.[1] Wir bestimmen nun eine nichttriviale Lösung $(\eta_1, \ldots, \eta_r)$ des Gleichungssystems

$$\sum_{\varrho=1}^{r} \xi_\varrho (y_\varrho | u_\sigma) = 0, \quad \sigma = 1, \ldots, q \tag{32.4}$$

(wegen $q < r$ ist dies möglich); für $z := \sum_{\varrho=1}^{r} \eta_\varrho y_\varrho \in F$ ist dann

$$z \neq 0 \quad \text{und} \quad (z|u_\sigma) = 0 \quad \text{für} \quad \sigma = 1, \ldots, q,$$

also $$\alpha(z|z) \leqslant (Az|z) = \sum_{n>q} \mu_n |(z|u_n)|^2 \leqslant (\alpha - \delta) \sum_{n>q} |(z|u_n)|^2 \leqslant (\alpha - \delta)(z|z)$$

und somit $\alpha(z|z) \leqslant (\alpha - \delta)(z|z)$. Wegen $z \neq 0$ enden wir nun bei der Ungereimtheit „$\alpha \leqslant \alpha - \delta$". A muß also in der Tat mindestens r Eigenwerte $\geqslant \alpha$ besitzen. ■

Wir zerlegen nun (μ_n) in eine *monoton fallende Folge positiver* und eine *monoton wachsende Folge negativer* Eigenwerte:

$$\mu_1^+ \geqslant \mu_2^+ \geqslant \cdots > 0, \qquad \mu_1^- \leqslant \mu_2^- \leqslant \cdots < 0$$

(jede der beiden Folgen kann endlich, eine von ihnen sogar leer sein); u_n^+, u_n^- seien die zugehörigen Eigenlösungen. Aus dem eben Gezeigten folgt unmittelbar der

[1] Mit Hilfe von (32.3) und der Besselschen Ungleichung (23.4) sieht man sofort, daß $q \geqslant 1$ sein muß.

32.3 Satz *Genau dann ist μ_r^+ vorhanden und $\geqslant \alpha > 0$, wenn es einen r-dimensionalen Teilraum von E gibt, auf dem wir ständig $(Ax|x) \geqslant \alpha(x|x)$ haben.*

Ist für nichtverschwindende Vektoren x eines r-dimensionalen Unterraumes F stets $(Ax|x) > 0$, so ist auch $\alpha(F) := \min\{(Ax|x) : x \in F, \|x\| = 1\} > 0$ (das Minimum existiert, weil die Funktion $x \mapsto (Ax|x)$ auf der kompakten Menge $\{x \in F : \|x\| = 1\}$ stetig ist); nach Satz 32.3 ist dann μ_r^+ vorhanden und $\geqslant \alpha(F)$. Für $F_0 := [u_1^+, \ldots, u_r^+]$ ist $\mu_r^+ = \alpha(F_0)$; denn einerseits hat man für jedes

$$x = \sum_{\varrho=1}^{r} \xi_\varrho u_\varrho^+ \quad \text{mit} \quad \|x\| = \sqrt{\sum_{\varrho=1}^{r} |\xi_\varrho|^2} = 1$$

stets $(Ax|x) = \sum_{\varrho=1}^{r} \mu_\varrho^+ |\xi_\varrho|^2 \geqslant \mu_r^+$, andererseits ist $(Au_r^+|u_r^+) = \mu_r^+$. Diese Überlegungen ergeben folgendes

32.4 Courantsches Maximum-Minimumprinzip[1] *Es ist*

$$\mu_r^+ = \max_F \min_{0 \neq x \in F} \frac{(Ax|x)}{(x|x)},$$

wobei F alle r-dimensionalen Unterräume von E durchläuft, auf denen $(Ax|x) > 0$ für $x \neq 0$ ist. Das Maximum wird für $F = [u_1^+, \ldots, u_r^+]$ angenommen. Insbesondere ist μ_1^+ vorhanden und durch

$$\mu_1^+ = \max_{x \neq 0} \frac{(Ax|x)}{(x|x)}$$

gegeben, falls $(Ax|x)$ für mindestens ein $x \in E$ positiv ausfällt.

$\dfrac{(Ax|x)}{(x|x)}$ wird Rayleighscher Quotient genannt.[2]

Dem Maximum-Minimumprinzip steht komplementär zur Seite folgendes

32.5 Courantsches Minimum-Maximumprinzip *Falls die rechte Seite der folgenden Gleichung positiv ist, hat man*

$$\mu_r^+ = \min_F \sup_{0 \neq x \in F^\perp} \frac{(Ax|x)}{(x|x)},$$

---

[1] Richard Courant (1888–1972; 84).

[2] Nach John William Strutt, 3. Baron Rayleigh (1842–1919; 77), dem berühmten englischen Physiker und Nobelpreisträger von 1904.

wobei F alle $(r-1)$-dimensionalen Unterräume von E durchläuft. Das Minimum wird für $F=[u_1^+, \ldots, u_{r-1}^+]$ angenommen.[1]

Beweis. Für $(r-1)$-dimensionale Unterräume F von E setzen wir

$$\beta(F) := \sup_{0 \neq x \in F^\perp} \frac{(Ax|x)}{(x|x)}.$$

Aus Satz 30.1 folgt unter den gegenwärtigen Voraussetzungen

$$\mu_r^+ = \beta([u_1^+, \ldots, u_{r-1}^+]). \tag{32.5}$$

Wir brauchen daher nur noch die Abschätzung

$$\mu_r^+ \leqslant \beta(F) \tag{32.6}$$

zu beweisen.

$\beta(F)$ ist nach Voraussetzung positiv. Wäre $\mu_r^+ > \beta(F)$, so gäbe es wegen Satz 32.3 einen r-dimensionalen Teilraum G von E mit

$$(Ax|x) \geqslant \mu_r^+(x|x) > \beta(F)(x|x) \quad \text{für alle } x \neq 0 \text{ aus } G. \tag{32.7}$$

Nach Satz 22.1 ist $E = F \oplus F^\perp$, also $\operatorname{codim} F^\perp = r-1$. Wäre $G \cap F^\perp = \{0\}$, so müßte, im Widerspruch zu dieser Dimensionsaussage, $\operatorname{codim} F^\perp \geqslant r$ sein. Also enthält $G \cap F^\perp$ ein Element $y \neq 0$. Mit (32.7) folgt nun

$$\beta(F) \geqslant \frac{(Ay|y)}{(y|y)} \geqslant \mu_r^+ > \beta(F), \quad \text{also} \quad \beta(F) > \beta(F).$$

Diese Absurdität zeigt, daß tatsächlich (32.6) gelten muß. ■

Und nun ergibt sich in einfachster Weise folgender

32.6 Weylscher Vergleichssatz[2] *Die Operatoren A, B und C seien symmetrisch und kompakt, α_n^+, β_n^+ und γ_n^+ ihre positiven, monoton fallend angeordneten Eigenwerte, und ferner sei*

$$A = B + C.$$

Dann gelten die Abschätzungen

$$\alpha_{r+s-1}^+ \leqslant \beta_r^+ + \gamma_s^+.$$

---

[1] Bei *vollständigem E* ist das hier auftretende Supremum in Wirklichkeit sogar ein *Maximum* (daher der Name des Prinzips). Dies lehrt eine leichte Überlegung, die sich auf Satz 27.1 und A 59.9 stützt; im Falle eines *endlichdimensionalen E* kommt man natürlich bereits mit wohlvertrauten Kompaktheitsschlüssen zum Ziel.

[2] Hermann Weyl (1885–1955; 70) war eine der großen Gestalten der Göttinger Mathematik und wurde 1930 auf den Lehrstuhl Hilberts berufen.

Zum Beweis seien v_n^+, w_n^+ die zu β_n^+, γ_n^+ gehörenden Eigenlösungen von B, C und

$$F:=[v_1^+,\ldots,v_{r-1}^+,w_1^+,\ldots,w_{s-1}^+],\quad G:=[v_1^+,\ldots,v_{r-1}^+],\quad H:=[w_1^+,\ldots,w_{s-1}^+].$$

Dann erhält man mit Hilfe des Minimum-Maximumprinzips und der (sinngemäß anzuwendenden) Gl. (32.5) die folgende Ungleichungskette, in der x der Bedingung $\|x\|=1$ unterliegen soll:

$$\begin{aligned}\alpha_{r+s-1}^+ &\leqslant \sup_{x\in F^\perp}(Ax|x) \leqslant \sup_{x\in F^\perp}(Bx|x)+\sup_{x\in F^\perp}(Cx|x)\\ &\leqslant \sup_{x\in G^\perp}(Bx|x)+\sup_{x\in H^\perp}(Cx|x)=\beta_r^+ +\gamma_s^+ .\end{aligned}$$ ■

Für Polynome $p(t):=\alpha_0+\alpha_1 t+\cdots+\alpha_n t^n$ mit Koeffizienten α_k aus dem Skalarkörper $\mathbf{K}$ von E setzen wir im folgenden

$$p(A):=\alpha_0 I+\alpha_1 A+\cdots+\alpha_n A^n .$$

32.7 Einschließungssatz *Ist für ein $x\in E$ mit $\|x\|^2=\sum_{n=1}^\infty|(x|u_n)|^2>0$ und ein reelles Polynom $p(t):=\alpha_0+\alpha_1 t+\alpha_2 t^2$ die Zahl*

$$(p(A)x|x)=\alpha_0(x|x)+\alpha_1(Ax|x)+\alpha_2(A^2x|x)\geqslant 0,$$

so enthält die Menge $\{t\in\mathbf{R}: p(t)\geqslant 0\}$ mindestens einen Eigenwert $\neq 0$ von A.[1)]

Beweis. Mit (32.2) erhalten wir die Abschätzung

$$\sum_{n=1}^\infty p(\mu_n)|(x|u_n)|^2=\sum_{n=1}^\infty[\alpha_0|(x|u_n)|^2+\alpha_1\mu_n|(x|u_n)|^2+\alpha_2\mu_n^2|(x|u_n)|^2]=(p(A)x|x)\geqslant 0,$$

und da nach Voraussetzung mindestens ein $|(x|u_n)|^2$ nicht verschwindet, können nicht alle $p(\mu_n)$ negativ sein. ■

Aufgaben

Der Operator A sei symmetrisch und kompakt auf E.

1. Wie lauten die den Sätzen 32.2 bis 32.6 entsprechenden Sätze für die negativen Eigenwerte μ_n^- von A.

2. Die Anzahl der Eigenwerte $\geqslant\alpha>0$ von A ist gleich

$$\sup\{\dim F: F\subset E, (Ax|x)\geqslant\alpha(x|x) \text{ für alle } x\in F\}.$$

[1)] Zahlreiche Einschließungssätze dieser Art, formuliert für Integraloperatoren, findet man in Bückner (1952). S. auch Mertins (1987) und Nr. 44 in Heuser (1991 a). In diesem Zusammenhang weisen wir auch noch auf Spellucci-Törnig (1985) hin, wo praktisch brauchbare Methoden zur Berechnung und Abschätzung von Matrizeneigenwerten gebracht werden.

3. Die Rayleigh-Ritzsche Methode[1] In dieser Aufgabe sei E reell und A positiv (aber $\neq 0$). Dann liefert wegen Satz 32.4 jede Zahl $(Ax|x)$ mit $\|x\|=1$ eine untere Schranke für den größten Eigenwert μ von A. Die *Rayleigh-Ritzsche Methode* beutet nur diese einfache Bemerkung mit einem Hauch von Systematik aus. $\{x_1, \ldots, x_n\}$ sei ein beliebiges n-gliedriges Orthonormalsystem in E. Wir greifen nun, um das obige $(Ax|x)$ zu bilden, nicht blindlings irgendein normiertes x aus E heraus, sondern nehmen eines der Form

$$x := \sum_{i=1}^{n} \xi_i x_i \quad \text{mit} \quad \sum_{i=1}^{n} \xi_i^2 = 1.$$

Mit $\alpha_{ik} := (Ax_i|x_k) = \alpha_{ki}$ wird dann $(Ax|x) = \sum_{i,k=1}^{n} \alpha_{ik}\xi_i\xi_k$, und nun werden wir natürlich ein n-Tupel $(\xi_1, \ldots, \xi_n)$ so zu bestimmen suchen, daß

$$\sum_{i,k=1}^{n} \alpha_{ik}\xi_i\xi_k \quad \textit{maximal wird unter der Nebenbedingung} \quad \sum_{i=1}^{n} \xi_i^2 = 1.$$

Zeige: a) Die Methode der Lagrangeschen Multiplikatoren führt von dieser Aufgabe zu dem Gleichungssystem

$$\sum_{k=1}^{n} \alpha_{ik}\xi_k - \lambda\xi_i = 0 \quad (i=1, \ldots, n) \quad \text{mit einem Parameter } \lambda. \tag{32.8}$$

b) Das System (32.8) kann nur dann eine Lösung haben, die der Nebenbedingung $\sum \xi_i^2 = 1$ genügt, wenn es überhaupt nichttrivial lösbar ist, und dies ist genau dann der Fall, wenn

$$p(\lambda) := \begin{vmatrix} \alpha_{11}-\lambda & \alpha_{12} & \ldots \alpha_{1n} \\ \alpha_{21} & \alpha_{22}-\lambda & \ldots \alpha_{2n} \\ \vdots & & \\ \alpha_{n1} & \alpha_{n2} & \ldots \alpha_{nn}-\lambda \end{vmatrix} = 0$$

ist. p ist das charakteristische Polynom der (symmetrischen) Matrix $A := (\alpha_{ik})$, und seine n reellen (nicht notwendig unter sich verschiedenen) Nullstellen sind gerade die Eigenwerte von A (alles das ist dem Leser wohlbekannt). Ist nun λ tatsächlich eine Nullstelle von p und $(\xi_1, \ldots, \xi_n)$ eine Lösung von (32.8) mit $\sum \xi_i^2 = 1$, so ergibt sich aus (32.8) die Beziehung

$$\lambda = (Ax|x) \quad \text{für} \quad x := \sum_{i=1}^{n} \xi_i x_i.$$

Infolgedessen wird jede Nullstelle von p eine untere Schranke für μ sein, und um hier nichts zu verschenken, wird man natürlich nach der *größten* dieser Nullstellen greifen – das ist die *Methode von Rayleigh-Ritz* (s. auch Aufgabe 4).

4. Dehne die Rayleigh-Ritzsche Methode auf den Fall aus, daß die Ansatzelemente nicht mehr *orthonormal*, sondern nur noch *linear unabhängig* sind.

5. Erprobung der Rayleigh-Ritzschen Methode K sei der durch den Kern (31.13) definierte Integraloperator. Sein größter Eigenwert ist $1/\pi^2 \approx 0{,}10132$ (s. A 31.2). Bestimme mittels des Rayleigh-Ritzschen Verfahrens eine untere Schranke für ihn. Gehe dazu von den in $C[0,1]$ (mit dem

[1] Walter Ritz (1878–1909; 31).

üblichen Innenprodukt) orthonormalen Funktionen $x_1(t) := 1, x_2(t) := \sqrt{3}(1-2t)$ aus, die durch Orthogonalisierung der Polynome $1, t$ entstehen. Dieser sparsame Ansatz mit nur zwei Funktionen liefert bereits ein erstaunlich gutes Ergebnis.

6. Der kompakte Operator B sei $\geqslant 0$, und α_k^+ bzw. γ_k^+ sei der k-te positive Eigenwert von A bzw. von $A+B$. Dann ist $\gamma_k^+ \geqslant \alpha_k^+$. Diese Abschätzung spiegelt *mathematisch* den *physikalischen* Tatbestand wider, daß die Vergrößerung der Spannung einer Saite oder Platte zu einer Erhöhung der Eigenfrequenzen führt.

+**7. Eine Minimumeigenschaft des Rayleighschen Quotienten** Sei T ein stetiger (nicht notwendigerweise symmetrischer) Endomorphismus des Innenproduktraumes E. Dann besitzt für jedes feste $x \neq 0$ die Variationsaufgabe

$$\|Tx - \lambda x\| = \min$$

die eindeutig bestimmte Lösung $\lambda = (Tx|x)/(x|x)$.

Hinweis: Setze $\lambda = \alpha + i\beta$, $(x|Tx) = \gamma + i\delta$ und wende das übliche Verfahren zur Extremalstellenbestimmung einer reellwertigen Funktion der zwei reellen Veränderlichen α, β an.

+**8. Hermitesche Matrizen** Eine komplexe (n,n)-Matrix $A := (\alpha_{jk})$ heißt hermitesch, wenn $\alpha_{jk} = \bar{\alpha}_{kj}$ für alle j, k ist, oder also: wenn A mit der transponiert-konjugierten Matrix $A^* := (\bar{\alpha}_{kj})$ übereinstimmt. Zeige zunächst: Eine Matrix A ist genau dann ein symmetrischer Operator auf $l^2_{\mathbf{C}}(n)$, wenn sie hermitesch ist. Da A trivialerweise kompakt ist, kann auf hermitesche Matrizen die gesamte Eigenwerttheorie der Nummern 30 bis 32 angewandt werden. Es ergeben sich jedoch noch einige Besonderheiten, auf die wir in dieser und der nächsten Aufgabe einen flüchtigen Blick werfen wollen. Im folgenden sei A durchweg hermitesch. $\mathbf{C}^n$ bedeute den Hilbertraum $l^2_{\mathbf{C}}(n)$. Zeige:

a) $\mathbf{C}^n$ besitzt eine Orthonormalbasis von Eigenvektoren $u_1, \ldots, u_n$ von A zu den (reellen) Eigenwerten $\mu_1, \ldots, \mu_n$ $(Au_k = \mu_k u_k)$, wobei jeder Eigenwert so oft auftritt, wie es seiner Vielfachheit entspricht (und auch die Null mit aufgenommen wird, falls sie ein Eigenwert ist; vgl. A 30.4). Die Eigenwerte μ_k denken wir uns im folgenden der Größe nach geordnet: $\mu_1 \geqslant \mu_2 \geqslant \cdots \geqslant \mu_n$. Es sei

$$\mu_{\max} := \mu_1, \quad \mu_{\min} := \mu_n.$$

b) $$\mu_{\max} = \max_{x \neq 0} \frac{(Ax|x)}{(x|x)}, \qquad \mu_{\min} = \min_{x \neq 0} \frac{(Ax|x)}{(x|x)}.$$

c) $$\mu_r = \max_F \min_{0 \neq x \in F} \frac{(Ax|x)}{(x|x)} \quad (\dim F = r), \qquad \mu_r = \min_{0 \neq x \perp u_{r+1}, \ldots, u_n} \frac{(Ax|x)}{(x|x)},$$

$$\mu_r = \min_G \max_{0 \neq x \in G} \frac{(Ax|x)}{(x|x)} \quad (\dim G = n-r+1), \qquad \mu_r = \max_{0 \neq x \perp u_1, \ldots, u_{r-1}} \frac{(Ax|x)}{(x|x)}.$$

Hinweis: Man kann auf die Sätze 32.4, 32.5 zurückgreifen, wenn man beachtet, daß die Eigenwerte von $A + \eta I$ genau die Zahlen $\mu_k + \eta$ sind $(k = 1, \ldots, n)$.

+**9. Verkleinerung hermitescher Matrizen** Sei $A := (\alpha_{jk})$ eine hermitesche (n,n)-Matrix mit den Eigenwerten $\mu_1 \geqslant \mu_2 \geqslant \cdots \geqslant \mu_n$, und $\tilde{A}$ entstehe aus A durch Streichen einer Zeile und der *gleichbezifferten* Spalte. Dann ist $\tilde{A}$ eine hermitesche $(n-1, n-1)$-Matrix, deren Eigenwerte $\tilde{\mu}_1 \geqslant \tilde{\mu}_2 \geqslant \cdots \geqslant \tilde{\mu}_{n-1}$ zu denen von A in folgender Beziehung stehen:

$$\mu_1 \geqslant \tilde{\mu}_1 \geqslant \mu_2 \geqslant \tilde{\mu}_2 \geqslant \cdots \geqslant \tilde{\mu}_{n-1} \geqslant \mu_n.$$

Hinweis: Um die Vorstellung zu fixieren, denken wir uns die n-te Zeile und die n-te Spalte gestrichen, so daß

$$\tilde{A} = \begin{pmatrix} \alpha_{11} & \dots & \alpha_{1,n-1} \\ \vdots & & \\ \alpha_{n-1,1} & \dots & \alpha_{n-1,n-1} \end{pmatrix}$$

ist. Für jeden Vektor

$$x := \begin{pmatrix} \xi_1 \\ \vdots \\ \xi_n \end{pmatrix} \quad \text{sei} \quad x_0 := \begin{pmatrix} \xi_1 \\ \vdots \\ \xi_{n-1} \\ 0 \end{pmatrix}, \quad \tilde{x} := \begin{pmatrix} \xi_1 \\ \vdots \\ \xi_{n-1} \end{pmatrix}.$$

Dann gilt: $\|x_0\|_2 = \|\tilde{x}\|_2$, $(Ax_0|x_0) = (\tilde{A}\tilde{x}_0|\tilde{x})$ und $x_0 \perp y \Longleftrightarrow \tilde{x} \perp \tilde{y}$. Benutze nun Aufgabe 8c.

$^+$**10. Stetige Abhängigkeit der Eigenwerte einer hermiteschen Matrix von den Matrixelementen** Aus dem Weylschen Vergleichssatz 32.6 wird im Falle $s=1$ der Störungssatz

$$|\alpha_r^+ - \beta_r^+| \leqslant \|A - B\|.$$

Für hermitesche Matrizen folgt hieraus, daß die Eigenwerte *stetig* von den Matrixelementen abhängen.

11. A sei ein symmetrischer und kompakter Operator mit der Entwicklung (32.1), und für x gelte $\|x\|^2 = \sum_{n=1}^{\infty} |(x|u_n)|^2 > 0$. Zeige:

a) Für $\lambda \in \mathbf{R}$ ist $\quad \inf_n |\mu_n - \lambda| \leqslant \dfrac{\|(A-\lambda I)x\|}{\|x\|}$.

b) Für $\lambda_0 := \dfrac{(Ax|x)}{(x|x)}$ ist $\inf_n |\mu_n - \lambda_0| \leqslant \dfrac{\min_\lambda \|(A-\lambda I)x\|}{\|x\|}$.

Hinweis: a) (32.1) und Satz 23.1c. b) Aufgabe 7 und a).

VI Anwendungen

33 Das Sturm-Liouvillesche Eigenwertproblem

In Nr. 3 hatten wir gesehen, daß man das Sturm-Liouvillesche Problem (3.16) unter den Voraussetzungen (3.17) und der Annahme, 0 sei kein Eigenwert, in die Gleichung

$$(I-\lambda K)x=0 \quad \text{oder also} \quad (\mu I-K)x=0 \quad (\mu:=1/\lambda) \tag{33.1}$$

verwandeln kann, wobei der Operator $K: C[a,b] \to C[a,b]$ durch

$$(Kx)(s):=\int_a^b k(s,t)x(t)\,dt \quad \text{mit} \quad k(s,t):=G(s,t)r(t) \tag{33.2}$$

definiert war; G bedeutet die Greensche Funktion von (3.16). Dabei hatte sich noch ergeben, daß K bezüglich des Innenproduktes

$$(x|y):=\int_a^b r(t)x(t)y(t)\,dt \tag{33.3}$$

auf $C[a,b]$ symmetrisch ist (man erinnere sich hier und im folgenden daran, daß $r(t)$ auf ganz $[a,b]$ positiv sein soll). Wir könnten nun die Eigenwerttheorie des Kapitels V auf K anwenden, wenn K auf dem mit der Innenproduktnorm

$$|x| = \left[\int_a^b r(t)x^2(t)\,dt\right]^{1/2} \tag{33.4}$$

versehenen Vektorraum $C[a,b]$ *kompakt* wäre. Dies ist in der Tat der Fall.

Zum Beweis sei (x_n) eine Folge aus $C[a,b]$, $y_n:=Kx_n$ und $|x_n|\leqslant\gamma$. Da $g(s,t):=G(s,t)\sqrt{r(t)}$ beschränkt ist, $|g(s,t)|\leqslant\alpha$, erhalten wir mit der Cauchy-Schwarzschen Ungleichung

$$\begin{aligned} |y_n(s)| &= \left|\int_a^b k(s,t)x_n(t)\,dt\right| \leqslant \int_a^b \alpha\left|\sqrt{r(t)}\,x_n(t)\right|dt \\ &\leqslant \left(\int_a^b \alpha^2\,dt\right)^{1/2}\left(\int_a^b r(t)x_n^2(t)\,dt\right)^{1/2} \leqslant \sqrt{b-a}\,\alpha\gamma, \end{aligned}$$

die Bildfolge (y_n) ist also in der Maximumsnorm von $C[a,b]$ *beschränkt*. Da ferner $g(s,t)$ auf $a \leqslant s, t \leqslant b$ gleichmäßig stetig ist, gibt es zu vorgegebenem $\varepsilon > 0$ ein $\varrho > 0$, so daß für $|s_1 - s_2| < \varrho$ stets $|g(s_1,t) - g(s_2,t)| < \varepsilon$ bleibt. Mit der Cauchy-Schwarzschen Ungleichung erhalten wir nun wie oben

$$|y_n(s_1) - y_n(s_2)| \leqslant \int_a^b |g(s_1,t) - g(s_2,t)|\,|\sqrt{r(t)}\,x_n(t)|\,\mathrm{d}t$$

$$\leqslant \int_a^b \varepsilon |\sqrt{r(t)}\,x_n(t)|\,\mathrm{d}t \leqslant \sqrt{b-a}\,\varepsilon\gamma,$$

(y_n) ist also *gleichgradig stetig*. Nach dem Satz von Arzelà-Ascoli (s. Heuser I, Satz 106.2) enthält daher (y_n) eine Teilfolge, die gleichmäßig, erst recht also im Sinne der Norm (33.4) gegen eine Funktion aus $C[a,b]$ konvergiert. Damit ist die Kompaktheit von K nachgewiesen.

Nach Satz 30.1 gibt es nun eine endliche oder gegen Null strebende Folge von Eigenwerten $\mu_n \neq 0$ des Operators K und eine zugehörige Orthonormalfolge von Eigenlösungen u_n mit

$$Kz = \sum \mu_n (z|u_n) u_n = \sum (Kz|u_n) u_n \quad \text{für alle } z \in C[a,b]; \tag{33.5}$$

u_n ist eine Eigenlösung der Aufgabe (3.16) zum Eigenwert $\lambda_n = 1/\mu_n$ (vgl. (33.1)). Jede Vergleichsfunktion x kann mit $y := Lx$, $z(t) := y(t)/r(t)$ wegen (3.20) in der Form

$$x(s) = \int_a^b G(s,t)y(t)\,\mathrm{d}t = \int_a^b k(s,t)z(t)\,\mathrm{d}t = (Kz)(s) \tag{33.6}$$

dargestellt werden; nach (33.5) besteht also für solche Funktionen die Entwicklung

$$x = \sum \alpha_n u_n \quad \text{mit} \quad \alpha_n := \int_a^b r(t)x(t)u_n(t)\,\mathrm{d}t, \tag{33.7}$$

und zwar in dem Sinne, daß für $n \to \infty$

$$\int_a^b r(s)\left[x(s) - \sum_{k=1}^n \alpha_k u_k(s)\right]^2 \mathrm{d}s \to 0 \quad \text{strebt}.$$

Wir zeigen nun, daß $\sum \alpha_n u_n$ sogar *absolut und gleichmäßig auf* $[a,b]$ konvergiert. Wegen (33.7) ist nämlich $\alpha_n = (x|u_n) = (Kz|u_n) = (z|Ku_n) = \mu_n(z|u_n)$, also

$$\left(\sum_{k=m}^n |\alpha_k u_k(s)|\right)^2 = \left(\sum_{k=m}^n |(z|u_k)|\,|\mu_k u_k(s)|\right)^2 \leqslant \sum_{k=m}^n (z|u_k)^2 \sum_{k=m}^n [\mu_k u_k(s)]^2;$$

die erste Summe auf der rechten Seite wird für hinreichend große m beliebig klein (Satz 23.2), die zweite bleibt auf $[a,b]$ beschränkt: Mit $g_s(t) := G(s,t)$ ist nämlich

$$\mu_k u_k(s)=(Ku_k)(s)=\int_a^b r(t)\,G(s,t)\,u_k(t)\,\mathrm{d}t=(g_s|u_k),$$

also (Besselsche Ungleichung)

$$\sum_{k=m}^{n}[\mu_k u_k(s)]^2\leqslant \|g_s\|^2=\int_a^b r(t)\,G^2(s,t)\,\mathrm{d}t\leqslant (b-a)\max_{a\leqslant s,t\leqslant b} r(t)\,G^2(s,t).$$

Damit ist die Konvergenzbehauptung bewiesen. Wir fassen zusammen:

Jede zweimal stetig differenzierbare Funktion x, die den Randbedingungen $R_1x=R_2x=0$ *genügt, kann gemäß* (33.7) *nach Eigenlösungen* u_n *der Sturm-Liouvilleschen Eigenwertaufgabe* (3.16) *entwickelt werden. Die* u_n *können so gewählt werden, daß sie eine Orthonormalfolge im Sinne des Innenproduktes* (33.3) *bilden; die Entwicklung* (33.7) *konvergiert dann absolut und gleichmäßig auf* $[a,b]$.

Für eine tiefer eindringende Darstellung der Sturm-Liouvilleschen Aufgabe verweisen wir auf das Kapitel VI in Heuser (1991 a).

Aufgaben

1. Nochmals die schwingende Saite In Nr. 1 hatte uns das Problem der schwingenden Saite die Frage aufgenötigt, ob „willkürliche" Anfangslagen $g(s)$ und Anfangsgeschwindigkeiten $h(s)$ der in $s=0,\pi$ fest eingespannten Saite in (punktweise konvergente) Reihen der Form $\sum C_n \sin ns$ $(0\leqslant s\leqslant\pi)$ entwickelt werden können (s. (1.9)). Zeige, daß dies jedenfalls immer dann möglich ist, wenn g und h zweimal stetig differenzierbar sind - und daß diese Entwicklungen dann sogar *absolut und gleichmäßig* auf $[0,\pi]$ konvergieren. Allerdings kann dieses Ergebnis bei weitem noch nicht alle Bedürfnisse der Physik befriedigen; man denke etwa an die „gezupfte Saite", also an eine Anfangslage mit Knick, wo keine Rede von zweimal stetiger Differenzierbarkeit sein kann. Man wird also die bisher entwickelte Theorie verfeinern müssen, und es ist sehr bemerkenswert, daß es gerade Fragestellungen der *Praxis* sind, die uns zu subtileren Untersuchungen zwingen, Untersuchungen, die wir hier allerdings nicht anstellen wollen.

2. Nochmals die Temperaturverteilung in einem Stab In A 1.7 waren wir auf die Frage gestoßen, ob die Anfangstemperaturverteilung $f(s)$ eines Stabes in eine Reihe der Form (1.39) entwickelt werden kann. Zeige, daß dies unter der Bedingung unseres Problems jedenfalls immer dann möglich ist, wenn f zu $C^{(2)}(0,L)$ gehört.

3. Stabknickung und Eulersche Knicklasten Ein vertikaler Stab mit konstantem Querschnitt, Länge L und Biegesteifigkeit α sei an seinem unteren Ende fest eingespannt. Sein oberes Ende hingegen möge frei beweglich sein und eine Last P tragen (die im Schwerpunkt der Endfläche angreifen soll). Unter der Belastung kann eine Ausbiegung (Knickung) des Stabes erfolgen. Diese Ausbiegung $x(s)$ genügt nach den Lehren der Mechanik der Differentialgleichung

$$-\alpha x''=Px \tag{33.8}$$

und den Randbedingungen

$$x(0)=0, \qquad x'(L)=0. \tag{33.9}$$

Zeige: a) Abgesehen von der trivialen Gleichgewichtslage $x(s)\equiv 0$ sind nur die Ausbiegungen

$$x_n(s):=\sin\frac{(2n-1)\pi}{2L}s, \quad n=1,2,\ldots$$

möglich. x_n stellt sich ein bei der n-ten Eulerschen Knicklast

$$P_n = \alpha \frac{(2n-1)^2}{4L^2} \pi^2 .$$

Die *kleinste* Last, die zu einer Knickung führt, ist also $P_1 = \alpha\pi^2/4L^2$.
b) Jede auf $[0, L]$ zweimal stetig differenzierbare Funktion x mit $x(0) = x'(L) = 0$ läßt sich entwickeln in eine *absolut und gleichmäßig* konvergente Reihe

$$x(s) = \sum_{n=1}^{\infty} a_n \sin \frac{(2n-1)\pi}{2L} s \quad (0 \leqslant s \leqslant L).$$

4. Operatoren mit symmetrischen kompakten Inversen Aus den Erörterungen der Nr. 3 ergibt sich (mit den ab (3.14) verwendeten Bezeichnungen): Der in (3.14) erklärte (lineare) Sturm-Liouvillesche Operator L bildet den Vektorraum $C_0^{(2)} := \{x \in C^{(2)}[a,b] : R_1 x = R_2 x = 0\}$ immer dann umkehrbar eindeutig auf $C[a,b]$ ab, wenn $\lambda = 0$ kein Eigenwert der Aufgabe (3.16) ist. Betrachtet man - unter dieser Voraussetzung - den Operator L *nur auf* $C_0^{(2)}$, so wird seine Inverse gegeben durch den Greenschen Operator G auf $C[a,b]$, den wir mittels der Greenschen Funktion $G(s,t)$ durch

$$(Gy)(s) := \int_a^b G(s,t) y(t) \, dt, \quad y \in C[a,b],$$

definieren (s. (3.20)). Den Ausführungen am Anfang der gegenwärtigen Nummer entnehmen wir (man setze dort $r(t) \equiv 1$), daß G auf dem Raum $C[a,b]$ mit dem Innenprodukt

$$(x|y) := \int_a^b x(t) y(t) \, dt$$

ein *symmetrischer und kompakter* Operator ist. Diese Beobachtung regt uns dazu an, die folgende Situation genauer ins Auge zu fassen: F sei ein Unterraum des unendlichdimensionalen Innenproduktraumes E, $T: F \to E$ eine bijektive lineare Abbildung und $A := T^{-1}$ *ein symmetrischer kompakter Operator auf* E. Für A gilt dann dank des Satzes 30.1 die Entwicklung

$$Ax = \sum \mu_n (x|u_n) u_n \quad (A u_n = \mu_n u_n \neq 0, \{u_1, u_2, \ldots\} \text{ ein Orthonormalsystem}).$$

Im folgenden sei $\lambda_n := 1/\mu_n$. Zeige nun:

a) $A u_n = \mu_n u_n \Leftrightarrow T u_n = \lambda_n u_n$.

b) $|\lambda_n| \to \infty$.

c) $x = \sum_{n=1}^{\infty} (x|u_n) u_n$ für jedes $x \in F$.

d) $\lambda I_F - T$ ist bijektiv $\Longleftrightarrow$ $\lambda \neq \lambda_n$ für alle n. In diesem Falle haben wir

$$(\lambda I_F - T)^{-1} y = \sum_{n=1}^{\infty} \frac{(y|u_n)}{\lambda - \lambda_n} u_n \quad \text{für alle } y \in E,$$

und $(\lambda I_F - T)^{-1}$ ist kompakt.

Hinweis: A 30.1 und die leicht zu beweisende Gleichung $(\lambda I_F - T)^{-1} = \frac{1}{\lambda} A \left(A - \frac{1}{\lambda} I_E\right)^{-1}$, falls $\lambda \neq 0, \lambda_1, \lambda_2, \ldots$.

34 Das Dirichletsche Prinzip

Sei D ein beschränkter, offener und zusammenhängender Bereich der euklidischen xy-Ebene, der sich für die Anwendung der Greenschen Formeln eignet (z. B. ein Normalbereich bezüglich beider Koordinatenachsen). Mit F bezeichnen wir den Vektorraum aller reellwertigen Funktionen, die auf $\overline{D}$ zweimal stetig differenzierbar sind. Das Dirichletsche Randwertproblem stellt uns vor die Aufgabe, zu vorgegebenem $f \in F$ ein $u \in F$ zu bestimmen, das in D *harmonisch* ist, also der Laplaceschen Differentialgleichung

$$\Delta u := \frac{\partial^2 u}{\partial x^2} + \frac{\partial^2 u}{\partial y^2} = 0 \quad \text{für alle } (x,y) \in D$$

genügt, und überdies auf dem Rand ∂D von D mit f übereinstimmt:

$$u(x,y) = f(x,y) \quad \text{für alle } (x,y) \in \partial D.^{1)}$$

Wenn dieses Problem überhaupt eine Lösung besitzt, so ist sie aufgrund des Maximumprinzips für harmonische Funktionen *eindeutig bestimmt*. Sie besitzt ferner eine bemerkenswerte *Minimal*eigenschaft - und gerade *sie* wollen wir hier erarbeiten.

Zu diesem Zweck machen wir F vermöge der Definition

$$(f_1|f_2) := \int_{\partial D} f_1 f_2 \,\mathrm{d}s + \int_D \operatorname{grad} f_1 \cdot \operatorname{grad} f_2 \,\mathrm{d}(x,y)$$

zu einem Innenproduktraum mit der Norm

$$\|f\|^2 = \int_{\partial D} f^2 \,\mathrm{d}s + \int_D (f_x^2 + f_y^2) \,\mathrm{d}(x,y).^{2)} \tag{34.1}$$

G sei der Vektorraum aller $g \in F$, die auf ∂D verschwinden, U der Vektorraum aller in D harmonischen $u \in F$. Für $g \in G$, $u \in U$ ist dank der ersten Greenschen Formel

$$\begin{aligned}(g|u) &= \int_{\partial D} g u \,\mathrm{d}s + \int_D \operatorname{grad} g \cdot \operatorname{grad} u \,\mathrm{d}(x,y)\\ &= 0 - \int_D g\, \Delta u \,\mathrm{d}(x,y) - \int_{\partial D} g \frac{\partial u}{\partial n} \,\mathrm{d}s \quad (n \text{ die innere Normale})\\ &= 0 - 0 - 0 = 0,\end{aligned}$$

also haben wir die Orthogonalitätsbeziehung

$$G \perp U. \tag{34.2}$$

Sei nun ein $u \in U$ vorgegeben, und f bedeute irgendeine Funktion aus F mit $f = u$ auf ∂D (u ist also die Lösung des Dirichletschen Problems mit den Randwerten

---

[1] Dies ist in Wirklichkeit eine etwas *eingeschränkte* Form des Dirichletschen Problems; allgemeinere Fassungen werden uns später begegnen.

[2] f_x, f_y sind die partiellen Ableitungen von f nach x bzw. y.

$f|\partial D$). Dann liegt $g := f - u$ in G, und wegen $f = g + u$ folgt aus (34.2)

$$\|f\|^2 = \|g\|^2 + \|u\|^2,$$

also $\|u\| \leqslant \|f\|$.

Unter allen Funktionen $f \in F$, die auf ∂D mit u übereinstimmen, ist somit u diejenige mit der kleinsten Norm, wegen (34.1) also diejenige, die das Integral

$$\int_D (f_x^2 + f_y^2)\,\mathrm{d}(x,y) \tag{34.3}$$

zu einem Minimum macht.

Und nun liegt nichts näher, als diese Überlegungen umzukehren und zu sagen: *Man erhält bei vorgegebenem $f \in F$ eine Funktion $u \in U$ mit $u = f$ auf ∂D als Lösung der Variationsaufgabe*

$$\int_D (\varphi_x^2 + \varphi_y^2)\,\mathrm{d}(x,y) = \min \tag{34.4}$$

unter der Nebenbedingung $\varphi \in F$, $\varphi = f$ auf ∂D, also unter der Einschränkung

$$\varphi \in f + G. \tag{34.5}$$

Dies ist das berühmte Dirichletsche Prinzip (das eigentlich auf Green zurückgeht). G ist offenbar abgeschlossen, $f + G$ also eine konvexe, abgeschlossene Teilmenge von F, und daher können wir das Dirichletsche Prinzip im Geiste unserer anfänglichen Betrachtungen auch so formulieren: *Man erhält die Lösung u des Dirichletschen Randwertproblems mit $u = f$ auf ∂D als das Element kleinster Norm in der konvexen, abgeschlossenen Menge $K := f + G$, d.h., als die Bestapproximation des Punktes 0 in K.*

Dieses Prinzip ist aber in gefährlicher Weise unzuverlässig – einfach deshalb, weil die Variationsaufgabe (34.4) unter der Nebenbedingung (34.5) keine Lösung zu haben braucht, oder mit anderen Worten: weil es in K nicht immer eine Bestapproximation des Punktes 0 geben muß. Der Existenz einer solchen könnten wir nur dann gewiß sein, wenn F oder K vollständig wäre (s. Satz 21.1), aber weder das eine noch das andere braucht der Fall zu sein. Ist jedoch unsere Variationsaufgabe tatsächlich einmal durch eine Funktion u lösbar, so muß diese auch Lösung der Dirichletschen Randwertaufgabe sein, denn sie genügt der Euler-Lagrangeschen Differentialgleichung des Problems (34.4) – und diese ist gerade die Laplacesche.

Ist das Dirichletsche Randwertproblem für jedes $f \in F$ lösbar, so haben wir die Orthogonalzerlegung $F = G \oplus U$. Die Lösung u des Dirichletschen Problems bei vorgegebenem $f \in F$ ergibt sich dann, indem man f orthogonal auf U projiziert. In der Potentialtheorie nennt man dieses Verfahren die Methode der orthogonalen Projektion.

35 Ein Variationsverfahren zur Lösung gewisser Operatorengleichungen. Der gebogene Balken

Sei E ein Innenproduktraum und $A: D_A \to E$ eine lineare Abbildung des Unterraumes D_A von E in E. Ähnlich wie in Nr. 29 nennen wir A symmetrisch, wenn

$$(Ax|y) = (x|Ay) \quad \text{für alle } x, y \in D_A$$

gilt; ist überdies noch

$$(Ax|x) > 0 \quad \text{für alle } x \neq 0 \text{ aus } D_A,$$

so heißt A streng positiv. Ein solcher Operator ist gewiß *injektiv;* denn aus $Ax = 0$ folgt $(Ax|x) = 0$ und daraus wieder $x = 0$. Die Gleichung

$$Ax = y \quad (y \in E \text{ vorgegeben}) \tag{35.1}$$

besitzt daher höchstens *eine* Lösung in D_A. Ihre *Lösbarkeit* hängt interessanterweise aufs engste zusammen mit einer *Minimaleigenschaft.* Wir haben nämlich den folgenden

35.1 Satz *Sei E ein reeller Innenproduktraum, D_A ein dicht in ihm liegender Unterraum und $A: D_A \to E$ ein streng positiver Operator. Dann gilt: Die Gleichung* (35.1) *hat genau dann eine (und nur eine) Lösung $x_0 \in D_A$, wenn die reellwertige Funktion*

$$x \mapsto f(x) := (Ax|x) - 2(y|x) \quad (x \in D_A) \tag{35.2}$$

ein Minimum besitzt. In diesem Falle gibt es nur eine *Minimalstelle, und diese stimmt mit x_0 überein.*

Beweis. Wir nehmen zuerst an, (35.1) besitze tatsächlich eine Lösung $x_0 \in D_A$. Dann ist

$$f(x) = (Ax|x) - 2(Ax_0|x) = (A(x - x_0)|x - x_0) - (Ax_0|x_0),$$

und wegen der strengen Positivität von A folgt daraus

$$f(x) > -(Ax_0|x_0) = f(x_0) \quad \text{für alle } x \neq x_0 \text{ aus } D_A.$$

Damit ist die Behauptung in der einen Richtung schon bewiesen.
Nun setzen wir umgekehrt voraus, f besitze ein Minimum und dieses werde an der Stelle $x_0 \in D_A$ angenommen. Dann ist für jedes $z \in D_A$ und jedes $t \in \mathbf{R}$ gewiß

$$f(x_0) \leqslant f(x_0 + tz) = [(Ax_0|x_0) - 2(y|x_0)] + 2t[(Ax_0|z) - (y|z)] + t^2(Az|z),$$

das rechtsstehende Polynom in t besitzt also an der Stelle $t = 0$ ein lokales Minimum, so daß seine Ableitung dort verschwindet:

$$2[(Ax_0|z) - (y|z)] = 0 \quad \text{oder also} \quad (Ax_0 - y|z) = 0.$$

Da diese Beziehung für alle $z \in D_A$ gilt und D_A dicht in E liegt, folgt aus ihr $Ax_0 - y = 0$. Die Gleichung (35.1) besitzt also die Lösung x_0. ■

Satz 35.1 hat einen physikalischen Hintergrund, den wir uns durch das folgende Beispiel verdeutlichen wollen.

35.2 Der gebogene Balken Ein Balken der Länge l liege an beiden Enden auf, habe den Elastizitätsmodul $E(s)$, das Querschnittsträgheitsmoment $I(s)$ und trage eine stetig verteilte Last der Dichte $w(s)$. Dann erhält man, wie die Elastizitätstheorie lehrt, seine *Biegelinie* $x = x(s)$ $(0 \leqslant s \leqslant l)$ als Lösung der Randwertaufgabe

$$(EIx'')'' = w, \qquad x(0) = x'(0) = x(l) = x'(l) = 0. \tag{35.3}$$

Die Funktionen E und I sind ihrer Natur nach auf $[0, l]$ ständig positiv, und wir nehmen an, daß sie dort zweimal stetig differenzierbar seien.
Den Raum $C[0, l]$ der stetigen Funktionen $x: [0, l] \to \mathbf{R}$ machen wir vermöge

$$(x|y) := \int_0^l x(s)y(s)\,\mathrm{d}s$$

zu einem Innenproduktraum. D_A sei der Vektorraum der auf $[0, l]$ viermal stetig differenzierbaren Funktionen, die den Randbedingungen in (35.3) genügen. D_A liegt dicht in $C[0, l]$. Den Operator $A: D_A \to C[0, l]$ definieren wir durch

$$Ax := (EIx'')'' \quad \text{für alle } x \in D_A. \tag{35.4}$$

Die Randwertaufgabe (35.3) geht dann über in die Gleichung

$$Ax = w \quad (w \in C[0, l] \text{ vorgegeben}). \tag{35.5}$$

Eine einfache Rechnung (wiederholte partielle Integration!) zeigt, daß der Operator A symmetrisch ist, und noch einfacher sieht man seine strenge Positivität ein. Auf (35.5) kann daher der Satz 35.1 angewandt werden.
Die in (35.2) erklärte Funktion f hat nun im vorliegenden Fall die Form

$$f(x) = \int_0^l EI(x'')^2\,\mathrm{d}s - 2\int_0^l wx\,\mathrm{d}s.$$

In der Elastizitätstheorie wird gezeigt, daß bei gegebener Biegelinie $x \in D_A$ die potentielle Energie $U(x)$ des Balkens gegeben wird durch

$$\frac{1}{2}\int_0^l EI(x'')^2\,\mathrm{d}s - \int_0^l wx\,\mathrm{d}s,$$

also ist $f(x) = 2\,U(x)$. Satz 35.1 besagt daher, *daß eine vorgegebene Belastung diejenige Biegelinie erzeugt, bei der die potentielle Energie des Balkens minimal wird* – eine Tatsache, die jedem Kenner der Mechanik gewissermaßen im Blute liegt.

Aufgaben

1. Die Poissonsche Randwertaufgabe[1] Sie spielt in der Theorie der von Massen oder elektrischen Ladungen erzeugten *Potentiale* eine dominierende Rolle. Mathematisch geht es dabei um folgendes.

Sei G eine beschränkte, offene und zusammenhängende Teilmenge der euklidischen xy-Ebene und D die Menge aller reellwertigen Funktionen u, die auf $\overline{G}$ stetig sind, *auf dem Rande von G verschwinden* und in G stetige partielle Ableitungen zweiter Ordnung besitzen. Δ sei der Laplacesche Differentiationsoperator:

$$\Delta u := \frac{\partial^2 u}{\partial x^2} + \frac{\partial^2 u}{\partial y^2}.$$

Die Poissonsche Randwertaufgabe verlangt, zu vorgegebenem $f \in L^2_{\mathbb{R}}(G)$ eine Funktion $u \in D$ zu finden, die der Poissonschen Differentialgleichung

$$-\Delta u = f(x,y) \quad \text{für alle } (x,y) \in G \tag{35.6}$$

genügt. Im folgenden soll der Rand von G glatt genug sein, um zu gewährleisten, daß D dicht in dem Hilbertraum $L^2_{\mathbb{R}}(G)$ liegt[2] und die Greenschen Formeln angewandt werden dürfen.

Zeige: Der Operator $-\Delta : D \to L^2_{\mathbb{R}}(G)$ ist streng positiv, und die Poissonsche Randwertaufgabe läuft darauf hinaus, das Integral

$$\int_G \left[\left(\frac{\partial u}{\partial x}\right)^2 + \left(\frac{\partial u}{\partial y}\right)^2 - 2fu\right] \mathrm{d}(x,y)$$

in D zu minimieren.

2. Ein Iterationsverfahren. Die Methode des steilsten Abstiegs Sei A ein stetiger symmetrischer Endomorphismus des Hilbertraumes E[3] mit $m := \inf_{\|x\|=1} (Ax|x) > 0$ (dies ist mehr als strenge Positivität). Zu lösen sei die Gleichung

$$Ax = y \quad \text{mit vorgegebenem } y \in E. \tag{35.7}$$

Zeige der Reihe nach:

a) Für einen stetigen symmetrischen Endomorphismus S von E sei

$$m(S) := \inf_{\|x\|=1} (Sx|x), \qquad M(S) := \sup_{\|x\|=1} (Sx|x).$$

Dann ist $\|S\| = \max(|m(S)|, |M(S)|)$. Hinweis: Satz 29.5.

b) Mit dem oben schon erklärten m, mit $M := \sup_{\|x\|=1} (Ax|x)$ und $\alpha := -\dfrac{2}{M+m}$ ist

$$\|I + \alpha A\| < 1.$$

---

[1] So genannt nach Denis Poisson (1781–1840; 59).

[2] $L^2_{\mathbb{R}}(G)$ wird mit dem üblichen Innenprodukt $(u|v) := \int_G uv \, \mathrm{d}(x,y)$ versehen.

[3] Aufgrund des später zu beweisenden Satzes 39.6 von Hellinger-Toeplitz brauchten wir die Stetigkeit eigentlich gar nicht ausdrücklich zu fordern.

c) Die Folge der (rekursiv definierten) Elemente

$$x_{n+1} := x_n + \alpha (A x_n - y) \quad (x_0 \text{ beliebig aus } E)$$

strebt gegen die eindeutig bestimmte Lösung der Gl. (35.7).

Die sogenannte Methode des steilsten Abstiegs ist nur eine *Verfeinerung* dieses Iterationsverfahrens. Hier geht man aus von einem beliebigen Vektor $x_0 \in E$ und konstruiert x_{n+1} rekursiv folgendermaßen: Man setzt

$$z_n := A x_n - y, \quad \alpha_n := -\frac{(z_n | z_n)}{(A z_n | z_n)} \quad \text{und} \quad x_{n+1} := x_n - \alpha_n z_n .$$

Dann strebt (x_n) gegen die eindeutig bestimmte Lösung der Gl. (35.7). Einen Beweis hierfür kann der Leser in Wouk (1979), S. 239 finden.

VII Hauptsätze der Funktionalanalysis

In diesem Kapitel werden wir Sätze kennenlernen, ohne die ein *tieferes* Studium normierter Räume und ihrer stetigen linearen Abbildungen schlechterdings nicht möglich ist - und die merkwürdigerweise auch noch weitreichende Auswirkungen auf die klassische Analysis haben (darüber werden wir schon im nächsten Kapitel Näheres erfahren).

36 Der Fortsetzungssatz von Hahn-Banach[1)]

Mit E' bezeichnen wir, wie früher schon verabredet, den *Dual* des normierten Raumes E, also die Menge aller stetigen Linearformen auf E. Wir wissen bereits, daß E' immer ein Banachraum ist - wir wissen aber keineswegs, ob E' „reichhaltig" ist oder nicht doch gelegentlich auf den trivialen, nur aus dem Nullelement bestehenden Raum zusammenschrumpfen kann. Glücklicherweise tritt dies nie ein, wenn E selbst $\neq \{0\}$ ist. Der Raum E' ist vielmehr sogar so groß, daß er die Punkte von E „trennt", d.h., daß es zu je zwei verschiedenen Vektoren x, y von E immer ein $f \in E'$ mit $f(x) \neq f(y)$ gibt. *Diese Eigenschaft ist offenbar gleichbedeutend damit, daß zu jedem* $x_0 \neq 0$ *von E immer ein f mit* $f(x_0) \neq 0$ *existiert.* Man könnte sie folgendermaßen zu beweisen versuchen. Man definiert auf dem eindimensionalen Unterraum $[x_0] = \{\alpha x_0 : \alpha \in \mathbf{K}\}$ von E eine Linearform f_0 durch $f_0(\alpha x_0) := \alpha$. f_0 ist nach Satz 11.5 stetig, und ferner gilt $f_0(x_0) = 1$. Kann man nun f_0 zu einer stetigen Linearform f auf ganz E *fortsetzen*, so ist $f(x_0) = 1$ und unser Ziel erreicht.

Der Fortsetzungssatz von Hahn-Banach sichert, daß man stetige Linearformen, die auf *beliebigen* Unterräumen - nicht nur auf eindimensionalen - definiert sind, stets zu stetigen Linearformen auf dem gesamten Raum E fortsetzen kann und gewährleistet somit, daß E' tatsächlich punktetrennend ist. Wir beweisen ihn gleich in einer Form, die man bei der Untersuchung sehr allgemeiner topologi-

---

1) Hans Hahn (1879–1934; 55) entdeckte diesen fundamentalen Satz 1927 im Rahmen reeller normierter Räume (Satz 36.2), unabhängig von ihm fand Banach 1929 die allgemeinere Fassung, die in Aufgabe 1 angegeben ist. Die Übertragung auf komplexe Räume wurde von H. F. Bohnenblust und A. Sobczyk 1938 durchgeführt.

scher Vektorräume benötigt. Dabei tritt der Begriff der *Halbnorm* auf, den wir schon früher erwähnt hatten. Wir erinnern noch einmal an ihn:

Die Abbildung p eines Vektorraumes in den Körper **R** heißt Halbnorm, wenn sie die folgenden Eigenschaften besitzt:

(HN 1) $p(x) \geqslant 0$,

(HN 2) $p(\alpha x) = |\alpha| p(x)$,

(HN 3) $p(x+y) \leqslant p(x) + p(y)$.

Für eine Halbnorm p ist offenbar $p(0) = 0$, und p ist genau dann eine Norm, wenn p *nur* im Nullpunkt verschwindet.

Wir stellen jetzt eines der fundamentalen Prinzipien der Funktionalanalysis vor:

36.1 Fortsetzungssatz von Hahn-Banach[1] *Sei E ein Vektorraum über* **K**, *p eine Halbnorm auf E und F ein linearer Unterraum von E. Genügt eine auf F definierte Linearform f der Abschätzung*

$$|f(x)| \leqslant p(x) \quad \textit{für alle } x \in F, \tag{36.1}$$

so gibt es auf E eine Linearform g mit folgenden Eigenschaften:

$$g(x) = f(x) \quad \textit{für alle } x \in F, \tag{36.2}$$

$$|g(x)| \leqslant p(x) \quad \textit{für alle } x \in E. \tag{36.3}$$

g setzt also f unter Erhaltung der Halbnormabschätzung (36.1) *auf den Gesamtraum E fort.*

Den Beweis zerlegen wir in zwei Hauptabschnitte.

I) E sei *reell*, also $\mathbf{K} = \mathbf{R}$. In diesem Falle folgt für eine Linearform h auf dem Unterraum H von E aus

$$|h(x)| \leqslant p(x) \quad \text{für alle } x \in H \tag{36.4}$$

trivialerweise

$$h(x) \leqslant p(x) \quad \text{für alle } x \in H. \tag{36.5}$$

Gilt umgekehrt (36.5), so ist $-h(x) = h(-x) \leqslant p(-x) = p(x)$ für alle $x \in H$, also gilt auch (36.4). Die beiden Abschätzungen (36.4) und (36.5) sind also äquivalent. Wir dürfen deshalb die Voraussetzung (36.1) durch die Annahme

$$f(x) \leqslant p(x) \quad \text{für alle } x \in F \tag{36.6}$$

ersetzen und brauchen statt (36.3) nur die Abschätzung

$$g(x) \leqslant p(x) \quad \text{für alle } x \in E \tag{36.7}$$

[1] Eine verschärfte und schmiegsamere Version dieses Satzes wird in König (1982) dargeboten. S. auch die dort angegebene Literatur.

darzutun. Wir zeigen nun in dem Teilschritt I a) zunächst, daß wir f in der gewünschten Weise jedenfalls auf einen „kleinen“ Oberraum von F fortsetzen können.

I a) Sei $x_0 \notin F$ und H die lineare Hülle von $\{x_0\} \cup F$, also $H = \{\alpha x_0 + y : \alpha \in \mathbf{R}, y \in F\}$; dabei bestimmt das Element $\alpha x_0 + y$ seine Komponenten $\alpha \in \mathbf{R}$ und $y \in F$ eindeutig. Eine *lineare* Fortsetzung h von f auf H muß wegen $h(x) = h(\alpha x_0 + y) = \alpha h(x_0) + f(y)$ die Form

$$h(x) = \alpha \xi_0 + f(y) \quad \text{mit } \xi_0 \in \mathbf{R} \tag{36.8}$$

haben. Umgekehrt setzt jedes h, das mit einem *beliebigen* $\xi_0 \in \mathbf{R}$ durch (36.8) definiert ist, f linear auf H fort. Wir werden also f genau dann in der gewünschten – die Linearität *und* die Abschätzung (36.6) erhaltenden – Weise auf H fortsetzen können, wenn ein $\xi_0 \in \mathbf{R}$ mit

$$\alpha \xi_0 + f(y) \leqslant p(\alpha x_0 + y) \quad \text{für alle } \alpha \in \mathbf{R} \text{ und alle } y \in F \tag{36.9}$$

vorhanden ist. Für ein solches ξ_0 ist notwendigerweise

$$\xi_0 \leqslant p(x_0 + y) - f(y) \quad \text{für alle } y \in F \tag{36.10}$$

(man setze $\alpha = 1$), aber auch

$$\xi_0 \geqslant -p(x_0 + y) - f(y) \quad \text{für alle } y \in F \tag{36.11}$$

(man ersetze α durch -1 und y durch $-y$). Genügt umgekehrt ξ_0 den beiden letzten Ungleichungen, so ist auch (36.9) erfüllt: Ersetzen wir nämlich zunächst in (36.10) y durch y/α mit $\alpha > 0$, so finden wir

$$\xi_0 \leqslant p\left(x_0 + \frac{1}{\alpha} y\right) - f\left(\frac{1}{\alpha} y\right) = \frac{1}{\alpha} p(\alpha x_0 + y) - \frac{1}{\alpha} f(y),$$

also gilt (36.9) *für alle* $\alpha > 0$. Ersetzen wir nun in (36.11) y durch y/α mit $\alpha < 0$, so sehen wir ganz ähnlich, daß (36.9) *für alle* $\alpha < 0$ gilt. Für $\alpha = 0$ schließlich ist (36.9) nach der Voraussetzung (36.1) erfüllt. Wir können also f genau dann in der gewünschten Weise auf H fortsetzen, wenn ein ξ_0 vorhanden ist, das den Abschätzungen (36.10) und (36.11) genügt. Ein solches ξ_0 existiert dann und nur dann, wenn

$$\sup_{y \in F} \{-p(x_0 + y) - f(y)\} \leqslant \inf_{y \in F} \{p(x_0 + y) - f(y)\} \tag{36.12}$$

bleibt. Diese Ungleichung aber gilt tatsächlich; denn für jedes u, v aus F ist

$$f(u) - f(v) = f(u - v) \leqslant p(u - v) = p((x_0 + u) + (-x_0 - v)) \leqslant p(x_0 + u) + p(x_0 + v),$$

also $\quad -p(x_0 + v) - f(v) \leqslant p(x_0 + u) - f(u).$

Damit ist dargelegt, daß f wie gewünscht *auf H* fortgesetzt werden kann. Die Fortsetzbarkeit auf den *Gesamtraum E* beweisen wir nun in dem Teilschritt I b) mit Hilfe des Zornschen Lemmas.

I b) Sei $\mathfrak{M}$ die Menge aller Linearformen h mit folgenden Eigenschaften:

$$h \text{ ist definiert auf dem Raum } D_h, \quad F \subset D_h \subset E,$$

$$h(x) = f(x) \quad \text{für alle } x \in F,$$

$$h(x) \leqslant p(x) \quad \text{für alle } x \in D_h;$$

$\mathfrak{M}$ ist also, kurz gesagt, *die Menge aller Fortsetzungen von f in der gewünschten Weise auf Oberräume von F*. Da f in $\mathfrak{M}$ liegt, ist $\mathfrak{M} \neq \emptyset$. In $\mathfrak{M}$ definieren wir eine Ordnungsrelation „$\prec$" durch die Festsetzung

$$h_1 \prec h_2 :\Longleftrightarrow [D_{h_1} \subset D_{h_2} \text{ und } h_1(x) = h_2(x) \text{ für alle } x \in D_{h_1}].$$

Für jede vollgeordnete Teilmenge $\mathfrak{K}$ von $\mathfrak{M}$ ist $D := \bigcup_{h \in \mathfrak{K}} D_h$ offenbar ein linearer Teilraum von E. Auf D erklären wir eine Abbildung h_0 durch $h_0(x) := h(x)$, wenn $x \in D_h$ mit $h \in \mathfrak{K}$ ist. Die Vollordnung von $\mathfrak{K}$ sichert, daß h_0 *eindeutig* definiert und *linear* ist. Trivialerweise ist $h_0(x) \leqslant p(x)$ für alle $x \in D_{h_0} = D$, also liegt h_0 in $\mathfrak{M}$. Ferner ist $h \prec h_0$ für alle $h \in \mathfrak{K}$, daher ist h_0 sogar eine obere Schranke von $\mathfrak{K}$ in $\mathfrak{M}$. Nach dem Zornschen Lemma besitzt $\mathfrak{M}$ also ein maximales Element g, d. h. eine Linearform, die keine echte, durch p majorisierte Fortsetzung hat. Wegen I a) muß also $D_g = E$ sein. – Für den Fall *reeller* Vektorräume ist damit unser Beweis beendet.

II) E sei nun *komplex*, also $\mathbf{K} = \mathbf{C}$. Für eine Linearform h auf E sei

$$h(x) = h_1(x) + \mathrm{i}h_2(x)$$

die Zerlegung in Real- und Imaginärteil. Dann ist

$$h(\mathrm{i}x) = h_1(\mathrm{i}x) + \mathrm{i}h_2(\mathrm{i}x) = \mathrm{i}h(x) = \mathrm{i}h_1(x) - h_2(x),$$

also $h_1(\mathrm{i}x) = -h_2(x)$ und somit

$$h(x) = h_1(x) - \mathrm{i}h_1(\mathrm{i}x). \tag{36.13}$$

h_1 ist eine Linearform auf dem zu E gehörenden *reellen* Raum E_r (s. A 7.2). Umgekehrt wird für jede Linearform h_1 auf E_r durch (36.13) eine Linearform h auf E definiert. Wir stellen nun f in der Form $f(x) = f_1(x) - \mathrm{i}f_1(\mathrm{i}x)$ dar. Für die Linearform f_1 auf dem zu F gehörenden reellen Raum F_r gilt wegen (36.1) die Abschätzung $|f_1(x)| \leqslant |f(x)| \leqslant p(x)$ für alle $x \in F_r$. Nach I) existiert also eine Linearform g_1 auf E_r mit

$$g_1(x) = f_1(x) \quad \text{für alle } x \in F_r, \qquad |g_1(x)| \leqslant p(x) \quad \text{für alle } x \in E_r. \tag{36.14}$$

Definieren wir gemäß (36.13) die Linearform g auf E durch $g(x) := g_1(x) - \mathrm{i}g_1(\mathrm{i}x)$, so ist $g(x) = f(x)$ für $x \in F$. Ferner ergibt sich mit Hilfe der Polardarstellung $g(x) = \varrho\,\mathrm{e}^{\mathrm{i}\varphi}$, $\varrho \geqslant 0$, daß $g(\mathrm{e}^{-\mathrm{i}\varphi}x) = \mathrm{e}^{-\mathrm{i}\varphi}g(x) = \varrho$ reell und somit $g(\mathrm{e}^{-\mathrm{i}\varphi}x) = g_1(\mathrm{e}^{-\mathrm{i}\varphi}x)$ ist. Nach (36.14) gilt also für alle $x \in E$

$$|g(x)| = |\mathrm{e}^{-\mathrm{i}\varphi}g(x)| = |g(\mathrm{e}^{-\mathrm{i}\varphi}x)| = |g_1(\mathrm{e}^{-\mathrm{i}\varphi}x)| \leqslant p(\mathrm{e}^{-\mathrm{i}\varphi}x) = p(x).$$

Damit ist gezeigt, daß g die Linearform f in gewünschter Weise auf E fortsetzt. ■

Ohne merkliche Anstrengung erhalten wir nun den

36.2 Fortsetzungssatz von Hahn-Banach für normierte Räume *Zu einer* stetigen *Linearform f auf dem Unterraum F des normierten Raumes E gibt es immer eine* stetige *Linearform g auf dem Gesamtraum E mit*

$$g(x) = f(x) \quad \textit{für alle } x \in F, \qquad \|g\| = \|f\|.$$

Beweis. Wir definieren auf E eine Halbnorm p durch $p(x) := \|f\|\ \|x\|$. Es ist dann $|f(x)| \leqslant p(x)$ für $x \in F$. Nach dem oben Bewiesenen gibt es eine Fortsetzung g von f auf E, die der Abschätzung $|g(x)| \leqslant p(x) = \|f\|\ \|x\|$ für $x \in E$ genügt. g ist also stetig und $\|g\| \leqslant \|f\|$. Andererseits ist $|f(x)| = |g(x)| \leqslant \|g\|\ \|x\|$ für $x \in F$, also $\|f\| \leqslant \|g\|$, somit insgesamt $\|g\| = \|f\|$ (wegen dieser Gleichung nennt man g auch eine normerhaltende Fortsetzung von f). ■

Aufgrund unserer Bemerkungen zu Beginn dieser Nummer ergibt sich aus dem letzten Satz sofort, daß E' die Punkte von E trennt oder daß es, wie man auch sagt, „genügend viele" stetige Linearformen auf einem normierten Raum gibt. Diese Aussage können wir sogar noch verschärfen. Wir beweisen zu diesem Zweck zunächst einen Satz, der übrigens später in der Auflösungstheorie der Operatorengleichungen eine zentrale Rolle spielen wird, und den der Leser sich gut einprägen möge.

36.3 Satz *Sei F ein Unterraum des normierten Raumes E und $x_0 \notin F$. Ist F abgeschlossen oder wenigstens*

$$\delta := \inf_{x \in F} \|x - x_0\| > 0,$$

so gibt es eine stetige Linearform f auf E mit

$$f(x) = 0 \quad \textit{für } x \in F, \quad f(x_0) = \delta, \qquad \|f\| = 1.$$

Beweis. Sei H die lineare Hülle von $\{x_0\} \cup F$. Die Elemente von H sind die Vektoren der Form $\alpha x_0 + x$ ($\alpha \in \mathbf{K}$, $x \in F$); dabei sind α und x eindeutig bestimmt. Wir definieren eine Linearform h auf H durch

$$h(\alpha x_0 + x) := \alpha\delta.$$

Offenbar ist

$$h(x) = 0 \text{ für } x \in F \quad \text{und} \quad h(x_0) = \delta.$$

h ist stetig: Für $y:=\alpha x_0+x$ mit $\alpha\neq 0$, $x\in F$ haben wir nämlich

$$\|y\|=\left\|-\alpha\left(-\frac{1}{\alpha}x-x_0\right)\right\|=|\alpha|\left\|\left(-\frac{1}{\alpha}x\right)-x_0\right\|\geqslant|\alpha|\delta,$$

also $|h(y)|\leqslant\|y\|$. Da diese Abschätzung trivialerweise auch im Falle $\alpha=0$ gilt, muß h beschränkt und $\|h\|\leqslant 1$ sein. Wir zeigen nun, daß auch $\|h\|\geqslant 1$ und damit $\|h\|=1$ ist. Zu jedem $\varepsilon>0$ gibt es ein $x\in F$ mit $\|x-x_0\|<\delta+\varepsilon$. Mit diesem x bilden wir den Vektor $z:=(x-x_0)/\|x-x_0\|$ und finden

$$\|h\|\geqslant|h(z)|=\frac{1}{\|x-x_0\|}\delta>\frac{\delta}{\delta+\varepsilon}.$$

Für $\varepsilon\to 0$ folgt daraus $\|h\|\geqslant 1$. - Die Linearform f unserer Behauptung finden wir nun, indem wir h normerhaltend auf E fortsetzen. ■

Aus dem letzten Theorem erhalten wir mit $F:=\{0\}$ sofort den

36.4 Satz *Zu jedem Vektor $x_0\neq 0$ des normierten Raumes E gibt es eine stetige Linearform f auf E mit $f(x_0)=\|x_0\|$ und $\|f\|=1$.*

Wir bringen noch eine weitere Folgerung aus Satz 36.3, die später für uns ein wichtiges Beweishilfsmittel sein wird.

36.5 Satz *Ein normierter Raum E ist separabel, wenn sein Dual E' es ist.*

Beweis. Mit E' ist auch $S:=\{f\in E': \|f\|=1\}$ separabel (A 24.6), es gibt also eine abzählbare Menge $\{f_1,f_2,\ldots\}$, die dicht in S liegt. Wegen $\|f_n\|=1$ kann man zu jedem f_n ein $x_n\in E$ mit $\|x_n\|=1$ und $|f_n(x_n)|\geqslant 1/2$ bestimmen. Wir zeigen nun, daß $E=F:=\overline{[x_1,x_2,\ldots]}$ ist (womit dann die Separabilität von E dargetan ist). Enthielte $E\backslash F$ ein Element x_0, so gäbe es nach Satz 36.3 ein $f\in S$ mit $f(x)=0$ für alle $x\in F$. Insbesondere wäre dann $f(x_n)=0$ für $n=1,2,\ldots$ und somit

$$\frac{1}{2}\leqslant|f_n(x_n)|=|f_n(x_n)-f(x_n)|=|(f_n-f)(x_n)|\leqslant\|f_n-f\| \quad \text{für } n\in\mathbf{N},$$

im Widerspruch dazu, daß man $\|f_n-f\|$ durch geeignete Wahl von n unter jede positive Größe drücken kann. Es muß also tatsächlich $E=F$ sein. ■

Aufgaben

*1. Eine Abbildung p des Vektorraumes E in $\mathbf{R}$ heißt ein sublineares Funktional, wenn gilt: $p(\alpha x)=\alpha p(x)$ für $\alpha\geqslant 0$ und $p(x+y)\leqslant p(x)+p(y)$. Beweise den

Fortsetzungssatz von Banach *Sei E ein reeller Vektorraum, p ein sublineares Funktional auf E und F ein linearer Unterraum von E. Genügt eine auf F definierte Linearform f der Abschätzung $f(x)\leqslant p(x)$ für alle $x\in F$, so gibt es auf E eine Linearform g mit*

$$g(x)=f(x) \quad \text{für alle } x\in F, \qquad g(x)\leqslant p(x) \quad \text{für alle } x\in E.$$

Hinweis: Man gehe den Beweisteil I des Satzes 36.1 noch einmal mit ungetrübtem Auge durch.

***2.** Genau dann kann man den Vektor x_0 des normierten Raumes E beliebig gut durch Linearkombinationen von Elementen der Menge $M \subset E$ approximieren (d. h., genau dann ist $x_0 \in \overline{[M]}$), wenn jede stetige Linearform auf E, die auf M verschwindet, auch in x_0 verschwindet.

⁺3. Sei E ein normierter Raum über $\mathbf{K}$ und $\gamma > 0$. Genau dann gibt es auf E eine stetige Linearform f mit $\|f\| \leqslant \gamma$, die in gegebenen Punkten x_n vorgeschriebene Werte $f(x_n) = \alpha_n$ $(n = 1, 2, \ldots)$ annimmt, wenn für beliebige $n \in \mathbf{N}$ und $\beta_\nu \in \mathbf{K}$ die Ungleichung $\left|\sum_{\nu=1}^{n} \beta_\nu \alpha_\nu\right| \leqslant \gamma \left\|\sum_{\nu=1}^{n} \beta_\nu x_\nu\right\|$ gilt.

⁺4. Banach-Limites für beschränkte Folgen Für jedes $x := (\xi_k) \in l_{\mathbf{R}}^\infty$ sei

$$p(x) := \limsup_{n \to \infty} \frac{\xi_1 + \cdots + \xi_n}{n}.$$

M sei die Menge aller $x := (\xi_k) \in l_{\mathbf{R}}^\infty$, für welche

$$f(x) := \lim_{n \to \infty} \frac{\xi_1 + \cdots + \xi_n}{n}$$

existiert. Offenbar ist M ein Unterraum von $l_{\mathbf{R}}^\infty$ und f eine Linearform auf M mit $f(x) = p(x)$. Zeige mittels des Banachschen Fortsetzungssatzes aus Aufgabe 1, daß es eine Linearform Lim auf $l_{\mathbf{R}}^\infty$ mit folgenden Eigenschaften gibt:

a) $\operatorname{Lim}(\xi_1, \xi_2, \ldots) = \operatorname{Lim}(\xi_2, \xi_3, \ldots)$ (Translationsinvarianz des „Banach-Limes").

b) $\liminf_{n \to \infty} \xi_n \leqslant \operatorname{Lim}(\xi_1, \xi_2, \ldots) \leqslant \limsup_{n \to \infty} \xi_n$.

Insbesondere ist also

c) $\operatorname{Lim}(\xi_1, \xi_2, \ldots) = \lim_{n \to \infty} \xi_n$, falls die Folge (ξ_k) konvergiert.

d) $\operatorname{Lim}(\xi_1, \xi_2, \ldots) \geqslant 0$, falls alle $\xi_n \geqslant 0$ sind.

Hinweis: Zum Beweis von b) ziehe man Satz 28.6 aus Heuser I heran und beachte, daß für jede Linearform g aus $g(x) \leqslant p(x)$ (für alle x) stets $-p(-x) \leqslant g(x)$ folgt.

⁺5. Stetigkeit der Linearform Lim Die in Aufgabe 4 erklärte Linearform Lim ist stetig auf $l_{\mathbf{R}}^\infty$ mit $\|\operatorname{Lim}\| = 1$.

Hinweis. Eigenschaft d) in Aufgabe 4. Falls der Leser ins Stocken gerät, möge er die Gl. (56.12) und ihren Beweis zu Rate ziehen.

6. Sei F der Unterraum von $l_{\mathbf{R}}^\infty$, der aus allen Folgen $(\xi_1, \xi_2 - \xi_1, \xi_3 - \xi_2, \ldots)$ mit $(\xi_1, \xi_2, \ldots) \in l_{\mathbf{R}}^\infty$ besteht. Zeige, daß die oben erklärte Linearform Lim auf F verschwindet. Schließe daraus mit Hilfe der beiden letzten Aufgaben, daß $(1, 1, 1, \ldots)$ nicht zu $\overline{F}$ gehört. Beweise dies auch direkt. Vgl. Satz 36.3.

7. E, F seien nichttriviale (also von $\{0\}$ verschiedene) normierte Räume über $\mathbf{K}$. Dann enthält $\mathscr{L}(E, F)$ nicht nur die Nullabbildung.

37 Quotientenräume und kanonische Injektionen

Ein *injektiver* Operator $A: E \rightarrow F$ (E, F beliebige Vektorräume) ist weitaus angenehmer zu handhaben als ein *nichtinjektiver*. Wir wollen deshalb versuchen, mit A einen Operator $\hat{A}$ zu assoziieren, der alle wesentlichen Eigenschaften von A besitzt, aber gleichzeitig auch noch injektiv ist. Die Konstruktion dieser „kanonischen Injektion“ $\hat{A}$ wird uns nicht schwerfallen.

Wir nennen zwei Elemente x_1, x_2 von E äquivalent, in Zeichen: $x_1 \sim x_2$, wenn sie dasselbe Bild unter A liefern, d.h., wenn $Ax_1 = Ax_2$ ist. Offenbar gilt

$$x_1 \sim x_2 \Longleftrightarrow x_1 - x_2 \in N := N(A). \tag{37.1}$$

N ist ein linearer Unterraum von E, und *allein aus dieser Tatsache* folgt in einfachster Weise, daß die Relation $\sim$ reflexiv, symmetrisch und transitiv, also eine *Äquivalenzrelation* ist. Sie zerlegt daher E in paarweise disjunkte Klassen äquivalenter Elemente (Äquivalenz- oder Restklassen). Diese Restklassen sind genau die Mengen der Form $x + N$ (vgl. Satz 8.1). Die Gesamtheit aller Restklassen bezeichnen wir mit E/N, die Restklasse von x (d.h. diejenige Restklasse, die x enthält) mit $\hat{x}$. Es ist also $\hat{x} = x + N$, und wir haben $\hat{x}_1 = \hat{x}_2$ genau dann, wenn $x_1 - x_2$ zu N gehört, d.h., wenn $Ax_1 = Ax_2$ ist. Es liegt nun auf der Hand, daß durch die Festsetzung

$$\hat{A}\hat{x} := Ax \quad (x \in \hat{x}) \tag{37.2}$$

in völlig eindeutiger Weise eine injektive Abbildung $\hat{A}$ von E/N nach F mit $\hat{A}(E/N) = A(E)$ definiert wird. Diese Abbildung führt man also folgendermaßen aus: *Man faßt alle Elemente von E, die ein und dasselbe Bild y unter A haben, zu einer Klasse zusammen und ordnet ihr das allen Klassenelementen gemeinsame Bild y zu.*

Als nächstes wird man versuchen, die Restklassenmenge E/N so zu einem *Vektorraum* zu machen, daß $\hat{A}$ eine *lineare* Abbildung wird. Wir müssen zu diesem Zweck die Summe $\hat{x}_1 + \hat{x}_2$ so definieren, daß gilt:

$$\hat{A}(\hat{x}_1 + \hat{x}_2) = \hat{A}\hat{x}_1 + \hat{A}\hat{x}_2, \text{ also } = Ax_1 + Ax_2 = A(x_1 + x_2) = \hat{A}(\widehat{x_1 + x_2});$$

wegen der Injektivität von $\hat{A}$ muß also $\hat{x}_1 + \hat{x}_2$ notwendigerweise durch die Erklärung

$$\hat{x}_1 + \hat{x}_2 := \widehat{x_1 + x_2} \quad (x_1 \in \hat{x}_1, x_2 \in \hat{x}_2) \tag{37.3}$$

festgesetzt werden. Diese Definition ist unabhängig von der Wahl der Repräsentanten x_1, x_2. Ist nämlich auch $u_1 \in \hat{x}_1$ und $u_2 \in \hat{x}_2$, also $u_1 = x_1 + v_1$ und $u_2 = x_2 + v_2$ mit $v_1, v_2 \in N$, so ist $(u_1 + u_2) - (x_1 + x_2) = v_1 + v_2 \in N$, also $\widehat{u_1 + u_2} = \widehat{x_1 + x_2}$. Ganz entsprechend sieht man, daß wir das Produkt $\alpha\hat{x}$ durch die Gleichung

$$\alpha\hat{x} := \widehat{\alpha x} \quad (x \in \hat{x}) \tag{37.4}$$

erklären müssen, wenn $\hat{A}(\alpha\hat{x})=\alpha\hat{A}\hat{x}$ sein soll, und daß auch diese Definition unabhängig von der Wahl des Repräsentanten ist. Man beachte, daß die Repräsentantenunabhängigkeit der Definitionen (37.3) und (37.4) *einzig und allein darauf beruht, daß N ein linearer Unterraum von E ist.* Mit der so eingeführten Addition und Skalarmultiplikation wird E/N nun in der Tat ein Vektorraum (über dem Skalarkörper von E); das Nullelement $\hat{0}$ von E/N ist die Restklasse N. Die Tatsache, daß die Zerlegung des Raumes E in Restklassen und die Einführung einer Vektorraumstruktur in E/N durch (37.3) und (37.4) allein auf der *Linearitätseigenschaft* von N beruhten - nicht jedoch auf der Erklärung von *N als Nullraum von A* - berechtigt uns dazu, das folgende Resultat zu notieren:

37.1 Satz *Ist N ein beliebiger linearer Unterraum des Vektorraumes E, so wird die Restklassenmenge $E/N:=\{\hat{x}:=x+N: x\in E\}$ durch die Definitionen*

$$\hat{x}_1+\hat{x}_2:=\widehat{x_1+x_2}, \qquad \alpha\hat{x}:=\widehat{\alpha x} \quad (x_1\in\hat{x}_1, x_2\in\hat{x}_2, x\in\hat{x})$$

ein Vektorraum über dem Skalarkörper von E.

Der Vektorraum E/N heißt der Quotientenraum von E nach N. Die Abbildung $h: E\to E/N$, definiert durch $h(x):=\hat{x}$, ist linear und surjektiv und wird der kanonische Homomorphismus von E auf E/N genannt.

Die Vektorraumstruktur auf E/N haben wir so festgelegt, daß die in (37.2) definierte Abbildung $\hat{A}: E/N(A)\to F$ *linear* ist. Man nennt sie die zu A gehörende kanonische Injektion. Da sie injektiv ist und denselben Bildraum wie A besitzt, erhalten wir sofort den folgenden

37.2 Satz *Ist die Abbildung $A: E\to F$ linear, so sind die Vektorräume $E/N(A)$ und $A(E)$* isomorph.

Wir nehmen uns nun den Fall vor, daß E und F *normierte* Räume sind und $A: E\to F$ eine *stetige* lineare Abbildung ist. Man wird dann fragen, ob man auf dem Quotientenraum $E/N(A)$ eine Norm so einführen kann, daß auch die kanonische Injektion $\hat{A}$ *stetig* wird. Da für alle Repräsentanten x der Restklasse $\hat{x}$ die Abschätzung $\|\hat{A}\hat{x}\|=\|Ax\|\leqslant\|A\|\,\|x\|$ gilt, besteht auch die Ungleichung $\|\hat{A}\hat{x}\|\leqslant\|A\|\cdot\inf_{x\in\hat{x}}\|x\|$. Aus ihr entnehmen wir, daß $\hat{A}$ gewiß dann stetig ist, wenn durch $\|\hat{x}\|:=\inf_{x\in\hat{x}}\|x\|$ eine Norm auf $E/N(A)$ definiert wird. Der nächste Satz lehrt, daß dies in der Tat der Fall ist (dabei beachte man, daß wegen der Stetigkeit von A der Nullraum $N(A)$ abgeschlossen ist).

37.3 Satz *Ist N ein* abgeschlossener *Unterraum des normierten Raumes E, so wird durch*

$$\|\hat{x}\|:=\inf_{y\in\hat{x}}\|y\| \quad (\hat{x}\in E/N)$$

eine Norm auf dem Quotientenraum E/N, die sogenannte Quotientennorm, *definiert. Der normierte Raum E/N ist vollständig, wenn E selbst es ist.*

Von den Normeigenschaften beweisen wir nur, daß aus $\|\hat{x}\|=0$ stets $\hat{x}=\hat{0}$ folgt. Wegen $\|\hat{x}\|=0$ gibt es Vektoren $y_n\in\hat{x}$ mit $y_n\to 0$. Da nun dank der Abgeschlossenheit von N auch $\hat{x}=x+N$ als Teilmenge von E abgeschlossen ist, liegt der Grenzwert 0 von (y_n) in $\hat{x}$, es ist also in der Tat $\hat{x}=\hat{0}$.

Nun sei E *vollständig* und $(\hat{x}_n)$ eine Cauchyfolge in E/N. Dann gibt es zunächst Indizes $n_1<n_2<n_3<\cdots$, so daß für $n\geqslant n_k$ stets $\|\hat{x}_n-\hat{x}_{n_k}\|<1/2^k$ bleibt, insbesondere ist

$$\|\hat{x}_{n_{k+1}}-\hat{x}_{n_k}\|<\frac{1}{2^k}\quad \text{für } k=1,2,\ldots.$$

Es gibt also in jeder Restklasse $\hat{x}_{n_{k+1}}-\hat{x}_{n_k}$ einen Repräsentanten y_k mit $\|y_k\|<1/2^k$, so daß nach Hilfssatz 12.1 die Reihe $\sum_{k=1}^{\infty} y_k$ gegen ein $y\in E$ konvergiert. Wegen $\|(\hat{y}_1+\cdots+\hat{y}_k)-\hat{y}\|\leqslant\|(y_1+\cdots+y_k)-y\|$ konvergiert dann erst recht

$$\hat{y}_1+\cdots+\hat{y}_k=(\hat{x}_{n_2}-\hat{x}_{n_1})+\cdots+(\hat{x}_{n_{k+1}}-\hat{x}_{n_k})=\hat{x}_{n_{k+1}}-\hat{x}_{n_1}\to\hat{y},$$

also strebt $\hat{x}_{n_{k+1}}\to\hat{y}+\hat{x}_{n_1}$, und damit strebt auch $(\hat{x}_n)$ selbst gegen $\hat{y}+\hat{x}_{n_1}$. ■

Der kanonische Homomorphismus $h\colon E\to E/N$ ist wegen $\|h(x)\|=\|\hat{x}\|\leqslant\|x\|$ stetig; er besitzt aber noch eine weitere wichtige Eigenschaft, die wir jedoch zuerst definieren müssen:

Eine Abbildung $A\colon E\to F$ der metrischen Räume E, F heißt offen, wenn das Bild jeder *offenen* Menge eine *offene* Menge in dem Unterraum $A(E)$ ist.

Wir zeigen nun die Offenheit von h. Dazu bemerken wir zunächst, daß

$$K_r(\hat{0})\subset h(K_r(0)) \tag{37.5}$$

ist; zu $\hat{x}\in K_r(\hat{0})$ gibt es nämlich ein $x\in\hat{x}$ mit $\|x\|<r$, also ist $\hat{x}=h(x)\in h(K_r(0))$. Sei nun $G\subset E$ offen und $\hat{y}:=h(x_0)$, $x_0\in G$, irgendein Vektor aus $h(G)$. Zu x_0 gibt es eine ganz in G liegende Kugel $K_r(x_0)$. Aus (37.5) folgt dann

$$K_r(\hat{y})=\hat{y}+K_r(\hat{0})\subset\hat{y}+h(K_r(0))=h(x_0+K_r(0))=h(K_r(x_0))\subset h(G),$$

in der Tat ist also h offen. Wir halten diese Ergebnisse fest:

37.4 Satz *Ist N ein abgeschlossener Unterraum des normierten Raumes E, so ist der kanonische Homomorphismus $h\colon E\to E/N$* stetig *und* offen.

Die kanonische Injektion hatten wir mit der Absicht eingeführt, einer gegebenen linearen Abbildung A eine zweite Abbildung $\hat{A}$ zur Seite zu stellen, die alle wesentlichen Eigenschaften von A besitzt, überdies aber noch injektiv ist. Der folgende Satz ist im Sinne dieser Absicht zu sehen.

37.5 Satz *Die lineare Abbildung $A\colon E\to F$ mit* abgeschlossenem *Nullraum $N(A)$ ist genau dann stetig bzw. offen, wenn die zugehörige kanonische Injektion $\hat{A}\colon E/N(A)\to F$ stetig bzw. offen ist. Im Stetigkeitsfall haben wir $\|\hat{A}\|=\|A\|$.*

Beweis. Ist A stetig, so muß $\hat{A}$ stetig und $\|\hat{A}\| \leqslant \|A\|$ sein, denn so hatten wir oben die Quotientennorm gerade definiert. Ist umgekehrt $\hat{A}$ stetig und $\hat{x}$ die Restklasse von x, so gilt $\|Ax\| = \|\hat{A}\hat{x}\| \leqslant \|\hat{A}\| \|\hat{x}\| \leqslant \|\hat{A}\| \|x\|$, also ist auch A stetig und $\|A\| \leqslant \|\hat{A}\|$. Zusammen mit der obigen Normungleichung ergibt sich daraus $\|\hat{A}\| = \|A\|$. - Nun nehmen wir an, A sei offen und $\hat{G}$ eine offene Teilmenge von $E/N(A)$. Da nach Satz 37.4 der kanonische Homomorphismus $h\colon E \to E/N(A)$ stetig ist, muß die Menge $G := h^{-1}(\hat{G})$ offen in E sein (s. Satz 6.10), und wegen $\hat{A}(\hat{G}) = A(G)$ ist auch $\hat{A}(\hat{G})$ offen in $A(E) = \hat{A}(E/N(A))$. $\hat{A}$ ist daher eine offene Abbildung. Nun sei umgekehrt $\hat{A}$ offen und G eine offene Teilmenge von E. Da h nach Satz 37.4 offen ist, muß auch $h(G)$ offen sein; es folgt, daß $A(G) = \hat{A}(h(G))$ offen in $A(E) = \hat{A}(E/N(A))$, d.h., daß A eine offene Abbildung ist. ■

Wir werfen noch einen kurzen Blick auf den Begriff der Quotienten*algebra*.

Zu einem linearen Unterraum M der Algebra R können wir den Quotientenraum R/M bilden. Ist M sogar ein (zweiseitiges) Ideal, so läßt sich in R/M vermöge

$$\hat{x}\hat{y} := \widehat{xy} \quad \text{mit } x \in \hat{x}, y \in \hat{y}$$

eine *Multiplikation* einführen. Das Produkt hängt nicht ab von der Wahl der Repräsentanten x, y. Ist nämlich auch $x_1 \in \hat{x}$, $y_1 \in \hat{y}$, so haben wir $x_1 = x + u$, $y_1 = y + v$ mit u, v aus M, also

$$x_1 y_1 = xy + xv + uy + uv = xy + w \quad \text{mit } w := xv + uy + uv \in M$$

und somit $\widehat{x_1 y_1} = \widehat{xy}$. Mit dieser Multiplikation wird R/M eine Algebra (über dem Skalarkörper von R), die **Quotientenalgebra** von R nach M. Der kanonische Homomorphismus $h\colon R \to R/M$, der jedem Element x aus R seine Restklasse $\hat{x}$ zuordnet, ist dann ein **Algebrenhomomorphismus**, d.h. linear und **multiplikativ**: $h(xy) = h(x)h(y)$. Besitzt R ein Einselement e, so ist $\hat{e}$ das Einselement der Quotientenalgebra. Ist y rechtsinvers zu x, so ist $\hat{y}$ rechtsinvers zu $\hat{x}$; entsprechend für linksinverse und inverse Elemente.

Die Menge $\mathscr{E}(E)$ aller endlichdimensionalen Endomorphismen des Vektorraumes E ist ein Ideal in $\mathscr{S}(E)$; die Menge $\mathscr{F}(E)$ aller stetigen endlichdimensionalen und die Menge $\mathscr{K}(E)$ aller kompakten Endomorphismen auf dem normierten Raum E sind Ideale in $\mathscr{L}(E)$ (s. Nr. 28). *Daher sind* $\mathscr{S}(E)/\mathscr{E}(E)$, $\mathscr{L}(E)/\mathscr{F}(E)$ *und* $\mathscr{L}(E)/\mathscr{K}(E)$ *allesamt Quotientenalgebren.*

Ist R eine *normierte* Algebra und M ein *abgeschlossenes* Ideal in R, so ist die Quotientennorm aus Satz 37.3 sogar eine **Algebrennorm**: $\|\hat{x}\hat{y}\| \leqslant \|\hat{x}\| \|\hat{y}\|$. *Die Quotientenalgebra ist in diesem Falle also eine normierte Algebra. Für eine Banachalgebra R muß auch R/M eine Banachalgebra sein* (s. Satz 37.3).

Sei E ein Banachraum. Dann ist $\mathscr{L}(E)$ eine Banachalgebra und $\mathscr{K}(E)$ ein abgeschlossenes Ideal in $\mathscr{L}(E)$ (siehe die Sätze 10.4 und 28.2). $\mathscr{L}(E)/\mathscr{K}(E)$ *wird also immer dann eine Banach***algebra** *sein, wenn E selbst ein Banach***raum** *ist.*

Aufgaben

*1. Ist $A: E \to F$ linear und $E = N(A) \oplus U$, so sind die Vektorräume $E/N(A)$ und U isomorph.

*2. Ist $E = F \oplus G$, so sind die Vektorräume E/F und G isomorph. Infolgedessen ist

$$\operatorname{codim} F = \dim E/F.$$

Anleitung: Wende Aufgabe 1 auf den kanonischen Homomorphismus $h: E \to E/F$ an und benutze A 8.4. Beachte, daß hiermit Satz 7.3 erneut bewiesen ist.

*3. Ist f eine Linearform $\neq 0$ auf dem Vektorraum E über **K**, so ist $\dim E/N(f) = 1$, und es gibt ein $x_0 \in E$ mit $E = [x_0] \oplus N(f)$ (s. Aufgabe 2).

*4. Eine Linearform auf einem normierten Raum ist genau dann stetig, wenn ihr Nullraum abgeschlossen ist.
Hinweis: Aufgabe 3.

*5. Eine endlichdimensionale lineare Abbildung normierter Räume ist genau dann stetig, wenn ihr Nullraum abgeschlossen ist (vgl. Aufgabe 4).

*6. F sei ein endlichkodimensionaler Unterraum des normierten Raumes E. Genau dann gibt es einen stetigen Projektor P mit $P(E) = F$, wenn F abgeschlossen ist.

Hinweis: Projiziere E längs F auf einen endlichdimensionalen Komplementärraum zu F und benutze Aufgabe 5.

7. Der Operator $K: E \to F$ ist genau dann kompakt, wenn seine kanonische Injektion $\hat{K}$ kompakt ist.

8. Die lineare Abbildung $A: E \to F$ der normierten Räume E, F sei surjektiv und offen. Dann gibt es zu jeder Folge (y_n) in F, die gegen $y_0 = Ax_0$ konvergiert, eine Folge (x_n) in E, die gegen x_0 konvergiert und für die $Ax_n = y_n$ $(n = 1, 2, \ldots)$ ist.

*9. F sei ein abgeschlossener, G ein endlichdimensionaler Unterraum des normierten Raumes E. Dann ist $F + G$ abgeschlossen.

Hinweis: Mit dem kanonischen Homomorphismus $h: E \to E/F$ ist $F + G = h^{-1}(h(G))$.

*10. Die Abschließung $\overline{M}$ eines Ideals M in der normierten Algebra R ist wieder ein Ideal in R.

11. Ist E ein Banach*raum*, so ist $\mathscr{L}(E)/\overline{\mathscr{F}(E)}$ eine Banach*algebra* (benutzte Aufgabe 10).

12. Sei F ein Unterraum des metrischen Raumes E (F ist also ein metrischer Raum mit der von E induzierten Metrik). Zeige zunächst an einem einfachen Beispiel ($E := \mathbf{R}^2$, $F := \mathbf{R} \times \{0\}$), daß eine offene Teilmenge des *Unterraumes* F keine offene Teilmenge des *Raumes* E zu sein braucht und beweise dann den Satz: $M \subset F$ ist genau dann offen in F, wenn es eine in E offene Menge G gibt, so daß $M = G \cap F$ ist.

Hinweis: Kugeln in F stehen mit Kugeln in E in folgender Beziehung:

$$\{x \in F: d(x, x_0) < r\} = \{y \in E: d(y, x_0) < r\} \cap F.$$

38 Der Bairesche Kategoriesatz

Es gibt wohl keinen Satz der Funktionalanalysis, der glanzloser und gleichzeitig kraftvoller wäre als der Bairesche Kategoriesatz. Von seiner Glanzlosigkeit wird sich der Leser *sofort* überzeugen können; für seine Kraft müssen wir ihn auf die folgenden Nummern vertrösten.

Für eine nichtleere Teilmenge M des metrischen Raumes E sei

$$\delta(M) := \sup\{d(x,y): x,y \in M\} \quad \text{(Durchmesser von } M\text{)}.$$

Damit gilt nun folgendes Analogon zum *Prinzip der Intervallschachtelung*:

38.1 Cantorscher Durchschnittssatz *In dem* vollständigen *metrischen Raum E sei eine Folge abgeschlossener Teilmengen $F_n \neq \emptyset$ mit $F_1 \supset F_2 \supset \cdots$ und $\delta(F_n) \to 0$ gegeben. Dann enthält $\bigcap_{n=1}^{\infty} F_n$ genau einen Punkt $x \in E$.*

Beweis. Wir geben ein $\varepsilon > 0$ beliebig vor und bestimmen ein n_0 mit $\delta(F_n) < \varepsilon$ für $n \geqslant n_0$. Wählen wir nun zu jedem n ein $x_n \in F_n$, so ist $d(x_n, x_m) < \varepsilon$ für alle $n,m \geqslant n_0$, (x_n) also eine Cauchyfolge. Wegen der Vollständigkeit von E konvergiert (x_n) gegen ein $x \in E$. Da die Teilfolge $(x_k, x_{k+1}, \ldots)$ ebenfalls gegen x konvergiert und ganz in dem abgeschlossenen F_k enthalten ist, gehört auch x zu F_k, also liegt x sogar in $F := \bigcap_{k=1}^{\infty} F_k$. Und da für jedes $y \in F$ offenbar $d(x,y) \leqslant \delta(F_n)$ ist und $\delta(F_n) \to 0$ strebt, muß $d(x,y)$ verschwinden: F enthält nur den einen Punkt x. ■

38.2 Bairescher Kategoriesatz[1] *Wird der* vollständige *metrische Raum E als Vereinigung $E = \bigcup_{n=1}^{\infty} F_n$ abzählbar vieler abgeschlossener Mengen F_n dargestellt, so enthält mindestens ein F_n eine abgeschlossene (erst recht also eine offene)* Kugel.[2]

Dem Beweis schicken wir eine Vorbemerkung voraus: *Enthält eine abgeschlossene Menge $F \subset E$* keine *abgeschlossene Kugel, so umfaßt jedes $K_r[x_0]$ eine zu F* fremde *abgeschlossene Kugel.* $K_{r/2}[x_0]$ enthält nämlich gewiß ein $x_1 \notin F$, und da F abgeschlossen ist, existiert ein positives $r_1 \leqslant r/2$, mit $K_{r_1}[x_1] \cap F = \emptyset$. Ferner ist $K_{r_1}[x_1] \subset K_r[x_0]$; denn für $x \in K_{r_1}[x_1]$ gilt $d(x,x_0) \leqslant d(x,x_1) + d(x_1,x_0) \leqslant r_1 + r/2 \leqslant r$. – Nun nehmen wir an, der Bairesche Satz sei falsch, *kein F_n* enthalte also eine abge-

---

[1] Louis Baire (1874–1932; 58).

[2] Der Name dieses Satzes rührt von der folgenden Sprachregelung her. Man sagt, ein metrischer Raum sei von erster Kategorie, wenn er als Vereinigung abzählbar vieler abgeschlossener Mengen dargestellt werden kann, von denen keine einzige einen inneren Punkt (also eine Kugel) enthält, andernfalls heißt er von zweiter Kategorie. Der Bairesche Satz läßt sich nun so formulieren: *Ein vollständiger metrischer Raum ist immer von zweiter Kategorie.*

schlossene Kugel. Dann gibt es nach unserer Vorbemerkung zu einer beliebigen abgeschlossenen Kugel $K^{(0)}$ eine abgeschlossene Kugel $K^{(1)}$, die zu F_1 *fremd* ist; offenbar dürfen wir $\delta(K^{(1)}) \leqslant 1$ annehmen. Zu $K^{(1)}$ existiert - wieder nach der Vorbemerkung - eine abgeschlossene Kugel $K^{(2)}$ mit $K^{(2)} \subset K^{(1)}$, $\delta(K^{(2)}) \leqslant 1/2$ und $K^{(2)} \cap F_2 = \emptyset$. So fortfahrend erhält man abgeschlossene Kugeln $K^{(n)}$ mit $K^{(1)} \supset K^{(2)} \supset \cdots$, $\delta(K^{(n)}) \to 0$ und

$$K^{(n)} \cap F_n = \emptyset \quad \text{für } n = 1, 2, \ldots \tag{38.1}$$

Nach dem Durchschnittssatz enthält $\bigcap_{n=1}^{\infty} K^{(n)}$ (genau) einen Punkt x_0. Wegen (38.1) liegt x_0 in keinem F_n, im Widerspruch zu der Darstellung $E = \bigcup_{n=1}^{\infty} F_n$. Also muß der Kategoriesatz doch richtig sein. ■

Aufgaben

1. J sei die Menge der irrationalen Zahlen in dem Intervall [0, 1]. Zeige, daß eine Darstellung der Form $J = \bigcup_{n=1}^{\infty} F_n$ mit abgeschlossenen Mengen F_n unmöglich ist.

2. Es gibt keine reellwertige Funktion auf dem Intervall [0, 1], die in jedem *rationalen* Punkt stetig und in jedem *irrationalen* unstetig ist.
Hinweis: Aufgabe 1.

3. Belege durch ein (sehr einfaches) Beispiel, daß die *Abzählbarkeitsvoraussetzung* im Baireschen Kategoriesatz essentiell ist.

4. Zeige anhand eines (sehr einfachen) Beispiels, daß im Baireschen Kategoriesatz die *Vollständigkeit* des zugrundeliegenden Raumes nicht entbehrt werden kann.

39 Der Satz von der offenen Abbildung, der stetigen Inversen und der Graphensatz

Wir haben in diesem Buch schon mehrmals darauf hingewiesen, welch große Bedeutung der Frage zukommt, ob die Inverse einer injektiven linearen Abbildung *stetig* ist. Sie braucht es nicht zu sein - umso wichtiger ist es also, Bedingungen angeben zu können, unter denen sie es tatsächlich ist. Dies wird uns in dieser Nummer gelingen. Um die nun folgenden Betrachtungen zu motivieren, schicken wir einen Satz voraus, den der Leser mit Hilfe des Satzes 6.10 ohne Mühe einsehen kann:

39.1 Satz *Die Inverse $A^{-1}: A(E) \to E$ einer injektiven Abbildung $A: E \to F$ der metrischen Räume E, F ist genau dann stetig, wenn A offen ist.*

Dieser Satz spielt die *Stetigkeit der Inversen* A^{-1} auf die *Offenheit von A* zurück. Und nun gilt für lineare Abbildungen glücklicherweise der fundamentale

39.2 Satz von der offenen Abbildung[1] *Jede stetige lineare Abbildung A des Banachraumes E* auf *den Banachraum F ist offen.*

Den Beweis führen wir in mehreren Schritten.

a) Zunächst schicken wir eine triviale Bemerkung voraus: *Ist M Teilmenge eines normierten Raumes und* $\alpha \neq 0$, *so ist* $\overline{\alpha M} = \alpha \overline{M}$; *ist überdies M offen, so sind auch die Teilmengen* αM *und* $x + M$ *für jedes Element x des Raumes offen.*

b) Als nächstes zeigen wir: *Ist U eine offene Kugel um* 0 *in E, so enthält* $\overline{A(U)}$ *eine offene Kugel um* 0 *in F.*

U habe den Radius $2r$, und es sei $K := K_r(0)$. Offenbar ist $E = \bigcup_{n=1}^{\infty} nK$, also $F = A(E) = \bigcup_{n=1}^{\infty} nA(K)$ und daher erst recht $F = \bigcup_{n=1}^{\infty} \overline{nA(K)}$. Nach dem Baireschen Kategoriesatz enthält also eine der Mengen $\overline{nA(K)}$, etwa $\overline{mA(K)}$, eine offene Kugel S. Wegen $\overline{mA(K)} = m\overline{A(K)}$ ist also $\frac{1}{m} S \subset \overline{A(K)}$. Da ferner $U \supset K - K$, also auch $A(U) \supset A(K) - A(K)$ ist, erhalten wir die Inklusionen

$$\overline{A(U)} \supset \overline{A(K) - A(K)} \supset \overline{A(K)} - \overline{A(K)} \supset \frac{1}{m} S - \frac{1}{m} S = \bigcup_{x \in \frac{1}{m} S} \left(x - \frac{1}{m} S \right).$$

$\frac{1}{m} S - \frac{1}{m} S$ ist als Vereinigung der nach a) offenen Mengen $x - \frac{1}{m} S$ offen und enthält den Nullpunkt von F. Um diesen gibt es also eine offene Kugel, die ganz in $\frac{1}{m} S - \frac{1}{m} S$, somit erst recht in $\overline{A(U)}$ liegt.

c) Nun beweisen wir eine Verschärfung von b): *Ist U eine offene Kugel um* 0 *in E, so enthält bereits* $A(U)$ *eine offene Kugel um* 0 *in F.*

Im Beweis seien E_r bzw. F_r offene Kugeln um 0 in E bzw. F mit Radius r. Wir setzen $U = E_{2r_0}$ und wählen positive Zahlen r_n, so daß

$$\sum_{n=1}^{\infty} r_n < r_0 \tag{39.1}$$

ausfällt. Nach b) gibt es $\sigma_n > 0$ mit

$$F_{\sigma_n} \subset \overline{A(E_{r_n})} \quad \text{für } n = 0, 1, 2, \ldots; \tag{39.2}$$

---

[1] Er wird auch Satz von Banach-Schauder genannt. Dem Polen Jule P. Schauder (1899–1943; 44) verdankt die Funktionalanalysis zahlreiche bahnbrechende Erkenntnisse.

offenbar dürfen wir annehmen, daß $\sigma_n \to 0$ strebt. Wir werden zeigen, daß

$$F_{\sigma_0} \subset A(E_{2r_0}) = A(U) \tag{39.3}$$

ist, womit c) bewiesen wäre. Nach (39.2) liegt jedes $y \in F_{\sigma_0}$ in $\overline{A(E_{r_0})}$, es gibt daher ein $x_0 \in E_{r_0}$, so daß $\|y - Ax_0\| < \sigma_1$, also $y - Ax_0 \in F_{\sigma_1}$ ist. Wiederum nach (39.2) liegt somit $y - Ax_0$ in $\overline{A(E_{r_1})}$, es gibt also ein $x_1 \in E_{r_1}$, so daß $\|y - Ax_0 - Ax_1\| < \sigma_2$, also $y - Ax_0 - Ax_1 \in F_{\sigma_2}$ ist. So weiter schließend erhält man Vektoren

$$x_n \in E_{r_n} \quad \text{mit} \quad \|y - A(x_0 + x_1 + \cdots + x_n)\| < \sigma_{n+1} \quad \text{für } n = 0, 1, 2, \ldots. \tag{39.4}$$

Aus $\|x_n\| < r_n$ folgt wegen (39.1), daß $\sum_{n=0}^{\infty} \|x_n\|$ konvergiert; nach Hilfssatz 12.1 gibt es daher ein $x \in E$ mit $x = \sum_{n=0}^{\infty} x_n$. Es ist $\|x\| \leqslant \sum_{n=0}^{\infty} \|x_n\| \leqslant r_0 + \sum_{n=1}^{\infty} r_n < 2r_0$, x liegt also in $E_{2r_0} = U$. Rückt nun in (39.4) $n \to \infty$, so erhält man $\|y - Ax\| \leqslant 0$, also $y = Ax$. Damit haben wir die angestrebte Aussage (39.3) endlich erhalten.

d) Nun sei M eine offene Teilmenge von E und $y := Ax$ $(x \in M)$ ein beliebiger Vektor in $A(M)$. Dann gibt es eine offene Kugel U um 0 in E mit $x + U \subset M$, und wegen c) eine offene Kugel V um 0 in F mit $V \subset A(U)$. Infolgedessen ist

$$y + V \subset Ax + A(U) = A(x + U) \subset A(M),$$

das Bild $A(M)$ der offenen Menge M ist also tatsächlich offen in F. ■

39.3 Satz *Die stetige lineare Abbildung A des Banachraumes E* in *den Banachraum F ist genau dann offen, wenn der Bildraum $A(E)$ abgeschlossen ist.*

Beweis. Sei A offen. Nach Satz 37.5 ist dann auch die kanonische Injektion $\hat{A}: E/N(A) \to A(E)$ offen und somit ihre Inverse $\hat{A}^{-1}: A(E) \to E/N(A)$ stetig (Satz 39.1). Also muß das Urbild $A(E)$ des vollständigen Raumes $E/N(A)$ selbst vollständig und somit abgeschlossen sein. Sei nun umgekehrt $A(E)$ abgeschlossen, also auch vollständig. Dann ist nach Satz 39.2 A als stetige lineare Abbildung des Banachraumes E *auf* den Banachraum $A(E)$ offen, d.h., das Bild $A(M)$ jeder offenen Menge $M \subset E$ ist offen in $A(E)$. Damit ist A (definitionsgemäß) auch als Abbildung *von E in F* offen. ■

Die Antwort auf die eingangs gestellte Frage, unter welchen Voraussetzungen die Inverse eines Operators stetig sei, fällt uns nun wie eine reife Frucht in den Schoß. Aus den Sätzen 39.1 und 39.2 folgt nämlich auf einen Schlag der

39.4 Satz von der stetigen Inversen *Ist die stetige lineare Abbildung A des Banachraumes E* auf *den Banachraum F injektiv, so muß die Inverse A^{-1} von selbst stetig sein.*

In A 10.21 waren wir im Zusammenhang mit dem Differentiationsoperator bereits auf den Begriff der *abgeschlossenen linearen Abbildung* gestoßen. Wir wollen diesen Begriff nun allgemein definieren und mit seiner Hilfe ein Stetigkeitskriterium für lineare Abbildungen (den Graphensatz 39.5) gewinnen.

Es seien E und F normierte Räume über $\mathbf{K}$. Auf dem Vektorraum $E\times F$ mit den Elementen (x,y) $(x\in E, y\in F)$ führen wir durch $\|(x,y)\|:=\|x\|+\|y\|$ eine Norm ein. $E\times F$, versehen mit dieser Norm, heißt der Produktraum der Räume E und F. Konvergenz im Produktraum ist mit komponentenweiser Konvergenz gleichbedeutend: *$(x_n,y_n)\to(x,y)$ gilt genau dann, wenn $x_n\to x$ und $y_n\to y$ strebt. $E\times F$ ist dann und nur dann vollständig, wenn E und F vollständig sind* (s. A 9.6).

Ist D ein linearer Unterraum von E und A eine lineare Abbildung von D in F, so heißt

$$G_A:=\{(x,Ax): x\in D\}$$

der Graph von A; der Graph ist offenbar ein linearer Unterraum von $E\times F$. Wir nennen die Abbildung A abgeschlossen, wenn ihr Graph G_A abgeschlossen ist.

Man überblickt sofort: *A ist genau dann abgeschlossen, wenn aus*

$$x_n\in D, \quad x_n\to x \quad \text{und} \quad Ax_n\to y$$

stets folgt: $\quad x\in D$ *und* $Ax=y$.

39.5 Graphensatz *Eine* abgeschlossene *lineare Abbildung A des Banachraumes E in den Banachraum F ist* stetig.

Beweis. Der Graph G_A ist als abgeschlossener Unterraum von $E\times F$ selbst ein Banachraum. Die Abbildung $P: G_A\to E$, definiert durch $P(x,Ax):=x$, ist linear, stetig und bijektiv. Nach Satz 39.4 ist also P^{-1} stetig, d.h., aus $x_n\to x$ folgt $(x_n,Ax_n)\to(x,Ax)$ und damit auch $Ax_n\to Ax$. A ist also in der Tat stetig. ∎

Eine ebenso überraschende wie wichtige Folgerung aus dem Graphensatz ist der

39.6 Satz von Hellinger-Toeplitz[1] *Jeder symmetrische Operator A eines Hilbertraumes ist stetig.*

Beweis. Wegen des Graphensatzes genügt es zu zeigen, daß A abgeschlossen ist. Strebt nun $x_n\to x$ und $Ax_n\to y$, so konvergiert für jedes z

$$(Ax_n|z)\to(y|z)$$

und $\quad (Ax_n|z)=(x_n|Az)\to(x|Az)=(Ax|z)$,

so daß $y=Ax$ und somit A in der Tat abgeschlossen ist. ∎

---

[1] Ernst Hellinger (1883–1950; 67), Otto Toeplitz (1881–1940; 59). Der von ihnen abgefaßte Enzyklopädiebericht „Integralgleichungen und Gleichungen mit unendlich vielen Unbekannten" (1927) hat bis heute nichts von seiner Frische verloren und ist nach wie vor Pflichtlektüre jedes Funktionalanalytikers.

Aufgaben

1. Studiere noch einmal die Aufgaben 18 bis 21 in Nr. 10.

+2. E, F seien normierte Räume, D ein linearer Unterraum von E und $A: D \to F$ eine lineare Abbildung. Zeige:

a) Ist A stetig und D abgeschlossen, so ist A abgeschlossen.

b) Ist A stetig und abgeschlossen und F vollständig, so ist D abgeschlossen.

c) Ist D nicht abgeschlossen, so ist $A := I$ zwar stetig, aber nicht abgeschlossen.

d) Ist A abgeschlossen und injektiv, so ist A^{-1} ebenfalls abgeschlossen.

e) Ist E vollständig, A abgeschlossen und injektiv, $A(D)$ dicht in F und A^{-1} stetig, so ist $A(D) = F$.

f) Ist A abgeschlossen und $\alpha \neq 0$, so ist auch αA abgeschlossen.

g) Mit A ist auch $A - \alpha I$ für jedes α abgeschlossen.

***3.** Mit den Bezeichnungen der Aufgabe 2 gilt: a) Durch $\|x\|_A := \|x\| + \|Ax\|$ für $x \in D$ wird D ein normierter Raum D_A.

b) Ist E, F vollständig und A abgeschlossen, so ist D_A ein Banachraum und $A: D_A \to F$ stetig.

+4. Wir benutzen wieder die Bezeichnungen von Aufgabe 2. Sind E, F Banachräume und ist der abgeschlossene Operator $A: D \to F$ bijektiv, so ist A^{-1} stetig.

***5.** Der Banachraum E sei die direkte Summe der abgeschlossenen Unterräume F und G. Dann ist der Projektor P von E auf F längs G stetig.

+6. Auf dem Vektorraum E seien zwei Normen $\|\cdot\|_1$, $\|\cdot\|_2$ erklärt und bezüglich beider Normen sei E vollständig. Zeige: Ist $\|\cdot\|_1$ stärker als $\|\cdot\|_2$, so sind beide Normen äquivalent.

***7.** Alle stetigen Linearformen und alle stetigen endlichdimensionalen Operatoren auf einem normierten Raum sind offen.
Hinweis: A 37.3.

+8. E_1, E_2, F seien Banachräume und $A_k: E_k \to F$ $(k = 1, 2)$ stetige lineare Abbildungen. Die Gleichung $A_1 x = A_2 y$ besitze für jedes $x \in E_1$ genau eine Lösung $y \in E_2$. Zeige: Die Abbildung $A: E_1 \to E_2$, definiert durch $Ax := y$, ist linear und stetig.

+9. Sei E ein Banachraum, F ein normierter Raum, $A \in \mathscr{S}(E, F)$ und $K \in \mathscr{K}(E, F)$. Zeige: Gilt $A(E) \subset K(E)$, so ist A kompakt.[1]
Hinweis: $\hat{K}$ sei die kanonische Injektion von K. Zeige mit Hilfe des Graphensatzes, daß $B := \hat{K}^{-1} A$ stetig ist und ziehe dann A 37.7 heran.

***10.** $A \in \mathscr{S}(E, F)$ $(E, F$ Banachräume) sei surjektiv. Dann gibt es eine Konstante $M > 0$ mit folgender Eigenschaft: Zu jedem $y \in F$ existiert ein $x \in E$, so daß $Ax = y$ und $\|x\| \leq M \|y\|$ ist.
Hinweis: Kanonische Injektion.

---

[1] R. G. Douglas (1966).

11. Topologische Basen in Banachräumen Sei $e_k := (0, \ldots, 0, 1, 0, \ldots)$ (1 an der k-ten Stelle, sonst 0) und $e_0 := (1, 1, 1, \ldots)$. Für jedes $x := (\xi_k)$ aus (c_0) oder l^p $(1 \leqslant p < \infty)$ haben wir dann eine Darstellung der Form

$$x = \sum_{k=1}^{\infty} \alpha_k e_k \quad \text{mit eindeutig bestimmten Koeffizienten } \alpha_k,$$

nämlich $\alpha_k = \xi_k$. Für beliebiges $x := (\xi_k) \in (c)$ gilt entsprechend

$$x = \sum_{k=0}^{\infty} \alpha_k e_k \quad \text{mit wiederum eindeutig bestimmten Koeffizienten } \alpha_k,$$

nämlich $\alpha_0 = \xi := \lim \xi_i$, $\alpha_k = \xi_k - \xi$ $(k \geq 1)$. Diese Beobachtungen regen zu der nachstehenden Definition an: Eine Folge (x_k) in dem unendlichdimensionalen Banachraum E über $\mathbf{K}$ heißt eine (topologische) Basis von E, wenn jedes $x \in E$ sich in der Form

$$x = \sum_{k=1}^{\infty} \alpha_k x_k \quad \text{mit eindeutig bestimmten Koeffizienten } \alpha_k \tag{39.5}$$

darstellen läßt. Die α_k hängen offenbar linear von x ab, schärfer: $f_k : E \to \mathbf{K}$, definiert durch $f_k(x) := \alpha_k$, ist eine Linearform auf E. Mit diesen „Koeffizientenfunktionalen" f_k läßt sich (39.5) auf die Gestalt

$$x = \sum_{k=1}^{\infty} f_k(x) x_k$$

bringen. Beweise den folgenden zentralen Satz der Basistheorie: *Die Koeffizientenfunktionale f_k sind allesamt* stetig.

Hinweis: Beweise der Reihe nach die folgenden Aussagen:

a) Sei F die Menge der $a := (\alpha_k)$, für die $\sum \alpha_k x_k$ konvergiert. F ist ein Vektorraum, der mit der Normdefinition

$$\|a\| := \sup_n \left\| \sum_{k=1}^{n} \alpha_k x_k \right\|$$

zu einem Banachraum wird.

b) Die Abbildung $(\alpha_k) \mapsto \sum_{k=1}^{\infty} \alpha_k x_k$ von F auf E ist linear, bijektiv und stetig.

c) Die Abbildung $\sum_{k=1}^{\infty} \alpha_k x_k \mapsto (\alpha_k)$ ist stetig.

40 Der Satz von der gleichmäßigen Beschränktheit

Grundlegend für diese Nummer ist eine höchst einfache Folgerung aus dem Baireschen Kategoriesatz, nämlich der

40.1 Satz von Osgood[1] *Ist die Familie $(f_\iota : \iota \in J)$ stetiger reellwertiger Funktionen f_ι auf dem* vollständigen *metrischen Raum E* punktweise *nach oben be-*

[1] William Fogg Osgood (1864–1943; 79) war Professor in Harvard.

schränkt, so ist sie auf einer gewissen abgeschlossenen Kugel $K \subset E$ sogar gleichmäßig *nach oben beschränkt, d.h., mit einer geeigneten Konstanten γ gilt*

$$f_\iota(x) \leqslant \gamma \quad \text{für alle } \iota \in J \text{ und alle } x \in K. \tag{40.1}$$

Beweis. Wegen der Stetigkeit der Funktionen f_ι sind für $n = 1, 2, \ldots$ die Mengen $F_n := \{x \in E : f_\iota(x) \leqslant n$ für alle $\iota \in J\}$ abgeschlossen. Aus der punktweisen Beschränktheit der Familie $(f_\iota : \iota \in J)$ folgt $E = \bigcup_{n=1}^{\infty} F_n$. Nach dem Baireschen Kategoriesatz 38.2 enthält somit ein gewisses F_m eine abgeschlossene Kugel K, so daß (40.1) mit $\gamma := m$ gilt. ■

40.2 Satz von der gleichmäßigen Beschränktheit *Ist E ein* vollständiger, *F ein beliebiger normierter Raum und ist die Familie $(A_\iota : \iota \in J)$ stetiger linearer Abbildungen von E in F* punktweise *beschränkt (gibt es also zu jedem $x \in E$ eine Zahl α_x mit $\|A_\iota x\| \leqslant \alpha_x$ für alle $\iota \in J$), so ist die Familie der* Normen *$(\|A_\iota\| : \iota \in J)$ beschränkt.*

Beweis. Die Familie $(p_\iota : \iota \in J)$ der stetigen reellwertigen Funktionen p_ι auf E, definiert durch $p_\iota(x) := \|A_\iota x\|$, ist punktweise beschränkt. Nach dem Osgoodschen Satz gibt es also eine abgeschlossene Kugel $K := \{x \in E : \|x - x_0\| \leqslant r\}$ und eine Konstante γ, so daß $p_\iota(x) \leqslant \gamma$ für alle $\iota \in J$ und alle $x \in K$ ist. Für jedes $y \in E$ mit $\|y\| \leqslant 1$ liegt $x := x_0 + ry$ in K, wir haben also

$$\|A_\iota y\| = \left\| A_\iota \left(\frac{x - x_0}{r} \right) \right\| \leqslant \frac{1}{r} [\|A_\iota x\| + \|A_\iota x_0\|]$$

$$= \frac{1}{r} [p_\iota(x) + p_\iota(x_0)] \leqslant \frac{2\gamma}{r},$$

und somit ist

$$\|A_\iota\| = \sup_{\|y\| \leqslant 1} \|A_\iota y\| \leqslant \frac{2\gamma}{r} \quad \text{für alle } \iota \in J. \qquad ■$$

Aus dem Satz von der gleichmäßigen Beschränktheit ergeben sich wichtige Folgerungen für *punktweise* konvergente Folgen von Operatoren. Ist eine Folge von linearen Abbildungen A_n eines normierten Raumes E in einen normierten Raum F gegeben und konvergiert $(A_n x)$ für jedes $x \in E$ gegen ein Element in F, so können wir eine Abbildung $A : E \to F$ durch $Ax := \lim A_n x$ definieren; A ist offenbar linear. Sind die A_n alle stetig, so braucht A nicht stetig zu sein (s. Aufgabe 1). Ist aber E vollständig, so gibt es – da die punktweise konvergente Folge (A_n) sicher punktweise beschränkt ist – nach Satz 40.2 eine Zahl β, so daß $\|A_n\| \leqslant \beta$, also $\|A_n x\| \leqslant \beta \|x\|$ für $n = 1, 2, \ldots$ und alle $x \in E$ ist. Für $n \to \infty$ folgt daraus $\|Ax\| \leqslant \beta \|x\|$, also ist A beschränkt und $\|A\| \leqslant \beta$; offenbar gilt sogar $\|A\| \leqslant \liminf \|A_n\|$. Wir halten diese Ergebnisse fest:

40.3 Satz *Ist E ein* vollständiger, *F ein beliebiger normierter Raum und konvergiert die Folge stetiger linearer Operatoren $A_n: E \to F$* punktweise *gegen die Abbildung $A: E \to F$, so ist A linear und* stetig, *die Folge der Normen $\|A_n\|$ beschränkt und $\|A\| \leqslant \liminf \|A_n\|$.*

In Nr. 10 hatten wir die einfache Bemerkung gemacht, daß aus $A_n \to A$, $B_n \to B$ und $\alpha_n \to \alpha$ stets $A_n + B_n \to A + B$ und $\alpha_n A_n \to \alpha A$ folgt (der Pfeil in $A_n \to A$ usw. bedeutet die punktweise Konvergenz); diese Grenzwertaussagen gelten auch im Falle unstetiger Operatoren A_n, B_n. Die Frage nach dem Verhalten der Produktfolge $(B_n A_n)$ war offen geblieben, kann aber nun beantwortet werden. Sind E, F, G normierte Räume, ist $A_n \in \mathscr{L}(E,F)$, $B_n \in \mathscr{L}(F,G)$ und strebt $A_n \to A$, $B_n \to B$, so ist, *falls F sogar vollständig ist,* die Folge $(\|B_n\|)$ nach Satz 40.3 beschränkt, und aus der Abschätzung

$$\|B_n A_n x - BAx\| = \|B_n(A_n - A)x + (B_n - B)Ax\| \leqslant \|B_n\| \, \|(A_n - A)x\| + \|(B_n - B)Ax\|$$

schließt man, daß $B_n A_n \to BA$ konvergiert.

Das nun folgende Theorem wird in der Analysis vielfach angewandt.

40.4 Satz von Banach-Steinhaus[1] *Genau dann konvergiert die Folge der stetigen linearen Abbildungen A_n eines Banachraumes E in einen Banachraum F* punktweise *gegen eine* stetige *lineare Abbildung $A: E \to F$, wenn die beiden nachstehenden Bedingungen erfüllt sind:*

a) *Die Folge der Normen $\|A_n\|$ ist beschränkt;*

b) *die Folge $(A_n x)$ konvergiert für alle Elemente x einer in E dichten Menge M.*

Beweis. a) ist wegen Satz 40.3 eine notwendige Bedingung, die Notwendigkeit von b) ist trivial. – Nun seien umgekehrt a) und b) erfüllt und y sei ein beliebiger Vektor aus E. Wir wählen ein $\varepsilon > 0$, setzen $\gamma := \sup_n \|A_n\|$ und bestimmen ein $x \in M$ mit $\|x - y\| < \varepsilon/(3\gamma)$. Da die Folge $(A_n x)$ wegen b) konvergiert, gibt es ein n_0, so daß für $n, m \geqslant n_0$ stets $\|A_n x - A_m x\| < \varepsilon/3$ bleibt. Für diese Indizes n, m ist dann

$$\begin{aligned} \|A_n y - A_m y\| &\leqslant \|A_n y - A_n x\| + \|A_n x - A_m x\| + \|A_m x - A_m y\| \\ &< \gamma \frac{\varepsilon}{3\gamma} + \frac{\varepsilon}{3} + \gamma \frac{\varepsilon}{3\gamma} = \varepsilon; \end{aligned}$$

$(A_n y)$ ist daher eine Cauchyfolge in F, strebt also, weil F vollständig ist, gegen ein Element Ay in F. Somit konvergiert (A_n) punktweise gegen die Abbildung $A: E \to F$. Die Linearität und Stetigkeit von A folgt nun aus Satz 40.3. ■

[1] Hugo Steinhaus (1887–1972; 85) war eine der großen Gestalten der polnischen funktionalanalytischen Schule.

Aufgaben

1. Eine Folge $(\xi_1, \xi_2, \ldots)$ heißt finit, wenn nur endlich viele ihrer Glieder $\neq 0$ sind. E sei der lineare Unterraum von l^∞, der aus allen finiten Folgen besteht, und $A \in \mathscr{S}(E)$ werde durch $A(\xi_1, \xi_2, \xi_3, \ldots) := (\xi_1, 2\xi_2, 3\xi_3, \ldots)$ definiert. A ist punktweiser Grenzwert einer Folge von stetigen linearen Abbildungen $A_n: E \to E$, ist aber selbst unstetig.

2. (A_n) sei eine Folge stetiger linearer Abbildungen von E in F, die punktweise gegen $A: E \to F$ konvergiert (E, F normierte Räume). Für jede abgeschlossene Kugel K in F um 0 enthalte $\bigcap_{n=1}^{\infty} A_n^{-1}(K)$ eine Kugel in E um 0. Dann ist A linear (trivial!) und stetig, und die Folge $(\|A_n\|)$ ist beschränkt.

3. E sei ein vollständiger, F_ι $(\iota \in J)$ ein beliebiger normierter Raum, $A_\iota \in \mathscr{S}(E, F_\iota)$. Ist die Familie $(A_\iota: \iota \in J)$ punktweise beschränkt (d.h. gibt es zu jedem $x \in E$ ein α_x mit $\|A_\iota x\| \leqslant \alpha_x$ für alle $\iota \in J$), dann ist die Familie der Normen $(\|A_\iota\|: \iota \in J)$ beschränkt.

⁺4. Prinzip der Kondensation der Singularitäten $(A_{mn})_{m,n=1,2,\ldots}$ sei eine Doppelfolge stetiger linearer Abbildungen eines Banachraumes E in einen normierten Raum F. Zu jedem $m \in \mathbf{N}$ gebe es ein $x_m \in E$, so daß die Folge

$$\|A_{m1}x_m\|, \|A_{m2}x_m\|, \ldots \quad \text{unbeschränkt ist.}$$

Dann existiert ein $x_0 \in E$, so daß *jede* der Folgen

$$\|A_{m1}x_0\|, \|A_{m2}x_0\|, \ldots \quad (m = 1, 2, \ldots) \quad \text{unbeschränkt ist.}$$

41 Vervollständigungssätze

Viele Fundamentalsätze der Funktionalanalysis gelten nur dann, wenn die zugrundeliegenden Räume *vollständig* sind; dazu gehören z. B. der Satz über die Neumannsche Reihe und die unentbehrlichen Sätze der Nummern 38 bis 40. Hat man es jedoch mit einem *unvollständigen* Raum E zu tun, so kann man sich manchmal dadurch helfen, daß man durch Hinzufügung neuer Elemente jeder Cauchyfolge in E einen Grenzwert verschafft und so E „vervollständigt" - ähnlich wie man das unvollständige $\mathbf{Q}$ zu dem vollständigen $\mathbf{R}$ erweitert. Diese Erweiterung (etwa durch Schnitte, Intervallschachtelungen oder Fundamentalfolgen) geschieht bekanntlich in einer sehr „sparsamen" Weise, nämlich so, daß $\mathbf{Q}$ *dicht* in $\mathbf{R}$ liegt.[1] Wir wollen in dieser Nummer zeigen, daß man unvollständige metrische, normierte und prähilbertsche Räume stets „sparsam" vervollständigen kann. Die Grundlage hierfür ist der folgende Satz, der auch für sich genommen von nicht geringem Interesse ist.

---

[1] Auch $\mathbf{C}$ ist eine Vervollständigung von $\mathbf{Q}$, aber eine aufwendige: $\mathbf{Q}$ liegt nämlich nicht dicht in $\mathbf{C}$.

41.1 Satz *Jeder metrische Raum E ist isometrisch zu einer Teilmenge des Banachraumes $B(E)$ aller beschränkten reellwertigen Funktionen auf E.*

Beweis. Sei a ein festes Element von E. Für jedes $x \in E$ definieren wir die Funktion $f_x: E \to \mathbf{R}$ durch

$$f_x(t) := d(x,t) - d(a,t) \quad \text{für alle } t \in E;$$

dabei bedeutet d die Metrik von E. Wegen der Vierecksungleichung (6.17) ist $|f_x(t)| \leqslant d(x,a) + d(t,t) = d(x,a)$ für alle $t \in E$, und daher liegt f_x in $B(E)$. Eine nochmalige Anwendung der Vierecksungleichung liefert die Abschätzung

$$\|f_x - f_y\|_\infty = \sup_{t \in E} |d(x,t) - d(y,t)| \leqslant d(x,y) \quad \text{für alle } x,y \in E,$$

und daraus ergibt sich (setze $t = y$), daß sogar

$$\|f_x - f_y\|_\infty = d(x,y)$$

gilt. Die Abbildung $x \mapsto f_x$ von E auf den metrischen Raum $\{f_x : x \in E\} \subset B(E)$, versehen mit dem von $B(E)$ induzierten Abstand $\|f_x - f_y\|_\infty$, ist also isometrisch. ■

Da wir isometrische Räume ohne Bedenken identifizieren dürfen, können wir kurz sagen, *daß jeder metrische Raum E eine Teilmenge (genauer: ein metrischer Unterraum) von $B(E)$ ist. Die Abschließung $\bar{E}$ von E* in $B(E)$ ist dann eine abgeschlossene Teilmenge des vollständigen Raumes $B(E)$ und somit selbst vollständig, außerdem liegt E dicht in $\bar{E}$. $\bar{E}$ ist also eine „sparsame" Vervollständigung von E.

Die Metrik auf $\bar{E}$ wollen wir mit d_1 bezeichnen; ihre Einschränkung auf E fällt natürlich mit der dort vorhandenen Metrik d zusammen (E ist ja ein metrischer Unterraum von $\bar{E}$). Angenommen, man habe auf irgendeine andere Weise einen zweiten vollständigen metrischen Raum $(\tilde{E}, d_2)$ gefunden, der (E,d) als dichten Unterraum enthält. Wir zeigen, daß $(\bar{E}, d_1)$ und $(\tilde{E}, d_2)$ isometrisch sind. Sei $\bar{x}$ ein beliebiges Element aus $\bar{E}$. Dann existiert eine Folge $(x_n) \subset E$, so daß $d_1(x_n, \bar{x}) \to 0$ strebt. (x_n) ist eine Cauchyfolge in E, es gibt also ein $\tilde{x} \in \tilde{E}$ mit $d_2(x_n, \tilde{x}) \to 0$. $\tilde{x}$ hängt nicht ab von der speziellen Wahl der approximierenden Folge (x_n). Ist nämlich (y_n) eine andere Folge aus E, die in $\bar{E}$ gegen $\bar{x}$ konvergiert, so ergibt sich aus

$$\begin{aligned} d_2(y_n, \tilde{x}) &\leqslant d_2(y_n, x_n) + d_2(x_n, \tilde{x}) = d_1(y_n, x_n) + d_2(x_n, \tilde{x}) \\ &\leqslant d_1(y_n, \bar{x}) + d_1(\bar{x}, x_n) + d_2(x_n, \tilde{x}), \end{aligned}$$

daß auch $d_2(y_n, \tilde{x}) \to 0$ strebt. Jedem $\bar{x}$ in $\bar{E}$ ordnen wir nun das so bestimmte Element $\tilde{x}$ in $\tilde{E}$ zu. Diese Abbildung $B: \bar{E} \to \tilde{E}$ ist offenbar surjektiv und läßt die Elemente von E fest. Aus der Stetigkeit der Metrik folgt ferner, daß B eine Isometrie ist; sind nämlich $\bar{x}, \bar{y}$ zwei beliebige Punkte in $\bar{E}$ und (x_n), (y_n) approximierende Folgen aus E, deren Grenzwerte $\tilde{x}, \tilde{y}$ in $\tilde{E}$ durch $\tilde{x} = B\bar{x}$ und $\tilde{y} = B\bar{y}$ bestimmt sind, so ist $d_1(\bar{x}, \bar{y}) = \lim d_1(x_n, y_n) = \lim d(x_n, y_n) = \lim d_2(x_n, y_n) = d_2(\tilde{x}, \tilde{y})$.

Wir fassen diese Ergebnisse nun zusammen:

41.2 Satz *Zu jedem unvollständigen metrischen Raum E gibt es einen bis auf Isometrie eindeutig bestimmten vollständigen metrischen Raum $\tilde{E}$, in dem E dicht liegt und der auf E die ursprüngliche Metrik von E induziert. $\tilde{E}$ heißt die* Vervollständigung *oder* vollständige Hülle *von E.*

Nun sei E ein unvollständiger *normierter* Raum. Die Metrik seiner vollständigen Hülle $\tilde{E}$ werde mit d bezeichnet; für x, y aus E ist also $d(x,y) = \|x-y\|$. Wir wollen $\tilde{E}$ zunächst zu einem *Vektorraum*, dann zu einem *normierten Raum* machen. Zu x, y in $\tilde{E}$ gibt es Folgen $(x_n), (y_n)$ in E, die gegen x bzw. y konvergieren. Aus $\|(x_n+y_n)-(x_m+y_m)\| \leqslant \|x_n-x_m\| + \|y_n-y_m\|$ schließen wir, daß (x_n+y_n) eine Cauchyfolge ist, also einen Grenzwert z in $\tilde{E}$ besitzt. Es ist leicht zu sehen, daß z nur von x und y, nicht jedoch von der Wahl der approximierenden Folgen (x_n), (y_n) abhängt. Diese Bemerkung rechtfertigt die Definition $x+y := \lim(x_n+y_n)$. Liegen x und y in E, so stimmt diese Summe mit der in dem Vektorraum E schon bestehenden überein (man setze $x_n = x$ und $y_n = y$ für alle n). In ähnlicher Weise läßt sich durch die Definition $\alpha x := \lim(\alpha x_n)$ die in E vorhandene Multiplikation mit Skalaren auf $\tilde{E}$ fortsetzen. Der Leser möge selbst nachprüfen, daß $\tilde{E}$ nun ein Vektorraum ist. Als nächstes führen wir in $\tilde{E}$ durch $\|x\| := d(x,0)$ eine Norm ein, die offenbar eine Fortsetzung der in E schon vorhandenen ist. Trivialerweise ist $\|x\| \geqslant 0$, und $\|x\| = 0$ gilt genau für $x = 0$. Den Nachweis der übrigen Normeigenschaften stützen wir auf die Stetigkeit der Metrik d, aus der insbesondere folgt, daß $x_n \to x$ immer $d(x_n, 0) \to d(x, 0)$ also $\|x_n\| \to \|x\|$ nach sich zieht. Konvergieren die Folgen (x_n), (y_n) aus E gegen x, y aus $\tilde{E}$, so ergibt sich also aus $\|x_n+y_n\| \leqslant \|x_n\| + \|y_n\|$ für $n \to \infty$ die Dreiecksungleichung $\|x+y\| \leqslant \|x\| + \|y\|$; ganz ähnlich beweist man die Gleichung $\|\alpha x\| = |\alpha|\,\|x\|$. Schließlich ist $d(x,y) = \lim d(x_n, y_n) = \lim \|x_n - y_n\| = \|x-y\|$, die Metrik d auf $\tilde{E}$ entspringt also aus der oben eingeführten Norm. Zusammenfassend können wir sagen, daß E sich zu einem Banachraum $\tilde{E}$ vervollständigen läßt. Ist $\bar{E}$ eine zweite Banachraumvervollständigung von E, so ist die im Beweis von Satz 41.2 definierte Abbildung B nicht nur eine Isometrie von $\bar{E}$ auf $\tilde{E}$ - so daß also insbesondere x und Bx immer dieselbe Norm haben -, sondern auch eine lineare Transformation, also ein Normisomorphismus. Das Resultat unserer Untersuchungen können wir nun wie folgt beschreiben.

41.3 Satz *Zu jedem unvollständigen normierten Raum E gibt es einen bis auf Normisomorphie eindeutig bestimmten Banachraum $\tilde{E}$, so daß E ein in $\tilde{E}$ dicht liegender Unterraum ist. $\tilde{E}$ heißt die* Vervollständigung *oder die* vollständige Hülle *von E.*

Der nächste Satz besagt, daß sich stetige lineare Abbildungen normierter Räume eindeutig und normerhaltend auf die vollständigen Hüllen fortsetzen lassen.

41.4 Satz *Es seien E, F zwei normierte Räume und $\tilde{E}, \tilde{F}$ ihre vollständigen Hüllen. Ist A eine stetige lineare Abbildung von E in F, so gibt es genau eine stetige lineare*

Abbildung $\tilde{A}$ von $\tilde{E}$ in $\tilde{F}$ mit $\tilde{A}x = Ax$ für alle x in E. Diese Fortsetzung von A ist normerhaltend: $\|\tilde{A}\| = \|A\|$.

Beweis. Sei x aus $\tilde{E}$ und (x_n) eine gegen x konvergierende Folge in E. Dann ist (Ax_n) wegen $\|Ax_n - Ax_m\| \leqslant \|A\|\,\|x_n - x_m\|$ eine Cauchyfolge, konvergiert also gegen ein $y \in \tilde{F}$. y hängt nur von x, nicht jedoch von der approximierenden Folge (x_n) ab; die Definition $\tilde{A}x := \lim Ax_n$ ist daher eindeutig und liefert eine Abbildung $\tilde{A}: \tilde{E} \to \tilde{F}$, die linear und eine Fortsetzung von A ist. Aus $\|Ax_n\| \leqslant \|A\|\,\|x_n\|$ folgt für $n \to \infty$ die Abschätzung $\|\tilde{A}x\| \leqslant \|A\|\,\|x\|$; $\tilde{A}$ ist also beschränkt und $\|\tilde{A}\| \leqslant \|A\|$. Da offenbar auch $\|A\| \leqslant \|\tilde{A}\|$ gilt, muß $\|\tilde{A}\| = \|A\|$ sein. Ist schließlich $\bar{A}: \tilde{E} \to \tilde{F}$ eine zweite stetige und lineare Fortsetzung von A auf $\tilde{E}$, so haben wir $\bar{A}x = \lim Ax_n$, also $\bar{A} = \tilde{A}$. ■

Zum Schluß nehmen wir die Vervollständigung eines *Innenproduktraumes* zu einem Hilbertraum in Angriff.

41.5 Satz *Zu dem unvollständigen Innenproduktraum E existiert ein bis auf Normisomorphie eindeutig bestimmter Hilbertraum $\tilde{E}$, so daß E ein in $\tilde{E}$ dicht liegender Unterraum ist (insbesondere also das Innenprodukt in E durch das in $\tilde{E}$ induziert wird).*

Beweis. $\tilde{E}$ sei die Vervollständigung des normierten Raumes E gemäß Satz 41.3. Sind x, y Vektoren in $\tilde{E}$ und (x_n), (y_n) approximierende Folgen aus E, so erhalten wir aus

$$|(x_n|y_n) - (x_m|y_m)| \leqslant |(x_n - x_m|y_n)| + |(x_m|y_n - y_m)| \leqslant \|x_n - x_m\|\,\|y_n\| + \|x_m\|\,\|y_n - y_m\|,$$

daß $\lim (x_n|y_n)$ existiert. Eine ähnliche Abschätzung lehrt, daß dieser Grenzwert nicht von der speziellen Wahl der approximierenden Folgen abhängt. Infolgedessen sind wir zu der Definition $(x|y) := \lim (x_n|y_n)$ berechtigt, durch die offenbar ein Innenprodukt auf $\tilde{E}$ eingeführt wird. Dieses Innenprodukt setzt das auf E vorhandene fort, und die von ihm erzeugte Norm $\|x\| = \sqrt{(x|x)} = \lim \sqrt{(x_n|x_n)} = \lim \|x_n\|$ stimmt mit der auf $\tilde{E}$ vorhandenen überein. $\tilde{E}$ ist also ein Hilbertraum. ■

Aufgaben

1. Das isometrische Bild eines vollständigen metrischen Raumes ist wieder vollständig.

2. Das Bild einer Cauchyfolge in einem metrischen Raum unter einer stetigen Abbildung braucht keine Cauchyfolge zu sein (vgl. Aufgabe 3).

3. Die Abbildung A des metrischen Raumes E in den metrischen Raum F heißt gleichmäßig stetig, wenn es zu jedem $\varepsilon > 0$ ein $\delta > 0$ gibt, so daß aus $d(x,y) < \delta$ stets $d(Ax, Ay) < \varepsilon$ folgt. Ist A *gleichmäßig* stetig, so ist das Bild (Ax_n) einer Cauchyfolge (x_n) in E eine Cauchyfolge in F.

4. Sei $A: E \to F$ eine bijektive Abbildung der metrischen Räume E, F. Ist A gleichmäßig stetig und A^{-1} stetig, so ist mit F auch E vollständig.
Hinweis: Aufgabe 3.

5. E, F seien unvollständige normierte Räume, $\tilde{E}, \tilde{F}$ ihre vollständigen Hüllen, und $K: E \to F$ sei kompakt. Dann ist auch die stetige lineare Fortsetzung $\tilde{K}: \tilde{E} \to \tilde{F}$ von K auf $\tilde{E}$ kompakt und $\tilde{K}(\tilde{E}) \subset F$. Ist $F = E$ und $\tilde{I}$ die identische Transformation auf $\tilde{E}$, so haben wir

$$N(I-K) = N(\tilde{I}-\tilde{K}) \quad \text{und} \quad (I-K)(E) = (\tilde{I}-\tilde{K})(\tilde{E}) \cap E.$$

6. Ist E ein unvollständiger normierter Raum und $\tilde{E}$ seine vollständige Hülle, so sind die Duale E' und $(\tilde{E})'$ normisomorph.

7. K sei ein stetiger Endomorphismus des unvollständigen normierten Raumes E und $\tilde{K}$ seine stetige lineare Fortsetzung auf die vollständige Hülle $\tilde{E}$ von E. Ist die Neumannsche Reihe $\sum_{n=0}^{\infty} K^n y$ für ein $y \in E$ eine Cauchyreihe, so genügt ihre Summe $\tilde{x} \in \tilde{E}$ der Gleichung $\tilde{x} - \tilde{K}\tilde{x} = y$.

42 Trennungssätze

In dieser Nummer, deren Hauptziel der Beweis des Satzes 42.4 ist, spielen *konvexe* Mengen eine entscheidende Rolle. Sie sind uns zum ersten Mal im Zusammenhang mit Approximationsproblemen begegnet (s. Nr. 21). Wir zählen zunächst einige ihrer wichtigsten Eigenschaften auf:

42.1 Hilfssatz *Für konvexe Mengen K in einem Vektorraum E über $\mathbf{K}$ gelten die folgenden Aussagen*:

a) *$x + K$ und αK sind für jedes $x \in E$ und $\alpha \in \mathbf{K}$ konvex.*

b) *Der Durchschnitt konvexer Mengen ist konvex.*

c) *Für $\alpha, \beta \geqslant 0$ ist $(\alpha+\beta) K = \alpha K + \beta K$.*

Beweis. a) und b) sind trivial. Beim Beweis von c) dürfen wir $\alpha, \beta > 0$ annehmen. Offenbar ist $(\alpha+\beta) K \subset \alpha K + \beta K$. Wegen der Konvexität von K gilt aber auch $\frac{\alpha}{\alpha+\beta} K + \frac{\beta}{\alpha+\beta} K \subset K$, also $\alpha K + \beta K \subset (\alpha+\beta) K$. ■

Zur analytischen Beschreibung gewisser konvexer Mengen sind die sogenannten Minkowskifunktionale unentbehrlich. Ihnen wenden wir uns deshalb jetzt zu.

Eine Menge M in einem beliebigen Vektorraum E heißt absorbierend, wenn es zu jedem $x \in E$ ein $\varrho > 0$ gibt, so daß gilt: $x \in \alpha M$ für alle α mit $|\alpha| \geqslant \varrho$.[1] In einem normierten Raum ist jede Kugel um den Nullpunkt und jede Obermenge einer solchen absorbierend. Eine Menge, die eine Kugel mit Mittelpunkt 0 enthält, wollen wir kurz eine Nullumgebung nennen. *Nullumgebungen sind also absorbierende Mengen.*

[1] Grob gesagt ist also M absorbierend, wenn man jedes x einfangen kann, indem man M genügend weit „aufbläst" und durch weiteres Aufblasen x nicht mehr verliert.

Sei nun M eine absorbierende Teilmenge des Vektorraumes E. Dann definieren wir ihr Minkowskifunktional[1] p (oder p_M) durch

$$p(x) := \inf\{\alpha > 0 : x \in \alpha M\} \quad (x \in E).$$

Offenbar ist $0 \leqslant p(x) < \infty$. Die (offene oder abgeschlossene) Einheitskugel eines normierten Raumes erzeugt das Minkowskifunktional $p(x) := \|x\|$. *Jede Nullumgebung eines normierten Raumes besitzt (als absorbierende Menge) ein Minkowskifunktional.*

42.2 Hilfssatz *Das Minkowskifunktional p einer* konvexen *Nullumgebung U in dem normierten Raum E ist* sublinear, *d.h., für alle $x, y \in E$ und $\lambda \geqslant 0$ gilt*

$$p(x+y) \leqslant p(x) + p(y) \quad \textit{und} \quad p(\lambda x) = \lambda p(x).$$

Ist U überdies offen, so haben wir

$$\varepsilon U = \{x : p(x) < \varepsilon\} \quad \textit{für alle } \varepsilon > 0, \textit{ insbesondere} \quad U = \{x : p(x) < 1\}. \tag{42.1}$$

Wir beweisen zunächst die Sublinearität. Zu x, y und beliebigem $\delta > 0$ gibt es positive Zahlen α, β mit

$$\begin{aligned} p(x) &\leqslant \alpha < p(x) + \delta \quad \text{und} \quad x \in \alpha U, \\ p(y) &\leqslant \beta < p(y) + \delta \quad \text{und} \quad y \in \beta U. \end{aligned}$$

Wegen Hilfssatz 42.1 c folgt daraus $x + y \in (\alpha + \beta) U$, also

$$p(x+y) \leqslant \alpha + \beta < p(x) + p(y) + 2\delta.$$

Da δ beliebig war, ergibt sich nun $p(x+y) \leqslant p(x) + p(y)$. Die Homogenitätseigenschaft $p(\lambda x) = \lambda p(x)$ für $\lambda \geqslant 0$ sieht man so ein: Ist $\lambda = 0$, so gilt wegen $0 \in U$ offenbar

$$p(0 \cdot x) = p(0) = \inf\{\alpha > 0 : 0 \in \alpha U\} = 0 = 0 \cdot p(x).$$

Für $\lambda > 0$ erhalten wir

$$p(\lambda x) = \inf\{\alpha > 0 : \lambda x \in \alpha U\} = \inf\left\{\alpha > 0 : x \in \frac{\alpha}{\lambda} U\right\};$$

mit $\beta := \alpha / \lambda$ ist also $p(\lambda x) = \lambda \inf\{\beta > 0 : x \in \beta U\} = \lambda p(x)$.

Nun beweisen wir (42.1) (wobei U offen sein soll). Ersichtlich genügt es, die spezielle Aussage $U = \{x : p(x) < 1\}$ zu verifizieren. Sei $p(x) < 1$. Dann existiert ein $\alpha > 0$ und $y \in U$ mit $p(x) \leqslant \alpha < 1$ und $x = \alpha y$. Da U konvex ist und 0 enthält, liegt auch $x = \alpha y + (1 - \alpha) \cdot 0$ in U, womit die Inklusion $\{x : p(x) < 1\} \subset U$ bewiesen ist. Nun

[1] Hermann Minkowski (1864–1909; 45) war einer der leuchtenden Sterne am Himmel der Göttinger Mathematik.

weisen wir ihre Umkehrung nach. Sei $x \in U$. Da U offen ist, gibt es eine Kugel V um den Nullpunkt mit $x + V \subset U$, also gibt es ein $\beta > 0$ mit $(1+\beta)x \in U$, und daher fällt $p(x) \leqslant 1/(1+\beta) < 1$ aus. ■

Eine Menge $M := x_0 + F$ (F ein linearer Unterraum des Vektorraumes E) wird eine lineare Mannigfaltigkeit genannt. Sie heißt Hyperebene (durch x_0), wenn $\operatorname{codim} F = 1$ ist; F selbst ist in dieser Sprechweise eine Hyperebene durch 0. Hyperebenen lassen sich mit Hilfe von Linearformen beschreiben:

42.3 Hilfssatz *Ist f eine Linearform $\neq 0$ auf dem Vektorraum E, so stellt*

$$x_0 + N(f) = \{x \in E : f(x) = f(x_0)\} \tag{42.2}$$

eine Hyperebene durch x_0 dar, und umgekehrt kann jede Hyperebene H durch x_0 in dieser Weise beschrieben werden. Ist E ein normierter Raum, so gilt überdies: H ist genau dann abgeschlossen, wenn f stetig ist.

Beweis. Nach A 37.3 ist $\operatorname{codim} N(f) = 1$, also $x_0 + N(f)$ gewiß eine Hyperebene durch x_0. Sei nun umgekehrt H eine Hyperebene durch x_0, also $H = x_0 + F$ mit $\operatorname{codim} F = 1$. Wegen dieser Dimensionsgleichung gibt es ein $y \in E$, so daß man jedes $x \in E$ in der Form

$$x = \lambda y + z \quad \text{mit eindeutig bestimmtem } \lambda \in \mathbf{K} \text{ und } z \in F \tag{42.3}$$

darstellen kann. Die Abbildung $f: E \to \mathbf{K}$, definiert durch $f(\lambda y + z) := \lambda$, ist offenbar eine Linearform auf E mit $N(f) = F$. Für $x \in H$ ist $x = x_0 + z$ mit einem $z \in F$, also $f(x) = f(x_0)$. Für ein $x \in E$ sei nun umgekehrt $f(x) = f(x_0)$. Dann ist $f(x - x_0) = 0$, also $x - x_0 \in N(f)$ und somit $x \in x_0 + N(f) = x_0 + F = H$. Man kann also tatsächlich H mit einer geeigneten Linearform f in der Form (42.2) darstellen. Die Aussage über die Abgeschlossenheit von H ergibt sich nun sofort mit Hilfe von A 37.4. ■

$f(x) = \alpha$ (mit $\alpha := f(x_0)$) heißt die Gleichung der Hyperebene (42.2).

Nach diesen Vorbereitungen können wir nun endlich den entscheidenden Trennungssatz formulieren und beweisen.

42.4 Satz *E sei ein normierter Raum. Dann gibt es zu jeder konvexen offenen Menge $K \neq \emptyset$ und jeder linearen Mannigfaltigkeit M in E, die K nicht schneidet, eine abgeschlossene Hyperebene H, die M enthält und K nicht trifft.*

Im ersten Beweisteil nehmen wir an, E sei *reell.* Ohne Beschränkung der Allgemeinheit dürfen wir voraussetzen, daß 0 in K liegt, K also eine *Nullumgebung* ist. p sei ihr Minkowskifunktional. Ferner sei $M = x_0 + F$ (F ein linearer Unterraum von E). Aus $K \cap M = \emptyset$ folgt

$$p(x_0 + y) \geqslant 1 \qquad \text{für alle } y \in F \tag{42.4}$$

(Hilfssatz 42.2) und $x_0 \notin F$. Wegen der zweiten Aussage ist in der Darstellung $x = \alpha x_0 + y$ eines Vektors $x \in F_0 := \{\alpha x_0 + y : \alpha \in \mathbf{R}, y \in F\}$ der Skalar α eindeutig bestimmt, so daß wir eine Linearform f auf F_0 durch $f(\alpha x_0+y):=\alpha$ definieren können. Für sie gilt

$$f(\alpha x_0+y)\leqslant p(\alpha x_0+y) \quad (\alpha\in\mathbf{R}, y\in F); \tag{42.5}$$

dies ist für $\alpha\leqslant 0$ trivial und folgt für $\alpha>0$ aus (42.4):

$$f(\alpha x_0+y)=\alpha\leqslant \alpha p\left(x_0+\frac{y}{\alpha}\right)=p(\alpha x_0+y).$$

Nach A 36.1 gibt es nun eine Linearform g auf E mit

$$g(x)=f(x) \text{ für } x\in F_0 \quad\text{und}\quad g(x)\leqslant p(x) \text{ für } x\in E. \tag{42.6}$$

Wir zeigen jetzt die Stetigkeit von g. Dazu geben wir uns ein $\varepsilon>0$ beliebig vor. K enthält eine Kugel um den Nullpunkt, infolgedessen enthält auch εK eine gewisse Kugel V_ε mit Mittelpunkt 0. Sei nun $x\in V_\varepsilon$ (und damit auch $-x\in V_\varepsilon$). Dann ist wegen (42.6) und Hilfssatz 42.2

$$|g(x)|=\begin{cases} g(x)\leqslant p(x)<\varepsilon, & \text{falls } g(x)\geqslant 0,\\ -g(x)=g(-x)\leqslant p(-x)<\varepsilon, & \text{falls } g(x)<0,\end{cases}$$

g ist also im Nullpunkt und somit überall stetig. Nach Hilfssatz 42.3 ist daher $H:=\{x\in E: g(x)=1\}$ eine abgeschlossene Hyperebene. Aus (42.1) und (42.6) folgt $K\subset\{x\in E: g(x)<1\}$. Da aber H durch die Gleichung $g(x)=1$ beschrieben wird und für alle $x\in M=x_0+F$ stets $g(x)=1$ ist, sehen wir nun, daß $K\cap H=\emptyset$ und $M\subset H$ ist. Die Hyperebene H hat also alle im Satz 42.4 aufgeführten Eigenschaften.

Nun sei E *komplex* und E_r der zu E gehörende reelle Raum (s. A 7.2). E_r ist mit der Norm von E ein normierter Raum, M eine lineare Mannigfaltigkeit und K eine konvexe, offene Menge in E_r. Ohne Beschränkung der Allgemeinheit nehmen wir an, daß 0 in M liegt, M also ein linearer Unterraum ist. Nach dem schon Bewiesenen gibt es eine stetige Linearform g auf E_r, so daß $\{x: g(x)=0\}$ M enthält und K nicht schneidet. Definiert man nun die stetige Linearform f auf E durch $f(x):=g(x)-\mathrm{i}g(\mathrm{i}x)$ (vgl. Teil II des Beweises von Satz 36.1), so ist $H:=\{x: f(x)=0\}$ eine abgeschlossene Hyperebene, die $M=M\cap(\mathrm{i}M)$ umfaßt und K nicht trifft. ∎

42.5 Satz *Sei E ein normierter Raum und $K\subset E$ nicht leer, abgeschlossen und konvex. Dann gibt es zu jedem $y\notin K$ eine stetige Linearform f auf E und ein $\alpha\in\mathbf{R}$ mit*

$$\operatorname{Re} f(y)<\alpha<\operatorname{Re} f(x) \quad \textit{für alle } x\in K. \tag{42.7}$$

Zum Beweis nehmen wir zunächst an, E sei *reell*. Wegen $y\notin K$ gibt es eine offene Kugel W um y mit $W\cap K=\emptyset$. Die nichtleere, offene und konvexe Menge $K-W$ schneidet nicht den Unterraum $M:=\{0\}$, infolgedessen gibt es nach Satz 42.4 eine stetige Linearform g auf E, so daß $H:=\{x: g(x)=0\}$ die Menge $K-W$ nicht schneidet, also $g(x)\neq 0$ für alle $x\in K-W$ ist. Gäbe es Vektoren x_1, x_2 in $K-W$ mit

$g(x_1)<0$ und $g(x_2)>0$, so wäre $g(\lambda x_1+(1-\lambda)x_2)=\lambda g(x_1)+(1-\lambda)g(x_2)=0$ für ein geeignetes $\lambda\in(0,1)$, infolgedessen läge $\lambda x_1+(1-\lambda)x_2$ in $(K-W)\cap H=\emptyset$. Dieser Widerspruch zeigt, daß $g(x)$ für alle $x\in K-W$ konstantes Vorzeichen hat; ohne Beschränkung der Allgemeinheit dürfen wir annehmen, dieses sei positiv. Daraus folgt $g(x)>g(w)$ für alle $x\in K$ und $w\in W$, also $\beta:=\inf_{x\in K} g(x)\geqslant g(w)$ für $w\in W$, und da $g(W)$ nach A 39.7 offen ist, muß sogar $\beta>g(w)$ für $w\in W$, insbesondere also $\beta>g(y)$ sein. Mit $\alpha:=(g(y)+\beta)/2$ ist dann $g(y)<\alpha<g(x)$ für $x\in K$. – Ist E *komplex*, so gehen wir wieder zu dem reellen Raum E_r über, konstruieren g und α gemäß dem ersten Teil dieses Beweises und definieren die stetige Linearform f auf E durch $f(x):=g(x)-ig(ix)$. (42.7) gilt nun trivialerweise. ∎

Aufgaben

1. K_1, K_2 seien disjunkte, nichtleere und konvexe Mengen in dem normierten Raum E, außerdem sei K_1 offen. Dann gibt es ein $f\in E'$ mit $f(K_1)\cap f(K_2)=\emptyset$.

2. Unter den Voraussetzungen der Aufgabe 1 gibt es ein $f\in E'$ und ein $\alpha\in\mathbf{R}$ mit

$$\operatorname{Re} f(x_1)<\alpha\leqslant \operatorname{Re} f(x_2) \quad \text{für } x_1\in K_1,\ x_2\in K_2.$$

3. Eine Menge M in einem Vektorraum E heißt **kreisförmig**, wenn sie mit x auch αx für $|\alpha|\leqslant 1$ enthält, sie heißt **absolutkonvex**, wenn sie konvex und kreisförmig ist. Zeige:

a) Eine kreisförmige Menge $M\neq\emptyset$ enthält 0 und ist **symmetrisch**, d.h., mit x liegt auch $-x$ in M.

b) Ist M kreisförmig und $|\alpha|\leqslant|\beta|$, so ist $\alpha M\subset\beta M$.

*c) Eine kreisförmige Menge M ist schon dann absorbierend, wenn es zu jedem $x\in E$ ein $\varrho>0$ mit $x\in\varrho M$ gibt.

d) $K\subset E$ ist genau dann absolutkonvex, wenn aus $x,y\in K$ und $|\alpha|+|\beta|\leqslant 1$ stets $\alpha x+\beta y\in K$ folgt.

***4.** Sei A eine lineare Abbildung von E in F, M eine konvexe Menge in E und N eine konvexe Menge in F. Dann sind auch die Mengen $A(M)$ und $A^{-1}(N)$ konvex. Entsprechendes gilt für absolutkonvexe Mengen M, N (absolute Konvexität wurde in Aufgabe 3 definiert).

5. Das Minkowskifunktional p einer absorbierenden und absolutkonvexen Teilmenge U des Vektorraumes E ist eine *Halbnorm* auf E, und es gilt

$$\{x: p(x)<1\}\subset U\subset\{x: p(x)\leqslant 1\}.$$

Hinweis: Aufgabe 3, Beweis des Hilfssatzes 42.2.

6. Eine absorbierende und absolutkonvexe Teilmenge U des normierten Raumes E ist genau dann eine Nullumgebung, wenn ihr Minkowskifunktional stetig ist.
Hinweis: Aufgabe 5.

43 Der Satz von Krein-Milman

Auch in dieser Nummer stehen wieder die konvexen Mengen im Vordergrund unseres Interesses. Diesmal werden wir erfahren, wie man sie aus ihren „Extremalpunkten" aufbauen kann, falls sie auch noch kompakt sind. Zuerst müssen wir jedoch den zentralen Begriff des Extremalpunktes definieren.

Sind x,y Elemente des Vektorraumes E, so heißt $S(x,y):=\{\alpha x+(1-\alpha)y\colon 0<\alpha<1\}$ die offene und $S[x,y]:=\{\alpha x+(1-\alpha)y\colon 0\leqslant\alpha\leqslant 1\}$ die abgeschlossene Strecke mit den Endpunkten x,y. Die Endpunkte dürfen übereinstimmen; ist dies jedoch nicht der Fall, so sprechen wir von einer echten Strecke. Sei nun M eine Teilmenge von E. Ein Punkt $x_0\in M$ wird Extremalpunkt von M genannt, wenn er auf keiner echten, offenen Strecke liegt, deren Endpunkte zu M gehören - wenn also aus den Annahmen $x_0\in S(x,y)$ und $x,y\in M$ stets $x=y=x_0$ folgt. Diese Formulierung legt die folgende Verallgemeinerung nahe: $N\subset M$ heißt extremale Teilmenge von M, wenn N nicht leer ist und aus den Annahmen $N\cap S(x,y)\neq\emptyset$ und $x,y\in M$ stets $x,y\in N$ folgt. *Offenbar ist x_0 genau dann ein Extremalpunkt von M, wenn $\{x_0\}$ eine extremale Teilmenge von M ist.*

Die Beziehung „N ist extremale Teilmenge von M" stiftet eine Ordnungsrelation „$<$" in der Menge aller nichtleeren Teilmengen von E, insbesondere gilt das Transitivitätsgesetz: *Aus $P<Q$ und $Q<R$ folgt $P<R$. Daher ist ein Extremalpunkt einer extremalen Teilmenge von M auch Extremalpunkt von M selbst.*

43.1 Hilfssatz *Sei $K\neq\emptyset$ eine kompakte Teilmenge des normierten Raumes E, f eine stetige Linearform auf E und $\mu:=\min_{x\in K}\operatorname{Re}f(x)$. Dann ist*

$$K_1:=\{x\in K\colon \operatorname{Re}f(x)=\mu\}$$

eine abgeschlossene (und somit auch kompakte) extremale Teilmenge von K.

Beweis. K_1 ist trivialerweise abgeschlossen und nicht leer. Für $x,y\in K$ und ein $\alpha\in(0,1)$ liege nun $\alpha x+(1-\alpha)y$ in K_1. Dann ist einerseits $\operatorname{Re}f(x)\geqslant\mu$ und $\operatorname{Re}f(y)\geqslant\mu$, andererseits aber auch

$$\alpha\operatorname{Re}f(x)+(1-\alpha)\operatorname{Re}f(y)=\operatorname{Re}f(\alpha x+(1-\alpha)y)=\mu,$$

woraus $\operatorname{Re}f(x)=\operatorname{Re}f(y)=\mu$, also $x,y\in K_1$ folgt. ■

43.2 Satz *Eine nichtleere kompakte Teilmenge K des normierten Raumes E besitzt Extremalpunkte.*

Beweis. Auf der nichtleeren Menge $\mathfrak{M}$ aller abgeschlossenen extremalen Teilmengen von K definieren wir eine Ordnung „$\prec$" durch $F\prec G \Longleftrightarrow G\subset F$. Ist $\mathfrak{M}_0\subset\mathfrak{M}$ vollgeordnet, so ist $D:=\bigcap_{M\in\mathfrak{M}_0} M$ nicht leer,[1] und man sieht nun leicht,

[1] Dies ergibt sich sofort aus der bekannten Charakterisierung kompakter Mengen mittels der „endlichen Durchschnittseigenschaft"; s. etwa Heuser II, Satz 157.6.

daß D eine obere Schranke für $\mathfrak{M}_0$ in $\mathfrak{M}$ ist. Nach dem Zornschen Lemma gibt es also ein $M_0 \in \mathfrak{M}$, das keine abgeschlossene extremale Untermenge von K echt umfaßt. Enthielte M_0 zwei verschiedene Punkte x_0, y_0, so gäbe es nach Satz 42.5 eine stetige Linearform f auf E mit $\operatorname{Re} f(x_0) \neq \operatorname{Re} f(y_0)$, infolgedessen wäre $M_1 := \left\{ x \in M_0 \colon \operatorname{Re} f(x) = \min_{y \in M_0} \operatorname{Re} f(y) \right\}$ eine echte Teilmenge von M_0. Da M_1 aber nach Hilfssatz 43.1 eine abgeschlossene extremale Teilmenge von M_0 und damit auch eine abgeschlossene extremale Teilmenge von K ist, erhalten wir einen Widerspruch zu der Zornschen Minimalitätseigenschaft von M_0. Diese Menge enthält also genau einen Punkt z, und z ist Extremalpunkt von K. ■

Wegen Hilfssatz 42.1b gibt es zu jedem $M \subset E$ eine kleinste, M umfassende konvexe Menge, nämlich den Durchschnitt aller konvexen Mengen $K \supset M$. Sie heißt die konvexe Hülle von M und wird mit $\operatorname{co}(M)$ bezeichnet. Eine Summe der Form $\alpha_1 x_1 + \cdots + \alpha_n x_n$ mit $\alpha_\nu \geqslant 0$ $(\nu = 1, \ldots, n)$, $\alpha_1 + \cdots + \alpha_n = 1$ heißt eine konvexe Kombination der Vektoren $x_1, \ldots, x_n$. Wir überlassen nun dem Leser den einfachen Beweis[1] von

43.3 Hilfssatz *Die konvexe Hülle einer Menge M besteht aus allen konvexen Kombinationen der Elemente von M. Die konvexe Hülle einer offenen Menge in einem normierten Raum ist offen.*

Nach all diesen Vorbereitungen ist nun das Ziel dieser Nummer zum Greifen nahe:

43.4 Satz von Krein-Milman[2] *Sei K eine nichtleere konvexe und kompakte Teilmenge des normierten Raumes E und K_{ex} die Menge ihrer Extremalpunkte. Dann ist*

$$K = \overline{\operatorname{co}(K_{ex})}.$$

Beweis. Da offenbar $\overline{\operatorname{co}(K_{ex})} \subset K$ ist, brauchen wir nur die umgekehrte Inklusion nachzuweisen. Wir nehmen dazu an, y läge in K, aber nicht in $K_0 := \overline{\operatorname{co}(K_{ex})}$. Da K_0 wegen Satz 43.2 nicht leer und nach A 21.9 konvex ist, gibt es ein $f \in E'$ und ein $\alpha \in \mathbf{R}$ mit $\operatorname{Re} f(y) < \alpha < \operatorname{Re} f(x)$ für alle $x \in K_0$ (Satz 42.5). Infolgedessen schneidet $K_1 := \left\{ u \in K \colon \operatorname{Re} f(u) = \min_{z \in K} \operatorname{Re} f(z) \right\}$ die Menge K_0 nicht, erst recht ist also

$$K_1 \cap K_{ex} = \emptyset. \tag{43.1}$$

Nach Hilfssatz 43.1 ist K_1 eine kompakte extremale Teilmenge von K, besitzt also einen Extremalpunkt (Satz 43.2), der gleichzeitig Extremalpunkt von K sein muß – im Widerspruch zu (43.1). ■

[1] S. A 21.7 für den Beweis der ersten Aussage des Hilfssatzes.

[2] Mark Grigorjewitsch Krein (1907–1989; 82) und sein zeitweiliger Assistent David Milman (1912–1982; 70) waren russische Mathematiker; Milman wirkte seit 1974 in Tel Aviv.

VIII Anwendungen

Die im letzten Kapitel vorgestellten Hauptsätze lassen sich in überraschend durchschlagender Weise auf Probleme der klassischen Analysis anwenden - und enthüllen dabei auch noch deren eigentlichen Kern. Naturgemäß können wir hier nur wenige Kostproben dieser Kraft funktionalanalytischer Methoden geben, Kostproben, die hauptsächlich den Zweck haben, den Appetit des Lesers zu wekken.

44 Anwendungen des Baireschen Kategoriesatzes

44.1 Stetigkeitstransport bei punktweiser Konvergenz Bekanntlich besitzt eine *gleichmäßig* konvergente Folge stetiger Funktionen eine stetige Grenzfunktion. Ist die Konvergenz *nicht* gleichmäßig, so kann die Grenzfunktion jedoch sehr wohl Unstetigkeiten besitzen. Es gilt aber immer noch der beruhigende Satz von Baire:

Sind die Funktionen x_n aus $C[a,b]$ und konvergiert $x_n(t) \to x(t)$ für jedes $t \in [a,b]$, so liegt die Menge der Stetigkeitspunkte von x dicht *in $[a,b]$.*

Wir beweisen zunächst einen Hilfssatz:

Zu jedem abgeschlossenen Teilintervall K von $[a,b]$ und jedem $\varepsilon > 0$ gibt es ein abgeschlossenes Teilintervall $\tilde{K}$ von K, so daß $|x(t_1) - x(t_2)| \leqslant \varepsilon$ für alle t_1, t_2 in $\tilde{K}$ ist.

Zum Beweis definieren wir für $\eta := \varepsilon/3$ die Mengen

$$F_n := \{t \in K: |x_n(t) - x_m(t)| \leqslant \eta \text{ für alle } m \geqslant n\}.$$

Offenbar ist F_n abgeschlossen und $K = \bigcup_{n=1}^{\infty} F_n$. Aus dem Baireschen Kategoriesatz folgt nun, daß mindestens ein F_n, etwa F_p, ein abgeschlossenes Intervall K' enthält. Für alle $t \in K'$ und alle $m \geqslant p$ ist also $|x_p(t) - x_m(t)| \leqslant \eta$ und somit auch $|x_p(t) - x(t)| \leqslant \eta$. Ferner gibt es, da x_p auf K' sogar *gleichmäßig* stetig ist, ein abgeschlossenes Teilintervall $\tilde{K}$ von K' mit $|x_p(t_1) - x_p(t_2)| \leqslant \eta$ für alle t_1, t_2 in $\tilde{K}$. Für solche Punkte t_1, t_2 ist dann

$$|x(t_1) - x(t_2)| \leqslant |x(t_1) - x_p(t_1)| + |x_p(t_1) - x_p(t_2)| + |x_p(t_2) - x(t_2)| \leqslant 3\eta = \varepsilon. \quad \blacksquare$$

Aus diesem Hilfssatz folgt sofort, daß man zu jedem abgeschlossenen Teilintervall K von $[a,b]$ Intervalle $K_n := [a_n, b_n]$ mit nachstehenden Eigenschaften konstruieren kann:

$$K_n \subset K, \quad a_n < a_{n+1}, \quad b_{n+1} < b_n, \quad b_n - a_n < 1/n \quad \text{für } n = 1, 2, \ldots,$$
$$|x(t_1) - x(t_2)| \leqslant 1/n \quad \text{für alle } t_1, t_2 \text{ in } K_n.$$

In dem gemeinsamen Punkt t_0 der Intervalle K_n ist die Funktion x offenbar stetig. Ist also t eine beliebige Stelle aus $[a,b]$ und $\varepsilon > 0$, so enthält $[t-\varepsilon, t+\varepsilon]$ einen Stetigkeitspunkt von x, die Menge dieser Punkte liegt somit in der Tat dicht in $[a,b]$. ■

44.2 Stetige, nirgends differenzierbare Funktionen Wir werden nun zeigen, *daß es eine Funktion gibt, die in* j e d e m *Punkt des Intervalles* $[0,1]$ *stetig, in* k e i n e m *jedoch differenzierbar ist* (alle im folgenden auftretenden Funktionen seien reellwertig).[1]

Ist $x \in C[0,2]$ in $t_0 \in [0,1]$ differenzierbar, so muß notwendigerweise

$$\sup_{0<h<1} \frac{|x(t_0+h) - x(t_0)|}{h} \quad \textit{endlich } \text{sein}.$$

F_n sei die Menge aller $x \in C[0,2]$, zu denen es ein (von x abhängiges) $t_0 \in [0,1]$ mit

$$\sup_{0<h<1} \frac{|x(t_0+h) - x(t_0)|}{h} \leqslant n \quad (n \in \mathbf{N})$$

gibt. Wir zeigen zunächst, daß F_n in $C[0,2]$ abgeschlossen ist. Sei $(x_k) \subset F_n$ mit $x_k \to x$ in der kanonischen Norm von $C[0,2]$, es strebe also $x_k(t) \to x(t)$ *gleichmäßig auf* $[0,2]$. Zu jedem x_k existiert ein $t_k \in [0,1]$ mit

$$\sup_{0<h<1} \frac{|x_k(t_k+h) - x_k(t_k)|}{h} \leqslant n.$$

(t_k) besitzt eine Teilfolge, die gegen ein $t_0 \in [0,1]$ konvergiert. Offenbar dürfen wir annehmen, daß bereits $t_k \to t_0$ strebt. Zu $h \in (0,1)$ und $\varepsilon > 0$ bestimmen wir nun

$$k_1, \text{ so daß } \quad |x(t_0+h) - x(t_k+h)| \leqslant \frac{\varepsilon}{4} h \quad \text{für } k > k_1,$$

$$k_2 > k_1, \text{ so daß } \quad |x(t) - x_k(t)| \leqslant \frac{\varepsilon}{4} h \quad \text{für } k > k_2 \text{ und alle } t \in [0,2],$$

$$k_3 > k_2, \text{ so daß } \quad |x(t_k) - x(t_0)| \leqslant \frac{\varepsilon}{4} h \quad \text{für } k > k_3$$

[1] Das erste Beispiel einer derartig pathologischen Funktion hat der geistvolle Bernhard Bolzano (1781–1848; 67) gegeben, auf den auch die heute übliche Definition der Stetigkeit zurückgeht.

bleibt. Aus

$$|x(t_0+h)-x(t_0)| \leqslant |x(t_0+h)-x(t_k+h)| + |x(t_k+h)-x_k(t_k+h)| + |x_k(t_k+h)-x_k(t_k)| + |x_k(t_k)-x(t_k)| + |x(t_k)-x(t_0)|$$

folgt nun sofort, wenn man $k>k_3$ wählt, die Abschätzung

$$\frac{|x(t_0+h)-x(t_0)|}{h} \leqslant \frac{\varepsilon}{4}+\frac{\varepsilon}{4}+n+\frac{\varepsilon}{4}+\frac{\varepsilon}{4}=n+\varepsilon .$$

Da h und ε beliebig waren, ergibt sich aus ihr, daß x in F_n liegt, F_n also tatsächlich abgeschlossen ist.

Wäre nun jedes $x \in C[0,2]$ in mindestens einem (von x abhängigen) Punkt von $[0,1]$ differenzierbar, so wäre $C[0,2] = \bigcup_{n=1}^{\infty} F_n$, und nach dem Baireschen Kategoriesatz müßte ein F_n, etwa F_m, eine abgeschlossene Kugel enthalten. Wegen des Weierstraßschen Approximationssatzes enthielte dann F_m auch eine abgeschlossene Kugel $K_r[p]$, deren Mittelpunkt p ein Polynom auf $[0,2]$ ist, d.h., F_m enthielte alle $x \in C[0,2]$ mit

$$|x(t)-p(t)| \leqslant r \quad \text{für alle } t \in [0,2].$$

In diesem r-Streifen um p liegt aber stets eine Funktion $y \in C[0,2] \backslash F_m$, z.B. eine Sägezahnfunktion, deren aufsteigende Strecken eine Steigung $>m$ und deren absteigende eine Steigung $<-m$ haben. Dieser Wiederspruch zeigt, daß es eine Funktion $x \in C[0,2]$ gibt, die in *keinem* Punkt des Intervalles $[0,1]$ differenzierbar sein kann. ■

45 Anwendungen des Satzes von der stetigen Inversen

45.1 Das Anfangswertproblem für lineare Differentialgleichungen Schon in Beispiel 4.4 hatten wir die Frage aufgeworfen, ob die Lösung des Anfangswertproblems für eine lineare Differentialgleichung „stetig von der rechten Seite und den Anfangsbedingungen abhängt". Diese Frage wollen wir nun präzisieren und lösen. Dabei werden wir, einzig der bequemen Schreibweise wegen, nur Differentialgleichungen *zweiter* Ordnung ins Auge fassen.

Sind die Koeffizientenfunktionen f_0, f_1 aus $C[a,b]$, so besitzt das Anfangswertproblem

$$x''(t)+f_1(t)x'(t)+f_0(t)x(t)=y(t), \qquad x(a)=\xi, \qquad x'(a)=\xi' \tag{45.1}$$

für jede rechte Seite y aus $C[a,b]$ und jedes Paar von Anfangswerten ξ, ξ' genau eine Lösung x in $C^{(2)}[a,b]$. x hängt, wie wir zeigen werden, in folgendem Sinne *stetig* von y und ξ, ξ' ab:

Ist $y_n \in C[a,b]$ *und strebt*

$$y_n(t) \to y(t) \quad \textit{gleichmäßig auf } [a,b], \quad \xi_n \to \xi \quad \textit{und} \quad \xi_n' \to \xi',$$

ist ferner für jeden Index n

$$x_n''(t) + f_1(t)x_n'(t) + f_0(t)x_n(t) = y_n(t), \qquad x_n(a) = \xi_n,\ x_n'(a) = \xi_n',$$

so strebt gleichmäßig auf $[a,b]$

$$x_n(t) \to x(t), \quad x_n'(t) \to x'(t) \quad \textit{und} \quad x_n''(t) \to x''(t).$$

Im Beweis sei E der Banachraum $C^{(2)}[a,b]$ mit seiner kanonischen Norm $\|x\| := \sum_{\nu=0}^{2} \max_{a \leqslant t \leqslant b} |x^{(\nu)}(t)|$, F der Banachraum $C[a,b] \times \mathbf{K} \times \mathbf{K}$ mit der Produktnorm $\|(y,\xi,\xi')\| := \max_{a \leqslant t \leqslant b} |y(t)| + |\xi| + |\xi'|$ und $D\colon E \to C[a,b]$ die durch

$$(Dx)(t) := x''(t) + f_1(t)x'(t) + f_0(t)x(t)$$

definierte Abbildung. Erklären wir $A\colon E \to F$ durch $Ax := (Dx, x(a), x'(a))$, so ist das Anfangswertproblem (45.1) äquivalent mit der Operatorgleichung $Ax = (y,\xi,\xi')$. Die obigen Bemerkungen über (45.1) garantieren die Bijektivität von A. Und da A offenbar stetig ist, folgt nun aus Satz 39.4, daß auch A^{-1} stetig sein muß. Daraus aber ergibt sich sofort die obige Grenzwertaussage. ∎

45.2 Näherungsweise Lösung von Operatorengleichungen A sei ein stetiger und bijektiver Endomorphismus des Banachraumes E. Dann ist seine Inverse automatisch stetig (Satz 39.4), und Satz 13.8 lehrt nun, *daß man eine beliebig genaue Näherungslösung der Gleichung*

$$Ax = y \tag{45.2}$$

bestimmen kann, indem man mit einem hinreichend nahe bei A liegenden $B \in \mathscr{L}(E)$ *und einem ebenfalls hinreichend nahe bei y liegenden* $\tilde{y}$ *die Gleichung*

$$B\tilde{x} = \tilde{y} \tag{45.3}$$

löst. B selbst ist bijektiv, sofern nur

$$\|B - A\| < \frac{1}{\|A^{-1}\|}$$

ausfällt (Satz 13.7); bei diesem Grad der Annäherung ist also die Gleichung (45.3) gewiß eindeutig lösbar. Im folgenden Satz geht es um eine Abschätzung des Unterschiedes zwischen der Lösung x von (45.2) und der Lösung $\tilde{x}$ von (45.3), *und zwar mittels der als bekannt angenommenen „Näherungslösung“* $\tilde{x}$:

A und B seien stetige und bijektive Endomorphismen des Banachraumes E, x sei die Lösung von (45.2), $\tilde{x}$ *die von* (45.3). *Dann ist*

$$\|x-\tilde{x}\| \leqslant \|A^{-1}\| (\|A-B\| \, \|\tilde{x}\| + \|y-\tilde{y}\|). \tag{45.4}$$

Diese Abschätzung ergibt sich sofort aus der Gleichung

$$\tilde{x}-x=(\tilde{x}-A^{-1}\tilde{y})+(A^{-1}\tilde{y}-A^{-1}y)=A^{-1}(A-B)\tilde{x}+A^{-1}(\tilde{y}-y). \qquad \blacksquare$$

Ist speziell

$$A=I-K \quad \text{mit} \quad \|K\|<1, \qquad B=I-S \quad \text{mit} \quad \|S\|<1,$$

so geht (45.4) wegen der Ungleichung (12.10) über in

$$\|x-\tilde{x}\| \leqslant \frac{\|K-S\| \, \|\tilde{x}\| + \|y-\tilde{y}\|}{1-\|K\|}. \tag{45.5}$$

Dieser Fall liegt immer dann vor, wenn man in einer Fredholmschen Integralgleichung einen „schwierigen" Kern $k(s,t)$ mit $\|K\|<1$ durch einen „einfachen" hinreichend gut approximiert, z. B. indem man $k(s,t)$ durch die ersten Glieder seiner Taylorentwicklung ersetzt (falls eine solche Entwicklung überhaupt besteht).

Aufgabe

In A 16.8 wurde für die Integralgleichung $x(s)-\int_0^1(\sin st)x(t)\,dt=s$ die Näherungslösung $\tilde{x}(s)=(3225s-105s^3)/2171$ gefunden. Zeige, daß ihre Abweichung von der wahren Lösung x durch $\|x-\tilde{x}\|_\infty \leqslant 0{,}003685$ abgeschätzt werden kann.

46 Anwendungen des Satzes von der gleichmäßigen Beschränktheit

46.1 Konvergenzsätze Hier geht es um die folgende Frage: Man weiß von einer Reihe $\sum \alpha_k \xi_k$, daß sie für alle (ξ_k) aus einem gewissen Folgenraum konvergiert. Kann man dann etwas über die Folge (α_k) aussagen? Wir werden drei Fälle dieses Problems studieren.

I) *Es sei* $1<p<\infty$ *und* $1/p+1/q=1$ (*q sei also die zu p* konjugierte *Zahl*). *Ist die Folge* (α_k) *so beschaffen, daß* $\sum \alpha_k \xi_k$ *für* jedes $x:=(\xi_k)\in l^p$ *konvergiert, so liegt sie notwendigerweise in* l^q.

Beweis. Wir definieren durch

$$f_n(x):=\sum_{k=1}^{n}\alpha_k\xi_k \quad \text{und} \quad f(x):=\sum_{k=1}^{\infty}\alpha_k\xi_k \tag{46.1}$$

Linearformen auf l^p. Nach der Hölderschen Ungleichung gilt

$$|f_n(x)| \leqslant \left(\sum_{k=1}^{n} |\alpha_k|^q\right)^{1/q} \left(\sum_{k=1}^{n} |\xi_k|^p\right)^{1/p} \leqslant \left(\sum_{k=1}^{n} |\alpha_k|^q\right)^{1/q} \|x\|_p,$$

f_n ist also stetig und

$$\|f_n\| \leqslant \left(\sum_{k=1}^{n} |\alpha_k|^q\right)^{1/q}. \tag{46.2}$$

Wegen $f_n \to f$ folgt nun aus Satz 40.3, daß auch f stetig und somit

$$\left|\sum_{k=1}^{\infty} \alpha_k \xi_k\right| \leqslant \|f\| \left(\sum_{k=1}^{\infty} |\xi_k|^p\right)^{1/p} \quad \text{für jedes } (\xi_k) \in l^p \tag{46.3}$$

ist. Setzen wir für festes $n \in \mathbf{N}$

$$\xi_k := \begin{cases} \overline{\alpha}_k |\alpha_k|^{q-2}, & \text{falls } 1 \leqslant k \leqslant n \text{ und } \alpha_k \neq 0, \\ 0 & \text{sonst,} \end{cases}$$

so ist $(\xi_k) \in l^p$, $|\xi_k|^p = |\alpha_k|^q = \alpha_k \xi_k$ für $k = 1, \ldots, n$ und damit - wegen (46.3) -

$$\left(\sum_{k=1}^{n} |\alpha_k|^q\right)^{1/q} \left(\sum_{k=1}^{n} |\alpha_k|^q\right)^{1/p} = \sum_{k=1}^{n} |\alpha_k|^q = \sum_{k=1}^{n} \alpha_k \xi_k \leqslant \|f\| \left(\sum_{k=1}^{n} |\xi_k|^p\right)^{1/p}$$
$$= \|f\| \left(\sum_{k=1}^{n} |\alpha_k|^q\right)^{1/p},$$

also

$$\left(\sum_{k=1}^{n} |\alpha_k|^q\right)^{1/q} \leqslant \|f\|. \tag{46.4}$$

Da diese Ungleichung für alle natürlichen n gilt, liegt (α_k) tatsächlich in l^q.

Wegen $\|f\| \leqslant \liminf \|f_n\|$ (s. Satz 40.3) folgt übrigens aus (46.2) und (46.4) noch die Gleichung

$$\|f\| = \left(\sum_{k=1}^{\infty} |\alpha_k|^q\right)^{1/q}. \tag{46.5}$$

II) *Ist die Folge (α_k) so beschaffen, daß $\sum \alpha_k \xi_k$ für* jedes *$x := (\xi_k) \in l^1$ konvergiert, so liegt sie notwendigerweise in l^∞.*

Beweis. Wir definieren wieder durch (46.1) Linearformen f_n und f, und zwar auf l^1. Wegen

$$|f_n(x)| \leqslant \left(\max_{k=1}^{n} |\alpha_k|\right) \sum_{k=1}^{n} |\xi_k| \leqslant \left(\max_{k=1}^{n} |\alpha_k|\right) \|x\|_1$$

ist f_n stetig und

$$\|f_n\| \leqslant \max_{k=1}^{n} |\alpha_k|. \tag{46.6}$$

Aus $f_n \to f$ folgt nun mit Satz 40.3, daß auch f stetig und daher

$$\left|\sum_{k=1}^{\infty} \alpha_k \xi_k\right| \leqslant \|f\| \sum_{k=1}^{\infty} |\xi_k| \quad \text{für alle } (\xi_k) \in l^1 \tag{46.7}$$

sein muß. Wählt man für (ξ_k) speziell die Folge $(0, \ldots, 0, 1, 0, \ldots)$, so erhält man $|\alpha_k| \leqslant \|f\|$ für alle k. (α_k) liegt also tatsächlich in l^∞, und überdies ist $\sup |\alpha_k| \leqslant \|f\|$. Schließlich sieht man noch, wie nach dem Ende des letzten Beweises, daß sogar gilt:

$$\|f\| = \sup_k |\alpha_k|. \tag{46.8}$$

III) *Ist die Folge (α_k) so beschaffen, daß $\sum \alpha_k \xi_k$ für* jede *Nullfolge (ξ_k) konvergiert, so liegt sie notwendigerweise in l^1.*

Zum Beweis definieren wir wieder durch (46.1) Linearformen f_n, f, diesmal jedoch auf (c_0). f_n ist stetig und

$$\|f_n\| \leqslant \sum_{k=1}^{n} |\alpha_k|,$$

und da (f_n) punktweise gegen f konvergiert, folgt aus Satz 40.3, daß auch f stetig, also für jede Nullfolge (ξ_k)

$$\left|\sum_{k=1}^{\infty} \alpha_k \xi_k\right| \leqslant \|f\| \sup_k |\xi_k| \tag{46.9}$$

ist. Setzen wir nun für festes $n \in \mathbf{N}$

$$\xi_k := \begin{cases} \bar{\alpha}_k / |\alpha_k|, & \text{falls } 1 \leqslant k \leqslant n \text{ und } \alpha_k \neq 0, \\ 0 & \text{sonst,} \end{cases}$$

so folgt aus (46.9) $\sum_{k=1}^{n} |\alpha_k| \leqslant \|f\|$ für $n = 1, 2, \ldots$. (α_k) liegt also in l^1.

Wie in I) sieht man noch, daß gilt:

$$\|f\| = \sum_{k=1}^{\infty} |\alpha_k|. \tag{46.10}$$

46.2 Der Toeplitzsche Permanenzsatz $A := (\alpha_{ik})_{i,k=1,2,\ldots}$ sei eine unendliche Matrix. Eine Zahlenfolge (ξ_k) heißt A-limitierbar zum Werte ξ, wenn

I) die Reihen $\sum_{k=1}^{\infty} \alpha_{ik} \xi_k$ für $i = 1, 2, \ldots$ konvergieren und

II) die Folge der $\eta_i := \sum_{k=1}^{\infty} \alpha_{ik} \xi_k \to \xi$ strebt.

Die Matrix A (oder das Limitierungsverfahren A) heißt permanent, wenn jede *konvergente* Folge (ξ_k) A-limitierbar zu ihrem Grenzwert $\lim \xi_k$ ist.[1] Der Toeplitzsche Permanenzsatz besagt:

Genau dann ist A permanent, wenn die folgenden Bedingungen alle erfüllt sind:

(P 1) $\sum_{k=1}^{\infty} |\alpha_{ik}| \leqslant M$ *für* $i=1,2,\ldots$ *mit einem gewissen* $M>0$,

(P 2) $\lim_{i\to\infty} \alpha_{ik}=0$ *für* $k=1,2,\ldots$,

(P 3) $\lim_{i\to\infty} \sum_{k=1}^{\infty} \alpha_{ik}=1$.

Wir beweisen zuerst die Notwendigkeit dieser Bedingungen. Jede Folge $x=(\xi_k)$ aus (c) sei also A-limitierbar zu ihrem Grenzwert $\lim \xi_k$. Wegen I) werden durch $A_i(x):=\sum_{k=1}^{\infty} \alpha_{ik}\xi_k$ Linearformen $A_1, A_2, \ldots$ auf (c) definiert. Wie im Beweis von (46.10) sehen wir, daß jedes A_i stetig und

$$\sum_{k=1}^{\infty} |\alpha_{ik}| = \|A_i\|$$

ist. Da ferner die Folge (A_i) punktweise auf (c) konvergiert, gibt es nach Satz 40.3 ein $M>0$ mit $\|A_i\| \leqslant M$ für $i=1,2,\ldots$. Damit ist (P1) bewiesen. - Die Folge $e_k:=(0,\ldots,0,1,0,\ldots)$ liegt in (c_0); also strebt $\eta_i=A_i(e_k)=\alpha_{ik}\to 0$ für $i\to\infty$ und $k=1,2,\ldots$, womit auch (P 2) erledigt ist. - Die Folge $e_0:=(1,1,1,\ldots)$ besitzt den Grenzwert 1, es strebt also $\eta_i=A_i(e_0)=\sum_{k=1}^{\infty}\alpha_{ik}\to 1$ für $i\to\infty$. Damit ist auch (P 3) gesichert. - Nun zeigen wir die Hinlänglichkeit der Bedingungen (P 1)-(P 3). Wegen (P1) sind die A_i stetige Linearformen auf (c). Beachtet man nun, daß man jedes $x=(\xi_k)$ aus (c) mit $\lim \xi_k=\xi$ in der Form

$$x=\xi e_0+\sum_{k=1}^{\infty}(\xi_k-\xi)e_k \tag{46.11}$$

darstellen kann, so sieht man, daß

$$A_i(x)=\xi\cdot\sum_{k=1}^{\infty}\alpha_{ik}+\sum_{k=1}^{\infty}(\xi_k-\xi)\alpha_{ik}$$

ist. Wegen (P 3) strebt der erste Term der rechten Seite für $i\to\infty$ gegen ξ; wir brauchen also nur noch nachzuweisen, daß der zweite gegen 0 geht. Diese Aus-

[1] Vgl. den Cauchyschen Grenzwertsatz: *Aus* $\xi_k\to\xi$ *folgt* $(\xi_1+\cdots+\xi_i)/i\to\xi$.

sage erhält man aus der dank (P 1) für jedes natürliche r geltenden Abschätzung

$$\left|\sum_{k=1}^{\infty}(\xi_k-\xi)\alpha_{ik}\right| \leqslant \sum_{k=1}^{r}|\xi_k-\xi|\cdot|\alpha_{ik}|+M\sup_{k>r}|\xi_k-\xi|,$$

wenn man noch (P 2) heranzieht.

46.3 Konvergenz von Quadraturformeln Zahlreiche Quadraturformeln (z. B. die Trapezformeln, die Simpsonsche Regel, die Formeln von Newton-Cotes) geben den Wert des bestimmten Integrals $\int_a^b x(t)\,\mathrm{d}t$ näherungsweise durch einen Ausdruck der Gestalt $\sum_{k=0}^{n}\alpha_k x(t_k)$ wieder, wobei die Stützpunkte t_k der Bedingung $a\leqslant t_0<t_1<\cdots<t_n\leqslant b$ unterliegen, jedoch ebenso wie die Koeffizienten α_k *von dem Integranden x unabhängig sind.* Auf die Frage, unter welchen Voraussetzungen eine Folge von Näherungsquadraturen

$$Q_n(x):=\sum_{k=0}^{n}\alpha_k^{(n)}x(t_k^{(n)}) \quad (n=1,2,\ldots) \tag{46.12}$$

für stetige Integranden x gegen $\int_a^b x(t)\,\mathrm{d}t$ konvergiert, gibt der Szegösche Konvergenzsatz[1] eine genaue Antwort:

Die Folge der Näherungsquadraturen $Q_n(x)$ konvergiert dann und nur dann für jedes $x\in C[a,b]$ gegen $\int_a^b x(t)\,\mathrm{d}t$, wenn die folgenden Bedingungen alle erfüllt sind:

(Q 1) $\sum_{k=0}^{n}|\alpha_k^{(n)}|\leqslant M$ *für $n=1,2,\ldots$ mit einem gewissen $M>0$,*[2]

(Q 2) $Q_n(p)\to\int_a^b p(t)\,\mathrm{d}t$ *für jedes Polynom p.*

Beweis. Sind $\alpha_0,\ldots,\alpha_n$ beliebige Skalare und ist $a\leqslant t_0<t_1<\cdots<t_n\leqslant b$, so wird durch $f(x):=\sum_{k=0}^{n}\alpha_k x(t_k)$ eine stetige Linearform f auf $C[a,b]$ mit $\|f\|\leqslant\sum_{k=0}^{n}|\alpha_k|$ definiert. Der Leser kann ohne Mühe eine stückweise lineare Funktion x konstruieren, für die $\|x\|_\infty\leqslant 1$ und $|f(x)|=\sum_{k=0}^{n}|\alpha_k|$ ist, so daß wir also $\|f\|=\sum_{k=0}^{n}|\alpha_k|$ haben. Mit dieser Bemerkung ergibt sich der Szegösche Satz sofort aus Satz 40.4, wenn man noch beachtet, daß die Menge der Polynome auf $[a,b]$ nach dem Weierstraßschen Approximationssatz dicht in $C[a,b]$ liegt.

---

[1] So genannt nach dem ungarischen Mathematiker Gabor Szegö (1895–1985; 90).

[2] *Diese* Bedingung ist entbehrlich, wenn die $\alpha_k^{(n)}$ alle $\geqslant 0$ sind (s. Aufgabe 3).

Konkretisierungen des Szegöschen Satzes findet der Leser in den Aufgaben 4 und 5 (Sehnentrapezregel und Simpsonsche Regel) und eine tiefer eindringende Diskussion in Wloka (1971), S. 129–137.

46.4 Existenz einer stetigen Funktion, deren Fourierreihe nicht überall konvergiert Wir kehren zurück zu unserem Ausgangspunkt: den *Fourierreihen*. Im achtzehnten und neunzehnten Jahrhundert tobten unter den Mathematikern homerische Kämpfe um die Frage, *wie* „willkürlich" denn die Funktionen sein dürften, die in Fourierreihen entwickelt werden können. Kaum jemand zweifelte daran, daß jedenfalls die *stetigen* Funktionen solche Entwicklungen zulassen - immerhin hatte man ja sogar schon viele *unstetige* Funktionen durch ihre Fourierreihen dargestellt. Dieser Optimismus wurde jedoch 1873 jäh zerstört, als Paul Du Bois-Reymond (1831-1889; 58) eine stetige Funktion präsentierte, deren Fourierreihe fatalerweise nicht überall konvergierte. Statt ein solches Beispiel vorzuführen, wollen wir hier mit unseren Mitteln auf frappierend einfache Weise zeigen, *daß es mindestens* eine *stetige Funktion geben muß, deren Fourierreihe im Nullpunkt divergiert* (s. auch Aufgabe 7).

Sei C der Banachraum der stetigen Funktionen $x\colon[-\pi,\pi]\to\mathbf{R}$, versehen mit der kanonischen Norm $\|x\|_\infty := \max_{-\pi\leqslant t\leqslant\pi} |x(t)|$. Die n-te Teilsumme $s_n(x)$ der Fourierreihe von $x\in C$ *im Nullpunkt* läßt sich bekanntlich so schreiben:[1)]

$$s_n(x)=\frac{1}{\pi}\int_{-\pi}^{\pi} D_n(t)x(t)\,\mathrm{d}t \quad \text{mit} \quad D_n(t):=\frac{\sin\left(n+\frac{1}{2}\right)t}{2\sin\frac{t}{2}}. \tag{46.13}$$

Die Abbildung $x\mapsto s_n(x)$ ist eine stetige Linearform s_n auf C mit

$$\|s_n\|=\frac{1}{\pi}\int_{-\pi}^{\pi}|D_n(t)|\,\mathrm{d}t.^{2)} \tag{46.14}$$

Die Folge der $\|s_n\|$ wächst über alle Schranken: Mittels der trivialen Abschätzung $\sin t\leqslant t$ $(0\leqslant t\leqslant\pi/2)$ und der Substitution $(n+1/2)t=u$ erhält man nämlich

$$\begin{aligned}\int_{-\pi}^{\pi}|D_n(t)|\,\mathrm{d}t &= \int_0^{\pi}\frac{|\sin(n+1/2)t|}{\sin(t/2)}\,\mathrm{d}t \geqslant \int_0^{\pi}\frac{|\sin(n+1/2)t|}{t/2}\,\mathrm{d}t\\ &= 2\int_0^{(n+1/2)\pi}\frac{|\sin u|}{u}\,\mathrm{d}u\,;\end{aligned}$$

---

1) S. etwa Heuser II, Nr. 135.

2) Man sieht dies sofort, wenn man in Satz 10.8 $k(s,t):=D_n(t)/\pi$ setzt und $s_n(x)$ nicht als *Zahl*, sondern als eine auf $[-\pi,\pi]$ konstante *Funktion* auffaßt.

die Folge der rechtsstehenden Integrale divergiert aber gegen ∞.[1] Die Teilsummenfolge $(s_n(x))$ kann daher nicht für *jedes* $x \in C$ konvergieren, weil andernfalls die Normen $\|s_n\|$ nach Satz 40.3 unter einer festen Schranke bleiben würden. Es muß also tatsächlich ein $x \in C$ geben, dessen Fourierreihe im Nullpunkt divergiert.

Die Konvergenzsituation ist aber keineswegs trostlos, denn L. Carleson hat 1966 in einer brillanten Arbeit zeigen können, *daß die Fourierreihe jeder Funktion* $x \in L^2(-\pi, \pi)$ fast überall *konvergiert*. Divergenzpunkte sind also krasse Ausnahmen.

Aufgaben

1. Das Limitierungsverfahren von Voronoi Sei $p_0 > 0$, $p_k \geqslant 0$ für $k = 1, 2, \ldots$, $P_n := \sum_{k=0}^{n} p_k$ und

$$A := \begin{pmatrix} 1 & 0 & 0 & 0 & 0\ldots \\ p_1/P_1 & p_0/P_1 & 0 & 0 & 0 \\ p_2/P_2 & p_1/P_2 & p_0/P_2 & 0 & 0 \\ p_3/P_3 & p_2/P_3 & p_1/P_3 & p_0/P_3 & 0 \\ \vdots & & & & \end{pmatrix}.$$

Zeige: Das durch A definierte Voronoische Limitierungsverfahren ist genau dann permanent, wenn $p_n/P_n \to 0$ strebt.

2. Cesaro-Mittel[2] Sei k eine feste natürliche Zahl. $(\xi_0, \xi_1, \xi_2, \ldots)$ heißt C_k-limitierbar zum Werte ξ, wenn für $n \to \infty$ die Folge der k-ten Cesaromittel

$$\frac{\binom{n+k-1}{k-1}\xi_0 + \binom{n+k-2}{k-1}\xi_1 + \cdots + \binom{k-1}{k-1}\xi_n}{\binom{n+k}{k}} \to \xi \quad \text{strebt.}$$

Zeige, daß eine konvergente Folge stets C_k-limitierbar zu ihrem Grenzwert ist.
Hinweis:

$$\binom{n+k-1}{k-1} + \binom{n+k-2}{k-1} + \cdots + \binom{k-1}{k-1} = \binom{n+k}{k}.$$

3. Sind in der Quadraturformel (46.12) die $\alpha_k^{(n)} \geqslant 0$, so folgt (Q 1) aus (Q 2), kann also in dem Szegöschen Konvergenzsatz gestrichen werden.
Hinweis: Wende (Q 2) auf $p := 1$ an.

4. Sehnentrapezregel Sei $a = t_0 < t_1 < \cdots < t_n = b$ eine äquidistante Zerlegung des Intervalles $[a, b]$, $x \in C[a, b]$, $y_k := x(t_k)$ für $k = 0, 1, \ldots, n$ und

---

[1] S. etwa Heuser I, Aufgabe 14 in Nr. 87 (mit Lösung).

[2] Ernesto Cesaro (1859–1906; 47), italienischer Mathematiker.

$$S_n(x) := \frac{b-a}{n}\left(\frac{1}{2}y_0 + y_1 + \cdots + y_{n-1} + \frac{1}{2}y_n\right).$$

$S_n(x)$ ist die sogenannte Sehnentrapezregel zur näherungsweisen Berechnung von $\int_a^b x(t)\,dt$. Für zweimal stetig differenzierbare Funktionen x gilt eine *Fehlerabschätzung* der Form

$$\left|\int_a^b x(t)\,dt - S_n(x)\right| \leqslant \frac{\alpha}{n^2}\|x''\|_\infty$$

mit einem von x und n unabhängigen α.[1] Zeige: Für $n \to \infty$ strebt

$$S_n(x) \to \int_a^b x(t)\,dt \quad \text{für jedes } x \in C[a,b].$$

5. Simpsonsche Regel[2] Wir benutzen die Bezeichnungen aus Aufgabe 4. Es sei n gerade, also $n = 2m$, und

$$K_m(x) := \frac{b-a}{6m}[y_0 + 4(y_1 + y_3 + \cdots + y_{2m-1}) + 2(y_2 + y_4 + \cdots + y_{2m-2}) + y_{2m}].$$

$K_m(x)$ ist die Simpsonsche Regel zur Näherungsberechnung von $\int_a^b x(t)\,dt$. Für dreimal stetig differenzierbare Funktionen x hat man eine *Fehlerabschätzung* der Form

$$\left|\int_a^b x(t)\,dt - K_m(x)\right| \leqslant \frac{\beta}{m^3}\|x'''\|_\infty$$

mit einem von x und m unabhängigen β.[3] Zeige: Für $m \to \infty$ strebt

$$K_m(x) \to \int_a^b x(t)\,dt \quad \text{für jedes } x \in C[a,b].$$

6. Matrixtransformationen Sind E, F Folgenräume, so nennt man die Abbildung $A: E \to F$ eine Matrixtransformation, wenn es eine (unendliche) Matrix (α_{ik}) gibt, so daß für jedes $x := (\xi_k)$ aus E die Zahlen $\eta_i := \sum_{k=1}^{\infty} \alpha_{ik}\xi_k$ $(i = 1, 2, \ldots)$ existieren, $y := (\eta_i)$ in F liegt und $Ax = y$ ist. Zeige, daß jede Matrixtransformation von l^p in l^q $(1 \leqslant p, q \leqslant \infty)$ stetig ist.
Hinweis: Konvergenzsätze 46.1, Graphensatz 39.5.

7. Sei T irgendeine *abzählbare* Teilmenge von $[-\pi, \pi]$. Dann gibt es eine stetige Funktion $x: [-\pi, \pi] \to \mathbf{R}$, deren Fourierreihe in jedem Punkt von T divergiert.
Hinweis: Prinzip der Kondensation der Singularitäten in A 40.4.

---

[1] S. etwa Heuser I, Nr. 100.

[2] Thomas Simpson (1710–1761; 51), englischer Mathematiker.

[3] S. etwa Heuser I, Nr. 100.

47 Anwendungen des Hahn-Banachschen Fortsetzungssatzes

Nichts in der ganzen Funktionalanalysis ist wohl so staunenerregend wie die tief- und weitreichenden Auswirkungen des Hahn-Banachschen Fortsetzungssatzes. Wir werden in dieser Nummer an einigen Beispielen sehen, wie - und wie kraftvoll - dieser Satz in schwierige Probleme der Analysis eingreift, und der weitere Verlauf unserer Arbeit wird zeigen, daß ohne ihn auch die „reine" Funktionalanalysis kaum atmen und leben könnte. Es ist nicht zuviel gesagt, wenn man ihn das Kronjuwel dieser Wissenschaft nennt.

47.1 Die Greensche Funktion des Dirichletschen Randwertproblems Sei D eine beschränkte, offene und zusammenhängende Teilmenge der euklidischen xy-Ebene und f eine stetige reellwertige Funktion auf dem Rand ∂D von D. Das Dirichletsche Randwertproblem (für D und f) ist die Aufgabe, eine reellwertige Funktion $u(x,y)$ zu finden, die auf $\overline{D}$ stetig und in D harmonisch ist (d.h., in D stetige partielle Ableitungen zweiter Ordnung besitzt und der Laplaceschen Differentialgleichung

$$\Delta u := \frac{\partial^2 u}{\partial x^2} + \frac{\partial^2 u}{\partial y^2} = 0 \quad \text{für alle } (x,y) \in D \tag{47.1}$$

genügt) und die ferner auf dem Rand ∂D mit f übereinstimmt:

$$u(x,y) = f(x,y) \quad \text{für alle } (x,y) \in \partial D.$$

Dieses Problem besitzt höchstens eine *Lösung* (diese Eindeutigkeitsaussage ist eine Folge des Maximumprinzips für harmonische Funktionen), bei Gebieten mit exotischen Rändern braucht es aber keineswegs für jedes f lösbar zu sein.

In der Potentialtheorie wird gezeigt, *daß die durchgängige Lösbarkeit des Dirichletschen Problems gewährleistet ist, wenn man für D eine sogenannte* Greensche Funktion *konstruieren kann.* Es ist dies eine Funktion $G(P,Q)$ von $P := (x,y)$, $Q := (\xi, \eta)$, die folgendermaßen herzustellen ist: zu jedem $Q \in D$ bestimmt man (wenn überhaupt möglich) eine Funktion $\psi(P,Q)$, die bezüglich der Variablen P harmonisch in D und stetig auf $\overline{D}$ ist und für $R \in \partial D$ die Randwerte

$$\psi(R,Q) = \frac{1}{2\pi} \ln \overline{RQ} \tag{47.2}$$

besitzt; dabei ist $\overline{RQ}$ der euklidische Abstand zwischen R und Q. Dann ist

$$G(P,Q) := -\frac{1}{2\pi} \ln \overline{PQ} + \psi(P,Q) \tag{47.3}$$

die Greensche Funktion von D.

Lax (1952) hat gezeigt, daß man die Existenz der Greenschen Funktion mit Hilfe des Hahn-Banachschen Fortsetzungssatzes beweisen kann, wenn der Rand von D

aus endlich vielen glatten Kurven besteht (s. dazu auch Garabedian-Shiffman (1954)). Wir stellen hier nur den *funktionalanalytischen Grundgedanken* seines Beweises dar, ohne auf alle technischen Einzelheiten einzugehen. Diese findet der Leser etwa in M. Davis (1966), S. 67–73.

Dazu betrachten wir den Banachraum $C(\partial D)$ der stetigen reellwertigen Funktionen auf ∂D, versehen mit seiner kanonischen Maximumsnorm $\|\cdot\|_\infty$ (dieser Banachraum existiert nach Beispiel 9.7, da ∂D kompakt ist). F sei die Menge aller $f \in C(\partial D)$, für die das Dirichletsche Problem mit der Randfunktion f *lösbar* ist. F ist offenbar ein linearer Unterraum von $C(\partial D)$. Für jedes feste $Q \in D$ definieren wir nun eine Linearform φ_Q auf F in folgender Weise: zu $f \in F$ nehmen wir die (eindeutig bestimmte) Lösung u des Dirichletschen Problems mit der Randfunktion f her und setzen

$$\varphi_Q(f) := u(Q). \tag{47.4}$$

Nach dem Maximumprinzip für harmonische Funktionen gilt $|\varphi_Q(f)| = |u(Q)| \leqslant \|f\|_\infty$, also ist φ_Q stetig und $\|\varphi_Q\| \leqslant 1$. Da die Funktion $f := 1$ in F liegt (mit $u := 1$ als zugehöriger Lösung), ist $|\varphi_Q(1)| = 1 = \|1\|_\infty$, also haben wir sogar $\|\varphi_Q\| = 1$. Nach dem Hahn-Banachschen Fortsetzungssatz 36.2 gibt es eine normerhaltende lineare Fortsetzung Φ_Q von φ_Q auf $C(\partial D)$:

$$\Phi_Q(f) = \varphi_Q(f) \quad \text{für alle } f \in F, \qquad \|\Phi_Q\| = 1. \tag{47.5}$$

Als nächstes setzen wir

$$\gamma_P(R) := \frac{1}{2\pi} \ln \overline{PR} \quad \text{für } P \notin \partial D \text{ und } R \in \partial D. \tag{47.6}$$

Offenbar ist $\gamma_P \in C(\partial D)$, und infolgedessen existiert $\Phi_Q(\gamma_P)$. Nun definieren wir $\psi(P, Q)$ für alle $P \in \mathbf{R}^2$ und $Q \in D$ durch

$$\psi(P, Q) := \begin{cases} \Phi_Q(\gamma_P), & \text{falls } P \notin \partial D,\ Q \in D, \\[2mm] \dfrac{1}{2\pi} \ln \overline{PQ}, & \text{falls } P \in \partial D,\ Q \in D. \end{cases} \tag{47.7}$$

Δ bedeute wie in (47.1) den Laplaceoperator bezüglich $P := (x, y)$. Für jedes feste R ist bekanntlich $\gamma_P(R)$ harmonisch bezüglich $P \in D$, also $\Delta \gamma_P(R) = 0$ für alle P in D. Für diese P folgt daraus

$$\Delta \psi(P, Q) = \Delta \Phi_Q(\gamma_P) = \Phi_Q(\Delta \gamma_P) = \Phi_Q(0) = 0,$$

also ist $\psi(P, Q)$ bezüglich P harmonisch in D (die Vertauschbarkeit von Δ und Φ_Q sieht man dank der Stetigkeit von Φ_Q ähnlich ein wie die Möglichkeit, unter einem Integral zu differenzieren). Um zu garantieren, daß die Funktion $\psi(P, Q)$ allen bei (47.2) genannten Forderungen genügt, muß also nur noch gezeigt werden, daß sie bezüglich der Variablen P stetig auf $\overline{D}$ ist und der Randbedingung (47.2) genügt. Diesen nicht besonders schwierigen Nachweis wollen wir uns ersparen und nur bemerken, daß hierbei die Glattheitsvoraussetzung über ∂D und außerdem die folgende Tatsache benutzt wird: Für festes $P \notin \overline{D}$ ist die Funktion $\frac{1}{2\pi} \ln \overline{PQ}$ harmonisch bezüglich Q in D und hat die Randwerte $\frac{1}{2\pi} \ln \overline{PR} = \gamma_P(R)$ $(R \in \partial D)$. Infolgedessen ist

$$\gamma_P \in F \quad \text{und} \quad \varphi_Q(\gamma_P) = \frac{1}{2\pi} \ln \overline{PQ},$$

also $$\psi(P,Q) = \Phi_Q(\gamma_P) = \varphi_Q(\gamma_P) = \frac{1}{2\pi} \ln \overline{PQ} \quad (P \notin \overline{D},\ Q \in D).$$

Insgesamt dürfen wir also festhalten, daß mit dem in (47.7) erklärten $\psi(P,Q)$ die in (47.3) definierte Funktion $G(P,Q)$ tatsächlich die Greensche Funktion für den Bereich D ist.

47.2 Holomorphe Funktionen mit nichtnegativem Realteil Es handelt sich hier um einen „Hahn-Banach-Beweis" des folgenden Satzes von Herglotz:

Sei f eine auf $D := \{z \in \mathbf{C}: |z| < 1\}$ holomorphe Funktion mit $\operatorname{Re} f(z) \geqslant 0$ *für alle $z \in D$. Dann gibt es eine auf* $[0, 2\pi]$ *monoton wachsende Funktion α, so daß gilt:*

$$f(z) = \mathrm{i}\operatorname{Im} f(0) + \int_0^{2\pi} \frac{\mathrm{e}^{\mathrm{i}t} + z}{\mathrm{e}^{\mathrm{i}t} - z}\, \mathrm{d}\alpha(t) \quad \textit{für alle } z \in D. \tag{47.8}$$

Beweis. Sei $f(z) = \sum_{n=0}^{\infty} c_n z^n$ die Potenzreihendarstellung von f in D, ferner

$$c_n = a_n + \mathrm{i} b_n, \quad (a_n, b_n \in \mathbf{R}) \quad \text{und} \quad z = r\mathrm{e}^{\mathrm{i}\varphi}.$$

Dann ist

$$\operatorname{Re} f(r\mathrm{e}^{\mathrm{i}\varphi}) = a_0 + \sum_{n=1}^{\infty} r^n (a_n \cos n\varphi - b_n \sin n\varphi). \tag{47.9}$$

Mit T bezeichnen wir die Menge aller trigonometrischen Polynome

$$g(\varphi) := \frac{\alpha_0}{2} + \sum_{n=1}^{m} (\alpha_n \cos n\varphi + \beta_n \sin n\varphi) \quad (\alpha_n, \beta_n \in \mathbf{R};\ 0 \leqslant \varphi \leqslant 2\pi) \tag{47.10}$$

und mit $C_{\mathbf{R}}$ den reellen Banachraum der stetigen reellwertigen Funktionen auf $[0, 2\pi]$, wie üblich versehen mit der Maximumsnorm. T ist offenbar ein Unterraum von $C_{\mathbf{R}}$. Die Koeffizienten α_n, β_n in (47.10) hängen mit g über die Euler-Fourierschen Formeln (1.13) zusammen,[1] sind also durch g eindeutig bestimmt. Bedeutet 1 neben der Zahl 1 auch noch die Funktion $\varphi \mapsto 1$ auf $[0, 2\pi]$ und setzen wir

$$u_n(\varphi) := \cos n\varphi, \qquad v_n(\varphi) := \sin n\varphi \quad \text{für } 0 \leqslant \varphi \leqslant 2\pi,$$

so können wir das trigonometrische Polynom g in (47.10) auf die Form

$$g = \frac{\alpha_0}{2} 1 + \sum_{n=1}^{m} (\alpha_n u_n + \beta_n v_n) \tag{47.11}$$

bringen. Mit Hilfe der a_n, b_n in (47.9) ordnen wir ihm die reelle Zahl

$$F_0(g) := \frac{\alpha_0}{2} a_0 + \frac{1}{2} \sum_{n=1}^{m} (\alpha_n a_n - \beta_n b_n) \tag{47.12}$$

zu und erhalten so eine Linearform F_0 auf T. Offenbar ist

$$F_0(1) = a_0, \quad F_0(u_n) = \frac{1}{2} a_n \quad \text{und} \quad F_0(v_n) = -\frac{1}{2} b_n. \tag{47.13}$$

Für festes $r \in [0, 1)$ konvergiert die Reihe in (47.9) bekanntlich gleichmäßig auf dem Intervall $[0, 2\pi]$. Diese Tatsache erlaubt es, mittels gliedweiser Integration und der Relationen (1.12) die Gleichung

$$\int_0^{2\pi} g(\varphi) \operatorname{Re} f(r e^{i\varphi}) \, d\varphi = \pi \alpha_0 a_0 + \pi \sum_{n=1}^{m} r^n (\alpha_n a_n - \beta_n b_n) \tag{47.14}$$

zu gewinnen.[2] Aus (47.12) und (47.14) ergibt sich nun sofort die Darstellung

$$F_0(g) = \lim_{r \to 1} \frac{1}{2\pi} \int_0^{2\pi} g(\varphi) \operatorname{Re} f(r e^{i\varphi}) \, d\varphi .$$

Wegen $\operatorname{Re} f(r e^{i\varphi}) \geqslant 0$ für alle $r \in [0, 1)$ und $\varphi \in [0, 2\pi]$ erhalten wir aus ihr die Abschätzung

$$F_0(g) \geqslant 0 \quad \text{für alle } g \in T \text{ mit } g \geqslant 0. \tag{47.15}$$

Nun definieren wir eine Funktion $p\colon C_{\mathbf{R}} \to \mathbf{R}$ durch

$$p(g) := \sup_{0 \leqslant \varphi \leqslant 2\pi} g(\varphi) \quad \text{für alle } g \in C_{\mathbf{R}}.$$

p ist offenbar ein sublineares Funktional auf $C_{\mathbf{R}}$ (s. A 36.1). Wegen $p(g) \cdot 1 - g \geqslant 0$ erhalten wir aus (47.15) für alle $g \in T$ die Ungleichung

---

[1] Man wird dabei in (1.13) die Integrale über das Intervall $[0, 2\pi]$ statt über $[-\pi, \pi]$ erstrecken, was aber völlig unerheblich ist.

[2] In (1.12) darf man das Integrationsintervall $[-\pi, \pi]$ ohne weiteres durch $[0, 2\pi]$ ersetzen.

$$p(g)F_0(1)-F_0(g)=F_0(p(g)\cdot 1-g)\geqslant 0,$$

dank der ersten Beziehung in (47.13) also die Abschätzung

$$F_0(g)\leqslant a_0 p(g) \quad \text{für alle } g\in T.$$

Dabei ist a_0p ein sublineares Funktional auf $C_{\mathbf{R}}$, weil p sublinear und $a_0=\operatorname{Re}f(0)\geqslant 0$ ist. Nach dem Banachschen Fortsetzungssatz in A 36.1 gibt es also eine Linearform F auf $C_{\mathbf{R}}$ mit folgenden Eigenschaften:

$$F(g)=F_0(g) \quad \text{für alle } g\in T, \tag{47.16}$$
$$F(g)\leqslant a_0p(g) \quad \text{für alle } g\in C_{\mathbf{R}}. \tag{47.17}$$

Dieses F ist überdies „positiv“:

$$F(g)\geqslant 0 \quad \text{für alle } g\in C_{\mathbf{R}} \text{ mit } g\geqslant 0. \tag{47.18}$$

Denn für ein derartiges g ist $-g\leqslant 0$, also $p(-g)\leqslant 0$, wegen (47.17) somit auch $-F(g)=F(-g)\leqslant 0$ und daher $F(g)\geqslant 0$. Aus (47.18) ergibt sich nun aber in einer Zeile die Stetigkeit von F (s. Beweis von (56.12)).

$C_{\mathbf{C}}$ sei der komplexe Banachraum der stetigen komplexwertigen Funktionen auf $[0,2\pi]$, ausgestattet mit der kanonischen Maximumsnorm. Auf $C_{\mathbf{C}}$ definieren wir eine Funktion F_1 durch

$$F_1(g):=F(\operatorname{Re}g)+\mathrm{i}F(\operatorname{Im}g), \tag{47.19}$$

eine Funktion, die sich bereitwillig als eine stetige Linearform auf $C_{\mathbf{C}}$ zu erkennen gibt.

Als nächstes erklären wir für jedes feste $z\in D$ die Funktion $h_z\in C_{\mathbf{C}}$ durch

$$h_z(t):=\frac{\mathrm{e}^{\mathrm{i}t}+z}{\mathrm{e}^{\mathrm{i}t}-z}=1+\frac{2z\mathrm{e}^{-\mathrm{i}t}}{1-z\mathrm{e}^{-\mathrm{i}t}}.$$

Mit Hilfe der geometrischen Reihe erhält man die Entwicklung

$$h_z(t)=1+2\sum_{n=1}^{\infty}z^n\mathrm{e}^{-\mathrm{i}nt}=1+2\sum_{n=1}^{\infty}z^n(\cos nt-\mathrm{i}\sin nt) \tag{47.20}$$

oder also

$$h_z=1+2\sum_{n=1}^{\infty}z^n(u_n-\mathrm{i}v_n), \tag{47.21}$$

die bei festem $z\in D$ gleichmäßig auf $[0,2\pi]$ und damit im Sinne der Norm von $C_{\mathbf{C}}$ konvergiert. Infolgedessen kann man F_1 gliedweise auf (47.21) anwenden und erhält, wenn man neben der Definition (47.19) von F_1 noch (47.16) und (47.13) beachtet, die Gleichung

$$
\begin{aligned}
F_1(h_z) &= F_1(1) + 2\sum_{n=1}^{\infty} z^n F_1(u_n - \mathrm{i}v_n) \\
&= F_0(1) + 2\sum_{n=1}^{\infty} z^n (F_0(u_n) - \mathrm{i}F_0(v_n)) \\
&= a_0 + 2\sum_{n=1}^{\infty} z^n \frac{a_n + \mathrm{i}b_n}{2} = \sum_{n=0}^{\infty} z^n (a_n + \mathrm{i}b_n) - \mathrm{i}b_0 \\
&= f(z) - \mathrm{i}\,\mathrm{Im} f(0).
\end{aligned}
$$

Damit haben wir die Beziehung

$$
f(z) = \mathrm{i}\,\mathrm{Im} f(0) + F_1(h_z) = \mathrm{i}\,\mathrm{Im} f(0) + F(\mathrm{Re}\, h_z) + \mathrm{i}F(\mathrm{Im}\, h_z). \tag{47.22}
$$

Und nun ziehen wir vorgreifend den Rieszschen Darstellungssatz aus Beispiel 56.3 heran, der seinerseits eine Folge des Hahn-Banachschen Fortsetzungssatzes ist und den wir also ebensogut in der vorliegenden Nummer hätten unterbringen können (wir haben es nur der systematischen Geschlossenheit zuliebe nicht getan). Da F wegen (47.18) eine „positive" Linearform auf $C_{\mathbf{R}}$ ist, gibt es nach diesem Satz eine monoton wachsende Funktion $\alpha\colon [0, 2\pi] \to \mathbf{R}$ mit

$$
F(g) = \int_0^{2\pi} g(t)\,\mathrm{d}\alpha(t) \quad \text{für alle } g \in C_{\mathbf{R}} \quad (\text{s. } (56.13)).
$$

Infolgedessen ist

$$
\begin{aligned}
F(\mathrm{Re}\, h_z) + \mathrm{i}F(\mathrm{Im}\, h_z) &= \int_0^{2\pi} \mathrm{Re}\, h_z(t)\,\mathrm{d}\alpha(t) + \mathrm{i}\int_0^{2\pi} \mathrm{Im}\, h_z(t)\,\mathrm{d}\alpha(t) \\
&= \int_0^{2\pi} (\mathrm{Re}\, h_z(t) + \mathrm{i}\,\mathrm{Im}\, h_z(t))\,\mathrm{d}\alpha(t) = \int_0^{2\pi} h_z(t)\,\mathrm{d}\alpha(t),
\end{aligned}
$$

und mit (47.22) erhalten wir daraus nun endlich die behauptete Darstellung (47.8). ■

47.3 Hinweise auf weitere Anwendungen Schon Banach selbst hat die erstaunliche Anwendbarkeit seines Fortsetzungssatzes auf Probleme der Analysis erkannt; man schlage nur in seinem Buch von 1932 den Paragraphen 3 des Kapitels II auf, der die Überschrift trägt *Applications: généralisation des notions d'intégrale, de mesure et de limite.* Von weiteren Anwendungen wollen wir noch einen Beweis des Rungeschen Approximationssatzes erwähnen, den man bei Conway (1985), S. 86–88, findet, und eine Herleitung des Korovkinschen Konvergenzsatzes (und darauf fußend des Weierstraßschen Approximationssatzes) aus dem Rieszschen Darstellungssatz, den wir seinerseits in Nr. 56 mit Hilfe eines Hahn-Banach-Argumentes gewinnen werden; diese Dinge wollen wir in den Aufgaben 8 und 9 der Nr. 56 abhandeln.

Zahlreiche überraschende Anwendungen einer verschärften Version des Hahn-Banachschen Satzes auf tiefliegende Probleme der Analysis bringt König (1970).

Interessanterweise können der Hahn-Banachsche Fortsetzungssatz bzw. unmittelbare Folgerungen aus ihm (wie etwa die Trennungssätze) auch zur Lösung *technischer* und *wirtschaftlicher* Fragen herangezogen werden. Eine Anwendung auf die Steuerung von Raketen z. B. findet man in Wloka (1971), S. 118–122, eine andere auf die Bewertung von Investitionen in Ross (1978), und eine weitere auf das Verteilungsproblem in König (1982) - womit die Liste der möglichen Anwendungen jedoch keineswegs erschöpft ist.

Aufgaben

$^{+}$**1.** f sei eine auf $D:=\{z\in\mathbf{C}: |z|<1\}$ holomorphe Funktion mit $\mathrm{Re}f(z)\geqslant 0$ für alle $z\in D$ und $\mathrm{Re}f(0)=0$. Dann ist f eine Konstante.

$^{+}$**2. Ein Spezialfall des Rungeschen Approximationssatzes** Sei $T:=\{z\in\mathbf{C}: |z|=1\}$ und $A(T)$ die Menge derjenigen Funktionen f: $T\to\mathbf{C}$, die sich holomorph auf einen T enthaltenden Kreisring $\{z\in\mathbf{C}: \varrho_1(f)<|z|<\varrho_2(f),\ 0<\varrho_1(f)<1<\varrho_2(f)\}$ fortsetzen lassen. Zeige: Zu jedem $\varepsilon>0$ gibt es eine rationale Funktion r mit Polen in $\mathbf{C}\setminus T$ und $|f(z)-r(z)|<\varepsilon$ für alle $z\in T$.

Hinweis: Sei $R(T)$ die Menge derjenigen Funktionen g: $T\to\mathbf{C}$, die Einschränkungen (auf T) von rationalen Funktionen mit Polen in $\mathbf{C}\setminus T$ sind; es ist $R(T)\subset A(T)$. Mit $\|f\|_\infty:=\max\limits_{z\in T}|f(z)|$ wird $A(T)$ ein normierter Raum. Nach A 36.2 genügt es zu zeigen, daß jedes $\varphi\in(A(T))'$, das auf $R(T)$ verschwindet, die Nullform ist. Setze zu diesem Zweck φ zu einer stetigen Linearform Φ auf $C(T)$ fort. Für jedes $h\in C(T)$ ist $\Phi(h)=\int_T h\,d\mu$ (Vorgriff auf den Rieszschen Darstellungssatz - s. S. 319 - und leichte Adaption desselben). Für $f\in A(T)$ hat man $f(z)=\frac{1}{2\pi i}\int_\gamma\frac{f(\zeta)}{\zeta-z}\,d\zeta$ mit einer Kreislinie γ. Daraus ergibt sich eine Darstellung von $\varphi(f)$ durch ein Doppelintegral. Vertausche die Reihenfolge der Integrationen!

$^{+}$**3. Eine Bemerkung zum Rungeschen Approximationssatz** Die Klasse der Polynome ist nicht groß genug, um jedes $f\in A(T)$ (s. Aufgabe 2) beliebig gut (gleichmäßig auf T) zu approximieren. (Warum ist dies kein Widerspruch zum Weierstraßschen Approximationssatz? S. dazu Nr. 115 in Heuser II.)

Hinweis: Die Funktion $f(z):=\bar{z}$ $(z\in T)$ mit der holomorphen Fortsetzung $1/z$ $(z\neq 0)$ liegt in $A(T)$. Die Annahme, es gäbe ein Polynom p mit $\|f-p\|_\infty<1$, führt auf einen Widerspruch zum Maximumprinzip.

IX Bilinearsysteme und konjugierte Operatoren

48 Bilinearsysteme

Ist $K: E \to F$ eine endlichdimensionale lineare Abbildung $\neq 0$ der Vektorräume E, F und $\{y_1, \ldots, y_n\}$ eine Basis von $K(E)$, so kann man jedes Kx in der Form

$$Kx = \sum_{\nu=1}^{n} f_\nu(x) y_\nu \tag{48.1}$$

mit gewissen Linearformen f_ν darstellen (s. Schluß der Nr. 28). Natürlich kann man auch den Nulloperator auf die Form (48.1) bringen: man wähle etwa $n = 1$, nehme für y_1 irgendein Element von F und für f_1 die Nullform ($f_1(x) := 0$ für alle x). Umgekehrt wird durch (48.1) immer ein endlichdimensionaler Operator K dargestellt, wenn die $y_1, \ldots, y_n$ beliebige Elemente aus F und die $f_1, \ldots, f_n$ beliebige Linearformen auf E bedeuten. *Sind E und F normierte Räume und sind die Vektoren $y_1, \ldots, y_n$ in* (48.1) *linear unabhängig, so ist K genau dann stetig, wenn alle f_ν es sind* (Satz 28.5).

In vielen praktisch vorkommenden Fällen werden die Koeffizientenfunktionale f_ν in einfacher Weise von Elementen eines Vektorraumes E^+ „erzeugt". Betrachten wir etwa einen ausgearteten Kern

$$k(s,t) := \sum_{\nu=1}^{n} x_\nu(s) x_\nu^+(t)$$

mit Funktionen x_ν, x_ν^+, die auf $[a,b]$ stetig sind, und den zugehörigen Integraloperator $K: C[a,b] \to C[a,b]$, definiert durch

$$(Kx)(s) := \int_a^b k(s,t) x(t)\,\mathrm{d}t = \sum_{\nu=1}^{n} \left(\int_a^b x(t) x_\nu^+(t)\,\mathrm{d}t \right) \cdot x_\nu(s).$$

Die Koeffizientenfunktionale

$$f_\nu(x) := \int_a^b x(t) x_\nu^+(t)\,\mathrm{d}t \tag{48.2}$$

werden von den Funktionen $x_1^+, \ldots, x_n^+$ aus $E^+ := C[a,b]$ „erzeugt".

Als zweites Beispiel führen wir den Operator $K\colon \mathbf{K}^n \to \mathbf{K}^n$ vor, der mittels der Matrix $(\alpha_{\nu\mu})$ und der Einheitsvektoren $x_1, \ldots, x_n$ durch

$$Kx = K(\xi_1, \ldots, \xi_n) := \left(\sum_{\mu=1}^{n} \alpha_{1\mu}\xi_\mu, \ldots, \sum_{\mu=1}^{n} \alpha_{n\mu}\xi_\mu \right) = \sum_{\nu=1}^{n} \left(\sum_{\mu=1}^{n} \alpha_{\nu\mu}\xi_\mu \right) x_\nu$$

gegeben wird. Hier ist

$$f_\nu(x) = \sum_{\mu=1}^{n} \alpha_{\nu\mu}\xi_\mu\,; \tag{48.3}$$

die f_ν werden also von den Vektoren $x_\nu^+ := (\alpha_{\nu 1}, \ldots, \alpha_{\nu n})$ aus $E^+ := \mathbf{K}^n$ „erzeugt".

Das *Gemeinsame* an beiden Beispielen fällt sofort in die Augen: Es sind zwei Vektorräume E, E^+ über dem Skalarkörper $\mathbf{K}$ gegeben, und jedem Paar von Vektoren $x \in E$, $x^+ \in E^+$ ist ein Skalar $\langle x, x^+ \rangle$ zugeordnet – in unseren Beispielen ist

$$\langle x, x^+ \rangle = \int_a^b x(t)x^+(t)\,\mathrm{d}t \quad \text{bzw.} \quad = \sum_{\mu=1}^{n} \xi_\mu \xi_\mu^+\,; \tag{48.4}$$

diese skalarwertige Funktion $(x, x^+) \mapsto \langle x, x^+ \rangle$ auf $E \times E^+$ ist **bilinear** oder eine **Bilinearform**, d.h. in beiden Veränderlichen linear:

$$\begin{aligned} \langle x+y, x^+ \rangle &= \langle x, x^+ \rangle + \langle y, x^+ \rangle, & \langle \alpha x, x^+ \rangle &= \alpha \langle x, x^+ \rangle, \\ \langle x, x^+ + y^+ \rangle &= \langle x, x^+ \rangle + \langle x, y^+ \rangle, & \langle x, \alpha x^+ \rangle &= \alpha \langle x, x^+ \rangle. \end{aligned}$$

Mittels einer solchen Bilinearform und geeigneter Vektoren x_ν in E, x_ν^+ in E^+ lassen sich dann die oben betrachteten Integral- und Matrixoperatoren K jedenfalls rein äußerlich auf ein und dieselbe Gestalt

$$Kx = \sum_{\nu=1}^{n} \langle x, x_\nu^+ \rangle x_\nu \tag{48.5}$$

bringen.

Ist auf $E \times E^+$ eine Bilinearform definiert, so nennen wir das Vektorraumpaar (E, E^+) ein **Bilinearsystem** bezüglich dieser Bilinearform; den letzten Zusatz lassen wir meistens weg, sprechen also für gewöhnlich einfach von dem Bilinearsystem (E, E^+) und bezeichnen die definitionsgemäß vorhandene Bilinearform auf $E \times E^+$ – oder vielmehr ihre Werte – dann immer mit $\langle x, x^+ \rangle$.

Der Begriff des Bilinearsystems wird sich – besonders in der etwas engeren Form des Dualsystems – als einer der beherrschenden Begriffe der Funktionalanalysis erweisen. Wir wollen noch einige Beispiele betrachten.

48.1 Beispiel Jedes Paar (E, E^+) von Vektorräumen ist ein Bilinearsystem bezüglich der **trivialen Bilinearform** $\langle x, x^+ \rangle := 0$ für alle (x, x^+).

48.2 Beispiel Ist r die kleinere der natürlichen Zahlen m, n und wird $(\alpha_1, \ldots, \alpha_r)$ beliebig gewählt, so ist $(\mathbf{K}^m, \mathbf{K}^n)$ ein Bilinearsystem bezüglich der Bilinearform

$$\langle x,x^+\rangle := \sum_{\nu=1}^{r} \alpha_\nu \xi_\nu \xi_\nu^+ \, ; \tag{48.6}$$

für $r=m=n$ und $\alpha_1=\cdots=\alpha_n=1$ erhält man gerade die zweite der Bilinearformen in (48.4).

48.3 Beispiel Sei $P[a,b]$ der Vektorraum aller Polynome auf $[a,b]$ und $w\in C[a,b]$. Dann sind $(C[a,b], P[a,b])$ und $(C[a,b], C[a,b])$ Bilinearsysteme bezüglich der Bilinearform

$$\langle x,x^+\rangle := \int_a^b w(t)x(t)x^+(t)\,dt\,; \tag{48.7}$$

für $w(t)\equiv 1$ auf $[a,b]$ erhält man gerade die erste der Bilinearformen in (48.4).

48.4 Beispiel $(C[a,b], BV[a,b])$ ist ein Bilinearsystem bezüglich der Bilinearform

$$\langle x,x^+\rangle := \int_a^b x(t)\,dx^+(t)\,. \tag{48.8}$$

48.5 Beispiel Sei $1<p,q<\infty$ und $\frac{1}{p}+\frac{1}{q}=1$. Dann ist (l^p,l^q) ein Bilinearsystem bezüglich der Bilinearform

$$\langle x,x^+\rangle := \sum_{\nu=1}^{\infty} \xi_\nu \xi_\nu^+ \,. \tag{48.9}$$

Die Konvergenz der Reihe folgt aus der Hölderschen Ungleichung.

48.6 Beispiel Sei E ein Vektorraum und E^+ ein beliebiger *Unterraum von* E^*, dem Raum *aller* Linearformen auf E. (E, E^+) wird ein Bilinearsystem durch die kanonische Bilinearform

$$\langle x,x^+\rangle := x^+(x)\,. \tag{48.10}$$

Ist x^* eine Linearform auf E, so bedeute hinfort $\langle x,x^*\rangle$ wie in (48.10) *immer den Wert von x^* an der Stelle x* – auch ohne daß wir ausdrücklich von einem Bilinearsystem reden. Die *Beschränktheit* einer Linearform x^* auf einem normierten Raum E drückt sich dann durch die Ungleichung $|\langle x,x^*\rangle|\leq \|x\|\,\|x^*\|$ für alle $x\in E$ aus.
Der Begriff des Bilinearsystems ist *symmetrisch: Wenn (E, E^+) ein Bilinearsystem bezüglich der Bilinearform $\langle x,x^+\rangle$ ist, so ist (E^+, E) ein Bilinearsystem bezüglich*

$$\langle x^+,x\rangle := \langle x,x^+\rangle\,; \tag{48.11}$$

dies ist die kanonische Bilinearform für (E^+, E); *wir verwenden sie immer dann, wenn nicht ausdrücklich etwas anderes gesagt wird.*

Beispiel 48.6 ist für unsere Zwecke besonders wichtig. In Verbindung mit (48.1) zeigt es, daß es zu *jedem* endlichdimensionalen Operator $K: E \to F$ stets ein Bilinearsystem (E, E^+) gibt - z. B. (E, E^*) -, so daß mit geeigneten Vektoren $y_1, \ldots, y_n$ aus F und $x_1^+, \ldots, x_n^+$ aus E^+ für alle x in E die Darstellung

$$Kx = \sum_{\nu=1}^{n} \langle x, x_\nu^+ \rangle y_\nu \tag{48.12}$$

besteht. Umgekehrt ist ein durch (48.12) definierter Operator offenbar von endlichem Rang. *Falls $K \neq 0$ ist, darf man sich die Vektoren $x_1^+, \ldots, x_n^+$ ebenso wie die Vektoren $y_1, \ldots, y_n$* linear unabhängig *denken* (s. Aufgabe 3).

Aufgaben

1. Ist (E, E^+) ein vorgegebenes Bilinearsystem, so wird man i. allg. nicht jeden endlichdimensionalen Operator $K: E \to F$ mittels (E, E^+) in der Form (48.12) darstellen können.

2. Die Menge aller Selbstabbildungen von E, die mittels eines gegebenen Bilinearsystems (E, E^+) in der Form (48.12) geschrieben werden können, ist eine Algebra.

***3.** Zeige, daß man in (48.12) die Vektoren $x_1^+, \ldots, x_n^+$ und die Vektoren $y_1, \ldots, y_n$ *linear unabhängig* wählen kann, falls $K \neq 0$ ist.
Hinweis: Ist etwa $y_n = \alpha_1 y_1 + \cdots + \alpha_{n-1} y_{n-1}$, so hat man $Kx = \sum_{\nu=1}^{n-1} \langle x, x_\nu^+ + \alpha_\nu x_n^+ \rangle y_\nu$; so fortfahrend reduziere man die Zahl der Summenglieder, bis die verbleibenden y_ν linear unabhängig sind. Ähnlich kann man weiter reduzieren, falls dann noch die in $\langle .,. \rangle$ auftretenden Vektoren aus E^+ linear abhängig sind.

+4. Die *normierten* Räume E, E^+ mögen ein Bilinearsystem mit der Bilinearform $\langle x, x^+ \rangle$ bilden. Die Bilinearform heißt stetig, wenn aus $x_n \to x$, $x_n^+ \to x^+$ stets $\langle x_n, x_n^+ \rangle \to \langle x, x^+ \rangle$ folgt; sie heißt beschränkt, wenn es eine Konstante $\gamma > 0$ gibt, so daß $|\langle x, x^+ \rangle| \leqslant \gamma \|x\| \|x^+\|$ für alle $x \in E$, $x^+ \in E^+$ ist. Zeige, daß genau die beschränkten Bilinearformen stetig sind.

5. Vgl. innere Produkte, Sesquilinearformen (s. A 26.2) und Bilinearformen.

49 Dualsysteme

Ist (E, E^+) ein Bilinearsystem, so erzeugt jedes x^+ vermöge

$$f_{x^+}(x) := \langle x, x^+ \rangle \tag{49.1}$$

eine Linearform f_{x^+} auf E. Die Zuordnung $x^+ \mapsto f_{x^+}$ ist offenbar eine lineare Abbildung A von E^+ in den Vektorraum E^* aller Linearformen auf E. Genau dann erzeugen *verschiedene* Elemente von E^+ *verschiedene* Linearformen, wenn aus $Ax^+ = 0$ - also aus $\langle x, x^+ \rangle = 0$ für alle x - folgt, daß auch $x^+ = 0$ ist. In diesem

Falle ist E^+ isomorph zu dem Teilraum $A(E^+)$ von E^*, kann also mit ihm identifiziert werden. Ganz entsprechend erzeugt jedes x in E vermöge

$$F_x(x^+) := \langle x, x^+\rangle \tag{49.2}$$

eine Linearform F_x auf E^+, und die Zuordnung $x \mapsto F_x$ ist genau dann eine isomorphe Abbildung von E in $(E^+)^*$, wenn aus $\langle x, x^+\rangle = 0$ für alle x^+ folgt, daß x verschwindet.

Wir nennen ein Bilinearsystem (E, E^+)
- Linksdualsystem, wenn aus $\langle x, x^+\rangle = 0$ für alle $x \in E$ folgt, daß $x^+ = 0$ ist,
- Rechtsdualsystem, wenn aus $\langle x, x^+\rangle = 0$ für alle $x^+ \in E^+$ folgt, daß $x = 0$ ist,
- Dualsystem, wenn es ein Links- *und* ein Rechtsdualsystem ist.

Dualsysteme sind symmetrisch: Mit (E, E^+) ist auch (E^+, E) ein Dualsystem.

Nehmen wir die oben beschriebenen Identifizierungen vor, *so ist im Falle eines Linksdualsystems jedes $x^+ \in E^+$ eine Linearform auf E mit den Werten*

$$x^+(x) := \langle x, x^+\rangle, \quad x \in E. \tag{49.3}$$

Im Falle eines Rechtsdualsystems ist jedes $x \in E$ eine Linearform auf E^+; sie ist definiert durch

$$x(x^+) := \langle x, x^+\rangle, \quad x^+ \in E^+. \tag{49.4}$$

Man beachte, daß wir E^+ mit einem Teilraum von E^* bzw. E mit einem Teilraum von $(E^+)^*$ nur vermittels der kanonischen Einbettung

$$x^+ \mapsto f_{x^+} \quad \text{bzw.} \quad x \mapsto F_x \tag{49.5}$$

identifizieren, nicht mit Hilfe eines anderen vielleicht noch vorhandenen Isomorphismus. Mit anderen Worten: *x^+ als Linearform auf E bzw. x als Linearform auf E^+ aufzufassen, bedeutet* immer, *die Definition* (49.3) *bzw.* (49.4) *zu verwenden.*

Im weiteren werden wir mehrfach mit Vorteil von dem nun folgenden Hilfssatz Gebrauch machen.

49.1 Hilfssatz *Sind $f, f_1, \ldots, f_n$ Linearformen auf E und gilt*

$$\bigcap_{\nu=1}^{n} N(f_\nu) \subset N(f), \tag{49.6}$$

folgt also aus $f_1(x) = \cdots = f_n(x) = 0$ stets $f(x) = 0$, so ist f eine Linearkombination der $f_1, \ldots, f_n$.

Beweis. O. B. d. A. nehmen wir an, daß die $f_1, \ldots, f_n$ linear unabhängig sind, und führen nun den Beweis durch Induktion. Sei zunächst $n = 1$. Da dann $f_1 \neq 0$ ist, gibt es ein x_1 mit $f_1(x_1) \neq 0$. Offenbar liegt für jedes $x \in E$ der Vektor $y_x := x - (f_1(x)/f_1(x_1))x_1$ in $N(f_1)$, daher kann x in der Form

$$x = \frac{f_1(x)}{f_1(x_1)} x_1 + y_x \quad \text{mit } y_x \in N(f_1) \tag{49.7}$$

dargestellt werden.[1] Da nach Voraussetzung $f(y_x)$ verschwindet, folgt nun $f(x) = (f(x_1)/f_1(x_1)) f_1(x)$, also $f = \alpha f_1$. Nun nehmen wir an, der Hilfssatz sei für je $n-1$ linear unabhängige Linearformen schon bewiesen. Dann ist $\bigcap\limits_{\substack{\nu=1\\ \nu\neq\mu}}^{n} N(f_\nu)$ keine Teilmenge von $N(f_\mu)$, weil andernfalls nach Induktionsvoraussetzung f_μ eine Linearkombination der restlichen Linearformen wäre, im Widerspruch zur linearen Unabhängigkeit der $f_1, \ldots, f_n$. Es gibt also für jedes μ ein x_μ mit $f_\nu(x_\mu) = 0$ für $\nu \neq \mu$ und $f_\mu(x_\mu) \neq 0$ - aus Homogenitätsgründen dürfen wir sogar $f_\mu(x_\mu) = 1$ annehmen. Für jedes x liegt offenbar $y_x := x - \sum\limits_{\nu=1}^{n} f_\nu(x) x_\nu$ in $\bigcap\limits_{\nu=1}^{n} N(f_\nu)$, wegen (49.6) also auch in $N(f)$, so daß $f(x) = \sum\limits_{\nu=1}^{n} f(x_\nu) f_\nu(x)$, also $f = \sum\limits_{\nu=1}^{n} f(x_\nu) f_\nu$ ist. ■

49.2 Satz *Das Bilinearsystem* (E, E^+) *ist genau dann ein* Links*dualsystem, wenn zu endlich vielen linear unabhängigen Vektoren* $x_1^+, \ldots, x_n^+$ *aus* E^+ *stets Vektoren* $x_1, \ldots, x_n$ *aus E mit*

$$\langle x_i, x_k^+ \rangle = \delta_{ik} \quad \text{für } i, k = 1, \ldots, n \tag{49.8}$$

existieren; es ist genau dann ein Rechts*dualsystem, wenn es zu endlich vielen linear unabhängigen Vektoren* $x_1, \ldots, x_n$ *aus E stets Vektoren* $x_1^+, \ldots, x_n^+$ *aus* E^+ *gibt, so daß* (49.8) *gilt. Die so bestimmten Elemente* $x_1, \ldots, x_n$ *bzw.* $x_1^+, \ldots, x_n^+$ *sind linear unabhängig.*

Den Beweis brauchen wir nur für ein *Links*dualsystem zu führen, weil (E, E^+) genau dann ein Rechtsdualsystem ist, wenn (E^+, E) ein Linksdualsystem ist. Sei also (E, E^+) ein Linksdualsystem. Dann sind die linear unabhängigen *Vektoren* $x_1^+, \ldots, x_n^+$ aus E^+ auch linear unabhängige *Linearformen* auf E gemäß der Definition (49.3). Die Elemente $x_1, \ldots, x_n$, die (49.8) genügen, können nun wegen Hilfssatz 49.1 ebenso konstruiert werden, wie dies im Beweis desselben schon geschehen ist. Sie sind linear unabhängig; denn aus $\alpha_1 x_1 + \cdots + \alpha_n x_n = 0$ folgt wegen (49.8)

$$\alpha_k = \langle \alpha_1 x_1 + \cdots + \alpha_k x_k + \cdots + \alpha_n x_n, x_k^+ \rangle = \langle 0, x_k^+ \rangle = 0 \quad \text{für } k = 1, \ldots, n.$$

Nun gelte, kurz gesagt, (49.8). Dann gibt es insbesondere zu jedem $x^+ \neq 0$ in E^+ ein x in E mit $\langle x, x^+ \rangle = 1$, also ist (E, E^+) ein Linksdualsystem. ■

Für jeden Unterraum E^+ *von* E^* *ist* (E, E^+) *ein Linksdualsystem,* weil eine Linearform genau dann die Nullform ist, wenn sie identisch verschwindet. (E, E^+) braucht aber kein Rechtsdualsystem zu

[1] Diese Tatsache hatten wir schon auf ganz andere Weise in A 37.3 festgestellt.

sein, wie man mittels „kleiner" Räume E^+ leicht sehen kann. E^* selbst enthält jedoch genügend viele Linearformen, um (E, E^*) zu einem Rechtsdualsystem zu machen, wie wir in kurzem erfahren werden.

49.3 Satz *Ist $\{x_\lambda : \lambda \in L\}$ eine Basis des nichttrivialen Vektorraumes E, so gibt es genau eine Linearform f auf E, die an den Stellen x_λ beliebig vorgeschriebene Werte α_λ annimmt.*

Zum Beweis stellen wir jedes x aus E in der Form $\sum_{\lambda \in L} \xi_\lambda x_\lambda$ mit eindeutig bestimmten ξ_λ dar, von denen höchstens endlich viele $\neq 0$ sind, und definieren f durch $f(x) := \sum_{\lambda \in L} \alpha_\lambda \xi_\lambda$. f ist offenbar die einzige Linearform, die das Gewünschte leistet. ■

49.4 Satz *(E, E^*) ist ein Dualsystem.*

Es genügt zu zeigen, daß es zu jedem $x_0 \neq 0$ in E ein $f \in E^*$ mit $f(x_0) \neq 0$ gibt. Dazu erweitert man gemäß Satz 7.1 $\{x_0\}$ zu einer Basis von E und weiß nun nach Satz 49.3, daß ein $f \in E^*$ mit $f(x_0) = 1$ vorhanden ist. ■

Aufgrund dieses Satzes *können wir E als Unterraum von $E^{**} := (E^*)^*$, dem Vektorraum aller Linearformen auf E^* auffassen: das Element x aus E wird durch*

$$x(f) := f(x) \quad \text{für } f \in E^*$$

zu einer Linearform auf E^* (s. (49.4)). Und schließlich lehrt Satz 49.4 in Verbindung mit (48.12), daß es *zu jedem endlichdimensionalen Operator $K: E \to F$ sogar stets ein* Dualsystem *(E, E^+) gibt – z. B. (E, E^*) –, mit dem für alle $x \in E$ gilt:*

$$Kx = \sum_{\nu=1}^{n} \langle x, x_\nu^+ \rangle y_\nu. \tag{49.9}$$

In den Anwendungen ist es gerade interessant, daß man für die Darstellung von K häufig nicht das wenig handliche System (E, E^*) zu nehmen braucht, sondern sich anderer Systeme (E, E^+) bedienen kann, bei denen die Elemente von E^+ *explizit* bekannt sind, z. B. $(C[a,b], C[a,b])$ im Falle der in Nr. 48 besprochenen Integraltransformation mit ausgeartetem Kern. Für einige normierte Räume E lassen sich die *stetigen* Linearformen genau angeben, so daß in diesen Fällen die Verwendung des Systems (E, E') vorteilhaft sein kann. Und glücklicherweise gilt, wie ein einziger Blick auf Satz 36.4 lehrt, der fundamentale

49.5 Satz *(E, E') ist für jeden normierten Raum E ein Dualsystem.*

Bei p-normierten Räumen (s. A 9.12) liegen übrigens die Dinge in beunruhigender Weise anders. Z. B. gibt es auf $L^p(a, b)$ mit $0 < p < 1$ nur eine einzige stetige Linearform – nämlich die triviale (s. Köthe (1966), S. 161).

Aufgaben

1. Prüfe, welche der Bilinearsysteme in den Beispielen 48.1 bis 48.5 Linksdual- bzw. Rechtsdual- bzw. Dualsysteme sind.

2. Sei $E=l^\infty$ oder $=(s)$. Konstruiere ein Dualsystem (E,E^+).

3. Zu den auf $[a,b]$ stetigen und linear unabhängigen Funktionen $x_1,\ldots,x_n$ gibt es ebensolche Funktionen $y_1,\ldots,y_n$, so daß $\int\limits_a^b x_i(t)y_k(t)\,\mathrm{d}t=\delta_{ik}$ für $i,k=1,\ldots,n$ ist.

4. Sind $f_1,\ldots,f_n$ linear unabhängige Linearformen auf E, so besitzt das Gleichungssystem $f_k(x)=\xi_k$ $(k=1,\ldots,n)$ für jede rechte Seite eine Lösung x in E.

***5.** Wird der endlichdimensionale Operator $K\colon E\to F$ mit Hilfe eines Dualsystems oder auch nur eines Linksdualsystems (E,E^+) in der Form (49.9) mit linear unabhängigen Vektoren $x_1^+,\ldots,x_n^+$ dargestellt, so ist $K(E)=[y_1,\ldots,y_n]$.

+6. Ist (E,E^+) ein Dualsystem - oder auch nur ein Rechtsdualsystem - und sind $x_1,\ldots,x_n$ linear unabhängige Vektoren aus E, $y_1,\ldots,y_n$ beliebige Vektoren aus F, so gibt es stets einen endlichdimensionalen Operator $K\colon E\to F$ der Form (49.9) mit $Kx_\nu=y_\nu$ für $\nu=1,\ldots,n$.

7. Sei E der p-normierte Raum l^p $(0<p<1$; s. A 9.12) und E' der Vektorraum seiner stetigen Linearformen. Zeige, daß (E,E') ein Dualsystem ist (vgl. die Bemerkung über $L^p(a,b)$ am Ende dieser Nummer).

***8.** Sind die Linearformen $f_1,\ldots,f_n$ aus E^* linear unabhängig, so ist $\operatorname{codim}\bigcap\limits_{\nu=1}^{n}N(f_\nu)=n$ (Hinweis: Betrachte den Vektor y_x gegen Ende des Beweises von Hilfssatz 49.1). Ist umgekehrt F ein Unterraum von E mit der Kodimension n, so gibt es linear unabhängige Linearformen $f_1,\ldots,f_n$ auf E, mit denen $F=\bigcap\limits_{\nu=1}^{n}N(f_\nu)$ ist.

***9.** Sei $\{x_\lambda\colon\lambda\in L\}$ eine Basis des Vektorraumes E über $\mathbf{K}$ und f durchlaufe E^*. Die Zuordnung $f\mapsto(f(x_\lambda)\colon\lambda\in L)$ ist ein Isomorphismus von E^* auf den Produktraum $\prod\limits_{\lambda\in L}\mathbf{K}_\lambda$ mit $\mathbf{K}_\lambda:=\mathbf{K}$.

10. $\mathbf{K}^n$ ist isomorph zu seinem algebraischen Dual $(\mathbf{K}^n)^*$.

11. Wir wissen, daß im Sinne der kanonischen Einbettung $x\mapsto F_x$ (s. (49.5)) $E\subset E^{**}$ ist. Genau dann ist $E=E^{**}$, wenn E endliche Dimension besitzt.

+12. Ist f_0 eine Linearform auf dem echten Unterraum F von E, so gibt es eine Linearform f auf E mit $f_0(x)=f(x)$ für alle x in F (Fortsetzungssatz für Linearformen).
Hinweis: Erweitere eine Basis von F zu einer Basis von E.

***13.** (E,E^+) ist ein Linksdualsystem, wenn aus $\langle x,x^+\rangle=\langle x,y^+\rangle$ für alle $x\in E$ stets $x^+=y^+$ folgt, dagegen ein Rechtsdualsystem, wenn $\langle x,x^+\rangle=\langle y,x^+\rangle$ für alle $x^+\in E^+$ stets $x=y$ nach sich zieht.

+14. Eine Linearform f auf der Algebra E heißt multiplikativ, wenn $f(xy)=f(x)f(y)$ für alle $x,y\in E$ ist. Zeige: Zwei multiplikative Linearformen auf E sind genau dann gleich, wenn ihre Nullräume übereinstimmen.
Hinweis: Hilfssatz 49.1.

15. Sei (E,F) ein Bilinearsystem bezüglich der Bilinearform $\langle x,y\rangle$ und $N:=\{v\in F: \langle x,v\rangle=0$ für alle $x\in E\}$; N ist offensichtlich ein Unterraum von F. Zeige nun, daß auf $E\times(F/N)$ durch $[x,\hat{y}]:=\langle x,z\rangle$ $(z\in\hat{y}$ beliebig) völlig unzweideutig eine Bilinearform erklärt wird, die $(E,F/N)$ zu einem *Links*dualsystem macht. Ganz entsprechend kann man aus (E,F) natürlich auch ein *Rechts*dualsystem gewinnen.

50 Konjugierte Operatoren

Bilinearsysteme rühmen sich keineswegs nur der mäßigen Leistung, endlichdimensionale Abbildungen darstellen zu können. Ungleich glanzvoller ist ihre Rolle bei dem Studium allgemeiner Operatorengleichungen $Ax=y$. Vorbereitend erinnern wir an einen bekannten Satz aus der Theorie der linearen Gleichungssysteme, den wir übrigens noch in viel allgemeinerer Form beweisen werden (s. Satz 50.2; vgl. auch A 4.1):

Das Gleichungssystem

$$\sum_{k=1}^{n}\alpha_{ik}\xi_k=\eta_i \quad (i=1,\ldots,n) \tag{50.1}$$

ist genau dann lösbar, wenn

$$\sum_{i=1}^{n}\eta_i\xi_i^+=0 \tag{50.2}$$

ist für alle Lösungen $(\xi_1^+,\ldots,\xi_n^+)$ *des* transponierten homogenen *Systems*

$$\sum_{i=1}^{n}\alpha_{ik}\xi_i^+=0 \quad (k=1,\ldots,n). \tag{50.3}$$

Die Matrix

$$A^+:=\begin{pmatrix}\alpha_{11}\alpha_{21}\cdots\alpha_{n1}\\ \cdots\cdots\cdots\cdots\\ \alpha_{1n}\alpha_{2n}\cdots\alpha_{nn}\end{pmatrix}$$

des Systems (50.3) entsteht aus der Matrix

$$A:=\begin{pmatrix}\alpha_{11}\alpha_{12}\cdots\alpha_{1n}\\ \cdots\cdots\cdots\cdots\\ \alpha_{n1}\alpha_{n2}\cdots\alpha_{nn}\end{pmatrix}$$

des Systems (50.1) durch Spiegelung an der Hauptdiagonale; wir können jedoch diese „Transposition“ von A in einer Weise beschreiben, die für *beliebige* Operatoren und nicht nur für Matrizen sinnvoll ist. Betrachten wir nämlich das Bilinearsystem $(\mathbf{K}^n, \mathbf{K}^n)$ mit $\langle x,x^+\rangle := \sum_{i=1}^{n} \xi_i \xi_i^+$, so ist für alle x,x^+

$$\langle Ax,x^+\rangle = \sum_{i=1}^{n}\left(\sum_{k=1}^{n} \alpha_{ik}\xi_k\right)\xi_i^+ = \sum_{k=1}^{n}\left(\sum_{i=1}^{n} \alpha_{ik}\xi_i^+\right)\xi_k = \langle x, A^+x^+\rangle\,; \tag{50.4}$$

übrigens ist leicht zu sehen, daß A^+ durch diese Beziehung *eindeutig* bestimmt ist. Den obigen Lösungssatz können wir nun kürzer so formulieren:

Die Gleichung $Ax = y$ ist genau dann lösbar, wenn $\langle y,x^+\rangle = 0$ ist für alle Lösungen x^+ der Gleichung $A^+x^+ = 0$.

Ist A ein Endomorphismus des ***beliebigen*** Vektorraumes E, so wird man das Lösungsverhalten der Gleichung $Ax = y$ in ähnlicher Weise zu beschreiben versuchen: Man wird ein Bilinearsystem (E, E^+) heranziehen, wird prüfen, ob es eine lineare Selbstabbildung A^+ von E^+ gibt, so daß wie in (50.4) stets $\langle Ax,x^+\rangle = \langle x, A^+x^+\rangle$ ist, und ob mit diesem A^+ ein Lösungssatz wie der obige gilt. Dieses Programm ist leicht durchführbar, wenn wir das Dualsystem (E, E^*) verwenden. Für jedes feste x^* in E^* ist nämlich $x \mapsto \langle Ax,x^*\rangle$ wieder eine Linearform auf E, die wir mit A^*x^* bezeichnen und für die definitionsgemäß gilt:

$$\langle Ax,x^*\rangle = (A^*x^*)(x) = \langle x, A^*x^*\rangle \quad \text{für alle } x \in E.$$

A^* ist eine lineare Selbstabbildung von E^*; denn für alle x in E und alle x^*,y^* in E^* haben wir

$$\begin{aligned}\langle x, A^*(x^*+y^*)\rangle &= \langle Ax, x^*+y^*\rangle = \langle Ax,x^*\rangle + \langle Ax,y^*\rangle \\ &= \langle x, A^*x^*\rangle + \langle x, A^*y^*\rangle = \langle x, A^*x^* + A^*y^*\rangle,\end{aligned}$$

und da (E,E^*) ein Linksdualsystem ist, folgt daraus $A^*(x^*+y^*) = A^*x^* + A^*y^*$. Entsprechend sieht man, daß $A^*(\alpha x^*) = \alpha A^*x^*$ sein muß.

A^* wird durch die Gleichung

$$\langle Ax,x^*\rangle = \langle x, A^*x^*\rangle \quad \text{für alle } x \text{ in } E \text{ und alle } x^* \text{ in } E^* \tag{50.5}$$

eindeutig bestimmt. Ist nämlich für irgendeine Selbstabbildung B von E^* stets $\langle Ax,x^*\rangle = \langle x, Bx^*\rangle$, so haben wir $\langle x, Bx^*\rangle = \langle x, A^*x^*\rangle$, und da (E,E^*) ein Linksdualsystem ist, muß $Bx^* = A^*x^*$ für alle x^* in E^*, also $B = A^*$ sein.

Die durch (50.5) eindeutig bestimmte lineare Selbstabbildung A^* von E^* nennen wir die zu $A: E \to E$ algebraisch duale Abbildung (Transformation, Operator).

In der Tat können wir nun mit Hilfe der algebraisch dualen Transformation einen Lösungssatz für die Gleichung $Ax = y$ aussprechen, der sich in nichts von dem oben formulierten unterscheidet. Für seinen Beweis benötigen wir den folgenden

50.1 Satz *Ist F ein echter Unterraum des Vektorraumes E und liegt y nicht in F, so gibt es eine Linearform f auf E, die in allen Punkten von F verschwindet und in y den Wert* 1 *annimmt.*

Ist nämlich $\{x_\lambda : \lambda \in L\}$ eine Basis von F, so ist $\{x_\lambda : \lambda \in L\} \cup \{y\}$ eine linear unabhängige Menge, läßt sich also nach Satz 7.1 zu einer Basis von E erweitern. Nach Satz 49.3 gibt es nun eine Linearform f auf E mit $f(x_\lambda)=0$ für alle $\lambda \in L$ und $f(y)=1$. f leistet das Verlangte. ■

50.2 Satz *Für jeden Endomorphismus A des Vektorraumes E ist die Gleichung*

$$Ax = y \quad (y \in E) \tag{50.6}$$

genau dann in E lösbar, wenn gilt:

$$\langle y, x^* \rangle = 0 \quad \textit{für alle Lösungen } x^* \textit{ der Gleichung } \quad A^* x^* = 0\,; \tag{50.7}$$

dabei ist $\langle x, x^* \rangle$ *die kanonische Bilinearform des Dualsystems* (E, E^*).

Beweis. Sei (50.6) lösbar (etwa durch $x = x_0$) und $A^* x^* = 0$. Dann ist $\langle y, x^* \rangle = \langle A x_0, x^* \rangle = \langle x_0, A^* x^* \rangle = \langle x_0, 0 \rangle = 0$. (50.7) ist also eine *notwendige* Lösbarkeitsbedingung. Nun gelte (50.7) für ein gewisses y in E. Wäre (50.6) *nicht* auflösbar, läge also y *nicht* in dem Unterraum $A(E)$, so gäbe es nach Satz 50.1 ein x^* in E^* mit

$$\langle x, A^* x^* \rangle = \langle Ax, x^* \rangle = 0 \quad \text{für alle } x \text{ in } E, \qquad \text{aber} \quad \langle y, x^* \rangle = 1\,.$$

Da (E, E^*) ein Linksdualsystem ist, folgt aus der ersten dieser Gleichungen $A^* x^* = 0$. Wegen (50.7) ist also $\langle y, x^* \rangle = 0$, im Widerspruch zu $\langle y, x^* \rangle = 1$. (50.6) muß also doch auflösbar sein. ■

Dieser Satz ist theoretisch überaus befriedigend – *praktisch jedoch fast wertlos.* Denn um ihn anwenden zu können, müßte man die Linearformen auf E beherrschen. Dazu ist man gewiß dann in der Lage, wenn man eine Basis von E kennt (s. Satz 49.3). Aber Basen können wir nur in betrüblich wenigen Räumen explizit angeben, so sehr sie auch vorhanden sein mögen. Wir sollten uns deshalb nicht mit Satz 50.2 zufrieden geben, sondern unverdrossen prüfen, ob wir nicht ähnliche Sätze unter Benutzung *anderer* Bilinearsysteme (E, E^+) beweisen können, bei denen die Elemente von E^+ *explizit bekannt* sind. Die folgende Definition des konjugierten Operators ist die Grundlage für solche Untersuchungen:

Ist (E, E^+) ein Bilinearsystem und gibt es zu dem linearen Operator $A: E \to E$ einen linearen Operator $A^+: E^+ \to E^+$ mit

$$\langle Ax, x^+ \rangle = \langle x, A^+ x^+ \rangle \quad \text{für alle } x \text{ in } E \text{ und } x^+ \text{ in } E^+, \tag{50.8}$$

so wird A konjugierbar und A^+ ein zu A konjugierter Operator oder eine Konjugierte von A genannt.

Der größeren Genauigkeit wegen werden wir A meistens E^+-konjugierbar und A^+ einen E^+-konjugierten Operator (eine E^+-Konjugierte) nennen.

Besitzt A eine E^+-Konjugierte A^+, so ist A seinerseits E-konjugiert zu A^+, wobei wir das Bilinearsystem (E^+,E) mit seiner kanonischen Bilinearform (48.11) versehen haben. Ferner sieht man genau wie bei der Betrachtung der algebraisch dualen Transformation, *daß es im Falle eines* Linksdualsystems (E,E^+) *höchstens* einen *konjugierten Operator* A^+ *zu* A *geben kann und daß dann die Linearität von* A^+ *nicht ausdrücklich gefordert zu werden braucht*; sie wird bereits durch (50.8) erzwungen. *In einem* Dualsystem *bestimmen sich also* A *und* A^+ *wechselseitig eindeutig.*

50.3 Beispiel A^* ist die einzige E^*-Konjugierte von $A\in\mathscr{S}(E)$.

50.4 Beispiel Sei A ein *stetiger* Endomorphismus des normierten Raumes E. Bedeutet A' die Einschränkung von A^* auf E', so gilt für alle x in E und x' in E'

$$|(A'x')(x)|=|\langle x,A'x'\rangle|=|\langle Ax,x'\rangle|=|x'(Ax)|\leqslant\|x'\|\;\|Ax\|\leqslant\|x'\|\;\|A\|\;\|x\|,$$

also ist die Linearform $A'x'$ wieder stetig, d.h., A' bildet den Dual E' in sich ab und ist daher die (eindeutig bestimmte) E'-Konjugierte von A. Ferner folgt $\|A'x'\|\leqslant\|A\|\;\|x'\|$, daher ist *$A'$ selbst wieder stetig und* $\|A'\|\leqslant\|A\|$. *Ja es gilt sogar*

$$\|A'\|=\|A\|. \tag{50.9}$$

Zu jedem x mit $Ax\neq 0$ gibt es nämlich nach Satz 36.4 ein $x'\in E'$ mit $\langle Ax,x'\rangle=\|Ax\|$ und $\|x'\|=1$. Damit ist

$$\|Ax\|=\langle Ax,x'\rangle=\langle x,A'x'\rangle\leqslant\|A'x'\|\;\|x\|\leqslant\|A'\|\;\|x'\|\;\|x\|=\|A'\|\;\|x\|,$$

und da diese Ungleichung trivialerweise auch im Falle $Ax=0$ gilt, muß $\|A\|\leqslant\|A'\|$ sein. ■

In Nr. 57 werden wir sehen, *daß einzig und allein die* stetigen *Endomorphismen von E E'-konjugierbar sind.*

Der für stetiges A durch

$$\langle Ax,x'\rangle=\langle x,A'x'\rangle \quad (x\in E, x'\in E') \tag{50.10}$$

festgelegte Endomorphismus A' von E' heißt der zu A duale Operator.

50.5 Beispiel Ein endlichdimensionaler Endomorphismus K von E, der bezüglich eines Bilinearsystems (E,E^+) in der Form

$$Kx=\sum_{\nu=1}^{n}\langle x,x_\nu^+\rangle x_\nu \tag{50.11}$$

dargestellt werden kann, ist E^+-konjugierbar; der endlichdimensionale Operator $K^+: E^+\to E^+$, gegeben durch

$$K^+x^+:=\sum_{\nu=1}^{n}\langle x^+,x_\nu\rangle x_\nu^+=\sum_{\nu=1}^{n}\langle x_\nu,x^+\rangle x_\nu^+, \tag{50.12}$$

ist nämlich zu K konjugiert.

50.6 Beispiel Sei $k(s,t)$ stetig auf $a \leqslant s,\ t \leqslant b$ und der zu diesem Kern gehörende Integraloperator $K: C[a,b] \to C[a,b]$ wie üblich durch

$$(Kx)(s) := \int_a^b k(s,t)x(t)\,\mathrm{d}t \tag{50.13}$$

definiert. Mit der Bilinearform

$$\langle x, x^+ \rangle := \int_a^b x(t)x^+(t)\,\mathrm{d}t \tag{50.14}$$

wird $(C[a,b], C[a,b])$ ein Dualsystem, die Konjugierte K^+ ist also - falls sie existiert - *eindeutig* bestimmt. Wegen

$$\begin{aligned}\langle Kx, x^+ \rangle &= \int_a^b \left(\int_a^b k(s,t)x(t)\,\mathrm{d}t \right) x^+(s)\,\mathrm{d}s = \int_a^b \left(x(t) \cdot \int_a^b k(s,t)x^+(s)\,\mathrm{d}s \right) \mathrm{d}t \\ &= \langle x, K^+x^+ \rangle,\end{aligned}$$

wobei $K^+: C[a,b] \to C[a,b]$ nach Vertauschung der Variablen durch

$$(K^+x^+)(s) := \int_a^b k(t,s)x^+(t)\,\mathrm{d}t \tag{50.16}$$

definiert wird, ist K aber in der Tat konjugierbar. Der Leser möge sich die Analogie zur transponierten Matrix nicht entgehen lassen (s. (50.4)).

50.7 Beispiel Sei (E, E^+) ein beliebiges Bilinearsystem. Dann ist die identische Abbildung I^+ von E^+ zur identischen Abbildung I von E und die Nullabbildung 0^+ von E^+ zur Nullabbildung 0 von E konjugiert.

50.8 Beispiel Bezüglich des trivialen Bilinearsystems (E, E^+) aus Beispiel 48.1 ist *jeder* Endomorphismus von E^+ zu *jedem* Endomorphismus von E konjugiert.
Ist A^+, B^+ zu A, B konjugiert, so ist offenbar

$$A^+ + B^+ \text{ zu } A+B,\ \alpha A^+ \text{ zu } \alpha A \text{ und } B^+A^+ \text{ zu } AB \text{ konjugiert},$$

die konjugierbaren Operatoren bilden also eine Algebra. Eine Gleichung der Form $(AB)^+ = B^+A^+$ ist jedoch nicht sinnvoll, da $(AB)^+$ nicht *eindeutig* bestimmt zu sein braucht - es sei denn, (E, E^+) wäre ein Linksdualsystem. Ist in diesem Falle A überdies bijektiv und auch die Inverse A^{-1} konjugierbar, so folgt aus $AA^{-1} = A^{-1}A = I$ sofort $(A^{-1})^+A^+ = A^+(A^{-1})^+ = I^+$; nach Satz 8.2 ist also auch A^+ bijektiv und $(A^+)^{-1} = (A^{-1})^+$. Wir wollen diese Ergebnisse festhalten:

50.9 Satz *Ist (E, E^+) ein* Linksdualsystem, *so bilden die konjugierbaren Endomorphismen von E eine* Algebra *mit folgenden Konjugationsregeln:*

$$(A+B)^+ = A^+ + B^+, \quad (\alpha A)^+ = \alpha A^+, \quad (AB)^+ = B^+A^+.$$

Ist A bijektiv und auch A^{-1} konjugierbar, so ist A^+ ebenfalls bijektiv und

$$(A^+)^{-1} = (A^{-1})^+.$$

Ist (E,E^+) ein Linksdualsystem, so kann E^+ in den algebraischen Dual E^* von E eingebettet werden: $x^+\in E^+$ wird dann aufgefaßt als die durch $x^+(x):=\langle x,x^+\rangle$ definierte Linearform auf E (s. (49.3)). Im Sinne dieser Einbettung ist der folgende, unmittelbar einleuchtende Satz zu verstehen.

50.10 Satz *Ist (E,E^+) ein Linksdualsystem, so ist $A\in\mathscr{S}(E)$ genau dann E^+-konjugierbar, wenn der algebraisch duale Operator A^* den Raum E^+ in sich abbildet. In diesem Falle ist A^+ die Einschränkung von A^* auf E^+.*

Liegt ein Dualsystem vor, so lassen sich die konjugierbaren Operatoren endlichen Ranges höchst einfach charakterisieren:

50.11 Satz *Ist (E,E^+) ein Dualsystem, so ist der endlichdimensionale Endomorphismus K von E genau dann E^+-konjugierbar, wenn er in der Form* (50.11) *dargestellt werden kann.*

Beweis. Besitzt der Operator K die Darstellung (50.11), so ist er nach Beispiel 50.5 gewiß E^+-konjugierbar. Nun setzen wir umgekehrt voraus, K sei E^+-konjugierbar. Da der Fall $K=0$ trivial ist, dürfen wir $K\neq 0$ annehmen. Dann läßt sich K mit Hilfe einer Basis $\{x_1,\ldots,x_n\}$ von $K(E)$ und Linearformen $x_1^*,\ldots,x_n^*$ aus E^* in der Form

$$Kx=\sum_{\nu=1}^{n}\langle x,x_\nu^*\rangle x_\nu$$

darstellen. Die E^*-Konjugierte K^* von K wird durch

$$K^*x^*=\sum_{\nu=1}^{n}\langle x_\nu,x^*\rangle x_\nu^*$$

gegeben (s. Beispiel 50.5). Da (E,E^+) ein Dualsystem ist, gibt es nach Satz 49.2 zu den Vektoren $x_1,\ldots,x_n$ Elemente $y_1^+,\ldots,y_n^+$ aus E^+ mit $\langle x_\nu,y_\mu^+\rangle=\delta_{\nu\mu}$. Infolgedessen ist

$$K^*y_\mu^+=\sum_{\nu=1}^{n}\langle x_\nu,y_\mu^+\rangle x_\nu^*=x_\mu^*\quad(\mu=1,\ldots,n).$$

Da aber K^* den Raum E^+ in sich abbildet (Satz 50.10), ergibt sich aus dieser Gleichung, daß alle x_μ^* bereits in E^+ liegen. K kann also tatsächlich in der Form (50.11) dargestellt werden. ■

Ist ein Bilinearsystem (E,E^+) und ein Endomorphismus A von E gegeben, so wird man auch dann nicht ein Lösbarkeitskriterium von der Art des Satzes 50.2 erwarten dürfen, wenn A konjugierbar ist. Ist z. B. A stetig auf dem normierten Raum E und A' die duale Transformation aus Beispiel 50.4 so kann offenbar ein solches Kriterium höchstens dann gelten, wenn $A(E)$ *abgeschlossen* ist (in Nr. 54 werden wir sehen, daß es in diesem Falle tatsächlich gilt). Das Problem wird also darin bestehen, *bei gegebenem Bilinearsystem Klassen von Operatoren anzugeben, für die ein Auflösungssatz der geschilderten Art bewiesen werden kann.* Solche Klassen werden wir in den nächsten Nummern präsentieren.

Der Einfachheit halber hatten wir uns bisher auf *Endomorphismen* beschränkt. Es ist naheliegend, wie der Begriff der konjugierten Abbildung für beliebige *Homomorphismen* zu fassen ist:

Sind $(E,E^+),(F,F^+)$ Bilinearsysteme und gibt es zu dem linearen Operator $A: E\to F$ einen linearen Operator $A^+: F^+\to E^+$ mit

$$\langle Ax,y^+\rangle=\langle x,A^+y^+\rangle \quad \text{für alle } x \text{ in } E \text{ und } y^+ \text{ in } F^+, \tag{50.17}$$

so wird A konjugierbar und A^+ ein zu A konjugierter Operator oder eine Konjugierte von A genannt.

Ist (E,E^+) ein Linksdualsystem, *so kann es zu A höchstens einen konjugierten Operator A^+ geben, dessen Linearität nicht ausdrücklich gefordert zu werden braucht,* weil sie durch (50.17) bereits garantiert wird.

Wie der zu $A: E\to F$ algebraisch duale bzw. - bei stetigem A - der duale Operator zu definieren ist, dürfte nach den Beispielen 50.3 und 50.4 klar sein. Auch die notwendigen Modifikationen an Satz 50.9 wird der Leser leicht anbringen können. S. zu diesen Dingen die Aufgaben 9 und 10.

Aufgaben

1. Sei E der Vektorraum aller Folgen $x=(\xi_1,\xi_2,\ldots)$, bei denen nur endlich viele Komponenten $\neq 0$ sind, $E^+:=l^2$ und $\langle x,x^+\rangle:=\sum_{n=1}^{\infty}\xi_n\xi_n^+$. Mit dieser Bilinearform ist (E,E^+) ein Dualsystem. Definiere $A\in\mathscr{S}(E)$ durch $Ax:=(\xi_1,2\xi_2,3\xi_3,\ldots)$ und zeige, daß A *nicht* konjugierbar ist.

2. Unter den Voraussetzungen und mit den Bezeichnungen von Aufgabe 1 werde $B\in\mathscr{S}(E)$ durch $Bx:=(\xi_1,\frac{1}{2}\xi_2,\frac{1}{3}\xi_3,\ldots)$ definiert. B ist konjugierbar und bijektiv. $B^{-1}=A$ ist jedoch nicht konjugierbar (s. 50.9, vgl. auch Aufgabe 3).

3. $(\mathbf{K}^2,\mathbf{K}^3)$ ist mit der Bilinearform $\langle x,x^+\rangle:=\xi_1\xi_1^++\xi_2\xi_2^+$ ein Rechts-, jedoch kein Linksdualsystem. Jeder Endomorphismus A von $\mathbf{K}^2$ ist konjugierbar und besitzt unendlich viele Konjugierte. Unter diesen befinden sich, falls A bijektiv ist, sowohl bijektive als auch *nichtbijektive* (s. Satz 50.9, vgl. auch Aufgabe 2).

Hinweis: Benutze die Matrixdarstellung von A.

$^+$**4.** Ist (E,E^+) ein Bilinearsystem, so ist für jeden konjugierbaren Endomorphismus A von E der konjugierte Operator A^+ genau dann eindeutig bestimmt, wenn (E,E^+) ein Linksdualsystem ist.

Hinweis: Ist (E,E^+) kein Linksdualsystem, so ist $F^+:=\{x^+\in E^+: \langle x,x^+\rangle=0 \text{ für alle } x \text{ in } E\}$ ein nichttrivialer Unterraum von E^+. I^+ und jeder Projektor von E^+ parallel zu F^+ sind zu I konjugiert.

5. Ist (E,E^+) ein Bilinearsystem, so braucht nicht jeder Endomorphismus von E^+ zu einem Endomorphismus von E konjugiert zu sein.

Hinweis: Benutze das Bilinearsystem aus Aufgabe 3.

6. Sei (E, E^+) ein Bilinearsystem, A ein Endomorphismus von E und A^+ zu A konjugiert. Ist die Gleichung $Ax=y$ auflösbar, so ist $\langle y,x^+\rangle=0$ für alle x^+ in $N(A^+)$. Diese notwendige Lösbarkeitsbedingung ist genau dann auch hinreichend, wenn es zu jedem $z\notin A(E)$ ein $x^+\in N(A^+)$ mit $\langle z,x^+\rangle\neq 0$ gibt. Insbesondere ist sie im Falle eines Linksdualsystems genau dann hinreichend, wenn es zu jedem $z\notin A(E)$ ein $x^+\in E^+$ gibt, so daß $\langle Ax,x^+\rangle=0$ für alle $x\in E$, aber $\langle z,x^+\rangle\neq 0$ ist (vgl. Beweis von Satz 50.2).

***7.** Vorgelegt sei das Dualsystem $(C[a,b], C[a,b])$ mit der Bilinearform $\langle x,x^+\rangle := \int_a^b x(t)x^+(t)\,dt$. Ein endlichdimensionaler Endomorphismus K von $C[a,b]$ ist genau dann konjugierbar, wenn er eine *Integraltransformation mit ausgeartetem Kern* $\sum_{\nu=1}^{n} x_\nu(s)x_\nu^+(t)$ *ist* $(x_\nu, x_\nu^+\in C[a,b])$.

***8.** Die Banachräume E und E^+ mögen bezüglich einer *stetigen* Bilinearform $\langle x,x^+\rangle$ ein Dualsystem bilden. (Stetigkeit bedeutet, daß aus $x_n\to x$, $x_n^+\to x^+$ stets $\langle x_n,x_n^+\rangle\to\langle x,x^+\rangle$ folgt). Zeige: Besitzt $A\in\mathscr{S}(E)$ eine E^+-Konjugierte A^+, so sind die beiden Operatoren A und A^+ notwendigerweise stetig.

Hinweis: Beweis des Satzes 39.6.

***9.** Sei (E,E^+) ein Linksdualsystem, (F,F^+) ein Bilinearsystem. Die Menge der linearen Abbildungen $A\colon E\to F$, die konjugierte Transformationen $A^+\colon F^+\to E^+$ besitzen, ist ein Vektorraum, und in ihm gelten die Konjugationsregeln $(A+B)^+=A^++B^+$, $(\alpha A)^+=\alpha A^+$. Ist (G,G^+) ein drittes Bilinearsystem und sind die linearen Abbildungen $A\colon E\to F$ und $B\colon F\to G$ konjugierbar, so ist auch $BA\colon E\to G$ konjugierbar und $(BA)^+=A^+B^+$. – Man beachte, daß die letzte Gleichung für jeden zu B konjugierten Operator B^+ gilt.

***10.** $A\colon E\to F$ sei eine stetige lineare Abbildung der normierten Räume E,F. Man überzeuge sich davon, daß auch in diesem Falle $A'\colon F'\to E'$ vorhanden und $\|A'\|=\|A\|$ ist.

+11. Wir benutzen die Voraussetzungen, Bezeichnungen und Ergebnisse von A 49.15. $A\in\mathscr{S}(E)$ sei F-konjugierbar und $B\in\mathscr{S}(F)$ eine F-Konjugierte von A, also $\langle Ax,y\rangle=\langle x,By\rangle$ für alle $x\in E$ und alle $y\in F$. Zeige, daß durch $\hat{B}\hat{y}:=\widehat{By}$ $(y\in\hat{y})$ eine lineare Abbildung $\hat{B}\colon F/N\to F/N$ definiert wird, die zu A (F/N)-konjugiert ist: $[Ax,\hat{y}]=[x,\hat{B}\hat{y}]$ für alle $x\in E$ und alle $\hat{y}\in F/N$. Durch Übergang zu dem *Linksdualsystem* $(E,F/N)$ kann man also einem F-konjugierbaren Operator immer eine *eindeutig* bestimmte Konjugierte in $\mathscr{S}(F/N)$ verschaffen.

+12. (E,F) sei ein Bilinearsystem, $A\in\mathscr{S}(E)$ bijektiv und mitsamt A^{-1} F-konjugierbar. Dann ist mindestens eine der Konjugierten von A ebenfalls bijektiv.

Hinweis: Sei B eine F-Konjugierte von A, $N:=\{v\in F\colon \langle x,v\rangle=0$ für alle $x\in E\}$ und $F=M\oplus N$. Definiere einen Endomorphismus A^+ von F durch

$$A^+y:=Bu+v \quad \text{für } y=u+v \quad (u\in M,\ v\in N).$$

Mit Hilfe der Aufgabe 11 und der letzten Aussage in Satz 50.9 erkennt man, daß A^+ das Gewünschte leistet.

51 Die Gleichung $(I-K)x=y$ mit endlichdimensionalem K

In Nr. 16 hatten wir bemerkt, daß man die Fredholmsche Integralgleichung

$$x(s)-\int_a^b k(s,t)x(t)\,dt=y(s) \quad \text{mit stetigem Kern } k(s,t) \tag{51.1}$$

folgendermaßen lösen kann, falls sie überhaupt für *alle* y in $C[a,b]$ *eindeutig* lösbar ist: Man approximiere $k(s,t)$ gleichmäßig durch eine Folge ausgearteter Kerne und löse die zu diesen Kernen gehörigen Integralgleichungen für das gegebene y; die Folge dieser Lösungen konvergiert dann gegen die Lösung von (51.1).

Zur Untersuchung der Integralgleichung (51.1) wird es nach diesen Bemerkungen nützlich sein, Gleichungen der Form $(I-K)x=y$ mit einem *endlichdimensionalen* Operator K zu studieren. Dies hatten wir übrigens bereits in Nr. 16 getan. Wir wollen nun die dort angestellten Untersuchungen verallgemeinern und mit Hilfe des konjugierten Operators vertiefen.

Wir nehmen also an, $K\neq 0$ sei ein endlichdimensionaler Endomorphismus eines Vektorraumes E und (E,E^+) ein Dualsystem, mit dessen Hilfe K in der Form

$$Kx=\sum_{i=1}^{n}\langle x,x_i^+\rangle x_i \tag{51.2}$$

dargestellt werden kann, wobei die Vektoren $x_1,\ldots,x_n$ aus E und die Vektoren $x_1^+,\ldots,x_n^+$ aus E^+ linear unabhängig seien; ein solches System ist immer vorhanden (s. (49.9) und A 48.3). Die Gleichung

$$(I-K)x=y \tag{51.3}$$

kann nun in der Form

$$x-\sum_{i=1}^{n}\langle x,x_i^+\rangle x_i=y \tag{51.4}$$

geschrieben werden. In Nr. 16 hatten wir unsere Bezeichnungen und Argumente vorsorglich so eingerichtet, daß sie genau auf den jetzt vorliegenden Fall passen; wir können daher ohne weiteres die folgende Tatsache von dort übernehmen: Der Gleichung (51.4) korrespondiert das lineare Gleichungssystem

$$\xi_i-\sum_{k=1}^{n}\alpha_{ik}\xi_k=\eta_i \quad (i=1,\ldots,n) \quad \text{mit} \quad \alpha_{ik}:=\langle x_k,x_i^+\rangle,\quad \eta_i:=\langle y,x_i^+\rangle, \tag{51.5}$$

und es gilt: *Jede Lösung von* (51.4) *hat die Form* $y+\sum_{i=1}^{n}\xi_i x_i$ *und*

$$x := y + \sum_{i=1}^{n} \xi_i x_i \text{ löst } (51.4) \iff (\xi_1, \ldots, \xi_n) \text{ löst } (51.5). \tag{51.6}$$

Betrachten wir noch die homogenen Probleme

$$(I-K)x = x - \sum_{i=1}^{n} \langle x, x_i^+ \rangle x_i = 0, \tag{51.7}$$

$$\xi_i - \sum_{k=1}^{n} \alpha_{ik} \xi_k = 0 \quad (i = 1, \ldots, n), \tag{51.8}$$

so folgt aus (51.6):

$$x := \sum_{i=1}^{n} \xi_i x_i \text{ löst } (51.7) \iff (\xi_1, \ldots, \xi_n) \text{ löst } (51.8). \tag{51.9}$$

Da Vektoren der Form $z_\mu = \sum_{i=1}^{n} \xi_i^{(\mu)} x_i$ $(\mu = 1, \ldots, m)$ genau dann linear unabhängig sind, wenn dies für die Koeffizientenvektoren $(\xi_1^{(\mu)}, \ldots, \xi_n^{(\mu)})$ gilt, und da die Maximalzahl der linear unabhängigen Lösungen von (51.8) bekanntlich durch $n - \operatorname{Rang}(\delta_{ik} - \alpha_{ik})$ gegeben wird, folgt aus (51.9) unmittelbar

$$\dim N(I-K) = n - \operatorname{Rang}(\delta_{ik} - \alpha_{ik}). \tag{51.10}$$

Zur tieferen Untersuchung des Bildraumes von $I-K$ ziehen wir gemäß unserem Programm in Nr. 50 den zu K konjugierten Operator $K^+ : E^+ \to E^+$ heran, der durch

$$K^+ x^+ := \sum_{i=1}^{n} \langle x^+, x_i \rangle x_i^+ \quad \text{mit} \quad \langle x^+, x_i \rangle := \langle x_i, x^+ \rangle \tag{51.11}$$

gegeben wird (s. Beispiel 50.5). I^+ sei die identische Transformation auf E^+. Da K^+ bezüglich des Dualsystems (E^+, E) in genau derselben Weise dargestellt ist wie K bezüglich (E, E^+), können wir die für (51.3) gewonnenen Ergebnisse unmittelbar übernehmen. Der Gleichung

$$(I^+ - K^+)x^+ = x^+ - \sum_{i=1}^{n} \langle x^+, x_i \rangle x_i^+ = y^+ \tag{51.12}$$

entspricht wegen $\langle x_k^+, x_i \rangle = \langle x_i, x_k^+ \rangle = \alpha_{ki}$ das Gleichungssystem

$$\xi_i^+ - \sum_{k=1}^{n} \alpha_{ki} \xi_k^+ = \eta_i^+ \quad (i = 1, \ldots, n) \quad \text{mit} \quad \eta_i^+ := \langle y^+, x_i \rangle, \tag{51.13}$$

der homogenen Gleichung

$$(I^+ - K^+)x^+ = x^+ - \sum_{i=1}^{n} \langle x^+, x_i \rangle x_i^+ = 0 \tag{51.14}$$

das homogene System

$$\xi_i^+ - \sum_{k=1}^{n} \alpha_{ki}\xi_k^+ = 0 \quad (i=1,\ldots,n), \tag{51.15}$$

und es gelten die folgenden Aussagen: *Jede Lösung von* (51.12) *hat die Form*

$$y^+ + \sum_{i=1}^{n} \xi_i^+ x_i^+ \text{ und}$$

$$x^+ := y^+ + \sum_{i=1}^{n} \xi_i^+ x_i^+ \text{ löst } (51.12) \iff (\xi_1^+,\ldots,\xi_n^+) \text{ löst } (51.13), \tag{51.16}$$

$$x^+ := \sum_{i=1}^{n} \xi_i^+ x_i^+ \text{ löst } (51.14) \iff (\xi_1^+,\ldots,\xi_n^+) \text{ löst } (51.15), \tag{51.17}$$

$$\dim N(I^+ - K^+) = n - \operatorname{Rang}(\delta_{ki} - \alpha_{ki}). \tag{51.18}$$

Da aber der Rang einer Matrix mit dem ihrer Transponierten übereinstimmt, folgt aus (51.10) und (51.18)

$$\dim N(I-K) = \dim N(I^+ - K^+). \tag{51.19}$$

Für jedes y in E und jede Lösung $x^+ := \sum_{i=1}^{n} \xi_i^+ x_i^+$ von (51.14) ist

$$\langle y, x^+\rangle = \sum_{i=1}^{n} \xi_i^+ \langle y, x_i^+\rangle = \sum_{i=1}^{n} \xi_i^+ \eta_i \quad \text{mit} \quad \eta_i := \langle y, x_i^+\rangle.$$

Beachten wir diese Gleichung und ziehen wir das Kriterium für die Lösbarkeit linearer Gleichungssysteme heran, das wir zu Beginn der Nr. 50 angegeben haben, so folgt aus (51.6) und (51.17) die Aussage

$$(I-K)x = y \text{ ist lösbar} \iff \langle y, x^+\rangle = 0 \text{ für alle } x^+ \text{ in } N(I^+ - K^+). \tag{51.20}$$

Entsprechend gilt wegen (51.16) und (51.7)

$$(I^+ - K^+)x^+ = y^+ \text{ ist lösbar} \iff \langle y^+, x\rangle = 0 \text{ für alle } x \text{ in } N(I-K). \tag{51.21}$$

Damit haben wir die gewünschte Beschreibung des Bildraumes von $I-K$ und darüber hinaus auch noch die des Bildraumes von $I^+ - K^+$ erhalten. Wir können sogar noch *zahlenmäßig* - mittels der *Kodimension* - angeben, wie stark diese Bildräume von E bzw. E^+ abweichen. Ist $m := \dim N(I^+ - K^+) = 0$, so ist wegen (51.20) offenbar $(I-K)(E) = E$, also $\operatorname{codim}(I-K)(E) = 0$. Ist $m > 0$ und $\{z_1^+, \ldots, z_m^+\}$ eine Basis von $N(I^+ - K^+)$, so liegt nach (51.20) der Vektor y genau dann in $(I-K)(E)$, wenn $\langle y, z_\mu^+\rangle = 0$ ist für alle μ. Wenn wir also Elemente bestimmen wollen, die *nicht* in $(I-K)(E)$ liegen, so müssen wir solche z suchen, für die $\langle z, z_\mu^+\rangle \neq 0$ ist für mindestens ein μ. Da nun (E, E^+) ein Dualsystem ist, gibt es m linear unabhängige Vektoren $z_1, \ldots, z_m$ in E mit

$$\langle z_\nu, z_\mu^+\rangle = \delta_{\nu\mu} \quad \text{für } \nu,\mu = 1,\ldots,m \tag{51.22}$$

(Satz 49.2). Liegt eine Linearkombination $z := \alpha_1 z_1 + \cdots + \alpha_m z_m$ dieser Vektoren in $(I-K)(E)$, so ist nach (51.20) $\alpha_\mu = \langle z, z_\mu^+\rangle = 0$, also $[z_1,\ldots,z_m] \cap (I-K)(E) = \{0\}$. Wiederum mit (51.20) sieht man, daß für jedes x in E der Vektor $y_x := x - \sum_{\nu=1}^{m} \langle x, z_\nu^+\rangle z_\nu$ in $(I-K)(E)$ liegt; denn für alle μ ist

$$\langle y_x, z_\mu^+\rangle = \langle x, z_\mu^+\rangle - \sum_{\nu=1}^{m} \langle x, z_\nu^+\rangle \langle z_\nu, z_\mu^+\rangle = \langle x, z_\mu^+\rangle - \langle x, z_\mu^+\rangle = 0.$$

Jedes x kann daher in der Form

$$x = \alpha_1 z_1 + \cdots + \alpha_m z_m + y_x \quad \text{mit} \quad y_x \in (I-K)(E)$$

dargestellt werden, insgesamt ist also $E = [z_1,\ldots,z_m] \oplus (I-K)(E)$ und somit wieder

$$\operatorname{codim}(I-K)(E) = m = \dim N(I^+ - K^+), \tag{51.23}$$

womit wir die Abweichung des Bildraumes $(I-K)(E)$ von dem gesamten Raum E zahlenmäßig angegeben haben. Aus Symmetriegründen ist dann aber auch

$$\operatorname{codim}(I^+ - K^+)(E^+) = \dim N(I-K),$$

und mit (51.19) erhalten wir schließlich

$$\dim N(I-K) = \operatorname{codim}(I-K)(E) = \dim N(I^+ - K^+) = \operatorname{codim}(I^+ - K^+)(E^+) < \infty.$$

Diese Gleichung und die Lösbarkeitskriterien (51.20), (51.21) haben wir unter der Annahme gefunden, daß $K \neq 0$ ist und mittels eines Dualsystems (E, E^+) in der Form (51.2) dargestellt werden kann. Wegen Satz 50.11 ist diese Darstellbarkeit gleichbedeutend damit, daß K E^+-konjugierbar ist. Ferner sind die eben genannten Resultate alle trivial, wenn $K = 0$ ist. Führen wir noch für eine beliebige lineare Abbildung $A: E \to F$ die Abkürzungen

$$\alpha(A) := \dim N(A), \qquad \beta(A) := \operatorname{codim} A(E) \tag{51.24}$$

ein, so können wir also zusammenfassend sagen:

51.1 Satz *Der Operator $K: E \to E$ sei endlichdimensional und bezüglich eines Dualsystems (E, E^+) konjugierbar (ein solches System ist immer vorhanden: man braucht z. B. nur $E^+ = E^*$ zu wählen). Dann ist*

$$\alpha(I-K) = \beta(I-K) = \alpha(I^+ - K^+) = \beta(I^+ - K^+) < \infty, \tag{51.25}$$

insbesondere sind die Operatoren $I-K$ und $I^+ - K^+$ immer dann schon bijektiv, *wenn sie* injektiv *oder* surjektiv *sind. Ferner gilt*

$$(I-K)x = y \quad \textit{ist auflösbar} \iff \langle y, x^+\rangle = 0 \quad \textit{für alle} \quad x^+ \in N(I^+ - K^+),$$

$$(I^+ - K^+)x^+ = y^+ \quad \textit{ist auflösbar} \iff \langle x, y^+\rangle = 0 \quad \textit{für alle} \quad x \in N(I-K).$$

Aufgabe

Es handelt sich hier darum, die in Satz 51.1 gemachte Voraussetzung, (E,E^+) sei ein *Dual*system, drastisch abzuschwächen. Zeige: Der Operator $K: E\to E$ sei endlichdimensional und möge mit Hilfe eines *Bilinear*systems (E,E^+) in der Form $Kx = \sum_{i=1}^{n} \langle x,x_i^+\rangle x_i$ dargestellt werden, wobei die Vektoren $x_1,\ldots,x_n$ aus E und $x_1^+,\ldots,x_n^+$ aus E^+ linear unabhängig seien. Ferner sei der Operator $K^+: E^+\to E^+$ durch $K^+x^+ := \sum_{i=1}^{n}\langle x^+,x_i\rangle x_i^+$ definiert und I^+ bedeute die identische Transformation auf E^+. *Dann gelten unverändert und ausnahmslos alle Behauptungen des Satzes* 51.1.
Hinweis: Die einzige Schwierigkeit liegt darin, zu einer Basis $\{z_1^+,\ldots,z_m^+\}$ von $N(I^+-K^+)$ Vektoren $z_1,\ldots,z_m$ aus E mit $\langle z_\nu,z_\mu^+\rangle=\delta_{\nu\mu}$ zu finden (vgl. (51.22)). Mache dazu den Ansatz $z_\nu := \sum_{\lambda=1}^{n} \beta_{\nu\lambda}x_\lambda$ $(\nu=1,\ldots,m)$ und zeige durch eine Matrixrangbetrachtung, daß man bei festem ν die $\beta_{\nu\lambda}$ tatsächlich so wählen kann, daß gilt:

$$\sum_{\lambda=1}^{n} \beta_{\nu\lambda}\langle x_\lambda,z_\mu^+\rangle=\delta_{\nu\mu} \quad \text{für } \mu=1,\ldots,m. \tag{51.26}$$

Beachte dabei die Definition von K^+.

52 Die Gleichung $(R-S)x=y$ mit bijektivem R und endlichdimensionalem S

In Nr. 16 hatten wir gesehen, daß man die Fredholmsche Integralgleichung in eine Gleichung der in der Überschrift genannten Art verwandeln kann. Diese Beobachtung hatte uns dann sehr rasch zu dem wichtigen Fredholmschen Alternativsatz, wenn auch nur in seiner einfachsten Form, geführt. Wir wollen nun die Untersuchungen der Nr. 16 verallgemeinern, mit Hilfe der Operatorenkonjugation ganz beträchtlich vertiefen und damit schließlich auch den Fredholmschen Alternativsatz in seiner ganzen Kraft und Ausdehnung gewinnen.
Wir untersuchen also das Lösungsverhalten der Gleichung

$$(R-S)x=y,$$

wobei R eine *bijektive* und S eine *endlichdimensionale* lineare Abbildung eines beliebigen Vektorraumes E ist. Zur Abkürzung setzen wir $A:=R-S$; es ist dann

$$A=R(I-R^{-1}S) \quad \text{mit } \textit{endlichdimensionalem } R^{-1}S, \tag{52.1}$$

also $N(A)=N(I-R^{-1}S)$ und somit

$$\alpha(A)=\alpha(I-R^{-1}S). \tag{52.2}$$

Auch die Gleichung

$$\beta(A)=\beta(I-R^{-1}S) \tag{52.3}$$

ist leicht zu beweisen: Sie ist trivial, falls $m:=\beta(I-R^{-1}S)$ verschwindet; ist aber $m\neq 0$, so gibt es m linear unabhängige Elemente $z_1,\ldots,z_m$ in E - man beachte, daß m nach Satz 51.1 endlich ist -, die einen zu $(I-R^{-1}S)(E)$ komplementären Raum $[z_1,\ldots,z_m]$ erzeugen. Aus der Bijektivität von R folgt nun sofort, daß $[Rz_1,\ldots,Rz_m]$ ein m-dimensionaler Komplementärraum zu $A(E)$ ist, also gilt auch in diesem Falle (52.3). Aus (52.2), (52.3) folgt nun mit (51.25) die wichtige Aussage

$$\alpha(A)=\beta(A)<\infty, \tag{52.4}$$

die insbesondere lehrt, daß der Operator A immer dann schon *bijektiv* sein muß, wenn er nur *injektiv* oder nur *surjektiv* ist.

Wir wollen nun den Bildraum von A mit Hilfe eines zu A konjugierten Operators untersuchen. Zu diesem Zweck denken wir uns ein Dualsystem (E,E^+) mit der Bilinearform $\langle x,x^+\rangle$ gegeben und nehmen an, die Operatoren R,R^{-1} und S seien alle E^+-konjugierbar (ein solches System ist immer vorhanden: man braucht nur $E^+=E^*$ zu wählen). Wegen Satz 50.11 läuft die Konjugierbarkeit von S darauf hinaus, daß S die Darstellung

$$Sx=\sum_{i=1}^{n}\langle x,x_i^+\rangle x_i$$

besitzt; wegen Beispiel 50.5 haben wir dann

$$S^+x^+=\sum_{i=1}^{n}\langle x^+,x_i\rangle x_i^+ .$$

Nach den Konjugationsregeln (Satz 50.9) ist

$A=R-S$ konjugierbar und $A^+=R^+-S^+$,

R^+ bijektiv und $(R^+)^{-1}=(R^{-1})^+$,

$R^{-1}S$ ein (endlichdimensionaler) konjugierbarer Operator und

$(R^{-1}S)^+=S^+(R^{-1})^+=S^+(R^+)^{-1}$.

Dank der Konjugierbarkeit von $R^{-1}S$ kann auf die Gleichung $(I-R^{-1}S)x=y$ das Lösbarkeitskriterium des Satzes 51.1 angewandt werden. Mit seiner Hilfe erhält man die folgende „Kette“:

$$\begin{aligned}
Ax=y \text{ ist auflösbar} &\iff (I-R^{-1}S)x=R^{-1}y \text{ ist auflösbar}\\
&\iff \langle R^{-1}y,z^+\rangle=0 \quad \text{für alle } z^+ \text{ mit } (I^+-(R^{-1}S)^+)z^+=0\\
&\iff \langle R^{-1}y,R^+x^+\rangle=0 \quad \text{für alle } x^+ \text{ mit } (R^+-S^+)x^+=0\\
&\iff \langle y,x^+\rangle=0 \quad \text{für alle } x^+\in N(A^+).
\end{aligned}$$

Damit hat man auch für die Gleichung $Ax=y$ das Lösbarkeitskriterium des Satzes 51.1. Ganz ähnlich sieht man, daß die Gleichung $A^+x^+=y^+$ genau dann auflösbar ist, wenn $\langle x,y^+\rangle=0$ für alle $x\in N(A)$ ausfällt.
Da schließlich $A^+=R^+-S^+$ ebenso gebaut ist wie $A=R-S$ (nämlich *bijektiver* Operator minus *endlichdimensionaler* Operator), gilt (52.4) auch für A^+ statt A:

$$\alpha(A^+)=\beta(A^+)<\infty\,, \tag{52.5}$$

ferner ist wegen der Bijektivität von R^+

$$\begin{aligned} A^+(E^+)&=(R(I-R^{-1}S))^+(E^+)\\ &=(I^+-(R^{-1}S)^+)R^+(E^+)=(I^+-(R^{-1}S)^+)(E^+)\,; \end{aligned}$$

mit Satz 51.1 und (52.2) ergibt sich daraus die Gleichung

$$\beta(A^+)=\beta(I^+-(R^{-1}S)^+)=\alpha(I-R^{-1}S)=\alpha(A)\,,$$

und daraus wiederum folgt mit (52.4) und (52.5)

$$\beta(A)=\alpha(A)=\beta(A^+)=\alpha(A^+)<\infty\,,$$

also gerade (51.25) für A anstelle von $I-K$. Wir fassen zusammen:

52.1 Satz *Der Endomorphismus A von E habe die Gestalt $A=R-S$, wobei R ein* bijektiver *und S ein* endlichdimensionaler *Operator sei. (E,E^+) sei ein Dualsystem, bezüglich dessen R, R^{-1} und S konjugierbar sind (es gibt immer ein solches System, z. B. (E,E^*)). Dann ist A konjugierbar und*

$$\alpha(A)=\beta(A)=\alpha(A^+)=\beta(A^+)<\infty\,, \tag{52.6}$$

insbesondere sind die Operatoren A und A^+ immer dann schon bijektiv, *wenn* einer *von ihnen* injektiv *oder* surjektiv *ist. Ferner gilt:*

$$\begin{aligned} Ax=y \quad &\textit{ist auflösbar} \iff \langle y,x^+\rangle=0 \quad \textit{für alle } x^+\in N(A^+),\\ A^+x^+=y^+ \quad &\textit{ist auflösbar} \iff \langle x,y^+\rangle=0 \quad \textit{für alle } x\in N(A). \end{aligned}$$

Wir wenden nun diesen Satz auf den Fall eines *normierten* Raumes E an. Nach Beispiel 50.4 ist jeder stetige Endomorphismus von E bezüglich des Dualsystems (E,E') konjugierbar, und daher ergibt sich jetzt ohne weiteres Zutun der

52.2 Satz *Sei E ein normierter Raum, und die lineare Selbstabbildung A von E habe die Gestalt $A=R-S$, wobei R und R^{-1} aus $\mathscr{S}(E)$ und S aus $\mathscr{F}(E)$ sei. Dann gelten für A alle Aussagen des Satzes* 52.1 *mit $E^+:=E'$ und $A^+:=A'$.*

Aufgabe

$^+$**Abschwächung der Dualitätsvoraussetzung in Satz 52.1** Der Endomorphismus A von E habe die Gestalt $A=R-S$, wobei R ein bijektiver und S ein endlichdimensionaler Operator sei, der bezüglich eines Bilinearsystems (E,E^+) in der Form

$$Sx = \sum_{i=1}^{n} \langle x, x_i^+ \rangle x_i$$

dargestellt werden kann. R und R^{-1} seien E^+-konjugierbar. Schließlich sei

S^+ die durch $S^+x^+ := \sum_{i=1}^{n} \langle x^+, x_i \rangle x_i^+$ definierte E^+-Konjugierte von S,

R^+ irgendeine (nach A 50.12 gewiß vorhandene) *bijektive* E^+-Konjugierte von R,

$A^+ := R^+ - S^+$.

Dann gelten unverändert und ausnahmslos alle Behauptungen des Satzes 52.1.
Hinweis: Aufgabe zu Nr. 51.

53 Der Fredholmsche Alternativsatz

Wir studieren nun in voller Breite das Lösungsverhalten der Fredholmschen Integralgleichung

$$x(s) - \int_a^b k(s,t)x(t)\,dt = y(s) \quad \text{oder} \quad (I-K)x = y, \tag{53.1}$$

wobei der Kern k stetig auf dem Quadrat $[a,b] \times [a,b]$ und die Funktion y stetig auf dem Intervall $[a,b]$ sei; gesucht sind Lösungen x in $C[a,b]$. Im Geiste der letzten Nummer ziehen wir zu dieser Untersuchung ein Dualsystem heran. Das Beispiel 50.6 legt nahe, das besonders einfache Dualsystem $(C[a,b], C[a,b])$ mit der Bilinearform

$$\langle x, x^+ \rangle := \int_a^b x(t)x^+(t)\,dt$$

zu benutzen – und wir wollen dies auch tun; denn der Integraloperator K mit dem stetigen Kern $k(s,t)$ ist bezüglich dieses Systems konjugierbar, und die Konjugierte K^+ ist wieder ein Integraloperator, und zwar mit dem Kern $k(t,s)$.
Gemäß den Approximationsbetrachtungen in Nr. 16 gibt es zu K einen Integraloperator S mit ausgeartetem Kern $\sum_{i=1}^{n} x_i(s)x_i^+(t)$, so daß

$$Sx = \sum_{i=1}^{n} \langle x, x_i^+ \rangle x_i \tag{53.2}$$

und $$\|K-S\| \leqslant (b-a) \max_{s,t} \left| k(s,t) - \sum_{i=1}^{n} x_i(s)x_i^+(t) \right| < 1 \tag{53.3}$$

ist. Nach Satz 12.4 ist also $R:=I-(K-S)$ bijektiv, und $I-K=I-(K-S)-S=R-S$ hat die Form der in Satz 52.1 betrachteten Operatoren. Wir müssen nur noch prüfen, ob die weiteren Voraussetzungen dieses Satzes erfüllt sind.

S ist dank seiner Darstellung (53.2) konjugierbar (s. Beispiel 50.5). Wie oben schon bemerkt, existiert K^+ und damit auch $R^+=(I-(K-S))^+=I^+-K^++S^+$. Wir untersuchen nun, ob auch R^{-1} konjugierbar ist. Mit $H:=K-S$ ist wegen $\|H\|<1$ nach Satz 12.4

$$R^{-1}=(I-H)^{-1}=\sum_{\nu=0}^{\infty} H^{\nu}.$$

Da ferner $H^+=K^+-S^+$ ein Integraloperator mit dem Kern $k(t,s)-\sum_{i=1}^{n} x_i(t)x_i^+(s)$ ist, gilt nach (53.3) die Abschätzung

$$\|H^+\|\leqslant(b-a)\max_{t,s}\left|k(t,s)-\sum_{i=1}^{n} x_i(t)x_i^+(s)\right|<1,$$

also ist

$$(R^+)^{-1}=(I^+-H^+)^{-1}=\sum_{\nu=0}^{\infty}(H^+)^{\nu}.$$

Für $S_k:=\sum_{\nu=0}^{k} H^{\nu}$ ist $S_k^+=\sum_{\nu=0}^{k}(H^+)^{\nu}$, und es strebt

$$S_k\Rightarrow R^{-1}, \qquad S_k^+\Rightarrow(R^+)^{-1}.$$

Aus $\langle S_k x,x^+\rangle=\langle x,S_k^+x^+\rangle$ folgt also $\langle R^{-1}x,x^+\rangle=\langle x,(R^+)^{-1}x^+\rangle$ für alle x,x^+ in $C[a,b]$. Das bedeutet aber, daß R^{-1} konjugierbar ist. Somit sind alle Voraussetzungen des Satzes 52.1 erfüllt, und es ergibt sich daher mit einem Schlag folgender

53.1 Fredholmscher Alternativsatz *Die Funktion $k(s,t)$ sei stetig für $a\leqslant s,t\leqslant b$. Dann gilt für die Integralgleichungen*

$$\text{(I)} \qquad x(s)-\int_a^b k(s,t)x(t)\,dt=y(s),$$

$$\text{(I}^+\text{)} \qquad x^+(s)-\int_a^b k(t,s)x^+(t)\,dt=y^+(s)$$

in $C[a,b]$ die folgende Alternative:

Entweder sind beide *Gleichungen für* alle *y,y^+* eindeutig *lösbar oder* keine *dieser Gleichungen ist für* jede *rechte Seite lösbar; in diesem Falle ist die Lösung, falls sie überhaupt existiert, nicht mehr eindeutig bestimmt, d.h., die* homogenen *Gleichungen*

$$\text{(H)} \qquad x(s) - \int_a^b k(s,t)x(t)\,\mathrm{d}t = 0,$$

$$(\mathrm{H}^+) \qquad x^+(s) - \int_a^b k(t,s)x^+(t)\,\mathrm{d}t = 0$$

besitzen nichttriviale *Lösungen; die Maximalzahlen linear unabhängiger Lösungen dieser homogenen Gleichungen sind* endlich *und* gleich. *Schließlich gilt das folgende Lösbarkeitskriterium:*

$$\text{(I)} \quad \textit{ist auflösbar} \iff \int_a^b y(t)x^+(t)\,\mathrm{d}t = 0 \quad \textit{für alle Lösungen } x^+ \textit{ von } (\mathrm{H}^+),$$

$$(\mathrm{I}^+) \quad \textit{ist auflösbar} \iff \int_a^b y^+(t)x(t)\,\mathrm{d}t = 0 \quad \textit{für alle Lösungen } x \textit{ von } (\mathrm{H}).$$

Aufgaben

1. Die Integralgleichung $x(s) - (1/\pi)\int_0^{2\pi} \sin(s+t)x(t)\,\mathrm{d}t = y(s)$ besitzt im Falle $y(s) \equiv 1$ unendlich viele, im Falle $y(s) \equiv s$ überhaupt keine Lösung in $C[0, 2\pi]$.
Hinweis: Wegen $\sin(s+t) = \sin s \cos t + \cos s \sin t$ ist der Kern ausgeartet.

2. Randwertaufgaben bei gewöhnlichen Differentialgleichungen[1] Wir fassen wie in Nr. 3 die Randwertaufgabe

$$Lx = y, \qquad R_\mu x = 0 \tag{53.4}$$
für $\mu = 1, \ldots, n$ ($y \in C[a,b]$ beliebig)

ins Auge, wobei L und R_μ auf $C^{(n)}[a,b]$ definiert werden durch

$$Lx := \sum_{\nu=0}^{n} f_\nu x^{(\nu)} \quad (f_\nu \in C[a,b], f_n(t) \neq 0 \text{ auf } [a,b]),$$

$$R_\mu x := \sum_{\nu=0}^{n-1} [\alpha_{\mu\nu} x^{(\nu)}(a) + \beta_{\mu\nu} x^{(\nu)}(b)]$$

(vgl. (3.3) bis (3.5); alle Zahlen seien reell). Das homogene Problem $Lx = 0$, $R_1 x = \cdots = R_n x = 0$ habe nur die triviale Lösung, so daß eine Greensche Funktion G existiert, mit deren Hilfe die eindeutig bestimmte Lösung x von (53.4) in der Form

$$x(s) = \int_a^b G(s,t)y(t)\,\mathrm{d}t$$

dargestellt werden kann (vgl. (3.7)).
Nun gehöre f_ν sogar zu $C^{(\nu)}[a,b]$ ($\nu = 1, \ldots, n$). Wir können dann vermöge

[1] S. auch Aufgabe 4.

$$L^*x := \sum_{\nu=0}^{n} (-1)^\nu (f_\nu x)^{(\nu)}$$

den zu L **adjungierten Differentialausdruck** L^* bilden. Ferner lassen sich in eindeutiger Weise Randoperatoren R_μ^* der Form

$$R_\mu^* x := \sum_{\nu=0}^{n-1} [\alpha_{\mu\nu}^* x^{(\nu)}(a) + \beta_{\mu\nu}^* x^{(\nu)}(b)] \quad (\mu = 1, \ldots, n)$$

definieren, mit denen $\int_a^b (vLu - uL^*v)\,dt = 0$ wird, sofern nur $R_\mu u = R_\mu^* v = 0$ ist für $\mu = 1, \ldots, n$ (s. dazu Schmeidler (1950), S. 328ff). Die Randwertaufgabe

$$L^*v = 0, \qquad R_\mu^* v = 0 \quad \text{für } \mu = 1, \ldots, n$$

heißt zu (53.4) **adjungiert**. Sie besitzt eine Greensche Funktion G^*, und es ist

$$G^*(s,t) = G(t,s) \quad \text{für } a \leqslant s, t \leqslant b$$

(s. wieder Schmeidler (1950), S. 331). Zeige nun: Die Aufgabe

$$Lx - \lambda x = y, \qquad R_\mu x = 0 \quad \text{für } \mu = 1, \ldots, n \tag{53.5}$$

ist genau dann lösbar, wenn $\int_a^b y(s)v(s)\,ds = 0$ ist für alle Lösungen v von

$$L^*v - \lambda v = 0, \qquad R_\mu^* v = 0 \quad \text{für } \mu = 1, \ldots, n. \tag{53.6}$$

Die Dimension des Lösungsraumes von (53.6) ist endlich und stimmt überein mit der des Lösungsraumes von

$$Lx - \lambda x = 0, \qquad R_\mu x = 0 \quad \text{für } \mu = 1, \ldots, n.$$

Hinweis: Nr. 3.

+3. **Nochmals der Fredholmsche Alternativsatz** Bei Fredholmschen Integralgleichungen, die zu Randwertproblemen gehören, hat der Kern häufig die Gestalt $k(s,t) = G(s,t)r(t)$ mit stetigen Funktionen G und $r \neq 0$ (s. Nr. 3). In diesem Falle ist es vorteilhaft, das Bilinearsystem

$$(C[a,b], C[a,b]) \quad \text{mit der Bilinearform} \quad \langle x, x^+ \rangle := \int_a^b r(t)x(t)x^+(t)\,dt$$

zu verwenden - das aber nun kein *Dual*system mehr zu sein braucht, wenn man der Funktion r hinreichend viele Nullstellen in $[a,b]$ zugesteht. In dieser mißlichen Lage kommt uns die Aufgabe zu Nr. 52 als rettender *deus ex machina* zu Hilfe. Zeige: a) K sei die durch

$$(Kx)(s) := \int_a^b G(s,t)r(t)x(t)\,dt, \qquad x \in C[a,b],$$

definierte Integraltransformation. Dann ist der Endomorphismus K^+ von $C[a,b]$, erklärt durch $(K^+x^+)(s) := \int_a^b G(t,s)r(t)x^+(t)\,dt$, im Sinne des obigen Bilinearsystems zu K konjugiert.

b) Fredholmscher Alternativsatz: *Für die Integralgleichungen*

$$\text{(I)} \qquad x(s) - \int_a^b G(s,t)r(t)x(t)\,dt \quad = y(s)$$

$$\text{(I}^+\text{)} \qquad x^+(s) - \int_a^b G(t,s)r(t)x^+(t)\,dt = y^+(s)$$

gilt in $C[a,b]$ *die folgende Alternative:*

Entweder sind beide *Gleichungen für* alle y, y^+ eindeutig *lösbar oder* keine *dieser Gleichungen ist für* jede *rechte Seite lösbar; in diesem Falle ist die Lösung, falls sie überhaupt existiert, nicht mehr eindeutig bestimmt, d.h., die* homogenen *Gleichungen*

$$\text{(H)} \qquad x(s) - \int_a^b G(s,t)r(t)x(t)\,dt \quad = 0$$

$$\text{(H}^+\text{)} \qquad x^+(s) - \int_a^b G(t,s)r(t)x^+(t)\,dt = 0$$

besitzen nichttriviale *Lösungen; die Maximalzahlen linear unabhängiger Lösungen dieser homogenen Gleichungen sind* endlich *und* gleich. *Schließlich gilt:*

$$\text{(I)} \quad \textit{ist auflösbar} \iff \int_a^b r(t)y(t)x^+(t)\,dt = 0 \quad \textit{für alle Lösungen } x^+ \textit{ von } (\text{H}^+),$$

$$\text{(I}^+\text{)} \quad \textit{ist auflösbar} \iff \int_a^b r(t)y^+(t)x(t)\,dt = 0 \quad \textit{für alle Lösungen } x \textit{ von } (\text{H}).$$

+**4. Nochmals Randwertaufgaben bei gewöhnlichen Differentialgleichungen** Wir verwenden die Bezeichnungen der Aufgabe 2, befassen uns aber diesmal wie in Nr. 3 mit der allgemeineren Aufgabe

$$Lx - \lambda rx = y, \qquad R_\mu x = 0 \quad \text{für } \mu = 1, \ldots, n; \tag{53.7}$$

dabei bedeute r eine auf $[a,b]$ stetige und dort nicht identisch verschwindende Funktion. Zeige: Die Aufgabe (53.7) ist genau dann lösbar, wenn $\int_a^b r(s)y(s)v(s)\,ds = 0$ ist für alle Lösungen v von

$$L^*v - \lambda rv = 0, \qquad R_\mu^* v = 0 \quad \text{für } \mu = 1, \ldots, n. \tag{53.8}$$

Die Dimension des Lösungsraumes von (53.8) ist endlich und stimmt überein mit der des Lösungsraumes von

$$Lx - \lambda rx = 0, \qquad R_\mu x = 0 \quad \text{für } \mu = 1, \ldots, n.$$

Hinweis: Aufgabe 3.

54 Normale Auflösbarkeit

Die Lösbarkeitskriterien in den Sätzen 50.2 und 52.1 regen die folgende Definition an:

Der Endomorphismus A des Vektorraumes E heißt **normal auflösbar bezüglich des Dualsystems** (E,E^+) oder kurz E^+-**normal auflösbar**, wenn er E^+-konjugierbar ist und die Gleichung

$$Ax=y \tag{54.1}$$

genau dann eine Lösung besitzt, wenn gilt:

$$\langle y,x^+\rangle=0 \quad \text{für alle } x^+\in N(A^+). \tag{54.2}$$

Ist E ein *normierter* Raum, so nennen wir A kurz **normal auflösbar**, wenn A stetig und E'-normal auflösbar ist.

Nach Satz 50.2 ist ein $A\in\mathscr{S}(E)$ stets E^*-normal auflösbar.

Die Definition der normalen Auflösbarkeit läßt sich konziser fassen, wenn wir den Begriff des Orthogonalraumes benutzen. Ist (E,E^+) ein Bilinearsystem und M eine nichtleere Teilmenge von E, so heißt

$$M^\perp:=\{x^+\in E^+:\langle x,x^+\rangle=0 \text{ für alle } x\in M\}$$

der **Orthogonalraum** von M in E^+; entsprechend wird für $M\subset E^+$ durch

$$M^\perp:=\{x\in E:\langle x,x^+\rangle=0 \text{ für alle } x^+\in M\}$$

der **Orthogonalraum** von M in E erklärt.[1] $M^\perp$ ist ein linearer Unterraum von E^+ bzw. E. Unter den oben getroffenen Annahmen über (E,E^+) und A ist A offenbar *genau dann E^+-normal auflösbar, wenn gilt:*

$$A(E)=N(A^+)^\perp. \tag{54.3}$$

Wir machen zunächst noch einige Bemerkungen über Orthogonalräume. Dabei wird durchweg ein Bilinearsystem (E,E^+) zugrunde gelegt. Für $(M^\perp)^\perp$ schreiben wir kürzer $M^{\perp\perp}$. Trivial ist der

54.1 Hilfssatz a) $M\subset N\Rightarrow N^\perp\subset M^\perp$. b) $M\subset M^{\perp\perp}$.

Eine Menge M mit $M=M^{\perp\perp}$ heißt **orthogonalabgeschlossen**; ein derartiges M ist stets ein linearer Unterraum (von E oder E^+).

---

[1] Diese Orthogonalräume dürfen und können nicht verwechselt werden mit den Orthogonalräumen, die wir in Innenprodukträumen eingeführt haben.

54.2 Hilfssatz *Ein linearer Unterraum M von E ist genau dann orthogonalabgeschlossen, wenn es zu jedem $x_0 \notin M$ ein $x^+ \in E^+$ gibt, so daß*

$$\langle x, x^+\rangle = 0 \quad \textit{für alle } x \in M, \quad \textit{aber} \quad \langle x_0, x^+\rangle \neq 0 \quad \textit{ist}.$$

Beweis. Sei zunächst $M = M^{\perp\perp}$ und $x_0 \notin M$. Dann ist $x_0 \notin M^{\perp\perp}$, es gibt also ein $x^+ \in M^\perp$ mit $\langle x_0, x^+\rangle \neq 0$: das ist aber gerade die Behauptung. Nun sei umgekehrt die Bedingung des Hilfssatzes erfüllt. Ist $x_0 \notin M$, so gibt es also ein $x^+ \in M^\perp$ mit $\langle x_0, x^+\rangle \neq 0$, daher ist $x_0 \notin M^{\perp\perp}$. Das bedeutet, daß $M^{\perp\perp} \subset M$ ist; wegen Hilfssatz 54.1b muß also $M = M^{\perp\perp}$ sein. ■

54.3 Hilfssatz *Jeder Orthogonalraum $M^\perp$ ist orthogonalabgeschlossen.*

Wegen Hilfssatz 54.1b ist nämlich $M^\perp \subset (M^\perp)^{\perp\perp} =: M^{\perp\perp\perp}$; andererseits folgt aus $M \subset M^{\perp\perp}$ nach der Aussage a) dieses Hilfssatzes auch $M^{\perp\perp\perp} \subset M^\perp$. ■

Nach diesen Vorbereitungen sind wir in der Lage, eine genaue Bedingung für die E^+-normale Auflösbarkeit eines Operators anzugeben:

54.4 Satz *Ist (E, E^+) ein Dualsystem und A ein E^+-konjugierbarer Endomorphismus von E, so ist A genau dann E^+-normal auflösbar, wenn sein Bildraum $A(E)$* orthogonalabgeschlossen *ist.*

Ist nämlich A E^+-normal auflösbar, gilt also (54.3), so ist $A(E)$ ein Orthogonalraum und somit nach Hilfssatz 54.3 orthogonalabgeschlossen. Ist umgekehrt $A(E)$ orthogonalabgeschlossen, so erhält man die E^+-normale Auflösbarkeit von A, indem man den Beweis des Satzes 50.2 mit unwesentlichen Modifikationen übernimmt; der dort verwendete Satz 50.1 ist durch den Hilfssatz 54.2 zu ersetzen. ■

Die orthogonale Abgeschlossenheit eines Unterraumes hängt von dem zugrundeliegenden Bilinearsystem ab. Für zwei besonders wichtige Systeme gibt der folgende Satz *alle* orthogonalabgeschlossenen Unterräume an.

54.5 Satz *Jeder Unterraum des Vektorraumes E ist bezüglich (E, E^*) orthogonalabgeschlossen. Ein Unterraum eines normierten Raumes E ist genau dann bezüglich (E, E') orthogonalabgeschlossen, wenn er abgeschlossen ist.*

Beweis. Aus Hilfssatz 54.2, Satz 50.1 und Satz 36.3 folgen die erste Aussage und die eine Richtung der zweiten; die andere Richtung ist fast trivial: Ein orthogonalabgeschlossener Unterraum von E ist Orthogonalraum einer Teilmenge von E' und als solcher offensichtlich abgeschlossen. ■

Aus den beiden letzten Sätzen folgt noch einmal, daß ein Endomorphismus von E stets E^*-normal auflösbar ist. Außerdem erhalten wir den weitaus wichtigeren

54.6 Satz *Ein stetiger Endomorphismus eines normierten Raumes ist genau dann normal auflösbar, wenn sein Bildraum abgeschlossen ist.*

Dieser Satz ist der Grund, weshalb wir uns in der nächsten Nummer intensiv mit Operatoren beschäftigen werden, deren Bildräume *abgeschlossen* sind.

Aufgaben

*1. Für jede stetige lineare Abbildung $A: E \to F$ der normierten Räume E, F gilt:

$$\overline{A(E)}^{\perp} = N(A'), \qquad \overline{A(E)} = N(A')^{\perp};$$

$$\overline{A'(F')}^{\perp} = N(A), \qquad \overline{A'(F')} \subset N(A)^{\perp};$$

in der letzten Inklusion steht „=" immer dann, wenn $\overline{A'(F')}$ orthogonalabgeschlossen ist (die Bildung der Orthogonalräume erfolgt bezüglich der Dualsysteme (E, E'), (F, F')).

*2. Sei E ein normierter Raum und F ein abgeschlossener Unterraum von E. Dann ist $(E/F)'$ normisomorph zu $F^{\perp}$.
Hinweis: Ordne jedem $f \in (E/F)'$ die durch $x'(x) := f(\hat{x})$ definierte Linearform $x' \in E'$ zu; dabei ist $\hat{x}$ die Restklasse von x in E/F.

*3. Sei E ein normierter Raum und F ein beliebiger Unterraum von E. Dann ist F' algebraisch isomorph zu $E'/F^{\perp}$.
Hinweis: Ordne jedem $\widehat{x'} \in E'/F^{\perp}$ die Einschränkung $x'|F$ eines Repräsentanten x' von $\widehat{x'}$ auf F zu, kurz: $\widehat{x'} \mapsto x'|F$.

4. Sei (E, E^{+}) ein Bilinearsystem. Dann ist der Durchschnitt beliebig vieler orthogonalabgeschlossener Unterräume von E wieder orthogonalabgeschlossen.

55 Operatoren mit abgeschlossenen Bildräumen

Wir beginnen unsere Untersuchung mit einem einfachen

55.1 Hilfssatz *Sind E, F Banachräume, so besitzt der Operator $A \in \mathscr{S}(E, F)$ genau dann eine* stetige *Inverse, wenn er injektiv und sein Bildraum abgeschlossen ist.*

Ist nämlich A injektiv und $A(E)$ abgeschlossen, so folgt die Stetigkeit von A^{-1} aus Satz 39.4, weil $A(E)$ als abgeschlossener Unterraum des Banachraumes F vollständig ist. Die Umkehrung ergibt sich aus Satz 6.10. ■

Die folgende Betrachtung führt uns dazu, jedem $A \in \mathscr{S}(E, F)$ eine Zahl zuzuordnen, die Auskunft über die Abgeschlossenheit von $A(E)$ gibt. Dabei seien E und F Banachräume, $\hat{E}$ sei der Banachraum $E/N(A)$ und $\hat{A}: \hat{E} \to F$ die zu A gehörige stetige Injektion (Satz 37.5). Aus Hilfssatz 55.1 folgt nun, daß $A(E) = \hat{A}(\hat{E})$ genau dann abgeschlossen ist, wenn $(\hat{A})^{-1}$ stetig ist; dies wiederum ist nach Satz 10.5 genau dann der Fall, wenn mit einer Konstanten $m > 0$ die Abschätzung $m\|\hat{x}\| \leqslant \|\hat{A}\hat{x}\|$ für alle $\hat{x} \in \hat{E}$ gilt, wenn also

$$\inf_{0 \neq \hat{x} \in \hat{E}} \frac{\|\hat{A}\hat{x}\|}{\|\hat{x}\|} > 0 \tag{55.1}$$

ist. Definieren wir den **Abstand** $d(x, N(A))$ des Elementes x von $N(A)$ durch

$$d(x, N(A)) := \inf_{y \in N(A)} \|x - y\|,$$

so ist für jedes $x \in \hat{x}$

$$\|\hat{x}\| = \inf_{z \in \hat{x}} \|z\| = \inf_{y \in N(A)} \|x - y\| = d(x, N(A)) \quad \text{und} \quad \|\hat{A}\hat{x}\| = \|Ax\|.$$

Infolgedessen stimmt das Infimum in (55.1) mit der Zahl

$$\gamma(A) := \inf_{\substack{x \in E \\ x \notin N(A)}} \frac{\|Ax\|}{d(x, N(A))}, \tag{55.2}$$

dem sogenannten **Minimalmodul** von A überein, und unsere Überlegungen resultieren in dem folgenden

55.2 Satz *Sind E und F Banachräume, so ist der Bildraum des Operators $A \in \mathscr{S}(E, F)$ genau dann abgeschlossen, wenn sein Minimalmodul $\gamma(A) > 0$ ausfällt.*

Daraus gewinnen wir ohne große Mühe ein wichtiges *hinreichendes* Kriterium:

55.3 Satz *A sei eine stetige lineare Abbildung des Banachraumes E in den Banachraum F. Gibt es einen abgeschlossenen Unterraum G von F derart, daß $A(E) \cap G = \{0\}$ und $A(E) \oplus G$ abgeschlossen ist, so muß bereits $A(E)$ selbst abgeschlossen sein.*

Beweis. G ist als abgeschlossener Unterraum des Banachraumes F vollständig, infolgedessen ist der Produktraum $E \times G$ ein Banachraum. Wir definieren nun eine stetige lineare Abbildung $B: E \times G \to F$ durch

$$B(x, y) := Ax + y \quad (x \in E, y \in G).$$

Der Bildraum $B(E \times G) = A(E) \oplus G$ ist nach Voraussetzung abgeschlossen, $\gamma(B)$ also positiv. Wir zeigen nun, daß $\gamma(A) \geqslant \gamma(B)$ bleibt, womit dann auch alles bewiesen ist. Wegen $A(E) \cap G = \{0\}$ ist $N(B) = N(A) \times \{0\}$, also $d((x, 0), N(B)) = d(x, N(A))$ für $x \in E$ und somit

$$\|Ax\| = \|B(x, 0)\| \geqslant \gamma(B) d((x, 0), N(B)) = \gamma(B) d(x, N(A)).$$

Daraus folgt sofort $\gamma(A) \geqslant \gamma(B)$. ■

Da nach Satz 11.4 ein endlichdimensionaler Unterraum eines normierten Raumes stets abgeschlossen ist, liefert Satz 55.3 ohne weiteres Nachdenken den

55.4 Satz von Kato *A sei eine stetige lineare Abbildung des Banachraumes E in den Banachraum F. Besitzt der Bildraum von A endliche Kodimension, so ist er abgeschlossen.*

Das Prunkstück dieser Nummer ist der tiefliegende Satz 55.7. Seinen Beweis bereiten wir durch zwei unterstützende Aussagen vor.

55.5 Hilfssatz *E sei ein vollständiger, F ein beliebiger normierter Raum, $K_r := \{x \in E : \|x\| \leqslant r\}$, $V_\varrho := \{y \in F : \|y\| < \varrho\}$ und $A \in \mathscr{L}(E,F)$. Dann folgt aus $V_\varrho \subset \overline{A(K_1)}$ stets $V_\varrho \subset A(K_1)$.*

Beweis. Wie man leicht sieht, genügt es zu zeigen, daß $V_\varrho \subset A(K_r)$ für jedes $r>1$ ist. Aus der vorausgesetzten Inklusion $V_\varrho \subset \overline{A(K_1)}$ folgt $V_{\varrho\varepsilon^n} \subset \overline{A(K_{\varepsilon^n})}$ für jedes $\varepsilon \in (0,1)$ und $n=0,1,\ldots$. Wie im Beweis des Satzes 39.2 (ab (39.2)) sieht man nun, daß es zu jedem $y \in V_\varrho$ ein $x \in K_{1/(1-\varepsilon)}$ mit $Ax=y$ gibt, womit alles bewiesen ist. ■

55.6 Satz *Genau dann ist die stetige lineare Abbildung A des Banachraumes E in den Banachraum F surjektiv, wenn A' eine stetige Inverse auf $A'(F')$ besitzt.*

Beweis. Wir setzen voraus, daß A' eine stetige Inverse besitzt und zeigen (mit den Bezeichnungen aus dem obigen Hilfssatz) zunächst

$$V_\varrho \subset \overline{A(K_1)} \quad \text{für} \quad \varrho := \frac{1}{\|(A')^{-1}\|}. \tag{55.3}$$

Dazu nehmen wir an, daß y zwar in V_ϱ, nicht jedoch in $\overline{A(K_1)}$ liegt. $A(K_1)$ ist als lineares Bild einer konvexen Menge konvex (s. A 42.4), nach A 21.9 muß also auch $\overline{A(K_1)}$ konvex sein. Infolgedessen gibt es ein $y' \in F'$ mit $\operatorname{Re}\langle y,y'\rangle > \operatorname{Re}\langle z,y'\rangle$ für alle $z \in \overline{A(K_1)}$ (Satz 42.5), insbesondere ist $\operatorname{Re}\langle y,y'\rangle > \operatorname{Re}\langle Ax,y'\rangle$ für jedes $x \in K_1$. Sei $\langle Ax,y'\rangle = r\mathrm{e}^{\mathrm{i}\varphi}$, $r \geqslant 0$. Dann folgt, da mit x auch $\mathrm{e}^{-\mathrm{i}\varphi}x$ in K_1 liegt,

$$\operatorname{Re}\langle y,y'\rangle > \operatorname{Re}\langle A\,\mathrm{e}^{-\mathrm{i}\varphi}x,y'\rangle = \operatorname{Re}\mathrm{e}^{-\mathrm{i}\varphi}\langle Ax,y'\rangle = r = |\langle Ax,y'\rangle|,$$

und daraus ergibt sich

$$\begin{aligned}\varrho\,\|y'\| &= \varrho\,\|(A')^{-1}A'y'\| \leqslant \varrho\,\|(A')^{-1}\|\,\|A'y'\| = \|A'y'\| = \sup_{x\in K_1} |\langle x,A'y'\rangle| \\ &= \sup_{x\in K_1} |\langle Ax,y'\rangle| \leqslant \operatorname{Re}\langle y,y'\rangle \leqslant |\langle y,y'\rangle| \leqslant \|y\|\,\|y'\|.\end{aligned}$$

Somit ist, im Widerspruch zu unserer Annahme, $\varrho \leqslant \|y\|$. Mit Hilfssatz 55.5 folgt aus (55.3) nun $V_\varrho \subset A(K_1)$, und daraus ergibt sich sofort $A(E)=F$. – Nun sei A surjektiv. Hätte A' keine stetige Inverse auf $A'(F')$, so gäbe es nach Satz 10.6 eine Folge $(y_n') \subset F'$ mit $\|y_n'\|=1$ und $\|A'y_n'\| \to 0$. Setzt man $\alpha_n := \max\{\sqrt{\|A'y_n'\|}, 1/\sqrt{n}\}$ und $z_n' := y_n'/\alpha_n$, so strebt

$$\|z_n'\| \to \infty \quad \text{und} \quad \|A'z_n'\| \to 0, \tag{55.4}$$

infolgedessen konvergiert $\langle Ax,z_n'\rangle = \langle x,A'z_n'\rangle \to 0$ für jedes $x \in E$. Wegen der Surjektivität von A ergibt sich daraus mit Satz 40.3, daß $(\|z_n'\|)$ beschränkt ist, im Widerspruch zu (55.4). ■

Das Gegenstück zu dem eben bewiesenen Satz ist übrigens der später auftretende Satz 57.3: *A: $E \to F$ sei eine stetige lineare Abbildung der normierten Räume E und F. A' ist genau dann surjektiv, wenn A eine stetige Inverse auf $A(E)$ besitzt.*

Es folgt nun der angekündigte Hauptsatz dieser Nummer, ein Satz, der von bestechender Symmetrie und alles andere als trivial ist.

55.7 Satz *$A: E \to F$ sei eine stetige lineare Abbildung der Banachräume E und F. Dann sind die folgenden Aussagen äquivalent:*

a) *$A(E)$ ist abgeschlossen.*
b) *$A'(F')$ ist abgeschlossen.*
c) *$A(E) = \{y \in F: \langle y, y' \rangle = 0$ für alle $y' \in N(A')\} =: N(A')^{\perp}$.*
d) *$A'(F') = \{x' \in E': \langle x, x' \rangle = 0$ für alle $x \in N(A)\} =: N(A)^{\perp}$.*

Wir beweisen zunächst die Implikation a) $\Rightarrow$ d): „Wenn $A(E)$ abgeschlossen ist, muß $A'(F') = N(A)^{\perp}$ sein." Die Inklusion $A'(F') \subset N(A)^{\perp}$ ergibt sich sofort aus der vierten Aussage in A 54.1; wir zeigen nun umgekehrt, daß jedes $x' \in N(A)^{\perp}$ in $A'(F')$ liegt. Dazu definieren wir mit Hilfe eines solchen x' eine Linearform f auf $A(E)$ folgendermaßen: Zu $y \in A(E)$ wählen wir ein $x \in E$ mit $Ax = y$ und setzen

$$f(y) := \langle x, x' \rangle .$$

f ist eindeutig erklärt; ist nämlich auch $Ax_1 = y$, so muß $x_1 - x \in N(A)$, also $\langle x_1, x' \rangle = \langle x, x' \rangle$ sein. Trivialerweise ist f linear. f ist auch stetig: Für jedes $u \in N(A)$ gilt nämlich $f(y) = \langle x - u, x' \rangle$, also $|f(y)| \leqslant \|x'\| \, \|x - u\|$, und somit auch $|f(y)| \leqslant \|x'\| \, d(x, N(A))$. Da wegen Satz 55.2 der Minimalmodul $\gamma(A) > 0$ ist, folgt daraus

$$|f(y)| \leqslant \|x'\| \frac{\|Ax\|}{\gamma(A)} = \frac{\|x'\|}{\gamma(A)} \|y\| .$$

Wir setzen nun f nach dem Satz von Hahn-Banach zu einer stetigen Linearform z' auf F fort. Dann ist für jedes $x \in E$

$$\langle x, x' \rangle = f(Ax) = z'(Ax) = \langle Ax, z' \rangle = \langle x, A'z' \rangle ,$$

also ist $x' = A'z'$, und somit liegt x' in $A'(F')$. Damit haben wir die Implikation a) $\Rightarrow$ d) vollständig bewiesen.

Da $N(A)^{\perp}$ trivialerweise abgeschlossen ist, gilt „d) $\Rightarrow$ b)". Damit besteht insgesamt nun die Implikationskette

$$\text{a)} \Rightarrow \text{d)} \Rightarrow \text{b)}. \tag{55.5}$$

Jetzt zeigen wir „b) $\Rightarrow$ a)". Sei also $A'(F')$ abgeschlossen. Wir setzen $G := \overline{A(E)}$, definieren $B \in \mathscr{L}(E, G)$ durch $Bx := Ax$ für $x \in E$ und zeigen $B(E) = G$ (womit die Abgeschlossenheit von $A(E)$ bewiesen ist). Wegen Satz 55.6 brauchen wir nur darzulegen, daß B': $G' \to E'$ eine stetige Inverse besitzt. Aus $\overline{B(E)} = G$ folgt mit der ersten Aussage in A 54.1 sofort die Injektivität von B'. Ferner ergibt sich mit

Hilfe des Hahn-Banachschen Fortsetzungssatzes sehr leicht die Gleichung $B'(G')=A'(F')$, also besitzt B' einen abgeschlossenen Bildraum. Mit Hilfssatz 55.1 erkennen wir nun, daß $(B')^{-1}$ tatsächlich stetig ist.

Insgesamt haben wir damit bisher den Ringschluß

$$\text{a)} \Rightarrow \text{d)} \Rightarrow \text{b)} \Rightarrow \text{a)} \tag{55.6}$$

etabliert (s. (55.5)). Unser Satz ist also bewiesen, wenn wir noch die Äquivalenz „a) $\Longleftrightarrow$ c)" garantieren können. Ihre nichttriviale Richtung $\Rightarrow$ ergibt sich aber sofort aus der zweiten Gleichung in A 54.1. ■

Aus Satz 55.7 erhalten wir ohne Umschweife den

55.8 Satz *Ein stetiger Endomorphismus des Banachraumes E ist genau dann E'-normal auflösbar, wenn seine duale Transformation E-normal auflösbar ist.*

Zum Schluß fassen wir noch eine merkwürdige, von Kato (1958) entdeckte Eigenschaft derjenigen Operatoren ins Auge, deren Bildraum gerade *nicht* abgeschlossen ist:

55.9 Satz *$A: E \to F$ sei eine stetige lineare Abbildung der normierten Räume E, F mit* nichtabgeschlossenem *Bildraum. Dann gibt es zu jedem $\varepsilon > 0$ einen unendlichdimensionalen abgeschlossenen Unterraum $V(\varepsilon)$ von E, so daß die Einschränkung von A auf $V(\varepsilon)$ eine Norm $\leqslant \varepsilon$ hat* (s. dazu auch Aufgabe 8).

Dem Beweis schicken wir einen auch an sich interessanten Hilfssatz voraus, dem wir die Hauptlast der Argumentation aufbürden werden.

55.10 Hilfssatz *$A: E \to F$ sei eine lineare Abbildung der normierten Räume E, F, die auf keinem abgeschlossenen endlichkodimensionalen Unterraum von E eine stetige Inverse besitzt. Dann gibt es zu jedem $\varepsilon > 0$ einen unendlichdimensionalen Unterraum $U(\varepsilon)$ von E, so daß die Einschränkung von A auf $U(\varepsilon)$ eine Norm $\leqslant \varepsilon$ hat* (s. dazu Aufgabe 7).

Im Beweis dieses Hilfssatzes machen wir mehrfach von den Sätzen 10.6 und 36.4 und von A 49.8 Gebrauch, ohne noch ausdrücklich darauf hinzuweisen. - Da A jedenfalls auf E selbst keine stetige Inverse besitzt, existiert ein

$$x_1 \in E \quad \text{mit} \quad \|x_1\| = 1, \quad \|Ax_1\| < \varepsilon/3.$$

Zu diesem x_1 gibt es ein

$$f_1 \in E' \quad \text{mit} \quad \|f_1\| = f_1(x_1) = 1.$$

Da der Raum $N(f_1)$ abgeschlossen und endlichkodimensional ist, kann A auch auf ihm keine stetige Inverse besitzen, und daher existiert ein

$$x_2 \in N(f_1) \quad \text{mit} \quad \|x_2\| = 1, \quad \|Ax_2\| < \varepsilon/3^2.$$

Zu x_2 gibt es ein

$$f_2 \in E' \quad \text{mit} \quad \|f_2\| = f_2(x_2) = 1 \quad \text{(und trivialerweise } f_1(x_2) = 0\text{)}.$$

Auch $N(f_1) \cap N(f_2)$ ist abgeschlossen und endlichkodimensional. Und daher sieht man wie eben: es ist ein

$$x_3 \in N(f_1) \cap N(f_2) \quad \text{mit} \quad \|x_3\| = 1, \quad \|Ax_3\| < \varepsilon/3^3$$

vorhanden und dazu ein

$$f_3 \in E' \quad \text{mit} \quad \|f_3\| = f_3(x_3) = 1 \quad \text{(und trivialerweise } f_1(x_3) = f_2(x_3) = 0\text{)}.$$

So fortfahrend erhält man Folgen $(x_n) \subset E$, $(f_n) \subset E'$ mit

$$\|x_n\| = 1, \qquad \|Ax_n\| < \varepsilon/3^n, \tag{55.7}$$

$$\|f_n\| = f_n(x_n) = 1, \qquad f_k(x_n) = 0 \quad \text{für } k < n. \tag{55.8}$$

Man überblickt sofort, daß die Menge $\{x_1, x_2, \ldots\}$ linear unabhängig, der Raum

$$U(\varepsilon) := [x_1, x_2, \ldots]$$

also unendlichdimensional ist. Wir zeigen nun durch Induktion: Ist $x := \sum_{n=1}^{m} \alpha_n x_n$ ein beliebiges Element aus $U(\varepsilon)$, so muß

$$|\alpha_n| \leqslant 2^{n-1} \|x\| \quad \text{für } n = 1, \ldots, m \tag{55.9}$$

sein. Der Induktionsanfang liegt auf der Hand, denn wegen (55.8) haben wir $|\alpha_1| = |f_1(x)| \leqslant \|f_1\| \, \|x\| = \|x\|$. Angenommen, (55.9) sei schon für alle $n \leqslant k < m$ bewiesen. Mit (55.8) finden wir zunächst

$$f_{k+1}(x) = \sum_{n=1}^{k} \alpha_n f_{k+1}(x_n) + \alpha_{k+1},$$

und daraus ergibt sich wegen $\|f_{k+1}\| = 1$, $\|x_n\| = 1$ sofort

$$|\alpha_{k+1}| \leqslant |f_{k+1}(x)| + \sum_{n=1}^{k} |\alpha_n| \, |f_{k+1}(x_n)| \leqslant \|x\| + \sum_{n=1}^{k} |\alpha_n|.$$

Die Induktionsannahme führt infolgedessen zu der Abschätzung

$$|\alpha_{k+1}| \leqslant \|x\| + \sum_{n=1}^{k} 2^{n-1} \|x\| = \|x\| + \frac{2^k - 1}{2 - 1} \|x\| = 2^k \|x\|,$$

und diese besagt gerade, daß (55.9) auch für $n = k + 1$ richtig und damit vollständig bewiesen ist.

Nun sind wir fast am Ziel. Denn dank (55.7) und (55.9) gewinnen wir für jedes $x = \sum_{n=1}^{m} \alpha_n x_n$ aus $U(\varepsilon)$ die Abschätzung

$$\|Ax\| = \left\| \sum_{n=1}^{m} \alpha_n A x_n \right\| \leqslant \sum_{n=1}^{m} |\alpha_n| \, \|Ax_n\| \leqslant \left(\sum_{n=1}^{m} 2^{n-1} \frac{\varepsilon}{3^n} \right) \|x\|$$
$$\leqslant \frac{\varepsilon}{3} \left(\sum_{n=0}^{\infty} \left(\frac{2}{3}\right)^n \right) \|x\| = \varepsilon \|x\|$$

und damit $\|A|U(\varepsilon)\| \leqslant \varepsilon$. ■

Der Beweis des Satzes 55.9 bereitet nun keine sonderlichen Schwierigkeiten mehr. Sei G irgendein abgeschlossener Unterraum endlicher Kodimension in E:

$$E = G \oplus H, \qquad G \text{ abgeschlossen}, \quad \dim H < \infty.$$

Dann ist

$$A(E) = A(G) + A(H), \qquad \dim A(H) < \infty. \tag{55.10}$$

Hätte A eine stetige Inverse auf G, so müßte mit G auch $A(G)$ abgeschlossen sein (Satz 6.10). Wegen A 37.9 würde sich dann aber aus (55.10) die Abgeschlossenheit von $A(E)$ ergeben – im Widerspruch zu unserer Voraussetzung, daß A gerade *keinen* abgeschlossenen Bildraum haben sollte. $A|G$ kann also nicht stetig invertierbar sein, und jetzt ergibt sich mit einem Schlag aus Hilfssatz 55.10, daß zu jedem $\varepsilon > 0$ ein unendlichdimensionaler Unterraum $U = U(\varepsilon)$ mit $\|A|U\| \leqslant \varepsilon$ vorhanden ist. $V(\varepsilon) := \overline{U}$ leistet nun offenbar das Gewünschte. ■

Aufgaben

⁺1. Der Minimalmodul $\gamma(A)$ läßt sich für jeden linearen Operator $A: E \to F$ mit abgeschlossenem Nullraum durch (55.2) definieren (den uninteressanten Fall $A = 0$ schließen wir aus). Zeige: Sind E und F Banachräume, ist $\gamma(A) > 0$ und $A(E)$ abgeschlossen, so ist A stetig.

⁺2. Sei E ein Banachraum, F ein normierter Raum, $A \in \mathscr{S}(E, F)$ und $A(E)$ vollständig. Dann ist $A'(F') = N(A)^{\perp}$.

⁺3. Sei E ein normierter Raum, F ein Banachraum und $A \in \mathscr{S}(E, F)$. Ist A surjektiv, so besitzt A' eine stetige Inverse auf $A'(F')$.

Hinweis: Setze A auf die vollständige Hülle von E fort und benutze Aufgabe 2.

*4. E, F seien Banachräume, D sei ein linearer Unterraum von E und $A: D \to F$ linear und abgeschlossen. Zeige: Ist $\operatorname{codim} A(D)$ endlich, so ist $A(D)$ abgeschlossen.

Hinweis: A 39.3 und Satz 55.4.

⁺5. Die Sätze 55.2 und 55.3 gelten auch unter den Voraussetzungen der Aufgabe 4. Beachte dabei Aufgabe 1 und die Tatsache, daß der Nullraum eines abgeschlossenen Operators abgeschlossen ist.

*6. E und F seien Banachräume. Für jedes injektive $A \in \mathscr{S}(E, F)$ mit abgeschlossenem Bildraum ist $\gamma(A) = 1/\|A^{-1}\|$.

⁺7. Unter den Voraussetzungen und mit den Bezeichnungen des Hilfssatzes 55.10 gilt: Die Einschränkung von A auf den im Beweis konstruierten Unterraum $U(\varepsilon)$ ist gleichmäßiger Grenzwert einer Folge *stetiger endlichdimensionaler* Operatoren $K_n: U(\varepsilon) \to F$.

Hinweis: Definiere K_n durch die Festsetzungen $K_n := A$ auf $[x_1, \ldots, x_n]$ und $K_n := 0$ auf $[x_{n+1}, x_{n+2}, \ldots]$.

⁺8. Sei $A: E \to F$ eine stetige lineare Abbildung des normierten Raumes E in den Banachraum F mit *nichtabgeschlossenem* Bildraum. Dann gibt es zu jedem $\varepsilon > 0$ einen unendlichdimensionalen abgeschlossenen Unterraum $V(\varepsilon)$ von E, so daß die Einschränkung von A auf $V(\varepsilon)$ eine Norm $\leqslant \varepsilon$ hat und überdies auch noch *kompakt* ist.

Hinweis: Aufgabe 7, Satz 28.3.

56 Analytische Darstellung stetiger Linearformen

Um einen stetigen Endomorphismus eines normierten Raumes auf normale Auflösbarkeit zu testen, kann es nützlich sein, über eine analytische Darstellung aller stetigen Linearformen unseres Raumes zu verfügen. Auch bei anderen Untersuchungen, z. B. bei dem Approximationsproblem in A 36.2 sind solche Darstellungen von Vorteil. Ihnen wollen wir uns deshalb in diesem Abschnitt zuwenden.

Im Falle eines *Hilbertraumes E* haben wir dieses Darstellungsproblem übrigens schon durch den Satz 26.1 von Fréchet-Riesz gelöst. Nach ihm gibt es zu jeder stetigen Linearform f auf E genau ein $z \in E$ mit

$$f(x) = (x|z) \quad \text{für alle } x \in E, \tag{56.1}$$

und umgekehrt definiert jedes $z \in E$ vermöge (56.1) ein $f \in E'$; überdies ist $\|f\| = \|z\|$. Aus diesem Satz folgt z. B., daß man jede stetige Linearform f auf $L^2(a,b)$ in der Form

$$f(x) = \int_a^b x(t)\overline{z(t)}\,\mathrm{d}t \tag{56.2}$$

mit einer im wesentlichen (d. h. bis auf eine Menge vom Maß 0) eindeutig bestimmten Funktion $z \in L^2(a,b)$ darstellen kann; dabei ist

$$\|f\| = \left(\int_a^b |z(t)|^2\,\mathrm{d}t\right)^{1/2}. \tag{56.3}$$

Umgekehrt liefert (56.2) für jedes $z \in L^2(a,b)$ eine stetige Linearform f auf $L^2(a,b)$.

Wir wollen nun einige weitere Beispiele angeben.

56.1 Beispiel Ist E ein *endlichdimensionaler* normierter Raum über $\mathbf{K}$, so stimmt wegen Satz 11.5 E' mit E^* überein. Stellen wir $x \in E$ mittels einer Basis $\{x_1, \ldots, x_n\}$ in der Form $x = \sum_{k=1}^{n} \xi_k x_k$ dar, so ist für jede Linearform f auf E

$$f(x) = \sum_{k=1}^{n} \alpha_k \xi_k \quad \text{mit } \alpha_k := f(x_k). \tag{56.4}$$

Umgekehrt wird für beliebig gewählte Skalare α_k durch (56.4) eine (stetige) Linearform f auf E definiert. Es ist leicht zu sehen, daß vermöge der Zuordnung $f \mapsto (\alpha_1, \ldots, \alpha_n)$ E' isomorph zu $\mathbf{K}^n$ ist.

56.2 Beispiel Wir bestimmen nun die stetigen Linearformen auf l^p, $1 \leqslant p < \infty$. q sei die zu p konjugierte Zahl:

$$1/p + 1/q = 1, \quad \text{falls } p > 1, \qquad q = \infty, \quad \text{falls } p = 1.$$

$e_k := (0, \ldots, 0, 1, 0, \ldots)$ liegt in l^p, und jedes $x := (\xi_k) \in l^p$ läßt sich in der Form $x = \sum \xi_k e_k$ darstellen. Für eine stetige Linearform f auf l^p ist also mit $\alpha_k := f(e_k)$

$$f(x) = \sum_{k=1}^{\infty} \alpha_k \xi_k. \tag{56.5}$$

Nach I) und II) in Beispiel 46.1 liegt $a := (\alpha_1, \alpha_2, \ldots)$ in l^q, und wir haben

$$\|f\| = \|a\|_q = \begin{cases} \left(\sum_{k=1}^{\infty} |\alpha_k|^q\right)^{1/q} & \text{für } p > 1 \quad \text{(s. (46.5))}, \\ \sup_k |\alpha_k| & \text{für } p = 1 \quad \text{(s. (46.8))}. \end{cases} \tag{56.6}$$

Ist umgekehrt $a := (\alpha_1, \alpha_2, \ldots)$ ein beliebiger Vektor aus l^q, so wird durch (56.5) eine stetige Linearform f auf l^p definiert (benutze für den Fall $p > 1$ die Höldersche Ungleichung); die Norm von f wird wieder durch (56.6) gegeben. Damit haben wir den wesentlichen Inhalt des folgenden Satzes bewiesen (die Richtigkeit der noch unbewiesenen Aussagen springt in die Augen):

Jede stetige Linearform f auf l^p $(1 \leqslant p < \infty)$ kann mit Hilfe einer und nur einer Folge $a := (\alpha_1, \alpha_2, \ldots)$ aus l^q in der Form (56.5) *dargestellt werden; die Norm von f wird durch* (56.6) *gegeben. Die Zuordnung $f \mapsto (\alpha_1, \alpha_2, \ldots)$ ist ein Normisomorphismus von $(l^p)'$ auf l^q; im Sinne dieses Normisomorphismus ist also $(l^p)' = l^q$.*

Der nunmehr naheliegende Gedanke, $(l^\infty)'$ sei normisomorph zu l^1, ist trügerisch. Da nämlich l^1 separabel ist, müßte dann $(l^\infty)'$ und somit nach Satz 36.5 auch l^∞ separabel sein – was jedoch keineswegs der Fall ist (s. hierzu die Aufgaben 8 und 9 in Nr. 24).

56.3 Beispiel Wir gehen jetzt daran, eine Darstellung der stetigen Linearform f auf $C[a, b]$ zu finden. Der Grundgedanke hierbei ist einfach genug: Man approxi-

miere die Funktion $x \in C[a,b]$ durch Funktionen y, für die $f(y)$ leicht darzustellen ist und gewinne dann $f(x)$ durch den Grenzübergang $y \to x$.
Für jede Zerlegung $Z\colon a = t_0 < t_1 < \dots < t_n = b$ des Intervalles $[a,b]$ definieren wir die Treppenfunktion $y_Z \in B[a,b]$ durch

$$y_Z(t) := \begin{cases} x(a) & \text{für } t_0 \leqslant t \leqslant t_1 \\ x(t_{k-1}) & \text{für } t_{k-1} < t \leqslant t_k \quad (k = 2, \dots, n). \end{cases}$$

Da $x \in C[a,b]$ auf $[a,b]$ sogar *gleichmäßig* stetig ist, gibt es zu jedem $\varepsilon > 0$ ein $\delta > 0$ mit

$$\sup_{a \leqslant t \leqslant b} |x(t) - y_Z(t)| < \varepsilon, \quad \text{falls} \quad \mu(Z) := \max_{k=1}^{n} |t_k - t_{k-1}| < \delta \quad \text{bleibt.} \tag{56.7}$$

Wir definieren nun eine Schar von Funktionen $u_s \in B[a,b]$ durch die Festsetzung

$$u_a(t) := 0 \qquad \text{für } a \leqslant t \leqslant b$$

$$u_s(t) := \begin{cases} 1 & \text{für } a \leqslant t \leqslant s \\ 0 & \text{für } s < t \leqslant b \end{cases}, \quad \text{falls } a < s \leqslant b.$$

Mit Hilfe dieser Funktionen läßt sich y_Z darstellen in der Form

$$y_Z = \sum_{k=1}^{n} x(t_{k-1})[u_{t_k} - u_{t_{k-1}}]. \tag{56.8}$$

Nun aber macht uns die Schwierigkeit zu schaffen, daß f gar nicht für die approximierende, aber *unstetige* Treppenfunktion y_Z definiert ist. Wir helfen uns, indem wir f nach dem Satz von Hahn-Banach zu einer Linearform F auf $B[a,b]$ mit $\|F\| = \|f\|$ fortsetzen und dann dieses F auf y_Z anwenden. Mit

$$v(s) := F(u_s) \quad \text{für } a \leqslant s \leqslant b$$

haben wir so

$$F(y_Z) = \sum_{k=1}^{n} x(t_{k-1})[v(t_k) - v(t_{k-1})].$$

Die Summe ist eine *Riemann-Stieltjessche Zerlegungssumme*. Wir zeigen nun zuerst, daß v eine Funktion von beschränkter Variation ist (womit die Existenz des Riemann-Stieltjesschen Integrals $\int_a^b x(t)\,dv(t)$ gesichert ist). Zur Abkürzung definieren wir $\operatorname{sgn}\alpha$ (das Signum von α) durch

$$\operatorname{sgn}\alpha := \begin{cases} 0 & \text{für } \alpha = 0, \\ \alpha/|\alpha| & \text{für } \alpha \neq 0; \end{cases}$$

es ist also $|\operatorname{sgn}\alpha| \leqslant 1$ und $|\alpha| = \alpha \operatorname{sgn}\bar{\alpha}$.

Mit $\sigma_k := \overline{\operatorname{sgn}[v(t_k)-v(t_{k-1})]}$ haben wir nun

$$\begin{aligned}\sum_{k=1}^{n}|v(t_k)-v(t_{k-1})| &= \sum_{k=1}^{n}\sigma_k[v(t_k)-v(t_{k-1})] = \sum_{k=1}^{n}\sigma_k[F(u_{t_k})-F(u_{t_{k-1}})]\\ &= F\left(\sum_{k=1}^{n}\sigma_k[u_{t_k}-u_{t_{k-1}}]\right) \leqslant \|F\| \left\|\sum_{k=1}^{n}\sigma_k[u_{t_k}-u_{t_{k-1}}]\right\|\\ &\leqslant \|F\| = \|f\|.\end{aligned}$$

Die Funktion v ist also in der Tat von beschränkter Variation; für ihre Totalvariation $V(v)$ auf $[a,b]$ gilt die Abschätzung

$$V(v) \leqslant \|f\|. \tag{56.9}$$

Ist also (Z_n) eine Folge von Zerlegungen mit $\mu(Z_n)\to 0$, so strebt $F(y_{Z_n}) \to \int_a^b x(t)\,\mathrm{d}v(t)$; wegen (56.7) konvergiert aber auch $y_{Z_n}\to x$ in der Norm von $B[a,b]$ und somit $F(y_{Z_n})\to F(x)=f(x)$. Infolgedessen ist

$$f(x) = \int_a^b x(t)\,\mathrm{d}v(t). \tag{56.10}$$

Nach einem Satz aus der Theorie des Riemann-Stieltjesschen Integrals[1)] gilt

$$|f(x)| = \left|\int_a^b x(t)\,\mathrm{d}v(t)\right| \leqslant V(v)\,\|x\|_\infty, \tag{56.11}$$

somit ist $\|f\| \leqslant V(v)$. Mit (56.9) folgt daraus $\|f\| = V(v)$.
Aus (56.11) ergibt sich noch, daß für *jede* Funktion $v \in BV[a,b]$ durch (56.10) eine stetige Linearform f auf $C[a,b]$ mit $\|f\| \leqslant V(v)$ definiert wird. Alles in allem gilt also folgender Rieszscher Darstellungssatz:

Zu jeder stetigen Linearform f auf $C[a,b]$ gibt es eine Funktion $v \in BV[a,b]$, mit der sich f in der Form* (56.10) *darstellen läßt. v kann so gewählt werden, daß $\|f\| = V(v)$ ist. Umgekehrt wird für jedes $v \in BV[a,b]$ durch* (56.10) *eine stetige Linearform f auf $C[a,b]$ mit $\|f\| \leqslant V(v)$ definiert.

Die Funktion v, die vermöge (56.10) f erzeugt, ist nicht eindeutig bestimmt; mit v leistet z. B. $v+\alpha$ für beliebige Skalare α ebenfalls das Gewünschte. Man kann jedoch zeigen, daß es genau eine „normalisierte" Funktion v in $BV[a,b]$ gibt, die f erzeugt; dabei nennt man $v \in BV[a,b]$ normalisiert, wenn

$$v(a)=0 \quad\text{und}\quad v(t+0)=v(t) \quad \text{für } a<t<b \quad \text{ist.}$$

Für solche Funktionen v ist $V(v) = |v(a)| + V(v) = \|v\|$, wobei $\|v\|$ die $BV[a,b]$-Norm von v bedeutet. Die normalisierten Funktionen bilden einen linearen Unterraum $N[a,b]$ von $BV[a,b]$; ordnet man jeder stetigen Linearform f auf $C[a,b]$ ihre eindeutig bestimmte erzeugende Funktion

1) S. Heuser I, Satz 91.1.

$v \in N[a,b]$ zu, so erhält man einen *Normisomorphismus zwischen dem Dual von* $C[a,b]$ *und dem normierten Raum* $N[a,b]$. S. hierzu Taylor-Lay (1980), S. 148–150.

Wir bringen noch eine interessante Ergänzung des Rieszschen Darstellungssatzes. Es geht dabei um sogenannte *positive* Linearformen auf $C_{\mathbf{R}}[a,b]$.

Eine Linearform f auf $C_{\mathbf{R}}[a,b]$ heißt positiv, wenn für jedes $x \in C_{\mathbf{R}}[a,b]$ mit $x \geqslant 0$ stets $f(x) \geqslant 0$ ausfällt. *Ein solches f ist von selbst stetig mit*

$$\|f\| = f(1); \tag{56.12}$$

hierbei bedeutet 1 die Funktion $t \mapsto 1$ für $a \leqslant t \leqslant b$. Der Beweis ist denkbar einfach. Wegen der Positivität von f folgt nämlich aus der trivialen Ungleichung $\|x\|_\infty \cdot 1 \pm x \geqslant 0$ sofort $\|x\|_\infty f(1) \pm f(x) \geqslant 0$, also $|f(x)| \leqslant f(1)\,\|x\|_\infty$. Damit haben wir schon die Stetigkeit von f und die Abschätzung $\|f\| \leqslant f(1)$. Und da umgekehrt $f(1) \leqslant \|f\|\,\|1\|_\infty = \|f\|$ gilt, muß sogar $\|f\| = f(1)$ sein. ■

Nun sprechen wir den angekündigten Satz aus:

Zu jeder positiven *Linearform f auf $C_{\mathbf{R}}[a,b]$ gibt es eine* monoton wachsende *Funktion $v\colon [a,b] \to \mathbf{R}$ mit $\|f\| = V(v)$ und*

$$f(x) = \int_a^b x(t)\,\mathrm{d}v(t) \quad \textit{für alle } x \in C_{\mathbf{R}}[a,b]. \tag{56.13}$$

Beweis. Wir brauchen nur zu zeigen, daß die im Beweis des Rieszschen Darstellungssatzes auftretende Funktion v unter der jetzt herrschenden Positivitätsvoraussetzung nicht nur von beschränkter Variation, sondern sogar monoton wachsend ist. v ist definiert durch $v(s) := F(u_s)$, wobei im vorliegenden Fall F eine normerhaltende Fortsetzung von F auf $B_{\mathbf{R}}[a,b]$ bedeutet. Auch F ist positiv:

$$F(x) \geqslant 0 \quad \text{für alle } x \geqslant 0 \text{ aus } B_{\mathbf{R}}[a,b]. \tag{56.14}$$

Andernfalls gäbe es nämlich ein $x_0 \in B_{\mathbf{R}}[a,b]$ mit $x_0 \geqslant 0$ und $F(x_0) < 0$. Wir dürfen ohne weiteres annehmen, daß x_0 auch noch $\leqslant 1$ und damit insgesamt $\|1 - x_0\|_\infty \leqslant 1$ bleibt (notfalls dividiere man x_0 durch $\|x_0\|_\infty$). Es ist dann

$$F(1) < F(1) - F(x_0) = F(1 - x_0) \leqslant \|F\|\,\|1 - x_0\|_\infty \leqslant \|F\|,$$

also $$F(1) < \|F\|. \tag{56.15}$$

Andererseits besteht aber wegen (56.12) die Gleichungskette

$$F(1) = f(1) = \|f\| = \|F\|.$$

Sie widerspricht (56.15), und wir müssen daher zugeben, daß tatsächlich (56.14) gilt. Nun sei $a \leqslant s_1 \leqslant s_2 \leqslant b$. Dann ist $u_{s_2} - u_{s_1} \geqslant 0$, wegen (56.14) also $v(s_2) - v(s_1) = F(u_{s_2} - u_{s_1}) \geqslant 0$ und v somit monoton wachsend. ■

56.4 Beispiel Hier handelt es sich um die stetigen Linearformen auf den Banachräumen $L^p(a,b)$, $1 \leqslant p < \infty$. q sei die zu p konjugierte Zahl (s. Anfang des Beispiels 56.2). Dann gilt in strenger Analogie zu den Verhältnissen in l^p der Satz:

Jede stetige Linearform f auf $L^p(a,b)$ $(1 \leqslant p < \infty)$ kann mit Hilfe einer (bis auf eine Nullmenge) eindeutig bestimmten Funktion $z \in L^q(a,b)$ in der Form

$$f(x) = \int_a^b x(t)z(t)\,dt \tag{56.16}$$

dargestellt werden; die Norm von f wird gegeben durch

$$\|f\| = \|z\|_q = \begin{cases} \left(\int_a^b |z(t)|^q\,dt\right)^{1/q} & \text{für } p>1, \\ \operatorname*{sup\,ess}_{t\in(a,b)} |z(t)| & \text{für } p=1. \end{cases} \tag{56.17}$$

Die Zuordnung $f \mapsto z$ ist ein Normisomorphismus von $(L^p(a,b))'$ auf $L^q(a,b)$; im Sinne dieses Normisomorphismus ist also $(L^p(a,b))' = L^q(a,b)$.

Für einen Beweis s. Riesz-Sz.-Nagy (1968), S. 76ff. Den Fall $p=2$ hatten wir schon zu Beginn dieser Nummer mit Hilfe des Darstellungssatzes von Fréchet-Riesz abgehandelt.

Aufgaben

+1. **Stetige Linearformen auf (c) und (c_0)** lassen sich durch unendliche Reihen darstellen. Die Duale von (c) und (c_0) sind normisomorph zu l^1.
Hinweis: (46.11) und III) in Beispiel 46.1.

2. **Normale Auflösbarkeit in $C[a,b]$** Ein stetiger Endomorphismus A von $C[a,b]$ ist genau dann normal auflösbar, wenn es zu jedem $x_0 \notin A(C[a,b])$ eine Funktion $v \in BV[a,b]$ gibt, so daß gilt:

$$\int_a^b (Ax)(t)\,dv(t) = 0 \quad \text{für alle } x \in C[a,b], \qquad \text{aber} \quad \int_a^b x_0(t)\,dv(t) \neq 0.$$

3. **Das Momentenproblem in $C[a,b]$**[1] Die Zahlen $\gamma > 0$ und $\mu_1, \mu_2, \ldots$ seien vorgegeben, ebenso die Funktionen $x_1, x_2, \ldots$ aus $C[a,b]$. Genau dann gibt es eine Funktion $v \in BV[a,b]$ mit $V(v) \leqslant \gamma$ und $\int_a^b x_n(t)\,dv(t) = \mu_n$ für alle n, wenn für beliebige $n \in \mathbf{N}$ und $\alpha_\nu \in \mathbf{K}$ die Ungleichung

$$\left|\sum_{\nu=1}^n \alpha_\nu \mu_\nu\right| \leqslant \gamma \left\|\sum_{\nu=1}^n \alpha_\nu x_\nu\right\|_\infty \quad \text{gilt.}$$

Hinweis: A 36.3.

---

[1] Es stammt aus der Wahrscheinlichkeitstheorie. Die Zahlen $\int_a^b t^n\,dv(t)$ $(n=1,2,\ldots)$ sind die Momente der (monoton wachsenden) Verteilungsfunktion v, und das Momentenproblem verlangt von uns, eine zu *vorgegebenen Momenten* passende Verteilungsfunktion zu finden.

4. Das Approximationsproblem in $C[a,b]$ $x_0, x_1, x_2, \ldots$ seien stetige Funktionen auf $[a,b]$. Genau dann gibt es eine Folge von Linearkombinationen der $x_1, x_2, \ldots$, die *gleichmäßig* auf $[a,b]$ gegen x_0 konvergiert, wenn für jede Funktion $v \in BV[a,b]$ mit $\int_a^b x_n(t)\,dv(t) = 0$ $(n = 1, 2, \ldots)$ auch $\int_a^b x_0(t)\,dv(t) = 0$ ist.

Hinweis: A 36.2.

5. Unendliche lineare Gleichungssysteme in l^p $(1 < p < \infty)$ Vorgelegt sei das Gleichungssystem

$$\sum_{k=1}^{\infty} \alpha_{jk} \xi_k = \gamma_j \quad (j = 1, 2, \ldots) \tag{56.18}$$

mit

$$\sum_{k=1}^{\infty} |\alpha_{jk}|^q < \infty \quad \text{für } j = 1, 2, \ldots, \quad \frac{1}{p} + \frac{1}{q} = 1.$$

Genau dann besitzt (56.18) eine Lösung (ξ_k), für die bei vorgeschriebenem $M > 0$ die Reihe $\sum_{k=1}^{\infty} |\xi_k|^p \leqslant M^p$ bleibt, wenn für beliebige $n \in \mathbf{N}$ und $\beta_j \in \mathbf{K}$ stets

$$\left| \sum_{j=1}^{n} \beta_j \gamma_j \right| \leqslant M \left(\sum_{k=1}^{\infty} \left| \sum_{j=1}^{n} \beta_j \alpha_{jk} \right|^q \right)^{1/q}$$

ausfällt.

Hinweis: A 36.3.

Bemerkung: Man vergleiche den kurzen Beweis dieses Satzes mit dem mühsamen Weg, den Riesz (1913) in jenen dunklen Zeiten einschlagen mußte, da man den Hahn-Banachschen Fortsetzungssatz noch nicht kannte. Man lasse sich auch nicht entgehen, daß unser Beweismittel hier genau dasselbe ist wie bei dem aus einer ganz anderen Welt kommenden Momentenproblem – nämlich A 36.3.

6. Unendliche lineare Gleichungssysteme in l^1 In dem Gleichungssystem (56.18) sei diesmal

$$\sum_{k=1}^{\infty} |\alpha_{jk}| < \infty \quad \text{für } j = 1, 2, \ldots.$$

Genau dann besitzt (56.18) eine Lösung (ξ_k), für die bei vorgegebenem $M > 0$ durchweg $|\xi_k| \leqslant M$ bleibt, wenn für beliebige $n \in \mathbf{N}$ und $\beta_j \in \mathbf{K}$ stets

$$\left| \sum_{j=1}^{n} \beta_j \gamma_j \right| \leqslant M \left(\sum_{k=1}^{\infty} \left| \sum_{j=1}^{n} \beta_j \alpha_{jk} \right| \right)$$

ausfällt.

$^+$7. Positive Operatoren auf $C_{\mathbf{R}}[a,b]$ Ein Endomorphismus A von $C_{\mathbf{R}}[a,b]$ wird positiv genannt, wenn für jedes $x \geqslant 0$ aus $C_{\mathbf{R}}[a,b]$ stets $Ax \geqslant 0$ ausfällt. Zeige, daß ein positives A stetig und $\|A\| = \|A1\|_\infty$ ist; hierbei bedeutet 1 die Funktion $t \mapsto 1$ für $a \leqslant t \leqslant b$. Zeige ferner, daß der n-te Bernsteinsche Approximationsoperator B_n auf $C_{\mathbf{R}}[0,1]$ positiv mit $\|B_n\| = 1$ ist (s. Beispiel 5.1.8 und A 10.13).

+**8. Der Konvergenzsatz von Korovkin** (A_n) sei eine Folge positiver Operatoren auf $C_{\mathbf{R}}[a,b]$, und die Funktionen x_0, x_1, x_2 seien definiert durch

$$x_0(t) := 1, \qquad x_1(t) := t, \qquad x_2(t) := t^2 \quad (a \leqslant t \leqslant b).$$

Strebt nun bloß $A_n x_k \to x_k$ für $k=0,1,2$, so konvergiert bereits $A_n x \to x$ für ausnahmslos jedes $x \in C_{\mathbf{R}}[a,b]$ - ein verblüffendes Resultat, das eindrucksvoll die Macht der Positivität bezeugt.

Hinweis: Zeige der Reihe nach:

a) Für jedes $n \in \mathbf{N}$ und $s \in [a,b]$ wird durch $f_{n,s}(x) := (A_n x)(s)$ eine positive Linearform $f_{n,s}$ auf $C_{\mathbf{R}}[a,b]$ mit $\|f_{n,s}\| \leqslant \|A_n\| \leqslant M$ definiert (M eine positive Konstante, s. Aufgabe 7).

b) $f_{n,s}(x_k) \to x_k(s)$ *gleichmäßig* auf $[a,b]$ $(k=0,1,2)$.

c) $f_{n,s}(x) = \int\limits_a^b x(t)\,\mathrm{d}v_{n,s}(t)$ mit einer monoton wachsenden Funktion $v_{n,s}$ (s. (56.13)).

d) $x(s) - (A_n x)(s) = \int\limits_a^b [x(s) - x(t)]\,\mathrm{d}v_{n,s}(t) + \eta_n(s)$ mit $\eta_n(s) \to 0$ *gleichmäßig* auf $[a,b]$.

e) Mit einem willkürlich gewählten $\delta > 0$ sei

$$J_1 := \{t \in [a,b] : |t-s| \leqslant \delta\}, \qquad J_2 := \{t \in [a,b] : |t-s| \geqslant \delta\}.$$

Dann ist

$$\left|\int_{J_1} [x(s) - x(t)]\,\mathrm{d}v_{n,s}(t)\right| \leqslant M \max_{|s-t| \leqslant \delta} |x(s) - x(t)|,$$

$$\left|\int_{J_2} [x(s) - x(t)]\,\mathrm{d}v_{n,s}(t)\right| \leqslant \int_{J_2} |x(s) - x(t)| \frac{(t-s)^2}{\delta^2}\,\mathrm{d}v_{n,s}(t)$$

$$\leqslant \frac{2\|x\|_\infty}{\delta^2} \int\limits_a^b (t^2 - 2ts + s^2)\,\mathrm{d}v_{n,s}(t).$$

Bei den Integralabschätzungen erinnere man sich daran, daß ein Stieltjessches Integral mit monoton wachsender Integratorfunktion v ordnungstreu ist: $x \geqslant y \Rightarrow \int\limits_a^b x(t)\,\mathrm{d}v(t) \geqslant \int\limits_a^b y(t)\,\mathrm{d}v(t)$.

+**9. Der Weierstraßsche Approximationssatz** B_n sei der n-te Bernsteinsche Approximationsoperator auf $C_{\mathbf{R}}[0,1]$:

$$(B_n x)(t) = \sum_{k=0}^{n} x\left(\frac{k}{n}\right)\binom{n}{k} t^k (1-t)^{n-k}.$$

Zeige mit Hilfe des Konvergenzsatzes von Korovkin, daß gilt:

$$(B_n x)(t) \to x(t) \quad \textit{gleichmäßig auf } [0,1].$$

Das ist der Weierstraßsche Approximationssatz für das Intervall [0, 1]. Für das *beliebige* Intervall $[a,b]$ erhält man ihn nun durch eine naheliegende Variablentransformation. Bemerkenswerterweise haben wir also den Weierstraßschen Satz letztlich aus dem Hahn-Banachschen gewonnen (*via* Rieszscher Darstellungssatz).

Hinweis: A 5.5.

+**10. Die Dimension des Dualraumes** Für jeden normierten Raum E ist $\dim E' = \dim E$ (wobei diese Gleichung im Falle $\dim E = \infty$ nur bedeutet, daß dann auch $\dim E' = \infty$ ist).

Hinweis: Beispiel 56.1, Satz 49.2.

57 Der Bidual eines normierten Raumes

Der Dual E' eines normierten Raumes E ist selbst ein *normierter* Raum, infolgedessen besitzt er einen Dual, den wir mit E'' bezeichnen und den **Bidual** von E nennen. Nach Nr. 49 können wir den Vektorraum E in den algebraischen Dual $(E')^*$ von E' einbetten; der Einbettungsisomorphismus J wird durch

$$Jx := F_x \quad \text{mit} \quad F_x(x') := \langle x, x' \rangle \quad \text{für } x' \in E' \tag{57.1}$$

gegeben. Wegen $|F_x(x')| \leqslant \|x\| \, \|x'\|$ ist die Linearform F_x *stetig* auf E', so daß E sogar in den Bidual E'' eingebettet ist: *Jedes $x \in E$ ist, kurz gesagt, eine stetige Linearform auf E'.* Es entsteht nun die Frage, ob x *als Element von E* dieselbe Norm hat wie *als Linearform auf E'*, d.h., ob $\|x\| = \|F_x\|$ ist. Diese Frage werden wir mit Hilfe des nächsten Satzes beantworten können.

57.1 Satz *Für jeden Vektor x des normierten Raumes E ist*

$$\|x\| = \sup\{|\langle x, x' \rangle| : x' \in E', \|x'\| \leqslant 1\}. \tag{57.2}$$

Zum Beweis dürfen wir $x \neq 0$ annehmen. Für $\|x'\| \leqslant 1$ ist $|\langle x, x' \rangle| \leqslant \|x\|$; die Gleichung (57.2) folgt nun, weil es nach Satz 36.4 ein x' mit $\|x'\| = 1$ und $|\langle x, x' \rangle| = \|x\|$ gibt. ■

Man beachte die Symmetrie zwischen (57.2) und der Gleichung

$$\|x'\| = \sup\{|\langle x, x' \rangle| : x \in E, \|x\| \leqslant 1\}.$$

Aus Satz 57.1 folgt

$$\|F_x\| = \sup_{\|x'\| \leqslant 1} |F_x(x')| = \sup_{\|x'\| \leqslant 1} |\langle x, x' \rangle| = \|x\|, \tag{57.3}$$

also gilt der

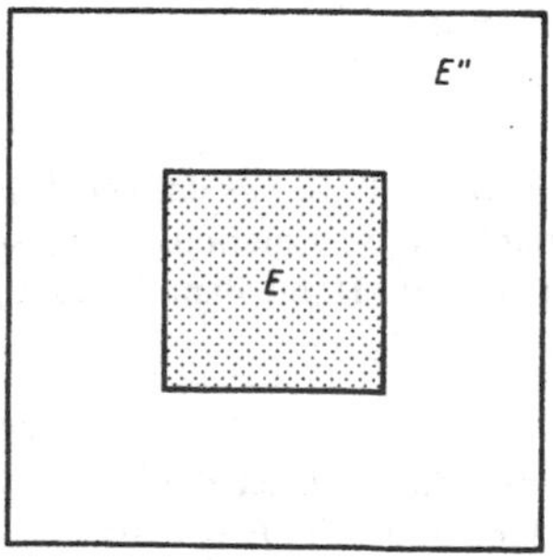

Fig. 57.1

57.2 Satz *Der normierte Raum E wird durch die Abbildung J normisomorph in seinen Bidual E'' eingebettet. E kann somit als Unterraum des normierten Raumes E'' aufgefaßt werden* (s. Fig. 57.1).

(E,E') bildet bezüglich der (kanonischen) Bilinearform $\langle x,x'\rangle := x'(x)$ ein Dualsystem; dasselbe gilt für das System (E',E'') mit der Bilinearform $\langle x',x''\rangle := x''(x')$ (in beiden Fällen bezeichnen wir, ohne Verwechslungen befürchten zu müssen, die Bilinearform mit ein und demselben Symbol $\langle\cdot,\cdot\rangle$). Die Bilinearformen der genannten Dualsysteme stehen über die kanonische Einbettung J miteinander in Beziehung: Wegen $(Jx)(x') = F_x(x') = \langle x,x'\rangle$ ist

$$\langle x,x'\rangle = \langle x',Jx\rangle$$

oder, wenn wir E als Unterraum von E'' auffassen (Jx also mit x identifizieren),

$$\langle x,x'\rangle = \langle x',x\rangle, \tag{57.4}$$

wobei die erste Bilinearform dem System (E,E'), die zweite dem System (E',E'') zugeordnet ist. Wir erinnern nun daran, daß wir von dem Bilinearsystem (E,E') in kanonischer Weise zu dem Bilinearsystem (E',E) übergehen, indem wir $E'\times E$ mit der Bilinearform $\langle x',x\rangle := \langle x,x'\rangle$ ausstatten (s. (48.11)). Ein Blick auf (57.4) lehrt jetzt, daß wir (E',E) auch durch Einschränkung der Bilinearform $\langle x',x''\rangle$ auf den Teilraum $E'\times E$ von $E'\times E''$ erhalten können, daß sich also *das Bilinearsystem (E',E) nicht ändert, wenn wir E als Unterraum von E'' auffassen.*
Für den zu $A\in\mathscr{S}(E)$ dualen Operator $A'\in\mathscr{S}(E')$ gilt

$$\langle Ax,x'\rangle = \langle x,A'x'\rangle \quad \text{für alle } x\in E \text{ und } x'\in E'.$$

A' kann man auf zweifache *Weise konjugieren: einerseits bezüglich* (E',E), *andererseits bezüglich* (E',E''). Die E-Konjugation von A' liefert A, die E''-Konjugation den zu A' dualen Operator $(A')'$, den wir kurz mit A'' bezeichnen und den zu A bidualen Operator nennen; er genügt der Gleichung

$$\langle A'x',x''\rangle = \langle x',A''x''\rangle \quad \text{für alle } x'\in E' \text{ und } x''\in E''.$$

Mit (57.4) folgt daraus für $x''=x\in E$ und jedes $x'\in E'$

$$\langle x',A''x\rangle = \langle A'x',x\rangle = \langle x,A'x'\rangle = \langle Ax,x'\rangle = \langle x',Ax\rangle \quad \text{und somit}$$

$$A''x = Ax \quad \text{für } x\in E \quad \text{oder also} \quad A''|E = A. \tag{57.5}$$

Sind E und F normierte Räume, so wird der zu $A\in\mathscr{S}(E,F)$ biduale Operator A'' natürlich ganz entsprechend als der zu A' duale Operator erklärt. Er liegt in $\mathscr{S}(E'',F'')$ und genügt der Gleichung

$$\langle A'y',x''\rangle = \langle y',A''x''\rangle \quad \text{für alle } x''\in E'' \text{ und } y'\in F'.$$

Die Einschränkung von A'' auf E ist A, es gilt also wieder (57.5).

Die beiden folgenden Sätze sind Beispiele für die beweistechnische Anwendung unseres Einbettungsverfahrens. Der erste ist das früher schon erwähnte Gegenstück zu Satz 55.6 über die Surjektivität eines Operators A.

57.3 Satz *$A: E \to F$ sei eine stetige lineare Abbildung der normierten Räume E und F. A' ist genau dann surjektiv, wenn A eine stetige Inverse auf $A(E)$ besitzt.*

Beweis. Ist A' surjektiv, so besitzt wegen Satz 55.6 der biduale Operator A'' eine stetige Inverse auf $A''(E'')$; man beachte hierbei, daß E' und F' *Banachräume* sind. Da A'' aber auf $E \subset E''$ mit A übereinstimmt, folgt daraus, daß A^{-1} auf $A(E)$ existiert und stetig ist. Nun besitze umgekehrt A eine stetige Inverse. Dann wird für jedes $x' \in E'$ durch $f(y) := \langle A^{-1}y, x' \rangle$ eine stetige Linearform f auf $A(E)$ definiert. Setzt man f nach dem Satz von Hahn-Banach zu einer stetigen Linearform y' auf F fort, so gilt für alle $x \in E$

$$\langle x, A'y' \rangle = \langle Ax, y' \rangle = f(Ax) = \langle A^{-1}Ax, x' \rangle = \langle x, x' \rangle,$$

also ist $A'y' = x'$ und somit A' surjektiv. ■

57.4 Satz *Die Teilmenge M des normierten Raumes E ist genau dann beschränkt, wenn jedes $x' \in E'$ auf M beschränkt bleibt.*

Beweis. Ist jedes $x' \in E'$ auf M beschränkt, gibt es also für jedes x' ein $\alpha_{x'} > 0$ mit $|\langle x, x' \rangle| \leqslant \alpha_{x'}$ für alle $x \in M$, so ist offensichtlich die *Linearformenfamilie* $M \subset E''$ punktweise auf dem Banachraum E' beschränkt, nach Satz 40.2 gibt es also ein $\gamma > 0$, so daß für $x \in M$ stets $\|x\| \leqslant \gamma$ bleibt. - Die Umkehrung ist trivial. ■

Mit Hilfe des letzten Satzes zeigen wir nun, daß nur die *stetigen* Homomorphismen sich Hoffnung auf duale Transformationen machen können:

57.5 Satz *Die lineare Abbildung $A: E \to F$ der normierten Räume E, F besitze eine duale Transformation, d.h., es gebe eine lineare Abbildung $A': F' \to E'$ mit $\langle Ax, y' \rangle = \langle x, A'y' \rangle$ für alle $x \in E, y' \in F'$. Dann ist A stetig.*

Beweis. Für jedes $y' \in F'$ und alle $x \in E$ mit $\|x\| \leqslant 1$ ist $|\langle Ax, y' \rangle| = |\langle x, A'y' \rangle| \leqslant \|A'y'\|$. Jedes y' bleibt also auf der Menge $\{Ax: \|x\| \leqslant 1\}$ beschränkt, nach Satz 57.4 ist daher diese Menge selbst beschränkt - und das bedeutet, daß A beschränkt, also auch stetig sein muß. ■

Aufgabe

Für Endomorphismen von E' (insbesondere also für einen dualen Operator A') gibt es in natürlicher Weise *zwei* Begriffe der normalen Auflösbarkeit: erstens bezüglich des Dualsystems (E', E), zweitens bezüglich des Dualsystems (E', E''). Zeige: a) Ist der duale Operator A' E-normal auflösbar, so ist er auch E''-normal auflösbar. b) Ist E vollständig und A E'-normal auflösbar, so ist A' E''-normal auflösbar.

Hinweis: Satz 55.8.

58 Adjungierte Operatoren

E und F seien in dieser Nummer *Hilberträume* über $\mathbf{K}$. Der zu $A \in \mathscr{S}(E,F)$ duale Operator A' bildet den Dualraum F' in den Dualraum E' ab. Der Darstellungssatz 26.1 von Fréchet-Riesz legt es jedoch nahe, an Stelle der Zuordnung $g \mapsto f := A'g$ von *Linearformen* die korrespondierende Zuordnung $y_g \mapsto x_f$ der *erzeugenden Vektoren* zu betrachten (s. Fig. 58.1); man handelt sich hierbei den Vorteil ein, die Räume E und F nicht verlassen zu müssen. Die so definierte Abbildung $A^*: F \to E$ wird durch die Gleichung

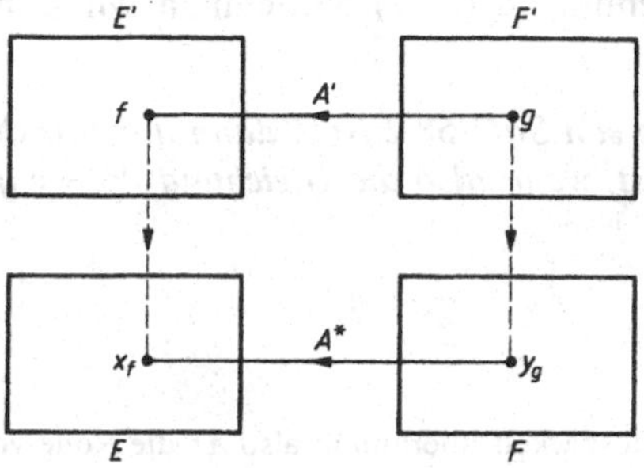

Fig. 58.1

$$(Ax|y) = (x|A^*y) \quad \text{für alle } x \in E, y \in F \tag{58.1}$$

charakterisiert und heißt der zu A **adjungierte Operator (Transformation, Abbildung)** oder auch kurz die **Adjungierte** von A (eine Verwechslung mit der *algebraisch dualen* Transformation, die wir ebenfalls mit A^* bezeichnen, steht nicht zu befürchten: Im Kontext der Hilberträume bedeutet A^* *immer* die Adjungierte von A). Man wird erwarten, daß A^* ähnliche Eigenschaften besitzt wie A'; in der Tat kann sich der Leser leicht von der Richtigkeit des folgenden Satzes überzeugen, in dem A und B stetige lineare Abbildungen von Hilberträumen sind.

58.1 Satz *A^* ist eine stetige lineare Abbildung mit $\|A^*\| = \|A\|$. Es gelten die folgenden Regeln:*

$$(A+B)^* = A^* + B^*, \qquad (\alpha A)^* = \bar{\alpha} A^*, \qquad (AB)^* = B^* A^*;$$
$$I^* = I, \qquad 0^* = 0;$$

mit A ist auch A^* bijektiv und $(A^*)^{-1} = (A^{-1})^*$;

$$A^{**} = A.$$

Bei der vorletzten Aussage beachte man, daß A^{-1} nach Satz 39.4 stetig ist. In der letzten Aussage ist A^{**} eine abgekürzte Schreibweise für $(A^*)^*$.

Auch den Beweis des folgenden Satzes überlassen wir dem Leser (vgl. A 54.1).

58.2 Satz *Ist A eine stetige lineare Abbildung des Hilbertraumes E in den Hilbertraum F, so bestehen die folgenden Identitäten:*

$$\overline{A(E)}^{\perp}=N(A^*),\qquad \overline{A(E)}=N(A^*)^{\perp}, \tag{58.2}$$

$$\overline{A^*(F)}^{\perp}=N(A),\qquad \overline{A^*(F)}=N(A)^{\perp}. \tag{58.3}$$

Aus Satz 54.6 und der zweiten Gleichung in (58.2) entnehmen wir unmittelbar den

58.3 Satz *Unter den Voraussetzungen von Satz 58.2 ist A dann und nur dann normal auflösbar, wenn $A(E)=N(A^*)^{\perp}$ ist, wenn also die Gleichung $Ax=y$ genau im Falle*

$$(y|z)=0 \quad \textit{für alle } z\in N(A^*)$$

eine Lösung besitzt.

In der Hilbertraumtheorie der normalen Auflösbarkeit übernimmt also A^* die Rolle von A', das Innenprodukt die der kanonischen Bilinearform.

Ein *symmetrischer* Endomorphismus A von E ist nach dem Satz von Hellinger-Toeplitz automatisch stetig, so daß die Adjungierte A^* existiert. Wegen

$$(x|A^*y)=(Ax|y)=(x|Ay) \quad \text{für alle } x,y\in E$$

ist $A=A^*$. Gilt umgekehrt für ein $A\in\mathscr{L}(E)$ die Gleichung $A=A^*$, so ist A offenbar symmetrisch. Stetige Endomorphismen A eines Hilbertraumes, die mit ihrer Adjungierten übereinstimmen, nennt man selbstadjungiert. In dieser Sprechweise *ist ein Endomorphismus eines Hilbertraumes also genau dann symmetrisch, wenn er selbstadjungiert ist.*

Wie in der Linearen Algebra nennen wir den Operator $A\in\mathscr{L}(E)$ normal, wenn er mit seiner Adjungierten kommutiert, wenn also

$$AA^*=A^*A \tag{58.4}$$

ist. In diesem Falle haben wir

$$\|A^*x\|^2=(A^*x|A^*x)=(AA^*x|x)=(A^*Ax|x)=(Ax|Ax)=\|Ax\|^2,$$

also $\|Ax\|=\|A^*x\|$ für alle $x\in E$; (58.5)

es ist dies gewissermaßen die mildeste Abschwächung der für symmetrische Operatoren charakteristischen Beziehung $Ax=A^*x$. Indem man die obigen Schlüsse umkehrt und den Satz 29.4a heranzieht, sieht man, daß jedenfalls in *komplexen* Hilberträumen aus (58.5) die Normalität von A folgt. Es gilt also der

58.4 Satz *Für einen normalen Operator A auf dem Hilbertraum E gilt* (58.5). *Ist E* komplex, *so ist* (58.5) *sogar charakteristisch für die Normalität von A.*

Für einen normalen Operator A ist wegen (58.5) offenbar $N(A)=N(A^*)$. Mit den Sätzen 58.2 und 58.3 erhalten wir also sofort den

58.5 Satz *Sei A ein normaler Operator des Hilbertraumes E. Dann ist*

$$\overline{A(E)}=N(A)^{\perp}, \tag{58.6}$$

es besteht die Orthogonalzerlegung

$$E=\overline{A(E)}\oplus N(A), \tag{58.7}$$

und A ist dann und nur dann normal auflösbar, wenn die Gleichung $Ax=y$ genau im Falle

$$(y|z)=0 \quad \textit{für alle } z\in N(A)$$

eine Lösung besitzt.

Offenbar ist jedes Polynom $\alpha_0 I+\alpha_1 A+\cdots+\alpha_n A^n$ eines normalen Operators A wieder normal. Ist auch B normal und A mit B^* vertauschbar, so sind $A+B$, AB und BA ebenfalls normal. Strebt eine Folge normaler Operatoren A_n gleichmäßig gegen A, so strebt wegen $\|A_n^*-A^*\|=\|A_n-A\|$ auch $A_n^*\Rightarrow A^*$, und es folgt nun sofort, daß A normal sein muß.

Die in Nr. 8 eingeführte Sprechweise betr. reduzierender Unterräume wollen wir im Kontext der Hilberträume, wo nur *Orthogonal*zerlegungen und *Orthogonal*projektoren eine Rolle spielen, etwas vereinfachen: Wir sagen, der abgeschlossene Unterraum F von E r e d u z i e r e $A\in\mathscr{S}(E)$, wenn F und $F^{\perp}$ unter A invariant sind (beachte, daß nach Satz 22.1 $E=F\oplus F^{\perp}$ ist). Wird der *normale* Operator A von F reduziert, so ist F auch unter A^* invariant (Aufgabe 2), und offenbar ist $A^*|F=(A|F)^*$. Daraus folgt sofort, daß diese Einschränkung ebenfalls normal ist: *Normalität bleibt bei Einschränkung auf reduzierende Unterräume erhalten.*

In Nr. 12 hatten wir die große Rolle kennengelernt, die der *Spektralradius*

$$r(A):=\lim_{n\to\infty}\|A^n\|^{1/n}$$

eines stetigen Operators A spielt. Bei normalen Operatoren kann er sofort dingfest gemacht werden:

58.6 Satz *Sei A ein normaler Operator auf dem Hilbertraum E. Dann ist*

$$\|Ax\|^2\leqslant\|A^2x\|\,\|x\| \quad \textit{für alle } x\in E, \tag{58.8}$$

$$\|A^n\|=\|A\|^n \quad \textit{für } n=1,2,\ldots \tag{58.9}$$

und

$$r(A)=\|A\|. \tag{58.10}$$

B e w e i s. Für jedes $x\in E$ ist wegen Satz 58.4

$$\|Ax\|^2=(Ax|Ax)=(A^*Ax|x)\leqslant\|A^*Ax\|\,\|x\|=\|A^2x\|\,\|x\|,$$

womit bereits (58.8) bewiesen ist. Aus (58.8) folgt $\|Ax\|^2 \leqslant \|A^2\|\,\|x\|^2$ und damit $\|A\|^2 \leqslant \|A^2\|$. Da aber immer $\|A^2\| \leqslant \|A\|^2$ gilt, haben wir insgesamt $\|A^2\| = \|A\|^2$. Und weil jede Potenz A^k normal ist, folgt daraus durch vollständige Induktion

$$\|A^{2^n}\| = \|A\|^{2^n}, \quad \text{also} \quad r(A) = \lim_{n\to\infty} \|A^{2^n}\|^{1/2^n} = \|A\|,$$

womit auch (58.10) erledigt ist. Wegen $r(A) \leqslant \|A^n\|^{1/n} \leqslant \|A\|$ (s. Satz 12.3) ergibt sich nun aus (58.10) sofort (58.9). ■

Wir beschließen diese Nummer mit einer nützlichen Normidentität:

58.7 Satz $\|A^*A\| = \|AA^*\| = \|A\|^2$ *für jedes* $A \in \mathscr{L}(E)$ *(E ein Hilbertraum).*

Beweis. Mit Satz 58.1 ergibt sich $\|A^*Ax\| \leqslant \|A^*\|\,\|A\|\,\|x\| = \|A\|^2\|x\|$, also $\|A^*A\| \leqslant \|A\|^2$. Andererseits ist $\|Ax\|^2 = (Ax|Ax) = (x|A^*Ax) \leqslant \|A^*A\|\,\|x\|^2$, also $\|A\|^2 \leqslant \|A^*A\|$. Insgesamt gilt somit $\|A^*A\| = \|A\|^2$. Daraus folgt weiter $\|AA^*\| = \|A^{**}A^*\| = \|A^*\|^2 = \|A\|^2$. ■

Aufgaben

1. Wird der Endomorphismus A des Raumes $l^2(n)$ oder l^2 von der Matrix (α_{jk}) erzeugt (d.h. ist $(\eta_1, \eta_2, \ldots) := A(\xi_1, \xi_2, \ldots)$ mit $\eta_j := \sum_k \alpha_{jk}\xi_k, j = 1, 2, \ldots$), so wird A^* von $(\overline{\alpha}_{kj})$ erzeugt. Wie läßt sich die Adjungierte eines Fredholmschen bzw. Volterraschen Integraloperators auf $C[a,b]$ (mit dem üblichen Innenprodukt) darstellen?

***2.** Ein abgeschlossener Unterraum F eines Hilbertraumes E ist genau dann unter $A \in \mathscr{L}(E)$ invariant, wenn $F^\perp$ unter A^* invariant ist; er reduziert A genau dann, wenn er unter A und A^* invariant ist.

3. $N(A^*) = N(AA^*)$, $\overline{A(E)} = \overline{(AA^*)(E)}$.

+4. Jede komplexe Zahl λ kann in der Form $\lambda = \alpha + \mathrm{i}\beta$ mit $\alpha, \beta \in \mathbf{R}$ geschrieben werden; der Realteil α und Imaginärteil β sind eindeutig bestimmt: $\alpha = \frac{1}{2}(\lambda + \overline{\lambda})$, $\beta = \frac{1}{2\mathrm{i}}(\lambda - \overline{\lambda})$. λ^{-1} existiert genau dann, wenn $(\alpha^2 + \beta^2)^{-1}$ existiert; in diesem Falle ist $\lambda^{-1} = \overline{\lambda}(\alpha^2 + \beta^2)^{-1}$. Zeige, daß entsprechende Aussagen für (gegebenenfalls normale) Operatoren gelten:

a) $L \in \mathscr{L}(E)$ kann in der Form $L = A + \mathrm{i}B$ mit $A = A^*$, $B = B^*$ geschrieben werden; die (selbstadjungierten) Operatoren A, B sind eindeutig bestimmt: $A = \frac{1}{2}(L + L^*)$, $B = \frac{1}{2\mathrm{i}}(L - L^*)$.

b) L ist genau dann normal, wenn „Realteil“ A und „Imaginärteil“ B kommutieren.

c) Ist L normal, so existiert L^{-1} genau dann auf E, wenn $(A^2 + B^2)^{-1}$ auf E existiert; in diesem Falle ist $L^{-1} = L^*(A^2 + B^2)^{-1}$.

+5. λ ist genau dann ein Eigenwert des normalen Operators A, wenn $(\lambda I - A)(E)$ nicht dicht in E liegt.

***6.** A sei normal. Zeige:

a) u ist Eigenlösung von A zum Eigenwert $\lambda \Longleftrightarrow u$ ist Eigenlösung von A^* zum Eigenwert $\bar{\lambda}$.

b) Eigenlösungen von A zu verschiedenen Eigenwerten sind zueinander *orthogonal*.

+7. Der stetige Endomorphismus U des komplexen Hilbertraumes E heißt unitär, wenn $UU^* = U^*U = I$ ist. Im folgenden sei U ein unitärer Operator. Zeige:

a) U ist normal.

b) Die unitären Operatoren bilden eine multiplikative Gruppe.

c) U erhält das Innenprodukt: $(Ux|Uy) = (x|y)$.

d) U ist isometrisch: $\|Ux\| = \|x\|$.

e) Für jeden symmetrischen Operator A ist e^{iA} unitär.

+8. Der Satz von Lax-Milgram Sei s eine stetige und koerzitive Sesquilinearform auf dem Hilbertraum E. Dann gibt es zu jeder stetigen Linearform f auf E ein und nur ein $y \in E$ mit $f(x) = s(x, y)$ für alle $x \in E$.[1]

Hinweis: A 26.3, Darstellungssatz 26.1 von Fréchet-Riesz, Satz 58.1.

9. Der obige Satz von Lax-Milgram ist äquivalent mit dem in A 26.3 angegebenen.

10. Zeige, daß durch $(\xi_n) \mapsto \left(\frac{1}{n^2} \sum_{k=1}^{n} \xi_k\right)$ ein stetiger Endomorphismus A von l^2 erklärt wird und bestimme A^*.

11. Für $A \in \mathscr{S}(E)$ (E ein Hilbertraum) ist $\|A\| = \sqrt{r(A^*A)}$.

12. Sei $A := (\alpha_{jk})$ eine (n, n)-Matrix und $A^* := (\bar{\alpha}_{kj})$ die zu A konjugiert-transponierte Matrix (vgl. Aufgabe 1). Dann ist die Quadratsummennorm $\|A\|_2 = (\text{Spur von } AA^*)^{1/2}$ (die Spur einer Matrix (β_{jk}) ist die Summe ihrer Diagonalglieder β_{jj}).

59 Schwache Konvergenz in normierten Räumen

Eine Folge (x_n) in einem Hilbertraum E konvergiert definitionsgemäß schwach gegen $x \in E$, wenn $(x_n|y) \to (x|y)$ strebt für jedes $y \in E$ (s. Nr. 27). Wegen des Darstellungssatzes 26.1 von Fréchet-Riesz läuft dies auf die Aussage

$$f(x_n) \to f(x) \quad \text{für jedes } f \in E'$$

hinaus, und in *dieser* Form können wir den Begriff der schwachen Konvergenz (dessen Bedeutung in Hilberträumen durch den Auswahlsatz 27.1 hinlänglich dokumentiert wurde) ohne Umschweife auf beliebige normierte Räume übertragen. Wir sagen also, die Folge (x_n) in dem normierten Raum E konvergiere schwach gegen $x \in E$ (und schreiben dafür $x_n \rightharpoonup x$), wenn gilt:

---

[1] Anwendungen dieses Satzes auf die Theorie der Randwertprobleme bei partiellen Differentialgleichungen (Existenz und Eindeutigkeit sogenannter *schwacher* Lösungen) findet der Leser in Rektorys (1980), S. 383ff.

$$f(x_n) \to f(x) \quad \text{für jedes } f \in E'$$

oder also

$$\langle x_n, x' \rangle \to \langle x, x' \rangle \quad \text{für jedes } x' \in E'. \tag{59.1}$$

(x_n) wird eine schwache Cauchyfolge genannt, wenn die Zahlenfolge $(f(x_n))$ für jedes $f \in E'$ eine Cauchyfolge ist oder gleichbedeutend: wenn $\lim f(x_n)$ für jedes $f \in E'$ existiert. Der Leser lasse frühzeitig die Hoffnung fahren, eine schwache Cauchyfolge besäße auch immer einen schwachen Grenzwert (s. Aufgabe 7).

Die Konvergenz im Sinne der Norm nennt man auch gerne starke Konvergenz.

Betten wir E gemäß Nr. 57 in den Bidual E'' ein, so entpuppt sich die schwache Konvergenz $x_n \rightharpoonup x$ einfach als *punktweise Konvergenz (auf E') der Folge stetiger Linearformen x_n gegen die stetige Linearform x*; dies wird besonders augenfällig, wenn wir (59.1) in der Form

$$\langle x', x_n \rangle \to \langle x', x \rangle \quad \text{für jedes } x' \in E'$$

schreiben. Daraus folgt übrigens, *daß der schwache Grenzwert eindeutig bestimmt ist.* Da E' ein Banachraum ist, erhalten wir nun aus den Sätzen 40.2 und 40.3 unmittelbar den wichtigen

59.1 Satz *Eine schwache Cauchyfolge ist beschränkt. $x_n \rightharpoonup x$ erzwingt*

$$\|x\| \leqslant \liminf \|x_n\|.$$

Aus der starken Konvergenz folgt trivialerweise die schwache; die Umkehrung gilt jedoch keineswegs. Umso bemerkenswerter ist, daß jedenfalls schwach konvergente *Potenzreihen* in Banachräumen immer auch stark konvergieren.[1] Wir bereiten diese Aussage durch den folgenden Satz vor (wobei wir vereinbaren, um möglichst dicht an den klassischen Schreibweisen zu bleiben, daß $x\alpha := \alpha x$ für $x \in E$, $\alpha \in \mathbf{K}$ sein soll).

59.2 Satz *E sei ein Banachraum, und die Potenzreihe*

$$\sum_{k=0}^{\infty} a_k (\lambda - \lambda_0)^k \quad \textit{mit Koeffizienten } a_k \in E \tag{59.2}$$

sei für $\lambda_1 \neq \lambda_0$ eine schwache Cauchyreihe, *d.h., es existiere*

$$\sum_{k=0}^{\infty} x'(a_k)(\lambda_1 - \lambda_0)^k \quad \textit{für alle } x' \in E'. \tag{59.3}$$

Dann konvergiert $\sum_{k=0}^{\infty} a_k (\lambda - \lambda_0)^k$ im Sinne der Norm *für* $|\lambda - \lambda_0| < |\lambda_1 - \lambda_0|$.

[1] Es zeigt sich hier wieder einmal das enorme analytische Stehvermögen dieses Reihentyps.

Beweis. Aus (59.3) folgt $\lim x'[a_k(\lambda_1-\lambda_0)^k]=0$ für alle $x'\in E'$, nach Satz 59.1 existiert daher ein $\gamma>0$ mit $\|a_k(\lambda_1-\lambda_0)^k\|\leqslant\gamma$ für $k=1,2,\ldots$. Im Falle $q:=|\lambda-\lambda_0|/|\lambda_1-\lambda_0|<1$ ist also für alle k

$$\|a_k(\lambda-\lambda_0)^k\|=\|a_k(\lambda_1-\lambda_0)^k\|\,q^k\leqslant\gamma q^k, \tag{59.4}$$

woraus schon die Behauptung folgt. ■

59.3 Satz *Ist die Potenzreihe $\sum_{k=0}^{\infty} a_k(\lambda-\lambda_0)^k$ mit Koeffizienten aus einem Banachraum E in einer offenen ε-Umgebung U von λ_0 eine schwache Cauchyreihe, so konvergiert sie dort im Sinne der Norm; überdies konvergiert sogar $\sum_{k=0}^{\infty}\|a_k\|\,|\lambda-\lambda_0|^k$ für $\lambda\in U$* (absolute Konvergenz). *Sie definiert eine vektorwertige Funktion*

$$f(\lambda):=\sum_{k=0}^{\infty} a_k(\lambda-\lambda_0)^k, \tag{59.5}$$

die auf U beliebig oft differenzierbar ist; die Ableitungen können durch gliedweise Differentiation gewonnen werden:

$$f^{(n)}(\lambda)=\sum_{k=n}^{\infty}(k-n+1)\cdots k a_k(\lambda-\lambda_0)^{k-n}. \tag{59.6}$$

Insbesondere ist $f^{(n)}(\lambda_0)=n!\,a_n$, also

$$f(\lambda)=\sum_{k=0}^{\infty}\frac{f^{(k)}(\lambda_0)}{k!}(\lambda-\lambda_0)^k \quad \text{(Taylorsche Reihe)}. \tag{59.7}$$

Beweis. Die beiden ersten Behauptungen folgen sehr leicht aus Satz 59.2 und der Abschätzung (59.4). – Die Differenzierbarkeitsaussage beweisen wir nur für den Fall $\lambda_0=0$ und $n=1$. Für beliebiges $x'\in E'$ definieren wir $F\colon U\to\mathbf{K}$ durch

$$F(\lambda):=x'[f(\lambda)]=\sum_{k=0}^{\infty}x'(a_k)\lambda^k.$$

Bekanntlich ist für $\lambda\in U$

$$F'(\lambda)=\sum_{k=1}^{\infty}x'[ka_k]\lambda^{k-1} \quad\text{und}\quad F''(\lambda)=\sum_{k=2}^{\infty}x'[(k-1)ka_k]\lambda^{k-2},$$

nach dem eben Bewiesenen konvergieren also die Reihen

$$\sum_{k=1}^{\infty}ka_k\lambda^{k-1}\quad\text{und}\quad\sum_{k=2}^{\infty}(k-1)ka_k\lambda^{k-2}$$

für alle $\lambda\in U$; ja es ist sogar

$$\sum_{k=2}^{\infty}(k-1)k\|a_k\|\,|\lambda|^{k-2}<\infty \quad \text{für } |\lambda|<\varepsilon. \tag{59.8}$$

Für je zwei verschiedene Punkte $\lambda, \lambda_1 \in U$ besteht daher die Entwicklung

$$\frac{f(\lambda)-f(\lambda_1)}{\lambda-\lambda_1}-\sum_{k=1}^{\infty}ka_k\lambda_1^{k-1}=\sum_{k=2}^{\infty}a_k\left[\frac{\lambda^k-\lambda_1^k}{\lambda-\lambda_1}-k\lambda_1^{k-1}\right]. \tag{59.9}$$

Nun sei $|\lambda_1|<\mu<\varepsilon$. Dann ist für $|\lambda-\lambda_1|<\mu-|\lambda_1|$ auch $|\lambda|<\mu$, und aus

$$\frac{\lambda^m-\lambda_1^m}{\lambda-\lambda_1}=\lambda^{m-1}+\lambda^{m-2}\lambda_1+\cdots+\lambda\lambda_1^{m-2}+\lambda_1^{m-1} \quad (m=1,2,\ldots)$$

folgt für diese λ zunächst

$$|\lambda^m-\lambda_1^m|\leqslant|\lambda-\lambda_1|m\mu^{m-1}$$

und damit

$$\begin{aligned}\left|\frac{\lambda^k-\lambda_1^k}{\lambda-\lambda_1}-k\lambda_1^{k-1}\right| &= |(\lambda^{k-1}-\lambda_1^{k-1})+\lambda_1(\lambda^{k-2}-\lambda_1^{k-2})+\cdots+\lambda_1^{k-2}(\lambda-\lambda_1)|\\ &\leqslant|\lambda-\lambda_1|[(k-1)\mu^{k-2}+\mu(k-2)\mu^{k-3}+\cdots+\mu^{k-2}\cdot 1]\\ &=|\lambda-\lambda_1|\frac{(k-1)k}{2}\mu^{k-2}.\end{aligned}$$

Mit (59.8) ergibt sich nun, daß für $0<|\lambda-\lambda_1|<\mu-|\lambda_1|$ die auf der rechten Seite der Gleichung (59.9) stehende Reihe absolut konvergiert und

$$\left\|\frac{f(\lambda)-f(\lambda_1)}{\lambda-\lambda_1}-\sum_{k=1}^{\infty}ka_k\lambda_1^{k-1}\right\|\leqslant\frac{1}{2}|\lambda-\lambda_1|\sum_{k=2}^{\infty}(k-1)k\|a_k\|\mu^{k-2}$$

ist. Daraus liest man aber die Behauptung über die Differenzierbarkeit von f und den Wert der ersten Ableitung mit einem Blick ab. ■

Daß die Beziehungen zwischen starker und schwacher Konvergenz nicht allzu locker sein können, zeigt auch der folgende merkwürdige Satz (der überdies die immer wieder sich aufdrängende Bedeutung der *Konvexität* in neues Licht rückt). Sein Beweis ist kurz, sein Inhalt aber keineswegs trivial.

59.4 Satz von Mazur[1] *Strebt* $x_n \rightharpoonup x_0$, *so kann* x_0 im Sinne der Norm *beliebig gut durch konvexe Kombinationen der Folgenglieder* $x_1, x_2, \ldots$ *approximiert werden.*

---

[1] Stanislaw Mazur (1905–1981; 76) war einer der bedeutendsten polnischen Funktionalanalytiker und enger Mitarbeiter Banachs.

Beweis. Sei K die Abschließung der konvexen Hülle von $\{x_1, x_2, \ldots\}$. Unser Satz behauptet, daß $x_0 \in K$ ist. Angenommen, dies wäre nicht der Fall. Da K (abgeschlossen und) konvex ist (s. A 21.9), müßte es dann ein $f \in E'$ und ein $\alpha \in \mathbf{R}$ mit

$$\operatorname{Re} f(x_0) < \alpha < \operatorname{Re} f(x) \quad \text{für alle } x \in K$$

geben (Satz 42.5). Insbesondere wäre also $\operatorname{Re} f(x_0) < \alpha < \operatorname{Re} f(x_n)$ für $n = 1, 2, \ldots$, woraus wegen $f(x_n) \to f(x_0)$ der Widerspruch $\operatorname{Re} f(x_0) < \operatorname{Re} f(x_0)$ folgt. Die Annahme, x_0 läge nicht in K, ist also unzulässig. ■

Ohne Zweifel wird der Leser nun ein Gegenstück zu dem Auswahlsatz 27.1 erwarten; es war ja gerade *dieser* Satz, der die Einführung der schwachen Konvergenz in Hilberträumen im Grunde erst rechtfertigte. Aber hier müssen wir ihn enttäuschen: einen solchen Satz gibt es in normierten Räumen nicht - *und kann es auch nicht geben*. Aber wir halten einen Trost bereit: in sogenannten *reflexiven* Räumen ist ein „Bolzano-Weierstraß-Satz" für schwache Konvergenz tatsächlich vorhanden. Auf diese wichtigen Räume wollen wir nun unser Augenmerk richten.

Aufgaben

1. In einem *endlichdimensionalen* Banachraum sind starke und schwache Konvergenz *gleichbedeutend*.

2. In l^p, $1 < p < \infty$, konvergiert die Folge (x_n) genau dann schwach gegen x, wenn sie beschränkt ist und komponentenweise gegen x strebt (Beschränktheit ist hier - und weiterhin - natürlich im Sinne der Norm zu verstehen).

3. In l^1 konvergiert die Folge (x_n) genau dann *schwach* gegen x, wenn sie *stark* gegen x strebt (s. Banach (1932), S. 137).

4. In $C[a,b]$ konvergiert die Folge (x_n) genau dann schwach gegen x, wenn sie beschränkt ist und punktweise gegen x strebt (s. Banach (1932), S. 134).

5. In $L^p(a,b)$, $1 < p < \infty$, konvergiert die Folge (x_n) genau dann schwach gegen x, wenn sie beschränkt ist und $\int_M x_n(t)\,dt \to \int_M x(t)\,dt$ strebt für jede Teilmenge M von (a,b) mit endlichem Maß (s. Banach (1932), S. 135).

6. In $L^p(a,b)$, $1 < p < \infty$, strebe $x_n \rightharpoonup x$ und $\|x_n\|_p \to \|x\|_p$. Dann strebt sogar $x_n \to x$. Ein entsprechender Satz gilt auch in l^p, $1 < p < \infty$ (s. Banach (1932), S. 139f).

7. In $C[a,b]$ gibt es schwache Cauchyfolgen, die *keinen* schwachen Grenzwert haben (s. Banach (1932), S. 141).

8. E, F seien normierte Räume, $A_n \in \mathscr{S}(E,F)$, und es konvergiere $A_n x \rightharpoonup Ax$ für jedes $x \in E$. Dann ist $A: E \to F$ linear, und man sagt, die Folge (A_n) konvergiere schwach gegen A, in Zeichen: $A_n \rightharpoonup A$. Ist E sogar vollständig und $A_n \in \mathscr{L}(E,F)$, so folgt aus $A_n \rightharpoonup A$, daß $(\|A_n\|)$ beschränkt und A stetig ist.

Hinweis: Sätze 59.1 und 40.2.

9. Sind E, F normierte Räume und strebt $x_n \rightharpoonup x$, so konvergiert für jedes $A \in \mathscr{L}(E, F)$ auch $A x_n \rightharpoonup A x$. Ist A *kompakt*, so gilt sogar $A x_n \to A x$.

Hinweis für zweite Behauptung: Zeige vorbereitend mit Hilfe von A': Strebt $y_k \rightharpoonup y$, so strebt eine Teilfolge von $(A y_k)$ gegen $A y$. Führe nun einen Widerspruchsbeweis, der so anfängt: Wenn $(A x_n)$ nicht gegen $A x$ strebt, gibt es ein $\varepsilon_0 > 0$ und eine Teilfolge (x_{n_k}) mit $\| A x_{n_k} - A x \| \geqslant \varepsilon_0$.

*10. Sei K eine konvexe Teilmenge des normierten Raumes E. Ist $x_0 \in E$ *schwacher* Grenzwert einer Folge aus K, so ist x_0 auch *starker* Grenzwert einer Folge aus K.

11. Genau dann strebt $x_n \rightharpoonup x$, wenn die beiden folgenden Bedingungen erfüllt sind: (a) (x_n) ist beschränkt; (b) $f(x_n) \to f(x)$ für alle f einer Linearformenmenge, die dicht in E' liegt.

Hinweis: Satz 40.4 von Banach-Steinhaus.

⁺12. Verschärfung des Satzes von Mazur im Falle von Hilberträumen   In einem Hilbertraum strebe $x_n \rightharpoonup x$. Dann gibt es eine Teilfolge (x_{n_k}), so daß die Folge der *arithmetischen Mittel* $\dfrac{1}{m} \sum\limits_{k=1}^{m} x_{n_k} \to x$ konvergiert.

Hinweis: O. B. d. A.: $x = 0$. Wähle x_{n_k} induktiv: $x_{n_1} := x_1$; $x_{n_{k+1}}$ so, daß $|(x_{n_j} | x_{n_{k+1}})| < \dfrac{1}{k}$ für $j = 1, \ldots, k$.

60   Reflexive Räume

In Nr. 57 hatten wir gesehen, daß man einen normierten Raum E vermöge des Normisomorphismus J, definiert in (57.1), stets in seinen Bidual E'' einbetten kann. Ist $J(E) = E''$, ist also *im Sinne dieser Einbettung* $E = E''$, so heißt E **reflexiv**. Da E'' als Dualraum vollständig ist, *können nur Banachräume reflexiv sein*.

Der Leser möge sich warnen lassen: Auch ein *nichtreflexiver* Banachraum E kann sehr wohl zu seinem Bidual normisomorph sein (s. James (1951)). Reflexivität von E bedeutet eben nicht, daß *irgendein* Normisomorphismus zwischen E und E'' besteht – sie bedeutet, *daß die kanonische Einbettung* $J: E \to E''$ *ein solcher ist*.

In dieser Nummer werden wir sehen, daß die reflexiven Räume die Hilberträume verallgemeinern, aber doch so behutsam, daß wertvolle Hilbertraumeigenschaften erhalten bleiben. Wir beginnen mit dem

60.1 Satz   *Jeder Hilbertraum E ist reflexiv.*

Beweis. Nach dem Darstellungssatz 26.1 von Fréchet-Riesz wird jedes $f \in E'$ durch genau ein $z_f \in E$ erzeugt; dabei ist $\| f \| = \| z_f \|$. Infolgedessen kann man auf E' durch $(f | g) := (z_g | z_f)$ ein Innenprodukt definieren, das zu der Norm von E' führt; E' ist also ein *Hilbertraum*. Daher wird nun wieder jedes $F \in E''$ durch ein wohlbestimmtes $g \in E'$ erzeugt: $F(f) = (f | g)$ für alle $f \in E'$. Gemäß der Definition des Innenproduktes $(f | g)$ und des Einbettungsisomorphismus $J: E \to E''$ haben wir

$$F(f) = (z_g | z_f) = f(z_g) = (J z_g)(f) \quad \text{für alle } f \in E',$$

also ist $F = J z_g$ und somit tatsächlich $E'' = J(E)$.   ∎

Weitere Beispiele reflexiver Räume findet der Leser in den Aufgaben 1 bis 3.

Sei E ein normierter Raum. Für Unterräume von E' gibt es in natürlicher Weise *zwei* Begriffe der orthogonalen Abgeschlossenheit: *erstens bezüglich des Dualsystems* (E',E), *zweitens bezüglich des Dualsystems* (E',E''). Im ersten Fall reden wir von E-orthogonaler, im zweiten von E''-orthogonaler Abgeschlossenheit. Jeder E-orthogonalabgeschlossene Unterraum von E' ist wegen Hilfssatz 54.2 auch E''-orthogonalabgeschlossen. Hiervon gilt trivialerweise die Umkehrung, wenn E reflexiv ist. Nun sei E nicht reflexiv und $x_0''\in E''\backslash E$. $N(x_0'')$ ist zwar E''-orthogonalabgeschlossen, jedoch nicht E-orthogonalabgeschlossen; andernfalls gäbe es nach dem eben zitierten Hilfssatz eine nichttriviale Linearform $x\in E$, die auf $N(x_0'')$ verschwindet; wegen Hilfssatz 49.1 wäre dann $x=\beta x_0''$ mit $\beta\neq 0$, obwohl x_0'' nicht in E liegt. Beachten wir noch den Satz 54.5, so können wir folgendes feststellen:

60.2 Satz *Für einen normierten Raum E sind die folgenden Aussagen äquivalent:*
a) *E ist reflexiv.*
b) *Jeder E''-orthogonalabgeschlossene Unterraum von E' ist auch E-orthogonalabgeschlossen.*
c) *Jeder abgeschlossene Unterraum von E' ist E-orthogonalabgeschlossen.*

Die beiden nächsten Sätze zeigen u. a., daß Reflexivität sich auf den Dual ebenso vererbt wie auf abgeschlossene Unterräume.

60.3 Satz *Ein Banachraum E ist genau dann reflexiv, wenn sein Dual E' es ist.*

Beweis. a) Sei E reflexiv, also $E=E''$ (im Sinne der kanonischen Einbettung). Mit dieser Voraussetzung, dem Satz 60.2 und Hilfssatz 54.2 erhalten wir die folgende Äquivalenzkette:
E' ist reflexiv $\iff$ jeder abgeschlossene Unterraum M von E'' ist E'-orthogonalabgeschlossen $\iff$ zu jedem $x_0''\in E''\backslash M$ gibt es ein $x'\in E'$ mit $\langle x'',x'\rangle=0$ für alle $x''\in M$ und $\langle x_0'',x'\rangle\neq 0 \iff$ zu jedem $x_0\in E\backslash M$ gibt es ein $x'\in E'$ mit $\langle x,x'\rangle=0$ für alle $x\in M$ und $\langle x_0,x'\rangle\neq 0$. Die letzte Aussage aber ist nach Satz 36.3 richtig.
b) Nun sei E' reflexiv, also $E'=E'''$. Ein nichtreflexives E wäre ein echter abgeschlossener Unterraum von E''. Zu $x_0''\in E''\backslash E$ gäbe es also nach Satz 36.3 ein $x'''\in E'''$ mit $\langle x'',x'''\rangle=0$ für alle $x''\in E$ und $\langle x_0'',x'''\rangle\neq 0$. Wegen $E'''=E'$ gäbe es daher ein $x'\in E'$ mit $\langle x'',x'\rangle=0$ für alle $x''\in E$ und $\langle x_0'',x'\rangle\neq 0$. Dank der ersten Aussage wäre $x'=0$, dank der zweiten aber $\neq 0$. Dieser Widerspruch enthüllt die Reflexivität von E. ■

60.4 Satz *Jeder abgeschlossene Unterraum F eines reflexiven Banachraumes E ist selbst reflexiv.*

Zum Beweis brauchen wir wegen Satz 60.2 nur zu zeigen, daß jeder F''-orthogonalabgeschlossene Unterraum M von F' auch F-orthogonalabgeschlossen ist, daß es also – siehe Hilfssatz 54.2 – zu jedem $y_0' \in F' \backslash M$ ein $x_0 \in F$ gibt mit

$$\langle x_0, y' \rangle = 0 \quad \text{für alle } y' \in M, \qquad \text{aber} \quad \langle x_0, y_0' \rangle \neq 0. \tag{60.1}$$

Nun gibt es nach dem zitierten Hilfssatz zu y_0' ein $y_0'' \in F''$, so daß zwar

$$\langle y', y_0'' \rangle = 0 \quad \text{für alle } y' \in M, \qquad \text{aber} \quad \langle y_0', y_0'' \rangle \neq 0 \tag{60.2}$$

ist. Mit Hilfe dieses y_0'' und der Abbildung $A \in \mathscr{S}(E', F')$, die jedem $x' \in E'$ seine Einschränkung auf den Unterraum F zuordnet, definieren wir ein $x_0'' \in E''$ durch

$$\langle x', x_0'' \rangle := \langle Ax', y_0'' \rangle \quad \text{für } x' \in E'.$$

Da E reflexiv ist, stimmt x_0'' mit einem $x_0 \in E$ überein; die letzte Gleichung kann also in der Form

$$\langle x_0, x' \rangle = \langle Ax', y_0'' \rangle \quad \text{für } x' \in E' \tag{60.3}$$

geschrieben werden. x_0 liegt sogar in F; andernfalls gäbe es, da F abgeschlossen ist, nach Satz 36.3 ein $x' \in E'$ mit $\langle x_0, x' \rangle \neq 0$ und $Ax' = 0$; (60.3) liefert nun sofort einen Widerspruch. Setzen wir jedes $y' \in F'$ zu einem $x' \in E'$ fort, so ist $Ax' = y'$, nach (60.3) also

$$\langle x_0, y' \rangle = \langle x_0, x' \rangle = \langle Ax', y_0'' \rangle = \langle y', y_0'' \rangle.$$

Wegen (60.2) folgt daraus für jedes $y' \in M$

$$\langle x_0, y' \rangle = \langle y', y_0'' \rangle = 0, \quad \text{während} \quad \langle x_0, y_0' \rangle = \langle y_0', y_0'' \rangle \neq 0$$

ist; in der Tat gilt also (60.1). ■

Wir nähern uns jetzt dem Höhepunkt dieser Nummer, dem theoretisch wie praktisch gleichermaßen schwergewichtigen Auswahlsatz 60.6, der das perfekte Analogon des Auswahlsatzes 27.1 in Hilberträumen ist. Nur ein einziger Hilfssatz trennt uns noch von ihm:

60.5 Hilfssatz *Jede beschränkte Folge (x_n') im Dual E' eines separablen normierten Raumes E besitzt eine (auf E) punktweise gegen ein $y' \in E'$ konvergente Teilfolge.*

Beweis. $\{x_1, x_2, \ldots\}$ sei eine in E dichte Menge. Die Folge der Zahlen $x_n'(x_1)$ ist beschränkt, enthält also eine konvergente Teilfolge $(x_{n1}'(x_1))$. Aus demselben Grund enthält (x_{n1}') eine Teilfolge (x_{n2}'), die in x_2 konvergiert. So fährt man fort. Die Diagonalfolge $(y_n') := (x_{nn}')$ konvergiert dann in jedem x_k. Da $\{x_1, x_2, \ldots\}$ auch in der vollständigen Hülle $\tilde{E}$ von E dicht liegt und y_n' normerhaltend auf $\tilde{E}$ fortgesetzt werden kann (Satz 41.4), folgt mit Hilfe des Satzes 40.4 von Banach-Steinhaus sofort, daß (y_n') punktweise auf E gegen ein $y' \in E'$ konvergiert. ■

Der angekündigte Auswahlsatz fällt uns nun als reife Frucht in den Schoß:

60.6 Satz *Jede* beschränkte *Folge (x_n) in einem reflexiven Banachraum E besitzt eine* schwach konvergente *Teilfolge.*

Beweis. Der abgeschlossene Unterraum $F := \overline{[x_1, x_2, \ldots]}$ von E ist offenbar separabel und nach Satz 60.4 reflexiv, kann also mit seinem Bidual F'' identifiziert werden. Infolgedessen ist F'' und somit auch F' separabel (Satz 36.5). Da aber (x_n) eine beschränkte Folge in F'' ist, folgt nun aus Hilfssatz 60.5, daß es eine Teilfolge (x_{n_k}) und ein $x \in F'' = F$ mit $\langle y', x_{n_k} \rangle \to \langle y', x \rangle$ für jedes $y' \in F'$ gibt. Ist x' eine beliebige stetige Linearform auf E und y' ihre Einschränkung auf F, so strebt also

$$\langle x_{n_k}, x' \rangle = \langle x_{n_k}, y' \rangle = \langle y', x_{n_k} \rangle \to \langle y', x \rangle = \langle x, y' \rangle = \langle x, x' \rangle,$$

(x_{n_k}) konvergiert somit schwach gegen x. Das war schon der ganze Beweis. ■

Der Auswahlsatz ist *theoretisch* deshalb so bedeutungsvoll, weil von ihm nach Eberlein (1947) auch die Umkehrung zutrifft (was wir hier nicht beweisen wollen), so daß insgesamt gilt: *Ein Banachraum ist genau dann reflexiv, wenn jede seiner beschränkten Folgen eine schwach konvergente Teilfolge enthält* (s. Köthe (1966), S. 318). Unter *praktischen* Gesichtspunkten ist er deshalb so wichtig, weil man mit seiner Hilfe ein Variationsproblem lösen kann, das sich in den Anwendungen ständig hervordrängt und das wir zum ersten Mal im Rahmen der Innenprodukträume erfolg- und folgenreich angegriffen haben (s. Satz 21.1). Es gilt nämlich der

60.7 Satz *Für jede* abgeschlossene konvexe *Teilmenge $K \neq \emptyset$ des reflexiven Banachraumes E und für jedes feste $x \in E$ ist die Aufgabe*

$$\|x - y\| = \min \quad (y \in K) \tag{60.4}$$

in K lösbar.

Beweis. (y_n) sei eine Minimalfolge in K:

$$y_n \in K \quad \text{und} \quad \|x - y_n\| \to \gamma := \inf_{y \in K} \|x - y\|.$$

(y_n) ist offenbar beschränkt; infolgedessen gibt es nach Satz 60.6 eine Teilfolge (y_{n_k}) und ein $z \in E$ mit $y_{n_k} \rightharpoonup z$. Wegen A 59.10 ist z auch *starker* Grenzwert einer Folge aus K und muß deshalb zu K gehören. Und da $x - y_{n_k} \rightharpoonup x - z$ strebt, haben wir nun dank des Satzes 59.1 die Abschätzung

$$\gamma \leqslant \|x - z\| \leqslant \liminf \|x - y_{n_k}\| = \lim \|x - y_{n_k}\| = \gamma.$$

Es ist also $\|x - z\| = \gamma$ und somit z eine Lösung von (60.4) in K. ■

Aufgaben

1. Jeder *endlichdimensionale* Banachraum ist reflexiv.

2. Die Räume l^p sind für $1 < p < \infty$ reflexiv.
Hinweis: Beispiel 56.2.

3. Die Räume $L^p(a,b)$ sind für $1<p<\infty$ reflexiv.

Hinweis: Beispiel 56.4.

4. $(c_0), (c), l^1$ und l^∞ sind *nicht* reflexiv.

Hinweis: Zeige zunächst die Nichtreflexivität von (c_0) mit Hilfe von A 56.1 und benutze dann Satz 60.4 bzw. Satz 60.3.

5. $C[a,b]$ ist *nicht* reflexiv (s. Riesz-Sz. Nagy (1968), S. 211).

6. $B[a,b]$ ist *nicht* reflexiv.

Hinweis: Aufgabe 5 und Satz 60.4.

+7. Schwache Vollständigkeit reflexiver Räume In einem reflexiven Raum hat jede schwache Cauchyfolge einen (schwachen) Grenzwert.

+8. Reflexivität von Quotientenräumen Ist E reflexiv und F ein abgeschlossener Unterraum von E, so ist auch E/F reflexiv (*Reflexivität vererbt sich auf Quotientenräume*).

Hinweis: A 54.2, Sätze 60.3 und 60.4.

+9. $A \in \mathscr{L}(E_1, E_2)$ sei eine bijektive Abbildung der Banachräume E_1, E_2. Dann ist mit E_1 auch E_2 reflexiv.

Hinweis: J_k sei die kanonische Einbettung von E_k in E_k'' $(k=1,2)$. Zeige, daß $J_2 = A'' J_1 A^{-1}$ ist und gewinne daraus die Surjektivität von J_2.

Kompakte Operatoren auf reflexiven Räumen werden in den Aufgaben 10 und 11 betrachtet.

+10. E sei ein reflexiver, F ein beliebiger normierter Raum und $A: E \to F$ eine lineare Abbildung. A ist genau dann *kompakt,* wenn aus $x_n \rightharpoonup x$ stets $Ax_n \to Ax$ folgt.

Hinweis: A 59.9 für die eine Richtung der Behauptung.

+11. E sei ein reflexiver, F ein beliebiger normierter Raum und $A: E \to F$ *kompakt.* Dann gibt es ein normiertes $x \in E$ mit $\|Ax\| = \|A\|$.

Hinweis: Aufgabe 10.

12. Ist E reflexiv, so gibt es zu jedem $f \in E'$ ein $x_0 \in E$ mit $\|x_0\| = 1$ und $f(x_0) = \|f\|$.

Hinweis: Satz 36.4.

X Schwache und lokalkonvexe Topologien[1)]

Wir können unser Verständnis der Dualsysteme, der Operatorenkonjugation und der Struktur normierter Räume erheblich vertiefen, wenn wir uns der sogenannten schwachen Topologien bedienen. Der Grundgedanke hierbei ist von bestechender Einfachheit. Denken wir uns etwa ein Dualsystem (E, E^+) gegeben. Wir wissen dann, *daß jedes $x^+ \in E^+$ eine Linearform auf E und jedes $x \in E$ eine Linearform auf E^+ ist* - und nun drängt sich wie von selbst die Frage auf, *ob man nicht auf E und E^+ Topologien so einführen könne, daß die Linearformen x^+ und x bezüglich ebendieser Topologien* stetig *werden, ja noch mehr: daß E^+ gerade die Menge* aller *stetigen Linearformen auf E und E gerade die Menge* aller *stetigen Linearformen auf E^+* ist. Wenn dies möglich wäre, könnte man den ganzen Apparat der Topologie für das Studium der Dualsysteme und der von ihnen abhängigen Tatbestände nutzen, schon gelöste Fragen mit frischen (nämlich topologischen) Augen noch einmal betrachten - ja sogar völlig neue Probleme aufwerfen, Probleme, die überhaupt erst aus der Durchdringung linearer und topologischer Strukturen hervorgehen können.

Bevor wir dieses Programm in Angriff nehmen, wollen wir in der nächsten Nummer an einige Grundbegriffe und Grundtatsachen der allgemeinen Topologie erinnern. Viel mehr als eine Erinnerung soll diese Nummer in der Tat nicht sein: wir hoffen nämlich, daß der Leser mit den Elementen der Topologie hinlänglich vertraut ist und führen den topologischen Grundbestand nur vor, um über das (bescheidene) Ausmaß der benötigten Kenntnisse keine Zweifel zu lassen. Die Beweise können in jedem Lehrbuch der Topologie nachgelesen werden; s. etwa Schubert (1975).

61 Topologische Grundbegriffe

Topologien und topologische Räume sind das zweckmäßigste begriffliche Mittel, um Stetigkeitsfragen, losgelöst von allen konkreten Besonderheiten, zu studieren. Wir definieren zunächst diese alles Weitere beherrschenden Begriffe.

[1)] Beim ersten Lesen kann dieses Kapitel ohne Schaden an Leib und Seele übersprungen werden.

Eine nichtleere Menge E wird **topologischer Raum** genannt, wenn jedem $x \in E$ ein System $\mathfrak{U}(x)$ von Teilmengen $U \subset E$ so zugeordnet ist, daß die folgenden **Umgebungsaxiome** erfüllt sind:

(U 1) *x liegt in jedem $U \in \mathfrak{U}(x)$.*

(U 2) *Mit U gehört auch jede Obermenge von U zu $\mathfrak{U}(x)$.*

(U 3) *Der Durchschnitt von je zwei Mengen aus $\mathfrak{U}(x)$ gehört zu $\mathfrak{U}(x)$.*

(U 4) *Zu jedem $U \in \mathfrak{U}(x)$ gibt es ein $V \in \mathfrak{U}(x)$ mit $U \in \mathfrak{U}(y)$ für jedes $y \in V$.*

Jedes $U \in \mathfrak{U}(x)$ heißt eine **Umgebung** von x, und $\mathfrak{U}(x)$ wird der **Umgebungsfilter** von x genannt. Das System der Umgebungsfilter definiert die **Topologie** τ von E. Der größeren Deutlichkeit wegen schreiben wir gelegentlich (E, τ) für einen topologischen Raum E mit der Topologie τ.

Ein metrischer Raum E wird in kanonischer Weise zu einem topologischen Raum, wenn $\mathfrak{U}(x)$ als das System aller Obermengen der offenen Kugeln um x erklärt wird. Die so eingeführte Topologie heißt die **metrische** oder die **von der Metrik erzeugte** Topologie von E.

Auf einer Menge $E \neq \emptyset$ lassen sich stets zwei *extreme* Topologien einführen:

a) Die **diskrete Topologie**: $\mathfrak{U}(x)$ besteht aus *allen* $U \subset E$, die x enthalten;

b) die **chaotische Topologie**: $\mathfrak{U}(x)$ enthält *nur* E.

Die diskrete Metrik erzeugt die diskrete Topologie. Die chaotische Topologie ist keine metrische Topologie, wenn der Raum mehr als einen Punkt enthält.

$\mathfrak{B}(x) \subset \mathfrak{U}(x)$ heißt **Umgebungsbasis** des Punktes x, wenn jedes $U \in \mathfrak{U}(x)$ ein $V \in \mathfrak{B}(x)$ umfaßt. $\mathfrak{U}(x)$ ist das System aller Obermengen der Mengen aus $\mathfrak{B}(x)$. *In einem metrischen Raum ist die Familie aller offenen Kugeln um x und ebenso das höchstens abzählbare System $\{K_{1/n}(x): n = 1, 2, \ldots\}$ eine Umgebungsbasis für x.* – Umgebungsbasen erleichtern den Umgang mit Topologien, wenn ihre Elemente übersichtlich strukturiert sind (wie etwa die offenen Kugeln im metrischen Fall).

Eine Topologie τ auf E – oder der topologische Raum (E, τ) selbst – heißt **separiert**, wenn es zu je zwei verschiedenen Punkten x, y stets fremde Umgebungen $U \in \mathfrak{U}(x)$, $V \in \mathfrak{U}(y)$ gibt. Ein separierter Raum wird auch **Hausdorffraum** genannt.[1] *Metrische Topologien sind stets separiert.*

Eine Teilmenge M des topologischen Raumes E heißt **offen**, wenn jedes $x \in M$ eine Umgebung besitzt, die ganz in M liegt. Das System $\mathfrak{O}$ aller offenen Teilmengen von E besitzt die folgenden Eigenschaften:

---

[1] Nach Felix Hausdorff (1868–1942; 74), auf den die „Umgebungsdefinition“ des topologischen Raumes und das „Hausdorffsche Trennungsaxiom“ (die Forderung der Separiertheit) zurückgehen.

(O 1) *$\emptyset$ und E gehören zu $\mathfrak{O}$.*

(O 2) *Die Vereinigung beliebig vieler Mengen aus $\mathfrak{O}$ liegt in $\mathfrak{O}$.*

(O 3) *Der Durchschnitt endlich vieler Mengen aus $\mathfrak{O}$ gehört zu $\mathfrak{O}$.*

In der diskreten Topologie sind *alle* Teilmengen von E offen, während die chaotische Topologie *nur* $\emptyset$ und E als offene Mengen besitzt.

Die offenen, x enthaltenden Mengen bilden eine Umgebungsbasis für x. Die Topologie wird infolgedessen bereits durch die offenen Mengen bestimmt. Diese Tatsache legt es nahe, unser bisheriges Verfahren, mittels Umgebungen offene Mengen zu definieren, umzukehren, also ausgehend von „offenen Mengen" Umgebungen und damit eine Topologie einzuführen. Dazu sei $\mathfrak{O}$ ein System von Teilmengen der Menge $E\neq\emptyset$, das die Eigenschaften (O 1) bis (O 3) besitzt. *Dann gibt es genau eine Topologie auf E, deren System offener Mengen gerade $\mathfrak{O}$ ist.*

Auf E seien zwei Topologien τ_1, τ_2 definiert; $\mathfrak{O}_1, \mathfrak{O}_2$ seien die zugehörigen Systeme offener Mengen. τ_1 heißt g r ö b e r als τ_2 (in Zeichen: $\tau_1 \prec \tau_2$), wenn $\mathfrak{O}_1 \subset \mathfrak{O}_2$ ist; wir sagen dann auch, τ_2 sei f e i n e r als τ_1. Die feinere Topologie besitzt *grosso modo* mehr offene Mengen. Die Relation „$\prec$" stiftet eine *Ordnung* in der Menge aller Topologien auf E. *Die diskrete Topologie ist die feinste, die chaotische die gröbste Topologie.* Eine Familie $(\tau_\iota : \iota \in J)$ von Topologien auf E mit zugehörigen Systemen offener Mengen $\mathfrak{O}_\iota$ besitzt eine u n t e r e G r e n z e, d. h., es gibt eine Topologie τ mit folgenden Eigenschaften:

a) $\tau \prec \tau_\iota$ für alle $\iota \in J$; b) aus $\bar{\tau} \prec \tau_\iota$ für alle $\iota \in J$ folgt $\bar{\tau} \prec \tau$.

Das zu τ gehörende System offener Mengen ist $\mathfrak{O} := \bigcap_{\iota \in J} \mathfrak{O}_\iota$. Man nennt deshalb τ auch den D u r c h s c h n i t t der Topologien τ_ι.

Entsprechend besitzt $(\tau_\iota : \iota \in J)$ auch eine o b e r e G r e n z e, d. h., es gibt eine Topologie ω mit folgenden Eigenschaften:

a) $\tau_\iota \prec \omega$ für alle $\iota \in J$; b) aus $\tau_\iota \prec \bar{\tau}$ für alle $\iota \in J$ folgt $\omega \prec \bar{\tau}$.

ω ist der Durchschnitt aller Topologien, die feiner als jedes τ_ι sind.

Beim Vergleich zweier Topologien τ_1, τ_2 auf E mit Umgebungsbasen $\mathfrak{B}_1(x), \mathfrak{B}_2(x)$ ist das H a u s d o r f f s c h e K r i t e r i u m von nicht geringem Nutzen:

Genau dann ist $\tau_1 \prec \tau_2$, wenn für alle $x \in E$ die folgende Aussage gilt: Zu jedem $V_1 \in \mathfrak{B}_1(x)$ gibt es ein $V_2 \in \mathfrak{B}_2(x)$ mit $V_2 \subset V_1$ (grob gesagt: jede τ_1-Basisumgebung kann durch eine τ_2-Basisumgebung unterboten werden).

$x \in E$ heißt B e r ü h r u n g s p u n k t von $G \subset E$, wenn jede Umgebung von x – oder auch nur jede Umgebung aus einer Umgebungsbasis $\mathfrak{B}(x)$ – mit G Punkte gemeinsam hat. Die A b s c h l i e ß u n g oder a b g e s c h l o s s e n e H ü l l e $\overline{G}$ von G ist die Menge aller Berührungspunkte von G. Wir haben stets $G \subset \overline{G}$; gilt $G = \overline{G}$, so heißt G a b g e s c h l o s s e n. *Die Abschließung $\overline{G}$ ist immer abgeschlossen. $G \subset E$ ist genau dann abgeschlossen, wenn das Komplement $E \backslash G$ offen ist.* Aus den Eigenschaften (O 1) bis (O 3) offener Mengen ergeben sich daher nach den bekannten Komplementierungsregeln sofort die folgenden Eigenschaften abgeschlossener Mengen:

(A 1) *∅ und E sind abgeschlossen.*

(A 2) *Der Durchschnitt beliebig vieler abgeschlossener Mengen ist abgeschlossen.*

(A 3) *Die Vereinigung endlich vieler abgeschlossener Mengen ist abgeschlossen.*

Die Abschließung $\overline{G}$ ist der Durchschnitt aller abgeschlossenen Obermengen von G. – In einem Hausdorffraum ist jede endliche Menge abgeschlossen.

Wir sagen, die Folge $(x_n) \subset E$ konvergiere gegen den Grenzwert $x \in E$ (in Zeichen: $x_n \to x$ oder $\lim x_n = x$), wenn in jeder Umgebung von x – oder auch nur in jeder Umgebung aus einer Umgebungsbasis $\mathfrak{B}(x)$ – fast alle Glieder der Folge liegen. *In Hausdorffräumen besitzt eine Folge höchstens einen Grenzwert.* Der Grenzwert einer Folge aus $G \subset E$ ist immer ein Berührungspunkt von G; im Gegensatz zu der Situation in metrischen Räumen gilt aber hiervon nicht die Umkehrung. Dies ist einer der Gründe, weshalb konvergente Folgen in allgemeinen topologischen Räumen keine große Rolle spielen.

Die Abbildung $f: E \to F$ der topologischen Räume E, F heißt stetig im Punkte $x_0 \in E$, wenn es zu jeder Umgebung V von $f(x_0)$ – oder auch nur zu jeder Umgebung V aus einer Umgebungsbasis $\mathfrak{B}(f(x_0))$ – eine Umgebung U von x_0 mit $f(U) \subset V$ gibt; sie heißt folgenstetig in x_0, wenn $x_n \to x_0$ stets $f(x_n) \to f(x_0)$ nach sich zieht. *Eine in x_0 stetige Funktion ist dort folgenstetig; sind E, F metrische Räume, so gilt auch die Umkehrung.*

Eine in jedem Punkt von E stetige bzw. folgenstetige Funktion wird schlechthin stetig bzw. folgenstetig genannt.

Die Abbildung $f: E \to F$ ist genau dann stetig in x_0, *wenn für jedes V aus einer Umgebungsbasis von $f(x_0)$ das Urbild $f^{-1}(V)$ eine Umgebung von x_0 ist; sie ist genau dann* stetig, *wenn die Urbilder offener (abgeschlossener) Mengen in F stets offen (abgeschlossen) in E sind.*

Das Kompositum $g \circ f$ stetiger Funktionen $f: E \to F$ und $g: F \to G$ ist stetig.

Eine bijektive Abbildung $f: E \to F$ wird homöomorph oder ein Homöomorphismus genannt, wenn sowohl f als auch f^{-1} stetig ist. Ein solcher Homöomorphismus ordnet die offenen Mengen von E umkehrbar eindeutig den offenen Mengen von F zu, so daß E topologisch nicht von F unterschieden werden kann. Man nennt in diesem Falle die Räume E, F (zueinander) homöomorph; die symmetrische Sprechweise wird dadurch gerechtfertigt, daß mit f auch f^{-1} homöomorph ist.

Wird E durch die Topologie τ_1 bzw. τ_2 zu einem topologischen Raum E_1 bzw. E_2 gemacht, so ist τ_1 genau dann feiner als τ_2, wenn $I: E_1 \to E_2$ stetig ist (I ist die identische Abbildung von E).

Wir besprechen nun die Übertragung von Topologien.

E sei eine beliebige nichtleere Menge, $(F_\iota : \iota \in J)$ eine Familie topologischer Räume und $(f_\iota : \iota \in J)$ eine Familie von Abbildungen $f_\iota: E \to F_\iota$. Alle f_ι werden stetig, wenn man auf E die diskrete Topologie einführt. Der Durchschnitt aller derjenigen Topologien auf E, für die sämtliche f_ι stetig sind, ist dann die *gröbste* Topologie auf E mit dieser Eigenschaft; sie heißt die Initialtopologie auf E für die Familie (f_ι).

Ist eine Familie $(E_\iota : \iota \in J)$ topologischer Räume, eine nichtleere Menge F und für jedes $\iota \in J$ eine Abbildung $f_\iota : E_\iota \to F$ gegeben, so gibt es eine *feinste* Topologie auf F, die jedes f_ι stetig macht; sie heißt die Finaltopologie auf F für die Familie (f_ι). Eine Teilmenge M von F ist genau dann in dieser Topologie offen, wenn $f_\iota^{-1}(M)$ für alle $\iota \in J$ in E_ι offen ist.

Initial- und Finaltopologie nennen wir auch die von der Familie (f_ι) erzeugten Topologien.

Wir bringen nun einige Beispiele für die Übertragung von Topologien.

61.1 Beispiel F sei ein topologischer Raum und $f: E \to F$ bijektiv. Das System der offenen Mengen in E für die von f erzeugte Topologie ist $\{f^{-1}(M): M$ offene Teilmenge von $F\}$. E und F sind homöomorph.

61.2 Beispiel E sei eine nichtleere Teilmenge des topologischen Raumes F und $f: E \to F$ die (kanonische) Injektion i von E in F: $i(x) := x$ für alle $x \in E$. Die von i erzeugte Topologie heißt die relative oder auch die von F induzierte Topologie. *Die offenen Mengen dieser Topologie sind die Durchschnitte $M \cap E$, wobei M die offenen Mengen von F durchläuft.* Wenn nicht ausdrücklich etwas anderes gesagt wird, *versehen wir eine Teilmenge $E \neq \emptyset$ des topologischen Raumes F stets mit der relativen Topologie* und nennen dann E einen Unterraum von F. Ist F ein metrischer Raum, so erzeugt die induzierte Metrik auf E gerade die induzierte Topologie.

Die Menge $M \subset E$ heißt relativ offen, wenn sie in der relativen Topologie von E offen ist; entsprechend werden die relativ abgeschlossenen Mengen und die relativen Umgebungen erklärt. *Die relativen Umgebungen von $x \in E$ sind genau die Schnitte der Umgebungen von x mit E*; ist $\mathfrak{B}(x)$ eine Umgebungsbasis von x, so ist $\{V \cap E: V \in \mathfrak{B}(x)\}$ eine Basis der relativen Umgebungen von x.

Die Abbildung $f: G \to H$ heißt offen, wenn das Bild jeder offenen Teilmenge von G in der relativen Topologie von $f(G)$ offen ist.

61.3 Beispiel Auf dem cartesischen Produkt $E := \prod_{\iota \in J} F_\iota$ der topologischen Räume F_ι erzeugt die Familie der Komponentenprojektoren $\pi_\iota : E \to F_\iota$ die sogenannte Produkttopologie; E selbst, versehen mit der Produkttopologie, heißt das topologische Produkt der Räume F_ι. Die Produkttopologie ist definitionsgemäß die *gröbste* Topologie, die alle π_ι stetig macht.

Ist $\mathfrak{B}(x_\iota)$ eine Umgebungsbasis für $x_\iota \in F_\iota$, so wird eine Umgebungsbasis für $x := (x_\iota) \in E$ von den Mengen $V := \prod_{\iota \in J} V_\iota$ gebildet, wo $V_\iota = F_\iota$ mit Ausnahme von *endlich* vielen Indizes und $V_\iota \in \mathfrak{B}(x_\iota)$ für diese Ausnahmeindizes ist.

61.4 Beispiel $\{R_\lambda : \lambda \in \Lambda\}$ sei eine Partition der Menge $E \neq \emptyset$, d.h., es sei $\bigcup_{\lambda \in \Lambda} R_\lambda = E$ und $R_\lambda \cap R_\mu = \emptyset$ für $\lambda \neq \mu$. Nennt man zwei Punkte x, y von E äquivalent, wenn sie in derselben Menge R_λ liegen, so wird hierdurch eine Äquivalenzrelation in E definiert, und R_λ ist die Äquivalenz- oder Restklasse jedes Elementes aus R_λ. Partitionen sind uns schon bei der Bildung des Quotientenraumes eines Vektorraumes nach einem linearen Teilraum begegnet. Wie dort bezeichnen wir mit $\hat{x}$ die Restklasse von x und mit $\hat{E}$ die Menge aller Restklassen; es ist also $\hat{E} := \{R_\lambda : \lambda \in \Lambda\}$. Die Abbildung $h: E \to \hat{E}$, die jedem x seine Restklasse $\hat{x}$ zuordnet, heißt die kanonische Surjektion von E auf $\hat{E}$. Ist nun E ein topologischer Raum, so erzeugt h eine Topologie auf $\hat{E}$, die man die Quotiententopologie nennt; $\hat{E}$ selbst, versehen mit dieser Topologie, heißt Quotientenraum. *Eine Teilmenge M von $\hat{E}$ ist genau dann offen, wenn $h^{-1}(M)$ offen ist.* Die Quotiententopologie ist definitionsgemäß die *feinste* Topologie auf $\hat{E}$, die h stetig macht.

Sei M eine Teilmenge des topologischen Raumes E. Jedes System $\mathfrak{G}$ offener Mengen $G \subset E$ mit $M \subset \bigcup_{G \in \mathfrak{G}} G$ heißt eine offene Überdeckung von M, jedes Teilsystem $\mathfrak{G}' \subset \mathfrak{G}$, das ebenfalls M überdeckt, wird eine Teilüberdeckung von M genannt. M heißt kompakt, wenn jede offene Überdeckung von M eine endliche Teilüberdeckung enthält. Jede Untermenge einer kompakten Menge wird relativ kompakt genannt.

Die Teilmenge M eines metrischen Raumes ist genau dann im eben definierten Sinne kompakt bzw. relativ kompakt, wenn sie gemäß der früher mit Hilfe von Folgen gegebenen Erklärung kompakt bzw. relativ kompakt ist.

Endliche Mengen und endliche Vereinigungen kompakter Mengen sind kompakt. Jede abgeschlossene Teilmenge einer kompakten Menge ist selbst kompakt. Kompakte Teilmengen separierter *topologischer Räume sind abgeschlossen; in solchen Räumen ist eine Teilmenge M genau dann relativ kompakt, wenn $\overline{M}$ kompakt ist.* Kompaktheit ist eine „innere Eigenschaft", genauer: die Menge $M \subset E$ ist dann und nur dann kompakt, wenn sie es in ihrer relativen Topologie ist.

Von überragender Bedeutung ist der Satz von Tychonoff: *Das topologische Produkt* kompakter *topologischer Räume ist* kompakt.

Schließlich werden wir die Tatsache benutzen, *daß stetige Bilder kompakter Mengen immer kompakt sind und daß eine reellwertige stetige Funktion auf einem kompakten topologischen Raum ein Minimum und ein Maximum besitzt.* Ist T ein solcher Raum und $C(T)$ die Menge aller stetigen Funktionen $x: T \to \mathbf{K}$, *so erweist sich $C(T)$ als ein Vektorraum über* $\mathbf{K}$, *der vermöge der Normdefinition*

$$\|x\|_\infty := \max_{t \in T} |x(t)| \tag{61.1}$$

zu einem Banachraum wird.

Von den Tatbeständen dieser Nummer und ihren gesternten Aufgaben wollen wir hinfort freien Gebrauch machen, ohne noch ausdrücklich auf sie zu verweisen.

Aufgaben

1. Sei E ein Unterraum des topologischen Raumes F. Zeige: a) Die relativ abgeschlossenen Teilmengen von E sind die Durchschnitte $M\cap E$, wobei M die abgeschlossenen Mengen von F durchläuft. b) Ist E selbst abgeschlossen, so ist eine relativ abgeschlossene Menge $M\subset E$ auch (als Teilmenge von F) abgeschlossen. (Beispiel: $F=\mathbf{R}^2$, $E=\mathbf{R}$, $M=[a,b]$). Die Aussage gilt nicht mehr, wenn E offen ist.

***2.** Einer Abbildung $f: E\to F$ ordnen wir die Abbildung $f_0: E\to f(E)$ zu, die durch $f_0(x)=f(x)$ für $x\in E$ definiert ist. Versehen wir $f(E)$ mit der relativen Topologie, so gilt: f ist genau dann stetig, wenn f_0 stetig ist. Bei Stetigkeitsbetrachtungen darf man sich also auf die relativen Umgebungen der Bildpunkte beschränken.

***3.** Die Einschränkung f_1 der stetigen Abbildung $f: E\to F$ auf den Unterraum G von E ist stetig.

***4.** $f: E\to F$ sei injektiv, so daß die in Aufgabe 2 definierte Abbildung $f_0: E\to f(E)$ bijektiv ist. $f_0^{-1}: f(E)\to E$ ist genau dann stetig, wenn f offen ist. Eine bijektive Abbildung f ist also genau dann homöomorph, wenn sie stetig und offen ist.

***5.** Jeder Unterraum eines separierten Raumes ist separiert.

***6.** Das topologische Produkt separierter Räume ist separiert.

7. F sei ein topologischer Raum und $\emptyset\neq G\subset E\subset F$. Dann induzieren F und der Unterraum E Topologien auf G. Zeige, daß sie übereinstimmen.

8. Wie in den Aufgaben 7 und 8 der Nr. 6 versehen wir das cartesische Produkt $E:=\prod_{k=1}^{n} F_k$ bzw. $E:=\prod_{k=1}^{\infty} F_k$ mit der Metrik

$$d(x,y):=\sum_{k=1}^{n} d_k(x_k,y_k) \quad \text{bzw.} \quad d(x,y):=\sum_{k=1}^{\infty}\frac{1}{2^k}\frac{d_k(x_k,y_k)}{1+d_k(x_k,y_k)};$$

hierbei ist $x=(x_1,x_2,\ldots)$, $y=(y_1,y_2,\ldots)$. Zeige: d erzeugt auf E die Produkttopologie. Das topologische Produkt höchstens abzählbar vieler metrischer Räume ist also ein metrischer Raum.

9. E, F, G seien metrische Räume, $f: E\times F\to G$ eine „Funktion von zwei Veränderlichen". f ist genau dann stetig in $(x,y)\in E\times F$, wenn aus $x_n\to x$, $y_n\to y$ stets $f(x_n,y_n)\to f(x,y)$ folgt. Entsprechendes gilt für eine Abbildung $f: E_1\times\cdots\times E_k\to G$, wenn $E_1,\ldots,E_k, G$ metrische Räume sind. Diese Tatsache rechtfertigt, daß wir die Stetigkeit der Addition und des Skalarproduktes in metrischen Vektorräumen und des Innenproduktes in prähilbertschen Räumen mittels Folgen definiert haben.

10. Sei $E:=\prod_{\iota\in J} F_\iota$ das Produkt der topologischen Räume F_ι und $(x_\iota^{(n)})$ eine Folge in E. Genau dann konvergiert $(x_\iota^{(n)})\to(x_\iota)\in E$, wenn $x_\iota^{(n)}\to x_\iota$ strebt für alle $\iota\in J$.

11. Eine Teilmenge $M:=\{(\xi_1^{(\iota)},\xi_2^{(\iota)},\ldots): \iota\in J\}$ von (s) ist genau dann relativ kompakt, wenn für jeden Index k die Menge $\{\xi_k^{(\iota)}: \iota\in J\}$ beschränkt ist.
Hinweis: Diagonalverfahren. Die Abbildung $(\xi_1,\xi_2,\ldots)\mapsto\xi_k$ ist stetig.

*12. Sei E ein topologischer Raum. $y \in E$ heißt **Häufungspunkt** der Folge $(x_n) \subset E$, wenn in jeder Umgebung U von y *unendlich* viele Folgenglieder liegen (d. h., wenn es zu jeder Umgebung U von y unendlich viele Indizes $n_1 < n_2 < \cdots$ mit $x_{n_k} \in U$ für $k = 1, 2, \ldots$ gibt). Zeige: Jede Folge (x_n) aus einer kompakten Menge $K \subset E$ besitzt mindestens einen Häufungspunkt in K.

62 Die schwache Topologie

Sei (E, E^+) ein Bilinearsystem. Jedes $x^+ \in E^+$ erzeugt vermöge der Erklärung

$$f_{x^+}(x) := \langle x, x^+ \rangle$$

eine Linearform f_{x^+} auf E. Die Initialtopologie für die Familie der Funktionen $f_{x^+}: E \to \mathbf{K}$, also *die gröbste Topologie auf E, in der alle Linearformen f_{x^+} stetig sind*, nennen wir die **von E^+ auf E erzeugte schwache Topologie** und bezeichnen sie mit $\sigma(E, E^+)$.

Das Urbild einer abgeschlossenen ε-Umgebung des Bildpunktes $f_{x^+}(x_0)$, also die Menge

$$U_{x^+;\varepsilon}(x_0) := \{x \in E: |f_{x^+}(x) - f_{x^+}(x_0)| \leqslant \varepsilon\} = \{x \in E: |\langle x - x_0, x^+ \rangle| \leqslant \varepsilon\}$$

muß eine $\sigma(E, E^+)$-Umgebung von x_0 sein.[1] Dasselbe gilt für die endlichen Durchschnitte

$$U_{x_1^+, \ldots, x_n^+;\varepsilon}(x_0) := \bigcap_{\nu=1}^{n} U_{x_\nu^+;\varepsilon}(x_0) = \left\{x \in E: \max_{\nu=1}^{n} |\langle x - x_0, x_\nu^+ \rangle| \leqslant \varepsilon\right\} \tag{62.1}$$

und ihre Obermengen, deren Gesamtheit $\mathfrak{U}(x_0)$ sei. Der Leser kann leicht nachprüfen, daß $\mathfrak{U}(x_0)$ den Umgebungsaxiomen (U 1) bis (U 4) genügt. Die durch die Umgebungssysteme $\mathfrak{U}(x)$, $x \in E$, definierte Topologie ist nach dem Hausdorffschen Kriterium gröber als $\sigma(E, E^+)$; da aber andererseits jedes f_{x^+} trivialerweise in ihr stetig ist, muß sie auch feiner als $\sigma(E, E^+)$ sein, also mit $\sigma(E, E^+)$ übereinstimmen: *Die Umgebungen der Form* (62.1) *bilden, wenn $\{x_1^+, \ldots, x_n^+\}$ alle endlichen Teilmengen von E^+ und ε alle positiven Zahlen durchläuft, eine Umgebungsbasis $\mathfrak{B}(x_0)$ des Punktes x_0 in der Topologie $\sigma(E, E^+)$.* Mit Hilfe der **Nullumgebungen**

$$U_{x_1^+, \ldots, x_n^+;\varepsilon} := \left\{x \in E: \max_{\nu=1}^{n} |\langle x, x_\nu^+ \rangle| \leqslant \varepsilon\right\} \tag{62.2}$$

lassen sich die Basisumgebungen aus $\mathfrak{B}(x_0)$ auch in der Form

$$x_0 + U_{x_1^+, \ldots, x_n^+;\varepsilon} \tag{62.3}$$

schreiben; sie sind also nichts anderes als *verschobene Nullumgebungen.*

---

[1] Man könnte natürlich auch von den Urbildern *offener* ε-Umgebungen, also den Mengen $\{x \in E: |\langle x - x_0, x^+ \rangle| < \varepsilon\}$, ausgehen.

Sei f eine $\sigma(E,E^+)$-stetige Linearform auf E. Dann gibt es, da f insbesondere im Nullpunkt stetig ist, Elemente $x_1^+,\ldots,x_n^+$ und ein $\varepsilon>0$, so daß gilt:

$$\text{aus} \quad p(x):=\max_{\nu=1}^{n} |\langle x,x_\nu^+\rangle| \leqslant \varepsilon \quad \text{folgt} \quad |f(x)| \leqslant 1. \tag{62.4}$$

Wir zeigen nun:

$$|f(x)| \leqslant \frac{1}{\varepsilon} p(x) \quad \text{für alle } x\in E. \tag{62.5}$$

Ist nämlich $p(x)=0$, also $p(\lambda x)=|\lambda| p(x)=0$ für alle $\lambda \in \mathsf{K}$, so folgt aus (62.4)

$$|\lambda|\,|f(x)|=|f(\lambda x)| \leqslant 1 \quad \text{für alle } \lambda, \quad \text{also} \quad f(x)=0,$$

und daher gilt (62.5) wenigstens in diesem Falle. Ist aber $p(x)\neq 0$, also $p\left(\frac{\varepsilon x}{p(x)}\right)=\frac{\varepsilon}{p(x)}p(x)=\varepsilon$, so erhalten wir aus (62.4)

$$\frac{\varepsilon}{p(x)}|f(x)|=\left|f\left(\frac{\varepsilon x}{p(x)}\right)\right| \leqslant 1, \quad \text{also} \quad |f(x)| \leqslant \frac{1}{\varepsilon}p(x),$$

und (62.5) besteht somit auch bei dieser Lage der Dinge. ■

(62.5) lehrt: Aus $f_{x_\nu^+}(x)=\langle x,x_\nu^+\rangle=0$ für $\nu=1,\ldots,n$ folgt $f(x)=0$. Mit Hilfssatz 49.1 ergibt sich daraus $f=\sum_{\nu=1}^{n}\alpha_\nu f_{x_\nu^+}$. Ist (E,E^+) sogar ein Linksdualsystem, können wir also die Linearform f_{x^+} mit ihrem erzeugenden Vektor x^+ identifizieren, so geht die obige Darstellung von f in die Gleichung $f=\sum_{\nu=1}^{n}\alpha_\nu x_\nu^+$ über. f liegt also in E^+, so daß wir nun sagen können: Im Falle eines *Linksdualsystems* (E,E^+) ist E^+ die Menge *aller* $\sigma(E,E^+)$-stetigen Linearformen auf E.

Die schwache Topologie $\sigma(E,E^+)$ ist genau dann *separiert*, wenn (E,E^+) ein *Rechtsdualsystem* ist. Haben wir nämlich im Separiertheitsfalle $\langle x,x^+\rangle=0$ für alle $x^+\in E^+$, so liegt x offenbar in jeder Nullumgebung, muß also verschwinden, weil es andernfalls eine (x enthaltende) Nullumgebung U und eine zu U fremde Umgebung V von x gäbe. - Ist umgekehrt (E,E^+) ein Rechtsdualsystem, so gibt es zu je zwei verschiedenen Punkten $x_1,x_2\in E$ ein x^+ mit $\langle x_1-x_2,x^+\rangle\neq 0$. Man sieht dann sofort, daß die Umgebungen $U_{x^+;\varepsilon/3}(x_1)$, $U_{x^+;\varepsilon/3}(x_2)$ disjunkt sind, wenn man $\varepsilon=|\langle x_1-x_2,x^+\rangle|$ setzt.

Wenden wir unsere Ergebnisse auf das Bilinearsystem (E^+,E) mit der Bilinearform $\langle x^+,x\rangle:=\langle x,x^+\rangle$ an, so erhalten wir die durch E erzeugte schwache Topologie $\sigma(E^+,E)$ auf E^+ und für sie die den obigen Feststellungen entsprechenden Aussagen. Wir fassen zusammen und fügen eine evidente Ergänzung hinzu:

62.1 Satz *(E,E^+) sei ein Bilinearsystem bezüglich der Bilinearform $\langle x,x^+\rangle$. Dann bilden die Mengen*

$$U_{x_1^+,\ldots,x_n^+;\varepsilon}:=\left\{x\in E\colon \max_{\nu=1}^{n}|\langle x,x_\nu^+\rangle|\leqslant\varepsilon\right\}$$

eine Umgebungsbasis von 0 und die Mengen $x_0+U_{x_1^+,\ldots,x_n^+;\varepsilon}$ eine Umgebungsbasis von x_0 in der schwachen Topologie $\sigma(E,E^+)$. Diese ist die gröbste Topologie auf E, in der alle Linearformen $x\mapsto\langle x,x^+\rangle$ stetig sind. Umgekehrt gibt es zu jeder $\sigma(E,E^+)$-stetigen Linearform f ein x^+ mit $f(x)=\langle x,x^+\rangle$ für alle $x\in E$. Ist (E,E^+) ein Links*dualsystem, so ist E^+ der Vektorraum* aller *schwach stetigen Linearformen auf E. $\sigma(E,E^+)$ ist genau dann* separiert, *wenn (E,E^+) ein* Rechts*dualsystem ist. Entsprechende Aussagen gelten für die schwache Topologie $\sigma(E^+,E)$ auf E^+. Ist (E,E^+) ein* Dualsystem, *so sind die schwachen Topologien separiert, und jeder der Räume E,E^+ ist der Vektorraum aller schwach stetigen Linearformen des anderen.*

Die schwachen Topologien machen es also tatsächlich möglich, die Komponenten E,E^+ eines Bilinearsystems *topologisch* zu beschreiben. Der nächste Satz lehrt, daß auch die Konjugierbarkeit eines Operators topologisch charakterisiert werden kann. Wir geben zunächst die folgende Definition:

(E,E^+) und (F,F^+) seien Bilinearsysteme. Eine lineare Abbildung $A\colon E\to F$ heißt schwach stetig, wenn sie bezüglich der schwachen Topologien $\sigma(E,E^+)$ und $\sigma(F,F^+)$ stetig ist.

Den nächsten Satz formulieren wir der Symmetrie wegen nur für die Konjugation in Dualsystemen.

62.2 Satz *Sind (E,E^+) und (F,F^+) Dualsysteme, so ist die lineare Abbildung $A\colon E\to F$ genau dann konjugierbar, wenn sie schwach stetig ist. In diesem Falle ist auch $A^+\colon F^+\to E^+$ schwach stetig.*

Beweis. Ist A schwach stetig, so definiert $\langle Ax,y^+\rangle$ für jedes feste $y^+\in F^+$ eine Linearform A^+y^+ auf E, die $\sigma(E,E^+)$-stetig ist und infolgedessen in E^+ liegt (Satz 62.1). A^+ ist also eine Abbildung von F^+ in E^+ mit $\langle Ax,y^+\rangle=\langle x,A^+y^+\rangle$ und somit zu A konjugiert. – Nun sei A konjugierbar und

$$Ax_0+V:=Ax_0+\left\{y\in F\colon \max_{\nu=1}^{n}|\langle y,y_\nu^+\rangle|\leqslant\varepsilon\right\}$$

eine beliebige (schwache) Basisumgebung von Ax_0. Dann ist

$$x_0+U:=x_0+\left\{x\in E\colon \max_{\nu=1}^{n}|\langle x,A^+y_\nu^+\rangle|\leqslant\varepsilon\right\}$$

eine (schwache) Umgebung von x_0 und $A(x_0+U)=Ax_0+A(U)\subset Ax_0+V$. A ist also in dem beliebigen Punkt x_0 schwach stetig. – Die letzte Behauptung folgt aus der ersten, weil A^+ bezüglich der Dualsysteme (F^+,F), (E^+,E) konjugierbar ist (die Konjugierte ist A). ∎

Sind E,F *normierte Räume* und legt man die natürlichen Dualsysteme (E,E'), (F,F') zugrunde, so ergibt sich aus A 50.10 und den Sätzen 57.5, 62.2 das bemerkenswerte Ergebnis, *daß genau die* stetigen *linearen Abbildungen* $A\colon E\to F$ *auch* schwach stetig *sind.*

Aufgaben

1. Ist (E,E^+) ein Dualsystem, so ist der endlichdimensionale Endomorphismus K von E genau dann schwach stetig, wenn er in der Form

$$Kx=\sum_{\nu=1}^{n}\langle x,x_\nu^+\rangle x_\nu \qquad (x_\nu\in E,\ x_\nu^+\in E^+)$$

dargestellt werden kann.
Hinweis: Satz 50.11.

2. Ist (E,E^+) ein Linksdualsystem, so ist $A\in\mathscr{S}(E)$ genau dann schwach stetig, wenn der algebraisch duale Operator A^* den Raum E^+ in sich abbildet.
Hinweis: Satz 50.10, Beweis von Satz 62.2.

⁺3. Sei (E,E^+) ein Dualsystem. Wir sagen, die Folge (x_n) aus E konvergiere E^+-schwach gegen $x\in E$, wenn sie im Sinne der schwachen Topologie $\sigma(E,E^+)$ gegen x strebt. Ganz entsprechend wird die E-schwache Konvergenz einer Folge (x_n^+) aus E^+ gegen $x^+\in E^+$ als Konvergenz im Sinne der schwachen Topologie $\sigma(E^+,E)$ definiert. Zeige: a) Die „schwachen Grenzwerte" x,x^+ sind eindeutig bestimmt. b) E^+-schwache Konvergenz von (x_n) gegen x bedeutet, daß $\langle x_n,x^+\rangle\to\langle x,x^+\rangle$ strebt für alle $x^+\in E^+$. c) E-schwache Konvergenz von (x_n^+) gegen x^+ bedeutet, daß $\langle x,x_n^+\rangle\to\langle x,x^+\rangle$ strebt für alle $x\in E$. d) Ist E ein normierter Raum, (x_n) eine Folge aus E, (f_n) eine Folge aus E', so ist die E'-schwache Konvergenz von (x_n) gegen x gerade die in Nr. 59 erklärte schwache Konvergenz $x_n\rightharpoonup x$; die E-schwache Konvergenz von (f_n) gegen $f\in E'$ bedeutet einfach, daß (f_n) punktweise auf E gegen f strebt.

⁺4. Sei (E,E^+) ein Bilinearsystem und G^+ ein Unterraum von E^+. Dann ist (E,G^+), versehen mit der Einschränkung der Bilinearform von (E,E^+), ein Bilinearsystem. Zeige: Ist (E,E^+) ein Linksdualsystem und G^+ ein *echter* Unterraum von E^+, so ist $\sigma(E,E^+)$ *echt* feiner als $\sigma(E,G^+)$.
Hinweis: Hausdorffsches Kriterium.

63 Vektorraumtopologien

In normierten Räumen und metrischen Vektorräumen sind Addition und Skalarmultiplikation *stetige* Operationen, und die Bedeutung dieses Umstandes hat sich uns immer wieder aufgedrängt. Nun haben wir in der schwachen Topologie einen neuen Fall des Phänomens „Topologie auf Vektorraum", und wir werden fragen müssen, ob auch jetzt die linearen Operationen wieder stetig sind. Um uns bequem ausdrücken zu können, geben wir zunächst eine Definition:

Eine Topologie τ auf einem Vektorraum E über $\mathbf{K}$ heißt eine Vektorraumtopologie für E, wenn Addition und Skalarmultiplikation, d.h. die Abbildungen

$$(x,y)\mapsto x+y \quad \text{von } E\times E \text{ in } E$$

und $$(\alpha,x)\mapsto \alpha x \quad \text{von } \mathbf{K}\times E \text{ in } E$$

stetig sind, wobei $E\times E$ und $\mathbf{K}\times E$ mit der jeweiligen Produkttopologie versehen werden; E selbst - oder genauer (E,τ) - heißt dann ein topologischer Vektorraum. *Stetigkeit der Addition* bedeutet: Zu jeder Umgebung W von x_0+y_0 gibt es Umgebungen U von x_0 und V von y_0, so daß gilt:

$$x+y\in W \quad \text{für } x\in U,\ y\in V, \qquad \text{kurz:} \quad U+V\subset W.$$

Stetigkeit der Skalarmultiplikation heißt: Zu jeder Umgebung W von $\alpha_0 x_0$ gibt es ein $\delta>0$ und eine Umgebung U von x_0, so daß gilt:

$$\alpha x\in W \quad \text{für } |\alpha-\alpha_0|<\delta \text{ und } x\in U.$$

Normierte Räume und metrische Vektorräume sind topologische Vektorräume, wenn sie mit ihrer metrischen Topologie versehen werden (beachte hierbei A 61.9). Besonders wichtig für uns ist aber der

63.1 Satz *$\sigma(E,E^+)$ ist eine Vektorraumtopologie für E.*

Beweis. Wir bemerken zunächst, daß durch

$$p(x):=|\langle x,x^+\rangle| \quad \text{für festes } x^+\in E^+$$

eine Halbnorm p auf E definiert wird. Die typische Basisumgebung des Nullpunktes wird dann durch

$$U_{p_1,\ldots,p_n;\varepsilon}:=\left\{x\in E:\ \max_{\nu=1}^{n} p_\nu(x)\leqslant\varepsilon\right\} \quad \text{mit} \quad p_\nu(x):=|\langle x,x_\nu^+\rangle| \tag{63.1}$$

gegeben (Satz 62.1). Mit ihr werden wir ganz ähnlich umgehen wie mit einer *Kugel* $K_\varepsilon[0]$ in einem normierten Raum. Sei nun $W:=z_0+U_{p_1,\ldots,p_n;\varepsilon}$ eine beliebige Basisumgebung für $z_0:=x_0+y_0$. Mit der Umgebung $U:=x_0+U_{p_1,\ldots,p_n;\varepsilon/2}$ von x_0 und $V:=y_0+U_{p_1,\ldots,p_n;\varepsilon/2}$ von y_0 haben wir dann offenbar $U+V\subset W$ und damit die Stetigkeit der Addition. - Nun sei

$$W:=\alpha_0 x_0+U \quad \text{mit} \quad U:=U_{p_1,\ldots,p_n;\varepsilon}$$

eine beliebige Basisumgebung für $\alpha_0 x_0$. Wir werden die Stetigkeit der Skalarmultiplikation bewiesen haben, sobald wir ein $\delta>0$ und eine Nullumgebung V vorweisen können, so daß gilt:

$$\alpha x-\alpha_0 x_0\in U, \quad \text{falls} \quad |\alpha-\alpha_0|<\delta \quad \text{und} \quad x-x_0\in V. \tag{63.2}$$

Dazu schreiben wir

$$\alpha x - \alpha_0 x_0 = \alpha_0(x - x_0) + (\alpha - \alpha_0)x_0 + (\alpha - \alpha_0)(x - x_0) \tag{63.3}$$

und versuchen, jeden der drei Summanden „hinreichend klein" zu machen. Mit $V_1 := U_{p_1, \ldots, p_n; \varepsilon/3}$ haben wir

$$V_1 + V_1 + V_1 \subset U, \tag{63.4}$$

und mit

$$V_2 := \begin{cases} V_1, & \text{falls } \alpha_0 = 0, \\ U_{p_1, \ldots, p_n; \frac{\varepsilon}{3|\alpha_0|}}, & \text{falls } \alpha_0 \neq 0, \end{cases}$$

ist

$$\alpha_0 V_2 \subset V_1. \tag{63.5}$$

Offenbar liegt entweder V_1 in V_2 oder V_2 in V_1, infolgedessen ist

$$V := V_1 \cap V_2 \tag{63.6}$$

die kleinere der beiden Umgebungen V_1, V_2, und wegen (63.5) haben wir somit

$$\alpha_0 V \subset V_1. \tag{63.7}$$

Schließlich gibt es ein $\delta > 0$, so daß aus

$$|\alpha - \alpha_0| < \delta \quad \text{stets} \quad p_\nu((\alpha - \alpha_0)x_0) = |\alpha - \alpha_0| p_\nu(x_0) \leqslant \varepsilon/3 \text{ für } \nu = 1, \ldots, n,$$

also $$(\alpha - \alpha_0)x_0 \in V_1 \tag{63.8}$$

folgt. Offenbar dürfen wir $\delta \leqslant 1$ wählen; dann aber ist

$$(\alpha - \alpha_0) V \subset V \subset V_1. \tag{63.9}$$

Aus (63.3) erhalten wir nun mit (63.7) bis (63.9) und (63.4)

$$\alpha x - \alpha_0 x_0 \in V_1 + V_1 + V_1 \subset U \quad \text{für } |\alpha - \alpha_0| < \delta \text{ und } x - x_0 \in V.$$

Damit ist endlich auch die Stetigkeit der Skalarmultiplikation dargetan. ■

Wir machen noch einige einfache Bemerkungen über allgemeine topologische Vektorräume. Das Studium solcher Räume wird erheblich durch den Umstand vereinfacht, daß man nur eine Umgebungsbasis des Nullpunktes (eine **Nullumgebungsbasis**) zu kennen braucht; aus *ihr* erhält man nämlich durch bloße Translation Umgebungsbasen *aller* Punkte. Das ist der Hauptinhalt des nächsten Theorems:

63.2 Satz *Die durch $f(x) := \alpha_0 x + x_0$ definierte Selbstabbildung f eines topologischen Vektorraumes E ist stetig und im Falle $\alpha_0 \neq 0$ sogar ein Homöomorphismus von E. Daraus folgt insbesondere:*

a) *$f(M)=\alpha_0 M+x_0$ ist für jede offene bzw. abgeschlossene Menge M offen bzw. abgeschlossen, falls $\alpha_0 \neq 0$.*

b) *Ist U eine Nullumgebung und $\alpha_0 \neq 0$, so ist $\alpha_0 U$ eine Nullumgebung und $\alpha_0 U+x_0$ eine Umgebung von x_0.*

c) *Ist $\mathfrak{N}$ eine Nullumgebungsbasis, so bilden die Mengen $x_0+U\,(U\in\mathfrak{N})$ eine Umgebungsbasis für x_0.*

Beweis. Die Stetigkeit der Abbildung f und ihrer Umkehrung $y\mapsto(y-x_0)/\alpha_0$ $(\alpha_0\neq 0)$ ergibt sich unmittelbar aus der Stetigkeit der linearen Operationen. – a) ist nun trivial. – b) folgt aus a), wenn man beachtet, daß die *offenen* Umgebungen eines Punktes eine Umgebungsbasis bilden. – c) ergibt sich in einfachster Weise aus a) und b). ■

63.3 Satz *Für jede Nullumgebung U in einem topologischen Vektorraum gilt:*

a) *U ist absorbierend.*

b) *Es gibt eine Nullumgebung V mit $V+V\subset U$.*

Beweis. a) Wegen $0\cdot x=0\in U$ und der Stetigkeit der Skalarmultiplikation gibt es ein $\delta>0$, so daß $\alpha x\in U$ für $|\alpha|\leqslant\delta$, also $x\in\lambda U$ für $|\lambda|\geqslant 1/\delta$ ist. – b) Wegen $0+0=0\in U$ und der Stetigkeit der Addition gibt es Nullumgebungen V_1, V_2 mit $V_1+V_2\subset U$. $V:=V_1\cap V_2$ leistet dann das Gewünschte. ■

Sind E, F topologische Vektorräume über $\mathbf{K}$, so sei wie im normierten Falle

$\mathscr{L}(E,F)$ die Menge aller stetigen linearen Abbildungen $A\colon E\to F$,

$\mathscr{L}(E):=\mathscr{L}(E,E)$,

$E':=\mathscr{L}(E,\mathbf{K})$ der (topologische) Dual von E.

63.4 Satz a) *Eine lineare Abbildung ist überall stetig, wenn sie es im Nullpunkt ist.*

b) *Summen, skalare Vielfache und Produkte stetiger linearer Abbildungen sind wieder stetig. Insbesondere ist $\mathscr{L}(E,F)$ ein* Vektorraum *und $\mathscr{L}(E)$ eine* Algebra.

c) *Der Nullraum von $A\in\mathscr{L}(E,F)$ ist immer dann abgeschlossen, wenn F separiert ist. Nullräume stetiger Linearformen sind also stets abgeschlossen.*

Beweis. a) Sei $W:=Ax+V$ (V eine Nullumgebung in F) eine beliebige Umgebung von Ax. Zu V gibt es, da A in 0 stetig ist, eine Nullumgebung $U\subset E$ mit $A(U)\subset V$. Für die Umgebung $x+U$ von x haben wir dann $A(x+U)\subset Ax+V=W$. – b) Sei $A,B\in\mathscr{L}(E,F)$ und W eine Nullumgebung in F. Zu W gibt es eine Nullumgebung V in F mit $V+V\subset W$, und zu V existieren Nullumgebungen U_1, U_2 in E mit $A(U_1)$, $B(U_2)\subset V$. Dann ist $U:=U_1\cap U_2$ eine Nullumgebung, für die wir $(A+B)(U)\subset A(U)+B(U)\subset V+V\subset W$ haben. Es folgt, daß $A+B$ in 0, wegen a) also überall stetig ist. Den Beweis der restlichen Behauptungen in b) überlassen wir dem Leser. – c) $\{0\}\subset F$ ist bei separiertem F abgeschlossen, dasselbe gilt dann auch für $A^{-1}(\{0\})=N(A)$. ■

Aufgaben

1. Auf $E \neq \{0\}$ ist die diskrete Topologie nie, die chaotische stets eine Vektorraumtopologie.

+2. Für einen linearen Unterraum F eines topologischen Vektorraumes E gelten die folgenden Aussagen:

a) F ist in der relativen Topologie ein topologischer Vektorraum. Eine Nullumgebungsbasis $\mathfrak{N}$ von E liefert die Nullumgebungsbasis $\{U \cap F: U \in \mathfrak{N}\}$ von F.

b) Die Abschließung $\bar{F}$ ist ein linearer Unterraum von E.

***3.** Das Produkt beliebig vieler topologischer Vektorräume ist (mit der Produkttopologie) ein topologischer Vektorraum.

Hinweis: Beispiel 61.3 und Sätze 63.2, 63.3.

+4. Das Produkt unendlich vieler *normierter* Räume ist *nicht* normierbar (d.h. die Produkttopologie entspringt nicht aus einer Norm).

Hinweis: Andernfalls gäbe es eine Nullumgebung $U := \prod U_\iota \subset \{x: \|x\| < 1\}$. Wähle nun ein $x \neq 0$ mit $\alpha x \in U$ für alle α.

64 Lokalkonvexe Topologien

Der Beweis des Satzes 63.1 stützt sich allein auf die *Halbnormeigenschaften* der p_ν. Deshalb kann man kaum der folgenden Verallgemeinerung widerstehen: Gegeben sei eine Familie P von Halbnormen p auf dem Vektorraum E. Für jede endliche Teilmenge $\{p_1, \ldots, p_n\}$ von P und jedes $\varepsilon > 0$ sei

$$U_{p_1, \ldots, p_n; \varepsilon} := \left\{x \in E: \max_{\nu=1}^{n} p_\nu(x) \leqslant \varepsilon\right\} \tag{64.1}$$

(vgl. (63.1)). Das System $\mathfrak{U}(x_0)$, das aus allen Mengen der Form

$$x_0 + U_{p_1, \ldots, p_n; \varepsilon} = \left\{x \in E: \max_{\nu=1}^{n} p_\nu(x - x_0) \leqslant \varepsilon\right\} \tag{64.2}$$

und deren Obermengen besteht, erfüllt die Umgebungsaxiome (U 1) bis (U 4). Die von den Umgebungsfiltern $\mathfrak{U}(x_0)$ definierte Topologie auf E nennt man die von der Familie P erzeugte Topologie. *Sie ist eine Vektorraumtopologie für E, und da wir für Halbnormen p wie für Normen stets*

$$|p(x) - p(y)| \leqslant p(x - y) \tag{64.3}$$

haben, sind alle $p \in P$ in ihr stetig. Wie bei der schwachen Topologie sieht man, *daß sie genau dann separiert ist, wenn aus $p(x) = 0$ für alle $p \in P$ stets $x = 0$ folgt;* P wird in diesem Falle total genannt. *$x_n \to x_0$ ist gleichbedeutend mit $p(x_n - x_0) \to 0$ für alle $p \in P$.*

Man sagt, eine Topologie τ auf E sei **lokalkonvex** und nennt (E,τ) einen **lokalkonvexen Raum**, wenn τ durch eine Familie P von Halbnormen erzeugt wird. Diese Bezeichnung erklärt sich aus der Tatsache, daß die Basisumgebungen (64.1) und damit auch die Basisumgebungen (64.2) alle *konvex* sind: Jeder Punkt eines lokalkonvexen Raumes besitzt also eine Umgebungsbasis aus konvexen Mengen. Hiervon gilt übrigens auch die Umkehrung (die wir weder beweisen noch benutzen wollen). *Ein topologischer Vektorraum ist somit genau dann lokalkonvex, wenn jeder seiner Punkte eine Umgebungsbasis aus konvexen Mengen besitzt.*

Die Halbnormenfamilie P heißt **saturiert**, wenn mit $p_1,\ldots,p_n$ auch stets die Halbnorm $\max(p_1,\ldots,p_n)$ zu P gehört. In diesem Falle werden die Basisnullumgebungen (64.1) einfach durch die

$$U_{p;\varepsilon}=\{x\in E: p(x)\leqslant\varepsilon\} \tag{64.4}$$

und die Basisumgebungen (64.2) von x_0 durch die

$$x_0+U_{p;\varepsilon} \tag{64.5}$$

gegeben, wobei p die Familie P und ε alle positiven Zahlen durchläuft. *Offenbar darf man sich eine topologieerzeugende Halbnormenfamilie stets saturiert denken* (man nehme notfalls alle $\max(p_1,\ldots,p_n)$ zu P hinzu). Wir fassen zusammen:

64.1 Satz *Jede Familie P von Halbnormen auf dem Vektorraum E erzeugt eine Vektorraumtopologie τ_P auf E, für die das System der Mengen* (64.1) *eine Umgebungsbasis von* 0 *und das der Mengen* (64.2) *eine Umgebungsbasis von x_0 bildet. Jedes $p\in P$ ist stetig bezüglich τ_P. Genau dann ist τ_P separiert, wenn P total ist. $x_n\to x$ im Sinne der Topologie τ_P läuft hinaus auf $p(x_n-x)\to 0$ für alle $p\in P$.*

Wir bringen nun einige Beispiele, die den Leser von der frappierenden Schmiegsamkeit der lokalkonvexen Topologien und ihrer intimen Verbindung mit analytischen Grundsituationen überzeugen sollen.

64.2 Beispiel Normtopologien sind lokalkonvex. Man erhält sie, wenn P nur aus der jeweiligen Norm besteht.

64.3 Beispiel Jede schwache Topologie $\sigma(E,E^+)$ ist lokalkonvex.

64.4 Beispiel Auf dem Vektorraum $F(T)$ *aller* Funktionen $x\colon T\to\mathbf{K}$ (T eine beliebige nichtleere Menge) definieren wir für jedes $t\in T$ eine Halbnorm p_t durch

$$p_t(x):=|x(t)|\,. \tag{64.6}$$

Die Familie $(p_t\colon t\in T)$ erzeugt eine separierte lokalkonvexe Topologie. In ihr ist $x_n\to x$ gleichbedeutend mit der punktweisen Konvergenz $x_n(t)\to x(t)$ für alle $t\in T$. Man nennt sie deshalb auch die **Topologie der punktweisen Konvergenz auf T**.

64.5 Beispiel In der Analysis trifft man auf Schritt und Tritt die nachstehende Situation an: Eine Folge stetiger Funktionen $x_n\colon(a,b)\to\mathbf{K}$ konvergiert zwar nicht auf dem *ganzen* offenen Intervall (a,b) gleichmäßig gegen x, aber doch auf *jeder kompakten Teilmenge* von (a,b). So z. B. verhält sich in der Regel die Teilsummenfolge einer Potenzreihe mit dem Konvergenzintervall (a,b). Auch diesen Konvergenztyp können wir mittels einer lokalkonvexen Vektorraumtopologie bequem erfassen. Der Einfachheit halber legen wir das Intervall $I:=(-1,1)$ zugrunde. Da jedes kompakte $K\subset I$ gewiß in einem der kompakten Intervalle

$$I_n:=\left[-1+\frac{1}{n+1},\ 1-\frac{1}{n+1}\right]\quad (n=1,2,\ldots)$$

liegt, sieht man, daß die „gleichmäßige Konvergenz auf allen kompakten Teilmengen von I" äquivalent ist mit der „gleichmäßigen Konvergenz auf allen I_n". Diese aber ist offensichtlich nichts anderes als die Konvergenz im Sinne der separierten lokalkonvexen Vektorraumtopologie auf $C(I)$, die durch die Familie der Halbnormen

$$p_n(x):=\max_{t\in I_n}|x(t)|\quad (n=1,2,\ldots) \tag{64.7}$$

zustande gebracht wird und die man deshalb auch die Topologie der gleichmäßigen Konvergenz auf allen kompakten Teilmengen von I nennt.

64.6 Beispiel Eine totale *Folge* $P=(p_1,p_2,\ldots)$ von Halbnormen auf E erzeugt außer der oben beschriebenen Vektorraumtopologie τ_P noch eine *metrische* Vektorraumtopologie τ_d vermöge des Abstandes

$$d(x,y):=\sum\frac{1}{2^\nu}\,\frac{p_\nu(x-y)}{1+p_\nu(x-y)} \tag{64.8}$$

(s. A 9.11). *τ_P stimmt mit τ_d überein.* Wählt man nämlich zu der Kugel $K_r[y]$ zunächst ein natürliches n mit $\sum\limits_{\nu=n+1}^{\infty}1/2^\nu\leqslant r/2$ und dann ein $\varepsilon>0$, so daß $t/(1+t)\leqslant r/2n$ für $0\leqslant t\leqslant\varepsilon$ ist, so gilt für alle $x\in V:=y+U_{p_1,\ldots,p_n;\varepsilon}$ die Abschätzung

$$d(x,y)=\sum_{\nu=1}^{n}\frac{1}{2^\nu}\,\frac{p_\nu(x-y)}{1+p_\nu(x-y)}+\sum_{\nu=n+1}^{\infty}\frac{1}{2^\nu}\,\frac{p_\nu(x-y)}{1+p_\nu(x-y)}\leqslant n\cdot\frac{r}{2n}+\frac{r}{2}=r,$$

V liegt also in $K_r[y]$, und somit ist $\tau_d\prec\tau_P$. Ist nun eine τ_P-Basisumgebung $V:=y+U_{p_1,\ldots,p_n;\varepsilon}$ des Punktes y gegeben, so folgt für alle x mit $d(x,y)\leqslant\frac{1}{2^n}\,\frac{\varepsilon}{1+\varepsilon}$ zunächst $\frac{p_\nu(x-y)}{1+p_\nu(x-y)}\leqslant\frac{\varepsilon}{1+\varepsilon}$ für $\nu=1,\ldots,n$ und dann, da die Funktion $t\mapsto t/(1+t)$ für $t>-1$ streng monoton wächst, $p_\nu(x-y)\leqslant\varepsilon$ für $\nu=1,\ldots,n$, also $x\in V$. Die Kugelumgebung $K_r[y]$ mit $r:=\frac{1}{2^n}\,\frac{\varepsilon}{1+\varepsilon}$ liegt also in V, und daher ist $\tau_P\prec\tau_d$. Mit anderen Worten: *Der Vektorraum E, ausgestattet mit dem Abstand* (64.8), *ist lokalkonvex.* Oder umgekehrt: *Die lokalkonvexe Topologie τ_P ist „metri-*

sierbar". Insbesondere ist die „Topologie der gleichmäßigen Konvergenz auf allen kompakten Teilmengen von I" metrisierbar (s. Beispiel 64.5).

64.7 Beispiel Auf dem Vektorraum $C^{(\infty)}[a,b]$ der beliebig oft differenzierbaren Funktionen $x:[a,b]\to\mathbf{K}$ definieren wir Halbnormen p_n durch

$$p_n(x):=\max_{a\leqslant t\leqslant b}|x^{(n)}(t)| \quad (n=0,1,\ldots;\text{ s. A 9.1}). \tag{64.9}$$

Die totale Folge $P:=(p_0,p_1,\ldots)$ erzeugt auf $C^{(\infty)}[a,b]$ eine separierte lokalkonvexe Topologie τ_P, in der $x_k\to x$ offenbar äquivalent ist mit

$$x_k^{(n)}(t)\to x^{(n)}(t) \quad \textit{gleichmäßig auf } [a,b] \textit{ für } n=0,1,\ldots.$$

Nach Beispiel 64.6 stimmt τ_P überein mit der metrischen Topologie τ_d, die von dem Abstand

$$d(x,y):=\sum_{n=0}^{\infty}\frac{1}{2^n}\,\frac{p_n(x-y)}{1+p_n(x-y)} \tag{64.10}$$

erzeugt wird, ist also *metrisierbar*.

Nach diesen Beispielen bringen wir noch einige einfache theoretische Tatbestände. Evident ist der

64.8 Satz *Die Topologie des lokalkonvexen Raumes E werde durch die Halbnormenfamilie P erzeugt. F sei ein linearer Unterraum von E und $\overline{P}$ die Familie der Einschränkungen $\overline{p}$ von $p\in P$ auf F ($\overline{p}(x):=p(x)$ für $x\in F$). Dann wird die relative Topologie von F durch $\overline{P}$ erzeugt, ist also lokalkonvex.*

Lineare Unterräume eines lokalkonvexen Raumes E versehen wir, wenn nicht ausdrücklich etwas anderes gesagt wird, immer mit ihren relativen Topologien und nennen sie dann Unterräume von E. Die Hauptaussage des Satzes 64.8 läßt sich nun kurz so formulieren: *Jeder Unterraum eines lokalkonvexen Raumes ist selbst lokalkonvex.*

Wir wenden uns jetzt den linearen Abbildungen lokalkonvexer Räume zu. Nach Satz 63.4a ist eine solche Abbildung A genau dann *überall* stetig, wenn sie es wenigstens *im Nullpunkt* ist. Die Stetigkeit von A im Nullpunkt aber läßt sich mit Hilfe der topologieerzeugenden Halbnormen ganz ähnlich wie im Falle normierter Räume durch eine *Beschränktheitseigenschaft* charakterisieren:

64.9 Satz *Die Topologien der lokalkonvexen Räume E, F mögen durch die Halbnormenfamilien P, Q erzeugt werden. In diesem Falle ist die lineare Abbildung $A:E\to F$ genau dann stetig, wenn es zu jedem $q\in Q$ ein $\gamma>0$ und endlich viele $p_1,\ldots,p_n$ aus P gibt, so daß gilt:*

$$q(Ax)\leqslant\gamma\max_{\nu=1}^{n}p_\nu(x) \quad \textit{für alle } x\in E. \tag{64.11}$$

Beweis. Sei (64.11) erfüllt und $V:=\left\{y\in F: \max_{\mu=1}^{m} q_\mu(y)\leqslant\varepsilon\right\}$ eine Basisnullumgebung in F. Zu jedem q_μ gibt es dann ein $\gamma_\mu>0$ und eine stetige Halbnorm $p^{(\mu)}$ auf E mit $q_\mu(Ax)\leqslant\gamma_\mu p^{(\mu)}(x)$ für alle $x\in E$. Daraus folgt, daß die Nullumgebung $U:=\bigcap_{\mu=1}^{m}\{x\in E: p^{(\mu)}(x)\leqslant\varepsilon/\gamma_\mu\}$ durch A in V abgebildet wird, so daß A in 0 und somit auch auf E stetig ist. – Nun sei A stetig und $q\in Q$. Dann gibt es $p_1,\ldots,p_n\in P$ und ein $\varepsilon>0$, so daß gilt: Aus $p(x):=\max_{\nu=1}^{n} p_\nu(x)\leqslant\varepsilon$ folgt $q(Ax)\leqslant 1$. Daraus erhält man (64.11) mit $\gamma:=1/\varepsilon$ durch dieselben Überlegungen, die von (62.4) zu (62.5) führten. ■

Aus Satz 64.9 folgt unmittelbar der

64.10 Satz *Wird die Topologie von E durch die Halbnormenfamilie P erzeugt, so ist eine Linearform f auf E genau dann stetig, wenn es ein $\gamma>0$ und endlich viele $p_1,\ldots,p_n$ aus P gibt, so daß gilt:*

$$|f(x)|\leqslant\gamma\max_{\nu=1}^{n} p_\nu(x) \quad \textit{für alle } x\in E. \tag{64.12}$$

Die Abschätzungen (64.11) und (64.12) vereinfachen sich, wenn *P saturiert* ist (was man o. B. d. A. immer annehmen darf). In diesem Falle kann nämlich die Halbnorm $\max(p_1,\ldots,p_n)$ durch ein einziges $p\in P$ ersetzt werden. *Eine Linearform f auf E z. B. ist unter dieser Annahme genau dann stetig, wenn es ein $\gamma>0$ und ein $p\in P$ gibt, so daß gilt:*

$$|f(x)|\leqslant\gamma p(x) \quad \textit{für alle } x\in E. \tag{64.13}$$

Man sieht, wie nahe man hier schon rein äußerlich an die Verhältnisse in normierten Räumen herankommt.

Aufgaben

+1. **$\mathfrak{S}$-Topologien** $V(T)$ sei ein Vektorraum von Funktionen $x: T\to\mathbf{K}$. Eine Menge $S\subset T$ wird $V(T)$-beschränkt genannt, wenn *jedes* $x\in V(T)$ auf S *beschränkt* ist (*endliche S* sind z. B. von dieser Art). Sei $\mathfrak{S}$ ein nichtleeres System $V(T)$-beschränkter Teilmengen von T und

$$p_S(x):=\sup_{t\in S}|x(t)| \quad \text{für } S\in\mathfrak{S}.$$

Zeige: a) p_S ist eine Halbnorm auf $V(T)$; die Familie $(p_S: S\in\mathfrak{S})$ erzeugt also eine lokalkonvexe Topologie auf $V(T)$. Man sagt auch, daß $\mathfrak{S}$ diese Topologie erzeuge.

b) Genau dann konvergiert im Sinne dieser Topologie $x_n\to x$, wenn folgendes gilt: Für jedes t aus der Vereinigung der $S\in\mathfrak{S}$ strebt $x_n(t)\to x(t)$, und die Konvergenz ist *gleichmäßig* auf jedem $S\in\mathfrak{S}$. Diese Aufgabe verallgemeinert die Beispiele 64.4 und 64.5.

+2. **Metrisierbare lokalkonvexe Topologien** Die Topologie τ_P, die von einer Halbnormenfamilie P definiert wird, ist genau dann metrisierbar (d. h., sie entspringt genau dann aus einer Metrik), wenn sie von einer totalen Folge $(p_1, p_2, \ldots)$ aus P erzeugt werden kann.

Hinweis: a) Beispiel 64.6. b) Im metrischen Fall bilden die Kugeln $K_{1/n}[0]$ eine Nullumgebungsbasis.

3. Die Produkttopologie auf $F(T) := \prod_{t \in T} \mathbf{K}_t$, $\mathbf{K}_t = \mathbf{K}$ für alle $t \in T$ ($F(T)$ ist der Vektorraum *aller* Funktionen $x\colon T \to \mathbf{K}$) stimmt überein mit der Topologie der punktweisen Konvergenz in Beispiel 64.4.

4. Die Topologie der punktweisen Konvergenz auf dem Vektorraum $F(T)$ aller Funktionen $x\colon T \to \mathbf{K}$ ist bei *überabzählbarem T nicht* metrisierbar.

Hinweis: Keine Folge von Halbnormen $p_n(x) := |x(t_n)|$ ist unter den gegebenen Voraussetzungen total (s. Aufgabe 2).

5. a) Eine Halbnorm auf einem topologischen Vektorraum E ist genau dann stetig, wenn sie im Nullpunkt stetig ist. Hinweis: (64.3).

b) Wird die Topologie von E durch die Halbnormenfamilie P erzeugt, so ist die Halbnorm q auf E genau dann stetig, wenn es ein $\gamma > 0$ und $p_1, \ldots, p_n$ aus P mit $q(x) \leqslant \gamma \max_{\nu=1}^{n} p_\nu(x)$ für alle $x \in E$ gibt. Hinweis: Beweis von (62.5).

c) Unter den Voraussetzungen von b) erzeugt auch die Familie *aller* stetigen Halbnormen die Topologie von E.

6. Ist $P = \{p_1, \ldots, p_n\}$ eine endliche totale Menge von Halbnormen auf E, so wird durch $\|x\| := \sum_{\nu=1}^{n} p_\nu(x)$ eine Norm auf E definiert, welche dieselbe Topologie wie P erzeugt.

7. Kein System $\mathfrak{S}$ von Teilmengen $S \subset \mathbf{N}$ erzeugt im Sinne der Aufgabe 1 die Normtopologie von l^p, $1 \leqslant p < \infty$.

+8. **Topologien auf $\mathscr{L}(E)$** E sei ein *normierter* Raum. Auf $\mathscr{L}(E)$ definieren wir Halbnormen durch

a) $p_S(A) := \sup_{x \in S} \|Ax\|$ für jede *beschränkte* Teilmenge S von E,

b) $q_x(A) := \|Ax\|$ für jedes $x \in E$,

c) $r_{x,x'}(A) := |\langle Ax, x' \rangle|$ für jedes $x \in E$ und $x' \in E'$.

Die Familie a) erzeugt die *Normtopologie* (Topologie der gleichmäßigen Konvergenz auf allen beschränkten Teilmengen von E), die Familie b) die *Topologie der punktweisen Konvergenz* und die Familie c) die *Topologie der schwachen Operatorkonvergenz* $A_n \rightharpoonup A$ (s. A 59.8).

+9. **Kötheräume** Es sei $(\alpha_{\nu\mu})$ eine unendliche Matrix nichtnegativer Zahlen und $1 \leqslant p < \infty$. Mit $k^p(\alpha_{\nu\mu})$ bezeichnen wir die Menge aller Folgen $x := (\xi_1, \xi_2, \ldots)$, für die alle Reihen $\sum \alpha_{\nu\mu} |\xi_\mu|^p$ $(\nu = 1, 2, \ldots)$ konvergieren. $k^p(\alpha_{\nu\mu})$ ist ein linearer Folgenraum, die Funktionen $p_\nu(x) := \left(\sum_{\mu=1}^{\infty} \alpha_{\nu\mu} |\xi_\mu|^p \right)^{1/p}$ $(\nu = 1, 2, \ldots)$ sind Halbnormen auf $k^p(\alpha_{\nu\mu})$. Der Vektorraum $k^p(\alpha_{\nu\mu})$, versehen mit der von $(p_1, p_2, \ldots)$ erzeugten Topologie, heißt Kötheraum (nach Gottfried Köthe, 1905–1989; 84). Für $\alpha_{\nu\mu} = 1$ $(\nu, \mu = 1, 2, \ldots)$ ist $k^p(\alpha_{\nu\mu}) = l^p$. $(p_1, p_2, \ldots)$ ist genau dann total, wenn es in jeder Spalte der Matrix $(\alpha_{\nu\mu})$ mindestens ein positives Element gibt. In diesem Falle ist $k^p(\alpha_{\nu\mu})$ metrisierbar und vollständig (s. Aufgabe 2).

10. Die Menge *aller* Halbnormen auf dem Vektorraum E erzeugt eine lokalkonvexe Topologie τ auf E, für die das System aller absorbierenden absolutkonvexen Teilmengen von E eine Nullumgebungsbasis ist. τ ist die feinste lokalkonvexe Topologie auf E. Sie ist separiert. Hinweis: A 42.5.

11. Die Halbnormenfamilien P, Q mögen auf E die lokalkonvexen Topologien τ_P, τ_Q erzeugen. Genau dann ist $\tau_Q \prec \tau_P$, wenn es zu jedem $q \in Q$ ein $\gamma > 0$ und endlich viele $p_1, \ldots, p_n$ aus P gibt, so daß $q(x) \leqslant \gamma \max_{\nu=1}^{n} p_\nu(x)$ auf E gilt.

12. Eine Folge (x_n) in dem topologischen Vektorraum E heißt Cauchyfolge, wenn es zu jeder Nullumgebung U - oder auch nur zu jeder Umgebung aus einer Nullumgebungsbasis - einen Index $n_0(U)$ gibt, so daß $x_n - x_m \in U$ für alle $n, m \geqslant n_0(U)$ ist. Jede konvergente Folge ist eine Cauchyfolge. E wird folgenvollständig genannt, wenn jede Cauchyfolge in E gegen ein Element von E konvergiert. Wird die Topologie von E durch die Halbnormenfamilie P erzeugt, so gilt: a) (x_n) ist genau dann eine Cauchyfolge, wenn $p(x_n - x_m) \to 0$ strebt für $n, m \to \infty$ und jedes $p \in P$. b) E ist genau dann folgenvollständig, wenn aus $p(x_n - x_m) \to 0$ für $n, m \to \infty$ und jedes $p \in P$ stets folgt, daß ein $x \in E$ mit $p(x_n - x) \to 0$ für jedes $p \in P$ vorhanden ist.

+13. Das Produkt lokalkonvexer Vektorräume ist lokalkonvex.

65 Der Satz von Hahn-Banach

Es ist einer der bemerkenswertesten Glücksfälle der Funktionalanalysis, daß der Satz von Hahn-Banach auch in lokalkonvexen Räumen gilt, schärfer:

65.1 Fortsetzungssatz von Hahn-Banach *Zu einer stetigen Linearform f auf dem Unterraum F des lokalkonvexen Raumes E gibt es immer eine stetige Linearform g auf E mit $g(x) = f(x)$ für alle $x \in F$.*

Beweis. Wir denken uns die Topologie von E durch eine *saturierte* Familie P von Halbnormen erzeugt. Die Topologie von F wird dann durch die ebenfalls saturierte Familie $\bar{P}$ der $\bar{p} := p|F$ $(p \in P)$ definiert (Satz 64.8). Zu f gibt es infolgedessen ein $\gamma > 0$ und ein $p \in P$ mit

$$|f(x)| \leqslant \gamma \bar{p}(x) = \gamma p(x) \quad \text{für alle } x \in F \quad \text{(s. (64.13))}.$$

Da γp selbst eine Halbnorm auf E ist, folgt daraus wegen Satz 36.1, daß man f zu einer Linearform g auf E mit $|g(x)| \leqslant \gamma p(x)$ für alle $x \in E$ fortsetzen kann. Diese Abschätzung erzwingt aber die Stetigkeit von g. ■

Ein Gegenstück zu dem folgenreichen Satz 36.3 ist der

65.2 Satz *Sei F ein abgeschlossener Unterraum des lokalkonvexen Raumes E und $x_0 \notin F$. Dann gibt es eine stetige Linearform f auf E mit*

$$f(x) = 0 \quad \textit{für} \quad x \in F \quad \textit{und} \quad f(x_0) = 1.$$

Beweis. Auf der linearen Hülle H von $\{x_0\} \cup F$ definieren wir eine Linearform h durch $h(\alpha x_0 + x) := \alpha$ ($\alpha \in \mathbf{K}, x \in F$). Offenbar ist

$$h(x) = 0 \quad \text{für } x \in F \quad \text{und außerdem} \quad h(x_0) = 1.$$

Wir zeigen nun die Stetigkeit von h; dabei denken wir uns die Topologie von E durch eine saturierte Familie P von Halbnormen erzeugt. $x_0 + F$ ist abgeschlossen und enthält nicht 0. Infolgedessen gibt es eine Basisnullumgebung $U_{p,\varepsilon} = \{x \in E : p(x) \leqslant \varepsilon\}$ ($p \in P$, $\varepsilon > 0$), die $x_0 + F$ nicht schneidet, so daß also $p(x_0 + x) > \varepsilon$ für alle $x \in F$ ist. Im Falle $\alpha \neq 0$ folgt daraus für alle $x \in F$

$$|h(\alpha x_0 + x)| = |\alpha| \leqslant |\alpha| \frac{1}{\varepsilon} p\left(x_0 + \frac{x}{\alpha}\right) = \frac{1}{\varepsilon} p(\alpha x_0 + x),$$

und diese Abschätzung gilt offenbar auch für $\alpha = 0$. Aus ihr ergibt sich nach nunmehr wohlvertrauten Schlüssen die Stetigkeit von h. Und jetzt brauchen wir nur noch h gemäß Satz 65.1 auf ganz E fortzusetzen, um den Beweis zu einem guten Ende zu führen. ∎

In einem *separierten* Raum E ist $F := \{0\}$ abgeschlossen. Aus Satz 65.2 erhalten wir also sofort den fundamentalen

65.3 Satz *Ein* separierter *lokalkonvexer Raum E bildet mit seinem Dual E' ein* Dualsystem (E, E').

66 Trennungssätze und Satz von Krein-Milman

Auch die wichtigen Trennungssätze in Nr. 42 und der Satz von Krein-Milman lassen sich von normierten in lokalkonvexe Räume verpflanzen. Wir gehen auf die geringfügigen Beweismodifikationen nicht ein und geben nur die fertigen Resultate an.

66.1 Satz *E sei ein lokalkonvexer Raum. Dann gibt es zu jeder konvexen offenen Menge $K \neq \emptyset$ und jeder linearen Mannigfaltigkeit M in E, die K nicht schneidet, eine abgeschlossene Hyperebene H, die M enthält und K nicht trifft.*

66.2 Satz *Sei E lokalkonvex und $K \subset E$ nicht leer, abgeschlossen und konvex. Dann gibt es zu jedem $y \notin K$ eine stetige Linearform f auf E und ein $\alpha \in \mathbf{R}$ mit*

$$\operatorname{Re} f(y) < \alpha < \operatorname{Re} f(x) \quad \textit{für alle } x \in K.$$

66.3 Satz von Krein-Milman *Sei K eine nichtleere, konvexe und kompakte Teilmenge des separierten lokalkonvexen Raumes E und K_{ex} die Menge ihrer Extremalpunkte. Dann ist*

$$K = \overline{\operatorname{co}(K_{ex})}.$$

Wir beschließen diese Nummer mit einer ebenso einfachen wie merkwürdigen Folgerung aus Satz 66.2. Zunächst eine Sprachregelung:

Eine lokalkonvexe Topologie τ auf dem Vektorraum E heißt zulässig für das Linksdualsystem (E, E^+), wenn E^+ gerade der Raum *aller* τ-stetigen Linearformen auf E ist. Offenbar ist $\sigma(E, E^+)$ die *gröbste* zulässige Topologie. Die Topologie eines lokalkonvexen Raumes E ist definitionsgemäß zulässig für (E, E').

Die Bedeutung der zulässigen Topologien beruht auf der Tatsache, daß Mengen M in einem lokalkonvexen Raum E topologische Eigenschaften haben können, *die sich allein mit Hilfe stetiger Linearformen beschreiben lassen.* Wenn M eine solche Eigenschaft in *einer* zulässigen Topologie besitzt, dann auch in *jeder anderen.* Ein Beispiel hierfür bringt der angekündigte Satz, der wieder einmal die herausragende Rolle der *konvexen* Mengen unterstreicht:

66.4 Satz *(E, E^+) sei ein Linksdualsystem. Dann ist eine konvexe Menge $K \subset E$ entweder in* jeder *oder in* keiner *zulässigen Topologie abgeschlossen.*

Beweis. Wir dürfen voraussetzen, daß E und E^+ reell sind, weil Konvexität und Abgeschlossenheit durch Übergang zu dem reellen Raum E_r nicht beeinflußt werden. Sei K nicht leer und bezüglich *irgendeiner* zulässigen Topologie τ abgeschlossen. Eine Menge der Form $\{x \in E: f(x) \leqslant \alpha\}$ bzw. $\{x \in E: f(x) \geqslant \alpha\}$, wobei $f \neq 0$ eine τ-stetige Linearform ist, heißt ein durch f und α bestimmter abgeschlossener Halbraum. Aus Satz 66.2 folgt, daß K der Durchschnitt aller abgeschlossenen Halbräume $H \supset K$ ist. Aus dieser Beschreibung von K ergibt sich aber sofort, daß K in *allen* zulässigen Topologien abgeschlossen ist. ■

67 Der Bipolarensatz

Sei K die abgeschlossene Einheitskugel in einem normierten Raum E und K° die abgeschlossene Einheitskugel im Dual E'. Dann ist

$$K^\circ = \{x' \in E': \sup_{x \in K} |\langle x, x' \rangle| \leqslant 1\}.$$

Diese Beziehung zwischen den Einheitskugeln in E und E' regt uns zu der folgenden Definition an:

Ist (E, E^+) ein Bilinearsystem, so ordnen wir jeder Teilmenge M von E ihre Polare

$$M^\circ := \left\{x^+ \in E^+: \sup_{x \in M} |\langle x, x^+ \rangle| \leqslant 1\right\} \quad \text{in } E^+$$

zu und entsprechend jeder Teilmenge N von E^+ ihre Polare

$$N^\circ := \left\{x \in E: \sup_{x^+ \in N} |\langle x, x^+ \rangle| \leqslant 1\right\} \quad \text{in } E.$$

Für lineare Unterräume M ist offenbar $M^{\circ} = M^{\perp}$.

Im Falle des Dualsystems (E, E') *(E ein normierter Raum) ist die Polare der abgeschlossenen Einheitskugel von E gerade die abgeschlossene Einheitskugel von* E'; das haben wir eingangs gesehen.

Im nächsten Satz stellen wir einfache Eigenschaften der Polare zusammen, müssen aber zuvor noch einige Begriffe und Bezeichnungen erklären.

Eine Menge $M \subset E$ heißt **kreisförmig**, wenn sie mit x auch αx für $|\alpha| \leqslant 1$ enthält, sie heißt **absolutkonvex**, wenn sie kreisförmig und konvex ist (s. dazu A 42.3). Wir nennen sie $\sigma(E, E^+)$-**beschränkt** oder auch **schwach beschränkt**, wenn jede Linearform $x \mapsto \langle x, x^+ \rangle$ auf M beschränkt bleibt (vgl. A 64.1).

$M^{\circ\circ} := (M^{\circ})^{\circ}$ heißt die **Bipolare** von M.

67.1 Satz *(E, E^+) sei ein Bilinearsystem und M, M_ι seien Teilmengen von E. Dann gelten die folgenden Aussagen:*

a) *Aus* $M_1 \subset M_2$ *folgt* $M_1^{\circ} \supset M_2^{\circ}$.

b) $M \subset M^{\circ\circ}$.

c) $(\alpha M)^{\circ} = \frac{1}{\alpha} M^{\circ}$ *für* $\alpha \neq 0$.

d) $\left(\bigcup_{\iota \in J} M_\iota \right)^{\circ} = \bigcap_{\iota \in J} M_\iota^{\circ}$.

e) M° *ist absolutkonvex.*

f) M° *ist* $\sigma(E^+, E)$*-abgeschlossen.*

g) M° *ist genau dann absorbierend, wenn M* $\sigma(E, E^+)$*-beschränkt ist.*

Beweis. a) bis e) sind mühelos zu verifizieren. – f) Für jedes $x \in E$ ist die Linearform $x^+ \mapsto \langle x, x^+ \rangle$ schwach stetig auf E^+, also muß

$$N_x := \{x^+ \in E^+ : |\langle x, x^+ \rangle| \leqslant 1\} \quad \text{und damit auch} \quad M^{\circ} = \bigcap_{x \in M} N_x$$

schwach abgeschlossen sein. – g) M sei schwach beschränkt. Dann existiert zu jedem $x^+ \in E^+$ ein $\varrho > 0$ mit $\sup_{x \in M} |\langle x, x^+ \rangle| \leqslant \varrho$, woraus sofort $x^+ \in \varrho M^{\circ}$ folgt: M° ist absorbierend (s. A 42.3 c). Der Schluß läßt sich umkehren. ∎

Der nun folgende **Bipolarensatz** ist der zentrale Satz der Polarentheorie. Wir schicken ihm eine Definition voraus:

Ist M eine Teilmenge des Vektorraumes E, so ist der Durchschnitt aller absolutkonvexen Mengen $N \subset E$, die M umfassen, selbst absolutkonvex und heißt die **absolutkonvexe Hülle** von M. Ist E ein topologischer Vektorraum, so wird der Durchschnitt aller absolutkonvexen, abgeschlossenen Mengen $N \subset E$, die M umfassen, die **absolutkonvexe, abgeschlossene Hülle** von M genannt; sie ist absolutkonvex und abgeschlossen.

67.2 Bipolarensatz *(E, E^+) sei ein Bilinearsystem. Dann ist die Bipolare $M^{\circ\circ}$ einer nichtleeren Teilmenge M von E gerade die* absolutkonvexe, $\sigma(E, E^+)$-abgeschlossene Hülle von *M*.

Beweis. Sei H diese Hülle. Aus Satz 67.1 b, e und f ergibt sich $H \subset M^{\circ\circ}$. Wir brauchen also nur noch zu zeigen, daß aus $y \notin H$ stets $y \notin M^{\circ\circ}$ folgt. Nach Satz 66.2 gibt es eine $\sigma(E, E^+)$-stetige Linearform f und ein reelles α mit $\operatorname{Re} f(x) < \alpha < \operatorname{Re} f(y)$ für alle $x \in H$. Wegen $0 \in H$ ist $0 = f(0) < \alpha$; für die $\sigma(E, E^+)$-stetige Linearform $g := f/\alpha$ gilt also

$$\operatorname{Re} g(x) < 1 < \operatorname{Re} g(y), \quad x \in H. \tag{67.1}$$

Setzt man $g(x) = r e^{i\varphi}$ $(r \geq 0)$ und beachtet, daß mit x auch $e^{-i\varphi} x$ in H liegt, so folgt aus (67.1)

$$|g(x)| = r = g(e^{-i\varphi} x) < 1 \quad \text{für alle } x \in H. \tag{67.2}$$

Nach Satz 62.1 gibt es ein $x^+ \in E^+$ mit $g(x) = \langle x, x^+ \rangle$ für jedes $x \in E$. Aus (67.2) folgt nun $x^+ \in H^\circ$, und da wegen $M \subset H$ nach Satz 67.1 a $H^\circ \subset M^\circ$ ist, gilt erst recht $x^+ \in M^\circ$ und damit $|\langle x, x^+ \rangle| \leq 1$ für alle $x \in M^{\circ\circ}$. Wegen

$$|\langle y, x^+ \rangle| \geq \operatorname{Re} \langle y, x^+ \rangle = \operatorname{Re} g(y) > 1 \quad \text{(s. (67.1))}$$

folgt daraus $y \notin M^{\circ\circ}$. ■

Nur ein Spezialfall des Bipolarensatzes ist der wertvolle

67.3 Satz *Sei (E, E^+) ein Bilinearsystem und M ein linearer Unterraum oder auch nur eine nichtleere absolutkonvexe Teilmenge von E. Dann ist $M^{\circ\circ}$ die $\sigma(E, E^+)$-Abschließung von M.*

Aufgaben

+1. (E, E^+) sei ein Bilinearsystem und F ein linearer Unterraum von E. Dann ist $F^\perp$ $\sigma(E^+, E)$-abgeschlossen und $F^{\perp\perp}$ die $\sigma(E, E^+)$-Abschließung von F.

2. $M^\circ = M^{\circ\circ\circ}$.

3. (E, E^+) sei ein Bilinearsystem und $(M_\iota : \iota \in J)$ eine Familie nichtleerer, absolutkonvexer und $\sigma(E, E^+)$-abgeschlossener Teilmengen von E. Dann ist $\left(\bigcap_{\iota \in J} M_\iota\right)^\circ$ die absolutkonvexe, $\sigma(E^+, E)$-abgeschlossene Hülle von $\bigcup_{\iota \in J} M_\iota^\circ$.

4. Sei (E, E^+) ein Dualsystem und A ein E^+-konjugierbarer Endomorphismus von E. Dann ist für $M \subset E$, $N \subset E^+$ stets $(A(M))^\circ = (A^+)^{-1}(M^\circ)$ und $(A^+(N))^\circ = A^{-1}(N^\circ)$.

68 Die topologische Charakterisierung der normalen Auflösbarkeit

In Satz 62.2 hatten wir den ersten zentralen Begriff der Auflösungstheorie von Operatorengleichungen, die *Konjugierbarkeit,* mit Hilfe der schwachen Topologie charakterisiert. Wir sind nun so weit, auch den zweiten Grundbegriff, die *normale Auflösbarkeit,* mittels ebenderselben Topologie beschreiben zu können. Dazu benötigen wir den folgenden

68.1 Hilfssatz *Sei (E, E^+) ein Bilinearsystem. Der Unterraum M von E ist genau dann orthogonalabgeschlossen, wenn er in der schwachen Topologie $\sigma(E, E^+)$ abgeschlossen ist.*

Beweis. Da M ein Unterraum von E ist, muß $M^{\circ\circ} = M^{\perp\perp}$ sein. Und nun ergibt sich die Behauptung ohne Umstände aus Satz 67.3. ■

Aus Hilfssatz 68.1 und Satz 54.4 folgt jetzt mit einem Schlag die angekündigte *topologische* Charakterisierung der normalen Auflösbarkeit:

68.2 Satz *Sei (E, E^+) ein Dualsystem. Ein E^+-konjugierbarer Endomorphismus A von E ist genau dann E^+-normal auflösbar, wenn sein Bildraum $\sigma(E, E^+)$-abgeschlossen ist.*

Mit diesen wohltuenden Auswirkungen auf die Lösbarkeitstheorie der Operatorengleichungen ist der Nutzen der schwachen Topologien bei weitem noch nicht ausgeschöpft. In den nächsten Nummern werden wir sehen, wie hilfreich sie bei der Strukturanalyse normierter und reflexiver Räume sind, und im Kapitel XVIII werden wir die entscheidende Rolle erkennen, die sie in der tiefen Darstellungstheorie kommutativer Banachalgebren spielen.

69 Der Satz von Alaoglu und die Darstellung normierter Räume

In dieser Nummer werden wir zeigen, daß die abgeschlossene Einheitskugel im Dual E' eines normierten Raumes E stets $\sigma(E', E)$-kompakt ist (wir werden sogar eine noch viel allgemeinere Aussage beweisen). Diese Tatsache ist die Grundlage des Darstellungssatzes 69.4, der im wesentlichen besagt, daß jeder normierte Raum Unterraum eines Raumes stetiger Funktionen ist. Der Schlüssel zu all dem liegt in dem folgenden

69.1 Hilfssatz *Versieht man den algebraischen Dual E^* des Vektorraumes E mit der schwachen Topologie $\sigma(E^*, E)$, so sind die $\sigma(E^*, E)$-beschränkten Teilmengen von E^* relativ kompakt.*[1]

[1] Es ist mühelos zu sehen, daß umgekehrt auch jede relativ $\sigma(E^*, E)$-kompakte Menge $\sigma(E^*, E)$-beschränkt ist. *In E^* sind also genau die $\sigma(E^*, E)$-beschränkten Mengen relativ $\sigma(E^*, E)$-kompakt.*

Beweis. $M \subset E^*$ sei $\sigma(E^*, E)$-beschränkt. Ist $\{x_\iota : \iota \in J\}$ eine algebraische Basis von E, so sind die Räume E^* und $\mathbf{K}^J := \prod_{\iota \in J} \mathbf{K}_\iota$ ($\mathbf{K}_\iota := \mathbf{K}$ für alle $\iota \in J$) vermöge der Abbildung $x^* \mapsto (\langle x_\iota, x^* \rangle : \iota \in J)$ zueinander isomorph (A 49.9), können also identifiziert werden. E^* trägt somit in natürlicher Weise *zwei* Vektorraumtopologien: die *schwache Topologie* $\sigma := \sigma(E^*, E)$ und die *Produkttopologie* τ von $\mathbf{K}^J$ (A 63.3). Wir zeigen nun, daß beide übereinstimmen. Zu diesem Zweck beweisen wir zuerst die Relation $\sigma \prec \tau$, indem wir darlegen, daß jedes $x \in E$ eine τ-stetige Linearform auf E^* ist. Sei $\varepsilon > 0$ beliebig gegeben. Wir stellen x in der Form $x = \sum_{\iota \in J_0} \xi_\iota x_\iota$ dar, wobei J_0 eine n-punktige Teilmenge von J und $\xi_\iota \neq 0$ für $\iota \in J_0$ ist. Dann haben wir in $U := \left\{(\alpha_\iota : \iota \in J) : |\alpha_\iota| \leqslant \frac{\varepsilon}{n|\xi_\iota|} \text{ für } \iota \in J_0\right\}$ eine τ-Nullumgebung. Für jede Linearform $x^* = (\alpha_\iota : \iota \in J)$ in U gilt

$$|x(x^*)| = |\langle x, x^* \rangle| = \left| \sum_{\iota \in J_0} \alpha_\iota \xi_\iota \right| \leqslant \sum_{\iota \in J_0} |\alpha_\iota| |\xi_\iota| \leqslant \varepsilon,$$

womit die τ-Stetigkeit von x bewiesen ist. Um nun zu zeigen, daß auch $\tau \prec \sigma$ ist, sei $U := \{(\alpha_\iota) : |\alpha_{\iota_\nu}| \leqslant \varepsilon \text{ für } \nu = 1, \ldots, n\}$ eine τ-Nullumgebung in E^*. Wegen

$$U_{x_{\iota_1}, \ldots, x_{\iota_n}; \varepsilon} = \{x^* \in E^* : |\langle x_{\iota_\nu}, x^* \rangle| \leqslant \varepsilon \text{ für } \nu = 1, \ldots, n\} = U$$

ist U auch eine σ-Nullumgebung, τ ist also in der Tat gröber als σ. – Wegen der σ-Beschränktheit von M sind die Mengen $M_\iota := \{x_\iota(x^*) : x^* \in M\} \subset \mathbf{K}$ beschränkt, ihre Abschließungen $\overline{M}_\iota$ also kompakt. Der Satz von Tychonoff lehrt nun, daß $\prod_{\iota \in J} \overline{M}_\iota$ τ-kompakt, nach dem oben Bewiesenen also auch σ-kompakt sein muß. M ist somit als Teilmenge von $\prod_{\iota \in J} \overline{M}_\iota$ relativ kompakt. ■

Wir haben nun alle Mittel in der Hand, um ein sehr allgemeines und weittragendes Kompaktheitstheorem beweisen zu können:

69.2 Satz *Sei E ein völlig beliebiger topologischer Vektorraum. Dann ist die in E' gebildete Polare U° einer Nullumgebung $U \subset E$ stets $\sigma(E', E)$-kompakt.*

Beweis. Neben dem Bilinearsystem (E, E') betrachten wir noch das Dualsystem (E, E^*) und bezeichnen mit U^p die *in E^* gebildete* Polare von U. Da U absorbierend (Satz 63.3 a) und $U \subset U^{pp}$ ist (Satz 67.1b), muß auch U^{pp} absorbierend sein. Nach Satz 67.1g ist also U^p sicherlich $\sigma(E^*, E)$-beschränkt und damit *relativ $\sigma(E^*, E)$-kompakt* (Hilfssatz 69.1). Da U^p nach Satz 67.1f aber auch *$\sigma(E^*, E)$-abgeschlossen* und die Topologie $\sigma(E^*, E)$ *separiert* ist, ergibt sich aus all dem nun die *$\sigma(E^*, E)$-Kompaktheit* von U^p. Offenbar gilt $U^\circ \subset U^p$; es ist aber auch $U^p \subset U^\circ$. Denn für $x^* \in U^p$ folgt bei beliebigem $\varepsilon > 0$ aus $x \in \varepsilon U$ stets $|\langle x, x^* \rangle| \leqslant \varepsilon$, infolgedessen ist x^* stetig und liegt somit in U°. Die Polare U° ist also, da sie mit

U^p übereinstimmt, $\sigma(E^*,E)$-kompakt. Nun ist aber $\sigma(E',E)$ die von $\sigma(E^*,E)$ auf E' induzierte Topologie, so daß U° auch $\sigma(E',E)$-kompakt sein muß. ■

Die in E' gebildete Polare der abgeschlossenen Einheitskugel in dem normierten Raum E ist die abgeschlossene Einheitskugel in E' (Nr. 67). Aus Satz 69.2 folgt also mit einem Schlag der fundamentale

69.3 Satz von Alaoglu *Die abgeschlossene Einheitskugel im normierten Dual E' des normierten Raumes E ist $\sigma(E',E)$-kompakt.*

Und nun erhalten wir völlig mühelos den angekündigten

69.4 Darstellungssatz für normierte Räume *Sei E ein* normierter *Raum über* $\mathbf{K}$. *Wir versehen die abgeschlossene Einheitskugel K' in E' mit der von $\sigma(E',E)$ induzierten Topologie; nach Satz 69.3 ist also K' kompakt. $C(K')$ sei der Vektorraum aller stetigen Funktionen $f\colon K'\to\mathbf{K}$ mit der Norm $\|f\|:=\max_{x'\in K'}|f(x')|$. Dann ist E normisomorph zu einem Unterraum von $C(K')$.*

Beweis. Wir definieren für jedes $x\in E$ die $\sigma(E',E)$-stetige Linearform F_x auf E' durch $F_x(x'):=\langle x,x'\rangle$. Die Einschränkung f_x von F_x auf K' gehört dann zu $C(K')$. Die Abbildung $x\mapsto f_x$ ist offenbar linear und erhält die Norm:

$$\|f_x\|=\sup_{x'\in K'}|f_x(x')|=\sup_{\|x'\|\leqslant 1}|F_x(x')|=\|F_x\|=\|x\| \quad \text{(s. (57.3))}. \qquad ■$$

In verkürzter Form besagt Satz 69.4, daß jeder normierte Raum aufgefaßt werden kann als Unterraum eines Raumes stetiger Funktionen, die auf einer kompakten Menge definiert und mit der Maximumsnorm versehen sind. Von einem *separablen* Banachraum läßt sich darüber hinaus zeigen, daß er *normisomorph zu einem abgeschlossenen Unterraum von* $C[0,1]$ *ist.* Satz von Banach-Mazur; s. Banach (1932), S. 185ff).

70 Die Mackeysche Topologie und eine Charakterisierung reflexiver Räume

Für jeden normierten Raum E gilt im Sinne der kanonischen Einbettung die Inklusion $E\subset E''$. Ist $E=E''$, so nennen wir E reflexiv (s. Nr. 60).

E'' ist definitionsgemäß der Raum aller stetigen Linearformen auf dem *normierten* Dual E'. Ganz entsprechend ist E der Raum aller stetigen Linearformen auf E', wenn man E' mit irgendeiner für das Dualsystem (E',E) *zulässigen* Topologie ausstattet, z. B. mit $\sigma(E',E)$. Das Problem, wann denn nun $E=E''$ sei, spitzt sich somit auf die Frage zu, *unter welchen Bedingungen die* Normtopologie *auf* E' zulässig *ist für das Dualsystem* (E',E). Wenn sie es ist, dann muß sie die feinste aller zulässigen Topologien auf E' sein (s. Aufgabe 1). Wir werden deshalb zunächst die Frage erörtern, ob es unter allen zulässigen Topologien auf E' überhaupt eine feinste gibt (es gibt sie), und anschließend die Frage, unter welchen Bedingungen sie mit der Normtopologie übereinstimmt (so daß dann auch diese zulässig und E reflexiv ist).

Um bequem an frühere Überlegungen anknüpfen und ohne zusätzliche Mühe eine große Allgemeinheit der Resultate gewinnen zu können, betrachten wir nicht wie eben das spezielle Dualsystem (E',E) mit einem normierten Raum E, sondern ein völlig beliebiges Dualsystem (F,F^+); später wird dann F die Rolle von E' und F^+ die von E übernehmen.

τ sei irgendeine für (F,F^+) zulässige Topologie (so daß also F^+ der „τ-Dual" von F ist). Als lokalkonvexe Topologie wird τ von einer Halbnormenfamilie P erzeugt und besitzt somit eine Nullumgebungsbasis $\mathfrak{N}$, die aus Mengen der Form $U_{p_1,\ldots,p_n;\varepsilon}$ besteht (s. (64.1)). Jedes $U\in\mathfrak{N}$ ist absolutkonvex und (wegen der τ-Stetigkeit der $p\in P$) τ-abgeschlossen. Nach Satz 66.4 ist U dann auch $\sigma(F,F^+)$-abgeschlossen. Zusammengefaßt: *(F,τ) besitzt eine Nullumgebungsbasis aus absolutkonvexen und $\sigma(F,F^+)$-abgeschlossenen Mengen.* Wegen Satz 67.3 ist dann aber

$$U^{\circ\circ}=U \qquad \text{für jedes } U\in\mathfrak{N}.$$

Und da andererseits die in F^+ (dem τ-Dual von F) gebildete Polare U° gewiß absolutkonvex und $\sigma(F^+,F)$-kompakt ist (Sätze 67.1e und 69.2), können wir aus all dem nun folgendes ablesen: *Jede für (F,F^+) zulässige Topologie auf F besitzt eine Nullumgebungsbasis, die aus Polaren absolutkonvexer, $\sigma(F^+,F)$-kompakter Teilmengen von F^+ besteht.*

Sei $\mathfrak{K}$ die Menge *aller* absolutkonvexen, $\sigma(F^+,F)$-kompakten Teilmengen von F^+. Falls nun

$$\mathfrak{P}:=\{K^\circ : K\in\mathfrak{K}\}$$

Nullumgebungsbasis einer lokalkonvexen Topologie auf F ist, so muß diese nach den obigen Erörterungen feiner als jede zulässige Topologie und, wenn sie selbst zulässig sein sollte, eben die *feinste* zulässige Topologie sein.

$\mathfrak{P}$ ist nun aber tatsächlich Nullumgebungsbasis einer lokalkonvexen Topologie. Um dies einzusehen, benötigen wir den folgenden

70.1 Hilfssatz *Sind $K_1,\ldots,K_n$ kompakte und konvexe (absolutkonvexe) Teilmengen eines topologischen Vektorraumes, so ist auch die konvexe (absolutkonvexe) Hülle von $\bigcup_{\nu=1}^{n} K_\nu$ kompakt.*

Beweis. Die Mengen K_ν seien konvex. Die Gesamtheit A der Vektoren $a:=(\alpha_1,\ldots,\alpha_n)\in\mathbf{K}^n$ mit $\alpha_\nu\geqslant 0$ $(\nu=1,\ldots,n)$, $\alpha_1+\cdots+\alpha_n=1$ ist kompakt; nach dem Satz von Tychonoff muß also das Produkt $A\times K_1\times\cdots\times K_n$ und somit auch sein Bild unter der stetigen Abbildung $(a, x_1, \ldots, x_n) \mapsto \sum_{\nu=1}^{n} \alpha_\nu x_\nu$ kompakt sein. Dieses Bild ist aber $\operatorname{co}\left(\bigcup_{\nu=1}^{n} K_\nu\right)$ (A 21.8). - Nun seien die K_ν sogar absolutkonvex. Dann ist $\operatorname{co}\left(\bigcup_{\nu=1}^{n} K_\nu\right)$ kreisförmig, ist also bereits die absolutkonvexe Hülle von $\bigcup_{\nu=1}^{n} K_\nu$ und nach dem eben Gezeigten kompakt. ■

Und nun beweisen wir die schon angekündigte Aussage:

70.2 Hilfssatz *$\mathfrak{P}$ ist Nullumgebungsbasis einer lokalkonvexen Topologie.*

Beweis. Sei $K \in \mathfrak{K}$. Die $\sigma(F^+, F)$-stetige Linearform $x \in F$ ist auf K beschränkt. Infolgedessen kann man durch

$$p_K(x) := \sup_{x^+ \in K} |\langle x, x^+ \rangle|$$

eine Halbnorm p_K auf F definieren. Die Halbnormenfamilie $P := (p_K : K \in \mathfrak{K})$ erzeugt eine lokalkonvexe Topologie auf F. Ihre typische Basisnullumgebung ist

$$\left\{x \in F: \max_{\nu=1}^{n} p_{K_\nu}(x) \leqslant \varepsilon\right\} = \varepsilon \bigcap_{\nu=1}^{n} K_\nu^\circ .$$

Die absolutkonvexe Hülle H von $\bigcup_{\nu=1}^{n} K_\nu$ ist nach Hilfssatz 70.1 wieder $\sigma(F^+, F)$-kompakt, dasselbe gilt dann auch für die absolutkonvexe Menge $K := (1/\varepsilon) H$. Die Behauptung folgt nun aus den mit Satz 67.1 gewonnenen Inklusionen

$$\varepsilon \bigcap_{\nu=1}^{n} K_\nu^\circ = \varepsilon \left(\bigcup_{\nu=1}^{n} K_\nu\right)^\circ \supset \varepsilon H^\circ = \left(\frac{1}{\varepsilon} H\right)^\circ = K^\circ .$$ ■

Die lokalkonvexe Topologie auf F mit der Nullumgebungsbasis $\mathfrak{P}$ wird Mackeysche Topologie genannt und mit $\tau(F, F^+)$ bezeichnet. Sie ist, um es noch einmal zu sagen, feiner als jede für das Dualsystem (F, F^+) zulässige Topologie, insbesondere also feiner als $\sigma(F, F^+)$.

Nun zeigen wir, daß $\tau(F, F^+)$ selbst zulässig ist. Bevor wir in den Beweis eintreten, erinnern wir daran, daß F^+ ein linearer Unterraum von F^*, jede Teilmenge von F^+ also auch eine Teilmenge von F^* ist. *Polaren bilden wir in dem Dualsystem* (F, F^*). Sei nun x_0' eine $\tau(F, F^+)$-stetige Linearform auf F. Nach Hilfssatz 70.2 gibt es eine absolutkonvexe, $\sigma(F^+, F)$-kompakte Teilmenge K von F^+, so daß $|\langle x, x_0' \rangle| \leqslant 1$ für $x \in K^\circ$ ist. Infolgedessen liegt x_0' in $K^{\circ\circ}$. Da $\sigma(F^+, F)$ die von $\sigma(F^*, F)$ induzierte Topologie ist, können wir die $\sigma(F^*, F)$-Kompaktheit und damit auch die $\sigma(F^*, F)$-Abgeschlossenheit der absolutkonvexen Teilmenge K von F^* feststellen. Aus Satz 67.3 folgt nun $K^{\circ\circ} = K$, infolgedessen liegt x_0' in K, also auch in F^+, d.h., der $\tau(F, F^+)$-Dual von F ist in F^+ enthalten. Die umgekehrte

Inklusion folgt sehr einfach aus der Tatsache, daß ein $x^+ \in F^+$ stets $\sigma(F,F^+)$-stetig, erst recht also $\tau(F,F^+)$-stetig ist. ■

Wir fassen unsere Erkenntnisse über zulässige Topologien zusammen:

70.3 Satz von Mackey-Arens *Genau dann ist eine lokalkonvexe Topologie auf F zulässig für das Dualsystem (F,F^+), wenn sie feiner als $\sigma(F,F^+)$ und gröber als $\tau(F,F^+)$ ist.*

Nun kehren wir zu unserer Ausgangsfrage zurück, unter welchen Bedingungen ein Banachraum E reflexiv, d.h., wann die Normtopologie auf E' zulässig für das Dualsystem (E',E) ist. Im folgenden sei

$$K := \{x \in E : \|x\| \leqslant 1\}$$

die abgeschlossene Einheitskugel in E. Bilden wir Polaren bezüglich des Dualsystems (E,E'), so ist

$$K^\circ = \left\{x' \in E' : \sup_{x \in K} |\langle x,x'\rangle| \leqslant 1\right\} = \{x' \in E' : \|x'\| \leqslant 1\}$$

die abgeschlossene Einheitskugel in dem normierten Dual E' und daher

$$K^{\circ\circ} = \left\{x \in E : \sup_{x' \in K^\circ} |\langle x,x'\rangle| \leqslant 1\right\} = K \quad \text{(s. Satz 57.1).}$$

Für eine Menge $M \subset E'$ sei M^p ihre Polare in E''. Wegen Satz 69.2 fällt $K^{\circ p} := (K^\circ)^p$ notwendigerweise $\sigma(E'',E')$-kompakt aus. Ist nun E reflexiv, also $E'' = E$, so muß $K^{\circ p} = K^{\circ\circ} = K$ und $\sigma(E'',E') = \sigma(E,E')$ sein, so daß sich also K als $\sigma(E,E')$-kompakt erweist.

Nun nehmen wir umgekehrt an, K sei $\sigma(E,E')$-kompakt. Dann sind es auch alle Kugeln rK $(r>0)$, und da diese außerdem noch absolutkonvex sind, gehören die Mengen $(rK)^\circ = (1/r)K^\circ$ zu der Nullumgebungsbasis $\mathfrak{P}$ der Mackeyschen Topologie $\tau(E',E)$ (in den obigen Untersuchungen dieser Topologie ist $F = E'$ und $F^+ = E$ zu setzen). Da die Mengen $(1/r)K^\circ$ $(r>0)$ aber auch eine volle Nullumgebungsbasis der Normtopologie von E' bilden, muß diese nach dem Hausdorffschen Kriterium gröber als $\tau(E',E)$ sein. Und weil sie gleichzeitig feiner als $\sigma(E',E)$ ist, ergibt sich nun aus dem Satz von Mackey-Arens ihre Zulässigkeit für das Dualsystem (E',E), also die Reflexivität von E. Damit haben wir den folgenden Satz vollständig bewiesen:

70.4 Satz *Ein Banachraum E ist genau dann reflexiv, wenn seine abgeschlossene Einheitskugel $\sigma(E,E')$-kompakt ist.*

Die Sätze 11.8 und 70.4 besagen, daß Kompaktheitseigenschaften der abgeschlossenen Einheitskugel K eines Banachraumes E gewissermaßen sein Schicksal bestimmen:

$$K \text{ ist normkompakt} \iff E \text{ ist endlichdimensional,}$$

$$K \text{ ist schwach kompakt} \iff E \text{ ist reflexiv.}$$

Der Leser möge sich daran erinnern, daß die abgeschlossene Einheitskugel im Dual E' *immer* $\sigma(E',E)$-kompakt ist (Satz 69.3).

Dem Satz 60.6 können wir entnehmen, daß die abgeschlossene Einheitskugel K eines reflexiven Banachraumes schwach folgenkompakt ist, d.h., daß man aus jeder Folge $(x_n)\subset K$ eine schwach gegen ein $x\in K$ konvergierende Teilfolge auswählen kann.[1] Wir hatten in Nr. 60 schon erwähnt, daß hiervon auch die Umkehrung gilt. *Reflexive Banachräume können also auch durch die schwache* Folgen*kompaktheit ihrer abgeschlossenen Einheitskugel charakterisiert werden.*

Aufgaben

+**1. Starke Topologie** Sei (F,F^+) ein Dualsystem und $\mathfrak{S}$ die Menge *aller* $\sigma(F^+,F)$-beschränkten Teilmengen von F^+. Definiere für jedes $S\in\mathfrak{S}$ eine Halbnorm p_S auf F durch

$$p_S(x):=\sup_{x^+\in S}|\langle x,x^+\rangle| \qquad (x\in F)$$

und zeige: Die Familie $(p_S\colon S\in\mathfrak{S})$ erzeugt eine lokalkonvexe Topologie auf F, die feiner ist als jede für (F,F^+) zulässige Topologie. Man nennt sie die starke Topologie und bezeichnet sie mit $\beta(F,F^+)$.

2. Im Falle eines normierten Raumes E ist die starke Topologie $\beta(E',E)$ gerade die Normtopologie auf E'.

Hinweis: Wegen Satz 57.4 sind in E genau die normbeschränkten Mengen auch $\sigma(E,E')$-beschränkt. Zeige nun, daß die abgeschlossenen Kugeln um 0 in E' eine $\beta(E',E)$-Nullumgebungsbasis bilden.

3. Sei (E,E^+) ein Dualsystem. Dann ist ein E^+-konjugierbarer Endomorphismus von E immer $\tau(E,E^+)$-stetig.

Hinweis: Zeige $A^{-1}(V)\in\mathfrak{P}$ für jedes $V\in\mathfrak{P}$ mittels A 67.4 und A 42.4.

[1] Um zu zeigen, daß x in K liegt, argumentiere man wie im Beweis des Satzes 60.7.

XI Fredholmoperatoren

71 Defektendliche Operatoren

Im Laufe unserer Arbeit sind wir schon mehrfach (und immer in wichtigen Zusammenhängen) auf Operatoren A eines Vektorraumes E gestoßen, für die sowohl der

$$\text{Nulldefekt} \quad \alpha(A) := \dim N(A)$$

als auch der

$$\text{Bilddefekt} \quad \beta(A) := \operatorname{codim} A(E)$$

endlich ist (s. etwa die Nummern 51 und 52[1]). Solche Operatoren nennt man **defektendlich**, und mit ihnen wollen wir uns nun gründlicher beschäftigen. Dabei werden wir ständig und stillschweigend von der Tatsache Gebrauch machen, daß

$$\alpha(I-K) = \beta(I-K) < \infty \quad \text{für jedes } K \in \mathscr{E}(E)$$

ist; $\mathscr{E}(E)$ bedeutet das Ideal der endlichdimensionalen Endomorphismen von E (s. Satz 51.1). Die Menge aller defektendlichen Operatoren $A: E \to E$ bezeichnen wir mit $\Delta(E)$. Wir bringen zunächst eine sehr griffige Charakterisierung dieser Operatoren:

71.1 Satz *Genau dann ist der Operator $A: E \to E$ defektendlich, wenn es Operatoren B, C in $\mathscr{S}(E)$ und K_1, K_2 in $\mathscr{E}(E)$ gibt, so daß die Gleichungen*

$$BA = I - K_1, \qquad AC = I - K_2 \tag{71.1}$$

bestehen; dabei kann man $B = C$ wählen. Mit anderen Worten: A ist genau dann defektendlich, wenn seine Restklasse $\hat{A}$ in der Quotientenalgebra $\mathscr{S}(E)/\mathscr{E}(E)$ invertierbar ausfällt.[2]

---

[1] Dort war sogar immer $\alpha(A) = \beta(A)$. F. Noether (1921) hat als erster bemerkt, daß sogenannte *singuläre* Integralgleichungen zu Operatoren führen, deren Defekte zwar immer noch *endlich*, wegen der Singularität des Kerns aber *verschieden* sind (s. Nr. 88).

[2] Diese Quotientenalgebra wurde gegen Ende der Nr. 37 vorgestellt.

Beweis. Sei A defektendlich. Dann folgt aus Satz 8.3 sofort, daß die Gleichungen (71.1) mit endlichdimensionalen Operatoren K_1, K_2 (nämlich mit endlichdimensionalen Projektoren P, Q) und übereinstimmenden Operatoren B, C bestehen.

Nun gelte umgekehrt (71.1) mit $K_1, K_2 \in \mathscr{E}(E)$. Dann ergeben sich die Inklusionen

$$N(A) \subset N(BA) = N(I - K_1), \qquad A(E) \supset (AC)(E) = (I - K_2)(E)$$

und somit die Abschätzungen

$$\alpha(A) \leqslant \alpha(I - K_1) < \infty, \qquad \beta(A) \leqslant \beta(I - K_2) < \infty. \qquad \blacksquare$$

Beachtet man, daß die invertierbaren Elemente einer Algebra eine *Gruppe* bilden und die Faktoren eines invertierbaren Produkts ab entweder alle invertierbar oder alle nichtinvertierbar sind, so gewinnt man aus Satz 71.1 sofort die folgende Strukturaussage über $\Delta(E)$:

71.2 Satz *Das Produkt defektendlicher Operatoren ist defektendlich, $\Delta(E)$ also eine multiplikative Halbgruppe. Ist das Operatorenprodukt AB defektendlich, so ist entweder jeder oder kein Faktor defektendlich. Die Summe eines defektendlichen und eines endlichdimensionalen Operators ist defektendlich.*

Jedem defektendlichen Operator A wird durch

$$\operatorname{ind}(A) := \alpha(A) - \beta(A)$$

sein Index zugeordnet. Die zentrale Aussage über den Index macht das folgende

71.3 Indextheorem von Atkinson *Für defektendliche A, B ist*

$$\operatorname{ind}(AB) = \operatorname{ind}(A) + \operatorname{ind}(B). \tag{71.2}$$

Wir eröffnen den Beweis mit der Bemerkung, daß AB defektendlich ist und die im folgenden auftretenden Komplementärräume nach Satz 7.2 existieren. Zu

$$E_1 := B(E) \cap N(A) \tag{71.3}$$

bestimmen wir Unterräume E_2, E_3 und E_4 von E mit

$$B(E) = E_1 \oplus E_2, \tag{71.4}$$

$$N(A) = E_3 \oplus E_1 \tag{71.5}$$

und

$$E = \overbrace{E_3 \oplus \underbrace{E_1}_{}}^{N(A)}\!\!\underbrace{\oplus E_2}_{B(E)} \oplus E_4. \tag{71.6}$$

Aus der letzten Zerlegung folgt

$$\begin{aligned} A(E) &= A(E_2 \oplus E_4) = A(E_2) \oplus A(E_4) = A(E_1 \oplus E_2) \oplus A(E_4) \\ &= (AB)(E) \oplus A(E_4). \end{aligned} \tag{71.7}$$

Ferner sei F ein Unterraum von E mit

$$N(AB)=N(B)\oplus F. \tag{71.8}$$

Die Einschränkung von B auf F ist injektiv und F daher isomorph zu seinem Bild $B(F)=B(F\oplus N(B))=B(N(AB))=B(E)\cap N(A)=E_1$. Nach A 8.4 gilt also

$$\dim F=\dim E_1. \tag{71.9}$$

Aus denselben Gründen haben wir

$$\dim A(E_4)=\dim E_4. \tag{71.10}$$

Aus (71.5), (71.6), (71.8) und (71.7) ergeben sich (in dieser Reihenfolge) nun die nachstehenden Gleichungen, wobei noch (71.9) und (71.10) zu beachten ist:

$$\begin{aligned}\alpha(A)&=\dim E_1+\dim E_3,\\ \beta(B)&=\dim E_3+\dim E_4,\\ \alpha(AB)&=\alpha(B)+\dim F=\alpha(B)+\dim E_1,\\ \beta(AB)&=\beta(A)+\dim A(E_4)=\beta(A)+\dim E_4.\end{aligned}$$

Aus diesen vier Gleichungen folgt

$$\begin{aligned}\operatorname{ind}(AB)&=\alpha(AB)-\beta(AB)=\alpha(B)+\dim E_1-\beta(A)-\dim E_4\\ &=\alpha(B)+\alpha(A)-\dim E_3-\beta(A)-\beta(B)+\dim E_3\\ &=\alpha(A)-\beta(A)+\alpha(B)-\beta(B)=\operatorname{ind}(A)+\operatorname{ind}(B).\end{aligned}$$ ■

Der nächste Satz ist eine Stabilitätsaussage; er besagt, daß der Index eines defektendlichen Operators A sich nicht ändert, wenn man beliebige endlichdimensionale Operatoren zu A addiert (oder, wie man auch sagt, wenn man A durch Operatoren dieser Art „stört"). Wir schicken einen Hilfssatz voraus, der sich sofort aus Satz 71.2 und dem Indextheorem ergibt.

71.4 Hilfssatz *Gilt für den defektendlichen Endomorphismus A eine Gleichung der Form*

$$AB=C \quad \textit{oder} \quad BA=C \quad \textit{mit} \quad \operatorname{ind}(C)=0,$$

so ist auch B defektendlich und $\operatorname{ind}(B)=-\operatorname{ind}(A)$.

71.5 Satz *Ist A ein defektendlicher und S ein endlichdimensionaler Endomorphismus von E, so gilt* $\operatorname{ind}(A+S)=\operatorname{ind}(A)$.

Beweis. Wir bemerken zunächst, daß $A+S$ nach Satz 71.2 defektendlich ist. Wegen Satz 71.1 gibt es ein $B\in\mathscr{S}(E)$ und ein $L\in\mathscr{E}(E)$ mit $BA=I-L$. Da $\operatorname{ind}(I-L)=0$ ist, folgt daraus mit dem obigen Hilfssatz $\operatorname{ind}(B)=-\operatorname{ind}(A)$. Ferner ist

$$B(A+S)=BA+BS=I-L+BS=I-L_1 \quad \text{mit} \quad L_1:=L-BS\in\mathscr{E}(E).$$

Daraus ergibt sich wie oben $\operatorname{ind}(A+S)=-\operatorname{ind}(B)=\operatorname{ind}(A)$. ■

Zum Schluß bringen wir noch einen Satz, der in manchen Fällen die Defektendlichkeit eines Operators leicht festzustellen gestattet.

71.6 Satz *Sei K ein Endomorphismus auf E und F ein Vektorraum zwischen $K(E)$ und E; $\tilde{I}, \tilde{K}$ seien die Einschränkungen von I, K auf F. Dann gelten die folgenden Aussagen:*

a) *$N(I-K)=N(\tilde{I}-\tilde{K})$, also auch $\alpha(I-K)=\alpha(\tilde{I}-\tilde{K})$.*

b) *Aus $F=G\oplus(\tilde{I}-\tilde{K})(F)$ folgt $E=G\oplus(I-K)(E)$; insbesondere ist $\beta(I-K)=\beta(\tilde{I}-\tilde{K})$.*

c) *$I-K$ ist genau mit $\tilde{I}-\tilde{K}$ defektendlich.*

Beweis. a) ist wegen $N(I-K)\subset K(E)\subset F$ trivial. Es bestehe nun die in b) angegebene Zerlegung von F. Wir zeigen zunächst $G\cap(I-K)(E)=\{0\}$. Sei $y\in G$ und zugleich $y=(I-K)x$, also $y+Kx=x$. Da hier die linke Seite in F liegt, ist auch die rechte Seite x in F, also $y=(\tilde{I}-\tilde{K})x$; nach Voraussetzung muß daher y verschwinden. Nun sei x beliebig aus E gewählt und $z:=(I-K)x$. Dann ist $x=Kx+z=g+(I-K)y+z$ mit $g\in G, y\in F$, also $x=g+(I-K)(y+x)$. Damit ist auch b) bewiesen. Und c) bedarf nun keiner weiteren Worte mehr. ■

Aufgaben

1. Mit A ist auch A^n $(n=0, 1, 2, \ldots)$ defektendlich. Umgekehrt ist mit einer Potenz A^n $(n\geqslant 1)$ auch A selbst defektendlich.

2. Konstruiere auf (s) einen defektendlichen Endomorphismus A mit $\operatorname{ind}(A)\neq 0$.

+3. Übertrage den Begriff des defektendlichen Operators auf lineare Abbildungen $A: E\to F$, charakterisiere diese Abbildungen durch Gleichungen der Form (71.1) und beweise für sie ein Indextheorem.

***4.** Sei $\Delta_\alpha(E):=\{A\in\mathscr{S}(E): \alpha(A)<\infty\}$, $\Delta_\beta(E):=\{A\in\mathscr{S}(E): \beta(A)<\infty\}$. Zeige:

a) $A\in\Delta_\alpha(E) \Longleftrightarrow$ es gibt ein $B\in\mathscr{S}(E)$ und ein $K\in\mathscr{E}(E)$ mit $BA=I-K \Longleftrightarrow$ die Restklasse $\hat{A}\in\mathscr{S}(E)/\mathscr{E}(E)$ von A ist *links*invertierbar.

b) $A\in\Delta_\beta(E) \Longleftrightarrow$ es gibt ein $C\in\mathscr{S}(E)$ und ein $K\in\mathscr{E}(E)$ mit $AC=I-K \Longleftrightarrow$ die Restklasse $\hat{A}\in\mathscr{S}(E)/\mathscr{E}(E)$ von A ist *rechts*invertierbar.

c) $\Delta_\alpha(E)$ und $\Delta_\beta(E)$ sind multiplikative Halbgruppen.

72 Kettenendliche Operatoren

Die Nullräume der Potenzen A^n eines Endomorphismus A auf dem Vektorraum E bilden eine *aufsteigende* Folge $N(A^0)=\{0\}\subset N(A)\subset N(A^2)\subset\cdots$, die wir die Nullkette von A nennen. Ist für ein $n\geqslant 0$ einmal $N(A^n)=N(A^{n+1})$, so ist auch $N(A^{n+1})=N(A^{n+2})$ und damit $N(A^n)=N(A^{n+m})$ für $m=1, 2, \ldots$; denn aus $x\in N(A^{n+2})$ folgt $A^{n+1}Ax=0$, also $Ax\in N(A^{n+1})=N(A^n)$ und daher $A^{n+1}x=0$, d.h. $x\in N(A^{n+1})$. Die kleinste ganze Zahl $n\geqslant 0$, für die dieser Fall eintritt, nennen wir die Nullkettenlänge von A und bezeichnen sie mit $p(A)$. Gibt es keine solche Zahl, ist also stets $N(A^n)\neq N(A^{n+1})$, so setzen wir $p(A)=\infty$. Die Bildkette von A ist die *absteigende* Folge der Bildräume $A^0(E)=E\supset A(E)\supset A^2(E)\supset\cdots$. Ist für ein $n\geqslant 0$ einmal $A^n(E)=A^{n+1}(E)$, so ist $A^n(E)=A^{n+m}(E)$ für $m=1,2,\ldots$; die kleinste ganze Zahl $n\geqslant 0$, für die dieser Fall eintritt, heißt die Bildkettenlänge $q(A)$ von A. Ist jedoch stets $A^n(E)\neq A^{n+1}(E)$, so setzen wir $q(A)=\infty$.

$p(A)=0$ besagt, daß A *injektiv*, $q(A)=0$ dagegen, daß A *surjektiv* ist.

Für $A:=I-K$ mit endlichdimensionalem K sind beide Kettenlängen endlich.

Beweis. Der Nullraum von

$$A^n=(I-K)^n=I-\left[nK-\binom{n}{2}K^2+\cdots+(-1)^{n-1}K^n\right]=:I-K_n,\quad n\geqslant 1,$$

liegt in dem Bildraum $K_n(E)$, dieser wieder in dem endlichdimensionalen Raum $K(E)$, so daß die Nullkette von A schließlich abbrechen muß. Da außerdem K_n endlichdimensional, also $\alpha(I-K_n)=\beta(I-K_n)$ ist, folgt, daß $\beta(A^n)=\beta(I-K_n)$ von demselben Exponenten an konstant wird wie $\alpha(A^n)=\alpha(I-K_n)$. Es ist also $q(A)=p(A)<\infty$. ∎

Die beiden folgenden Sätze geben genaue Bedingungen für das Abbrechen der Null- bzw. Bildketten an.

72.1 Satz *Genau dann haben wir $p(A)\leqslant m<\infty$, wenn $N(A^n)\cap A^m(E)=\{0\}$ ist; dabei darf n eine beliebige natürliche Zahl sein.*

Ist nämlich $p(A)\leqslant m<\infty$, n eine beliebige natürliche Zahl und $y\in N(A^n)\cap A^m(E)$, so ist $y=A^m x$ und $A^n y=0$, also $A^{m+n}x=0$. x liegt also in $N(A^{m+n})=N(A^m)$, und deshalb ist $y=A^m x=0$. – Für eine natürliche Zahl n sei nun umgekehrt $N(A^n)\cap A^m(E)=\{0\}$. Wegen $N(A)\subset N(A^n)$ ist dann erst recht $N(A)\cap A^m(E)=\{0\}$. Aus $x\in N(A^{m+1})$, also $A(A^m x)=0$, folgt somit $A^m x\in N(A)\cap A^m(E)=\{0\}$, daher liegt x bereits in $N(A^m)$, es ist also $N(A^m)=N(A^{m+1})$ und somit $p(A)\leqslant m$. ∎

72.2 Satz *Genau dann haben wir $q(A)\leqslant m<\infty$, wenn es zu $A^n(E)$ einen Komplementärraum C_n in E gibt, der in $N(A^m)$ enthalten ist; dabei darf n eine beliebige natürliche Zahl sein.*

Zum Beweis sei $q:=q(A)\leqslant m<\infty$, n eine beliebige natürliche Zahl und C irgendein Komplementärraum zu $A^n(E)$ in E:

$$E=C\oplus A^n(E). \tag{72.1}$$

Zu jedem Element x_ι einer Basis $\{x_\iota:\iota\in J\}$ von C gibt es wegen $A^q(C)\subset A^q(E)=A^{q+n}(E)$ ein $y_\iota\in E$ mit $A^q x_\iota=A^{q+n}y_\iota$. Setzt man $z_\iota:=x_\iota-A^n y_\iota$, so ist also $A^q z_\iota=A^q x_\iota-A^{q+n}y_\iota=0$. Es folgt, daß die lineare Hülle C_n der z_ι in $N(A^q)$, also erst recht in $N(A^m)$ liegt. Aus (72.1) ergibt sich für jedes $x\in E$ eine Darstellung der Form

$$x=\sum\alpha_\iota x_\iota+A^n y=\sum\alpha_\iota(z_\iota+A^n y_\iota)+A^n y=\sum\alpha_\iota z_\iota+A^n z,$$

somit ist $E=C_n+A^n(E)$. Diese Summe ist sogar direkt; denn für $x\in C_n\cap A^n(E)$ gilt $x=\sum\beta_\iota z_\iota=A^n v$, also

$$\sum\beta_\iota x_\iota=\sum\beta_\iota A^n y_\iota+A^n v\in A^n(E),$$

und damit wegen (72.1) $\beta_\iota=0$ für alle $\iota\in J$, also $x=0$. C_n ist daher in der Tat ein in $N(A^m)$ gelegener Komplementärraum zu $A^n(E)$. - Nun sei n aus $\mathbf{N}$, und zu $A^n(E)$ gebe es einen in $N(A^m)$ liegenden Komplementärraum C_n, es sei also $E=C_n\oplus A^n(E)$. Dann ist $A^m(E)=A^m(C_n)+A^{m+n}(E)=A^{m+n}(E)$ und somit $q(A)\leqslant m$. ■

72.3 Satz *Sind die beiden Kettenlängen von A endlich, so stimmen sie überein.*

Beweis. Wir setzen $p:=p(A)$, $q:=q(A)$ und nehmen zunächst $p\leqslant q$ an, so daß $A^q(E)\subset A^p(E)$ ist. Ferner soll $q>0$ sein, da sonst nichts zu beweisen wäre.
Aus Satz 72.2 ergibt sich die Darstellung $E=N(A^q)+A^q(E)$; wir haben also für jedes Element $y:=A^p x$ von $A^p(E)$ die Zerlegung $y=z+A^q w$ mit $z\in N(A^q)$. $z=A^p x-A^q w$ liegt in $A^p(E)$, also ist $z\in N(A^q)\cap A^p(E)$; dieser Durchschnitt enthält nach Satz 72.1 aber nur 0, so daß $y=A^q w$ ist, y also sogar in $A^q(E)$ liegt. Damit ist die Gleichung $A^p(E)=A^q(E)$ bewiesen, aus der $p\geqslant q$ folgt. Insgesamt gilt also $p=q$.
Nun nehmen wir $q\leqslant p$ und $p>0$ an, so daß $N(A^q)\subset N(A^p)$ ist. Aus Satz 72.2 gewinnen wir die Darstellung $E=N(A^q)+A^p(E)$, so daß wir für ein beliebiges Element x aus $N(A^p)$ die Zerlegung $x=u+A^p v$ mit $u\in N(A^q)$ haben. Wegen $A^p x=A^p u=0$ erhalten wir daraus $A^{2p}v=0$. Daher ist $v\in N(A^{2p})=N(A^p)$, also $A^p v=0$ und damit $x=u\in N(A^q)$. Aus all dem folgt nun $N(A^q)=N(A^p)$, also $q\geqslant p$. Somit gilt wiederum $p=q$. ■

Sind beide Kettenlängen von A endlich, so nennen wir A kettenendlich, und die gemeinsame Länge der beiden Ketten heiße die Kettenlänge von A.

72.4 Satz *Besitzt A die Kettenlänge $p<\infty$, so besteht die Zerlegung*

$$E=N(A^p)\oplus A^p(E), \tag{72.2}$$

und A bildet den Raum $A^p(E)$ umkehrbar eindeutig auf sich ab. Ist für eine natürliche Zahl m umgekehrt

$$E=N(A^m)\oplus A^m(E), \tag{72.3}$$

so gilt $p(A)=q(A)\leqslant m$.

Beweis. Ist $p(A)=q(A)=p<\infty$ (wobei wir $p>0$ annehmen dürfen), so ergibt sich die Zerlegung (72.2) sofort aus den Sätzen 72.1 und 72.2. Bezeichnen wir mit $\tilde{A}$ die Einschränkung von A auf $A^p(E)$, so ist $N(\tilde{A})\subset N(A)\subset N(A^p)$, aber auch $N(\tilde{A})\subset A^p(E)$; aus (72.2) folgt dann $N(\tilde{A})=\{0\}$, $\tilde{A}$ ist also in der Tat injektiv. Ferner ist $\tilde{A}(A^p(E))=A(A^p(E))=A^{p+1}(E)=A^p(E)$, d.h., $\tilde{A}$ bildet $A^p(E)$ auf sich ab. - Gilt umgekehrt (72.3), so ist $p(A)$, $q(A)\leqslant m$ (Sätze 72.1 und 72.2), nach Satz 72.3 also $p(A)=q(A)\leqslant m$. ■

Zwischen den Kettenlängen und Defekten eines Endomorphismus A auf E bestehen gewisse Beziehungen, die wir nun herleiten wollen.

72.5 Satz

a) $p(A)<\infty \Rightarrow \alpha(A)\leqslant\beta(A)$.

b) $q(A)<\infty \Rightarrow \beta(A)\leqslant\alpha(A)$.

Beweis. a) Es sei $p:=p(A)<\infty$. Ist $\beta(A)=\infty$, so gibt es nichts zu beweisen; wir dürfen also $\beta(A)<\infty$ annehmen. Nach Satz 72.1 ist $N(A)\cap A^p(E)=\{0\}$; da nun mit $\beta(A)$ auch $\beta(A^p)$ endlich bleibt (A 71.4c), ergibt sich daraus $\alpha(A)<\infty$. A ist also defektendlich, so daß wir nach dem Indextheorem 71.3 für alle $n\geqslant p$ die folgende Gleichung erhalten:

$$n\cdot\operatorname{ind}(A)=\operatorname{ind}(A^n)=\alpha(A^n)-\beta(A^n)=\alpha(A^p)-\beta(A^n).$$

Ist auch $q:=q(A)<\infty$, so folgt daraus für alle $n\geqslant\max(p,q)$ die Beziehung $n\cdot\operatorname{ind}(A)=\alpha(A^p)-\beta(A^q)=\text{const.}$, also $\operatorname{ind}(A)=0$, d.h. $\alpha(A)=\beta(A)$. Ist jedoch $q=\infty$, geht also $\beta(A^n)\to\infty$, so wird $n\cdot\operatorname{ind}(A)$ schließlich negativ, woraus $\alpha(A)<\beta(A)$ folgt.

b) Es sei nun $q:=q(A)<\infty$. Ist $\alpha(A)=\infty$, so haben wir nichts zu beweisen. Wir dürfen also $\alpha(A)<\infty$ annehmen. Dann ist auch $\alpha(A^q)$ endlich (A 71.4c), und da nach Satz 72.2 $E=C\oplus A(E)$ mit $C\subset N(A^q)$ ist, folgt daraus $\beta(A)=\dim C\leqslant\alpha(A^q)<\infty$. A ist also in diesem Falle wieder defektendlich. Wenden wir nun das bei a) benutzte Indexargument (*mutatis mutandis*) an, so ergibt sich $\beta(A)=\alpha(A)$ im Falle $p(A)<\infty$ und $\beta(A)<\alpha(A)$ im Falle $p(A)=\infty$. ■

72.6 Satz a) *Sind beide Kettenlängen von A endlich, so ist $\alpha(A)=\beta(A)$.*
b) *Ist $\alpha(A)=\beta(A)<\infty$ und eine Kettenlänge endlich, so muß $p(A)=q(A)$ sein.*

a) folgt unmittelbar aus Satz 72.5, während sich b) in einfacher Weise aus der für $n=0, 1, 2, \ldots$ gültigen Gleichung $\alpha(A^n)-\beta(A^n)=\operatorname{ind}(A^n)=n\cdot\operatorname{ind}(A)=0$ ergibt. ■

72.7 Hilfssatz *Der Endomorphismus A auf E bildet den linearen Raum $\bigcap_{n=1}^{\infty} A^n(E)$ in sich und im Falle $\alpha(A)<\infty$ oder $\beta(A)<\infty$ sogar* auf *sich ab.*

Daß $U:=\bigcap_{n=1}^{\infty} A^n(E)$ durch A in sich abgebildet wird, ist trivial. Wir nehmen nun zuerst $\alpha(A)<\infty$ an und zeigen, daß jedes Element von U in $A(U)$ liegt. Aus $N(A)\cap A^n(E)\supset N(A)\cap A^{n+1}(E)$ folgt wegen $\alpha(A)<\infty$ die Existenz einer natürlichen Zahl m mit

$$D:=N(A)\cap A^m(E)=N(A)\cap A^{m+k}(E)\quad \text{für } k=0, 1, 2, \ldots. \tag{72.4}$$

Offenbar ist auch $D=N(A)\cap U$. Es sei nun y ein beliebiges Element aus U. Dann gibt es für jedes $k=0, 1, 2, \ldots$ ein $x_k\in E$ mit $y=A^{m+k}x_k$. Setzen wir

$$z_k:=A^m x_1-A^{m+k-1}x_k\quad \text{für } k=1, 2, \ldots, \tag{72.5}$$

so liegt z_k in $A^m(E)$ und wegen $Az_k=A^{m+1}x_1-A^{m+k}x_k=y-y=0$ auch in $N(A)$, also ist

$z_k \in N(A) \cap A^m(E) = D$. Aus (72.4) ergibt sich nun, daß z_k auch in $A^{m+k-1}(E)$ liegt, und mit (72.5) folgt daraus $A^m x_1 = z_k + A^{m+k-1} x_k \in A^{m+k-1}(E)$ für $k = 1, 2, \ldots$, also $A^m x_1 \in U$. Wegen $A(A^m x_1) = A^{m+1} x_1 = y$ ist nun in der Tat y Bild eines Elementes von U unter A.

Sei nun $\beta(A) < \infty$ oder also

$$E = F \oplus A(E), \quad \dim F < \infty. \tag{72.6}$$

Mit $D_n := N(A) \cap A^n(E)$ ist $D_n \supset D_{n+1}$ für $n \in \mathbf{N}$. Angenommen, es sei

$$D_{n_j} \neq D_{n_j+1} \quad \text{für gewisse } n_1 < n_2 < \cdots < n_k. \tag{72.7}$$

Zu jedem n_j gibt es dann ein w_j mit $A^{n_j} w_j \in D_{n_j}$, aber $A^{n_j} w_j \notin D_{n_j+1}$. Nach (72.6) ist $w_j = u_j + v_j$ mit $u_j \in F$, $v_j \in A(E)$. Wir zeigen nun, daß die $u_1, \ldots, u_k$ linear unabhängig sind. Aus $\sum_{j=1}^{k} \alpha_j u_j = 0$ oder also $\sum_{j=1}^{k} \alpha_j w_j = \sum_{j=1}^{k} \alpha_j v_j$ folgt durch Anwendung von A^{n_k} sofort $\alpha_k A^{n_k} w_k \in A^{n_k+1}(E)$. Wegen $A^{n_k} w_k \in N(A)$ ergibt sich daraus $\alpha_k A^{n_k} w_k \in D_{n_k+1}$; dies ist aber nur für $\alpha_k = 0$ möglich, da $A^{n_k} w_k \notin D_{n_k+1}$ ist. Entsprechend folgt $\alpha_{k-1} = 0, \ldots, \alpha_1 = 0$. Die $u_1, \ldots, u_k$ sind also tatsächlich linear unabhängig, und somit muß $k \leqslant \dim F$ sein. Mit einem hinreichend großen m gilt also (72.4) auch im Falle $\beta(A) < \infty$. Wie im ersten Teil des Beweises folgt nun $A(U) = U$. ■

72.8 Satz *Für einen Endomorphismus A auf E mit $\alpha(A) < \infty$ oder $\beta(A) < \infty$ sind die folgenden Aussagen äquivalent:*

a) *Die Nullkettenlänge von A ist endlich.*

b) *Auf jedem Unterraum F von E, der durch A* auf *sich abgebildet wird, ist A injektiv.*

c) *A ist auf dem Unterraum $U := \bigcap_{n=1}^{\infty} A^n(E)$ injektiv.*

Beweis. a)⇒b): Ist $A(F) = F$ und $\tilde{A}$ die Einschränkung von A auf F, so verschwindet $q(\tilde{A})$. Aus $N(\tilde{A}^n) = N(A^n) \cap F$ folgt wegen a), daß $p(\tilde{A}) < \infty$ ist. Nach Satz 72.3 muß also $p(\tilde{A}) = q(\tilde{A}) = 0$ und $\tilde{A}$ somit injektiv sein. – b)⇒c): Dies ist wegen Hilfssatz 72.7 trivial. – c)⇒a): Aus c) folgt zunächst $D = N(A) \cap U = \{0\}$. Wegen (72.4) ist also auch $N(A) \cap A^m(E) = \{0\}$ für eine natürliche Zahl m. Die Aussage a) ergibt sich daraus mit Satz 72.1. ■

Aufgaben

1. $\tilde{I}$ und $\tilde{K}$ seien die Einschränkungen von I und $K \in \mathscr{S}(E)$ auf $F := K(E)$. Zeige: Die Null- bzw. Bildkettenlänge von $I - K$ ist immer dann endlich, wenn die Null- bzw. Bildkettenlänge von $\tilde{I} - \tilde{K}$ endlich ist. Hinweis: Satz 71.6.

***2.** Sind A, B vertauschbar, so ist AB genau dann kettenendlich mit $\operatorname{ind}(AB) = 0$, wenn A *und* B kettenendlich sind mit $\operatorname{ind}(A) = \operatorname{ind}(B) = 0$.

3. Sei $E = E_1 \oplus E_2$, die Unterräume E_1, E_2 seien unter $A \in \mathscr{S}(E)$ invariant, und A_k bedeute die Einschränkung von A auf E_k. Zeige:

a) $N(A) = N(A_1) \oplus N(A_2), \quad A(E) = A(E_1) \oplus A(E_2).$

b) $\alpha(A) = \alpha(A_1) + \alpha(A_2), \quad \beta(A) = \beta(A_1) + \beta(A_2).$

c) A erfüllt genau dann die Null- bzw. Bildkettenbedingung, wenn A_1 *und* A_2 die Null- bzw. Bildkettenbedingung erfüllen.

4. Mit den Voraussetzungen und Bezeichnungen der Aufgabe 3 gilt: Ist $\alpha(A)=\beta(A)<\infty$ und erfüllt A eine der Kettenbedingungen, so ist $\alpha(A_k)=\beta(A_k)<\infty$ und A_k genügt beiden Kettenbedingungen ($k=1,2$). Ist umgekehrt $\alpha(A_k)=\beta(A_k)<\infty$ für $k=1,2$ und erfüllt jedes A_k eine Kettenbedingung, so ist auch $\alpha(A)=\beta(A)$, und A ist kettenendlich.

5. R sei der rechte, L der linke Verschiebungsoperator auf (s):

$$R(\xi_1,\xi_2,\ldots):=(0,\xi_1,\xi_2,\ldots),\qquad L(\xi_1,\xi_2,\ldots):=(\xi_2,\xi_3,\ldots).$$

Für diese Operatoren gilt:

$$\begin{array}{llll}\alpha(R)=0, & \beta(R)=1, & p(R)=0, & q(R)=\infty,\\ \alpha(L)=1, & \beta(L)=0, & p(L)=\infty, & q(L)=0.\end{array}$$

6. Auf dem Vektorraum der doppelt-unendlichen Folgen $(\ldots,\xi_{-1},\xi_0,\xi_1,\ldots)$ erklären wir die Endomorphismen $A_n\colon(\xi_k)\mapsto(\eta_k)$ $(n=1,2,3)$ wie folgt:

A_1: $\quad\eta_k:=\xi_{k+1}$ für $k\leqslant-2$, $\eta_{-1}:=0$, $\eta_0:=\xi_0$, $\eta_k:=\xi_{k+1}$ für $k\geqslant1$;

A_2: $\quad\eta_k:=\xi_{k+2}$ für $k\leqslant-3$, $\eta_{-2}=\eta_{-1}:=0$, $\eta_0:=\xi_0$, $\eta_k:=\xi_{k+1}$ für $k\geqslant1$;

A_3: $\quad\eta_k:=\xi_{k-2}$ für $k\leqslant-1$, $\eta_0:=\xi_0$, $\eta_1:=0$, $\eta_k:=\xi_{k-1}$ für $k\geqslant2$.

Zeige: $\quad\alpha(A_1)=\beta(A_1)=1$; $\alpha(A_2)=1,\beta(A_2)=2$; $\alpha(A_3)=2,\beta(A_3)=1$;

$\quad p(A_n)=q(A_n)=\infty$ für $n=1,2,3$.

73 Topologische Komplementärräume

In der nächsten Nummer benötigen wir einige einfache Tatsachen über sogenannte topologische Komplementärräume; wir wollen sie hier schon vorbereitend zusammenstellen. *E sei durchweg ein normierter Raum.*

Man sagt, ein Unterraum H von E sei **stetig projizierbar**, wenn es einen Projektor $P\in\mathscr{S}(E)$ mit $P(E)=H$ gibt.

Ist $E=F\oplus G$ und der Projektor P auf F längs G stetig, so nennt man G einen **topologischen Komplementärraum** (oder ein **topologisches Komplement**) zu F; natürlich ist F dann seinerseits topologischer Komplementärraum zu G. *Genau die stetig projizierbaren Unterräume besitzen topologische Komplemente.* Solche Unterräume sind notwendigerweise *abgeschlossen*, weil sie Nullräume stetiger Projektoren sind. Abgeschlossene Unterräume brauchen jedoch keineswegs stetig projizierbar zu sein (Murray (1937)). A 37.6 lehrt aber, daß ein abgeschlossener Unterraum F jedenfalls dann stetig projizierbar ist, wenn er endliche Kodimension besitzt; jedes algebraische Komplement zu F ist dann sogar ein topologisches. Dies läßt vermuten, daß auch die *einfachsten* Unterräume – die *endlichdimensionalen* – stetig projizierbar sind. Und diese Vermutung geht nicht in die Irre.

Ist nämlich $\{x_1, \ldots, x_n\}$ eine Basis von F, so gibt es stetige Linearformen $x'_1, \ldots, x'_n$ mit $\langle x_i, x'_k\rangle = \delta_{ik}$ für $i, k = 1, \ldots, n$ (Sätze 49.2 und 49.5). Definiert man nun $P \in \mathscr{S}(E)$ durch

$$Px := \sum_{k=1}^{n} \langle x, x'_k\rangle x_k \quad \text{für alle } x \in E, \tag{73.1}$$

so ist $Px_i = x_i$ für $i = 1, \ldots, n$, woraus $P^2 = P$ und $P(E) = F$ folgt: P ist ein stetiger Projektor von E auf F. Wir fassen zusammen:

73.1 Satz *Endlichdimensionale und abgeschlossene endlichkodimensionale Unterräume eines normierten Raumes sind* stetig *projizierbar; jedes algebraische Komplement eines abgeschlossenen Unterraumes endlicher Kodimension ist auch ein topologisches Komplement.*

Der folgende Satz ist nur eine Umformulierung von A 39.5.

73.2 Satz *Ist ein Banachraum E direkte Summe abgeschlossener Unterräume F und G, so ist G sogar ein topologisches Komplement zu F.*

Wir erinnern daran, *daß in einem Hilbertraum ausnahmslos jeder abgeschlossene Unterraum ein topologisches Komplement besitzt*, nämlich sein orthogonales.

Zum Schluß bringen wir noch ein Ergebnis von Kroh und Volkmann (1976), das uns später beim Studium der Semifredholmoperatoren vortrefflich zustattenkommen wird.

73.3 Satz *F sei ein n-kodimensionaler abgeschlossener Unterraum des normierten Raumes E. Dann gibt es immer einen Projektor P von E auf F mit* $\|P\| \leqslant 3^n$.

Wir führen einen Induktionsbeweis. Für $n = 0$ ist die Behauptung trivialerweise richtig (setze $P := I$). Angenommen, sie sei schon für ein $n \geqslant 0$ bewiesen und G sei ein $(n+1)$-kodimensionaler abgeschlossener Unterraum von E. Dann ist $E = [x_1, \ldots, x_{n+1}] \oplus G$ mit linear unabhängigen Elementen $x_1, \ldots, x_{n+1}$, und

$$E_1 := [x_1, \ldots, x_n] \oplus G$$

ist ein 1-kodimensionaler abgeschlossener Unterraum von E (s. A 37.9), während G selbst ein n-kodimensionaler abgeschlossener Unterraum von E_1 ist. Nach Induktionsvoraussetzung existiert also ein

$$\text{stetiger Projektor } P_1 \text{ von } E_1 \text{ auf } G \text{ mit } \quad \|P_1\| \leqslant 3^n.$$

Dank des Rieszschen Lemmas 11.6 gibt es ferner ein

$$x_0 \in E \text{ mit } \quad \|x_0\| = 1 \quad \text{und} \quad d := \inf_{y \in E_1} \|x_0 - y\| \geqslant \frac{1}{2}.$$

Jedes $x \in E$ läßt sich in der Form $x = \lambda x_0 + y$ mit eindeutig bestimmtem $\lambda \in \mathbf{K}$, $y \in E_1$ schreiben. Nun definieren wir einen Projektor P: $E \to E$ mit $P(E) = P_1(E_1) = G$ durch

$$P(\lambda x_0 + y) := P_1 y$$

und beweisen (womit dann auch alles abgetan ist), daß $\|P\| \leqslant 3^{n+1}$ gilt – und zwar, indem wir die Ungleichung $\|P\| \leqslant 3\,\|P_1\|$ verifizieren. Dazu wiederum genügt es, die Abschätzung

$$\|y\| \leqslant 3\,\|\lambda x_0 + y\| \quad \text{für alle } \lambda \in \mathbf{K},\ y \in E_1$$

darzulegen. Im einzig interessanten Fall $\lambda \neq 0$ ist sie gleichwertig mit

$$\|z\| \leqslant 3\,\|x_0 + z\| \quad \text{für alle } z \in E_1.$$

Bei ihrem Beweis unterscheiden wir zwei Fälle:

1. $\|z\| \leqslant 3/2$. Dann ist $\|z\| \leqslant 3 \cdot \frac{1}{2} \leqslant 3d \leqslant 3\,\|x_0 + z\|$.

2. $\|z\| \geqslant 3/2$. Nun haben wir $\|z + x_0\| \geqslant \|z\| - \|x_0\| = \|z\| - 1$, also

$$3\,\|z + x_0\| \geqslant 3\,\|z\| - 3 = \|z\| + 2\,\|z\| - 3 \geqslant \|z\| + 3 - 3 = \|z\|. \qquad \blacksquare$$

Aufgaben

1. Jeder normierte Raum, der einen vollständigen Unterraum endlicher Kodimension enthält, ist selbst vollständig.

2. Der Banachraum E sei die direkte Summe der abgeschlossenen Unterräume F, G: $E = F \oplus G$. Dann ist $E' = F^{\perp} \oplus G^{\perp}$. (Zur Erinnerung: $M^{\perp} := \{x' \in E' : \langle x, x' \rangle = 0$ für alle $x \in M \subset E\}$).

+3. Jeder endlichdimensionale Unterraum eines separierten lokalkonvexen Raumes ist stetig projizierbar und damit auch abgeschlossen.
Hinweis: Satz 65.3.

74 Stetige defektendliche Operatoren

Ist A ein *stetiger* defektendlicher Endomorphismus des normierten Raumes E, so wäre es wünschenswert, in den charakterisierenden Gleichungen (71.1) auch die Operatoren B, C, K_1 und K_2 *stetig* wählen zu können, damit man die Algebra $\mathscr{L}(E)$ nicht zu verlassen braucht. Kehren wir zur näheren Untersuchung dieses Anliegens zum Beweis des Satzes 8.3 zurück, aus dem wir die Gleichungen (71.1) gewonnen hatten. Dabei wollen wir zunächst annehmen, E sei sogar ein *Banachraum.*

$N(A)$ ist endlichdimensional, $A(E)$ endlichkodimensional und somit auch abgeschlossen (Satz 55.4). Kraft des Satzes 73.1 verfügen wir also über einen stetigen Projektor P von E auf $N(A)$ und einen ebenfalls stetigen Projektor Q von E längs $A(E)$; die korrespondierenden Zerlegungen von E sind

$$E = N(A) \oplus U \quad \text{mit} \quad U := N(P), \qquad E = A(E) \oplus V \quad \text{mit} \quad V := Q(E). \tag{74.1}$$

Die Einschränkung A_0 von A auf U bildet den Banachraum U stetig und bijektiv auf den Banachraum $A(E)$ ab, infolgedessen ist $A_0^{-1}: A(E) \to U$ stetig (Satz 39.4).

Damit erweist sich $B:=A_0^{-1}(I-Q)$ als ein *stetiger* Endomorphismus von E, und wie im Beweis des Satzes 8.3 gelangt man nun zu den Gleichungen

$$BA=I-P \quad \text{und} \quad AB=I-Q \tag{74.2}$$

(wobei - wohlgemerkt - P und Q *endlichdimensional* sind). Diese Überlegungen sichern zusammen mit Satz 71.1 die folgende Aussage ab:

74.1 Satz *Der stetige Endomorphismus A des Banachraumes E ist genau dann defektendlich, wenn es Operatoren B, C in $\mathscr{L}(E)$ und K_1, K_2 in $\mathscr{F}(E)$ gibt, so daß die Gleichungen*

$$BA=I-K_1, \qquad AC=I-K_2 \tag{74.3}$$

bestehen; in diesem Falle kann man $B=C$ wählen. Anders gesagt: Der Operator $A\in\mathscr{L}(E)$ ist genau dann defektendlich, wenn seine Restklasse $\hat{A}$ in der Quotientenalgebra $\mathscr{L}(E)/\mathscr{F}(E)$ invertierbar ist.[1)]

Unangenehmer wird die Lage, wenn E *nicht* vollständig ist; der oben gegebene Beweis läßt sich dann nicht mehr ohne zusätzliche Annahmen zu einem glücklichen Ende führen. Zwar gibt es immer noch einen stetigen Projektor P von E auf den (endlichdimensionalen) Nullraum $N(A)$, aber schon die Existenz eines stetigen Projektors Q von E längs des (endlichkodimensionalen) Unterraumes $A(E)$ müssen wir ausdrücklich *voraussetzen*; wegen Satz 73.1 läuft dies darauf hinaus, die Abgeschlossenheit von $A(E)$ zu fordern. Doch das alles ist noch ungenügend, weil damit die Stetigkeit von A_0^{-1} nicht garantiert werden kann. Diese bedeutet ihrerseits, daß A_0 offen ist - der Offenheit von A_0 aber kann man immer dann gewiß sein, wenn A selbst offen ist. Bedeutet nämlich (s. (74.1)) $P_0:=I-P$ den Projektor von E auf U längs $N(A)$ und ist $M\subset U$ offen in dem Unterraum U, so ist dank der Stetigkeit von P_0 auch $P_0^{-1}(M)=\{x+y: x\in M, y\in N(A)\}$ offen, also ist - wegen der vorausgesetzten Offenheit von A - das Bild $A(P_0^{-1}(M))=\{Ax: x\in M\}=A_0(M)$ offen in $A(E)=A_0(E)$ und somit A_0 eine offene Abbildung. Mit dem offenen A_0 und dem stetigen Q können wir aber nun tatsächlich wie oben den *stetigen* Operator $B:=A_0^{-1}(I-Q)$ bilden und damit endlich zu den Gleichungen (74.2) gelangen. Halten wir fest:

Ist A defektendlich und offen und gibt es einen stetigen Projektor Q von E längs $A(E)$ (oder wegen $\beta(A)<\infty$ gleichbedeutend: ist $A(E)$ abgeschlossen), ist ferner P ein (wegen $\alpha(A)<\infty$ immer vorhandener) stetiger Projektor von E auf $N(A)$, so existiert ein $B\in\mathscr{L}(E)$, so daß die folgenden Gleichungen bestehen:

$$BA=I-P, \qquad AB=I-Q. \tag{74.4}$$

[1)] $\mathscr{L}(E)/\mathscr{F}(E)$ wurde gegen Ende der Nr. 37 vorgestellt. Wir erinnern daran, daß $\mathscr{F}(E)$ das Ideal der stetigen endlichdimensionalen Operatoren in $\mathscr{L}(E)$ bedeutet. $\mathscr{F}(E)$ ist i.allg. nicht abgeschlossen, $\mathscr{L}(E)/\mathscr{F}(E)$ also in der Regel keine *normierte* Algebra.

Da $AP = 0$ ist, folgt aus der ersten dieser Gleichungen übrigens die bemerkenswerte Beziehung

$$ABA = A. \tag{74.5}$$

Wir wollen allgemein einen stetigen (nicht notwendigerweise defektendlichen) Endomorphismus A des normierten Raumes E relativ regulär nennen, wenn es ein $B \in \mathscr{L}(E)$ gibt, mit dem (74.5) gilt. Dieser wichtige Begriff wurde von Atkinson (1953) in die Operatorentheorie eingeführt.

Zu (74.5) kommt man auch ohne die Defektendlichkeit von A, wenn man nur voraussetzt, A sei offen und die Räume $N(A)$, $A(E)$ seien stetig projizierbar (das lehrt ein nochmaliger Blick auf die obigen Überlegungen), kurz: Ein offener Operator $A \in \mathscr{L}(E)$ mit stetig projizierbarem Null- und Bildraum ist relativ regulär. Hiervon gilt aber auch die Umkehrung. Ist nämlich A relativ regulär, gilt also (74.5), so ist

$$(AB)^2 = ABAB = AB \quad \text{und} \quad (BA)^2 = BABA = BA,$$

also sind AB und BA – als idempotente Operatoren – stetige Projektoren. Aus $A(E) = (ABA)(E) \subset (AB)(E) \subset A(E)$ folgt $(AB)(E) = A(E)$, der Bildraum von A ist also stetig projizierbar. Aus $N(A) \subset N(BA) \subset N(ABA) = N(A)$ ergibt sich $N(BA) = N(A)$, also $(I - BA)(E) = N(A)$, somit ist auch der Nullraum von A stetig projizierbar. Um schließlich A als offen zu erkennen, beweisen wir die Identität

$$A(G) = B^{-1}(G + N(A)) \cap A(E) \quad \text{für jedes } G \subset E. \tag{74.6}$$

Beachtet man, daß der Projektor AB auf $A(E)$ wie die Identität operiert, so erhält man

$$B^{-1}(G + N(A)) \cap A(E) = (AB)[B^{-1}(G + N(A)) \cap A(E)] \subset A(G + N(A))$$
$$= A(G). \tag{74.7}$$

Andererseits kann man, da auch BA ein Projektor ist, jedes $g \in G$ als Summe $g = x + y$ mit $x \in N(BA)$, $y \in (BA)(E)$ darstellen; daraus folgt $BAg = BAy = y = g - x$, also $(BA)(G) \subset G + N(BA) \subset G + N(ABA) = G + N(A)$ und somit

$$A(G) \subset B^{-1}(G + N(A)) \cap A(E).$$

Aus dieser Inklusion und (74.7) ergibt sich die behauptete Identität (74.6). Ist nun G eine offene Teilmenge von E, so ist für jedes $x \in E$ offenbar $G + x$ offen, also sind auch die Mengen $G + N(A) = \bigcup_{x \in N(A)} (G + x)$ und $B^{-1}(G + N(A))$ offen in E; daraus folgt mit (74.6), daß $A(G)$ eine offene Teilmenge des Unterraumes $A(E)$ ist. Wir fassen zusammen:

74.2 Satz *Ein stetiger Endomorphismus eines normierten Raumes ist genau dann relativ regulär, wenn er offen ist und Null- und Bildraum stetig projizierbar sind.*

Dank dieses Satzes können wir das oben gefundene Ergebnis über defektendliche Operatoren folgendermaßen formulieren: *Zu einem relativ regulären und defekt-*

endlichen Operator $A \in \mathscr{L}(E)$ *gibt es stetige Endomorphismen* B, C *und stetige endlichdimensionale Endomorphismen* K_1, K_2 *mit*

$$BA = I - K_1, \qquad AC = I - K_2; \tag{74.8}$$

man kann sogar $B = C$ *wählen.*

Wir nennen einen stetigen Endomorphismus eines normierten Raumes E Fredholmoperator, wenn er relativ regulär und defektendlich ist; die Menge aller Fredholmoperatoren auf E bezeichnen wir mit $\Phi(E)$. Für einen Fredholmoperator A bestehen Gleichungen der Form (74.8), und nun erhebt sich natürlich das Problem, ob umgekehrt ein $A \in \mathscr{L}(E)$, für das derartige Gleichungen gelten, ein *Fredholmoperator* ist. Wir werden diese Frage in der nächsten Nummer in viel allgemeinerer Form aufgreifen und bejahend beantworten. Gegenwärtig notieren wir nur ein Resultat, das sich ohne Umstände aus den Sätzen 73.1 und 74.2 ergibt:

74.3 Satz *Ein stetiger Endomorphismus eines normierten Raumes ist genau dann ein* Fredholmoperator, *wenn er defektendlich und offen ist und einen abgeschlossenen Bildraum besitzt.*

Kraft der Sätze 39.3 und 55.4 erhalten wir daraus sofort den

74.4 Satz *Ein stetiger Endomorphismus eines Banachraumes ist genau dann ein Fredholmoperator, wenn er bloß defektendlich ist.*

Für einen stetigen Endomorphismus eines Banachraumes E können wir daher dank des Satzes 74.1 die oben aufgeworfene Frage jetzt schon erledigen: Er ist genau dann ein Fredholmoperator, wenn für ihn Gleichungen der Form (74.8) mit $B, C \in \mathscr{L}(E)$ und $K_1, K_2 \in \mathscr{F}(E)$ bestehen.

Aufgaben

1. $A \in \mathscr{L}(E,F)$ heißt relativ regulär, wenn es ein $B \in \mathscr{L}(F,E)$ mit $ABA = A$ gibt. Zeige, daß A genau dann relativ regulär ist, wenn A offen ist und stetig projizierbaren Null- und Bildraum besitzt.

2. $A \in \mathscr{L}(E,F)$ heißt Fredholmoperator, wenn A relativ regulär und defektendlich ist. Zu einem Fredholmoperator $A \in \mathscr{L}(E,F)$ gibt es ein $B \in \mathscr{L}(F,E)$ und $K_1 \in \mathscr{F}(E)$, $K_2 \in \mathscr{F}(F)$, so daß $BA = I_E - K_1$, $AB = I_F - K_2$ ist.

*3. Ein Element a einer beliebigen Algebra R heißt relativ regulär, wenn mit einem $b \in R$ die Gleichung $aba = a$ gilt. Zeige, daß die folgenden Elemente von R stets relativ regulär sind (in den letzten drei Beispielen wird angenommen, daß R ein Einselement e besitzt):
das Nullelement 0; jedes a mit $a^2 = a$ (idempotente Elemente); jedes Vielfache eines relativ regulären Elements; das Einselement e; jedes a, zu dem es ein $n \geqslant 1$ mit $a^n = e$ gibt (Elemente von endlicher Ordnung); jedes links- bzw. rechtsinvertierbare Element.

*4. Ist das Element a der Algebra R relativ regulär (s. Aufgabe 3), so gibt es ein $b \in R$ mit $aba = a$ und $bab = b$ (b heißt relativ invers zu a).

*5. Das Element a der Algebra R ist genau dann relativ regulär (s. Aufgabe 3), wenn $aba - a$ für ein $b \in R$ relativ regulär ist.

*6. Das Ideal J der Algebra R sei ein ϱ-Ideal, d.h., es bestehe nur aus relativ regulären Elementen. Zeige: $a \in R$ ist genau dann relativ regulär, wenn die Restklasse $\hat{a}$ von a in R/J relativ regulär ist.

Hinweis: Aufgabe 5.

7. Ist J ein ϱ-Ideal in der Algebra R und $a \in R$ relativ regulär, so sind alle Elemente von $a + J$ relativ regulär.

Hinweis: Aufgabe 6.

+8. In der Algebra R gibt es genau ein maximales, alle ϱ-Ideale umfassendes ϱ-Ideal.

Hinweis: Zornsches Lemma, Aufgabe 7.

+9. Der stetige Endomorphismus A des Hilbertraumes E ist genau dann relativ regulär, wenn $A(E)$ abgeschlossen ist.

+10. Jeder stetige Projektor P eines normierten Raumes ist offen.

75 Fredholmoperatoren in saturierten Operatorenalgebren

Fredholmoperatoren auf normierten Räumen sind als defektendliche und relativ reguläre Operatoren im wesentlichen *rein algebraisch* definiert. Dies legt den Gedanken nahe, sich bei der Untersuchung von Fredholmoperatoren völlig von metrischen Voraussetzungen zu lösen. Wir betrachten zu diesem Zweck eine Algebra $\mathscr{A}(E)$ von Endomorphismen auf dem Vektorraum E. $A \in \mathscr{A}(E)$ heißt relativ regulär (in $\mathscr{A}(E)$), wenn es ein $B \in \mathscr{A}(E)$ mit $ABA = A$ gibt; A heißt Fredholmoperator (in $\mathscr{A}(E)$), wenn A relativ regulär in $\mathscr{A}(E)$ und defektendlich ist. Offenbar ist ein Fredholmoperator in $\mathscr{A}(E)$ auch in jeder Operatorenalgebra $\mathscr{B}(E) \supset \mathscr{A}(E)$ ein solcher.

Wegen A 8.6 ist jedes Element der Algebra $\mathscr{S}(E)$ relativ regulär in $\mathscr{S}(E)$; *$A \in \mathscr{S}(E)$ ist also genau dann ein Fredholmoperator in $\mathscr{S}(E)$, wenn A defektendlich ist.* Dagegen ist nach Satz 74.3 *$A \in \mathscr{L}(E)$ genau dann ein Fredholmoperator in $\mathscr{L}(E)$, wenn A defektendlich und offen ist und überdies einen abgeschlossenen Bildraum besitzt.*[1] *Ist E vollständig, so reicht jedoch wieder die bloße* Defektendlich-

[1] Wenn wir von $\mathscr{L}(E)$ reden, unterstellen wir in diesem Kapitel stillschweigend, daß E ein *normierter* Raum ist.

keit *des Operators A aus, um seinen Fredholmcharakter zu garantieren* (Satz 74.4).

Die Menge der Fredholmoperatoren in $\mathscr{A}(E)$ bezeichnen wir mit $\Phi(\mathscr{A}(E))$; in Nr. 74 hatten wir schon für die besonders wichtige Menge $\Phi(\mathscr{L}(E))$ die kürzere Bezeichnung $\Phi(E)$ eingeführt. $\mathscr{F}(\mathscr{A}(E))$ sei das (zweiseitige) Ideal aller endlichdimensionalen Operatoren in $\mathscr{A}(E)$; für $\mathscr{F}(\mathscr{L}(E))$ schreiben wir wie früher $\mathscr{F}(E)$. Um eine ergebnisreiche Theorie entwickeln zu können, stellen wir eine gewisse Forderung an die *Struktur und Reichhaltigkeit des Ideals* $\mathscr{F}(\mathscr{A}(E))$, die in der folgenden Definition formuliert wird:

Eine Operatorenalgebra $\mathscr{A}(E)$ heißt **saturiert**, wenn sie die identische Transformation I enthält und es überdies einen Vektorraum E^+ mit folgender Eigenschaft gibt: (E,E^+) bildet bezüglich einer Bilinearform $\langle x,x^+\rangle$ ein Dualsystem, jeder endlichdimensionale Operator K in $\mathscr{A}(E)$ läßt sich in der Form

$$Kx=\sum_{i=1}^{n}\langle x,x_i^+\rangle y_i \tag{75.1}$$

mit Vektoren $y_1,\ldots,y_n$ aus E und $x_1^+,\ldots,x_n^+$ aus E^+ darstellen, und umgekehrt liegt jeder so darstellbare Operator K in $\mathscr{A}(E)$. (Die Vektoren $y_1,\ldots,y_n$ und $x_1^+,\ldots,x_n^+$ kann man linear unabhängig wählen, wenn $K\neq 0$ ist; s. A 48.3).

Gelegentlich wird es notwendig sein, den Raum E^+ besonders herauszustellen; wir nennen dann $\mathscr{A}(E)$ genauer eine E^+-**saturierte Algebra**. Der Begriff der Saturiertheit und grundlegende Resultate dieser und der übernächsten Nummer gehen auf Kroh (1970) zurück; s. auch Heuser (1968).

Zwischen der Saturiertheit einer Algebra und der Konjugierbarkeit der in ihr liegenden Operatoren bestehen enge und wichtige Beziehungen. Sie resultieren aus dem folgenden

75.1 Satz *Jeder Operator A aus einer E^+-saturierten Algebra $\mathscr{A}(E)$ ist E^+-konjugierbar.*

Beweis.[1] Sei A^* der zu A algebraisch duale Operator und x^+ ein beliebiges Element aus E^+. Wegen Satz 50.10 brauchen wir nur zu zeigen, daß A^*x^+ in E^+ liegt. Und da dies im Falle $A^*x^+=0$ trivial ist, dürfen wir $A^*x^+\neq 0$ annehmen. Mit einem Vektor $y\neq 0$ aus E definieren wir den Operator K durch $Kx:=\langle x,x^+\rangle y$. Da $\mathscr{A}(E)$ E^+-saturiert ist, liegt K in $\mathscr{A}(E)$. Dann gehört aber auch der endlichdimensionale Operator KA zu $\mathscr{A}(E)$. KA läßt sich in der Form

$$KAx=\langle Ax,x^+\rangle y=\langle x,A^*x^+\rangle y, \tag{75.2}$$

[1] Er wurde mir von P. Volkmann mitgeteilt.

wegen der E^+-Saturiertheit von $\mathscr{A}(E)$ aber auch in der Form

$$KAx = \sum_{\nu=1}^{n} \langle x, x_\nu^+ \rangle x_\nu \qquad (x_\nu \in E,\ x_\nu^+ \in E^+) \tag{75.3}$$

darstellen; die Elemente $x_1^+, \ldots, x_n^+$ dürfen wir dabei als linear unabhängig annehmen. Aus (75.2) und (75.3) ergibt sich mit A 49.5

$$(KA)(E) = [y] = [x_1, \ldots, x_n],$$

infolgedessen ist $x_\nu = \alpha_\nu y$ ($\nu = 1, \ldots, n$). Damit geht (75.3) über in

$$KAx = \sum_{\nu=1}^{n} \langle x, x_\nu^+ \rangle \alpha_\nu y = \langle x, y^+ \rangle y \quad \text{mit} \quad y^+ := \sum_{\nu=1}^{n} \alpha_\nu x_\nu^+ \in E^+.$$

Ein Blick auf (75.2) lehrt nun, daß

$$\langle x, A^* x^+ \rangle = \langle x, y^+ \rangle \quad \text{für alle } x \in E$$

sein muß. Und da (E, E^+) ein Dualsystem ist, ergibt sich daraus, daß $A^* x^+$ mit y^+ übereinstimmt, also in der Tat zu E^+ gehört. ■

Aus dem eben Bewiesenen ergibt sich in Verbindung mit Satz 50.11 stracks der

75.2 Satz *Sei (E, E^+) ein Dualsystem. Die Operatorenalgebra $\mathscr{A}(E)$ ist genau dann E^+-saturiert, wenn sie die folgenden Bedingungen erfüllt:*

a) *I liegt in $\mathscr{A}(E)$,*

b) *jedes $A \in \mathscr{A}(E)$ ist E^+-konjugierbar,*

c) *jeder E^+-konjugierbare Endomorphismus endlichen Ranges von E gehört zu $\mathscr{A}(E)$.*[1])

Wir bringen nun einige Beispiele für saturierte Operatorenalgebren.

75.3 Beispiel $\mathscr{S}(E)$ ist eine E^*-saturierte, $\mathscr{L}(E)$ eine E'-saturierte Algebra.

75.4 Beispiel Sei $E = E^+ = C[a,b]$ und $\langle x, x^+ \rangle := \int_a^b x(t) x^+(t)\,dt$. $\mathscr{A} := \mathscr{A}(C[a,b])$ bestehe aus allen Operatoren der Form $\alpha I + K$, wobei α alle Zahlen und K die Fredholmschen Integraloperatoren auf $C[a,b]$ mit stetigen Kernen durchlaufe (s. Beispiel 50.6; beachte, daß I kein solcher Integraloperator sein kann, weil I nicht

---

1) Die nun unausweichlich scheinende Charakterisierung E^+-saturierter Algebren mittels der schwachen Topologie $\sigma(E, E^+)$ wollen wir auf später verschieben, um die Kenntnis des Kapitels X hier nicht vorauszusetzen.

kompakt ist). Da die Menge der Fredholmschen Integraloperatoren selbst eine Algebra ist[1], muß auch $\mathscr{A}$ eine solche sein. $\mathscr{A}$ ist überdies $C[a,b]$-saturiert. Man sieht dies sofort mit Hilfe des Satzes 75.2 ein, wenn man die Konjugationsaussage in Beispiel 50.6 und A 50.7 heranzieht.

75.5 Beispiel Sei $E=E^+:=L^2(a,b)$ und $\langle x,x^+\rangle:=\int_a^b x(t)x^+(t)\,\mathrm{d}t$, ferner sei k ein L^2-Kern auf $Q:=[a,b]\times[a,b]$, d.h., k gehöre zu $L^2(Q)$. Durch

$$(Kx)(s):=\int_a^b k(s,t)x(t)\,\mathrm{d}t \tag{75.4}$$

wird ein stetiger Endomorphismus K von $L^2(a,b)$ definiert (Genaueres darüber findet der Leser in Nr. 87). Ähnlich wie im vorhergegangenen Beispiel sieht man, daß die Algebra $\mathscr{A}(L^2(a,b))$, die aus allen Operatoren der Form $\alpha I+K$ besteht, $L^2(a,b)$-saturiert ist; man muß sich diesmal natürlich auf Sätze der Lebesgueschen Integrationstheorie stützen.

Im folgenden wollen wir zeigen, daß ein Operator in einer saturierten Algebra $\mathscr{A}(E)$ genau dann ein Fredholmoperator ist, wenn seine Restklasse in $\mathscr{A}(E)/\mathscr{F}(\mathscr{A}(E))$ invertierbar ausfällt. Wir benötigen dazu einige einfache Vorbemerkungen.

Sei zunächst $\mathscr{A}(E)$ eine *beliebige*, I enthaltende Operatorenalgebra. Ein Unterraum F von E heißt $\mathscr{A}(E)$-projizierbar, wenn es in $\mathscr{A}(E)$ einen Projektor P mit $P(E)=F$ gibt. Der Nullraum $N(P)$ ist dann wegen $N(P)=(I-P)(E)$ ebenfalls $\mathscr{A}(E)$-projizierbar. Wir sagen ferner, daß $E=F\oplus G$ eine $\mathscr{A}(E)$-direkte Summe ist und nennen G ein $\mathscr{A}(E)$-Komplement zu F in E, wenn es einen Projektor $P\in\mathscr{A}(E)$ mit $P(E)=F$, $N(P)=G$ gibt; offenbar ist dann F auch ein $\mathscr{A}(E)$-Komplement zu G. *Genau die $\mathscr{A}(E)$-projizierbaren Unterräume besitzen $\mathscr{A}(E)$-Komplemente.*

Die endlichdimensionalen Operatoren in einer E^+-saturierten Algebra werden definitionsgemäß mit Hilfe des Raumes E^+ konstruiert. Da (E,E^+) ein Dualsystem, also E^+ „groß" ist, wird es in einer solchen Algebra vermutlich „viele" Operatoren endlichen Ranges geben. Genaueres sagt der

75.6 Satz *Ist $\mathscr{A}(E)$ eine E^+-saturierte Algebra, so gelten die folgenden Aussagen:*

a) *Zu linear unabhängigen Vektoren $x_1,\dots,x_n$ und beliebigen $y_1,\dots,y_n$ gibt es stets einen endlichdimensionalen Operator K in $\mathscr{A}(E)$ mit $Kx_i=y_i$ für $i=1,\dots,n$.*

b) *Jeder endlichdimensionale Unterraum von E ist $\mathscr{A}(E)$-projizierbar.*

c) *Jeder endlichdimensionale Operator in $\mathscr{A}(E)$ ist relativ regulär.*

---

[1] Das Produkt K_1K_2 wird durch die Faltung $\int_a^b k_1(s,u)k_2(u,t)\,du$ der korrespondierenden Kerne k_1, k_2 erzeugt; diese ist wieder stetig (s. Nr. 16).

Um a) zu sichern, bestimmen wir nach Satz 49.2 in E^+ Vektoren $x_1^+, \ldots, x_n^+$ mit $\langle x_i, x_k^+\rangle = \delta_{ik}$. Dann leistet der Operator K, definiert durch

$$Kx := \sum_{k=1}^{n} \langle x, x_k^+\rangle y_k, \tag{75.5}$$

offenbar das Gewünschte. - Zum Beweis von b) sei $\{x_1, \ldots, x_n\}$ Basis eines endlichdimensionalen Unterraumes F. Ersetzen wir in (75.5) jedes y_k durch x_k, so projiziert K den Raum E auf F (s. den Beweis des Satzes 73.1). - Nun zeigen wir c). Sei $\{x_1, \ldots, x_n\}$ eine Basis des Bildraumes von $A \in \mathscr{F}(\mathscr{A}(E))$. Dann gibt es Vektoren $y_1, \ldots, y_n$ mit $Ay_i = x_i$ und dazu nach a) ein $B \in \mathscr{F}(\mathscr{A}(E))$ mit $Bx_i = y_i$ für $i = 1, \ldots, n$. Es ist also $ABx_i = Ay_i = x_i$, und da Ax für jedes x die Form $Ax = \sum_{i=1}^{n} \alpha_i(x) x_i$ hat, folgt daraus

$$ABAx = \sum_{i=1}^{n} \alpha_i(x) ABx_i = \sum_{i=1}^{n} \alpha_i(x) x_i = Ax, \quad \text{also } ABA = A. \qquad \blacksquare$$

Wir kommen nun zu der wertvollsten Aussage dieser Nummer:

75.7 Satz *Der Operator A aus der E^+-saturierten Algebra $\mathscr{A}(E)$ ist genau dann ein* Fredholmoperator, *wenn es Operatoren B, C in $\mathscr{A}(E)$ und K_1, K_2 in $\mathscr{F}(\mathscr{A}(E))$ gibt, so daß die Gleichungen*

$$BA = I - K_1, \qquad AC = I - K_2 \tag{75.6}$$

gelten, d.h. genau dann, wenn die Restklasse $\hat{A}$ von A in $\mathscr{A}(E)/\mathscr{F}(\mathscr{A}(E))$ invertierbar *ausfällt.*

Beweis. Wir nehmen zunächst an, A sei ein Fredholmoperator, also relativ regulär und defektendlich. Dann gibt es ein $B \in \mathscr{A}(E)$ mit $ABA = A$, und man sieht wie zwischen (74.5) und (74.6), daß BA und AB Projektoren in $\mathscr{A}(E)$ sind und E durch $K_1 := I - BA$ auf $N(A)$, durch $K_2 := I - AB$ längs $A(E)$ auf ein Komplement zu $A(E)$ projiziert wird. Da $\dim N(A)$ und $\operatorname{codim} A(E)$ endlich sind, müssen K_1, K_2 von endlichem Rang sein. Damit ist die Existenz der Gleichungen (75.6) bewiesen. - Nun setzen wir umgekehrt (75.6) voraus. Es folgt nach Satz 71.1 zunächst, daß A defektendlich ist. Ferner ist die Restklasse $\hat{A}$ von A als invertierbares Element der Algebra $\mathscr{A}(E)/\mathscr{F}(\mathscr{A}(E))$ in ebendieser Algebra relativ regulär (A 74.3), und da $\mathscr{F}(\mathscr{A}(E))$ wegen Satz 75.6c nur aus relativ regulären Elementen besteht, ergibt sich nun aus all dem mit A 74.6, daß A selbst relativ regulär sein muß. Damit ist schon alles abgetan. $\blacksquare$

Eine im ersten Teil des Beweises gemachte Bemerkung wollen wir ausdrücklich festhalten:

75.8 Satz *Null- und Bildraum eines relativ regulären Endomorphismus in einer I enthaltenden Operatorenalgebra $\mathscr{A}(E)$ sind $\mathscr{A}(E)$-projizierbar; genauer: Es gibt* *ein $B \in \mathscr{A}(E)$, so daß der Raum E durch $I-BA$ auf $N(A)$ und durch AB auf $A(E)$ projiziert wird.*

Wir spezialisieren nun den Satz 75.7 auf die E'-saturierte Algebra $\mathscr{L}(E)$.

75.9 Satz *Ein stetiger Endomorphismus des normierten Raumes E ist genau dann ein Fredholmoperator, wenn seine Restklasse in $\mathscr{L}(E)/\mathscr{F}(E)$ invertierbar ist.*

Da die invertierbaren Elemente einer Algebra eine multiplikative Gruppe bilden, erhält man aus Satz 75.7 auf Anhieb den besonders belangreichen

75.10 Satz *Über die Menge $\Phi := \Phi(\mathscr{A}(E))$ der Fredholmoperatoren in der saturierten Algebra $\mathscr{A}(E)$ gelten die folgenden Aussagen:*

a) *Φ ist eine multiplikative Halbgruppe.*

b) *Liegt das Produkt AB in Φ, so liegt entweder jeder oder keiner seiner Faktoren in Φ.*

c) *Mit A liegt auch $A+K$ für jedes $K \in \mathscr{F}(\mathscr{A}(E))$ in Φ.*

Bei der Charakterisierung der Fredholmoperatoren in Satz 75.7 ist man nicht unbedingt auf das Ideal der *endlichdimensionalen* Operatoren angewiesen. Man kann sich auch sogenannter Φ-Ideale bedienen, und dies wird sich später sogar als besonders vorteilhaft erweisen. Ein (zweiseitiges) Ideal $\mathscr{J}$ in einer I enthaltenden Operatorenalgebra $\mathscr{A}(E)$ heißt Φ-I d e a l, wenn gilt:

$$\mathscr{J} \supset \mathscr{F}(\mathscr{A}(E)) \quad \text{und} \quad I-K \in \Phi(\mathscr{A}(E)) \quad \text{für alle } K \in \mathscr{J}. \tag{75.7}$$

In einer saturierten Algebra $\mathscr{A}(E)$ ist $\mathscr{F}(\mathscr{A}(E))$ selbst ein Φ-Ideal; später werden wir sehen, daß die kompakten Operatoren eines normierten Raumes E ein Φ-Ideal in $\mathscr{L}(E)$ bilden. Die angekündigte Charakterisierung der Fredholmoperatoren lautet nun so:

75.11 Satz *Ist $\mathscr{J}$ ein Φ-Ideal in der saturierten Operatorenalgebra $\mathscr{A}(E)$, so ist $A \in \mathscr{A}(E)$ genau dann ein Fredholmoperator in $\mathscr{A}(E)$, wenn die Restklasse $\tilde{A}$ von A in $\mathscr{A}(E)/\mathscr{J}$ invertierbar ausfällt.*[1]

Ist nämlich $A \in \Phi(\mathscr{A}(E))$, so folgt die Behauptung sofort aus Satz 75.7, weil die in (75.6) auftretenden endlichdimensionalen Operatoren K_1, K_2 auch in $\mathscr{J}$ liegen. Sei umgekehrt $\tilde{A}$ invertierbar. Dann gibt es $S_1, S_2 \in \mathscr{A}(E)$ und $K_1, K_2 \in \mathscr{J}$ mit $S_1 A = I - K_1$ und $A S_2 = I - K_2$. Da nach Voraussetzung $I-K_1$, $I-K_2$ Fredholmoperatoren sind, also invertierbare Restklassen in $\hat{\mathscr{A}} := \mathscr{A}(E)/\mathscr{F}(\mathscr{A}(E))$ haben, schließt man aus diesen Gleichungen, daß die Restklasse von A in $\hat{\mathscr{A}}$ sowohl links- als auch rechtsinvertierbar ist. Infolgedessen liegt A in $\Phi(\mathscr{A}(E))$. ■

---

[1] S. auch A 107.1.

Im Falle einer *saturierten* Operatorenalgebra $\mathscr{A}(E)$ braucht die definitionsgemäß an ein Φ-Ideal $\mathscr{J}$ zu stellende Forderung „$\mathscr{J}\supset\mathscr{F}(\mathscr{A}(E))$" gar nicht erst erhoben zu werden, *sofern nur* $\mathscr{J}\neq\{0\}$ *ist*. Es gilt nämlich der

75.12 Satz *In einer E^+-saturierten Operatorenalgebra $\mathscr{A}(E)$ ist $\mathscr{F}(\mathscr{A}(E))$ das kleinste Ideal $\neq\{0\}$.*

Beweis. Sei $\mathscr{J}$ ein beliebiges Ideal $\neq\{0\}$ in $\mathscr{A}(E)$. Wir zeigen zunächst:

$$\textit{Zu beliebigem } y\neq 0 \textit{ in } E \textit{ gibt es stets ein } A\in\mathscr{J} \textit{ mit } Ay\neq 0. \tag{75.8}$$

Angenommen nämlich, für alle $A\in\mathscr{J}$ sei $Ay=0$. Zu einem vorgelegten $z\in E$ können wir ein $K\in\mathscr{F}(\mathscr{A}(E))$ mit $Ky=z$ finden (Satz 75.6a). Dann ist $AK\in\mathscr{J}$, also gemäß unserer Annahme $Az=AKy=0$ für alle $A\in\mathscr{J}$. Da z beliebig war, folgt daraus $\mathscr{J}=\{0\}$, im Widerspruch zu unserer Voraussetzung. Damit ist (75.8) bereits bewiesen.

Nun zeigen wir, daß jedes $K\in\mathscr{F}(\mathscr{A}(E))$ zu $\mathscr{J}$ gehört; dabei dürfen wir den trivialen Fall $K=0$ außer Betracht lassen. Wegen der E^+-Saturiertheit von $\mathscr{A}(E)$ läßt sich K darstellen in der Form

$$Kx=\sum_{i=1}^{n}\langle x,x_i^+\rangle y_i \quad \text{mit } x_i^+\in E^+ \text{ und linear unabhängigen } y_1,\ldots,y_n,$$

also auch in der Form

$$K=K_1+\cdots+K_n \quad \text{mit} \quad K_ix:=\langle x,x_i^+\rangle y_i \quad (i=1,\ldots,n),$$

und offenbar genügt es zu zeigen, daß K_i zu $\mathscr{J}$ gehört. Zu y_i gibt es nach (75.8) ein $A\in\mathscr{J}$ mit $Ay_i\neq 0$, und zu Ay_i wiederum ein $S\in\mathscr{F}(\mathscr{A}(E))$ mit $SAy_i=y_i$ (Satz 75.6a). Für alle $x\in E$ ist also $SAK_ix=\langle x,x_i^+\rangle SAy_i=\langle x,x_i^+\rangle y_i=K_ix$, und somit muß $SAK_i=K_i$ sein. Da aber SAK_i zu $\mathscr{J}$ gehört, liegt also auch K_i in $\mathscr{J}$. ■

Auf dem nunmehr erstiegenen Niveau werden auch die sehr elementaren Betrachtungen zwischen (16.4) und (16.6) in ein ganz neues Licht getaucht. Um dessen inne zu werden, nehmen wir uns wie in Beispiel 75.4 die Algebra $\mathscr{A}$ der Operatoren $\alpha I+K$ vor, wobei α alle Zahlen und K die Menge $\mathscr{J}$ der Fredholmschen Integraloperatoren auf $C[a,b]$ durchlaufe. $\mathscr{A}$ ist saturiert, und das Ideal $\mathscr{F}$ der endlichdimensionalen Operatoren in $\mathscr{A}$ besteht genau aus denjenigen $F\in\mathscr{J}$, die von ausgearteten Kernen erzeugt werden. $\mathscr{J}$ ist offensichtlich ein Ideal in $\mathscr{A}$, aber noch mehr: *$\mathscr{J}$ ist sogar ein Φ-Ideal.* Zum Beweis greifen wir ein beliebiges K mit Kern $k(s,t)$ aus $\mathscr{J}$ heraus und bestimmen dazu ein $F\in\mathscr{F}$ mit Kern $f(s,t)$, so daß $\max_{s,t}|k(s,t)-f(s,t)|<1/(b-a)$ ausfällt (s. (16.7)). Kraft der Betrachtungen, die zu (16.6) führten, besitzt $I-(K-F)$ eine *zu $\mathscr{A}$ gehörende* Inverse und ist somit trivialerweise ein Fredholmoperator in $\mathscr{A}$ mit Index 0. Und nun muß nach den Sätzen 75.10c und 71.5 auch $I-K=I-(K-F)-F$ ein solcher sein. Damit entpuppt sich $\mathscr{J}$ tatsächlich als ein Φ-Ideal in $\mathscr{A}$. Wir halten unser Hauptergebnis fest:

75.13 Satz *$I-K$ ist für jeden Fredholmschen Integraloperator K mit stetigem Kern ein Fredholmoperator mit Index 0 in der saturierten Algebra $\mathscr{A}$ (die in Beispiel* 75.4 *definiert wurde).*[1)]

Die ganze Fredholmtheorie des gegenwärtigen Kapitels ist also glücklicherweise anwendbar auf diejenigen Operatoren, die uns von Anfang an besonders am Herzen gelegen haben: nämlich die Operatoren $I-K$, die aus Fredholmschen Integralgleichungen entspringen.

Aufgaben

1. A sei ein Operator aus der saturierten Algebra $\mathscr{A}(E)$. Mit A liegt auch A^n $(n=0,1,2,\ldots)$ in $\Phi(\mathscr{A}(E))$. Umgekehrt liegt mit einer Potenz A^n $(n\geqslant 1)$ auch A selbst in $\Phi(\mathscr{A}(E))$.

+2. Die Algeba $\mathscr{A}(E)$ sei saturiert, $\hat{A}$ bezeichne die Restklasse von $A\in\mathscr{A}(E)$ in $\hat{\mathscr{A}}:=\mathscr{A}(E)/\mathscr{F}(\mathscr{A}(E))$. Zeige, daß durch $i(\hat{A}):=\operatorname{ind}(A)$ eindeutig eine homomorphe Abbildung i der multiplikativen Gruppe $\mathscr{G}$ aller invertierbaren Elemente von $\hat{\mathscr{A}}$ in die additive Gruppe der ganzen Zahlen definiert wird. Der Kern dieses Homomorphismus - und damit ein Normalteiler von $\mathscr{G}$ - ist die Menge der Restklassen der Fredholmoperatoren mit Index 0.

3. Ist E ein Banachraum, so ist $\overline{\mathscr{F}(E)}$ ein abgeschlossenes Φ-Ideal in $\mathscr{L}(E)$ und $\operatorname{ind}(I-K)=0$ für alle $K\in\overline{\mathscr{F}(E)}$.

+4. Ist E ein Banachraum, so ist die Menge $\Phi(E)$ der stetigen Fredholmoperatoren offen in $\mathscr{L}(E)$.
Hinweis: Aufgabe 3, Sätze 13.7 und 37.4.

5. Gehört ein Projektor zu einem Φ-Ideal, so ist er endlichdimensional.

+6. Atkinsonoperatoren in saturierten Algebren Sei $\mathscr{A}(E)$ eine Operatorenalgebra und $\hat{\mathscr{A}}:=\mathscr{A}(E)/\mathscr{F}(E)$. $A\in\mathscr{A}(E)$ heißt Atkinsonoperator (in $\mathscr{A}(E)$), wenn wenigstens einer der Defekte $\alpha(A),\beta(A)$ endlich und A relativ regulär (in $\mathscr{A}(E)$) ist (s. Atkinson (1953)). $A(\mathscr{A}(E))$ sei die Menge aller Atkinsonoperatoren in $\mathscr{A}(E)$, $A_\alpha:=\{A\in A(\mathscr{A}(E)):\alpha(A)<\infty\}$, $A_\beta:=\{A\in A(\mathscr{A}(E)):\beta(A)<\infty\}$. Wir bezeichnen diese Mengen hinfort kürzer mit A, A_α, A_β. Für $A\in A$ wird der Index definiert durch

---

[1)] Wir bitten den Leser, sorgfältig zwischen *Fredholmschen* Integral*operatoren* und *Fredholmoperatoren* zu unterscheiden. Ein Fredholmscher Integraloperator auf $C[a,b]$ ist gerade *kein* Fredholmoperator in $\mathscr{A}$.

$$\operatorname{ind}(A):=\begin{cases}\alpha(A)-\beta(A), & \text{falls } A\in A_\alpha\cap A_\beta=\Phi(\mathscr{A}(E)),\\ +\infty, & \text{falls } \alpha(A)=+\infty,\\ -\infty, & \text{falls } \beta(A)=+\infty.\end{cases}$$

$\hat{A}$ sei die Restklasse von $A\in\mathscr{A}(E)$ in $\hat{\mathscr{A}}$. Zeige: Ist $\mathscr{A}(E)$ saturiert, so gelten die folgenden Aussagen:

a) $A\in A_\alpha \iff \hat{A}$ ist linksinvertierbar.

b) $A\in A_\beta \iff \hat{A}$ ist rechtsinvertierbar.

c) A_α, A_β sind (multiplikative) Halbgruppen.

d) $AB\in A_\alpha\Rightarrow B\in A_\alpha$; $AB\in A_\beta\Rightarrow A\in A_\beta$.

e) $A\in \boldsymbol{A}\Rightarrow A+K\in \boldsymbol{A}$ für alle $K\in\mathscr{F}(\mathscr{A}(E))$ und $\operatorname{ind}(A+K)=\operatorname{ind}(A)$.

f) In a) und b) darf man $\hat{A}$ durch die Restklasse $\tilde{A}$ von A nach einem beliebigen Φ-Ideal in $\mathscr{A}(E)$ ersetzen.

+7. **Atkinsonoperatoren auf Banach- und Hilberträumen** E sei ein normierter Raum. Der Operator $A\in\mathscr{L}(E)$ ist genau dann ein Atkinsonoperator in $\mathscr{L}(E)$, wenn er offen ist, mindestens einer seiner Defekte $\alpha(A)$, $\beta(A)$ endlich bleibt und sowohl $N(A)$ als auch $A(E)$ stetig projiziert werden kann; ist E *vollständig*, so braucht man die Offenheit von A nicht ausdrücklich zu fordern. Sollte E sogar ein *Hilbertraum* sein, so gilt: A ist genau dann ein Atkinsonoperator, wenn $\alpha(A)$ oder $\beta(A)$ endlich und $A(E)$ abgeschlossen ist.

Hinweis: Aufgabe 6, Sätze 74.2 und 22.1.

76 Die Gleichung $Ax=y$ mit einem Fredholmoperator A

In diesem Abschnitt wollen wir für die überschriftlich genannte Gleichung eine Auflösungstheorie mit Hilfe des konjugierten Operators A^+ entwickeln. Man halte sich dabei ständig vor Augen, daß ein Operator aus einer E^+-saturierten Algebra von Haus aus E^+-*konjugierbar* ist (Satz 75.1).

Wir werden in dieser und der folgenden Nummer mehrmals die Aufgabe 49.5 benötigen und stellen deshalb zur Bequemlichkeit des Lesers ihre Aussage noch einmal bereit:

76.1 Hilfssatz *Ist (E,E^+) ein Linksdualsystem, sind die Vektoren $x_1^+,\ldots,x_n^+$ aus E^+ linear unabhängig und ist der Operator K durch $Kx:=\sum_{i=1}^{n}\langle x,x_i^+\rangle y_i$ mit $y_1,\ldots,y_n$ aus E definiert, so haben wir $K(E)=[y_1,\ldots,y_n]$.*

Unseren Untersuchungen schicken wir eine Bezeichnungskonvention voraus: Ist $\mathscr{A}(E)$ eine E^+-saturierte Operatorenalgebra, so sei

$$\mathscr{A}^+(E^+):=\{A^+: A\in\mathscr{A}(E)\}.$$

$\mathscr{A}^+(E^+)$ ist gewiß eine Algebra. Aber es gilt noch weitaus mehr:

76.2 Hilfssatz *$\mathscr{A}^+(E^+)$ ist E-saturiert und*

$$\mathscr{F}(\mathscr{A}^+(E^+)) = \{K^+ : K \in \mathscr{F}(\mathscr{A}(E))\}.$$

Beweis. Die identische Transformation I^+ von E^+ gehört zu $\mathscr{A}^+(E^+)$, und jedes $A^+ \in \mathscr{A}^+(E^+)$ ist trivialerweise E-konjugierbar. Sei nun $\overline{K}$ irgendein E-konjugierbarer Endomorphismus endlichen Ranges von E^+. $\overline{K}$ ist nach Satz 50.11 darstellbar in der Form $\overline{K}x^+ = \sum_{i=1}^{n} \langle x^+, x_i \rangle x_i^+$ und somit E^+-konjugiert zu dem durch $Kx := \sum_{i=1}^{n} \langle x, x_i^+ \rangle x_i$ definierten $K \in \mathscr{A}(E)$ (s. Beispiel 50.5). Es folgt, daß $\overline{K} = K^+$ zu $\mathscr{A}^+(E^+)$ gehört, und nun braucht man nur noch einen Blick auf den Satz 75.2 zu werfen, um sich der Behauptung zu vergewissern. ■

Wir kommen jetzt zu der beherrschenden Aussage dieser Nummer:

76.3 Satz *Sei $\mathscr{A}(E)$ eine E^+-saturierte Algebra. Dann ist für jeden Fredholmoperator A in $\mathscr{A}(E)$ der konjugierte Operator A^+ ein Fredholmoperator in $\mathscr{A}^+(E^+)$ – und damit auch in jeder Operatorenalgebra $\mathscr{B}(E^+) \supset \mathscr{A}^+(E^+)$ –, ferner bestehen die Gleichungen*

$$\alpha(A) = \beta(A^+), \quad \beta(A) = \alpha(A^+) \quad \textit{und somit} \quad \operatorname{ind}(A) = -\operatorname{ind}(A^+). \tag{76.1}$$

Schließlich gilt: A und A^+ sind bez. (E, E^+) normal auflösbar, d.h.,

$$Ax = y \quad \textit{ist auflösbar} \iff \langle y, x^+ \rangle = 0 \quad \textit{für alle } x^+ \in N(A^+), \tag{76.2}$$
$$A^+x^+ = y^+ \quad \textit{ist auflösbar} \iff \langle x, y^+ \rangle = 0 \quad \textit{für alle } x \in N(A). \tag{76.3}$$

Beweis. Aus Satz 75.7 und Hilfssatz 76.2 folgt durch Konjugation der Gleichungen (75.6), daß A^+ ein Fredholmoperator in der E-saturierten Algebra $\mathscr{A}^+(E^+)$ ist. Als nächstes beweisen wir die E^+-normale Auflösbarkeit von A. Wegen Satz 54.4 läuft sie auf die orthogonale Abgeschlossenheit von $A(E)$ hinaus, und diese wiederum ist dargetan, wenn wir zu jedem $y_0 \notin A(E)$ ein $x^+ \in E^+$ finden können mit

$$\langle z, x^+ \rangle = 0 \quad \text{für alle } z \in A(E), \qquad \text{aber} \quad \langle y_0, x^+ \rangle \neq 0 \tag{76.4}$$

(Hilfssatz 54.2). Dank des Satzes 75.8 gibt es eine Zerlegung $E = A(E) \oplus F$ und einen Projektor $P \in \mathscr{A}(E)$ mit

$$P(E) = F, \qquad N(P) = A(E).$$

P können wir, da $\mathscr{A}(E)$ saturiert ist, in der Form

$$Px = \sum_{i=1}^{n} \langle x, x_i^+ \rangle x_i \tag{76.5}$$

mit linear unabhängigen Vektoren $x_1, \ldots, x_n$ darstellen, und somit haben wir

$$A(E) = N(P) = \{z \in E : \langle z, x_i^+ \rangle = 0 \quad \text{für } i = 1, \ldots, n\}. \tag{76.6}$$

Daraus erhält man aber sofort (76.4): man braucht für x^+ nur ein x_i^+ mit $\langle y_0, x_i^+\rangle \neq 0$ zu nehmen. Nun beweisen wir die Ungleichung

$$\beta(A) \leqslant \alpha(A^+). \tag{76.7}$$

Dabei dürfen wir $\beta(A)>0$, also $P\neq 0$ voraussetzen, dürfen also annehmen, daß in (76.5) auch die Vektoren $x_1^+, \ldots, x_n^+$ linear unabhängig sind. Nach Hilfssatz 76.1 ist dann

$$F=P(E)=[x_1, \ldots, x_n], \quad \text{also} \quad \beta(A)=n.$$

Aus (76.6) ergibt sich ferner $\langle x, A^+x_i^+\rangle = \langle Ax, x_i^+\rangle = 0$ für alle $x\in E$, also

$$x_i^+ \in N(A^+) \quad \text{für } i=1, \ldots, n \quad \text{und somit} \quad n \leqslant \alpha(A^+).$$

Damit ist (76.7) erledigt. Um die umgekehrte Ungleichung $\alpha(A^+)\leqslant\beta(A)$ zu beweisen, seien $y_1^+, \ldots, y_m^+$ linear unabhängige Vektoren aus $N(A^+)$. Nach Satz 49.2 gibt es linear unabhängige Elemente $y_1, \ldots, y_m$ in E mit $\langle y_i, y_k^+\rangle = \delta_{ik}$. Liegt eine Linearkombination $y:=\alpha_1 y_1+\cdots+\alpha_m y_m$ dieser Elemente in $A(E)$, d. h. ist $y=Ax$, so haben wir

$$\alpha_k = \langle \alpha_1 y_1+\cdots+\alpha_m y_m, y_k^+\rangle = \langle Ax, y_k^+\rangle = \langle x, A^+y_k^+\rangle = 0 \quad \text{für } k=1, \ldots, m,$$

also $y=0$. Daher ist $[y_1, \ldots, y_m]\cap A(E)=\{0\}$, also $m\leqslant\beta(A)$ und somit auch $\alpha(A^+)\leqslant\beta(A)$. Zusammen mit (76.7) erhalten wir daraus $\beta(A)=\alpha(A^+)$, also die zweite Gleichung in (76.1). Die restlichen Behauptungen des Satzes ergeben sich nun aus dem bisher Bewiesenen sehr einfach durch „Dualisierung", d. h. dadurch, daß man A und A^+ die Rollen tauschen läßt und in dem Dualsystem (E^+, E) operiert. ■

Der Leser wird bemerkt haben, daß wir beim Beweis der Ungleichung $\alpha(A^+)\leqslant\beta(A)$ im Grunde *nur die Konjugierbarkeit von A* benutzt haben. Aus „Dualitätsgründen" ist dann auch $\alpha(A)\leqslant\beta(A^+)$. Wir wollen dieses nützliche Nebenergebnis ausdrücklich festhalten:

76.4 Satz *Ist (E, E^+) ein Dualsystem und A ein E^+-konjugierbarer Endomorphismus von E, so gelten die Abschätzungen*

$$\alpha(A)\leqslant\beta(A^+) \quad \textit{und} \quad \alpha(A^+)\leqslant\beta(A). \tag{76.8}$$

Für die Anwendungen ist nun die Tatsache von erheblicher Bedeutung, daß man die normale Auflösbarkeit von A und A^+ bereits aus der Beziehung $\operatorname{ind}(A) = -\operatorname{ind}(A^+)$ gewinnen kann (s. 76.1)), ohne noch auf den Fredholmcharakter von A achten zu müssen, schärfer:

76.5 Satz *Sei (E, E^+) ein Dualsystem und A ein E^+-konjugierbarer Endomorphismus von E, der mitsamt seiner Konjugierten A^+ defektendlich ist. Gilt dann*

$$\operatorname{ind}(A) = -\operatorname{ind}(A^+), \tag{76.9}$$

so haben wir die Gleichungen

$$\alpha(A)=\beta(A^+), \qquad \beta(A)=\alpha(A^+), \tag{76.10}$$

und die Operatoren A, A^+ sind beide normal auflösbar, es gelten für sie also die Lösbarkeitskriterien (76.2) *und* (76.3).

Beweis. (76.10) folgt sofort aus (76.8) und (76.9). Wir beweisen nun die E^+-normale Auflösbarkeit von A, also die Gleichung $A(E)=N(A^+)^\perp$. Da die Inklusion $A(E)\subset N(A^+)^\perp$ trivial ist, brauchen wir nur noch ihre Umkehrung $N(A^+)^\perp \subset A(E)$ darzulegen. Und weil diese im Falle $\alpha(A^+)=0$ wegen der zweiten Gleichung in (76.10) keiner weiteren Worte bedarf, können wir dabei $m:=\alpha(A^+)>0$ voraussetzen. Sei $\{y_1^+, \ldots, y_m^+\}$ eine Basis von $N(A^+)$. Dazu gibt es m linear unabhängige Elemente $y_1, \ldots, y_m$ von E mit $\langle y_i, y_k^+\rangle=\delta_{ik}$, und wie gegen Ende des Beweises von Satz 76.3 sieht man, daß $[y_1, \ldots, y_m]\cap A(E)=\{0\}$ sein muß. Da aber wegen der zweiten Gleichung in (76.10) $\beta(A)=m$ ist, liefert diese Schnittgleichung die Darstellung $E=[y_1, \ldots, y_m]\oplus A(E)$. Jedes $y\in N(A^+)^\perp$ kann also in der Form $y=\alpha_1 y_1+\cdots+\alpha_m y_m+Az$ geschrieben werden. Daraus folgt

$$0=\langle y, y_i^+\rangle=\alpha_i+\langle Az, y_i^+\rangle=\alpha_i+\langle z, A^+y_i^+\rangle=\alpha_i \quad \text{für } i=1, \ldots, n,$$

also muß $y=Az$ sein, d.h. in $A(E)$ liegen. Die E^+-normale Auflösbarkeit von A ist damit abgetan. Die E-normale Auflösbarkeit von A^+ erhält man durch Dualisierung des eben Bewiesenen. ■

Wir wollen noch ausdrücklich ein Ergebnis notieren, das sich ohne Umstände aus Satz 76.3 ergibt:

76.6 Satz *Ist E ein* normierter *Raum und A ein Fredholmoperator in $\mathscr{L}(E)$, so ist der duale Operator A' ein Fredholmoperator in $\mathscr{L}(E')$, und es gelten die Gleichungen* (76.1) *ebenso wie die Auflösungskriterien* (76.2) *und* (76.3) – *natürlich mit A' anstelle von A^+.*

Es versteht sich von selbst, daß der Satz 76.3 in Verbindung mit Satz 75.13 auch den Fredholmschen Alternativsatz 53.1 abwirft. Alles in allem dürfen wir also mit dem Lohn für unsere Mühe recht wohl zufrieden sein.

Aufgaben

1. Die Aussagen des Satzes 76.3 gelten für jeden defektendlichen Endomorphismus A von E, wenn $E^+=E^*$ und $A^+=A^*$ ist.

2. Unter den Voraussetzungen des Satzes 76.3 gelten die Gleichungen $\beta(A^+)=\beta(A^*)$, $\alpha(A^+)=\alpha(A^*)$.

3. Unter den Voraussetzungen des Satzes 76.3 ist A genau dann ein Fredholmoperator in $\mathscr{A}(E)$, wenn A^+ ein Fredholmoperator in $\mathscr{A}^+(E^+)$ ist.

4. Ist A ein stetiger defektendlicher Endomorphismus eines Banachraumes E, so gelten die Gleichungen (76.1) und die Auflösungskriterien (76.2) und (76.3) mit A' anstelle von A^+.

77 Darstellungssätze für Fredholmoperatoren

In diesem Abschnitt wollen wir zeigen, daß man *alle* Fredholmoperatoren in einer saturierten Algebra $\mathscr{A}(E)$ erhält, indem man zu den links- oder rechtsinvertierbaren Operatoren endlichdimensionale Endomorphismen hinzufügt. Invertierbarkeit ist hierbei im *algebrentheoretischen* Sinne zu verstehen: $A \in \mathscr{A}(E)$ ist z.B. linksinvertierbar in $\mathscr{A}(E)$ (oder besitzt eine Linksinverse in $\mathscr{A}(E)$), wenn es ein $B \in \mathscr{A}(E)$ mit $BA = I$ gibt.

Für unsere Untersuchungen benötigen wir ein Resultat, das sich ohne die geringste Mühe mit Hilfe des Satzes 75.8 beweisen läßt:

77.1 Satz *Ein Operator A aus einer I enthaltenden Algebra $\mathscr{A}(E)$ besitzt genau dann eine Linksinverse (Rechtsinverse, Inverse) in $\mathscr{A}(E)$, wenn A relativ regulär und injektiv (surjektiv, bijektiv) ist.*

Dieses Theorem gibt übrigens (in Verbindung mit Satz 74.2) eine genaue Antwort auf die Frage, wann ein stetiger Endomorphismus auf dem normierten Raum E eine ein- oder zweiseitige Inverse in $\mathscr{L}(E)$ besitzt (vgl. Aufgabe 2).

77.2 Satz *Der Operator A aus der E^+-saturierten Algebra $\mathscr{A}(E)$ ist genau dann ein Fredholmoperator mit* $\operatorname{ind}(A) \leqslant 0$ $(\geqslant 0, =0)$, *wenn A die Form*

$$A = R + K \tag{77.1}$$

hat, wobei $R \in \mathscr{A}(E)$ defektendlich und linksinvertierbar (rechtsinvertierbar, invertierbar) in $\mathscr{A}(E)$, K hingegen endlichdimensional ist.

Beweis. Sei A ein Fredholmoperator und

$$m := \alpha(A), \quad n := \beta(A), \quad p := \min(m, n).$$

Ist eine der Zahlen $\alpha(A)$, $\beta(A)$ gleich 0, so braucht man in (77.1) nur $R := A$ und $K := 0$ zu setzen, um die gewünschte Darstellung zu erhalten (man beachte hierbei den Satz 77.1). Im folgenden dürfen wir also annehmen, daß keiner der Defekte $\alpha(A)$, $\beta(A)$ verschwindet.

Nach Satz 75.8 gibt es in $\mathscr{A}(E)$ einen Projektor P mit

$$P(E) = N(A); \tag{77.2}$$

wir können ihn, da $\mathscr{A}(E)$ saturiert ist, in der Form

$$Px = \sum_{i=1}^{m} \langle x, x_i^+ \rangle x_i \tag{77.3}$$

darstellen, wobei die Vektoren $x_1, \ldots, x_m$ aus E und $x_1^+, \ldots, x_m^+$ aus E^+ linear unabhängig sind. Man beachte, daß wegen Hilfssatz 76.1 $\{x_1, \ldots, x_m\}$ eine Basis von $P(E)$, infolgedessen $Px_k = x_k$, also

$$\langle x_i, x_k^+ \rangle = \delta_{ik} \tag{77.4}$$

ist. Mit einer Basis $\{y_1, \ldots, y_n\}$ eines Komplements F zu $A(E)$ in E definieren wir $K \in \mathscr{F}(\mathscr{A}(E))$ durch

$$Kx := \sum_{i=1}^{p} \langle x, x_i^+ \rangle y_i. \tag{77.5}$$

Der Operator

$$R := A - K$$

ist nach Satz 75.10 ein Fredholmoperator. Wir zeigen nun, daß er injektiv, surjektiv bzw. bijektiv ist, wenn $\operatorname{ind}(A) \leqslant 0$, $\geqslant 0$ bzw. $= 0$ ist, und haben damit wegen Satz 77.1 die eine Richtung unserer Behauptung bewiesen. Sei zunächst $\operatorname{ind}(A) \leqslant 0$, also $p = m$. Offenbar ist $K(E) \subset F$ und somit

$$A(E) \cap K(E) = \{0\}. \tag{77.6}$$

Daraus folgt im Falle $Rx = 0$, d.h. $Ax = Kx$, daß $Ax = 0$ und $Kx = 0$ sein muß. Nach (77.5) ist also $\langle x, x_i^+ \rangle = 0$ für $i = 1, \ldots, m$, woraus sich mit (77.3) $Px = 0$ ergibt. x liegt daher in $N(A) \cap N(P)$, wegen (77.2) also in $P(E) \cap N(P) = \{0\}$, womit R bereits als injektiv erkannt ist. - Nun sei $\operatorname{ind}(A) \geqslant 0$, also $p = n$. Wegen Hilfssatz 76.1 ist

$$K(E) = [y_1, \ldots, y_n] = F \tag{77.7}$$

und wegen (77.4)

$$\begin{aligned} KPx &= \sum_{i=1}^{n} \langle Px, x_i^+ \rangle y_i = \sum_{i=1}^{n} \left\langle \sum_{k=1}^{m} \langle x, x_k^+ \rangle x_k, x_i^+ \right\rangle y_i \\ &= \sum_{i=1}^{n} \langle x, x_i^+ \rangle y_i = Kx. \end{aligned} \tag{77.8}$$

Wir stellen nun, was wegen (77.7) möglich ist, ein beliebiges $z \in E$ in der Form

$$z = Au_1 - Ku_2$$

dar und setzen

$$v_1 := u_1 - Pu_1, \quad v_2 := Pu_2.$$

Dann folgt aus (77.8) bzw. (77.2)

$$\begin{aligned} &Kv_1 = 0 &&\text{bzw.} \quad Av_2 = 0, \\ &Kv_2 = Ku_2 &&\text{bzw.} \quad Av_1 = Au_1 \end{aligned}$$

und damit

$$R(v_1+v_2)=(A-K)(v_1+v_2)=Au_1-Ku_2=z,$$

also ist R surjektiv. – Gilt schließlich $\operatorname{ind}(A)=0$, also $p=m=n$, so ist nach dem oben Bewiesenen R injektiv *und* surjektiv, *in summa* also bijektiv.

Sei nun umgekehrt die Darstellung (77.1) gegeben, und der Operator R besitze etwa eine Linksinverse in $\mathscr{A}(E)$. Dann ist er nach Satz 77.1 relativ regulär und injektiv. Und da er als defektendlich vorausgesetzt war, muß er somit ein Fredholmoperator mit $\operatorname{ind}(R)=-\beta(R)\leqslant 0$ sein. Mit den Sätzen 75.10 und 71.5 folgt nun, daß auch A ein Fredholmoperator und $\operatorname{ind}(A)\leqslant 0$ ist. Entsprechend geht man vor, wenn R eine Rechtsinverse bzw. eine Inverse in $\mathscr{A}(E)$ besitzt. ■

Wir nehmen nun die Darstellung *kettenendlicher Fredholmoperatoren* in Angriff. Zu dieser Klasse gehören z. B. die Operatoren der Form $I-K$, wobei K ein stetiger endlichdimensionaler oder auch nur kompakter Endomorphismus eines normierten Raumes ist (letzteres werden wir schon in der nächsten Nummer sehen). An interessanten Beispielen für Operatoren dieser Art herrscht also keinerlei Mangel.

Im weiteren benötigen wir den folgenden

77.3 Hilfssatz *Sei $\mathscr{A}(E)$ eine E^+-saturierte Operatorenalgebra und F ein endlichkodimensionaler, $\mathscr{A}(E)$-projizierbarer Unterraum von E. Dann ist jedes algebraische Komplement von F sogar ein $\mathscr{A}(E)$-Komplement.*

Beweis. Nach Voraussetzung gibt es einen Projektor P in $\mathscr{A}(E)$ mit $N(P)=F$, so daß also $E=P(E)\oplus F$ und $\dim P(E)<\infty$ ist. P läßt sich in der Form $Px=\sum_{i=1}^{n}\langle x,x_i^+\rangle x_i$ darstellen, wobei die $x_1,\ldots,x_n$ aus E und die $x_1^+,\ldots,x_n^+$ aus E^+ linear unabhängig sind (von dem trivialen Fall $P=0$ wollen wir absehen). Nach Hilfssatz 76.1 ist $P(E)=[x_1,\ldots,x_n]$, also

$$\operatorname{codim} F=\dim[x_1,\ldots,x_n]=n. \tag{77.9}$$

Ferner gilt

$$F=N(P)=\{x\in E:\langle x,x_i^+\rangle=0 \quad \text{für } i=1,\ldots,n\}. \tag{77.10}$$

Nun sei G irgendein algebraisches Komplement zu F und $G^+:=[x_1^+,\ldots,x_n^+]$. Dann ist (G,G^+) mit der Bilinearform $[y,y^+]:=\langle y,y^+\rangle$ ein Bilinearsystem und wegen (77.10) sogar ein Rechtsdualsystem. Zu einer Basis $\{y_1,\ldots,y_n\}$ von G – sie ist wegen (77.9) n-gliedrig – gibt es also nach Satz 49.2 linear unabhängige Vektoren $y_1^+,\ldots,y_n^+$ aus G^+ mit $\langle y_i,y_k^+\rangle=\delta_{ik}$. Die Abbildung Q, definiert durch

$$Qx:=\sum_{i=1}^{n}\langle x,y_i^+\rangle y_i, \tag{77.11}$$

ist ein Projektor in $\mathscr{A}(E)$ mit $Q(E)=G$ und

$$N(Q)=\{x\in E\colon \langle x,y_i^+\rangle=0 \quad \text{für } i=1,\ldots,n\}. \tag{77.12}$$

Da $\{x_1^+,\ldots,x_n^+\}$ und $\{y_1^+,\ldots,y_n^+\}$ Basen von G^+ sind, folgt aus (77.10) und (77.12)

$$F=N(P)=\{x\in E\colon \langle x,x^+\rangle=0 \quad \text{für alle } x^+\in G^+\}=N(Q).$$

Q projiziert also E parallel zu F auf G, d.h., G ist in der Tat ein $\mathscr{A}(E)$-Komplement zu F. ■

Die Struktur kettenendlicher Fredholmoperatoren wird nun vollständig aufgeklärt durch den

77.4 Satz *A sei ein Operator aus der E^+-saturierten Endomorphismenalgebra $\mathscr{A}(E)$. Gibt es für A eine Darstellung der Form*

$$A=R+K, \tag{77.13}$$

wobei $R\in\mathscr{A}(E)$ eine Inverse in $\mathscr{A}(E)$ besitzt, K zu $\mathscr{F}(\mathscr{A}(E))$ gehört und mit R kommutiert, so ist A ein Fredholmoperator mit verschwindendem Index, dessen Kettenlängen $p(A)$ und $q(A)$ endlich und gleich sind. Ist umgekehrt A ein Fredholmoperator mit endlichen Null- und Bildkettenlängen, so hat A eine Darstellung der Form (77.13) - *wobei R und K die dort angegebenen Eigenschaften besitzen.*

Beweis. Besteht die Darstellung (77.13), so folgt aus Satz 77.2 daß A jedenfalls ein Fredholmoperator mit verschwindendem Index ist. Um die Aussage $p(A)=q(A)<\infty$ nachzuweisen, genügt es nun wegen Satz 72.6, die Endlichkeit von $p(A)$ zu zeigen. Da R mit K kommutiert, folgt aus $A=R(I+R^{-1}K)$ die Darstellung $A^n=R^n(I+R^{-1}K)^n$. Wir haben also $N(A^n)=N((I+R^{-1}K)^n)$ für $n\in\mathbf{N}$, und da $R^{-1}K$ endlichdimensional ist, werden diese Nullräume schließlich konstant (siehe die Bemerkung vor Satz 72.1).

Nun sei umgekehrt A ein Fredholmoperator mit endlichem $p(A)$ und $q(A)$. Nach Satz 72.4 besteht die Zerlegung

$$E=N(A^p)\oplus A^p(E) \quad \text{mit } p:=p(A)=q(A). \tag{77.14}$$

Nach Satz 75.10 ist A^p ein Fredholmoperator, $A^p(E)$ also endlichkodimensional und $\mathscr{A}(E)$-projizierbar (Satz 75.8). Daraus und aus (77.14) folgt mit Hilfssatz 77.3, daß es in $\mathscr{A}(E)$ einen Projektor P gibt, der E parallel zu $A^p(E)$ auf $N(A^p)$ projiziert; P ist endlichdimensional. Mit dem Projektor $Q:=I-P$ längs $N(A^p)$ auf $A^p(E)$ setzen wir

$$R:=AQ-P, \qquad K:=AP+P.$$

R liegt in $\mathscr{A}(E)$, K sogar in $\mathscr{F}(\mathscr{A}(E))$, und offenbar ist

$$A=R+K.$$

Da $A^p(E)$ und $N(A^p)$ durch A in sich abgebildet werden, sind P und Q mit A vertauschbar (Satz 8.4), also kommutieren auch R und K. Es bleibt noch zu zeigen, daß R eine Inverse in $\mathscr{A}(E)$ besitzt. Sei $Rx=0$. Dann ist $AQx=Px$, also auch $QAx=Px$ und somit

$$QAx=0 \quad \text{und} \quad Px=0. \tag{77.15}$$

Wegen der letzten dieser Gleichungen liegt x in $A^p(E)$, also ist $Qx=x$. Daraus folgt mit der ersten Gleichung in (77.15), daß $Ax=AQx=QAx=0$ ist, x also auch in $N(A)$ liegt. Ein Blick auf (77.14) lehrt nun, daß $x=0$, also $\alpha(R)=0$ sein muß. Da nach Satz 71.5 $\operatorname{ind}(R)=\operatorname{ind}(A-K)=\operatorname{ind}(A)$ ist und wegen Satz 72.6 $\operatorname{ind}(A)$ verschwindet, ist auch $\beta(R)=\alpha(R)-\operatorname{ind}(R)=0$ und R somit bijektiv. Ferner ist $R=A-K$ nach Satz 75.10 ein Fredholmoperator, insbesondere also relativ regulär. Infolgedessen können wir nun aus Satz 77.1 entnehmen, daß R in der Tat eine Inverse in $\mathscr{A}(E)$ besitzt. ■

77.5 Satz *Ist $\mathscr{A}(E)$ eine E^+-saturierte Algebra, so gilt für jeden Fredholmoperator A in $\mathscr{A}(E)$*

$$p(A)=q(A^+), \qquad q(A)=p(A^+). \tag{77.16}$$

Ist A überdies kettenendlich, so ist auch A^+ kettenendlich, und wir haben die Gleichungen

$$\alpha(A)=\beta(A)=\alpha(A^+)=\beta(A^+), \qquad p(A)=q(A)=p(A^+)=q(A^+). \tag{77.17}$$

Beweis. Da nach Satz 75.10 mit A auch A'' ein Fredholmoperator ist, folgt (77.16) sofort aus (76.1), wenn man dort A durch A'' ersetzt. Zum Beweis der restlichen Behauptungen ziehe man noch die Sätze 72.3 und 72.6 heran. ■

Aufgaben

+1. **Darstellung von Fredholmoperatoren mit vorgegebenem Index** Sei $\mathscr{A}(E)$ eine saturierte Algebra und $J:=\{\operatorname{ind}(A): A\in\Phi(\mathscr{A}(E))\}$ der Wertevorrat der Indexfunktion. Zu jedem $n\in J$ wähle man einen Fredholmoperator A_n mit $\operatorname{ind}(A_n)=n$ aus. Zeige: Jeder Fredholmoperator $A\in\mathscr{A}(E)$ mit $\operatorname{ind}(A)=n$ ist in der Form $A=A_nR+K$ darstellbar, wobei $R\in\mathscr{A}(E)$ eine Inverse in $\mathscr{A}(E)$ besitzt und $K\in\mathscr{A}(E)$ endlichdimensional ist. Umgekehrt ist jeder so darstellbare Operator A ein Fredholmoperator in $\mathscr{A}(E)$ mit $\operatorname{ind}(A)=n$.

Hinweis: Benutze A 75.2 und die Zerlegung einer Gruppe in die Nebenklassen eines Normalteilers.

+2. **Inverse in $\mathscr{L}(E)$** Zu $A\in\mathscr{L}(E)$, E ein normierter Raum, gibt es genau dann eine *Linksinverse* $B\in\mathscr{L}(E)$, wenn A injektiv und offen und $A(E)$ stetig projizierbar ist; genau dann gibt es eine *Rechtsinverse* $C\in\mathscr{L}(E)$, wenn A surjektiv und offen und $N(A)$ stetig projizierbar ist; schließlich gibt es genau dann eine *zweiseitige Inverse* $D\in\mathscr{L}(E)$, wenn A bijektiv und offen ist.

78 Die Rieszsche Theorie kompakter Operatoren

In diesem Abschnitt sei E ein normierter Raum und K eine kompakte Selbstabbildung von E. Wir werden die wesentlichen Züge der Theorie darlegen, die F. Riesz (1918), ausgehend von der Fredholmschen Integralgleichung, für Operatoren der Form $I-K$ entwickelt hat und die ein Meilenstein in der Geschichte der Funktionalanalysis geworden ist. Eingangs erinnern wir an zwei einfache Tatbestände:

1. $\alpha(I-K)$ *ist endlich* (s. A 11.10).

2. *Ist die Einschränkung A_0 von $A:=I-K$ auf einen abgeschlossenen Unterraum F von E injektiv, so muß die Inverse $A_0^{-1}: A_0(F)\to F$ stetig sein* (leichte Modifikation von Satz 28.1).

Als nächstes zeigen wir:

3. $(I-K)(E)$ *ist abgeschlossen.*

Beweis. Nach Satz 73.1 besitzt der endlichdimensionale Nullraum $N:=N(I-K)$ ein abgeschlossenes Komplement F. Die Einschränkung A_0 von $I-K$ auf F ist injektiv, ihre Inverse $A_0^{-1}: (I-K)(E)\to F$ also wegen der obigen Bemerkung **2** stetig. Sei nun (y_n) eine Folge aus $(I-K)(E)=A_0(F)$ mit $y_n\to y\in E$. Dann bilden die $f_n:=A_0^{-1}y_n$ eine *Cauchy*folge, erst recht also eine *beschränkte* Folge, und daher gibt es eine Teilfolge (f_{n_k}) mit $Kf_{n_k}\to g\in E$. Somit strebt $f_{n_k}=(I-K)f_{n_k}+Kf_{n_k}\to y+g=:f$, also strebt auch $f_n\to f$. Aus $y_n=(I-K)f_n$ folgt nun $y=(I-K)f\in(I-K)(E)$. ■

Wir setzen nun

$$A:=I-K, \qquad N_n:=N(A^n), \qquad B_n:=A^n(E)$$

und bemerken zunächst, daß wegen der Idealeigenschaft der kompakten Endomorphismen der Operator K_n in der Entwicklung

$$A^n=(I-K)^n=I-\left[nK-\binom{n}{2}K^2+\cdots+(-1)^{n+1}K^n\right]=I-K_n \tag{78.1}$$

kompakt ist. Daraus folgt bereits mit den obigen Bemerkungen **1**, **3**, daß für $n=1,2,\ldots$ die Nullräume N_n endlichdimensional und die Bildräume B_n abgeschlossen sind. Wir zeigen nun, daß beide Kettenlängen von A endlich bleiben. Wäre $p(A)=\infty$, so wäre N_{n-1} ein echter abgeschlossener Unterraum von N_n für $n=1,2,\ldots$ Nach dem Rieszschen Lemma 11.6 gäbe es dann in jedem N_n ein x_n mit $\|x_n\|=1$ und $\|x_n-x\|\geqslant 1/2$ für alle $x\in N_{n-1}$. Da

$$Kx_n-Kx_m=x_n-(x_m-Ax_m+Ax_n) \tag{78.2}$$

ist und für $m=1,\ldots,n-1$ das eingeklammerte Element in N_{n-1} liegt, wäre für diese Indizes m also $\|Kx_n-Kx_m\|\geqslant 1/2$, (Kx_n) könnte somit, im Widerspruch zur Kompaktheit von K, keine konvergente Teilfolge enthalten: $p(A)$ muß also endlich sein. Wäre $q(A)=\infty$, so gäbe es wegen der Abgeschlossenheit der B_n für jedes n ein $x_n\in B_n$ mit $\|x_n\|=1$ und $\|x_n-x\|\geqslant 1/2$ für alle $x\in B_{n+1}$. Da für $m>n$ das eingeklammerte Element in (78.2) zu B_{n+1} gehört, wäre also $\|Kx_n-Kx_m\|\geqslant 1/2$ für alle $m>n$, und (Kx_n) könnte keine konvergente Teilfolge enthalten. Dieser Widerspruch zur Kompaktheit von K beweist die Endlichkeit von $q(A)$. ∎

Mit Hilfe der Sätze 72.3 und 72.6 erkennen wir nun, daß

$$p(A)=q(A) \quad \text{und} \quad \alpha(A)=\beta(A) \tag{78.3}$$

ist, und aus Satz 72.4 folgt die Zerlegung

$$E=N_p\oplus B_p \quad \text{mit } p:=p(A). \tag{78.4}$$

Da B_p endlichkodimensional und abgeschlossen ist, gibt es einen stetigen Projektor P, der E längs B_p auf N_p projiziert (Satz 73.1); $Q:=I-P$ projiziert dann E längs N_p auf B_p. Mit

$$S:=PK\in\mathscr{F}(E), \qquad V:=QK\in\mathscr{K}(E), \qquad R:=I-V$$

erhalten wir wegen $K=(P+Q)K=S+V$ die Gleichung

$$A=R-S. \tag{78.5}$$

Aus $Rx=(I-V)x=0$ folgt nun einerseits $x=Vx=QKx\in B_p$, andererseits $Ax=(R-S)x=-Sx=-PKx\in N(A^p)$, also $x\in N(A^{p+1})=N(A^p)=N_p$, so daß wegen (78.4) $x=0$ sein muß. $R=I-V$ ist also injektiv. Die Kompaktheit von V erzwingt nun dank des schon Bewiesenen (s. (78.3)) die Bijektivität von R. Bemerkung **2** lehrt darüber hinaus, daß R^{-1} in $\mathscr{L}(E)$ liegt. Und nun folgt aus (78.5) mit Satz 77.2, daß $I-K$ ein Fredholmoperator ist (die in diesem Satz auftretende E^+-saturierte Algebra $\mathscr{A}(E)$ ist in dem vorliegenden Fall $\mathscr{L}(E)$; E^+ ist E'). Wir bemerken noch, daß $I-K$ nach Satz 74.3 offen ist und fassen unsere Ergebnisse zusammen:

78.1 Satz *Sei K ein kompakter Endomorphismus des normierten Raumes E. Dann ist $I-K$ ein kettenendlicher Fredholmoperator in $\mathscr{L}(E)$ mit verschwindendem Index, insbesondere ist $I-K$ offen und $(I-K)(E)$ abgeschlossen.*

Aufgaben

In den folgenden Aufgaben sei E ein normierter Raum.

*1. $A\in\mathscr{L}(E)$ ist genau dann ein Fredholmoperator, wenn seine Restklasse $\hat{A}$ in $\mathscr{L}(E)/\mathscr{K}(E)$ invertierbar ausfällt, also genau dann, wenn es $B,C\in\mathscr{L}(E)$ und $K_1,K_2\in\mathscr{K}(E)$ gibt, so daß $BA=I-K_1$ und $AC=I-K_2$ ist. Hinweis: Satz 75.11.

+**2.** Sei A ein Fredholmoperator und K kompakt. Dann ist auch $A+K$ ein Fredholmoperator und $\operatorname{ind}(A+K)=\operatorname{ind}(A)$.
Hinweis: Aufgabe 1 und Beweis von Satz 71.5.

+**3.** In den Sätzen 77.2 und 77.4 können, falls $\mathscr{A}(E)=\mathscr{L}(E)$ ist, in den charakterisierenden Darstellungen $A=R+K$ von Fredholmoperatoren A die endlichdimensionalen K durch *kompakte* ersetzt werden.
Hinweis: Aufgabe 2.

79 Die Riesz-Schaudersche Auflösungstheorie für $I-K$ mit kompaktem K

Aus Satz 78.1 folgt unmittelbar, wenn wir noch die Sätze 76.6 und 77.5 heranziehen, der

79.1 Satz *Ist K ein kompakter Endomorphismus des normierten Raumes E, so ist $I'-K'$ ein Fredholmoperator in $\mathscr{L}(E')$, und es bestehen die Gleichungen*

$$\alpha(I-K)=\beta(I-K)=\alpha(I'-K')=\beta(I'-K'), \tag{79.1}$$

$$p(I-K)=q(I-K)=p(I'-K')=q(I'-K'); \tag{79.2}$$

insbesondere sind die Operatoren $I-K$ und $I'-K'$ immer dann schon bijektiv, wenn einer von ihnen injektiv oder surjektiv ist. Ferner gilt:

$$(I-K)x=y \quad \textit{ist auflösbar} \iff \langle y,x'\rangle=0 \quad \textit{für alle } x'\in N(I'-K'),$$
$$(I'-K')x'=y' \quad \textit{ist auflösbar} \iff \langle x,y'\rangle=0 \quad \textit{für alle } x\in N(I-K).$$[1]

Es ist übrigens eine sehr bemerkenswerte und keineswegs triviale Tatsache, daß mit K auch K' kompakt ist, woraus sich dann von neuem - und nun von einer ganz anderen Seite her - der Fredholmcharakter von $I'-K'$ ergibt. Es gilt nämlich folgender

79.2 Satz von Schauder *Die duale Transformation $K':F'\to E'$ einer kompakten Abbildung $K: E\to F$ der normierten Räume E,F ist kompakt.*

Beweis. Es sei

$$S:=\{x\in E: \|x\|\leqslant 1\}, \qquad Y:=K(S).$$

Kraft der Kompaktheit von K ist Y relativ kompakt, $\overline{Y}$ also kompakt (s. A 11.4b). Nun sei uns eine beschränkte Folge $(y_n')\subset F'$ vorgelegt:

$$\|y_n'\|\leqslant\gamma \quad \text{für alle } n=1,2,\ldots.$$

---

[1] Diese Lösbarkeitskriterien und (79.1) fließen wegen (78.5) auch aus Satz 52.1.

Für jedes $y \in Y$, also für jedes $y = Kx$ mit $\|x\| \leqslant 1$, bleibt

$$|y_n'(y)| \leqslant \|y_n'\| \, \|Kx\| \leqslant \gamma \|K\| \quad (n = 1, 2, \ldots),$$

und dasselbe gilt dann offensichtlich auch für jedes $y \in \overline{Y}$. Die Folge der Funktionen y_n' ist somit auf $\overline{Y}$ gleichmäßig beschränkt. Ferner gilt für je zwei Punkte $y, z \in \overline{Y}$ stets

$$\begin{aligned} |y_n'(y) - y_n'(z)| &= |y_n'(y - z)| \leqslant \|y_n'\| \, \|y - z\| \\ &\leqslant \gamma \|y - z\| \quad (n = 1, 2, \ldots). \end{aligned}$$

Aus dieser Abschätzung ergibt sich aber sofort, daß die Folge (y_n') auf $\overline{Y}$ auch gleichstetig ist. Der Satz von Arzelà-Ascoli[1] lehrt nun, daß (y_n') eine Teilfolge (y_{n_i}') enthält, die gleichmäßig auf $\overline{Y}$ konvergiert. Zu jedem $\varepsilon > 0$ gibt es also einen Index $i_0 = i_0(\varepsilon)$, so daß gilt:

$$|y_{n_i}'(y) - y_{n_j}'(y)| < \varepsilon \quad \text{für alle } i, j > i_0 \text{ und alle } y \in \overline{Y}.$$

Infolgedessen ist für alle $i, j > i_0$ und alle $x \in S$

$$\begin{aligned} |\langle x, K'y_{n_i}' - K'y_{n_j}' \rangle| &= |\langle x, K'y_{n_i}' \rangle - \langle x, K'y_{n_j}' \rangle| \\ &= |\langle Kx, y_{n_i}' \rangle - \langle Kx, y_{n_j}' \rangle| < \varepsilon, \end{aligned}$$

und daraus folgt nun sofort

$$\|K'y_{n_i}' - K'y_{n_j}'\| = \sup_{x \in S} |\langle x, K'y_{n_i}' - K'y_{n_j}' \rangle| \leqslant \varepsilon$$

für $i, j > i_0$. $(K'y_{n_i}')$ entpuppt sich so als eine Cauchyfolge in E', und da E' als Dualraum vollständig ist, muß $(K'y_{n_i}')$ sogar konvergieren. ∎

Bei *vollständigem* F läßt sich der Schaudersche Satz umkehren:

79.3 Satz *E sei ein normierter Raum, F ein Banachraum und $K \in \mathscr{L}(E, F)$. Dann ist mit K' auch K kompakt.*

B e w e i s. Nach Satz 79.2 ist der biduale Operator $K'': E'' \to F''$ kompakt. Seine Einschränkung K auf den Unterraum E von E'' (s. Nr. 57) ist dann zunächst *als Abbildung von E in F''* kompakt; da F aber vollständig und somit ein abgeschlossener Unterraum von F'' ist, ergibt sich nun die Kompaktheit von K auch *als Abbildung von E in F.* ∎

Obwohl der Operator K in der Fredholmschen Integralgleichung (53.1) kompakt ist (s. A 3.3), können wir aus Satz 79.1 nicht den Fredholmschen Alternativsatz 53.1 wiedergewinnen, weil diesem das Dualsystem $(C[a,b], C[a,b])$ zugrunde liegt,

---

[1] S. Satz 106.2 in Heuser I. Die dort auftretende kompakte Teilmenge von **R** darf ohne weiteres durch eine kompakte Teilmenge irgendeines metrischen Raumes ersetzt werden. Auch die vorausgesetzte Reellwertigkeit der Funktionen ist unerheblich. S. dazu auch Heuser II, A 159.4.

nicht das topologische System $(C[a,b], (C[a,b])')$. Aus dieser Peinlichkeit befreit uns aber mit einem Schlag der Satz 76.5. In Verbindung mit der fundamentalen Indexgleichung $\operatorname{ind}(I-K)=0$, die für jedes kompakte K gilt, liefert er nämlich sofort den flexiblen

79.4 Satz *E, E^+ seien normierte Räume, die ein Dualsystem (E, E^+) bilden mögen. K sei ein kompakter, E^+-konjugierbarer Endomorphismus von E und K^+ sei ebenfalls kompakt. Dann ist*

$$\alpha(I-K)=\beta(I-K)=\alpha(I^+-K^+)=\beta(I^+-K^+);$$

insbesondere sind die Operatoren $I-K$ und I^+-K^+ immer dann schon bijektiv, wenn einer von ihnen injektiv oder surjektiv ist. Ferner gilt:

$$\begin{aligned}(I-K)x=y \quad &\text{ist auflösbar} \iff \langle y,x^+\rangle=0 \quad \text{für alle } x^+\in N(I^+-K^+),\\ (I^+-K^+)x^+=y^+ \quad &\text{ist auflösbar} \iff \langle x,y^+\rangle=0 \quad \text{für alle } x\in N(I-K).\end{aligned}$$

Wenn man sich jetzt daran erinnert, daß der Fredholmsche Integraloperator K bezüglich des Dualsystems $(C[a,b], C[a,b])$ konjugierbar und seine Konjugierte K^+ wieder ein Fredholmscher Integraloperator, also auch kompakt ist (s. Beispiel 50.6), dann erkennt man den zentralen Alternativsatz 53.1 als eine Frucht des Satzes 79.4 - diesmal gewonnen durch ein *Kompaktheitsargument* im Unterschied zu dem früher benutzten *Approximationsverfahren.*[1)]

Aufgaben

1. E, F seien Banachräume. Der Bildraum des kompakten Operators $K\colon E\to F$ ist genau dann abgeschlossen, wenn K von endlichem Rang ist.

Hinweis: Betrachte den kompakten Operator $K_1\colon E\to K(E)$, definiert durch $K_1x:=Kx$ für $x\in E$, und benutze die Sätze 55.6 und 79.2.

2. Ein kompakter Endomorphismus eines Banachraumes ist genau dann relativ regulär, wenn er von endlichem Rang ist.

Hinweis: Aufgabe 1. Weiterführende Sätze bringt P. Aiena (1984).

$^+$**3. Präkompakte Operatoren** Für diese Aufgabe benötigt man die folgenden Definitionen: Eine Teilmenge M des metrischen Raumes E heißt präkompakt, wenn jede Folge aus M eine Cauchyfolge enthält oder gleichbedeutend: wenn die Abschließung von M in der vollständigen Hülle $\tilde{E}$ von E kompakt ist. Eine lineare Abbildung $K\colon E\to F$ der normierten Räume E und F wird präkompakt genannt, wenn das Bild jeder beschränkten Folge eine Cauchyfolge enthält. Zeige

a) Ein präkompakter Operator ist stetig.

[1)] Insgesamt haben wir uns bisher drei Wege zu dem Alternativsatz gebahnt: den ersten (die *direttissima*) in Nr. 53, den zweiten in Nr. 76 und den dritten in der vorliegenden Nummer. Damit mag es denn auch sein Bewenden haben.

b) K ist genau dann präkompakt, wenn das Bild der Einheitskugel präkompakt ist oder gleichbedeutend: wenn die stetige und lineare Fortsetzung $\tilde{K}: \tilde{E} \to \tilde{F}$ von K auf die vollständige Hülle $\tilde{E}$ von E kompakt ist.

c) Ein kompakter Operator ist präkompakt; ist $K: E \to F$ präkompakt und F vollständig, so ist K sogar kompakt.

d) Strebt die Folge der präkompakten Operatoren $K_n \in \mathscr{S}(E,F)$ gleichmäßig gegen K, so ist auch K präkompakt.

e) Summen und skalare Vielfache präkompakter Operatoren sind präkompakt; das Produkt eines präkompakten mit einem stetigen Operator ist präkompakt.

f) Die präkompakten Endomorphismen eines normierten Raumes E bilden ein abgeschlossenes Ideal in $\mathscr{S}(E)$.

g) Ein stetiger Operator K ist genau dann präkompakt, wenn K' kompakt ist. Hinweis: A 41.6.

80 Eigenwerte, invariante und hyperinvariante Unterräume eines kompakten Operators

In Kapitel V haben wir gesehen, welche entscheidende Rolle Eigenwerte und Eigenlösungen eines *kompakten symmetrischen Operators A* spielen. Wir haben dort auch festgestellt, daß sich die Eigenwerte von A höchstens im Nullpunkt häufen können. In der vorliegenden Nummer werden wir u.a. dieses wichtige Resultat auf *beliebige* kompakte Operatoren übertragen. Wir beginnen mit einigen algebraischen Betrachtungen, die im übrigen auch für sich genommen interessant sind und uns später noch in anderen Zusammenhängen nützlich sein werden.

Für ein Polynom $f(\lambda) := \alpha_0 + \alpha_1\lambda + \cdots + \alpha_n\lambda^n$ in der Veränderlichen $\lambda \in \mathbf{K}$ mit Koeffizienten $\alpha_\nu \in \mathbf{K}$ und einen Endomorphismus A des Vektorraumes E über $\mathbf{K}$ setzen wir

$$f(A) := \alpha_0 I + \alpha_1 A + \cdots + \alpha_n A^n. \tag{80.1}$$

Die Zuordnung $f \mapsto f(A)$ ist ein Homomorphismus der Algebra aller Polynome f über $\mathbf{K}$ auf die (kommutative) Algebra aller Operatoren $f(A)$.

80.1 Satz *Für einen Endomorphismus A des Vektorraumes E gelten die folgenden Aussagen:*

a) *Sind $f_1, \ldots, f_n$ paarweise teilerfremde Polynome und ist $f := f_1 \cdots f_n$, so haben wir*

$$N(f(A)) = N(f_1(A)) \oplus \cdots \oplus N(f_n(A)). \tag{80.2}$$

b) *Eigenlösungen von A zu verschiedenen Eigenwerten sind linear unabhängig.*

c) *Für teilerfremde Polynome f_1, f_2 ist*

$$N(f_1(A)) \subset f_2(A)(E). \tag{80.3}$$

Beweis. a) Es sei zunächst $n=2$, $N:=N(f(A))$ und $N_i:=N(f_i(A))$. Wegen $N_i\subset N$ ist $N_1+N_2\subset N$; die Umkehrung dieser Inklusion ergibt sich folgendermaßen. Da f_1, f_2 teilerfremd sind, gibt es Polynome g_1, g_2 mit $g_1(\lambda)f_1(\lambda)+g_2(\lambda)f_2(\lambda)=1$, also $g_1(A)f_1(A)+g_2(A)f_2(A)=I$. Jedes $x\in E$ gestattet somit die Zerlegung

$$x=g_1(A)f_1(A)\,x+g_2(A)f_2(A)x. \tag{80.4}$$

Für $x\in N$ ist $f_1(A)f_2(A)x=f_2(A)f_1(A)x=f(A)x=0$, also

$$f_2(A)x\in N_1, \qquad f_1(A)x\in N_2,$$

und da jedes Polynom in A die Räume N_1, N_2 in sich abbildet, erhalten wir nun

$$x_1:=g_2(A)f_2(A)x\in N_1, \qquad x_2:=g_1(A)f_1(A)x\in N_2.$$

Mit (80.4) folgt daraus $x=x_1+x_2$; also ist in der Tat $N\subset N_1+N_2$ und damit $N=N_1+N_2$. Die Gleichung $N_1\cap N_2=\{0\}$ ergibt sich unmittelbar aus (80.4). – Für $n>2$ beweist man nun a) durch vollständige Induktion; man braucht nur zu beachten, daß aus der paarweisen Teilerfremdheit der Polynome $f_1,\ldots,f_n$ die Teilerfremdheit der beiden Polynome $f_1\cdots f_{n-1}, f_n$ folgt.
b) Seien $\lambda_1,\ldots,\lambda_n$ (paarweise) verschiedene Eigenwerte von A und $x_1,\ldots,x_n$ zugehörige Eigenlösungen. Da die Polynome $f_1(\lambda):=\lambda_1-\lambda,\ldots,f_n(\lambda):=\lambda_n-\lambda$ paarweise teilerfremd sind, ist nach a) die Summe $N(\lambda_1 I-A)+\cdots+N(\lambda_n I-A)$ direkt. Aus $\alpha_1x_1+\cdots+\alpha_nx_n=0$ folgt also $\alpha_ix_i=0$ und damit auch $\alpha_i=0$ für $i=1,\ldots,n$.
c) Für jedes $x\in N(f_1(A))$ gilt wegen (80.4)

$$x=g_2(A)f_2(A)x=f_2(A)g_2(A)x\in f_2(A)(E). \qquad \blacksquare$$

Nun nageln wir die angekündigte Eigenwertverteilung fest:

80.2 Satz *Für jeden Eigenwert μ des* stetigen *Operators K auf dem normierten Raum E bleibt*

$$|\mu|\leqslant\|K\|; \tag{80.5}$$

ist K sogar kompakt, *so bilden die Eigenwerte entweder eine endliche (eventuell leere) Menge oder eine Nullfolge.*

Beweis. Aus $Kx=\mu x, x\neq 0$, folgt $|\mu|\leqslant\|Kx\|/\|x\|\leqslant\|K\|$, womit (80.5) bereits erledigt ist. Die zweite Behauptung des Satzes ist nun damit gleichbedeutend, daß die Eigenwerte von K keinen Häufungspunkt $\neq 0$ besitzen. Wäre ξ ein solcher Häufungspunkt, so gäbe es eine Folge (μ_n) von Eigenwerten mit $\mu_n\neq\xi$ und $\mu_n\to\xi$, ferner eine Folge (x_n) mit $Kx_n=\mu_nx_n$ und $\|x_n\|=1$. Es würde dann

$$(\xi I-K)x_n=(\mu_n I-K)x_n+(\xi-\mu_n)x_n=(\xi-\mu_n)x_n\to 0 \tag{80.6}$$

streben. Ist p die nach Satz 78.1 endliche Kettenlänge von $\xi\left(I-\frac{1}{\xi}K\right)=\xi I-K$, so ist nach Satz 80.1c $x_n\in F:=(\xi I-K)^p(E)$. K bildet F in sich ab. Bezeichnen $\tilde I,\tilde K$

die Einschränkungen von I, K auf den abgeschlossenen Unterraum F (s. Nr. 78), so ergibt sich aus Satz 72.4 die Existenz der Inversen $(\xi\tilde{I}-\tilde{K})^{-1}$ auf F und aus der Bemerkung **2** in Nr. 78 ihre Stetigkeit. Aus (80.6) folgt also

$$x_n=(\xi\tilde{I}-\tilde{K})^{-1}(\xi I-K)x_n \to 0,$$

im Widerspruch zu $\|x_n\|=1$. ∎

Jeder Eigenraum eines stetigen Endomorphismus A von E ist offenbar invariant unter A und abgeschlossen. Hat A *keinen* Eigenwert, so wird man doch noch fragen, ob es nicht wenigstens *irgendeinen* unter A invarianten und abgeschlossenen Unterraum gibt - der natürlich von den trivialen Räumen dieser Art, $\{0\}$ und E, verschieden sein soll. Für *kompaktes* A ist diese Frage von Aronszajn-Smith (1954) positiv entschieden worden. Ein Eigenraum von A hat aber sogar die Eigenschaft, unter jedem $B\in\mathscr{L}(E)$ invariant zu sein, das mit A kommutiert: er ist hyperinvariant unter A. Bei dem geschilderten Stand der Dinge kann man jetzt kaum noch der Frage ausweichen, ob ein kompaktes A nicht sogar einen abgeschlossenen *hyperinvarianten* Unterraum $\neq\{0\}, E$ besitzt. Die langgesuchte Antwort hat Lomonosov (1973) durch eine ingeniöse Anwendung des Schauderschen Fixpunktsatzes gegeben:

80.3 Satz von Lomonosov *Zu jedem kompakten Endomorphismus $A\neq 0$ eines komplexen normierten Raumes E gibt es einen nichttrivialen, abgeschlossenen und hyperinvarianten Unterraum von E.*

Beweis. $\mathscr{R}:=\{B\in\mathscr{L}(E): AB=BA\}$ ist offenbar eine Algebra über **C**. Wir führen einen Widerspruchsbeweis, nehmen also an, die Behauptung sei falsch. Dann besitzt A jedenfalls keinen Eigenwert, insbesondere ist $Ay\neq 0$ für alle $y\neq 0$. Es folgt, daß $F_y:=\overline{\{By: B\in\mathscr{R}\}}$ für jedes $y\neq 0$ ein abgeschlossener Unterraum $\neq\{0\}$ ist, der unter allen $B\in\mathscr{R}$ invariant bleibt.

Für die Punkte $x=x_0+y$, $\|y\|\leqslant 1$, der abgeschlossenen Einheitskugel K um x_0 gilt $\|Ax\|\geqslant\|Ax_0\|-\|Ay\|\geqslant\|Ax_0\|-\|A\|$; wegen $A\neq 0$ *kann man also x_0 so wählen, daß der Nullvektor nicht in $\overline{A(K)}$ liegt und somit $F_y\neq\{0\}$ für jedes $y\in\overline{A(K)}$ ist.* Wir legen x_0 in dieser Weise fest. Zu jedem $y\in\overline{A(K)}$ gibt es dann ein $B\in\mathscr{R}$ mit $\|By-x_0\|<1$: Wäre nämlich $\|By-x_0\|\geqslant 1$ für alle $B\in\mathscr{R}$, so hätten wir auch $\|z-x_0\|\geqslant 1$ für alle $z\in F_y$, x_0 läge also gewiß nicht in F_y und damit wäre F_y ein nichttrivialer, abgeschlossener und unter allen $B\in\mathscr{R}$ invarianter Unterraum, im Widerspruch zu unserer Annahme, daß es derartige Unterräume gar nicht gibt. Ziehen wir noch die Stetigkeit von B heran, so können wir sagen: Zu jedem $y\in\overline{A(K)}$ gibt es eine offene Kugel $K(y)$ um y und ein $B_y\in\mathscr{R}$ mit $\|B_y z-x_0\|<1$ für $z\in K(y)$. Wegen der Kompaktheit von A ist $A(K)$ relativ kompakt, also $\overline{A(K)}$ kompakt (s. A 11.4b). Somit wird $\overline{A(K)}$ bereits von endlich vielen der Kugeln $K(y)$ überdeckt (s. Nr. 61). Daraus folgt: *In $\mathscr{R}$ existieren endlich viele Operatoren $B_1,\ldots,B_n$ mit folgender Eigenschaft:*

$$\text{Zu jedem } y\in\overline{A(K)} \text{ gibt es ein } B_i \text{ mit } \|B_i y-x_0\|<1. \tag{80.7}$$

Für die nichtnegative Funktion

$$\varphi(t) := \begin{cases} 1-t & \text{für } 0 \leqslant t < 1, \\ 0 & \text{für } t \geqslant 1 \end{cases}$$

ist wegen (80.7) stets $\sum_{i=1}^{n} \varphi(\|B_i y - x_0\|) > 0$. Infolgedessen können wir eine Abbildung $f: \overline{A(K)} \to E$ definieren durch

$$f(y) := \frac{\sum_{i=1}^{n} \varphi(\|B_i y - x_0\|) B_i y}{\sum_{i=1}^{n} \varphi(\|B_i y - x_0\|)}. \tag{80.8}$$

f ist stetig und $f(\overline{A(K)})$ somit kompakt. Da ferner $f(y)$ eine konvexe Kombination der $B_1 y, \ldots, B_n y$ ist und $B_i y$ wegen (80.7) in K liegt, haben wir $f(A(K)) \subset f(\overline{A(K)}) \subset K$, so daß $f \circ A$ die konvexe Menge K stetig in einen kompakten Teil von K abbildet. Nach dem Schauderschen Fixpunktsatz[1] gibt es nun ein $x \in K$ mit $f(Ax) = x$. Wegen (80.8) ist also $\sum_{i=1}^{n} \alpha_i B_i A x = x$ mit gewissen Zahlen α_i, und da x als Element von K vom Nullvektor verschieden ist, bedeutet diese Gleichung, daß $B := \sum_{i=1}^{n} \alpha_i B_i A$ den Eigenwert 1 besitzt. Dank der Kompaktheit von B muß der zugehörige Eigenraum $N(I-B)$ endlichdimensional sein. Da $N(I-B)$ offenbar unter A invariant bleibt, besitzt also die Einschränkung von A auf $N(I-B)$ und damit auch A selbst einen Eigenwert, im Widerspruch zu unserer Annahme. ■

Der eben dargestellte Beweis ist der ursprünglich von Lomonosov gegebene. In Nr. 109 werden wir einen anderen vorführen, der ohne den Schauderschen Fixpunktsatz auskommt und statt dessen von einer funktionentheoretischen Basis aus operiert.

Die radikale Frage, ob es zu jedem *bloß stetigen* Endomorphismus A eines Banachraumes E immer einen nichttrivialen abgeschlossenen Unterraum gibt, der unter A invariant bleibt, hat Read (1984) negativ beantwortet. S. auch Read (1986) und Beauzamy (1988).

Aufgaben

1. Ist A ein defekt- und kettenendlicher stetiger Endomorphismus eines Banachraumes, so ist $\alpha(\lambda I - A) = \beta(\lambda I - A) = 0$ für alle $\lambda \neq 0$ einer gewissen Umgebung von 0.

2. Für jeden Eigenwert μ von $K \in \mathscr{S}(E)$ ist $|\mu| \leqslant \lim \|K^n\|^{1/n}$ (Verbesserung von (80.5)).

[1] S. etwa Heuser II, Satz 230.3.

$^{+}$**3. Minimalpolynom** Sei A ein Endomorphismus des endlichdimensionalen komplexen Vektorraumes E (A besitzt also mindestens einen Eigenwert!). Dann gibt es genau ein Polynom $m(\lambda)$ – das Minimalpolynom von A – mit folgenden Eigenschaften: a) der höchste Koeffizient von m ist 1, b) $m(A)=0$, c) $m(\lambda)$ teilt jedes Polynom $f(\lambda)$ mit $f(A)=0$. – Ist $m(\lambda)=(\lambda-\lambda_1)^{p_1}\cdots(\lambda-\lambda_k)^{p_k}$ die kanonische Produktzerlegung, so ist $\{\lambda_1,\ldots,\lambda_k\}$ die Menge der Eigenwerte von A und p_i die Kettenlänge von $\lambda_i I-A$.

***4. Operatoren mit kompakter Potenz** Für den stetigen Endomorphismus K des normierten Raumes E sei eine gewisse *Potenz* K^n $(n\geqslant 1)$ *kompakt*. Dann ist $\mu I-K$ für jedes $\mu\neq 0$ ein kettenendlicher Fredholmoperator mit verschwindendem Index, und die Eigenwerte von K bilden, falls es unendlich viele gibt, eine Nullfolge. Anleitung: Mit einem geeigneten Polynom $q(\lambda)$ ist

$$\lambda^n-\mu^n=(\lambda-\mu)q(\lambda), \quad \text{also} \quad K^n-\mu^n I=(K-\mu I)q(K).$$

Benutze nun A 78.1 und A 72.2.

5. Sind $f_1,\ldots,f_n$ paarweise teilerfremde Polynome, ist $f:=f_1\cdots f_n$ und $A\in\mathscr{S}(E)$, so gilt:

$$f(A)(E)=\bigcap_{\nu=1}^{n} f_\nu(A)(E), \qquad f_\nu(A)(E)+f_\mu(A)(E)=E \quad \text{für } 1\leqslant\nu<\mu\leqslant n,$$

$$\operatorname{codim} f(A)(E)=\sum_{\nu=1}^{n}\operatorname{codim} f_\nu(A)(E).$$

$^{+}$**6. Die Eigenwerte der Randwertaufgabe (3.10)** können sich, falls 0 *kein* Eigenwert ist, nur im Unendlichen häufen.

$^{+}$**7. Ein kompakter Operator *ohne* Eigenwert** $K\colon C[0,1]\to C[0,1]$ werde definiert durch $(Kx)(s):=\int_0^s x(t)\,dt$. K ist kompakt, besitzt aber keinen Eigenwert.
Hinweis: Nr. 15 zum Ausschluß von Eigenwerten $\neq 0$.

81 Fredholmoperatoren auf Banachräumen

Wir haben bisher die Fredholmtheorie nur für *Endomorphismen* entwickelt, um die Bezeichnungen und Formulierungen so einfach wie möglich zu halten. Es bereitet keine besondere Mühe, unsere Resultate auf lineare Abbildungen eines Vektorraumes in einen *anderen* zu übertragen. Wir wollen jedoch nur im Banachraumfall einige Worte dazu sagen – und überdies die Stabilität der Fredholmoperatoren unter gewissen Störungen diskutieren.
Wir erinnern zunächst an den Satz 74.4: *Ein stetiger Endomorphismus eines* Banachraumes *ist genau dann ein Fredholmoperator, wenn er* defektendlich *ist.* Wir werden deshalb auch eine stetige lineare Abbildung $A\colon E\to F$ der Banachräume E und F einen Fredholmoperator nennen, wenn A defektendlich ist; die Menge aller Fredholmoperatoren $A\colon E\to F$ bezeichnen wir mit $\Phi(E,F)$. Nach dem Satz 55.4 von Kato ist der Bildraum eines $A\in\Phi(E,F)$ stets abgeschlossen. Und

indem man nun den Beweis des Satzes 74.1 fast wörtlich nachvollzieht, gewinnt man sein exaktes Analogon, nämlich den

81.1 Satz von Atkinson *Die stetige lineare Abbildung $A: E \to F$ der Banachräume E und F ist genau dann ein Fredholmoperator, wenn es Operatoren $B, C \in \mathscr{L}(F, E)$ und $K_1 \in \mathscr{F}(E)$, $K_2 \in \mathscr{F}(F)$ gibt, so daß die Gleichungen*

$$BA = I_E - K_1, \qquad AC = I_F - K_2 \tag{81.1}$$

bestehen; dabei kann man $B = C$ wählen.

Bemerkung: Im Falle $B = C$ ist B ganz offensichtlich selbst ein Fredholmoperator (s. aber auch Korollar 81.5).

Es ist fast selbstverständlich, daß man in diesem Satz die Ideale $\mathscr{F}(E)$, $\mathscr{F}(F)$ durch die Ideale $\mathscr{K}(E)$, $\mathscr{K}(F)$ ersetzen darf; man braucht nur zu beachten, daß einerseits jeder stetige endlichdimensionale Operator kompakt ist und daß andererseits der Schluß von (81.1) auf die Defektendlichkeit von A (s. Ende des Beweises von Satz 71.1) dank der Rieszschen Theorie kompakter Operatoren wörtlich übernommen werden kann (s. Satz 78.1). Wir notieren ganz kurz:

81.2 Satz *In Satz* 81.1 *darf man $\mathscr{F}$ durch $\mathscr{K}$ ersetzen.*

Daraus gewinnen wir nun sehr leicht eine wichtige Störungsaussage:

81.3 Satz *Mit $A: E \to F$ ist auch $A + K$ für jedes kompakte $K: E \to F$ ein Fredholmoperator der Banachräume E, F, und überdies bleibt der Index erhalten:* $\operatorname{ind}(A+K) = \operatorname{ind}(A)$.

Beweis. Für A gelten Gleichungen der Form (81.1) mit kompakten Operatoren K_1, K_2. Daraus folgt

$$B(A+K) = I_E - K_1 + BK = I_E - K_3 \quad \text{mit} \quad K_3 \in \mathscr{K}(E), \tag{81.2}$$

$$(A+K)C = I_F - K_2 + KC = I_F - K_4 \quad \text{mit} \quad K_4 \in \mathscr{K}(F), \tag{81.3}$$

infolgedessen ist $A + K$ ein Fredholmoperator. Und weil $\operatorname{ind}(I - V)$ für jedes kompakte V verschwindet, ergibt sich nun aus (81.1) und (81.2) mit dem Indextheorem 71.3[1] auch noch

$$\operatorname{ind}(A) = -\operatorname{ind}(B) = -(-\operatorname{ind}(A+K)) = \operatorname{ind}(A+K). \qquad \blacksquare$$

Eine algebraische Stabilität der Fredholmoperatoren auf Banachräumen beschreibt der

81.4 Satz a) *Das Produkt zweier Fredholmoperatoren ist wieder ein Fredholmoperator.*

---

[1] Das Indextheorem gilt für beliebige defektendliche Homomorphismen (sofern man sie multiplizieren kann). Der Beweis läßt sich ohne die geringste Schwierigkeit dieser allgemeinen Situation anpassen (s. A 71.3). Der Leser möge dies auch fernerhin beachten.

b) *Ist das Produkt BA ein Fredholmoperator, so ist entweder jeder oder keiner seiner Faktoren ein Fredholmoperator.*

Beweis. Die erste Behauptung ergibt sich unmittelbar aus dem Indextheorem. Zum Beweis von b) sei zunächst

$$A \in \Phi(E,F), \quad B \in \mathscr{L}(F,G), \quad C := BA \in \Phi(E,G) \quad (E,F,G \text{ Banachräume}).$$

Wir müssen zeigen, daß B ein Fredholmoperator ist. Zu A gibt es nach Satz 81.1 ein $D \in \Phi(F,E)$ und ein $K \in \mathscr{F}(F)$ mit $AD = I_F - K$. Infolgedessen ist

$$BAD = B(I_F - K) = B - BK = CD, \quad \text{also} \quad B = CD + BK.$$

Wegen $CD \in \Phi(F,G)$ (Aussage a)) und $BK \in \mathscr{F}(F,G)$ folgt daraus $B \in \Phi(F,G)$ (Satz 81.3). Entsprechend verfährt man, wenn A in $\mathscr{L}(E,F)$ und B in $\Phi(F,G)$ liegt. ■

81.5 Korollar *Ist A ein Fredholmoperator, so sind auch B und C in* (81.1) *Fredholmoperatoren.*

Der nächste Satz lehrt, daß Fredholmcharakter und Index eines Operators durch Hinzufügung hinreichend *kleiner* Operatoren nicht berührt werden.

81.6 Satz *Zu jedem Fredholmoperator $A: E \to F$ der Banachräume E, F gibt es eine Zahl $\varrho = \varrho(A)$, so daß für alle $S \in \mathscr{L}(E,F)$ mit $\|S\| < \varrho$ auch $A+S$ ein Fredholmoperator und* $\operatorname{ind}(A+S) = \operatorname{ind}(A)$ *ist. Die Menge $\Phi(E,F)$ ist also* offen *in $\mathscr{L}(E,F)$.*

Beweis. Zu A gibt es nach Satz 81.1 ein $B \in \Phi(F,E)$ und ein $K \in \mathscr{F}(E)$ mit

$$BA = I_E - K. \tag{81.4}$$

Ist nun $\|S\| < \varrho := 1/\|B\|$, so haben wir $\|BS\| \leqslant \|B\| \, \|S\| < 1$, nach Satz 12.4 ist also $I_E + BS$ bijektiv und besitzt somit einen verschwindenden Index. Wegen Satz 81.3 verschwindet also auch der Index von $(I_E + BS) - K$, und aus

$$B(A+S) = BA + BS = I_E - K + BS = (I_E + BS) - K$$

ergibt sich nun, daß $B(A+S)$ in $\Phi(E)$ liegt und

$$\operatorname{ind}(B(A+S)) = 0 \tag{81.5}$$

ist. Satz 81.4b lehrt jetzt, daß $A+S$ ein Fredholmoperator sein muß, und aus (81.4), (81.5) erhalten wir mit dem Indextheorem schließlich auch noch die Gleichung

$$\operatorname{ind}(A) = -\operatorname{ind}(B) = -(-\operatorname{ind}(A+S)) = \operatorname{ind}(A+S). \quad ■$$

Der Beweis des letzten Satzes war sehr einfach. In der nächsten Nummer werden wir uns etwas mehr anstrengen - und als Belohnung *schärfere Ergebnisse* unter *schwächeren Voraussetzungen* gewinnen. Wir werden dort auch sehen, *daß A ge-*

nau dann ein Fredholmoperator ist, wenn sich die Konjugierte A' als ein solcher erweist; dies ergibt sich als eine triviale (und gar nicht mehr ausdrücklich formulierte) Folgerung aus Satz 82.1.

Aufgaben

1. Beweise die Offenheit von $\Phi(E)$ in $\mathscr{L}(E)$ (E ein Banachraum) mit Hilfe der Tatsache, daß $\mathscr{L}(E)/\mathscr{K}(E)$ eine Banachalgebra ist.

Hinweis: Satz 13.7.

2. *A* sei ein Fredholmoperator auf dem Banachraum *E*, und *B* genüge (81.1). Dann ist $A+S$ für jedes $S \in \mathscr{L}(E)$ mit $\inf\limits_{F \in \mathscr{F}(E)} \|S-F\| \cdot \inf\limits_{F \in \mathscr{F}(E)} \|B-F\| < 1$ ein Fredholmoperator und ind $(A+S)=$ ind (A).

3. Unter den Voraussetzungen der Aufgabe 2 ist

$$\inf_{F \in \mathscr{F}(E)} \|B-F\| = \inf_{C \in \mathscr{S}'(E)} \{\|C\| : \text{zu } C \text{ gibt es ein } F \in \mathscr{F}(E) \text{ mit } CA = I - F\}.$$

Im Falle eines unendlichdimensionalen Raumes *E* ist dieses Infimum positiv.

⁺4. Störung von Atkinsonoperatoren Sei *E* ein normierter Raum. Ein Atkinsonoperator in der Algebra $\mathscr{L}(E)$ (s. A 75.6) wird auch Atkinsonoperator auf *E* genannt. Zeige: Zu jedem Atkinsonoperator *A* auf dem Banachraum *E* gibt es eine Zahl $\varrho = \varrho(A) > 0$, so daß für alle $S \in \mathscr{L}(E)$ mit $\|S\| < \varrho$ auch $A+S$ ein Atkinsonoperator und ind $(A+S)=$ ind (A) ist.

82   Stetige Semifredholmoperatoren

E und F seien durchweg Banachräume. $A \in \mathscr{L}(E,F)$ heißt S e m i f r e d h o l m o p e r a t o r, wenn gilt:

$$\alpha(A) < \infty \quad \text{und} \quad A(E) \text{ abgeschlossen}$$

oder $\beta(A) < \infty$ ($A(E)$ ist dann nach Satz 55.4 von selbst *abgeschlossen*).

$\Phi_\alpha(E,F)$ sei die Menge der *A*, die der ersten, $\Phi_\beta(E,F)$ die Menge der *A*, die der zweiten Bedingung genügen. Offenbar ist $\Phi(E,F)=\Phi_\alpha(E,F) \cap \Phi_\beta(E,F)$. $\sum(E,F)$ bezeichne die Gesamtheit aller Semifredholmoperatoren $A: E \to F$. Ein $A \in \sum(E,F)$ heißt e c h t e r   S e m i f r e d h o l m o p e r a t o r, wenn einer seiner Defekte unendlich ist.

Den I n d e x eines Semifredholmoperators *A* definieren wir durch

$$\text{ind } (A):=\alpha(A)-\beta(A)$$

mit den ergänzenden Festsetzungen

$$\infty - n := \infty, \quad n - \infty := -\infty \quad \text{für } n=0, 1, 2, \ldots, \quad -(-\infty):= \infty.$$

Zuerst beweisen wir ein Theorem, das in vielen Fällen den Umgang mit Semifredholmoperatoren sehr vereinfacht:

82.1 Satz *Genau dann ist $A \in \mathscr{L}(E,F)$ ein Semifredholmoperator, wenn der duale Operator A' ein solcher ist, und in diesem Falle haben wir*

$$\alpha(A)=\beta(A') \quad \textit{und} \quad \alpha(A')=\beta(A), \quad \textit{also} \quad \operatorname{ind}(A)=-\operatorname{ind}(A'). \tag{82.1}$$

Beweis. Sei $A \in \sum(E,F)$. Dann ist $A'(F')$ jedenfalls abgeschlossen (Satz 55.7), und es genügt deshalb, die beiden ersten Gleichungen in (82.1) zu verifizieren. Mit Beispiel 56.1, A 54.3 und Satz 55.7d (in dieser Reihenfolge) erhält man aber sofort

$$\dim N(A)=\dim N(A)'=\dim E'/N(A)^{\perp}=\dim E'/A'(F'),$$

also haben wir $\alpha(A)=\beta(A')$ (s. A 37.2). Zieht man A 54.1 (erste Gleichung) und A 54.2 heran, so folgt

$$\dim N(A')=\dim A(E)^{\perp}=\dim (E/A(E))'=\dim E/A(E),$$

also $\alpha(A')=\beta(A)$. - Sei nun umgekehrt $A' \in \sum(F',E')$. Dann ist $A(E)$ abgeschlossen (Satz 55.7), und die Gleichungen (82.1) gelten deshalb auch in diesem Fall (ihr Beweis benutzte ja im wesentlichen nur die Abgeschlossenheit der Räume $A(E)$ und $A'(F')$). ■

Satz 55.7 lehrt darüber hinaus, *daß ein Semifredholmoperator A mitsamt seinem dualen Operator A'* normal auflösbar *ist, genauer:*

$$Ax=y \quad \textit{ist lösbar} \iff \langle y,y'\rangle=0 \quad \textit{für alle } y'\in N(A'),$$
$$A'y'=x' \quad \textit{ist lösbar} \iff \langle x,x'\rangle=0 \quad \textit{für alle } x\in N(A).$$

Wir nehmen nun die angekündigte Verallgemeinerung und Vertiefung des Störungssatzes 81.6 in Angriff. Eine besonders durchsichtige Darstellung dieser Dinge verdankt man Kroh und Volkmann (1976). Wir benötigen dazu zwei Hilfssätze. Vorbereitend erinnern wir daran, daß $\gamma(A)$ den *Minimalmodul* von A bedeutet. Für $A \in \sum(E,F)$ fällt $\gamma(A)$ positiv aus, weil $A(E)$ abgeschlossen ist (Satz 55.2). Für ein injektives $A \in \sum(E,F)$ ist $\gamma(A)=1/\|A^{-1}\|$ (s. A 55.6).

82.2 Hilfssatz *Ist $A \in \Phi(E,F)$ injektiv, so gilt*

$$\beta(A+S)=\beta(A) \quad \textit{für jedes } S\in\mathscr{L}(E,F) \textit{ mit } \quad \|S\|<3^{-\beta(A)}\gamma(A).$$

Beweis. Sei $n:=\beta(A)$. Nach Satz 73.3 gibt es einen Projektor P von F auf $A(E)$ mit $\|P\|\leqslant 3^n$. Mit ihm und der (stetigen) Inversen $A^{-1}: A(E)\to E$ ist

$$A+S=(I_F+SA^{-1}P)A. \tag{82.2}$$

Die Norm des Operators $SA^{-1}P\in\mathscr{L}(F)$ fällt <1 aus:

$$\|SA^{-1}P\|\leqslant\|S\|\,\|A^{-1}\|\,\|P\|<3^{-n}\gamma(A)\|A^{-1}\|\,3^n=\frac{1}{\|A^{-1}\|}\|A^{-1}\|=1.$$

Nach Satz 12.4 ist also $I_F + SA^{-1}P$ bijektiv und daher

$$\alpha(I_F + SA^{-1}P) = \beta(I_F + SA^{-1}P) = 0.$$

Mit (82.2) folgt daraus zunächst, daß $\alpha(A+S)$ verschwindet, und dann erhalten wir mit dem Indextheorem die Gleichung

$$\beta(A+S) = -\operatorname{ind}(A+S) = -\operatorname{ind}(A) = \beta(A). \qquad \blacksquare$$

Ist G ein Unterraum von F, so verstehen wir unter seiner Einbettung in F die Abbildung $J\colon G \to F$, die durch $Jx := x$ für alle $x \in G$ definiert wird. Für sie ist offensichtlich

$$\beta(J) = \operatorname{codim} G.$$

82.3 Hilfssatz *Sei G ein abgeschlossener Unterraum von F und $J\colon G \to F$ seine Einbettung in F. Dann haben wir für jedes $S \in \mathscr{L}(G,F)$ mit $\|S\| < 1$ die Gleichungen*

$$\alpha(J+S) = 0 \quad \textit{und} \quad \beta(J+S) = \operatorname{codim} G. \tag{82.3}$$

Beweis. Sei $A_\lambda := J + \lambda S$, $0 \leqslant \lambda \leqslant 1$. Für jedes $x \in G$ mit $\|x\| = 1$ gilt

$$\|A_\lambda x\| = \|x + \lambda Sx\| \geq |\,\|x\| - \|\lambda Sx\|\,| = 1 - \|\lambda Sx\| \geqslant 1 - \|S\| > 0.$$

Daraus folgt, daß A_λ injektiv und

$$\gamma(A_\lambda) \geqslant 1 - \|S\| > 0$$

sein muß (s. (55.2)). Der Bildraum von A_λ ist also abgeschlossen (Satz 55.2), und damit entpuppt sich A_λ für jedes $\lambda \in [0, 1]$ als ein injektiver Semifredholmoperator. Insbesondere gilt also die erste Gleichung in (82.3). Zum Beweis der zweiten nehmen wir an, für irgendein $\mu \in [0, 1]$ sei $\beta(A_\mu) = n < \infty$. Wir setzen $\delta := 1 - \|S\|$ und haben nun für alle $\lambda \in [0, 1]$ mit $|\lambda - \mu| \leqslant 3^{-n}\delta$ wegen $\|S\| < 1$ die Abschätzung

$$\|A_\lambda - A_\mu\| = |\lambda - \mu|\,\|S\| < 3^{-n}\delta \leqslant 3^{-\beta(A_\mu)}\gamma(A_\mu).$$

Wegen Hilfssatz 82.2 ist also

$$\beta(A_\lambda) = \beta(A_\mu + (A_\lambda - A_\mu)) = \beta(A_\mu) \quad \text{für alle } \lambda \in [0, 1] \text{ mit } |\lambda - \mu| \leqslant 3^{-n}\delta.$$

Indem man nun $[0,1]$ mit endlich vielen Intervallen der Länge $3^{-n}\delta$ überdeckt, sieht man, daß sogar $\beta(A_\lambda) = n$ für ausnahmslos *alle* $\lambda \in [0,1]$ sein muß. Insbesondere gilt also in diesem Falle $\beta(J+S) = \beta(J) = \operatorname{codim} G$. Ist aber $\beta(A_\mu) = \infty$ für irgendein $\mu \in [0,1]$, so muß nach dem eben Bewiesenen auch $\beta(A_\lambda) = \infty$ für *alle* $\lambda \in [0,1]$ sein, woraus nun wieder $\beta(J+S) = \beta(J) = \operatorname{codim} G$ folgt. Damit ist auch die zweite Gleichung in (82.3) erledigt. $\blacksquare$

Nun haben wir alle Mittel beisammen, um den angekündigten Störungssatz beweisen zu können:

82.4 Satz *Zu jedem $A \in \sum(E,F)$ gibt es ein $\varrho = \varrho(A) > 0$, so daß für alle $S \in \mathscr{L}(E,F)$ mit $\|S\| < \varrho$ auch $A+S$ zu $\sum(E,F)$ gehört und überdies*

$$\alpha(A+S)\leqslant\alpha(A), \qquad \beta(A+S)\leqslant\beta(A) \tag{82.4}$$

und $$\operatorname{ind}(A+S)=\operatorname{ind}(A) \tag{82.5}$$

gilt. Insbesondere ist also $\sum(E,F)$ *offen in* $\mathscr{L}(E,F)$, *und dasselbe gilt sogar für die Menge der Semifredholmoperatoren mit unendlichem Null- bzw. unendlichem Bilddefekt.*

Beweis. a) Sei $\alpha(A)<\infty$. Dann besitzt $N(A)$ nach Satz 73.1 einen abgeschlossenen Komplementärraum U in E:

$$E=N(A)\oplus U, \quad U \text{ abgeschlossen (also auch } \textit{vollständig}\text{)}.$$

Die Einschränkung $\tilde{A}$ von A auf U ist injektiv und hat den abgeschlossenen Bildraum $\tilde{A}(U)=A(E)$, gehört insbesondere also zu $\sum(U,F)$. $\gamma(\tilde{A})$ ist daher positiv, und wir setzen nun

$$\varrho:=\gamma(\tilde{A})=\frac{1}{\|\tilde{A}^{-1}\|}.$$

Im folgenden sei $S\colon E\to F$ ein Operator mit $\|S\|<\varrho$, $\tilde{S}$ seine Einschränkung auf U und J die Einbettung von $A(E)$ in F. Offenbar ist

$$\tilde{A}+\tilde{S}=(J+\tilde{S}\tilde{A}^{-1})\tilde{A}. \tag{82.6}$$

Die Norm des Operators $\tilde{S}\tilde{A}^{-1}\colon A(E)\to F$ fällt <1 aus:

$$\|\tilde{S}\tilde{A}^{-1}\|\leqslant\|\tilde{S}\|\,\|\tilde{A}^{-1}\|\leqslant\|S\|\,\|\tilde{A}^{-1}\|<\varrho\frac{1}{\varrho}=1.$$

Wegen Hilfssatz 82.3 ist infolgedessen

$$\alpha(J+\tilde{S}\tilde{A}^{-1})=0 \quad\text{und}\quad \beta(J+\tilde{S}\tilde{A}^{-1})=\operatorname{codim}A(E)=\beta(A). \tag{82.7}$$

Mit (82.6) folgt aus der ersten dieser Gleichungen $\alpha(\tilde{A}+\tilde{S})=0$ und damit $\alpha(A+S)\leqslant\alpha(A)$, also die erste Abschätzung in (82.4). Da ferner $\tilde{A}(U)=A(E)$ ist, haben die Operatoren

$$(J+\tilde{S}\tilde{A}^{-1})\tilde{A}\colon U\to F \quad\text{und}\quad (J+\tilde{S}\tilde{A}^{-1})\colon A(E)\to F$$

übereinstimmende Bildräume; mit (82.6) und der zweiten Gleichung in (82.7) erhalten wir somit

$$\beta(\tilde{A}+\tilde{S})=\beta(A). \tag{82.8}$$

Und da $(\tilde{A}+\tilde{S})(U)\subset(A+S)(E)$, also $\beta(\tilde{A}+\tilde{S})\geqslant\beta(A+S)$ ist, resultiert nun mit (82.8) auch die zweite Abschätzung in (82.4). Ist A sogar ein *echter* Semifredholmoperator – was im vorliegenden Falle $\beta(A)=\infty$ bedeutet –, so ist wegen (82.8) auch $\beta(\tilde{A}+\tilde{S})=\infty$, und aus

$$(A+S)(E)\subset(\tilde{A}+\tilde{S})(U)+(A+S)(N(A))$$

ergibt sich nun, da $N(A)$ endlichdimensional ist, daß $\beta(A+S)=\infty$ und somit $A+S$ wieder ein echter Semifredholmoperator sein muß. Die Indexgleichung (82.5) ist jetzt mit Händen zu greifen: im Falle $\beta(A)<\infty$ gilt sie nach Satz 81.6;[1] im Falle $\beta(A)=\infty$ ist nach dem eben Bewiesenen auch $\beta(A+S)=\infty$, während $\alpha(A+S)$ nach (82.4) endlich bleibt, also ist $\operatorname{ind}(A+S)=-\infty=\operatorname{ind}(A)$.

b) Nun sei $\beta(A)<\infty$. Dann erhält man die Behauptungen unseres Störungssatzes, indem man das bisher Bewiesene mit dem Satz 82.1 kombiniert. ■

Wir sind nun in der Lage, auch das Gegenstück zu Satz 81.3 beweisen zu können:

82.5 Satz *Mit $A: E\to F$ ist auch $A+K$ für jedes kompakte $K: E\to F$ ein Semifredholmoperator, und überdies bleibt der Index erhalten:* $\operatorname{ind}(A+K)=\operatorname{ind}(A)$.

Beweis. a) Es sei $\alpha(A)<\infty$. Wir gehen zunächst wie im Teil a) des letzten Beweises vor. Sei also wieder

$$E=N(A)\oplus U, \quad U \text{ abgeschlossen}, \tag{82.9}$$

$\tilde{A}$ bzw. $\tilde{K}$ die Einschränkung von A bzw. K auf U und J die Einbettung von $A(E)$ in F. Analog zu (82.6) ist dann

$$\tilde{A}+\tilde{K}=(J+\tilde{K}\tilde{A}^{-1})\tilde{A} \quad \text{mit kompaktem} \quad \tilde{K}\tilde{A}^{-1}: A(E)\to F.$$

Ähnlich wie zu Beginn der Nr. 78 sieht man, daß der Bildraum von $J+\tilde{K}\tilde{A}^{-1}$ abgeschlossen ist. Und da er mit dem Bildraum von $\tilde{A}+\tilde{K}$ übereinstimmt, muß auch dieser abgeschlossen sein. Daraus ergibt sich aber mit (82.9) und A 37.9 mühelos die Abgeschlossenheit von $(A+K)(E)$.

Wir zeigen nun, daß $\alpha(A+K)$ endlich ist. Wegen der endlichen Dimension von $N(A+K)\cap N(A)$ gibt es ein abgeschlossenes V mit

$$N(A+K)=(N(A+K)\cap N(A))\oplus V. \tag{82.10}$$

$N(A)+V$ ist ebenfalls abgeschlossen, also vollständig (A 37.9). Die Einschränkung A_1 von A auf $N(A)+V$ hat denselben Nullraum wie A, und aus der Definition (55.2) des Minimalmoduls ergibt sich nun sofort die Abschätzung $\gamma(A_1)\geqslant\gamma(A)>0$ und damit die Abgeschlossenheit von $A_1(N(A)+V)=A(V)$. Die Einschränkung A_2 von A auf V hat daher einerseits den abgeschlossenen (also *vollständigen*) Bildraum $A(V)$, andererseits ist sie offensichtlich injektiv. Infolgedessen ist A_2^{-1} vorhanden und stetig (Satz 39.4). Da auf $N(A+K)$ aber $K=-A$,

[1] Hierbei muß man u.U. die Zahl ϱ unseres Beweises etwas verkleinern, um sie auf die Größe des ϱ in Satz 81.6 zu bringen.

auf V also $K=-A_2$ ist, muß auch die (kompakte) Einschränkung von K auf V eine stetige Inverse besitzen. Diese Tatsache erzwingt aber, daß V endlichdimensional ist (s. Nr. 28). Wegen (82.10) muß dann auch $N(A+K)$ von endlicher Dimension sein.

Nun beweisen wir die Gleichung $\operatorname{ind}(A+K)=\operatorname{ind}(A)$. Da mit K auch λK kompakt ist, ergibt sich aus dem bisher Bewiesenen, daß $A+\lambda K$ für alle λ ein Semifredholmoperator ist. Nach Satz 82.4 gibt es daher zu jedem $\mu\in[0,1]$ ein $\delta_\mu>0$, so daß

$$A+\lambda K=A+\mu K+(\lambda-\mu)K\in\sum(E,F) \quad \text{und} \quad \operatorname{ind}(A+\lambda K)=\operatorname{ind}(A+\mu K)$$

für alle λ mit $|\lambda-\mu|<\delta_\mu$ ist. Da aber bereits endlich viele der offenen Intervalle $(\mu-\delta_\mu,\ \mu+\delta_\mu)$ das kompakte Intervall $[0,1]$ überdecken, zwei aufeinanderfolgende dieser Intervalle sich also notwendigerweise überlappen müssen, sieht man, daß $\operatorname{ind}(A+\lambda K)$ auf $[0,1]$ konstant, insbesondere also $\operatorname{ind}(A)=\operatorname{ind}(A+K)$ ist.

b) Nun sei $\beta(A)<\infty$. Dann erhält man die Behauptungen des Satzes, indem man das bisher Bewiesene mit Hilfe des Satzes 82.1 „dualisiert" - und daran denkt, daß mit K auch K' kompakt ist (Satz 79.2). ■

Aufgaben

In den folgenden Aufgaben seien E, F, G Banachräume.

+1. $A\in\mathscr{S}(E,F)$ gehört genau dann zu $\Phi_\alpha(E,F)$, wenn folgendes gilt: Ist $M\subset F$ relativ kompakt, so ist jede *beschränkte* Teilmenge von $A^{-1}(M)$ ebenfalls relativ kompakt (s. Lemma 3.1 in Yood (1951)).

Hinweis: a) Gilt die Bedingung, so erweist sich $N(A)$ sofort als endlichdimensional, und daher gibt es eine Darstellung $E=N(A)\oplus U$ mit abgeschlossenem U. Es ist leicht zu sehen, daß $A_0:=A|U$ eine stetige Inverse besitzt. b) Sei $A\in\Phi_\alpha(E,F)$. Benutze wieder die obige Zerlegung von E mitsamt den zugehörigen stetigen Projektoren P und $Q:=I-P$. Beachte, daß A_0^{-1} stetig ist.

+2. $A\in\Phi_\alpha(E,F),\ B\in\Phi_\alpha(F,G)\Rightarrow BA\in\Phi_\alpha(E,G)$. Entsprechendes gilt, wenn α durch β ersetzt wird.

Hinweis: Aufgabe 1, Satz 82.1.

+3. $A\in\mathscr{S}(E,F),\ B\in\mathscr{S}(F,G),\ BA\in\Phi_\alpha(E,G)\Rightarrow A\in\Phi_\alpha(E,F)$.

Hinweis: Aufgabe 1.

+4. $A\in\mathscr{S}(E,F),\ B\in\mathscr{S}(F,G),\ BA\in\Phi_\beta(E,G)\Rightarrow B\in\Phi_\beta(F,G)$.

Hinweis: Aufgabe 3, Satz 82.1.

+5. $A\in\mathscr{S}(E),\ A^n\in\Phi_\alpha(E)$ für ein $n\in\mathbf{N}\Rightarrow A\in\Phi_\alpha(E)$. Entsprechendes gilt, wenn α durch β ersetzt wird.

Hinweis: Aufgabe 3 und 4.

83 Abgeschlossene Semifredholmoperatoren

In den Anwendungen, besonders in der Theorie der Differentialgleichungen, treten häufig lineare Abbildungen auf, die zwar nicht mehr *stetig*, aber doch noch *abgeschlossen* sind und im übrigen alle definierenden Eigenschaften der Semifredholmoperatoren besitzen. Auch derartige Abbildungen wollen wir Semifredholmoperatoren nennen, genauer:

Sind E, F Banachräume und ist D ein Unterraum von E, so heißt die lineare Abbildung $A: D \to F$ ein Semifredholmoperator, wenn sie *abgeschlossen* ist und folgendes gilt:

$$\alpha(A) < \infty \quad \textit{und} \quad A(D) \textit{ abgeschlossen}$$
$$\textit{oder} \quad \beta(A) < \infty \quad (A(D) \text{ ist dann nach A 55.4 von selbst } \textit{abgeschlossen}).$$

Sind *beide* Defekte $\alpha(A), \beta(A)$ endlich, so nennt man A wieder einen Fredholmoperator.

Für einen Semifredholmoperator A kann man auf D durch $\|x\|_A := \|x\| + \|Ax\|$ eine neue Norm einführen, die D zu einem *Banachraum* D_A und $A: D_A \to F$ zu einem *stetigen* Semifredholmoperator macht (s. A 39.3). Diese Tatsache ermöglicht es, die Störungssätze der letzten Nummer ohne große Umstände auf abgeschlossene Semifredholmoperatoren zu übertragen. Man muß sich nur einiger weniger Fakten vergewissern, die alle mühelos einzusehen sind:

a) Ist $A: D \to F$ abgeschlossen und $S \in \mathscr{L}(D, F)$, so ist auch $A + S$ abgeschlossen.

b) $S \in \mathscr{L}(D, F)$ bleibt stetig, wenn man auf D die Norm $\|x\|_A$ einführt, und in leicht verständlicher Bezeichnung ist $\|S\|_A \leqslant \|S\|$.

c) Ein kompaktes $K: D \to F$ bleibt kompakt, wenn man D mit der Norm $\|x\|_A$ versieht.

Nach diesen Vorbereitungen leuchten die beiden nächsten Sätze von selbst ein.

83.1 Satz *Zu jedem abgeschlossenen Semifredholmoperator $A: D \subset E \to F$ (E, F Banachräume) gibt es ein $\varrho = \varrho(A) > 0$, so daß für alle $S \in \mathscr{L}(D, F)$ mit $\|S\| < \varrho$ auch $A + S$ ein abgeschlossener Semifredholmoperator ist und überdies noch folgendes gilt:*

$$\alpha(A+S) \leqslant \alpha(A), \quad \beta(A+S) \leqslant \beta(A), \quad \operatorname{ind}(A+S) = \operatorname{ind}(A).$$

83.2 Satz *Mit $A: D \subset E \to F$ (E, F Banachräume) ist auch $A + K$ für jedes kompakte $K: D \to F$ ein abgeschlossener Semifredholmoperator, und überdies bleibt der Index erhalten:* $\operatorname{ind}(A+K) = \operatorname{ind}(A)$.

Diese beiden Sätze (und noch weitergehende) können übrigens mit Hilfe des *Kuratowskischen Nichtkompaktheitsmaßes* aus einer gemeinsamen Quelle geschöpft werden; s. Volkmann (1978).

Wer tiefer in die Störungstheorie eindringen möchte, wird in Kato (1984) reiches Material finden.

84 Topologische Charakterisierung der saturierten Operatorenalgebren

Zum Schluß dieses Kapitels kehren wir noch einmal zu den saturierten Operatorenalgebren zurück, um unser Versprechen einzulösen, sie *topologisch* zu charakterisieren. Überdies werden wir mittels dieser Beschreibung einen Satz beweisen, der uns später noch von Nutzen sein wird. Zum Verständnis der vorliegenden Nummer sind einige Kenntnisse über schwache Topologien erforderlich (s. Kapitel X).

E sei durchweg ein Vektorraum, der mit einem zweiten Vektorraum E^+ ein Dualsystem bezüglich einer Bilinearform $\langle x,x^+\rangle$ bildet. $\mathscr{A}(E)$ bedeute eine Algebra von Operatoren $A\colon E\to E$.

Nach Satz 62.2 ist ein Endomorphismus A von E genau dann E^+-konjugierbar, wenn er $\sigma(E,E^+)$-stetig ist (also stetig wird, wenn man E mit der schwachen Topologie $\sigma(E,E^+)$ ausstattet). Man braucht diese Tatsache nur mit dem Satz 75.2 zu verbinden, um die angekündigte Charakterisierung vor Augen zu haben:

84.1 Satz *Die Operatorenalgebra $\mathscr{A}(E)$ ist genau dann E^+-saturiert, wenn die folgenden Bedingungen erfüllt sind:*

a) *I liegt in $\mathscr{A}(E)$,*

b) *jedes $A\in\mathscr{A}(E)$ ist $\sigma(E,E^+)$-stetig,*

c) *jeder $\sigma(E,E^+)$-stetige Endomorphismus endlichen Ranges von E gehört zu $\mathscr{A}(E)$.*

Wenn das Dualsystem (E,E^+) festliegt - wie in dieser Nummer - reden wir einfach von schwacher Stetigkeit statt von $\sigma(E,E^+)$-Stetigkeit und bezeichnen mit E_σ den Vektorraum E, versehen mit der schwachen Topologie $\sigma:=\sigma(E,E^+)$. $\mathscr{L}(E_\sigma)$ ist dann die Algebra aller schwach stetigen Endomorphismen von E. Offenbar ist sie *die größte E^+-saturierte Operatorenalgebra auf E*: sie umfaßt jedes E^+-saturierte $\mathscr{A}(E)$ und ist selbst E^+-saturiert. Die Algebra, die erzeugt wird von I und $\mathscr{F}(E_\sigma)$:= Menge der schwach stetigen Endomorphismen endlichen Ranges von E, ist hingegen die kleinste E^+-saturierte Algebra.

Im Beweis des fundamentalen Satzes 75.7 hatten wir gesehen, daß uns die relative Regularität eines Fredholmoperators $A\in\mathscr{A}(E)$, also die Existenz eines $B\in\mathscr{A}(E)$ mit $ABA=A$, zu Projektoren

$$P:=I-BA,\qquad Q:=I-AB \tag{84.1}$$

verhilft, die E auf $N(A)$ bzw. längs $A(E)$ projizieren. B kann man stets so wählen, daß nicht nur $ABA=A$, sondern auch $BAB=B$ gilt (s. A 74.4). Mit einem solchen B ist dann offenbar $PB=BQ=0$. Kurz: *Zu A gibt es Projektoren $P,Q\in\mathscr{A}(E)$ auf $N(A)$ bzw. längs $A(E)$ und ein $B\in\mathscr{A}(E)$ mit*

$$BA=I-P,\quad AB=I-Q\quad\text{und}\quad PB=BQ=0. \tag{84.2}$$

Wir werfen nun die Frage auf, ob man zu *jedem* Paar P, Q von Projektoren der obigen Art stets ein $B \in \mathscr{A}(E)$ finden kann, so daß (84.2) gilt. Die Antwort ist bejahend (und wird in Nr. 89 tiefgreifende Auswirkungen haben):

84.2 Satz *Sei A ein Fredholmoperator in der E^+-saturierten Algebra $\mathscr{A}(E)$, $P \in \mathscr{A}(E)$ ein Projektor von E auf $N(A)$ und $Q \in \mathscr{A}(E)$ ein Projektor von E längs $A(E)$. Dann gibt es genau ein $B \in \mathscr{A}(E)$ - die* Pseudoinverse von A bezüglich P, Q *- mit dem alle vier Gleichungen in* (84.2) *bestehen. Für dieses B ist*

$$N(B) = Q(E) \quad \textit{und} \quad B(E) = N(P). \tag{84.3}$$

Beweis. A liegt in $\mathscr{L}(E_\sigma)$ (Satz 84.1) und ist dort relativ regulär, also ein *offener* Endomorphismus von E_σ (s. den Satz 74.2; sein Beweis benutzt nur, daß der zugrunde liegende Raum ein topologischer Vektorraum, nicht aber, daß er sogar normiert ist). Infolgedessen können wir wie im Beweis von (74.4) ein $B \in \mathscr{L}(E_\sigma)$ konstruieren, für das die Gleichungen (84.2) gelten. Aus ihnen folgt aber in einfachster Weise auch (84.3). Wir vergewissern uns nun, daß B bereits in $\mathscr{A}(E)$ liegt. Dank des Satzes 75.7 gibt es Operatoren $B_1, B_2 \in \mathscr{A}(E)$ und $K_1, K_2 \in \mathscr{F}(\mathscr{A}(E))$ mit

$$B_1 A = I - K_1, \qquad A B_2 = I - K_2. \tag{84.4}$$

B_1 und B_2 gehören auch zu $\mathscr{L}(E_\sigma)$, K_1 und K_2 ebenso wie P und Q zu $\mathscr{F}(\mathscr{L}(E_\sigma)) = \mathscr{F}(\mathscr{A}(E))$. In (84.2) und (84.4) können wir daher zu Restklassen in $\mathscr{L}(E_\sigma)/\mathscr{F}(E_\sigma) = \mathscr{L}(E_\sigma)/\mathscr{F}(\mathscr{A}(E))$ übergehen; es folgt

$$\hat{B}\hat{A} = \hat{I}, \quad \hat{A}\hat{B} = \hat{I} \quad \text{und} \quad \hat{B}_1\hat{A} = \hat{I}, \quad \hat{A}\hat{B}_2 = \hat{I}.$$

$\hat{B}$ und $\hat{B}_1$ sind also invers zu $\hat{A}$. Da die Inverse aber eindeutig bestimmt ist, muß $\hat{B} = \hat{B}_1$, also $B = B_1 + K$ mit $K \in \mathscr{F}(\mathscr{A}(E))$ sein. B liegt also tatsächlich bereits in $\mathscr{A}(E)$.

Zum Schluß zeigen wir, daß B *eindeutig* bestimmt ist. Angenommen, für ein $C \in \mathscr{A}(E)$ gelte (84.2) entsprechend:

$$CA = I - P, \quad AC = I - Q \quad \text{und} \quad PC = CQ = 0. \tag{84.5}$$

Wegen $E = A(E) \oplus Q(E)$ können wir jedes $x \in E$ in der Form $x = Ay + Qz$ darstellen. Mit (84.2) folgt daraus

$$Bx = BAy + BQz = BAy = (I - P)y$$

und mit (84.5) entsprechend

$$Cx = CAy + CQz = CAy = (I - P)y.$$

Es ist also $Cx = Bx$ für jedes x und somit $C = B$. ■

XII Anwendungen

85 Das Dirichletsche und Neumannsche Problem in der Ebene

85.1 Das ebene Dirichletsche Problem Wir haben es schon in Beispiel 47.1 dargestellt. In der gegenwärtigen Nummer wird uns der Fredholmsche Alternativsatz ein Licht über seine Lösbarkeit aufstecken - wenn nur der Rand des Grundgebietes glatt genug ist. Wir werden übrigens neben diesem „inneren" Dirichletschen Problem auch gleich das „äußere" mitbehandeln, dem wir bisher noch nicht begegnet sind.

Γ sei eine stetig gekrümmte Jordankurve in der euklidischen xy-Ebene, D_i ihr (beschränktes) Innen-, D_a ihr (unbeschränktes) Außengebiet (s. Fig. 85.1). Auf Γ

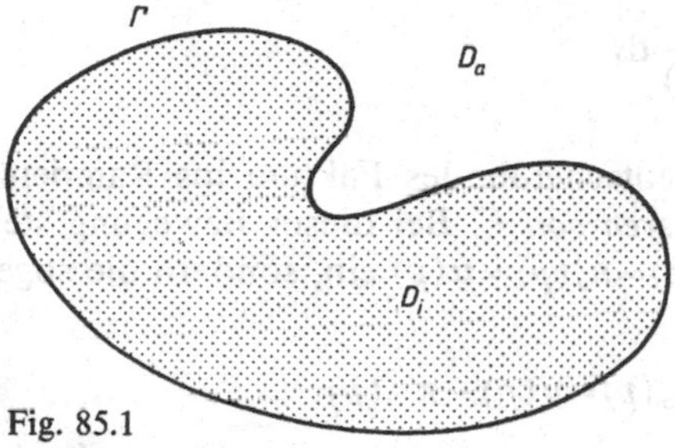

Fig. 85.1

denken wir uns eine stetige reellwertige „Randfunktion" f willkürlich vorgegeben. Das innere Dirichletsche Problem verlangt nun, eine Funktion u zu finden, die auf $D_i \cup \Gamma$ stetig und in D_i harmonisch (eine „Potentialfunktion") ist und überdies auf Γ mit f übereinstimmt. Das äußere Dirichletsche Problem fordert Entsprechendes, wenn D_i durch D_a ersetzt wird.

Im folgenden bezeichnen wir die Punkte von Γ mit kleinen, die von $D_i \cup D_a$ mit großen lateinischen Buchstaben. n_p sei die innere Normale von Γ im Punkte p.

Von der Physik kann man erfahren, daß eine Belegung der Randkurve Γ mit *Dipolen,* deren Achsenrichtung in p mit n_p übereinstimmt, ein Potential u in $D_i \cup D_a$ erzeugt; bei stetiger Belegungsdichte μ wird seine Stärke im Punkte P gegeben durch das Kurvenintegral

$$u(P)=\int_{\Gamma} \mu(q) \frac{\partial}{\partial n_q} \ln \frac{1}{r(P,q)}\, \mathrm{d}s, \tag{85.1}$$

wobei $r(P,q)$ den euklidischen Abstand zwischen P und q bedeutet. Und nun wird man sich kaum der Versuchung erwehren können, das innere bzw. äußere Dirichletsche Problem gewissermaßen *elektrostatisch* dadurch zu lösen, daß man eine „Doppelbelegung" von Γ sucht, die so beschaffen ist, daß ihr Potential (85.1) gerade gegen den Randwert $f(p)$ strebt, wenn P in D_i bzw. in D_a gegen p rückt - für das also in leicht verständlicher Grenzwertsymbolik

$$u_i(p)=f(p) \quad \text{bzw.} \quad u_a(p)=f(p) \quad \text{für alle } p\in\Gamma \tag{85.2}$$

ausfällt. Dieser physikalisch motivierte Weg ist tatsächlich mathematisch gangbar; das wollen wir jetzt sehen.

Dank der Voraussetzung, daß Γ eine stetige Krümmung besitzt, erweist sich $\frac{\partial}{\partial n_q} \ln \frac{1}{r(p,q)}$ als eine *stetige* Funktion der Variablen p,q, so daß also auch

$$u(p)=\int_{\Gamma} \mu(q) \frac{\partial}{\partial n_q} \ln \frac{1}{r(p,q)}\, \mathrm{d}s \tag{85.3}$$

existiert[1]. Und nun tritt ein alles entscheidendes Faktum ins Rampenlicht: *die Unstetigkeit von $u(P)$ beim Überqueren von Γ.* Bei dieser Bewegung stellen sich nämlich nicht die Gleichungen $u_i(p)=u_a(p)=u(p)$ ein, sondern die sogenannten Sprungrelationen

$$u_i(p)=u(p)+\pi\mu(p), \qquad u_a(p)=u(p)-\pi\mu(p). \tag{85.4}$$

Soll also die Doppelbelegung zu einer Lösung des inneren bzw. äußeren Dirichletschen Problems mit den Randwerten $f(p)$ führen, so muß μ so gewählt werden, daß

$$u(p)+\pi\mu(p)=f(p) \quad \text{bzw.} \quad u(p)-\pi\mu(p)=f(p)$$

ist (s. (85.2)); mit anderen Worten: Setzt man abkürzend

$$k(p,q):=\frac{1}{\pi} \frac{\partial}{\partial n_q} \ln \frac{1}{r(p,q)} \quad (p,q\in\Gamma), \tag{85.5}$$

so muß μ der Integralgleichung

$$\mu(p)+\int_{\Gamma} k(p,q)\mu(q)\,\mathrm{d}s = \frac{1}{\pi} f(p) \qquad (\textit{inneres Problem}) \tag{85.6}$$

---

[1] Auf die analytischen Einzelheiten gehen wir hier und später nicht ein, sondern verweisen den Leser ein für allemal auf Lehrbücher der Potentialtheorie, z. B. Walter (1971) oder das immer noch wertvolle Werk von Kellogg (1929).

bzw. der Integralgleichung

$$\mu(p) - \int_\Gamma k(p,q)\mu(q)\,ds = -\frac{1}{\pi} f(p) \quad \textit{(äußeres Problem)} \tag{85.7}$$

genügen. Umgekehrt liefert ein solches μ vermöge (85.1) auch tatsächlich immer eine Lösung des betreffenden Dirichletschen Problems mit den Randwerten $f(p)$.

Die obigen Integralgleichungen lassen sich zu einer einzigen zusammenfassen:

$$\mu(p) - \lambda \int_\Gamma k(p,q)\mu(q)\,ds = g(p), \tag{85.8}$$

wobei die Wahl $\lambda := -1, g := f/\pi$ dem *inneren* und die Wahl $\lambda := 1, g := -f/\pi$ dem *äußeren* Problem entspricht.

Wir fassen nun zunächst die Integralgleichung

$$\mu(p) + \int_\Gamma k(p,q)\mu(q)\,ds = g(p) \quad \left(g := \frac{1}{\pi} f\right) \tag{85.9}$$

des inneren Dirichletschen Problems ins Auge. Da ihre rechte Seite g auf der kompakten Randkurve Γ und ihr Kern auf der kompakten Menge $\Gamma \times \Gamma$ stetig sind und wir eine auf Γ stetige Lösung μ suchen, können wir den Fredholmschen Alternativsatz 53.1 einsetzen[1]. Wir entnehmen ihm, daß (85.9) gewiß dann für *jedes* $g \in C(\Gamma)$ lösbar ist (und auf diese *durchgängige* Lösbarkeit kommt doch alles an), wenn die zugehörige homogene Gleichung

$$\mu(p) + \int_\Gamma k(p,q)\mu(q)\,ds = 0 \tag{85.10}$$

nur die triviale Lösung $\mu = 0$ besitzt.[2] Dies ist aber tatsächlich der Fall. Genügt nämlich die Doppelbelegung μ dieser Gleichung, also der Gleichung (85.6) mit der Randfunktion $f = 0$, so haben wir für ihr Potential u die Beziehung $u_i(p) = 0$ für alle $p \in \Gamma$; wegen des Maximumprinzips für harmonische Funktionen folgt daraus $u = 0$ in D_i. Trivialerweise ist dann auch $(\partial u/\partial n_p)_i = 0$, und da nach einem Satz der Potentialtheorie die Normalenableitung des Potentials einer Doppelbelegung sich beim Überqueren von Γ nur *stetig* ändert, muß auch $(\partial u/\partial n_p)_a = 0$ sein. Mit der ersten Greenschen Formel ergibt sich daraus

[1] (85.9) kann unmittelbar auf die Integralgleichung (I) in diesem Satz gebracht werden, indem man in (85.9) die Bogenlänge s als Parameter einführt. Es ist dies aber nicht nötig, da der Satz 53.1 seiner Herleitung gemäß nicht darauf angewiesen ist, daß die Definitionsbereiche gerade kompakte Intervalle bzw. Quadrate sind. Man kann sich auch des Satzes 78.1 bedienen; die Kompaktheit des Integraloperators K auf dem normierten Raum $C(\Gamma)$ zeigt man *mutatis mutandis* wie früher mit Hilfe des Satzes von Arzelà-Ascoli (s. A 3.3).

[2] Man sieht, daß wir hier sogar schon mit dem leicht erworbenen Fredholmschen Alternativsatz *in seiner einfachsten Form* (Satz 16.1) auskommen könnten.

$$\int_{D_a} \left[\left(\frac{\partial u}{\partial x}\right)^2 + \left(\frac{\partial u}{\partial y}\right)^2\right] \mathrm{d}(x,y) = \int_\Gamma u_a \cdot \left(\frac{\partial u}{\partial n_p}\right)_a \mathrm{d}s = 0, \quad \text{also} \quad \frac{\partial u}{\partial x} = \frac{\partial u}{\partial y} = 0 \quad \text{in } D_a.$$

Somit muß das Potential u in D_a konstant sein. Und da es im Unendlichen verschwindet, ist sogar $u=0$ in D_a. Trivialerweise fällt dann $u_a(p)=0$ für alle $p \in \Gamma$ aus. Zusammen mit der oben schon festgestellten Beziehung $u_i(p)=0$ ergibt sich nun aus den Sprungrelationen (85.4) die behauptete Gleichung $\mu(p)=(u_i(p)-u_a(p))/2\pi=0$. Damit ist bewiesen, *daß das innere Dirichletsche Problem für jede stetige Randfunktion lösbar ist – wenn nur die Randkurve stetig gekrümmt ist.*

Nun wenden wir uns der Integralgleichung

$$\mu(p) - \int_\Gamma k(p,q)\mu(q)\,\mathrm{d}s = g(p) \quad \left(g := -\frac{1}{\pi}f\right) \tag{85.11}$$

des *äußeren Dirichletschen Problems* zu. Die korrespondierende homogene Gleichung

$$\mu(p) - \int_\Gamma k(p,q)\mu(q)\,\mathrm{d}s = 0 \tag{85.12}$$

besitzt diesmal nichttriviale Lösungen, z.B. alle konstanten Doppelbelegungen, weil $\int_\Gamma k(p,q)\,\mathrm{d}s = 1$ für jedes feste p ist. Andere Funktionen kommen jedoch nicht in Frage. Genügt nämlich μ der Gleichung (85.12) und ist u das zugehörige Potential, so muß $u_a(p)=0$ sein, und nun sieht man ähnlich wie oben, indem man die erste Greensche Formel auf D_i anwendet, daß u in D_i und somit u_i auf Γ konstant ist[1]. Die Sprungrelationen ergeben jetzt die Konstanz von μ. Der Lösungsraum von (85.12) hat also die Dimension 1.

Nach dem Fredholmschen Alternativsatz 53.1 – wir benötigen ihn jetzt in seiner vollen Kraft – besitzt damit der Lösungsraum der zu (85.12) konjugierten Gleichung eine eingliedrige Basis $\{\mu^+\}$, und (85.11) ist genau dann lösbar, wenn $\int_\Gamma f(p)\mu^+(p)\,\mathrm{d}s$ verschwindet. Wählen wir jetzt eine Konstante c so, daß $\int_\Gamma [f(p)-c]\mu^+(p)\,\mathrm{d}s$ zu Null wird, so ist also (85.11) jedenfalls mit der rechten Seite $f-c$ durch ein $\mu \in C(\Gamma)$ lösbar, und für das zugehörige Potential u gilt $u_a(p)=f(p)-c$. Die Funktion $v:=u+c$ aber ist handgreiflicherweise eine Lösung des äußeren Dirichletschen Problems mit den Randwerten $f(p)$. Damit ist klargestellt, *daß auch dieses Problem für jede stetige Randfunktion lösbar ist (immer unter unserer Glattheitsvoraussetzung über Γ).*

85.2 Das ebene Neumannsche Problem Wir benutzen die oben eingeführten Bezeichnungen und Voraussetzungen. Bei dem inneren Neumannschen Problem geht es darum, zu einer stetigen Randfunktion f ein u zu finden, das auf $D_i \cup \Gamma$ stetig und in D_i harmonisch ist und für das überdies $(\partial u/\partial n_p)_i$ mit f über-

[1] Das Verschwinden von u in D_i kann jedoch jetzt nicht mehr erschlossen werden.

einstimmt. Das äußere **Neumannsche Problem** erhält man, wenn man in dieser Formulierung i durch a ersetzt.

Auch hier wird der Lösungsweg wieder durch die Physik gewiesen. Man weiß, daß eine Belegung von Γ mit *Punktladungen* (eine „Einfachbelegung") ein Potential u in $D_i \cup D_a$ erzeugt; bei stetiger Belegungsdichte σ wird seine Stärke in P gegeben durch

$$u(P) = \int_\Gamma \sigma(q) \ln \frac{1}{r(P,q)} \, ds. \tag{85.13}$$

Beim Überqueren von Γ ändert sich dieses Potential stetig, nicht jedoch seine Normalenableitung; für sie haben wir vielmehr die alles weitere beherrschenden **Sprungrelationen**

$$\left(\frac{\partial u}{\partial n_p}\right)_i = \int_\Gamma \sigma(q) \frac{\partial}{\partial n_p} \ln \frac{1}{r(p,q)} \, ds - \pi\sigma(p) = \pi \int_\Gamma k(q,p)\sigma(q) \, ds - \pi\sigma(p), \tag{85.14}$$

$$\left(\frac{\partial u}{\partial n_p}\right)_a = \int_\Gamma \sigma(q) \frac{\partial}{\partial n_p} \ln \frac{1}{r(p,q)} \, ds + \pi\sigma(p) = \pi \int_\Gamma k(q,p)\sigma(q) \, ds + \pi\sigma(p); \tag{85.15}$$

dabei ist k der in (85.5) definierte Kern. Soll eine Einfachbelegung σ ein Potential u liefern, das einer Neumannschen Randbedingung genügt, so muß sie also notwendigerweise Lösung der Integralgleichung

$$\sigma(p) - \int_\Gamma k(q,p)\sigma(q) \, ds = -\frac{1}{\pi} f(p) \quad (\textit{inneres Problem}) \tag{85.16}$$

bzw. der Integralgleichung

$$\sigma(p) + \int_\Gamma k(q,p)\sigma(q) \, ds = \frac{1}{\pi} f(p) \quad (\textit{äußeres Problem}) \tag{85.17}$$

sein. Umgekehrt führt ein solches σ vermittels (85.13) auch immer zu einer Lösung des betreffenden Neumannschen Problems mit der Randvorgabe f.

Frappierenderweise sind die Gleichungen (85.16), (85.17) zu den Gleichungen (85.6), (85.7) der Dirichletschen Probleme „über Kreuz" konjugiert, und es ist sehr merkwürdig, daß der konjugierte Operator, den wir als ein bloßes *Hilfsmittel* künstlich geschaffen hatten, uns hier von physikalischen Grundproblemen in natürlicher Weise dargeboten wird.

Die zu der Integralgleichung (85.16) des inneren Neumannschen Problems gehörende konjugierte homogene Gleichung ist gerade (85.12). Wir hatten schon dargetan, daß ihr Lösungsraum aus allen konstanten Funktionen besteht. Nach dem Fredholmschen Alternativsatz ist also (85.16) genau dann lösbar, wenn $\int_\Gamma f(p) \, ds$ verschwindet. Diese Bedingung ist somit *hinreichend* für die Lösbarkeit des inneren Neumannschen Problems mit der Randvorgabe f (weil sie uns ja die Existenz einer Einfachbelegung garantiert, die das gewünschte Potential erzeugt). Sie ist aber auch *notwendig*, weil nach der ersten Greenschen Formel gilt:

$$\int_\Gamma f(p)\,\mathrm{d}s = \int_\Gamma \left(\frac{\partial u}{\partial n_p}\right)_i \mathrm{d}s = -\int_{D_i} \Delta u \,\mathrm{d}(x,y) = 0\,.$$

Wir haben also das folgende Ergebnis: *Das innere Neumannsche Problem mit der stetigen Randfunktion f läßt sich genau dann lösen, wenn* $\int_\Gamma f(p)\,\mathrm{d}s = 0$ *ist (dabei soll* Γ*, wie immer, stetig gekrümmt sein).*

Die zu der Integralgleichung (85.17) des äußeren Neumannschen Problems gehörende konjugierte homogene Gleichung ist (85.10). Von ihr wissen wir schon, daß sie nur die triviale Lösung besitzt. Der Fredholmsche Alternativsatz garantiert nun die durchgängige Lösbarkeit von (85.17) und damit auch die *Lösbarkeit des äußeren Neumannschen Problems für jede stetige Randvorgabe f – wenn nur* Γ *eine stetige Krümmung besitzt.*

In dieser Nummer haben wir nicht nur mit wenig Mühe vier Haupttheoreme der Potentialtheorie gewonnen, sondern auch noch erfahren, daß sie allesamt aus ein und derselben Quelle fließen: aus dem Fredholmschen Alternativsatz. Und hinter diesem wiederum, erinnern wir uns, steht nicht viel mehr als der Weierstraßsche Approximationssatz, die Neumannsche Reihe, die elementare Theorie linearer Gleichungssysteme – und das Kunstprodukt des konjugierten Operators.

86 Das Dirichletsche und Neumannsche Problem im Raum. Operatoren mit einer kompakten Potenz

86.1 Das räumliche Dirichletsche Problem Sei S eine hinreichend glatte Fläche im euklidischen xyz-Raum, die ein beschränktes Innengebiet V_i umschließt; V_a sei ihr unbeschränktes Außengebiet. Auf eine nähere Präzisierung der Glattheitsvoraussetzung lassen wir uns nicht ein.[1] Punkte von S bezeichnen wir mit kleinen, Punkte von $V_i \cup V_a$ mit großen lateinischen Buchstaben. n_p sei die innere Normale von S in p. Auf S denken wir uns eine stetige reellwertige Funktion f willkürlich vorgegeben.

Das innere Dirichletsche Problem besteht nun darin, eine Funktion u zu finden, die auf $V_i \cup S$ stetig und in V_i harmonisch ist (also dort stetige Ableitungen zweiter Ordnung besitzt und der Laplaceschen Differentialgleichung

$$\Delta u := \frac{\partial^2 u}{\partial x^2} + \frac{\partial^2 u}{\partial y^2} + \frac{\partial^2 u}{\partial z^2} = 0$$

genügt) und die überdies auf S mit f übereinstimmt. Das äußere Dirichletsche Problem erhält man, wenn V_i durch V_a ersetzt wird.

---

[1] S. etwa Kellogg (1929), S. 286.

Wie in Nr. 85 kann man auch hier wieder in physikalischem Geist daran denken, das gesuchte Potential u durch eine *Doppelbelegung* von S mit stetiger Dichte μ zu erzeugen, womit dann unser Problem sich darauf zuspitzt, μ so zu wählen, daß $u(p)=f(p)$ für alle $p\in S$ gilt. Das von μ herrührende Potential in $V_i\cup V_a$ wird diesmal gegeben durch

$$u(P)=\int_S \mu(q)\frac{\partial}{\partial n_q}\frac{1}{r(P,q)}\,\mathrm{d}S, \tag{86.1}$$

wobei $r(P,q)$ wieder den euklidischen Abstand zwischen P und q bedeutet. $u(p)$ existiert zwar (als uneigentliches Integral) für alle $p\in S$, aber bei der Durchquerung von S hat man wieder Sprungrelationen, diesmal von der Form

$$u_i(p)=u(p)+2\pi\mu(p), \qquad u_a(p)=u(p)-2\pi\mu(p). \tag{86.2}$$

Mit $$k(p,q):=\frac{1}{2\pi}\frac{\partial}{\partial n_q}\frac{1}{r(p,q)} \tag{86.3}$$

führen sie wie in Nr. 85 zu den grundlegenden Integralgleichungen

$$\mu(p)+\int_S k(p,q)\mu(q)\,\mathrm{d}S=\frac{1}{2\pi}f(p) \quad (\textit{inneres Problem}), \tag{86.4}$$

$$\mu(p)-\int_S k(p,q)\mu(q)\,\mathrm{d}S=-\frac{1}{2\pi}f(p) \quad (\textit{äußeres Problem}). \tag{86.5}$$

Diese beiden Gleichungen lassen sich mit Hilfe eines Parameters λ und eines passenden $g\in C(S)$ zusammenfassen in die eine Gleichung

$$\mu(p)-\lambda\int_S k(p,q)\mu(q)\,\mathrm{d}S=g(p). \tag{86.6}$$

So weit sind die Dinge kaum anders als im ebenen Falle gelaufen. Aber nun tritt ein betrüblicher Unterschied auf: *$k(p,q)$ bleibt nicht beschränkt, wenn q gegen p rückt.* Dies hindert im vorliegenden Falle zwar nicht, daß der Integraloperator K, definiert durch

$$(Kh)(p):=\int_S k(p,q)h(q)\,\mathrm{d}S, \tag{86.7}$$

den ganzen Banachraum $C(S)$ linear und stetig in sich abbildet,[1] aber weder können wir nun den Fredholmschen Alternativsatz einsetzen noch die Riesz-Schaudersche Theorie der Nummern 78, 79 (denn die Kompaktheit von K ist nicht mehr gesichert). Aus dieser peinlichen Lage rettet uns aber der keineswegs triviale Umstand, daß dank der glättenden Kraft des Integrationsprozesses jedenfalls *der* dritte *iterierte Kern* $k_3(p,q)$ (s. (16.5)) *doch wieder stetig und somit K^3 kompakt*

[1] S. zu all diesen analytischen Dingen Kellog (1929), S. 299ff. Gelegentlich ist dabei zu beachten, daß $\partial/\partial\nu$ dort die Ableitung nach der *äußeren* Normalen bedeutet.

wird - wenn wir uns nur der unscheinbaren Aufgabe 4 in Nr. 80 erinnern, die jetzt erst ihre unerwartete Bedeutung für die Anwendungen enthüllt und deren für unsere Zwecke wichtigste Aussage wir so formulieren:

Für den stetigen Endomorphismus K des normierten Raumes E sei eine gewisse Potenz K^n $(n \geqslant 1)$ kompakt. Dann ist $I-\lambda K$ für jedes λ ein Fredholmoperator mit verschwindendem Index.

Allein schon mit der Indexaussage dieses Satzes erkennen wir nun wie in Nr. 85, *daß das innere Dirichletsche Problem für jede stetige Randfunktion lösbar ist.*

Nun das äußere Problem! Zu seiner Integralgleichung (86.5) gehört die homogene Gleichung

$$\mu(p) - \int_S k(p,q)\mu(q)\,\mathrm{d}S = 0, \tag{86.8}$$

und diese hat, wie im ebenen Fall, einen eindimensionalen Lösungsraum.[1] Bezüglich des Dualsystems $(C(S), C(S))$ mit der Bilinearform $\langle h,h^+\rangle := \int_S h(p)h^+(p)\,\mathrm{d}S$ wird der zu K konjugierte Operator K^+ gegeben durch

$$(K^+h^+)(p) := \int_S k(q,p)h^+(q)\,\mathrm{d}S. \tag{86.9}$$

Der dritte iterierte Kern $k_3(q,p)$ ist stetig, die dritte Potenz von K^+ also kompakt und $I^+ - \lambda K^+$ daher für alle λ ein Fredholmoperator mit verschwindendem Index - genau wie $I-\lambda K$ selbst (s. oben). Aus Satz 76.5 folgt jetzt, daß die zu (86.8) konjugierte Gleichung eine eingliedrige Basis $\{\mu^+\}$ besitzt und (86.5) genau dann gelöst werden kann, wenn $\int_S f(p)\mu^+(p)\,\mathrm{d}S$ verschwindet. Wie in Nr. 85 sieht man nun, *daß auch das äußere Dirichletsche Problem für jede stetige Randfunktion eine Lösung besitzt.*

86.2 Das räumliche Neumannsche Problem Wie im ebenen Fall unterscheidet sich das innere Neumannsche Problem von dem inneren Dirichletschen nur dadurch, daß diesmal eine stetige Randvorgabe f für die Normalenableitung $\partial u/\partial n$ gemacht wird; Entsprechendes gilt für das äußere Problem. Das gesuchte Potential u denkt man sich durch eine *Einfachbelegung* von S mit der stetigen Dichte σ erzeugt, stellt es also in der Form

$$u(P) = \int_S \sigma(q)\frac{1}{r(P,q)}\,\mathrm{d}S \tag{86.10}$$

dar. Für die Normalenableitung hat man mit dem in (86.3) definierten Kern k die Sprungrelationen

$$\left(\frac{\partial u}{\partial n_p}\right)_i = \int_S \sigma(q)\frac{\partial}{\partial n_p}\frac{1}{r(p,q)}\,\mathrm{d}S - 2\pi\sigma(p) = 2\pi\int_S k(q,p)\sigma(q)\,\mathrm{d}S - 2\pi\sigma(p), \tag{86.11}$$

[1] Kellogg (1929), S. 312.

$$\left(\frac{\partial u}{\partial n_p}\right)_a = \int_S \sigma(q) \frac{\partial}{\partial n_p} \frac{1}{r(p,q)} \mathrm{d}S + 2\pi\sigma(p) = 2\pi \int_S k(q,p)\sigma(q)\,\mathrm{d}S + 2\pi\sigma(p). \quad (86.12)$$

Diese Relationen führen zu den alles Weitere beherrschenden Integralgleichungen

$$\sigma(p) - \int_S k(q,p)\sigma(q)\,\mathrm{d}S = -\frac{1}{2\pi} f(p) \quad \textit{(inneres Problem)}, \quad (86.13)$$

$$\sigma(p) + \int_S k(q,p)\sigma(q)\,\mathrm{d}S = \frac{1}{2\pi} f(p) \quad \textit{(äußeres Problem)}. \quad (86.14)$$

Man sieht, daß sie wie im ebenen Fall zu den Gleichungen (86.4), (86.5) der beiden Dirichletschen Probleme „über Kreuz" konjugiert sind. Und nun dürfen wir es dem Leser überlassen, nach allem in den Nummern 85 und 86 Gesagten den Beweis des folgenden Existenzsatzes selbst zu einem guten Ende zu führen:
Das äußere Neumannsche Problem ist für alle stetigen Randfunktionen f lösbar, das innere genau für diejenigen mit $\int_S f(p)\,\mathrm{d}S = 0$.

Unbefriedigend an der ansonsten so einladenden Integralgleichungsmethode sind die recht starken *Glattheitsforderungen*, denen der Rand genügen muß. Aber sie hat dennoch ihre Meriten, die nicht nur aus ihrer schönen Einfachheit und Klarheit bestehen. Kellogg sagt es so: „*It* [die Integralgleichungsmethode] *is less general than a number of other methods, but it has the great advantage of being able to deliver a number of existence theorems at the same time.*" Dafür legen die beiden letzten Nummern in der Tat ein starkes Zeugnis ab.

87 Integralgleichungen mit L^2-Kernen. Hilbert-Schmidt-Operatoren

Sei Q das Quadrat $[a,b]\times[a,b]$ und k ein L^2-Kern auf Q, d.h., k liege in $L^2(Q)$. Für jedes $x\in L^2(a,b)$ gehört dann die Funktion $k(s,t)\,x(t)$ zu $L(Q)$, und aus dem Satz von Fubini[1] über die sukzessive Integration folgt nun, daß

$$y(s) := \int_a^b k(s,t)x(t)\,\mathrm{d}t$$

auf $[a,b]$ integrierbar[2], erst recht also meßbar ist. Somit muß auch $|y|^2$ meßbar sein. Da ferner, wiederum dank des Fubinischen Satzes, $\int_a^b |k(s,t)|^2\,\mathrm{d}t$ eine integrierbare Funktion von s ist und wir nach der Cauchy-Schwarzschen Ungleichung

[1] So genannt nach dem italienischen Mathematiker Guido Fubini (1879–1943; 64).

[2] Integrierbarkeit ist hier immer im Sinne von Lebesgue zu verstehen.

die Abschätzung

$$|y(s)|^2 \leqslant \int_a^b |k(s,t)|^2 \, dt \cdot \int_a^b |x(t)|^2 \, dt \tag{87.1}$$

haben, ergibt sich nun, daß $|y|^2$ integrierbar sein und somit y selbst zu $L^2(a,b)$ gehören muß. Durch

$$(Kx)(s) := \int_a^b k(s,t)x(t) \, dt \tag{87.2}$$

wird also eine - offenbar lineare - Selbstabbildung K von $L^2(a,b)$ definiert. Aus (87.1) folgt, wenn $\|\cdot\|$ die Norm in $L^2(a,b)$ bedeutet,

$$\|Kx\|^2 = \int_a^b |y(s)|^2 \, ds \leqslant \left(\int_a^b \int_a^b |k(s,t)|^2 \, dt \, ds \right) \|x\|^2 \quad \text{für jedes } x \in L^2(a,b),$$

also ist K auch stetig und

$$\|K\| \leqslant |k| := \left(\int_Q |k(s,t)|^2 \, d(s,t) \right)^{1/2} \tag{87.3}$$

(wobei wir noch einmal Fubini bemüht haben; wir wollen ihn hinfort nur noch stillschweigend benutzen).

$|k|$ ist die Norm von k in $L^2(Q)$. Es ist sehr merkwürdig - und folgenreich -, daß man sie noch ganz anders darstellen und dabei in eine weitaus engere Beziehung zu K bringen kann, als die Abschätzung (87.3) ahnen läßt. Zu diesem Zweck nehmen wir uns irgendeine (abzählbare) Orthonormalbasis $\{u_1, u_2, \ldots\}$ von $L^2(a,b)$ her. Dann ist

$$\|Ku_n\|^2 = \int_a^b \left| \int_a^b k(s,t)u_n(t) \, dt \right|^2 ds. \tag{87.4}$$

Für festes s sind

$$\alpha_n(s) := \int_a^b \overline{k(s,t)}\,\overline{u_n(t)} \, dt = \overline{\int_a^b k(s,t)u_n(t) \, dt}$$

die Fourierkoeffizienten der L^2-Funktion $t \mapsto \overline{k(s,t)}$ bezüglich $\{u_1, u_2, \ldots\}$. Nach der Parsevalschen Gleichung (24.1) gilt daher

$$\int_a^b |k(s,t)|^2 \, dt = \sum_{n=1}^{\infty} \alpha_n(s)\overline{\alpha_n(s)} = \sum_{n=1}^{\infty} \left| \int_a^b k(s,t)u_n(t) \, dt \right|^2$$

und wegen (87.4) somit auch

$$|k|^2 = \int_a^b \left(\int_a^b |k(s,t)|^2 \, dt \right) ds = \sum_{n=1}^{\infty} \int_a^b \left| \int_a^b k(s,t)u_n(t) \, dt \right|^2 ds = \sum_{n=1}^{\infty} \|Ku_n\|^2.$$

Wir haben also insgesamt folgendes festgestellt: *Für jede Orthonormalbasis* $\{u_1, u_2, \ldots\}$ *ist*

$$\sum_{n=1}^{\infty} \|K u_n\|^2 \quad \textit{konvergent und} \quad = |k|^2. \tag{87.5}$$

Das ist die versprochene Beziehung zwischen K und $|k|$. Aus ihr folgt übrigens sofort, *daß K von keinem anderen L^2-Kern als k erzeugt werden kann* (wenn wir, wie immer, Abweichungen auf einer Nullmenge nicht beachten). Aber fast noch interessanter ist, daß wir unsere Betrachtungen *umkehren* können. Ist nämlich A ein stetiger Endomorphismus von $L^2(a,b)$ mit $\sum_{n=1}^{\infty} \|A u_n\|^2 < \infty$ für irgendeine Orthonormalbasis $\{u_1, u_2, \ldots\}$, so muß A notwendigerweise ein *Integraloperator mit L^2-Kern* sein. Zum Beweis setzen wir

$$\alpha_{nm} := (A u_n | u_m)$$

und bemerken zunächst, daß wegen der Parsevalschen Gleichung

$$\sum_{m=1}^{\infty} |\alpha_{nm}|^2 = \sum_{m=1}^{\infty} |(A u_n | u_m)|^2 = \|A u_n\|^2$$

ist und somit die Doppelreihe $\sum |\alpha_{nm}|^2$ konvergiert. Aus der Darstellung $x = \sum (x|u_n) u_n$ folgt ferner

$$\begin{aligned} Ax &= \sum_{n=1}^{\infty} (x|u_n) A u_n = \sum_{n=1}^{\infty} (x|u_n) \left(\sum_{m=1}^{\infty} (A u_n | u_m) u_m \right) \\ &= \sum_{n,m=1}^{\infty} (A u_n | u_m)(x|u_n) u_m = \sum_{n,m=1}^{\infty} \alpha_{nm} (x|u_n) u_m . \end{aligned} \tag{87.6}$$

Die Funktionen $\overline{u_n(t)} u_m(s)$ $(n, m \in \mathbf{N})$ bilden ein Orthonormalsystem in $L^2(Q)$, und da $\sum |\alpha_{nm}|^2$ konvergiert, wird durch

$$k(s,t) := \sum_{n,m=1}^{\infty} \alpha_{nm} \overline{u_n(t)} u_m(s) \quad \text{(im Sinne der } L^2\text{-Konvergenz)}$$

ein L^2-Kern k definiert. Er erzeugt vermöge (87.2) einen Integraloperator K auf $L^2(a,b)$, der folgendermaßen auf $x \in L^2(a,b)$ wirkt:

$$(Kx)(s) = \int_a^b k(s,t) x(t) \, dt = \sum_{n,m=1}^{\infty} \alpha_{nm} u_m(s) \int_a^b x(t) \overline{u_n(t)} \, dt = \sum_{n,m=1}^{\infty} \alpha_{nm} (x|u_n) u_m(s).$$

Ein Blick auf (87.6) lehrt nun, daß $Ax = Kx$ ist, A also mit dem Integraloperator K übereinstimmt. ∎

Wir fassen zusammen:

87.1 Satz *Ein stetiger Endomorphismus K von $L^2(a,b)$ ist genau dann ein* Integraloperator mit einem L^2-Kern k, *wenn für eine* beliebige (*und dann sogar für* jede) *Orthonormalbasis* $\{u_1, u_2, \ldots\}$ *von* $L^2(a,b)$ *die Reihe* $\sum \|K u_n\|^2$ *konvergiert. Ihre Summe ist in diesem Falle* $= |k|^2$.

Dieser Satz weist uns den Weg, wie in beliebigen separablen Hilberträumen ein *abstraktes Gegenstück zu den Integraloperatoren mit L^2-Kernen* zu schaffen ist:

Ein stetiger Endomorphismus A eines separablen Hilbertraumes E heißt Hilbert-Schmidt-Operator[1], wenn für irgendeine Orthonormalbasis $\{u_1, u_2, \ldots\}$ von E die Reihe $\sum \|A u_n\|^2$ konvergiert.[2]

In dieser Terminologie *ist also ein stetiger Endomorphismus von $L^2(a,b)$ genau dann ein Hilbert-Schmidt-Operator, wenn er ein Integraloperator mit L^2-Kern ist.* Daraus folgt übrigens, daß die identische Transformation auf $L^2(a,b)$ *kein* derartiger Integraloperator sein kann.

Die obige Definition ist unabhängig von der speziellen Wahl der Orthonormalbasis. In der Tat: Nehmen wir uns noch zwei weitere Orthonormalbasen $\{v_1, v_2, \ldots\}$ und $\{w_1, w_2, \ldots\}$ her. Dann erhält man mittels der Parsevalschen Gleichung zunächst

$$\sum_{n=1}^{\infty} \|A u_n\|^2 = \sum_{n=1}^{\infty} \sum_{m=1}^{\infty} |(A u_n|w_m)|^2 = \sum_{n=1}^{\infty} \sum_{m=1}^{\infty} |(u_n|A^* w_m)|^2$$

$$= \sum_{m=1}^{\infty} \sum_{n=1}^{\infty} |(A^* w_m|u_n)|^2 = \sum_{m=1}^{\infty} \|A^* w_m\|^2,$$

womit sich auch die Adjungierte A^* als Hilbert-Schmidt-Operator erweist. Und nun liefert die entsprechende Rechnung

$$\sum_{m=1}^{\infty} \|A^* w_m\|^2 = \sum_{m=1}^{\infty} \sum_{n=1}^{\infty} |(A^* w_m|v_n)|^2 = \sum_{n=1}^{\infty} \|A v_n\|^2,$$

so daß wir insgesamt

$$\sum_{n=1}^{\infty} \|A u_n\|^2 = \sum_{n=1}^{\infty} \|A^* w_n\|^2 = \sum_{n=1}^{\infty} \|A v_n\|^2$$

haben und daher sagen können:

87.2 Satz *Für einen Hilbert-Schmidt-Operator A des separablen Hilbertraumes E ist die Reihe* $\sum \|A u_n\|^2$ *für jede Orthonormalbasis* $\{u_1, u_2, \ldots\}$ *von E konvergent und*

---

[1] Hilbert-Schmidt-Operatoren lassen sich auch für nichtseparable Hilberträume definieren. Wir wollen dies aber hier nicht tun.

[2] Ein separabler Hilbertraum besitzt stets eine (höchstens) abzählbare Orthonormalbasis; s. Nr. 24. – Man halte sich vor Augen, daß die identische Transformation I_E nur auf *endlichdimensionalen* Räumen E ein Hilbert-Schmidt-Operator ist.

hat immer ein und denselben Wert. Die Adjungierte A^* ist ebenfalls ein Hilbert-Schmidt-Operator, und es gilt

$$\sum_{n=1}^{\infty} \|Au_n\|^2 = \sum_{n=1}^{\infty} \|A^*u_n\|^2. \tag{87.7}$$

Man sieht ohne Mühe, daß die Menge $\mathscr{H}(E)$ der Hilbert-Schmidt-Operatoren auf E einen Vektorraum bildet und auf diesem durch

$$|A| := \left(\sum_{n=1}^{\infty} \|Au_n\|^2\right)^{1/2} \tag{87.8}$$

eine Norm, die sogenannte Hilbert-Schmidt-Norm, definiert wird. Mit ihr geht (87.7) über in die Gleichung

$$|A| = |A^*|. \tag{87.9}$$

Für einen Integraloperator K auf $L^2(a,b)$ mit L^2-Kern k ist $|K| = |k|$ (Satz 87.1). Für einen Matrixoperator $A := (\alpha_{jk})$ auf $l^2(n)$ haben wir ganz entsprechend

$$|A| = \left(\sum_{j,k=1}^{n} |\alpha_{jk}|^2\right)^{1/2} = \text{Quadratsummennorm von } A \text{ (s. (14.3))}.$$

87.3 Satz *$\mathscr{H}(E)$ ist ein Ideal in $\mathscr{L}(E)$.*

Zum Beweis haben wir nur noch zu zeigen, daß die Produkte AB und BA eines $A \in \mathscr{H}(E)$ mit einem $B \in \mathscr{L}(E)$ wieder zu $\mathscr{H}(E)$ gehören. Dies ist für BA trivial – und wegen $AB = (B^*A^*)^*$ dann auch für AB. ■

Nun folgt ein wirkungsstarkes Theorem:

87.4 Satz *Jeder Hilbert-Schmidt-Operator ist kompakt.*

Beweis. Sei $A \in \mathscr{H}(E)$ und $\{u_1, u_2, \ldots\}$ eine Orthonormalbasis von E. $K_n \in \mathscr{F}(E)$ werde definiert durch

$$K_n x := \sum_{j=1}^{n} (x|u_j) A u_j \quad (n = 1, 2, \ldots).$$

Wegen $x = \sum (x|u_j) u_j$ ist dann

$$\|Ax - K_n x\|^2 = \left\| \sum_{j=1}^{\infty} (x|u_j) A u_j - \sum_{j=1}^{n} (x|u_j) A u_j \right\|^2 = \left\| \sum_{j=n+1}^{\infty} (x|u_j) A u_j \right\|^2$$

$$\leqslant \left(\sum_{j=n+1}^{\infty} |(x|u_j)|\, \|Au_j\|\right)^2 \leqslant \sum_{j=n+1}^{\infty} |(x|u_j)|^2 \cdot \sum_{j=n+1}^{\infty} \|Au_j\|^2 \leqslant \|x\|^2 \sum_{j=n+1}^{\infty} \|Au_j\|^2;$$

hierbei haben wir die Cauchy-Schwarzsche und die Besselsche Ungleichung herangezogen. Aus diesen Abschätzungen folgt

$$\|A-K_n\| \leqslant \left(\sum_{j=n+1}^{\infty} \|Au_j\|^2\right)^{1/2} \to 0 \quad \text{für } n\to\infty,$$

womit wegen Satz 28.3 die Kompaktheit von A sichergestellt ist. ■

Und nun haben wir mit einem Schlag den

87.5 Satz *Jeder Integraloperator K auf $L^2(a,b)$ mit L^2-Kern ist kompakt.*

Dieser Satz bahnt der Rieszschen Theorie kompakter Operatoren den Weg zur Fredholmschen Integralgleichung

$$x(s)-\int_a^b k(s,t)x(t)\,dt=y(s) \quad \text{oder also} \quad (I-K)x=y \tag{87.10}$$

mit einem L^2-Kern k und einer rechten Seite $y\in L^2(a,b)$ - wobei Lösungen x nur in $L^2(a,b)$ gesucht werden sollen. Legt man das Dualsystem $(L^2(a,b), L^2(a,b))$ mit der Bilinearform

$$\langle x,x^+\rangle := \int_a^b x(t)x^+(t)\,dt$$

zugrunde, so ist die Konjugierte K^+ von K vorhanden und wird wie im Stetigkeitsfall gegeben durch

$$(K^+x^+)(s)=\int_a^b k(t,s)x^+(t)\,dt \tag{87.11}$$

(s. Beispiel 50.6); sie ist also selbst wieder ein Integraloperator mit L^2-Kern und daher kompakt. *Infolgedessen gilt für* (87.10) *der Satz* 79.4 *und damit unverkürzt der Fredholmsche Alternativsatz* 53.1 - *man muß in ihm nur $C[a,b]$ durch $L^2(a,b)$ ersetzen* (s. auch Aufgaben 8 und 9).
Die Adjungierte K^* von K wird durch

$$(K^*x)(s)=\int_a^b \overline{k(t,s)}x(t)\,dt \tag{87.12}$$

dargestellt. Genau dann ist K *symmetrisch* (selbstadjungiert; s. Nr. 58), wenn gilt:

$$k(s,t)=\overline{k(t,s)} \quad \text{fast überall auf } Q. \tag{87.13}$$

In diesem Falle können wir die ganze reiche Eigenwerttheorie der Nummern 30 *bis* 32 *auf K anwenden,* insbesondere also die Integralgleichung (87.10) explizit mit Hilfe der Eigenfunktionen von K lösen, wenn nur y senkrecht auf $N(I-K)$ steht (s. Satz 31.1). Es ergeben sich aber noch einige analytisch wichtige Besonderheiten. Ist nämlich $(u_1, u_2, \ldots)$ die Orthonormalfolge der Eigenlösungen von K zu den (reellen und) nichtverschwindenden Eigenwerten $\mu_1, \mu_2, \ldots$ aus Satz 30.1 und erweitern wir sie durch eine (evtl. leere oder abbrechende) Orthonormalfolge

$(v_1, v_2, \ldots)$ zu einer Orthonormalbasis von $L^2(a,b)$, so finden wir die Abschätzung

$$|k|^2 = |K|^2 = \sum(\|Ku_n\|^2 + \|Kv_n\|^2) \geqslant \sum \|Ku_n\|^2 = \sum \mu_n^2,$$

die Reihe $\sum \mu_n^2$ ist also konvergent und $\leqslant |k|^2$.

Sei umgekehrt A ein symmetrischer kompakter Endomorphismus von $L^2(a,b)$ mit $\sum \mu_n^2 < \infty$ (μ_n die Eigenwerte von A wie in Satz 30.1). Ist $(u_1, u_2, \ldots)$ die zugehörige Orthonormalfolge der Eigenlösungen, so ist diese wegen des Entwicklungssatzes 30.1 und des Satzes 23.3b eine Basis von $\overline{A(E)}$. $N(A)$ ist das orthogonale Komplement zu $\overline{A(E)}$ (Satz 58.5), so daß eine Orthonormalbasis $(v_1, v_2, \ldots)$ von $N(A)$ zusammen mit der Orthonormalfolge $(u_1, u_2, \ldots)$ gerade eine Orthonormalbasis von $L^2(a,b)$ bildet. Mit dieser haben wir aber

$$\sum(\|Au_n\|^2 + \|Av_n\|^2) = \sum \|Au_n\|^2 = \sum \mu_n^2 < \infty,$$

so daß sich A als Hilbert-Schmidt-Operator auf $L^2(a,b)$ und damit als Integraloperator mit L^2-Kern entpuppt. Wir fassen zusammen:

87.6 Satz *Ein symmetrischer kompakter Endomorphismus A von $L^2(a,b)$ ist genau dann ein Integraloperator mit L^2-Kern, wenn die Quadratsumme seiner Eigenwerte konvergiert (in diesem Falle ist sie $= |A|^2$).*

Mit denselben Beweisgründen sieht man: *Ein symmetrischer kompakter Endomorphismus eines separablen Hilbertraumes ist genau dann ein Hilbert-Schmidt-Operator, wenn die Quadratsumme seiner Eigenwerte konvergiert.*

Nun sei K wieder ein Integraloperator auf $L^2(a,b)$ mit „selbstadjungiertem" L^2-Kern k $(k(s,t) = \overline{k(t,s)})$. Dann haben wir für jedes $x \in L^2(a,b)$ nach dem Entwicklungssatz 30.1 die Darstellung $Kx = \sum \mu_n (x|u_n) u_n$ oder also

$$(Kx)(s) = \int_a^b k(s,t)x(t)\,dt = \sum \mu_n \int_a^b x(t)\overline{u_n(t)}\,dt \cdot u_n(s) \tag{87.14}$$

(im Sinne der L^2-Konvergenz) mit $\sum \mu_n^2 < \infty$. K stimmt überein mit dem Integraloperator, der durch den L^2-Kern

$$k_0(s,t) := \sum \mu_n \overline{u_n(t)} u_n(s) \quad \text{(im Sinne der } L^2\text{-Konvergenz)}$$

erzeugt wird (vgl. Beweis des Satzes 87.1). Da aber die Transformation K ihren Kern bis auf eine Nullmenge eindeutig fixiert, muß fast überall $k(s,t) = k_0(s,t)$ sein, und somit gilt der elegante

87.7 Satz *Jeder selbstadjungierte L^2-Kern k gestattet die Entwicklung*

$$k(s,t) = \sum \mu_n u_n(s)\overline{u_n(t)} \quad \textit{im Sinne der } L^2\textit{-Konvergenz}; \tag{87.15}$$

hierbei sind $\mu_1, \mu_2, \ldots$ die Eigenwerte und $u_1, u_2, \ldots$ die zugehörigen orthonormierten Eigenlösungen des von k erzeugten Integraloperators (s. Satz 30.1).

Angenommen, k genüge einer Abschätzung der Form

$$\int_a^b |k(s,t)|^2 \mathrm{d}t \leqslant M \quad \text{für jedes } s \in [a,b]. \tag{87.16}$$

Da für $x \in L^2(a,b)$ die Folge der $z_n := \sum_{j=1}^{n} (x|u_j)u_j$ gegen ein $z \in L^2(a,b)$, also

$$Kz_n = \sum_{j=1}^{n} \mu_j (x|u_j)u_j \to Kz = \sum_{j=1}^{\infty} \mu_j (x|u_j)u_j = Kx$$

strebt, ergibt sich mit (87.16)

$$\left| \sum_{j=1}^{n} \mu_j (x|u_j)u_j(s) - (Kx)(s) \right|^2 = |(Kz_n)(s) - (Kz)(s)|^2 = \left| \int_a^b k(s,t)[z_n(t) - z(t)]\,\mathrm{d}t \right|^2$$

$$\leqslant \int_a^b |k(s,t)|^2 \mathrm{d}t \cdot \int_a^b |z_n(t) - z(t)|^2 \mathrm{d}t \leqslant M \|z_n - z\|^2 \to 0.$$

Die Entwicklung (87.14) konvergiert also in diesem Falle nicht nur im Sinne der L^2-Norm, sondern sogar *gleichmäßig für alle* $s \in [a,b]$. Da sie überdies unbedingt und somit auch absolut konvergiert (Satz 23.1b), haben wir den folgenden Satz gewonnen:

87.8 Satz *Wenn der selbstadjungierte L^2-Kern k der Abschätzung* (87.16) *genügt, so gilt die Entwicklung* (87.14) *für jedes $x \in L^2(a,b)$ sogar im Sinne der* absoluten *und* gleichmäßigen *Konvergenz.*

Zum Schluß bemerken wir noch, daß es auf $L^2(a,b)$ stetige Integraloperatoren geben kann, die ohne selbst kompakt zu sein doch eine kompakte Potenz haben (sie werden natürlich nicht von einem L^2-Kern erzeugt). Eine derartige Transformation findet der Leser bei A.C. Zaanen (1964) auf S. 319. Solche Operatoren fallen jedoch nach wie vor der Fredholmtheorie anheim (s. Nr. 86). Beunruhigender ist die Existenz stetiger Integraloperatoren, für die nicht eine einzige Potenz kompakt wird; ein betrübendes Beispiel hierfür bringt Zaanen (1964) auf S. 318f.

Aufgaben

Im folgenden sei E immer ein separabler Hilbertraum.

1. Für jedes $A \in \mathscr{H}(E)$ ist $\|A\| \leqslant |A|$.

2. Für jedes $A \in \mathscr{L}(E)$ und $B \in \mathscr{H}(E)$ ist $|AB|$, $|BA| \leqslant \|A\|\,|B|$.

3. Für alle $A, B \in \mathscr{H}(E)$ ist $|AB| \leqslant |A|\,|B|$.

$^+$**4. $\mathscr{H}(E)$ als Banachalgebra** $\mathscr{H}(E)$ ist mit der Hilbert-Schmidt-Norm vollständig, wegen Aufgabe 3 also eine Banachalgebra.

$^+$**5. $\mathscr{H}(E)$ als Hilbertraum** Auf $\mathscr{H}(E)$ kann man ein Innenprodukt einführen, das die Hilbert-Schmidt-Norm erzeugt. $\mathscr{H}(E)$ ist also ein Hilbertraum (s. Aufgabe 4).

$^+$**6. Die lösende Transformation** Sei $K \in \mathscr{H}(E)$ und $\lim \|K^n\|^{1/n} < 1$. Dann ist $I-K$ bijektiv und

$$(I-K)^{-1} = I + R \quad \text{mit} \quad R := \sum_{n=1}^{\infty} K^n \in \mathscr{H}(E).$$

Der Ton liegt dabei auf der Aussage, daß die lösende Transformation *R zu $\mathscr{H}(E)$ gehört*. Hinweis: Zeige mit Hilfe der Aufgaben 2 und 4, daß die Reihenentwicklung für R sogar bezüglich der Hilbert-Schmidt-Norm konvergiert.

$^+$**7. Der lösende Kern** Sei k ein L^2-Kern auf $Q := [a,b] \times [a,b]$ mit $|k| < 1$ und K der zugehörige Integraloperator auf $L^2(a,b)$.

a) Die Integralgleichung (87.10) besitzt für jedes $y \in L^2(a,b)$ genau eine Lösung $x \in L^2(a,b)$, und diese kann mit Hilfe eines lösenden Kerns $r \in L^2(Q)$ in der Form

$$x(s) = y(s) + \int_a^b r(s,t) y(t) \, dt$$

dargestellt werden. Die Voraussetzung $|k| < 1$ darf durch die schwächere (aber auch unpraktischere) Bedingung $\lim \|K^n\|^{1/n} < 1$ ersetzt werden. Hinweis: Aufgabe 6.

b) Definiere die iterierten Kerne k_n wie in (16.5) induktiv durch

$$k_1(s,t) := k(s,t), \qquad k_n(s,t) := \int_a^b k(s,u) k_{n-1}(u,t) \, du \quad (n \geqslant 2).$$

k_n ist ein L^2-Kern, der K^n erzeugt, und für den lösenden Kern r besteht die Entwicklung

$$r(s,t) = \sum_{n=1}^{\infty} k_n(s,t)$$

zunächst im Sinne der L^2-Konvergenz, aber dann sogar auch fast überall im Sinne der punktweisen Konvergenz. Hinweis für die punktweise Konvergenz: Beweise für $n = 2, 3, \ldots$ die Abschätzung

$$|k_n(s,t)| \leqslant |k|^{n-2} \left(\int_a^b |k(s,t)|^2 \, dt \right)^{1/2} \left(\int_a^b |k(s,t)|^2 \, ds \right)^{1/2} \quad \text{fast überall}$$

und benutze folgende Aussage: Wenn eine Folge im L^2-Sinne gegen g und gleichzeitig fast überall punktweise gegen h konvergiert, so ist $g = h$ fast überall (s. dazu A 130.5 in Heuser II).

$^+$**8. Nochmals der Fredholmsche Alternativsatz für Integralgleichungen in $L^2(a,b)$ mit L^2-Kernen** $\mathscr{A}$ sei die Menge der Operatoren $\alpha I + K$, wo α alle Zahlen und K alle Integraloperatoren auf $L^2(a,b)$ mit L^2-Kern durchlaufe. Zeige:

a) $\mathscr{A}$ ist bezüglich der Bilinearform $\langle x, x^+ \rangle := \int_a^b x(t) x^+(t) \, dt$ $(x, x^+ \in L^2(a,b))$ eine saturierte Algebra.

b) $I-K$ ist für jedes K mit L^2-Kern ein Fredholmoperator in $\mathscr{A}$. Hinweis: Beweis des Satzes 75.13.

c) Aus a) und b) ergibt sich von neuem der Fredholmsche Alternativsatz für die Integralgleichung (87.10) - aber diesmal methodisch ganz anders als oben.

+9. **Zum letzten Mal der Fredholmsche Alternativsatz für Integralgleichungen in $L^2(a,b)$ mit L^2-Kernen** Gewinne den Fredholmschen Alternativsatz für die Integralgleichung (87.10) aus Satz 79.1 in Verbindung mit der Darstellung (56.2) der stetigen Linearformen auf $L^2(a,b)$.

+10. **Die Fredholmsche Alternative für gewisse L^2-Transformationen von $C[a,b]$** Der L^2-Kern k auf $[a,b]\times[a,b]$ sei so beschaffen, daß der zugehörige Integraloperator K und seine durch (87.11) definierte Konjugierte K^+ den Raum $C[a,b]$ in sich abbilden (s. dazu Aufgabe 11). Dann gelten die Aussagen des Fredholmschen Alternativsatzes 53.1 unverändert auch in diesem Fall, wenn man für die rechten Seiten der Integralgleichungen (I), (I^+) nur Funktionen aus $C[a,b]$ zuläßt. Die Lösungen von (I), (I^+) - falls vorhanden - liegen dann ebenso in $C[a,b]$ wie die von (H), (H^+).

11. a) Der L^2-Kern k genüge der Bedingung (87.16). Dann ist Kx für jedes $x\in L^2(a,b)$ eine *beschränkte* Funktion.

b) Gibt es zu jedem $\varepsilon>0$ ein $\delta>0$, so daß

$$\text{für } |s_1-s_2|<\delta \quad \text{stets} \quad \int_a^b |k(s_1,t)-k(s_2,t)|\,\mathrm{d}t<\varepsilon$$

bleibt, so bildet K den Raum $C[a,b]$ *in sich* ab.

+**12.** Für jeden selbstadjungierten L^2-Kern k mit zugehörigen Eigenwerten $\mu_1,\mu_2,\ldots$ ist

$$|k|^2=\sum_n \mu_n^2.$$

+13. **Ein Iterationsverfahren zur Bestimmung von Eigenwerten** k sei ein selbstadjungierter L^2-Kern $\neq 0$, k_m sein m-ter iterierter Kern (s. Aufgabe 7b) und K der von k erzeugte Operator. Dann existiert

$$\alpha:=\lim_{m\to\infty}\frac{|k_{m+1}|}{|k_m|}.$$

α oder $-\alpha$ ist ein Eigenwert von K, und zwar der betragsgrößte.

Hinweis: Aufgabe 12.

+14. **Die Reihen $\sum_{n=1}^{\infty}\frac{1}{n^2}$ und $\sum_{n=1}^{\infty}\frac{1}{n^4}$** Es sei

$$k(s,t):=\begin{cases} s(1-t) & \text{für } 0\leqslant s\leqslant t\leqslant 1,\\ t(1-s) & \text{für } 0\leqslant t\leqslant s\leqslant 1.\end{cases}$$

Zeige: a) Es besteht die auf $0\leqslant s,t\leqslant 1$ gleichmäßig konvergente Entwicklung

$$k(s,t)=2\sum_{n=1}^{\infty}\frac{\sin n\pi s\,\sin n\pi t}{\pi^2 n^2}. \tag{87.17}$$

Hinweis: Satz 87.7, Aufgabe 31.2.

b) Es gelten die Gleichungen

$$\sum_{n=1}^{\infty} \frac{1}{n^2} = \frac{\pi^2}{6}, \qquad \sum_{n=1}^{\infty} \frac{1}{n^4} = \frac{\pi^4}{90},$$

die von Euler auf ganz anderem Weg entdeckt wurden. Hinweis: (87.17) und Aufgabe 12.

+**15. Die Reihen** $\sum_{n=1}^{\infty} \frac{1}{(2n-1)^2}$ **und** $\sum_{n=1}^{\infty} \frac{1}{(2n-1)^4}$ Wir greifen noch einmal auf das Problem der *Stabknickung* zurück (s. A 33.3). Mathematisch läuft es auf die Lösung der Eigenwertaufgabe

$$x''+\lambda x=0, \qquad x(0)=x'(1)=0 \tag{87.18}$$

hinaus, wenn wir die Stablänge $L=1$ setzen. (87.18) ist äquivalent zu der Integralgleichung

$$x(s)-\lambda \int_0^1 k(s,t)x(t)\,dt=0,$$

deren Kern k das Negative der zu (87.18) gehörenden Greenschen Funktion ist (s. Nr. 3). Letztere ist aus A 3.6 bekannt, und man erhält so

$$k(s,t)=\begin{cases} s & \text{für } 0\leqslant s\leqslant t\leqslant 1,\\ t & \text{für } 0\leqslant t\leqslant s\leqslant 1.\end{cases}$$

Zeige nun durch Überlegungen wie in Aufgabe 14: Es ist

$$\sum_{n=1}^{\infty} \frac{1}{(2n-1)^2} = \frac{\pi^2}{8}, \qquad \sum_{n=1}^{\infty} \frac{1}{(2n-1)^4} = \frac{\pi^4}{96}.$$

16. Ein Orthogonalprojektor P des separablen Hilbertraumes E ist genau dann ein Hilbert-Schmidtoperator, wenn er endlichdimensional ist. In diesem Falle haben wir $|P| = \sqrt{\dim P(E)}$. Hinweis: A 79.1.

88 Singuläre Integralgleichungen

Im Jahre 1921 veröffentlichte Fritz Noether (geb. 1884, von einem sowjetischen Exekutionskommando erschossen in Orel 1941; 57) Resultate über die „singuläre Integralgleichung"

$$a(z)\varphi(z) + \frac{b(z)}{\pi i} \int_\Gamma \frac{\varphi(\zeta)}{\zeta - z}\,d\zeta = \psi(z), \tag{88.1}$$

mit denen er ein neues Kapitel der Fredholmtheorie aufschlug. Wir haben es in den Nummern 71 bis 77 schon *in abstracto* vorweggenommen, wollen aber nicht versäumen, einen kurzen Blick auf seinen konkreten Ursprung - die Gleichung (88.1) - zu werfen. Zu ihr ist zunächst einiges Klärende zu sagen.

Γ soll eine stetig gekrümmte, den Nullpunkt umschließende Jordankurve in **C** mit der Parameterdarstellung $z=\gamma(s)$ $(0\leqslant s\leqslant L)$ sein; als Parameter s wählen wir die Bogenlänge. Die komplexwertigen Funktionen $a(z)$ und $b(z)$ seien auf Γ definiert und stetig differenzierbar; die Variable z unter dem Integral in (88.1) wird natürlich auch auf Γ beschränkt. $L^2(\Gamma)$ sei der Hilbertraum der quadratisch integrierbaren Funktionen $\varphi\colon \Gamma \to \mathbf{C}$ (also derjenigen φ, für die das Kompositum $\varphi \circ \gamma$ zu $L^2[0,L]$ gehört). Das „singuläre Integral"

$$\int_\Gamma \frac{\varphi(\zeta)}{z-\zeta}\,d\zeta \quad (z\in\Gamma)$$

ist als Cauchyscher Hauptwert zu interpretieren; für ein festes $z=\gamma(t)$ mit $0<t<L$ sei also

$$\int_\Gamma \frac{\varphi(\zeta)}{\zeta-z}\,d\zeta := \lim_{\varepsilon\to 0+}\left[\int_0^{t-\varepsilon} \frac{\varphi(\gamma(s))}{\gamma(s)-\gamma(t)}\frac{d\gamma}{ds}\,ds + \int_{t+\varepsilon}^{L} \frac{\varphi(\gamma(s))}{\gamma(s)-\gamma(t)}\frac{d\gamma}{ds}\,ds\right], \tag{88.2}$$

falls dieser Grenzwert existiert. Grundlegend für alles Weitere ist der

88.1 Satz *Durch*

$$(S\varphi)(z) := \frac{1}{\pi i}\int_\Gamma \frac{\varphi(\zeta)}{\zeta-z}\,d\zeta \tag{88.3}$$

wird ein stetiger Endomorphismus S von $L^2(\Gamma)$ definiert.

Einen sorgfältigen Beweis dieses keineswegs selbstverständlichen Satzes (gleich im L^p-Falle, $1<p<\infty$) findet der Leser in Nieto (1966).[1] Nicht weniger zentral ist die Gleichung

$$S^2 = I. \tag{88.4}$$

Man kann sie leicht einsehen, wenn man bemerkt, daß die lineare Hülle H der Funktionen $\varphi_k(z) := z^k$ $(k\in\mathbf{Z})$ dicht in $L^2(\Gamma)$ liegt und wegen

$$S\varphi_k = \varphi_k \quad \text{für } k\geqslant 0, \qquad S\varphi_k = -\varphi_k \quad \text{für } k<0^{2)}$$

die Formel (88.4) jedenfalls auf H und damit dann auf $L^2(\Gamma)$ gilt. Durch

$$(T\varphi)(z) := a(z)\varphi(z) + b(z)(S\varphi)(z) \tag{88.5}$$

definieren wir nun einen stetigen Endomorphismus von $L^2(\Gamma)$, mit dem wir die Integralgleichung (88.1) kurz in der Form

---

[1] Die stetige Krümmung von Γ wird dabei entscheidend ausgenutzt, um die Stetigkeit von S zu zeigen.

[2] Diese Gleichungen kann man durch eine einfache Rechnung verifizieren. Man kann sich aber auch auf die *Plemeljschen Formeln* berufen: nach ihnen hat man nämlich

$$\lim_{w\to z}\int_\Gamma \frac{\mu(\zeta)}{\zeta-w}\,d\zeta = \pm i\pi\mu(z) + \int_\Gamma \frac{\mu(\zeta)}{\zeta-z}\,d\zeta$$

für jedes stetig differenzierbare $\mu\colon \Gamma\to\mathbf{C}$; das positive Zeichen ist zu wählen, wenn w im Innengebiet, das negative, wenn w im Außengebiet von Γ gegen z rückt.

$$T\varphi=\psi \quad (\psi\in L^2(\Gamma) \text{ gegeben, } \varphi\in L^2(\Gamma) \text{ gesucht}) \tag{88.6}$$

schreiben können. Das Hauptergebnis dieser Nummer ist der

88.2 Satz *T ist immer dann ein Fredholmoperator auf $L^2(\Gamma)$, wenn gilt:*

$$a^2(z)-b^2(z)\neq 0 \quad \textit{für alle } z\in\Gamma.^{1)} \tag{88.7}$$

Beweis. Dank (88.7) wird durch

$$(R\varrho)(z):=\frac{a(z)}{a^2(z)-b^2(z)}\varrho(z)-\frac{b(z)}{a^2(z)-b^2(z)}(S\varrho)(z) \tag{88.8}$$

ein stetiger Endomorphismus R von $L^2(\Gamma)$ definiert (vgl. (88.5)). Mit ihm ist

$$\begin{aligned}(RT\varphi)(z)&=\frac{a(z)}{a^2(z)-b^2(z)}[a(z)\varphi(z)+b(z)(S\varphi)(z)]\\ &\quad-\frac{b(z)}{a^2(z)-b^2(z)}\frac{1}{\pi i}\int_\Gamma\frac{a(\zeta)\varphi(\zeta)+b(\zeta)(S\varphi)(\zeta)}{\zeta-z}\,d\zeta.\end{aligned} \tag{88.9}$$

Die Funktionen

$$k_1(z,\zeta):=\frac{a(\zeta)-a(z)}{\zeta-z},\qquad k_2(z,\zeta):=\frac{b(\zeta)-b(z)}{\zeta-z}$$

sind kraft der stetigen Differenzierbarkeit von a,b stetig auf $\Gamma\times\Gamma$, infolgedessen sind die durch

$$(K_j\mu)(z):=\int_\Gamma k_j(z,\zeta)\mu(\zeta)\,d\zeta \quad (j=1,2) \tag{88.10}$$

definierten Operatoren K_1, K_2 auf $L^2(\Gamma)$ kompakt. Mit ihnen schreibt sich nun (88.9) so:

$$\begin{aligned}(RT\varphi)(z)&=\frac{a^2(z)}{a^2(z)-b^2(z)}\varphi(z)+\frac{a(z)b(z)}{a^2(z)-b^2(z)}(S\varphi)(z)\\ &\quad-\frac{b(z)}{a^2(z)-b^2(z)}\frac{1}{\pi i}(K_1\varphi)(z)-\frac{a(z)b(z)}{a^2(z)-b^2(z)}(S\varphi)(z)\\ &\quad-\frac{b(z)}{a^2(z)-b^2(z)}\frac{1}{\pi i}(K_2S\varphi)(z)-\frac{b^2(z)}{a^2(z)-b^2(z)}\underbrace{\frac{1}{\pi i}\int_\Gamma\frac{(S\varphi)(\zeta)}{\zeta-z}\,d\zeta}_{=(S^2\varphi)(z)=\varphi(z)\ \text{(s. (88.4))}}\\ &=\varphi(z)-(K_3\varphi)(z)\end{aligned}$$

mit $\quad (K_3\varphi)(z):=\dfrac{1}{\pi i}\dfrac{b(z)}{a^2(z)-b^2(z)}((K_1+K_2S)\varphi)(z).$

---

1) Gochberg (1952) hat gezeigt, daß diese Bedingung sogar *notwendig* ist.

Wir haben also die Gleichung $RT=I-K_3$ mit einem handgreiflich kompakten K_3. Ganz entsprechend sieht man, daß auch $TR=I-K_4$ mit kompaktem K_4 ist. Aus diesen beiden Gleichungen ergibt sich aber mit einem Schlag der Fredholmcharakter von T (s. Sätze 81.1 und 81.2).[1] ■

Für den Index von T hat F. Noether (1921) die verblüffende Formel

$$\operatorname{ind}(T)=\frac{1}{2\pi \mathrm{i}}\int_\Gamma \mathrm{d}\ln\frac{a(\zeta)+b(\zeta)}{a(\zeta)-b(\zeta)} \tag{88.11}$$

gefunden, verblüffend deshalb, weil sie eine *algebraische* Größe, den Index des Operators T, durch eine *topologische*, die Windungszahl der Kurve

$$w=\frac{a(z)-b(z)}{a(z)+b(z)} \quad (z\in\Gamma),$$

ausdrückt.[2] Dies hat später zu sehr tiefen Untersuchungen geführt, deren glanzvolles Hauptresultat das berühmte Theorem von Atiyah-Singer (1963) über den Index elliptischer Differential- und Integraloperatoren ist, ein Theorem, das den Index solcher Operatoren wiederum durch *topologische* Größen wiedergibt. Eine gründliche Darstellung dieser Dinge - sie würde den Rahmen dieses Buches sprengen, weil sie ein eigenes erfordert - findet der Leser bei Palais (1965).

Wir werfen noch einen Blick auf die singuläre Integralgleichung

$$a(z)\varphi(z)+\frac{b(z)}{\pi \mathrm{i}}\int_\Gamma\frac{\varphi(\zeta)}{\zeta-z}\mathrm{d}\zeta+\int_\Gamma k(z,\zeta)\varphi(\zeta)\mathrm{d}\zeta=\psi(z) \quad (z\in\Gamma), \tag{88.12}$$

die aus (88.1) durch Hinzufügung des Gliedes

$$(K\varphi)(z):=\int_\Gamma k(z,\zeta)\varphi(\zeta)\mathrm{d}\zeta \tag{88.13}$$

hervorgeht; dabei soll k zu $L^2(\Gamma\times\Gamma)$ gehören. K ist dann ein kompakter Endomorphismus von $L^2(\Gamma)$, und mit ihm schreibt sich (88.12) kurz in der Form

$$(T+K)\varphi=\psi. \tag{88.14}$$

Unter der Voraussetzung (88.7) ist $T+K$ ein Fredholmoperator, dessen Index mit dem von T übereinstimmt, also durch die rechte Seite von (88.11) gegeben wird (Sätze 88.2 und 81.3).

Auf die Lösungssätze, die uns nun dank der Fredholmtheorie für die Gleichung (88.12) zur Verfügung stehen, wollen wir nicht mehr näher eingehen. Für ein tieferdringendes Studium singulärer Integralgleichungen möge der Leser zu Mikhlin (1948) oder Muskhelishvili (1952) greifen.

---

[1] Einen anderen Zugang zu dieser Tatsache findet man bei Schaefer (1956).

[2] Sie zeigt u.a. auch, daß $\operatorname{ind}(T)\neq 0$ sein kann.

Aufgaben

1. Keine Potenz S^n $(n \geqslant 1)$ des durch (88.3) definierten Operators S auf $L^2(\Gamma)$ ist kompakt.

2. Zeige ohne die unbewiesene Formel (88.11) zu benutzen, daß der Index des Operators T in (88.14) verschwindet, wenn die Funktionen $a(z)$ und $b(z)$ konstant sind (immer unter der Voraussetzung (88.7)).

89 Eine verallgemeinerte Fredholmsituation

Es sind wieder einmal die Integralgleichungen, die uns ein neues Problem aufdrängen. Die Situation ist - gleich in der Banachraumsprache formuliert - die folgende (s. Jörgens (1970), S. 71f.):

Zwei Banachräume E und F mögen bezüglich einer *stetigen* Bilinearform $[\cdot,\cdot]$ auf $E \times F$ ein Dualsystem bilden. $A \in \mathscr{S}(E)$ besitze eine F-Konjugierte $A^\times$; nach A 50.8 sind dann A und $A^\times$ notwendigerweise *stetig.* Ferner seien A und $A^\times$ Fredholmoperatoren in $\mathscr{L}(E)$ bzw. $\mathscr{L}(F)$, und es gelte $\operatorname{ind}(A^\times) = -\operatorname{ind}(A)$. Frage: Wie kann man einen derartigen Operator A griffig charakterisieren? Welche weiteren Eigenschaften besitzt er?

Wir werden sehen, daß die Fredholmtheorie in saturierten Algebren eine überraschend durchsichtige Lösung dieser Fragen ermöglicht. Dabei können und wollen wir von vornherein möglichst viel Konkretes abstreifen und uns auf den folgenden Standpunkt stellen:

(E,E^+) und (F,F^+) seien Dualsysteme bezüglich zweier Bilinearformen, die wir gefahrlos mit ein und demselben Symbol $\langle\cdot,\cdot\rangle$ bezeichnen.[1] (E,F) sei ein Dualsystem bezüglich einer Bilinearform $[\cdot,\cdot]$ (s. Fig. 89.1). Jedes $y \in F$ erzeugt in kano-

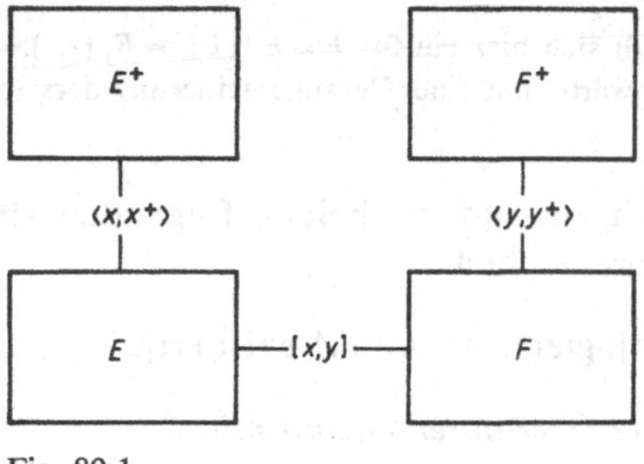

Fig. 89.1

[1] Von *Normen* ist nicht mehr die Rede: die Räume E, E^+, F, F^+ sind *Vektorräume* und sonst nichts.

nischer Weise, nämlich vermöge $f_y(x):=[x,y]$, eine Linearform f_y auf E, und entsprechend erzeugt jedes $x^+\in E^+$ vermöge $\varphi_{x^+}(x):=\langle x,x^+\rangle$ eine Linearform φ_{x^+}, ebenfalls auf E.
Im eingangs geschilderten Banachraumfall ist f_y stetig und stimmt daher mit einem $x'\in E'$ oder also, umständlicher ausgedrückt, mit einem $\varphi_{x'}$ überein (wenn wir $E^+=E'$ setzen). Wir bilden nun diese Verhältnisse nach durch die Voraussetzung:

$$\textit{Zu jedem } y\in F \textit{ existiert ein } x^+\in E^+ \textit{ mit} \quad [x,y]=\langle x,x^+\rangle \quad \textit{für alle } x\in E. \tag{89.1}$$

Und aus nunmehr verständlichen Gründen fordern wir ferner:

$$\textit{Zu jedem } x\in E \textit{ existiert ein } y^+\in F^+ \textit{ mit} \quad [y,x]=\langle y,y^+\rangle \quad \textit{für alle } y\in F.^{1)} \tag{89.2}$$

Im folgenden sei

$\mathscr{A}(E)$ eine E^+-saturierte, $\mathscr{A}(F)$ eine F^+-saturierte Operatorenalgebra,
$\mathscr{A}:=\{A\in\mathscr{A}(E)$: die F-Konjugierte $A^\times$ von A existiert und liegt in $\mathscr{A}(F)\}$,
$\mathscr{A}^\times:=\{A^\times: A\in\mathscr{A}\}$.

$\mathscr{A}$ ist offensichtlich eine Teilalgebra von $\mathscr{A}(E)$ und $\mathscr{A}^\times$ eine von $\mathscr{A}(F)$. Schließlich sei

$$\Phi:=\{A\in\mathscr{A}: A\in\Phi(\mathscr{A}(E)), A^\times\in\Phi(\mathscr{A}(F)), \operatorname{ind}(A^\times)=-\operatorname{ind}(A)\}.$$

Unsere Aufgabe besteht darin, die Struktur der Menge Φ zu klären und Eigenschaften ihrer Elemente aufzuspüren.

Die in Satz 76.3 beschriebene Situation stellt sich hier ein für $F:=E^+, F^+:=E$, $[\cdot,\cdot]:=\langle\cdot,\cdot\rangle$ und $\mathscr{A}(F):=\mathscr{A}^+(E^+)$. Wir haben es also gegenwärtig mit einer Verallgemeinerung derselben zu tun - deshalb die Überschrift dieser Nummer.

Grundlegend für unsere Untersuchungen sind die beiden folgenden Hilfssätze, denen wir eine letzte Bezeichnung vorausschicken:

$$\mathscr{A}_\sigma:=\{A\in\mathscr{S}(E): \text{die } F\text{-Konjugierte } A^\times \text{ von } A \text{ existiert}\}.$$

89.1 Hilfssatz *$\mathscr{A}$ ist eine F-saturierte Operatorenalgebra mit*

$$\mathscr{F}(\mathscr{A})=\mathscr{F}(\mathscr{A}_\sigma). \tag{89.3}$$

1) Vereinbarungsgemäß ist $[y,x]:=[x,y]$ (s. 48.11)). - Die Elemente x^+,y^+ sind übrigens durch y,x eindeutig bestimmt.

Um (89.3) zu verifizieren, brauchen wir offenbar nur die Inklusion $\mathscr{F}(\mathscr{A}_\sigma)\subset\mathscr{F}(\mathscr{A})$ nachzuweisen. Zu jedem $K\in\mathscr{F}(\mathscr{A}_\sigma)$ gibt es nach Satz 50.11 Elemente $x_1,\ldots,x_n$ aus E und $y_1,\ldots,y_n$ aus F mit

$$Kx=\sum_{i=1}^{n}[x,y_i]x_i \quad \text{für alle } x\in E.$$

Wegen (89.1) läßt sich dies mit gewissen Vektoren $x_1^+,\ldots,x_n^+$ aus E^+ auf die Form $Kx=\sum\langle x,x_i^+\rangle x_i$ bringen, woraus $K\in\mathscr{A}(E)$ folgt. Die F-Konjugierte $K^\times$ von K wird nach Beispiel 50.5 gegeben durch

$$K^\times y=\sum_{i=1}^{n}[y,x_i]y_i \quad \text{für alle } y\in F,$$

wegen (89.2) also durch $K^\times y=\sum\langle y,y_i^+\rangle y_i$ mit geeigneten Elementen $y_1^+,\ldots,y_n^+$ aus F^+. Somit haben wir $K^\times\in\mathscr{A}(F)$. Aus all dem folgt, daß K zu $\mathscr{F}(\mathscr{A})$ gehört und damit (89.3) bewiesen ist. Die F-Saturiertheit von $\mathscr{A}$ fließt aber sofort aus dieser Gleichung, wenn man sich nur des Satzes 75.2 erinnert. ■

89.2 Hilfssatz *Zu jedem $A\in\Phi$ gibt es einen*

Projektor $P\in\mathscr{F}(\mathscr{A})$ *von E auf $N(A)$ und einen*

Projektor $Q\in\mathscr{F}(\mathscr{A})$ *von E längs $A(E)$*

mit folgenden Eigenschaften:

$Q^\times\in\mathscr{A}(F)$ ist ein Projektor von F auf $N(A^\times)$,

$P^\times\in\mathscr{A}(F)$ ist ein Projektor von F längs $A^\times(F)$,

die Pseudoinverse B von A bezüglich P,Q liegt bereits in $\mathscr{A}$,[1]

$B^\times$ ist die Pseudoinverse von $A^\times$ bezüglich $Q^\times,P^\times$.

Beweis.[2] Wir setzen

$$m:=\alpha(A)>0, \qquad n:=\alpha(A^\times)>0$$

voraus; verschwindet eine dieser Zahlen, so vereinfacht sich die Argumentation. Sei $\{x_1,\ldots,x_m\}$ eine Basis von $N(A)$. Zu ihr gibt es nach Satz 49.2 linear unabhängige Vektoren $u_1,\ldots,u_m\in F$ mit $[x_i,u_k]=\delta_{ik}$ für $i,k=1,\ldots,n$. Durch

$$Px:=\sum_{i=1}^{m}[x,u_i]x_i \quad \text{für } x\in E$$

wird dann ein Projektor P von E auf $N(A)$ definiert (vgl. Beweis von (73.1)). Er ist

---

[1] S. Satz 84.2 und beachte, daß $A\in\Phi(\mathscr{A}(E))$ und $P,Q\in\mathscr{A}(E)$ ist. Ebenso ist eine Zeile später zu beachten, daß $A^\times$ zu $\Phi(\mathscr{A}(F))$ gehört.

[2] Er verläuft ähnlich wie der Beweis des Satzes 5.16 in Jörgens (1970).

F-konjugierbar (Beispiel 50.5) und muß also nach Hilfssatz 89.1 zu $\mathscr{F}(\mathscr{A})$ gehören. $P^\times$ wird gegeben durch $P^\times y = \sum_{i=1}^{m} [x_i, y] u_i$ für $y \in F$ und ist ein Projektor von F mit

$$N(P^\times) = \{y \in F: [x_i, y] = 0 \text{ für } i = 1, \ldots, n\} = N(A)^\perp. \tag{89.4}$$

Ferner haben wir nach Satz 76.5 (mit F an Stelle von E^+)

$$A(E) = N(A^\times)^\perp, \qquad A^\times(F) = N(A)^\perp. \tag{89.5}$$

Aus (89.4) und der zweiten Gleichung in (89.5) folgt nun $N(P^\times) = A^\times(F)$, mit anderen Worten: $P^\times \in \mathscr{A}(F)$ ist ein Projektor von F längs $A^\times(F)$.
Nun sei $\{y_1, \ldots, y_n\}$ eine Basis von $N(A^\times)$. Zu ihr gibt es linear unabhängige Vektoren $v_1, \ldots, v_n \in E$ mit $[v_i, y_k] = \delta_{ik}$ für $i, k = 1, \ldots, n$. Durch

$$Qx := \sum_{i=1}^{n} [x, y_i] v_i \quad \text{für } x \in E$$

wird dann (aus denselben Gründen wie oben) ein Projektor $Q \in \mathscr{F}(\mathscr{A})$ von E definiert mit

$$N(Q) = \{x \in E: [x, y_i] = 0 \text{ für } i = 1, \ldots, n\} = N(A^\times)^\perp.$$

Mit der ersten Gleichung in (89.5) folgt daraus $N(Q) = A(E)$, also ist Q ein Projektor von E längs $A(E)$. $Q^\times \in \mathscr{A}(F)$ wird gegeben durch $Q^\times y = \sum_{i=1}^{n} [v_i, y] y_i$ für $y \in F$ und ist ein Projektor von F auf $Q^\times(F) = [y_1, \ldots, y_n] = N(A^\times)$. Damit sind die ersten vier Behauptungen unseres Hilfssatzes bereits allesamt bewiesen.
Nun sei

$$\begin{aligned} &B \in \mathscr{A}(E) \quad \text{die Pseudoinverse von } A \quad \text{bezüglich } P, Q, \\ &C \in \mathscr{A}(F) \quad \text{die Pseudoinverse von } A^\times \text{ bezüglich } Q^\times, P^\times. \end{aligned}$$

Für jedes $z := Ax$ und $w := A^\times y$ ist dann (s. Satz 84.2)

$$Bz = BAx = x - Px \quad \text{und} \quad Cw = CA^\times y = y - Q^\times y.$$

Infolgedessen bestehen die Beziehungen

$$x = Bz + Px \quad \text{und} \quad y = Cw + Q^\times y.$$

Aus ihnen folgt

$$[z, Cw + Q^\times y] = [Ax, y] = [x, A^\times y] = [Bz + Px, w]. \tag{89.6}$$

Da Q längs $A(E)$ und $P^\times$ längs $A^\times(F)$ projiziert, ist $Qz = 0$ und $P^\times w = 0$ und somit

$$[z, Cw + Q^{\times} y] = [z, Cw] + [Qz, y] \quad = [z, Cw],$$
$$[Bz + Px, w] = [Bz, w] + [x, P^{\times} w] = [Bz, w].$$

Damit geht (89.6) über in

$$[z, Cw] = [Bz, w] \quad \text{für alle } z \in A(E) \text{ und } w \in A^{\times}(F). \tag{89.7}$$

Für jedes $u \in E, v \in F$ gibt es eine Darstellung der Form (s. wieder Satz 84.2)

$$u = z + z_0 \quad \text{mit} \quad z \in A(E) \quad = N(Q), \quad z_0 \in Q(E) \quad = N(B),$$
$$v = w + w_0 \quad \text{mit} \quad w \in A^{\times}(F) = N(P^{\times}), \quad w_0 \in P^{\times}(F) = N(C).$$

Wegen $PB = 0$ (Satz 84.2) ist dann

$$[Bu, v] = [Bz, w + w_0] = [Bz, w + P^{\times} w_0] = [Bz, w] + [PBz, w_0] = [Bz, w],$$

und mit (89.7) folgt nun wegen $Q^{\times} C = 0$ (Satz 84.2)

$$[Bu, v] = [z, Cw] = [u - z_0, Cv] = [u, Cv] - [Qz_0, Cv]$$
$$= [u, Cv] - [z_0, Q^{\times} Cv] = [u, Cv].$$

Diese Gleichung besagt aber, daß $B^{\times}$ vorhanden und $= C \in \mathscr{A}(F)$ ist. Damit sind dann auch die beiden letzten Aussagen unseres Hilfssatzes erledigt. ■

Die Kernaussage dieser Nummer über die Struktur von Φ fällt uns nun als reife Frucht in den Schoß:

89.3 Satz *Φ ist die Menge der Fredholmoperatoren in der F-saturierten Algebra $\mathscr{A}$, kurz: $\Phi = \Phi(\mathscr{A})$.*

Beweis. Sei $A \in \Phi$. Dann gibt es wegen Hilfssatz 89.2 Operatoren $P, Q \in \mathscr{F}(\mathscr{A})$, $B \in \mathscr{A}$ mit $BA = I - P$ und $AB = I - Q$. Da $\mathscr{A}$ saturiert ist (Hilfssatz 89.1), muß also A zu $\Phi(\mathscr{A})$ gehören (Satz 75.7). - Nun sei umgekehrt $A \in \Phi(\mathscr{A})$. Dann ist A erst recht auch ein Fredholmoperator in $\mathscr{A}(E) \supset \mathscr{A}$. Ferner: Da $\mathscr{A}$ F-saturiert ist, liegt nach Satz 76.3 (mit F anstelle von E^+ und $\mathscr{A}$ anstelle von $\mathscr{A}(E)$) die F-Konjugierte $A^{\times}$ in $\Phi(\mathscr{A}^{\times})$, umso mehr also in $\Phi(\mathscr{A}(F))$, und überdies gilt $\operatorname{ind}(A^{\times}) = -\operatorname{ind} A$. Alles in allem gehört also A tatsächlich zu Φ. ■

Dieser einzige Satz öffnet mit einem Schlag der ganzen ausgefeilten Fredholmtheorie des Kapitels XI den Zugang zu den Operatoren aus Φ. Wir könnten nun, wenn wir wollten, eine Fülle von Eigenschaften dieser Transformationen angeben - wir wollen aber nicht, weil uns dies denn doch zu weit abführen würde und im übrigen der Leser sich das alles ohne große Mühe selbst zurechtlegen kann.

90 Wielandtoperatoren

In Nr. 33 untersuchten wir einen Integraloperator $K\colon C[a,b]\to C[a,b]$ mit stetigem Kern, der bezüglich eines gewissen Innenproduktes auf $C[a,b]$ symmetrisch ist. Wir wissen, daß K bezüglich der *Maximumsnorm* von $C[a,b]$ kompakt ist; um aber die Eigenwerttheorie der Nr. 30 anwenden zu können, mußten wir die Kompaktheit von K bezüglich der *Innenproduktnorm* nachweisen. Wir werfen nun die Frage auf, ob man nicht ohne diese „zweite Kompaktheit" auskommen, also nicht ganz allgemein eine Eigenwerttheorie für kompakte Endomorphismen eines Banachraumes E entwickeln kann, die bezüglich eines gewissen Innenproduktes auf E symmetrisch sind. Wir werden erstens zeigen, daß dies in der Tat möglich ist, zweitens daß wir dabei nur *algebraische* Eigenschaften der Operatoren benötigen und drittens daß wir damit die wesentlichen Teile der Theorie *symmetrisierbarer* kompakter Operatoren erfassen (s. Nr. 91). Die entscheidenden Sätze 90.1 bis 90.3 wurden erstmals von H. Wielandt in einer Tübinger Vorlesung 1952 vorgetragen.

Im folgenden verwenden wir Begriffe, Bezeichnungen und Ergebnisse aus A 29.3, ohne noch weiter darauf zu verweisen. Grundlegend ist der

90.1 Satz *Auf dem komplexen Vektorraum E sei ein Halbinnenprodukt $[x|y]$ mit der Halbnorm $|x|:=\sqrt{[x|x]}$ und ihrem Nullraum $N:=\{w\in E\colon |w|=0\}$ definiert, ferner sei ein symmetrischer Operator A gegeben, für den $\lambda I-A$ im Falle $\operatorname{Im}\lambda>0$ bijektiv ist. Dann gilt: Ein Vektor, der für jedes reelle ξ zu $N+(\xi I-A)^2(E)$ gehört, liegt bereits in N.*

Beweis. Für bijektives $\zeta I-A$ sei $R_\zeta:=(\zeta I-A)^{-1}$. Sind nun die Imaginärteile von λ und μ positiv, so haben wir

$$R_\lambda=R_\lambda(\mu I-A)R_\mu=R_\lambda((\mu-\lambda)I+\lambda I-A)R_\mu,$$

also
$$R_\lambda=R_\mu+(\mu-\lambda)R_\lambda R_\mu. \tag{90.1}$$

Für jedes $x\in E$ gilt ferner, wenn nach wie vor $\operatorname{Im}\lambda>0$ bleibt,

$$\begin{aligned}2\operatorname{Im}\lambda\cdot|x|^2=|\lambda-\bar\lambda|\,|x|^2&=|[(\lambda I-A)x|x)-[(\bar\lambda I-A)x|x]|\\&=|[(\lambda I-A)x|x]-[x|(\lambda I-A)x]|\leqslant 2|(\lambda I-A)x|\cdot|x|,\end{aligned}$$

also $\operatorname{Im}\lambda\cdot|x|\leqslant|(\lambda I-A)x|$. Mit $y:=(\lambda I-A)x$ geht dies über in $\operatorname{Im}\lambda\cdot|R_\lambda y|\leqslant|y|$ für alle $y\in E$, und daher gilt

$$|R_\lambda|\leqslant\frac{1}{\operatorname{Im}\lambda}\quad\text{für } \operatorname{Im}\lambda>0. \tag{90.2}$$

Für ein festes $x\in E$ sei

$$f(\lambda):=[R_\lambda x|x]=u(\lambda)+\mathrm{i}\,v(\lambda)=u(\alpha,\beta)+\mathrm{i}\,v(\alpha,\beta)\quad(\lambda=\alpha+\mathrm{i}\beta).$$

$f(\lambda)$ existiert sicher für $\beta = \operatorname{Im}\lambda > 0$, und mit $y := R_\lambda x$ haben wir

$$f(\lambda) = [y|(\lambda I - A)y] = [(\alpha I - A)y|y] - \mathrm{i}\beta[y|y],$$

also $\quad v(\alpha,\beta) = -\beta[y|y] \leqslant 0 \quad$ für $\beta > 0$. $\qquad$ (90.3)

Aus (90.1) erhält man

$$R_\lambda = R_\mu + (\mu - \lambda)(R_\mu + (\mu - \lambda) R_\lambda R_\mu) R_\mu = R_\mu + (\mu - \lambda) R_\mu^2 + (\mu - \lambda)^2 R_\lambda R_\mu^2,$$

also $$\frac{f(\lambda) - f(\mu)}{\lambda - \mu} = -[R_\mu^2 x|x] + (\lambda - \mu)[R_\lambda R_\mu^2 x|x].$$

Und da wegen (90.2) für $\operatorname{Im}\lambda > 0$ die Abschätzung

$$|(\lambda - \mu)[R_\lambda R_\mu^2 x|x]| \leqslant |\lambda - \mu| \frac{1}{\operatorname{Im}\lambda} |R_\mu^2 x| \, |x|$$

gilt, folgt, daß $\lim\limits_{\lambda \to \mu} \dfrac{f(\lambda) - f(\mu)}{\lambda - \mu}$ für $\operatorname{Im}\mu > 0$ existiert. f ist also in der oberen Halbebene *holomorph* und v somit dort *harmonisch.*

Nun liege x für ein gewisses reelles ξ in $N + (\xi I - A)^2(E)$, es sei also

$$x = w + (\xi I - A)^2 y \quad \text{mit einem } w \in N \text{ und } y \in E;$$

ferner sei $z := (\xi I - A)y$. Aus der Identität

$$(\xi I - A)^2 = (\xi I - A)(\lambda I - A) + (\xi - \lambda)(\lambda I - A) + (\xi - \lambda)^2 I$$

folgt dann $x = w + (\lambda I - A)z + (\xi - \lambda)(\lambda I - A)y + (\xi - \lambda)^2 y$, also

$$f(\lambda) = [R_\lambda x|x] = [R_\lambda w|x] + [z|x] + (\xi - \lambda)[y|x] + (\xi - \lambda)^2 [R_\lambda y|x] \text{ für } \operatorname{Im}\lambda > 0.$$

Wegen $|[R_\lambda w|x]| \leqslant |R_\lambda| \, |w| \, |x| = 0$ verschwindet das erste Glied dieser Summe, das zweite ist reell ($[z|x] = [z|(\xi I - A)z]$), das dritte strebt offenbar für $\lambda \to \xi$ gegen 0, und das vierte strebt ebenfalls gegen 0, wenn λ in dem Winkelraum $W := \{\lambda = \alpha + \mathrm{i}\beta \colon |\alpha - \xi| \leqslant \beta\}$ gegen ξ geht; wir haben daher

$$f(\lambda) \to [z|x] \in \mathbf{R}, \quad \text{also} \quad v(\lambda) \to 0 \quad \text{für } \lambda \to \xi \text{ in } W. \tag{90.4}$$

Da $-v$ eine in der oberen Halbebene positive harmonische Funktion ist, läßt sie die Darstellung

$$-v(\alpha,\beta) = \delta\beta + \int_{-\infty}^{+\infty} \frac{\beta}{(t - \alpha)^2 + \beta^2} \, \mathrm{d}\sigma(t) \tag{90.5}$$

mit einer Konstanten $\delta \geqslant 0$ und einer monoton wachsenden Funktion σ zu. Aus (90.4) folgt dann, daß $\sigma'(\xi)$ existiert und verschwindet (für diese Sätze der Potentialtheorie s. Loomis (1943)).

Nun liege x sogar für *jedes* reelle ξ in $N+(\xi I-A)^2(E)$. Gemäß dem obigen Resultat wird das Integral in (90.5) verschwinden und $-v(\alpha,\beta)=\delta\beta$ sein. Da wir aber für $\beta>0$ wegen (90.2) die Abschätzung

$$\delta\beta=|v(\alpha,\beta)|=|v(\lambda)|\leqslant|f(\lambda)|\leqslant|R_\lambda|\;|x|^2\leqslant\frac{|x|^2}{\beta}$$

haben, muß auch $\delta=0$ und somit $v(\alpha,\beta)\equiv 0$ in der oberen Halbebene sein. Aus (90.3) folgt nun $|y|=0$ $(y=R_\lambda x)$, also

$$|x|^2=[x|x]=[(\lambda I-A)y|x]=\lambda[y|x]-[y|Ax]\leqslant|\lambda|\;|y|\;|x|+|y|\;|Ax|=0.$$

Damit ist Satz 90.1 bewiesen. Aus ihm folgt nun sehr leicht ein Existenzsatz für Eigenwerte. Wir schicken ihm eine Definition voraus:

Der Endomorphismus A eines komplexen Vektorraumes E mit Halbinnenprodukt heißt Wielandtoperator, wenn er *voll*symmetrisch ist und $\operatorname{ind}(\lambda I-A)$ für alle $\lambda\neq 0$ verschwindet.

90.2 Satz *Der Wielandtoperator A auf E besitzt genau dann einen Eigenwert $\neq 0$, wenn $|Ay|$ nicht für jedes $y\in E$ verschwindet.*

Beweis. Trivialerweise ist die Bedingung notwendig. Sie sei nun erfüllt. Besäße A *keinen* Eigenwert $\neq 0$, so wäre $\lambda I-A$ für alle $\lambda\neq 0$ bijektiv; infolgedessen läge $x:=A^2y$ (y beliebig aus E) für jedes reelle ξ in $(\xi I-A)^2(E)$, es wäre also $|x|=0$ (Satz 90.1) und somit $|Ay|^2=[Ay|Ay]=[A^2y|y]=[x|y]\leqslant|x|\;|y|=0$. Da y beliebig war, erhalten wir so einen Widerspruch zu unserer Voraussetzung. ■

Für einen Vektorraum E mit Halbinnenprodukt $[x|y]$ läßt sich der Begriff des Orthonormalsystems wie üblich erklären. Da die Besselsche Gleichung und die aus ihr fließenden Resultate in Wirklichkeit nicht an die strenge Definitheit des Innenproduktes gebunden sind, gelten für ein Orthonormalsystem S in E die folgenden Aussagen:

$$\left|x-\sum_{\nu=1}^{n}[x|u_\nu]u_\nu\right|^2=|x|^2-\sum_{\nu=1}^{n}|[x|u_\nu]|^2\quad(u_\nu\in S),\tag{90.6}$$

$$\sum_{\nu=1}^{n}|[x|u_\nu]|^2\leqslant|x|^2\quad(u_\nu\in S),\tag{90.7}$$

für festes x sind höchstens abzählbar viele $[x|u]\neq 0$ $(u\in S)$. (90.8)

Ist S ein überabzählbares Orthonormalsystem, so nehmen wir wie früher in eine Reihe, in der Fourierkoeffizienten $[x|u]$ auftauchen, nur die Glieder mit $[x|u]\neq 0$ auf. Aus (90.7) folgt dann:

$$\sum_{u\in S}|[x|u]|^2\quad\textit{konvergiert und ist}\leqslant|x|^2.$$

Mit der Cauchy-Schwarzschen Ungleichung erhält man nun, daß der Ausdruck

$$\langle x|y\rangle := [x|y] - \sum_{u\in S} [x|u][u|y] \tag{90.9}$$

für alle $x, y \in E$ existiert. Offensichtlich stellt er ein Halbinnenprodukt auf E dar. Sind $u_1, u_2, \ldots$ die Elemente u aus S mit $[x|u] \neq 0$, so folgt aus (90.6), daß

$$\langle x|x\rangle \textit{ genau dann verschwindet, wenn } \left| x - \sum_{\nu=1}^{n} [x|u_\nu] u_\nu \right| \to 0 \textit{ strebt.}$$

In diesem Falle schreiben wir kurz

$$x = \sum_{u\in S} [x|u]u, \tag{90.10}$$

halten uns aber ständig vor Augen, daß die Summe einer unendlichen Reihe wegen der mangelnden Definitheit unserer Halbnorm *nicht eindeutig* bestimmt ist. Wir notieren:

Genau dann gilt (90.10), *wenn* $\langle x|x\rangle$ *verschwindet.* (90.11)

Die volle Symmetrie eines Operators A bewirkt, daß das Halbinnenprodukt $[\cdot|\cdot]$ auf jedem Eigenraum $N(\xi I - A)$ zu einem (reellen) Eigenwert $\xi \neq 0$ ein Innenprodukt und $N(\xi I - A) \cap (\xi I - A)(E) = \{0\}$ ist. Falls A ein Wielandtoperator ist, kann man infolgedessen eine Orthonormalbasis S_ξ für $N(\xi I - A)$ konstruieren; die Vereinigung $S := \bigcup_{\xi \neq 0} S_\xi$ ist ein **orthonormales Eigensystem** von A; ferner haben wir die Zerlegung

$$E = N(\xi I - A) \oplus (\xi I - A)(E), \tag{90.12}$$

so daß $\xi I - A$ nach Satz 72.4 kettenendlich ist und sogar die Zerlegung

$$E = N(\xi I - A) \oplus (\xi I - A)^2(E) \tag{90.13}$$

besteht; die Aussagen ab (90.12) gelten trivialerweise auch für Nichteigenwerte $\xi \neq 0$. Mit dem obigen Eigensystem S führen wir nun auf E das Halbinnenprodukt (90.9) und den zugehörigen Nullraum $N := \{w \in E : \langle w|w\rangle = 0\}$ ein. Offenbar genügt A als Endomorphismus des Raumes $(E, \langle\cdot|\cdot\rangle)$ den Voraussetzungen des Satzes 90.1, und wegen $N(\xi I - A) \subset N$ haben wir nach (90.13) die Zerlegung $E = N + (\xi I - A)^2(E)$ für jedes $\xi \neq 0$. Jeder Vektor $y := A^2 x$ gehört infolgedessen für jedes reelle ξ zu $N + (\xi I - A)^2(E)$, nach Satz 90.1 liegt er also bereits in N, und daher ist $\langle Ax|Ax\rangle = \langle x|A^2x\rangle \leqslant \langle x|x\rangle^{1/2} \langle A^2x|A^2x\rangle^{1/2} = 0$. Aus (90.11) folgt nun, daß die Entwicklung

$$Ax = \sum_{u\in S} [Ax|u]u = \sum_{u\in S} \mu[x|u]u \quad \text{für jedes } x \in E \tag{90.14}$$

in folgendem Sinne besteht: *Sind* $u_1, u_2, \ldots$ *diejenigen Vektoren* u *aus* S, *für die* $[x|u] \neq 0$ *ist, und sind* $\mu_1, \mu_2, \ldots$ *die zugehörigen Eigenwerte, so strebt*

$$\left| Ax - \sum_{k=1}^{n} [Ax|u_k]u_k \right| = \left| Ax - \sum_{k=1}^{n} \mu_k [x|u_k]u_k \right| \to 0 \quad \textit{für } n \to \infty . \tag{90.15}$$

Wir halten dieses Ergebnis fest:

90.3 Satz *Für den Wielandtoperator A gilt die Entwicklung* (90.14) *im Sinne der Grenzwertaussage* (90.15); *dabei ist S ein orthonormales Eigensystem von A.*

Für Wielandtoperatoren läßt sich eine zu (31.10) analoge Formel zur Lösung der Gleichung $(\lambda I - A)x = y$ angeben; s. Heuser (1960).

Die bisher gewonnenen Ergebnisse sind insbesondere immer dann anwendbar, wenn eine Potenz von A auf dem komplexen normierten Raum E kompakt ist und A selbst durch Einführung eines Halbinnenproduktes auf E vollsymmetrisch gemacht werden kann (für die Operatoren mit kompakter Potenz siehe A 80.4).

91 Integralgleichungen mit symmetrisierbaren Kernen

Bei dem Studium der Integralgleichungen ist man schon sehr früh auf das folgende Phänomen gestoßen (s. Marty (1910) und Hellinger-Toeplitz (1928)): Zu dem L^2-Kern k der Gleichung

$$\lambda x(s) - \int_a^b k(s,t)x(t)\,dt = y(s) \quad \text{oder also} \quad (\lambda I - K)x = y \tag{91.1}$$

auf dem komplexen Hilbertraum $L^2(a,b)$ kann es gelegentlich einen L^2-Kern h mit folgenden Eigenschaften geben:

1. h ist „positiv“: $\int_a^b \int_a^b h(s,t)\overline{x(s)}x(t)\,ds\,dt \geqslant 0$ für alle $x \in L^2(a,b)$.

2. $g(s,t) := \int_a^b h(s,\tau)k(\tau,t)\,d\tau$ ist selbstadjungiert: $g(s,t) = \overline{g(t,s)}$.

k nennt man in diesem Falle symmetrisierbar (durch h).

g und h erzeugen in üblicher Weise stetige Integraloperatoren G und H auf $L^2(a,b)$, und offenbar ist $G = HK$ *symmetrisch* und H *positiv*, d.h. $(Hx|x) \geqslant 0$ für alle $x \in L^2(a,b)$. Wir befinden uns also, nun ganz allgemein formuliert, in der folgenden Lage: Zu dem stetigen Operator K eines komplexen Hilbertraumes E gibt es einen *positiven* Operator H derart, daß HK *symmetrisch* ist.[1] In diesem Falle sagen wir, K sei symmetrisierbar durch H. Ein solches K wird vollsymmetrisierbar genannt, wenn für jeden Eigenvektor u von K zu einem Eigenwert $\neq 0$ stets $Hu \neq 0$ ausfällt, kurz: $Ku = \mu u \neq 0 \Rightarrow Hu \neq 0$.

[1] H ist übrigens auch stetig (Satz 39.6).

Für jedes $H \geqslant 0$ wird durch

$$[x|y] := (x|Hy) \quad \text{für alle } x,y \in E \tag{91.2}$$

ein Halbinnenprodukt auf E mit der zugehörigen Halbnorm $|x| := [x|x]^{1/2}$ erklärt. *Der Operator K ist offenbar genau dann durch H symmetrisierbar, wenn er bezüglich dieses Halbinnenproduktes symmetrisch ist, und in diesem Falle ist er genau dann vollsymmetrisierbar, wenn für jeden seiner Eigenvektoren u zu einem Eigenwert $\neq 0$ stets $|u| \neq 0$ ausfällt, d.h., wenn er vollsymmetrisch ist.* Den nichttrivialen Teil der letzten Behauptung sieht man sofort mittels der Abschätzung

$$\|Hx\|^2 \leqslant \|H\| (x|Hx) = \|H\| \cdot |x|^2 \tag{91.3}$$

ein, die ihrerseits nichts anderes als die Reidsche Ungleichung (29.7) im Falle $A = B := H$ ist.

Für ein kompaktes K (z.B. für den Integraloperator in (91.1)) verschwindet $\operatorname{ind}(\lambda I - K)$ für alle $\lambda \neq 0$. Ein solches K erweist sich also immer dann als Wielandtoperator bezüglich des Halbinnenproduktes (91.2), wenn es durch H vollsymmetrisierbar ist. Fällt nun $|Kx| \neq 0$ für wenigstens ein x aus, so besitzt K mindestens einen Eigenwert $\neq 0$ (Satz 90.2) und erlaubt die Darstellung (90.15) - mit K anstelle von A -, wobei die μ_k die Folge aller (reellen) Eigenwerte $\neq 0$ durchlaufen (in der jeder Eigenwert so oft auftritt, wie seine Vielfachheit angibt). Setzen wir $s_n := \sum_{k=1}^{n} \mu_k [x|u_k] u_k$, so folgt wegen $|[Kx|y] - [s_n|y]| = |[Kx - s_n|y]| \leqslant |Kx - s_n|\,|y|$ aus (90.15) sofort $[Kx|y] = \sum \mu_k [x|u_k][u_k|y]$, also auch

$$(HKx|y) = \sum \mu_k (x|Hu_k)(Hu_k|y) \quad \text{für alle } x,y \in E. \tag{91.4}$$

Mit (91.3) erhält man die Abschätzung

$$\left\| \sum_{k=m}^{n} \alpha_k H u_k \right\|^2 \leqslant \|H\| \left| \sum_{k=m}^{n} \alpha_k u_k \right|^2 = \|H\| \sum_{k=m}^{n} |\alpha_k|^2,$$

aus der sofort folgt, daß $\sum \alpha_k H u_k$ immer dann konvergent ist, wenn $\sum |\alpha_k|^2$ existiert. Wir ersehen daraus, daß $Bx := \sum \mu_k [x|u_k] H u_k = \sum \mu_k (x|Hu_k) H u_k$ für jedes $x \in E$ definiert ist,[1] und mit (91.4) erhalten wir $(Bx|y) = (HKx|y)$ für alle $y \in E$, also $Bx = HKx$ und somit

$$HKx = \sum \mu_k (x|Hu_k) H u_k = \sum (HKx|u_k) H u_k \quad \text{für jedes } x \in E. \tag{91.5}$$

Die Entwicklung (91.5) *gilt gemäß ihrer Herleitung für jedes stetige K mit* $\operatorname{ind}(\lambda I - K) = 0$ *für alle* $\lambda \neq 0$, also z.B. immer dann, wenn irgendeine Potenz K^n ($n \geqslant 1$) sich als kompakt herausstellt (s. A 80.4 und Nr. 86), ja sogar schon dann, wenn K nur ein sogenannter *Rieszoperator* ist (diese Operatoren werden wir in

[1] Es ist $\mu_k [x|u_k] = [x|\mu_k u_k] = [x|Ku_k] = [Kx|u_k]$; die Konvergenz von $\sum |\mu_k [x|u_k]|^2$ folgt nun aus (90.7).

Kapitel XIV definieren und diskutieren). Aus ihr läßt sich eine Fülle von Aussagen über Eigenwerte und Gleichungsauflösungen im Falle vollsymmetrisierbarer Rieszoperatoren und damit auch für die Integralgleichung (91.1) mit vollsymmetrisierbarem Kern gewinnen. Wir müssen uns leider ein weiteres Eindringen versagen und den interessierten Leser auf die Literatur verweisen, etwa auf Reid (1951) und Zaanen (1964); letzterer widmet gerade den Integralgleichungen seine besondere Aufmerksamkeit.

Aufgaben

1. Der durch $H \geqslant 0$ vollsymmetrisierbare kompakte Operator K des komplexen Hilbertraumes E besitzt genau dann einen Eigenwert $\neq 0$, wenn $HK \neq 0$ ist.

2. Gewinne unter den Voraussetzungen der Aufgabe 1 Eigenwerte $\neq 0$ von K und die Entwicklung (91.5) durch ein Extremalverfahren (s. Satz 30.1).

3. Versuche, die Sätze der Nr. 32 (Bestimmung und Abschätzung von Eigenwerten) auf vollsymmetrisierbare kompakte Operatoren zu übertragen.

92 Allgemeine Eigenwertprobleme für Differentialoperatoren

Wir untersuchen in diesem Abschnitt eine Verallgemeinerung des Randeigenwertproblems (3.8). Durch

$$(Lx)(t) := \sum_{\nu=0}^{l} f_\nu(t) x^{(\nu)}(t) \quad \text{für } x \in E_l := C^{(l)}[a,b], \tag{92.1}$$

$$(Mx)(t) := \sum_{\mu=0}^{m} g_\mu(t) x^{(\mu)}(t) \quad \text{für } x \in E_m := C^{(m)}[a,b] \tag{92.2}$$

seien zwei lineare Differentialoperatoren L, M definiert. Wir setzen voraus, daß alle Funktionen $\mathbf{K}$-wertig und f_ν, g_μ stetig auf $[a,b]$ sind. Die Bildräume von L und M liegen dann in $E := C[a,b]$.

Neben den beiden Differentialoperatoren seien noch zwei lineare Abbildungen

$$P: E_l \to \mathbf{K}^l, \qquad Q: E_m \to \mathbf{K}^l \tag{92.3}$$

gegeben; P könnte z. B. ein durch

$$Px := (R_1 x, \ldots, R_l x) \quad \text{mit} \quad R_\mu x := \sum_{\nu=0}^{l-1} [\alpha_{\mu\nu} x^{(\nu)}(a) + \beta_{\mu\nu} x^{(\nu)}(b)] \tag{92.4}$$

definierter Randwertoperator sein (vgl. (3.4)). Wir betrachten nun die Aufgabe, nichttriviale Lösungen x des Gleichungssystems

$$Lx=\lambda Mx, \qquad Px=\lambda Qx \tag{92.5}$$

zu finden. Jedes $\lambda\in\mathbf{K}$, für das eine solche Lösung x vorhanden ist, heißt Eigenwert der Aufgabe (92.5), x selbst wird Eigenlösung zum Eigenwert λ genannt. Man beachte wieder den Unterschied zwischen dem Eigenwert einer *Aufgabe* und dem eines *Operators*.

Um etwas Bestimmtes vor Augen zu haben, nehmen wir an, es sei

$$l>m \quad \text{und} \quad f_l(t)\neq 0 \quad \text{für alle } t\in[a,b]. \tag{92.6}$$

Unter diesen Voraussetzungen haben wir

a) $E_l\subset E_m\subset E$,

b) $(L-\lambda M)(E_l)=E$ *für jedes* $\lambda\in\mathbf{K}$,

c) $N_\lambda:=\{x\in E_l:(L-\lambda M)x=0\}$ *besitzt für jedes* $\lambda\in\mathbf{K}$ *dieselbe Dimension* l.

Die beiden letzten Aussagen entnimmt man der Theorie linearer Differentialgleichungen. Die folgenden Betrachtungen stützen sich allein auf die Eigenschaften a) bis c). Wir wollen deshalb allgemeiner als bisher annehmen, *daß* E_l, E_m, E *beliebige Vektorräume über* $\mathbf{K}$ *und*

$$L: E_l\to E, \qquad M: E_m\to E, \qquad P: E_l\to\mathbf{K}^l, \qquad Q: E_m\to\mathbf{K}^l$$

lineare Abbildungen sind; ferner sollen die Aussagen a) *bis* c) *gelten*. Unter diesen Voraussetzungen studieren wir nun das Eigenwertproblem (92.5), das wir mit Hilfe der linearen Operatoren

$$\mathbf{L}: E_l\to E\times\mathbf{K}^l, \qquad \mathbf{L}x:=(Lx,Px) \tag{92.7}$$

$$\mathbf{M}: E_m\to E\times\mathbf{K}^l, \qquad \mathbf{M}x:=(Mx,Qx) \tag{92.8}$$

in das äquivalente Eigenwertproblem

$$\mathbf{L}x=\lambda\mathbf{M}x \tag{92.9}$$

verwandeln. Wir beginnen unsere Untersuchungen mit zwei Hilfssätzen. Dabei sei

$$N_\lambda:=\{x\in E_l:(L-\lambda M)x=0\}.$$

92.1 Hilfssatz $\dim N_\lambda=\operatorname{codim}(P-\lambda Q)(N_\lambda)$.

Beweis. Es sei $\{x_{\lambda 1},\ldots,x_{\lambda l}\}$ eine Basis von N_λ und

$$\mathfrak{a}_{\lambda\nu}:=(P-\lambda Q)x_{\lambda\nu} \quad \text{für } \nu=1,\ldots,l. \tag{92.10}$$

Genau dann liegt x in N_λ, wenn

$$x=\sum_{\nu=1}^{l}\alpha_\nu x_{\lambda\nu} \quad \text{und} \quad (P-\lambda Q)x=\sum_{\nu=1}^{l}\alpha_\nu\mathfrak{a}_{\lambda\nu}=0$$

ist. Die Maximalzahl linear unabhängiger Elemente in N_λ stimmt also mit der Maximalzahl der linear unabhängigen Vektoren $(\alpha_1, \ldots, \alpha_l)$ überein, die dem Gleichungssystem $\sum_{\nu=1}^{l} \alpha_\nu \mathfrak{a}_{\lambda\nu} = 0$ genügen. Die letzte Zahl ist bekanntlich

$$l - \dim[\mathfrak{a}_{\lambda 1}, \ldots, \mathfrak{a}_{\lambda l}] = l - \dim(P - \lambda Q)(N_\lambda) = \operatorname{codim}(P - \lambda Q)(N_\lambda). \quad \blacksquare$$

92.2 Hilfssatz *Ist* $\lambda = 0$ *kein Eigenwert der Aufgabe* (92.9), *so existiert* L^{-1} *auf* $E \times \mathbf{K}^l$.

Beweis. Offenbar brauchen wir nur zu zeigen, daß es zu einem beliebigen Element $(y, \mathfrak{y})$ aus $E \times \mathbf{K}^l$ stets ein $x \in E_l$ mit $Lx = (y, \mathfrak{y})$ gibt. Wegen b) existiert zunächst ein $x_1 \in E_l$ mit $Lx_1 = y$, und da $\operatorname{codim} P(N_0) = 0$ ist (Hilfssatz 92.1), gibt es ein $x_0 \in N_0 = N(L)$ mit $Px_0 = \mathfrak{y} - Px_1$. Infolgedessen ist $L(x_1 + x_0) = y$, $P(x_1 + x_0) = \mathfrak{y}$, also $\boldsymbol{L}(x_1 + x_0) = (y, \mathfrak{y})$. ■

Ist $\lambda = 0$ kein Eigenwert der Aufgabe (92.9), so existiert nach dem letzten Hilfssatz die lineare Abbildung

$$G := \boldsymbol{L}^{-1} M : E_m \to E_l \subset E_m ;$$

wir nennen sie den Greenschen Operator der Aufgabe (92.9). *Die Eigenwerte von G sind genau die reziproken Eigenwerte der Aufgabe* (92.9)*; die entsprechenden Eigenräume stimmen überein.* Das Eigenwertproblem (92.9) läuft also darauf hinaus, die Eigenwerte und Eigenlösungen des Greenschen Operators zu bestimmen. Das Gleichungssystem

$$(L - \lambda M)x = y, \qquad (P - \lambda Q)x = \mathfrak{y} \quad (y \in E, \mathfrak{y} \in \mathbf{K}^l)$$

ist äquivalent mit der Operatorengleichung

$$(I - \lambda G)x = z, \qquad z := \boldsymbol{L}^{-1}(y, \mathfrak{y}). \tag{92.11}$$

Das wichtigste Resultat dieser Nummer ist der

92.3 Satz *Für alle* λ *ist* $\operatorname{ind}(I - \lambda G) = 0$.

Beweis. Wegen $G(E_m) \subset E_l \subset E_m$ genügt es nach Satz 71.6, die behauptete Indexgleichung für die Einschränkung von G auf E_l zu zeigen. N_λ enthält eine Basis $\{u_1, \ldots, u_d\}$ von N_λ, wobei $d := \operatorname{codim}(P - \lambda Q)(N_\lambda)$ ist (Hilfssatz 92.1); im Falle $d = 0$ sei $\{u_1, \ldots, u_d\} = \emptyset$. Diese Basis von N_λ ergänzen wir durch $r := l - d$ Elemente $z_1, \ldots, z_r$ zu einer Basis $\{u_1, \ldots, u_d, z_1, \ldots, z_r\}$ von N_λ. Wir haben dann

$$(P - \lambda Q)u_\nu = 0 \qquad \text{für } \nu = 1, \ldots, d,$$
$$\mathfrak{z}_\nu := (P - \lambda Q)z_\nu \neq 0 \qquad \text{für } \nu = 1, \ldots, r.$$

Die Vektoren $\mathfrak{z}_1, \ldots, \mathfrak{z}_r$ sind linear unabhängig: Aus $\alpha_1 \mathfrak{z}_1 + \cdots + \alpha_r \mathfrak{z}_r = 0$ folgt nämlich $(P - \lambda Q)(\alpha_1 z_1 + \cdots + \alpha_r z_r) = 0$, also $\alpha_1 z_1 + \cdots + \alpha_r z_r \in N_\lambda$; gemäß der Konstruktion der z_ν müssen somit alle α_ν verschwinden. Wir ergänzen die Menge $\{\mathfrak{z}_1, \ldots, \mathfrak{z}_r\}$

durch $d=l-r$ Vektoren $\mathfrak{y}_1,\ldots,\mathfrak{y}_d$ zu einer Basis $\{\mathfrak{y}_1,\ldots,\mathfrak{y}_d,\mathfrak{z}_1,\ldots,\mathfrak{z}_r\}$ von $\mathbf{K}^l$. Nach Hilfssatz 92.2 gibt es zu $\mathfrak{y}_\nu$ genau ein $y_\nu\in E_l$ mit $Ly_\nu=(0,\mathfrak{y}_\nu)$, $\nu=1,\ldots,d$. Ferner sind wegen Satz 50.1 Linearformen $x_1^*,\ldots,x_d^*$ auf E_l mit $\langle u_i,x_k^*\rangle=\delta_{ik}$ und $\langle z_\varrho,x_k^*\rangle=0$ für $i,k=1,\ldots,d$, $\varrho=1,\ldots,r$ vorhanden. Mit diesen y_ν und x_ν^* definieren wir den endlichdimensionalen Operator S auf E_l durch

$$Sx:=\sum_{\nu=1}^{d}\langle x,x_\nu^*\rangle y_\nu$$

(im Falle $d=0$ setzen wir $S=0$; der weitere Beweisgang vereinfacht sich dann). Schließlich sei $\overline{G}$ die Einschränkung von G auf E_l und

$$R:=I-\lambda\overline{G}-S,\quad \text{also}\quad I-\lambda\overline{G}=R+S.$$

Wir zeigen zunächst, daß R injektiv ist. Aus $Rx=0$ folgt $(I-\lambda\overline{G})x=Sx$, also

$$(L-\lambda M)x=LSx=\sum_{\nu=1}^{d}\langle x,x_\nu^*\rangle(0,\mathfrak{y}_\nu)=\left(0,\sum_{\nu=1}^{d}\langle x,x_\nu^*\rangle\mathfrak{y}_\nu\right); \tag{92.12}$$

somit liegt x in N_λ, hat also die Form $x=\alpha_1 z_1+\cdots+\alpha_r z_r+\beta_1 u_1+\cdots+\beta_d u_d$, so daß

$$(P-\lambda Q)x=\alpha_1\mathfrak{z}_1+\cdots+\alpha_r\mathfrak{z}_r\quad\text{und}\quad\langle x,x_\nu^*\rangle=\beta_\nu$$

ist. Damit folgt aus (92.12)

$$\alpha_1\mathfrak{z}_1+\cdots+\alpha_r\mathfrak{z}_r=\beta_1\mathfrak{y}_1+\cdots+\beta_d\mathfrak{y}_d,\quad\text{also}\quad\alpha_1=\cdots=\alpha_r=\beta_1=\cdots=\beta_d=0$$

und somit auch $x=0$. Nun zeigen wir, daß $R(E_l)=E_l$ ist, d.h., daß man für beliebiges $y\in E_l$ die Gleichung

$$Rx=y\quad\text{oder also}\quad(I-\lambda\overline{G})x=y+Sx \tag{92.13}$$

durch ein $x\in E_l$ lösen kann. (92.13) ist äquivalent mit der Gleichung

$$(L-\lambda M)x=L(y+Sx)=Ly+\left(0,\sum_{\nu=1}^{d}\langle x,x_\nu^*\rangle\mathfrak{y}_\nu\right),$$

die ihrerseits, wenn man $Ly=(z,\mathfrak{a})$ setzt, in die beiden Gleichungen

$$(L-\lambda M)x=z,\qquad(P-\lambda Q)x=\mathfrak{a}+\sum_{\nu=1}^{d}\langle x,x_\nu^*\rangle\mathfrak{y}_\nu \tag{92.14}$$

zerfällt. Wegen b) gibt es eine Lösung x_0 der ersten Gleichung; ihre *sämtlichen* Lösungen sind dann in der Form

$$x=x_0+\sum_{\varrho=1}^{r}\alpha_\varrho z_\varrho+\sum_{\nu=1}^{d}\beta_\nu u_\nu \tag{92.15}$$

darstellbar. Für diese x hat man mit $\mathfrak{x}_0:=(P-\lambda Q)x_0$ offenbar

$$(P-\lambda Q)x = \mathfrak{x}_0 + \sum_{\varrho=1}^{r} \alpha_\varrho \mathfrak{z}_\varrho, \qquad \langle x, x_\nu^* \rangle = \langle x_0, x_\nu^* \rangle + \beta_\nu,$$

so daß die zweite Gleichung in (92.14) die Gestalt

$$\mathfrak{x}_0 + \sum_{\varrho=1}^{r} \alpha_\varrho \mathfrak{z}_\varrho = \mathfrak{a} + \sum_{\nu=1}^{d} [\langle x_0, x_\nu^* \rangle + \beta_\nu] \mathfrak{y}_\nu$$

oder also

$$\sum_{\varrho=1}^{r} \alpha_\varrho \mathfrak{z}_\varrho - \sum_{\nu=1}^{d} \beta_\nu \mathfrak{y}_\nu = \mathfrak{a} - \mathfrak{x}_0 + \sum_{\nu=1}^{d} \langle x_0, x_\nu^* \rangle \mathfrak{y}_\nu$$

annimmt. Diese Gleichung kann, da $\{\mathfrak{z}_1, \ldots, \mathfrak{z}_r, \mathfrak{y}_1, \ldots, \mathfrak{y}_d\}$ eine Basis von $\mathbf{K}^l$ ist, durch geeignete Zahlen $\alpha_\varrho, \beta_\nu$ erfüllt werden. Das mit diesen $\alpha_\varrho, \beta_\nu$ nach (92.15) gebildete Element x löst dann (92.13). Insgesamt ist also R bijektiv. - Wir beenden den Beweis nun durch die Bemerkung, daß nach Satz 71.5

$$\operatorname{ind}(I - \lambda \overline{G}) = \operatorname{ind}(R+S) = \operatorname{ind}(R) = 0$$

ist. ■

Die Anwendbarkeit des Operators G wird durch die folgende Tatsache verbessert, die man unmittelbar aus den bisherigen Ergebnissen und dem Satz 71.6 erhält:

92.4 Satz *Für das Eigenwertproblem* (92.9) *seien die Voraussetzungen* a), b), c) *erfüllt; $\lambda = 0$ sei kein Eigenwert und G der Greensche Operator der Aufgabe* (92.9). *Ferner sei $\tilde{E}$ ein beliebiger Vektorraum zwischen $G(E_m)$ und E_m, und $\tilde{G}$ bezeichne die Einschränkung von G auf $\tilde{E}$. Dann gilt für alle λ die Indexrelation* $\operatorname{ind}(I - \lambda \tilde{G}) = 0$, *und x ist genau dann eine Eigenlösung der Aufgabe* (92.9) *zum Eigenwert λ, wenn x eine Eigenlösung von $\tilde{G}$ zum Eigenwert* $1/\lambda$ *ist.*

Dank dieses Satzes läuft das Eigenwertproblem (92.9) darauf hinaus, die Eigenwerte $\neq 0$ irgendeines $\tilde{G}$ und die zugehörigen Eigenlösungen zu bestimmen. Die größere Flexibilität, die wir so gewonnen haben, macht sich besonders angenehm bemerkbar, wenn wir Anschluß an die Eigenwerttheorie symmetrischer Operatoren gewinnen wollen. Um diese Theorie für die Behandlung der Aufgabe (92.9) fruchtbar zu machen, genügt es, auf *irgendeinem* Vektorraum $\tilde{E}$ zwischen $G(E_m)$ und E_m ein Innen- bzw. Halbinnenprodukt so einzuführen, daß $\tilde{G}$ symmetrisch bzw. vollsymmetrisch wird. Insbesondere gilt der

92.5 Satz *Sind die Voraussetzungen des Satzes* 92.4 *erfüllt und fällt $\tilde{G}$ bezüglich eines Halbinnenproduktes $[x|y]$ auf $\tilde{E}$ vollsymmetrisch aus, so ist $\tilde{G}$ ein* Wielandtoperator. *Infolgedessen* (*Satz* 90.3) *läßt sich jeder Vektor $x := Gy$ mit $y \in \tilde{E}$ in eine Reihe*

$$x = \sum_{u \in S} \frac{1}{\lambda} [y|u] u = \sum_{u \in S} [x|u] u$$

nach einem Orthonormalsystem S von Eigenlösungen der Aufgabe (92.9) *zu ihren (reellen) Eigenwerten* λ *entwickeln. Die Entwicklung ist im Sinne der Grenzwertaussage* (90.15) *zu verstehen.*

Die Frage der Eigenwertverteilung wollen wir genauer in dem Fall untersuchen, daß L, M die *Differentialoperatoren* (92.1), (92.2) sind, die der Voraussetzung (92.6) genügen mögen; $\mathbf{K}$ sei der komplexe Zahlkörper, P und Q seien *Randwertoperatoren,* also von der Form (92.4). Die Funktionen $x_{\lambda 1}(t), \ldots, x_{\lambda l}(t)$, die den Gleichungen

$$(L-\lambda M)x_{\lambda\nu}=0, \qquad x_{\lambda\nu}^{(\mu-1)}(a)=\delta_{\mu\nu} \quad (\nu,\mu=1,\ldots,l)$$

genügen, bilden bekanntlich eine Basis des Nullraumes N_λ von $L-\lambda M$ und hängen mitsamt ihren Ableitungen bei festem t differenzierbar von dem komplexen Parameter λ ab. Infolgedessen ist die Determinante $D(\lambda)$, deren Zeilen von den Vektoren $a_{\lambda\nu}:=(P-\lambda Q)x_{\lambda\nu}$ gebildet werden, eine auf $\mathbf{C}$ holomorphe Funktion von λ. Da wegen Hilfssatz 92.1 genau die Nullstellen von $D(\lambda)$ Eigenwerte der Aufgabe (92.5) sind, haben wir nun die folgende Lage: Entweder ist jede komplexe Zahl Eigenwert oder die Eigenwerte bilden eine höchstens abzählbare – möglicherweise leere – Menge ohne endlichen Häufungspunkt. Ist $\lambda=0$ *kein* Eigenwert – das ist die Situation, in welcher der Greensche Operator G existiert –, so tritt der zweite Fall dieser Alternative ein: *Die Eigenwerte der Aufgabe* (92.5) *bilden dann eine gegen* ∞ *strebende Folge, falls es überhaupt unendlich viele gibt.*

Die Untersuchungen dieses Abschnittes stellen in abstrakter und verallgemeinerter Form Überlegungen dar, die von H. Wielandt in der schon erwähnten Vorlesung 1952 vorgetragen wurden. Für eine Weiterführung dieser Gedankengänge verweisen wir den Leser auf Schäfke-Schneider (1965, 1968).

Aufgaben

1. L, M seien die Differentialoperatoren (92.1), (92.2), die der Voraussetzung (92.6) genügen mögen, P sei der Randwertoperator (92.4) und $Q=0$. Ferner sei 0 kein Eigenwert der Aufgabe (92.5) und $G(s,t)$ die Greensche Funktion der Randwertaufgabe $Lx=y$, $Px=0$ (s. die Überlegungen ab (3.5)). Dann ist der Greensche Operator G durch $(Gy)(s)=\int_a^b G(s,t)[My](t)\,\mathrm{d}t$ gegeben, und (92.5) ist gleichwertig mit der Aufgabe, die Gleichung

$$x(s)-\lambda\int_a^b G(s,t)[Mx](t)\,\mathrm{d}t=0$$

nichttrivial zu lösen (vgl. (3.12), (3.13) für $(Mx)(t):=r(t)x(t)$).

2. Nochmals das Sturm-Liouvillesche Eigenwertproblem Gewinne die entscheidende Entwicklung (33.7) nach Eigenlösungen der Sturm-Liouvilleschen Aufgabe aus dem Satz 92.5 – diesmal also *ohne* irgendwelche Kompaktheitsschlüsse.

Hinweis: Anfang der Nr. 33; Aufgabe 1.

3. Zeige, daß die folgenden Aufgaben die angegebenen Eigenwerte haben:

a) $x''=\lambda x'$, $x(0)-x(1)=0$, $x'(0)-x'(1)=0$: alle λ.

b) $x''=\lambda x'$, $x(0)=x'(1)=0$: kein λ.

c) $x'=\lambda x$, $x'(0)-x(0)=0$: nur $\lambda=1$.

93 Fredholmsche Differentialoperatoren

Sind die Funktionen $a_0(t),\ldots,a_{n-1}(t)$ auf dem Intervall $[a,b]$ stetig, so wird durch

$$Ax:=\frac{\mathrm{d}^n x}{\mathrm{d}t^n}+a_{n-1}\frac{\mathrm{d}^{n-1}x}{\mathrm{d}t^{n-1}}+\cdots+a_1\frac{\mathrm{d}x}{\mathrm{d}t}+a_0 x \tag{93.1}$$

eine stetige lineare Abbildung A von $C^{(n)}[a,b]$ in $C[a,b]$ definiert. Aus der Theorie der Differentialgleichungen weiß man, daß die inhomogene Gleichung $Ax=y$ für jedes $y\in C[a,b]$ mindestens eine Lösung und der Lösungsraum der homogenen Gleichung $Ax=0$ die Dimension n besitzt. Mit anderen Worten: Es ist $\alpha(A)=n$, $\beta(A)=0$, und A erweist sich so als ein *Fredholmoperator mit dem Index n.*

Die Bedürfnisse der Praxis, insbesondere die der Quantenmechanik, fordern nun aber gebieterisch, die oben formulierten Voraussetzungen abzuschwächen - beispielsweise von den Koeffizientenfunktionen $a_0,\ldots,a_{n-1}$ nur zu verlangen, daß sie in $L^1(a,b)$ liegen. Auch auf die Stetigkeit von $\mathrm{d}^n x/\mathrm{d}t^n$ wird man notgedrungen verzichten müssen. Trotzdem erweist sich A unter geeigneten Annahmen immer noch als ein *Fredholmoperator*. Wir können auf diese Dinge leider nicht näher eingehen und verweisen den Leser auf das Kapitel VI in Goldberg (1966).

94 Der Konvexitätssatz von Liapounoff

Er besagt folgendes:

$\mu_1,\ldots,\mu_n$ seien endliche positive Maße ohne Atome auf einem Maßraum X. Dann ist die Menge der Punkte $(\mu_1(A),\ldots,\mu_n(A))\in\mathbf{R}^n$, wobei A alle meßbaren Teilmengen von X durchläuft, abgeschlossen und konvex.

Dieser scheinbar so abgelegene Satz hat sich als eines der mächtigen Hilfsmittel der modernen mathematischen Wirtschaftswissenschaft erwiesen (s. etwa Hildenbrand (1974)). Für uns hier ist besonders interessant, daß er sich verblüffend geradlinig aus dem Satz von Krein-Milman ergibt, wie Lindenstrauss (1966) auf einer einzigen Seite gezeigt hat. Wir gehen dennoch auf den Beweis nicht ein, weil er maßtheoretische Kenntnisse erfordert, die wir nicht voraussetzen wollen. Sehr merkwürdig ist jedoch, wie eine Folge weltferner Sätze (Hahn-Banach → Trennungssätze → Krein-Milman → Liapounoff) schließlich tief in die Probleme menschlichen Miteinanderlebens hineinreichen kann.

XIII Spektraltheorie in Banachräumen und Banachalgebren

95 Die Resolvente

Schon frühzeitig sind wir auf das Phänomen gestoßen, daß schwergewichtige Probleme der Physik und Technik auf Fredholmsche Integralgleichungen

$$x(s)-\lambda \int_a^b k(s,t)x(t)\,\mathrm{d}t=y(s) \quad \text{oder also} \quad (I-\lambda K)x=y$$

mit einem Parameter λ führen - ein Parameter, der ungekünstelt aus der Natur dieser Probleme entspringt und von dem nun seinerseits das Lösungsverhalten der Integralgleichung entscheidend abhängt: es ändert sich, wenn sich λ ändert. Über dieses wechselnde Lösungsverhalten sind wir in den Nummern 79 und 80 zur völligen Klarheit gelangt, wenn nur *K kompakt* ist - ohne im übrigen unbedingt ein Integraloperator sein zu müssen. Beachten wir nämlich, daß mit K auch λK kompakt ausfällt, lassen wir ferner den völlig uninteressanten Wert $\lambda=0$ außer Betracht und bringen dann die Gleichung $(I-\lambda K)x=y$ auf die Form

$$(\mu I-K)x=z \quad \text{mit} \quad \mu:=\frac{1}{\lambda}, \quad z:=\frac{y}{\lambda}, \tag{95.1}$$

so wissen wir, daß (95.1) für jedes $\mu\neq 0$, das *kein* Eigenwert von K ist, durchgängig und eindeutig lösbar ist und die Lösung überdies noch stetig von der rechten Seite abhängt; die Eigenwerte, in denen dieses höchst befriedigende Verhalten gestört wird, bilden eine ganz einfach strukturierte Menge, nämlich eine Nullfolge (wenn es denn überhaupt unendlich viele gibt) - und selbst in ihnen bleibt die Lage noch völlig übersichtlich: sie wird beherrscht von den schlichten Lösungssätzen der Nr. 79.

In dem vorliegenden Kapitel wollen wir nun auf breiter Front das Lösungsproblem der Operatorengleichung

$$(\lambda I-A)x=y$$

angreifen (der Gewohnheit folgend schreiben wir λ statt μ) - wobei nun A nicht mehr kompakt zu sein braucht, sondern *irgendein stetiger Endomorphismus eines Banachraumes* sein darf.[1] Dabei wird es sich interessanterweise bald als unwesentlich erweisen, daß A eine *Abbildung* ist; entscheidend ist, daß *A in einer Banachalgebra* liegt. Wir werden deshalb unsere Untersuchungen sehr rasch in Banachalgebren verlagern. Zunächst aber definieren wir einige grundlegende Begriffe.

Die Resolventenmenge $\varrho(A)$ eines stetigen Endomorphismus A auf dem Banachraum E besteht aus allen Skalaren λ, für die $\lambda I - A$ eine Inverse $R_\lambda \in \mathscr{L}(E)$ besitzt. R_λ heißt der Resolventenoperator und die auf $\varrho(A)$ definierte Abbildung $\lambda \mapsto R_\lambda$ die Resolvente von A. Die Menge $\sigma(A) := \mathbf{K} \setminus \varrho(A)$ ist das Spektrum von A.[2]

Wegen Satz 39.4 *liegt λ genau dann in $\varrho(A)$, wenn $\lambda I - A$ bijektiv ist.* Mit Hilfe der Defekte und Kettenlängen läßt sich $\varrho(A)$ also folgendermaßen beschreiben:

$$\begin{aligned}\varrho(A) &= \{\lambda \in \mathbf{K} : \alpha(\lambda I - A) = \beta(\lambda I - A) = 0\} \\ &= \{\lambda \in \mathbf{K} : p(\lambda I - A) = q(\lambda I - A) = 0\}.\end{aligned}$$

Die Eigenwerte von A liegen alle in $\sigma(A)$; sie bilden das Punktspektrum $\sigma_p(A)$ von A.

Aus Satz 78.1 folgt nun unmittelbar

95.1 Satz *Für den* kompakten *Endomorphismus K eines Banachraumes ist*

$$\sigma(K) \setminus \{0\} = \sigma_p(K) \setminus \{0\}.$$

Ebenfalls sehr einfach ergibt sich der

95.2 Satz *Für den stetigen Endomorphismus A des Banachraumes E ist*

$$\sigma(A) = \sigma(A').$$

Beweis. Aus den Konjugationsregeln des Satzes 50.9 folgt unmittelbar $\varrho(A) \subset \varrho(A')$. Nun sei $\lambda \in \varrho(A')$. Dann ist $\lambda I - A$ nach der dritten Gleichung in A 54.1 injektiv, nach Satz 55.6 surjektiv, und daher liegt λ in $\varrho(A)$. Insgesamt ist also $\varrho(A) = \varrho(A')$ und somit $\sigma(A) = \sigma(A')$. ■

Resolventenmenge, Resolvente und Spektrum sind Begriffe, die auch für Elemente einer *Banachalgebra R mit Einselement e* sinnvoll sind[3]:

---

[1] Die *Vollständigkeit* des Raumes allerdings, auf die wir beim Studium der kompakten Operatoren leichten Herzens verzichten konnten, wird nun unentbehrlich sein.

[2] Die Punkte λ der Resolventenmenge $\varrho(A)$ (lat. *resolvere* = auflösen) sind gewissermaßen die „gutartigen" Punkte von A (durchgängige und eindeutige Lösbarkeit von $(\lambda I - A)x = y$), die des Spektrums die „bösartigen". Die Bezeichnung „Spektrum" wurde von Hilbert (1912) ohne nähere Begründung eingeführt.

[3] Um nicht in Triviales abzugleiten, setzen wir ständig und stillschweigend $e \neq 0$ voraus.

Für $x \in R$ ist die Resolventenmenge $\varrho(x) := \{\lambda \in \mathbf{K}: \lambda e - x$ *ist invertierbar in* $R\}$, die Resolvente die auf $\varrho(x)$ definierte Abbildung $\lambda \mapsto r_\lambda := (\lambda e - x)^{-1}$, das Spektrum $\sigma(x)$ das Komplement von $\varrho(x)$ in $\mathbf{K}$.
Aus den Resultaten der Nr. 13 ergeben sich mühelos die Aussagen a) und b) des folgenden Satzes; man beachte nur die Umrechnungen

$$(\lambda e - x) - (\lambda_0 e - x) = (\lambda - \lambda_0) e, \qquad \lambda e - x = \lambda\left(e - \frac{1}{\lambda} x\right).$$

c) folgt unmittelbar aus a) und b); d) wird nach der Formulierung des Satzes bewiesen.[1)]

95.3 Satz *Für das Element x einer Banachalgebra R mit Einselement e gelten die folgenden Aussagen:*
a) *Sei* $\lambda_0 \in \varrho(x)$ *und* $|\lambda - \lambda_0| < 1/\|r_{\lambda_0}\|$. *Dann ist*

$$\lambda \in \varrho(x),$$

$$r_\lambda = \sum_{n=0}^{\infty} (-1)^n (\lambda - \lambda_0)^n r_{\lambda_0}^{n+1} \tag{95.2}$$

und

$$\|r_\lambda - r_{\lambda_0}\| \leqslant \frac{|\lambda - \lambda_0|}{1 - |\lambda - \lambda_0|\,\|r_{\lambda_0}\|} \|r_{\lambda_0}\|^2; \tag{95.3}$$

insbesondere muß $\varrho(x)$ offen *sein und* r_λ stetig *von* λ *abhängen.*
b) *Für* $|\lambda| > \lim \|x^n\|^{1/n}$ *ist* $\lambda \in \varrho(x)$ *und*

$$r_\lambda = \sum_{n=0}^{\infty} \frac{x^n}{\lambda^{n+1}}. \tag{95.4}$$

Insbesondere haben wir also die Abschätzung

$$\|r_\lambda\| \leqslant \frac{1}{|\lambda|}\left(1 - \frac{\|x\|}{|\lambda|}\right)^{-1} \quad \text{für } |\lambda| > \|x\|, \tag{95.5}$$

und somit strebt $r_\lambda \to 0$ *für* $|\lambda| \to \infty$.
c) $\sigma(x)$ *ist abgeschlossen und wegen*

$$|\lambda| \leqslant \lim \|x^n\|^{1/n} \quad \text{für alle } \lambda \in \sigma(x) \tag{95.6}$$

beschränkt, insgesamt also kompakt.
d) *Liegen* λ *und* μ *in* $\varrho(x)$, *so besteht die* Resolventengleichung

$$r_\lambda - r_\mu = -(\lambda - \mu) r_\lambda r_\mu, \tag{95.7}$$

---

1) Hier und in den folgenden Nummern zeigt sich von neuem – und wie nirgendwo sonst – die Durchschlagskraft der Neumannschen Reihe.

ferner ist

$$r_\lambda r_\mu = r_\mu r_\lambda. \tag{95.8}$$

Wir haben nur noch d) zu beweisen. Es ist

$$r_\lambda = r_\lambda(\mu e - x) r_\mu = r_\lambda[(\mu-\lambda)e + \lambda e - x] r_\mu = (\mu-\lambda) r_\lambda r_\mu + r_\mu,$$

also gilt die Resolventengleichung (95.7). Aus ihr folgt sofort (95.8). ■

Für einen nichttrivialen Banachraum E ist $R := \mathscr{L}(E)$ eine Banachalgebra mit Einselement $I \neq 0$. *Satz* 95.3 *kann also auf* $\mathscr{L}(E)$ *angewandt werden.*

Aufgaben

1. Das Spektrum eines kompakten Operators auf einem unendlichdimensionalen Banachraum enthält mindestens 0.

+2. Es ist gelegentlich zweckmäßig, die Resolvente von $T \in \mathscr{L}(E)$ genauer mit $R_\lambda(T)$ zu bezeichnen. Zeige: Auf $\varrho(A) = \varrho(A')$ ist $R_\lambda(A') = (R_\lambda(A))'$.

3. (95.8) folgt auch aus der Vertauschbarkeit von $e - \lambda x$ mit $e - \mu x$.

***4.** Ist $\delta(\mu) := \inf_{\xi \in \sigma(x)} |\mu - \xi|$ der Abstand des Punktes $\mu \in \varrho(x)$ von $\sigma(x)$, so ist $\|r_\mu\| \geqslant \frac{1}{\delta(\mu)}$; insbesondere strebt $\|r_\mu\| \to \infty$, wenn μ sich $\sigma(x)$ beliebig nähert.

+5. Für den stetigen Endomorphismus A des Hilbertraumes E ist $\sigma(A^*) = \{\bar{\lambda} : \lambda \in \sigma(A)\}$.
Hinweis: Satz 58.1.

96 Das Spektrum

Ein Endomorphismus eines *endlich*dimensionalen Raumes ist immer dann schon bijektiv, wenn er bloß injektiv ist, *sein Spektrum besteht also nur aus Eigenwerten* und kann infolgedessen leer sein, wenn der Raum reell ist. Im komplexen Fall jedoch sichert der Fundamentalsatz der Algebra die Existenz von Eigenwerten. Wenn wir den Nachweis führen wollen, daß $\sigma(x)$ nicht leer ist, werden wir also voraussetzen müssen, daß die x enthaltende Banachalgebra R *komplex* ist; diese Annahme eröffnet die Möglichkeit, wirkungsmächtige Theoreme der Funktionentheorie in Dienst zu stellen.

Wir erinnern daran, daß wir die Größe

$$r(x) := \lim_{n\to\infty} \|x^n\|^{1/n}$$

schon in Nr. 13 aus damals unerfindlichen Gründen den Spektralradius von x genannt haben. Der nächste Satz, der für alles Weitere fundamental ist, rechtfertigt nachträglich diese mysteriöse Bezeichnung.

96.1 Satz *Für jedes Element x einer* komplexen *Banachalgebra R mit Einselement $\neq 0$ ist*

$$\sigma(x) \neq \emptyset \quad \textit{und} \quad r(x) = \sup_{\lambda \in \sigma(x)} |\lambda|. \tag{96.1}$$

Beweis. Mit der stetigen Linearform x' auf R setzen wir $f(\lambda) := x'(r_\lambda)$. Aus der Resolventengleichung (95.7) und der stetigen Abhängigkeit der Resolvente r_λ von λ (Satz 95.3 a) folgt dann

$$\frac{f(\lambda) - f(\mu)}{\lambda - \mu} = -x'(r_\lambda r_\mu) \to -x'(r_\mu^2) \quad \text{für } \lambda \to \mu.$$

f ist also eine holomorphe Funktion auf $\varrho(x)$, die wegen (95.5) und der Abschätzung $|f(\lambda)| \leqslant \|x'\| \, \|r_\lambda\|$ im Unendlichen verschwindet. Wäre $\sigma(x)$ leer, also $\varrho(x) = \mathbf{C}$, so würde nun aus dem Satz von Liouville $f(\lambda) = x'(r_\lambda) = 0$ für alle λ folgen - und dies für ausnahmslos *alle* $x' \in R'$. Also müßte r_λ auf $\mathbf{C}$ verschwinden (Satz 49.5). In einer Algebra mit $e \neq 0$ ist jedoch jede Inverse $\neq 0$. Die Annahme, $\sigma(x)$ sei leer, ist also nicht haltbar. - Wegen (95.6) gilt

$$\tilde{r} := \sup_{\lambda \in \sigma(x)} |\lambda| \leqslant r := r(x).$$

Um die behauptete Gleichung $\tilde{r} = r$ zu zeigen, genügt es also, die Ungleichung $\tilde{r} < r$ an einem Widerspruch scheitern zu lassen. Wir setzen sie nun voraus und nehmen uns irgendein festes μ mit

$$\tilde{r} < \mu < r$$

her. Nach Satz 95.3 b konvergiert die Reihe

$$f(\lambda) = x'(r_\lambda) = \sum_{n=0}^{\infty} \frac{x'(x^n)}{\lambda^{n+1}} \quad \text{für jedes } x' \in R' \text{ und } |\lambda| > r; \tag{96.2}$$

sie ist die Laurententwicklung der Funktion $f(\lambda)$, die nach dem oben Bewiesenen auf $\varrho(x)$, also sicher für $|\lambda| > \tilde{r}$ holomorph ist. Der Satz über den Konvergenzbereich einer Laurententwicklung lehrt nun, daß (96.2) sogar für $|\lambda| > \tilde{r}$, also gewiß auch für $\lambda = \mu$ konvergieren muß. Dann strebt aber $x'(x^n/\mu^{n+1}) \to 0$, und nach Satz 57.4 ist somit $\|x^n/\mu^{n+1}\| < \gamma < \infty$ für alle n, also $r = \lim \|x^n\|^{1/n} \leqslant \lim (\gamma \mu^{n+1})^{1/n} = \mu < r$. Die resultierende Ungereimtheit „$r < r$“ zeigt, daß $\tilde{r} = r$ sein muß. ■

Den Kreis $\{\lambda \in \mathbf{C} : |\lambda| \leqslant r(x)\}$ nennen wir den Spektralkreis von x (auch dann, wenn $r(x) = 0$ ist). Da $\sigma(x)$ nicht leer und abgeschlossen ist, *liegt auf dem Rande des Spektralkreises mindestens ein* Spektralpunkt (d.h. ein Punkt aus $\sigma(x)$). *Der*

Spektralradius ist der Radius des Spektralkreises, und in (96.1) *darf* sup *durch* max *ersetzt werden.*

x heißt nilpotent, wenn $x^n=0$ für ein natürliches n, quasinilpotent, wenn $r(x)=0$ ist. Nilpotente Elemente und Volterrasche Integraloperatoren sind quasinilpotent. *Das Spektrum eines Elementes x in einer komplexen Banachalgebra mit Einselement reduziert sich genau dann auf* 0, *wenn x quasinilpotent ist.*

Ist x *nicht* quasinilpotent, so gibt es auf dem Kreis $|\lambda|=r(x)$ (mindestens) einen Punkt $\lambda_0\in\sigma(x)$, der dem Punkt $\lambda=r(x)$ am nächsten liegt. Im folgenden geht es darum, ihn aufzuspüren, und das heißt: sein *Argument* zu bestimmen.

Um unsere Vorstellung zu fixieren, nehmen wir zunächst an, es sei

$$\lambda_0=re^{i\varphi} \quad \text{mit} \quad r:=r(x) \quad \text{und} \quad 0<\varphi\leqslant\frac{\pi}{2}.$$

Nun geben wir uns ein $\varepsilon\in(0,\varphi)$ beliebig vor und setzen

$$\lambda_\varepsilon:=re^{i(\varphi-\varepsilon)}.$$

Dann gibt es dank der Minimalität von λ_0 und der Abgeschlossenheit von $\sigma(x)$ eine positive Zahl $\delta<r$, so daß in dem Bereich

$$B:=\{\lambda:\ -\varphi+\varepsilon\leqslant\arg\lambda\leqslant\varphi-\varepsilon,\quad r-\delta\leqslant|\lambda|\leqslant r\}$$

kein einziger Spektralpunkt von x liegen kann (s. Fig. 96.1). Jetzt nehmen wir uns einen beliebigen Spektralpunkt $\lambda=|\lambda|e^{i\psi}$ her. Im Falle $\psi\in[-\varphi+\varepsilon,\varphi-\varepsilon]$ muß $|\lambda|<r-\delta$ sein, und für alle $h\in(0,\delta/2)$ gilt dann

$$|\lambda+h|\leqslant|\lambda|+h<r-\delta+h<r-\frac{\delta}{2}<r-h=|\lambda_\varepsilon|-h\leqslant|\lambda_\varepsilon+h|. \tag{96.3}$$

Im Falle $\psi\notin[-\varphi+\varepsilon,\varphi-\varepsilon]$ erhalten wir durch zweimalige Anwendung des Kosinussatzes für alle $h>0$ die Beziehung

$$\begin{aligned}|\lambda+h|^2&=|\lambda|^2+h^2+2|\lambda|h\cos\psi\leqslant|\lambda|^2+h^2+2|\lambda|h\cos(\varphi-\varepsilon)\\&\leqslant|\lambda_\varepsilon|^2+h^2+2|\lambda_\varepsilon|h\cos(\varphi-\varepsilon)=|\lambda_\varepsilon+h|^2,\end{aligned}$$

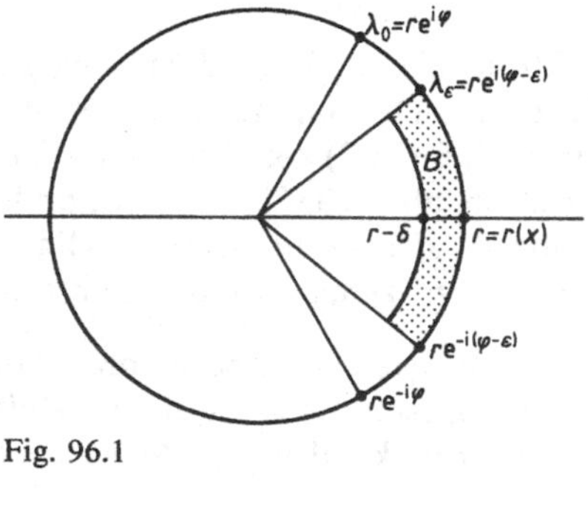

Fig. 96.1

also wieder, wie in (96.3), die Abschätzung $|\lambda+h| \leqslant |\lambda_\varepsilon+h|$, diesmal sogar für *alle* $h>0$. Zusammenfassend können wir also sagen: Zu jedem positiven $\varepsilon<\varphi$ gibt es ein $\delta>0$ mit

$$\max_{\lambda\in\sigma(x)} |\lambda+h| \leqslant |\lambda_\varepsilon+h| \quad \text{für alle } h\in(0,\delta/2). \tag{96.4}$$

Nun überblickt man aber sofort, daß das linksstehende Maximum nichts anderes als $r(x+he)$ ist, (96.4) also übergeht in

$$r(x+he) \leqslant |\lambda_\varepsilon+h| = (r^2+h^2+2rh\cos(\varphi-\varepsilon))^{1/2} \quad \text{für alle } h\in(0,\delta/2). \tag{96.5}$$

Mit

$$|\lambda_0+h| = (r^2+h^2+2rh\cos\varphi)^{1/2} \leqslant r(x+he)$$

erhalten wir daraus für alle $h\in(0,\delta/2)$ die Abschätzung

$$\frac{(r^2+h^2+2rh\cos\varphi)^{1/2}-r}{h} \leqslant \frac{r(x+he)-r(x)}{h} \leqslant \frac{(r^2+h^2+2rh\cos(\varphi-\varepsilon))^{1/2}-r}{h}.$$

Für $h\to 0$ strebt die linke Seite gegen $\cos\varphi$, die rechte gegen $\cos(\varphi-\varepsilon)$, und da ε beliebig in $(0,\varphi)$ war, folgt daraus nun

$$\lim_{h\to 0+} \frac{r(x+he)-r(x)}{h} = \cos\varphi, \tag{96.6}$$

immer unter der anfänglich gemachten Annahme $0<\varphi\leqslant\pi/2$. Für $\varphi=0$ ist diese Gleichung aber trivialerweise richtig, für $-\pi/2\leqslant\varphi<0$ wird sie ganz entsprechend wie oben bewiesen, und den noch verbleibenden Fall $\operatorname{Re}\lambda_0<0$ wird sich der Leser nun leicht selbst zurechtlegen können. Wir fassen unsere Ergebnisse zusammen:

96.2 Satz *Das Element x der komplexen Banachalgebra R mit Einselement e sei nicht quasinilpotent. Dann gibt es einen Winkel α mit folgenden Eigenschaften: Es ist*

$$\lim_{h\to 0+} \frac{r(x+he)-r(x)}{h} = \cos\alpha,$$

und mindestens einer der Punkte $r(x)e^{i\alpha}$, $r(x)e^{-i\alpha}$ ist ein Spektralpunkt von x - und zwar einer, der auf dem Kreis $|\lambda|=r(x)$ dem Punkt $\lambda=r(x)$ am nächsten liegt.[1]

Genaugenommen hängt der Begriff des Spektrums und der Resolventenmenge von der Banachalgebra R ab, in der man sich bewegt, und deshalb schreibt man statt $\sigma(x)$, $\varrho(x)$ manchmal genauer $\sigma_R(x)$, $\varrho_R(x)$. Ist nämlich die Banachalgebra $\tilde{R}$ (mit Einselement) eine Erweiterung von R - was natürlich auch bedeutet, daß $\tilde{R}$ auf R die dort schon vorhandene Norm induziert -, so kann ein in R singuläres

[1] Heuser (1966). Auf eine Lücke in dem dort gegebenen Beweis hat mich freundlicherweise J. Nieto aufmerksam gemacht und sie auch gleich geschlossen.

(d.h. nicht invertierbares) Element von R in dem reicher ausgestatteten $\tilde{R}$ mit etwas Glück vielleicht doch eine Inverse finden, während ein schon in R invertierbares Element gewiß auch in $\tilde{R}$ invertierbar bleibt. *Das Spektrum eines $x \in R$ kann also bei Erweiterungen von R nur schrumpfen, die Resolventenmenge nur wachsen:*

$$\sigma_R(x) \supset \sigma_{\tilde{R}}(x), \qquad \varrho_R(x) \subset \varrho_{\tilde{R}}(x) \quad \text{für } R \subset \tilde{R}. \tag{96.7}$$

Dem *Spektralkreis* von x aber widerfährt hierbei etwas sehr Merkwürdiges - nämlich nichts. Denn sein Radius ist $= \lim \|x^n\|^{1/n}$, und diese Größe ändert sich bei Erweiterungen von R nicht im mindesten (die Norm von x ist ja in allen $\tilde{R} \supset R$ ein und dieselbe). Die Spektralpunkte auf dem Rande des Spektralkreises - ihre Menge

$$\sigma_\pi(x) := \{\lambda : \lambda \in \sigma(x) \text{ mit } |\lambda| = r(x)\} \tag{96.8}$$

nennt man das **peripheres Spektrum** von x - müssen also wohl etwas Besonderes an sich haben. Dieses Besondere wollen wir nun dingfest machen.

In jeder Banachalgebra R (immer komplex und immer mit Einselement e) gibt es **permanent singuläre** Elemente, also solche, die in jeder noch so umfangreichen Erweiterung von R singulär bleiben, z.B. 0. Offensichtlich gehören zu dieser Sorte die **Nullteiler**[1] und noch allgemeiner die **topologischen Nullteiler** von R: das sind diejenigen z, zu denen es eine Folge $(y_n) \subset R$ gibt mit

$$\|y_n\| = 1 \quad \text{und} \quad y_n z \to 0 \quad \text{oder} \quad z y_n \to 0 \quad \text{für } n \to \infty. \tag{96.9}$$

Der nächste Satz wirft ein helles Licht auf die Bedeutung der topologischen Nullteiler. Wir schicken ihm eine Sprachregelung voraus. Ist M eine Teilmenge des metrischen (oder auch topologischen Raumes) E, so heißt

$$\partial M := \overline{M} \cap \overline{(E \setminus M)}$$

der **Rand** von M. Der Punkt $x \in E$ gehört also genau dann zu ∂M (ist genau dann ein **Randpunkt** von M), wenn in jeder Umgebung von x sowohl Punkte von M als auch Punkte des Komplements $E \setminus M$ liegen. Wir zeigen nun:

96.3 Satz *Sei S die Menge aller singulären Elemente der komplexen Banachalgebra R mit Einselement e. Dann ist jeder Randpunkt von S ein topologischer Nullteiler von R, insbesondere also* **permanent singulär**.

Beweis. Die Menge G der invertierbaren Elemente von R ist offen (Satz 13.7), $S = R \setminus G$ infolgedessen abgeschlossen und somit

$$\partial S = \overline{S} \cap \overline{(R \setminus S)} = S \cap \overline{G}.$$

Wir können also sagen:

$$z \in \partial S \iff \text{es ist } z \in S, \text{ und ferner existieren } g_n \in G \text{ mit } g_n \to z. \tag{96.10}$$

---

[1] $z \in R$ heißt bekanntlich **Nullteiler**, wenn es in R ein $y \neq 0$ gibt mit $yz = 0$ oder $zy = 0$.

Die Folge (g_n^{-1}) ist unbeschränkt. Andernfalls würde nämlich

$$g_n^{-1}z-e=g_n^{-1}(z-g_n)\to 0$$

streben, für ein hinreichend großes m wäre also $\|e-g_m^{-1}z\|<1$ und somit $g_m^{-1}z=e-(e-g_m^{-1}z)$ invertierbar (Satz 13.6). Aber dann wäre auch $z=g_m(g_m^{-1}z)$ invertierbar, im Widerspruch zur Singularität von z (s. (96.10)).

O.B.d.A. dürfen wir nun davon ausgehen, daß $\|g_n^{-1}\|\to\infty$ divergiert. Setzen wir $y_n:=g_n^{-1}/\|g_n^{-1}\|$, so haben wir $\|y_n\|=1$ und

$$zy_n=\frac{zg_n^{-1}}{\|g_n^{-1}\|}=\frac{(z-g_n)g_n^{-1}+e}{\|g_n^{-1}\|}=(z-g_n)y_n+\frac{e}{\|g_n^{-1}\|}\to 0$$

(s. wieder (96.10)). Damit aber ist z als topologischer Nullteiler entlarvt. ■

Der nächste Satz enthüllt nun das „Besondere", das die Punkte des *peripheren* Spektrums und allgemeiner sogar die *Randpunkte* des Spektrums von x an sich haben: sie *bleiben* Randpunkte bei jeder Erweiterung der Ausgangsalgebra, schärfer:

96.4 Satz *Sei $\tilde{R}$ eine komplexe Banachalgebra mit Einselement e und R eine abgeschlossene, e enthaltende Unteralgebra von $\tilde{R}$. Dann ist $\partial\sigma_R(x)\subset\partial\sigma_{\tilde{R}}(x)$.*

Beweis. Sei $x\in R$ und $\lambda\in\partial\sigma_R(x)$, also, da $\sigma_R(x)$ abgeschlossen ist,

$$\lambda\in\sigma_R(x)\cap\overline{\varrho_R(x)}.$$

Bezeichnen wir wieder mit G die Menge der invertierbaren, mit S die der singulären Elemente von R, so können wir also sagen: es ist $\lambda e-x\in S$, und ferner existiert eine Folge $(\lambda_n)\subset\varrho_R(x)$ mit $\lambda_n\to\lambda$. Wir haben daher

$$\lambda_n e-x\in G \quad \text{und} \quad \lambda_n e-x\to\lambda e-x\in S.$$

Mit (96.10) folgt nun $\lambda e-x\in\partial S$. Wegen Satz 96.3 muß daher $\lambda e-x$ ein topologischer Nullteiler von R und somit auch singulär in $\tilde{R}$ sein. Das bedeutet aber, daß λ zu $\sigma_{\tilde{R}}(x)$ gehört, und daher ist

$$\lambda\in\sigma_{\tilde{R}}(x)\cap\overline{\varrho_R(x)}\subset\sigma_{\tilde{R}}(x)\cap\overline{\varrho_{\tilde{R}}(x)}=\partial\sigma_{\tilde{R}}(x).$$ ■

Satz 96.4 besagt, daß bei einer Erweiterung von R das Spektrum durch *Auszehrung seines Inneren* schrumpft, während die Randpunkte erfolgreich ihren Spektralcharakter verteidigen.

Besonders interessant ist die Frage, *wie $\sigma(x)$ von x abhängt.* Darüber gilt folgender

96.5 Satz *Strebt in der komplexen Banachalgebra R mit Einselement $x_n\to x$, so konvergiert $\sigma(x_n)\to\sigma(x)$ in folgendem Sinne: Zu jeder offenen Menge $V\supset\sigma(x)$ gibt es ein $n_0=n_0(V)$ mit*

$$\sigma(x_n)\subset V \quad \textit{für alle } n>n_0.$$

Es genügt, den Beweis unter der zusätzlichen Annahme „V ist beschränkt" zu führen. $K \subset \mathbf{C}$ sei eine abgeschlossene Kreisscheibe um den Nullpunkt mit Radius $> \|x\|$, die ganz V enthält. Aus $r(x+z) \leqslant \|x+z\| \leqslant \|x\| + \|z\|$ folgt $\sigma(x+z) \subset K$, wenn nur z hinreichend klein ist, mit anderen Worten: es gibt eine Kugel W um x mit

$$\sigma(y) \subset K \quad \text{für alle } y \in W. \tag{96.11}$$

$K \backslash V$ ist abgeschlossen und beschränkt, also kompakt, infolgedessen kann man die Gesamtheit $\hat{R}$ der stetigen Funktionen $f: K\backslash V \to R$ zu einer Banachalgebra machen, indem man die algebraischen Operationen punktweise und die Norm von f durch $\|f\| := \max\{\|f(\lambda)\| : \lambda \in K\backslash V\}$ erklärt. $\hat{R}$ besitzt das Einselement $\hat{e}$, definiert durch $\hat{e}(\lambda) := e$ für alle $\lambda \in K\backslash V$. Zu $\hat{R}$ gehören ferner die Funktionen

$$g(\lambda) := \lambda e - x, \qquad h(\lambda) := (\lambda e - x)^{-1} \quad (\lambda \in K\backslash V).$$

Wegen $hg = gh = e$ erweist sich g als invertierbar in $\hat{R}$. Infolgedessen gibt es ein $\delta > 0$, so daß auch jedes $f \in \hat{R}$ mit $\|f - g\| \leqslant \delta$ in $\hat{R}$ invertierbar ist (Satz 13.7). Ganz speziell fällt daher für jedes $y \in R$ mit $\|y - x\| \leqslant \delta$ die Funktion $f(\lambda) := \lambda e - y$ invertierbar aus; denn für sie ist

$$\|f(\lambda) - g(\lambda)\| = \|x - y\| \leqslant \delta \text{ auf } K\backslash V, \text{ also auch } \|f - g\| \leqslant \delta.$$

Für jedes derartige y haben wir also $\varrho(y) \supset K\backslash V$. Gehört überdies y auch noch zu W, so lehrt ein Blick auf (96.11), daß $\sigma(y) \subset K\backslash(K\backslash V) = V$ sein muß, kurz: Für jedes hinreichend dicht bei x liegende y ist $\sigma(y) \subset V$. Damit ist unser Satz offensichtlich bewiesen. ∎

Für ein tieferes Studium der hier angeschnittenen Probleme verweisen wir den Leser auf Newburgh (1951).

Wir fassen zum Schluß noch das *Spektrum eines Operators* $A \in \mathscr{L}(E)$ näher ins Auge, wobei E ein nichttrivialer komplexer Banachraum sein soll. Dieses (nichtleere und kompakte) Spektrum pflegt man in drei disjunkte Teile zu zerlegen: in das schon erwähnte Punktspektrum

$$\sigma_p(A) := \{\lambda : \alpha(\lambda I - A) \neq 0\} = \text{Menge der } \textit{Eigenwerte} \text{ von } A,$$

das kontinuierliche Spektrum

$$\sigma_c(A) := \{\lambda : \alpha(\lambda I - A) = 0,\ (\lambda I - A)(E) \textit{ ist dicht in } E, \textit{ aber } \neq E\}$$

und das Residualspektrum

$$\sigma_r(A) := \{\lambda : \alpha(\lambda I - A) = 0,\ (\lambda I - A)(E) \textit{ ist nicht dicht in } E\}.$$

Für ein $\lambda \in \sigma_c(A)$ ist $(\lambda I - A)^{-1}$ zwar vorhanden, aber wegen Hilfssatz 55.1 nicht stetig, infolgedessen (s. Satz 10.6)

$$\textit{existieren } x_n \in E \textit{ mit } \quad \|x_n\| = 1 \quad \textit{und} \quad (\lambda I - A)x_n \to 0. \tag{96.12}$$

Solche x_n gibt es trivialerweise auch, wenn λ ein Eigenwert ist, und kann es geben, wenn λ zum Residualspektrum gehört. Genau dann, wenn (96.12) gilt, also genau dann, wenn $\lambda I - A$ *keine* stetige Inverse besitzt, nennen wir λ einen approximativen Eigenwert von A; die Gesamtheit dieser Punkte heißt das approximative Punktspektrum $\sigma_{ap}(A)$ von A. Nach dem eben Festgestellten haben wir

$$\sigma_c(A),\ \sigma_p(A) \subset \sigma_{ap}(A) \subset \sigma(A). \tag{96.13}$$

96.6 Satz *Jeder Randpunkt λ von $\sigma(A)$, insbesondere also jeder periphere Spektralpunkt, ist ein approximativer Eigenwert.*

Beweis. Da $\sigma(A)$ abgeschlossen ist, muß λ jedenfalls ein Spektralpunkt sein. Ferner gibt es Punkte $\lambda_n \in \varrho(A)$ mit $\lambda_n \to \lambda$, und nach A 95.4 strebt

$$\|R_{\lambda_n}\| \to \infty \quad \text{für } n \to \infty. \tag{96.14}$$

Aus der Supremumsdefinition der Operatornorm folgt, daß zu jedem natürlichen n ein $y_n \in E$ mit $\|R_{\lambda_n} y_n\| \geqslant (1/2)\|R_{\lambda_n}\|\,\|y_n\|$ existiert. Mit $z_n := R_{\lambda_n} y_n$ geht diese Ungleichung über in $\|z_n\| \geqslant (1/2)\|R_{\lambda_n}\|\,\|(\lambda_n I - A)z_n\|$ und mit $x_n := z_n/\|z_n\|$ in $1 \geqslant (1/2)\|R_{\lambda_n}\|\,\|(\lambda_n I - A)x_n\|$ oder also in

$$\|(\lambda_n I - A)x_n\| \leqslant \frac{2}{\|R_{\lambda_n}\|} \quad (\|x_n\| = 1).$$

Infolgedessen ist

$$\|(\lambda I - A)x_n\| = \|(\lambda - \lambda_n)x_n + (\lambda_n I - A)x_n\| \leqslant |\lambda - \lambda_n| + \frac{2}{\|R_{\lambda_n}\|},$$

und nun beendet ein Blick auf (96.14) den Beweis. ■

Aufgaben

1. $A: C[0,1] \to C[0,1]$ sei definiert durch $(Ax)(t) := tx(t)$ für alle $t \in [0,1]$. Zeige:
a) A ist ein stetiger Operator mit $\|A\| = 1$.
b) A besitzt keine Eigenwerte. c) $\sigma(A) = [0,1]$.
d) $\sigma_{ap}(A) = \sigma(A)$. e) $r(A) = 1$.

$^+$**2.** Für einen normalen Operator A auf dem komplexen Hilbertraum E ist $\sigma_{ap}(A) = \sigma(A)$.
Hinweis: Für $\lambda \in \sigma(A) \backslash \sigma_p(A)$ ist $(\lambda I - A)(E)$ nicht abgeschlossen (benutze Satz 58.5); Satz 55.2.

$^+$**3.** $\sigma_{ap}(A)$ ist kompakt.

4. $0 \in \sigma_{ap}(K)$ für kompaktes K, falls der zugrundeliegende Raum unendlichdimensional ist.

5. Ist A normal auflösbar, so liegt 0 nicht in $\sigma_c(A)$.

6. Die nilpotenten Elemente einer beliebigen kommutativen Algebra R bilden ein Ideal in R.

7. Die quasinilpotenten Elemente einer kommutativen Banachalgebra R bilden ein abgeschlossenes Ideal in R.
Hinweis: Satz 13.11 und A 13.12.

8. Sei $A \in \mathscr{L}(E)$, E ein Banachraum. Gibt es zu jedem $x \in E$ ein $n = n(x)$ mit $A^n x = 0$, so ist A nilpotent.
Hinweis: Bairescher Kategoriesatz.

9. Die spektrale Konditionszahl einer Matrix Ist A irgendeine invertierbare (n,n)-Matrix und $\|A\|$ ihre Abbildungsnorm bezüglich der *euklidischen* Norm von $\mathbf{C}^n$, so nennt man $\varkappa(A) := \|A\| \, \|A^{-1}\|$ die spektrale Konditionszahl von A (s. dazu A 14.10). Zeige:

a) Alle Eigenwerte von A^*A sind positiv (A^* ist die zu A konjugiert-transponierte Matrix).

b) Ist $\sigma_{\max}$ der größte, $\sigma_{\min}$ der kleinste Eigenwert von A^*A, so gilt

$$\varkappa(A) = \sqrt{\frac{\sigma_{\max}}{\sigma_{\min}}}.$$

Hinweis: A 58.11.

10. Das Spektrum des linken Verschiebungsoperators auf l^2 Dieser Operator $L: l^2 \to l^2$ wird definiert durch $L(\xi_1, \xi_2, \ldots) := (\xi_2, \xi_3, \ldots)$. Bestimme $r(L)$, $\sigma_p(L)$, $\sigma_c(L)$, $\sigma_r(L)$ und $\sigma(L)$.

11. Das Spektrum des rechten Verschiebungsoperators auf l^2 Dieser Operator $R: l^2 \to l^2$ wird definiert durch $R(\xi_1, \xi_2, \ldots) := (0, \xi_1, \xi_2, \ldots)$. Bestimme $r(R)$, $\sigma_p(R)$, $\sigma_r(R)$, $\sigma_c(R)$ und $\sigma(R)$.
Hinweis: Finde R^* und benutze Aufgabe 10.

97 Vektorwertige holomorphe Funktionen

Im Beweis des Satzes 96.1 haben wir zwei kraftvolle Sätze der Theorie holomorpher Funktionen eingesetzt. Der Übergang von der vektorwertigen Funktion $\lambda \mapsto r_\lambda$ zu einer komplexwertigen wurde dabei mit Hilfe stetiger Linearformen vollzogen. Wir stellen uns nun in dieser Nummer die Aufgabe, die fundamentalen Begriffe der Funktionentheorie und einige ihrer Kernaussagen für den Fall von Funktionen zu entwickeln, die von einer komplexen Variablen abhängen und deren Werte in einem *komplexen Banachraum* liegen.
Grundsätzlich könnten wir uns mit dem Hinweis begnügen, daß dies alles auf das einfachste zustande gebracht werden kann durch eine simple *Verpflanzung* der klassischen funktionentheoretischen Sachverhalte in die neue Umgebung - indem man in Definitionen, Sätzen und Beweisen schlankweg Beträge durch Normen ersetzt. Man kann jedoch auch *stetige Linearformen* heranziehen, um aus den klassischen Sätzen selbst - nicht durch Nachvollzug ihrer Beweise - die entsprechenden Aussagen über vektorwertige Funktionen zu gewinnen. Es war gerade

dieser Weg, den wir im Falle des Satzes 96.1 eingeschlagen hatten, und ihm wollen wir (mit wenigen Abweichungen) auch weiterhin folgen.[1)]

Sei E ein normierter Raum über $\mathbf{K}$, Δ eine (nichtleere) offene Teilmenge von $\mathbf{K}$. Die vektorwertige Funktion $f: \Delta \to E$ heißt differenzierbar im Punkte $\lambda_0 \in \Delta$, wenn es ein $f'(\lambda_0) \in E$ gibt, so daß

$$\left\| \frac{f(\lambda)-f(\lambda_0)}{\lambda-\lambda_0} - f'(\lambda_0) \right\| \to 0 \quad \text{strebt für } \lambda \to \lambda_0. \tag{97.1}$$

$f'(\lambda_0)$ heißt die erste Ableitung von f an der Stelle λ_0.[2)] Wie die höheren Ableitungen zu definieren sind, versteht sich nun von selbst.

Aus (97.1) folgt, daß für jedes $x' \in E'$

$$\lim_{\lambda \to \lambda_0} x'\left[\frac{f(\lambda)-f(\lambda_0)}{\lambda-\lambda_0}\right] = \lim_{\lambda \to \lambda_0} \frac{x'[f(\lambda)]-x'[f(\lambda_0)]}{\lambda-\lambda_0} \tag{97.2}$$

existiert. Diesen Sachverhalt beschreiben wir durch die Redeweise, f sei in λ_0 schwach differenzierbar. Mit Hilfe des Satzes 59.1 sieht man sofort ein, *daß eine in λ_0 schwach differenzierbare Funktion dort stetig ist.*

Ist Γ eine orientierte und rektifizierbare Kurve in $\mathbf{C}$ (ein Integrationsweg) und E ein *komplexer* Banachraum, so definieren wir für stetige Funktionen $f: \Gamma \to E$ das Kurvenintegral $\int_\Gamma f(\lambda)\,d\lambda$ wie im klassischen Fall als Grenzwert Riemannscher Summen $\sum f(\xi_k)(\lambda_k-\lambda_{k-1})$ (der Grenzübergang ist im üblichen Sinne zu vollziehen; die Existenz des Integrals wird wie in der Funktionentheorie bewiesen). Aus dieser Definition ergeben sich mühelos die folgenden Eigenschaften:

$$\int_\Gamma \alpha f(\lambda)\,d\lambda = \alpha \int_\Gamma f(\lambda)\,d\lambda, \qquad \int_\Gamma (f(\lambda)+g(\lambda))\,d\lambda = \int_\Gamma f(\lambda)\,d\lambda + \int_\Gamma g(\lambda)\,d\lambda, \tag{97.3}$$

$$\left\| \int_\Gamma f(\lambda)\,d\lambda \right\| \leqslant \max_{\lambda \in \Gamma} \|f(\lambda)\| \cdot (\textit{Länge von } \Gamma), \tag{97.4}$$

$$x'\left[\int_\Gamma f(\lambda)\,d\lambda\right] = \int_\Gamma x'(f(\lambda))\,d\lambda \quad \textit{für alle } x' \in E', \tag{97.5}$$

$$A \int_\Gamma f(\lambda)\,d\lambda = \int_\Gamma A f(\lambda)\,d\lambda \quad \textit{für alle } A \in \mathscr{L}(E,F), \tag{97.6}$$

wobei auch F ein komplexer Banachraum sein soll.

[1)] Bemerkenswerterweise kann man eine gehaltvolle Funktionentheorie auch in vollständigen *p-normierten* Räumen aufbauen, obwohl es dort überhaupt keine stetigen Linearformen $\neq 0$ zu geben braucht; s. Gramsch (1966).

[2)] Diese Begriffe hatten wir schon in Nr. 13 kennengelernt und in Nr. 17 mit beträchtlichem Erfolg angewandt.

Ist Δ eine (nichtleere) offene Menge in **C** und E ein *komplexer* Banachraum, so heißt die Funktion $f\colon\Delta\to E$ lokalholomorph in Δ, wenn sie in jedem Punkt von Δ differenzierbar ist; ist überdies Δ zusammenhängend, also ein Gebiet, so nennen wir f holomorph in Δ. Schwache Holomorphie ist mittels *schwacher* Differenzierbarkeit zu erklären.

Nach Satz 59.3 definieren Potenzreihen $\sum a_k(\lambda-\lambda_0)^k$ im Inneren ihrer Konvergenzbereiche holomorphe Funktionen.

97.1 Cauchyscher Integralsatz *Ist $f\colon\Delta\to E$ in dem Gebiet Δ holomorph und sind Γ_1, Γ_2 zwei Integrationswege mit gleichen Anfangs- und Endpunkten, die in Δ stetig ineinander deformiert werden können, so haben wir*

$$\int_{\Gamma_1} f(\lambda)\,\mathrm{d}\lambda = \int_{\Gamma_2} f(\lambda)\,\mathrm{d}\lambda,$$

insbesondere also

$$\int_{\Gamma} f(\lambda)\,\mathrm{d}\lambda = 0,$$

wenn Γ eine geschlossene Kurve ist, deren Innenbereich nur Punkte von Δ enthält.

Der Satz ergibt sich einfach aus dem Umstand, daß für jedes $x'\in E'$ gilt:

$$x'\left[\int_{\Gamma_1} f(\lambda)\,\mathrm{d}\lambda\right] = \int_{\Gamma_1} x'[f(\lambda)]\,\mathrm{d}\lambda = \int_{\Gamma_2} x'[f(\lambda)]\,\mathrm{d}\lambda = x'\left[\int_{\Gamma_2} f(\lambda)\,\mathrm{d}\lambda\right],$$

wobei die mittlere Gleichung aus dem Cauchyschen Integralsatz für die komplexwertige holomorphe Funktion $x'[f(\lambda)]$ folgt. ■

97.2 Satz *Ist $f\colon\Delta\to E$ in dem einfach zusammenhängenden Gebiet Δ holomorph oder auch nur* schwach *holomorph, so ist f beliebig oft differenzierbar, und für die Ableitungen gelten die* Cauchyschen Integralformeln

$$f^{(n)}(\lambda) = \frac{n!}{2\pi \mathrm{i}} \int_{\Gamma} \frac{f(\zeta)}{(\zeta-\lambda)^{n+1}}\,\mathrm{d}\zeta \quad (n=0, 1, \ldots); \tag{97.7}$$

dabei ist Γ ein einfach geschlossener positiv orientierter Integrationsweg in Δ, der λ umschließt. Ferner kann f um jeden Punkt λ_0 von Δ in eine Potenzreihe entwickelt werden:

$$f(\lambda) = \sum_{k=0}^{\infty} a_k(\lambda-\lambda_0)^k \quad \textit{mit } a_k\in E;$$

die Reihe konvergiert mindestens in dem größten offenen Kreis um λ_0, der nur Punkte von Δ enthält.

Beweis. Für beliebiges $x'\in E'$ sei $F(\lambda) := x'[f(\lambda)]$. Nach Voraussetzung ist F in Δ holomorph, infolgedessen gelten die Cauchyschen Integralformeln

$$F^{(n)}(\lambda) = \frac{n!}{2\pi i} \int_\Gamma \frac{F(\zeta)}{(\zeta-\lambda)^{n+1}} d\zeta \quad \text{für } n=0, 1, \ldots; \tag{97.8}$$

ferner kann $F(\lambda)=x'[f(\lambda)]$ um λ_0 in die Potenzreihe

$$x'[f(\lambda)] = \sum_{k=0}^{\infty} \left[\frac{1}{2\pi i} \int_C \frac{x'[f(\zeta)]}{(\zeta-\lambda_0)^{k+1}} d\zeta\right] (\lambda-\lambda_0)^k \tag{97.9}$$

entwickelt werden; dabei ist C der positiv orientierte Rand eines beliebigen, ganz in Δ liegenden Kreises um λ_0. Die Reihe (97.9) konvergiert im Innern U eines jeden solchen Kreises. Zieht man x' vor das Integral, so erkennt man, daß die Potenzreihe

$$\sum_{k=0}^{\infty} \left[\frac{1}{2\pi i} \int_C \frac{f(\zeta)}{(\zeta-\lambda_0)^{k+1}} d\zeta\right] (\lambda-\lambda_0)^k \quad \text{eine schwache Cauchyreihe}$$

in U ist, nach Satz 59.3 dort also auch *stark* konvergiert. Wegen (97.9) ist ihre Summe notwendigerweise $=f(\lambda)$. Wiederum nach Satz 59.3 ist also f beliebig oft in U differenzierbar. Die restlichen Aussagen wird der Leser nun leicht selbst beweisen können. ■

97.3 Satz von Liouville *Eine in ganz* **C** *holomorphe und beschränkte Funktion ist konstant.*

Beweis. Sei f eine solche Funktion und $F(\lambda):=x'[f(\lambda)]$ mit $x'\in E'$. Dann ist auch F in **C** holomorph und beschränkt, nach dem klassischen Liouvilleschen Satz also konstant: $x'[f(\lambda)]=x'[f(0)]$ für alle λ. Da diese Gleichung für beliebiges $x'\in E'$ gilt, ist $f(\lambda)=f(0)$ für jedes $\lambda\in$ **C**. ■

Nach diesen Beweisproben wird der Leser leicht den folgenden Satz gewinnen können.

97.4 Laurentsche Entwicklung *Eine in* $0<|\lambda-\lambda_0|<r$ *holomorphe Funktion* f *mit Werten in* E *kann in der Form*

$$f(\lambda) = \sum_{k=0}^{\infty} a_k(\lambda-\lambda_0)^k + \sum_{k=1}^{\infty} \frac{b_k}{(\lambda-\lambda_0)^k} \quad \textit{mit } a_k, b_k\in E \tag{97.10}$$

dargestellt werden. Diese Entwicklung ist gültig für $0<|\lambda-\lambda_0|<r$. *Die Koeffizienten werden durch die Formeln*

$$a_k = \frac{1}{2\pi i} \int_C \frac{f(\lambda)}{(\lambda-\lambda_0)^{k+1}} d\lambda, \qquad b_k = \frac{1}{2\pi i} \int_C f(\lambda)(\lambda-\lambda_0)^{k-1} d\lambda \tag{97.11}$$

gegeben; dabei ist C *ein positiv orientierter Kreis* $|\lambda-\lambda_0|=\varrho$ *mit* $0<\varrho<r$.

Unter den Voraussetzungen des Satzes 97.4 heißt λ_0

eine hebbare Singularität (von f), wenn alle b_n verschwinden, ein Pol der Ordnung p, wenn $b_p \neq 0$ und $b_n = 0$ für $n > p$ ist,

eine wesentliche Singularität, wenn unendlich viele $b_n \neq 0$ sind.

Ein Pol der Ordnung 1 wird auch einfacher Pol genannt.

Die Resolvente r_λ des Elementes x in einer komplexen Banachalgebra ist wegen Satz 95.3 *lokalholomorph in $\varrho(x)$. Ein isolierter Punkt λ_0 des Spektrums von x ist ein Pol oder eine wesentliche Singularität von r_λ.* Andernfalls würde für jede Folge $(\lambda_n) \subset \varrho(x)$ mit $\lambda_n \neq \lambda_0$ und $\lambda_n \to \lambda_0$ aus der Laurententwicklung $r_\lambda = \sum_{k=0}^{\infty} a_k (\lambda - \lambda_0)^k$ folgen, daß $r_{\lambda_n} \to a_0$ strebt, obwohl doch $\|r_{\lambda_n}\| \to \infty$ divergieren muß (s. A 95.4). ■

Aufgaben

1. Die n-te Ableitung der Resolvente ist $r_\lambda^{(n)} = (-1)^n n! r_\lambda^{n+1}$.

+2. Die Resolvente kann nicht über $\varrho(x)$ hinaus als holomorphe Funktion fortgesetzt werden.
Hinweis: A 95.4.

+3. Cauchy-Hadamardsche Formel Eine Potenzreihe $\sum a_k (\lambda - \lambda_0)^k$ heißt nirgends bzw. beständig konvergent, wenn sie *nur* für $\lambda = \lambda_0$ bzw. für *alle* λ konvergiert (die Koeffizienten seien aus einem beliebigen Banachraum). Ist sie weder nirgends noch beständig konvergent, so gibt es eine (endliche) Zahl $r > 0$, so daß sie für $|\lambda - \lambda_0| < r$ konvergiert, für $|\lambda - \lambda_0| > r$ divergiert. r heißt der Konvergenzradius, $\{\lambda \in \mathbf{K} : |\lambda - \lambda_0| < r\}$ das Konvergenzintervall bzw. der Konvergenzkreis der Reihe (je nachdem $\mathbf{K} = \mathbf{R}$ bzw. $= \mathbf{C}$ ist). r läßt sich nach der Cauchy-Hadamardschen Formel berechnen:

$$r = \frac{1}{\limsup \sqrt[k]{\|a_k\|}}.$$

Für nirgends bzw. beständig konvergente Potenzreihen ist $\limsup \sqrt[k]{\|a_k\|} = \infty$ bzw. $= 0$; es liegt nahe, in diesen Fällen $r = 0$ bzw. $= \infty$ zu setzen.

***4. Gliedweise Integration** E sei ein komplexer Banachraum. Sind α, β zwei Punkte in dem Konvergenzkreis der Potenzreihe $\sum a_k (\lambda - \lambda_0)^k$ mit $a_k \in E$ (siehe Aufgabe 3) und ist Γ ein sie verbindender Integrationsweg, so „darf" die Potenzreihe gliedweise integriert werden, genauer: Es ist

$$\int_\Gamma \sum_{k=0}^{\infty} a_k (\lambda - \lambda_0)^k \, d\lambda = \sum_{k=0}^{\infty} \int_\Gamma a_k (\lambda - \lambda_0)^k \, d\lambda = \sum_{k=0}^{\infty} \frac{a_k}{k+1} [(\beta - \lambda_0)^{k+1} - (\alpha - \lambda_0)^{k+1}].$$

Allgemeiner gilt: Sind die Funktionen $f_k : \Gamma \to E$ stetig auf dem Integrationsweg Γ und konvergiert $\sum_{k=0}^{\infty} f_k(\lambda)$ *gleichmäßig* auf Γ, so ist

$$\int_\Gamma \sum_{k=0}^{\infty} f_k(\lambda) \, d\lambda = \sum_{k=0}^{\infty} \int_\Gamma f_k(\lambda) \, d\lambda.$$

+5. Maximumprinzip Ist f holomorph in dem Gebiet $\Delta \subset \mathbf{C}$ und $\|f(\lambda)\|$ dort nicht konstant, so besitzt $\|f(\lambda)\|$ kein absolutes Maximum in Δ.
Hinweis: Widerspruchsbeweis mit Satz 36.4.

6. a) Sei $A_n \in \mathscr{L}(E)$ und es strebe $A_n \Rightarrow A$. Dann strebt auch $A'_n \Rightarrow A'$.
b) E sei ein komplexer Banachraum und $A(\lambda) \in \mathscr{L}(E)$ für alle λ eines Integrationsweges Γ; die Funktion $\lambda \mapsto A(\lambda)$ sei stetig auf Γ. Zeige mit Hilfe von a), daß $\left(\int_\Gamma A(\lambda)\,\mathrm{d}\lambda\right)' = \int_\Gamma A'(\lambda)\,\mathrm{d}\lambda$. In entsprechender Weise „darf" man normkonvergente Reihen gliedweise konjugieren.

98 Vorbemerkungen zum Funktionalkalkül

Ist die komplexe Funktion f für $|\lambda| < r$ holomorph und besteht somit eine Potenzreihendarstellung

$$f(\lambda) = \sum_{n=0}^{\infty} \alpha_n \lambda^n \quad \text{für } |\lambda| < r, \tag{98.1}$$

ist ferner x ein Element der komplexen Banachalgebra R mit Einselement e, so hatten wir schon in Nr. 13 den Ausdruck $f(x)$ erklärt durch

$$f(x) := \sum_{n=0}^{\infty} \alpha_n x^n, \quad \text{sofern nur } r(x) < r \tag{98.2}$$

bleibt. $f(\lambda)$ läßt sich aber für alle λ innerhalb eines positiv orientierten Kreises Γ um 0 mit einem Radius $< r$ auch durch die Cauchysche Integralformel

$$f(\lambda) = \frac{1}{2\pi \mathrm{i}} \int_\Gamma f(\zeta)(\zeta - \lambda)^{-1}\,\mathrm{d}\zeta \tag{98.3}$$

darstellen. Wir werfen nun die Frage auf, ob die Gleichung

$$f(x) = \frac{1}{2\pi \mathrm{i}} \int_\Gamma f(\zeta)(\zeta e - x)^{-1}\,\mathrm{d}\zeta = \frac{1}{2\pi \mathrm{i}} \int_\Gamma f(\zeta) r_\zeta\,\mathrm{d}\zeta,$$

die aus (98.3) entsteht, indem man λ ohne viel Federlesens durch x ersetzt, richtig ist;[1] dabei wird man natürlich voraussetzen, um der Existenz von r_ζ auf Γ sicher zu sein, daß der Radius von Γ nicht nur $< r$, sondern auch $> r(x)$ bleibt, Γ also das ganze Spektrum von x in seinem Inneren enthält. Die Antwort ist bejahend: Zunächst ist für $n = 0, 1, 2, \ldots$

$$\frac{1}{2\pi \mathrm{i}} \int_\Gamma \zeta^n r_\zeta\,\mathrm{d}\zeta = \frac{1}{2\pi \mathrm{i}} \int_\Gamma \zeta^n \left(\frac{e}{\zeta} + \frac{x}{\zeta^2} + \frac{x^2}{\zeta^3} + \cdots\right)\mathrm{d}\zeta = x^n, \tag{98.4}$$

[1] Ein ähnlich skrupelloses Ersetzen war uns bereits in Nr. 13 aufs beste ausgeschlagen, als wir so die unentbehrliche Neumannsche Reihe gewannen.

wie man durch gliedweise Integration (s. A 97.4) unter Beachtung der Formel

$$\int_\Gamma \frac{1}{\zeta^k}\,\mathrm{d}\zeta = \begin{cases} 2\pi\mathrm{i} & \text{für } k=1, \\ 0 & \text{für jedes andere ganze } k \end{cases} \tag{98.5}$$

sofort einsieht; damit folgt aber

$$\begin{aligned} \frac{1}{2\pi\mathrm{i}}\int_\Gamma f(\zeta)r_\zeta\,\mathrm{d}\zeta &= \frac{1}{2\pi\mathrm{i}}\int_\Gamma \left(\sum_{n=0}^{\infty}\alpha_n\zeta^n r_\zeta\right)\mathrm{d}\zeta \\ &= \frac{1}{2\pi\mathrm{i}}\sum_{n=0}^{\infty}\alpha_n\int_\Gamma \zeta^n r_\zeta\,\mathrm{d}\zeta = \sum_{n=0}^{\infty}\alpha_n x^n = f(x). \end{aligned}$$

Wir halten dieses Ergebnis fest:

98.1 Satz *Ist die komplexwertige Funktion f für $|\lambda|<r$ holomorph und x ein Element der komplexen Banachalgebra R mit $r(x)<r$, so gilt die Gleichung*

$$f(x) = \frac{1}{2\pi\mathrm{i}}\int_\Gamma f(\lambda)r_\lambda\,\mathrm{d}\lambda\,; \tag{98.6}$$

dabei ist r_λ die Resolvente von x und Γ ein positiv orientierter Kreis um 0, dessen Radius echt zwischen $r(x)$ und r liegt.

In den folgenden Untersuchungen werden wir unsere Aufmerksamkeit weniger darauf richten, wie der Ausdruck $f(x)$ bei festem f von x, als vielmehr umgekehrt darauf, *wie er bei festem x von f abhängt.* Dabei wird es nützlich sein, $f(x)$ nicht nur für Funktionen f zu erklären, die in hinreichend großen *Kreisen* um 0 holomorph sind. Dies soll im nächsten Abschnitt geschehen. Die Integralformel (98.6) wird uns dabei den nötigen Fingerzeig geben.

99 Der Funktionalkalkül

Anknüpfend an die letzte Nummer beschreiben wir nun eine Klasse von Funktionen f, für die $f(x)$ definiert werden soll. *R bedeute dabei durchweg eine komplexe Banachalgebra mit Einselement e.*

Für ein festes $x\in R$ sei $\mathscr{H}(x)$ die Menge aller komplexwertigen Funktionen f, die auf einer offenen Menge $\Delta(f)\supset\sigma(x)$ lokalholomorph sind; der Definitionsbereich $\Delta(f)$ darf sich mit f ändern. Für die Funktionen f aus $\mathscr{H}(x)$ werden wir $f(x)$ vermittels einer leichten Modifikation der Integralformel (98.6) definieren. Zu diesem Zweck müssen wir jedoch einige integrationstechnische Bemerkungen vorausschicken.

Der Bereich $B \subset \mathbf{C}$ heiße zulässig (bezüglich x), wenn folgendes gilt: a) $\sigma(x) \subset B$; b) B ist offen und beschränkt; c) der Rand ∂B von B besteht aus endlich vielen geschlossenen, rektifizierbaren Jordankurven $C_1, \ldots, C_n$, die paarweise fremd sind; d) die (positive) Orientierung von ∂B wird durch die Orientierung eines jeden C_i festgelegt: C_i wird entgegen dem Uhrzeigersinn durchlaufen, wenn die Punkte von B, die C_i benachbart sind, im Inneren von C_i liegen, andernfalls wird C_i im Uhrzeigersinn orientiert. - Es ist leicht zu sehen, daß die Punkte von C_i dem Spektrum von x nicht beliebig nahe kommen können; C_i verläuft also ganz in der Resolventenmenge $\varrho(x)$.

Die Figuren 99.1 und 99.2 geben Beispiele für zulässige Bereiche B, ihre Randkurven C_i und deren Orientierung. B ist jeweils einfach, $\sigma(x)$ doppelt schraffiert.

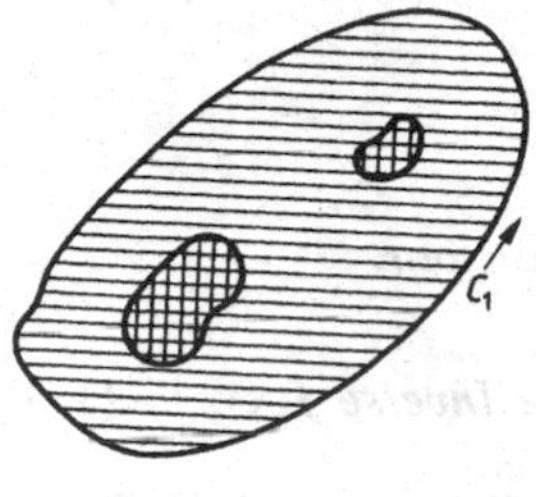

Fig. 99.1

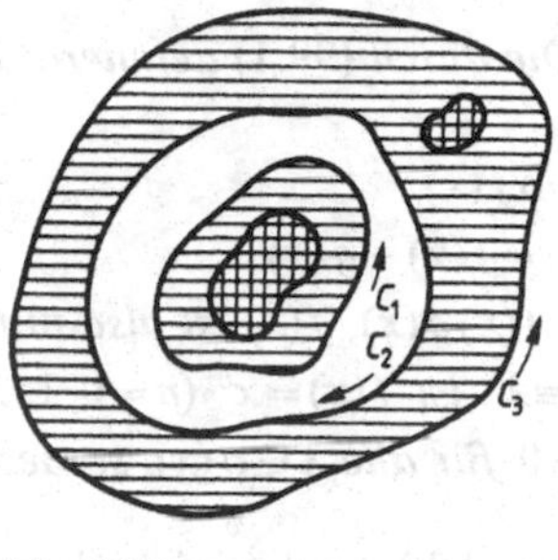

Fig. 99.2

Zu jedem $f \in \mathscr{H}(x)$ gibt es einen zulässigen Bereich B mit $\sigma(x) \subset B \subset \overline{B} \subset \Delta(f)$; ist B' ein zweiter Bereich dieser Art, so ist nach dem Cauchyschen Integralsatz

$$\int_{\partial B} f(\lambda) r_\lambda \, \mathrm{d}\lambda = \int_{\partial B'} f(\lambda) r_\lambda \, \mathrm{d}\lambda .$$

Diese Tatsachen ermöglichen die folgende Definition:

Ist $f \in \mathscr{H}(x)$ und B ein zulässiger Bereich mit $\sigma(x) \subset B \subset \overline{B} \subset \Delta(f)$, so sei

$$f(x) := \frac{1}{2\pi \mathrm{i}} \int_{\partial B} f(\lambda) r_\lambda \, \mathrm{d}\lambda . \tag{99.1}$$

Wegen Satz 98.1 steht diese Definition im Einklang mit der Erklärung von $f(x)$ für den Fall, daß f auf einer offenen, $\sigma(x)$ enthaltenden Kreisscheibe um 0 holomorph ist. Wir werden uns jedoch mit Funktionen dieser Art nicht begnügen, weil wir besonders wertvolle, nämlich idempotente Elemente $f(x)$ erst durch solche f erhalten, die auf gewissen Teilen von $\sigma(x)$ gleich 1, auf anderen Teilen gleich 0 sind; ein solches f kann zwar noch *lokal*holomorph, jedoch nicht mehr *holomorph* sein.

Stimmen zwei Funktionen f, g aus $\mathscr{H}(x)$ in allen Punkten einer offenen, $\sigma(x)$ enthaltenden Menge überein - wir nennen sie dann äquivalent (bezüglich x) -, so ist offenbar $f(x) = g(x)$.

In der Menge $\mathscr{H}(x)$ sind die üblichen algebraischen Operationen zunächst nicht erklärt, weil ihre Elemente keinen gemeinsamen Definitionsbereich haben. Die eben gemachte Bemerkung über äquivalente Funktionen legt jedoch die folgenden Festsetzungen von $\alpha f, f+g$ und fg nahe ($f, g \in \mathscr{H}(x)$):

$$(\alpha f)(\lambda) := \alpha f(\lambda) \quad \text{für } \lambda \in \Delta(f),$$

$$\left.\begin{aligned}(f+g)(\lambda) &:= f(\lambda)+g(\lambda)\\ (fg)(\lambda) &:= f(\lambda)g(\lambda)\end{aligned}\right\} \quad \text{für } \lambda \in \Delta(f) \cap \Delta(g).$$

Nach diesen Definitionen können wir den Kernsatz des Funktionalkalküls formulieren:

99.1 Satz *Die durch* (99.1) *definierte Zuordnung* $f \mapsto f(x)$ *hat die folgenden Eigenschaften:*

a) $(\alpha f)(x) = \alpha f(x)$.

b) $(f+g)(x) = f(x) + g(x)$.

c) $(fg)(x) = f(x)g(x)$, *$f(x)$ ist also mit $g(x)$ vertauschbar.*

d) *Für $f(\lambda) \equiv \lambda^n$ ist $f(x) = x^n$ $(n = 0, 1, 2, \ldots)$.*

e) *Ist $f(\lambda) \neq 0$ für alle $\lambda \in \sigma(x)$, so besitzt $f(x)$ eine Inverse $f(x)^{-1} = (1/f)(x)$.*

Beweis. a) und b) sind trivial, d) wurde in (98.4) gezeigt. Zum Beweis von c) wählen wir zulässige Bereiche B_f, B_g mit

$$\overline{B}_f \subset B_g \subset \overline{B}_g \subset \Delta(f) \cap \Delta(g). \tag{99.2}$$

Dann ist

$$\begin{aligned} f(x)g(x) &= \left[\frac{1}{2\pi i} \int_{\partial B_f} f(\lambda) r_\lambda \, d\lambda\right]\left[\frac{1}{2\pi i} \int_{\partial B_g} g(\mu) r_\mu \, d\mu\right] \\ &= \frac{1}{2\pi i} \int_{\partial B_f} f(\lambda)\left[\frac{1}{2\pi i} \int_{\partial B_g} g(\mu) r_\lambda r_\mu \, d\mu\right] d\lambda . \end{aligned}$$

Aus der Resolventengleichung $r_\lambda - r_\mu = (\mu - \lambda) r_\lambda r_\mu$ (Satz 95.3 d) erhalten wir für das Produkt $r_\lambda r_\mu$ in dem zweiten Integral die Darstellung

$$r_\lambda r_\mu = \frac{r_\lambda}{\mu - \lambda} + \frac{r_\mu}{\lambda - \mu}$$

und damit die folgende Fortsetzung unserer Rechnung:

$$f(x)g(x) = \frac{1}{2\pi i} \int_{\partial B_f} f(\lambda) r_\lambda \left[\frac{1}{2\pi i} \int_{\partial B_g} \frac{g(\mu)}{\mu - \lambda} d\mu\right] d\lambda + \frac{1}{(2\pi i)^2} \int_{\partial B_g} g(\mu) r_\mu \left[\int_{\partial B_f} \frac{f(\lambda)}{\lambda - \mu} d\lambda\right] d\mu$$

(warum ist die Vertauschung der Integrationsreihenfolge im zweiten Summanden erlaubt?). Wegen $\lambda \in \partial B_f$ und $\mu \in \partial B_g$ folgt aus (99.2) mit den Cauchyschen Formeln

$$\frac{1}{2\pi i}\int\limits_{\partial B_g}\frac{g(\mu)}{\mu-\lambda}\,d\mu = g(\lambda) \quad \text{und} \quad \int\limits_{\partial B_f}\frac{f(\lambda)}{\lambda-\mu}\,d\lambda = 0.$$

Also haben wir schließlich

$$f(x)g(x) = \frac{1}{2\pi i}\int\limits_{\partial B_f} f(\lambda)g(\lambda)r_\lambda\,d\lambda,$$

womit c) bewiesen ist. Zum Beweis von e) bemerken wir, daß $f(\lambda)$ sogar auf einer offenen Menge $\Delta \supset \sigma(x)$ nicht verschwindet, $1/f$ also dort lokalholomorph ist und somit zu $\mathscr{H}(x)$ gehört; e) folgt nun mit Hilfe von c) und d) aus der Gleichung $f(\lambda)(1/f)(\lambda) = 1$ für $\lambda \in \Delta$. ■

Die erste wichtige Folgerung aus Satz 99.1 ist der

99.2 Spektralabbildungssatz *Für $f \in \mathscr{H}(x)$ ist $\sigma(f(x)) = f(\sigma(x))$.*

Beweis. Sei $\mu \in \sigma(f(x))$. Wäre $\mu \notin f(\sigma(x))$, also $\mu - f(\lambda) \neq 0$ für alle $\lambda \in \sigma(x)$, so besäße $\mu e - f(x)$ eine Inverse (Satz 99.1e), im Widerspruch zur Voraussetzung. Somit ist $\sigma(f(x)) \subset f(\sigma(x))$. Nun sei umgekehrt $\mu \in f(\sigma(x))$, also $\mu = f(\zeta)$ mit einem $\zeta \in \sigma(x)$. Die Funktion g, die wir auf $\Delta(f)$ durch $g(\lambda) := \frac{f(\lambda)-f(\zeta)}{\lambda-\zeta}$ für $\lambda \neq \zeta$, $g(\zeta) := f'(\zeta)$ definieren, liegt in $\mathscr{H}(x)$, aus $g(\lambda)(\zeta-\lambda) = f(\zeta) - f(\lambda)$ folgt also $g(x)(\zeta e - x) = f(\zeta)e - f(x) = \mu e - f(x)$ (Satz 99.1c). Läge μ in $\varrho(f(x))$, so wäre

$$[(\mu e - f(x))^{-1}g(x)](\zeta e - x) = (\zeta e - x)[(\mu e - f(x))^{-1}g(x)] = e,$$

$\zeta e - x$ besäße also eine Inverse, was jedoch unmöglich ist, weil ζ nach Voraussetzung in $\sigma(x)$ liegt. Also ist auch $f(\sigma(x)) \subset \sigma(f(x))$. ■

Wir sind nun in der Lage, mittelbare Funktionen zu untersuchen.

99.3 Satz *Liegt f in $\mathscr{H}(x)$, g in $\mathscr{H}(f(x))$, und definiert man h durch $h(\lambda) := g[f(\lambda)]$ für alle λ mit $f(\lambda) \in \Delta(g)$, so gehört h zu $\mathscr{H}(x)$, und es ist*

$$h(x) = g[f(x)].$$

Beweis. $\Delta(h) := \{\lambda \in \Delta(f) : f(\lambda) \in \Delta(g)\}$ ist offen (Satz 6.10). Aus $\lambda \in \sigma(x)$ folgt nach Satz 99.2 $f(\lambda) \in f(\sigma(x)) = \sigma(f(x))$, also liegt $f(\lambda)$ erst recht in $\Delta(g)$, und somit ist $\sigma(x) \subset \Delta(h)$, h gehört also zu $\mathscr{H}(x)$. Nun seien B_x bzw. B_y Bereiche, die bezüglich x bzw. $y := f(x)$ zulässig sind und den nachstehenden Bedingungen genügen:

$$\sigma(y) \subset B_y \subset \overline{B}_y \subset \Delta(g), \quad \sigma(x) \subset B_x \subset \overline{B}_x \subset \Delta(f) \quad \text{und} \quad f(\overline{B}_x) \subset B_y.$$

Dann ist

$$h(x)=\frac{1}{2\pi\mathrm{i}}\int\limits_{\partial B_x} g(f(\zeta))(\zeta e-x)^{-1}\mathrm{d}\zeta=\frac{1}{2\pi\mathrm{i}}\int\limits_{\partial B_x}\left[\frac{1}{2\pi\mathrm{i}}\int\limits_{\partial B_y}\frac{g(\lambda)}{\lambda-f(\zeta)}\mathrm{d}\lambda\right](\zeta e-x)^{-1}\mathrm{d}\zeta$$

$$=\frac{1}{2\pi\mathrm{i}}\int\limits_{\partial B_y} g(\lambda)\left[\frac{1}{2\pi\mathrm{i}}\int\limits_{\partial B_x}\frac{(\zeta e-x)^{-1}}{\lambda-f(\zeta)}\mathrm{d}\zeta\right]\mathrm{d}\lambda=\frac{1}{2\pi\mathrm{i}}\int\limits_{\partial B_y} g(\lambda)[\lambda e-f(x)]^{-1}\mathrm{d}\lambda$$

$$=g[f(x)].$$ ■

Eine frappierende Folgerung aus dem Spektralabbildungssatz ist der

99.4 Satz über die Spektralabszisse *Für $x\in R$ wird die* Spektralabszisse $\tau(x):=\max\limits_{\lambda\in\sigma(x)}\operatorname{Re}\lambda$ *gegeben durch*

$$\tau(x)=\lim_{n\to\infty}\frac{\ln\|\mathrm{e}^{nx}\|}{n}=\inf_{k=1}^{\infty}\frac{\ln\|\mathrm{e}^{kx}\|}{k}.$$ [1)]

Beweis. Nach dem Spektralabbildungssatz ist $\sigma(\mathrm{e}^x)=\mathrm{e}^{\sigma(x)}$. Erstreckt man die im folgenden auftretenden Maxima über alle $\lambda\in\sigma(x)$, so haben wir daher

$$r(\mathrm{e}^x)=\max|\mathrm{e}^{\lambda}|=\max\mathrm{e}^{\operatorname{Re}\lambda}=\mathrm{e}^{\max\operatorname{Re}\lambda}=\mathrm{e}^{\tau(x)},$$

also $\ln r(\mathrm{e}^x)=\tau(x)$. (99.3)

Nun ist aber nach Satz 13.5

$$r(\mathrm{e}^x)=\lim_{n\to\infty}\|\mathrm{e}^{nx}\|^{1/n}=\inf_{k=1}^{\infty}\|\mathrm{e}^{kx}\|^{1/k}.$$

Wenn man diese Beziehung logarithmiert und dann auf (99.3) blickt, hat man die Behauptung vor Augen. ■

Der Name „Spektralabszisse" für die Zahl $\tau(x)$ versteht sich von selbst: Auf der Parallelen $\operatorname{Re}\lambda=\tau(x)$ zur imaginären Achse liegt mindestens ein Punkt des Spektrums von x und rechts von ihr keiner.

Eine Teilmenge σ von $\sigma(x)$ heißt Spektralmenge von x, wenn σ und $\sigma(x)\backslash\sigma$ abgeschlossen sind. Damit ist offenbar gleichbedeutend, daß σ einen positiven Abstand von $\sigma(x)\backslash\sigma$ besitzt oder also daß es *offene Mengen $\Delta\supset\sigma$ und $\Omega\supset\sigma(x)\backslash\sigma$ gibt, die sich nicht schneiden.* $\sigma(x)\backslash\sigma$ nennen wir die zu σ komplementäre Spektralmenge.

---

1) Es läßt sich leicht zeigen, daß man hier die diskreten Indizes n durch eine *kontinuierliche* Variable t ersetzen darf, so daß man also auch die folgende Formel hat:

$$\tau(x)=\lim_{t\to+\infty}\frac{\ln\|\mathrm{e}^{tx}\|}{t}=\inf_{t>0}\frac{\ln\|\mathrm{e}^{tx}\|}{t};$$

s. etwa Bonsall-Duncan (1971), S. 32.

Sind σ_1, σ_2 komplementäre Spektralmengen von x und Δ_1, Δ_2 offene Mengen, die σ_1 bzw. σ_2 überdecken und sich nicht schneiden, so definieren wir auf $\Delta := \Delta_1 \cup \Delta_2$ die Funktionen f_1, f_2 durch

$$f_1(\lambda) := \begin{cases} 1 & \text{für } \lambda \in \Delta_1 \\ 0 & \text{für } \lambda \in \Delta_2 \end{cases}, \qquad f_2(\lambda) := \begin{cases} 0 & \text{für } \lambda \in \Delta_1 \\ 1 & \text{für } \lambda \in \Delta_2 \end{cases}. \tag{99.4}$$

Beide Funktionen gehören zu $\mathscr{H}(x)$, infolgedessen sind die Elemente

$$p_1 := f_1(x), \qquad p_2 := f_2(x) \tag{99.5}$$

erklärt. Nach Satz 99.1 ist $p_k^2 = p_k$ (p_k also *idempotent*), $p_1 p_2 = p_2 p_1 = 0$ und $p_1 + p_2 = e$. Wir nennen p_k die zu σ_k gehörende **Idempotente** und halten unser Ergebnis mit einer nur formalen Änderung fest:

99.5 Satz *σ_1, σ_2 seien komplementäre Spektralmengen des Elementes x in R. Dann werden die zugehörigen Idempotenten p_1, p_2 vermöge geeigneter Integrationswege Γ_1, Γ_2 gegeben durch*

$$p_k = \frac{1}{2\pi i} \int_{\Gamma_k} r_\lambda \, d\lambda \quad (k = 1, 2) \tag{99.6}$$

und genügen den Gleichungen

$$p_k^2 = p_k, \qquad p_1 p_2 = p_2 p_1 = 0, \qquad p_1 + p_2 = e. \tag{99.7}$$

Dabei wird zugelassen, daß eine der Spektralmengen leer ist.

Aufgaben

+**1. Stetigkeit der Zuordnung $x \mapsto f(x)$** $\Delta \supset \sigma(x)$ sei offen, die Funktionen f_n, f seien auf offenen Mengen $\supset \Delta$ definiert und mögen zu $\mathscr{H}(x)$ gehören. Strebt dann (f_n) gleichmäßig auf jeder kompakten Teilmenge von Δ gegen f, so konvergiert $f_n(x) \to f(x)$.

2. Die Äquivalenz zweier Funktionen aus $\mathscr{H}(x)$ stiftet eine Äquivalenzrelation in $\mathscr{H}(x)$. Erklärt man die algebraischen Operationen in der zugehörigen Äquivalenzklassenmenge $\hat{\mathscr{H}}(x)$ in üblicher Weise (nämlich mittels Repräsentanten), so wird $\hat{\mathscr{H}}(x)$ eine Algebra über **C**, die zu einer kommutativen Teilalgebra von R homomorph ist.

3. Ist $f \in \mathscr{H}(x)$ und $f(x) = 0$, so verschwindet $f(\lambda)$ für alle $\lambda \in \sigma(x)$.

+**4.** Für $f \in \mathscr{H}(x)$ ist $r(f(x)) = \max_{\lambda \in \sigma(x)} |f(\lambda)|$.

5. Sei x ein Element der komplexen Banachalgebra $C[a,b]$. Dann ist $\sigma(x) = \{x(t) : t \in [a,b]\}$, $r(x) = \|x\|$, und für $f \in \mathscr{H}(x)$ ist $[f(x)](t) = f[x(t)]$. Z. B. ist $[e^x](t) = e^{x(t)}$.

6. Definiere den stetigen Endomorphismus A der komplexen Banachalgebra $C[a,b]$ durch $(Ax)(t) := g(t)x(t)$, wobei g ein festes Element aus $C[a,b]$ ist. Dann ist $\sigma(A) = \{g(t) : t \in [a,b]\}$, $r(A) = \|g\|$, und für $f \in \mathscr{H}(A)$ ist $[f(A)x](t) = f(g(t))x(t)$ (vgl. Aufgabe 5).

100 Spektralprojektoren

E sei ein komplexer Banachraum. Wir wenden nun den Funktionalkalkül auf die Banachalgebra $\mathscr{L}(E)$ an.

Ist σ eine (eventuell leere) Spektralmenge, Γ_σ eine σ umschließende Kurve wie in Satz 99.5 und R_λ die Resolvente von $A \in \mathscr{L}(E)$, so ist

$$P_\sigma := \frac{1}{2\pi i} \int_{\Gamma_\sigma} R_\lambda \, d\lambda \tag{100.1}$$

ein stetiger Projektor von E, der zu σ gehörende **Spektralprojektor**. Der zu P_σ komplementäre Projektor ist dann

$$I - P_\sigma = P_\tau = \frac{1}{2\pi i} \int_{\Gamma_\tau} R_\lambda \, d\lambda \quad \text{mit} \quad \tau := \sigma(A) \setminus \sigma .$$

Für leeres σ wird $P_\sigma = 0$ und $P_\tau = I$. Es sei nun

$$M_\sigma := P_\sigma(E) = \{ y \in E : P_\sigma y = y \}, \qquad N_\sigma := N(P_\sigma);$$

entsprechend werden M_τ und N_τ erklärt. Diese Räume sind alle abgeschlossen, und es ist

$$M_\tau = N_\sigma, \qquad N_\tau = M_\sigma .$$

E läßt sich als direkte Summe $E = M_\sigma \oplus N_\sigma$ darstellen; ist $x = y + z$ die korrespondierende Zerlegung von x, so folgt, da P_σ und P_τ – wie alle $f(A)$ – mit A kommutieren,

$$A y = A P_\sigma x = P_\sigma A x \in M_\sigma \quad \text{und entsprechend} \quad A z \in M_\tau = N_\sigma .$$

Die Räume M_σ und N_σ sind also unter A invariant. Die Einschränkungen A_σ, A_τ von A auf M_σ bzw. $N_\sigma = M_\tau$ sind infolgedessen stetige Endomorphismen von M_σ bzw. N_σ. – Derselbe Beweis lehrt übrigens, daß M_σ und N_σ sogar unter jedem $f(A)$ invariant sind, eine Tatsache, die wir sofort benötigen werden. – Zu einem gegebenen $\mu \notin \sigma$ gibt es offene, zueinander fremde und σ bzw. τ überdeckende Mengen Δ_σ bzw. Δ_τ mit $\mu \notin \Delta_\sigma$. Wir definieren nun f_σ und f durch

$$f_\sigma(\lambda) := \begin{cases} 1 & \text{für } \lambda \in \Delta_\sigma, \\ 0 & \text{für } \lambda \in \Delta_\tau, \end{cases} \qquad f(\lambda) := \begin{cases} 1/(\mu - \lambda) & \text{für } \lambda \in \Delta_\sigma, \\ 0 & \text{für } \lambda \in \Delta_\tau . \end{cases}$$

f_σ und f liegen in $\mathscr{H}(A)$, es ist $(\mu - \lambda) f(\lambda) = f_\sigma(\lambda)$ für alle $\lambda \in \Delta_\sigma \cup \Delta_\tau$ und infolgedessen nach Satz 99.1

$$(\mu I - A) f(A) = f(A)(\mu I - A) = f_\sigma(A) = P_\sigma .$$

Da M_σ unter allen Operatoren in dieser Gleichung invariant und P_σ auf M_σ die Identität ist, erhält man durch Einschränkung auf M_σ, daß μ in $\varrho(A_\sigma)$ liegt. Es ist also $\sigma(A_\sigma)\subset\sigma$ und ganz entsprechend $\sigma(A_\tau)\subset\tau$. Da aber nach Aufgabe 2

$$\sigma(A)=\sigma(A_\sigma)\cup\sigma(A_\tau) \tag{100.2}$$

ist, muß sogar $\sigma(A_\sigma)=\sigma$ und $\sigma(A_\tau)=\tau$ sein. Damit gilt nun der folgende

100.1 Zerlegungssatz *Sei E ein komplexer Banachraum und σ eine (eventuell leere) Spektralmenge des stetigen Endomorphismus A. Dann erzeugt der Projektor P_σ in* (100.1) *eine Zerlegung*

$$E=M_\sigma\oplus N_\sigma \quad \text{mit} \quad M_\sigma:=P_\sigma(E), \quad N_\sigma:=N(P_\sigma). \tag{100.3}$$

Die Räume M_σ und N_σ sind unter A, ja sogar unter jedem $f(A)$ mit $f\in\mathscr{H}(A)$ invariant, und es ist

$$\sigma(A|M_\sigma)=\sigma, \qquad \sigma(A|N_\sigma)=\sigma(A)\backslash\sigma.$$

Wenn die Spektralmenge σ besonders einfach in $\sigma(A)$ eingelagert ist, läßt sich M_σ auf gewinnbringende Weise *analytisch* charakterisieren. Wir nennen σ kreisisoliert, wenn es einen Kreis

$$\Gamma:=\{\lambda: |\lambda-\alpha|=r\} \tag{100.4}$$

mit folgenden Eigenschaften gibt: a) Γ verläuft in $\varrho(A)$; b) das Innere von Γ enthält σ, aber keine weiteren Punkte von $\sigma(A)$. Offenbar ist

$$(\alpha I-A)^n P_\sigma=\frac{1}{2\pi i}\int_\Gamma(\alpha-\lambda)^n R_\lambda\,d\lambda \quad \text{für } n=0,1,2,\ldots \tag{100.5}$$

(vgl. Aufgabe 6), also auch

$$(\alpha I-A)^n P_\sigma x=\frac{1}{2\pi i}\int_\Gamma(\alpha-\lambda)^n R_\lambda x\,d\lambda \tag{100.6}$$

(s. Aufgabe 1). Für $x\in M_\sigma$ haben wir $P_\sigma x=x$ und dank (97.4) somit

$$\|\alpha I-A)^n x\|\leqslant\frac{1}{2\pi}2\pi r r^n\max_{\lambda\in\Gamma}\|R_\lambda\|\,\|x\|, \quad \text{also} \quad \limsup\|(\alpha I-A)^n x\|^{1/n}\leqslant r.$$

Da dieselbe Abschätzung offensichtlich auch noch für ein $r'<r$ anstelle von r besteht, ist sogar

$$\limsup\|(\alpha I-A)^n x\|^{1/n}<r. \tag{100.7}$$

Gilt umgekehrt diese Ungleichung, so konvergiert die Reihe $\sum_{n=0}^{\infty}\left(\frac{\alpha I-A}{\alpha-\lambda}\right)^n x$ für alle $\lambda\in\Gamma$, und ihre Summe $y(\lambda)$ genügt nach A 12.14 der Gleichung

$$\left(I-\frac{\alpha I-A}{\alpha-\lambda}\right)y(\lambda)=x.$$

Eine einfache Rechnung lehrt nun, daß $y(\lambda)=(\lambda-\alpha)R_\lambda x$ und daher

$$R_\lambda x=-\sum_{n=0}^{\infty}\frac{(\alpha I-A)^n x}{(\alpha-\lambda)^{n+1}} \quad \text{für alle } \lambda\in\Gamma$$

ist. Gliedweise Integration ergibt (benutze eine zu (98.5) analoge Formel!)

$$P_\sigma x=\frac{1}{2\pi i}\int_\Gamma R_\lambda x\,d\lambda=-\frac{1}{2\pi i}\int_\Gamma \frac{1}{\alpha-\lambda}x\,d\lambda=x.$$

x liegt also in M_σ. Wir fassen zusammen:

100.2 Satz *Ist unter den Voraussetzungen des Satzes* 100.1 $\sigma\subset\sigma(A)$ *kreisisoliert durch* $|\lambda-\alpha|=r$, *so liegt der Vektor* x *genau dann in* M_σ, *wenn* (100.7) *gilt. Ist insbesondere* α *ein* isolierter Punkt *des Spektrums von* A, *so haben wir*

$$M_{\{\alpha\}}=\{x\colon \lim \|(\alpha I-A)^n x\|^{1/n}=0\}. \tag{100.8}$$

Aufgaben

***1.** Beweise einen Satz, der den Übergang von (100.5) zu (100.6) rechtfertigt; er hat die Form $(\int_\Gamma A(\lambda)\,d\lambda)x=\int_\Gamma A(\lambda)x\,d\lambda$.

***2.** Der Banachraum E sei direkte Summe der abgeschlossenen, unter $A\in\mathscr{S}(E)$ invarianten Unterräume F_1, F_2; A_k sei die Einschränkung von A auf F_k. Dann ist

$$\varrho(A)=\varrho(A_1)\cap\varrho(A_2),\qquad \sigma(A)=\sigma(A_1)\cup\sigma(A_2).$$

3. Unter den Voraussetzungen des Satzes 100.1 sind die Eigenwerte von A_σ genau die in σ liegenden Eigenwerte von A (A_σ ist die Einschränkung von A auf M_σ).

4. Eine Spektralmenge σ von A ist auch eine Spektralmenge von A', und es gilt

$$P_\sigma(A')=(P_\sigma(A))'.$$

Hinweis: Satz 95.2, A 95.2 und A 97.6.

***5.** Sind $\sigma_1,\dots,\sigma_n$ paarweise disjunkte Spektralmengen eines Operators A, $P_1,\dots,P_n$ die dazugehörenden Spektralprojektoren und ist $\sigma(A)=\sigma_1\cup\cdots\cup\sigma_n$, so gilt:

a) $P_\nu P_\mu=\delta_{\nu\mu}P_\nu$, $I=\sum_{\nu=1}^{n}P_\nu$,

b) $E=P_1(E)\oplus\cdots\oplus P_n(E)$,

c) $P_\nu(E)$ ist invariant unter A $(\nu=1,\dots,n)$.

***6.** Wir legen die zur Definition von P_σ in (100.1) benötigten Voraussetzungen zugrunde und benutzen die dort verwendeten Bezeichnungen. Zeige: Für jedes $f\in\mathscr{H}(A)$ ist

$$\frac{1}{2\pi i}\int_{\Gamma_\sigma} f(\lambda)R_\lambda\,d\lambda=f(A)P_\sigma.$$

101 Isolierte Punkte des Spektrums

Wir beginnen diesen Abschnitt mit einem Darstellungssatz. In ihm wird von „Funktionen von A" gesprochen. Gemeint sind damit Operatoren der Form $f(A)$ mit $f \in \mathscr{H}(A)$. Für die verwendeten Bezeichnungen (z. B. P_σ, M_σ) verweisen wir auf den Satz 100.1. *In dem ganzen Abschnitt sei E ein komplexer Banachraum und $A \in \mathscr{L}(E)$.*

101.1 Satz *A sei nicht quasinilpotent und besitze die einpunktige Spektralmenge $\sigma := \{\lambda_0\}$. Dann gibt es eine Darstellung*

$$A = U + S \tag{101.1}$$

von A mit folgenden Eigenschaften:

a) *U und S sind Funktionen von A, kommutieren also miteinander und mit A;*

b) *λ_0 liegt in $\varrho(U)$ und in $\sigma(S)$, so daß insbesondere $R := \lambda_0 I - U$ eine Inverse in $\mathscr{L}(E)$ besitzt und $\lambda_0 I - A$ in der Form*

$$\lambda_0 I - A = R - S \quad mit \quad R^{-1} \in \mathscr{L}(E) \tag{101.2}$$

dargestellt werden kann;

c) *S bildet E und sogar den Teilraum M_σ auf M_σ ab;*

d) *es ist $\lim \|(\lambda_0 I - A)^n S x\|^{1/n} = 0$ für alle $x \in E$.* (101.3)

Quasinilpotente Operatoren gestatten keine Darstellung dieser Art.

Beweis. Δ_σ, Δ_τ seien offene und zueinander fremde Mengen, die σ bzw. $\tau := \sigma(A) \backslash \sigma$ überdecken, und die Funktionen f_σ, f_τ aus $\mathscr{H}(A)$ seien wie folgt definiert:

$$f_\sigma(\lambda) := \begin{cases} 1 & \text{für } \lambda \in \Delta_\sigma, \\ 0 & \text{für } \lambda \in \Delta_\tau, \end{cases} \qquad f_\tau(\lambda) := \begin{cases} 0 & \text{für } \lambda \in \Delta_\sigma, \\ 1 & \text{für } \lambda \in \Delta_\tau; \end{cases}$$

schließlich sei $P := P_\sigma$ und $Q := P_\tau = I - P$. Zum Beweis der Darstellung (101.1) und der Aussage a) setzen wir nun

$$U := AQ \quad \text{und} \quad S := AP, \quad \text{falls } \lambda_0 \neq 0; \tag{101.4}$$

$$U := AQ + P \quad \text{und} \quad S := AP - P, \quad \text{falls } \lambda_0 = 0. \tag{101.5}$$

Mit den so definierten Operatoren gilt (101.1), ferner sind U und S Funktionen von A (z. B. ist im Falle $\lambda_0 = 0$ offenbar $U = f(A)$ mit $f(\lambda) := \lambda f_\tau(\lambda) + f_\sigma(\lambda)$). – b) Für $\lambda_0 \neq 0$ ist $g(\lambda) := \lambda_0 - \lambda f_\tau(\lambda) \neq 0$ für $\lambda \in \sigma(A)$, nach Satz 99.1e besitzt also $g(A) = \lambda_0 I - AQ = \lambda_0 I - U$ eine Inverse in $\mathscr{L}(E)$, d. h., λ_0 liegt in $\varrho(U)$. Und da $S = h(A)$ mit $h(\lambda) := \lambda f_\sigma(\lambda)$ ist, enthält $\sigma(S) = \{\lambda f_\sigma(\lambda) : \lambda \in \sigma(A)\}$ (s. Satz 99.2) den Punkt $\lambda_0 = \lambda_0 f_\sigma(\lambda_0)$. Im Falle $\lambda_0 = 0$ sei $g(\lambda) := \lambda f_\tau(\lambda) + f_\sigma(\lambda)$ und $h(\lambda) := \lambda f_\sigma(\lambda) - f_\sigma(\lambda)$. Genau wie oben sieht man, daß $g(A) = AQ + P = U$ eine

Inverse in $\mathscr{L}(E)$ besitzt und $\sigma(S)=\sigma(h(A))=h(\sigma(A))$ den Punkt $0=\lambda_0$ enthält (beachte, daß $\tau\neq\emptyset$, weil A nicht quasinilpotent ist!). – c) Die Inklusion $S(E)\subset M_\sigma=P(E)$ ist trivial; die Gleichung $S(M_\sigma)=M_\sigma$ sieht man sofort ein, wenn man bedenkt, daß $\sigma(A_\sigma)=\{\lambda_0\}$ ist (Satz 100.1) und S auf M_σ mit A_σ bzw. $A_\sigma-I$ übereinstimmt. – d) folgt nun aus Satz 100.2. – Wir nehmen schließlich an, für ein quasinilpotentes A gelte die Darstellung (101.1) mit den beschriebenen Eigenschaften, dabei ist natürlich $\{\lambda_0\}=\sigma(A)=\{0\}$. Dann ist insbesondere S eine Funktion von A, etwa $S=f(A)$, und infolgedessen $\sigma(S)=\{f(0)\}$. Da 0 nach Voraussetzung in $\sigma(S)$ liegt, ist also $\sigma(S)=\{0\}$ und somit S quasinilpotent. Aus Satz 96.1 folgt nun, daß $r(U)=r(A-S)\leqslant r(A)+r(S)=0$, also auch U quasinilpotent sein muß, im Widerspruch dazu, daß 0 in $\varrho(U)$ liegen sollte. Damit haben wir alles bewiesen. ■

Ein isolierter Punkt λ_0 des Spektrums von A ist eine nicht-hebbare Singularität der Resolvente R_λ (Ende von Nr. 97). Gemäß Satz 97.4 existiert die Laurententwicklung von R_λ in einer punktierten Umgebung von λ_0:

$$R_\lambda=\sum_{n=1}^{\infty}\frac{P_n}{(\lambda-\lambda_0)^n}+\sum_{n=0}^{\infty}Q_n(\lambda-\lambda_0)^n \quad \text{für } 0<|\lambda-\lambda_0|<r; \tag{101.6}$$

die Koeffizienten berechnen sich nach den Formeln

$$P_n=\frac{1}{2\pi i}\int_\Gamma(\lambda-\lambda_0)^{n-1}R_\lambda\,d\lambda, \tag{101.7}$$

$$Q_n=\frac{1}{2\pi i}\int_\Gamma\frac{R_\lambda}{(\lambda-\lambda_0)^{n+1}}\,d\lambda, \tag{101.8}$$

wobei Γ ein hinreichend kleiner, positiv orientierter Kreis um λ_0 sein soll.
Wir wenden uns dem Hauptteil der Laurententwicklung zu. Für $\sigma:=\{\lambda_0\}$ folgt aus (101.7) mit Hilfe des Funktionalkalküls sofort

$$P_1=P_\sigma,\qquad P_n=(A-\lambda_0 I)^{n-1}P_\sigma\quad(n=1,2,\ldots). \tag{101.9}$$

Diese Gleichungen lehren: *Entweder sind alle $P_n\neq 0$ oder es gibt eine natürliche Zahl p mit*

$$P_n\neq 0 \quad \textit{für } n=1,\ldots,p,$$
$$P_n=0 \quad \textit{für } n=p+1,p+2,\ldots.$$

Im ersten Fall ist λ_0 eine wesentliche Singularität von R_λ, im zweiten ein Pol der Ordnung p. – Der nächste Satz zeigt, daß bei der Diskussion der Pole von R_λ die *Kettenbedingungen* eine entscheidende Rolle spielen. Wir erinnern noch einmal daran, daß ein Endomorphismus T genau dann injektiv bzw. surjektiv ist, wenn seine Nullkettenlänge $p(T)$ bzw. seine Bildkettenlänge $q(T)$ verschwindet.

101.2 Satz *Genau dann ist λ_0 ein* Pol *der Resolvente von A, wenn $A-\lambda_0 I$* positive endliche *Kettenlängen besitzt; die gemeinsame Kettenlänge p stimmt mit der Ordnung des Pols überein. In diesem Falle muß λ_0 ein Eigenwert von A sein, und für den zu $\{\lambda_0\}$ gehörenden Spektralprojektor P ist*

$$\begin{aligned} P(E) &= N[(A-\lambda_0 I)^p], \\ N(P) &= (A-\lambda_0 I)^p(E). \end{aligned} \tag{101.10}$$

Beweis. Sei λ_0 ein Pol der Ordnung p von R_λ; mit $T := A-\lambda_0 I$ ist also

$$T^{p-1}P \neq 0, \qquad T^p P = 0. \tag{101.11}$$

Daraus folgt $P(E) \subset N(T^p)$, $P(E) \neq N(T^{p-1})$. Da andererseits nach Satz 100.2 $N(T^p)$ in $P(E)$ liegt, ist insgesamt $N(T^{p-1}) \neq N(T^p) = P(E)$, T besitzt also die Nullkettenlänge $p>0$ (infolgedessen ist λ_0 ein Eigenwert von A), und es gilt die erste der Gleichungen (101.10). – Ist A nicht quasinilpotent, so kann man T nach Satz 101.1 in der Form

$$T = R + S \quad \text{mit bijektivem } R \text{ und } \quad S = PB \tag{101.12}$$

darstellen, wobei $B \in \mathscr{S}(E)$ durch (101.4) oder (101.5) bestimmt ist. Eine derartige Darstellung gilt aber trivialerweise auch für ein quasinilpotentes A: in diesem Falle ist nämlich $P=I$, also $A=(A-I)+S$ mit bijektivem $A-I$ und $S := P = I$. Aus (101.11) und (101.12) folgt $T^{p+1} = T^p R + T^p PB = T^p R$; wegen $R(E) = E$ ergibt sich daraus $T^{p+1}(E) = T^p(E)$, T besitzt also auch endliche Bildkettenlänge. Die beiden Kettenlängen von T stimmen nach Satz 72.3 überein. – Dank der Sätze 100.1 und 72.4 bestehen die Zerlegungen

$$E = P(E) \oplus N(P), \tag{101.13}$$

$$E = N(T^p) \oplus T^p(E), \tag{101.14}$$

wobei T auf $N(P)$ bijektiv und daher $N(P) = T^p[N(P)] \subset T^p(E)$ ist. Die Zerlegung $x = y + z$ eines Elementes x aus $T^p(E)$ gemäß (101.13) ist wegen $P(E) = N(T^p)$ und $N(P) \subset T^p(E)$ gleichzeitig seine Zerlegung gemäß (101.14); dann muß aber $y=0$ und $x = z \in N(P)$, also $T^p(E) \subset N(P)$ sein, so daß auch die zweite der Gleichungen (101.10) gilt.

Wir setzen nun umgekehrt voraus, T besitze die endliche Kettenlänge $p>0$. Dann ist λ_0 ein Eigenwert von A, und es besteht die Zerlegung (101.14) mit dem abgeschlossenen Nullraum $N(T^p)$. Mit Satz 55.3 folgt daraus, daß auch $T^p(E)$ abgeschlossen ist. T_1, T_2 seien die Einschränkungen von T auf die Banachräume $N(T^p)$, $T^p(E)$. Da T_1 nilpotent und T_2 bijektiv ist (Satz 72.4), $\varrho(T_1)$ also $\mathbf{C}\setminus\{0\}$ und $\varrho(T_2)$ eine Kreisscheibe um 0 umfaßt, folgt wegen $\varrho(T) = \varrho(T_1) \cap \varrho(T_2)$ (A 100.2), daß 0 ein isolierter Punkt von $\sigma(T)$, also λ_0 ein *isolierter* Spektralpunkt von A ist. – Wie oben sei P der zu $\{\lambda_0\}$ gehörende Spektralprojektor. Wir brauchen wegen (101.9) offenbar nur noch $P(E) \subset N(T^m)$ für ein gewisses natürliches m zu zeigen.

Ist $x \in P(E)$ und $x = u + v$ mit $u \in N(T^p)$, $v \in T^p(E)$ die Zerlegung von x gemäß (101.14), so muß $T^n x = T^n v$ für $n \geqslant p$ sein; mit Satz 100.2 folgt daraus, daß auch v in $P(E)$ liegt. Insgesamt gilt also $v \in T^p(E) \cap P(E)$. Können wir nun zeigen, daß dieser Durchschnitt nur 0 enthält, so ist $x = u \in N(T^p)$ und unser Beweis zu Ende. Wir setzen $D := T^p(E) \cap P(E)$ und beweisen die Gleichung $D = \{0\}$, indem wir zeigen, daß die Einschränkung A_0 von A auf den unter A invarianten Banachraum D ein leeres Spektrum besitzt (s. Satz 96.1). Zu jedem $x \in D$ gibt es genau ein $y \in T^p(E)$ mit $x = Ty$ (Satz 72.4); mit Satz 100.2 folgt daraus, daß y sogar in D liegt, daß also T auf D bijektiv und somit λ_0 in $\varrho(A_0)$ ist. Nun sei $\lambda \neq \lambda_0$. Nach Satz 100.1 liegt dann λ in der Resolventenmenge der Einschränkung von A auf $P(E)$, infolgedessen gibt es zu jedem $x \in D$ genau ein $y \in P(E)$ mit $x = (A - \lambda I)y$. Ist $y = u + v$ mit $u \in N(T^p)$, $v \in T^p(E)$ die Zerlegung von y gemäß (101.14), so ist $x - (A - \lambda I)(u + v) = 0$, also $x - (A - \lambda I)v = (A - \lambda I)u$, und da das linksstehende Element zu $T^p(E)$, das rechtsstehende zu $N(T^p)$ gehört, ist $(A - \lambda I)u = 0$, also $u \in N[(A - \lambda_0 I)^p] \cap N(A - \lambda I)$. Mit Satz 80.1a folgt daraus $u = 0$, somit ist $y = v \in T^p(E)$, insgesamt liegt also y in D. Das bedeutet, daß auch $A_0 - \lambda I$ bijektiv ist und somit λ zu $\varrho(A_0)$ gehört. In der Tat ist also $\varrho(A_0) = \mathbf{C}$, d.h. $\sigma(A_0) = \emptyset$. ■

Der Operator A wird **meromorph** genannt, wenn seine von Null verschiedenen Spektralpunkte allesamt *Pole* der Resolvente sind. Diese Pole bilden eine höchstens abzählbare (evtl. leere) Menge $\{\lambda_1, \lambda_2, \ldots\}$, die sich nur im Nullpunkt häufen kann. Wegen Satz 101.2 ist jedes λ_k ein Eigenwert von A. Aus der Rieszschen Theorie ergibt sich sofort, *daß jeder* kompakte *Operator auf E meromorph ist und die zu seinen Eigenwerten* $\neq 0$ *gehörenden Spektralprojektoren alle endlichdimensional sind.*

Aufgaben

⁺**1.** λ_0 ist genau dann ein Pol der Resolvente von A, wenn λ_0 ein Pol der Resolvente von A' ist; in diesem Falle stimmen die Polordnungen überein.

Hinweis: Satz 95.2, A 95.2, A 97.6.

⁺**2.** Genau dann ist 0 ein Pol der Resolvente des *kompakten* Operators K, wenn eine Potenz K^n $(n \geqslant 1)$ endlichdimensional ist (die Dimension des zugrundeliegenden Raumes soll dabei unendlich sein).

Hinweis: Sätze 72.4 und 72.2. Beachte, daß ein kompakter Operator auf einem unendlichdimensionalen Raum keine stetige Inverse besitzen kann.

3. Ein quasinilpotenter Endomorphismus eines endlichdimensionalen normierten Raumes über **C** ist nilpotent.

102 Normaloide Operatoren

In der Operatorentheorie und ihren Anwendungen spielen die normalen - und ganz besonders die symmetrischen - Operatoren auf Hilberträumen unangefochten die Rolle der *prima ballerina*. Gerade das aber reizt zu der Frage, ob man den Normalitätsbegriff nicht in behutsamer Weise so abschwächen kann, daß immer noch wertvolle Resultate übrigbleiben. Nun haben wir in (58.5) und in Satz 58.6 gesehen, daß ein normaler Operator A auf einem Hilbertraum E u.a. die folgenden Eigenschaften hat:

$$\begin{aligned} &\|A^*x\| = \|Ax\| && \text{für alle } x \in E,\\ &\|Ax\|^2 \leqslant \|A^2x\|\,\|x\| && \text{für alle } x \in E,\\ &r(A) = \|A\|. \end{aligned}$$

Die erste dieser Eigenschaften ist bei *komplexem E* sogar charakteristisch für die Normalität. Man kann also daran denken, Normalität etwa folgendermaßen aufzuweichen: $A \in \mathscr{L}(E)$ heißt

$$\begin{aligned} &\text{hyponormal}, && \text{wenn } \|A^*x\| \leqslant \|Ax\| && \text{für alle } x \in E, && (102.1)\\ &\text{paranormal}, && \text{wenn } \|Ax\|^2 \leqslant \|A^2x\|\,\|x\| && \text{für alle } x \in E, && (102.2)\\ &\text{normaloid}, && \text{wenn } r(A) = \|A\|. && && (102.3) \end{aligned}$$

Ein hyponormales A ist paranormal, denn für ein solches A gilt

$$\|Ax\|^2 = (Ax|Ax) = (A^*Ax|x) \leqslant \|A^*(Ax)\|\,\|x\| \leqslant \|A^2x\|\,\|x\|.$$

Für paranormale Operatoren haben wir zunächst den folgenden

102.1 Hilfssatz *Mit A ist auch jede Potenz A^n $(n = 1, 2, \ldots)$ paranormal.*

Beweis. Aus (102.2) folgt für $k = 0, 1, \ldots$ die Abschätzung

$$\frac{\|A^{k+1}x\|}{\|A^kx\|} \leqslant \frac{\|A^{k+2}x\|}{\|A^{k+1}x\|}.$$

Daraus ergibt sich

$$\frac{\|A^nx\|}{\|x\|} = \frac{\|Ax\|}{\|x\|}\,\frac{\|A^2x\|}{\|Ax\|}\cdots\frac{\|A^nx\|}{\|A^{n-1}x\|} \leqslant \frac{\|A^{n+1}x\|}{\|A^nx\|}\,\frac{\|A^{n+2}x\|}{\|A^{n+1}x\|}\cdots\frac{\|A^{2n}x\|}{\|A^{2n-1}x\|} = \frac{\|A^{2n}x\|}{\|A^nx\|}$$

und damit die behauptete Ungleichung $\|A^nx\|^2 \leqslant \|(A^n)^2x\|\,\|x\|$. ■

Mit diesem Hilfssatz erhalten wir nun genau wie im Beweis des Satzes 58.6 die Tatsache, daß ein paranormales A erst recht normaloid ist. Insgesamt gilt also, stenogrammartig notiert:

normal $\Rightarrow$ *hyponormal* $\Rightarrow$ *paranormal* $\Rightarrow$ *normaloid*.

Normaloidizität ist also die weitestgehende Abschwächung der Normalität. *Paranormale und normaloide Operatoren lassen sich wörtlich wie oben auch auf* Banachräumen *definieren, und selbst in diesem Falle haben wir noch*

$$\textit{paranormal} \Rightarrow \textit{normaloid}, \tag{102.4}$$

denn der oben geführte Beweis für diese Implikation macht von Hilbertraumeigenschaften gar keinen Gebrauch.

In dieser Nummer beschäftigen wir uns mit *normaloiden* Operatoren auf einem *komplexen Banachraum E.*[1] *A sei durchweg ein stetiger Endomorphismus von E.*

Wegen $r(A) \leqslant \|A^n\|^{1/n} \leqslant \|A\|$ gilt offenbar:

$$A \textit{ ist normaloid} \iff \|A^n\| = \|A\|^n \quad \textit{für } n = 1, 2, \ldots . \tag{102.5}$$

Gehaltvoller ist die folgende Charakterisierung:

102.2 Satz *$A \neq 0$ ist genau dann normaloid, wenn die Folge der Zahlen $\dfrac{\|A^n x\|}{r^n(A)}$ $(n = 0, 1, \ldots)$ für jedes x monoton fällt.*

Ist nämlich A normaloid, so gilt

$$\frac{\|A^{n+1}x\|}{r^{n+1}(A)} \leqslant \frac{\|A\|\,\|A^n x\|}{r(A)\,r^n(A)} = \frac{\|A^n x\|}{r^n(A)} \quad \text{für } n = 0, 1, \ldots .$$

Sei nun die Monotoniebedingung erfüllt. Dann ist insbesondere $\|Ax\|/r(A) \leqslant \|x\|$ für alle x, also $\|A\| \leqslant r(A)$ und somit $\|A\| = r(A)$. ■

In den nächsten drei Sätzen geht es darum, über das *periphere* Spektrum eines normaloiden Operators Näheres zu erfahren.

102.3 Satz *Ist $A \neq 0$ normaloid, so muß für $\lambda \in \sigma_\pi(A)$ stets $p(\lambda I - A) \leqslant 1$ und $\beta(\lambda I - A) > 0$ sein. Ferner gilt*

$$\|x\| \leqslant \|x + y\| \quad \textit{für} \quad x \in N(\lambda I - A), \quad y \in (\lambda I - A)(E).\text{[2]} \tag{102.6}$$

Beweis. Sei $(\lambda I - A)^2 u = 0$. Mit $v := (\lambda I - A)u/\lambda$ ist dann

$$A^n u = [\lambda I - (\lambda I - A)]^n u = \lambda^n u - n(\lambda I - A)\lambda^{n-1} u = n\lambda^n \left(\frac{u}{n} - v\right),$$

also
$$\frac{1}{n}\frac{\|A^n u\|}{r^n(A)} = \frac{\|A^n u\|}{n|\lambda|^n} = \left\|\frac{u}{n} - v\right\| \geqslant \left|\frac{\|u\|}{n} - \|v\|\right|.$$

---

[1] Ein Beispiel für einen normaloiden Operator findet der Leser in A 96.1, weitere Beispiele in den Aufgaben zu dieser Nummer.

[2] Im Sinne der Definition in A 19.6 ist also *$N(\lambda I - A)$ orthogonal zu $(\lambda I - A)(E)$.*

Die linke Seite strebt gegen 0 (Satz 102.2), die rechte gegen $\|v\|$, also muß $v=0$ und somit $p(\lambda I-A)\leqslant 1$ sein.[1] Wäre $\beta(\lambda I-A)=0$, so würde nun mit Satz 72.5 folgen, daß auch $\alpha(\lambda I-A)=0$ und daher der Spektralpunkt λ in $\varrho(A)$ wäre. Diese Absurdität zeigt, daß $\beta(\lambda I-A)>0$ sein muß. Um (102.6) einzusehen, setzen wir $B:=A/\lambda$. Es ist dann

$$N(I-B)=N(\lambda I-A), \qquad (I-B)(E)=(\lambda I-A)(E) \tag{102.7}$$

und $$\|B^k\|=\frac{\|A^k\|}{|\lambda|^k}=\frac{\|A\|^k}{|\lambda|^k}=1 \quad \text{für } k=0,1,\ldots. \tag{102.8}$$

Für $x\in N(I-B)$ ist $x=Bx=B^2x=\cdots$, also

$$x=\frac{1}{n}(I+B+\cdots+B^{n-1})x. \tag{102.9}$$

Nun greifen wir auf die triviale Identität

$$(I+B+\cdots+B^{n-1})(I-B)=I-B^n \tag{102.10}$$

zurück. Mit ihr und (102.9) erhalten wir für jedes $x\in N(I-B)$ und $y:=(I-B)z\in(I-B)(E)$ die Abschätzung

$$\left\|x+\frac{1}{n}(I-B^n)z\right\|=\left\|x+\frac{1}{n}\sum_{k=0}^{n-1}B^ky\right\|=\left\|\frac{1}{n}\sum_{k=0}^{n-1}B^k(x+y)\right\|$$
$$\leqslant\left(\frac{1}{n}\sum_{k=0}^{n-1}\|B^k\|\right)(\|x+y\|).$$

Wegen (102.8) strebt hier die linke Seite gegen $\|x\|$, während die rechte für alle n konstant $=\|x+y\|$ ist, womit wir nun auch (102.6) erledigt haben. ■

Auf die Frage, wann ein peripherer Spektralpunkt ein *Pol* der Resolvente ist, können wir eine präzise Antwort geben:

102.4 Satz *Ist $A\neq 0$ normaloid, so erweist sich $\lambda\in\sigma_\pi(A)$ genau dann als ein Pol der Resolvente von A, wenn eine der folgenden Bedingungen gilt:*

a) $q(\lambda I-A)<\infty$,

b) *$(\lambda I-A)(E)$ ist abgeschlossen (oder gleichbedeutend: $\lambda I-A$ ist normal auflösbar).*

In diesem Falle hat λ die Polordnung 1, *ist ein isolierter Eigenwert, und der zugehörige Spektralprojektor P_λ hat die Norm* 1.

Beweis. Sei λ ein Pol der Resolvente von A. Dann ergeben sich alle Behauptungen mühelos aus den Sätzen 101.2 und 102.3 (zum Beweis von $\|P_\lambda\|=1$ benutze

[1] Der Beweis benutzt nicht voll die *Monotonie* der Folge $(\|A^nx\|/r^n(A))$, sondern nur ihre *Beschränktheit.*

man (102.6)). - Nun gelte a). Dann ist dank der Sätze 102.3 und 72.3 $q(\lambda I-A)=p(\lambda I-A)\leqslant 1$, wobei hier statt $\leqslant$ das Gleichheitszeichen stehen muß, weil andernfalls λ in $\varrho(A)$ läge. Satz 101.2 entlarvt jetzt λ als einen Pol der Resolvente von A. Nun gelte b). Wir setzen $B:=A/\lambda$ und brauchen wegen der zweiten Gleichung in (102.7) und des gerade Bewiesenen nur noch zu zeigen, daß $q(I-B)<\infty$ bleibt. Das geschieht folgendermaßen.[1] Da $F:=(I-B)(E)$ abgeschlossen ist, existiert nach A 39.10 eine Konstante $M>0$ mit folgender Eigenschaft: Zu jedem $y\in F$ gibt es ein $x\in E$, so daß

$$(I-B)x=y \quad \text{und} \quad \|x\|\leqslant M\|y\| \tag{102.11}$$

ausfällt. Mit (102.10) und (102.8) erhalten wir daraus die Ungleichung

$$\begin{aligned}\left\|\frac{1}{n}\sum_{k=0}^{n-1}B^k y\right\| &= \left\|\frac{1}{n}\sum_{k=0}^{n-1}B^k(I-B)x\right\| = \left\|\frac{1}{n}(I-B^n)x\right\|\\ &\leqslant \left\|\frac{1}{n}(I-B^n)\right\| M\|y\| \leqslant \frac{2M}{n}\|y\|,\end{aligned}$$

für die Einschränkung C von B auf den Banachraum F also die Normabschätzung

$$\left\|\frac{1}{n}\sum_{k=0}^{n-1}C^k\right\| \leqslant \frac{2M}{n}.$$

Für ein hinreichend großes m muß daher $\left\|\frac{1}{m}\sum_{k=0}^{m-1}C^k\right\|<1$ und somit $I-\frac{1}{m}\sum_{k=0}^{m-1}C^k$ eine bijektive Selbstabbildung von F sein. Mit anderen Worten: Setzen wir $f(\lambda):=(1+\lambda+\cdots+\lambda^{m-1})/m$, so ist $1\in\varrho(f(C))$. Da aber $1=f(1)$ und daher auch $f(1)\in\varrho(f(C))$ ist, erhalten wir nun mit dem Spektralabbildungssatz 99.2, daß $1\in\varrho(C)$, also $I-C$ bijektiv sein muß. Somit gilt

$$(I-B)^2(E)=(I-B)(F)=(I-C)(F)=F=(I-B)(E),$$

also $q(I-B)\leqslant 1$ - womit nun endlich alles erledigt ist. ■

Sind *alle* Punkte von $\sigma_\pi(A)$ Pole der Resolvente - ihre Anzahl ist dann notwendigerweise *endlich* - so lassen sich die zugehörigen Spektralprojektoren mittels eines einfachen Grenzprozesses gewinnen:

102.5 Satz *Das periphere Spektrum des normaloiden Operators $A\neq 0$ bestehe nur aus Polen $\lambda_1,\ldots,\lambda_n$ der Resolvente, und P_ν sei der zu λ_ν gehörende Spektralprojektor. Dann ist*

[1] Wir benutzen hier einen Beweisgedanken von Lin (1974).

$$P_\nu = \lim_{m\to\infty} \frac{1}{m} \sum_{k=1}^{m} \left(\frac{A}{\lambda_\nu}\right)^k \quad \textit{(im Sinne gleichmäßiger Konvergenz)}.$$

Es genügt, die Behauptung für P_1 zu verifizieren. Sei C_ν ein Kreis um λ_ν mit einem so kleinen Radius r, daß C_ν ganz in $\varrho(A)$ verläuft und λ_ν der *einzige* Spektralpunkt in seinem Inneren ist. Da der Pol λ_ν nach Satz 102.4 einfach ist, folgt aus Satz 101.2

$$A P_\nu x = \lambda_\nu P_\nu x \quad \text{für alle } x \in E, \quad \text{also} \quad A P_\nu = \lambda_\nu P_\nu$$

und damit allgemeiner

$$A^k P_\nu = \lambda_\nu^k P_\nu, \quad \text{also} \quad \frac{1}{2\pi i} \int_{C_\nu} \lambda^k R_\lambda \, d\lambda = \lambda_\nu^k P_\nu \quad (k=0, 1, \ldots) \tag{102.12}$$

(s. A 100.6). A^k können wir nun in der Form

$$A^k = \sum_{\nu=1}^{n} \frac{1}{2\pi i} \int_{C_\nu} \lambda^k R_\lambda \, d\lambda + \frac{1}{2\pi i} \int_{C} \lambda^k R_\lambda \, d\lambda = \sum_{\nu=1}^{n} \lambda_\nu^k P_\nu + \frac{1}{2\pi i} \int_{C} \lambda^k R_\lambda \, d\lambda$$

darstellen; dabei ist C ein geeigneter Kreis um 0 mit einem Radius $\varrho < |\lambda_1| = r(A)$. Setzen wir zur Abkürzung $A_k := \frac{1}{2\pi i} \int_C \lambda^k R_\lambda \, d\lambda$, so wird

$$A^k = \sum_{\nu=1}^{n} \lambda_\nu^k P_\nu + A_k \tag{102.13}$$

und $\quad \|A_k\| \leqslant \varrho \varrho^k \max_{\lambda \in C} \|R_\lambda\| = \gamma \varrho^k .$

Aus dieser Abschätzung für $\|A_k\|$ ergibt sich sofort

$$\left\| \sum_{k=1}^{m} \frac{A_k}{\lambda_1^k} \right\| \leqslant \gamma \sum_{k=1}^{m} \left(\frac{\varrho}{|\lambda_1|}\right)^k \leqslant \frac{\gamma}{1 - \dfrac{\varrho}{|\lambda_1|}} \quad \text{für alle natürlichen } m.$$

Ferner ist mit $\alpha := \min_{\nu=2}^{n} \left| 1 - \frac{\lambda_\nu}{\lambda_1} \right|$ und wegen $\|P_\nu\| = 1$ (Satz 102.4)

$$\left\| \sum_{k=1}^{m} \sum_{\nu=2}^{n} \left(\frac{\lambda_\nu}{\lambda_1}\right)^k P_\nu \right\| = \left\| \sum_{\nu=2}^{n} \sum_{k=1}^{m} \left(\frac{\lambda_\nu}{\lambda_1}\right)^k P_\nu \right\| = \left\| \sum_{\nu=2}^{n} \frac{\lambda_\nu}{\lambda_1} \frac{1 - \left(\dfrac{\lambda_\nu}{\lambda_1}\right)^m}{1 - \dfrac{\lambda_\nu}{\lambda_1}} P_\nu \right\| \leqslant \frac{2n}{\alpha}.$$

Aus (102.13) folgt nun mit den beiden letzten Abschätzungen

$$\frac{1}{m} \sum_{k=1}^{m} \left(\frac{A}{\lambda_1}\right)^k = P_1 + \frac{1}{m} \sum_{k=1}^{m} \sum_{\nu=2}^{n} \left(\frac{\lambda_\nu}{\lambda_1}\right)^k P_\nu + \frac{1}{m} \sum_{k=1}^{m} \frac{A_k}{\lambda_1^k} \Rightarrow P_1 \quad \text{für } m \to \infty . \quad \blacksquare$$

Um Aussagen über Spektralpunkte machen zu können, die *nicht* auf dem Rande des Spektralkreises liegen, müssen wir die Klasse der normaloiden Operatoren einengen. Wir nennen A spektralnormaloid, wenn für jede Spektralmenge $\sigma \subset \sigma(A)$ die Einschränkung von A auf den invarianten Unterraum $M_\sigma := P_\sigma(E)$ (s. Satz 100.1) wieder normaloid ist. *Paranormale Operatoren auf Banachräumen und damit erst recht normale und hyponormale Operatoren auf Hilberträumen sind immer spektralnormaloid.*

Ein meromorpher Operator besitzt höchstens abzählbar viele Pole $\lambda_1, \lambda_2, \ldots$, die wir uns durchweg nach fallenden Beträgen geordnet denken:

$$|\lambda_1| \geqslant |\lambda_2| \geqslant \cdots .$$

λ_ν ist ein Eigenwert von A (Satz 101.2). P_ν sei der zu $\{\lambda_\nu\}$ gehörende Spektralprojektor. Es gilt dann der

102.6 Satz *Ist A spektralnormaloid und meromorph, so sind* alle *Pole der Resolvente R_λ einfach. Ferner ist*

$$\|P_n x\| \leqslant \|x\| \quad \textit{für } x \in \bigcap_{\nu=1}^{n-1} N(P_\nu),\ n > 1, \tag{102.14}$$

und $$\|P_n\| \leqslant 2^{n-1} \quad \textit{für } n = 1, 2, \ldots . \tag{102.15}$$

Beweis. Offenbar dürfen wir $A \neq 0$ annehmen. λ_1 hat nach Satz 102.4 jedenfalls die Polordnung 1. Wir beweisen Entsprechendes nun zunächst für Pole λ_n $(n > 1)$, die $\neq 0$ sind. Sei $\sigma := \sigma(A) \setminus \{\lambda_1, \ldots, \lambda_{n-1}\}$. Nach Satz 100.1 ist λ_n ein isolierter peripherer Spektralpunkt der Einschränkung A_σ von A auf M_σ. Durch Einschränkung der Laurententwicklung von R_λ um λ_n auf M_σ sieht man, daß λ_n ein Pol der Resolvente von A_σ ist und als solcher dieselbe Ordnung hat wie als Pol der Resolvente von A. Die erstgenannte Ordnung ist aber, da $A_\sigma \neq 0$ und normaloid ist, gleich 1. - Nun betrachten wir den Fall, daß 0 ein Pol von R_λ ist. Sei p seine Ordnung und $\sigma := \{0\}$. Dann ist $M_\sigma = N(A^p)$ (Satz 101.2), die normaloide Einschränkung A_σ von A auf M_σ ist also nilpotent, und somit muß $\|A_\sigma\| = r(A_\sigma) = 0$ sein. Daraus folgt $N(A^p) = N(A)$, also ist $p = 1$. - Durch einen ähnlichen Abspaltungsprozeß, dessen Einzelheiten wir dem Leser überlassen dürfen, erhält man mit Hilfe von Satz 102.4 und A 100.5 die Abschätzung (102.14). - Wir gehen zum Beweis von (102.15) über. Für $n = 1$ erhalten wir die Behauptung aus Satz 102.4. Nun sei $n > 1$. Wegen $P_\mu P_\nu = \delta_{\mu\nu} P_\mu$ liegt $\left(I - \sum_{\nu=1}^{n-1} P_\nu\right) x$ in $\bigcap_{\mu=1}^{n-1} N(P_\mu)$; aus A 100.5 und (102.14) folgt daher

$$\|P_n x\| = \left\| P_n \left(I - \sum_{\nu=1}^{n-1} P_\nu\right) x \right\| \leqslant \left\| \left(I - \sum_{\nu=1}^{n-1} P_\nu\right) x \right\| \quad \text{für alle } x \in E,$$

also $$\|P_n\| \leqslant \left\| I - \sum_{\nu=1}^{n-1} P_\nu \right\| \leqslant 1 + \sum_{\nu=1}^{n-1} \|P_\nu\|.$$

Und nun erhält man (102.15) durch vollständige Induktion. ■

Wir können jetzt ein Analogon zu dem Entwicklungssatz 30.1 (für symmetrische kompakte Operatoren) aussprechen.

102.7 Satz *Ist $A \neq 0$ spektralnormaloid und meromorph und P_n der zum Eigenwert $\lambda_n \neq 0$ gehörende Spektralprojektor auf den Eigenraum $N(\lambda_n I - A)$, so gilt die* gleichmäßig *konvergente Entwicklung*

$$A = \sum_{n=1}^{\infty} \lambda_n P_n \tag{102.16}$$

immer dann, wenn eine der nachstehenden Bedingungen erfüllt ist:

a) *Die Folge der Normen* $\left\| \sum_{\nu=1}^{n} P_\nu \right\|$ $(n = 1, 2, \ldots)$ *ist beschränkt;*
b) $2^n \lambda_n \to 0$ *für* $n \to \infty$;
c) $\|P_n\| = 1$ *für* $n = 1, 2, \ldots$ *und* $n\lambda_n \to 0$.

Die beiden letzten Bedingungen sind nur sinnvoll, wenn A unendlich viele Eigenwerte besitzt. Ist die Eigenwertmenge endlich, so ist die Reihe in (102.16) als eine endliche Summe zu interpretieren.

Beweis. Wir nehmen an, A besitze unendlich viele Eigenwerte. Ist $\sigma := \sigma(A) \setminus \{\lambda_1, \ldots, \lambda_{n-1}\}$ und A_σ die normaloide Einschränkung von A auf M_σ, so gilt $\|A_\sigma\| = r(A_\sigma) = |\lambda_n|$ (s. Satz 100.1). Daraus folgt

$$\left\| A\left(I - \sum_{\nu=1}^{n-1} P_\nu\right)x \right\| \leqslant |\lambda_n| \left\| \left(I - \sum_{\nu=1}^{n-1} P_\nu\right)x \right\| = \left\| \lambda_n\left(I - \sum_{\nu=1}^{n-1} P_\nu\right)x \right\|,$$

und somit haben wir

$$\left\| A - \sum_{\nu=1}^{n-1} \lambda_\nu P_\nu \right\| \leqslant |\lambda_n| \left(1 + \sum_{\nu=1}^{n-1} \|P_\nu\|\right).$$

Daraus entnimmt man unmittelbar bzw. mit Hilfe von (102.15) die Normkonvergenz der Entwicklung (102.16), falls a) oder c) bzw. b) erfüllt ist. Den Fall einer endlichen Eigenwertmenge wird der Leser leicht selbst behandeln können. ■

In dieser Nummer haben wir im wesentlichen (unveröffentlichte) Ergebnisse von F. V. Atkinson und dem Verfasser und von J. Nieto (1980) dargestellt.

Aufgaben

1. Konstruiere einen normaloiden Operator, der nicht spektralnormaloid ist.

Hinweis: A_1 sei ein quasinilpotenter Operator $\neq 0$ auf einem Banachraum E_1 (z. B. ein Volterrascher Integraloperator auf $C[a,b]$), A_2 ein Operator auf einem eindimensionalen Banachraum $E_2 := [u] \neq \{0\}$ mit $A_2 u := u$. Definiere A auf $E_1 \times E_2$ durch $Ax := (A_1 y, A_2 z)$ für $x := (y, z)$.

2. Die Inverse eines paranormalen Operators ist ebenfalls paranormal, falls sie auf ganz E existiert.

3. Sei $A \neq 0$ normaloid und $\lambda \in \sigma_\pi(A)$ ein Pol der Resolvente von A. Zeige: Die Abschätzung (102.6) gilt insbesondere dann, wenn y eine Linearkombination von Eigenvektoren zu Eigenwerten $\neq \lambda$ von A ist.

Hinweis: Satz 80.1c.

+**4. Markoffsche oder stochastische Matrizen**[1] Eine (n,n)-Matrix $M := (p_{jk})$ heißt Markoffsche oder stochastische Matrix, wenn gilt:

$$p_{jk} \geqslant 0 \quad \text{für alle } j,k, \qquad \sum_{j=1}^{n} p_{jk} = 1 \quad \text{für alle } k. \tag{102.17}$$

Auf die dominierende Rolle Markoffscher Matrizen beim Studium gewisser *stochastischer Prozesse* werden wir in Nr. 110 näher eingehen, wo dann auch die recht abstrakten Sätze der gegenwärtigen Nummer unerwartete naturwissenschaftliche Anwendungen finden und die nachfolgenden Aussagen noch beträchtlich vertieft werden sollen.

Den $\mathbf{K}^n$ rüsten wir hier mit der l^1-Norm $\|\cdot\|_1$ aus, die zugehörige Abbildungsnorm der Matrix $A := (\alpha_{jk})$ ist dann die Spaltensummennorm $\|A\|_1 := \max_{k=1}^{n} \sum_{j=1}^{n} |\alpha_{jk}|$ (s. A 10.14). Einen Vektor $(\xi_1, \ldots, \xi_n)$ nennen wir aus später ersichtlich werdenden Gründen einen Wahrscheinlichkeitsvektor, wenn alle Komponenten $\xi_k \geqslant 0$ sind und die Komponentensumme $\xi_1 + \cdots + \xi_n = 1$ ist. Zeige:

a) Die Matrix M ist genau dann Markoffsch, wenn sie jeden Wahrscheinlichkeitsvektor x in einen Wahrscheinlichkeitsvektor Mx transformiert.

b) Die Markoffschen Matrizen bilden eine konvexe Teilmenge von $\mathscr{S}(\mathbf{K}^n)$.

c) Das Produkt zweier Markoffscher Matrizen ist wieder Markoffsch.

d) Eine Markoffsche Matrix M ist *normaloid* mit $r(M) = \|M\|_1 = 1$.

e) Für eine Markoffsche Matrix M und jedes $h > 0$ ist $M + hI$ normaloid (ohne Markoffsch zu sein) und $r(M + hI) = 1 + h$. Hinweis: Wende auf $(M + hI)^m$ den binomischen Satz an.

f) Jede Markoffsche Matrix $M \in \mathscr{S}(\mathbf{C}^n)$ hat den Eigenwert 1. Hinweis: Satz 96.2.

g) Zu dem Eigenwert 1 der Markoffschen Matrix M gibt es einen Wahrscheinlichkeitsvektor als Eigenvektor, M hat also auch *als Operator auf* $\mathbf{R}^n$ den Eigenwert 1. Hinweis: Sätze 102.4, 102.5.

5. Der linke und rechte Verschiebungsoperator auf l^2 Diese Operatoren wurden in den Aufgaben 10 und 11 der Nr. 96 definiert. Zeige, daß sie beide normaloid sind und vertiefe die Analyse ihrer peripheren Spektren mit Hilfe des Satzes 102.4.

[1] So genannt nach dem russischen Wahrscheinlichkeitstheoretiker Andrei Andrejewitsch Markoff (1856–1922; 66).

103 Normale meromorphe Operatoren

In diesem Abschnitt sei A ein stetiger Endomorphismus des komplexen Hilbertraumes E.

Ist A meromorph und normal, also auch spektralnormaloid, so sind die Eigenwerte $\lambda_n \neq 0$ von A einfache Pole der Resolvente R_λ (Satz 102.6), der zu λ_n gehörende Spektralprojektor P_n projiziert infolgedessen E längs dem (abgeschlossenen) Bildraum $(\lambda_n I - A)(E)$ auf $N(\lambda_n I - A)$ (Satz 101.2) und ist wegen Satz 58.5 somit ein Orthogonalprojektor.[1] Da $P_n P_m$ für $n \neq m$ verschwindet, folgt nun aus Satz 22.2 sehr leicht, daß auch $P_1 + P_2 + \cdots + P_n$ ein Orthogonalprojektor ist, also eine Norm $\leqslant 1$ besitzt. A erfüllt daher alle Voraussetzungen und die Bedingung a) des Satzes 102.7, so daß wir sagen können:

103.1 Satz *Ist $A \neq 0$ normal und meromorph, $\{\lambda_1, \lambda_2, \ldots\}$ die Menge der nach fallenden Beträgen geordneten Eigenwerte $\neq 0$ von A und P_n der Orthogonalprojektor von E auf den Eigenraum $N(\lambda_n I - A)$, so gilt für A die Entwicklung*

$$A = \sum \lambda_n P_n \quad \textit{im Sinne der gleichmäßigen Konvergenz,} \tag{103.1}$$

und überdies hat man noch

$$\|Ax\|^2 = \sum |\lambda_n|^2 \|P_n x\|^2 \quad \textit{für jedes } x \in E.^{2)} \tag{103.2}$$

Bei dieser Lage der Dinge steht zu vermuten, daß die Gleichung $(\lambda I - A)x = y$ auf dieselbe Behandlung ansprechen wird wie im Falle eines symmetrischen kompakten A (s. Nr. 31). Und dem ist tatsächlich so:

103.2 Satz *Unter den Voraussetzungen des Satzes* 103.1 *ist die Gleichung*

$$(\lambda I - A)x = y \quad \textit{mit} \quad \lambda \neq 0 \tag{103.3}$$

genau dann lösbar, wenn y orthogonal zu $N(\lambda I - A)$ ist; in diesem Falle wird durch

$$x := \frac{1}{\lambda} y + \frac{1}{\lambda} \sum_{\lambda_n \neq \lambda} \frac{\lambda_n}{\lambda - \lambda_n} P_n y \tag{103.4}$$

eine Lösung gegeben.

Beweis. Das Lösbarkeitskriterium ergibt sich, da $(\lambda I - A)(E)$ abgeschlossen ist, sofort aus Satz 58.5.[1] Im Lösbarkeitsfalle stellt man mittels (103.2) zunächst fest, daß $\sum_{\lambda_n \neq \lambda} \frac{1}{|\lambda_n - \lambda|^2} |\lambda_n|^2 \|P_n y\|^2$ konvergiert. Da $(P_n y)$ eine Orthogonalfolge ist,

---

[1] Beachte, daß $\lambda_n I - A$ normal ist.

[2] (103.2) erhält man aus (103.1), wenn man bedenkt, daß $P_n x \perp P_m x$ ist (s. A 58.6b).

existiert also die Reihe in (103.4), und mit (103.1) erhält man nun (fast wörtlich wie in Nr. 31)

$$\begin{aligned}(\lambda I-A)x &= \frac{1}{\lambda}(\lambda I-A)y+\frac{1}{\lambda}\sum_{\lambda_n\neq\lambda}\frac{\lambda_n}{\lambda-\lambda_n}(\lambda I-A)P_n y\\ &= y-\frac{1}{\lambda}Ay+\frac{1}{\lambda}\sum_{\lambda_n\neq\lambda}\frac{\lambda_n}{\lambda-\lambda_n}(\lambda-\lambda_n)P_n y\\ &= y-\frac{1}{\lambda}Ay+\frac{1}{\lambda}\sum_{n=1}^{\infty}\lambda_n P_n y=y.\end{aligned}$$ ■

Sei nun A wieder normal, aber diesmal nicht nur meromorph, sondern sogar *kompakt*. Bestimmen wir zu jedem Eigenraum $N(\lambda_n I-A)$ eine Orthonormalbasis $\{u_{n_1},\ldots,u_{n_{k_n}}\}$, so ist

$$P_n x=(x|u_{n_1})u_{n_1}+\cdots+(x|u_{n_{k_n}})u_{n_{k_n}},$$

also

$$Ax=\sum_{n=1}^{\infty}\lambda_n[(x|u_{n_1})u_{n_1}+\cdots+(x|u_{n_{k_n}})u_{n_{k_n}}].$$

Um diese schwerfällige Schreibweise zu vereinfachen, treffen wir folgende Vereinbarung: $\{u_1, u_2, \ldots\}$ sei die Vereinigung der obigen Orthonormalbasen der Eigenräume zu den Eigenwerten $\neq 0$ und μ_n der zu u_n gehörende Eigenwert. In der *Folge* $(\mu_1, \mu_2, \ldots)$ wird also jeder Eigenwert $\neq 0$ so oft auftreten, wie es seiner Vielfachheit entspricht, während in der *Menge* $\{\lambda_1, \lambda_2, \ldots\}$ die Eigenwerte λ_n paarweise verschieden waren. Beachten wir noch, daß $\mu_n(x|u_n)=(x|\overline{\mu}_n u_n)=(x|A^* u_n)=(Ax|u_n)$ ist,[1)] so erhalten wir aus Satz 103.1 direkt den

103.3 Satz *Die von Null verschiedenen Eigenwerte eines normalen* kompakten *Operators $A\neq 0$ bilden, wenn man jeden Eigenwert so oft aufführt, wie es seiner Vielfachheit entspricht, eine nichtleere Folge $\mu_1, \mu_2, \ldots$, die gegen Null strebt, falls sie überhaupt unendlich ist. Zu ihr gibt es eine Orthonormalfolge $u_1, u_2, \ldots$ von Eigenlösungen (so daß also $Au_n=\mu_n u_n$ für alle n ist), mit der gilt:*

$$Ax=\sum\mu_n(x|u_n)u_n=\sum(Ax|u_n)u_n \quad \textit{für alle } x\in E. \tag{103.5}$$

Die Formel (103.4) zur Auflösung der Gleichung $(\lambda I-A)x=y$ gewinnt unter den jetzigen Voraussetzungen die Gestalt

$$x=\frac{1}{\lambda}y+\frac{1}{\lambda}\sum_{\mu_n\neq\lambda}\frac{\mu_n}{\lambda-\mu_n}(y|u_n)u_n \quad \text{mit} \quad y\perp N(\lambda I-A). \tag{103.6}$$

Ist (μ_n) eine endliche oder gegen 0 strebende Folge und $\{u_1, u_2, \ldots\}$ ein Orthonormalsystem, so wird durch (103.5) ein stetiger Endomorphismus A auf E definiert, dessen Adjungierte durch $A^*x=\sum\overline{\mu}_n(x|u_n)u_n$ gegeben wird. Es folgt

---

1) S. A 58.6a.

$\|Ax\| = \|A^*x\|$ für alle x, wegen Satz 58.4 ist also A normal. Erklären wir nun den stetigen endlichdimensionalen Operator A_k durch $A_k x := \sum_{n=1}^{k} \mu_n (x|u_n) u_n$, so ist

$$\|(A-A_k)x\|^2 = \sum_{n>k} |\mu_n|^2 |(x|u_n)|^2 \leqslant \max_{n>k} |\mu_n|^2 \|x\|^2,$$

infolgedessen strebt $A_k \Rightarrow A$, und A muß daher kompakt sein (Satz 28.3). *Die Darstellung* (103.5) - *mit den angegebenen Eigenschaften von* (μ_n) *und* (u_n) - *ist also charakteristisch für normale kompakte Operatoren.*

Die Sätze dieses Abschnitts sind offensichtlich die Analoga der Aussagen über symmetrische kompakte Operatoren in den Nummern 30 und 31.

Aufgaben

+**1.** Unter den Voraussetzungen des Satzes 103.3 bilden die Eigenlösungen $\{u_1, u_2, \ldots\}$ von A genau dann eine *Orthonormalbasis* von E, wenn 0 kein Eigenwert von A ist.

2. Für einen Endomorphismus A des komplexen Innenproduktraumes E gelte $Ax = \sum \mu_n (x|u_n) u_n$ mit einer Folge von Zahlen $\mu_n \neq 0$ und einer Orthonormalfolge (u_n). Zeige: a) $Au_n = \mu_n u_n$. b) A ist genau mit (μ_n) beschränkt. c) Ist A beschränkt und $\tilde{A}$ die Fortsetzung von A auf die Hilbertraumvervollständigung $\tilde{E}$ von E, so ist $\tilde{A}x = \sum \mu_n (x|u_n) u_n$ für alle $x \in \tilde{E}$; $\tilde{A}$ ist normal. d) A ist genau dann präkompakt, wenn (μ_n) endlich oder eine Nullfolge ist. e) A ist genau dann symmetrisch, wenn alle μ_n reell sind.

+**3.** Ein isolierter Spektralpunkt des normalen Operators A ist ein Eigenwert von A.

4. (u_n), (v_n) seien Orthonormalfolgen in dem komplexen Hilbertraum E, (μ_n) sei eine endliche oder gegen 0 strebende Zahlenfolge. Dann wird durch

$$Ax := \sum_n \mu_n (x|u_n) v_n$$

ein kompakter Operator A auf E definiert, und für alle $x \in E$ gelten die folgenden Gleichungen:

$$A^*x = \sum_n \bar{\mu}_n (x|v_n) u_n, \quad A^*Ax = \sum_n |\mu_n|^2 (x|u_n) u_n, \quad AA^*x = \sum_n |\mu_n|^2 (x|v_n) v_n.$$

Hinweis: Vgl. die Ausführungen nach Satz 30.1.

XIV Rieszoperatoren

104 Der Fredholmbereich

In diesem Abschnitt sei E (wenn nicht ausdrücklich etwas anderes gesagt wird) ein Banachraum über $\mathbf{K}$ *und A aus $\mathscr{L}(E)$.* Wir wollen den sogenannten Fredholmbereich von A näher ins Auge fassen, also die Menge

$$\Phi_A := \{\lambda \in \mathbf{K} : \lambda I - A \in \Phi(E)\}.$$

Wegen Satz 74.4 haben wir

$$\Phi_A = \{\lambda \in \mathbf{K} : \lambda I - A \textit{ ist defektendlich}\}.$$

Offenbar gilt $\varrho(A) \subset \Phi_A$. Für kompaktes A ist $\Phi_A \supset \mathbf{K} \setminus \{0\}$. Die Punkte des Fredholmbereichs Φ_A nennen wir die Fredholmpunkte von A. Bevor wir den nächsten Satz formulieren, erinnern wir daran, daß eine offene Teilmenge $M \neq \emptyset$ von $\mathbf{K}$ in maximale offene, zusammenhängende und paarweise fremde Mengen $\neq \emptyset$, die Komponenten von M, zerfällt. Die Komponenten von Φ_A (diese Menge wird sich sofort als offen erweisen) sollen die Fredholmkomponenten von A heißen.

104.1 Satz *Φ_A ist* offen, *und auf jeder Fredholmkomponente von A ist* $\operatorname{ind}(\lambda I - A)$ konstant.

Die Offenheit von Φ_A läßt sich aus Satz 81.6 ablesen. Auch die Indexaussage ergibt sich aus ihm, und zwar mit Hilfe des Kreiskettenverfahrens: Man verbinde einen *festen* Punkt λ_0 der Komponente C mit einem *beliebigen* Punkt $\lambda_1 \in C$ durch einen Polygonzug P und ordne jedem $\mu \in P$ eine Kreisscheibe zu, in der $\operatorname{ind}(\lambda I - A) = \operatorname{ind}(\mu I - A)$ ist.[1] Da nach dem Heine-Borelschen Satz bereits *endlich* viele dieser Scheiben P überdecken, muß $\operatorname{ind}(\lambda_1 I - A) = \operatorname{ind}(\lambda_0 I - A)$ sein. ■

Zur tieferen Untersuchung der Fredholmkomponenten ziehen wir die *Nullkettenlänge* $p(\lambda I - A)$ von $\lambda I - A$ heran. Dabei werden wir ausgiebig von den Sätzen der Nr. 72 Gebrauch machen. Der Leser möge sich daran erinnern, daß λ genau dann ein Eigenwert von A ist, wenn eine – und damit jede – der beiden Aussagen „$\alpha(\lambda I - A) \neq 0$", „$p(\lambda I - A) \neq 0$" zutrifft.

---

[1] Im Falle $\mathbf{K} = \mathbf{R}$ sind die Polygonzüge *Strecken* und die Kreisscheiben *Intervalle*.

104.2 Satz *Für $\lambda_0 \in \Phi_A$ besteht die folgende* Alternative*:*
Entweder ist $p(\lambda_0 I - A)$ endlich *- dann ist λ_0 kein Häufungspunkt von Eigenwerten von A -*
oder $p(\lambda_0 I - A)$ ist unendlich *- dann gibt es eine Umgebung U von λ_0, deren Punkte allesamt Eigenwerte sind, und zwar so, daß gilt:*

$$\alpha(\lambda I - A) = \text{const} \leqslant \alpha(\lambda_0 I - A) \quad \textit{für alle } \lambda \in U \setminus \{\lambda_0\}.$$

Beweis. Wir setzen $T := \lambda_0 I - A$. Offenbar ist λ genau dann ein Eigenwert von A, wenn $\mu := \lambda_0 - \lambda$ ein Eigenwert von T ist. Im Falle $p(T) < \infty$ müssen wir also beweisen, daß sich die Eigenwerte von T nicht in 0 häufen können, im Falle $p(T) = \infty$ jedoch, daß es eine Umgebung V von 0 gibt, die ganz aus Eigenwerten besteht, und daß gilt:

$$\alpha(\mu I - T) = \text{const} \leqslant \alpha(T) \quad \text{für alle } \mu \in V \setminus \{0\}.$$

Sei $F := \bigcap_{n=1}^{\infty} T^n(E)$ und $\tilde{T} := T | F$. F ist ein Banachraum, weil die Potenzen T^n alle in $\Phi(E)$ liegen, ihre Bildräume also abgeschlossen sind (Sätze 81.4 und 74.3). Im ersten Fall der Alternative ($p(T) < \infty$) ist nach Satz 72.8 und Hilfssatz 72.7 $\alpha(\tilde{T}) = \beta(\tilde{T}) = 0$, so daß 0 und damit auch eine Umgebung $\{\mu \in \mathbf{K}: |\mu| < r\}$ von 0 in $\varrho(\tilde{T})$ liegt. Keiner dieser Werte $\mu \neq 0$ kann Eigenwert von T sein: Andernfalls wäre $Tx = \mu x$ für ein $x \neq 0$, also $T^n x = \mu^n x$ ($n = 1, 2, \ldots$), somit läge x in F, und es wäre $\tilde{T}x = \mu x$, was unmöglich ist. 0 ist also tatsächlich kein Häufungspunkt von Eigenwerten von T. - Im zweiten Fall der Alternative ($p(T) = \infty$) ist nach Satz 72.8 $0 < \alpha(\tilde{T})$ und trivialerweise $\alpha(\tilde{T}) \leqslant \alpha(T)$, ferner nach Hilfssatz 72.7 $\beta(\tilde{T}) = 0$. Damit ist $\tilde{T} \in \Phi(F)$ und

$$0 < \operatorname{ind}(\tilde{T}) = \alpha(\tilde{T}) - \beta(\tilde{T}) = \alpha(\tilde{T}) \leqslant \alpha(T). \tag{104.1}$$

Wegen Satz 81.6 gibt es ein $r_1 > 0$ mit

$$\operatorname{ind}(\mu \tilde{I} - \tilde{T}) = \operatorname{ind}(\tilde{T}) > 0 \quad \text{für } |\mu| < r_1. \tag{104.2}$$

Da Satz 77.1 die Existenz einer Rechtsinversen $R \in \mathscr{S}(F)$ von $\tilde{T}$ sichert, existiert ein $r_2 > 0$ mit

$$\beta(\mu \tilde{I} - \tilde{T}) = 0 \quad \text{für } |\mu| < r_2 \tag{104.3}$$

(A 13.2). Für $|\mu| < \min(r_1, r_2)$ ist dann wegen (104.1) bis (104.3)

$$0 < \alpha(\mu \tilde{I} - \tilde{T}) = \operatorname{ind}(\mu \tilde{I} - \tilde{T}) = \operatorname{ind}(\tilde{T}) \leqslant \alpha(T).$$

Aus dieser Abschätzung folgt die Behauptung, weil im Falle $\mu \neq 0$ stets $\alpha(\mu I - T) = \alpha(\mu \tilde{I} - \tilde{T})$ gilt; für diese μ ist nämlich $N(\mu I - T) \subset F$, wie wir oben schon gesehen haben. ■

104.3 Satz *$p(\lambda I - A)$ ist entweder für* jeden *oder für* keinen *Punkt einer Fredholmkomponente C von A endlich.*

Beweis. Sei $M:=\{\lambda\in C: p(\lambda I-A)<\infty\}\neq\emptyset$. Ein $\lambda_0\in M$ ist nach Satz 104.2 kein Häufungspunkt von Eigenwerten. In einer gewissen punktierten Kreisscheibe um λ_0, die man so klein wählen kann, daß sie noch in C liegt, verschwindet also $p(\lambda I-A)$. Infolgedessen ist M offen in C. Nun sei μ ein in C liegender Häufungspunkt von M und (λ_n) eine Folge aus M mit $\lambda_n\neq\mu$ und $\lambda_n\to\mu$. Wäre $\mu\notin M$, so bestünde nach Fall 2 der Alternative in Satz 104.2 eine volle Umgebung von μ aus Eigenwerten, für hinreichend großes n bestünde also auch eine volle Umgebung von λ_n aus Eigenwerten, im Widerspruch zum Fall 1 der Alternative. μ liegt also in M, und somit ist M nicht nur *offen*, sondern auch *abgeschlossen in C*. Da C zusammenhängend ist, muß also $M=C$ sein (s. Heuser II, A 160.1). ■

104.4 Satz *In jeder Fredholmkomponente C von A gibt es eine (eventuell leere) Teilmenge M mit folgenden Eigenschaften:*

a) *M besitzt keinen Häufungspunkt in C;*

b) *es gibt eine Konstante $\gamma\geqslant 0$ mit*

$$\alpha(\lambda I-A)=\gamma \quad \textit{für } \lambda\in C\setminus M, \qquad \alpha(\lambda I-A)>\gamma \quad \textit{für } \lambda\in M. \tag{104.4}$$

Genau dann besitzen die Eigenwerte von A keinen Häufungspunkt in C, wenn $p(\lambda_0 I-A)$ für ein $\lambda_0\in C$ endlich ist.

Gemäß Satz 104.3 unterscheiden wir im Beweis zwei Fälle:

1. $p(\lambda I-A)<\infty$ auf C: M sei die Menge der Eigenwerte in C. a) gilt wegen Satz 104.2, b) trivialerweise (mit $\gamma=0$).

2. $p(\lambda I-A)=\infty$ auf C: Nun sei M die Menge der Eigenwerte $\lambda_0\in C$ mit der folgenden Eigenschaft (vgl. Satz 104.2): Es gibt eine Umgebung $U\subset C$ von λ_0, so daß mit einem $\gamma>0$ die nachstehende Aussage zutrifft:

$$\alpha(\lambda I-A)=\gamma<\alpha(\lambda_0 I-A) \quad \text{für } \lambda\in U\setminus\{\lambda_0\}. \tag{104.5}$$

Wäre μ ein Häufungspunkt von M in C, so gäbe es wegen Satz 104.2 eine Umgebung $V\subset C$ von μ mit

$$\alpha(\lambda I-A)=\text{const} \quad \text{für } \lambda\in V\setminus\{\mu\}. \tag{104.6}$$

Da aber V auch einen Punkt $\lambda_0\neq\mu$ aus M enthält, ist (104.6) ein Widerspruch zu (104.5). Es gilt also a). Sind λ_1,λ_2 aus $C\setminus M$, so ergibt sich die Gleichung $\alpha(\lambda_1 I-A)=\alpha(\lambda_2 I-A)$ mit Hilfe des Kreiskettenverfahrens. ■

Mit T ist auch T' ein Fredholmoperator, und es gilt $\beta(T)=\alpha(T')$, $q(T)=p(T')$ (Sätze 76.6 und 77.5). Mit Hilfe dieser Tatsache können wir aus den drei letzten Sätzen sofort Aussagen über das Verhalten der Größen $\beta(\lambda I-A)$ und $q(\lambda I-A)$ gewinnen. Nennen wir noch λ einen Defektwert von A, wenn $\beta(\lambda I-A)\neq 0$ ist, so fassen wir diese Aussagen wie folgt zusammen:

104.5 Satz *Die Sätze* 104.2 *bis* 104.4 *bleiben richtig, wenn man p durch q, α durch β und „Eigenwert" durch „Defektwert" ersetzt.*

Aus den letzten fünf Sätzen und den Sätzen 72.3, 72.5 und 72.6 folgt nun, indem man die Komponenten von Φ_A gemäß dem Vorzeichen des Index und der Endlichkeit bzw. Unendlichkeit der Kettenlängen von $\lambda I - A$ klassifiziert, in einfachster Weise der

104.6 Satz *Für das Verhalten des Index, der Kettenlängen, der Eigen- und Defektwerte in einer Fredholmkomponente C von A gibt es genau die folgenden sechs Möglichkeiten, wobei die auftretenden Gleichungen und Ungleichungen jeweils für alle $\lambda \in C$ gelten:*

a_1) $\operatorname{ind}(\lambda I - A) = 0$ *und* $p(\lambda I - A) = q(\lambda I - A) < \infty$; *Eigen- und Defektwerte häufen sich nicht in C. Dieser Fall tritt genau dann ein, wenn $C \cap \varrho(A)$ nicht leer ist.*

a_2) $\operatorname{ind}(\lambda I - A) = 0$ *und* $p(\lambda I - A) = q(\lambda I - A) = \infty$; *jeder Punkt von C ist Eigen- und Defektwert.*

b_1) $\operatorname{ind}(\lambda I - A) < 0$ *und* $p(\lambda I - A) < \infty$, $q(\lambda I - A) = \infty$; *die Eigenwerte häufen sich nicht in C, jeder Punkt von C ist Defektwert.*

b_2) $\operatorname{ind}(\lambda I - A) < 0$ *und* $p(\lambda I - A) = q(\lambda I - A) = \infty$; *jeder Punkt von C ist Eigen- und Defektwert.*

c_1) $\operatorname{ind}(\lambda I - A) > 0$ *und* $p(\lambda I - A) = \infty$, $q(\lambda I - A) < \infty$; *jeder Punkt von C ist Eigenwert, die Defektwerte häufen sich nicht in C.*

c_2) $\operatorname{ind}(\lambda I - A) > 0$ *und* $p(\lambda I - A) = q(\lambda I - A) = \infty$; *jeder Punkt von C ist Eigen- und Defektwert.*

Übrigens lehrt ein einziger Blick auf die Aufgaben 5 und 6 der Nr. 72, daß jeder der fünf Fälle a_2) bis c_2) tatsächlich vorkommen kann; man braucht ja nur die dort definierten Operatoren auf geeignete Banachräume einzuschränken, z. B. auf l^1 bzw. auf $l^1(\mathbf{Z})$. Daß auch der „Resolventenfall" a_1) realisiert wird, versteht sich von selbst.

Die bisher mitgeteilten Sätze beinhalten u. a. einfache *Stabilitätseigenschaften der Kettenendlichkeit*. Eine sehr viel tiefergehende Untersuchung dieser Dinge findet man bei Wacker (1980).

Jedes $\lambda \in \mathbf{K}$ mit $|\lambda| > \lim \|A^n\|^{1/n}$ liegt in $\varrho(A)$ und damit auch in Φ_A. Der (eventuell verschwindende) Radius $r_\Phi(A)$ des kleinsten Kreises um 0, außerhalb dessen nur Fredholmpunkte von A liegen, heißt der **Fredholmradius** von A; es ist also

$$r_\Phi(A) := \inf\{r > 0 : \lambda I - A \in \Phi(E) \text{ für alle } |\lambda| > r\}.$$

Eine schöne und konsequenzenreiche Formel für den Fredholmradius läßt sich mit Hilfe von Φ-Idealen angeben (sie sind auf S. 392 definiert) - jedenfalls dann, wenn E *komplex* ist. Wir benötigen hierzu den einfachen

104.7 Satz *Die Abschließung eines Φ-Ideals $\mathscr{J}$ in $\mathscr{L}(E)$ ist wieder ein Φ-Ideal.*[1)]

[1)] Man erinnere sich daran, daß E verabredungsgemäß *vollständig* ist.

Beweis. $\overline{\mathscr{J}}$ ist jedenfalls ein *Ideal* in $\mathscr{L}(E)$. Zu $R \in \overline{\mathscr{J}}$ gibt es ein $K \in \mathscr{J}$ mit $\|R-K\|<1$. $S:=I-(R-K)$ ist in $\mathscr{L}(E)$ invertierbar, also ein Fredholmoperator, und damit liegt auch $I-R=S-K$ in $\Phi(E)$ (Satz 75.11). ■

Für jeden normierten Raum E sind $\mathscr{F}(E)$ und $\mathscr{K}(E)$ Φ-Ideale; bei vollständigem E ist nach dem eben Bewiesenen auch $\overline{\mathscr{F}(E)}$ ein Φ-Ideal. Wir kommen nun zu der versprochenen Formel für den Fredholmradius:

104.8 Satz *Sei E ein* komplexer *Banachraum und $\mathscr{J}$ ein Φ-Ideal in $\mathscr{L}(E)$. Dann ist*

$$r_\Phi(A)=\lim\left[\inf_{K\in\mathscr{J}}\|A^n-K\|\right]^{1/n} \tag{104.7}$$

$$\textit{und} \qquad r_\Phi(A)\leqslant\|A-K\| \quad \textit{für jedes } K\in\mathscr{J}. \tag{104.8}$$

Beweis. Die Behauptungen sind für *endlich*dimensionale Räume trivial (in diesem Falle ist $\Phi_A=\mathbf{C}$, $r_\Phi(A)=0$). Sei nun $\dim E=\infty$. Dann liegt I nicht in $\mathscr{J}$, die Restklassenalgebra $\tilde{\mathscr{L}}:=\mathscr{L}(E)/\mathscr{J}$ besitzt also das von $\tilde{0}$ verschiedene Einselement $\tilde{I}$ und ist, wenn wir $\mathscr{J}$ zunächst als *abgeschlossen* voraussetzen, mit der üblichen Quotientennorm eine Banachalgebra. Die Restklasse von T in $\tilde{\mathscr{L}}$ bezeichnen wir mit $\tilde{T}$. Wegen Satz 75.11 ist

$$\Phi_A=\varrho(\tilde{A}), \quad \text{also} \quad r_\Phi(A)=r(\tilde{A}), \tag{104.9}$$

mit Satz 96.1 und der Definition der Quotientennorm erhält man daher

$$r_\Phi(A)=\lim\|\tilde{A}^n\|^{1/n}=\lim\left[\inf_{K\in\mathscr{J}}\|A^n-K\|\right]^{1/n}.$$

(104.8) folgt aus der Abschätzung $r(\tilde{A})\leqslant\|\tilde{A}\|$. - (104.7) ist aber selbst dann noch richtig, wenn $\mathscr{J}$ *nicht* abgeschlossen ist: Man berechne zunächst $r_\Phi(A)$ mit Hilfe des Φ-Ideals $\overline{\mathscr{J}}$ (Satz 104.7) und beachte dann, daß $\inf_{R\in\overline{\mathscr{J}}}\|T-R\|=\inf_{R\in\mathscr{J}}\|T-R\|$ ist. Ganz ähnlich sieht man, daß auch (104.8) im Falle eines nicht-abgeschlossenen $\mathscr{J}$ gilt. ■

Aus (104.9) folgt mit Satz 96.1 noch sofort der

104.9 Satz *Im Falle eines unendlichdimensionalen komplexen Banachraumes ist das* Fredholmspektrum $\mathbf{C}\backslash\Phi_A$ *von A niemals leer.*

Aufgaben

1. Sei E ein unendlichdimensionaler komplexer Banachraum. Dann ist in den Randpunkten λ der Fredholmkomponenten von A stets $\beta(\lambda I-A)=\infty$. Insbesondere gibt es auf $|\lambda|=r_\Phi(A)$ mindestens einen Punkt λ_0, für den $\beta(\lambda_0 I-A)$ unendlich ist.

Hinweis: Satz 82.4.

2. Im Falle eines komplexen Banachraumes liegen die zu Φ_A gehörenden Pole der Resolvente von A genau in denjenigen Komponenten von Φ_A, die $\varrho(A)$ schneiden.

3. Für alle λ auf dem Rand einer Fredholmkomponente von A ist $\beta(\lambda I-A)=\infty$ (Aufgabe 1). Was kann man über die Kettenlängen $p(\lambda I-A)$, $q(\lambda I-A)$ sagen?

⁺4. **Quasikompakte Operatoren** $A\in\mathscr{L}(E)$ heißt quasikompakt, wenn es eine natürliche Zahl m und ein $K\in\mathscr{K}(E)$ mit $\|A^m-K\|<1$ gibt. Zeige, daß im Falle eines *komplexen* Banachraumes E die folgenden Eigenschaften äquivalent sind: a) A ist quasikompakt; b) $r(\tilde{A})<1$ ($\tilde{A}:=$ Restklasse von A in $\mathscr{L}(E)/\mathscr{K}(E)$); c) es gibt ein positives $\eta<1$, so daß für $|\lambda|>\eta$ stets $\lambda\in\Phi_A$ ist. – Ersetze in der obigen Definition $\mathscr{K}(E)$ durch ein Φ-Ideal $\mathscr{J}$ und untersuche die entstehende Situation.

⁺5. **Nochmals quasikompakte Operatoren** Zu $A\in\mathscr{L}(E)$ (E ein *komplexer* Banachraum) gebe es ein natürliches m und ein kompaktes K mit $\|A^m-K\|<1$ (A sei also *quasikompakt*). Dann ist jeder Spektralpunkt λ von A mit $|\lambda|^m>\|A^m-K\|$ isoliert und der zugehörige Spektralprojektor endlichdimensional.

Hinweis: Satz 101.2.

6. **Atkinsonbereich** Sei E ein Banachraum über $\mathbf{K}$ und $A\in\mathscr{L}(E)$. Untersuche den Atkinsonbereich $\{\lambda\in\mathbf{K}:\lambda I-A$ ist Atkinsonoperator$\}$.

Hinweis: A 81.4.

7. **Semifredholmbereich** Sei E ein komplexer Banachraum und $A\in\mathscr{L}(E)$. Definiere den Semifredholmbereich Σ_A und den Semifredholmradius $r_\Sigma(A)$ und zeige, daß dieser mit dem Fredholmradius $r_\Phi(A)$ übereinstimmt.

105 Rieszoperatoren

In diesem Abschnitt sei A ein stetiger Endomorphismus des Banachraumes E über* K*, falls nicht ausdrücklich etwas anderes gesagt wird.

λ heißt Rieszpunkt von A, wenn sich $\lambda I-A$ *grosso modo* so verhält, als sei A kompakt, schärfer: wenn

$$\operatorname{ind}(\lambda I-A)=0 \quad \textit{und} \quad p(\lambda I-A)=q(\lambda I-A)<\infty \tag{105.1}$$

ausfällt. Die Menge aller Rieszpunkte von A bildet den Rieszbereich P_A, die Zahl

$$r_P(A):=\inf\{r>0: \lambda \textit{ ist Rieszpunkt von } A \textit{ für alle } |\lambda|>r\}$$

ist der Rieszradius. A wird Rieszoperator genannt, wenn jedes $\lambda\neq 0$ Rieszpunkt von A ist. Satz 104.6 lehrt, daß dann *die Eigenwerte von A sich nur in* 0 *häufen können.* $P(E)$ sei die Menge der Rieszoperatoren auf E. Jeder *kompakte* und jeder *quasinilpotente* Operator ist offensichtlich auch ein Rieszoperator. Und wie von selbst fließt aus den Sätzen 104.6 und 82.4 der erstaunliche

105.1 Satz *Es ist $r_P(A)=r_\Phi(A)$, und P_A besteht gerade aus denjenigen Fredholmkomponenten von A, die $\varrho(A)$ schneiden. A ist genau dann ein Rieszoperator, wenn eine der folgenden Aussagen zutrifft:*

a) *$r_P(A)$ verschwindet.*

b) *Für jedes $\lambda \neq 0$ sind die Defekte $\alpha(\lambda I - A)$, $\beta(\lambda I - A)$ endlich.*[1]

c) *Für jedes $\lambda \neq 0$ ist der Bilddefekt $\beta(\lambda I - A)$* endlich.

d) *Für jedes $\lambda \neq 0$ ist $\lambda I - A$ ein Semifredholmoperator.*

Im komplexen Fall lassen sich Rieszpunkte wie folgt charakterisieren:

105.2 Satz *Sei E komplex. λ ist genau dann ein Rieszpunkt von A, wenn λ entweder zu $\varrho(A)$ gehört oder ein isolierter Spektralpunkt von A mit endlichdimensionalem Spektralprojektor ist.*

Beweis. Sei zunächst $\lambda \in P_A$. Dann erhält man alle Behauptungen mit einem Schlag aus Satz 101.2; man hat nur zu beachten, daß die Nullräume der Potenzen $(\lambda I - A)^n$ allesamt endlichdimensional sind (Satz 71.2).[2] – Zum Beweis der Umkehrung dürfen wir den trivialen Fall $\lambda \in \varrho(A)$ außer Acht lassen. P sei der zu dem isolierten Spektralpunkt λ gehörende endlichdimensionale Spektralprojektor. Wegen $N((\lambda I - A)^n) \subset P(E)$ – s. Satz 100.2 – sind die Größen

$$\alpha(\lambda I - A) \quad \text{und} \quad p(\lambda I - A) \quad \text{endlich.}$$

Sei A_1 die Einschränkung von A auf $N(P)$. Nach Satz 100.1 liegt λ in $\varrho(A_1)$, es gilt also

$$N(P) = (\lambda I - A_1)^n (N(P)) \subset (\lambda I - A)^n (E) \quad \text{für } n = 1, 2, \ldots. \tag{105.2}$$

Da in der Zerlegung $E = P(E) \oplus N(P)$ der erste Summand endliche Dimension besitzt, also $\operatorname{codim} N(P)$ endlich ist, folgt aus (105.2), daß auch die Größen

$$\beta(\lambda I - A) \quad \text{und} \quad q(\lambda I - A) \quad \text{endlich}$$

sein müssen. Und nun braucht man nur noch die Sätze 72.3 und 72.6 heranzuziehen, um λ als Rieszpunkt zu erkennen. ∎

Aus den beiden letzten Sätzen, dem Satz 104.8 und (104.9) ergibt sich nun ohne Umschweife der fundamentale

105.3 Satz von Ruston *E sei komplex, $\mathscr{J}$ ein abgeschlossenes Φ-Ideal in $\mathscr{L}(E)$ und $\tilde{A}$ die Restklasse von A in $\mathscr{L}(E)/\mathscr{J}$. Dann sind folgende Aussagen äquivalent:*

a) *A ist ein Rieszoperator.*

---

[1] Mit anderen Worten: $\lambda I - A$ ist für jedes $\lambda \neq 0$ ein *Fredholmoperator.*

[2] Insbesondere ist jeder zu $\sigma(A)$ gehörende Rieszpunkt ein *Pol der Resolvente.*

b) $\lim\left[\inf_{K\in\mathcal{J}}\|A^n-K\|\right]^{1/n}=0.$[1)]

c) $r(\tilde{A})=0$ *oder gleichbedeutend: $\tilde{A}$ ist quasinilpotent.*

d) *Jeder Spektralpunkt $\lambda\neq 0$ von A ist isoliert, und der zugehörige Spektralprojektor ist endlichdimensional.*

Wir können nun mit Hilfe des Satzes 13.11 in denkbar bequemer Weise Aussagen über *Summen und Produkte von Rieszoperatoren* machen. Dabei ist die folgende Verallgemeinerung des Kommutativitätsbegriffes nützlich: Ist $\mathcal{J}$ ein Ideal in $\mathcal{L}(E)$, so heißt A $\mathcal{J}$-vertauschbar mit B, wenn $AB-BA\in\mathcal{J}$ ist, wenn also die *Restklassen* von A und B in $\mathcal{L}(E)/\mathcal{J}$ kommutieren. Den Beweis des folgenden Satzes dürfen wir getrost dem Leser überlassen; er beachte nur, daß $\mathcal{J}$-vertauschbare Operatoren auch $\bar{\mathcal{J}}$-vertauschbar sind und die Abschließung eines Φ-Ideals wieder ein Φ-Ideal ist (Satz 104.7).

105.4 Satz *Sei E komplex und $\mathcal{J}$ ein Φ-Ideal in $\mathcal{L}(E)$. Dann gelten die folgenden Invarianzaussagen:*

a) *Skalare Vielfache, Summen und Produkte $\mathcal{J}$-vertauschbarer Rieszoperatoren sind wieder Rieszoperatoren; im Falle des Produktes genügt es sogar, wenn nur einer der Faktoren in $P(E)$ liegt.*

b) *Die Summe eines Rieszoperators mit einem beliebigen Operator aus $\mathcal{J}$ ist ein Rieszoperator.*

Die Rieszeigenschaft ist erstaunlich stabil bei *Funktionsbildung*. Genauer:

105.5 Satz *Sei E komplex, $f\in\mathcal{H}(A)$* und $f(0)=0$. *Dann ist mit A auch $f(A)$ ein Rieszoperator. Die Umkehrung gilt immer dann, wenn f* nur *in 0 verschwindet.*

Beweis. A sei ein Rieszoperator. Wegen $f(0)=0$ gibt es ein $g\in\mathcal{H}(A)$, so daß $f(\lambda)=\lambda g(\lambda)$, also $f(A)=Ag(A)$ ist. Da A und $g(A)$ miteinander vertauschbar sind, folgt hieraus mit Satz 105.4a, daß $f(A)$ ein Rieszoperator sein muß.

Nun sei $f(A)$ ein Rieszoperator, und f verschwinde *nur* in 0. Dann gibt es ein $h\in\mathcal{H}(A)$ und eine natürliche Zahl m, so daß für alle λ des Definitionsbereiches von f gilt:

$$f(\lambda)=\lambda^m h(\lambda) \quad \text{und} \quad h(\lambda)\neq 0.$$

Infolgedessen ist $f(A)=A^m h(A)$, und $h(A)$ besitzt eine Inverse in $\mathcal{L}(E)$. Da $f(A)$ und $h(A)^{-1}$ miteinander vertauschbar sind, ergibt sich hieraus mit Satz 105.4a, daß $A^m=f(A)h(A)^{-1}$ ein Rieszoperator sein muß. Und nun folgt aus Satz 105.3c in Verbindung mit (13.26), daß auch A selbst ein solcher ist. ■

Als nächstes geht es um *Einschränkungen von Rieszoperatoren:*

---

1) Hier darf man auch *nichtabgeschlossene* Φ-Ideale verwenden.

105.6 Satz *Sei A ein Rieszoperator auf dem komplexen Banachraum E und F ein abgeschlossener, unter A invarianter Unterraum von E. Dann ist die Einschränkung $\tilde{A}$ von A ein Rieszoperator und $\sigma(\tilde{A}) \subset \sigma(A)$.*

Beweis. Für $|\lambda| > r(A)$ besitzt die Resolvente R_λ von A die Darstellung $R_\lambda = \sum_{n=0}^{\infty} \frac{A^n}{\lambda^{n+1}}$ (Satz 95.3 b), aus der sofort $R_\lambda(F) \subset F$ folgt. Für jedes $x \in F$ und $x' \in F^\perp = \{y' \in E' : \langle y, y' \rangle = 0$ für alle $y \in F\}$ verschwindet also die auf $\varrho(A)$ holomorphe Funktion $\lambda \mapsto \langle R_\lambda x, x' \rangle$ außerhalb des Spektralkreises von A. Da $\varrho(A)$ zusammenhängend ist, folgt nach dem Identitätssatz für holomorphe Funktionen, daß $\langle R_\lambda x, x' \rangle = 0$ ist für alle $\lambda \in \varrho(A)$. Für diese λ liegt also $R_\lambda x$ in $F^{\perp\perp} = F$ (Satz 54.5). Wir schließen daraus, daß jedes $x \in F$ Bild eines Elementes von F - nämlich des Elementes $R_\lambda x$ - unter $\lambda I - A$ ist. Da andererseits F unter $\lambda I - A$ invariant ist, erhalten wir nun die Gleichung $(\lambda I - A)(F) = F$ für alle $\lambda \in \varrho(A)$. Aus ihr folgt sofort $\varrho(A) \subset \varrho(\tilde{A})$ und damit $\sigma(\tilde{A}) \subset \sigma(A)$, außerdem entnehmen wir ihr, daß für $\lambda \in \varrho(A)$ die Resolvente $\tilde{R}_\lambda$ von $\tilde{A}$ die Einschränkung von R_λ auf F ist. Sei nun $\lambda_0 \neq 0$ ein Spektralpunkt von $\tilde{A}$. Wegen $\sigma(\tilde{A}) \subset \sigma(A)$ ist λ_0 ein isolierter Punkt von $\sigma(\tilde{A})$ und von $\sigma(A)$. Der zu $\{\lambda_0\}$ und $\tilde{A}$ gehörende Spektralprojektor $\tilde{P} \in \mathscr{L}(F)$ wird durch

$$\tilde{P} = \frac{1}{2\pi i} \int_\Gamma \tilde{R}_\lambda \, d\lambda$$

gegeben, wobei Γ ein Kreis um λ_0 sei, der λ_0 von $\sigma(A) \setminus \{\lambda_0\}$ isoliert. Für jedes $x \in F$ ist also nach A 100.1

$$\tilde{P}x = \frac{1}{2\pi i} \int_\Gamma \tilde{R}_\lambda x \, d\lambda = \frac{1}{2\pi i} \int_\Gamma R_\lambda x \, d\lambda = Px,$$

wobei P der zu $\{\lambda_0\}$ und A gehörende Spektralprojektor ist. $\tilde{P}$ ist somit die Einschränkung von P auf F. Der Rieszcharakter von $\tilde{A}$ ergibt sich nun unmittelbar aus Satz 105.3. ∎

Es macht jetzt keine Mühe, das *Dualitätsverhalten der Rieszoperatoren* zu klären:

105.7 Satz *Ein stetiger Endomorphismus A des komplexen Banachraumes E ist genau dann ein Rieszoperator, wenn die duale Transformation A' ein solcher ist.*

Beweis. Sei A ein Rieszoperator. Dann ist $\lambda I - A$ für jedes $\lambda \neq 0$ ein Fredholmoperator in $\mathscr{L}(E)$ und infolgedessen $\lambda I' - A'$ für alle diese λ ein Fredholmoperator in $\mathscr{L}(E')$ (Satz 76.6). Da E' vollständig ist, muß also A' ein Rieszoperator sein (Satz 105.1).

Nun sei umgekehrt A' ein Rieszoperator. Nach dem eben Bewiesenen ist dann die biduale Transformation A'' ebenfalls ein solcher. Und da ihre Einschränkung auf den abgeschlossenen Unterraum E von E'' nach (57.5) mit A übereinstimmt, muß auch A selbst ein Rieszoperator sein (Satz 105.6). ■

Wenn man uns beim gegenwärtigen Stand der Dinge um Rieszsche Operatoren bitten würde, könnten wir nur mit kompakten oder quasinilpotenten dienen; andere sind uns, offengestanden, bis jetzt gar nicht bekannt. Sie sind aber vorhanden, und ihre Entdeckung verdankt man Kato (1958). Wir wissen, daß ein kompakter Operator auf einem unendlichdimensionalen normierten Raum *keine stetige Inverse* haben kann - und es ist nun gerade *diese* Eigenschaft, die Kato zur Definition einer interessanten Operatorenklasse verwendet:

Die stetige lineare Abbildung $S: E \to F$ der normierten Räume E, F heißt **streng singulär**, wenn sie auf keinem unendlichdimensionalen Unterraum von E eine stetige Inverse besitzt.

Kompakte Operatoren sind streng singulär; die Umkehrung braucht jedoch nicht zu gelten. Bequem zugängliche Beispiele hierfür findet der Leser in Goldberg (1966), S. 89ff.

Die ausschlaggebende Feststellung lautet nun so:

105.8 Satz *Jeder streng singuläre Endomorphismus S eines Banachraumes E ist ein Rieszscher Operator.*

Der Beweis ist dank unseres reichhaltigen Arsenals denkbar bequem. Auf $N(I-S)$ ist $S=I$, also trivialerweise stetig invertierbar, und deshalb muß $\alpha(I-S)$ *endlich* sein. Nun zeigen wir, daß $(I-S)(E)$ *abgeschlossen* ist. Wäre dies nicht der Fall, so gäbe es wegen Satz 55.9 einen unendlichdimensionalen Unterraum V mit

$$\|(I-S)x\| \leqslant \frac{1}{2}\|x\| \quad \text{für alle } x \in V.$$

Für diese x wäre dann

$$\|Sx\| = \|Ix-(I-S)x\| \geqslant \|x\| - \|(I-S)x\| \geqslant \|x\| - \frac{1}{2}\|x\| = \frac{1}{2}\|x\|,$$

und somit besäße S auf V eine stetige Inverse (Satz 10.5), in beweisförderndem Widerspruch zur strengen Singularität von S. Alles in allem ist also $I-S$ ein Semifredholmoperator. Und da mit S offenbar auch αS für jedes α streng singulär ausfällt, ergibt sich daraus, daß $\lambda I - S$ für jedes $\lambda \neq 0$ ebenfalls ein *Semifredholmoperator* sein muß. Ein einziger Blick auf Satz 105.1 schließt nun den Beweis ab. ■

Die Menge der streng singulären Endomorphismen eines normierten Raumes E bildet ein *abgeschlossenes Ideal* in der Algebra $\mathscr{L}(E)$. Wir gehen aber auf diese Dinge nicht weiter ein, sondern verweisen den Leser auf Goldberg (1966), S. 56f.

Wir werfen zum Schluß eine naheliegende Frage auf: Wenn AB ein Rieszoperator ist, hat dann auch BA noch irgendwelchen Anteil an Riesz-Eigenschaften? Die Antwort von Buoni-Faires (1976) lautet: *vollen* Anteil - BA ist nämlich notwendigerweise selbst ein Rieszoperator. Mertins (1978) hat zeigen können, daß diese Tatsache aus einer viel umfassenderen Theorie sogenannter „verwandter Operatoren" fließt, auf die wir den an Fredholm- und Riesztheorien interessierten Leser ausdrücklich hinweisen möchten.

Aufgaben

⁺**1. Operatoren mit Rieszscher Potenz** Für den stetigen Endomorphismus des Banachraumes E sei eine gewisse Potenz A^n $(n \geqslant 1)$ ein Rieszscher Operator. Dann ist auch A selbst ein solcher.
Hinweis: Verfahre wie in A 80.4. Ist E komplex, so kann man die Behauptung auch aus einem der Sätze 105.3, 105.5 gewinnen.

2. Das Spektrum eines Rieszoperators A auf einem komplexen Banachraum unendlicher Dimension enthält mindestens 0. Genau dann ist 0 ein Pol der Resolvente von A, wenn eine Potenz A^n $(n \geqslant 1)$ endlichdimensional ist (vgl. A 101.2).

⁺**3.** Der Grenzwert einer gleichmäßig konvergenten Folge vertauschbarer Rieszoperatoren auf einem komplexen Banachraum ist ein Rieszoperator. Kann man die Vertauschbarkeitsvoraussetzungen abschwächen?
Hinweis: A 13.12.

⁺**4.** Ein spektralnormaloider Rieszoperator, der einer der Bedingungen a) bis c) des Satzes 102.7 genügt, ist kompakt. *Insbesondere ist ein normaler Rieszoperator stets kompakt.*

⁺**5.** Eine stetige lineare Abbildung $S: E \to F$ der normierten Räume E, F ist genau dann streng singulär, wenn es zu jedem $\varepsilon > 0$ und jedem unendlichdimensionalen Unterraum E_1 von E einen unendlichdimensionalen Unterraum E_2 von E_1 gibt, auf dem S eine Norm $\leqslant \varepsilon$ hat.
Hinweis: Hilfssatz 55.10.

106 Rieszideale und Fredholmstörungen

In dieser Nummer ist E wieder ein Banachraum über **K**, *alle auftretenden Operatoren sind stetige Endomorphismen von E.*

Ist K aus einem Φ-Ideal, so ist $I - \lambda K$ für alle λ ein Fredholmoperator. Mit Satz 105.1 erhalten wir also sofort den

106.1 Satz *Jeder Operator aus einem Φ-Ideal ist ein Rieszoperator.*

Die Forderung der $\mathscr{J}$-Vertauschbarkeit ist umso schwächer - und die Ergiebigkeit des Satzes 105.4 umso größer - je reichhaltiger das Φ-Ideal $\mathscr{J}$ ist. Da aber die Menge $P(E)$ *aller* Rieszoperatoren auf E selbst kein derartiges Ideal zu sein braucht,[1] werfen wir nun die Frage auf, ob es denn wenigstens ein *größtes*, ein alle Φ-Ideale umfassendes Φ-Ideal gibt. Die Antwort ist bejahend, und wir werden folgendermaßen auf sie geführt.

Zunächst dürfen wir endlichdimensionale Räume E außer acht lassen, weil für sie $P(E)=\mathscr{L}(E)$ ist. Sei also $\dim E=\infty$, so daß $\hat{\mathscr{L}}:=\mathscr{L}(E)/\mathscr{F}(E)$ eine Algebra mit Einselement $\neq$ Nullelement ist. Ist $\mathscr{J}$ ein Φ-Ideal und $K\in\mathscr{J}$, so ist $I-AK$ für jedes $A\in\mathscr{L}(E)$ ein Fredholmoperator und somit $\hat{I}-\hat{A}\hat{K}$ für jedes $\hat{A}\in\hat{\mathscr{L}}$ invertierbar (Satz 75.9, die Restklasse von $T\in\mathscr{L}(E)$ in $\hat{\mathscr{L}}$ bezeichnen wir mit $\hat{T}$). $\mathfrak{r}:=\{\hat{R}\in\hat{\mathscr{L}}: \hat{I}-\hat{A}\hat{R}$ *ist für jedes* $\hat{A}\in\hat{\mathscr{L}}$ *invertierbar*$\}$ ist das „Radikal" von $\hat{\mathscr{L}}$; ist nämlich $\mathscr{A}$ eine Algebra mit Einselement $e\neq 0$, so nennt man die Menge

$$\{r\in\mathscr{A}: e-ar \text{ ist für jedes } a\in\mathscr{A} \text{ invertierbar}\} \tag{106.1}$$

das Radikal von $\mathscr{A}$. Uns interessiert hier nur, *daß das Radikal ein echtes (zweiseitiges) Ideal in* $\mathscr{A}$ *ist.*[2] Bedeutet h den kanonischen Homomorphismus von $\mathscr{L}(E)$ auf $\hat{\mathscr{L}}$, so liegt also das Bild $h(\mathscr{J})$ eines jeden Φ-Ideals $\mathscr{J}$ in dem Radikal $\mathfrak{r}$ von $\hat{\mathscr{L}}$; umgekehrt ist $h^{-1}(\mathfrak{r})$ offenbar ein (echtes) Φ-Ideal. $h^{-1}(\mathfrak{r})$ ist somit ein maximales, alle Φ-Ideale enthaltendes Φ-Ideal und infolgedessen eindeutig bestimmt und abgeschlossen (andernfalls wäre die Abschließung $\overline{h^{-1}(\mathfrak{r})}$ nach Satz 104.7 ein Φ-Ideal, das $h^{-1}(\mathfrak{r})$ echt enthält). Wir fassen zusammen:

106.2 Satz *Ist E ein unendlichdimensionaler Banachraum über* $\mathbb{K}$, *so gibt es in* $\mathscr{L}(E)$ *genau ein maximales, alle Φ-Ideale enthaltendes Φ-Ideal. Dieses Ideal ist abgeschlossen und* $=h^{-1}(\mathfrak{r})$; *dabei ist h der kanonische Homomorphismus von* $\mathscr{L}(E)$ auf $\mathscr{L}(E)/\mathscr{F}(E)$ *und $\mathfrak{r}$ das Radikal der letztgenannten Algebra.*

Dieses eindeutig bestimmte maximale Φ-Ideal nennen wir das Rieszideal der Algebra $\mathscr{L}(E)$.[3] In dem trivialen Fall $\dim E<\infty$ ist es natürlich auch vorhanden: es fällt dann einfach mit $\mathscr{L}(E)$ zusammen und ist deshalb keiner weiteren Beachtung wert.

Wegen Satz 75.12 können wir nun sagen: *Die Menge der Φ-Ideale in $\mathscr{L}(E)$ hat ein kleinstes und ein größtes Element, nämlich $\mathscr{F}(E)$ bzw. das Rieszideal von $\mathscr{L}(E)$.*

Man wird kaum um das Eingeständnis herumkommen, daß die Beschreibung des Rieszideals im letzten Satz unhandlich ist und durchsichtiger gemacht werden sollte. Diese Aufgabe nehmen wir nun in Angriff und folgen dabei einem Gedankengang von Schechter (1968).

---

[1] S. Caradus (1966).

[2] S. etwa Simmons (1963).

[3] Es wird auch das Ideal der unwesentlichen (*inessential*) Operatoren genannt. Vgl. Kleinecke (1963).

Sei R eine Banachalgebra über $\mathbf{K}$ mit Einselement e; die anderen Elemente von R bezeichnen wir mit $a, b, \ldots$. Ferner sei

$$G \text{ die Gruppe der invertierbaren Elemente von } R,$$

$$H := \{s \in R: e - as \in G \textit{ für alle } a \in G\}, \tag{106.2}$$

$$J := \{s \in R: a - s \in G \textit{ für alle } a \in G\}. \tag{106.3}$$

Die Unsymmetrie in der Definition von H ist nur scheinbar, denn es gilt

$$H = \{s \in R: e - sa \in G \textit{ für alle } a \in G\}, \tag{106.4}$$

wie man sofort aus der folgenden Äquivalenzkette erkennt, in der a ein beliebiges Element von G bedeutet:

$$e - as \in G \Longleftrightarrow a^{-1} - s \in G \Longleftrightarrow e - sa \in G.$$

Mit J haben wir in Wirklichkeit keine neue Menge geschaffen; es ist nämlich

$$H = J, \tag{106.5}$$

weil man folgende Äquivalenzen hat:

$$s \in H \Longleftrightarrow e - a^{-1}s \in G \text{ für alle } a \in G \Longleftrightarrow a - s \in G \text{ für alle } a \in G \Longleftrightarrow s \in J.$$

Wir benötigen nun den fast selbstverständlichen

106.3 Hilfssatz *Zu jedem $b \in R$ gibt es $a_1, a_2 \in G$ mit $a_1 + a_2 = b$.*

Beweis. Man wähle ein λ mit $|\lambda| > \|b\|$. Dann ist $a_1 := \lambda e + b = \lambda(e + b/\lambda)$ nach Satz 13.6, $a_2 := -\lambda e$ aber trivialerweise invertierbar und $a_1 + a_2 = b$.[1] ■

Nun haben wir alle Mittel beisammen, um eine entscheidende Feststellung treffen zu können:

106.4 Satz *H ist ein (zweiseitiges) Ideal in R und enthält das Radikal von R.*[2]

Beweis. Daß Vielfache und Summen von Elementen aus H wieder zu H gehören, ist trivial bzw. eine Folge von (106.5). Fassen wir nun Produkte bs mit $b \in R$, $s \in H$ ins Auge. Wegen des letzten Hilfssatzes haben wir $b = a_1 + a_2$ mit $a_1, a_2 \in G$. Für jedes $a \in G$ ist $e - aa_js \in G$, also $a_js \in H$ $(j = 1, 2)$ und damit auch $bs = a_1s + a_2s \in H$. Ganz entsprechend verfährt man mit dem Produkt sb: wegen (106.4) ist $e - sa_ja \in G$ für jedes $a \in G$, also $sa_j \in H$ und damit auch $sb = sa_1 + sa_2 \in H$. H ist also tatsächlich ein Ideal. Daß es das Radikal von R umfaßt, lehrt ein einziger Blick auf dessen Definition (106.1). ■

---

[1] Dies ist die einzige Stelle, an der wir topologische Eigenschaften von R heranziehen müssen.

[2] H ist übrigens auch abgeschlossen (s. Aufgabe 2).

Sei nun E ein unendlichdimensionaler Banachraum und h der kanonische Homomorphismus von $\mathscr{L}(E)$ auf die Banachalgebra $\tilde{\mathscr{L}} := \mathscr{L}(E)/\mathscr{K}(E)$. Wie im Beweis des Satzes 106.2 sieht man, daß das Rieszideal in $\mathscr{L}(E)$ gerade das Urbild $h^{-1}(\mathfrak{r})$ des Radikals $\mathfrak{r}$ von $\tilde{\mathscr{L}}$ ist (benutze Satz 75.11).[1] Definieren wir H durch (106.2) mit $R := \tilde{\mathscr{L}}$, so ist $h^{-1}(H)$ ein Ideal in $\mathscr{L}(E)$, das offenbar ganz aus Rieszschen Operatoren besteht und das Rieszideal $h^{-1}(\mathfrak{r})$ umfaßt - wegen dessen Maximalität also mit ihm zusammenfällt. Ziehen wir noch (106.5) heran und nennen wir $S \in \mathscr{L}(E)$ eine Fredholmstörung, wenn $A-S$ für jeden Fredholmoperator A selbst wieder ein solcher ist, so liefern uns die obigen Untersuchungen ohne Umschweife die folgende, *rein operatorentheoretische* Charakterisierung des Rieszideals:

106.5 Satz *Das Rieszideal ist gerade die Menge aller Fredholmstörungen.*[2]

Ist E ein unendlichdimensionaler separabler Hilbertraum, so gibt es nach einem brillanten Satz von Calkin (1941) in $\mathscr{L}(E)$ nur ein einziges echtes, abgeschlossenes Ideal $\neq \{0\}$, nämlich $\mathscr{K}(E)$. Dieses muß also notwendigerweise auch das Rieszideal von $\mathscr{L}(E)$ sein. Dieselbe Situation hat man im Falle $E := l^p$ $(1 \leqslant p < \infty)$ und $:= (c_0)$ (s. Gochberg, Markus und Feldman (1960)).

Aufgaben

+**1.** In einer saturierten Operatorenalgebra $\mathscr{A}(E)$ gibt es genau ein Φ-Ideal, das alle Φ-Ideale enthält.

2. Das durch (106.2) definierte Ideal H in der Banachalgebra R ist abgeschlossen.

3. Das Rieszideal in $\mathscr{L}(E)$ stimmt überein mit der Menge

$$\mathscr{S} := \{S \in \mathscr{L}(E) : AS \in P(E) \text{ für alle } A \in \Phi(E)\}.$$

Hinweis: Zeige zuerst: $S \in \mathscr{S} \iff I - AS \in \Phi(E)$ für alle $A \in \Phi(E)$ (s. Satz 105.1). Gehe dann zu Restklassen in $\mathscr{L}(E)/\mathscr{K}(E)$ über.

---

[1] In Satz 106.2 haben wir das Ideal $\mathscr{F}(E)$ benutzt, weil es i. allg. leichter zu beherrschen ist als $\mathscr{K}(E)$, jetzt nehmen wir $\mathscr{K}(E)$, weil $\mathscr{L}(E)/\mathscr{K}(E)$ mit Sicherheit eine Banachalgebra ist (was man von $\mathscr{L}(E)/\mathscr{F}(E)$ nicht sagen kann). *Im übrigen kann man offenbar in Satz* 106.2 $\mathscr{F}(E)$ *durch irgendein festes Φ-Ideal $\mathscr{J}_0$ ersetzen.*

[2] S. auch Aufgabe 3.

107 Wesentliche Spektren

In diesem Abschnitt sei E ein Banachraum über **C** *und* $A \in \mathscr{L}(E)$.

Die Punkte der Resolventenmenge von A sind in gewissem Sinne „gutartig“: Die Gleichung $(\lambda I - A)x = y$ ist für $\lambda \in \varrho(A)$ - und nur für ein solches λ - bei beliebigem y stets eindeutig auflösbar (und die Lösung hängt überdies stetig von der rechten Seite ab). Nun könnte man daran denken, neben den Elementen von $\varrho(A)$ auch noch solche Punkte λ als „gutartig“ anzusehen, für die $\lambda I - A$ (oder die Gleichung $(\lambda I - A)x = y$) ein leicht überschaubares Verhalten zeigt; die nicht gutartigen Punkte würden dann eine Teilmenge des Spektrums, ein „wesentliches Spektrum“ bilden. Beispiele für Mengen gutartiger Punkte sind

$$\varrho_1(A) := \{\lambda : \operatorname{ind}(\lambda I - A) = 0 \textit{ und } p(\lambda I - A) = q(\lambda I - A) < \infty\} = P_A,$$

$$\varrho_2(A) := \{\lambda : \operatorname{ind}(\lambda I - A) = 0\},$$

$$\varrho_3(A) := \{\lambda : \operatorname{ind}(\lambda I - A) \textit{ existiert}\} = \Phi_A,$$

$$\varrho_4(A) := \{\lambda : \lambda I - A \textit{ ist normal auflösbar}\}.$$

In $\sigma_k(A) := \mathbf{C} \setminus \varrho_k(A)$ $(k = 1, \ldots, 4)$ erhalten wir dann vier wesentliche Spektren. Die folgenden Inklusionen bedürfen keiner weiteren Worte

$$\varrho(A) \subset \varrho_1(A) \subset \varrho_2(A) \subset \varrho_3(A) \subset \varrho_4(A), \quad \textit{also} \quad \sigma(A) \supset \sigma_1(A) \supset \sigma_2(A) \supset \sigma_3(A) \supset \sigma_4(A).$$

Jedes dieser wesentlichen Spektren entsteht, indem man aus $\sigma(A)$ Punkte entfernt, die man nach einem bestimmten Kriterium noch als gutartig ansieht. Offenbar ist

$$\sigma_3(A) = \sigma(\hat{A}), \quad \hat{A} \text{ die Restklasse von } A \text{ in } \mathscr{L}(E)/\mathscr{K}(E).$$ [1]

Ist E endlichdimensional, so sind alle wesentlichen Spektren leer; im Falle unendlicher Dimensionen haben wir

$$\sigma_k(A) = \{0\} \quad (k = 1, 2, 3) \quad \textit{für jeden Rieszoperator } A.$$

In diesem Abschnitt wollen wir uns damit begnügen, $\sigma_2(A)$ ein wenig genauer ins Auge zu fassen. Wir nennen $\sigma_2(A)$ das essentielle oder Weylsche Spektrum von A und bezeichnen es fortan mit $\sigma_e(A)$. Entsprechend sei $\varrho_e(A) := \varrho_2(A)$, also

$$\varrho_e(A) := \{\lambda : \operatorname{ind}(\lambda I - A) = 0\}, \qquad \sigma_e(A) := \mathbf{K} \setminus \varrho_e(A).$$

107.1 Satz *$\sigma_e(A)$ ist abgeschlossen und liegt ganz in dem abgeschlossenen Kreis um 0 mit dem Radius $r_\Phi(A)$* (s. (104.7)). *Ist E unendlichdimensional, so gehört mindestens ein Punkt von $\sigma_e(A)$ zu dem Rande dieses Kreises.*

Beweis. $\varrho_e(A)$ besteht aus allen Komponenten des Fredholmbereiches Φ_A, auf denen $\operatorname{ind}(\lambda I - A)$ verschwindet (Satz 104.6), ist also offen; infolgedessen ist

[1] $\sigma_3(A)$ hatten wir in Satz 104.9 das Fredholmspektrum genannt.

$\sigma_e(A)$ abgeschlossen und liegt in dem angegebenen Kreis. Nun sei $\dim E = \infty$. Dann ist - mit den Bezeichnungen des Beweises von Satz 104.8 - $r_\Phi(A) = r(\tilde{A})$ (s. (104.9)), auf der Kreislinie $|\lambda| = r(\tilde{A})$ liegt ein Punkt λ_0 aus $\sigma(\tilde{A})$ (s. Nr. 96), λ_0 gehört also nicht zu Φ_A (Satz 75.11) und damit erst recht nicht zu $\varrho_e(A)$. ■

Der übernächste Satz wird zeigen, daß die Punkte von $\sigma_e(A)$ außergewöhnlich fest in $\sigma(A)$ verwurzelt sind: Man kann sie nicht aus $\sigma(A)$ entfernen, indem man zu A Operatoren aus einem Φ-Ideal addiert. Zum Beweis benötigen wir einen einfachen

107.2 Satz *Für jedes $T \in \Phi(E)$ und jedes K aus einem Φ-Ideal in $\mathscr{L}(E)$ ist*

$$\operatorname{ind}(T+K) = \operatorname{ind}(T).$$

Dies wird genauso bewiesen wie Satz 71.5; man beachte nur, daß man alle dort auftretenden Operatoren im vorliegenden Falle stetig wählen kann und daß $\operatorname{ind}(I-K) = 0$ ist (Satz 106.1). ■

107.3 Satz *Mit jedem Φ-Ideal $\mathscr{J}$ in $\mathscr{L}(E)$ ist*

$$\sigma_e(A) = \bigcap_{K \in \mathscr{J}} \sigma(A+K).$$

Wir beweisen die Behauptung in der folgenden Formulierung:

$$\lambda \in \varrho_e(A) \Longleftrightarrow \textit{es gibt ein } K \in \mathscr{J} \textit{ mit } \lambda \in \varrho(A+K).$$

Ist $\lambda \in \varrho_e(A)$, so gibt es nach Satz 77.2 ein bijektives $R \in \mathscr{L}(E)$ und ein $K \in \mathscr{F}(E) \subset \mathscr{J}$ mit $\lambda I - A = R + K$. Infolgedessen ist $\lambda I - (A+K)$ bijektiv, also $\lambda \in \varrho(A+K)$. Nun sei umgekehrt $\lambda \in \varrho(A+K)$ für ein gewisses $K \in \mathscr{J}$. Dann ist $\operatorname{ind}(\lambda I - A - K) = 0$, wegen Satz 107.2 muß also auch $\operatorname{ind}(\lambda I - A) = 0$ sein und somit λ in $\varrho_e(A)$ liegen. ■

Spektralabbildungssätze für wesentliche Spektren findet man bei Gramsch-Lay (1971).

Aufgaben

+**1. Φ_0-Ideale** Ein Φ-Ideal $\mathscr{J}$ in der Operatorenalgebra $\mathscr{A}(E)$ (E ein beliebiger Vektorraum) heißt Φ_0-Ideal, wenn $\operatorname{ind}(I-K)$ für alle $K \in \mathscr{J}$ verschwindet. Ist $\mathscr{A}(E)$ saturiert, so ist für jeden Fredholmoperator A in $\mathscr{A}(E)$ und jedes K aus einem Φ-Ideal $\mathscr{J}$ auch $A + K \in \Phi(\mathscr{A}(E))$; ist $\mathscr{J}$ sogar ein Φ_0-Ideal, so gilt $\operatorname{ind}(A+K) = \operatorname{ind}(A)$.

Hinweis: Satz 75.11 und Beweis von Satz 71.5. - Beispiele für Φ_0-Ideale sind $\mathscr{F}(E)$ und $\mathscr{K}(E)$; vgl. auch Satz 106.1.

2. $\mathscr{A}(E)$ sei eine saturierte Operatorenalgebra auf E und $\Phi_0 := \{A \in \Phi(\mathscr{A}(E)) : \operatorname{ind}(A) = 0\}$. Zeige: a) Ein Ideal $\mathscr{J} \supset \mathscr{F}(\mathscr{A}(E))$ in $\mathscr{A}(E)$ ist ein Φ_0-Ideal $\Longleftrightarrow \Phi_0 + \mathscr{J} \subset \Phi_0$.

b) Es gibt genau ein maximales Φ_0-Ideal $\mathscr{J}_m$ in $\mathscr{A}(E)$; jedes Φ_0-Ideal ist in $\mathscr{J}_m$ enthalten. Hinweis für b): Wende das Zornsche Lemma auf die durch Inklusion geordnete nichtleere Menge der Φ_0-Ideale an und benutze a) für den Eindeutigkeitsbeweis.

3. Der Darstellungssatz 77.2 für Fredholmoperatoren in saturierten Operatorenalgebren gilt unverändert, wenn man das dort benutzte Ideal $\mathscr{F}(\mathscr{A}(E))$ durch ein beliebiges Φ_0-Ideal ersetzt. Hinweis: Aufgabe 1.

+**4. Spektren in saturierten Algebren** Sei $\mathscr{A}(E)$ eine saturierte Operatorenalgebra auf dem Vektorraum E über $\mathbf{K}$ und $A \in \mathscr{A}(E)$. Das Spektrum $\sigma(A)$ von A sei das Komplement von $\varrho(A) := \{\lambda : (\lambda I - A)^{-1} \in \mathscr{A}(E)\}$ in $\mathbf{K}$, das essentielle Spektrum $\sigma_e(A)$ das Komplement von $\varrho_e(A) := \{\lambda : \lambda I - A \in \Phi(\mathscr{A}(E)),\ \operatorname{ind}(\lambda I - A) = 0\}$. Zeige: Mit jedem Φ_0-Ideal $\mathscr{J}$ in $\mathscr{A}(E)$ ist $\sigma_e(A) = \bigcap_{K \in \mathscr{J}} \sigma(A+K)$.

Hinweis: Aufgaben 1 und 3.

+**5. $\sigma_e(A)$ hängt stetig von A ab** Sei E ein komplexer Banachraum, und die Folge $(A_n) \subset \mathscr{L}(E)$ strebe gleichmäßig gegen $A \in \mathscr{L}(E)$. Dann konvergiert $\sigma_e(A_n) \to \sigma_e(A)$ in folgendem Sinne: Zu jeder offenen Menge $V \supset \sigma_e(A)$ gibt es ein $n_0 = n_0(V)$ mit $\sigma_e(A_n) \subset V$ für alle $n > n_0$ (vgl. Satz 96.5).

Hinweis: Wäre die Behauptung falsch, so gäbe es Indizes $n_1 < n_2 < \cdots$ und Zahlen $\lambda_{n_k} \in \sigma(A_{n_k})$, die nicht in V liegen. O. B. d. A. darf man annehmen, daß $\lambda_{n_k} \to \lambda_0$ konvergiert. λ_0 gehört nicht zu V, also auch nicht zu $\sigma_e(A)$. Mit Satz 81.6 erhält man nun $\lambda_{n_k} \notin \sigma_e(A_{n_k})$ für alle hinreichend großen k, in Widerspruch zur Wahl der λ_{n_k}.

XV Anwendungen

108 Eine Spektralbedingung für die Konvergenz der Neumannschen Reihe. Stabilität linearer Differentialgleichungssysteme

Aus den Sätzen 12.4 und 96.1 ergibt sich mit einem Schlag der schöne

108.1 Satz *Für den stetigen Endomorphismus K des komplexen Banachraumes E konvergiert die Neumannsche Reihe $\sum K^\nu$ genau dann gleichmäßig, wenn das Spektrum von K ganz im* Innern *des Einheitskreises liegt.*

Jeder Spektralpunkt $\neq 0$ eines kompakten Operators ist ein Eigenwert (Satz 95.1). Aus dem eben Festgestellten erhalten wir also sofort den

108.2 Satz *Für den kompakten Endomorphismus K des komplexen Banachraumes E konvergiert die Neumannsche Reihe $\sum K^\nu$ genau dann gleichmäßig, wenn alle Eigenwerte von K im* Innern *des Einheitskreises liegen.*

Jede (n, n)-Matrix $\boldsymbol{K}$ über $\mathbf{C}$ definiert einen Endomorphismus K von $\mathbf{C}^n$, den wir ohne Bedenken mit $\boldsymbol{K}$ identifizieren dürfen (vgl. den Anfang der Nr. 14). Versehen wir $\mathbf{C}^n$ mit irgendeiner Norm, so ist $\boldsymbol{K}$ kompakt. Und da die Konvergenz einer Matrizenfolge bezüglich einer Abbildungsnorm auf $\mathscr{S}(\mathbf{C}^n)$ gleichbedeutend ist mit der elementweisen Konvergenz (s. wieder Nr. 14), gewinnen wir aus Satz 108.2 ohne Umstände den vielbenutzten

108.3 Satz *Ist $\boldsymbol{K}$ eine (n, n)-Matrix über $\mathbf{C}$, so konvergiert die Neumannsche Reihe $\sum \boldsymbol{K}^\nu$ genau dann elementweise, wenn jeder Eigenwert von $\boldsymbol{K}$ im* Innern *des Einheitskreises liegt.*

Entsprechendes läßt sich natürlich auch für die Neumannsche Reihe eines *Fredholmschen Integraloperators K: $C[a,b] \to C[a,b]$ mit stetigem Kern* aussprechen. Sie kann also nicht gleichmäßig konvergieren, wenn K einen Eigenwert mit Betrag 1 besitzt. Diese eigentümliche Schwierigkeit hatten wir schon in Nr. 85 angedeutet, und wir sollten uns nun vor Augen halten, daß der zur Integralgleichung (85.8) des (inneren und äußeren) Dirichletschen Problems gehörende Operator K fatalerweise den Eigenwert 1 besitzt (s. die Diskussion ab (85.11)). Das Dirichletsche Problem gehört also nicht zum Machtbereich der Neumannschen Reihe - obwohl diese doch gerade zu seiner Bewältigung geschaffen wurde. Wir begegnen hier einer merkwürdigen mathematischen Ironie, die auch sonst in unserer Wissenschaft nicht eben selten ist.

Der Satz 108.3 schlägt nur dann zu unserem Vorteil aus, wenn wir uns die Eigenwerte von $\boldsymbol{K}$ verschaffen können. Dies wird uns nur selten ohne erheblichen Aufwand glücken. Umso dankbarer wird man daher für praktikable Eigenwert*abschätzungen* sein. Eine der nützlichsten gibt uns der

108.4 Satz von Gerschgorin *Sei* $A:=(\alpha_{jk})$ *irgendeine* (n,n)*-Matrix über* $\mathbf{C}$ *und* $r_j:=\sum_{\substack{k=1\\k\neq j}}^{n}|\alpha_{jk}|$. *Dann liegt jeder Eigenwert von* A *in mindestens einem der* n *„Gerschgorinkreise"* $K_{r_j}[\alpha_{jj}]$ *um die Hauptdiagonalglieder* α_{jj}.[1]

Der Beweis ist denkbar einfach. Sei α ein Eigenwert von A und $x:=(\xi_1,\ldots,\xi_n)$ ein zugehöriger Eigenvektor:

$$\alpha x=Ax \quad \text{oder also} \quad \alpha\xi_i=\sum_{k=1}^{n}\alpha_{ik}\xi_k \quad \text{für } i=1,\ldots,n.$$

Mit $|\xi_j|=\max_{k=1}^{n}|\xi_k|$ ist dann

$$|\xi_j|\,|\alpha-\alpha_{jj}|=|\alpha\xi_j-\alpha_{jj}\xi_j|=\Big|\sum_{k\neq j}\alpha_{jk}\xi_k\Big|\leqslant\Big(\sum_{k\neq j}|\alpha_{jk}|\Big)|\xi_j|.$$

Division durch $|\xi_j|$ liefert $\alpha\in K_{r_j}[\alpha_{jj}]$. ■

Wir werfen nun noch einen kurzen Blick auf das physikalisch und technisch so wichtige Problem der

Stabilität von Systemen linearer Differentialgleichungen Zunächst betrachten wir das System erster Ordnung

$$(\mathrm{S}_1) \qquad u'=Au \quad \text{mit einer } (n,n)\text{-Matrix} \quad A:=(\alpha_{jk}).$$

Ein solches System heiße stabil, wenn $\lim_{t\to+\infty}u(t)=0$ ist für *jede* seiner Lösungen u. Eine genaue Stabilitätsbedingung gibt uns der

108.5 Satz *Das System* (S_1) *ist dann, aber auch nur dann stabil, wenn alle Eigenwerte von* A negativen Realteil *haben.*

Beweis. Sei (S_1) stabil, α ein Eigenwert von A und u_0 ein zugehöriger Eigenvektor. Nach Satz 17.1 ist dann

$$u(t):=e^{At}u_0 \quad \text{eine auf } \mathbf{R} \text{ definierte Lösung von } (\mathrm{S}_1).$$

[1] Im Falle $r_j=0$ soll $K_{r_j}[\alpha_{jj}]:=\{\alpha_{jj}\}$ sein.

Wegen der Stabilität von (S_1) strebt für $t\to+\infty$ jedenfalls

$$u(t)=\left(\sum_{k=0}^{\infty}\frac{t^k}{k!}A^k\right)u_0=\sum_{k=0}^{\infty}\frac{t^k}{k!}A^k u_0=\sum_{k=0}^{\infty}\frac{t^k}{k!}\alpha^k u_0=\mathrm{e}^{\alpha t}u_0\to 0,$$

und da $u_0\neq 0$ ist, folgt daraus $\mathrm{e}^{\alpha t}\to 0$, also $|\mathrm{e}^{\alpha t}|=\mathrm{e}^{t\operatorname{Re}\alpha}\to 0$ für $t\to+\infty$. Somit muß $\operatorname{Re}\alpha<0$ sein.

Nun seien umgekehrt die Realteile aller Eigenwerte α von A negativ. Dann ist auch die Spektralabszisse $\tau(A)$ von A negativ, und aus Satz 99.4 folgt nun sofort

$$\|\mathrm{e}^{mA}\|<1 \quad \text{für alle späten } m\in\mathbf{N}, \text{ also auch} \quad r(\mathrm{e}^A)<1;$$

dabei bedeute $\|\cdot\|$ die zu der (willkürlich gewählten) Norm von $\mathbf{C}^n$ gehörende Abbildungsnorm auf $\mathscr{S}(\mathbf{C}^n)$. Die Eigenwerte von e^A liegen daher allesamt im Innern des Einheitskreises, und aus Satz 108.3 (oder auch direkt aus der Abschätzung $r(\mathrm{e}^A)<1$) ergibt sich somit

$$\mathrm{e}^{mA}\Rightarrow 0, \quad \text{also} \quad \mathrm{e}^{mA}u_0\to 0 \quad \text{für jedes } u_0\in\mathbf{C}^n. \tag{108.1}$$

Ist $u(t)$ eine Lösung von (S_1) und $u_0:=u(0)$, so muß $u(t)=\mathrm{e}^{tA}u_0$ sein (Satz 17.1), und aus (108.1) folgt nun

$$u(m)\to 0 \quad \text{für } m\to+\infty. \tag{108.2}$$

Jedes $t\geqslant 1$ läßt sich in der Form $t=m+\tau_m$ mit $0\leqslant\tau_m<1$ schreiben, und damit haben wir

$$u(t)=\mathrm{e}^{tA}u_0=\mathrm{e}^{(m+\tau_m)A}u_0=\mathrm{e}^{\tau_m A}u(m),$$

also $\quad \|u(t)\|\leqslant\|\mathrm{e}^{\tau_m A}\|\;\|u(m)\|\leqslant e^{\|A\|}\|u(m)\|.$

Und nun sagt uns (108.2), daß $u(t)\to 0$ strebt für $t\mapsto+\infty$, (S_1) also tatsächlich stabil ist. ■

Die *freien Schwingungen endlich vieler gekoppelter Massenpunkte* werden beherrscht von dem Differentialgleichungssystem zweiter Ordnung

$(S_2)\qquad Mv''+Rv'+Fv=0 \quad (M, R, F\ (n,n)\text{-Matrizen}, \det M\neq 0).$

Dieses System soll stabil heißen, wenn $\lim\limits_{t\to+\infty}v(t)=\lim\limits_{t\to+\infty}v'(t)=0$ ist für *jede* seiner Lösungen v, wenn also *jede Schwingung ausschlags- und geschwindigkeitsmäßig mit der Zeit abklingt.* Der nächste Satz gibt die genauen Bedingungen dafür an, daß die Schwingungen so geruhsam ihre Tage beschließen:

108.6 Satz *Das System* (S_2) *ist dann und nur dann stabil, wenn jede Lösung der Gleichung*

$$\det(\lambda^2 M+\lambda R+F)=0 \tag{108.3}$$

negativen Realteil *hat.*

Den Beweis sollte der Leser mit Hilfe der Andeutungen in Aufgabe 6 ohne übermäßige Mühe selbst erbringen können.

Aufgaben

1. Liegt das Spektrum von $K \in \mathscr{L}(E)$ (E ein komplexer Banachraum) ganz im Innern des Einheitskreises, so strebt $\nu^p K^\nu \Rightarrow 0$ für $\nu \to \infty$ und jedes natürliche p.

2. Konvergiert die Neumannsche Reihe der Matrix

$$\begin{pmatrix} 1/2 & 1/100 & 1/430 & 1/225 \\ 1/50 & 1/3 & 3/1510 & 4/75 \\ 2/587 & 7/1251 & 1/4 & 5/10381 \\ 3/94 & 2/381 & 9/522 & 1/5 \end{pmatrix}?$$

3. Die Inverse A^{-1} der (n,n)-Matrix $A := (a_{jk})$ existiert gewiß dann, wenn $|\alpha_{jj}| > \sum_{k \neq j} |\alpha_{jk}|$ für $j = 1, \ldots, n$ ausfällt.

4. Mit den Voraussetzungen und Bezeichnungen des Satzes von Gerschgorin gilt für jeden Eigenwert α von A die Abschätzung

$$|\alpha| \geqslant \min_{j=1}^{n} (|\alpha_{jj}| - r_j).$$

5. Formuliere und beweise einen „Gerschgorinschen Satz", der mit Spaltenbetrags- statt Zeilenbetragssummen arbeitet.

6. Beweise den Satz 108.6.

Hinweis: a) (S_2) ist äquivalent zu (S_1) mit der $(2n, 2n)$-Matrix

$$A := \begin{pmatrix} O & I \\ -M^{-1}F & -M^{-1}R \end{pmatrix},$$

genauer: Jede Lösung v von (S_2) liefert eine Lösung $u := \begin{pmatrix} v \\ v' \end{pmatrix}$ von (S_1); für jede Lösung $u := \begin{pmatrix} v \\ w \end{pmatrix}$ von (S_1) ist $w = v'$ und v eine Lösung von (S_2). b) $\det(\lambda I - A) = \gamma \det(\lambda^2 M + \lambda R + F)$ mit einem $\gamma \neq 0$.

7. Die Matrizen M, R und F in (S_2) seien streng positiv: $(Mx|x) > 0$ für alle Vektoren $x \neq 0$, entsprechend bei R und F (dieser Fall ist in der Schwingungstheorie von besonderer Bedeutung). Zeige, daß dann (S_2) stabil ist.

Hinweis: Zu jeder Nullstelle λ von (108.3) gibt es ein $x_\lambda \neq 0$ mit $\lambda^2 M x_\lambda + \lambda R x_\lambda + F x_\lambda = 0$.

109 Ein spektraltheoretischer Beweis des Satzes von Lomonosov

Diesen bedeutenden Satz über hyperinvariante Unterräume eines kompakten Operators (Satz 80.3) hat Lomonosov 1973 mittels des Schauderschen Fixpunktsatzes bewiesen. Vier Jahre später hat M. Hilden einen Beweis geliefert, der zwar von dem Lomonosovschen Ansatz ausgeht, ihn dann aber mit Hilfe des Satzes 96.1 über den Spektralradius in überraschend elementarer Weise zu Ende führt (s. Michaelis (1977)). Diesen Beweis stellen wir nun dar.
Sei $A \neq 0$ ein kompakter Endomorphismus des komplexen Banachraumes E[1] und $\mathscr{R} := \{B \in \mathscr{L}(E): AB = BA\}$. Die Behauptung lautet: *Es gibt einen nichttrivialen abgeschlossenen Unterraum von E, der unter allen $B \in \mathscr{R}$ invariant ist.* Wir nehmen an, sie sei falsch. Dann existiert, wie im Lomonosovschen Beweis des Satzes 80.3 schon gezeigt worden ist, eine abgeschlossene Kugel

$$K := \{x \in E: \|x - x_0\| \leqslant 1\} \quad \text{mit} \quad 0 \notin A(K),$$

für die (wegen $A0 = 0$) dann auch

$$0 \notin K \tag{109.1}$$

ist, ferner gibt es in $\mathscr{R}$ endlich viele Operatoren $B_1, \ldots, B_m$, so daß gilt:

$$\textit{Zu jedem } y \in A(K) \textit{ existiert ein } B_i \textit{ mit } B_i y \in K \tag{109.2}$$

(vgl. (80.7)). Jetzt erst beginnt die Hildensche Beweisvariante. Wegen (109.2) gibt es zu $Ax_0 \in A(K)$ ein $B_{i_1} \in \{B_1, \ldots, B_m\}$ mit $B_{i_1}(Ax_0) \in K$. Und da somit $A(B_{i_1}Ax_0)$ in $A(K)$ liegt, muß – wiederum wegen (109.2) – ein $B_{i_2} \in \{B_1, \ldots, B_m\}$ mit $B_{i_2}(AB_{i_1}Ax_0) \in K$ vorhanden sein. So fortfahrend erhält man eine Folge von Operatoren $B_{i_k} \in \{B_1, \ldots, B_m\}$ mit

$$x_n := B_{i_n}A \cdots B_{i_2}AB_{i_1}Ax_0 \in K. \tag{109.3}$$

Da die B_{i_k} mit A kommutieren, ist $x_n = B_{i_n} \cdots B_{i_1}A^n x_0$, und mit $\mu := \max_{k=1}^{m} \|B_k\|$ erhält man daraus die Abschätzung

$$\|x_n\| \leqslant \mu^n \|A^n\| \, \|x_0\|. \tag{109.4}$$

Dank unserer eingangs gemachten Annahme, der Lomonosovsche Satz sei falsch, kann A keinen Eigenwert besitzen. Wegen Satz 95.1 ist also $\sigma(A) = \{0\}$ und somit $r(A) = \lim \|A^n\|^{1/n} = 0$ (Satz 96.1). Aus (109.4) folgt nun $\|x_n\|^{1/n} \to 0$, also erst recht $x_n \to 0$, und da alle x_n in dem abgeschlossenen K liegen, muß dann auch 0 zu K gehören – im Widerspruch zu (109.1). An dieser Ungereimtheit scheitert die Annahme, der Satz von Lomonosov sei falsch. ■

[1] Mit A 41.5 erkennt man leicht, daß man o.B.d.A. E als *vollständig* voraussetzen darf (in Satz 80.3 hatten wir die Vollständigkeit nicht gefordert).

110 Positive Matrizen, Markoffsche Prozesse und Wachstumsvorgänge

Wir erinnern eingangs noch einmal daran, daß wir in Nr. 14 verabredet hatten, eine (n,n)-Matrix $A:=(\alpha_{jk})$ mit dem von ihr vermöge (14.1) erzeugten Endomorphismus A von $\mathbf{C}^n$ zu identifizieren, so daß wir unbefangen von der Resolvente, dem Spektrum usw. von A reden dürfen.

A wird positiv genannt (in Zeichen: $A\geqslant 0$), wenn alle $\alpha_{jk}\geqslant 0$ sind.[1] Um positive Matrizen zu studieren, empfiehlt es sich, in $\mathbf{C}^n$ vermöge der Festsetzung

$$(\xi_1,\ldots,\xi_n)\leqslant(\eta_1,\ldots,\eta_n):\Longleftrightarrow \xi_1\leqslant\eta_1,\ldots,\xi_n\leqslant\eta_n,$$

ergänzend:

$$(\xi_1,\ldots,\xi_n)<(\eta_1,\ldots,\eta_n):\Longleftrightarrow \xi_1<\eta_1,\ldots,\xi_n<\eta_n,$$

eine Ordnung einzuführen.[2] Im Sinne dieser Ordnung nennen wir den Vektor $x\in\mathbf{C}^n$ positiv und schreiben $x\geqslant 0$, wenn alle seine Komponenten $\geqslant 0$ sind. Für jedes $x:=(\xi_1,\ldots,\xi_n)\in\mathbf{C}^n$ setzen wir schließlich

$$|x|:=(|\xi_1|,\ldots,|\xi_n|).$$

Die folgenden Aussagen liegen nun auf der Hand:

$$A\geqslant 0 \Longleftrightarrow Ax\geqslant 0 \quad \textit{für alle } x\geqslant 0, \tag{110.1}$$

$$|Ax|\leqslant A|x|, \quad \textit{falls } A\geqslant 0 \textit{ ist}. \tag{110.2}$$

Ebenso offenkundig ist, daß *Summen und Produkte positiver (n,n)-Matrizen wieder positiv sind.*

$\mathbf{C}^n$ statten wir nun mit der Maximumsnorm aus. Nach Satz 95.3b haben wir dann für die Resolvente R_λ von A die Darstellung

$$R_\lambda=\sum_{k=0}^{\infty}\frac{A^k}{\lambda^{k+1}} \quad \text{für } |\lambda|>r(A).^{3)} \tag{110.3}$$

Aus ihr folgt sofort:

$$R_\lambda\geqslant 0, \quad \textit{falls} \quad A\geqslant 0 \quad \textit{und} \quad \lambda>r(A) \quad \textit{ist}. \tag{110.4}$$

Wesentlich tiefer als diese eher banalen Feststellungen liegt der berühmte

---

[1] *Diese* Positivität einer Matrix hat nicht das geringste zu tun mit der in Nr. 29 erklärten Positivität eines symmetrischen Operators!

[2] Diese Ordnung ist natürlich keineswegs eine Vollordnung.

[3] $r(A)$ ist der Spektralradius von A. Daß wir einfach von *dem* Spektralradius einer Matrix reden dürfen, ohne auf die in $\mathbf{C}^n$ eingeführte Norm Rücksicht zu nehmen, haben wir in Nr. 14 auseinandergesetzt.

110.1 Satz von Frobenius[1] *Der Spektralradius $r(A)$ einer positiven (n,n)-Matrix A ist ein Eigenwert von A, und mindestens einer der zugehörigen Eigenvektoren ist positiv.*

Beweis. Wegen (110.3) gilt

$$R_\lambda y = \sum_{k=0}^{\infty} \frac{A^k y}{\lambda^{k+1}} \quad \text{für } |\lambda| > r(A) \quad \text{und} \quad y \in \mathbf{C}^n, \tag{110.5}$$

und daraus folgt mit (110.2), da jedes $A^k \geqslant 0$ ist,

$$|R_\lambda y| \leqslant \sum_{k=0}^{\infty} \frac{A^k |y|}{|\lambda|^{k+1}} = R_{|\lambda|}|y| \quad \text{für } |\lambda| > r(A). \tag{110.6}$$

Da auf dem Rande des Spektralkreises von A mindestens ein Spektralpunkt von A liegt, gibt es nach A 95.4 eine Folge komplexer Zahlen λ_j mit

$$|\lambda_j| > r(A), \quad |\lambda_j| \to r(A) \quad \text{und} \quad \|R_{\lambda_j}\| \to \infty. \tag{110.7}$$

Mit Hilfe des Satzes 40.2 von der gleichmäßigen Beschränktheit erkennen wir nun, daß ein Vektor y vorhanden sein muß, für den die Folge der Zahlen $\|R_{\lambda_j} y\|_\infty$ unbeschränkt ist. Offenbar dürfen wir uns die λ_j gleich so gewählt denken, daß bereits $\|R_{\lambda_j} y\|_\infty \to \infty$ geht. Da offenbar $\|x\|_\infty = \| |x| \|_\infty$ ist, folgt daraus mit (110.6), daß auch

$$\|R_{|\lambda_j|} |y| \|_\infty \to \infty \tag{110.8}$$

divergiert. Die Folge der

$$x_j := \frac{R_{|\lambda_j|} |y|}{\|R_{|\lambda_j|} |y| \|_\infty}$$

besitzt eine konvergente Teilfolge (Satz 11.7), und wir dürfen ohne weiteres annehmen, daß sogar die *ganze* Folge (x_j) konvergiert. Ihr Grenzwert x hat die Norm 1 und ist $\geqslant 0$ (da alle $x_j \geqslant 0$ sind). Ferner gilt mit $r := r(A)$ die Gleichung

$$\begin{aligned}(rI - A)x_j &= (r - |\lambda_j|)x_j + (|\lambda_j| I - A)x_j \\ &= (r - |\lambda_j|)x_j + \frac{|y|}{\|R_{|\lambda_j|} |y| \|_\infty}.\end{aligned}$$

Läßt man nun $j \to \infty$ rücken, so folgt daraus wegen (110.7) und (110.8) sofort die Gleichung $(rI - A)x = 0$. Sie zeigt, daß $x \geqslant 0$ ein Eigenvektor von A zum Eigenwert $r = r(A)$ ist. ■

---

[1] Georg Frobenius (1849–1917; 68) hat der Matrizentheorie – aber keineswegs nur ihr allein – zahllose wichtige Anstöße gegeben.

Bei einer streng positiven (n,n)-Matrix $A:=(\alpha_{jk})$ (alle $\alpha_{jk}>0$, in Zeichen: $A>0$) läßt sich $r(A)$ durch ein *Variationsverfahren* bestimmen - und aus dieser Bestimmungsmethode fließen sogar noch zahlreiche weitere hochwichtige Resultate. Diesem (auch für die Anwendungen ungemein interessanten) Komplex von Sätzen wenden wir uns nun zu. Durchweg sei $A>0$. Wir machen des öfteren Gebrauch von der einfachen Implikation

$$x \leq y, x \neq y \Rightarrow Ax < Ay,$$

die man der strengen Positivität von A verdankt. $(Ax)_j$ bedeute die j-te Komponente von Ax.

x wollen wir in den folgenden Betrachtungen zulässig nennen, wenn $x \geqslant 0$ und gleichzeitig $\neq 0$ ist. Wir setzen

$$\mu(x) := \min_{j=1}^{n} \frac{(Ax)_j}{\xi_j} \quad \text{für jedes zulässige} \quad x := \begin{pmatrix} \xi_1 \\ \vdots \\ \xi_n \end{pmatrix}, \tag{110.9}$$

mit der Verabredung, im Falle $\xi_j=0$ das Glied $(Ax)_j/\xi_j$ zu unterdrücken (oder, was auf dasselbe hinausläuft, es $=+\infty$ zu setzen). Offenbar ist $\mu(x)=\mu(x/\|x\|_1)>0$ (hier benutzen wir zum ersten Mal die strenge Positivität von A), und daraus ergibt sich zusammen mit der Stetigkeit von μ und der Kompaktheit der Menge $\{x \in \mathbf{C}^n : x \geqslant 0, \|x\|_1 = 1\}$, daß

$$\varrho := \max_{0 \neq x \geq 0} \mu(x) \quad \textit{existiert und positiv ist}. \tag{110.10}$$

Trivialerweise haben wir

$$\mu(x)x \leqslant Ax, \tag{110.11}$$

hingegen gilt

$$\alpha x \leqslant Ax \quad \textit{für kein einziges } \alpha > \mu(x). \tag{110.12}$$

Um dies einzusehen, wählen wir einen Index j so aus, daß

$$\mu(x) = \frac{(Ax)_j}{\xi_j}, \quad \text{also} \quad \mu(x)\xi_j = (Ax)_j$$

wird. Wegen $\mu(x)>0$ ist dann für jedes $\alpha>\mu(x)$ offensichtlich $\alpha\xi_j>(Ax)_j$, und daher kann in der Tat $\alpha x \leqslant Ax$ nicht gelten.

Es ist nunmehr leicht zu überblicken, daß die Ungleichung

$$\varrho x < Ax \quad \textit{für keinen zulässigen Vektor } x \tag{110.13}$$

bestehen kann. Hingegen haben wir

$$\varrho z = Az \quad \textit{für jeden } \text{Extremalvektor } z, \tag{110.14}$$

also für jedes zulässige z mit $\mu(z)=\varrho$. Denn wegen (110.11) ist zunächst $\mu(z)z\leqslant Az$, also $\varrho z\leqslant Az$. Daraus aber würde sich im Falle $\varrho z\neq Az$ sofort $\varrho Az<A(Az)$ ergeben, in offenbarem Widerspruch zu (110.13). Also muß tatsächlich $\varrho z=Az$ sein.

(110.14) bedeutet, daß *ϱ ein (positiver) Eigenwert von A und jeder Extremalvektor ein zugehöriger Eigenvektor $\geqslant 0$ ist.* Wir bemerken noch, daß

$$\textit{jeder Eigenvektor } x\geqslant 0 \textit{ zu } \varrho \textit{ sogar } >0 \textit{ sein muß}, \tag{110.15}$$

insbesondere ist also *jeder Extremalvektor* >0. Denn wegen $x\geqslant 0, x\neq 0$ haben wir $\varrho x=Ax>0$ und somit auch $x>0$.

Angenommen, α wäre ein Eigenwert von A mit $|\alpha|>\varrho$. Für einen zugehörigen Eigenvektor x hätten wir dann

$$|\alpha|>\mu(x) \quad \text{und} \quad |\alpha|\,|x|=|\alpha x|=|Ax|\leqslant A|x|;$$

dies widerspricht aber, da $|x|$ ja zulässig ist, der Aussage (110.12). ϱ erweist sich somit als ein „Maximaleigenwert" von A und daher als identisch mit dem Spektralradius $r(A)$ von A. Alles zusammengefaßt gilt also das folgende

110.2 Maximum-Minimumprinzip *Für jede* streng positive *(n,n)-Matrix A ist*

$$r(A)=\max_{0\neq x\geqslant 0}\min_{j=1}^{n}\frac{(Ax)_j}{\xi_j}, \qquad x:=\begin{pmatrix}\xi_1\\ \vdots\\ \xi_n\end{pmatrix}.$$

Zu diesem Prinzip gibt es als duales Gegenstück ein *Minimum-Maximumprinzip*, das wir uns in Aufgabe 2 vornehmen werden.

Die Untersuchung streng positiver Matrizen kann aber jetzt noch erheblich vertieft werden. Zunächst können wir sicherstellen, daß $\varrho=r(A)$ ein *einfacher* Eigenwert von A ist. Nehmen wir uns nämlich einen *reellen* Eigenvektor x zu ϱ und einen Extremalvektor $z>0$ her, so gibt es eine Zahl γ, mit der $y:=x-\gamma z\geqslant 0$ ist, aber mindestens eine der Komponenten von y verschwindet. Es ist $Ay=\varrho y$, so daß y ein Eigenvektor zu ϱ wäre, falls $y\neq 0$ ausfiele. Dann aber wäre $y(=Ay/\varrho)$ sogar >0, was nicht zu dem Umstand paßt, daß wenigstens eine der Komponenten von y verschwindet. Also muß $y=0$ und somit $x=\gamma z$ sein. Ist nun $x=u+\mathrm{i}v$ ein *komplexer* Eigenvektor zu ϱ, so erkennt man aus dem gerade Bewiesenen, daß $u=\gamma_1 z$, $v=\gamma_2 z$ und somit $x=(\gamma_1+\mathrm{i}\gamma_2)z$ ist. Der Eigenraum von A zu ϱ wird also von dem *einen* Extremalvektor $z>0$ aufgespannt, und ϱ tritt so als *einfacher* Eigenwert hervor.

Aber noch mehr: *Die Nullkettenlänge p von $A-\varrho I$* (die $\geqslant 1$ sein muß) *ist* $=1$. Angenommen nämlich, es sei $p\geqslant 2$. Dann gibt es ein x_0 mit

$$(A-\varrho I)^{p-1}x_0\neq 0 \quad \text{und} \quad (A-\varrho I)^p x_0=0.$$

$(A-\varrho I)^{p-1}x_0$ ist also ein Eigenvektor von A zu ϱ und daher nach dem gerade Bewiesenen ein Vielfaches eines Extremalvektors $z>0$. Indem wir notfalls den Vektor x_0 ein klein wenig modifizieren, dürfen wir ohne Bedenken annehmen, daß er reell ist und der Gleichung

$$(A-\varrho I)^{p-1}x_0=z$$

genügt. Mit $y:=(A-\varrho I)^{p-2}x_0$ ist dann

$$Ay=(A-\varrho I+\varrho I)y=z+\varrho y>\varrho y. \tag{110.16}$$

Falls y nicht zulässig ist, fügen wir ein positives Vielfaches w von z so hinzu, daß $u:=y+w$ zulässig wird. Aus (110.16) folgt dann

$$Au=Ay+Aw>\varrho y+Aw=\varrho y+\varrho w=\varrho u, \quad \text{also} \quad \varrho u<Au,$$

was der Aussage (110.13) widerspricht und so die Annahme $p\geqslant 2$ zuschanden macht. Also ist tatsächlich $p=1$.

Da $A-\varrho I$ trivialerweise eine endliche Bildkettenlänge hat, ergibt sich nun aus Satz 101.2 mit einem Schlag, daß ϱ *einfacher* Pol der Resolvente von A ist und der zu ϱ gehörende Spektralprojektor P den Eigenraum $N(A-\varrho I)$ als Bildraum hat. Demnach ist

$$APx=\varrho Px \quad \text{für alle } x. \tag{110.17}$$

Als letztes zeigen wir, daß ϱ noch viel prononcierter „maximal" ist, als uns bisher deutlich war: *auf dem Rande des Spektralkreises von A liegt nur der* e i n e *Spektralpunkt* ϱ. Sei nämlich α ein Spektralpunkt - also doch ein Eigenwert - von A mit $|\alpha|=\varrho$ und x ein zugehöriger Eigenvektor. Dann ist

$$\varrho|x|=|\alpha|\,|x|=|\alpha x|=|Ax|\leqslant A|x|, \quad \text{also} \quad \varrho\leqslant\mu(|x|), \tag{110.18}$$

und wegen $\mu(|x|)\leqslant\varrho$ erhält man daraus $\mu(|x|)=\varrho$. $|x|$ ist also ein Extremalvektor und als solcher ein Eigenvektor >0 zu ϱ:

$$|x|>0, \qquad A|x|=\varrho|x|. \tag{110.19}$$

Mit (110.18) folgt daraus $|Ax|=A|x|$, insbesondere also

$$\left|\sum_{k=1}^{n}\alpha_{1k}\xi_k\right|=\sum\alpha_{1k}|\xi_k|.$$

In der Dreiecksungleichung $|\sum|\leqslant\sum||$ gilt somit das *Gleichheitszeichen*, und daher müssen alle Summanden $\alpha_{1k}\xi_k$, wegen $\alpha_{1k}>0$ sogar alle Komponenten ξ_k ein und dasselbe Argument φ haben.[1] Daher ist $x = e^{i\varphi}|x|$, und aus (110.19) folgt nun, daß x nicht nur ein Eigenvektor zu α, sondern auch zu ϱ sein muß. Dies ist aber offensichtlich nur möglich, wenn α mit ϱ übereinstimmt.

Indem wir lediglich das bisher Bewiesene noch zusammenfassen, erhalten wir den folgenträchtigen

110.3 Satz von Perron[2] *Der Spektralradius $r(A)$ einer* streng positiven *Matrix A ist ein* einfacher *Eigenwert derselben und ein ebenfalls* einfacher *Pol ihrer Resolvente. Alle anderen Eigenwerte sind dem Betrage nach ausnahmslos $< r(A)$. Jeder Extremalvektor ist ein Eigenvektor > 0 zu $r(A)$.*

Indem wir nun genauso schließen wie im Anfang des Beweises zu Satz 102.5 und mit $\boldsymbol{P}$ wieder den zu $\varrho = r(A)$ gehörenden Spektralprojektor bezeichnen, erhalten wir

$$A^k = \varrho^k \boldsymbol{P} + A_k, \qquad \|A_k\| \leqslant \gamma r^k \quad \text{mit einem geeigneten } r \in (0, \varrho)$$

(vgl. (102.13)). Und daraus wiederum ergibt sich ohne Umschweife der

110.4 Satz *Ist A eine* streng positive *Matrix, so strebt*

$$\frac{A^k}{r^k(A)} \Rightarrow \boldsymbol{P},$$

wobei $\boldsymbol{P}$ den zu $r(A)$ gehörenden Spektralprojektor auf $N(A - r(A)I)$ bedeutet. Für jedes x konvergiert also die Folge der $A^k x / r^k(A)$ (punktweise) gegen ein Vielfaches eines Extremalvektors $z > 0$.

Wir wollen nun einen schwachen Versuch machen, dem Leser die einschneidende Bedeutung unserer Resultate für interessante Fragen der Praxis vor die Augen zu rücken.

Markoffsche Prozesse Wir nehmen an, ein physikalisches System S befinde sich zu jedem der Zeitpunkte $t = 0, 1, 2, \ldots$ in genau einem der m möglichen Zustände $Z_1, \ldots, Z_m$. Zustandsänderungen sollen nur zu den Zeiten $0, 1, 2, \ldots$ möglich sein, und die Wahrscheinlichkeit dafür, daß S aus dem Zustand Z_k zur Zeit t in den Zustand Z_j zur Zeit $t+1$ übergeht, soll – *unabhängig von der Zeit* – gleich p_{jk} sein. Einen derartigen Zufallsprozeß nennt man einen (diskreten) Markoffschen Prozeß. Als Beispiel mag (jedenfalls näherungsweise) die Zustandsänderung des Elektrons im Bohrschen Modell des Wasserstoffatoms dienen; Z_k bedeutet dabei, daß sich das Elektron auf der k-ten seiner zugelassenen Bahnen befindet.

---

[1] Wir haben hier einen gehaltvollen Beleg dafür in Händen, wie förderlich die Kenntnis der Bedingungen sein kann, unter denen in einer Ungleichung das *Gleichheitszeichen* eintritt.

[2] Oskar Perron (1880–1975; 95). Eine schöne Würdigung dieses bedeutenden Mannes aus der Feder von J. Heinhold findet man im Jahrbuch Überblicke der Mathematik 1980, 121–139.

Die Übergangswahrscheinlichkeiten p_{jk} müssen – als Wahrscheinlichkeiten – in dem Intervall $[0,1]$ liegen. Ferner muß $\sum_{j=1}^{m} p_{jk}=1$ sein, denn das System wird aus dem Zustand Z_k zur Zeit t *mit Sicherheit* in einen der Zustände Z_j zur Zeit $t+1$ übergehen. Die Übergangsmatrix $M:=(p_{jk})$ ist also eine Markoffsche Matrix im Sinne von A 102.4. Mit dieser Aufgabe möge sich übrigens der Leser spätestens jetzt vertraut machen.

$\xi_k(n)$ sei die Wahrscheinlichkeit dafür, daß S sich zur Zeit n im Zustand Z_k befindet. Offenbar ist

$$0 \leqslant \xi_k(n) \leqslant 1 \quad \text{und} \quad \sum_{k=1}^{m} \xi_k(n)=1 \tag{110.20}$$

(letzteres, weil S sich zur Zeit t *gewiß* in einem der m möglichen Zustände befindet), der Vektor

$$x(n):=\begin{pmatrix} \xi_1(n) \\ \vdots \\ \xi_m(n) \end{pmatrix}$$

ist also ein „Wahrscheinlichkeitsvektor". Nach den Regeln der Stochastik muß

$$\xi_j(n+1)=\sum_{k=1}^{m} p_{jk}\xi_k(n), \quad \text{also} \quad x(n+1)=Mx(n)$$

und somit

$$x(n)=M^n x(0) \quad \text{für } n=0,1,2,\ldots \tag{110.21}$$

sein. Da hier n in der Regel sehr groß, M^n dann aber nur schwer zu überblicken ist, wird man sich notgedrungen für das *asymptotische* Verhalten von $x(n)$ interessieren müssen. Und dieses ist glücklicherweise von höchst befriedigender Einfachheit, wofern nur M *streng* positiv ist. Wegen

$$r(M)=1 \tag{110.22}$$

(s. A 102.4d) strebt dann nämlich dank des Satzes 110.4 $x(n) \to \alpha z$, wo $z>0$ ein Extremalvektor, nach Satz 110.3 also ein Eigenvektor von M zu dem einfachen Eigenwert 1 ist. Als Grenzwert von Wahrscheinlichkeitsvektoren muß αz selbst ein solcher sein. Mit anderen Worten: *Für große n stabilisieren sich die Wahrscheinlichkeitsvektoren $x(n)$ und stimmen dann praktisch mit dem eindeutig bestimmten Eigenvektor $z/\|z\|_1$ von M zum Eigenwert* 1 *überein* (z *irgendein Eigenvektor* >0 *von M zu* 1). Die k-te Komponente von $z/\|z\|_1$ gibt also mit hinreichender Genauigkeit die Wahrscheinlichkeit dafür an, daß S sich für großes n im Zustand Z_k befindet. Interessanterweise hängt diese „Endverteilung" der Zustandswahrscheinlichkeiten überhaupt nicht mehr von der „Anfangsverteilung" $x(0)$ ab.

Ein wenig komplizierter liegen die Dinge, wenn M nicht mehr >0, sondern nur noch $\geqslant 0$ ist. In diesem Falle können wir lediglich einer „mittleren Stabilität" sicher sein, schärfer: *Für jeden Wahrscheinlichkeitsvektor* $x(0)$ *strebt*

$$\frac{x(0)+x(1)+\cdots+x(n)}{n+1} \to y,$$

wobei y *(trivialerweise) ein Wahrscheinlichkeitsvektor und gleichzeitig Eigenvektor von* M *zum Eigenwert* 1 *ist.* Man braucht, um dessen inne zu werden, nur einen Blick auf den Satz 102.5 (mit $A:=M$ und $\lambda_\nu:=1$) zu werfen und daran zu denken, daß M normaloid ist (s. A 102.4d).

Wachstumsprozesse Es seien uns m verschiedene Typen $T_1, \ldots, T_m$ „erzeugender" Objekte gegeben z. B. biologische Lebewesen oder instabile Elementarteilchen. Zur Zeit $t=n$ $(n=0, 1, 2, \ldots)$ soll jedes Mitglied des Typs T_k - *unabhängig von dem gerade ins Auge gefaßten Zeitpunkt* - α_{jk} Objekte des Typs T_j hervorbringen. Bedeutet $\xi_j(n)$ die zur Zeit $t=n$ vorhandene Mitgliederzahl des Typs T_j, so haben wir also

$$\xi_j(n+1) = \sum_{k=1}^{m} \alpha_{jk}\xi_k(n), \quad j=1, \ldots, m,$$

oder mit

$$A := \begin{pmatrix} \alpha_{11} \ldots \alpha_{1m} \\ \vdots \\ \alpha_{m1} \ldots \alpha_{mm} \end{pmatrix}, \qquad x(n) := \begin{pmatrix} \xi_1(n) \\ \vdots \\ \xi_m(n) \end{pmatrix}$$

kurz $x(n+1)=Ax(n)$ und daher

$$x(n)=A^n x(0) \quad \text{für } n=0, 1, 2, \ldots.$$

$x(0)$ gibt die Anfangsverteilung der Gesamtpopulation auf die m Typen wieder. Und ähnlich wie oben wird sich unser Hauptinteresse auch diesmal wieder auf die Frage richten, ob man belangvolle Aussagen über das Verhalten von $x(n)$ für *große* n machen kann und wie jene ggf. beschaffen sind.

Die Antwort fällt uns von selbst in den Schoß, sofern A *streng* positiv ist. Bedeutet nämlich in diesem Falle $r=r(A)$ den „Perronschen Eigenwert" von A und $z>0$ einen zugehörigen Eigenvektor, den wir uns von vornherein normalisiert denken ($\|z\|_1=1$), so strebt kraft des Satzes 110.4

$$\frac{x(n)}{r^n} \to \alpha z \quad \text{mit einer Konstanten } \alpha,$$

die der Natur der Sache nach positiv sein wird. Wir erkennen daran, daß *die Gesamtpopulation zwar exponentiell wächst, der prozentuale Anteil jedes einzelnen Typs an ihr sich aber bemerkenswerterweise schließlich stabilisiert.*

Grenzwertaussagen der auf den letzten Seiten vorgestellten Art nennt man *Ergodensätze*. In der nächsten Nummer werden wir etwas tiefer in die hier waltenden Gesetzmäßigkeiten eindringen. Das Perronsche Resultat - das lassen die obigen Ausführungen ahnen - spielt heutzutage eine zentrale Rolle in den allerverschiedensten empirischen Wissenschaften. Umso bemerkenswerter ist, daß Perron es 1907 bei Untersuchungen entdeckt hat, die als die anwendungsfernsten von allen gelten: nämlich bei zahlentheoretischen. Es ist dies eine jener ironischen Merkwürdigkeiten, an denen die mathematische Forschung so reich ist.

Darüber hinaus ist der Satz von Perron aber auch Ausgangspunkt für tiefschürfende Untersuchungen rein mathematischer Art geworden, die schließlich in einer reifen Theorie „positiver Operatoren" in geordneten Vektorräumen kulminierten. Wer dieses faszinierende Gebiet gründlich kennenlernen möchte, wird mit Gewinn zu Schaefer (1974) greifen. Diesem Werk ist auch der eingangs dargestellte, besonders ansprechende Beweis des Frobeniusschen Satzes entnommen.

Aufgaben

+**1. Einschließungssatz von Collatz** Sei A eine streng positive (n,n)-Matrix. Dann ist

$$\min_{j=1}^{n} \frac{(Ax)_j}{\xi_j} \leqslant r(A) \leqslant \max_{j=1}^{n} \frac{(Ax)_j}{\xi_j} \quad \text{für jedes zulässige} \quad x := \begin{pmatrix} \xi_1 \\ \vdots \\ \xi_n \end{pmatrix}.$$

Hinweis: Die transponierte Matrix A^T ist streng positiv und hat dieselben Eigenwerte wie A. Es gibt daher einen Vektor

$$z := \begin{pmatrix} \zeta_1 \\ \vdots \\ \zeta_n \end{pmatrix} > 0 \quad \text{mit } A^T z = rz \quad (r := r(A)).$$

Transposition ergibt $z^T A = r z^T$, wobei $z^T := (\zeta_1, \ldots, \zeta_n)$ zweckmäßigerweise als einzeilige Matrix aufgefaßt wird. Es folgt nun $z^T(Ax - rx) = 0$ und daraus sehr leicht die Behauptung.

+**2. Minimum-Maximumprinzip** Für jede streng positive (n,n)-Matrix A ist

$$r(A) = \min_{0 \neq x \geqslant 0} \max_{j=1}^{n} \frac{(Ax)_j}{\xi_j}, \qquad x := \begin{pmatrix} \xi_1 \\ \vdots \\ \xi_n \end{pmatrix}.$$

Hinweis: Aufgabe 1.

3. Belege durch eine (2,2)-Matrix, daß im „Frobenius-Fall" $A \geqslant 0$ *mehrere* verschiedene Eigenwerte vom Betrag $r(A)$ auftreten können, in markantem Unterschied zum „Perron-Fall" $A > 0$.

4. Ein weiterer Satz von Frobenius Sei $A := (\alpha_{jk})$ eine *beliebige*, $B := (\beta_{jk})$ eine *positive* (n,n)-Matrix mit $|\alpha_{jk}| \leqslant \beta_{jk}$ und $r := r(B)$ der „Frobeniussche Eigenwert" von B. Dann ist

$$|\alpha| \leqslant r \quad \text{für jeden Eigenwert } \alpha \text{ von } A.$$

Hinweis: Sei $|A| := (|\alpha_{jk}|)$. Es ist $|A|^k \leqslant B^k$, also auch $\| |A|^k \|_\infty \leqslant \|B^k\|_\infty$ für $k \in \mathbf{N}$ (s. (14.4)). Benutze nun (14.7).

5. Für $A:=(\alpha_{jk})\geqslant 0$ gilt

$$\min_{j=1}^{n} \sum_{k=1}^{n} \alpha_{jk} \leqslant r(A) \leqslant \max_{j=1}^{n} \sum_{k=1}^{n} \alpha_{jk}.$$

Hinweis: Sei e der Vektor mit allen Komponenten $=1$ und m bzw. M das obige Minimum bzw. Maximum. Dann ist $m^k e \leqslant A^k e \leqslant M^k e$. Benutze nun die Maximumsnorm für $\mathbf{C}^n$ und (14.7) mit der Zeilensummennorm (14.4).

6. Gewinne den Satz von Frobenius aus dem von Perron durch Grenzübergang.

7. Beweise - und zwar ohne die geringste Mühe - die folgende Teilaussage des Perronschen Satzes mit Hilfe eines Fixpunktarguments: Eine streng positive Matrix A besitzt einen Eigenwert >0 und einen zugehörigen Eigenvektor >0.

Hinweis: Betrachte die Menge $C:=\{x\in\mathbf{R}^n: \xi_j\geqslant 0, \sum_{j=1}^{n} \xi_j=1\}$, die Abbildung $x\mapsto Ax/\|Ax\|_1$ $(x\in C)$ und wende den Brouwerschen Fixpunktsatz in der Form des Satzes 229.2 in Heuser II an.

8. Zeige anhand eines „(2, 2)-Beispiels“, daß eine streng positive Matrix nicht normaloid sein muß (vgl. A 102.4d).

9. Kontinuierliche Wachstumsprozesse, Produktionsprozesse interdependenter Industrien und eine Variante des Perronschen Satzes Im Haupttext dieser Nummer hatten wir *diskrete* Wachstumsprozesse betrachtet. Die Untersuchung *kontinuierlicher* Wachstumsprozesse führt auf ein System linearer Differentialgleichungen mit konstanten Koeffizienten, das wir vektoriell in der Form

$$\frac{dx}{dt}=Ax \quad \text{mit einer reellen Matrix } A:=\begin{pmatrix}\alpha_{11}\ldots\alpha_{1m}\\ \vdots \\ \alpha_{m1}\ldots\alpha_{mm}\end{pmatrix}$$

schreiben können. Von den Matrixelementen weiß man in diesem Falle nur, daß

$$\alpha_{jk}>0 \quad \text{für } j\neq k \tag{110.23}$$

ist. Auf ganz entsprechende Verhältnisse stößt man bei kontinuierlich gedachten *industriellen Produktionsprozessen*, an denen m wechselseitig aufeinander angewiesene Industriezweige beteiligt sind. Beweise die folgende Variante des Perronschen Satzes:

Genügt die reelle (m,m)-Matrix $A:=(\alpha_{jk})$ der Bedingung (110.23), so besitzt sie einen reellen Eigenwert ϱ mit folgenden Eigenschaften: Für jeden Eigenwert $\alpha\neq\varrho$ von A ist $\operatorname{Re}\alpha<\varrho$; ϱ ist ein einfacher Eigenwert von A und ein einfacher Pol der Resolvente von A; zu ϱ gibt es einen Eigenvektor >0.

Hinweis: Wähle $\eta>0$ so, daß $A+\eta I>0$ ausfällt und ziehe nun den Perronschen Satz heran.

Bemerkung: Anhand einer geeigneten (2, 2)-Matrix kann sich der Leser leicht davon überzeugen, daß ϱ durchaus negativ sein kann.

111 Ein Ergodensatz

Ergodensätze machen Aussagen über das Verhalten von Summen der Form $\sum_{k=0}^{n} A^k$ für $n\to\infty$, wobei A ein stetiger Operator ist. Sätze dieser Art sind uns schon in A 21.12 und in dem Abschnitt über normaloide Operatoren begegnet (s. Satz 102.5). Wir wollen diese Dinge nun erheblich vertiefen, indem wir einige der schönen Ergebnisse von Wacker (1985) darstellen. *A sei hierbei durchweg ein stetiger Endomorphismus des komplexen Banachraumes E.* Am Beginn steht der folgende

111.1 Ergodensatz *Für ein natürliches p strebe $A^n/n^p \Rightarrow 0$, und 1 sei ein Pol der Resolvente von A mit einer Ordnung $\leqslant p$. Dann konvergiert*

$$\frac{I+A+A^2+\cdots+A^{n-1}}{n^p} \Rightarrow \frac{(A-I)^{p-1}P}{p!},$$

wobei P der zu 1 gehörende Spektralprojektor ist.[1]

Beweis. Dank des Satzes 101.2 haben wir die Zerlegung

$$E=\underbrace{N((I-A)^p)}_{=P(E)} \oplus \underbrace{(I-A)^p(E)}_{=N(P)}. \tag{111.1}$$

Wegen $(A-I)^l P=0$ für $l\geqslant p$ gilt

$$\begin{aligned}\frac{1}{n^p}\sum_{k=0}^{n-1} A^k P &= \frac{1}{n^p}\sum_{k=0}^{n-1}(I+(A-I))^k P = \frac{1}{n^p}\sum_{k=0}^{n-1}\sum_{l=0}^{k}\binom{k}{l}(A-I)^l P \\ &= \underbrace{\frac{1}{n^p}\sum_{k=0}^{p-1}\sum_{l=0}^{k}\binom{k}{l}(A-I)^l P}_{=:S_n} + \underbrace{\frac{1}{n^p}\sum_{k=p}^{n-1}\sum_{l=0}^{p-1}\binom{k}{l}(A-I)^l P}_{=:T_n}.\end{aligned} \tag{111.2}$$

Offenbar strebt

$$S_n \Rightarrow 0 \qquad \text{für } n\to\infty. \tag{111.3}$$

Wir untersuchen jetzt das Grenzverhalten von T_n. Es ist

$$T_n=\sum_{l=0}^{p-1}\sigma_n^{(l)}(A-I)^l P \quad \text{mit} \quad \sigma_n^{(l)} := \frac{1}{n^p}\sum_{k=p}^{n-1}\binom{k}{l}. \tag{111.4}$$

[1] Für $p=1$ findet sich dieser Satz bei Dunford (1943). Karlin (1959) hat einen ähnlichen Satz für positive Operatoren bewiesen. S. auch Lin (1974). Wir bemerken noch, *daß unter den Voraussetzungen des Satzes* 111.1 *offenbar* $r(A)=1$ *ist.*

Für $l=0,\ldots,p-2$ haben wir die grobe Abschätzung

$$0\leqslant\sigma_n^{(l)}=\sum_{k=p}^{n-1}\frac{k(k-1)\cdots(k-l+1)}{n^p\cdot l!}\leqslant(n-p)\frac{(n-1)(n-2)\cdots(n-1-(p-2)+1)}{n^p}$$
$$=\frac{(n-1)(n-2)\cdots(n-p+2)(n-p)}{n^p}\leqslant\frac{n^{p-1}}{n^p}=\frac{1}{n};$$

es strebt also

$$\sigma_n^{(l)}\to 0 \quad \text{für } n\to\infty \text{ und alle } \quad l=0,\ldots,p-2. \tag{111.5}$$

$(p-1)!\sigma_n^{(p-1)}=(1/n^p)\sum_{k=p}^{n-1}k(k-1)\cdots(k-p+2)$ können wir folgendermaßen einschließen:

$$\frac{1}{n^p}\sum_{k=2}^{n-p+1}k^{p-1}=\frac{1}{n^p}\sum_{k=p}^{n-1}(k-p+2)^{p-1}\leqslant\frac{1}{n^p}\sum_{k=p}^{n-1}k(k-1)\cdots(k-p+2)$$
$$=(p-1)!\sigma_n^{(p-1)}\leqslant\frac{1}{n^p}\sum_{k=p}^{n-1}k^{p-1}.$$

Für $n\to\infty$ streben die beiden äußersten Glieder dieser Kette gegen $1/p$[1], und damit erhalten wir sofort

$$\sigma_n^{(p-1)}\to\frac{1}{p!} \quad \text{für } n\to\infty. \tag{111.6}$$

Aus (111.4) bis (111.6) folgt nun $T_n\Rightarrow(A-I)^{p-1}P/p!$, und mit (111.2), (111.3) erhalten wir daraus

$$\frac{1}{n^p}\sum_{k=0}^{n-1}A^kP\Rightarrow\frac{1}{p!}(A-I)^{p-1}P \quad \text{für } n\to\infty. \tag{111.7}$$

Der Raum $(I-A)^p(E)$ ist abgeschlossen, also auch vollständig, und daher existiert nach A 39.10 eine Konstante $M>0$ mit folgender Eigenschaft: Zu jedem $y\in(I-A)^p(E)$ gibt es ein $x\in E$, so daß $y=(I-A)^px$ und

$$\|x\|\leqslant M\|y\| \tag{111.8}$$

ist. Und da für beliebiges $z\in E$ der Vektor $y:=(I-P)z$ in $N(P)$ und somit in $(I-A)^p(E)$ liegt (s. (111.1)), können wir gemäß (111.8) ein $x\in E$ finden, so daß gilt:

---

[1] Dies folgt sofort aus der bekannten Grenzwertaussage

$(1^{p-1}+2^{p-1}+\cdots+n^{p-1})/n^p\to 1/p$ (s. etwa A 27.3 in Heuser I).

$$\left\|\frac{1}{n^p}\sum_{k=0}^{n-1}A^k(I-P)z\right\| = \left\|\frac{1}{n^p}\sum_{k=0}^{n-1}A^k(I-A)(I-A)^{p-1}x\right\|$$
$$= \left\|\frac{1}{n^p}(I-A^n)(I-A)^{p-1}x\right\|^{1)}$$
$$\leqslant \left\|\frac{1}{n^p}(I-A^n)\right\| \|(I-A)^{p-1}\| M \|I-P\| \|z\|,$$

also

$$\left\|\frac{1}{n^p}\sum_{k=0}^{n-1}A^k(I-P)\right\| \leqslant C\left\|\frac{1}{n^p}(I-A^n)\right\|$$

mit einer Konstanten $C>0$. Da aber voraussetzungsgemäß $A^n/n^p \Rightarrow 0$ strebt, folgt aus dieser Abschätzung die Grenzwertbeziehung

$$\frac{1}{n^p}\sum_{k=0}^{n-1}A^k(I-P)\Rightarrow 0 \quad \text{für } n\to\infty. \tag{111.9}$$

Die Behauptung unseres Satzes erhält man nun einfach durch Addition von (111.7) und (111.9). ■

Das Anwachsen der Potenzen A^n ist eng mit den Eigenschaften des peripheren Spektrums von A verknüpft. Es gilt nämlich der

111.2 Satz *Sei $r(A)=1$, das periphere Spektrum $\sigma_\pi(A)$ bestehe nur aus* Polen *der Resolvente von A, und die maximale Ordnung dieser Pole sei p. Dann ist $\|A^n/n^{p-1}\|$ beschränkt, insbesondere strebt also $A^n/n^p \Rightarrow 0$.*

Beweis. $\sigma_\pi(A)$ besteht aus endlich vielen Punkten $\lambda_1,\ldots,\lambda_q$, und $\sigma_0:=\sigma(A)\backslash\sigma_\pi(A)$ ist eine Spektralmenge von A. Die zu $\sigma_0,\lambda_1,\ldots,\lambda_q$ gehörenden Spektralprojektoren bezeichnen wir mit $P_0,P_1,\ldots,P_q$. Nach dem Spektralabbildungssatz 99.2 ist $\sigma(AP_0)=\sigma_0\cup\{0\}$, also $r(AP_0)<1$, und somit strebt $A^nP_0=(AP_0)^n\Rightarrow 0$. Infolgedessen bleibt $\|A^nP_0/n^{p-1}\|$ gewiß beschränkt.
Für $k=1,\ldots,q$ ist $\left(I-\frac{A}{\lambda_k}\right)^p P_k=\frac{1}{\lambda_k^p}(\lambda_k I-A)^p P_k=0$, und deshalb haben wir

$$\begin{aligned}\frac{1}{n^{p-1}}\left(\frac{A}{\lambda_k}\right)^n P_k &= \frac{1}{n^{p-1}}\left(I+\left(\frac{A}{\lambda_k}-I\right)\right)^n P_k\\ &= \sum_{l=0}^{p-1}\tau_n^{(l)}\left(\frac{A}{\lambda_k}-I\right)^l P_k\end{aligned} \tag{111.10}$$

---

1) S. hierzu (102.10).

mit $$\tau_n^{(l)} := \frac{1}{n^{p-1}}\binom{n}{l} = \frac{1}{l!}\,\frac{n(n-1)\cdots(n-l+1)}{n^l}\,\frac{1}{n^{p-1-l}}$$
$$= \frac{1}{l!}\cdot 1\cdot\left(1-\frac{1}{n}\right)\cdots\left(1-\frac{l-1}{n}\right)\frac{1}{n^{p-1-l}}.$$

Es ist also

$$\lim_{n\to\infty}\tau_n^{(l)}=0 \quad \text{für } l<p-1, \qquad \text{aber} \quad \lim_{n\to\infty}\tau_n^{(p-1)}=\frac{1}{(p-1)!}.$$

Daher strebt (s. (111.10))

$$\frac{1}{n^{p-1}}\left(\frac{A}{\lambda_k}\right)^n P_k \Rightarrow \frac{1}{(p-1)!}\left(\frac{A}{\lambda_k}-I\right)^{p-1} P_k.$$

Wegen $|\lambda_k|=1$ folgt daraus die Beschränktheit von $\|A^n P_k/n^{p-1}\|$, und die Behauptung unseres Satzes ergibt sich nun mittels der Gleichung $A^n/n^{p-1} = \sum_{k=0}^{q} A^n P_k/n^{p-1}$. ■

Aus den beiden letzten Sätzen kann man die folgende Verallgemeinerung des Satzes 102.5 erhalten:

111.3 Satz *Es sei $r(A)>0$, und $\sigma_\pi(A)$ bestehe nur aus* P o l e n *der Resolvente; die maximale Ordnung dieser Pole sei p. Für jedes $\lambda\in\sigma_\pi(A)$ strebt dann*

$$\frac{1}{n^p}\sum_{k=0}^{n-1}\left(\frac{A}{\lambda}\right)^k \Rightarrow \begin{cases} 0, & \textit{falls Ordnung } (\lambda)<p,\\[4pt] \dfrac{1}{p!}\left(\dfrac{A}{\lambda}-I\right)^{p-1} P_\lambda, & \textit{falls Ordnung } (\lambda)=p \end{cases}$$

ausfällt; dabei ist P_λ der zu λ gehörende Spektralprojektor.[1)]

Auf den Beweis gehen wir nicht ein, sondern verweisen den Leser auf Wacker (1985), wo man noch weitere Vertiefungen und Verfeinerungen der hier dargestellten Ergebnisse findet.

---

1) Für $p=1$ findet sich dieser Satz bei Nieto (1980).

XVI Spektraltheorie in Hilberträumen

Bei mehr als einer Gelegenheit hat sich uns schon die überragende Bedeutung der *symmetrischen* Operatoren gerade für die Anwendung aufgedrängt. Es ist, um ein Wort des großen Leibniz (1646–1716; 70) auszuborgen, fast wie die Auswirkung einer „prästabilierten Harmonie" zwischen Theorie und Anwendung, daß gleichzeitig auch die Spektraltheorie der symmetrischen Operatoren auf Hilberträumen so ungemein reich ist – weitaus reicher als die der stetigen Operatoren auf Banachräumen. Das nun beginnende Kapitel wird den Beweis dafür erbringen. Zunächst machen wir einige einfache Bemerkungen über das Spektrum normaler Operatoren, Bemerkungen, die wir mit dem schon vorhandenen Apparat ohne große Mühe beweisen können, um erst dann mit ganz neuen Methoden zu den tiefliegenden Spektralsätzen für symmetrische und selbstadjungierte Operatoren vorzustoßen.

112 Spektren normaler Operatoren[1]

In dieser Nummer sei E durchweg ein komplexer Hilbertraum.
Eingangs wiederholen wir eine wichtige Aussage aus A 58.6:

112.1 Satz *Eigenvektoren eines normalen Operators zu verschiedenen Eigenwerten sind zueinander orthogonal.*

Wir wenden uns nun der Untersuchung *isolierter* Punkte λ_0 im Spektrum eines normalen Operators A zu. Der zur Spektralmenge $\sigma := \{\lambda_0\}$ gehörende, unter A invariante Unterraum M_σ (s. Satz 100.1) stimmt nach Satz 100.2 mit der Menge $\{x : \lim \|(\lambda_0 I - A)^n x\|^{1/n} = 0\}$ überein. Da A^* mit $(\lambda_0 I - A)^n$ kommutiert, folgt aus dieser Darstellung, daß M_σ auch unter A^* invariant bleibt, und daraus ergibt sich, daß die Einschränkung A_σ von A auf M_σ normal sein muß. Das Spektrum von A_σ ist $\{\lambda_0\}$ (Satz 100.1), das Spektrum des normalen Operators $\lambda_0 I_\sigma - A_\sigma$ also $\{0\}$. Somit haben wir $r(\lambda_0 I_\sigma - A_\sigma) = 0$, woraus mit Satz 58.6 sofort $\|\lambda_0 I_\sigma - A_\sigma\| = 0$, also $A_\sigma = \lambda_0 I_\sigma$ folgt. Infolgedessen ist λ_0 ein Eigenwert von A und $M_\sigma = N(\lambda_0 I - A)$.

---

[1] Zur Erinnerung: *Meromorphe* normale Operatoren hatten wir bereits in Nr. 103 gründlich studiert.

Aus (101.9) und der daran anschließenden Bemerkung erhalten wir nun, daß λ_0 ein Pol erster Ordnung der Resolvente R_λ ist. Mit den Sätzen 101.2 und 58.5 ergibt sich daraus noch, daß $(\lambda_0 I-A)(E)$ abgeschlossen und der Spektralprojektor P_σ ein Orthogonalprojektor ist.[1] Damit haben wir folgendes bewiesen:

112.2 Satz *Ein isolierter Spektralpunkt λ_0 des normalen Operators A ist immer ein Eigenwert von A, sogar ein Pol erster Ordnung der Resolvente. $\lambda_0 I-A$ ist normal auflösbar und der zu $\{\lambda_0\}$ gehörende Spektralprojektor ein Orthogonalprojektor; er projiziert E auf $N(\lambda_0 I-A)$ längs $(\lambda_0 I-A)(E)$.*

Den folgenden Hilfssatz, der sofort aus (58.8) herausspringt, benötigen wir für eine aufschlußreiche, rein spektraltheoretische Charakterisierung des essentiellen Spektrums.

112.3 Hilfssatz *Die Nullkettenlänge eines normalen Operators A ist höchstens* 1.

112.4 Satz *Das essentielle Spektrum $\sigma_e(A)$ eines normalen Operators A besteht aus den Häufungspunkten von $\sigma(A)$ und den isolierten Spektralpunkten unendlicher Vielfachheit.*[2]

Beweis. Wir nehmen zunächst an, λ_0 sei ein isolierter Spektralpunkt endlicher Vielfachheit. Dann ist nach Satz 112.2 $E=(\lambda_0 I-A)(E)\oplus N(\lambda_0 I-A)$, also $\operatorname{ind}(\lambda_0 I-A)=0$: somit liegt λ_0 nicht in $\sigma_e(A)$. Nun sei umgekehrt λ_0 in $\sigma(A)\backslash\sigma_e(A)$. Dann haben wir $0<\alpha(\lambda_0 I-A)=\beta(\lambda_0 I-A)<\infty$, und nach Hilfssatz 112.3 ist die Nullkettenlänge $p(\lambda_0 I-A)=1$. Mit Satz 72.6 folgt aus diesen beiden Aussagen, daß auch die Bildkettenlänge $q(\lambda_0 I-A)=1$ ist. Satz 101.2 liefert nun, daß λ_0 ein isolierter Spektralpunkt sein muß (seine Vielfachheit ist nach Voraussetzung endlich). ■

112.5 Satz *Das approximative Punktspektrum eines normalen Operators A stimmt mit $\sigma(A)$ überein.*

Wir brauchen nur zu zeigen, daß jeder Spektralpunkt λ von A, der kein Eigenwert ist, zum approximativen Punktspektrum gehört. Für ein solches λ ist $(\lambda I-A)(E)$ nicht abgeschlossen (andernfalls würde nicht nur $\alpha(\lambda I-A)$, sondern wegen Satz 58.5 auch $\beta(\lambda I-A)$ verschwinden, λ läge somit in $\varrho(A)$). Nach Satz 55.2 ist also $\gamma(\lambda I-A)=\inf_{x\neq 0}\|(\lambda I-A)x\|/\|x\|=0$, woraus sich die Behauptung sofort ergibt. ■

Besitzt der normale Operator A keinen Eigenvektor, so enthält sein Spektrum gewiß keine isolierten Punkte (Satz 112.2). Es ist also, da es auch noch abgeschlossen ist, *perfekt und hat somit die Mächtigkeit des Kontinuums* (s. Hewitt-Stromberg (1965), S. 72; wir nehmen dabei natürlich an,

[1] Beachte, daß $\lambda_0 I-A$ normal ist.

[2] Unter der Vielfachheit eines isolierten Spektralpunktes ist natürlich seine Vielfachheit als Eigenwert zu verstehen (s. Satz 112.2).

daß $E \neq \{0\}$, also $\sigma(A)$ nicht leer ist). In diesem Falle sagt man, A besitze ein reines Streckenspektrum. Wir betrachten nun den anderen Extremfall: Die Menge aller Eigenvektoren sei so groß, daß ihre abgeschlossene lineare Hülle gleich E ist. Wir wollen zeigen, *daß nun das Spektrum von A aus allen Eigenwerten von A und ihren Häufungspunkten besteht*; man sagt, A besitze ein reines Punktspektrum.[1] Wir bestimmen zu jedem Eigenwert λ eine Orthonormalbasis des Eigenraumes $N(\lambda I - A)$, vereinigen diese Basen und erhalten so ein Orthonormalsystem S (Satz 112.1), das offenbar maximal, also eine Orthonormalbasis von E ist (Satz 24.3). Wir zeigen nun – und damit ist unsere Behauptung über $\sigma(A)$ bewiesen –, daß ein Punkt λ, der weder Eigenwert von A noch Häufungspunkt von Eigenwerten ist, in $\varrho(A)$ liegt. Dazu genügt es nachzuweisen, daß die Gleichung

$$(\lambda I - A)x = y \tag{112.1}$$

für jedes $y \in E$ eine Lösung $x \in E$ besitzt. Wir nehmen zunächst an, (112.1) habe eine Lösung x (um uns auf ihre Gestalt führen zu lassen). Dann gibt es eine Folge (u_k) aus S mit

$$x = \sum_{k=1}^{\infty} (x|u_k)u_k, \qquad y = \sum_{k=1}^{\infty} (y|u_k)u_k.$$

Ist λ_k der zu u_k gehörende Eigenwert, so gilt demnach

$$(\lambda I - A)x = \sum_{k=1}^{\infty} (\lambda - \lambda_k)(x|u_k)u_k = \sum_{k=1}^{\infty} (y|u_k)u_k,$$

also $\quad (x|u_k) = \dfrac{(y|u_k)}{\lambda - \lambda_k}$

und damit

$$x = \sum_{k=1}^{\infty} \frac{(y|u_k)}{\lambda - \lambda_k} u_k. \tag{112.2}$$

Um nun die Lösbarkeit von (112.1) für gegebenes $y \in E$ nachzuweisen, setzen wir x in der Form (112.2) an. Nach unseren Voraussetzungen über λ ist $|\lambda - \lambda_k| \geqslant \varepsilon > 0$ für alle k, infolgedessen existiert die Reihe $\sum_{k=1}^{\infty} \left|\frac{(y|u_k)}{\lambda - \lambda_k}\right|^2$ (Satz 23.2), und nach Satz 23.1a besitzt somit $\sum_{k=1}^{\infty} \frac{(y|u_k)}{\lambda - \lambda_k} u_k$ eine Summe x in E. Offenbar löst x die Gl. (112.1). ■

Besitzt A zwar Eigenwerte, aber kein reines Punktspektrum, so sei F die abgeschlossene lineare Hülle der Menge aller Eigenvektoren von A. F und $F^\perp$ sind unter A und A^* invariant, die Einschränkungen A_p, A_s von A auf F bzw. $F^\perp$ sind normal, und es ist $\sigma(A) = \sigma(A_p) \cup \sigma(A_s)$ (s. A 100.2). A_p besitzt konstruktionsgemäß ein reines Punktspektrum, A_s ein reines Streckenspektrum (ein Eigenvektor x von A_s läge einerseits in $F^\perp$, andererseits – als Eigenvektor von A – auch in F, es wäre also $(x|x) = 0$ im Widerspruch zu $x \neq 0$). *$\sigma(A)$ entsteht also durch Überlagerung eines reinen Punktspektrums mit einem reinen Streckenspektrum.* $\sigma(A_s)$ nennt man auch das Strecken-

[1] Diese Namensgebung ist nicht sehr glücklich, weil $\sigma(A)$ auch im Falle eines reinen Punktspektrums nicht nur aus Eigenwerten zu bestehen braucht (man denke etwa an einen symmetrischen kompakten Operator A mit unendlich vielen Eigenwerten und $0 \notin \sigma_p(A)$; s. A 30.1).

spektrum von A. Die gelegentlich zu hörende Bezeichnung „kontinuierliches Spektrum" verwenden wir deshalb nicht, weil wir sie schon anderweitig vergeben haben. S. dazu Aufgabe 2.

Ist A ein *symmetrischer* Operator auf E, so nennt man die Zahlen

$$m(A) := \inf_{\|x\|=1} (Ax|x) \quad \text{bzw.} \quad M(A) := \sup_{\|x\|=1} (Ax|x) \tag{112.3}$$

die untere bzw. obere Schranke von A. Aus Satz 29.5 folgt

$$\|A\| = \max\{|m(A)|, |M(A)|\} \tag{112.4}$$

(man beachte bei all dem, daß $(Ax|x)$ nach Satz 29.1 reell und A nach Satz 39.6 stetig ist). Die Schranken von A ermöglichen uns, $\sigma(A)$ genauer zu lokalisieren:

112.6 Satz *Das Spektrum des symmetrischen Operators A liegt in dem abgeschlossenen Intervall $[m(A), M(A)]$ der reellen Achse; die Schranken $m(A)$, $M(A)$ gehören zu $\sigma(A)$. Ist λ nicht reell, so gilt für den Resolventenoperator R_λ die Abschätzung*

$$\|R_\lambda\| \leqslant \frac{1}{|\operatorname{Im}\lambda|}. \tag{112.5}$$

Beweis. Wir zeigen zunächst, daß $\sigma(A)$ reell ist. Für $x \neq 0$ und nichtreelles λ gilt

$$\begin{aligned} 0 < |\lambda - \bar{\lambda}|\,\|x\|^2 &= |([\lambda I - A]x|x) - ([\bar{\lambda} I - A]x|x)| \\ &= |([\lambda I - A]x|x) - (x|[\lambda I - A]x)| \leqslant 2\,\|(\lambda I - A)x\|\,\|x\|, \end{aligned}$$

λ liegt also nicht im approximativen Punktspektrum von A und damit auch nicht in $\sigma(A)$ (Satz 112.5). Auch (112.5) folgt unmittelbar aus der obigen Abschätzung (vgl. den Beweis von (90.2)). Wir nehmen nun vorübergehend $m(A) > 0$ an. Dann liegt 0 in $\varrho(A)$; andernfalls gäbe es wegen Satz 112.5 eine Folge normierter Vektoren x_n mit $Ax_n \to 0$, im Widerspruch zu $0 < m(A) \leqslant (Ax_n|x_n) \leqslant \|Ax_n\|$. – Wendet man dieses Resultat im Falle $\lambda < m(A)$ bzw. $\lambda > M(A)$ auf die Operatoren $A - \lambda I$ bzw. $\lambda I - A$ an, so erkennt man, daß diese λ-Werte zu $\varrho(A)$ gehören. Insgesamt liegt also $\sigma(A)$ in $[m(A), M(A)]$. – Sei nun $\lambda = m(A)$. Dann ist $A - \lambda I \geqslant 0$, und aus der verallgemeinerten Schwarzschen Ungleichung (29.2) folgt

$$\begin{aligned} \|(A - \lambda I)x\|^4 &= ([A - \lambda I]x\,|\,[A - \lambda I]x)^2 \\ &\leqslant ([A - \lambda I]x|x)([A - \lambda I]^2 x\,|\,[A - \lambda I]x) \\ &\leqslant ([A - \lambda I]x|x)\,\|A - \lambda I\|^3\,\|x\|^2. \end{aligned}$$

Da es nach der Definition von $m(A)$ eine Folge normierter Vektoren x_n mit $(Ax_n|x_n) \to m(A) = \lambda$ gibt, lehrt diese Abschätzung, daß λ zum approximativen Punktspektrum und damit erst recht zum Spektrum von A gehört. Ganz ähnlich sieht man, daß $M(A)$ in $\sigma(A)$ liegt. ■

Aufgaben

***1.** Das Residualspektrum $\sigma_r(A)$ eines normalen Operators A auf E ist leer.
Hinweis: Wäre $\lambda \in \sigma_r(A)$, so müßte λ ein Eigenwert von A sein (benutze Satz 58.5 mit $\lambda I - A$ anstelle von A).

2. Sei A ein normaler Operator. Dann liegt jeder Punkt des Streckenspektrums von A, der kein Eigenwert ist, in dem kontinuierlichen Spektrum. Es kann jedoch Punkte des kontinuierlichen Spektrums geben, die nicht zum Streckenspektrum gehören.
Hinweis: Beachte Aufgabe 1.

113 Orthogonalprojektoren

In dieser Nummer sei E durchweg ein Hilbertraum.
Orthogonalprojektoren haben wir schon in Nr. 22 definiert, und haben dort bereits festgestellt, daß sie stets *symmetrisch* sind. Die überragende Bedeutung der Orthogonalprojektoren beruht nun darauf, daß sie - die *einfachsten* symmetrischen Operatoren - gewissermaßen die Bausteine *aller* symmetrischen Operatoren sind. In den nächsten Nummern werden wir dies näher präzisieren. Zur Vorbereitung einer solchen „Architektur symmetrischer Operatoren" stellen wir zunächst einige einfache Eigenschaften der Orthogonalprojektoren zusammen.

Wir erinnern noch einmal daran, daß wir die in Nr. 8 eingeführte Sprechweise betr. reduzierender Unterräume im Kontext der Hilberträume, wo nur *Orthogonal*zerlegungen von Belang sind, etwas vereinfachen und sagen wollten, *der abgeschlossene Unterraum F von E* reduziere den Operator $A \in \mathscr{S}(E)$, *wenn F und das orthogonale Komplement $F^\perp$ unter A invariant sind.* Satz 8.4 nimmt dann die folgende Gestalt an:

113.1 Satz *P sei der* Orthogonalprojektor *von E auf den abgeschlossenen Unterraum F. Dann gelten die folgenden Aussagen:*

a) *F ist genau dann invariant unter dem Endomorphismus A, wenn $AP = PAP$ ist.*

b) *F reduziert A genau dann, wenn $AP = PA$ ist.*

Im Rest dieser Nummer beschäftigen wir uns mit vertauschbaren Projektoren und Ordnungsbeziehungen zwischen ihnen.

113.2 Satz *P_1, P_2 seien die Orthogonalprojektoren auf die abgeschlossenen Unterräume F_1, F_2 von E. Dann gelten die folgenden Aussagen:*

a) *Ist P_1 mit P_2 vertauschbar, so ist $P_1 P_2$ der Orthogonalprojektor auf $F_1 \cap F_2$.*

b) *Ist $P_1 P_2 = 0$, so ist auch $P_2 P_1 = 0$, die Räume F_1, F_2 sind zueinander orthogonal, und $P_1 + P_2$ ist der Orthogonalprojektor auf den (nach* A 19.7 *abgeschlossenen) Unterraum $F_1 \oplus F_2$.*

Beweis. a) Aus der Vertauschbarkeitsvoraussetzung folgt, daß $P_1 P_2$ idempotent und symmetrisch, also ein Orthogonalprojektor ist. Der Bildraum von $P_1 P_2$ ist $\{x \in E: P_1 P_2 x = x\} = \{x \in E: P_2 P_1 x = x\} = F_1 \cap F_2$. - b) Es ist $P_2 P_1 = P_2^* P_1^* = (P_1 P_2)^* = 0^* = 0$. Für $x \in F_1$, $y \in F_2$ ist ferner $(x|y) = (P_1 x | P_2 y) = (x | P_1 P_2 y) = 0$, d.h., F_1, F_2 sind zueinander orthogonal. $P_1 + P_2$ ist symmetrisch und wegen $(P_1 + P_2)^2 = P_1^2 + 2 P_1 P_2 + P_2^2 = P_1 + P_2$ idempotent, also ein Orthogonalprojektor, und es ist nun leicht zu sehen, daß sein Bildraum mit $F_1 \oplus F_2$ übereinstimmt. ■

Für jeden Orthogonalprojektor P gilt $(Px|x) = (P^2 x|x) = (Px|Px)$, also

$$(Px|x) = \|Px\|^2 ; \tag{113.1}$$

wegen $0 \leqslant \|Px\|^2 \leqslant \|P\|^2 \|x\|^2 \leqslant (x|x)$ (es ist $\|P\| \leqslant 1$ nach Satz 22.2) folgt daraus noch

$$0 \leqslant P \leqslant I. \tag{113.2}$$

Eine allgemeinere Ordnungsaussage macht der nächste

113.3 Satz *Unter den Voraussetzungen des Satzes* 113.2 *sind die folgenden Aussagen äquivalent*:

a) $P_1 \leqslant P_2$.
b) $\|P_1 x\| \leqslant \|P_2 x\|$ *für alle* $x \in E$.
c) $P_1 P_2 = P_2 P_1 = P_1$.
d) $F_1 \subset F_2$.
e) $P_2 - P_1$ *ist ein Orthogonalprojektor.*

Beweis. Wegen (113.1) ist a) $\Longleftrightarrow$ b). - Aus a) folgt $I - P_2 \leqslant I - P_1$, wegen (113.1) ist also $\|(I - P_2) P_1 x\|^2 = ((I - P_2) P_1 x | P_1 x) \leqslant ((I - P_1) P_1 x | P_1 x) = 0$ für alle $x \in E$ und somit $(I - P_2) P_1 = 0$, also $P_2 P_1 = P_1$. Dann ist aber auch $P_1 P_2 = P_1^* P_2^* = (P_2 P_1)^* = P_1^* = P_1$. Damit haben wir a) $\Rightarrow$ c) gezeigt. - c) $\Rightarrow$ d), weil wegen Satz 113.2a gilt: $F_1 = P_1(E) = (P_1 P_2)(E) = F_1 \cap F_2$. Wir zeigen nun d) $\Rightarrow$ b). Mit dem orthogonalen Komplement G von F_1 in F_2 erhalten wir in $E = F_1 + G + F_2^\perp$ eine Zerlegung von E in paarweise orthogonale Unterräume. Ist $x = x_1 + y + x_2$ die korrespondierende Zerlegung eines beliebigen Vektors x, so ist

$$\|P_1 x\|^2 = \|x_1\|^2 \leqslant \|x_1\|^2 + \|y\|^2 = \|x_1 + y\|^2 = \|P_2 x\|^2 ,$$

es gilt also b). Insgesamt haben wir somit die Äquivalenz der Aussagen a) bis d) gezeigt. - a) $\Rightarrow$ e): $P_2 - P_1$ ist symmetrisch, und da mit a) auch c) gilt, folgt

$$(P_2 - P_1)^2 = P_2^2 - 2 P_2 P_1 + P_1^2 = P_2 - 2 P_1 + P_1 = P_2 - P_1 .$$

$P_2 - P_1$ ist also auch idempotent, und somit gilt e). - Mit (113.2) folgt aus e) sofort a). ■

Aufgaben

*1. Unter den Voraussetzungen des Satzes 113.2 gilt: Aus $F_1 \perp F_2$ folgt $P_1 P_2 = P_2 P_1 = 0$.

*2. $P_1, \ldots, P_n$ seien die Orthogonalprojektoren auf die abgeschlossenen Unterräume $F_1, \ldots, F_n$ von E. Dann gilt: $P := P_1 + \cdots + P_n$ ist immer dann ein Orthogonalprojektor, wenn $P_j P_k = 0$ für $j \neq k$ ist. In diesem Falle ist $P(E) = F_1 + \cdots + F_n$.

3. Sind unter den Voraussetzungen des Satzes 113.2 P_1, P_2 vertauschbar, so ist $P := P_1 + P_2 - P_1 P_2$ ein Orthogonalprojektor und $P(E) = F_1 + F_2$.

114 Vorbemerkungen zu dem Spektralsatz für symmetrische Operatoren

Ein symmetrischer Operator A von $\mathbf{C}^n$ läßt sich in der Form

$$A = \sum_{\varrho=1}^{r} \lambda_\varrho P_\varrho \tag{114.1}$$

darstellen; dabei sind $\lambda_1, \ldots, \lambda_r$ die (reellen und paarweise verschiedenen) Eigenwerte von A, und P_ϱ ist der Orthogonalprojektor von $\mathbf{C}^n$ auf $N(\lambda_\varrho I - A)$ (s. etwa Satz 103.1). Da die Eigenräume paarweise aufeinander senkrecht stehen, haben wir

$$P_\varrho P_\sigma = 0 \quad \text{für } \varrho \neq \sigma \tag{114.2}$$

(A 113.1), ferner ist $P_1 + \cdots + P_r = I$.

Für normale meromorphe, insbesondere symmetrische kompakte Operatoren auf Hilberträumen haben wir Entwicklungen gefunden, die zu (114.1) analog sind. Dies war letztlich deshalb möglich, weil die genannten Operatoren reichlich mit Eigenvektoren gesegnet sind. Es gibt jedoch symmetrische Operatoren, die *keinen einzigen Eigenvektor* besitzen. Natürlich entsteht dann die Frage, ob es auch in solchen desperaten Fällen ein Analogon zu (114.1) gibt und wie dieses überhaupt beschaffen sein könnte.

Um uns der Lösung dieser Frage zu nähern, erinnern wir daran, daß die natürliche Verallgemeinerung einer (endlichen oder unendlichen) Summe das *Stieltjessche Integral* ist. Wir werden deshalb zuerst (114.1) in Form eines solchen Integrals schreiben und dann versuchen, eine entsprechende Darstellung für beliebige symmetrische Operatoren zu konstruieren.

Wir denken uns zu diesem Zweck die λ_ϱ monoton wachsend angeordnet: $\lambda_1 < \lambda_2 < \cdots < \lambda_r$. Nach Satz 112.6 gilt $\lambda_1 = m(A)$, $\lambda_r = M(A)$ – man beachte, daß $\sigma(A) = \{\lambda_1, \ldots, \lambda_r\}$ ist. Wir setzen $m := m(A)$, $M := M(A)$ und definieren eine Schar von Endomorphismen E_λ $(-\infty < \lambda < +\infty)$ durch

$$E_\lambda := \begin{cases} 0 & \text{für } \lambda < \lambda_1 = m, \\ P_1 & \text{für } \lambda_1 \leqslant \lambda < \lambda_2, \\ P_1 + P_2 & \text{für } \lambda_2 \leqslant \lambda < \lambda_3, \\ \vdots & \vdots \\ P_1 + \cdots + P_{r-1} & \text{für } \lambda_{r-1} \leqslant \lambda < \lambda_r, \\ P_1 + \cdots + P_r = I & \text{für } \lambda \geqslant \lambda_r = M. \end{cases} \tag{114.3}$$

Sei $Z_n := \{\mu_0, \ldots, \mu_n\}$ eine (*verallgemeinerte*) Zerlegung des Intervalls $[m, M]$:

$$\mu_0 < m < \mu_1 < \cdots < \mu_{n-1} < \mu_n = M. \tag{114.4}$$

Dann ist $E_{\mu_k} - E_{\mu_{k-1}} = \sum P_\varrho$, wobei die Summe über alle Indizes ϱ mit $\mu_{k-1} < \lambda_\varrho \leqslant \mu_k$ erstreckt wird. Mit (114.1) ergibt sich nun, daß für jede Wahl von Zwischenpunkten $\lambda_k' \in [\mu_{k-1}, \mu_k]$ und jede Zerlegungsfolge Z_n mit $\max(\mu_k - \mu_{k-1}) \to 0$ stets

$$\sum_{k=1}^{n} \lambda_k' (E_{\mu_k} - E_{\mu_{k-1}}) \rightrightarrows A$$

strebt. Vorbehaltlich einer strengen Definition des Stieltjesschen Integrals mit operatorwertiger Integratorfunktion schreiben wir hierfür kurz

$$A = \int_{m-0}^{M} \lambda \, \mathrm{d}E_\lambda. \tag{114.5}$$

Wir halten noch einige Eigenschaften der „Spektralschar" (E_λ) fest:

$$\begin{aligned} &E_\lambda \text{ ist ein Orthogonalprojektor,} \\ &(E_\lambda) \text{ ist monoton wachsend: } E_\lambda \leqslant E_\mu \text{ für } \lambda \leqslant \mu, \\ &(E_\lambda) \text{ ist rechtsseitig stetig: } E_{\lambda+\varepsilon} \to E_\lambda \text{ für } \varepsilon \to 0+, \\ &E_\lambda = 0 \text{ für } \lambda < m, \quad E_\lambda = I \text{ für } \lambda \geqslant M. \end{aligned} \tag{114.6}$$

Die erste Eigenschaft ergibt sich wegen (114.2) aus A 113.2, die zweite folgt aus Satz 113.3, die dritte ist trivial und die vierte bereits in (114.3) aufgeführt. Wir werden als Lohn der nun auf uns zukommenden Arbeit sehen, daß man zu *jedem* symmetrischen Operator A eines komplexen Hilbertraumes eine Operatorenschar (E_λ) angeben kann, die alle Eigenschaften (114.6) besitzt und mit der die Darstellung (114.5) besteht.

Im Falle (114.1) kann man E_λ sehr leicht als eine *Funktion von A* darstellen. Weil nämlich für jedes Polynom $\varphi(\lambda) := \alpha_0 + \alpha_1\lambda + \cdots + \alpha_n\lambda^n$ offenbar

$$\varphi(A) = \sum_{\varrho=1}^{r} \varphi(\lambda_\varrho) P_\varrho$$

ist, finden wir speziell für ein Polynom $\varphi_\mu(\lambda)$ mit

$$\varphi_\mu(\lambda_\varrho)=\begin{cases}1 & \text{für } \lambda_\varrho\leqslant\mu,\\ 0 & \text{für } \lambda_\varrho>\mu\end{cases}$$

sofort $E_\mu=\varphi_\mu(A)$. Im allgemeinen Falle wird man jedoch nicht hoffen dürfen, E_λ als ein *Polynom* in A gewinnen zu können. Die bisherigen Betrachtungen legen aber folgendes Vorgehen nahe: Man definiere $e_\mu(A)$ für Funktionen

$$e_\mu(\lambda):=\begin{cases}1 & \text{für } \lambda\leqslant\mu\\ 0 & \text{für } \lambda>\mu\end{cases}\quad(-\infty<\mu<+\infty), \tag{114.7}$$

setze $E_\mu:=e_\mu(A)$ und prüfe, ob (E_μ) die Eigenschaften (114.6) besitzt und A in der Form (114.5) dargestellt werden kann. Diese Methode verdankt man dem virtuosen F. Riesz; sie scheint den elementarsten Zugang zu dem „Spektralsatz" (114.5) zu eröffnen, und dieser wohlgebauten Straße wollen auch wir uns anvertrauen.

115 Funktionalkalkül für symmetrische Operatoren

A sei in diesem Abschnitt ein symmetrischer Operator des komplexen Hilbertraumes H.[1)]

Nach Satz 39.6 (Hellinger-Toeplitz) ist A stetig. Es sei $m:=m(A)$ und $M:=M(A)$. Alle auftretenden Polynome $p(\lambda)$ haben *reelle* Koeffizienten; $p(A)$ ist dann stets symmetrisch. Grundlegend ist der folgende

115.1 Hilfssatz *Genügen zwei Polynome p,q der Ungleichung $p(\lambda)\geqslant q(\lambda)$ für alle $\lambda\in[m,M]$, so ist $p(A)\geqslant q(A)$.*

Wir brauchen offenbar nur zu zeigen, daß aus $p(\lambda)\geqslant 0$ für $\lambda\in[m,M]$ stets $p(A)\geqslant 0$ folgt. Dazu stellen wir $p(\lambda)$ in der Form $p(\lambda)=\alpha\prod(\lambda-\lambda_\nu)$ dar, wobei jede Nullstelle λ_ν so oft auftritt, wie es ihrer Vielfachheit entspricht; um Triviales zu vermeiden, nehmen wir $\alpha\neq 0$ an. Es seien

α_j die Nullstellen $\leqslant m$,

β_k die Nullstellen $\geqslant M$,

γ_l die Nullstellen in (m,M),

$\delta_n=\zeta_n+\mathrm{i}\,\eta_n$ die nichtreellen Nullstellen.

Jedes γ_l hat *gerade* Vielfachheit, und mit δ_n ist auch $\bar\delta_n$ eine Nullstelle. Bei geeigneter Indizierung haben wir also

---

1) Wir wollen im Rest dieses Kapitels Hilberträume mit H statt mit E bezeichnen, um Verwechslungen von „Spektralscharen", die man herkömmlicherweise mit (E_λ) bezeichnet, mit „Scharen von Hilberträumen" von vornherein auszuschließen.

$$(\lambda-\gamma_l)(\lambda-\gamma_{l+1})=(\lambda-\gamma_l)^2 \qquad \text{für } l=1,3,\ldots$$
$$(\lambda-\delta_n)(\lambda-\delta_{n+1})=(\lambda-\delta_n)(\lambda-\bar{\delta}_n)=(\lambda-\zeta_n)^2+\eta_n^2 \qquad \text{für } n=1,3,\ldots$$

und somit

$$p(\lambda)=\alpha'\prod_j(\lambda-\alpha_j)\prod_k(\beta_k-\lambda)\prod_l(\lambda-\gamma_l)^2\prod_n[(\lambda-\zeta_n)^2+\eta_n^2] \quad \text{mit } \alpha'>0,$$

also $$p(A)=\alpha'\prod_j(A-\alpha_j I)\prod_k(\beta_k I-A)\prod_l(A-\gamma_l I)^2\prod_n[(A-\zeta_n I)^2+\eta_n^2 I].$$

Damit haben wir $p(A)$ als ein Produkt positiver, vertauschbarer Operatoren dargestellt, und daher muß auch $p(A)$ selbst positiv sein (Satz 29.8). ■

Es sei nun K_1 die Klasse aller Funktionen f: $[m,M]\to\mathbf{R}$, für die gilt: *Es gibt eine Folge stetiger Funktionen f_n mit $f_n(\lambda)\geqslant f_{n+1}(\lambda)\geqslant 0$ und $f_n(\lambda)\to f(\lambda)$ - dies alles für $\lambda\in[m,M]$.* Indem man die Funktionen $g_n(\lambda):=f_n(\lambda)+1/n$ nach dem Weierstraßschen Approximationssatz hinreichend gut durch Polynome annähert, sieht man, daß in dieser Definition die „Folge stetiger Funktionen" ersetzt werden kann durch „*Folge von Polynomen*", während alles andere beim Alten bleibt. - Jede Funktion aus K_1 ist nichtnegativ, und alle nichtnegativen stetigen Funktionen auf $[m,M]$, aber auch die in (114.7) erklärten Sprungfunktionen e_μ, liegen in K_1.[1)]

Ohne übermäßige Mühe beweist nun der Leser, gestützt auf das Heine-Borelsche-Überdeckungstheorem, den folgenden

115.2 Hilfssatz *Werden die Funktionen $f,g\in K_1$ in definitionsgemäßer Weise durch stetige Funktionen f_n, g_n approximiert und ist $f(\lambda)\leqslant g(\lambda)$ für alle $\lambda\in[m,M]$, so gibt es zu jedem natürlichen k einen Index n mit*

$$f_n(\lambda)\leqslant g_k(\lambda)+\frac{1}{k} \quad \textit{für } \lambda\in[m,M].$$

Ist f aus K_1 und (f_n) eine monoton fallende, gegen f konvergierende *Polynom*folge, so haben wir $f_1(A)\geqslant f_2(A)\geqslant\cdots\geqslant 0$ (Hilfssatz 115.1), infolgedessen strebt $(f_n(A))$ punktweise gegen einen symmetrischen Operator B (Satz 29.6). Mit Hilfssatz 115.2 ergibt sich, daß B nicht von der Wahl der approximierenden Polynomfolge abhängt. Wir sind also berechtigt, den Grenzoperator B mit $f(A)$ zu bezeichnen. Die Zuordnung $f\mapsto f(A)$ hat die folgenden Eigenschaften, die sich allesamt aus den beiden Hilfssätzen bzw. aus der Definition von $f(A)$ selbst ergeben:

Aus $f(\lambda)\leqslant g(\lambda)$ für alle $\lambda\in[m,M]$ folgt $f(A)\leqslant g(A)$;

$\alpha f\mapsto\alpha f(A)$ für $\alpha\geqslant 0$, $f+g\mapsto f(A)+g(A)$, $fg\mapsto f(A)g(A)$;

$f(A)$ ist mit $g(A)$ und sogar mit jedem stetigen Endomorphismus vertauschbar, der mit A kommutiert;

[1)] K_1 ist die Klasse der auf $[m,M]$ *nichtnegativen und nach oben halbstetigen* Funktionen (s. A 108.3 in Heuser I).

wird f in definitionsgemäßer Weise durch stetige Funktionen f_n approximiert, so strebt $f_n(A) \to f(A)$.

Die Klasse K_2 bestehe aus allen Differenzen $h = f - g$ von Funktionen $f, g \in K_1$. Wir setzen $h(A) := f(A) - g(A)$ und bitten den Leser, sich davon zu überzeugen, daß diese Definition *eindeutig* ist und K_2 bzw. die Zuordnung $h \mapsto h(A)$ die folgenden Eigenschaften besitzt:

K_2 ist eine reelle, $C[m,M]$ umfassende Algebra;

aus $g(\lambda) \leqslant h(\lambda)$ für alle $\lambda \in [m,M]$ folgt $g(A) \leqslant h(A)$;

$\alpha h \mapsto \alpha h(A)$ für alle $\alpha \in \mathbf{R}$, $\quad g + h \mapsto g(A) + h(A)$, $\quad gh \mapsto g(A)h(A)$;

$h(A)$ ist mit $g(A)$ und sogar mit jedem stetigen Endomorphismus vertauschbar, der mit A kommutiert.

Wir bemerkten schon, daß die Funktionen

$$e_\mu(\lambda) := \begin{cases} 1 & \text{für } \lambda \leqslant \mu \\ 0 & \text{für } \lambda > \mu \end{cases}$$

in K_1 liegen. *Infolgedessen existiert*

$$E_\mu := e_\mu(A) \quad \textit{für jedes reelle } \mu .$$

E_μ ist symmetrisch und wegen $e_\mu^2 = e_\mu$ idempotent, insgesamt also ein *Orthogonalprojektor* (Satz 22.2). Ebenso leicht ist zu sehen, *daß die Schar (E_μ) auch die anderen in* (114.6) *aufgeführten Eigenschaften besitzt*; man braucht nur auf die entsprechenden Eigenschaften der Grundfunktionen e_μ zurückzugreifen. (E_μ) heißt die Spektralschar des Operators A und ist der *nervus rerum* für alles Weitere.

Aufgaben

+**1. Quadratwurzel eines positiven Operators** Zu einem positiven Operator A gibt es genau einen positiven Operator B mit $B^2 = A$. B heißt die Quadratwurzel aus A und wird mit $A^{1/2}$ bezeichnet.

2. Sei $A: L^2(0,1) \to L^2(0,1)$ der (symmetrische) Multiplikationsoperator, also $(Ax)(t) := tx(t)$. Setze für jedes $x \in L^2(0,1)$

$$x_\lambda(t) := \begin{cases} x(t) & \text{für } 0 \leqslant t \leqslant \lambda < 1, \\ 0 & \text{für } \lambda < t \leqslant 1, \end{cases} \qquad E_\lambda x := \begin{cases} 0 & \text{für } \lambda < 0, \\ x_\lambda & \text{für } 0 \leqslant \lambda < 1, \\ x & \text{für } \lambda \geqslant 1. \end{cases}$$

Zeige nun, daß (E_λ) die Spektralschar von A ist.

116 Der Spektralsatz für symmetrische Operatoren auf Hilberträumen

In diesem Abschnitt sei A ein symmetrischer Endomorphismus des komplexen Hilbertraumes H, $m:=m(A)$, $M:=M(A)$ und (E_λ) die Spektralschar von A.

Als erstes klären wir, was unter dem Stieltjesschen Integral mit der Integratorfunktion $\lambda\mapsto E_\lambda$ verstanden werden soll. Dazu nehmen wir uns eine (verallgemeinerte) Zerlegung Z_n des Intervalls $[m, M]$ her (s. dazu (114.4) und die daran anschließende Rechnung):

$$\mu_0<m<\mu_1<\mu_2<\cdots<\mu_{n-1}<\mu_n=M; \tag{116.1}$$

ihr Feinheitsmaß sei

$$|Z_n|:=\max_{k=1}^{n}(\mu_k-\mu_{k-1}).$$

Mit λ_k bezeichnen wir Zwischenpunkte:

$$\mu_{k-1}\leqslant\lambda_k\leqslant\mu_k, \quad \text{wobei } \lambda_1\geqslant m \text{ sein soll.}$$

Zu der Funktion $f\colon[m,M]\to\mathbf{R}$ gebe es nun einen symmetrischen Operator B mit folgender Eigenschaft: Zu willkürlich vorgelegtem $\varepsilon>0$ existiert ein $\delta>0$, so daß für *jede* Zerlegung Z_n mit $|Z_n|\leqslant\delta$ und *jede* Wahl der Zwischenpunkte λ_k *stets*

$$\left\|B-\sum_{k=1}^{n}f(\lambda_k)(E_{\mu_k}-E_{\mu_{k-1}})\right\|\leqslant\varepsilon$$

ausfällt. Wir sagen dann, das Stieltjessche Integral

$$\int_{m-0}^{M}f(\lambda)\,\mathrm{d}E_\lambda \quad \textit{existiere und sei} \quad =B.$$[1]

Wir betrachten nun speziell die Funktion $f(\lambda):=\lambda$. Aus

$$\mu_{k-1}[e_{\mu_k}(\lambda)-e_{\mu_{k-1}}(\lambda)]\leqslant\lambda_k[e_{\mu_k}(\lambda)-e_{\mu_{k-1}}(\lambda)]\leqslant\mu_k[e_{\mu_k}(\lambda)-e_{\mu_{k-1}}(\lambda)],$$
$$\mu_{k-1}[e_{\mu_k}(\lambda)-e_{\mu_{k-1}}(\lambda)]\leqslant\lambda[e_{\mu_k}(\lambda)-e_{\mu_{k-1}}(\lambda)]\leqslant\mu_k[e_{\mu_k}(\lambda)-e_{\mu_{k-1}}(\lambda)]$$

erhalten wir

$$\mu_{k-1}(E_{\mu_k}-E_{\mu_{k-1}})\leqslant\lambda_k(E_{\mu_k}-E_{\mu_{k-1}})\leqslant\mu_k(E_{\mu_k}-E_{\mu_{k-1}}),$$
$$\mu_{k-1}(E_{\mu_k}-E_{\mu_{k-1}})\leqslant A(E_{\mu_k}-E_{\mu_{k-1}})\leqslant\mu_k(E_{\mu_k}-E_{\mu_{k-1}}).$$

Mit den Abkürzungen

---

[1] Die Schreibweise $m-0$ für die untere Integrationsgrenze wird uns daran erinnern, daß wir zur Definition des Integrals *verallgemeinerte* Zerlegungen von $[m,M]$ herangezogen haben, Zerlegungen also, bei denen der erste „Zerlegungspunkt“ μ_0 immer $<m$ bleiben soll.

$$R:=\sum_{k=1}^{n}\mu_{k-1}(E_{\mu_k}-E_{\mu_{k-1}}),\quad S:=\sum_{k=1}^{n}\lambda_k(E_{\mu_k}-E_{\mu_{k-1}}),\quad T:=\sum_{k=1}^{n}\mu_k(E_{\mu_k}-E_{\mu_{k-1}})$$

folgt aus diesen Ungleichungen durch Summation

$$R\leqslant S\leqslant T, \tag{116.2}$$

$$R\leqslant A\leqslant T. \tag{116.3}$$

Nun werde $\varepsilon>0$ beliebig vorgegeben und $\delta:=\varepsilon/2$ gesetzt. Für jede Zerlegung Z_n mit $|Z_n|\leqslant\delta$ ist $0\leqslant T-R\leqslant\delta I$; wegen (116.2), (116.3) erhalten wir daraus

$$0\leqslant T-S\leqslant\delta I,\qquad 0\leqslant T-A\leqslant\delta I,$$

also $\qquad \|T-S\|\leqslant\delta,\qquad \|T-A\|\leqslant\delta$

(s. (112.4)). Infolgedessen ist $\|A-S\|\leqslant\|A-T\|+\|T-S\|\leqslant\delta+\delta=\varepsilon$, also

$$A=\int_{m-0}^{M}\lambda\,\mathrm{d}E_\lambda,$$

und damit gilt nun alles in allem der nur schwer zu überschätzende

116.1 Spektralsatz *Zu jedem symmetrischen Operator A des komplexen Hilbertraumes H gibt es eine Schar von Orthogonalprojektoren E_λ von H, nämlich die Spektralschar von A, so daß folgendes gilt:*

a) $E_\lambda\leqslant E_\mu$ *für* $\lambda\leqslant\mu$,

b) $E_{\lambda+\varepsilon}\to E_\lambda$ *für* $\varepsilon\to 0+$,

c) $E_\lambda=0$ *für* $\lambda<m$, $\quad E_\lambda=I$ *für* $\lambda\geqslant M$,

d) $A=\int_{m-0}^{M}\lambda\,\mathrm{d}E_\lambda$.

Für stetiges $f\colon[m,M]\to\mathbf{R}$ können wir jetzt auch $f(A)$ *formelmäßig* darstellen:

116.2 Satz *Unter den Voraussetzungen und mit den Bezeichnungen des Satzes* 116.1 *gilt*

$$f(A)=\int_{m-0}^{M}f(\lambda)\,\mathrm{d}E_\lambda \tag{116.4}$$

für jede stetige Funktion $f\colon[m,M]\to\mathbf{R}$; *ferner haben wir*

$$\|f(A)\|\leqslant\|f\|_\infty. \tag{116.5}$$

Beweis. Für jede Zerlegung (116.1) ist

$$[e_{\mu_k}(\lambda)-e_{\mu_{k-1}}(\lambda)][e_{\mu_l}(\lambda)-e_{\mu_{l-1}}(\lambda)]=\begin{cases}0, & \text{falls } k\neq l,\\ e_{\mu_k}(\lambda)-e_{\mu_{k-1}}(\lambda), & \text{falls } k=l,\end{cases}$$

also $$(E_{\mu_k}-E_{\mu_{k-1}})(E_{\mu_l}-E_{\mu_{l-1}})=\begin{cases}0, & \text{falls } k\neq l,\\ E_{\mu_k}-E_{\mu_{k-1}}, & \text{falls } k=l.\end{cases}$$

Für $m=0,1,\ldots$ folgt daraus

$$\sum_k \lambda_k^m(E_{\mu_k}-E_{\mu_{k-1}})=\left[\sum_k \lambda_k(E_{\mu_k}-E_{\mu_{k-1}})\right]^m,$$

und durch Grenzübergang gewinnen wir nun die Gleichung

$$A^m=\int_{m-0}^{M}\lambda^m\,\mathrm{d}E_\lambda.$$

Aus ihr erhalten wir

$$p(A)=\int_{m-0}^{M}p(\lambda)\,\mathrm{d}E_\lambda \quad \text{für jedes reelle Polynom } p. \tag{116.6}$$

Nun gibt es nach dem Weierstraßschen Approximationssatz zu vorgegebenem $\varepsilon>0$ stets ein reelles Polynom p mit $-\varepsilon/3\leqslant f(\lambda)-p(\lambda)\leqslant\varepsilon/3$ auf $[m,M]$. Durch Einsetzen von A folgt

$$-\frac{\varepsilon}{3}I\leqslant f(A)-p(A)\leqslant\frac{\varepsilon}{3}, \quad \text{also} \quad \|f(A)-p(A)\|\leqslant\frac{\varepsilon}{3} \tag{116.7}$$

(s. (112.4)). Ferner gilt trivialerweise

$$-\frac{\varepsilon}{3}[e_{\mu_n}(\lambda)-e_{\mu_0}(\lambda)]\leqslant\sum_k[f(\lambda_k)-p(\lambda_k)][e_{\mu_k}(\lambda)-e_{\mu_{k-1}}(\lambda)]\leqslant\frac{\varepsilon}{3}[e_{\mu_n}(\lambda)-e_{\mu_0}(\lambda)].$$

Trägt man hierin A ein und setzt noch zur Abkürzung

$$S^{(f)}:=\sum_k f(\lambda_k)(E_{\mu_k}-E_{\mu_{k-1}}), \qquad S^{(p)}:=\sum_k p(\lambda_k)(E_{\mu_k}-E_{\mu_{k-1}}),$$

so erhält man

$$-\frac{\varepsilon}{3}I\leqslant S^{(f)}-S^{(p)}\leqslant\frac{\varepsilon}{3}I, \quad \text{also} \quad \|S^{(f)}-S^{(p)}\|\leqslant\frac{\varepsilon}{3}. \tag{116.8}$$

Wählt man nun die Zerlegung so fein, daß

$$\|p(A)-S^{(p)}\|\leqslant\frac{\varepsilon}{3} \tag{116.9}$$

ausfällt (dies ist wegen (116.6) ja stets möglich), so ergibt sich aus (116.7) bis (116.9) die Abschätzung

$$\|f(A)-S^{(f)}\| \leqslant \|f(A)-p(A)\|+\|p(A)-S^{(p)}\|+\|S^{(p)}-S^{(f)}\|$$
$$\leqslant \frac{\varepsilon}{3}+\frac{\varepsilon}{3}+\frac{\varepsilon}{3}=\varepsilon$$

und damit die behauptete Gleichung (116.4). Um schließlich auch noch (116.5) zu erhalten, setze man einfach A in die Ungleichung $-\|f\|_\infty \leqslant f(\lambda) \leqslant \|f\|_\infty$ ein. ■

Der Funktionalkalkül und die Darstellung (116.4) lassen sich auch auf *komplexwertige* Funktionen ausdehnen. Für

$$u := f + \mathrm{i} g \quad \text{mit } f, g \in K_2 \tag{116.10}$$

setzen wir zu diesem Zweck

$$u(A) := f(A) + \mathrm{i} g(A). \tag{116.11}$$

$u(A)$ ist zwar i. allg. nicht mehr symmetrisch, aber immerhin doch noch *normal.* Ferner gelten nach wie vor die vertrauten *Einsetzungsregeln:*

$$u(\lambda)=\alpha v(\lambda) \Rightarrow u(A)=\alpha v(A) \quad \textit{für } \alpha \in \mathbf{C},$$
$$u(\lambda)=v(\lambda)+w(\lambda) \Rightarrow u(A)=v(A)+w(A),$$
$$u(\lambda)=v(\lambda)w(\lambda) \Rightarrow u(A)=v(A)w(A).$$

Jedes $u(A)$ ist mit jedem $v(A)$ vertauschbar, ja sogar mit jedem stetigen Endomorphismus von H, der mit A kommutiert.
Sind die Funktionen f, g in (116.10) *stetig* auf $[m, M]$, so ist offensichtlich

$$u(A) = \int_{m-0}^{M} f(\lambda)\,\mathrm{d}E_\lambda + \mathrm{i} \int_{m-0}^{M} g(\lambda)\,\mathrm{d}E_\lambda =: \int_{m-0}^{M} u(\lambda)\,\mathrm{d}E_\lambda. \tag{116.12}$$

Aufgaben

*__1.__ Sei $x, y \in H$ und $f: [m, M] \to \mathbf{R}$ stetig. Zeige: $(E_\lambda x|x) = \|E_\lambda x\|^2$ ist monoton wachsend, $(E_\lambda x|y)$ von beschränkter Variation und

$$(f(A)x|x) = \int_{m-0}^{M} f(\lambda)\,\mathrm{d}(E_\lambda x|x) = \int_{m-0}^{M} f(\lambda)\,\mathrm{d}\,\|E_\lambda x\|^2, \quad (f(A)x|y) = \int_{m-0}^{M} f(\lambda)\,\mathrm{d}(E_\lambda x|y);$$

die Integrale sind die aus der Analysis vertrauten Stieltjesschen Integrale (s. Heuser I, Nr. 90–92).

*__2.__ Die Folge der stetigen Funktionen $f_n: [m, M] \to \mathbf{R}$ strebe *gleichmäßig* auf $[m, M]$ gegen die (von selbst stetige) Funktion f. Dann konvergiert $f_n(A) \Rightarrow f(A)$.

+__3.__ Die Potenzreihe $f(\lambda) := \sum_{n=0}^{\infty} \alpha_n \lambda^n$ mit reellen Koeffizienten habe positiven Konvergenzradius r, und es sei $\|A\| < r$.

a) Die Reihe $\sum_{n=0}^{\infty} \alpha_n A^n$ konvergiert gleichmäßig und definiert im Sinne von (13.16) einen symmetrischen Operator $f(A)$.

b) Da f auf $[m, M]$ stetig ist, existiert aber auch ein symmetrischer Operator $f(A)$ im Sinne der Nr. 115. Zeige, daß die beiden Definitionen nicht kollidieren.

Hinweis: Aufgabe 2.

*4. Für stetige Funktionen $f\colon [m, M] \to \mathbf{R}$ und $g\colon \mathbf{R} \to \mathbf{R}$ ist $(g \circ f)(A) = g(f(A))$.

117 Die Beschreibung des Spektrums und der Resolventenmenge eines symmetrischen Operators mittels seiner Spektralschar

In dieser Nummer sei A ein symmetrischer Endomorphismus des komplexen Hilbertraumes H und $m := m(A)$, $M := M(A)$.

Der Spektralsatz 116.1 liefert uns den Operator A aus, sobald wir seine Spektralschar (E_λ) kennen. Es muß dann also auch möglich sein, Spektrum und Resolventenmenge von A mittels (E_λ) vollständig zu beherrschen. Wie dies geschehen kann, werden wir in der vorliegenden Nummer sehen.

Wegen Satz 112.6 gehört λ_0 mit $\operatorname{Im}\lambda_0 \neq 0$ zu $\varrho(A)$. Charakterisierungswürdig sind also nur die *reellen* Punkte der Resolventenmenge. Und über diese gilt nun der folgende

117.1 Satz *Ein reeller Punkt λ_0 gehört genau dann zur Resolventenmenge von A, wenn er innerer Punkt eines Konstanzintervalles von (E_λ) ist.*

Beweis. a) Die Bedingung des Satzes sei erfüllt, es gebe also ein $\varepsilon > 0$, so daß (E_λ) auf dem Intervall $J := [\lambda_0 - \varepsilon, \lambda_0 + \varepsilon]$ konstant bleibt. f bedeute eine stetige Funktion auf $\mathbf{R}$ mit $f(\lambda) := 1/(\lambda_0 - \lambda)$ für $\lambda \notin J$, während g durch $g(\lambda) := \lambda_0 - \lambda$ definiert wird. Dann ist $f(\lambda)g(\lambda) = 1$ außerhalb von J. Da aber (E_λ) auf *J konstant* ist, haben wir

$$f(A)g(A) = \int_{m-0}^{M} f(\lambda)g(\lambda)\,\mathrm{d}E_\lambda = \int_{m-0}^{M} 1\,\mathrm{d}E_\lambda = I,$$

infolgedessen ist $g(A) = \lambda_0 I - A$ bijektiv und somit $\lambda_0 \in \varrho(A)$.

b) Nun sei umgekehrt $\lambda_0 \in \varrho(A)$, und wir nehmen an, λ_0 sei *nicht* innerer Punkt eines Konstanzintervalles von (E_λ). Wählen wir Zahlenfolgen (α_n), (β_n) mit $\alpha_n < \lambda_0 < \beta_n$, $\delta_n := \beta_n - \alpha_n \to 0$, so ist also durchweg

$$E(\delta_n) := E_{\beta_n} - E_{\alpha_n} \neq 0.$$

Im Bildraum von $E(\delta_n)$ gibt es daher ein x_n mit $\|x_n\| = 1$. Da $E(\delta_n)$ ein Orthogonalprojektor ist (Satz 113.3), muß außerdem $E(\delta_n)x_n = x_n$ sein. Zusammen mit A 116.1 folgt aus all dem nun

$$\begin{aligned}\|(\lambda_0 I - A)x_n\|^2 &= \|(\lambda_0 I - A)E(\delta_n)x_n\|^2\\ &= ((\lambda_0 I - A)E(\delta_n)x_n|(\lambda_0 I - A)E(\delta_n)x_n)\\ &= ((\lambda_0 I - A)^2 E(\delta_n)x_n|x_n)\\ &= \int\limits_{m-0}^{M} (\lambda_0 - \lambda)^2 (e_{\beta_n}(\lambda) - e_{\alpha_n}(\lambda))\,\mathrm{d}(E_\lambda x_n|x_n)\\ &\leqslant \delta_n^2 \int\limits_{m-0}^{M} 1\,\mathrm{d}(E_\lambda x_n|x_n) = \delta_n^2 (Ix_n|x_n) = \delta_n^2 \to 0.\end{aligned}$$

Also strebt $(\lambda_0 I - A)x_n \to 0$. Da aber λ_0 zu $\varrho(A)$ gehört, folgt daraus, daß auch $x_n = (\lambda_0 I - A)^{-1}(\lambda_0 I - A)x_n \to 0$ konvergieren muß - im Widerspruch zu $\|x_n\| = 1$. Wir müssen daher die Annahme verwerfen, λ_0 sei *kein* innerer Punkt eines Konstanzintervalles von (E_λ). ■

Aus dem letzten Satz ergibt sich, *daß die Spektralpunkte von A genau die* Wachstumspunkte *von* (E_λ) *sind, schärfer:*

$$\alpha \in \sigma(A) \iff E_{\alpha-\varepsilon} \neq E_{\alpha+\varepsilon} \quad \text{für jedes } \varepsilon > 0.$$

Die Art des Wachstums - *sprunghaft* oder *kontinuierlich* - entscheidet nun darüber, ob λ_0 zum *Punkt*spektrum oder zum *kontinuierlichen* Spektrum gehört. Zur Untersuchung dieser Dinge benötigen wir zwei einfache Hilfssätze.

117.2 Hilfssatz a) *Für jedes reelle* α *existiert* $E_{\alpha-0} := \lim\limits_{\varepsilon \to 0+} E_{\alpha-\varepsilon}$ *(im Sinne punktweiser Konvergenz).*

b) *Die Funktion* δ_α, *definiert durch*

$$\delta_\alpha(\lambda) := \begin{cases} 1 & \text{für } \lambda = \alpha, \\ 0 & \text{für } \lambda \neq \alpha, \end{cases}$$

gehört zur Klasse K_1, *und es ist*

$$S_\alpha := E_\alpha - E_{\alpha-0} = \delta_\alpha(A). \tag{117.1}$$

c) S_α *ist ein Orthogonalprojektor.*

Beweis. Die Behauptung a) ergibt sich aus dem monotonen Wachstum der Spektralschar (E_λ) in Verbindung mit Satz 29.6.

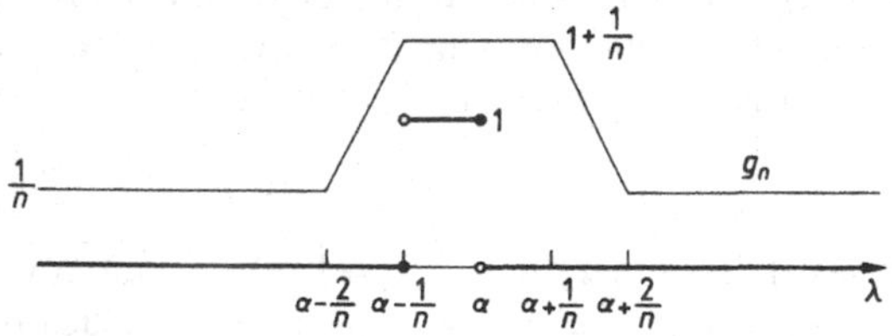

Fig. 117.1

b) Wir setzen $f_n(\lambda):=e_\alpha(\lambda)-e_{\alpha-1/n}(\lambda)$ und definieren $g_n(\lambda)$ wie in Fig. 117.1 angegeben (die fetten Linien stellen f_n dar). Da die g_n stetig sind und $g_n \searrow \delta_\alpha$ strebt, gehört δ_α zu K_1, und es konvergiert $g_n(A)\to\delta_\alpha(A)$. Aus $g_n \geqslant f_n \geqslant \delta_\alpha$ folgt $g_n(A)\geqslant E_\alpha - E_{\alpha-1/n}\geqslant \delta_\alpha(A)$, und daraus ergibt sich nun für $n\to\infty$ die Gl. (117.1).

c) Wegen $\delta_\alpha^2=\delta_\alpha$ ist auch $S_\alpha^2=S_\alpha$ und somit S_α ein Orthogonalprojektor. ∎

117.3 Hilfssatz *Sei $f\in K_2$ und $Au=\alpha u$ mit $u\neq 0$ (also α ein Eigenwert von A). Dann ist $f(A)u=f(\alpha)u$.*

Beweis. $f(\alpha)$ ist definiert, weil α als Element von $\sigma_p(A)$ in $[m,M]$ liegt. Die behauptete Gleichung ist nahezu trivial, wenn f ein Polynom ist und kann, darauf fußend, dann auch in einfachster Weise in den Fällen $f\in K_1$ und $f\in K_2$ verifiziert werden. ∎

Die Spektralschar (E_λ) wächst genau dann *sprunghaft* in α, wenn $S_\alpha\neq 0$ ist. Und nun gilt der entscheidende

117.4 Satz *Genau dann ist $\alpha\in\mathbf{R}$ ein* Eigenwert *von A, wenn $S_\alpha\neq 0$ ausfällt. In diesem Falle ist S_α der Orthogonalprojektor von H auf den Eigenraum zu α.*

Beweis. a) Sei α ein Eigenwert von A, also $Au=\alpha u$ mit einem $u\neq 0$. Dank der Hilfssätze 117.2 und 117.3 haben wir dann

$$S_\alpha u=\delta_\alpha(A)u=\delta_\alpha(\alpha)u=u\neq 0, \quad \text{also} \quad S_\alpha\neq 0.$$

b) Nun sei umgekehrt $S_\alpha\neq 0$. Da S_α nach Hilfssatz 117.2 ein Projektor ist, gilt $S_\alpha(H)=\{x\in H\colon S_\alpha x=x\}$. Wegen $S_\alpha\neq 0$ gibt es also ein $u\neq 0$ mit $S_\alpha u=u$. Nun definieren wir $f\in K_2$ durch $f(\lambda):=\lambda\delta_\alpha(\lambda)=\alpha\delta_\alpha(\lambda)$. Dann ist $f(A)=A\delta_\alpha(A)=\alpha\delta_\alpha(A)$, wegen $\delta_\alpha(A)=S_\alpha$ also $AS_\alpha=\alpha S_\alpha$ und somit $Au=AS_\alpha u=\alpha S_\alpha u=\alpha u$. α ist also ein Eigenwert von A.

c) Den Beweisschritten a) und b) entnimmt man: Genau dann ist $u\neq 0$ ein Eigenvektor von A zum Eigenwert α, wenn $S_\alpha u=u$ gilt. Infolgedessen ist der Eigenraum zu α gerade der Bildraum von S_α. ∎

Nach den bisher bewiesenen Sätzen dieser Nummer gehört ein $\alpha\in\mathbf{R}$, in dem (E_λ) *kontinuierlich* wächst,[1] zu $\sigma(A)\backslash\sigma_p(A)$. Weil aber das Residualspektrum $\sigma_r(A)$ leer ist (s. Aufgabe zu Nr. 112), muß α in dem kontinuierlichen Spektrum $\sigma_c(A)$ liegen. Da diese Schlüsse umkehrbar sind, haben wir den folgenden Satz, der die Bezeichnung „kontinuierliches Spektrum" erst verständlich macht.

117.5 Satz *Genau dann gehört $\alpha\in\mathbf{R}$ zum* kontinuierlichen Spektrum *von A, wenn die Spektralschar (E_λ) in α kontinuierlich wächst*[1].

---

[1] „Wachsen" ist hier im *strengen* Sinne zu verstehen.

Aufgaben

Im folgenden sei A ein symmetrischer Operator auf einem komplexen Hilbertraum H.

1. Beweise die Aussage „Ein isolierter Punkt von $\sigma(A)$ ist ein Eigenwert von A" (s. Satz 112.2) mit Hilfe der Sätze dieser Nummer.

+2. Genau dann gehört λ zum *essentiellen Spektrum* $\sigma_e(A)$, wenn für jedes offene Intervall (α,β), das λ enthält, der Operator $E_\beta - E_\alpha$ unendlichdimensional ist.
Hinweis: Satz 112.4.

+3. Weylsches Kriterium Genau dann gehört λ zum *essentiellen Spektrum* $\sigma_e(A)$, wenn es eine Folge $(x_n) \subset H$ mit nachstehenden Eigenschaften gibt:

$$\|x_n\| = 1, \qquad x_n \rightharpoonup 0, \qquad (\lambda I - A)x_n \to 0.$$

Hinweis: Aufgabe 2, A 27.3, Ende des Beweises von Satz 117.1, Abschätzung $\|(\lambda I - A)x\|^2 \geqslant \cdots$ mit Hilfe von A 116.1.

+4. Satz von Weyl Für jedes symmetrische und kompakte K ist $\sigma_e(A+K) = \sigma_e(A)$.
Hinweis: A 59.9, Aufgabe 3. - Vgl. Satz 107.3.

118 Der Spektralsatz für unitäre Operatoren

H sei in dieser Nummer wieder ein komplexer Hilbertraum.
Der Operator $U \in \mathscr{S}(H)$ heißt unitär, wenn $UU^* = U^*U = I$ ist. Ein solcher Operator ist normal und bijektiv mit $U^{-1} = U^*$, und U^* ist ebenfalls unitär. Ferner erhält U offenbar das Innenprodukt:

$$(Ux|Uy) = (x|y) \quad \textit{für alle } x,y \in H. \tag{118.1}$$

Infolgedessen ist U auch isometrisch:

$$\|Ux\| = \|x\| \quad \textit{für alle } x \in H, \tag{118.2}$$

und deshalb muß $\|U\| = 1$ sein. Da das Innenprodukt durch die Norm bestimmt wird (s. (18.8)), sieht man, *daß umgekehrt eine bijektive Isometrie von H notwendigerweise unitär sein muß.*
Ebenfalls leicht einzusehen ist der

118.1 Satz *Das Spektrum des unitären Operators U liegt auf der Peripherie des Einheitskreises.*

Beweis. Wegen $\|U\| = 1$ ist auch $r(U) = 1$ (Satz 58.6). Infolgedessen muß $\sigma(U)$ in dem abgeschlossenen Einheitskreis liegen, kann jedoch wegen der Bijektivität von U nicht den Nullpunkt enthalten. Sei nun $0 < |\lambda| < 1$. Dann ist $|1/\lambda| > 1$ und somit $1/\lambda \in \varrho(U^*)$ (denn U^* ist unitär, also $r(U^*) = 1$). Multipliziert man den bijektiven

Operator $(1/\lambda)I-U^*$ mit dem bijektiven Operator $-\lambda U$, so erhält man $\lambda I-U$. Dieser Operator ist also ebenfalls bijektiv, λ gehört daher zu $\varrho(U)$, und somit muß tatsächlich das gesamte Spektrum von U auf der Kreislinie $|\lambda|=1$ liegen. ■

Wir hatten schon früher erwähnt, daß in $\mathscr{L}(H)$ die *symmetrischen* Operatoren eine Rolle spielen, die derjenigen der *reellen* Zahlen in **C** analog ist. Ganz entsprechend übernehmen die *unitären* Operatoren sozusagen den Part der *komplexen Zahlen vom Betrag* 1. Jedes derartige λ läßt sich mit einem reellen $\alpha\in[-\pi,\pi]$ in der Form $\lambda=e^{i\alpha}$ darstellen, und wir werden zeigen, daß man ganz analog zu jedem unitären U ein symmetrisches A mit $\sigma(A)\subset[-\pi,\pi]$ und $U=e^{iA}$ finden kann. Zum Beweis dieser fundamentalen und keineswegs trivialen Aussage benötigen wir das sehr technisch anmutende

118.2 Lemma von Wecken *$W,T\in\mathscr{L}(H)$ seien vertauschbare symmetrische Operatoren mit $W^2=T^2$, und P sei der Orthogonalprojektor auf $N(W-T)$. Dann gelten die folgenden Aussagen:*

a) *Jeder stetige Operator, der mit $W-T$ kommutiert, kommutiert auch mit P.*

b) *Aus $Wx=0$ folgt $Px=x$.*

c) $W=(2P-I)T$.

Beweis. a) Angenommen, B kommutiere mit $W-T$. Da Px stets in $N(W-T)$ liegt, haben wir $(W-T)BPx=B(W-T)Px=0$. Also ist $BPx\in N(W-T)$ und somit $P(BPx)=BPx$, d.h.

$$PBP=BP. \tag{118.3}$$

Da offensichtlich auch B^* mit $W-T$ kommutiert, erhalten wir ganz entsprechend die Gleichung $PB^*P=B^*P$ und aus ihr wegen $P=P^*$ die Beziehung

$$PBP=(PB^*P)^*=(B^*P)^*=PB.$$

Mit (118.3) ergibt sich daraus $BP=PB$.

b) Für alle x ist

$$\|Wx\|^2=(Wx|Wx)=(W^2x|x)=(T^2x|x)=(Tx|Tx)=\|Tx\|^2.$$

Aus $Wx=0$ folgt also $Tx=0$, damit $(W-T)x=0$ - d.h. $x\in N(W-T)$ - und somit auch $Px=x$.

c) Es ist $(W-T)(W+T)=W^2-T^2=0$, für jedes x liegt also $(W+T)x$ in $N(W-T)$, und daher muß $P(W+T)x=(W+T)x$, also

$$P(W+T)=W+T \tag{118.4}$$

sein. Dank der Definition von P haben wir $(W-T)P=0$, und da der Operator $W-T$ mit sich selbst kommutiert, muß nach a) dann auch $P(W-T)=0$ sein. Mit (118.4) folgt daraus

$$W+T=P(W+T)-P(W-T)=2PT,$$

also auch die behauptete Gleichung $W=(2P-I)T$. ■

Dem angekündigten Darstellungssatz für unitäre Operatoren schicken wir noch eine unmittelbar einleuchtende Bemerkung voraus (s. dazu die Aufgaben 2 und 3 in Nr. 116): *Ist die Potenzreihe*

$$f(\lambda) := \sum_{n=0}^{\infty} \alpha_n \lambda^n \quad \textit{mit reellen Koeffizienten } \alpha_n$$

für alle reellen λ *mit* $|\lambda| \leqslant \gamma$ *absolut konvergent, so konvergiert die Reihe* $\sum \alpha_n A^n$ *für jedes symmetrische* A *mit* $\|A\| \leqslant \gamma$ *gegen den symmetrischen Operator* $f(A)$, *es gilt*

$$\|f(A)\| \leqslant \sum_{n=0}^{\infty} |\alpha_n| \gamma^n, \tag{118.5}$$

und $f(A)$ *kommutiert mit jedem* $B \in \mathscr{L}(H)$, *das mit* A *kommutiert.*

118.3 Satz *Zu dem unitären Operator* U *gibt es einen symmetrischen Operator* A *mit* $\sigma(A) \subset [-\pi, \pi]$ *und* $U = e^{iA}$.

Beweis. Die Operatoren

$$V := \frac{1}{2}(U + U^*), \qquad W := \frac{1}{2i}(U - U^*)$$

sind offensichtlich vertauschbar und symmetrisch, ferner ist

$$\|V\|, \|W\| \leqslant 1, \qquad -I \leqslant V, W \leqslant I, \tag{118.6}$$

$$V^2 + W^2 = I. \tag{118.7}$$

Für alle reellen λ mit $|\lambda| \leqslant 1$ gilt bekanntlich

$$\arccos\lambda = \frac{\pi}{2} - \arcsin\lambda = \frac{\pi}{2} - \left(\lambda + \frac{1}{2}\,\frac{\lambda^3}{3} + \frac{1\cdot 3}{2\cdot 4}\,\frac{\lambda^5}{5} + \cdots\right),$$

wegen $\|V\| \leqslant 1$ ist also $\arccos V$ vorhanden und symmetrisch. Dasselbe gilt für

$$T := \sin(\arccos V).$$

T kommutiert mit V und W. Wegen $\cos(\arccos V) = V$ und $\cos^2\lambda + \sin^2\lambda = 1$ haben wir außerdem $V^2 + T^2 = I$, dank (118.7) also die Gleichung $W^2 = T^2$ (s. dazu A 116.4). Mit dem Orthogonalprojektor P auf $N(W - T)$ gilt daher nach dem Lemma 118.2 von Wecken:

$$W = (2P - I)T, \qquad Px = x \quad \textit{für alle } x \in N(W), \tag{118.8}$$

$$P \textit{ kommutiert mit } V \textit{ und } \arccos V.$$

Wir definieren nun einen symmetrischen Operator A durch

$$A := (2P - I)\arccos V$$

und Potenzreihen f_1, f_2 durch

$$f_1(\lambda^2) := 1 - \frac{1}{2!}\lambda^2 + \frac{1}{4!}\lambda^4 - \cdots = \cos\lambda,$$

$$\lambda f_2(\lambda^2) := \lambda - \frac{1}{3!}\lambda^3 + \frac{1}{5!}\lambda^5 - \cdots = \sin\lambda.$$

Da P als Projektor idempotent ist, gilt $(2P-I)^2 = 4P - 4P + I = I$, und dank der Vertauschbarkeit von P mit $\arccos V$ erhalten wir nun

$$A^2 = (\arccos V)^2. \tag{118.9}$$

Infolgedessen ist

$$\begin{aligned} \cos A &= f_1(A^2) &&= f_1((\arccos V)^2) = \cos(\arccos V) = V, \\ \sin A &= A f_2(A^2) &&= (2P-I)(\arccos V) f_2((\arccos V)^2) \\ & &&= (2P-I)\sin(\arccos V) = (2P-I)T = W \quad \text{(s. (118.8))}. \end{aligned}$$

Wegen $U = V + \mathrm{i}W$ ergibt sich daraus nun endlich die behauptete Gleichung

$$U = \cos A + \mathrm{i}\sin A = \mathrm{e}^{\mathrm{i}A}.$$

Es bleibt nur noch „$\sigma(A) \subset [-\pi, \pi]$" nachzuweisen. Aus $|\arccos\lambda| \leqslant \pi$ folgt $r(A) = \|A\| \leqslant \pi$ (s. (116.5)), und da $\sigma(A)$ reell ist, muß die behauptete Inklusion tatsächlich zutreffen. ■

Mühelos erhalten wir jetzt den

118.4 Spektralsatz für unitäre Operatoren *Zu jedem unitären Operator U des komplexen Hilbertraumes H gibt es eine Schar von Orthogonalprojektoren E_λ von H, so daß folgendes gilt:*

a) $E_\lambda \leqslant E_\mu$ *für* $\lambda \leqslant \mu$,

b) $E_{\lambda+\varepsilon} \to E_\lambda$ *für* $\varepsilon \to 0+$,

c) $E_\lambda = 0$ *für* $\lambda < -\pi$, $E_\lambda = I$ *für* $\lambda \geqslant \pi$,

d) $U = \int_{-\pi-0}^{\pi} \mathrm{e}^{\mathrm{i}\lambda}\,\mathrm{d}E_\lambda = \int_{-\pi-0}^{\pi} \cos\lambda\,\mathrm{d}E_\lambda + \mathrm{i}\int_{-\pi-0}^{\pi} \sin\lambda\,\mathrm{d}E_\lambda.$

Beweis. Nach Satz 118.3 haben wir $U = \mathrm{e}^{\mathrm{i}A} = \cos A + \mathrm{i}\sin A$, wobei A ein symmetrischer Operator mit $\sigma(A) \subset [-\pi, \pi]$ ist. Mit der Spektralschar (E_λ) von A ergeben sich nun alle Behauptungen sofort aus den Sätzen der Nr. 116. ■

In Analogie zu der Situation in Satz 116.2 setzen wir noch für jede auf der Einheitskreislinie stetige Funktion f

$$f(U) := \int_{-\pi-0}^{\pi} f(e^{i\lambda})\,dE_\lambda \tag{118.10}$$

und erhalten daraus (vgl. A 116.1)

$$(f(U)x|y) = \int_{-\pi-0}^{\pi} f(e^{i\lambda})\,d(E_\lambda x|y). \tag{118.11}$$

Aufgaben

1. Definiere den Endomorphismus U von $L^2(\mathbf{R})$ durch $(Ux)(t) := x(t+\alpha)$ ($\alpha \in \mathbf{R}$ fest) und zeige, daß U unitär ist. Was ist U^*?

2. $U: L^2(a,b) \to L^2(a,b)$, definiert durch $(Ux)(t) := e^{i\alpha t}x(t)$ ($\alpha \in \mathbf{R}$ fest) ist unitär. Was ist U^*?

3. Der Operator $A: l^2 \to l^2$, definiert durch $A(\xi_1, \xi_2, \ldots) := (0, \xi_1, \xi_2, \ldots)$ ist zwar isometrisch, aber nicht unitär.

4. Der stetige Endomorphismus A des komplexen Hilbertraumes E ist genau dann isometrisch, wenn $A^*A = I$ ist.
Hinweis: Satz 29.4.

5. Für den stetigen Endomorphismus A eines *endlich*dimensionalen komplexen Hilbertraumes gilt: A ist unitär $\Longleftrightarrow A$ ist isometrisch.

6. Die (n,n)-Matrix $U := (\alpha_{jk})$ ist genau dann ein unitärer Operator auf $l^2(n)$, wenn ihre Spalten ein Orthonormalsystem bilden:

$$\sum_{j=1}^{n} \alpha_{jk}\overline{\alpha}_{jl} = \delta_{kl} \quad (k,l = 1, \ldots, n).$$

„Spalten" darf hierbei durch „Zeilen" ersetzt werden.

7. Die Fourier-Plancherelsche Transformation Dieser Endomorphismus F von $L^2(-\infty, +\infty)$ wird definiert durch

$$(Fx)(s) := \lim_{\omega\to\infty} \frac{1}{\sqrt{2\pi}} \int_{-\omega}^{\omega} e^{-ist}x(t)\,dt \quad \left(\lim_{\omega\to\infty} \text{ im Sinne der } L^2\text{-Norm}\right).$$

F ist unitär, $(F^2x)(s) = x(-s)$, $F^4 = I$, $\sigma(F)$ besteht aus den vier Eigenwerten $1, i, -1, -i$. S. hierzu Riesz-Sz.-Nagy (1968), S. 291ff.

119 Der Spektralsatz für selbstadjungierte Operatoren

Nach dem Satz 39.6 von Hellinger-Toeplitz ist ein symmetrischer Endomorphismus eines Hilbertraumes notwendigerweise stetig. Die Grundoperatoren der Quantenmechanik sind nun zwar symmetrisch – aber nichtsdestotrotz unstetig

(s. Beispiel 5.3 und A 10.22). Sie können also nicht auf einem *ganzen* Hilbertraum definiert sein. Die hier obwaltenden Verhältnisse wollen wir ihrer enormen theoretischen und praktischen Bedeutung wegen in dieser Nummer näher untersuchen.

H sei im folgenden ein komplexer Hilbertraum und $D_A \subset H$ der Definitionsraum der linearen Abbildung $A: D_A \to H$.

Wir setzen voraus, A sei **dicht definiert**, d.h., D_A liege dicht in H, und betrachten die Menge

$$D^* := \{y \in H: \text{zu } y \text{ gibt es ein } y^* \in H \text{ mit } (Ax|y) = (x|y^*) \text{ für alle } x \in D_A\}.$$

D^* ist offenbar ein Unterraum von H, und weil D_A dicht in H liegt, bestimmt jedes $y \in D^*$ das zugeordnete Element y^* völlig unzweideutig, mit anderen Worten: *Durch*

$$A^*y := y^* \quad \text{für alle } y \in D^*$$

wird eine Abbildung $A^*: D^* \to H$ definiert. A^* ist offensichtlich linear und heißt die zu A **adjungierte Transformation**. Ihren Definitionsbereich D^* bezeichnen wir, der obigen Verabredung folgend, hinfort mit D_{A^*}.

Ist A auf ganz H erklärt und stetig, so stimmt die oben definierte adjungierte Transformation A^* mit der in Nr. 58 eingeführten überein, so daß keine Konfusion zu befürchten steht.

A^* braucht zwar ebensowenig stetig zu sein wie A selbst, es gilt aber doch der wichtige

119.1 Satz *A^* ist immer* **abgeschlossen**.

Beweis. Aus $y_n \in D_{A^*}$, $y_n \to y$, $A^*y_n \to z$ folgt für jedes $x \in D_A$

$$(Ax|y) = \lim (Ax|y_n) = \lim (x|A^*y_n) = (x|z),$$

also ist $y \in D_{A^*}$ und $A^*y = z$. ■

Durch die Schreibweise $A_1 \subset A_2$ drücken wir hinfort aus, daß

$$D_{A_1} \subset D_{A_2} \quad \text{und} \quad A_1x = A_2x \quad \text{für alle } x \in D_{A_1}$$

ist. Es gilt dann offensichtlich:

$$A \text{ ist dicht definiert und symmetrisch} \iff A \subset A^*. \tag{119.1}$$

Grundlegend ist nun die folgende Definition: Ein dicht definierter Operator A heißt **selbstadjungiert**, wenn $A = A^*$ ist, wenn also gilt:

$$D_A = D_{A^*} \quad \text{und} \quad Ax = A^*x \quad \text{für alle } x \in D_A.$$

Ein selbstadjungierter Operator ist also immer dicht definiert, symmetrisch und wegen Satz 119.1 *abgeschlossen*; stetig braucht er jedoch nicht zu sein.

Für den Rest dieser Nummer sei A selbstadjungiert. Eine ganz elementare Rechnung zeigt, daß für alle $x \in D_A$

$$\|(A \pm \mathrm{i}I)x\|^2 = \|Ax\|^2 + \|x\|^2, \tag{119.2}$$

also $$\|(A \pm \mathrm{i}I)x\| \geqslant \|x\| \tag{119.3}$$

ausfällt. Diese Abschätzung lehrt, daß die Inversen $(A \pm \mathrm{i}I)^{-1}$ existieren und auf ihren Definitionsräumen stetig sind. *Diese Definitionsräume stimmen aber mit H überein.* Wir zeigen dies nur für den Definitionsbereich D_R von $R := (A - \mathrm{i}I)^{-1}$. Zunächst erkennt man mit Hilfe der Abgeschlossenheit von $A - \mathrm{i}I$ und der Stetigkeit von R sehr leicht, daß D_R abgeschlossen ist. Wäre $D_R \neq H$, so gäbe es also ein $y \neq 0$, das senkrecht auf D_R steht (Satz 22.1). Es gilt dann:

$$((A - \mathrm{i}I)x|y) = 0 = (x|0) \quad \text{für alle } x \in D_A = D_{A - \mathrm{i}I}.$$

Daraus folgt, daß $(A - \mathrm{i}I)^* y = (A + \mathrm{i}I)y$ existiert und $= 0$ ist. Wegen der Injektivität von $A + \mathrm{i}I$ muß also auch $y = 0$ sein – y war aber gerade als ein Element $\neq 0$ gewählt worden. Diese Absurdität deckt auf, wie unzulässig die Annahme $D_R \neq H$ ist. ■

Für jede *nichtreelle* Zahl $\mu := \alpha + \mathrm{i}\beta$ $(\alpha, \beta \in \mathbf{R})$ ist dank des eben Bewiesenen

$$(A - \mu I)^{-1} = (A - \alpha I - \mathrm{i}\beta I)^{-1} = \frac{1}{\beta}\left(\frac{A - \alpha I}{\beta} - \mathrm{i}I\right)^{-1}$$

auf ganz H definiert und stetig; dasselbe gilt dann natürlich auch von $(\mu I - A)^{-1}$. In Erweiterung früher gegebener Definitionen sagen wir, $\lambda \in \mathbf{C}$ gehöre zur **Resolventenmenge** $\varrho(A)$ von A, wenn $(\lambda I - A)^{-1}$ auf ganz H definiert und stetig ist; $\sigma(A) := \mathbf{C} \setminus \varrho(A)$ nennen wir das **Spektrum** von A. Die obigen Überlegungen haben dann folgendes bewiesen:

119.2 Satz *Das Spektrum eines selbstadjungierten Operators ist* reell.[1)]

Aus (119.2) folgt

$$\|(A - \mathrm{i}I)x\| = \|(A + \mathrm{i}I)x\| \quad \text{für alle } x \in D_A,$$

und mit Satz 119.2 erhalten wir daraus

$$\|(A - \mathrm{i}I)(A + \mathrm{i}I)^{-1}y\| = \|y\| \quad \text{für alle } y \in H.$$

Die Abbildung $(A - \mathrm{i}I)(A + \mathrm{i}I)^{-1}$ ist also ein isometrischer Endomorphismus von H. Wiederum mit Satz 119.2 sehen wir, daß sie auch bijektiv, insgesamt also unitär ist. Diese Tatsache wird sich als das Fundament der Spektraltheorie selbstadjungierter Operatoren erweisen. Wir halten sie deshalb ausdrücklich fest:

---

1) Es kann aber, im Unterschied zu früheren Verhältnissen, sehr wohl *unbeschränkt* sein.

119.3 Satz *Die* Cayleysche Transformation

$$V := (A - \mathrm{i}I)(A + \mathrm{i}I)^{-1} \tag{119.4}$$

des selbstadjungierten Operators A ist unitär.[1]

A kann man aus *V* wiedergewinnen: *Es ist*

$$A = \mathrm{i}(I + V)(I - V)^{-1}. \tag{119.5}$$

Der Beweis hierfür bleibe dem Leser überlassen.

Die zentrale Aussage dieser Nummer ist der

119.4 Spektralsatz für selbstadjungierte Operatoren *Der Operator A sei selbstadjungiert, V seine Cayleysche Transformation und*

$$-V = \int_{-\pi-0}^{\pi} \mathrm{e}^{\mathrm{i}\lambda}\,\mathrm{d}E_\lambda \tag{119.6}$$

die Spektraldarstellung von $-V$ *gemäß Satz* 118.4. *Dann ist für alle* $x \in D_A$

$$(Ax|x) = \int_{-\infty}^{+\infty} \lambda\,\mathrm{d}(F_\lambda x|x) \quad \text{mit} \quad F_\lambda := E_{2\arctan\lambda}.^{2)} \tag{119.7}$$

Beweis. a) Wir zeigen zunächst, daß (E_λ) in $-\pi$ und π *stetig* ist. Gemäß der Herleitung des Satzes 118.4 ist (E_λ) die Spektralschar eines symmetrischen Endomorphismus *B* von *H* mit

$$-V = \cos B + \mathrm{i}\sin B \quad \text{und} \quad \sigma(B) \subset [-\pi, \pi]. \tag{119.8}$$

Wäre (E_λ) in $-\pi$ unstetig, so müßte $-\pi$ ein Eigenwert von *B* sein (Satz 117.4). Es gäbe also ein $u \neq 0$ mit $Bu = -\pi u$. Nach Hilfssatz 117.3 wäre dann

$$(\cos B)u = \cos(-\pi)\cdot u = -u, \qquad (\sin B)u = \sin(-\pi)\cdot u = 0$$

und somit $V(-u) = (-V)u = (\cos B)u + \mathrm{i}(\sin B)u = -u$, d.h., *V* hätte den Eigenwert 1, im Widerspruch zur Injektivität von $I - V$ (s. (119.5)). Die Spektralschar

[1] Der englische Jurist und Mathematiker Arthur Cayley (1821-1895; 74) hat sich höchst erfolgreich auf vielen mathematischen Feldern betätigt, von der Transformation (119.4) hat er allerdings noch nichts ahnen können.

[2] S. dazu auch Aufgabe 1.

(E_λ) ist also tatsächlich in $-\pi$ stetig. Ganz entsprechend erkennt man ihre Stetigkeit in π. Insbesondere schreibt sich nun (119.6) in der Form

$$-V = \int_{-\pi}^{\pi} e^{i\lambda} dE_\lambda.^{1)} \tag{119.9}$$

b) $I-V$ bildet H injektiv auf D_A ab (s. (119.5)). Jedes $x \in D_A$ kann also mit einem eindeutig bestimmten $y \in H$ in der Form

$$x = (I-V)y$$

geschrieben werden, und mit (119.5) erhalten wir

$$Ax = i(I+V)(I-V)^{-1}x = i(I+V)y.$$

Daraus gewinnen wir durch eine höchst einfache Rechnung (bei der man die Gleichung $(Vy|Vy) = (y|y)$ beachten möge) die Beziehung

$$(Ax|x) = 2\,\mathrm{Im}(-Vy|y),$$

die ihrerseits wegen (119.9) übergeht in

$$(Ax|x) = \int_{-\pi}^{\pi} 2\sin\lambda\, d(E_\lambda y|y) = \int_{-\pi}^{\pi} 4\sin\frac{\lambda}{2}\cos\frac{\lambda}{2}\, d(E_\lambda y|y). \tag{119.10}$$

E_λ kommutiert mit $\cos B$ und $\sin B$, wegen (119.8) also auch mit V. Infolgedessen ist

$$(E_\lambda x|x) = (E_\lambda(I-V)y|(I-V)y) = ((I-V)^*(I-V)E_\lambda y|y).$$

Setzen wir $z := E_\lambda y$, so erhalten wir daraus mit (118.11)

$$(E_\lambda x|x) = \int_{-\pi}^{\pi} (1+e^{-i\mu})(1+e^{i\mu})\, d(E_\mu z|y) = \int_{-\pi}^{\pi} 4\cos^2\frac{\mu}{2}\, d(E_\mu z|y). \tag{119.11}$$

Für $\mu \leqslant \lambda$ ist $E_\mu \leqslant E_\lambda$, also $E_\mu E_\lambda = E_\mu$ (Satz 113.3) und somit

$$E_\mu z = E_\mu E_\lambda y = E_\mu y \quad (\mu \leqslant \lambda).$$

Aus denselben Gründen haben wir

$$E_\mu z = E_\lambda y \quad \text{für alle } \mu \geqslant \lambda.$$

Mit (119.11) erhalten wir nun die Darstellung

$$(E_\lambda x|x) = \int_{-\pi}^{\lambda} 4\cos^2\frac{\mu}{2}\, d(E_\mu y|y). \tag{119.12}$$

---

1) Dies besagt, daß die zur Definition des Integrals heranzuziehenden Zerlegungen des Intervalles $[-\pi, \pi]$ hier von der üblichen Art sein dürfen, bei denen also der erste Zerlegungspunkt mit dem linken Intervallende $-\pi$ zusammenfällt.

Dank der in a) festgestellten Stetigkeit von (E_λ) in $-\pi$ und π folgt aus (119.10) und (119.12) die Gleichungskette

$$\begin{aligned}(Ax|x) &= \int_{-\pi}^{\pi} 4\sin\frac{\lambda}{2}\cos\frac{\lambda}{2}\,\mathrm{d}(E_\lambda y|y) = \int_{-\pi}^{\pi} \tan\frac{\lambda}{2}\cdot 4\cos^2\frac{\lambda}{2}\,\mathrm{d}(E_\lambda y|y)\\ &= \int_{-\pi}^{\pi} \tan\frac{\lambda}{2}\,\mathrm{d}(E_\lambda x|x).\end{aligned} \tag{119.13}$$

Indem man nun das letzte Integral der Substitution $\lambda = 2\arctan t$ unterwirft, erhält man aus (119.13) die Gleichung

$$(Ax|x) = \int_{-\infty}^{+\infty} t\,\mathrm{d}(F_t x|x) \quad \text{mit} \quad F_t := E_{2\arctan t}.$$

Das ist aber die behauptete Darstellung (119.7), nur mit dem Buchstaben t anstelle von λ. ■

Der Spektralsatz setzt uns in den Stand, Resolventenmenge und Spektrum eines selbstadjungierten Operators mit Hilfe seiner Spektralschar (F_λ) ganz ähnlich zu beschreiben, wie wir es in Nr. 117 schon für symmetrische Endomorphismen eines Hilbertraumes getan haben. Wir wollen diesen Dingen aber nicht weiter nachgehen und verweisen den Leser stattdessen auf Riesz-Sz.-Nagy (1968), S. 358 ff.

Aufgaben

1. Die Orthogonalprojektoren F_λ $(\lambda \in \mathbf{R})$ in (119.7) haben die folgenden Eigenschaften:

a) $F_\lambda \leqslant F_\mu$ für $\lambda \leqslant \mu$,

b) $F_{\lambda+\varepsilon} \to F_\lambda$ für $\varepsilon \to 0+$,

c) $F_\lambda \to 0$ für $\lambda \to -\infty$, $F_\lambda \to I$ für $\lambda \to +\infty$.

Hinweis: Satz 116.1.

2. A_1, A_2 seien dicht definiert. Dann gilt: $A_1 \subset A_2 \Rightarrow A_2^* \subset A_1^*$.

3. Ein selbstadjungierter Operator ist maximalsymmetrisch, d.h., er besitzt keine echte symmetrische Fortsetzung.

Hinweis: Aufgabe 2.

4. Wir machen das cartesische Produkt $H \times H$ vermöge des Innenproduktes $((x_1|y_1)|(x_2|y_2)) := (x_1|x_2) + (y_1|y_2)$ zu einem Hilbertraum. Es sei

$$G_A := \{(x, Ax) : x \in D_A\}, \qquad \tilde{G}_A := \{(Ax, -x) : x \in D_A\}$$

(G_A ist der altvertraute Graph von A). Zeige: Ist A dicht definiert und abgeschlossen, so ist $\tilde{G}_A$ abgeschlossen und G_{A^*} das orthogonale Komplement zu $\tilde{G}_A$ in $H \times H$.

5. H sei die „orthogonale Summe" der Unterräume $F_1, F_2, \ldots$, d.h., es sei $F_j \perp F_k$ für $j \neq k$ und $x = \sum x_k$ ($x_k \in F_k$) für jedes $x \in H$. Zeige zunächst, daß alle F_k abgeschlossen sind. Auf jedem F_k sei nun ein symmetrischer Endomorphismus A_k definiert, und es sei $D := \{x = \sum x_k : \sum \|A_k x_k\|^2 < \infty\}$. Zeige: D ist ein in H dicht liegender Unterraum, und auf D wird durch $Ax := \sum A_k x_k$ ein selbstadjungierter Operator A mit $A|F_k = A_k$ definiert. A ist der einzige selbstadjungierte Operator, dessen Einschränkung auf F_k für jedes k mit A_k übereinstimmt.

Hinweis: Aufgabe 3 für den Einzigkeitsbeweis.

Die nachstehenden Aufgaben (s. zu ihnen Riesz.-Sz.-Nagy (1968), S. 307 ff.) erfordern einige Kenntnisse aus der Lebesgueschen Theorie, insbesondere muß man wissen, daß eine absolutstetige Funktion x fast überall differenzierbar ist, so daß man von ihrer Ableitung x' reden kann. Die im folgenden auftretenden Operatoren spielen in der Quantentheorie eine zentrale Rolle (vgl. Beispiel 5.3).

C_a sei die Menge der absolutstetigen Funktionen $x: [0,1] \to \mathbf{C}$ und L^2 der komplexe Hilbertraum $L^2(0,1)$ mit seinem üblichen Innenprodukt. Es ist $C_a \subset L^2$.

6. Differentiationsoperatoren erster Ordnung Die Operatoren $A_k: D_{A_k} \to L^2$ ($k = 1, 2, 3$) werden folgendermaßen definiert:

$$D_{A_1} := \{x \in C_a : x' \in L^2\}, \qquad A_1 x := \mathrm{i}x',$$
$$D_{A_2} := \{x \in D_{A_1} : x(0) = x(1)\}, \qquad A_2 x := \mathrm{i}x',$$
$$D_{A_3} := \{x \in D_{A_1} : x(0) = x(1) = 0\}, \qquad A_3 x := \mathrm{i}x'.$$

Diese Operatoren unterscheiden sich also nur durch ihre *Definitionsbereiche*; letztere liegen alle dicht in L^2. Zeige:

a) $A_1 \supset A_2 \supset A_3$, $\quad A_1^* \subset A_2^* \subset A_3^*$ (s. Aufgabe 2).

b) $A_1^* = A_3$, $\quad A_2^* = A_2$, $\quad A_3^* = A_1$.

c) A_1 ist nicht symmetrisch. A_2 ist selbstadjungiert. A_3 ist symmetrisch und abgeschlossen, aber nicht selbstadjungiert; jedoch ist $A_3^{**} = A_3$.

d) A_2 hat die Eigenwerte $2k\pi$ mit den zugehörigen normalisierten Eigenlösungen $\mathrm{e}^{-2k\pi \mathrm{i} t}$ ($k = 0, \pm 1, \pm 2, \ldots$).

Hinweis: $\int_0^1 \mathrm{i}x'\bar{y}\,\mathrm{d}t = \mathrm{i}\,[x\bar{y}]_0^1 + \int_0^1 x\overline{\mathrm{i}y'}\,\mathrm{d}t$ (Produktintegration).

7. Der Differentiationsoperator $x \mapsto \mathrm{i}x'$ in $L^2(-\infty, +\infty)$ Sei D_A der Raum derjenigen Funktionen $x: \mathbf{R} \to \mathbf{C}$, die auf jedem endlichen Intervall absolutstetig sind und mitsamt ihrer Ableitung x' zu $L^2(-\infty, +\infty)$ gehören. Definiere

$$A: D_A \to L^2(-\infty, +\infty) \quad \text{durch} \quad Ax := \mathrm{i}x'.$$

A ist selbstadjungiert. Man kann dies durch eine Grenzbetrachtung aus der Selbstadjungiertheit von A_2 (Aufgabe 6) gewinnen (s. etwa Stone (1932), S. 441 ff). Der Operator A ist für die Quantentheorie noch weitaus wichtiger als A_2, *besitzt aber im Gegensatz zu A_2 offensichtlich keinen einzigen Eigenwert*. Das Spektrum von A hingegen füllt die gesamte reelle Achse aus (s. wieder Stone, a.a.O.).

8. Der Multiplikationsoperator D_M sei der Raum aller komplexwertigen Funktionen $x(t)$, die mitsamt $tx(t)$ in $L^2(-\infty, +\infty)$ liegen, und

$$M: D_M \to L^2(-\infty, +\infty) \quad \text{werde erklärt durch} \quad (Mx)(t) := tx(t) \quad (t \in \mathbf{R}).$$ [1]

M ist selbstadjungiert, besitzt keine Eigenwerte, während $\sigma(M) = \mathbf{R}$ ist. Vermöge der Fourier-Plancherelschen Transformation F kann, kurz gesagt, *die Differentiation in eine Multiplikation verwandelt werden*, schärfer: Für den Differentiationsoperator A in Aufgabe 7 gilt $A = FMF^{-1}$. (S. für all dies Stone (1932), S. 441 ff.)

9. Schränkt man den Ableitungsoperator $A: x \mapsto x'$ in $L^2(-\infty, +\infty)$ geeignet ein, so hat man $AM - MA = I$ (M ist der Multiplikationsoperator aus Aufgabe 8). Vgl. dazu A 10.22.

10. Ein Differentiationsoperator zweiter Ordnung Der Operator $A: D_A \to L^2$ werde wie folgt erklärt:

$$D_A := \{x \in C_a : x' \in C_a, x'' \in L^2, x(0) = x(1) = 0\}, \qquad Ax := -x''.$$

A ist selbstadjungiert. Man kann dies durch direkte Rechnung bestätigen. Ohne Rechnung sieht man es mittels der Gleichung $A = A_1 A_3 = A_3^* A_3$ ein (s. Aufgabe 6), wenn man noch den Satz heranzieht (den wir nicht gebracht haben), daß T^*T für jeden dicht definierten abgeschlossenen Operator T in einem Hilbertraum selbstadjungiert ist (s. Riesz-Sz.-Nagy (1968), S. 311).

A ist streng positiv: $(Ax|x) > 0$ für alle $x \neq 0$ aus D_A (um dieser Eigenschaft willen haben wir x'' mit dem negativen Zeichen behaftet).

11. Der Schrödingeroperator des Wasserstoffatoms Dieser Operator A wird definiert durch

$$A\psi := -\Delta\psi - \frac{c}{r}\psi \quad (r := \sqrt{x^2 + y^2 + z^2}, \ c \text{ eine positive Konstante}),$$

und zwar auf dem Raum D_A, der aus allen $\psi \in L^2(\mathbf{R}^3)$ mit folgenden Eigenschaften besteht: ψ besitzt stetige partielle Ableitungen zweiter Ordnung, und die Funktionen

$$\frac{\psi}{\sqrt{r}}, \quad \frac{\psi}{r}, \quad \frac{\partial\psi}{\partial x}, \quad \frac{\partial\psi}{\partial y}, \quad \frac{\partial\psi}{\partial z}, \quad \Delta u$$

gehören alle zu $L^2(\mathbf{R}^3)$; vgl. (5.11). A ist symmetrisch, ohne selbstadjungiert zu sein - *kann aber zu einem selbstadjungierten Operator fortgesetzt werden.* Ferner gilt $(A\psi|\psi) \geqslant -2c^2(\psi|\psi)$. S. zu all diesen Dingen Rellich (1940), S. 380f.

---

[1] Sei ψ eine zeitunabhängige normierte Wellenfunktion auf $\mathbf{R}$, also $\psi \in L^2(-\infty, +\infty)$ und $\int_{-\infty}^{+\infty} |\psi(q)|^2 \mathrm{d}q = 1$ (die unabhängige Variable bezeichnen wir, wie in der Quantenmechanik üblich, mit q). Das Integral $\int_S |\psi(q)|^2 \mathrm{d}q$ gibt dann die Wahrscheinlichkeit dafür an, daß sich das durch ψ beschriebene Teilchen in $S \subset \mathbf{R}$ befindet. Der *Mittelwert* μ der Wahrscheinlichkeitsdichte $|\psi|^2$ ist bekanntlich

$$\mu = \int_{-\infty}^{+\infty} q|\psi(q)|^2 \mathrm{d}q, \quad \text{also} \quad = (M\psi|\psi),$$

und ihre *Varianz* v wird gegeben durch

$$v = \int_{-\infty}^{+\infty} (q - \mu)^2 |\psi(q)|^2 \mathrm{d}q, \quad \text{also durch} \quad ((M - \mu I)^2 \psi|\psi).$$

Diese Bemerkungen sollen die quantenmechanische Bedeutung des *Multiplikationsoperators M* deutlich machen. Sehr merkwürdig ist, daß uns hier die spektraltheoretisch so wichtige Bildung $M - \mu I$ in ganz anderen Zusammenhängen als früher entgegentritt, nämlich in *wahrscheinlichkeits-* statt in *gleichungstheoretischen.*

XVII Approximationsprobleme in normierten Räumen

In den Nummern 1 und 2 hatten wir bereits einige Approximationsprobleme in gewissen konkreten Funktionenräumen vorgestellt; in den Nummern 20 und 21 hatten wir derartige Fragen im Rahmen der Innenprodukträume und in Nr. 60 in dem der reflexiven Räume studiert. Im vorliegenden Kapitel wollen wir diese Dinge noch etwas weiter vertiefen. Die Betrachtungen sind einfach und werden uns eine willkommene Erholung von den diffizileren Untersuchungen der letzten Kapitel verschaffen.

120 Die abstrakte Tschebyscheffsche Approximationsaufgabe

Sie lautet folgendermaßen (vgl. Nr. 2): In einem normierten Raum E über $\mathbf{K}$ seien ein Element x und n „Ansatzelemente“ $x_1, \ldots, x_n$ gegeben. Es wird gefragt, ob in der Menge aller Linearkombinationen $\alpha_1 x_1 + \cdots + \alpha_n x_n$, also in dem endlichdimensionalen Unterraum $F := [x_1, \ldots, x_n]$ ein Element $\beta_1 x_1 + \cdots + \beta_n x_n$ vorhanden ist, so daß

$$\left\| x - \sum_{\nu=1}^{n} \beta_\nu x_\nu \right\| \leqslant \left\| x - \sum_{\nu=1}^{n} \alpha_\nu x_\nu \right\| \quad \text{für alle } (\alpha_1, \ldots, \alpha_n) \in \mathbf{K}^n \tag{120.1}$$

bleibt oder gleichbedeutend, ob die Variationsaufgabe

$$\left\| x - \sum_{\nu=1}^{n} \alpha_\nu x_\nu \right\| = \min \tag{120.2}$$

durch ein n-Tupel $(\alpha_1, \ldots, \alpha_n)$ gelöst werden kann.[1] Geometrisch läßt sich dieses Problem folgendermaßen formulieren: Gibt es zu dem Vektor $x \in E$ in einem vor-

[1] Ist E ein Innenproduktraum und $\{x_1, \ldots, x_n\}$ ein Orthonormalsystem, so haben wir es gerade mit der *Gaußschen* Approximationsaufgabe zu tun (s. Nr. 20).

gegebenen endlichdimensionalen Unterraum F von E ein Element, das von x *kürzesten Abstand* hat? Die Antwort ist bejahend:

120.1 Satz *In einem normierten Raum E ist die Tschebyscheffsche Approximationsaufgabe* (120.1) - *oder gleichbedeutend* (120.2) - *immer lösbar. Ein endlichdimensionaler Unterraum F von E enthält also stets ein Element, das von einem vorgegebenen* $x \in E$ *kürzesten Abstand hat (jedes solche Element nennt man eine* Bestapproximation *des Punktes x in F).*

Beweis. Zu $\gamma := \inf\limits_{(\alpha_1, \ldots, \alpha_n)} \left\| x - \sum\limits_{\nu=1}^{n} \alpha_\nu x_\nu \right\|$ gibt es eine „Minimalfolge"

$$(y_k) := \left(\sum_{\nu=1}^{n} \alpha_\nu^{(k)} x_\nu \right), \quad \text{so daß} \quad \|x - y_k\| \to \gamma \quad \text{strebt.}$$

Wegen $\|y_k\| - \|x\| \leqslant \|y_k - x\| \leqslant \gamma + 1$ für $k \geqslant k_0$ ist (y_k) beschränkt, besitzt also nach Satz 11.7 eine konvergente Teilfolge (y_{k_l}), die wegen Satz 11.4 gegen ein $y := \sum\limits_{\nu=1}^{n} \beta_\nu x_\nu$ strebt. Da $\|x - y_{k_l}\|$ sowohl gegen γ als auch gegen $\|x - y\|$ konvergiert, muß $\left\| x - \sum\limits_{\nu=1}^{n} \beta_\nu x_\nu \right\| = \gamma$ sein - und damit ist schon alles abgetan. ■

Wir wollen noch drei sehr einfache, aber aufschlußreiche Approximationsbeispiele betrachten. Dabei legen wir den $\mathbf{R}^2$ zugrunde und versehen ihn mit verschiedenen Normen:

a) $\mathbf{R}^2$ mit l^2-Norm: Mit $x := (1,1)$, $x_1 := (1,0)$ gilt:

$$\|x - \alpha x_1\| = \|(1-\alpha, 1)\| = \sqrt{(1-\alpha)^2 + 1} = \min \Longleftrightarrow \alpha = 1.$$

x_1 ist die *einzige* Bestapproximation in $[x_1]$.

b) $\mathbf{R}^2$ mit l^∞-Norm: Mit den obigen Elementen x und x_1 gilt:

$$\|x - \alpha x_1\| = \max(|1-\alpha|, 1) = \min \Longleftrightarrow |1-\alpha| \leqslant 1 \Longleftrightarrow 0 \leqslant \alpha \leqslant 2.$$

Es gibt *unendlich viele* Bestapproximationen in $[x_1]$; sie füllen die *Strecke* $\{(\alpha, 0) \in \mathbf{R}^2 : 0 \leqslant \alpha \leqslant 2\}$ aus.

c) $\mathbf{R}^2$ mit l^1-Norm: Sei $x := (0,1)$, $x_1 := (1,1)$. Der Leser überzeuge sich selbst davon, daß die Bestapproximationen in $[x_1]$ wieder eine *Strecke* im $\mathbf{R}^2$ bilden.

Das Verhalten der Bestapproximationen in den beiden letzten Beispielen trifft im wesentlichen die allgemeine Situation: *Sind nämlich* y_1, y_2 *zwei Bestapproximationen, so ist jeder Punkt ihrer Verbindungsstrecke ebenfalls eine solche.*

Beweis: Für die Minimaldistanz $\gamma := \|x - y_1\| = \|x - y_2\|$ gilt, wenn $\lambda_1, \lambda_2 \geqslant 0$ und $\lambda_1 + \lambda_2 = 1$ ist, die Abschätzung

$$\begin{aligned}\gamma \leqslant \|x-(\lambda_1 y_1+\lambda_2 y_2)\| &= \|(\lambda_1+\lambda_2)x-(\lambda_1 y_1+\lambda_2 y_2)\| \\ &= \|\lambda_1(x-y_1)+\lambda_2(x-y_2)\| \leqslant \lambda_1\|x-y_1\|+\lambda_2\|x-y_2\| \\ &= (\lambda_1+\lambda_2)\gamma=\gamma,\end{aligned}$$

infolgedessen ist $\|x-(\lambda_1 y_1+\lambda_2 y_2)\|=\gamma$ – und mehr war nicht zu zeigen. ■

Dieses Ergebnis können wir offenbar auch so formulieren:

120.2 Satz *In einem normierten Raum ist die Menge der Bestapproximationen (Lösungen der Aufgabe* (120.1)) konvex.

Beim Vergleich der Tschebyscheffschen mit der Gaußschen Aufgabe zeigt sich die wohltätige Kraft der Orthogonalität in hellstem Licht. Bei der Gaußschen Aufgabe nämlich findet man nicht nur die *eindeutige Lösbarkeit* vor, sondern auch noch *explizite Darstellungen* der Bestapproximation und ihres Abstandes zu dem approximierten Element – und dies alles in denkbar bequemen Rechenausdrücken (s. Satz 20.1).

Aufgabe

+**Verschärfung des Rieszschen Lemmas 11.6** Sei F ein echter *endlichdimensionaler* Unterraum von E. Dann gibt es ein $x_1 \in E$ mit

$$\|x_1\|=1 \quad \text{und} \quad \inf_{x\in F}\|x-x_1\|=1.$$

121 Strikt konvexe Räume

Sind y_1, y_2 zwei *verschiedene* Bestapproximationen (Lösungen der Aufgabe (120.1)), so ist nach Satz 120.2

$$\|x-(\lambda_1 y_1+\lambda_2 y_2)\|=\gamma \quad \text{für } \lambda_1,\lambda_2 \geqslant 0,\ \lambda_1+\lambda_2=1,$$

die Oberfläche der Kugel $K_\gamma[x]$ enthält also die Verbindungsstrecke der Punkte y_1, y_2. Daraus folgt, daß die Oberfläche der Einheitskugel $K_1[0]$ die Verbindungsstrecke der Punkte $\frac{x-y_1}{\gamma}, \frac{x-y_2}{\gamma}$ enthält (die selbst dieser Oberfläche angehören). Insbesondere enthält sie den Mittelpunkt $\frac{1}{2}\left(\frac{x-y_1}{\gamma}+\frac{x-y_2}{\gamma}\right)$. Infolgedessen können wir sagen: Liegt für zwei verschiedene Punkte der Oberfläche von $K_1[0]$ der Mittelpunkt ihrer Verbindungsstrecke stets im *Innern* von $K_1[0]$, so ist die Approximationsaufgabe (120.1) *eindeutig* lösbar. Besitzt die Einheitskugel $K_1[0]$ in dem normierten Raum E die eben beschriebene Eigenschaft, gilt also

$$\textit{aus } \|x\|=\|y\|=1 \textit{ und } x\neq y \textit{ folgt stets } \|\tfrac{1}{2}(x+y)\|<1, \tag{121.1}$$

so heißt die Einheitskugel oder auch der Raum E strikt konvex; zum besseren

Verständnis dieser Terminologie beachte man, daß die Einheitskugel - wie jede Kugel - *konvex* ist. Wir halten unser Ergebnis fest:

121.1 Satz *In einem strikt konvexen Raum besitzt die Tschebyscheffsche Approximationsaufgabe* (120.1) *immer* genau eine *Lösung.*

Die Eindeutigkeitsuntersuchungen in den Beispielen a) bis c) nach dem Beweis von Satz 120.1 werden nun geometrisch ganz durchsichtig; man braucht nur die Einheitskugeln in den Räumen $l^p(2)$ über $\mathbf{R}$ für $p=1,2,\infty$ zu zeichnen (Fig. 121.1 bis 121.3) und geeignet parallel zu verschieben.

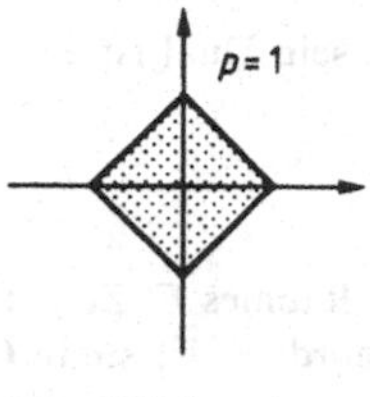

Fig. 121.1

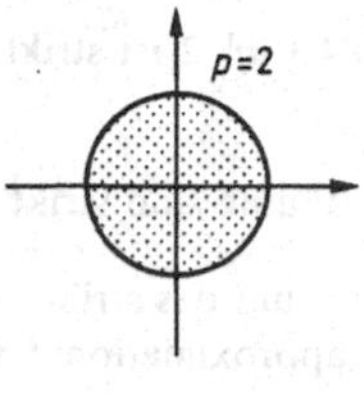

Fig. 121.2

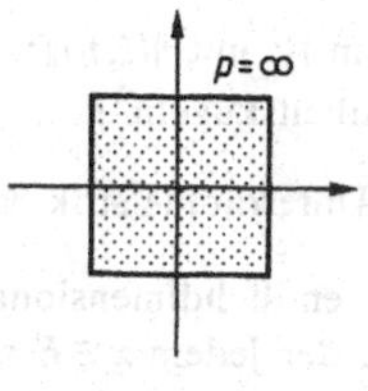

Fig. 121.3

Strikt konvexe Räume lassen sich auch durch die Gültigkeit der strikten Dreiecksungleichung charakterisieren:

121.2 Satz *Der normierte Raum E ist genau dann strikt konvex, wenn gilt:*

$$\textit{aus } \|x+y\| = \|x\| + \|y\| \textit{ folgt stets } x=\alpha y \textit{ oder } y=\alpha x \textit{ mit einem } \alpha \geqslant 0. \tag{121.2}$$

Beweis. Sei E strikt konvex und $\|x+y\| = \|x\| + \|y\|$; ohne Beschränkung der Allgemeinheit dürfen wir $\|y\| - \|x\| \geqslant 0$ und $x \neq 0$ annehmen. Dann ist

$$2 \geqslant \left\| \frac{x}{\|x\|} + \frac{y}{\|y\|} \right\| \geqslant \left\| \frac{x}{\|x\|} + \frac{y}{\|x\|} \right\| - \left\| \frac{y}{\|x\|} - \frac{y}{\|y\|} \right\|$$

$$= \frac{\|x\| + \|y\|}{\|x\|} - \left\| \frac{(\|y\| - \|x\|)y}{\|x\|\,\|y\|} \right\| = 2$$

und daher $\left\| \frac{x}{\|x\|} + \frac{y}{\|y\|} \right\| = 2.$

Wegen (121.1) haben wir also $x/\|x\| = y/\|y\|$, und somit gilt (121.2). - Nun sei (121.2) erfüllt und $\|x\| = \|y\| = \|(x+y)/2\| = 1$. Dann ist $\|x+y\| = 2 = \|x\| + \|y\|$, woraus man nach Voraussetzung $x = \alpha y$ mit $\alpha \geqslant 0$ erhält. Es folgt $\alpha = \|x\|/\|y\| = 1$, also $x = y$; somit ist E strikt konvex. ■

Beachtet man die Bemerkung über die Gültigkeit des Gleichheitszeichens in der Minkowskischen Ungleichung, so erhält man aus Satz 121.2 sofort die strikte Konvexität der Räume l^p $(1<p<\infty)$. Auch die L^p-Räume sind für $1<p<\infty$ durchweg strikt konvex (s. Köthe (1966), S. 346). Mit Hilfe der Parallelogrammgleichung (18.7) erkennt man mühelos, daß jeder Innenproduktraum strikt konvex sein muß. Dagegen sind, wie man ebenfalls leicht sehen kann, die folgenden Räume keineswegs strikt konvex: $l^1(n)$ für $n \geqslant 2$, l^1, $l^\infty(n)$ für $n \geqslant 2$, l^∞, (c), (c_0), $B(T)$, falls T mindestens 2 Elemente besitzt, $C[a,b]$. Auch die Räume L^1 und L^∞ sind nicht strikt konvex (s. Köthe (1966), S. 346).

Aufgaben

1. Ein normierter Raum ist genau dann strikt konvex, wenn die Oberfläche der Einheitskugel keine Strecken enthält.

⁺2. Der Raum $\mathbf{R}^2$ mit $\|(\xi,\eta)\| := \sqrt{\xi^2+\eta^2/4} + |\eta|/2$ ist strikt konvex, sein Dual ist es nicht. Skizziere die „Einheitskugeln"!

⁺3. Lineare Unterräume strikt konvexer Räume sind strikt konvex.

⁺4. Sei F ein endlichdimensionaler Unterraum des strikt konvexen Raumes E. Zeige: Der Lotoperator L, der jedem $x \in E$ seine Bestapproximation Lx in F zuordnet, ist stetig (L braucht nicht linear zu sein).
Hinweis: A 21.2.

122 Approximation in gleichmäßig konvexen Räumen

Ähnlich wie in Nr. 21 nehmen wir uns nun die Aufgabe her, zu einem vorgegebenen x eine Bestapproximation in einer nichtleeren konvexen Menge K zu suchen, in Kurzschreibweise also die Aufgabe

$$\|x-y\| = \min, \quad y \in K. \tag{122.1}$$

Im Unterschied zu der Situation in Nr. 21 legen wir aber diesmal keinen Innenproduktraum zugrunde, sondern einen beliebigen normierten Raum - den wir dann allerdings geeigneten Voraussetzungen unterwerfen werden. Und zunächst geht es gerade darum, durch eine *Beweisanalyse* des Approximationssatzes 21.1 derartige Voraussetzungen aufzuspüren.

Der Beweis des genannten Satzes stützte sich auf die Tatsache, daß jede *Minimalfolge* eine *Cauchyfolge* ist; diese Tatsache wiederum folgte aus dem *Parallelogrammsatz*. Man wird deshalb daran denken, normierte Räume mit einem „aufgeweichten" Parallelogrammsatz zu suchen - der aber immer noch „hart" genug ist, um jede Minimalfolge der Aufgabe (122.1) zu einer Cauchyfolge machen zu können.

Aus dem Parallelogrammsatz in der Form

$$\left\|\frac{x+y}{2}\right\|^2 + \left\|\frac{x-y}{2}\right\|^2 = \frac{1}{2}\|x\|^2 + \frac{1}{2}\|y\|^2$$

ergibt sich:

$$\textit{Aus } \|x_n\| \leqslant 1,\ \|y_n\| \leqslant 1 \textit{ und } \left\|\frac{x_n+y_n}{2}\right\| \to 1 \textit{ folgt } \|x_n - y_n\| \to 0. \qquad (122.2)$$

Diese Eigenschaft ist, ähnlich wie die strikte Konvexität, eine *Rundungseigenschaft* der abgeschlossenen Einheitskugel: Wenn die Mittelpunkte von Strecken in $K_1[0]$ zur Oberfläche drängen, werden die Endpunkte beliebig nahe zusammengeschoben. Normierte Räume, in denen sie gilt, heißen gleichmäßig oder uniform konvex. Die gleichmäßige Konvexität ist nun gerade die gesuchte „Aufweichung" des Parallelogrammsatzes und wird die zentrale Voraussetzung in den Approximationsstudien dieser Nummer sein.

Den Beweis des folgenden Satzes dürfen wir unbesorgt dem Leser überlassen.

122.1 Satz *Innenprodukträume sind gleichmäßig konvex. Gleichmäßig konvexe Räume sind strikt konvex.*

Wir kommen nun zu der entscheidenden Approximationsaussage:

122.2 Satz *Ist $K \neq \emptyset$ eine konvexe und vollständige Teilmenge des gleichmäßig konvexen Raumes E, so ist für jedes $x \in E$ die Aufgabe* (122.1) *eindeutig in K lösbar.*

Beweis. Es sei $\gamma := \inf\limits_{y \in K} \|x-y\|$. Im Falle $\gamma = 0$ ist $x \in K$ und x selbst die einzige Lösung der Aufgabe. Sei nun $\gamma > 0$ und (y_n) eine Minimalfolge aus K, also

$$\lim \|x - y_n\| = \gamma, \quad y_n \in K.$$

Für $\quad x_n := x - y_n, \quad \sigma_n := \|x_n\| - \gamma$

gilt dann offensichtlich

$$0 < \|x_n\| \to \gamma, \quad 0 \leqslant \sigma_n \to 0.$$

Wegen der Konvexität von K liegt $(y_n + y_m)/2$ in K, infolgedessen haben wir

$$\gamma \leqslant \left\| x - \frac{y_n+y_m}{2} \right\| = \left\| \frac{x_n+x_m}{2} \right\| \leqslant \frac{1}{2}\|x_n\| + \frac{1}{2}\|x_m\| \to \frac{1}{2}\gamma + \frac{1}{2}\gamma = \gamma,$$

woraus $\left\|\dfrac{x_n+x_m}{2}\right\| \to \gamma$ für $n, m \to \infty$ folgt. Für $\tilde{x}_n := \dfrac{x_n}{\|x_n\|}$ gilt also

$$\|\tilde{x}_n\| = \|\tilde{x}_m\| = 1 \text{ und } \left\| \frac{\tilde{x}_n + \tilde{x}_m}{2} \right\| \to 1 \quad \text{für } n, m \to \infty.$$

Da E gleichmäßig konvex ist, ergibt sich daraus $\|\tilde{x}_n - \tilde{x}_m\| \to 0$. Und wegen

$$\begin{aligned} \|y_n - y_m\| &= \|x_n - x_m\| = \| \|x_n\| \tilde{x}_n - \|x_m\| \tilde{x}_m \| = \|(\gamma+\sigma_n)\tilde{x}_n - (\gamma+\sigma_m)\tilde{x}_m\| \\ &\leqslant \gamma \|\tilde{x}_n - \tilde{x}_m\| + \sigma_n \|\tilde{x}_n\| + \sigma_m \|\tilde{x}_m\| \to 0 \quad \text{für } n, m \to \infty \end{aligned}$$

erhalten wir nun, daß die *Minimalfolge* (y_n) in der Tat eine *Cauchyfolge* ist. Alles Weitere verläuft genauso wie im Beweis des Satzes 21.1. ■

Im folgenden benötigen wir die Ungleichung

$$\|x+y\|_p^p+\|x-y\|_p^p \leqslant 2^{p-1}(\|x\|_p^p+\|y\|_p^p) \quad \textit{für } x,y\in l^p, \quad 2\leqslant p<\infty, \qquad (122.3)$$

die wir jetzt herleiten wollen.
Dank der Jensenschen Ungleichung ist

$$(\alpha^p+\beta^p)^{1/p} \leqslant (\alpha^2+\beta^2)^{1/2} \quad \text{für } \alpha,\beta\geqslant 0, p\geqslant 2. \qquad (122.4)$$

Für alle komplexen ξ,η gilt infolgedessen

$$(|\xi+\eta|^p+|\xi-\eta|^p)^{1/p} \leqslant (|\xi+\eta|^2+|\xi-\eta|^2)^{1/2}=\sqrt{2}\,(|\xi|^2+|\eta|^2)^{1/2}. \qquad (122.5)$$

Ferner ist

$$|\xi|^2+|\eta|^2 \leqslant (|\xi|^p+|\eta|^p)^{2/p}\cdot 2^{(p-2)/p}, \qquad (122.6)$$

eine Abschätzung, die für $p=2$ trivial ist und für $p>2$ aus der Hölderschen Ungleichung folgt (wenn man dort p durch $p/2$ und q durch $p/(p-2)$ ersetzt). Aus (122.5) und (122.6) ergibt sich

$$(|\xi+\eta|^p+|\xi-\eta|^p)^{1/p} \leqslant 2^{(p-1)/p}(|\xi|^p+|\eta|^p)^{1/p}$$

und somit auch

$$|\xi+\eta|^p+|\xi-\eta|^p \leqslant 2^{p-1}(|\xi|^p+|\eta|^p) \quad \text{für } p\geqslant 2. \qquad (122.7)$$

Ersetzt man hier ξ,η durch die Komponenten ξ_n,η_n der Vektoren $x,y\in l^p$, so erhält man durch Addition der Ungleichungen die Abschätzung (122.3). ■

122.3 Satz *Die Räume l^p sind für $1<p<\infty$ gleichmäßig konvex.*

Für $p\geqslant 2$ folgt der Satz mühelos aus (122.3). Für den Fall $1<p<2$ verweisen wir den Leser auf Köthe (1966), S. 361, wo auch die *gleichmäßige Konvexität der Räume L^p* $(1<p<\infty)$ dargelegt wird. ■

Zum Schluß erinnern wir den Leser noch einmal an den Satz 60.7: *Ist $K\neq\emptyset$ eine konvexe und abgeschlossene Teilmenge des* reflexiven *Banachraumes E, so ist für jedes $x\in E$ die Aufgabe* (122.1) *in K lösbar.* Die Sätze 60.7 und 122.2 stehen trotz der völlig verschiedenen Beweismethoden in einem inneren Zusammenhang. Es gilt nämlich der

122.4 Satz von Milman *Jeder gleichmäßig konvexe Banachraum ist reflexiv.*

Einen Beweis hierfür findet der Leser in Köthe (1966), S. 358.

Aufgaben

1. Die Räume l^1, l^∞, (c), (c_0), $C[a,b]$ und $B(T)$ (T enthalte mindestens 2 Elemente) sind *nicht* gleichmäßig konvex.

$^+$**2. Konvexitätsmodul** Der normierte Raum E ist genau dann gleichmäßig konvex, wenn es zu jedem $\varepsilon \in (0,2)$ ein $\delta(\varepsilon) > 0$ gibt, so daß aus

$$\|x\| \leqslant 1, \ \|y\| \leqslant 1 \text{ und } \|x-y\| \geqslant \varepsilon \quad \text{immer} \quad \left\| \frac{x+y}{2} \right\| \leqslant 1 - \delta(\varepsilon)$$

folgt. $\delta(\varepsilon)$ heißt ein Konvexitätsmodul von E.

$^+$**3.** Ist E gleichmäßig konvex, so ist jeder lineare Unterraum, jeder Quotientenraum und die vollständige Hülle von E gleichmäßig konvex.

4. Führt man auf $C[a,b]$ die Norm $\|x\|_p := \left(\int_a^b |x(t)|^p \, dt \right)^{1/p}$ $(1 \leqslant p < \infty)$ ein, so gilt (122.3) auch in diesem Falle; $C[a,b]$ ist also bezüglich der obigen „L^p-Norm" jedenfalls für $p \geqslant 2$ gleichmäßig konvex.

5. Ist $K \neq \emptyset$ eine konvexe Teilmenge des *strikt* konvexen Raumes E, so besitzt die Aufgabe (122.1) höchstens eine Lösung in K.

6. Jeder strikt konvexe Raum *endlicher* Dimension ist sogar *gleichmäßig* konvex.
Hinweis: Die Einheitskugel des Raumes ist kompakt.

123 Der Haarsche Eindeutigkeitssatz für die Tschebyscheffsche Approximationsaufgabe in $C_{\mathbf{R}}[a,b]$

Diese Nummer ist einem tieferen Studium der Bestapproximationen in dem Banachraum $C_{\mathbf{R}}[a,b]$ der stetigen reellwertigen Funktionen auf $[a,b]$ gewidmet. Wie gewohnt, wird dabei $C_{\mathbf{R}}[a,b]$ mit der Maximumsnorm $\|\cdot\|_\infty$ ausgestattet.

$C_{\mathbf{R}}[a,b]$ ist zweifellos einer unserer wichtigsten Räume - ist aber fatalerweise *nicht* strikt konvex. Die Tschebyscheffsche Approximationsaufgabe braucht daher in $C_{\mathbf{R}}[a,b]$ nicht *eindeutig* lösbar zu sein. Umso nachdrücklicher drängt sich uns dann aber das Problem auf, ob sie es *in gewissen Fällen* nicht doch ist, d.h., ob es nicht endlichdimensionale Unterräume von $C_{\mathbf{R}}[a,b]$ gibt, in denen zu einem beliebig vorgelegten $x \in C_{\mathbf{R}}[a,b]$ nur eine einzige Bestapproximation existiert. Eine überragende Rolle beim Studium dieser Frage spielt die sogenannte

Haarsche Bedingung Man sagt, ein n-dimensionaler Unterraum F von $C_{\mathbf{R}}[a,b]$ erfülle die Haarsche Bedingung, wenn jedes von 0 verschiedene $y \in F$ *höchstens $n-1$ Nullstellen in* $[a,b]$ besitzt oder gleichbedeutend: wenn für jede Basis

$\{y_1, \ldots, y_n\}$ von F und je n verschiedene Punkte $t_1, \ldots, t_n$ in $[a,b]$ die Determinante

$$\begin{vmatrix} y_1(t_1) & y_1(t_2) \ldots y_1(t_n) \\ \vdots & \\ y_n(t_1) & y_n(t_2) \ldots y_n(t_n) \end{vmatrix} \neq 0 \qquad \text{ausfällt.}$$

Das wohl wichtigste Beispiel eines derartigen n-dimensionalen Unterraumes ist

$$P_{n-1} := \{\alpha_0 + \alpha_1 t + \cdots + \alpha_{n-1} t^{n-1} : \alpha_0, \ldots, \alpha_{n-1} \in \mathbf{R}\}. \tag{123.1}$$

Im folgenden nennen wir $t_0 \in [a,b]$ eine Extremalstelle von $z \in C_{\mathbf{R}}[a,b]$, wenn $|z(t_0)| = \|z\|_\infty$ ist. Dieser Begriff spielt sofort eine entscheidende Rolle:

123.1 Satz *Der n-dimensionale Unterraum F von $C_{\mathbf{R}}[a,b]$ erfülle die Haarsche Bedingung, und y sei eine Bestapproximation an $x \in C_{\mathbf{R}}[a,b]$ in F. Dann hat die Differenz $x-y$ mindestens $n+1$ Extremalstellen.*

Wir führen einen Widerspruchsbeweis, nehmen also an, $z := x - y$ besitze nur $m \leqslant n$ Extremalstellen $t_1, \ldots, t_m$ (insbesondere ist dann $z \neq 0$, also $\|z\| > 0$[1]). Im Falle $m < n$ erweitern wir die Menge $\{t_1, \ldots, t_m\}$ in beliebiger Weise zu einer Menge $\{t_1, \ldots, t_m, t_{m+1}, \ldots, t_n\} \subset [a,b]$. Sei $\{y_1, \ldots, y_n\}$ eine Basis von F und $(\eta_1, \ldots, \eta_n)$ eine dank der Haarschen Bedingung vorhandene Lösung des linearen Gleichungssystems

$$\eta_1 y_1(t_k) + \eta_2 y_2(t_k) + \cdots + \eta_n y_n(t_k) = z(t_k) \quad (k = 1, \ldots, n).$$

Wir setzen nun

$$y_0 := \eta_1 y_1 + \cdots + \eta_n y_n, \quad y_\varepsilon := y + \varepsilon y_0, \quad z_\varepsilon := x - y_\varepsilon = z - \varepsilon y_0 \quad (\varepsilon > 0).$$

Gemäß der Definition der Extremalstellen und der Funktion y_0 ist für $k = 1, \ldots, m$ gewiß

$$|z(t_k)| = \|z\| > 0, \quad y_0(t_k) = z(t_k), \quad \text{also} \quad |y_0(t_k)| > \tfrac{1}{2}\|z\|.$$

Aus Stetigkeitsgründen gibt es daher eine in $[a,b]$ offene Menge $G \supset \{t_1, \ldots, t_m\}$, so daß gilt:

$$\mu := \inf_{t \in G} |z(t)| > 0, \quad \frac{y_0(t)}{z(t)} > 0 \quad \text{und} \quad |y_0(t)| \geqslant \frac{1}{2}\|z\| \quad \text{für } t \in G.$$

Infolgedessen ist

$$\frac{y_0(t)}{z(t)} = \frac{|y_0(t)|}{|z(t)|} \geqslant \frac{\|z\|/2}{\|z\|} = \frac{1}{2} \quad \text{für } t \in G. \tag{123.2}$$

---

[1] Wir schreiben im Beweis dieses und des folgenden Satzes für $\|\cdot\|_\infty$ kürzer $\|\cdot\|$.

Sei nun

$$M_0 := \sup_{t\in G} |y_0(t)|, \quad 0<\varepsilon<\frac{\mu}{M_0} \quad (\text{also } \varepsilon<2).$$

Dann haben wir

$$0<\frac{\varepsilon y_0(t)}{z(t)}=\frac{\varepsilon|y_0(t)|}{|z(t)|}\leqslant\frac{\varepsilon M_0}{\mu}<1 \quad \text{für } t\in G. \tag{123.3}$$

Dank der Ungleichungen (123.2) und (123.3) finden wir nun, wenn $t\in G$ und nach wie vor $0<\varepsilon<\mu/M_0$ ist, die Abschätzung

$$|z_\varepsilon(t)| = |z(t)-\varepsilon y_0(t)| = |z(t)|\left(1-\frac{\varepsilon y_0(t)}{z(t)}\right) \leqslant \|z\|\left(1-\frac{\varepsilon}{2}\right) < \|z\|. \tag{123.4}$$

Die Menge $K:=[a,b]\backslash G$ ist kompakt, und deshalb existieren die Maxima

$$M_1 := \max_{t\in K} |y_0(t)|, \qquad M_2 := \max_{t\in K} |z(t)|.$$

Da G ausnahmslos alle Extremalstellen von z enthält, muß $M_2<\|z\|$, also $\|z\|=M_2+\delta$ mit einem $\delta>0$ sein. Für positives $\varepsilon<\delta/M_1$ und alle $t\in K$ gilt dann

$$\begin{aligned}|z_\varepsilon(t)| &= |z(t)-\varepsilon y_0(t)| \leqslant |z(t)|+\varepsilon|y_0(t)| \leqslant M_2+\varepsilon M_1\\ &< M_2+\delta=\|z\|.\end{aligned} \tag{123.5}$$

Aus (123.4) und (123.5) folgt nun: Bei hinreichend kleinem $\varepsilon>0$ ist

$$|z_\varepsilon(t)|<\|z\| \text{ für alle } t\in G\cup K=[a,b], \quad \text{also auch} \quad \|z_\varepsilon\|<\|z\|.$$

Das bedeutet aber, daß $\|x-y_\varepsilon\|<\|x-y\|$ ausfällt, y also *keine* Bestapproximation an x in F sein kann. Dieser Widerspruch zu unserer Voraussetzung zwingt uns, die Annahme $m\leqslant n$ zu verwerfen und die Richtigkeit unseres Satzes zuzugeben. ■

Das Kernstück dieser Nummer ist der folgende Satz, dessen Beweis nun keine besondere Mühe mehr bereitet.

123.2 Haarscher Eindeutigkeitssatz *Erfüllt der n-dimensionale Unterraum F von* $C_{\mathbf{R}}[a,b]$ *die Haarsche Bedingung, so besitzt jedes* $x\in C_{\mathbf{R}}[a,b]$ genau eine *Bestapproximation in F.*[1)]

Beweis. Wegen Satz 120.1 genügt es, die *Eindeutigkeit* der Bestapproximation nachzuweisen. Angenommen, $y_1,y_2\in F$ seien zwei Bestapproximationen an x. Mit

[1)] Es läßt sich zeigen (was wir nicht tun wollen), *daß die Haarsche Bedingung sogar notwendig für die Eindeutigkeit der Bestapproximation ist.*

$$z_1 := x - y_1, \qquad z_2 := x - y_2, \qquad \gamma := \inf_{y \in F} \|x - y\|$$

haben wir dann

$$\|z_1\| = \|z_2\| = \gamma,$$

ferner ist auch $y := (y_1 + y_2)/2$ eine Bestapproximation an x in F (Satz 120.2). Die Funktion

$$z := x - y = \tfrac{1}{2}(z_1 + z_2)$$

hat also mindestens $n+1$ Extremalstellen $t_1, \ldots, t_{n+1}$ (Satz 123.1). Definitionsgemäß ist $|z(t_k)| = \|z\| = \gamma$, also

$$z_1(t_k) + z_2(t_k) = 2z(t_k) = \pm 2\gamma.$$

Diese Gleichung kann wegen

$$|z_1(t_k)| \leqslant \|z_1\| = \gamma, \qquad |z_2(t_k)| \leqslant \|z_2\| = \gamma$$

nur dann bestehen, wenn

$$z_1(t_k) = z_2(t_k) = \gamma \quad \text{oder} \quad z_1(t_k) = z_2(t_k) = -\gamma$$

ist. Dann muß aber die Funktion $y_1 - y_2 = z_2 - z_1$ mindestens die $n+1$ Nullstellen $t_1, \ldots, t_{n+1}$ haben, muß also wegen der Haarschen Bedingung sogar identisch verschwinden. Somit ist tatsächlich $y_1 = y_2$. ■

Da der n-dimensionale Polynomraum P_{n-1} in (123.1) der Haarschen Bedingung genügt, können wir nun die wichtige Tatsache konstatieren, *daß es zu jedem $x \in C_{\mathbf{R}}[a,b]$ genau eine Bestapproximation $y \in P_{n-1}$ gibt.* Dieses Resultat ist u. a. deshalb so bedeutungsvoll, weil in der numerischen Mathematik gerade *polynomiale* Bestapproximationen eine überragende Rolle spielen.

Aufgaben

+**1. Tschebyscheffsche Alternanten** Der n-dimensionale Unterraum F von $C_{\mathbf{R}}[a,b]$ genüge der Haarschen Bedingung, und es sei $x \in C_{\mathbf{R}}[a,b]$. Zu $y \in F$ gebe es eine Tschebyscheffsche Alternante, d. h. $n+1$ Punkte $t_0, t_1, \ldots, t_n$ mit $a \leqslant t_0 < t_1 < \cdots < t_n \leqslant b$, so daß für $k = 0, 1, \ldots, n$ entweder ständig

$$x(t_k) - y(t_k) = (-1)^k \|x - y\|_\infty$$

oder ständig

$$x(t_k) - y(t_k) = (-1)^{k+1} \|x - y\|_\infty$$

gilt. Dann ist y die Bestapproximation an x in F.

+**2. Nochmals die Tschebyscheffschen Polynome T_n** Diese bemerkenswerten Polynome hatten wir schon in Beispiel 19.7 im Zusammenhang der Orthogonalitätstheorie definiert (s. auch A 20.8). Auf sie fällt nun ein ganz neues und völlig „orthogonalitätsfreies“ Licht durch den folgenden

Satz: Unter allen reellen Polynomen vom Grade $\leqslant n-1$ ($n \in \mathbf{N}$ fest) approximiert das Polynom $t^n - T_n(t)$ auf dem Intervall $[-1,1]$ das Polynom t^n im Sinne der Maximumsnorm am besten – oder anders gesagt: *Unter allen reellen Polynomen mit Grad n und höchstem Koeffizienten* 1 *approximiert T_n auf dem Intervall* $[-1,1]$ *das Nullpolynom am besten.*

Hinweis: Zeige zunächst durch vollständige Induktion, daß $\cos n\varphi$ für $n \in \mathbf{N}$ die Gestalt

$$\cos n\varphi = 2^{n-1}\cos^n\varphi + \sum_{k=0}^{n-1} \alpha_k^{(n)} \cos^k\varphi$$

und somit T_n den höchsten Koeffizienten 1 besitzt; benutze hierbei die aus dem Additionstheorem des Kosinus entspringende Formel

$$\cos(n+1)\varphi + \cos(n-1)\varphi = 2\cos n\varphi \cos\varphi .$$

Ziehe dann Aufgabe 1 heran.

3. $C_{2\pi}$ sei der Banachraum der auf $[0, 2\pi)$ eingeschränkten 2π-periodischen, stetigen und reellwertigen Funktionen mit der Maximumsnorm. $C_{2\pi}$ läßt sich auch auffassen als Banachraum (mit Maximumsnorm) der auf der Einheitskreislinie $\{e^{it}: 0 \leqslant t < 2\pi\}$ stetigen reellwertigen Funktionen. Der n-dimensionale Unterraum von $C_{2\pi}$, der aus allen trigonometrischen Polynomen

$$\alpha_0 + \sum_{\mu=1}^{m} (\alpha_\mu \cos\mu t + \beta_\mu \sin\mu t) \qquad (\alpha_\mu, \beta_\mu \in \mathbf{R}, 2m+1 = n)$$

besteht, genügt der Haarschen Bedingung (die ganz entsprechend zu erklären ist wie im Falle $C_{\mathbf{R}}[a,b]$).

Hinweis: Bringe das obige Polynom mittels der Eulerschen Formeln

$$\cos\alpha = \frac{e^{i\alpha} + e^{-i\alpha}}{2}, \qquad \sin\alpha = \frac{e^{i\alpha} - e^{-i\alpha}}{2i}$$

auf die Form $\quad e^{-imt} \sum_{\mu=0}^{2m} \gamma_\mu (e^{it})^\mu .$

XVIII Die Darstellung kommutativer Banachalgebren

124 Vorbemerkungen zum Darstellungsproblem

In Satz 69.4 hatten wir gesehen, daß ein normierter Raum E im Grunde nichts anderes ist als ein *Unterraum* des normierten Raumes $C(T)$ aller stetigen Funktionen auf einer gewissen kompakten Menge T. Es liegt die Frage nahe, *wann denn nun E mit ganz $C(T)$ zusammenfällt.* Da $C(T)$ aber nicht nur ein normierter Raum, sondern sogar eine kommutative Banachalgebra ist (Aufgabe 1), läßt sich in diesem Falle auch E selbst in natürlichster Weise zu einer solchen machen: man braucht ja nur zwei Elementen von E dasjenige Produkt zu geben, das sie als Elemente von $C(T)$ sowieso schon haben. Die Frage, wann $E=C(T)$ ist, werden wir deshalb nur für *kommutative Banachalgebren E* aufwerfen. Zunächst aber machen wir einige allgemeine Bemerkungen über das Darstellungsproblem, die unser Vorgehen motivieren und auch auf den Satz 69.4 ein neues Licht werfen werden.

Dieses Darstellungsproblem besteht nun darin, eine Menge E, die mit irgendeiner Struktur Σ ausgestattet ist (z. B. eine Gruppe, ein normierter Raum, eine Banachalgebra) unter Erhaltung dieser Struktur – also *homomorph* – auf eine Menge C wohlvertrauter Objekte abzubilden (die natürlich ebenfalls die Struktur Σ tragen, also z. B. eine Gruppe, ein normierter Raum, eine Banachalgebra sein muß). Ist eine solche Abbildung möglich, so sagt man, E sei durch C dargestellt oder man habe eine Darstellung für E gefunden. Die Darstellung heißt treu, wenn der darstellende Homomorphismus sogar ein Isomorphismus ist. *Erst in diesem Falle wird man E vermöge C vollständig beherrschen und das Darstellungsproblem als gelöst ansehen.*

Welche Menge C man wählt, ist innerhalb gewisser Grenzen willkürlich. In der Darstellungstheorie der Gruppen ist C häufig eine Menge von Matrizen. Dem Analytiker sind skalarwertige Funktionen die vertrautesten Objekte, und er wird deshalb immer versucht sein, seine Strukturen durch Funktionenmengen darzustellen.

Die entscheidende Frage wird dann allerdings sein, wie man aus einem $x\in E$ eine Funktion gewinnen oder, etwas pointierter, *wie man x in eine Funktion verwandeln kann.*

Diese Verwandlung ist immer dann möglich, wenn auf E eine - zunächst ganz beliebige - Menge Φ von $\mathbf{K}$-wertigen Funktionen definiert ist. Das **kanonische Umwandlungsverfahren** besteht darin, *jedem* $x \in E$ *diejenige Funktion* $F_x: \Phi \to \mathbf{K}$ *zuzuordnen, deren „Wertetabelle" durch die Zahlenfamilie* $(f(x): f \in \Phi)$ *gegeben wird.* F_x *wird also, mit anderen Worten, durch*

$$F_x(f) := f(x) \quad \textit{für alle } f \in \Phi \tag{124.1}$$

definiert. Die Zuordnung $x \mapsto F_x$, die wir hinfort mit η bezeichnen wollen, ist offenbar genau dann injektiv, wenn aus $f(x) = f(y)$ für alle $f \in \Phi$ stets $x = y$ folgt oder gleichbedeutend: wenn es zu zwei verschiedenen Elementen x, y immer ein $f \in \Phi$ mit $f(x) \neq f(y)$ gibt. In diesem Falle sagt man, Φ **trenne** die Punkte von E. *Die Injektivität der Abbildung* η *ist also genau dann gewährleistet, wenn die „Zwischenmenge"* Φ *groß genug ist, um die Punkte von* E *trennen zu können* (s. Fig. 124.1).

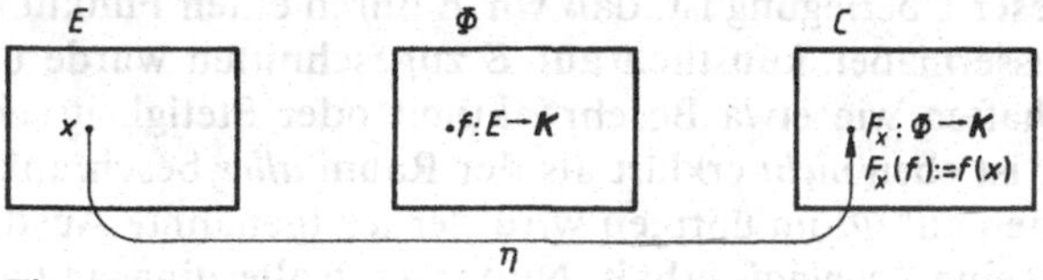

Fig. 124.1

Sei nun E ein *Vektorraum* über $\mathbf{K}$. η ist genau dann *homomorph*, wenn für x, y in E und $\alpha \in \mathbf{K}$ stets gilt

$$F_{x+y} = F_x + F_y, \qquad F_{\alpha x} = \alpha F_x, \tag{124.2}$$

wenn also für jedes $f \in \Phi$ durchweg $f(x+y) = f(x) + f(y)$, $f(\alpha x) = \alpha f(x)$ ist. *Die Homomorphie von* η *ist somit genau dann sichergestellt, wenn* Φ *eine Teilmenge von* E^* *ist.* In diesem Falle wird $\tilde{E} := \{F_x : x \in E\}$ selbst ein linearer Raum sein.

Nun sei E sogar eine *Algebra* über $\mathbf{K}$. η ist genau dann *homomorph*, wenn zusätzlich zu den Gleichungen (124.2) auch noch

$$F_{xy} = F_x F_y \quad \text{für alle } x, y \in E$$

gilt, wenn wir also für jedes $f \in \Phi$ stets $f(xy) = f(x) f(y)$ haben. η *ist also genau dann homomorph, wenn* Φ *eine Menge von* **multiplikativen Linearformen** *auf* E *ist.* In diesem Falle wird $\tilde{E}$ selbst eine Algebra sein.

Eine Menge Φ von Linearformen auf E heißt **total**, wenn aus $f(x) = 0$ für alle $f \in \Phi$ stets $x = 0$ folgt. Φ trennt genau dann die Punkte von E, wenn Φ total ist. *Der Vektorraum- bzw. Algebrenhomomorphismus* η *wird also genau dann ein Vektorraum- bzw. Algebren*isomorphismus *sein, wenn* Φ *total ist.*

Bisher haben wir nur *algebraische* Strukturen auf E betrachtet - jetzt aber fügen wir noch eine *topologische* hinzu: E sei ein *normierter Raum*. Nun werden wir versuchen, die Funktionen F_x so mit einer Norm zu versehen, daß η auch noch *normerhaltend* ist, d.h., daß wir für $x \in E$ stets $\|x\| = \|F_x\|$ haben. Wegen (57.3) ist dies gewiß dann möglich, wenn Φ die abgeschlossene Einheitskugel in E' ist. In diesem Falle gilt nämlich

$$\|x\| = \sup_{f \in \Phi} |F_x(f)|, \tag{124.3}$$

so daß η in der Tat normerhaltend sein wird, sobald wir auf $\tilde{E}$ eine Norm vermöge

$$\|F_x\| := \sup_{f \in \Phi} |F_x(f)| \tag{124.4}$$

eingeführt haben (man beachte aber, daß im Unterschied zu der Situation in (57.3) die hier betrachtete Funktion F_x *nur auf Φ definiert* und somit die *Einschränkung* der in (57.3) figurierenden Funktion $F_x: E' \to \mathbf{K}$ auf Φ ist).

Unbefriedigend an dieser Überlegung ist, daß wir E durch einen Funktionenraum $\tilde{E}$ darstellen, der gewissermaßen künstlich auf E zugeschnitten wurde und nicht durch *innere* Eigenschaften wie etwa Beschränktheit oder Stetigkeit seiner Elemente definiert ist: Er ist eben *nicht* erklärt als der Raum *aller* beschränkten oder *aller* stetigen Funktionen auf Φ; im übrigen wird der letztgenannte Ausdruck erst dann sinnvoll, wenn Φ eine *Topologie* erhält. Nun trägt Φ allerdings in natürlicher Weise die von der E'-Norm induzierte Topologie ν, und in ihr ist jedes $F_x: \Phi \to \mathbf{K}$ auch stetig, so daß $\tilde{E}$ gewissermaßen von Hause aus ein Unterraum des Raumes *aller* auf Φ ν-stetigen Funktionen ist. Den letztgenannten Raum werden wir gewiß dann mit der Supremumsnorm versehen können - und soll η normerhaltend sein, so kommt wegen (124.3) eine andere nicht in Frage -, wenn Φ ν-kompakt ist. Dies kann wegen Satz 11.8 jedoch nur dann eintreten, wenn E' und folglich auch E endlichdimensional ist. *Damit scheidet ν für unsere Zwecke aus.*

Locker formuliert besitzt eine Topologie umso mehr kompakte Mengen, je gröber sie ist. Wenn es also überhaupt eine Topologie auf Φ gibt, in der alle F_x stetig sind und gleichzeitig Φ kompakt ist, so muß dies gewiß die *Initialtopologie* für die Menge $\{F_x: x \in E\}$ leisten, denn sie ist ja gerade die *gröbste* Topologie auf Φ, die alle $F_x: \Phi \to \mathbf{K}$ stetig macht. Diese Topologie σ ist aber, wie man sofort sieht, keine andere als die von $\sigma(E', E)$ auf Φ induzierte, *und in ihr ist Φ tatsächlich kompakt* (Satz 69.3 von Alaoglu).

Versehen wir Φ mit der Topologie σ, so können wir also auf dem Vektorraum $C(\Phi)$ aller σ-stetigen Funktionen $F: \Phi \to \mathbf{K}$ die Supremumsnorm $\|F\| := \sup_{F \in \Phi} |F(f)|$ einführen, *und η wird auf diese Weise tatsächlich ein Normisomorphismus von E auf einen Unterraum von $C(\Phi)$*. Genau dies haben wir in dem Darstellungssatz 69.4 gemacht.

Ist E eine *kommutative Banachalgebra*, so treten allerdings noch mehrere eigentümliche Schwierigkeiten auf. Für Φ wird man nun die Menge der *multiplikativen* Linearformen $f \in E'$ mit $\|f\| \leqslant 1$ wählen müssen. *Gibt es überhaupt nichttriviale Linearformen dieser Art? Und wenn ja, bilden sie eine σ-kompakte Menge*, so daß

$C(\Phi)$ mit der Supremumsnorm versehen werden kann? Dann wird zu fragen sein, ob - oder unter welchen Bedingungen - *Φ sogar total, also η denn auch wirklich ein* Isomorphismus *ist.* Und wenn alle diese Fragen befriedigend beantwortet sind, so taucht das Problem auf, ob - oder unter welchen zusätzlichen Bedingungen - *η auch normerhaltend ist*; denn das Supremum der $|F_x(f)|$ kann sich ja verkleinern, wenn es nicht mehr über *alle* stetigen Linearformen f mit $\|f\| \leqslant 1$, sondern lediglich über die *multiplikativen* erstreckt wird; nur von dem auf die erste Art gebildeten Supremum wissen wir aber, daß es mit $\|x\|$ übereinstimmt. Es ist gerade das Studium dieser Fragen, das den Inhalt der von I. M. Gelfand (1941) inaugurierten Darstellungstheorie kommutativer Banachalgebren ausmacht, eine Theorie, die man ihrer Tiefe, Kraft und Schönheit wegen ohne Zögern zu den Glanzstücken moderner Mathematik rechnen darf.

Banachalgebren wollen wir hinfort wieder, wie schon früher, mit den Buchstaben $R, S, \ldots$ bezeichnen. Wir betrachten (ohne es immer ausdrücklich zu sagen) *nur Banachalgebren, die ein Einselement $\neq 0$ besitzen, und dieses bezeichnen wir durchweg mit e.*[1] *Ohne Skrupel dürfen und wollen wir ferner annehmen, daß $\|e\| = 1$ ist* (dies kann notfalls immer durch eine äquivalente Umnormierung von R erreicht werden; s. A 13.18).

Eine zentrale Rolle in der Gelfandschen Theorie spielt der folgende Satz über die Struktur derjenigen komplexen Banachalgebren, die Divisionsalgebren sind, d.h., in denen jedes Element $x \neq 0$ invertierbar ist:

124.1 Satz *Eine komplexe Banachalgebra R, die gleichzeitig eine Divisionsalgebra ist, besteht aus den Vielfachen des Einselements: $R = \{\lambda e : \lambda \in \mathbf{C}\}$.*

Wäre nämlich ein gewisses $x \in R$ nicht ein Vielfaches von e, so wäre $\lambda e - x$ für alle $\lambda \in \mathbf{C}$ von Null verschieden und somit invertierbar, x besäße also im Widerspruch zu Satz 96.1 keine Spektralpunkte. ■

Aufgaben

+1. Die Menge $C(T)$ aller $\mathbf{K}$-wertigen stetigen Funktionen auf einem kompakten topologischen Raum T ist bei punktweiser Definition der Skalarmultiplikation αx, Addition $x+y$ und Multiplikation xy eine Algebra über $\mathbf{K}$. Durch $\|x\|_\infty := \sup_{t \in T} |x(t)|$ wird $C(T)$ eine (kommutative) Banachalgebra.

2. Sei eine Familie von Abbildungen $F_\iota : \Psi \to T_\iota$ gegeben, wobei Ψ eine nichtleere Menge und T_ι für jedes $\iota \in J$ ein topologischer Raum ist. Die Initialtopologie für $(F_\iota : \iota \in J)$ werde mit τ bezeichnet. Ferner sei Φ eine nichtleere Teilmenge von Ψ, φ_ι die Einschränkung von F_ι auf Φ und τ_0 die Initialtopologie für $(\varphi_\iota : \iota \in J)$. Zeige, daß τ_0 mit der von τ auf Φ induzierten Topologie übereinstimmt.

[1] Die Existenz eines Einselementes setzen wir deshalb voraus, weil wir ständig mit Invertierbarkeitsfragen zu tun haben.

125 Multiplikative Linearformen und maximale Ideale

R sei durchweg eine kommutative, komplexe Banachalgebra mit dem normierten Einselement e und $R^\times$ die Menge aller multiplikativen Linearformen $f \neq 0$ auf R.

Für $f \in R^\times$ ist stets $f(x) = f(xe) = f(x)f(e)$, woraus sofort $f(e) = 1$ folgt. *Stimmen für f, g aus $R^\times$ die Nullräume überein, so ist $f = g$*; denn nach Hilfssatz 49.1 haben wir $f = \alpha g$, woraus sich $\alpha = \alpha g(e) = f(e) = 1$ und damit $f = g$ ergibt.

Der Nullraum $N(f)$ von $f \in R^\times$ ist offenbar ein Ideal mit $\operatorname{codim} N(f) = 1$ (Hilfssatz 42.3). Ist umgekehrt N ein Ideal der Kodimension 1 in R, so gehört e nicht zu N (weil sonst wegen $x = xe$ jedes $x \in R$ in N läge), infolgedessen gilt für alle $x \in R$ die Darstellung $x = \alpha e + y$ mit eindeutig bestimmtem $\alpha \in \mathbf{C}$ und $y \in N$. Es folgt, daß durch $f(x) := \alpha$ eine nichttriviale multiplikative Linearform f mit $N(f) = N$ bestimmt wird. Alles in allem besteht also eine *umkehrbar eindeutige Beziehung zwischen $R^\times$ und der Menge aller Ideale in R mit der Kodimension* 1.

Ein Ideal J in R heißt echt, wenn es von R verschieden ist. Ein echtes Ideal wird maximal genannt, wenn es in keinem Oberideal außer R echt enthalten ist. Offenbar ist jedes Ideal der Kodimension 1 maximal. Hiervon gilt auch die Umkehrung, wie wir in Kürze sehen werden. Zuerst aber bringen wir den grundlegenden

125.1 Satz *R besitzt maximale Ideale - und diese sind ausnahmslos abgeschlossen. Ein Element von R ist genau dann singulär, wenn es zu einem maximalen Ideal gehört. Jedes echte Ideal wird von einem maximalen umfaßt.*

Wir beweisen zuerst die letzte Behauptung. Sei J ein echtes Ideal in R. In der Menge $\mathfrak{M}$ aller echten Ideale, die J umfassen, stiftet die mengentheoretische Inklusion eine Ordnung. Die Vereinigung der Mengen einer vollgeordneten Teilmenge $\mathfrak{K}$ von $\mathfrak{M}$ ist ein Ideal, das J umfaßt, und zwar ein echtes (es enthält nicht e), ist also eine obere Schranke von $\mathfrak{K}$ in $\mathfrak{M}$. Nach dem Zornschen Lemma besitzt $\mathfrak{M}$ ein maximales Element, und dieses ist ein maximales Ideal $\supset J$. Da $\{0\}$ ein Ideal ist, folgt aus dem eben Bewiesenen, daß R tatsächlich maximale Ideale besitzt. - Jedes Element x eines beliebigen echten Ideals J muß singulär sein - andernfalls läge wegen $y = (yx^{-1})x$ ganz R in J. Ist umgekehrt x singulär, so erweist sich $\{yx : y \in R\}$ als *echtes* Ideal, das x enthält. Nach dem schon Bewiesenen liegt x dann auch in einem *maximalen* Ideal. - Die Abschließung $\overline{M}$ eines maximalen Ideals M ist ein M umfassendes Ideal (A 37.10). Da alle Elemente von M singulär sind, folgt mit A 13.7, daß dies auch für die Elemente von $\overline{M}$ gilt. $\overline{M}$ ist also ein *echtes* Ideal $\supset M$ und muß daher mit M zusammenfallen. ■

Aus dem eben Bewiesenen ergibt sich der überraschende

125.2 Satz[1] *Jede multiplikative Linearform f auf R ist ganz von selbst* stetig. *Für nichttriviales f ist $\|f\| = 1$. $R^\times$ liegt also auf der Oberfläche der Einheitskugel von R'.*

[1] Dieser Satz zeigt, daß eine rein *algebraische* Eigenschaft (die Multiplikativität) eine rein *topologische* (die Stetigkeit) erzwingen kann - und das eben ist das Überraschende.

Im Beweis sei $f \neq 0$. $N(f)$ ist, wie wir oben gesehen haben, ein maximales Ideal in R. Nach Satz 125.1 ist also $N(f)$ abgeschlossen, womit wegen A 37.4 bereits die Stetigkeit von f feststeht. - Aus $|f(x)|^2 = |f(x^2)| \leqslant \|f\| \, \|x\|^2$ folgt $\|f\| \leqslant 1$; wegen $|f(e)| = 1 = \|e\|$ muß nun sogar $\|f\| = 1$ sein. ■

Die *Existenz nichttrivialer multiplikativer Linearformen* sichert der folgende

125.3 Satz *Jedes maximale Ideal in R hat die Kodimension* 1, *$R^\times$ ist nicht leer, und die Abbildung $f \mapsto N(f)$ ist eine Bijektion zwischen $R^\times$ und der Menge aller maximalen Ideale in R.*

Dank der schon angesammelten Ergebnisse genügt es, die erste Aussage zu beweisen. Sei also M ein maximales Ideal. Dann ist $\check{R} := R/M$ eine komplexe Banachalgebra (Nr. 37) und sogar eine *Divisionsalgebra:* Ist nämlich die Restklasse $\check{x}_0 \in \check{R}$ des Vektors $x_0 \in R$ von Null verschieden, so liegt x_0 nicht in M, infolgedessen ist $\{xx_0 + y : x \in R, y \in M\}$ ein M echt umfassendes Ideal, muß also mit R übereinstimmen. Insbesondere kann e in der Form $e = xx_0 + y, y \in M$, dargestellt werden. Geht man zu den Restklassen über, so folgt, daß $\check{x}_0$ die Inverse $\check{x}$ besitzt. Wegen Satz 124.1 ist nun $\check{R}$ eindimensional, woraus codim $M = 1$ folgt (A 37.2). ■

Die bisherigen Ergebnisse legen es nahe, die Menge Φ, mit deren Hilfe wir jedem $x \in R$ eine Funktion $F_x : \Phi \to \mathbf{K}$ zuordneten (Nr. 124), nicht aus *allen* multiplikativen Linearformen auf R bestehen zu lassen (wie wir anfänglich geplant hatten), sondern nur aus den *nichttrivialen*, also $\Phi = R^\times$ zu wählen. Der Algebrenhomomorphismus η, der jedem $x \in R$ die Funktion

$$F_x : \begin{cases} R^\times \to \mathbf{C} \\ f \mapsto f(x) \end{cases}$$

zuordnet, soll der Gelfandhomomorphismus von R heißen. Wir wissen, daß er genau dann injektiv sein wird, wenn $R^\times$ total ist. Und nun werfen wir die Frage auf, unter welchen Bedingungen diese angenehme Situation denn tatsächlich vorliegt.

Aus den Sätzen 125.1 und 125.3 folgt, daß $x \in R$ genau dann nichtinvertierbar ist, wenn es ein $f \in R^\times$ mit $f(x) = 0$ gibt. Daraus erhalten wir die Aussage

$$x \in R \textit{ ist invertierbar} \iff f(x) \neq 0 \quad \textit{für alle } f \in R^\times. \tag{125.1}$$

Ist nun $f(x) = 0$ für alle $f \in R^\times$, so haben wir $f(\lambda e - x) = \lambda \neq 0$ für alle $\lambda \neq 0$ und alle $f \in R^\times$; wegen (125.1) ist also $\lambda e - x$ für alle $\lambda \neq 0$ invertierbar. Infolgedessen muß der Spektralradius $r(x) = \lim \|x^n\|^{1/n}$ von x verschwinden: x ist quasinilpotent.

Sei umgekehrt x quasinilpotent. Dann ist für $f \in R^\times$ und $n \in \mathbf{N}$ stets $|f(x)| = |f(x^n)|^{1/n} \leqslant (\|f\| \, \|x^n\|)^{1/n} = \|x^n\|^{1/n}$, woraus $f(x) = 0$ folgt. Es gilt also:

$$f(x) = 0 \textit{ für alle } f \in R^\times \iff x \textit{ ist quasinilpotent}. \tag{125.2}$$

Wir überlassen dem Leser den einfachen Nachweis, daß ein $x \in R$ genau dann quasinilpotent ist, wenn $e-yx$ für jedes $y \in R$ invertierbar ausfällt, d. h., wenn x in dem Radikal von R liegt. Bezeichnen wir mit $Q(R)$ die Menge der quasinilpotenten Elemente und mit $\operatorname{rad}(R)$ das Radikal von R, so können wir wegen Satz 125.3 und (125.2) sagen:

$$\operatorname{rad}(R) = Q(R) = \textit{Durchschnitt aller maximalen Ideale in } R. \tag{125.3}$$

R wird eine halbeinfache Algebra genannt, wenn $\operatorname{rad}(R)=\{0\}$ ist. Mit dieser Terminologie lautet unser Gesamtergebnis nun so:

125.4 Satz *$R^\times$ ist genau dann total und der Gelfandhomomorphismus η von R genau dann injektiv, wenn R halbeinfach ist.*

Die schwache Topologie $\sigma(R',R)$ induziert auf $R^\times$ eine Topologie, die man die Gelfandtopologie von $R^\times$ nennt. Wir haben in Nr. 124 angemerkt, daß sie mit der Initialtopologie für die Familie der $F_x\colon R^\times \to \mathbf{C}$ $(x \in R)$ übereinstimmt. Es gilt nun der

125.5 Satz *$R^\times$, versehen mit der Gelfandtopologie, ist ein* kompakter *Hausdorffraum.*

Beweis. $\sigma(R',R)$ ist separiert (Satz 62.1), dasselbe gilt dann auch für die Gelfandtopologie (A 61.5). – Die Kompaktheit von $R^\times$ wird dargetan, indem wir zeigen, daß $R^\times$ eine $\sigma(R',R)$-abgeschlossene Teilmenge der nach Satz 69.3 $\sigma(R',R)$-kompakten Einheitskugel $K' := \{f \in R' : \|f\| \leqslant 1\}$ von R' ist. Die Funktion $L_x\colon K' \to \mathbf{C}$, die wir durch $L_x(f) := f(x)$ definieren, ist $\sigma(R',R)$-stetig, infolgedessen sind für alle x,y in R die Mengen $\{f \in K' : (L_{xy} - L_x L_y)(f) = 0\}$ schwach abgeschlossen in K', und dasselbe gilt dann auch für

$$\bigcap_{x,y \in R} \{f \in K' : (L_{xy} - L_x L_y)(f) = 0\} = \bigcap_{x,y \in R} \{f \in K' : f(xy) - f(x)f(y) = 0\};$$

dieser Durchschnitt ist aber offensichtlich die Menge M aller multiplikativen Linearformen auf R. Da die Einschränkung Λ_e von L_e auf M schwach stetig und

$$\Lambda_e(f) = f(e) = \begin{cases} 1 & \text{für } f \in R^\times \\ 0 & \text{für } f = 0 \end{cases}, \qquad \text{also} \quad R^\times = \Lambda_e^{-1}(\{1\})$$

ist, folgt nun, daß $R^\times$ eine schwach abgeschlossene Teilmenge von M und damit auch eine schwach abgeschlossene Teilmenge von K' sein muß. ∎

126 Der Gelfandsche Darstellungssatz

R sei wieder durchweg eine kommutative, komplexe Banachalgebra mit dem normierten Einselement e. Das Bild von $x \in R$ unter dem Gelfandhomomorphismus η hatten wir bisher mit F_x bezeichnet. *Die konventionelle Schreibweise ist $\hat{x}$, und wir werden sie von nun an übernehmen.* $R^\times$ versehen wir dauerhaft mit der Gelfandtopologie, rüsten die Algebra $C(R^\times)$ der komplexwertigen stetigen Funktionen auf dem kompakten Hausdorffraum $R^\times$ (s. Satz 125.5), mit der Supremumsnorm aus und machen sie so zu einer Banachalgebra. Wir haben dann die folgende Abbildungssituation:

$$\eta: \begin{cases} R \to C(R^\times) \\ x \mapsto \hat{x}, \end{cases} \qquad \hat{x}: \begin{cases} R^\times \to \mathbf{C} \\ f \mapsto f(x). \end{cases}$$

Der nachstehende Hauptsatz der Gelfandtheorie ist zum größten Teil nur eine Zusammenfassung und Umformulierung unserer bisherigen Ergebnisse:

126.1 Gelfandscher Darstellungssatz *Der Gelfandhomomorphismus $\eta: R \to C(R^\times)$ hat die folgenden Eigenschaften:*

a) *η ist ein Algebrenhomomorphismus von R in $C(R^\times)$.*
b) *$\|\hat{x}\| \leqslant \|x\|$ für alle $x \in R$; insbesondere ist η stetig.*
c) *$\hat{e}(f) = 1$ für jedes $f \in R^\times$.*
d) *$x \in R$ ist invertierbar $\Longleftrightarrow$ $\hat{x}(f) \neq 0$ für alle $f \in R^\times$.*
e) *$\hat{x}(R^\times) = \sigma(x)$.*
f) *$\|\hat{x}\| = r(x)$.*
g) *$\operatorname{rad}(R) = \{x \in R: \hat{x} = 0\} = N(\eta)$.*
h) *η ist injektiv $\Longleftrightarrow$ R ist halbeinfach $\Longleftrightarrow$ $R^\times$ ist total.*

Beweis. a) und b) wurden schon in Nr. 124 dargelegt. – c) ist trivial. – d) ist nichts anderes als (125.1). – e) folgt aus c) und d), weil $\lambda \notin \hat{x}(R^\times)$ $\Longleftrightarrow$ $(\lambda\hat{e} - \hat{x})(f) \neq 0$ für alle $f \in R^\times$. – f) ergibt sich unmittelbar aus e). – g) ist nur eine Umformulierung von (125.2) in Verbindung mit (125.3). – h) wiederholt den Satz 125.4. ■

Wegen Satz 125.3 verwendet man in der Gelfandschen Theorie anstelle von $R^\times$ häufig die Menge $\mathfrak{M}$ aller maximalen Ideale in R. Die Bijektion $f \mapsto N(f)$ überträgt die Gelfandtopologie von $R^\times$ auf $\mathfrak{M}$ und macht $\mathfrak{M}$ zu einem kompakten Hausdorffraum. Der Wert der dem Vektor $x \in R$ zugeordneten Funktion $\hat{x}: \mathfrak{M} \to \mathbf{C}$ an der Stelle $M \in \mathfrak{M}$ wird folgendermaßen berechnet: Man schreibt x in der Form $x = \lambda e + y$ mit $y \in M$; dann ist $\hat{x}(M) = \lambda$.

Wir bringen nun zur Erholung von diesen sehr abstrakten Gedankengängen eine der frappierendsten Anwendungen der Gelfandschen Theorie.

W sei die Menge aller auf dem Rande des Einheitskreises definierten komplexwertigen Funktionen x, die sich in eine *absolutkonvergente* trigonometrische Reihe entwickeln lassen:

$$x(e^{i\varphi}) = \sum_{-\infty}^{\infty} \alpha_n e^{in\varphi} \quad \text{mit} \quad \alpha_n \in \mathbf{C}, \quad \sum_{-\infty}^{\infty} |\alpha_n| < \infty, \quad 0 \leqslant \varphi < 2\pi. \tag{126.1}$$

Mit punktweiser Erklärung der Rechenoperationen und der Normdefinition $\|x\| := \sum_{-\infty}^{\infty} |\alpha_n|$ wird W eine kommutative, komplexe Banachalgebra mit dem Einselement $e^{i\varphi} \mapsto 1$, die sogenannte Wienersche Algebra. Sei nun $f \in W^{\times}$. Dann gilt – mit ungefährlicher Laxheit in der Schreibweise –

$$f(x) = \sum_{-\infty}^{\infty} \alpha_n f(e^{in\varphi}) = \sum_{-\infty}^{\infty} \alpha_n \lambda^n \quad \textit{mit} \quad \lambda := f(e^{i\varphi}). \tag{126.2}$$

Offenbar ist $\lambda \neq 0$, $|\lambda| \leqslant 1$ und $|1/\lambda| = |f(e^{-i\varphi})| \leqslant 1$, also $|\lambda| = 1$ und daher $\lambda = e^{i\psi}$ mit einem gewissen ψ, $0 \leqslant \psi < 2\pi$. Wegen (126.1) und (126.2) können wir somit sagen: Zu jedem $f \in W^{\times}$ gibt es eine reelle Zahl ψ, $0 \leqslant \psi < 2\pi$, so daß gilt:

$$\hat{x}(f) = f(x) = \sum_{-\infty}^{\infty} \alpha_n e^{in\psi} = x(e^{i\psi}).$$

Daraus folgt aber mit Satz 126.1 d sofort der berühmte

Satz von Wiener[1] *Nimmt die Funktion $x \in W$ den Wert* 0 *nicht an, so läßt sich ihre Reziproke $1/x$ in eine absolutkonvergente trigonometrische Reihe entwickeln.*

Der Gelfandhomomorphismus $x \mapsto \hat{x}$ ist genau dann *normtreu*, wenn ausnahmslos $\|x\| = r(x)$ gilt (Satz 126.1 f). In Anlehnung an die Terminologie der Nr. 102 nennen wir ein Element x von R mit $r(x) = \|x\|$ normaloid. Für normaloides x ist wegen $\|x\| = r(x) \leqslant \|x^n\|^{1/n} \leqslant \|x\|$ durchweg $\|x^n\| = \|x\|^n$, insbesondere $\|x^2\| = \|x\|^2$. Gilt umgekehrt die letzte Gleichung für *alle* $x \in R$, so ist $\|x^4\| = \|(x^2)^2\| = \|x\|^4$, allgemein $\|x^{2^n}\| = \|x\|^{2^n}$, woraus sofort $r(x) = \lim \|x^{2^n}\|^{1/2^n} = \|x\|$ folgt. Wir halten das Ergebnis dieser Betrachtung fest:

126.2 Satz *Der Gelfandhomomorphismus $x \mapsto \hat{x}$ von R wird dann, aber auch nur dann* normisomorph *sein, wenn eine der folgenden gleichwertigen Bedingungen erfüllt ist:*

a) *Alle $x \in R$ sind normaloid.*

b) *Für jedes $x \in R$ ist $\|x^2\| = \|x\|^2$.*

---

[1] Norbert Wiener (1894–1964; 70) war ein ungewöhnlich vielseitiger amerikanischer Mathematiker. Im Wettlauf um den Begriff des normierten Raumes ging Banach nur ganz knapp vor ihm durchs Ziel. Eng mit seinem Namen verbunden ist die „Kybernetik“.

Aufgabe

Auf der komplexen Banachalgebra $R:=C[a,b]$ wird für jedes $t\in[a,b]$ durch $f_t(x):=x(t)$ eine multiplikative Linearform f_t definiert. $t\mapsto f_t$ ist eine homöomorphe Abbildung von $[a,b]$ auf $R^\times$, so daß $R^\times$ (als topologischer Raum) mit $[a,b]$ und infolgedessen $C(R^\times)$ mit $C[a,b]$ identifiziert werden kann. Tut man dies, so ist der Gelfandhomomorphismus von $C[a,b]$ einfach die Identität.

127 Die Darstellung kommutativer B^*-Algebren

Wir werfen nun *die* Frage auf, die wir von Anfang an im Blick hatten, die Frage nämlich, unter welchen Bedingungen der Gelfandhomomorphismus $\eta: R\to C(R^\times)$ der kommutativen, komplexen Banachalgebra R mit normiertem Einselement e *bijektiv* und *normerhaltend* ist - wann also, kurz gesagt, *R eigentlich nichts anderes ist als die Banachalgebra aller stetigen, komplexwertigen Funktionen auf dem kompakten Hausdorffraum $R^\times$*. In die Untersuchung dieser Frage drängt sich etwas ein, das wir seiner Unauffälligkeit wegen bisher kaum beachtet haben: die *Konjugation $\alpha\mapsto\bar{\alpha}$*. Daß aber Derartiges bei der Frage, wann denn nun die Teilalgebra $\eta(R)$ tatsächlich mit der vollen Algebra $C(R^\times)$ übereinstimmt, eine Rolle spielen könnte - das läßt der Satz von Stone-Weierstraß vermuten, den wir nun bereitstellen:

Sei T ein kompakter Hausdorffraum und A eine Teilalgebra der Banachalgebra $C(T)$ mit folgenden Eigenschaften: A ist abgeschlossen, trennt die Punkte von T, enthält eine konstante Funktion $\neq 0$ und mit jeder Funktion h ihre Konjugierte $\bar{h}$. Dann ist notwendigerweise $A=C(T)$.[1]

Wir wollen nun versuchsweise annehmen, η sei tatsächlich ein *Normisomorphismus* von R *auf* $C(R^\times)$. Die Konjugation in $C(R^\times)$ bezeichnen wir mit K; es sei also $Kh=\bar{h}$ für $h\in C(R^\times)$. K genügt offensichtlich den Regeln

$$K(g+h)=Kg+Kh,\quad K(\alpha h)=\bar{\alpha}Kh,\quad K(gh)=(Kg)(Kh),$$
$$K^2h=h,\quad \|Kh\|=\|h\|.$$

Die Konjugation in $C(R^\times)$ erzeugt nun in natürlichster Weise eine „Konjugation" in R selbst - einfach indem man jedem x das Element $x^*:=(\eta^{-1}K\eta)x$ zuordnet (s. Fig. 127.1).

Dieses „Sternen" hat offenbar die folgenden Eigenschaften:

[1] Einen Beweis dieses fundamentalen Satzes findet der Leser etwa in Heuser II, Nr. 159.

(I1) $(x+y)^* = x^* + y^*$,

(I2) $(\alpha x)^* = \bar{\alpha} x^*$,

(I3) $(xy)^* = y^* x^*$,[1)]

(I4) $x^{**} = x$,

(I5) $\|x^* x\| = \|x\|^2$.

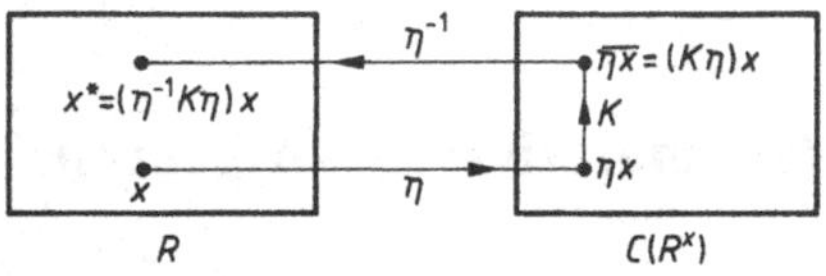

Fig. 127.1

Eine Selbstabbildung $x \mapsto x^*$ *irgendeiner* komplexen, auch *nicht*kommutativen Banachalgebra S mit normiertem Einselement e, die (I1) bis (I4) genügt, heißt Involution. Gilt auch noch (I5), so wird S eine B^*-Algebra genannt. Ein Homomorphismus $A: S_1 \to S_2$ zweier Banachalgebren mit Involution soll $*$-Homomorphismus heißen, wenn er die Involution erhält, wenn also $A(x^*) = (Ax)^*$ für alle $x \in S_1$ ist. $*$-Isomorphismen sind injektive $*$-Homomorphismen.

In einer Banachalgebra mit Involution ist $0^* = 0$ *und* $e^* = e$.

Führt man in der komplexen Algebra $C(T)$, T ein kompakter Hausdorffraum, bzw. in $\mathscr{L}(H)$, H ein komplexer Hilbertraum, die Involution $h \mapsto \bar{h}$ bzw. $A \mapsto A^*$ ein (wobei A^* der zu A adjungierte Operator ist), *so werden* $C(T)$ *und* $\mathscr{L}(H)$ *offenbar B^*-Algebren* (für $\mathscr{L}(H)$ siehe die Sätze 58.1 und 58.7).

Unsere bisherigen Überlegungen lehren, daß eine kommutative, komplexe Banachalgebra mit normiertem Einselement, deren Gelfandhomomorphismus sich als normerhaltende Bijektion erweist, im Grunde sogar eine B^*-Algebra ist. Zwangsläufig müssen wir deshalb unseren Blick nunmehr gerade auf derartige Algebren richten.

Ein Element x einer B^*-Algebra S heißt normal, wenn $xx^* = x^*x$, selbstadjungiert, wenn $x^* = x$ ist. In einer *kommutativen* B^*-Algebra sind alle Elemente normal. Jedes $x \in S$ kann in der Form

$$x = x_1 + \mathrm{i} x_2 \quad \text{mit selbstadjungierten } x_1, x_2 \tag{127.1}$$

geschrieben werden; man braucht ja nur

$$x_1 := \frac{x + x^*}{2}, \qquad x_2 := \frac{x - x^*}{2\mathrm{i}}$$

zu setzen. Grundlegend für die weitere Untersuchung ist der einfache

1) Im gerade vorliegenden kommutativen Fall ist natürlich $(xy)^* = x^* y^*$.

127.1 Satz *In einer B^*-Algebra S gelten die folgenden Aussagen:*

a) $\|x^*\| = \|x\|$ *für alle* $x \in S$.

b) *Jedes normale x ist normaloid.*

c) *Jedes selbstadjungierte x besitzt ein reelles Spektrum.*

Beweis. a) Aus (I 5) folgt $\|x\|^2 = \|x^*x\| \leqslant \|x^*\| \, \|x\|$ und damit $\|x\| \leqslant \|x^*\|$. Dann ist aber auch umgekehrt $\|x\| = \|x^{**}\| \geqslant \|x^*\|$. - b) Für normales x erhalten wir wegen (I 5) die Gleichung $\|x^2\|^2 = \|(x^*)^2 x^2\| = \|(xx^*)^*(xx^*)\| = \|xx^*\|^2 = \|x\|^4$, also $\|x^2\| = \|x\|^2$. Da auch x^2 normal ist, folgt daraus $\|x^4\| = \|(x^2)^2\| = \|x^2\|^2 = \|x\|^4$, allgemein $\|x^{2^n}\| = \|x\|^{2^n}$ für $n = 1, 2, \ldots$ und damit $r(x) = \|x\|$. - c) Sei $x = x^*$ und $\alpha + \mathrm{i}\beta \in \sigma(x)$, α, β reell. Dann ist $(\alpha + \mathrm{i}\beta)e - x = (\alpha + \mathrm{i}(\beta + \lambda))e - (x + \mathrm{i}\lambda e)$, λ beliebig aus $\mathbf{R}$, nicht invertierbar, also $\alpha + \mathrm{i}(\beta + \lambda) \in \sigma(x + \mathrm{i}\lambda e)$ und damit wegen (95.6) und (I 5)

$$\begin{aligned} \alpha^2 + (\beta + \lambda)^2 &= |\alpha + \mathrm{i}(\beta + \lambda)|^2 \leqslant \|x + \mathrm{i}\lambda e\|^2 = \|(x + \mathrm{i}\lambda e)^*(x + \mathrm{i}\lambda e)\| \\ &= \|(x - \mathrm{i}\lambda e)(x + \mathrm{i}\lambda e)\| = \|x^2 + \lambda^2 e\| \leqslant \|x\|^2 + \lambda^2. \end{aligned}$$

Es gilt also $\alpha^2 + \beta^2 + 2\beta\lambda \leqslant \|x\|^2$ für alle reellen λ, woraus sofort $\beta = 0$ folgt. ■

Und nun trennt uns nur noch ein kurzer Beweis von dem Höhepunkt dieses Kapitels, dem

127.2 Satz von Gelfand-Neumark *Der Gelfandhomomorphismus η einer kommutativen B^*-Algebra R ist ein normerhaltender $*$-Isomorphismus auf die B^*-Algebra $C(R^\times)$.*

Beweis. Jedes $x \in R$ ist normal, erst recht also normaloid (Satz 127.1). Infolgedessen muß η normisomorph sein (Satz 126.2). - Das Gelfandbild $\hat{y}$ eines selbstadjungierten $y \in R$ ist wegen $\hat{y}(R^\times) = \sigma(y) \subset \mathbf{R}$ (Sätze 126.1e und 127.1c) eine *reellwertige* Funktion. Zerlegen wir $x \in R$ gemäß (127.1), so erhalten wir also $\eta(x^*) = \eta(x_1 - \mathrm{i}x_2) = \eta x_1 - \mathrm{i}\eta x_2 = \overline{\eta x_1} - \mathrm{i}\,\overline{\eta x_2} = \overline{\eta x_1 + \mathrm{i}\eta x_2} = \overline{\eta x} = (\eta x)^*$. η ist somit ein $*$-Isomorphismus. - Aus den beiden bisher bewiesenen Aussagen ergibt sich, daß die Teilalgebra $\eta(R)$ von $C(R^\times)$ abgeschlossen ist und mit jeder Funktion auch deren Konjugierte enthält. Nach Satz 126.1c liegt ferner eine konstante Funktion $\neq 0$ in $\eta(R)$. Schließlich trennt $\eta(R)$ die Punkte von $R^\times$: Aus $\hat{x}(f) = \hat{x}(g)$ für alle $\hat{x} \in \eta(R)$ folgt nämlich $f(x) = g(x)$ für alle $x \in R$ und damit $f = g$. Und nun sichert der Satz von Stone-Weierstraß endgültig die Surjektivität von η. ■

Der Satz von Gelfand-Neumark *charakterisiert die kommutativen B^*-Algebren als die Algebren aller stetigen Funktionen auf geeigneten Hausdorffräumen.* Dieses kostbare Theorem können wir aber noch in einem anderen Lichte betrachten. Wir sprechen zwar immer von einer *Abbildung*, wenn den Elementen einer Menge E gewisse Elemente einer anderen Menge zugeordnet werden, besitzt aber E eine *Struktur*, so werden wir „echte" - wenn auch mehr oder weniger stark verzerrte - Bilder von E nur durch *strukturerhaltende* Abbildungen, durch *Homomorphismen* bekommen. Die *einfachsten* Homomorphismen einer Algebra sind ihre multiplikativen Funktionale, und der Satz von Gelfand-Neumark besagt nun in lockerer Formulierung: *Schon mit Hilfe der einfachsten „echten" Bilder einer kommutativen B^*-Algebra R kann man ein völlig verzerrungsfreies Bild von R gewinnen*; man braucht dazu ja nur den Raum aller stetigen Funktionen auf der Menge $R^\times$, versehen mit der Gelfandtopologie, zu konstruieren.

Wir beschließen diese Nummer mit einem hilfreichen Satz, dem wir die folgende Sprachregelung vorausschicken:

Sei S eine B^*-Algebra (mit Einselement e). $U \subset S$ wird eine B^*-Unteralgebra von S genannt, wenn U eine abgeschlossene Unteralgebra von S ist, die e und mit jedem $x \in U$ auch x^* enthält.

Eine B^*-Unteralgebra von S ist also selbst eine B^*-Algebra, deren Involution $x \mapsto x^*$ von der in S schon vorhandenen induziert wird.

Bei Algebrenerweiterungen wird das Spektrum eines Elementes in der Regel *schrumpfen* (s. (96.7)). Im „B^*-Fall" gilt jedoch der

127.3 Satz *Sei U eine B^*-Unteralgebra der B^*-Algebra S. Dann ist*

$$\sigma_U(u) = \sigma_S(u) \quad \textit{für alle } u \in U.$$

Beweis. Offenbar genügt es, die folgende Äquivalenz zu zeigen:

$$x \in U \textit{ ist invertierbar in } U \iff x \textit{ ist invertierbar in } S.$$

Da aber die Richtung $\Rightarrow$ trivial ist, können wir uns auf $\Leftarrow$ konzentrieren. $x \in U$ besitze also in S eine Inverse x^{-1}. Indem man auf die Gleichung $xx^{-1} = x^{-1}x = e$ die Involutionsregel (I 3) anwendet, sieht man, daß x^* und damit dann auch $y := x^*x$ in S invertierbar sein muß. Wir haben somit

$$0 \in \varrho_S(y). \tag{127.2}$$

Da y als (trivialerweise) selbstadjungiertes Element von U ein *reelles* und damit nur aus *Randpunkten* bestehendes Spektrum $\sigma_U(y)$ besitzt (Satz 127.1c), muß $\sigma_U(y) \subset \sigma_S(y)$, also $\varrho_S(y) \subset \varrho_U(y)$ sein (Satz 96.4). Mit (127.2) folgt daraus

$$0 \in \varrho_U(y), \quad \text{also} \quad y^{-1} \in U.$$

Und nun ergibt sich mit Hilfe der Gleichung $e = y^{-1}y = y^{-1}x^*x$ sofort, daß $x^{-1} = y^{-1}x^*$ tatsächlich bereits zu U gehört. ■

128 Der Spektralsatz für normale Operatoren

Wir studieren in dieser Nummer ein besonders *einfaches* und doch besonders *wichtiges* Beispiel einer kommutativen B^*-Algebra.

Im folgenden bedeute H einen komplexen Hilbertraum $\neq \{0\}$. In der letzten Nummer haben wir schon bemerkt, daß $\mathscr{L}(H)$ mit der Involution $A \mapsto A^*$ ($=$ Adjungierte von A) eine B^*-Algebra ist. Sei nun N ein normaler Endomorphismus von

H. Dann ist die *Abschließung der Menge aller Polynome in* N, N^* offenbar eine kommutative B^*-Unteralgebra von $\mathscr{L}(H)$. Wir nennen sie die von N erzeugte B^*-Algebra und bezeichnen sie mit R. In dieser Nummer wird es darum gehen, Näheres über R zu erfahren.

Das Spektrum $\sigma(N)$ des *Operators* N stimmt überein mit dem Spektrum $\sigma_{\mathscr{L}(H)}(N)$, das N *als Element der Banachalgebra* $\mathscr{L}(H)$ besitzt. $\sigma(N)$ ist mit der euklidischen Metrik, $R^\times$ mit der Gelfandtopologie ein *kompakter Hausdorffraum*. Nach diesen Erinnerungen beweisen wir den

128.1 Hilfssatz *Sei N ein normaler Operator auf H und R die von ihm erzeugte B^*-Algebra. Dann sind die topologischen Räume $R^\times$ und $\sigma(N)$* homöomorph.

Beweis. Sei $\eta: R \to C(R^\times)$ der Gelfandhomomorphismus von R und $\hat{A} := \eta A$. Dank der Sätze 127.3 und 126.1e ist $\sigma_{\mathscr{L}(H)}(N) = \sigma_R(N) = \hat{N}(R^\times)$, also

$$\hat{N}(R^\times) = \sigma(N). \tag{128.1}$$

Wir zeigen nun die Injektivität der Surjektion $\hat{N}: R^\times \to \sigma(N)$. Angenommen, es sei $\hat{N}(f) = \hat{N}(g)$. Weil η die Involution erhält (Satz 127.2), folgt daraus

$$\widehat{N^*}(f) = \overline{\hat{N}(f)} = \overline{\hat{N}(g)} = \widehat{N^*}(g),$$

insgesamt haben wir also

$$\hat{N}(f) = \hat{N}(g) \quad \text{und} \quad \widehat{N^*}(f) = \widehat{N^*}(g). \tag{128.2}$$

Da nun R die Abschließung der Menge aller Polynome in N, N^* und η ein normerhaltender Isomorphismus von R auf $C(R^\times)$ ist, ergibt sich aus (128.2), daß $\hat{A}(f) = \hat{A}(g)$ für restlos alle $\hat{A} \in C(R^\times)$ sein muß. Und daraus wiederum folgt $f = g$, weil nämlich $\eta(R) = C(R^\times)$ die Punkte von $R^\times$ trennt (s. Beweis von Satz 127.2). $\hat{N}$ bildet also tatsächlich $R^\times$ *injektiv* auf $\sigma(N)$ ab.

Die Funktion $\hat{N}$ ist stetig auf dem kompakten Raum $R^\times$, und der Bildraum $\sigma(N)$ ist separiert. Dann muß auch die Umkehrfunktion $(\hat{N})^{-1}$ stetig sein (s. Heuser II, A 158.6). Alles in allem ist daher $\hat{N}$ eine *homöomorphe* Abbildung von $R^\times$ auf $\sigma(N)$. ■

Aufgrund dieses Hilfssatzes dürfen wir ohne Bedenken $R^\times$ mit $\sigma(N)$ identifizieren. Tun wir das, so wird $\hat{N}$ die *identische* Abbildung von $\sigma(N)$:

$$\hat{N}(\lambda) = \lambda \quad \text{für alle } \lambda \in \sigma(N).$$

Wir fassen diese Ergebnisse nun zusammen zu dem

128.2 Spektralsatz für normale Operatoren *Sei N ein normaler Operator des komplexen Hilbertraumes $H \neq \{0\}$ und R die von N erzeugte B^*-Algebra. Dann ist $R^\times = \sigma(N)$, und der Gelfandhomomorphismus $A \mapsto \hat{A}$ von R auf $C(\sigma(N))$ ist ein normerhaltender $*$-Isomorphismus, der N in die identische Abbildung von $\sigma(N)$ überführt.*

Aus diesem Satz läßt sich eine *Spektraldarstellung*

$$N = \int_{\sigma(N)} \lambda \, \mathrm{d}E$$

mit einem sogenannten *Spektralmaß* E auf $\sigma(N)$ gewinnen und daraus wiederum der Spektralsatz 116.1 für symmetrische Operatoren auf H, also auch der Spektralsatz 119.4 für selbstadjungierte Operatoren - ein Theorem, das für die *Quantentheorie* schlechterdings unentbehrlich ist. Wir wollen hierauf nicht näher eingehen, sondern den Leser lieber auf Dunford-Schwartz (1963) verweisen. Nachdenklich aber muß es uns stimmen, daß ein so dünnblütiges Problem wie das der Darstellung kommutativer Banachalgebren - scheinbar nur „rein mathematisch" interessant - unversehens Licht wirft auf den Weg, der in das Innere der Materie führt.

Aufgaben

Im folgenden ist N ein normaler Operator auf dem Hilbertraum $H \neq \{0\}$ und R die von N erzeugte B^*-Algebra. Die Aufgaben sollen mit den Hilfsmitteln dieser Nummer gelöst werden.

1. Der Gelfandhomomorphismus $A \mapsto \hat{A}$ von R auf $C(\sigma(N))$ transformiert N^* in die Abbildung $\lambda \mapsto \bar{\lambda}$ $(\lambda \in \sigma(N))$.

2. $\sigma(N^*) = \{\bar{\lambda} : \lambda \in \sigma(N)\}$ (vgl. A 95.5).

3. N ist genau dann *unitär*, wenn $\sigma(N)$ ganz auf der Einheitskreislinie liegt (vgl. Satz 118.1).

4. N ist genau dann *symmetrisch*, wenn $\sigma(N)$ ganz auf der reellen Achse liegt (vgl. Satz 112.6).

5. N ist genau dann ein von 0 und I verschiedener *Projektor*, wenn $\sigma(N) = \{0, 1\}$ ist.

6. Enthält R einen von 0 und I verschiedenen Projektor, so ist $\sigma(N)$ nicht zusammenhängend.

$^+$**7. Zusammenhang zwischen Gelfandhomomorphismus und Funktionalkalkül** Sei wie bisher $\eta: R \to C(\sigma(N))$ der Gelfandhomomorphismus von R. Zeige der Reihe nach:

a) $(\lambda I - N)^{-1}$ gehört für jedes $\lambda \in \varrho(N)$ zu R.

b) $f(N) = \frac{1}{2\pi i} \int_{\partial B} f(\lambda)(\lambda I - N)^{-1} \mathrm{d}\lambda$ gehört für jedes $f \in \mathscr{H}(N)$ zu R (s. dazu (99.1)).

c) $\widehat{f(N)} = \eta(f(N)) = f$ für jedes $f \in \mathscr{H}(N)$.

d) $f(N) = \eta^{-1} f$. (Dies ist der Zusammenhang zwischen Gelfandhomomorphismus und Funktionalkalkül.)

XIX Ein Blick auf die werdende Funktionalanalysis

Und jedem Anfang wohnt ein Zauber inne.

Hermann Hesse

Les théories ont leurs commencements: des allusions vagues, des essais inachevés, des problèmes particuliers; et même lorsque ces commencements importent peu dans l'état actuel de la Science, on aurait tort de les passer sous silence.

Frédéric Riesz

129 Vorgefechte

Wer durchaus will, kann die Ursprünge der Funktionalanalysis bei Leibniz finden – für keine Wissenschaft ein schlechter Anfang. Dieser umfassende Geist hatte nach langem Nachdenken Symbole für seinen *calculus differentialis et integralis* geschaffen, die seiner eigenen Forderung vollauf Genüge taten, „die innerste Natur der Sache mit Wenigem aus[zu]drücken und gleichsam ab[zu]bilden". Aber noch mehr: Diese Symbole *verschmolzen* nicht mit den Funktionen (wie etwa die Newtonschen Punkte), sondern standen gleichsam mit eigenem Leben ausgestattet *neben* ihnen und gaben zu erkennen, daß sie etwas *bewirkten* –: daß sie aus *einem* Objekt ein *anderes* machten. Um dessen inne zu werden, brauchte man beispielsweise statt $\frac{\mathrm{d}u}{\mathrm{d}x}$ nur $\frac{\mathrm{d}}{\mathrm{d}x}u$ zu schreiben, und wenn man nun $\frac{\mathrm{d}^2u}{\mathrm{d}x^2}$ auf die Form $\frac{\mathrm{d}}{\mathrm{d}x}\left(\frac{\mathrm{d}}{\mathrm{d}x}u\right)$ brachte, kam man gar nicht mehr umhin, von der zweiten *Potenz* des Symbols $\frac{\mathrm{d}}{\mathrm{d}x}$ zu reden, und entsprechend dann auch von höheren Potenzen und von deren Linearkombinationen, wie sie sich ganz von selbst bei linearen

Differentialgleichungen einstellten. Das Integralsymbol $\int$ war dann so etwas wie die Reziproke $\left(\frac{\mathrm{d}}{\mathrm{d}x}\right)^{-1}$ des Differentiationssymbols $\frac{\mathrm{d}}{\mathrm{d}x}$. Der Operationscharakter des Differenzierens und Integrierens und ein Rechnen mit den zugehörigen „Operatoren" waren schon Leibniz selbst vertraut. Lagrange trieb diese Dinge weiter, und Heaviside trieb sie auf die Spitze, getreu seinem Motto *„Logic can be patient for it is eternal"*.

Was bei dieser Rechnerei wirklich vor sich ging, blieb dunkel: *„haud dubie aliquid arcani subest"* meinte Johann Bernoulli. Aber der schiere Erfolg war so, daß man nicht nach mehr Licht verlangte. Und deshalb wird man die Quellen der Funktionalanalysis wohl doch nicht im Leibnizschen Kalkül suchen dürfen.

Fündig hingegen wird man in der Potentialtheorie. Die Erkenntnis, daß sich die drei Komponenten einer Kraft häufig als partielle Ableitungen einer einzigen Funktion schreiben lassen, hat als erster Daniel Bernoulli 1738 in seiner *Hydrodynamica* ausgesprochen und dabei auch den Terminus „Potentialfunktion" geprägt. Von besonderer Bedeutung wurde dieser Umstand bei einem der vordringlichsten Probleme des 18. Jahrhunderts: der analytischen Meisterung der Anziehungskraft, die ein Körper K der Massendichte ϱ auf einen außerhalb von ihm liegenden Punkt P der Masse 1 ausübt. Die Kraftkomponenten sind drei Raumintegrale über K, lassen sich aber – erste Vereinfachung! – durch partielle Differentiation aus dem einen Integral

$$V(x,y,z) := \int_K \frac{\varrho}{r}\,\mathrm{d}(\xi,\eta,\zeta)$$

herleiten, wobei r der euklidische Abstand zwischen $P := (x,y,z)$ und dem Punkt (ξ,η,ζ) von K ist. Freilich ist damit noch nicht allzuviel gewonnen, denn dieses „Potential" V wird man nur in den seltensten Fällen wirklich ausrechnen können, allein schon deshalb, weil nur in den seltensten Fällen die Dichteverteilung ϱ überhaupt bekannt sein wird. An diesem Punkt aber hilft die Bemerkung weiter – zweite Vereinfachung! –, daß V der Gleichung

$$\frac{\partial^2 V}{\partial x^2} + \frac{\partial^2 V}{\partial y^2} + \frac{\partial^2 V}{\partial z^2} = 0 \tag{129.1}$$

genügt, wie man durch Differentiation unter dem Integral ohne weiteres feststellt – und in dieser „Potentialgleichung" kommt ϱ selbst gar nicht mehr vor.

Im Zusammenhang mit Gravitationsproblemen taucht die Potentialgleichung wohl erstmals 1782 bei Laplace auf, und seither trägt sie seinen Namen. Aber diese Gleichung, eine der bemerkenswertesten der ganzen Mathematik, war schon dreißig Jahre früher bei Euler in hydrodynamischem Kontext aufgetreten. Nach der Entdeckung der Coulombschen Gesetze (1785) begann sie ihren Siegeszug durch die Elektrostatik; dann erkannte Fourier, daß sie stationäre Zustände der Wärmeverteilung beherrscht und zu allem Überfluß stellte sich heraus, daß auch Real- und Imaginärteil analytischer Funktionen ihr genügen. Es war wie im Märchen vom Hasen und Igel: wohin man auch blickte – die Potentialgleichung war immer schon da.

1828 war ein entscheidendes Jahr für die Potentialtheorie: in ihm veröffentlichte der Autodidakt George Green auf eigene Kosten einen schmalen *Essay on the Application of Mathematical Analysis to the Theories of Electricity and Magnetism.* In ihm finden sich die berühmten Greenschen Formeln und die Darstellung des Potentials V in einem von der Fläche S umschlossenen Körper mittels der Randwerte von V und einer „Greenschen Funktion" G:

$$V = \frac{1}{4\pi} \int_S V \frac{\partial G}{\partial n} \, \mathrm{d}S \quad (n \text{ die äußere Normale}).$$

Es waren elektro- und magnetostatische Fragen, die Green dazu brachten, Potentiale zu suchen, die vorgeschriebene Randwerte annehmen, also das anzugreifen, was man später das *Dirichletsche Problem* genannt hat, ein Problem, auf das auch Fourier schon in seiner analytischen Theorie der Wärme gestoßen war und das sich zu einem der zentralen mathematischen Anliegen des 19. Jahrhunderts auswachsen sollte.

Und nun geschah 1856 etwas Unauffällig-Entscheidendes. In diesem Jahr nämlich veröffentlichte der Physiker A. Beer in Poggendorfs Annalen, Bd. 98, einen „kurzen aber wichtigen Aufsatz" (C. Neumann) mit dem Titel „Allgemeine Methode zur Bestimmung der elektrischen und magnetischen Induction".[1] In ihm nimmt sich Beer das Dirichletsche Problem vor. Wir stellen seine Gedankengänge nur für den Fall eines ebenen Bereiches B dar, der von einer Kurve C umschlossen wird; die Randwerte sollen als Funktion der Bogenlänge s von C durch $f(s)$ gegeben sein. Ein Potential v in B kann man, das war wohlbekannt, erzeugen durch eine einfache Belegung $\varrho(s)$ des Randes C; v wird gegeben durch

$$v(x,y) = \int_C \varrho(s) \ln \frac{1}{r(s;\, x,y)} \, \mathrm{d}s,$$

wobei $r(s; x,y)$ die Entfernung des Punktes (x,y) im Innern des Bereiches B von dem Randpunkt s bedeutet. Dieses Potential wird die vorgegebenen Randwerte $f(s)$ gewiß dann annehmen, wenn $\varrho(s)$ so gewählt wird, daß die Gleichung

$$f(\sigma) = \int_C \varrho(s) \ln \frac{1}{r(s;\sigma)} \, \mathrm{d}s \quad (\sigma \in C) \tag{129.2}$$

besteht. Es ist dies in der späteren Hilbertschen Terminologie eine Integralgleichung erster Art für ϱ (in ihr tritt die gesuchte Funktion nicht außerhalb des Integrals auf[2]). Eine solche Gleichung ist der analytischen Behandlung nur schwer zugänglich, und so faßte Beer den Gedanken – und hierin liegt die alles

[1] Die Hauptstelle bei C. Neumann (1877), S. 220–225.

[2] Eine Integralgleichung erster Art war übrigens als mathematische Formulierung eines *Laufzeitproblems* schon 1823 von dem damals einundzwanzigjährigen Niels Henrik Abel aufgestellt und durch eine explizite Formel gelöst worden.

Weitere bestimmende Wendung –, ein Potential u nicht durch eine *einfache*, sondern durch eine *doppelte* Belegung μ zu erzeugen, u also anzusetzen in der Form

$$u(x,y) = \int_C \mu(s) \frac{\partial}{\partial n} \frac{1}{r(s; x,y)} \, ds \quad (n \text{ die innere Normale}).$$

Die Forderung, u solle die Randwerte f annehmen, führte ihn dann vermöge der bekannten Sprungrelationen zu der Integralgleichung zweiter Art

$$\frac{1}{\pi} f(\sigma) = \mu(\sigma) + \frac{1}{\pi} \int_C \mu(s) \frac{\partial}{\partial n} \ln \frac{1}{r(s; \sigma)} \, ds, \tag{129.3}$$

in der die gesuchte Funktion μ nun auch *außerhalb* des Integrals erscheint (s. Nr. 85). Dieser Unterschied zu (129.2) aber ist gravierend; denn (129.3) ist ein Fixpunktproblem, an dem man sich mit dem schon lange bekannten „Verfahren der sukzessiven Approximation" versuchen konnte (s. A 6.19 und A 12.3). Genau das tat Beer und gewann so die Lösung von (129.3) in der Gestalt einer später nach C. Neumann benannten Reihe. Konvergenzfragen allerdings warf er nicht auf (und tat gut daran, denn mit der Konvergenz war es nicht weit her).

Damit war zweierlei geschehen: erstens war zutage getreten, was man später die Fredholmsche Integralgleichung zweiter Art nennen wird, und zweitens war eine Methode zu ihrer Lösung angegeben worden – auch wenn ihre Tragfähigkeit mangels präziser Konvergenzbetrachtungen zunächst dunkel bleiben mußte.

Es war nun gerade diese offengebliebene Konvergenzfrage, deren sich Carl Neumann annahm. Und durch eine Modifikation des Beerschen Ansatzes[1] gelang es ihm tatsächlich, mittels der Doppelbelegungsmethode die Lösbarkeit des Dirichletschen Problems jedenfalls für *konvexe* Bereiche zu beweisen. Darüber berichtet er in seinem 1877 veröffentlichten Buch „Untersuchungen über das logarithmische und Newtonsche Potential". Seitdem gibt es die *méthode de Neumann*, von der Henri Poincaré (1854–1912; 58), ein ungekrönter König im Reich der Mathematik, so oft gesprochen hat.

Poincaré selbst hat die *méthode de Neumann* in einer Weise gehandhabt, die in mancherlei Hinsicht für die Funktionalanalysis von Bedeutung geworden ist. Zunächst müssen wir von seinen Untersuchungen über die schwingende Membrane, dem zweidimensionalen Gegenstück zur schwingenden Saite, erzählen. Bei geeigneter Festlegung der Längen- und Zeiteinheiten genügt ihre Auslenkung $u = u(x,y,t)$ der Differentialgleichung

[1] Ausführlich dargestellt in Dieudonné (1981), S. 43–46. Neumann nannte sein Verfahren die *Methode des arithmetischen Mittels* und hob es scharf von der sorglosen Beerschen Prozedur ab.

$$\Delta u = \frac{\partial^2 u}{\partial t^2} \quad \text{mit dem Laplaceoperator} \quad \Delta := \frac{\partial^2}{\partial x^2} + \frac{\partial^2}{\partial y^2}$$

(vgl. (1.1)). Der Separationsansatz $u(x,y,t) = v(x,y)\,w(t)$ führt nun zu der Gleichung

$$\Delta v + \lambda v = 0 \quad \text{mit einem Parameter } \lambda \tag{129.4}$$

(vgl. (1.2)), und wenn man sich die Membrane längs einer geschlossenen Kurve C fest eingespannt denkt, wird man diejenigen Lösungen von (129.4) suchen, die auf C verschwinden, ohne identisch 0 zu sein. Diese „Eigenlösungen“ können nur auftreten bei gewissen diskreten und positiven Werten des Parameters λ, den „Eigenwerten“ des Problems. Aber das *Vorhandensein* solcher Eigenwerte zwingend zu beweisen, das ist in diesem Falle weitaus schwieriger als bei der schwingenden Saite. H. A. Schwarz hatte 1885 durch eine ingeniöse Methode die Existenz des *kleinsten* Eigenwertes dargetan. Poincaré gelingt es nun 1894 auf der Basis des Schwarzschen Ansatzes, die Existenz *unendlich vieler* Eigenwerte zu sichern.[1] Er betrachtet zu diesem Zweck die erzwungenen Schwingungen der längs C eingespannten Membrane, also diejenigen Lösungen der inhomogenen Gleichung

$$\Delta v + \lambda v = f(x,y), \tag{129.5}$$

die auf C verschwinden. Und nun nimmt er den schlagkräftigen Apparat der Funktionentheorie in Dienst. Er setzt v als eine Potenzreihe in dem Parameter λ an, dem er auch komplexe Werte zubilligt. $v = v(x,y,\lambda)$ erweist sich bei analytischer Fortsetzung als eine meromorphe Funktion von λ mit reellen Polen - und diese Pole sind gerade die Eigenwerte, die zugehörigen Residuen die Eigenlösungen, und nun folgt, daß für jeden Nichteigenwert λ das inhomogene Randwertproblem (129.5) eine, aber auch nur eine Lösung besitzt. Man findet hier also gerade die von den linearen Gleichungssystemen her vertraute Situation vor: wenn das homogene Problem nur die triviale Lösung besitzt, läßt sich das inhomogene für jede rechte Seite eindeutig lösen.

Diese funktionentheoretischen Methoden setzt Poincaré bereits ein Jahr später zur Vertiefung der Neumannschen Untersuchungen ein[2]. Es geht ihm darum, die Konvexitätsvoraussetzung abzuschütteln. Er führt, wozu Neumann keine Veranlassung gesehen hatte, einen komplexen Parameter λ ein, betrachtet also die Integralgleichung

$$u(s) - \lambda \int_a^b k(s,t)\,u(t)\,\mathrm{d}t = f(s)$$

---

[1] Sur les équations de la physique mathématique. R. C. del Circ. mat. di Palermo **8** (1894) 57–156.

[2] (Sur) la méthode de Neumann et le problème de Dirichlet. C. R. Paris **120** (1895) 347–352. Acta math. **20** (1896/97) 59–142.

mit dem Neumannschen Kern k, setzt u als Potenzreihe in λ an und erkennt als erstes, daß sich nun die Neumannsche Reihe durch Koeffizientenvergleich wie von selbst ergibt (s. A 16.10) und daß sie jedenfalls für $|\lambda|<1$ konvergiert. Aber damit war gerade *die* Frage noch nicht geklärt, die in diesem Falle doch die einzig entscheidende war: Konvergiert die Reihe auch noch für $\lambda = \pm 1$, löst sie also das innere und äußere Dirichletsche Problem (s. (85.6) und (85.7)).

Hellinger-Toeplitz haben das Ringen dieses großen Geistes meisterlich dargestellt[1]:

So wichtig war ihm die Erkenntnis des Sachverhaltes, daß er sogar die *Existenz* der Lösung der [Dirichletschen] Randwertaufgabe (aufgrund anderer Methoden, etwa des alternierenden Verfahrens von *Schwarz* oder seiner eigenen méthode de balayage) bereits als feststehend annahm, ja sogar schließlich zu heuristischen Methoden überging, um die Konvergenz der *Neumann*schen Methode des arithmetischen Mittels *ohne* Voraussetzung der Konvexität der Randkurve zu sichern und darüber hinaus den weiteren Tatbestand klarzulegen: den meromorphen Charakter der Lösung und das Analogon aller der weiteren bei der schwingenden Membran erörterten Dinge. Insbesondere stellte sich dabei heraus, daß die Lösung bei $+1$ ihren absolut kleinsten Pol hat; damit fand es seine Aufklärung, weshalb die ursprüngliche *Beer*sche Entwicklung nicht stets konvergiert und erst der Modifikation von *C. Neumann* bedurfte ...[2].

Die funktionentheoretischen Methoden Poincarés finden wir heutzutage in abstrakter Form wieder in der Spektraltheorie stetiger Operatoren auf Banachräumen (s. Kap. XIII).[3] Außerdem waren sie auch einer der Anstöße für Fredholms bahnbrechende Untersuchungen. Um die anderen kennenzulernen, müssen wir in den Süden gehen.

130 *La primavera italiana*

Es geschieht nicht allzu oft, daß die Grundbegriffe einer mathematischen Disziplin sich schon zu Beginn derselben in gereinigter Form einstellen. Man denke bloß an die lange Leidensgeschichte des Grenzwert- und Funktionsbegriffes oder an die Irrfahrten der komplexen Zahlen (von dem zweieinhalbtausendjährigen Skandal der reellen Zahlen mag man gar nicht reden). In der Funktionalanalysis lagen die Dinge - in allerdings verquerer Weise - anders, und diesen Glücksfall (der aber doch kein rechter war) verdankt man drei Italienern: Salvatore

---

[1] Hellinger-Toeplitz (1927), S. 1354.

[2] Vgl. die Bemerkung nach Satz 108.3.

[3] In diesem Zusammenhang ist es sehr bemerkenswert, daß sich im Kapitel V der Poincaréschen Arbeit „Sur les groupes continus" (Trans. Cambr. Phil. Soc. **18** (1899) 220–255) eine Formel für die Funktion $f(T)$ einer Matrix T findet, die auf die Darstellung $f(T) = \frac{1}{2\pi i}\int_C f(\lambda)(\lambda I - T)^{-1}\,d\lambda$ hinausläuft, und dazu auch noch die Anfänge eines Funktionalkalküls (s. Nr. 99).

Pincherle (1853–1936; 83), Giuseppe Peano (1858–1932; 74) und Vito Volterra (1860–1940; 80). Wir beginnen mit dem letzteren, weil seine Arbeiten über Integralgleichungen sich ungezwungen an das bisher Berichtete anschließen.

Ein Problem der Elektrostatik bringt dem vierundzwanzigjährigen Volterra zum ersten Mal eine Integralgleichung ins Blickfeld; es ist eine „Fredholmsche Integralgleichung erster Art"

$$\varphi(x) = \int_0^a f(\alpha) F(\alpha,x)\,\mathrm{d}\alpha, \quad 0 \leqslant x \leqslant a,$$

mit symmetrischem Kern. Er wendet Variationsmethoden auf den Ausdruck

$$P := \frac{1}{2}\int_0^a\int_0^a f(\alpha) f(x) F(\alpha,x)\,\mathrm{d}\alpha\,\mathrm{d}x - \int_0^a \varphi(x) f(x)\,\mathrm{d}x$$

an und bemerkt, daß sein Problem in vielen Fällen darauf hinauslaufe, die Maxima und Minima von P zu bestimmen[1] (vgl. Nr. 35). Wirklich ernst mit den Integralgleichungen aber meint es erst der Sechsunddreißigjährige: In dem einen Jahr 1896 veröffentlicht er sechs Arbeiten über die „Umkehrung bestimmter Integrale", wie man damals die Auflösung von Integralgleichungen zu nennen pflegte[2]. Zunächst bemerkt er, daß man in den Anwendungen häufig auf solche Umkehraufgaben stoße, daß sie aber mangels einer systematischen Methode bisher nur in speziellen Fällen gelöst worden seien und klagt: *la questione appare molto meno avanzata di altre di analisi in cui esistono criteri ben definiti per giudicare sulla esistenza e sulla univocità delle soluzioni.*

Eine ähnliche Klage hatte schon sechs Jahre früher du Bois-Reymond anläßlich einer potentialtheoretischen Untersuchung ausgestoßen und dabei den Terminus „Integralgleichung" geprägt[3]:

Ich schrieb diese Gleichungen [Integralgleichungen] nicht hin, als ob sie etwa das Problem lösten oder doch der Lösung näher führten, sie sollten nur ein Beispiel unter zahllosen sein, dafür, daß man bei Randwertproblemen ... beständig vor dieselbe Gattung von Aufgaben gestellt wird, welche jedoch, wie es scheint, für die heutige Analysis im allgemeinen unüberwindliche Schwierigkeiten darbieten. Ich meine die zweckmäßig *Integralgleichung* zu nennenden Aufgaben .... Eine einfache Form dieser Integralgleichungen, die viele besondere Fälle umfaßt, ist

$$\int_0^S \mathrm{d}s\, f(s)\,\varphi(s,x) = \psi(x) f(x) + \chi(x)$$

---

[1] Volterra: Opere matematiche I, Roma 1954, S. 188.

[2] Opere mat. II, Roma 1956, S. 216–275.

[3] P. du Bois-Reymond: Bemerkungen über $\Delta z = \frac{\partial^2 z}{\partial x^2} + \frac{\partial^2 z}{\partial y^2} = 0$. J.f. reine u. angew. Math. **103** (1888) 204–229. Volterra scheint diese Arbeit nicht gekannt zu haben.

zur Bestimmung von $f(x)$.... Die Integralgleichungen sind mir ... in der Theorie der partiellen Differentialgleichungen so oft vorgekommen, daß ich überzeugt bin, die Fortschritte dieser Theorie seien an die Behandlung der Integralgleichungen gebunden, über die aber so gut wie nichts bekannt ist.

Diese Seufzer aus Turin und Berlin offenbaren, wie sehr um 1890 das Problem der Integralgleichungen in der Luft lag. Volterra packt es resolut und mit dem Ziel einer *allgemeinen* Lösungsmethode an. Ohne viele Worte zu verlieren, schreibt er die „Volterrasche Integralgleichung erster Art"

$$f(y)-f(\alpha)=\int_{\alpha}^{y}\varphi(x)H(x,y)\,\mathrm{d}x \tag{130.1}$$

für φ hin und betont ausdrücklich, daß er der „Form" der hier vorkommenden Funktionen keinerlei Beschränkungen auferlege (keine *speziellen* Kerne, keine *speziellen* linken Seiten): sein Problem ist ein *allgemeines*. Und sofort gibt er die eindeutig bestimmte Lösung an: Unter einigen analytischen Voraussetzungen und der Annahme $h(y):=H(y,y)\neq 0$ ist

$$\varphi(y)=\frac{f'(y)}{h(y)}-\frac{1}{h(y)}\int_{\alpha}^{y}f'(x)\sum_{i=0}^{\infty}S_i(x,y)\,\mathrm{d}x, \tag{130.2}$$

wobei die $S_i(x,y)$ rekursiv definiert werden durch

$$S_0(x,y):=\frac{\partial H(x,y)}{\partial y}\Big/h(y),\qquad S_i(x,y):=\int_{y}^{x}S_0(\xi,y)S_{i-1}(x,\xi)\,\mathrm{d}\xi. \tag{130.3}$$

Der Beweis ist kurz: die gleichmäßige Konvergenz der Reihe $\sum S_i(x,y)$ ergibt sich aus einer einfachen Abschätzung, und daß (130.2) wirklich (130.1) löst, wird durch schlichtes Einsetzen bestätigt. Die Eindeutigkeit der Lösung fällt bei alledem wie von selbst ab. Nicht ohne berechtigten Stolz schreibt Volterra sofort nach dem Beweis: *Il risultato a cui siamo giunti è molto semplice ed ottenuto senza artifici di calcolo.*

Wie er überhaupt auf die Lösungsformel (130.2) gekommen ist, das allerdings verrät er uns nicht. Höchstwahrscheinlich hat er (130.1) durch Differentiation nach y in die „Volterrasche Integralgleichung zweiter Art"

$$\frac{f'(y)}{h(y)}=\varphi(y)+\int_{\alpha}^{y}\varphi(x)\frac{1}{h(y)}\frac{\partial H(x,y)}{\partial y}\,\mathrm{d}x$$

transformiert und diese dann dem Iterationsverfahren unterworfen (s. A 15.3).

Bei diesen Untersuchungen muß sich ihm langsam die Integralgleichung *zweiter* Art als diejenige herauskristallisiert haben, die sich seiner Methode der iterierten Kerne am willigsten fügt, und schließlich (Opere mat. II, S. 257) erscheint sie denn auch tatsächlich in der Gestalt

$$\varphi(z) = f(z) + \int_{\alpha}^{z} f(y) S_0(y,z)\,dy \quad (f \text{ gesucht}) \tag{130.4}$$

zusammen mit der Aussage, daß man diese *formula* umkehren könne mittels

$$f(z) = \varphi(z) - \int_{\alpha}^{z} \varphi(x) F_0(x,z)\,dx, \tag{130.5}$$

wobei F_0 der durch Iteration von S_0 gewonnene „lösende Kern" ist (der Ausdruck selbst stammt von Hilbert). Die Integralgleichung erster Art führt er an dieser Stelle gewissermaßen *coram publico* durch Differentiation auf eine von zweiter Art zurück (Opere mat. II, S. 259), und dieser Gleichungstyp steht von jetzt an im Mittelpunkt seiner Untersuchungen, mögen sie sich auf Systeme von Integralgleichungen richten oder auf Integralgleichungen für Funktionen von mehreren Veränderlichen. Aber auf diese Dinge brauchen wir uns hier nicht einzulassen.

Berichten müssen wir jedoch von einem anderen Volterraschen Gedankengang, der die Geburt der Funktionalanalysis kräftig befördert hat. 1887 veröffentlicht der Siebenundzwanzigjährige drei Noten über „Funktionen, die von anderen Funktionen abhängen" (Opere mat. I, S. 294–314). Zu Anfang referiert er den Dirichletschen Funktionsbegriff, der keinerlei analytische Beziehung zwischen den beteiligten Variablen fordert, und meint, daß man in sehr natürlicher Weise dazu gebracht werde, ihn auszudehnen. In vielen Fragen der Physik und Mechanik (und er gibt Beispiele) habe man es nämlich mit Größen zu tun, die von *allen* Werten einer oder mehrerer *Funktionen* abhängen, ohne daß man im übrigen diese Abhängigkeit immer analytisch ausdrücken könne. Dieses Phänomen führt ihn zu der folgenden Definition:

Quando una quantità y dipenderà da tutti i valori di una funzione $\varphi(x)$ definita in un certo intervallo $(A \cdots B)$, diremo che *y dipende da $\varphi(x)$ entro $(A \cdots B)$* e scriveremo

$$y = y\,|[\varphi\overset{B}{\underset{A}{(}}x)]|\,\ldots.$$

Noch im selben Jahr 1887 schafft er hierfür einen handlichen Terminus: indem er sich die Funktion $\varphi(x)$ durch eine Kurve (Linie, *linea*) veranschaulicht, nennt er y eine *funzione delle linee,* eine „Funktion von Linien" (Opere mat. I, S. 315 f.).

Was wir hier vor uns haben, ist der Begriff des (skalarwertigen) Funktionals auf einer vorgegebenen Funktionenmenge. Das Wort „Funktional" oder vielmehr sein französisches Äquivalent *„fonctionnelle"* wurde erst 1903 von Jacques Hadamard (1865–1963; 98) vorgeschlagen und hat dann die *funzione delle linee* (*fonction de ligne*) vollständig verdrängt.

Volterra macht sich ohne Säumen daran, eine Analysis für diese Funktionale (eben eine „Funktional-Analysis") aufzubauen. Er definiert ihre Stetigkeit (bezüglich gleichmäßiger Konvergenz), ihre Ableitung und Variation (beides komplizierte Begriffe), gewinnt eine Taylorsche Formel mit Restglied und nimmt sogar eine (Riemannsche) Funktionentheorie für komplexwertige *funzioni delle linee* in Angriff (Opere mat. I, S. 329-350). Dieser analytische Apparat hat dem Test der Zeit nicht standhalten können. Und dennoch ist der Volterrasche Ansatz wirkungsmächtig gewesen: er hat die Augen dafür geöffnet, daß es notwendig und möglich sei, den Funktionsbegriff in natürlicher Weise zu erweitern und das Änderungsverhalten dieser allgemeinen Funktionen durch Begriffe zu erfassen, die sich an den erprobten Kategorien der klassischen Analysis orientieren. Man wird diese Leistung Volterras besser würdigen können, wenn man an das lange Ringen um den Funktionsbegriff denkt, das Ende des 17. Jahrhunderts mit Leibniz beginnt und dessen Protagonisten Johann Bernoulli, Euler, Fourier und Dirichlet sind. Erst 1870 hat Hermann Hankel (1839-1873; 34) den „Dirichletschen" Funktionsbegriff in aller Strenge festgelegt. Und der uns Heutigen so geläufige, an Allgemeinheit nicht mehr übertroffene Begriff der *Abbildung* zweier Mengen —: dieser Höhepunkt im Leben der Funktionen wurde erst 1888 durch Richard Dedekind (1831-1916; 85) erreicht, ein Jahr nach Volterras *funzioni delle linee*. Man sieht übrigens an diesen Daten, wie sehr die Zeit auf eine begriffliche Fassung von „Abhängigkeiten" drängte, die ihr in Mathematik und Naturwissenschaft auf Schritt und Tritt begegneten.

Es war Euler, der den Begriff der Funktion als den Zentralbegriff der Analysis herausgestellt hatte; Volterra hat auf der inzwischen erreichten Stufe der Wissenschaft etwas Ähnliches geleistet. Sein Programm ist allerdings erst kurz nach 1900 in Fréchets *Analyse générale* zur Reife gekommen. Wir werden noch davon zu reden haben.

Auf dem Internationalen Mathematikerkongreß 1928 in Bologna sagte ebendieser Fréchet in einem Vortrag über die *Analyse générale*:

> Et c'est bien ici le lieu de rappeler que l'Analyse générale n'aurait guère pu être même conçue sans les travaux des mathématiciens italiens et particulièrement de deux d'entre eux: MM. Pincherle et Volterra.[1]

Und vier Jahre später stellt kein Geringerer als Banach im ersten Satz seines Meisterwerkes lapidar fest, es sei Volterra gewesen, der die *théorie des opérations* geschaffen habe.

Wir werden später noch einen anderen, den vielleicht fruchtbarsten Gedanken dieses hellsichtigen Italieners darzustellen haben. Zunächst aber müssen wir den Beitrag Peanos schildern.

Diesen ungewöhnlich scharfsinnigen Mann kennt jeder Mathematiker als Erfinder eines völlig durchsichtigen Axiomensystems der natürlichen Zahlen und einer völlig undurchsichtigen „Peanokurve". Weniger bekannt ist seine Leistung in der mathematischen Logik und weitgehend unbekannt seine Erfindung des abstrakten Vektorraumes und der linearen Operatoren, zweier Grundbegriffe der späteren Funktionalanalysis.

---

[1] Fréchet (1953), S. 5. Auf Pincherle werden wir noch zu sprechen kommen.

1888 veröffentlichte Peano in Turin sein Buch *Calcolo geometrico secondo l'Ausdehnungslehre di H. Grassmann preceduto dalle operazioni della logica deduttiva.* Angeregt durch die dunkle und deshalb weitgehend wirkungslos gebliebene „Ausdehnungslehre" Grassmanns[1] stellt dieser große Logiker im 9. Kapitel ein System von Axiomen auf, das mit dem heutzutage üblichen des Vektorraumes fast identisch ist und das man vor ihm nicht findet.[2] Entscheidend ist, daß er ganz im Geiste der axiomatischen Methode von einer Menge völlig unspezifizierter Objekte (*enti*) $\boldsymbol{a}, \boldsymbol{b}, \ldots$ ausgeht, für die in wiederum völlig unspezifizierter Weise Summen $\boldsymbol{a}+\boldsymbol{b}$ und reelle Vielfache $\boldsymbol{ma}$ gebildet werden können - und er nur fordert, daß diese algebraischen Operationen gewissen Regeln genügen (die wir heutzutage die Regeln der Vektorrechnung nennen). All dies formuliert er in 4 Definitionen und sagt dann:

I sistemi di enti per cui sono date le definizioni 1, 2, 3, 4 in guisa da soddisfare alle condizioni imposte, diconsi *sistemi lineari.*

Es folgt die Erklärung der (linearen) Unabhängigkeit endlich vieler Elemente und dann der heutige Dimensionsbegriff. Peano betont (und belegt durch ein Beispiel), daß es durchaus lineare Systeme *ad infinite dimensioni* geben könne.

Und schließlich findet sich bei ihm erstmals der von Koordinaten, Matrizen usw. gänzlich gereinigte, nur durch *innere* Eigenschaften charakterisierte Begriff des linearen Operators (der „distributiven Operation")[3]:

Un' operazione $\boldsymbol{R}$, a eseguirsi su ogni ente $\boldsymbol{a}$ d'un sistema lineare A, dicesi distributiva, se il risultato dell' operazione $\boldsymbol{R}$ sull' ente $\boldsymbol{a}$, che indicheremo con $\boldsymbol{Ra}$, è pure un ente d'un sistema lineare, e sono verificate le identità

$$\boldsymbol{R}(\boldsymbol{a}+\boldsymbol{a}')=\boldsymbol{Ra}+\boldsymbol{Ra}', \qquad \boldsymbol{R}(m\boldsymbol{a})=m(\boldsymbol{Ra}),$$

ove $\boldsymbol{a}$ e $\boldsymbol{a}'$ sono enti qualunque del sistema A, ed m un numero reale qualunque.

Für diese *operazioni distributive* oder *trasformazioni lineari* erklärt er Summe und Produkt durch

$$(\boldsymbol{R}+\boldsymbol{S})\boldsymbol{a}:=\boldsymbol{Ra}+\boldsymbol{Sa}, \qquad (\boldsymbol{SR})\boldsymbol{a}:=\boldsymbol{S}(\boldsymbol{Ra}),$$

führt die Inverse $\boldsymbol{R}^{-1}$ ein und zeigt, daß die linearen Transformationen selbst ein lineares System bilden.

---

[1] Der unverstandene Gymnasiallehrer Hermann Grassmann (1809-1877; 68) wandte sich später dem Sanskrit und Gothischen zu und fand unter Linguisten die Anerkennung, die ihm Mathematiker nicht gewähren wollten. Seine Bedeutung und Originalität sind heute nicht mehr umstritten.

[2] Für die verzwickte Entwicklung des Vektorraumbegriffes verweisen wir den Leser auf die diesbezüglichen Ausführungen bei Monna (1973).

[3] Es ist gerade die möglicherweise *unendliche* Dimension des linearen Systems, die ihn (glücklicherweise) zu dieser „inneren" Charakterisierung zwingt.

Mit all dem war Peano seiner Zeit weit voraus. Ihre rappeldürre „lineare Algebra“ bestand hauptsächlich aus Verfahren zur Lösung linearer Gleichungssysteme und zur Reduktion quadratischer Matrizen auf „Normalformen“. Unbekannt war gerade das, was wir heutzutage an ihre Spitze stellen: der abstrakte Vektorraum und seine Homomorphismen. Es war ein Zeichen von seltenem Ahnungsvermögen, daß Peano ebendiese Begriffe nicht nur als die zentralen erkannte, sondern überhaupt erst schuf.

Zuletzt kommen wir zu dem frühesten unserer drei Italiener, zu Pincherle. Sein Hauptinteresse gilt den „Funktionaloperationen“ (*operazioni funzionali*), die auf holomorphe Funktionen wirken. Schon 1886, ein Jahr vor der Geburt der Volterraschen *funzioni delle linee,* arbeitet er in aller Deutlichkeit den Begriff des Integraloperators

$$\int A(x,y)\varphi(y)\,\mathrm{d}y$$

heraus:

Je considère en effet l'expression ci-dessus comme un algorithme appliqué au *sujet* variable $\varphi(y)$ et dont les propriétés essentielles dépendent de la fonction $A(x,y)$[1].

Aber seine eigentümlichste Leistung ist doch wohl die *Geometrisierung* des funktionalanalytischen Instrumentariums. 1896/97, im Jahre der Volterraschen Integralgleichungen, schreibt er eine Arbeit mit dem zukunftsträchtigen Titel *Cenno sulla Geometria dello spazio funzionale* und sagt dort[2]:

Ad un tale varietà [von analytischen Funktionen einer Variablen x], evidentemente ad un numero infinito di dimensioni, si può dare il nome di *spazio funzionale*; ogni serie di potenze di x sarà un *punto* di questo spazio ed i coefficienti della serie si potranno riguardare come le coordinate del punto.

Von diesem Standpunkt aus ist es nur folgerichtig, wenn Pincherle im Unterschied zu seinen Zeitgenossen und vielen Späteren damit beginnt, Funktionen – Punkte eines „Funktionalraumes“ – mit einem einzigen Buchstaben zu bezeichnen, statt $\varphi(x)$ also einfach und suggestiv φ zu schreiben.

Wichtig ist seine Entdeckung, daß eine distributive Operation auf einem Funktionalraum injektiv (surjektiv) sein kann, ohne gleichzeitig surjektiv (injektiv) sein zu müssen. Hier zeigt sich zum ersten Mal, daß es im Unendlichdimensionalen anders zugeht als im Endlichdimensionalen. Noch wichtiger ist, daß er (in unserer Sprechweise) mittels Linearformen Hyperebenen in Funktionalräumen einführt und nun im Geiste der projektiven Geometrie Ansätze einer Dualitätstheorie entwickelt. In seinem Enzyklopädieartikel „Funktionaloperationen und -gleichun-

---

[1] Opere scelte I, Roma 1954, S. 142. Das Integral wird längs einer Kurve der y-Ebene gebildet.

[2] Opere scelte I, S. 368.

gen", abgeschlossen im Dezember 1905, schreibt er (S ist der Funktionalraum der Potenzreihen in einer Variablen x)[1]:

Die Gesamtheit derjenigen Elemente von S, die einer linearen Relation (mit endlicher oder unendlicher Gliederzahl) genügen, kann als eine *Ebene* von S bezeichnet werden. Jeder Operation A, die die Elemente von S transformiert, entspricht eine Operation $\bar{A}$, die die Ebenen so transformiert, daß dabei die Bedingung der Koinzidenz von Punkten und Ebenen erhalten bleibt, sie heißt die *Adjungierte* von A. Sind dann $\bar{B}$, $\bar{C}$ die Adjungierten von B, C, so gilt:

wenn $A = BC$, so ist $\bar{A} = \bar{C}\bar{B}$.

Ist A ein linearer Differentialausdruck ..., so ist $\bar{A}$ seine *Lagrange'sche* Adjungierte.[2]

Den wahrhaft grund-legenden Arbeiten von Peano und Pincherle widerfuhr ein merkwürdiges Schicksal: sie blieben so gut wie unbeachtet.[3] Den Schaden hatte die Funktionalanalysis, die sich bis zur erlösenden Banachschen Dissertation im Jahre 1920 ohne begriffliche Freiheit in allerlei konkreten Folgen- und Funktionenräumen herumschlagen und dort mühsam ihre schon längst gefundenen Kategorien wiederentdecken mußte. Der italienische Frühling war keiner gewesen - mit einer Ausnahme: Volterra. Zu ihm müssen wir noch einmal zurückkehren.

131 Das Licht aus dem Norden

Schon in seiner ersten Arbeit über „Volterrasche Integralgleichungen" aus dem Jahre 1896 hatte der junge Professor für Höhere Mechanik in Turin auf eine dem Integralbegriff unmittelbar entspringende Analogie zwischen *Integralgleichungen*

$$f(y) - f(\alpha) = \int_\alpha^y \varphi(x) H(x,y)\,\mathrm{d}x \qquad (131.1)$$

und *linearen Gleichungssystemen* hingewiesen, um seiner „wesentlichen Voraussetzung" (*condizione essenziale*) $h(y) := H(y,y) \neq 0$ das Rüchlein der Sachfremdheit zu nehmen:

---

[1] Encyklopädie der mathematischen Wissenschaften II A 11, S. 778. Dieser Artikel gibt einen guten Überblick über den Stand der Theorie distributiver Operationen um 1900.

[2] Hier deckt Pincherle einen folgenträchtigen Zusammenhang zwischen unendlichdimensionaler projektiver Geometrie und linearen Differentialgleichungen auf.

[3] Monna (1973), S. 121, hat auf die trübselige Kuriosität hingewiesen, daß Felix Klein in seinen berühmten Vorlesungen über die Entwicklung der Mathematik im 19. Jahrhundert" (erschienen 1927) schreibt: „Hier sei nur bemerkt, daß sich Peano in seinem Buche auf den Raum von drei Dimensionen beschränkt und den Physikern so weit entgegenkommt, daß er die Bezeichnungen Vektor usw. aufnimmt."

questa condizione può paragonarsi facilmente a quella che un determinante, i cui elementi a destra della diagonale sono nulli, è diverso da zero, allorché i termini in diagonale sono tutti diversi da zero. Infatti si consideri il sistema di equazioni

$$\begin{aligned} b_1 &= a_{11}x_1 \\ b_2 &= a_{12}x_1 + a_{22}x_2 \\ b_3 &= a_{13}x_1 + a_{23}x_2 + a_{33}x_3 \\ &\dots\dots\dots\dots\dots\dots\dots\dots \\ b_n &= a_{1n}x_1 + a_{2n}x_2 + a_{3n}x_3 + \cdots + a_{nn}x_n ; \end{aligned}$$

il concetto di integrale ci porta facilmente a riguardare la questione di analisi funzionale rappresentata dalla (1)[1] come un caso limite della risoluzione di un sistema d'equazioni analogo al precedente. In esso le a_{is} e le a_{ii} sarebbero le analoghe delle $H(x,y)$ e delle $H(y,y) = h(y)$.

Ora il determinante dei coefficienti nelle precedenti equazioni ha nulli tutti gli elementi situati alla destra della diagonale ed è quindi diverso da zero quando nessuna delle a_{ii} si annulla, e quando ciò si verifica la soluzione del sistema è possibile ed univoca.[2]

Es ist diese Volterrasche Idee, eine Integralgleichung als „Grenzfall" (*caso limite*) eines linearen Gleichungssystems aufzufassen, die Fredholm zu seinen bahnbrechenden Arbeiten in den Jahren 1899 bis 1903 inspiriert zu haben scheint. Und glücklicherweise war gerade eine andere Entwicklung herangereift, deren Resultate sich aufs beste zu seinen Untersuchungen fügten: die Theorie der unendlichen linearen Gleichungssysteme und ihrer Determinanten, die Helge von Koch (1870–1924; 54), wie Fredholm ein Schüler Mittag-Lefflers, in den Jahren 1890 bis 1896 geschaffen hatte.

Unendliche lineare Gleichungssysteme waren schon früh in der Mathematik aufgetreten, nämlich als rekursive Systeme, wie sie sich ganz von selbst bei der Methode des Koeffizientenvergleiches einstellen. Sie wurden jedoch gar nicht als *unendlich* empfunden, weil man es bei jedem Rekursionsschritt ja nur mit jeweils *endlich* vielen Gleichungen für *endlich* viele Unbekannte zu tun hatte. Auf das erste ernstlich unendliche System scheint Fourier um 1820 durch ein Dirichletsches Problem in der Theorie der Wärme gestoßen zu sein (auch hier also steht dieses große *movens* wieder am Anfang einer Entwicklungslinie). Fourier löst es rabiat (und richtig), indem er aus dem unendlichen System eine Folge endlicher Abschnitte herausschneidet und für deren Lösungen einen Grenzübergang mit der ihm eigenen *disinvoltura* gegenüber Konvergenzfragen vollzieht.[3] 1877 geriet der amerikanische Astronom und Mathematiker George William Hill (1838–1914; 76)

---

[1] (1) ist die Integralgleichung (131.1). Man beachte übrigens, daß hier bereits der Terminus *analisi funzionale* erscheint, das italienische Äquivalent unseres Wortes „Funktionalanalysis". Fréchet (1953), S. 5, schreibt den französischen Ausdruck *analyse fonctionnelle* Paul Lévy zu.

[2] Opere mat. II, S. 219 f.

[3] Vgl. Monna (1973), S. 7 ff.

beim Studium der Mondbewegung wiederum an ein „echt-unendliches“ lineares Gleichungssystem.[1] Zu seiner Lösung benutzte er wie Fourier eine „Reduktion aufs Endliche“ mit anschließendem Grenzübergang, erfand dabei unendliche Determinanten von etwas bresthafter Art und wurde solange belächelt bis Poincaré sich der Sache annahm und 1886 das Hillsche Verfahren durch stichhaltige Konvergenzbetrachtungen legitimierte.[2] Auf dieser Basis begann nun v. Koch 1890 seine Arbeiten über unendliche Determinanten. Seine entscheidende Idee war, wie Hellinger-Toeplitz (1927), S. 1347, schreiben, „die Einer in der Diagonale in Evidenz zu setzen und unendliche Determinanten vom Typus

$$\begin{vmatrix} 1+a_{11} & a_{12} & a_{13}\dots \\ a_{21} & 1+a_{22} & a_{23} \\ a_{31} & a_{32} & 1+a_{33} \\ \vdots & & \end{vmatrix} \tag{131.2}$$

zu betrachten, bei denen $\sum\limits_{\alpha,\beta=1}^{\infty} |a_{\alpha\beta}|$ konvergiert.“ Erst jetzt „gelang der Aufbau einer Theorie, deren Sätze denen der Auflösungstheorie von n linearen Gleichungen mit n Unbekannten vollständig analog waren.“ Am Anfang der v. Kochschen Theorie steht eine Formel für die n-te Abschnittsdeterminante $D_n := (\delta_{jk} + a_{jk})_{j,k=1,\dots,n}$, die in Fredholms Händen der Schlüssel zu den Integralgleichungen werden sollte:

$$D_n = 1 + \sum_{j_1} a_{j_1 j_1} + \frac{1}{2!} \sum_{j_1, j_2} \begin{vmatrix} a_{j_1 j_1} & a_{j_1 j_2} \\ a_{j_2 j_1} & a_{j_2 j_2} \end{vmatrix} + \dots + \frac{1}{n!} \sum_{j_1,\dots,j_n} \begin{vmatrix} a_{j_1 j_1} \dots a_{j_1 j_n} \\ \vdots \\ a_{j_n j_1} \dots a_{j_n j_n} \end{vmatrix}; \tag{131.3}$$

hierbei durchlaufen die j_k unabhängig voneinander die Indizes $1, \dots, n$.

In seinem Bericht über die Theorie der linearen Integralgleichungen[3] schreibt Hahn im Jahre 1911:

> [Es gibt] zwei transzendente Verallgemeinerungen des Summenbegriffes: den der unendlichen Reihe und den des bestimmten Integrales, und dementsprechend zwei Arten, wie man von algebraischen Problemen auf dem Wege verallgemeinernder Analogie zu transzendenten Problemen kommen kann: einerseits die Einführung abzählbar unendlich vieler Unbestimmter statt der endlich vielen der Algebra, indem man die Indizes der Unbestimmten und die sich auf diese Unbestimmten beziehenden Indizes der gegebenen Konstanten statt von 1 bis n, von 1 bis ∞ laufen läßt, wobei Summen in unendliche Reihen übergehen; andererseits Ersetzung der Indizes der

---

[1] Seine privat veröffentlichte Arbeit wurde 1886 in den von Mittag-Leffler herausgegebenen Acta Math. **8** abgedruckt (S. 1-36).

[2] Oeuvres V, S. 95-107. S. dazu Dieudonné (1985), S. 77ff.

[3] Jber. d. Dt. Math.-Verein. **20** (1911) 73f.

Unbestimmten und der gegebenen Konstanten durch unabhängige Variable, die alle Werte eines Intervalles (a,b) durchlaufen, gleichzeitige Ersetzung der Summation über einen solchen Index durch eine Integration nach der betreffenden unabhängigen Veränderlichen über das Intervall (a,b); an Stelle eines Systems von n Unbekannten tritt also eine unbekannte Funktion einer unabhängigen Veränderlichen. Bei der ersten Art der Verallgemeinerung wird aus dem Probleme der Auflösung von n linearen Gleichungen für n Unbekannte das der Auflösung von unendlich vielen linearen Gleichungen für unendlich viele Unbekannte; bei der zweiten Art der Verallgemeinerung aber wird man auf die linearen Integralgleichungen geführt.

In Fredholm fanden die beiden aus den endlichen linearen Gleichungssystemen fließenden Ströme - unendliche Gleichungssysteme und Integralgleichungen - dank der katalytischen Wirkung des Volterraschen Analogiegedankens schließlich zusammen und lösten im Januar des Jahres 1900 den funktionalanalytischen „Urknall“ aus. Er fand statt unter dem Titel *Sur une nouvelle méthode pour la résolution du problème de Dirichlet*[1] und begann mit einer Schilderung der Neumannschen Methode und des nicht völlig geglückten Poincaréschen Versuches, den meromorphen Charakter der Lösung zu erweisen (s. Ende der Nr. 129). Rückblikkend sagt Fredholm im Jahre 1909[2]:

En refléchissant sur ces résultats je me suis demandé si le fait que φ est une fonction méromorphe de λ n'est pas une conséquence de la forme linéaire de l'équation fonctionelle définissant φ. Le fait que le développement de φ suivant les puissances croissantes de λ converge pour toute valeur de λ dans le cas des équations traitées par M. VOLTERRA a donné un fort appui à penser que la théorie de l'équation fonctionelle (II) devrait être un cas limite de la théorie ordinaire des équations linéaires. Cette idée une fois acquise les travaux de mon collègue M. v. Koch sur les déterminants infinis ont beaucoup facilité mes recherches.

In Volterraschem Geist - und anders als Poincaré - klebt Fredholm nicht mehr an einer *speziellen* Integralgleichung, sondern richtet seinen Angriff von vornherein auf die *allgemeine* Gleichung

$$\varphi(x)+\lambda\int_0^1 f(x,s)\varphi(s)\,ds=\psi(x)\,; \tag{131.4}$$

die beteiligten Funktionen sollen im wesentlichen stetig sein. Er deutet (131.4) ganz wie Volterra als „Grenzfall“ (*cas limite*) eines Systems linearer Gleichungen. Dieses System schreibt er zwar niemals hin, es wird aber (mit den Teilpunkten $s_k:=k/n$ und den Unbekannten $\varphi_1,\ldots,\varphi_n$) nicht viel anders ausgesehen haben als so:

---

[1] Oeuvres complètes, Malmö 1955, S. 61–68.

[2] Oeuvres complètes, S. 126. φ ist die gesuchte Funktion in der Integralgleichung

$$\varphi(x)+\lambda\int f(x,y)\varphi(y)\,dy=\psi(x),$$

die Fredholm in seinem Text mit (II) bezeichnet. Integrationsgrenzen schreibt er hier nicht hin.

$$\varphi_j + \lambda \sum_{k=1}^{n} \frac{1}{n} f(s_j, s_k)\varphi_k = \psi(s_j) \quad (j=1, \ldots, n). \tag{131.5}$$

Und das Ausschlaggebende war nun, daß die Determinante dieses Systems, also

$$\begin{vmatrix} 1+\frac{\lambda}{n}f(s_1,s_1) & \frac{\lambda}{n}f(s_1,s_2)\ldots & \frac{\lambda}{n}f(s_1,s_n) \\ \frac{\lambda}{n}f(s_2,s_1) & 1+\frac{\lambda}{n}f(s_2,s_2)\ldots & \frac{\lambda}{n}f(s_2,s_n) \\ \vdots & & \\ \frac{\lambda}{n}f(s_n,s_1) & \frac{\lambda}{n}f(s_n,s_2)\ldots & 1+\frac{\lambda}{n}f(s_n,s_n) \end{vmatrix}, \tag{131.6}$$

der n-te Abschnitt einer unendlichen Determinante vom Typus (131.2) war und die v. Kochsche Theorie unendlicher linearer Gleichungssysteme mit derartigen Determinanten erst vor kurzem ihre Schlagkraft erwiesen hatte. An diesem Punkt muß über den vierunddreißigjährigen Schweden der bedenkenlose Eroberungsgeist der alten Nordmänner gekommen sein. Statt eines *realen* (und diffizilen) Grenzüberganges vollzieht er einen rein *formalen*: er bringt (131.6) auf die Form (131.3), läßt $n \to \infty$ gehen, ersetzt Summen schlankweg durch Integrale und kommt so mit der Abkürzung

$$f\begin{pmatrix} x_1, x_2, \ldots, x_n \\ y_1, y_2, \ldots, y_n \end{pmatrix} := \begin{vmatrix} f(x_1,y_1) & f(x_1,y_2)\ldots f(x_1,y_n) \\ \vdots & \\ f(x_n,y_1) & f(x_n,y_2)\ldots f(x_n,y_n) \end{vmatrix}$$

auf den Ausdruck („*je forme maintenant l'expression*")

$$D := 1 + \sum_{n=1}^{\infty} \frac{\lambda^n}{n!} \int_0^1 \cdots \int_0^1 f\begin{pmatrix} x_1, x_2, \ldots, x_n \\ x_1, x_2, \ldots, x_n \end{pmatrix} \mathrm{d}x_1 \, \mathrm{d}x_2 \cdots \mathrm{d}x_n. \tag{131.7}$$

A cause de l'analogie (schreibt er) *qui existe entre les équations linéaires et l'équation fonctionnelle* [(131.4)] *j'appelle D le déterminant de l'équation fonctionnelle* [(131.4)][1]. Daß die Reihe in (131.7) für alle λ konvergiert, das ergibt sich aus einer Determinantenungleichung, die Hadamard erst 1893 entdeckt hatte. Dem jungen Schweden hatten sich die Dinge aufs glücklichste gefügt: kurz vor 1900 war alles Begriffliche und Technische zusammengekommen, dessen er bedurfte. Die „Fredholmsche Theorie" lag gleichsam auf der Straße, und Fredholm hob sie auf.

Mit der Definition von D war im Grunde das Entscheidende schon geschehen. Durch schlichte Rechnungen, die sich am Kalkül der endlichen Determinanten

[1] Oeuvres complètes, S. 63.

orientieren und kaum mehr als zwei kleine Seiten füllen, gewinnt Fredholm nun die einfachste Form seines Alternativsatzes (Satz 16.1) und die langgesuchte Meromorphie der Lösung. Was er hat, reicht aus, um das innere Dirichletsche Problem für ebene Bereiche mit dreimal differenzierbaren Randkurven zu erledigen (s. Nr. 85). Er tut es im zweiten Paragraphen auf knapp anderthalb Seiten. Über Nacht waren die mühsamen und unzureichenden Subtilitäten Neumanns und Poincarés obsolet geworden - und dies nur, weil ein unbekannter Schwede von einer potentialtheoretischen Frage die konkreten Besonderheiten abgestreift, das Problem in seiner natürlichen Allgemeinheit gestellt und so seine Struktur und seine Verwandtschaft mit ähnlich strukturierten Komplexen erkannt hatte. Alles war plötzlich ganz einfach, und die gelehrte Welt staunte nicht wenig darüber.

Drei Jahre später vertieft Fredholm seine Untersuchungen in der berühmten Arbeit *Sur une classe d'équations fonctionnelles*[1], in der er seinen Alternativsatz in vollem Umfang formuliert. Begrifflich wichtig ist dabei noch, daß er die linke Seite der Gleichung (131.4) (mit $\lambda=1$) als eine „zur Funktion $f(x,y)$ gehörende Transformation S_f" auffaßt und mit den Produkten $S_g S_f$ rechnet, wobei er die Menge der S_f als eine multiplikative Gruppe erkennt.

Der epochale Erfolg Fredholms kam aus der konsequenten Durchführung des Volterraschen Gedankens, die Integralgleichung sei der „Grenzfall" (*caso limite*) eines linearen Gleichungssystems - kam also aus dem, was der Italiener später sein „Prinzip des Überganges vom Diskontinuierlichen zum Kontinuierlichen" genannt hat. Volterra scheint es nicht leicht verwunden zu haben, daß nicht er, sondern Fredholm diesen *passaggio* schließlich so brillant exekutiert hat. Die Priorität wenigstens der *Idee* wollte er sich nicht nehmen lassen. Carlo Somigliana berichtet, er habe gesagt, dieser „Übergang" sei

> il procedimento che io ho introdotto e sviluppato nei miei primi lavori sui funzionali e sulle equazioni integrali. Io vi ho insistito in tutti i miei lavori successivi ed è stato impiegato da tutti quelli che si sono occupati degli stessi sogetti.[2]

Allein, der *passaggio dal discontinuo al continuo* war nicht der Weisheit letzter Schluß. F. Riesz hat knapp zwanzig Jahre später dargetan, daß man ohne ihn noch viel tiefer in das Innere der Fredholmschen Integralgleichungen hineinblikken kann - wenn man Begriffe heranzieht, die noch „besser", noch angemessener sind als der einfache Analogiegedanke. Diese Begriffe waren schon vorgebildet, wiederum durch italienische Mathematiker: Arzelà und Ascoli - aber ins Bewußtsein gehoben waren sie noch nicht.

---

[1] Acta math. **27** (1903) 365–390 = Oeuvres complètes, S. 81–106.

[2] Opere mat. I, S. XVII.

132 Reveille in Göttingen

Nach der italienischen Ouvertüre hob sich mit Fredholms Arbeit im Januar 1900 der Vorhang zum ersten Akt des Dramas „Funktionalanalyis". Das Neue kündigte sich schon in der Akzentverlagerung der Überschriften zu den Fredholmschen Arbeiten an. Hieß die erste noch *Sur une nouvelle méthode pour la résolution du problème de Dirichlet* (und versprach damit etwas Potentialtheoretisches), so lauteten die nächsten *Sur une classe de transformations rationelles* (1902), *Sur une classe d'équations fonctionnelles* (1902) und dann wieder *Sur une classe d'équations fonctionnelles* (1903 in den Acta math. 27; dies ist die wichtigste seiner Veröffentlichungen).

Die Potentialtheorie trat zurück, die Integralgleichungen verselbständigten sich und die Idee der „Transformation" drängte in den Vordergrund. Die eigentlichen Objekte der Funktionalanalysis begannen nun auch diesseits der Alpen Gestalt anzunehmen.

Wie gesagt: der Vorhang hob sich, und auf der Bühne erschien ein mathematischer Riese: David Hilbert. Dieser geniale Mann hatte sofort gespürt, daß mit der Fredholmschen Theorie etwas Zukunftsträchtiges in die Welt gekommen war. Schon im Wintersemester 1901/02 trug er sie in Vorlesungen und Seminaren vor, und zwischen 1904 und 1910 veröffentlichte er seine diesbezüglichen Forschungsresultate in den berühmten sechs „Mitteilungen", die 1912 zu dem klassischen Buch „Grundzüge einer allgemeinen Theorie der linearen Integralgleichungen" vereinigt wurden.

Als erstes führt er in einem erstaunlichen analytischen Kraftakt den bloß formalen Grenzübergang Fredholms *realiter* durch. Damit war zwar sachlich nichts Neues gewonnen, aber es war die Methode vorbereitet und erprobt, die er nun auf ein Problem anwendet, das Fredholm nur berührt hatte und das von hochrangiger Bedeutung war: das *Eigenwertproblem.* Wir haben schon gesehen, daß und wie die verschiedensten Fragen der Physik und Technik in dieses Problem einmünden, und die tiefen Untersuchungen Poincarés über die schwingende Membrane hatten es von neuem in den Mittelpunkt des Interesses gerückt. Bekannt war, daß zahllose Eigenwertprobleme in der Theorie der Differentialgleichungen mittels geeigneter *Greenscher Funktionen* in homogene Integralgleichungen

$$\varphi(s)-\lambda\int_a^b K(s,t)\varphi(t)\,\mathrm{d}t=0 \qquad (132.1)$$

mit stetigen und symmetrischen Kernen K transformiert werden können (vgl. etwa Nr. 3). Einen Wert $\lambda=\lambda_0$, für den (132.1) eine nichttriviale stetige Lösung φ_0 besaß, nannte man einen Eigenwert[1] des Kernes K und φ_0 eine zugehörige Eigen-

[1] Unsere heutigen Eigenwerte sind die Reziproken der damaligen. Übrigens sollen alle hier und im folgenden auftretenden Größen reell sein.

lösung. (132.1) ist das „kontinuierliche" oder „transzendente" Analogon zu der algebraischen Gleichung

$$\varphi_p - l \sum_{q=1}^{n} K_{pq}\varphi_q = 0 \quad (p = 1, \ldots, n) \tag{132.2}$$

mit $K_{pq} = K_{qp}$, und die Begriffe „Eigenwert" und „Eigenlösung" werden hier ganz entsprechend erklärt wie im Falle (132.1). Zeitlich taucht das algebraische Eigenwertproblem natürlich lange vor dem transzendenten auf; es spielt schon im 18. Jahrhundert bei der Analyse der Schwingungen eines Systems von n Massenpunkten und bei dem Studium der Normalformen von Kegelschnitten, also bei der sogenannten *Hauptachsentransformation*, eine entscheidende Rolle. Letztere läuft darauf hinaus, eine quadratische Form $\sum_{p,q=1}^{n} K_{pq}x_p x_q$ mit $K_{pq} = K_{qp}$ durch eine orthogonale Transformation der Variablen in eine Summe von Quadraten zu verwandeln. Führt man wie Hilbert die Abkürzung

$$[x,y] := \sum_{p=1}^{n} x_p y_p \quad \text{mit} \quad x := (x_1, \ldots, x_n), \quad y := (y_1, \ldots, y_n)$$

ein und nimmt mit ihm an, die n (reellen) Eigenwerte $l^{(1)}, \ldots, l^{(n)}$ seien voneinander verschieden und $\varphi^{(1)}, \ldots, \varphi^{(n)}$ seien die zugehörigen Eigenlösungen, so läßt sich, wie er vorbereitend darlegt, die erwähnte Verwandlung explizit hinschreiben: es ist nämlich

$$\sum_{p,q=1}^{n} K_{pq}x_p x_q = \frac{[\varphi^{(1)},x]^2}{l^{(1)}[\varphi^{(1)},\varphi^{(1)}]} + \cdots + \frac{[\varphi^{(n)},x]^2}{l^{(n)}[\varphi^{(n)},\varphi^{(n)}]} \tag{132.3}$$

und etwas allgemeiner

$$\sum_{p,q=1}^{n} K_{pq}x_p y_q = \frac{[\varphi^{(1)},x][\varphi^{(1)},y]}{l^{(1)}[\varphi^{(1)},\varphi^{(1)}]} + \cdots + \frac{[\varphi^{(n)},x][\varphi^{(n)},y]}{l^{(n)}[\varphi^{(n)},\varphi^{(n)}]}; \tag{132.4}$$

für die Eigenlösungen gilt dabei die Beziehung

$$[\varphi^{(h)},\varphi^{(k)}] = 0 \quad (h \neq k).$$[1]

Und nun geht Hilbert daran, durch den schon bewährten *passaggio dal discontinuo al continuo* aus diesen Formeln die analogen Aussagen für Integralgleichungen mit symmetrischen Kernen zu gewinnen:

---

[1] Vgl. (30.1) und (32.3).

Die Methode, die ich ... anwende, besteht darin, daß ich von einem algebraischen Problem, nämlich dem Problem der orthogonalen Transformation einer quadratischen Form von n Variabeln in eine Quadratsumme, ausgehe und dann durch strenge Ausführung des Grenzüberganges für $n=\infty$ zur Lösung des zu behandelnden transzendenten Problems gelange.[1]

Und tatsächlich beweist er so „folgendes grundlegende Theorem“:[2]

Theorem. Es sei der Kern $K(s,t)$ einer Integralgleichung zweiter Art

$$f(s)=\varphi(s)-\lambda\int_a^b K(s,t)\varphi(t)\,dt$$

eine symmetrische stetige Funktion von s, t; ferner seien $\lambda^{(h)}$ die zu $K(s,t)$ gehörigen Eigenwerte und $\psi^{(h)}(s)$ die zugehörigen normierten Eigenfunktionen; endlich seien $x(s)$, $y(s)$ irgendwelche stetige Funktionen von s: alsdann gilt die Entwicklung

$$\int_a^b\int_a^b K(s,t)x(s)y(t)\,ds\,dt=\frac{1}{\lambda^{(1)}}\int_a^b \psi^{(1)}(s)x(s)\,ds\cdot\int_a^b \psi^{(1)}(s)y(s)\,ds$$
$$+\frac{1}{\lambda^{(2)}}\int_a^b \psi^{(2)}(s)x(s)\,ds\cdot\int_a^b \psi^{(2)}(s)y(s)\,ds+\cdots,$$

wobei die Reihe rechter Hand absolut und gleichmäßig für alle Funktionen $x(s)$, $y(s)$ konvergiert, für welche die Integrale

$$\int_a^b (x(s))^2\,ds,\qquad \int_a^b (y(s))^2\,ds$$

unterhalb einer festen endlichen Grenze bleiben.

Dies ist dasjenige Theorem, das für $x(s)=y(s)$ dem im ersten Kapitel genannten algebraischen Satze über die Transformation einer quadratischen Form in die Quadratsumme von linearen Formen entspricht.[3]

Von dieser Basis aus greift Hilbert nun die Frage nach der Existenz der Eigenwerte auf. Und indem er wohl an die mühseligen Untersuchungen Poincarés über die schwingende Membrane denkt, schreibt er nicht ohne Befriedigung[4]:

Diese Frage ist von besonderem Interesse, weil die entsprechende speziellere Aufgabe in der Theorie der linearen partiellen Differentialgleichungen, nämlich der Nachweis der Existenz gewisser ausgezeichneter Werte für die in der Differentialgleichung oder in der Randbedingung auftretenden Parameter bisher wesentliche Schwierigkeiten verursacht hat. Durch Heranziehung unseres Theorems wird die weit allgemeinere Frage nach der Existenz der Eigenwerte, die zu einer Integralgleichung zweiter Art gehören, auf einfache und vollständige Weise beantwortet.

---

1) Hilbert (1912), S. 3.

2) Hilbert (1912), S. 19f. Hierbei nennt Hilbert eine Funktion $\psi(s)$ normiert, wenn $\int_a^b \psi^2(s)\,ds=1$ ist.

3) Damit ist die Formel (132.3) gemeint.

4) Hilbert (1912), S. 21.

Die Antwort lautet, daß jeder Kern $\neq 0$ Eigenwerte und jeder nichtausgeartete Kern sogar unendlich viele besitzt. Darüber hinaus lassen sich alle Funktionen aus (modern gesprochen) dem Bildraum des Operators K^2 „auf Fouriersche Weise in eine nach Eigenfunktionen des Kernes $K(s,t)$ fortschreitende Reihe entwikkeln." Die Entwickelbarkeit der Funktionen Kf ($f \in C[a,b]$) beweist Hilbert jedoch nur unter zusätzlichen Voraussetzungen über den Kern. Dies alles geschieht in der „1. Mitteilung" aus dem Jahre 1904.

Vereinfachend kann man sagen: Was Fredholms Theorie für das Dirichletsche Problem der Potentialtheorie leistete, das leistet die Hilbertsche für das Poincarésche Problem der schwingenden Membrane: beide Probleme werden unter den Gesichtspunkt einer allgemeinen Theorie gerückt und so auf durchsichtige Weise gelöst.

Das ist gewiß nicht wenig. Entscheidend für alles Weitere aber wurde, daß Hilbert hierbei nicht stehenblieb. Bereits 1906 legt er in der „4. Mitteilung" mit seiner „Theorie der quadratischen Formen mit unendlich vielen Variabeln" ein neues Fundament für die bisherigen Resultate und für zukünftige Entwicklungen. Dieudonné (1981), S. 110, nennt diese „Mitteilung" einen Wendepunkt in der Geschichte der Funktionalanalysis und eine der besten Arbeiten, die Hilbert je geschrieben habe.

Schon die einleitenden Worte lassen ahnen, daß es um viel mehr geht als um Integralgleichungen, die nun unversehens zur bloßen Spezialität herabsinken:[1)]

In diesem und dem folgenden Abschnitt wollen wir eine neue Methode zur Behandlung der Integralgleichungen entwickeln, die auf einer Theorie der quadratischen Formen mit unendlich vielen Variabeln beruht.

Die systematische Behandlung der quadratischen Formen mit unendlich vielen Variabeln ist auch an sich von großer Wichtigkeit und bildet eine wesentliche Ergänzung der bekannten Theorie der quadratischen Formen mit endlicher Variabelnzahl. Die Anwendungen der Theorie der quadratischen Formen mit unendlich vielen Variabeln sind nicht auf die Integralgleichungen beschränkt: es bietet sich nicht minder eine Berührung dieser Theorie mit der schönen Theorie der Kettenbrüche von Stieltjes dar, wie andererseits mit der Frage nach der Auflösung von Systemen unendlich vieler linearer Gleichungen, deren Untersuchung Hill, Poincaré, H. v. Koch und andere erfolgreich in Angriff genommen haben [...]. Vor allem aber eröffnet die Theorie der quadratischen Formen mit unendlich vielen Variabeln einen neuen Zugang zu den allgemeinsten Entwicklungen willkürlicher Funktionen in unendliche Reihen nach Fourierscher Art.

Um die Beweggründe für Hilberts neue Denkrichtung verständlich zu machen, müssen wir auf die „5. Mitteilung" vorgreifen, die im gleichen Jahr (1906) wie die vierte erschienen ist. Dort geht Hilbert vermittels einer Orthonormalbasis $\{\Phi_1, \Phi_2, \ldots\}$ für $C[a,b]$ (er nennt sie ein „orthogonales vollständiges Funktionensystem") gewissermaßen *direkt* von der Integralgleichung

1) Hilbert (1912), S. 109.

$$\varphi(s) + \int_a^b K(s,t)\varphi(t)\,\mathrm{d}t = f(s) \quad (K \text{ und } f \text{ stetig}) \tag{132.5}$$

zu einem korrespondierenden unendlichen Gleichungssystem

$$x_p + \sum_{q=1}^{\infty} k_{pq} x_q = y_p \quad (p = 1, 2, \ldots) \tag{132.6}$$

mit

$$x_p := \int_a^b \varphi(s)\Phi_p(s)\,\mathrm{d}s, \qquad k_{pq} := \int_a^b\int_a^b K(s,t)\Phi_p(s)\Phi_q(t)\,\mathrm{d}s\,\mathrm{d}t, \qquad y_p := \int_a^b f(s)\Phi_p(s)\,\mathrm{d}s$$

über, wobei dank der Besselschen Ungleichung die Reihen $\sum x_p^2$, $\sum y_p^2$ und $\sum k_{pq}^2$ allesamt konvergieren. Die Gleichungen (132.5) und (132.6) sind im folgenden Sinne äquivalent: Eine (stetige) Lösung von (132.5) liefert bei der angegebenen Bedeutung der x_p, y_p und k_{pq} eine Lösung $(x_1, x_2, \ldots)$ von (132.6) mit konvergenter Quadratsumme, und umgekehrt ergibt eine derartige Lösung von (132.6) immer eine stetige Lösung $\varphi(s) := \sum_{p=1}^{\infty} x_p \Phi_p(s)$ von (132.5). Dies alles ist keineswegs selbstverständlich, wenn man nur mit dem Riemannschen Integral arbeitet, wie es Hilbert tat (Lebesgue hatte sein Integral erst 1902 der Welt vorgestellt).[1] So also wird Hilbert dazu gebracht, unendliche lineare Gleichungssysteme ins Auge zu fassen, bei denen die Quadratsumme der rechten Seite konvergiert, und nur nach Lösungen zu suchen, deren Quadratsumme ebenfalls konvergiert - und so also tritt jene Menge l^2 in Erscheinung, die F. Riesz 1913 wohl als erster „Hilbertscher Raum" (*espace hilbertien*) genannt hat (s. Riesz (1913), S. 78). Im Hintergrund des Ganzen steht die schwingende Saite, die Fouriersche Wärmelehre und die Liouvillesche Eigenwerttheorie; alles Komplexe, in deren Zusammenhang Begriff und Leistungsfähigkeit der „Orthogonalreihen" überhaupt erst ins Bewußtsein getreten sind.

Hilbert greift nun sein Problem *grosso modo* nach der alten Fourierschen Methode an: er schneidet aus (132.6) die endlichen Systeme

$$x_p + \sum_{q=1}^{n} k_{pq} x_q = y_p \quad (p = 1, \ldots, n) \tag{132.7}$$

heraus und versucht, die Lösungsaussagen über (132.6) durch den Grenzübergang $n \to \infty$ aus denen über (132.7) zu erschließen. Dieser Weg ist im vorliegenden Falle deshalb so naheliegend, weil (modern ausgedrückt), dank der Konvergenz der Doppelreihe $\sum k_{pq}^2$ die Folge der Abschnittsmatrizen

[1] Vgl. die Darstellungen ohne und mit Lebesgueschem Integral bei Hellinger-Toeplitz (1927), S. 1395–1398.

$$K_n := \begin{pmatrix} k_{11} \dots k_{1n} & 0 & 0 \dots \\ \vdots & & \\ k_{n1} \dots k_{nn} & 0 & 0 \dots \\ 0 \quad \dots 0 & 0 & 0 \dots \\ \vdots & & \end{pmatrix} \text{ im Sinne der Quadratsummennorm} \rightarrow K := \begin{pmatrix} k_{11} k_{12} \dots \\ k_{21} k_{22} \dots \\ \vdots \end{pmatrix}$$

konvergiert, und diese K_n sind ja, abgesehen von den belanglosen Nullen, gerade die Matrizen der Systeme (132.7). Aber mit seinem feinen Gespür für das mathematisch Wesentliche stellt sich Hilbert von Anfang an auf einen *allgemeineren* Standpunkt, ohne durch die Integralgleichungen dazu gedrängt zu werden. Die obige Matrix K erzeugt (wiederum modern gesprochen) wegen $\sum k_{pq}^2 < \infty$ in gewohnter Weise einen kompakten Operator auf l^2 – und Hilbert definiert und untersucht nun von vornherein allgemeine kompakte (oder wie man früher sagte: *vollstetige*) Operatoren auf l^2. Allerdings verwendet er nicht diese Termini, spricht nicht von „Operatoren" oder „Abbildungen", nicht einmal von Matrizen, sondern kleidet alles, wohl unter dem wenig glücklichen Einfluß von Frobenius, in die Sprache der quadratischen und bilinearen Formen. Dies müssen wir nun darlegen.

Hilbert geht aus von der Doppelreihe

$$A(x,y) := \sum_{p,q=1}^{\infty} a_{pq} x_p y_q, \tag{132.8}$$

die zunächst nichts anderes bedeuten soll als die Folge der „Abschnitte"

$$A_n(x,y) := \sum_{p,q=1}^{n} a_{pq} x_p y_q. \tag{132.9}$$

Die (reellen) Koeffizienten a_{pq} sind fest vorgegeben. $A(x,y)$ heißt eine Bilinearform der unendlich vielen (reellen) Veränderlichen $x_1, x_2, \dots, y_1, y_2, \dots$. Sie wird beschränkt genannt, wenn es eine Konstante M gibt, so daß für alle $n \in \mathbf{N}$ und alle „Wertsysteme" x,y mit

$$\sum_{p=1}^{\infty} x_p^2 \leqslant 1, \qquad \sum_{p=1}^{\infty} y_p^2 \leqslant 1 \tag{132.10}$$

stets

$$|A_n(x,y)| \leqslant M$$

bleibt. In diesem Falle existiert für je zwei Wertsysteme x,y mit konvergenten Quadratsummen $\lim A_n(x,y)$ und wird der Wert der Bilinearform $A(x,y)$ genannt (so daß $A(x,y)$ von nun an auch eine Zahl, nämlich eben diesen Limes bedeutet). Es folgt

$$A(x,y) = \sum_{p=1}^{\infty}\left(\sum_{q=1}^{\infty} a_{pq} x_p y_q\right) = \sum_{q=1}^{\infty}\left(\sum_{p=1}^{\infty} a_{pq} x_p y_q\right) \tag{132.11}$$

und $$|A(x,y)| \leqslant M \sqrt{\sum_{p=1}^{\infty} x_p^2 \sum_{p=1}^{\infty} y_p^2}\,. \tag{132.12}$$

Die Bilinearform

$$A'(x,y) := \sum_{p,q=1}^{\infty} a_{qp} x_p y_q \tag{132.13}$$

heißt zu $A(x,y)$ **transponiert**. Sie ist gleichzeitig mit $A(x,y)$ beschränkt, und wegen (132.11) gilt

$$A'(x,y) = A(y,x). \tag{132.14}$$

Hilbert definiert nun die (erst 1908 von E. Schmidt so genannte) **starke Konvergenz** einer Folge $(x_k) \subset l^2$ gegen $x \in l^2$ als Konvergenz im Sinne der l^2-Norm (ohne von Normen oder auch nur von Distanzen zu reden). Aus (132.12) ergibt sich dann, was er die „Stetigkeit" der beschränkten Bilinearformen nennt, also die Aussage

$$A(x_k, y_k) \to A(x,y) \quad \text{für} \quad x_k \to x, \quad y_k \to y.$$

In dem heutigen Begriffsschema stellen sich diese Dinge so dar: Genau die zu beschränkten Bilinearformen $A(x,y)$ gehörenden Koeffizientenmatrizen (a_{pq}) erzeugen (in der üblichen Weise) beschränkte, also stetige Endomorphismen A von l^2, es ist $A(x,y) = (Ax|y)$, und die transponierte Bilinearform $A'(x,y)$ ergibt den adjungierten Operator A^*: $A'(x,y) = (A^*x|y)$. Aber diese Dinge hat erst F. Riesz (1913) ins reine gebracht.[1)]

Es wird immer bewundernswert bleiben, wie Hilbert, behindert durch eine untaugliche „lineare Algebra" ohne lineare Räume und lineare Abbildungen, zu seinen Begriffen kam. Er hätte es leichter gehabt, wenn er Peanos Vorarbeiten zur Kenntnis genommen hätte. Aber das tat ohnehin niemand.

Nicht minder hinderlich war der Mangel einer ausgebildeten mengentheoretischen Topologie. Ein zaghafter Vorstoß in diese Richtung war zum ersten Mal 1904 von dem sechsundzwanzigjährigen Fréchet in einer kleinen Note *Généralisation d'un Théorème de Weierstrass* versucht worden.[2)] Es ging hierbei um die Frage, unter welchen möglichst allgemeinen Voraussetzungen über eine abstrakte Menge C man „Stetigkeit" von Funktionen $U: C \to \mathbf{R}$ definieren und in diesem Rahmen dann das Äquivalent des Weierstraßschen Satzes von der Existenz der

---

1) F. Riesz (1913), S. 82ff.

2) C. R. Paris **139** (1904) 848–849.

Extremalwerte einer stetigen Funktion auf einem kompakten Intervall beweisen könne, eine Frage, die durch Weierstraßens Kritik des Dirichletschen Prinzips brennend geworden war. Aber auf breiter Front hatte Fréchet seinen Angriff erst 1906, also gerade im Erscheinungsjahr der „4. Mitteilung", vorgetragen.[1)] Hilbert war daher im wesentlichen auf seine eigenen topologischen Kräfte angewiesen.

Wie Fréchet hatte er sie am Dirichletschen Prinzip geübt. Zu dessen Rehabilitation[2)] hatte er 1901 als wesentliches Hilfsmittel einen Auswahlsatz bewiesen, der übrigens nur ein Spezialfall des Theorems von Arzelà-Ascoli war. Diese Untersuchungen über Extremwertfragen haben ihn dann wohl dazu geführt, im l^2 neben der starken Konvergenz auch das einzuführen, was wir heute schwache Konvergenz nennen, und mit ihrer Hilfe den Begriff der vollstetigen Funktion auf der abgeschlossenen Einheitskugel S des l^2 zu definieren. Er nennt nämlich eine Funktion $F: S \to \mathbf{R}$ vollstetig, wenn gilt: *aus*

$$x_n \in S, \quad x_n \to x \quad \textit{komponentenweise}$$

(und das ist gerade die schwache Konvergenz $x_n \rightharpoonup x$, vgl. A 59.2) *folgt stets* $F(x_n) \to F(x)$. An seine Untersuchungen über das Dirichletsche Prinzip anknüpfend beweist er einen Bolzano-Weierstraß-Satz für die schwache Konvergenz („Auswahlverfahren"; vgl. Satz 27.1) und mit seiner Hilfe dann das Gegenstück zu dem Weierstraßschen Extremaltheorem - und dieses Auswahlverfahren ist eine der Säulen seiner Theorie. Wieder einmal ist es die Potentialtheorie, aus der entscheidende Anstöße für die Entwicklung der Funktionalanalysis kommen.

Eine beschränkte *Bilinearform* $A(x,y)$ heißt vollstetig, wenn $x_n \rightharpoonup x$, $y_n \rightharpoonup y$ stets $A(x_n,y_n) \to A(x,y)$ nach sich zieht. F. Riesz hat später einen beschränkten *Operator* A auf l^2 vollstetig genannt, wenn aus $x_n \rightharpoonup x$ immer $Ax_n \to Ax$ folgt (wenn er also in unserer Sprechweise kompakt ist; s. A 60.10), und hat gezeigt, daß die beschränkte Bilinearform $A(x,y)$ gleichzeitig mit dem ihr korrespondierenden Operator A vollstetig ist (s. F. Riesz (1913), S. 96, insbes. Fußnote 1).

Gestützt auf das „von uns oft angewandte [Auswahl]-Verfahren" dringt Hilbert nun zu einer ausgereiften, den Fredholmschen Sätzen Punkt für Punkt entsprechenden Lösungstheorie für diejenigen Gleichungssysteme (132.6) vor, bei denen die mit den Koeffizienten k_{pq} gebildete Bilinearform vollstetig ist; dabei soll natürlich wie immer die rechte Seite ein Element von l^2 sein, und Lösungen sollen nur in l^2 gesucht werden.[3)] Hilbert resümiert dies alles in dem Satz, daß unter der bloßen Vollstetigkeitsvoraussetzung dem Gleichungssystem (132.6) „alle wesentlichen Eigenschaften eines Systems von endlich vielen Gleichungen mit endlich

1) Sur quelques points du Calcul fonctionnel. Thèse, Paris, 1906. Abgedruckt in R. C. del Circ. mat. di Palermo **22** (1906) 1–74.

2) Über das Dirichletsche Prinzip. Festschrift d. Gesellsch. d. Wissenschaften zu Göttingen 1901. Abgedruckt in Math. Ann. **59** (1904) 161–186.

3) Hilbert (1912), S. 164–174. Vgl. auch Hellinger-Toeplitz (1927), S. 1407–1412.

vielen Unbekannten [zukommen]". Und die „4. Mitteilung" schließt mit den preisenden Worten, die Theorie der vollstetigen Formen von unendlich vielen Variablen habe eine „wunderbare Durchsichtigkeit und Einheitlichkeit".

Was Hilbert hier geschaffen hat, ist im wesentlichen die Rieszsche Theorie der kompakten Operatoren, wenn auch nur auf dem speziellen Raum l^2. Riesz wird später daran anknüpfen.

Aber damit ist die „4. Mitteilung" bei weitem nicht erschöpft, man könnte sogar sagen, daß wir ihren wichtigsten Punkt noch gar nicht berührt haben: die *Spektraltheorie* der beschränkten quadratischen Formen

$$K(x,x) := \sum_{p,q=1}^{\infty} k_{pq} x_p x_q \quad (k_{pq} = k_{qp}),$$

die ja nichts anderes sind als verkleidete symmetrische Operatoren auf l^2. Auch diese Theorie gewinnt Hilbert durch Grenzübergang aus den entsprechenden Tatsachen über die Abschnitte

$$K_n(x,x) := \sum_{p,q=1}^{n} k_{pq} x_p x_q .$$

Die *Haupttatsache* war seit Cauchy bekannt: Es ist die Darstellbarkeit von $K_n(x,x)$ als Quadratsumme von n Linearformen:

$$K_n(x,x) = \sum_{j=1}^{n} \mu_j \left(\sum_{p=1}^{n} l_{jp}^{(n)} x_p \right)^2 ,$$

und zwar so, daß

$$\sum_{p=1}^{n} x_p^2 = \sum_{j=1}^{n} \left(\sum_{p=1}^{n} l_{jp}^{(n)} x_p \right)^2$$

gilt (*orthogonale Transformation einer quadratischen Form in eine Summe von Quadraten*); die reellen Zahlen $\mu_1, \ldots, \mu_n$ sind die gemäß ihrer Vielfachheit aufgeführten Nullstellen der Determinante von $(k_{pq} - \mu\,\delta_{pq})_{p,q=1,\ldots,n}$. In der Operatorensprache stellen sich diese Dinge so dar: Ist $E_j^{(n)}$ die der quadratischen Form

$$\left(\sum_{p=1}^{n} l_{jp}^{(n)} x_p \right)^2$$

korrespondierende Transformation, so gilt

$$(E_j^{(n)})^2 = E_j^{(n)}, \quad E_i^{(n)} E_j^{(n)} = 0 \quad \text{für } i \neq j,$$

$$I = E_1^{(n)} + \cdots + E_n^{(n)},$$

$$K_n = \mu_1 E_1^{(n)} + \cdots + \mu_n E_n^{(n)} \quad (K_n \text{ der zu } K_n(x,x) \text{ gehörende Operator});$$

vgl. (114.1) und (114.2). Bei dem alles andere als trivialen Grenzübergang für $n \to \infty$ stellt sich nun die merkwürdige Tatsache ein, daß neben einer zu erwartenden Reihe $\sum \mu_j E_j$ noch ein *Integral* erscheint – und damit deckt Hilbert erstmals einen tiefgreifenden Unterschied zum Endlichdimensionalen auf, der sich in der Existenz des *kontinuierlichen Spektrums* manifestiert. Genauer: Es gibt (nun wieder in Hilberts Sprache) nichtnegative, beschränkte, quadratische Formen E_j („Eigenformen") und eine beschränkte „Spektralform" $\sigma(\lambda)$, die stetig von λ abhängt, so daß gilt:

$$K(x,x) = \sum_j \mu_j E_j + \int_{-M}^{M} \mu \, d\sigma(\mu), \tag{132.15}$$

$$I(x,x) := \sum_{p=1}^{\infty} x_p^2 = \sum_j E_j + \int_{-M}^{M} d\sigma(\mu). \tag{132.16}$$

Damit hat Hilbert im Feld der quadratischen Formen das entdeckt, was wir heutzutage den Spektralsatz für symmetrische Operatoren nennen (s. Satz 116.1; die dort gegebene Form mitsamt ihrem Beweis geht auf F. Riesz (1913); S. 128–137 zurück).

Auf weitere Einzelheiten (Unterteilung und Diskussion des Spektrums, Darstellung der Resolvente – ein für Hilbert besonders wichtiger Punkt – und vieles andere) können wir uns in diesem gedrängten Überblick nicht einlassen, auch nicht auf die Nutzbarmachung dieser Resultate für die Theorie der Integralgleichungen in der „5. Mitteilung". Nur eine Bemerkung mag noch angefügt werden: bei vollstetigen quadratischen Formen entfällt der Integralterm in (132.15), so daß auch hier wieder eine glatte Analogie zu den Verhältnissen im Endlichdimensionalen eintritt (vgl. Satz 30.1).

Man nennt die „4. Mitteilung" gelegentlich die erste Arbeit auf dem Gebiete der Funktionalanalysis überhaupt. Und doch fehlt ihr das eigentlich funktionalanalytische Aroma. Nie und nirgends ist davon die Rede, ein „Wertsystem $x_1, x_2, \ldots$ mit konvergenter Quadratsumme" könne aufgefaßt werden als Punkt eines „Raumes", an keiner Stelle wird versucht, eine Geometrie dieses Raumes aufzubauen (ja in der Regel tritt weniger der l^2 selbst als vielmehr nur seine Einheitskugel in Erscheinung), und solche Dinge wie lineare Abbildungen sind überhaupt nicht vorhanden. Und dies alles trotz der klärenden Vorarbeiten Peanos und Pincherles und des Transformationsgedankens bei Fredholm, ja sogar trotz des Umstandes, daß Hilbert selbst ständig die analytische Geometrie, insbesondere die orthogonalen Hauptachsentransformationen, vor Augen hat. Es ist, als ob bei seinen Grenzübergängen das geometrische Element gegen Null strebe. Die „4. Mitteilung" ist durch und durch klassische Analysis. In einer heroischen Anstrengung preßt sie dem *passaggio dal discontinuo al continuo* alles ab, was er zu geben vermag – und saugt ihm damit das Leben aus. Ihre Resultate brachten den funktionalanalytischen Stein ins Rollen, ihre Methoden wurden unter ihm begraben.

Schon Hilberts Doktorand, Erhard Schmidt, gibt sie auf. In seiner Göttinger Inauguraldissertation (Juli 1905)[1] schreibt er: „Nach Erledigung einiger Hilfssätze ... finden ... die Hilbertschen Sätze [der „1. Mitteilung"], unter Vermeidung des Grenzüberganges aus dem Algebraischen, sehr einfache Beweise". Seine entscheidenden Instrumente sind die Besselsche Gleichung, die Schwarzsche Ungleichung und das nach ihm benannte Orthogonalisierungsverfahren (s. Satz 20.2);[2] dabei bewegt er sich beständig im reellen $C[a,b]$. Sein „Fundamentalsatz" lautet: *Zu jedem [stetigen symmetrischen] nicht identisch verschwindenden Kerne $K(s,t)$ gibt es mindestens eine Eigenfunktion.* Die Herleitung ist inspiriert von dem Schwarzschen Beweis für die Existenz des kleinsten Eigenwertes der schwingenden Membrane (der auch für Poincaré so wichtig gewesen war) und läuft im wesentlichen darauf hinaus, das Iterationsverfahren des Satzes 32.1 zu einem Existenznachweis auszugestalten. Bewaffnet mit dem Fundamentalsatz gewinnt er nun die absolut und gleichmäßig konvergente Entwicklung

$$\int_a^b K(s,t)p(t)\,dt = \sum_\nu \frac{\varphi_\nu(s)}{\lambda_\nu} \int_a^b p(t)\varphi_\nu(t)\,dt \quad \text{für jedes } p\in C[a,b], \tag{132.17}$$

wobei die $\varphi_1, \varphi_2, \ldots$ ein orthonormales Eigensystem des Kernes $K(s,t)$ zu den Eigenwerten $\lambda_1, \lambda_2, \ldots$ (im Hilbertschen Sinne) bilden (vgl. (30.4)); die bei Hilbert noch auftretenden Zusatzvoraussetzungen über $K(s,t)$ erweisen sich dabei als entbehrlich. Aus (132.17) ergibt sich sofort Hilberts „Fundamentalformel"

$$\int_a^b\int_a^b K(s,t)q(s)p(t)\,ds\,dt = \sum_\nu \frac{1}{\lambda_\nu}\int_a^b q(s)\varphi_\nu(s)\,ds \int_a^b p(t)\varphi_\nu(t)\,dt$$

(die seither keine mehr ist) und das Auflösungsverfahren für die Integralgleichung

$$\varphi(s) - \lambda \int_a^b K(s,t)\varphi(t)\,dt = f(s), \tag{132.18}$$

das wir in Nr. 31 vorgestellt haben.

---

[1] Mit einigen Ergänzungen abgedruckt in Math. Ann. **63** (1907) 433–476, unter der Überschrift „Zur Theorie der linearen und nichtlinearen Integralgleichungen. I. Teil: Entwicklung willkürlicher Funktionen nach Systemen vorgeschriebener."

[2] Schmidt weist selbst darauf hin, daß es auf den dänischen Versicherungsmathematiker J. P. Gram zurückgeht (Gram: Ueber die Entwicklung reeller Funktionen in Reihen mittels der Methode der kleinsten Quadrate. J. f. reine u. angew. Math. **94** (1883) 41–73). Im angloamerikanischen Bereich wird es deshalb gewöhnlich das Gram-Schmidtsche Orthogonalisierungsverfahren genannt.

In einer weiteren Untersuchung[1] zeigt E. Schmidt, wie sich der Alternativsatz ganz elementar, ohne Fredholmsche Determinanten oder Hilbertsche Grenzübergänge, gewinnen läßt, und zwar mittels eben der Methode, die wir in den Nummern 51 bis 53 auseinandergesetzt haben (wobei Schmidt statt des Weierstraßschen Approximationssatzes einen anderen heranzieht; aber das ist hierbei belanglos).

Schmidts Zugang zu den Integralgleichungen ist „direkt": dieser Hilbertschüler hat herausgefunden, wo man anfangen muß, den Knäuel aufzudröseln. Und deshalb weht durch seine Arbeiten mehr funktionalanalytischer Geist als durch die seines Lehrers. Wir werden noch einmal auf diesen Mann zu sprechen kommen. Aber zunächst müssen wir uns einem anderen zuwenden, vier Jahre jünger als Schmidt, sechsundzwanzig Lenze zählend im Jahre 1906 der „4. Mitteilung", und dazu bestimmt, eine Schlüsselfigur der Funktionalanalysis zu werden: Frigyes Riesz, der Stern aus Raab.

133 *Rondo ungherese*

Diese Überschrift wird der Bedeutung des Frigyes (Friedrich, Frédéric) Riesz nicht gerecht, aber sie gibt etwas wieder von der tänzerischen Eleganz seines Denkens. Und so mag sie denn stehenbleiben.

Vielleicht darf man sagen, daß Riesz die Funktionalanalysis auslöste, indem er drei mathematische Ströme zusammenführte: das Lebesguesche Integral des Jahres 1902,[2] die Fréchetsche Topologie des Jahres 1906[3] und Hilberts vierte und fünfte „Mitteilung", beide ebenfalls 1906 erschienen, ergänzt durch die Schmidtsche Dissertation von 1905. Die Zusammenführung begann 1906 mit einer unauffälligen Note *Sur les ensembles de fonctions* in den C. R. Paris **143,** 738-741.[4] Im Zusammenhang mit dem Problemkreis seiner Dissertation hatte E. Schmidt den Satz entdeckt, daß jedes vollständige Orthogonalsystem in $C[a,b]$ abzählbar-unendlich ist. Anknüpfend an Fréchets Begriff des metrischen Raumes definiert Riesz im $L^2(a,b)$ den von nun an kanonischen Abstand (wobei er darauf hinweist, daß man zwei Funktionen, die sich nur auf einer Nullmenge unterscheiden, identifizieren müsse), führt die „Konvergenz im quadratischen Mittel" ein, zeigt die

[1] Zur Theorie der linearen und nicht linearen Integralgleichungen. Zweite Abhandlung: Auflösung der allgemeinen Integralgleichung. Math. Ann. **64** (1907) 161-174.

[2] H. Lebesgue: Intégrale, longueur, aire. Ann. di Mat. (3) 7 (1902) 231-259.

[3] M. Fréchet: Sur quelques points du Calcul fonctionnel. R. C. del Circ. mat. di Palermo **22** (1906) 1-74. Abdruck seiner Thèse (Dissertation).

[4] Oeuvres complètes, Paris-Budapest 1960, S. 375-377.

Separabilität (ein Fréchetscher Zentralbegriff) des $L^2(a,b)$ und folgert daraus, daß der Schmidtsche Satz auch gilt *pour notre classe étendue de fonctions* (vgl. Satz 24.2). Die Linearität des $L^2(a,b)$ wird nicht ausgesprochen, aber als etwas Selbstverständliches stillschweigend benutzt.

Bereits vier Monate später tut Riesz den entscheidenden Schritt. In der Note *Sur les systèmes orthogonaux de fonctions*, C. R. Paris **144** (1907) 615–619,[1] weist er darauf hin, daß die Hilbertsche Methode, eine Integralgleichung vermöge einer Orthogonalfolge $\varphi_1(x), \varphi_2(x), \ldots$ in ein lineares Gleichungssystem zu verwandeln, erst dann völlig befriedigend ist, wenn es zu *jeder* Zahlenfolge $(a_1, a_2, \ldots)$ mit konvergenter Quadratsumme eine Funktion $f(x)$ mit

$$\int_a^b f(x)\varphi_i(x)\,\mathrm{d}x = a_i \quad \text{für } i=1,2,\ldots \tag{133.1}$$

gibt und zeigt, daß dies wirklich der Fall ist, *wenn man sich im $L^2(a,b)$ bewegt.* Diese Tatsache ist gleichbedeutend mit der *Vollständigkeit* des $L^2(a,b)$ bezüglich seiner kanonischen Metrik. Es ist sehr merkwürdig, daß dieser fundamentale Satz fast gleichzeitig von Ernst Fischer (1875–1959; 84) noch einmal entdeckt und in derselben Nummer der Comptes Rendus veröffentlicht wurde, nur in der äußerlich anderen Form, daß jede Cauchyfolge im $L^2(a,b)$ gegen ein Element des $L^2(a,b)$ konvergiert (immer im Sinne der *convergence en moyenne*). Diese Vollständigkeitsaussage ist deshalb als *Satz von Riesz-Fischer* in die Literatur eingegangen.

Noch in derselben Nummer 144 der Comptes rendus faßt Riesz seine Einblicke in die Struktur des $L^2(a,b)$ in einer Note zusammen mit dem ahnungsvollen Titel *Sur une espèce de Géométrie analytique des systèmes de fonctions sommables.*[2] Durch die Einführung der Metrik im $L^2(a,b)$ entsteht dort eine *géometrie synthétique.* Andererseits kann man in ganz entsprechender Weise auch eine Metrik im l^2 definieren. Ordnet man nun jedem $f \in L^2(a,b)$ den „Punkt" des „Raumes" (*espace*) l^2 zu, dessen „Koordinaten" die Fourierkoeffizienten von f bezüglich eines vollständigen Orthonormalsystems sind, so bleibt hierbei dank der Parsevalschen Gleichung die Distanz erhalten, und aufgrund des Rieszschen *théorème fondamental* ist die Zuordnung auch surjektiv. Daß sie überdies injektiv und linear (insgesamt also in unserer Sprache ein Normisomorphismus) ist, versteht sich für Riesz von selbst. Und dies erlaubt nun *de faire correspondre à cette géométrie synthétique des fonctions une géométrie analytique.* Zehn Jahre nach Pincherles *Cenno sulla Geometria dello spazio funzionale* taucht so wieder der Gedanke einer Koordinatengeometrie und damit einer Geometrie überhaupt in einem Funktionenraum auf (s. noch einmal das Zitat aus Pincherles *Cenno* in Nr. 130). Merkwürdigerweise kann sich Riesz aber hier noch nicht dazu durchringen, von dem „Raum" $L^2(a,b)$ zu sprechen (er redet von dem *système* oder der *classe des fonctions*), während ihm

[1] Oeuvres complètes, S. 378–381.

[2] Oeuvres complètes, S. 386–388.

beim l^2 das Wort *espace* leicht von den Lippen geht. Dies mag daran liegen, daß die lineare Algebra seiner Zeit zwar den $\mathbf{R}^n$ und $\mathbf{C}^n$ kannte, aber nicht den abstrakten linearen Raum (mit Ausnahme von Peano und Pincherle).

Als eine Anwendung seiner „analytischen Geometrie" gibt Riesz gegen Ende der Note den nach Fréchet und ihm benannten Darstellungssatz für stetige Linearformen im Falle des $L^2(a,b)$ an. Wiederum hat es ein seltsames Schicksal gefügt, daß auch Fréchet seinen Satz in der Nummer 144 der Comptes Rendus veröffentlichte. Diese Nummer hat historischen Rang.

Die Rieszschen Arbeiten des Jahres 1907 hatten den $L^2(a,b)$ als eine eigenständige Entität etabliert, die zudem dank ihrer Normisomorphie zum l^2 auch noch einer „analytischen Geometrie" zugänglich war. Das Ziel des jungen Ungarn war gewesen: *„Approfondir la méthode des coordonnées appliquée à l'étude des systèmes de fonctions sommables"*,[1] ein Ziel ganz im Geiste des Descartes. Aber hier kam ihm ein anderer zuvor: E. Schmidt mit seiner berühmten Arbeit aus dem Jahre 1908 „Über die Auflösung linearer Gleichungen mit unendlich vielen Unbekannten",[2] in der er ausdrücklich die Rieszschen Noten in den Comptes Rendus von 1906 und 1907 anführt. Wie sehr im übrigen diese Dinge in der Luft lagen, zeigt auch der Titel einer Fréchetschen Publikation, ebenfalls aus dem Jahre 1908: *Essai de géométrie analytique à une infinité de coordonnées.*[3] Schmidt geht stracks auf sein Ziel los. Die Überschrift des ersten Kapitels heißt lapidar: „Geometrie in einem Functionenraum". Allerdings betrachtet er nur einen speziellen Raum, nämlich den der komplexwertigen Funktionen $A(x)$ auf $\mathbf{N}$ mit konvergenter Absolutquadratsumme, also den komplexen l^2 (Riesz hatte nur den reellen Fall ins Auge gefaßt, und Fréchet hatte in seiner Thèse zwar ausführlich den metrischen Raum (s) diskutiert, aber der l^2, die natürliche Verallgemeinerung des euklidischen $\mathbf{R}^n$ bzw. $\mathbf{C}^n$, war ihm merkwürdigerweise überhaupt nicht ins Bewußtsein getreten). Schmidt waren durch seine Untersuchungen über Integralgleichungen die Augen für die fundamentale Rolle der Schwarzschen und Besselschen Ungleichungen und des Orthogonalisierungsverfahrens aufgegangen; die Bedeutung der „starken Konvergenz" war durch Hilberts „4. Mitteilung" und dann noch einmal durch den Satz von Riesz-Fischer deutlich geworden. Schon die bloßen Überschriften der ersten fünf Paragraphen der Schmidtschen Arbeit kristallisieren gewissermaßen diese Erkenntnisse:

§ 1. Der pythagoräische Lehrsatz und die Besselsche Ungleichung.
§ 2. Begriff der starken Convergenz.[4]

---

[1] Oeuvres complètes, S. 386.

[2] R. C. del Circ. mat. di Palermo **25** (1908) 53–77. Schmidt betont, daß er diese Untersuchungen zum größten Teil schon im Februar 1907 in der Mathematischen Gesellschaft in Göttingen vorgetragen habe.

[3] Nouv. Ann. de Math. (4) **8** (1908) 97–116 und 289–317.

[4] Der Ausdruck „starke Konvergenz" kommt an dieser Stelle zur Welt. Die punktweise Konvergenz nennt Schmidt „gewöhnliche Convergenz".

§ 3. Das Convergenztheorem.[1]
§ 4. Nach orthogonalen Funktionen fortschreitende Reihen.
§ 5. Die Orthogonalisierung.

In § 1 zeigt er, daß der l^2 ein linearer Raum ist (ohne diesen Ausdruck zu gebrauchen), erklärt das Symbol $(A;B)$ durch die Gleichung

$$(A;B)=(B;A)=\sum_{x=1}^{x=\infty} A(x)B(x)$$

(fast unser Innenprodukt) und bezeichnet mit $\|A\|$ „die positive Größe welche durch die Gleichung

$$\|A\|^2=(A;\bar{A})=\sum_{x=1}^{x=\infty} |A(x)|^2$$

definiert wird“. Hier tauchen zum ersten Mal die Normstriche auf. $\|A\|$ nennt er die „Länge“ von A. Weiter: „Ist $(A;\bar{B})=0$ und mithin auch $(B;\bar{A})=0$, so bezeichnen wir $A(x)$ und $B(x)$ als zueinander *orthogonal*.“ Er beweist nun „eine Verallgemeinerung des pythagoräischen Lehrsatzes“, die Besselsche Gleichung und Ungleichung, die Schwarzsche Ungleichung und zum Schluß die Dreiecksungleichung für die Norm (nicht jedoch deren Homogenität). Begriffsgeschichtlich interessant ist die Fußnote 8 zur Überschrift des ersten Kapitels:

[8]) Die geometrische Deutung der in diesem Kapitel entwickelten Begriffe und Theoreme verdanke ich KOWALEWSKI. Sie tritt noch klarer hervor, wenn $A(x)$ statt als Funktion als Vector in einem Raume von unendlich vielen Dimensionen definiert wird. Die zugrunde gelegte Definition der Länge $\|A\|$ und der Orthogonalität sind die von STUDY [Math. Annalen, Bd. LX, p. 372] in die Geometrie eingeführten.

(Study hatte in dieser Arbeit aus dem Jahre 1905 Länge und Orthogonalität endlichdimensionaler Vektoren mit *komplexen* Komponenten definiert). Man sieht, wie schwer es damals gewesen sein muß, das geometrische Vokabular auf Funktionenmengen anzuwenden. „Raum“ - das war ein endlichdimensionaler Koordinatenraum, und es mochte schon als kühn erscheinen, dieses Wort auf Mengen von Zahlenfolgen (gedeutet als „unendliche Koordinatenvektoren“) anzuwenden.

§ 8 beginnt mit einer fundamentalen Definition: „Eine [im Sinne der starken Konvergenz] *abgeschlossene* Funktionenmenge soll dann ein *lineares Funktionengebilde* heissen, wenn aus der Zugehörigkeit von $A(x)$ und $B(x)$ zur Menge auch die Zugehörigkeit von $\alpha A(x)+\beta B(x)$ für alle Werte von α und β folgt.“ Bei Schmidt bricht sich erstmals der Gedanke Bahn, daß die *lineare* Struktur von Funktionen-

[1]) Es stellt die Vollständigkeit des l^2 fest.

mengen wichtig sein könne. Und nun beweist er in § 9 („Die Perpendikelfunktion“) den Satz vom orthogonalen Komplement und bemerkt, daß man die Länge der „von $D(x)$ auf [das lineare Funktionengebilde] $\mathfrak{A}$ gefällten Perpendikelfunktion“ [= Lot] ihrer Minimaleigenschaft wegen als *Entfernung* der Funktion $D(x)$ von $\mathfrak{A}$ bezeichnen könne.

Alles das ist moderner funktionalanalytischer Geist, wenn auch noch eingesperrt in den l^2. Die „Geometrisierung“ der Funktionalanalysis hat hier unmißverständlichen und bleibenden Ausdruck gefunden.

Seine geometrischen Methoden setzt Schmidt nun ein, um im 2. Kapitel unendliche lineare Gleichungssysteme zu studieren. Darauf brauchen wir aber hier nicht mehr einzugehen. Merkwürdig ist allerdings, daß Schmidt sich nicht einfallen läßt, die Resultate seiner Arbeit in den $L^2(a,b)$ zu transportieren, wie es dem Plan der Rieszschen *géométrie analytique* entsprochen hätte. Riesz selbst schreibt zwei Jahre später,[1)] daß man vermöge des Riesz-Fischerschen Satzes

> an die von Hilbert begründete, von Hellinger, Toeplitz, E. Schmidt, Hilb, Weyl u. a. weiterentwikkelte schöne Theorie der Funktionen abzählbar unendlich vieler Veränderlichen anknüpfen [könne]. Man gelangt zu einer Fülle von Tatsachen über quadratisch integrierbare Funktionen. Es bedarf hierzu fast rein formaler Übersetzungsarbeit. *Unter andern ist damit auch das anfangs gestellte Problem für die genannte Funktionenklasse vollständig erledigt, nachdem die Kriterien für die Auflösbarkeit des entsprechenden Gleichungssystems mit abzählbar unendlich vielen Unbekannten bei Schmidt fertig vorliegen.*[2)]

Damit kehren wir zu Riesz zurück. Der allem Neuen gegenüber aufgeschlossene Hadamard hatte, angeregt durch die Arbeiten Volterras und Pincherles, die *opérations fonctionnelles linéaires*, also die Linearformen auf Funktionenräumen, populär gemacht (ohne von Funktionenräumen zu reden) und 1903 eine ungelenke Integraldarstellung der stetigen Linearformen auf $C[a,b]$ angegeben.[3)] 1904 hatte sich auch Fréchet an diesem Problem versucht.[4)] Die definitive Lösung aber gelang erst Riesz 1909 mit seinem berühmten Darstellungssatz (s. Beispiel 56.3).[5)] Gleich zu Beginn der Note stellt er die wichtige Beziehung zwischen Stetigkeit und Beschränktheit einer Linearform A auf $C[a,b]$ her (während die Norm von A noch nicht erscheint). Die lineare Struktur des $C[a,b]$ wird nur unterschwellig be-

---

1) Oeuvres complètes, S. 451.

2) Gemeint ist das Problem, ein System von Funktionalgleichungen der Form $\int_a^b f(x)\xi(x)\,dx = c$ nach der unbekannten Funktion $\xi(x)$ aufzulösen. – Riesz hat die Schmidtschen Arbeiten sorgfältig verfolgt und häufig zitiert. Er muß bei ihrem Verfasser Geist von seinem Geist (eben den funktionalanalytischen Geist) gespürt haben.

3) Sur les opérations fonctionnelles. C. R. Paris **136** (1903) 351.

4) Sur les opérations linéaires. Trans. Amer. Math. Soc. **5** (1904) 493–499.

5) Sur les opérations fonctionnelles linéaires. C. R. Paris **149** (1909) 1303–1305 = Oeuvres complètes, S. 400–406. Natürlich gründet er seinen Beweis nicht wie wir auf den Hahn-Banachschen Fortsetzungssatz, der noch gar nicht bekannt war.

nutzt: Der $C[a,b]$ tritt nicht als linearer, erst recht nicht als normierter, ja noch nicht einmal als metrischer Raum auf, obwohl ihn Fréchet vermöge der Maximumsmetrik schon 1906 dazu gemacht hatte - er ist einfach eine *totalité des fonctions*, versehen mit einem Limesbegriff, also eine „Klasse (*L*)" im Sinne Fréchets:

Pour définir ce qu'on entend par opération linéaire, il faut d'abord préciser le *champ fonctionnel.* Nous considérons la totalité Ω des fonctions réelles et continues entre deux nombres fixes, par exemple entre o et 1; pour cette classe, nous définissons la *fonction limite* par l'hypothèse de la convergence uniforme. L'opération fonctionnelle $A[f(x)]$, faisant correspondre à chaque élément de Ω un nombre réel déterminé, sera dite *continue*, si $f(x)$ étant limite des $f_i(x)$, $A(f_i)$ tend vers $A(f)$. Une opération distributive et continue est dite *linéaire.* On montre aisément qu'*une telle opération est aussi bornée, c'est-à-dire qu'il existe une constante* M_A *telle que pour chaque élément* $f(x)$ *l'on ait*

$$|A[f(x)]| \leqq M_A \times \max. |f(x)|.$$

Der Leser dieses Buches kennt zur Genüge die außergewöhnliche Schmiegsamkeit und Anwendungsfähigkeit des Rieszschen Darstellungssatzes. Riesz selbst erledigt mit seiner Hilfe bereits das Momenten- und Approximationsproblem in $C[a,b]$ (s. Aufgaben 3 und 4 in Nr. 56).[1] Auf letzteres war er gestoßen, weil E. Schmidt es in seiner Dissertation nicht vollständig hatte lösen können. Man sieht, wie Riesz immer wieder Anstöße aus der Theorie der Integralgleichungen empfängt und produktiv verarbeitet. Auch die Momentenprobleme, zu gegebenen Funktionen $f_1, f_2, \ldots$ und Zahlen $a_1, a_2, \ldots$ eine Funktion φ bzw. α so zu bestimmen, daß gilt:

$$\int_a^b f_i(x)\varphi(x)\,dx = a_i$$

bzw. für $i = 1, 2, \ldots,$

$$\int_a^b f_i(x)\,d\alpha(x) = a_i$$

auch sie sind ihm Probleme über Integralgleichungen (erster Art), nämlich über *Systeme* von solchen. Das Momentenproblem hat ihn immer wieder beschäftigt; schon den Riesz-Fischerschen Satz behandelt er als ein solches (vgl. (133.1)).

Und nun ist es wieder ein Momentenproblem, das dem Dreißigjährigen 1910, zehn Jahre nach Fredholms Studie und vier nach Hilberts „4. Mitteilung", zu einer seiner gehaltvollsten Arbeiten motiviert, zu den „Untersuchungen über Systeme integrierbarer Funktionen", die eine Wasserscheide der Funktionalanalysis bilden:[2]

---

[1] Oeuvres complètes, S. 403 ff und S. 399. Genauere Ausführungen in „Sur certains systèmes singuliers d'équations intégrales". Ann. Sci. de l'Ecole Norm. Sup. **28** (1911) 33-62 = Oeuvres complètes, S. 798-827, insbes. S. 808-819.

[2] Math. Ann. **69** (1910) 449-497 = Oeuvres complètes, S. 441-489.

Im Mittelpunkte der vorliegenden Untersuchungen steht die Frage nach der Auflösbarkeit eines Systems von Funktionalgleichungen der Form

$$\int_a^b f(x)\,\xi(x)\,dx = c$$

nach der unbekannten Funktion $\xi(x)$. Es haben schon manche, unter andern besonders Stieltjes, derartige Systeme untersucht. Jedoch die Möglichkeit, in sehr allgemeinen Fällen entscheidende Kriterien zu entwickeln, ist erst seit kurzem gegeben, seitdem nämlich der Begriff des Integrals durch Lebesgue jene geistreiche und glückliche Erweiterung erfahren hat, welcher nun manche, bisher gescheiterte Probleme ihre sinngemäße Erledigung verdanken.

Vor einigen Jahren haben E. Fischer und Verfasser gleichzeitig die Frage nach der Auflösbarkeit des Systems für den Fall beantwortet, daß die für irgend eine Strecke (a,b) erklärten, reellen, integrierbaren Funktionen $f(x)$ ein *normiertes Orthogonalsystem* bilden, d. i. ihre Produktintegrale $=0$ und ihre Quadratintegrale $=1$ sind, und auch von der lösenden Funktion quadratische Integrierbarkeit gefordert wird. *Als notwendige und hinreichende Bedingung für die Lösbarkeit des Systems*

$$\int_a^b f_k(x)\,\xi(x)\,dx = c_k \qquad (k=1,2,\ldots)$$

ergab sich die Existenz der Summe

$$\sum_k c_k^2.$$

Und nun tut Riesz einen Schritt, der *a prima vista* nur wie eine Verallgemeinerung um der Verallgemeinerung willen aussieht, der ihn aber sofort in fruchtbares neues Land führt: das Land der Dualität und Reflexivität, das zu erblicken die *Selbst*dualität des L^2 bisher verhindert hatte. Er ist sich deutlich bewußt, etwas ganz Neuartiges ergriffen zu haben:

In der vorliegenden Arbeit wird die Voraussetzung der quadratischen Integrierbarkeit durch jene der *Integrierbarkeit von* $|f(x)|^p$ ersetzt; p bedeutet eine beliebige, rationale oder irrationale Zahl >1. Jede Zahl p bestimmt eine Funktionenklasse $[L^p]$. Die Rolle der Klasse $[L^2]$ übernehmen hier je zwei Klassen $[L^p]$ und $\left[L^{\frac{p}{p-1}}\right]$; sie haben die Eigenschaft, daß *jede Funktion, die mit allen Funktionen der einen Klasse integrierbare Produkte ergibt, sicher der andern Klasse angehört.* Die Untersuchung dieser Funktionenklassen wird auf die wirklichen und scheinbaren Vorteile des Exponenten $p=2$ ein ganz besonderes Licht werfen; und man kann auch behaupten, daß sie für eine axiomatische Untersuchung der Funktionenräume brauchbares Material liefert.

Hier taucht zum ersten Mal bei Riesz das Wort „Funktionenraum" auf. Warum? Und warum im Zusammenhang mit einer „*axiomatischen* Untersuchung der Funktionenräume"? Weil hier die im Falle L^2 so vortrefflich funktionierenden Methoden der *géométrie analytique* auf l^2-Basis versagen, und deshalb die „Klasse $[L^p]$" gewissermaßen *aus sich selbst heraus* studiert werden muß:

Man kann auch durch Anwendung ganz ähnlicher Methoden die Analysis abzählbar unendlich vieler Veränderlichen unter der Voraussetzung, daß die Summe der p^{ten} Potenzen der absoluten Beträge konvergiert, weiter ausbauen. Doch ist hier ein wesentlicher Unterschied zu verzeichnen. Denn die Resultate, zu welchen man gelangen wird, zeigen auch hier völlige Analogie mit jenen, zu welchen die Untersuchung der Funktionenklassen $[L^p]$ führt. *Jedoch die Übersetzbarkeit der Resultate, wie für p = 2, und damit die Möglichkeit einer ähnlich einfachen analytischen Theorie geht in allen übrigen Fällen verloren; und somit tritt die synthetische Behandlungsweise in ihre vollen Rechte.*

Und nun entwickelt Riesz die entscheidenden Hilfsmittel für die „synthetische Behandlungsweise". Es sind dies: die Höldersche und Minkowskische Ungleichung (die eigentlich nach ihm benannt werden müßten), der Satz *„Ist das Produkt $f(x)h(x)$ für alle integrierbaren Funktionen $f(x)$, für welche die Potenz $|f(x)|^p$ $(p>1)$ integrierbar ist, ebenfalls integrierbar, so ist es auch die Potenz $|h(x)|^{\frac{p}{p-1}}$,"* [1] und die „starke und schwache Konvergenz in bezug auf den Exponenten *p*." Starke Konvergenz ist (in unserer Sprache) die Normkonvergenz[2], schwache Konvergenz definiert er so (§ 6):

Die Folge $\{f_i(x)\}$ von Funktionen der Klasse $[L^p]$ konvergiert in bezug auf den Exponenten p schwach gegen die Funktion $f(x)$ derselben Klasse, wenn a) *die Integralwerte*

$$\int_a^b |f_i(x)|^p\,dx$$

insgesamt unterhalb einer endlichen Schranke liegen; b) *für alle Stellen $a \leqq x \leqq b$*

$$\lim_{i=\infty} \int_a^x f_i(x)\,dx = \int_a^x f(x)\,dx$$

ausfällt.

In einer Fußnote erläutert er:

Für $p=2$ steht der hier eingeführte Begriff der schwachen Konvergenz in engem Zusammenhange mit jenem Konvergenzbegriffe, dessen sich Hilbert zur Definition der *vollstetigen* Funktionen von unendlich vielen Veränderlichen bedient; indem nämlich der schwachen Konvergenz einer Folge von Funktionen jene Hilbertsche Konvergenz ihrer Fourierschen Konstanten entspricht.

---

[1] Zu diesem Theorem ist Riesz angeregt worden durch den Konvergenzsatz I in Beispiel 46.1, den Edmund Landau (1877–1938; 61) 1907 ausgesprochen hatte („Über einen Konvergenzsatz". Göttinger Nachrichten (1907) 25–27). Er zieht ihn auch in seinem Beweis heran.

[2] Den Ausdruck „starke Konvergenz" übernimmt Riesz von E. Schmidt. Merkwürdigerweise übernimmt er aber nicht das bequeme Schmidtsche Normsymbol $\|\cdot\|$, nicht die geometrische Deutung von $\left(\int_a^b |f(x)|^p\,dx\right)^{1/p}$ $(=\|f\|)$ als „Länge" von *f* und von $\|f-g\|$ als „Distanz" zwischen *f* und *g* (obwohl doch diese Interpretation im L^2-Falle gerade auf ihn zurückgeht) – und damit auch nicht die Umwandlung der Minkowskischen Ungleichung in die Dreiecksungleichung für die Norm und die Distanz, so sehr auch Fréchet gerade die Bedeutung der *Dreiecksungleichung* betont hatte und so sehr Riesz sich von Fréchet inspirieren ließ.

Ergänzend stellt er fest, daß eine Folge von Funktionen aus L^p genau dann schwach gegen $f \in L^p$ konvergiert, wenn gilt:

$$\int_a^b f_i(x) g(x) \, \mathrm{d}x \to \int_a^b f(x) g(x) \, \mathrm{d}x \quad \text{für alle} \quad g \in L^{\frac{p}{p-1}}.$$

Sein Begriff der schwachen Konvergenz ist also gerade der unsrige (vgl. Beispiel 56.4). Das alles Weitere bestimmende Faktum ist nun ein „Existenzsatz, der an den grundlegenden Weierstraßschen Satz über Punktmengen erinnert" und nichts Geringeres als der Auswahlsatz 60.6 im Falle $E := L^p$ ist:

Besitzt eine Mannigfaltigkeit von Funktionen aus $[L^p]$ *folgende beide Eigenschaften:*
1) *sie ist unendlich;*
2) *sie ist beschränkt in bezug auf den Exponenten p, d.i. die Integralwerte*

$$\int_a^b |f(x)|^p \, dx$$

liegen für alle Funktionen der Mannigfaltigkeit unterhalb einer Schranke G^p*; dann enthält die Mannigfaltigkeit sicher Teilfolgen, die in bezug auf den Exponenten p schwach konvergieren.*

Den Beweis stützt er auf den Satz von Arzelà-Ascoli, dem er sechs Jahre später noch einmal eine entscheidende Erkenntnis verdanken wird. Aus dem „Hauptsatz über schwache Konvergenz" gewinnt er dann sehr leicht die Vollständigkeit des L^p (bezüglich der starken Konvergenz), „von der wir jedoch in der vorliegenden Arbeit nicht Gebrauch machen." Aber etwas anderes taucht jetzt bei Riesz zum ersten Mal in voller Deutlichkeit auf: die *lineare* Struktur des Funktionenraumes, die bisher immer nur unterschwellig vorhanden war, aber bei dem neu- und fremdartigen Gebilde $[L^p]$ nun ausdrücklich erkannt und ausgesprochen werden muß: „Für das Weitere ist es noch wichtig, festzustellen, daß *die Klasse* $[L^p]$ *alle linearen Verknüpfungen je einer endlichen Anzahl in ihr enthaltenen Funktionen ebenfalls enthält*" (§ 3).

So ausgerüstet tritt Riesz nun an das „endliche oder abzählbar unendliche System von linearen Integralgleichungen"

$$\int_a^b f_i(x) \xi(x) \, \mathrm{d}x = c_i \quad (i = 1, 2, \ldots) \tag{133.2}$$

heran. „Die Koeffizientenfunktionen $f_i(x)$ gehören der Klasse $\left[L^{\frac{p}{p-1}}\right]$ an. Wir stellen uns die Aufgabe, Bedingungen zu ermitteln, unter welchen dieses System durch eine Funktion $\xi(x)$ der Klasse $[L^p]$ befriedigt werden kann."

Die von E. Schmidt bei unendlichen linearen Gleichungssystemen erprobten Verfahren, durchaus brauchbar im Falle $p = 2$, kommen nicht in Frage: „Die Ausdehnung dieser gewissermaßen geometrischen Methode auf beliebige Exponenten scheint ... auf unhebbare Schwierigkeiten zu stoßen. Demgemäß weicht unsere Methode ... wesentlich von der Schmidtschen ab" (§ 8). Riesz läßt sich von seiner Lösung des Momentenproblems in $C[a,b]$ leiten (s. A 56.3) und kommt so zu dem folgenden Satz:

Ein endliches oder abzählbar unendliches System von linearen Integralgleichungen

$$\int_a^b f_i(x)\xi(x)\,dx = c_i \qquad (i=1,2,\ldots),$$

deren Koeffizientenfunktionen $f_i(x)$ *der Klasse* $\left[L^{\frac{p}{p-1}}\right]$ *angehören, läßt dann und nur dann eine der Bedingung*

$$\int_a^b |\xi(x)|^p\,dx \leqq M^p$$

genügende lösende Funktion $\xi(x)$ *zu, wenn für alle n bei beliebigen Zahlen* μ_i *die Ungleichung*

$$\left|\sum_{i=1}^{n} \mu_i c_i\right|^{\frac{p}{p-1}} \leqq M^{\frac{1}{p-1}} \int_a^b \left|\sum_{i=1}^{n} \mu_i f_i(x)\right|^{\frac{p}{p-1}} dx$$

besteht.[1)]

Er beweist ihn zunächst (mittels klassischer Extremalverfahren) für endliche Systeme und darauf fußend mit Hilfe seines „Hauptsatzes über schwache Konvergenz" fast spielend für abzählbarunendliche (§ 10).

Und nun ist es nichts weniger als erstaunlich, was Riesz aus seiner Lösung eines gewissermaßen biederen Problems zu machen weiß. In einer geradezu dramatischen Entwicklung dehnt er sie zunächst *via* Separabilität des L^q $(q:=p/(p-1))$ auf Systeme aus, „die mehr als abzählbar unendlich viele Gleichungen enthalten", gewinnt daraus mit einem Schlag in § 11 einen Darstellungssatz für stetige Linearformen auf L^q (s. Beispiel 56.4), erklärt dann mit dessen Hilfe für eine „distributive" (= lineare) und „in bezug auf den Exponenten p beschränkte" (= beschränkte) „Funktionaltransformation $T[f(x)]$, welche jeder Funktion der Klasse $[L^p]$ eine Funktion derselben Klasse zuordnet" die „Transponierte" (= Konjugierte) $\mathfrak{T}[g(x)]$ auf L^q, und zwar genau so, wie wir es heutzutage tun, also so, daß die Gleichung

$$\int_a^b T[f(x)]g(x)\,\mathrm{d}x = \int_a^b f(x)\mathfrak{T}[g(x)]\,\mathrm{d}x \quad \text{für alle} \quad f\in L^p,\ g\in L^q$$

besteht (§ 12), führt nebenbei die Norm einer „linearen" (= distributiven und beschränkten) Funktionaltransformation T ein, die er mit M_T bezeichnet und die zu T gehörende „absolute Konstante" nennt, zeigt, daß $\mathfrak{T}$ linear und $M_{\mathfrak{T}} = M_T$ ist – und hat sich so mittels seiner Lösung des Momentenproblems in einer überraschenden Volte in die vorteilhafte Lage versetzt, die „Funktionsgleichung"

$$T[\xi(x)] = f(x) \quad (f,\xi\in L^p)$$

---

1) Dem Setzer der Math. Annalen ist hier ein Druckfehler unterlaufen: Statt $M^{\frac{1}{p-1}}$ muß es heißen $M^{\frac{p}{p-1}}$.

zurückspielen zu können auf das „mit sämtlichen Funktionen der Klasse $\left[L^{\frac{p}{p-1}}\right]$ gebildete Gleichungssystem

$$\int_a^b \xi(x)\mathfrak{T}[g(x)]\,\mathrm{d}x = \int_a^b f(x)g(x)\,\mathrm{d}x\text{``},$$

also wieder auf ein Momentenproblem, zu dessen Untersuchung nun aber alle notwendigen Hilfsmittel schon bereitstehen. Und mit wenigen Schritten erreicht er den folgenden fundamentalen Umkehrungssatz (§ 13):

Die lineare Transformation $T[f(x)]$ der Klasse $[L^p]$ besitzt dann und nur dann eine lineare Transformation T^{-1} als eindeutige Umkehrung, wenn es eine Zahl M gibt derart, daß für alle $f(x)$ aus $[L^p]$ und alle $g(x)$ aus $\left[L^{\frac{p}{p-1}}\right]$

$$\int_a^b |f(x)|^p\,dx \leqq M^p \int_a^b |T[f(x)]|^p\,dx,$$

$$\int_a^b |g(x)|^{\frac{p}{p-1}}\,dx \leqq M^{\frac{p}{p-1}} \int_a^b |\mathfrak{T}[g(x)]|^{\frac{p}{p-1}}\,dx$$

ausfallen.

Und nun möge der Leser es sich nicht verdrießen lassen, die Sätze 55.6 und 57.3 aufzuschlagen und mit dem Rieszschen Theorem zu vergleichen.

Mit seinem Lösungssatz in der Hand untersucht Riesz als nächstes die Funktionalgleichung $\xi(x) - \lambda K[\xi(x)] = f(x)$, wobei K eine beliebige lineare Transformation der Klasse $[L^p]$ bedeutet und λ ein veränderlicher Parameter ist. „[Diese] Funktionalgleichung ist eine Verallgemeinerung der bekannten Fredholmschen Integralgleichung" (§ 14). Insbesondere nimmt er sich den Fall $p=2$ und den einer „reell symmetrischen Transformation" K vor (eine solche führt jede reelle Funktion in eine reelle über und stimmt mit ihrer Transponierten überein). Dabei entdeckt er das Phänomen des *approximativen Punktspektrums*, erkennt mittels der Transponierten, daß die schwache Konvergenz unter linearen Transformationen erhalten bleibt (s. A 59.9), definiert *vollstetige Funktionaltransformationen* als solche, bei denen „jede schwach konvergente Folge in eine stark konvergente übergeht" (das sind im vorliegenden Falle gerade die kompakten Operatoren; s. A 60.10), bemerkt: „Diese Definition der Vollstetigkeit deckt sich mit der Hilbertschen" und gewinnt in denkbar bequemer Weise die Eigenwerttheorie der reell symmetrischen vollstetigen Transformationen - wobei der Sache, nicht dem Namen nach, ganz beiläufig auch die *Normkonvergenz von Operatorenfolgen* auftritt. Und schließlich (§ 15, Satz I) zeigt er, daß die Transponierte einer vollstetigen Transformation des L^2 wieder vollstetig ist.

Dem Leser dieses Buches brauchen wir nicht auseinanderzusetzen, wieviel Leitmotive der Funktionalanalysis Riesz, damals Oberschullehrer in Budapest, in dieser großen Arbeit als erster angeschlagen hat, in einer Arbeit, die überdies dank ihres organischen Aufbaues, ihrer prägnanten Sprache und dramatischen Steigerung zu den Meisterwerken mathematischer Darstellungskunst gerechnet werden muß.

Wenn man die Rieszsche Lösung des Momentenproblems in $C[a,b]$ und L^p mit seinen Darstellungssätzen für stetige Linearformen kombiniert, erhält man unmittelbar den folgenden Satz, in dem das Symbol $\|\cdot\|$ je nach Lage des Falles die kanonische Norm in $C[a,b]$ bzw. in $L^q(a,b)$ bedeuten soll:

Die notwendige und hinreichende Bedingung dafür, daß [auf $C[a,b]$ bzw. $L^q(a,b)$] eine lineare Funktionaloperation $U(f)$ existiert, deren Norm den Wert M nicht übersteigt, und für die

$$U(f_i)=c_i \quad (i=1,2,\ldots)$$

ist, besteht darin, daß die Ungleichung

$$\left|\sum_{i=1}^{n} \mu_i c_i\right| \leqslant M \left\|\sum_{i=1}^{n} \mu_i f_i\right\| \tag{133.3}$$

für alle Werte der Zahlen μ_i und jedes n erfüllt ist.

Diese Formulierung macht deutlich, daß es sich bei beiden Momentenproblemen im Grunde darum handelt, eine „lineare Funktionaloperation" (= stetige Linearform) zu finden, die auf dem *ganzen* zugrundeliegenden Raum erklärt ist und auf der *Teilmenge* $\{f_1, f_2, \ldots\}$, vorgeschriebene Werte annimmt. Es lohnt sich, diese Interpretation noch etwas weiter zu verfolgen. Ist die Bedingung (133.3) erfüllt, so wird durch $U_0(\mu_1 f_1+\cdots+\mu_n f_n):=\mu_1 c_1+\cdots+\mu_n c_n$ völlig unzweideutig eine stetige Linearform U_0 mit $\|U_0\| \leqslant M$ auf $F:=[f_1, f_2, \ldots]$ definiert, und die Rieszschen Sätze besagen dann, daß man U_0 zu einer stetigen Linearform U auf dem ganzen Raum $C[a,b]$ bzw. $L^q(a,b)$ mit $\|U\| \leqslant M$ fortsetzen kann. Sie erweisen sich so als Vorgriff auf den Satz von Hahn-Banach - den wir heutzutage umgekehrt dazu benutzen, um geradezu spielend die Rieszschen Lösungen der Momentenprobleme zu gewinnen.

Riesz selbst hat seinen Resultaten *nicht* diese Deutung gegeben. Der obige (kursiv gedruckte) Satz findet sich - und das auch nur für den Fall $C[a,b]$ - erst 1912 in einer Arbeit des Österreichers Eduard Helly (1884-1943; 59).[1] Hier also taucht zum ersten Mal mit undeutlichen Konturen das Problem der Fortsetzung stetiger Linearformen am Horizont auf. Das Hauptziel der Hellyschen Arbeit war übrigens, einen neuen Beweis des Rieszschen Darstellungssatzes in $C[a,b]$ zu geben.

Das wissenschaftliche Ansehen des jungen Ungarn war inzwischen so gewachsen, daß Emile Borel (1871-1956; 85) ihn aufforderte, für die renommierte *Collection de monographies sur la théorie des fonctions* ein Buch über lineare Gleichungen mit unendlich vielen Unbekannten zu schreiben. 1913 erschien *Les systèmes*

---

[1] Über lineare Funktionaloperationen. Sitzungsber. Wiener Akad. der Wissensch. Math. Nat. Klasse **121** II A 1 (1912) 265-297. Helly nennt darin die Norm einer linearen Funktionaloperation ihre „Maximalzahl" und bezeichnet die Maximumsnorm von $f \in C[a,b]$ mit $\overline{|f(x)|}$.

d'équations linéaires à une infinité d'inconnues. Im Vorwort beschreibt Riesz Zustand und Zukunft der werdenden Funktionalanalysis:

Notre sujet n'appartient pas à la *Théorie des fonctions* proprement dite. Il devra plutôt être considéré comme marquant une première étape dans la *Théorie des fonctions d'une infinité de variables*, encore naissante, mais qui fournira peut-être bientôt les méthodes les plus puissantes de toute l'Analyse.

In diesem Buch entwickelt Riesz die Theorie des linearen Gleichungssystems

$$\sum_{k=1}^{\infty} a_{ik} x_k = c_i, \quad i=1,2,\ldots, \quad (a_{i1}, a_{i2}, \ldots) \in l^q \tag{133.4}$$

vollkommen parallel zu der des Integralgleichungssystems (133.2). Den Schwerpunkt aber bilden die Kapitel IV und V. Dort studiert Riesz die *substitutions linéaires* des „Hilbertschen Raumes“ l^2, also dessen stetige Endomorphismen A. Die Norm von A wird diesmal nicht nur beiläufig, sondern „offiziell“ eingeführt, wird mit M_A bezeichnet und „Schranke“ (*borne*) von A genannt (S. 79). Die Rechenregeln $M_{A+B} \leqslant M_A + M_B$, $M_{AB} \leqslant M_A M_B$ verstehen sich sozusagen von selbst. Den Anschluß an die linearen Gleichungssysteme und die beschränkten Bilinearformen Hilberts gewinnt Riesz durch die Darstellung

$$x_i' = \sum_{k=1}^{\infty} a_{ik} x_k \quad (i=1,2,\ldots) \quad \text{mit} \quad \sum_{i=1}^{\infty} \left| \sum_{k=1}^{\infty} a_{ik} x_k \right|^2 \leqslant M^2 \sum_{k=1}^{\infty} |x_k|^2$$

der linearen Substitutionen (S. 80ff). In zukunftsträchtiger Weise behandelt er Folgen und Reihen von Substitutionen: Er führt *expressis verbis* die gleichmäßige Konvergenz ein ($M_{A-A_n} \to 0$), beweist für sie das Cauchysche Konvergenzkriterium und entwickelt auf dieser Basis die Anfänge eines Funktionalkalküls, so wie wir ihn ab Nr. 99 kennengelernt haben; das Ganze nennt er eine „Anwendung der Residuenrechnung“. Das 5. Kapitel ist den quadratischen Formen, also der Spektraltheorie der symmetrischen Operatoren auf l^2 gewidmet, und hier ist der Höhepunkt der ingeniöse Beweis des Spektralsatzes, den auch wir gebracht haben (s. Nr. 115–116).

Begriffsgeschichtlich interessant ist die Bemerkung am Ende des 4. Kapitels (S. 121), wo Riesz auf den „Parallelismus“ zwischen Integralgleichungs- und Substitutionstheorie aufmerksam macht:

Ce parallélisme s'expliquera de suite en remarquant que les deux théories, celle des équations intégrales et celle des substitutions linéaires à une infinité de variables, entrent comme cas particuliers dans une théorie beaucoup plus générale, savoir, dans la théorie des opérations distributives.

Für die *théorie des opérations distributives* verweist er in einer Fußnote auf den Artikel von Pincherle in der Encyclopédie des Sciences mathématiques II, vol. 5, fascicule 1.[1] Erst hier also erscheint - und nur ganz episodisch - der in Italien schon längst geschaffene Begriff des linearen Operators, der nicht wie Funktionaltransformationen nur auf Funktionen oder wie lineare Substitutionen nur auf Zahlenfolgen wirkt, sondern in einem abstrakten Vektorraum operiert, ein Begriff, in dem sich die Erkenntnis kristallisiert, daß es bei Funktionaltransformationen und linearen Substitutionen (neben der Stetigkeit) im Grunde eben nur auf die *Linearität* der Zuordnung ankommt.

Aber selbst Riesz fiel es schwer, sich von der konkreten Natur der Objekte zu emanzipieren, auf die seine Operatoren wirkten. Gerade bei ihm fällt dies deshalb so deutlich auf, weil seine eigene Theorie des linearen Gleichungssystems (133.4) vollkommen parallel verläuft zu seiner eigenen Theorie des Integralgleichungssystems (133.2) - ohne daß diese Parallelität auf eine höhere Ebene gehoben und dort verwertet wird. Und noch in einem anderen Punkt macht sich die Fesselung ans Konkrete bemerkbar: In seinem Buch benutzt Riesz ebensowenig wie in den „Untersuchungen über Systeme integrierbarer Funktionen" das bequeme Normsymbol und die geometrische Sprechweise E. Schmidts, niemals deutet er $\left(\sum_{k=1}^{\infty} |x_k - y_k|^p\right)^{1/p}$ als „Distanz" zwischen den Folgen $(x_1, x_2, \ldots)$, $(y_1, y_2, \ldots) \in l^p$. Damit steht in Einklang, daß er zwar den l^2 „Hilbertschen Raum" nennt, dem allgemeinen l^p aber die Benennung „Raum" vorenthält. Es ist, als sei die Idee von „Raum" und „Distanz" gefühlsmäßig noch ganz eng gebunden an etwas irgendwie „Euklidisches". Im $L^2(a,b)$ hatte Riesz ja selbst schon 1906 die Distanz $\left(\int_a^b (f(x) - g(x))^2 \, dx\right)^{1/2}$ eingeführt und sie auch mit dem Namen *distance* belegt - aber fast entschuldigend hinzugefügt, sie sei eine *généralisation de la même notion pour les ensembles de points* - während er in ebenderselben Arbeit den Abstand $\max_{a \leq x \leq b} |f(x) - g(x)|$ zweier stetiger Funktionen nicht ihre *distance*, sondern wie Fréchet ihren *écart* nennt.[2] Erst recht deutet Riesz in seinem Buch die „Schranke" M_{A-B} $(= \|A - B\|)$ nicht als „Abstand" zwischen den linearen Substitutionen A und B. Merkwürdigerweise benutzt er aber auch weder für $(\sum |x_k - y_k|^p)^{1/p}$ noch für M_{A-B} den Fréchetschen Ausdruck *écart*, obwohl doch diese Größen tatsächliche vollblütige *écarts* sind. Es ist, als sei dem geometrisch-funktionalanalytischen Geist der Ausbruch aus dem l^2 und L^2 noch nicht gelungen.

Aber schon zwei Jahre später hat sich bei Riesz das Blatt vollständig gewendet. Am 19. Januar 1916 beendet er in seinem Geburtsort Györ (Raab) eine Arbeit, die

---

[1] Es ist dies die erweiterte und bis 1912 fortgeführte Bearbeitung des früher schon erwähnten Pincherleschen Artikels „Funktionaloperationen und -gleichungen", Encyklopädie der math. Wiss. II A 11.

[2] Oeuvres complètes, S. 375-377. Schon Fréchet hatte in seiner Theorie der metrischen Räume den Ausdruck *distance* vermieden und stattdessen von *écart* gesprochen, ein Wort, dem der Beigeschmack von „Abweichung" bis hin zum „Seitensprung" anhaftet.

Dieudonné eine der schönsten nennt, die jemals geschrieben wurden[1] und die 1917 zunächst in Ungarisch, dann 1918 in Deutsch unter dem Titel „Über lineare Funktionalgleichungen" erscheint.[2] In ihr behandelt er „das Umkehrproblem für eine gewisse Klasse von linearen Transformationen stetiger Funktionen, nebst Anwendungen auf die Fredholmsche Integralgleichung". Zugrundegelegt wird „die Gesamtheit der auf der Strecke $a \leqslant x \leqslant b$ erklärten, daselbst überall stetigen Funktionen $f(x)$." Aber diese Gesamtheit bleibt nicht wie früher eine blasse *totalité* oder *classe*, ausgestattet mit einem Limesbegriff - sie wird durch eine „Norm" (geschrieben mit dem Schmidtschen Symbol) und einer daraus entspringenden „Distanz" gründlich geometrisiert und dementsprechend denn auch als „Raum" empfunden und „Raum" genannt (S. 72):

Die zu Grunde gelegte Gesamtheit werden wir der Kürze halber als *Funktionalraum* bezeichnen. Ferner nennen wir *Norm* von $f(x)$ und bezeichnen mit $\|f\|$ den Maximalwert von $|f(x)|$; die Grösse $\|f\|$ ist danach im Allgemeinen positiv und verschwindet nur dann, wenn $f(x)$ identisch verschwindet. Ferner bestehen für sie die Beziehungen

$$\|cf(x)\| = |c|\,\|f(x)\|; \quad \|f_1 + f_2\| \leqq \|f_1\| + \|f_2\|$$

Unter *Distanz* der Funktionen f_1, f_2 verstehen wir die Norm $\|f_1 - f_2\| = \|f_2 - f_1\|$ ihrer Differenz. Danach ist die gleichmässige Konvergenz einer Funktionenfolge $\{f_n\}$ gegen die Grenzfunktion f gleichbedeutend damit, dass die Distanz $\|f - f_n\|$ gegen Null konvergiert. Eine notwendige und hinreichende Bedingung für die gleichmäßige Konvergenz einer Folge $\{f_n\}$ besteht nach dem sogenannten allgemeinen Konvergenzprinzip in der Beziehung $\|f_m - f_n\| \to 0$ für $m \to \infty$, $n \to \infty$.

Hier haben wir in aller wünschenswerter Deutlichkeit die *Normaxiome* - und nur diese Axiome, nicht die Bedeutung von $\|f\|$ als Maximumsnorm, wird Riesz in seiner Arbeit benutzen (mit Ausnahme des Teils über Integralgleichungen). Auch der Begriff der linearen Transformation wird jetzt mit axiomatischer Klarheit herausgearbeitet (S. 72):

Eine Transformation T, die jedem Elemente f unseres Funktionalraumes ein eindeutig bestimmtes Element $T[f]$ zuordnet, soll dann linear heissen, wenn sie *distributiv* und *beschränkt* ist. Die Transformation heisst distributiv, wenn identisch für alle f

$$T[cf] = cT[f], \quad T[f_1 + f_2] = T[f_1] + T[f_2]$$

ist. Beschränkt heisst die Transformation dann, wenn es eine Konstante M gibt derart, dass für alle f

$$\|T[f]\| \leqq M\|f\|$$

ausfällt.

Eine solche Transformation ist „stetig": aus $f_n \to f$ folgt $T[f_n] \to T[f]$ (Konvergenz

[1] Dieudonné (1981), S. 145.

[2] Acta Math. **41** (1918) 71-98 = Oeuvres complètes, S. 1053-1080.

immer im Sinne der Norm). Die Umkehrung, Riesz seit langem bekannt, daß eine distributive und stetige Transformation auch beschränkt ist, diese Umkehrung wird hier nicht ausgesprochen.

Auch die *lineare* Struktur des Raumes tritt nun in ihre vollen Rechte ein (S. 74):

> Wir haben noch einen Begriff zu erläutern, der für die folgenden Untersuchungen grundlegend ist, nämlich den Begriff der *linearen Mannigfaltigkeit.* Darunter verstehen wir jede Mannigfaltigkeit von Elementen unseres Funktionalraumes, die folgenden Bedingungen genügt: 1) mit f, f_1, f_2 zugleich sind auch cf, f_1+f_2 darin enthalten; 2) sind die Elemente einer gleichmässig konvergenten Folge $\{f_n\}$ darin enthalten, so ist es auch die Grenzfunktion f. Beispiele für lineare Mannigfaltigkeiten bietet der Funktionalraum selbst, dann, um gleich das andere Extrem zu nennen, die aus der einzigen Funktion $f=0$ bestehende Mannigfaltigkeit. Ferner werden, wie dies unmittelbar aus der Definition folgt, durch jede beliebige Funktionenmenge zwei lineare Mannigfaltigkeiten mitbestimmt, nämlich 1) die Gesamtheit der linearen Verbindungen und deren Grenzfunktionen (im Sinne gleichmäßiger Konvergenz), 2) die Gesamtheit jener stetigen Funktionen, für welche das mit jeder beliebigen Funktion der Menge gebildete Produktintegral gleich Null ist.

Eine „lineare Mannigfaltigkeit" ist also, wie E. Schmidts „lineares Funktionengebilde", ein abgeschlossener linearer Unterraum. Lineare Mannigfaltigkeiten werden gerade in der Rieszschen Arbeit ständig und viel prononcierter als früher auftreten, denn sie ist im wesentlichen eine Untersuchung der Null- und Bildräume gewisser Transformationen. Deshalb ist dieser Begriff für seine Zwecke schlechterdings unentbehrlich.

Und nun beweist Riesz das berühmte „Rieszsche Lemma", unseren Hilfssatz 11.1 und charakterisiert dann die linearen Mannigfaltigkeiten „von endlicher Dimensionszahl" als diejenigen, in denen der Satz von Bolzano-Weierstraß gilt (s. Satz 11.7), ein für seine Theorie - und nicht nur für sie - fundamentales Resultat.

Im Mittelpunkt seiner Arbeit aber steht der Begriff der *vollstetigen Transformation.* Im L^p und l^p $(1<p<\infty)$ hatte er, von Hilberts vollstetigen Bilinearformen ausgehend, eine lineare Transformation T vollstetig genannt, wenn sie schwach konvergente Folgen in stark konvergente verwandelt. Diese Definition aber ließ sich nicht auf den $C[a,b]$ übertragen, weil man dort (noch) keine schwache Konvergenz kannte. Die Haupttatsache über schwache Konvergenz in L^p und l^p ist nun der Rieszsche Auswahlsatz (*principe de choix*), und mit ihm ergibt sich sofort, daß jede beschränkte Folge in L^p bzw. l^p eine Teilfolge besitzt (nämlich eine schwach konvergente), die durch ein vollstetiges T in eine stark konvergente transformiert wird. Diese Auswahleigenschaft aber kann man ohne weiteres auch im $C[a,b]$ formulieren und dort in den Rang einer Definition der Vollstetigkeit erheben. Genau das tut Riesz und schafft damit den bis heute verbindlichen Begriff der vollstetigen (= kompakten) Transformation, einen der fruchtbarsten Begriffe der Operatorentheorie.

Ob Riesz wirklich durch die eben dargestellten Schlüsse zur neuen Vollstetigkeit kam, können wir nicht wissen, denn er hat sich dazu nicht geäußert. Seinem Denktypus würde jedoch ein etwas anderer Gang der Dinge wohl besser entsprechen: Er bemerkt zunächst mit Hilfe des Satzes von Arzelà-Ascoli, daß ein Fredholmscher Integraloperator K auf $C[a,b]$ „kompakt" (in unserem Sinne) ist,[1] sieht dann, daß die alte Vollstetigkeit unter diese „Kompaktheit" fällt und kommt so zu seinem neuen Begriff der vollstetigen Transformation. Das Ganze muß man sich ablaufend denken in dem Fluidum der „kompakten" (eigentlich relativ kompakten) Mengen, deren überragende Bedeutung Fréchet 1906 in seiner Thèse herausgearbeitet hatte. So schreibt denn auch Riesz über seine Beweismethode (S. 71):

Der wichtigste Begriff, der hierbei zur Verwendung kommt, ist der von Herrn FRÉCHET in die allgemeine Mengenlehre eingeführte Begriff der kompakten Menge (hier spezieller kompakte Folge), der sich in verschiedenen Zweigen der Analysis ganz besonders bewährt hat. Dieser Begriff gestattet eine besonders einfache und glückliche Formulierung der Definition der vollstetigen Transformation, die im wesentlichen einer ähnlichen Begriffsbildung von Herrn HILBERT für Funktionen von unendlich vielen Veränderlichen nachgebildet ist.

Und diese „besonders einfache und glückliche Formulierung" lautet so (S. 74): „Eine lineare Transformation heisse vollstetig, wenn sie jede *beschränkte* Folge in eine *kompakte* überführt."

Auf die Theorie selbst, die Riesz in seiner Arbeit entwickelt, brauchen wir hier nicht einzugehen; wir haben sie in Nr. 78 ausführlich dargestellt. Wir bemerken nur noch, daß Riesz die „transponierte" Transformation erst beim Studium der Fredholmschen Integralgleichung (§ 3) heranzieht, die Aussagen unserer Nr. 79 sich bei ihm also nur im Zusammenhang mit einem konkreten Anwendungsbeispiel angedeutet finden. Die Eigenwertverteilung (s. Nr. 80) ist jedoch schon vollständig vorhanden.

Riesz weiß um die grundsätzliche Allgemeinheit der Begriffe und Methoden, die er am $C[a,b]$ exemplifiziert hat. Zum Schluß der Einleitung sagt er (S. 71):

Die in der Arbeit gemachte Einschränkung auf stetige Funktionen ist nicht von Belang. Der in den neueren Untersuchungen über diverse Funktionalräume bewanderte Leser wird die allgemeinere Verwendbarkeit der Methode sofort erkennen; er wird auch bemerken, dass gewisse unter diesen, so die Gesamtheit der quadratisch integrierbaren Funktionen und der HILBERT'sche Raum von unendlich vielen Dimensionen noch Vereinfachungen gestatten, während der hier behandelte scheinbar einfachere Fall als Prüfstein für die allgemeine Verwendbarkeit betrachtet werden darf.

Die Rieszsche Methode ist deshalb allgemein verwendbar, weil sie vom $C[a,b]$ überhaupt nichts anderes benutzt, als daß er ein Banachraum ist. Riesz hätte statt des ersten Satzes seines § 1 nur zu sagen brauchen „Den folgenden Betrachtungen legen wir ein lineares System im Sinne von Peano zugrunde und denken uns dieses mit einer Norm versehen, die dieselben Grundeigenschaften hat wie die Maximumsnorm in $C[a,b]$" – nichts hätte sich an seiner Arbeit geändert, wir aber würden heutzutage von „Rieszräumen" statt von „Banachräumen" reden.

[1] Er benutzt wirklich diesen Satz zu diesem Zweck; s. S. 92f. Vgl. auch A 3.3.

134 Der Durchbruch

Spätestens seit 1918 lag der Begriff des normierten Raumes in der Luft. Man benötigte ihn als gemeinsames Haus für die zahllosen Folgen- und Funktionenräume, die gleichsam heimatlos umherirrten. Durch die Rieszsche Arbeit von 1918 war die „Norm" im Grunde schon geschaffen, was noch fehlte, war der abstrakte Vektorraum, auf dem sie sich niederlassen konnte - aber auch er war eigentlich schon vorhanden und brauchte nur noch aus Italien importiert zu werden. Was denn auch schließlich geschah.

Wie gesagt: der Begriff des normierten Raumes lag seit 1918 in der Luft. Und wie es oft in einer solchen Lage zu geschehen pflegt: es griffen gleich mehrere danach. In unserem Falle waren es drei: Banach, Wiener und Hahn. Und nicht zu vergessen: auch Helly streckte, wenn auch zögernder, die Hand nach ihm aus.

Im Juni 1920 präsentiert der achtundzwanzigjährige Stefan Banach der Universität zu Lwów (Lemberg) seine Dissertation *Sur les opérations dans les ensembles abstraits et leur application aux équations intégrales.*[1] In der Einleitung schreibt er, der Begriff der *fonction de ligne* sei von Volterra eingeführt worden, und weiter: *Des recherches à ce sujet ont été faites par M. M. Fréchet, Hadamard, F. Riesz, Pincherle, Steinhaus, Weyl, Lebesgue et par beaucoup d'autres.* Das ist so ziemlich sein ganzes „Literaturverzeichnis" (ohne irgendwelche Stellenangaben). Und dann formuliert er prägnant die neue axiomatische Denkweise, die von nun an das Gesicht der Funktionalanalysis prägen wird:

> L'ouvrage présent a pour but d'établir quelques théorèmes valables pour différents champs fonctionnels, que je spécifie dans la suite. Toutefois, afin de ne pas être obligé à les démontrer isolément pour chaque champ particulier, ce qui serait bien pénible, j'ai choisi une voie différente que voici: je considère d'une façon générale les ensembles d'éléments dont je postule certaines propriétés, j'en déduis des théorèmes et je démontre ensuite de chaque champ fonctionnel particulier que les postulats adoptés sont vrais pour lui.

Die axiomatische Denkweise als solche war keineswegs neu, sie war damals in Europa sogar *en vogue*, und den Geist der eben mitgeteilten Banachschen Sätze hatte der Chefaxiomatiker Hilbert bei anderer Gelegenheit in dem deftigen Satz zusammengefaßt: „Man muß jederzeit an Stelle von «Punkten, Geraden, Ebenen» «Tische, Stühle, Bierseidel» sagen können". Aber für die Funktionalanalysis brach doch eine neue Epoche an, als Banach dem ersten Paragraphen seines ersten Kapitels die lapidare Überschrift gab: *Axiomes et définitions fondamentales.* Er betrachtet eine Klasse E völlig beliebiger Elemente $X, Y, Z, \ldots$ (*éléments arbitraires* – Sperrung von Banach!) und postuliert für sie als erstes die Vektorraumaxiome (mit reellen Skalaren), und zwar so, wie auch wir es heutzutage tun und

[1] Abgedruckt in Fund. Math. **3** (1922) 133–181.

wie es der von Banach erwähnte Pincherle schon vor 20 Jahren getan hatte;[1] es kann kaum einem Zweifel unterliegen, daß der Pole sie *en bloc* von dem Italiener übernommen hat. Dann folgen die Axiome für *une opération appelée norme* (*nous la désignerons par le symbole* $\|X\|$). Das sind zunächst unsere Axiome (N 1) bis (N 3) in Nr. 9, aber dazu noch ein Vollständigkeitsaxiom. Banachs normierte Räume sind also von vornherein Banachräume (übrigens verwendet er hier noch nicht die Raumterminologie). Banach bemüht sich sehr, an vertraute Vorstellungen anzuknüpfen: er bemerkt, daß die Norm etwas ähnliches sei wie der Betrag einer reellen Zahl, führt „Kugeln" ein, nennt die Elemente von E „Punkte" usw. Der Akzent der bisherigen Funktionalanalysis hatte unter dem mächtigen Einfluß der Fredholmschen Theorie auf dem Studium der „Funktionalgleichungen" geruht. Banachs Hauptaugenmerk richtet sich merkwürdigerweise (und ohne Angabe von Gründen) sofort auf etwas ganz anderes: auf Folgen stetiger linearer Abbildungen eines Banachraumes in einen anderen; wir werden noch einmal darauf zu sprechen kommen.[2] Und hier gelingt ihm auf Anhieb ein großer Wurf: er beweist den Satz von der gleichmäßigen Beschränktheit (ziemlich genau in der Fassung unseres Satzes 40.3), und zwar nicht auf dem bequemen Weg über ein Kategorieargument, sondern mit der auf Lebesgue zurückgehenden „Methode des gleitenden Buckels" (s. Théorème 5 auf S. 157).[3] Die Funktionalanalysis hatte damit das erste ihrer allgemeinen Prinzipien gewonnen! Auf dem Fuß folgt der „Banachsche Fixpunktsatz" (Théorème 6 auf S. 160), jene abstrakte und unendlich schmiegsame Fassung des in vielen konkreten Fällen schon erprobten Iterationsverfahrens. Nur wenige Monate nach der Präsentation der Banachschen Thèse entdeckte Norbert Wiener unabhängig von Banach noch einmal den Banachraum. Seiner (späteren) *Note on a paper of M. Banach*[4] fügt er in Kleindruck die folgende Schlußbemerkung an:

As a final comment on this paper, I wish to indicate the fact that postulates not unlike those of M. Banach have been given by me on several occasions (*Comptes rendus* of the Strasboug[5] mathematical conference of 1920; *Proceedings of the London Mathematical Society*, Ser. 2, Vol. 20, Part 5, pp. 332, 333, a forthcoming paper in the Bulletin de la société mathématique de France).

---

[1] Le operazioni distributive e le loro applicazioni all'analisi (Bologna 1901), S. 1 ff. Dort verweist Pincherle ausdrücklich auf Peano und nennt den abstrakten Vektorraum, anders als Peano, tatsächlich auch einen „Raum": *spazio lineare* (S. 4). Er darf übrigens, im Unterschied zu dem Banachschen, auch komplex sein.

[2] Die im Titel der Dissertation angekündigten Anwendungen auf Integralgleichungen fallen etwas mager aus.

[3] Er hat hier einen Vorläufer in Helly, der bereits 1912 einen Satz über die gleichmäßige Beschränktheit einer Folge stetiger Linearformen auf $C[a,b]$ bewiesen hatte (Über lineare Funktionaloperationen. Sitzungsber. Wiener Akad. Wissensch. Math. Nat. Klasse **121** II A 1 (1912) 265–297).

[4] Fund. Math. **4** (1923) 136–143.

[5] Gemeint ist Strasbourg.

However, as my work dates only back to August and September, 1920, and M. Banach's work was already presented for the degree of doctor of philosophy in June, 1920, he has the priority of original composition. I have here employed M. Banach's postulates rather than my own because they are in a form more immediately adopted to the treatment of the problem in hand.

Wie Wiener erzählt,[1] sprach die mathematische Welt sogar eine Zeitlang von *Banach-Wiener-Räumen*; aber Wiener zog sich bald aus dem Treiben zurück.

Die Wienersche Note ist sehr bemerkenswert. Im Unterschied zu Banach betrachtet der zwei Jahre jüngere Amerikaner auch *komplexe* Banachräume. Damit aber bahnt er sich den Weg zu einer kraftvollen Theorie holomorpher Funktionen mit Werten in einem solchen Raum (vgl. Nr. 97). Hier war ihm allerdings Riesz mit seinem Funktionalkalkül schon vorausgegangen[2]. Wir wissen heute, was Riesz schon wußte: daß man ohne diese Dinge keine Spektraltheorie von Belang, also kein tiefdringendes Studium linearer Operatoren treiben kann, und daher wird es immer schwer verständlich bleiben, warum Banach sich nie auf komplexe *espaces du type* (*B*) hat einlassen wollen. Seine Vorgänger blieben in Folgen- und Funktionenräumen stecken, er selbst blieb stecken im Reellen.

Bevor wir auf den dritten Entdecker der Banachräume, Hans Hahn, zu sprechen kommen, müssen wir einen kurzen Blick auf Hellys bedeutende Arbeit aus dem Jahr 1921 „Über Systeme linearer Gleichungen mit unendlich vielen Unbekannten"[3] werfen, weil Hahn stark von ihr abhängt.[4] Es geht Helly um ein tieferes Verständnis der Schmidt-Rieszschen Gleichungstheorie:

Die Bedingungen der Lösbarkeit eines Systems von unendlich vielen linearen Gleichungen mit unendlich vielen Unbekannten wurden, besonders durch die Arbeiten von E. Schmidt und F. Riesz, für den Fall aufgestellt, daß die Koeffizienten und Lösungen gewissen Ungleichungen zu genügen haben. In der vorliegenden Arbeit soll gezeigt werden, daß der wesentliche Inhalt der betreffenden Bedingungen darin liegt, daß im Raum von abzählbar unendlich viel Dimensionen, in welchem die geometrische Interpretation des Gleichungssystems vor sich geht, eine Abstandsbestimmung vorliegt, für welche das „Dreiecksaxiom" gilt.

Helly betrachtet den Raum R_ω der komplexen Zahlenfolgen $x := (x_1, x_2, \ldots)$, greift einen linearen Unterraum heraus und nimmt an, auf ihm sei eine „Abstandsfunktion $D(x)$" mit *axiomatisch* festgelegten Eigenschaften definiert, in unserer Sprache eine *Norm*. Hier sehen wir übrigens noch viel deutlicher als bei Riesz, daß paradoxerweise die abstrakte Norm vor dem abstrakten Vektorraum da ist. Mit der Abkürzung $(u,x) := \sum_{k=1}^{\infty} u_k x_k$ erklärt er nun die „zu $D(x)$ polare Funktion $\Delta(u)$":

[1] Mathematik - mein Leben. Düsseldorf-Wien 1962. S. 57f.

[2] Riesz (1913), S. 117-120.

[3] Monatshefte für Math. und Physik **31** (1921) 60-91.

[4] Hahn und Helly wirkten übrigens damals beide in Wien.

Es sei $u=(u_1, u_2, u_3, \ldots)$ so beschaffen, daß (u,x) für alle x mit endlichem $D(x)$ konvergiert, und daß die obere Grenze der Werte von (u,x), wenn x auf das Gebiet $D(x)=1$ beschränkt wird, die so bezeichnet werden soll

$$\overline{|(u,x)|}_{D(x)=1},$$

endlich ist. Dann setzen wir

$$\Delta(u)=\overline{|(u,x)|}_{D(x)=1}.$$

Und es ergibt sich, wie in § 1, für beliebige x die fundamentale Ungleichung

$$|(u,x)| \leq \Delta(u)\, D(x). \tag{A}$$

Die u, für die $\Delta(u)$ existiert, bilden einen linearen Unterraum von R_ω, und die polare Funktion $\Delta(u)$ ist, in unserer Sprache, eine Halbnorm auf ihm. (A) zeigt, daß $x \mapsto (u,x)$ bei festem u eine stetige Linearform ist, und immer dann, wenn die Halbnorm $\Delta(u)$ sich sogar als Norm erweist, wird sie gerade die Norm dieser Linearform sein. Man sieht, wie Helly sich abmüht, einen zu dem Folgenraum der x-Punkte „dualen" (oder besser: „polaren") Folgenraum von u-Punkten zu konstruieren und mit einer „Abstandsbestimmung" auszustatten. Der Leser wird sich in diese Gedankengänge besser einfühlen können, wenn er an den Landauschen Konvergenzsatz denkt (s. Satz I in Beispiel 46.1), der ja in der Rieszschen Gleichungstheorie eine zentrale Rolle spielt, und die Darstellung der stetigen Linearformen auf l^p durch Elemente aus l^q beachtet (s. Beispiel 56.2). Hellys Konstruktion ist der Versuch, die Rieszsche Theorie aus dem l^p-Getto herauszuführen und so ihren eigentlichen Kern freizulegen. Wir werden noch einmal darauf zurückkommen müssen. Doch nun zu Hahn!

Hahn präsentierte den „Banachraum" genau im gleichen Jahr 1922, in dem Banachs Thèse in den Fundamenta Mathematica erschien, und kurioserweise war auch sein Hauptanliegen im wesentlichen das Banachsche: das Studium von Folgen linearer Operatoren und der Satz von der gleichmäßigen Beschränktheit, nur daß er sein Augenmerk nicht auf *allgemeine* lineare Operatoren, sondern nur auf *Linearformen* richtete.[1] Für sein Interesse an diesen Dingen gibt er, anders als Banach, auch eine Erklärung (S. 3):

> Anläßlich eines Referats über die Darstellung willkürlicher Funktionen durch Grenzwerte bestimmter Integrale (sog. singuläre Integrale) ... machte mich Herr J. Schur aufmerksam, daß die Theorie der singulären Integrale offenbar in enger Beziehung stehe zu seinen Untersuchungen über lineare Transformationen in der Theorie der unendlichen Reihen. Ich habe nun versucht, eine allgemeine Theorie aufzustellen, in der sowohl die Theorie der singulären Integrale, als auch die Untersuchungen von J. Schur als Spezialfälle enthalten sind. Diese Theorie möchte ich im folgenden kurz darstellen.

Hier taucht zum ersten Mal in der Funktionalanalysis ein ganz neuer Komplex von Problemen auf, der mit Integralgleichungen und unendlichen Gleichungssystemen – den bisherigen Motoren dieser jungen Disziplin – überhaupt nichts zu

[1] Über Folgen linearer Operationen. Monatsh. f. Math. u. Physik **32** (1922) 3–88.

tun hat, nämlich Probleme der *Limitierungstheorie* im weitesten Sinne (s. dazu Beispiel 46.2, das auch den Schurschen[1)] Ausdruck „lineare Transformationen in der Theorie der unendlichen Reihen" verständlich macht). Hahn verweist auf eine Arbeit von Schur (J. f. reine und angew. Math. **151** (1920)), in der ihrerseits eine von Steinhaus zu diesem Problemkreis angeführt wird. Steinhaus beschäftigte sich zur Zeit der Banachschen Dissertation mit Limitierungsfragen und mag in diesem Zusammenhang den jungen Forscher, mit dem zusammen er ohnehin schon eine Arbeit geschrieben hatte, auf die Wünschbarkeit eines „Prinzips der gleichmäßigen Beschränktheit" hingewiesen haben. Die aus dem gewohnten Rahmen fallende Stoßrichtung der Banachschen Thèse könnte auf diese Weise zustandegekommen sein. Wie dem auch sei: Bei Hahn jedenfalls führten neue Probleme der klassischen Analysis der aufstrebenden Funktionalanalysis frisches Blut zu: sie brachten Hahn auf den Begriff des „Banachraumes" und auf den Satz von der gleichmäßigen Beschränktheit.

Was den „vollständigen metrischen linearen Raum" betrifft, so knüpft Hahn bis hin zu den Bezeichnungen eng an Hellys oben erwähnte Arbeit an, die gerade vor einem Jahr (1921) erschienen war (und sagt es auch), ja im Grunde tut er nichts anderes, als der axiomatisch definierten *Norm* Hellys einen axiomatisch definierten *linearen Raum* zu unterlegen:

Unter einem linearen Raume verstehen wir eine Menge $\mathfrak{A}$ von Elementen a (den Punkten des Raumes) mit folgenden Eigenschaften:

1. Ist λ eine reelle Zahl und a ein Punkt von $\mathfrak{A}$, so gibt es in $\mathfrak{A}$ auch einen Punkt λa. Diese Multiplikation mit einer reellen Zahl genügt dem assoziativen Gesetz:

$$\lambda(\mu a)=(\lambda\mu)a.$$

Für $\lambda=0$ sind alle Punkte $0a$ identisch. Dieser Punkt heißt der Nullpunkt des Raumes und wird bezeichnet mit 0. Es ist $1\,a=a$, und $(-1)\,a$ setzen wir $=-a$.

2. Sind a und a' Punkte von $\mathfrak{A}$, so gibt es in $\mathfrak{A}$ auch einen Punkt $a+a'$. Diese Addition der Punkte ist assoziativ, kommutativ und zur Multiplikation mit reellen Zahlen distributiv:

$$\lambda a+\mu a=(\lambda+\mu)a\,;\quad \lambda(a+a')=\lambda a+\lambda a'.$$

Jedem Punkte a von $\mathfrak{A}$ sei eine Zahl $D(a)$ zugeordnet mit folgenden Eigenschaften:

1. Es ist $D(a)\geqq 0$, und zwar $D(a)=0$ dann und nur dann, wenn $a=0$.
2. $D(\lambda a)=|\lambda|\,D(a)$.
3. $D(a+a')\leqq D(a)+D(a')$.

Der „Abstand" zweier Punkte, der „Grenzbegriff" für Punktfolgen und die „Vollständigkeit" von $\mathfrak{A}$ werden in der uns vertrauten Weise definiert. $\mathfrak{A}$ soll stets vollständig sein. Wie er zu seinem Begriff des linearen Raumes gekommen ist, verrät uns Hahn leider nicht. Weder Peano noch Pincherle werden erwähnt. Wenn man sich aber vor Augen hält, daß 90% seiner 86seitigen Arbeit einer von Monotonie

[1)] Issai Schur, 1875–1941; 66.

nicht freien Anwendung des Satzes von der gleichmäßigen Beschränktheit auf sage und schreibe 21 fugen- und erbarmungslos aneinandergereihte Folgen- und Funktionenräume gewidmet ist, dann wird verständlich, daß sich das Bedürfnis nach einem Allgemeinbegriff „linearer Raum" schon aus Gründen der Selbsterhaltung übermächtig in ihm regen und ihn zur eigenen Erfindung des Vektorraumes treiben mußte. Wie wenig geläufig dieser Begriff im übrigen auf Jahre hinaus blieb, zeigt sich darin, daß Autoren wie Banach und Riesz es für nötig hielten, ihn noch um 1930 in ihren Arbeiten zu erläutern.

Hahn denkt sich nun $\mathfrak{A}$ mit einem „polaren Raum" $\mathfrak{B}$ durch eine „Fundamentaloperation" $U: \mathfrak{A} \times \mathfrak{B} \to \mathbf{R}$ verknüpft, die in der ersten Veränderlichen linear ist und für die durchweg

$$\Delta(b) := \sup_{D(a)=1} |U(a,b)| < \infty$$

bleibt. Es gilt dann, ähnlich wie bei Helly, die „fundamentale Ungleichung"

$$|U(a,b)| \leqslant D(a)\Delta(b).$$

Hahns Hauptsatz (S. 6) lautet nun so: *Damit die Operationsfolge $U(a,b_n)$ $(n=1, 2, \ldots)$ beschränkt sei in $\mathfrak{A}$, ist notwendig und hinreichend, daß die Folge $\Delta(b_n)$ $(n=1, 2, \ldots)$ beschränkt sei.* Den Beweis führt er, ähnlich wie Banach, mit der „Methode des gleitenden Buckels". Aus dem Hauptsatz gewinnt er dann einen Konvergenzsatz und einen Satz vom Banach-Steinhaus-Typ (S. 8f).[1] Damit ist der theoretische Teil im wesentlichen abgeschlossen, und es beginnt die lange Reihe der Anwendungen, in denen das eine Prinzip der gleichmäßigen Beschränktheit Licht in die allerverschiedensten Konvergenzsituationen bringt. Unwillkürlich muß man an die Worte denken, die Laplace 1792 an Lacroix geschrieben hat: *Le rapprochement des méthodes sert à les éclairer mutuellment, et ce qu'elles ont de commun renferme le plus souvent leur vraie métaphysique.*[2] Banach hatte es in seiner Dissertation an solchen Beispielen fehlen lassen, und dies mag der Grund dafür sein, daß in dem Bericht über seine Thèse im Jahrbuch über Fortschritte der Math. **48** (1921-22), S. 201, der Satz von der gleichmäßigen Beschränktheit überhaupt nicht erwähnt wird, ein Kuriosum eigener Art.

Wir kommen nun zu dem langen, zähen und schließlich dramatisch zugespitzten Ringen um den Satz von Hahn-Banach. Es beginnt untergründig schon mit der Rieszschen Behandlung der Momentenprobleme, und Helly hatte derselben bereits 1912 eine von ferne darauf hinweisende Deutung gegeben (s. die Ausführungen zu (133.3)). Nach der Entlassung aus russischer Kriegsgefangenschaft kehrte

---

[1] Den Satz von Banach-Steinhaus (Satz 40.4) findet man in der Arbeit von Banach-Steinhaus „Sur le principe de la condensation des singularités". Fund. Math. **9** (1927) 50-61. Dort wird auch der Banachsche Satz von der gleichmäßigen Beschränktheit noch einmal bewiesen, diesmal mit Hilfe eines *Kategorieargumentes*. Die Anregung dazu ist von S. Saks gekommen.

[2] Zitiert nach Pincherle: Le operazioni distributive ... Bologna 1901, S. I.

Helly zu diesem Gedankenkreis zurück, jetzt aber im Rahmen der Rieszschen Theorie des linearen Gleichungssystems

$$\sum_{k=1}^{\infty} a_{ik} x_k = c_i \quad (i=1,2,\ldots) \quad \text{mit} \quad (a_{i1}, a_{i2}, \ldots) =: a^{(i)} \in l^q$$
$$\left(q := \frac{p}{p-1}, p>1\right). \tag{134.1}$$

Ihr Hauptresultat lautete (mit unserer Symbolik): *Genau dann besitzt* (134.1) *eine Lösung* $x \in l^p$ *mit* $\|x\|_p \leqslant M$, *wenn die Ungleichung*

$$\left|\sum_{i=1}^{n} \mu_i c_i\right| \leqslant M \left\|\sum_{i=1}^{n} \mu_i a^{(i)}\right\|_q \tag{134.2}$$

für alle Zahlen μ_i *und jedes* n *erfüllt ist* (vgl. (133.2)). Wir haben schon berichtet, daß Helly 1921 daranging, den l^p durch einen unspezifizierten Unterraum X von R_ω mit irgendeiner Norm $D(x)$ zu ersetzen. Die Rolle des l^q sollte ein Unterraum U von R_ω übernehmen, der mit X durch die Bilinearform

$$(u,x) := \sum_{k=1}^{\infty} u_k x_k$$

verbunden war und eine „zu $D(x)$ polare Funktion" $\Delta(u)$ als „Abstandsbestimmung" erhielt – und zwar so, daß die „fundamentale Ungleichung" $|(u,x)| \leqslant \Delta(u) D(x)$ bestand. Helly sieht, wie 1912 im Falle des $C[a,b]$-Momentenproblems, daß der Rieszsche Lösungssatz für (134.1) auch so gedeutet werden kann: Genau dann gibt es auf l^q eine stetige Linearform L mit $L(a^{(i)}) = c_i$ für $i=1,2,\ldots$ und $\|L\| \leqslant M$, wenn (134.2) gilt. L ist die von $x := (x_1, x_2, \ldots) \in l^p$ erzeugte Linearform: $L(u) := (u,x)$ für alle $u \in l^q$, $\|L\| = \|x\|_p$ (vgl. Beispiel 56.2). Helly sieht aber auch, daß er bei der Übertragung dieses Satzes auf *sein* Gleichungssystem

$$(a^{(i)}, x) = c_i \quad (i=1,2,\ldots) \quad \text{mit} \quad a^{(i)} := (a_{i1}, a_{i2}, \ldots) \in U,\ x \in X \tag{134.3}$$

gewisse Abstriche hinnehmen und sein Anliegen so formulieren muß: Es bestehe die Ungleichung

$$\left|\sum_{i=1}^{n} \mu_i c_i\right| \leqslant M \Delta\left(\sum_{i=1}^{n} \mu_i a^{(i)}\right) \quad \text{für alle } \mu_i \quad \text{und jedes } n.$$

Nach Wahl von $M_1 > M$ suche man zunächst eine Linearform L auf U mit

$$L(a^{(i)}) = c_i \quad \text{für } i=1,2,\ldots \quad \text{und } |L(u)| \leqslant M_1 \Delta(u). \tag{134.4}$$

Gibt es tatsächlich ein solches L „und kann dann ferner gezeigt werden, daß sich diese Operation in der Form

$$L(u) = (u,p), \qquad D(p) \leqslant M_1 \tag{134.5}$$

darstellen läßt, so ist $x=p$ die gesuchte Lösung von [(134.3)]".

Helly zeigt nun, daß es jedenfalls immer dann eine (134.4) genügende Linearform L auf U gibt, wenn U bezüglich der „Abstandsbestimmung" $\Delta(u)$ separabel ist.[1] Dies ist der bisher energischste Griff nach dem Satz von Hahn-Banach. Dabei erkennt er als erster die tiefgreifende Bedeutung, die der *Konvexität* des „Aichkörpers" $\{x: D(x) \leqslant 1\}$ zukommt, er nennt seine Normen deshalb auch gerne „konvexe Abstandsfunktionen". Aufmerksam auf diese Dinge hat ihn Minkowskis „Geometrie der Zahlen" (Leipzig 1896) gemacht, und wir begegnen hier der merkwürdigen Tatsache, daß entscheidende geometrische Begriffe auf dem Umweg über die Zahlentheorie in die Funktionalanalysis eingeflossen sind.

Die Linearform L läßt sich jedoch fatalerweise nicht in allen Fällen auf die Form (134.5) bringen, „wohl aber existiert immer eine Darstellung $L(u) = \lim\limits_{\nu\to\infty} (u, q^{(\nu)})$."

Bei der Untersuchung der Frage, wann denn nun (134.5) doch zutreffe, gerät Helly u. a. auf die Forderung: „Die Beziehung zwischen $D(x)$ und $\Delta(u)$ sei wechselseitig", es gelte also

$$\text{nicht nur}\quad \Delta(u) = \sup_{D(x)=1} |(u,x)|, \quad \text{sondern auch}\quad D(x) = \sup_{\Delta(u)=1} |(u,x)|. \tag{134.6}$$

Der Leser erkennt mit einem einzigen Blick auf den Beweis des Satzes 57.1, daß hier etwas postuliert wird, was wir im Falle $U = X'$ als ein Resultat des Hahn-Banach-Theorems erhalten haben. Hahn selbst wird 1927 eng an diese Dinge anknüpfen. Aber bevor wir darauf zu sprechen kommen, müssen wir zuerst wieder nach Lemberg.

1923 erschien Banachs Habilitationsschrift *Sur le problème de la mesure.*[2] Gegenstand seiner Untersuchung ist das Hausdorffsche Maßproblem aus dem Jahre 1914 und eine Frage zum Begriff des Integrals, die Lebesgue 1905 aufgeworfen hatte – zwei harte Nüsse. Banach knackt sie mit Hilfe eines Fortsetzungssatzes. Er konstruiert zunächst einen geordneten Vektorraum von „Hyperfunktionen" (das sind Äquivalenzklassen, in die eine gewisse Ausgangsmenge reellwertiger Funktionen eingeteilt wird) und denkt sich dann auf einem Unterraum $\Omega(F)$ desselben – er nennt $\Omega(F)$ einen „Körper" (*corps*) – eine „additive" (= lineare) und nichtnegative Operation A gegeben ($A(F) \geqslant 0$ für alle $F \geqslant 0$ aus $\Omega(F)$). Und nun gelangt Banach zu dem folgenden

Théorème 16. *Si $\Omega(F)$ est un corps d'hyperfonctions contenant l'hyperfonction $F=1$ et s'il existe une opération additive et non négative, définie dans $\Omega(F)$, il existe une opération additive et non négative $\bar{A}(X)$, définie pour toute hyperfonction, et telle que $\bar{A}(X) = A(X)$, lorsque X appartient à $\Omega(F)$.*

Die *démonstration* enthält bereits alle wesentlichen Elemente, die 1929 in den Beweis seines Fortsetzungssatzes eingehen – den er dann umgekehrt dazu benutzen

---

[1] Über Systeme linearer Gleichungen mit unendlich vielen Unbekannten. Monatsh. f. Math. u. Physik **31** (1921) 60–91. S. dort S. 75ff.

[2] Fund. Math. **4** (1923) 7–33. Banach hatte sich 1922 in Lemberg habilitiert.

wird, um den Problemen seiner Habilitationsschrift eine höchst elegante Lösung zu geben (s. Banach (1932), S. 30–32). Man kann sich kaum des Gefühls erwehren, daß der Pole 1923 bloß die Hand auszustrecken brauchte, um das Haupttheorem der Funktionalanalysis zu ergreifen. Er tat es aber nicht. Der große Wurf gelang 1927 dem Österreicher Hans Hahn.

Dieser ist ohne Helly nicht zu denken, und deshalb sind wir so ausführlich auf den letzteren eingegangen. Die große Arbeit des achtundvierzigjährigen Hahn „Über lineare Gleichungssysteme in linearen Räumen"[1], in der er seinen Fortsetzungssatz präsentiert, ist sichtlich inspiriert von dem Hellyschen Lösungsversuch und Begriffsapparat aus dem Jahre 1921; auf den entscheidenden sieben Seiten 215–221 wird Helly denn auch viermal zitiert (und sonst niemand). Helly wollte den allzu engen l^p-Rahmen der Rieszschen Theorie sprengen, Hahn zerbricht den nicht viel weiteren der Hellyschen normierten Folgenräume und jener artifiziellen, zu eng an der l^p-Theorie orientierten polaren Gebilde: *sein* Rahmen ist der weite und natürliche des allgemeinen normierten Raumes und des zugehörigen Duals. Den normierten Raum hatte er schon 1922 geschaffen, und fast rührend ist es, wie er jetzt in einer Fußnote noch einmal daran erinnert, und doch Banach den Vorrang einräumen muß:

> [3]) Näheres über lineare Räume: *H. Hahn*, Monatsh. f. Math. u. Phys. 32, S. 3 und insbes. *St. Banach*, Fund. math. 3, 131.

Schon ein Jahr später prägte Fréchet das Wort „Banachraum" (*espace de Banach*),[2] und Hahns Anteil an diesem Begriff wurde ebenso wie der Wieners weitgehend vergessen. 1927 jedoch beharrt Hahn jedenfalls noch auf seiner (oder besser: der Hellyschen) Terminologie und Symbolik; insbesondere verschmäht er den Riesz-Banachschen Ausdruck Norm mitsamt dem Zeichen $\|x\|$ und redet lieber von einer „konvexen Maßbestimmung $D(x)$". Für das Weitere ist zu beachten, daß der „lineare Raum" $\mathfrak{R}$ bei Hahn ein Banachraum ist, daß der von einer Punktmenge $\mathfrak{A} \subset \mathfrak{R}$ aufgespannte lineare Raum die abgeschlossene lineare Hülle von $\mathfrak{A}$ bedeutet, daß eine „Linearform" definitionsgemäß stetig ist und ihre Norm „Steigung" genannt wird. Unmittelbarer Ausgangspunkt für den Beweis des Fortsetzungssatzes ist ein Theorem vom Riesz-Hellyschen Typ, und wie in einem plötzlichen Licht sieht man, daß die Wurzeln der funktionalanalytischen Hauptsache tief hinabreichen in die Rieszsche Gleichungstheorie der Jahre um 1910:

Satz II. *Sei $\mathfrak{A}$ eine Punktmenge des linearen Raumes $\mathfrak{R}$, und sei $\mathfrak{R}_0$ der von $\mathfrak{A}$ aufgespannte lineare Raum. Damit es zu der auf $\mathfrak{A}$ definierten Funktion $f_0(x)$ eine Linearform $f(x)$ in $\mathfrak{R}_0$ gebe, die auf $\mathfrak{A}$ mit $f_0(x)$ übereinstimmt und deren Steigung $\leq M$ ist, ist notwendig und hinreichend, daß*

[1] J. f. reine u. angew. Math. **157** (1927) 214–229.

[2] M. Fréchet: Les espaces abstraits. Paris 1928, S. 141.

für jede endliche Linearkombination $\lambda_1 x_1 + \lambda_2 x_2 + \cdots + \lambda_n x_n$ aus Punkten von $\mathfrak{A}$ die Ungleichung bestehe:

(2) $|\lambda_1 f_0(x_1) + \lambda_2 f_0(x_2) + \cdots + \lambda_n f_0(x_n)| \leqq M D(\lambda_1 x_1 + \lambda_2 x_2 + \cdots + \lambda_n x_n)$.

Durch transfinite Induktion (wir Heutigen bevorzugen das Zornsche Lemma) ergibt sich daraus das Resultat, das Hahns Namen unsterblich gemacht hat:

Satz III. *Sei $\mathfrak{R}_0$ ein vollständiger linearer Teilraum von $\mathfrak{R}$ und $f_0(x)$ eine Linearform in $\mathfrak{R}_0$ der Steigung M. Dann gibt es eine Linearform $f(x)$ in $\mathfrak{R}$ der Steigung M, die auf $\mathfrak{R}_0$ mit $f_0(x)$ übereinstimmt.*

Die Vollständigkeitsvoraussetzungen sind belanglos. Und jetzt ergibt sich mit einem Schlag der Riesz-Hellysche Lösungssatz in voller Allgemeinheit:

Satz IV. *Sei $\mathfrak{A}$ eine Punktmenge des linearen Raumes $\mathfrak{R}$. Damit es zu der auf $\mathfrak{A}$ definierten Funktion $f_0(x)$ eine Linearform $f(x)$ in $\mathfrak{R}$ gebe, die auf $\mathfrak{A}$ mit $f_0(x)$ übereinstimmt, und deren Steigung $\leqq M$ ist, ist notwendig und hinreichend, daß für jede endliche Linearkombination aus Punkten von $\mathfrak{A}$ Ungleichung* (2) *gelte.*[1]

Ohne Mühe folgen nun die unentbehrlichen Aussagen:

Satz IV a. *Ist der vollständige lineare Raum $\mathfrak{R}_0$ echter Teil von $\mathfrak{R}$, so gibt es eine nicht identisch verschwindende Linearform in $\mathfrak{R}$, die in allen Punkten von $\mathfrak{R}_0$ den Wert* 0 *hat.*

Satz V. *Zu jedem Punkte $a\,(\neq 0)$ von $\mathfrak{R}$ gibt es eine Linearform der Steigung* 1, *die im Punkte a den Wert $D(a)$ annimmt.*

Auf der „Menge $\mathfrak{S}$ aller Linearformen $u = f(x)$ im Raume $\mathfrak{R}$" erweist sich

$$\Delta(u) := \text{Steigung der Linearform } u$$

als eine „konvexe Maßbestimmung" - dies ist die nunmehr ausgereifte „zu $D(x)$ polare Funktion" Hellys. Während Helly noch der täuschenden Verlockung der *Folgen*räume erlegen war, hat sich Hahn ihr einfach dadurch entzogen, daß er zum *abstrakten* normierten Raum überging, der keinerlei Handhabe mehr bot zur *ad hoc*-Konstruktion eines „polaren Raumes", sondern nur noch den gleichsam von der Natur dargebotenen Raum $\mathfrak{S}$ aller Linearformen neben sich erlaubte. $\mathfrak{S}$ ist der „wahre" *polare* Raum - und Hahn nennt ihn auch so. Damit ist der Dual geboren. Es zeigt sich, daß $\mathfrak{S}$ ein „Banachraum" ist und $\mathfrak{R}$ dank der hier tatsächlichen erfüllten Forderung (134.6) von Helly als Unterraum des zu $\mathfrak{S}$ polaren Raumes aufgefaßt werden kann. Diese Tatsache gibt Hahn dann schließlich noch die Definition der „regulären" (= reflexiven) Räume ein.

Mit seinem Instrumentarium kann Hahn nun ohne sonderliche Mühe den ganzen Riesz-Hellyschen Fragenkomplex einer abschließenden Lösung zuführen. Die Funktionalanalysis hatte das zweite ihrer allgemeinen Prinzipien gewonnen, und dieses hatte in der Hahnschen Arbeit auch schon seine Feuerprobe bestanden.

[1] Damit ist die Ungleichung (2) in dem o.a. Satz II gemeint.

Nun begannen die Ereignisse sich zu überstürzen. 1926 hatte Steinhaus den gerade volljährigen Mazur auf einige Probleme der Limitierungstheorie hingewiesen. 1927, im Jahr des Hahnschen Fortsetzungssatzes, offenbarte der Frühreife dem Ersten Kongreß der Polnischen Mathematischen Gesellschaft, man könne ausnahmslos jeder beschränkten Zahlenfolge in vernünftiger Weise einen „Limes“ zuordnen (s. A 36.4).[1] Dieser „Banach-Limes“, der eigentlich ein „Mazur-Limes“ ist, ergab sich, wenn man das Limesfunktional durch transfinite Induktion von (c) auf l^∞ fortsetzte. Wie schon Banach vor vier Jahren, so hatte jetzt der blutjunge Mazur die Klinke der Tür zum Fortsetzungssatz in der Hand - aber er drückte sie nicht nieder.

Das tat schließlich Banach selbst. Sein eigener Fortsetzungssatz von 1923, der Mazursche von 1927 und die Riesz-Hellysche Gleichungs- oder Momententheorie[2] mögen ihm die beiden Arbeiten eingegeben haben, mit denen er die erste Nummer der von ihm und Steinhaus gegründeten Zeitschrift Studia Mathematica schmückte: *Sur les fonctionnelles linéaires* und *Sur les fonctionnelles linéaires* II.[3] Die erste bringt den Fortsetzungssatz für reelle normierte Räume, also eine Reprise des Hahnschen Satzes, und Anwendungen auf das Approximations- und Momentenproblem (s. Aufgaben 2 und 3 in Nr. 36). Die zweite dringt vor zu dem Fortsetzungssatz, den wir in A 36.1 kennengelernt haben und der später im Komplex der Trennungssätze und lokalkonvexen Räume eine tragende Rolle spielen sollte. Aber damit nicht genug. Banach erkennt und nutzt die neuen Möglichkeiten in ganz anderem Maß als Hahn. Von der Warte des topologischen Dualsystems (E, E') aus sieht er, was in Tat und Wahrheit hinter den transponierten Substitutionen und Funktionaloperationen einer früheren Zeit steht, stößt vor zum modernen Begriff des konjugierten Operators,[4] gewinnt unsere Sätze 55.6 und

[1] Über Summationsmethoden (in Polnisch). Ksiega Pamiatkowa I Polskiego Zjazdu Matematycznego. Lwów 1927. Abgedruckt im Supplément aux Annales de la Soc. Polonaise de Math. (1929) 102-107.

[2] Die allgemeine Lösung des Momentenproblems (s. A 36.3) ist die allererste Anwendung, die Banach von seinem Fortsetzungssatz macht.

[3] Studia Math. **1** (1929) 211-216, 223-239.

[4] Er redet von der zur linearen Operation U „adjungierten Operation“ (*opération adjointe*) und bezeichnet sie mit $\overline{U}$. In diesem Zusammenhang ist es interessant, daß Pincherle schon 1897/98 zu einer *operazione distributiva A* eine *operazione aggiunta* erklärt und wie später Banach mit dem Symbol $\overline{A}$ bezeichnet hatte; seiner Definition liegt ein topologiefreies Dualsystem zugrunde (s. Opere scelte II, S. 77-79, dazu seine „Operazioni distributive“ (1901), S. 184-195 und den Artikel von 1905 in der Encyklopädie der math. Wiss. II A 11, S. 778; die einschlägige Stelle haben wir bereits auf S. 611 zitiert). Die in der angloamerikanischen Literatur heute noch gebräuchliche Bezeichnung U^* für den zu U „konjugierten“ Operator stammt ebenso wie dieser Terminus selbst und das Symbol X^* für den zu X topologisch dualen Raum von Mazur (s. Studia Math. **2** (1930) 12f). Banach hat sich mit diesen Mazurschen Kreationen nicht recht befreunden können und ist nach kurzem Schwanken (Studia Math. **2** (1930) 210) bei seiner alten Symbolik geblieben (s. Banach (1932), S. 100).

57.3 zusammen mit einer Lösbarkeitsbedingung (unausgesprochen also den vollen Inhalt des zentralen Satzes 55.7) und entdeckt so die eigentliche Quelle des Rieszschen „Umkehrtheorems" für „lineare Transformationen der Klasse [L^p]", das wir auf S. 638 gebracht haben. Ein vierzeiliger Beweis liefert ihm nun den Satz 39.4 von der stetigen Inversen in die Hände – und damit das dritte der großen funktionalanalytischen Prinzipien,[1] bemerkenswerterweise als eine Frucht des Fortsetzungssatzes: eine reiche Ernte!

Die Banachsche Arbeit (II) war am 6. 6. 1929 bei der Redaktion eingegangen. Neun Tage später erschien dort ein Manuskript des dreißigjährigen Schauder, Mitglied des engeren Kreises um Banach, mit dem Titel „Über die Umkehrung linearer, stetiger Funktionaloperationen"[2]. Banach hatte Schauder schon vor der Publikation seinen Inversensatz mitgeteilt, und Schauder macht sich nun daran, einen „direkten Beweis" (unabhängig vom Fortsetzungssatz) zu erbringen. Banach war von Saks auf die Kraft des Baireschen Kategoriesatzes hingewiesen worden (s. Fußnote 1 auf S. 650), er leistet Schauder nun denselben Dienst, und es gelingt seinem Schüler tatsächlich, den Satz von der stetigen Inversen mit einem Kategorieargument zu beweisen. Der Satz von der offenen Abbildung (Satz von Banach-Schauder) fällt dabei gewissermaßen als Nebenprodukt ab.

Mit den beiden Banachschen Arbeiten in den Studia Math. 1 von 1929 waren die funktionalanalytischen Schleusen geöffnet. Das zeigt schon die Nummer 2 der Studia Math. (1930). Da findet sich eine Arbeit des inzwischen fünfundzwanzig Lenze zählenden Mazur „Über Nullstellen linearer Operationen", in der es um die Beziehung zwischen dem Nulldefekt einer linearen Operation und dem ihrer gerade geschaffenen Konjugierten geht (Eingangsdatum 11. 10. 1929); eine weitere desselben Autors mit dem Titel „Eine Anwendung der Theorie der Operationen bei der Untersuchung der Toeplitzschen Limitierungsverfahren" (Eingangsdatum 28. 1. 1930), in der er an entscheidender Stelle ein Funktional „nach einem Satz von Herrn S. Banach" fortsetzt; die berühmte Arbeit von Schauder „Der Fixpunktsatz in Funktionalräumen" (Eingangsdatum 19. 4. 1930), in der er nach zwei Anläufen im Jahre 1927[3] nun drei Fixpunktsätze in ihrer „vorläufig endgültigen" Fassung beweist; für den dritten benötigt er das Banachsche Fortsetzungsinstrumentarium. Dann die brillante Schaudersche Arbeit „Über lineare, vollstetige Funktionaloperationen" (Eingangsdatum 7. 7. 1930, Hauptinhalt schon vorgetragen am 8. 6. 1929), in der die „Riesz-Schaudersche Theorie" der kompakten Operatoren und ihrer Konjugierten entwickelt wird (s. Nr. 79). Und schließlich noch eine Note von Banach selbst: „Über einige Eigenschaften der lakunären trigo-

[1] Der Satz von der stetigen Inversen ist in durchsichtiger Weise äquivalent zu dem Satz 39.2 von der offenen Abbildung (Satz von Banach-Schauder), den man heutzutage dem Inversensatz voranzustellen pflegt: die eine Implikationsrichtung ist ganz trivial (s. unseren Beweis des Inversensatzes), die andere fast trivial (man braucht sich nur des Satzes 37.5 zu bedienen).

[2] Studia Math. **2** (1930) 1–6.

[3] Math. Z. **26** (1927) 47–65 und 417–431.

nometrischen Reihen", die ganz und gar von seiner Theorie der Konjugierten lebt.

Die Inhaltsverzeichnisse der beiden ersten Studia-Nummern sind für den Funktionalanalytiker das, was für den Gourmet die Weinkarte bei Bocuse ist.

Der Fortsetzungssatz hatte seinen Wert aufs deutlichste bewiesen. Es war, als sei die Funktionalanalysis zum zweiten Mal geboren. Banach durfte stolz sein.

Aber über dem munteren Lemberger Treiben zog sich ein Gewitter zusammen, nicht das Gewitter der Weltwirtschaftskrise, die mit dem großen Kurssturz in New York am 24. 10. 1929 begann, fast genau ein halbes Jahr nach dem Eingang der Banachschen Arbeit *Sur les fonctionnelles linéaires* bei der Redaktion (28. 4. 1929), und deren Spätfolgen für Lemberg allerdings verheerend genug sein sollten, sondern das Gewitter der Priorität. Irgendwann mußten die Hahnschen Resultate von 1927 in Lemberg bekannt werden; letzten Endes waren sie ja nicht in einer Winkelzeitschrift erschienen, sondern in Crelle's ehrwürdigem „Journal für die reine und angewandte Mathematik". Am 28. 1. 1930 (die Daten sind die o. a. Eingangsdaten), am 28. 1. 1930 also konnte Mazur noch seine Funktionale „nach einem Satz von Herrn S. Banach" fortsetzen; am 19. 4. 1930 schreibt Schauder in einer begründenden Fußnote:[1]

Diese Tatsache folgt aus einem Erweiterungssatz für Funktionale, welchen Herr Banach bewiesen hat: Sur les fonctionnelles linéaires I, Stud. Math. 1 (1929) p. 211–216. Für separable Räume wurde ein analoger Satz von Helly bewiesen: Berichte der Wiener Akad. d. Wissensch. IIa, 121 (1912) p. 265.

Drei Monate später bricht das Gewitter aus: Am 7. 7. 1930 läßt Schauder einen Satz mit den Worten beginnen:[2] „Umgekehrt gibt es nach einem Erweiterungssatz des Herrn Hahn ..." und fügt die folgende Fußnote an:

H. Hahn, Über lineare Gleichungssysteme in linearen Räumen, Journ. f. reine und angew. Math. 157 (1927) p. 214–229; insbes. p. 217, Satz III. Vgl. auch S. Banach, Sur les fonctionnelles linéaires I, Studia Math. 1 (1929) p. 211–216.

Noch zweimal benutzt er den „Erweiterungssatz des Herrn Hahn". Die Prioritätskatastrophe um das Hauptfaktum der Funktionalanalysis war da.

Banach wird nicht wenig bestürzt gewesen sein, nicht zuletzt deshalb, weil der unschätzbare Wert des Fortsetzungssatzes inzwischen so deutlich zutagegetreten war. Aber der Lemberger war ein Mann voll Energie und Realismus, und wußte, daß und wie gerade diese Situation bereinigt werden mußte. Am 15. 10. 1930 ging bei der Redaktion der Studia Mathematica eine lapidare Mitteilung ein, die wir ihres dokumentarischen Wertes wegen in vollem Wortlaut bringen wollen:

---

[1] Studia Math. 2 (1930) 179.

[2] Studia Math. 2 (1930) 188.

Reconnaissance du droit de l'auteur

par

S. BANACH (Lwów).

Après avoir publié ma Note „*Sur les fonctionnelles linéaires*" dans le t. 1 de ce journal (p. 211-216), j'ai aperçu que des résultats analogues ont étés obtenus antérieurement par M. H. Hahn et publiés dans son Mémoire „*Über lineare Gleichungen in linearen Räumen*" dans le „Journal für reine und angewandte Mathematik" Bd. 157 (1927) p. 214-229.

(Reçu par la Rédaction le 15. 10. 1930).

1932 erschien Banachs Buch *Théorie des opérations linéaires*, das wie kein anderes die Funktionalanalysis geprägt und sie zum Rang einer eigenständigen mathematischen Disziplin erhoben hat. Sie hatte es nötig, Profil zu gewinnen. In den Inhaltsverzeichnissen der Jahrbücher über die Fortschritte der Mathematik taucht sie zum ersten Mal 1925 (Bd. 51) auf; das Kapitel 7 des vierten Abschnitts trägt die Überschrift: „Integralgleichungen. Funktionen unendlich vieler Veränderlicher. Funktionalanalysis." Im vorhergehenden Band 50 des Jahres 1924 hatte es an dieser Stelle noch geheißen: „Integralgleichungen und verwandte Funktionalgleichungen. Funktionen unendlich vieler Veränderlichen". In Hellinger-Toeplitz (1927) wird „Funktionalanalysis" überhaupt nicht und Banach nur einmal erwähnt: in einer Fußnote auf S. 1469. Auch die *analyse fonctionnelle* fristet ihr Leben kümmerlich genug in einem mageren Fußnotenhinweis auf zwei Bücher von P. Lévy (S. 1466). Und dies, obwohl über der ganzen Nr. 24 „Lineare Funktionaloperationen" in unbestimmten Umrissen die Idee des Banachraumes und seiner linearen Transformationen schwebt - eine Idee, die in Lemberg schon Gestalt gewonnen hatte und nur benutzt zu werden brauchte. Als bloßes Kuriosum mag hingehen, daß 1934 in einem Nachruf auf Hahn[1] dessen Arbeit von 1927 zwar besprochen, der Fortsetzungssatz aber keines Wortes gewürdigt wird.

Banachs Buch ist ein Monument der „Lemberger Schule": es findet sich kaum ein Theorem in ihm, das nicht vom Meister selbst oder einem Mitglied seines Kreises stammt: von Mazur, Orlicz, Schauder, Steinhaus, Ulam, um nur einige hier zu nennen. „*It represents a noteworthy climax of long series of researches started by Volterra, Fredholm, Hilbert, Hadamard, Fréchet, F. Riesz, and successfully continued by Steinhaus, Banach and their pupils. In a short review it is impossible to give even an approximate idea of the richness and importance of the material, entirely new to a large extent, which is gathered in this book.*" So J. D. Tamarkin in seiner Besprechung des Banachschen *chef-d'oeuvre.*[2]

An seiner Abfassung hat Banachs engster Mitarbeiter, Mazur, einen wesentlichen Anteil. Leider kamen die bedeutenden Ergebnisse, die dieser in seiner Veröffent-

---

1) Monatsh. f. Math. u. Physik **41** (1934) 221-238.

2) Bull. Amer. Math. Soc. **40** (1934) 13-16.

lichung „Über konvexe Mengen in linearen normierten Räumen“[1] finden sollte, zu spät, um in dem Buch aufgenommen zu werden. In dieser Arbeit entdeckt der noch nicht Dreißigjährige, wie vor ihm Helly, die fundamentale Rolle der konvexen Mengen und wird zum Vater des von ihm so genannten „Minkowskischen Funktionals“ und der Trennungssätze (s. Nr. 42).[2]

Beginnend mit seiner Dissertation beruht Banachs Werk auf einer besonders glücklichen Verschmelzung der abstrakt-*linearen* mit der abstrakt-*metrischen* Struktur im Medium der Norm. Einer besonders glücklichen - denn man kann ja auch anders verschmelzen, ohne Norm, und Banach selbst hat neben dem *espace du type* (B) auch noch den allgemeineren *espace du type* (F) geschaffen. Energisch arbeitet der Hellsichtige den Baireschen Kategoriesatz und seinen eigenen Fortsetzungssatz als die beiden tragenden Säulen der Funktionalanalysis heraus, und hierbei tritt die besondere Begnadung der B-Räume unübersehbar zutage: in ihnen nämlich gilt *jeder* der beiden Sätze, in F-Räumen nur noch der Bairesche.[3] Aber von supremer Bedeutung ist schon der Akt der Verschmelzung selbst. Peano und Pincherle hatten sich mit dem bloß-Algebraischen begnügt. Gewiß, Peano hatte bereits die Notwendigkeit eines „topologischen“ Elementes empfunden: als er nicht ohne Verwegenheit für einen beliebigen Endomorphismus R eines linearen Systems die Definition

$$e^R = 1 + R + \frac{R^2}{2!} + \frac{R^3}{3!} + \cdots$$

hinschreibt, fügt er sofort hinzu: *Si suppongono estese agli enti lineari e alle trasformazioni le definizioni di serie, convergenza, e loro somma.*[4] Aber mit diesen sibyllinischen Worten läßt er es gut sein. Fréchet seinerseits hatte es bei dem bloß-Metrischen bewenden lassen: „Er hielt auch diese Vektorsysteme nicht für besonders wichtig“, erzählt Wiener.[5] Riesz führte zwar das lineare und metrische Element zusammen, aber immer nur im Rahmen konkreter Folgen- und Funktionenräume und begnügte sich mit der für ihn charakteristischen Wendung, der Leser werde die allgemeine Verwendbarkeit der Methoden leicht erkennen können. Erst Banach hat all diese Dinge ins reine gebracht und auf der selbstgeschaffenen Basis dann ein imposantes Gebäude errichtet.

---

1) Studia Math. 4 (1933) 70–84.

2) Eine Würdigung des Mazurschen Werkes aus der Feder von G. Köthe ist unter dem Titel „Stanislaw Mazur's contributions to functional analysis“ in Math. Ann. 277 (1987), no. 3, 489–528 erschienen.

3) Deshalb hat man später den F-Raum umdefiniert: er soll nicht nur die von Banach geforderten Eigenschaften haben, sondern auch noch lokalkonvex sein, so daß auch jetzt wieder der Fortsetzungssatz gilt (s. Nr. 65).

4) Calcolo geometrico. Torino 1888, S. 150.

5) Mathematik - mein Leben. Düsseldorf–Wien 1962, S. 57.

Allein, auch an dieser Kraftnatur zeigt sich die Beschränktheit des Menschen, dem nicht alles auf einmal geschenkt wird. Neben dem Kategorie- und Fortsetzungssatz gibt es noch ein drittes funktionalanalytisches Hauptfaktum: die Neumannsche Reihe - sie aber erscheint bei Banach zwar episodisch in seiner Thèse, aus seinem Meisterwerk jedoch bleibt sie verbannt.

Und aus schlimmem Grund ist sie dort tatsächlich fehl am Platz: die Neumannsche Reihe nämlich zeigt ihre Kraft erst in *komplexen* Banachräumen, die sich anders als die reellen den funktionentheoretischen Methoden öffnen - Banach aber findet nie aus den *reellen B*-Räumen heraus, ungeachtet der Rieszschen und Wienerschen Fingerzeige, und läßt so ohne Not ein fruchtbares Feld unbeackert liegen.

Nicht weniger befremdlich mutet uns Heutige an, daß Banachs intensives Studium der schwachen Konvergenz ihn nirgendwo zur schwachen Topologie vordringen ließ. Er wußte sehr wohl, daß schwach konvergente Folgen ein ungeeignetes Mittel sind, um Situationen der später so genannten „schwachen Topologie" zu beherrschen, er kannte Hausdorffs „Grundzüge der Mengenlehre" (1914), in denen der Begriff des topologischen Raumes geschaffen, die Inadäquatheit des Folgeninstrumentariums denunziert und ein Ausweg gezeigt worden war - und schließlich hätte er bei der Abfassung seines Buches auch schon die Arbeit des jungen Johann von Neumann (1903-1957; 54) in den Mathematischen Annalen des Jahres 1930 kennen müssen, wo *expressis verbis* die „schwache Topologie" (jedenfalls für Hilberträume) eingeführt und die schwache Folgenkonvergenz als Konvergenz im Sinne ebendieser Topologie entlarvt worden war.[1] Auch war die allgemeine Topologie in Lemberg keineswegs ein Fremdkörper: dort wirkte Kuratowski und brachte 1933, ein Jahr nach Banachs Buch, seine *Topologie* I heraus, und dort schrieb Banach schon 1929 gemeinsam mit diesem Kuratowski eine Arbeit, der 1933 noch eine zweite Koproduktion folgte. Ungeachtet dieser Häufung günstiger Umstände gibt es bei Banach keine schwache Topologie, stattdessen gibt es aufwendige transfinite Konstruktionen, die dem Test der Zeit nicht standgehalten haben. Es bestätigt sich wieder, was die Geschichte der Funktionalanalysis so oft lehrt: daß sich das Einfache nicht leicht ergreifen läßt, und daß es seine Einfachheit erst zeigt, nachdem irgendjemand es tatsächlich ergriffen hat.[2]

Wir haben eben J. v. Neumann erwähnt und sollten hinzufügen, daß ihm 1928 die Definition des abstrakten Hilbertschen Raumes gelang, wobei er allerdings, um dicht am l^2 und L^2 zu bleiben, die zusätzliche Forderung der Separabilität und der unendlichen Dimension erhob.[3] Die Separabilität wurde dann 1934 von F. Rel-

---

[1] Zur Algebra der Funktionaloperationen und Theorie der normalen Operatoren. Math. Ann. **102** (1930) 370-427; s. S. 379.

[2] Man mag die weitere Lehre daraus ziehen, daß produktive Forschung allemal die beste Hochschuldidaktik ist.

[3] Allgemeine Eigenwerttheorie Hermitescher Funktionaloperatoren. Math. Ann. **102** (1930) 49-131. Eingangsdatum: 15. 12. 1928. S. bes. S. 63-66.

lich preisgegeben, der übrigens auch noch die Vollständigkeit des Raumes als überflüssig erkannte, solange es nur um das Studium symmetrischer kompakter Operatoren ging, und der somit zum Schöpfer des Innenproduktraumes wurde.[1)]

Die letztgenannte Arbeit J. v. Neumanns ist der Ursprung der modernen Spektraltheorie selbstadjungierter Operatoren. Die Anregung zu ihr empfing der Dreiundzwanzigjährige in Göttingen, als er 1926 Hilberts Assistent wurde. Im Vorjahr war dort unter der Federführung des vierundzwanzig Jahre alten Heisenberg die Quantenmechanik ausgebrochen (die „Physik der Zwanzigjährigen" nannte man sie), beruhend auf hausgemachten „Multiplikationsregeln für quadratische Schemata". Was hier mathematisch vor sich ging, wußte niemand so recht – bis v. Neumanns Spektraltheorie das Chaos ordnete. In den USA beschäftigte sich gleichzeitig M. H. Stone mit diesen Problemen und brachte 1932, im Jahre der Banachschen *Théorie des opérations linéaires*, ein Buch heraus, das wie das Banachsche klassisch wurde: *Linear Transformations in Hilbert Space and Their Applications to Analysis*. 1932 war ein großes Jahr für die Funktionalanalysis. Mit ihm wollen und dürfen wir unseren Bericht beenden, denn mehr als einen Blick auf die *werdende* Funktionalanalysis haben wir nicht versprochen. Nur ein Wort über den Menschen Banach und den Aufstieg und Untergang der „Lemberger Schule" sei uns zum Schluß noch vergönnt.[2)]

Als man Steinhaus nach seiner größten mathematischen Entdeckung fragte, antwortete er knapp: „Stefan Banach." Er entdeckte ihn an einem Sommerabend des Jahres 1916 im Park von Krakau, als von einer Bank das Wort „Lebesguesches Integral" an sein Ohr drang. Zwei junge Männer unterhielten sich über Mathematik: der eine war Stefan Banach, der andere Otto Nikodym. Der nicht viel ältere Steinhaus nahm sich der beiden an.

Banach kam aus ärmlichen Krakauer Verhältnissen. Sein Vater hieß Greczek und übergab ihn gleich nach der Geburt einer Waschfrau namens Banach. Seine Mutter hat er nie gekannt, seinen Lebensunterhalt verdiente er sich ab dem Alter von fünfzehn Jahren mit Nachhilfestunden. Von 1910–1914 besuchte er die Polytechnische Schule in Lemberg. Ohne reguläres Universitätsstudium und ohne Examina (er hatte eine tiefsitzende Abneigung gegen Prüfungen) promovierte er 1920 an der Universität Lemberg zum Doktor der Philosophie. Seiner Dissertation waren schon mehrere Veröffentlichungen vorausgegangen. 1922 habilitierte er sich, zwei Monate später wurde er zum außerordentlichen, 1927 zum ordentlichen Professor für Mathematik an der Universität Lemberg ernannt. 1929 gründete er mit

---

1) Spektraltheorie in nicht-separablen Räumen. Math. Ann. **110** (1935) 342-356. Eingangsdatum: 9. 1. 1934. Fast gleichzeitig ließ auch H. Löwig die Separabilität fallen: Komplexe euklidische Räume von beliebiger endlicher oder unendlicher Dimensionszahl. Acta Sci. Math. Szeged 7 (1934) 1-33. Eingangsdatum: 24. 2. 1934.

2) S. dazu: Stefan Banach: Oeuvres I (Warszawa 1967), S. 11-12 (Lebenslauf), S. 13-22 (H. Steinhaus: Stefan Banach). Ferner: H. Steinhaus: Souvenir de Stefan Banach, Colloq. Math. **1** (1948) 72-80. S. Ulam: Stefan Banach 1892-1945, Bull. Amer. Math. Soc. **52** (1946) 600-603.

Steinhaus die Studia Mathematica, die das Ziel verfolgten, *„de grouper avant tout les recherches concernant l'analyse fonctionnelle et ses applications"*.[1] Das Journal wurde zum Hauptorgan der glänzenden „Lemberger Schule".

Diese Schule darf man getrost im Juni 1920, dem Monat der Banachschen Promotion, beginnen lassen. Sie bestand, wie jede Schule, zunächst nur aus dem Schuloberhaupt: dem achtundzwanzigjährigen Banach. Etwa 1923 stieß der fünf Jahre ältere Banach-Entdecker Steinhaus dazu. Und dann kam das genialische junge Volk: die Mazur, Orlicz, Schauder und Ulam, dazu die Auerbach, Eidelheit, Kaczmarz und Schreier. Kuratowski in Lemberg und Saks in Warschau waren Sympathisanten; mit jedem der beiden hat Banach zwei Arbeiten geschrieben. 1929 erhielt die Schule ihr Verkündigungsvehikel: die *Studia Mathematica*, 1932 ihre Heilige Schrift: die *Théorie des opérations linéaires*. 1936 kam die weltweite Anerkennung, als Banach auf dem Internationalen Mathematikerkongreß in Oslo einen Hauptvortrag hielt über „Die Theorie der Operationen und ihre Bedeutung für die Analysis".

„Lemberg, heitere Stadt" heißt der Titel eines Buches aus dem Jahre 1938. Die Lemberger Schule jedenfalls war heiter genug. Sie traf sich nicht im Hörsal und nicht im Seminarraum –

> in diesen Mauern, diesen Hallen,
> will es mir keineswegs gefallen

hätte sie wie der Schüler im „Faust" sagen können – sie traf sich im Schottischen Café, denn Banach hatte einen *goût prononcé pour la vie de café* (Steinhaus). Dort saß man möglichst dicht bei der Kapelle (Banach konnte Lärm auch in der Form von Musik ertragen) und trieb Mathematik, trieb sie endlos und war nach Salomos Rat „fröhlich in seiner Arbeit." Ulam erzählt, eine dieser Diskussionen (mit ihm, Banach und dem Lieblingsjünger Mazur) habe sich über geschlagene siebzehn Stunden hingezogen. *„It was hard to outlast or outdrink Banach during these sessions"* fügt er anerkennend hinzu. Die Mathematik wurde mit einem Fettstift auf die Marmorplatte des Tisches geschrieben. Der Ärger der Kellner über die Schmierereien brachte Banach dazu, ein großes, steifgebundenes Heft anzuschaffen, das im Schottischen Café deponiert wurde und in das man von nun an die Probleme und Lösungen eintragen konnte: das berühmte „Schottische Buch", ein kostbares Unikum der mathematischen Literatur.

Banach war ein Bohemien, der denn auch in erhebliche Geldverlegenheit geriet – aber einer von eigener Art. Er fühlte sich nicht als Mitglied einer intellektuellen Schickeria, sondern eingedenk seiner Herkunft stets als Mann des Volkes. Komfort kümmerte ihn nicht. Und anders als der landläufige Bohemien war er ein zäher Arbeiter. *„Banach"*, schreibt Steinhaus, *„Banach savait travailler. Pour cela, il n'avait besoin ni de silence de son cabinet, ni de splendides bibliothèques, ni d'heures choisies, ni de moments oppertuns. Il savait travailler au café et à la prome-*

---

[1] Banach (1932), S. VII.

nade, le matin et le soir". Seine erbärmliche Kindheit mag für jenen skeptischen Realismus verantwortlich sein, der ihn sagen ließ, die Hoffnung sei das Merkmal der Armen im Geiste. Man entdeckte denn auch in ihm eine „brutale Klarheit des Denkens". Daß er politischen Propheten mit Reserve begegnete, braucht nicht zu verwundern.

„Lemberg, heitere Stadt": das war 1938. Ein Jahr später kam der Hitler-Stalin-Pakt und der deutsch-russische Angriff gegen Polen. Die Sowjets besetzten Lemberg und wüteten mörderisch unter der Intelligenz und Geistlichkeit. 1940 erschien die vorläufig letzte Nummer der Studia Mathematica.

Am 22. Juni 1941, es war ein Sonntag, brach der deutsche Ansturm gegen den russischen Partner los. Am 30. Juni wurde Lemberg von der 17. Armee unter General v. Stülpnagel genommen. Am 4. Juli trieb ein Gestapokommando mehr als dreißig Professoren der höheren Lehranstalten Lembergs zu einer Sandgrube und schoß sie nieder, unter ihnen Lomnicki, der Banach 1920 eine Assistentenstelle verschafft, und Ruziewicz, mit dem zusammen er 1922 eine Arbeit veröffentlicht hatte.

Die Eroberer hatten den Einfall, dem Manne, der vor fünf Jahren in Oslo vor einem internationalen Auditorium in deutscher Sprache über die Theorie der Operationen gesprochen hatte, die Pflege der Läuse in einem Seruminstitut anzuvertrauen.

Er durfte sich glücklich schätzen. Aus dem Kreise seiner Schüler war Kaczmarz schon 1939 gefallen, Auerbach, Eidelheit, Schauder und Schreier sollten 1943 von der Gestapo ermordet werden. Dem Freunde Saks, dem er die Kategorieargumente verdankte, war dasselbe Schicksal bestimmt. Er war auch besser daran als sein deutscher Kollege Hausdorff, dessen Maßproblem er behandelt hatte: der hochkultivierte Greis schied am 26. Januar 1942 freiwillig aus dem Leben, weil ihm die Deportation drohte. Freilich, es ging ihm schlechter als Volterra: dem Italiener, den er im ersten Satz seines Buches den Erfinder der Operatorentheorie nennt, war es geglückt, schon drei Jahre *vor* dem Auftauchen des deutschen Verhaftungskommandos eines natürlichen Todes zu sterben.

Am 27. Juli 1944 rückten die Truppen des Marschalls Konjew in Lemberg ein; die Stadt wurde der Sowjetunion zugeschlagen. Und ein Jahr darauf, am 31. August 1945, starb Stefan Banach in Lemberg, der „heiteren Stadt". Am Gebäude ihres ehemaligen NKWD-Gefängnisses steht auf einer Tafel: „Zum Gedenken an die Opfer von NKWD, Gestapo, MGB in den Jahren 1939–1953".

Ihre Universität wurde auf den Trümmern der Breslauer neu gegründet. 1948 kamen, in Breslau, wieder die Studia Mathematica heraus. Aber was von der Lemberger Schule noch am Leben war, das zerstreute sich: Mazur ging nach Lodz, Orlicz nach Posen, Ulam in die USA, und nur Steinhaus nach Breslau. Dort ist eine Straße nach Banach benannt.

Lösungen ausgewählter Aufgaben

Aufgaben zu Nr. 3

3. Zu $\varepsilon > 0$ existiert ein $\delta > 0$ mit $|k(s_1,t)-k(s_2,t)| < \dfrac{\varepsilon}{\gamma(b-a)}$ für alle $s_1, s_2 \in [a,b]$ mit $|s_1 - s_2| < \delta$ und alle $t \in [a,b]$ (gleichmäßige Stetigkeit von k). Im Falle $|s_1-s_2|<\delta$ ist dann also für alle $n \in \mathbf{N}$

$$|(Kx_n)(s_1)-(Kx_n)(s_2)| \leqslant \int_a^b |k(s_1,t)-k(s_2,t)|\,|x_n(t)|\,\mathrm{d}t$$

$$\leqslant (b-a)\frac{\varepsilon}{\gamma(b-a)}\gamma = \varepsilon.$$

Die Funktionenfolge (Kx_n) ist also auf $[a,b]$ *gleichgradig* stetig und enthält somit eine gleichmäßig (d.h. im Sinne der Maximumsnorm) konvergente Teilfolge (Satz von Arzelà-Ascoli).

5. 18 s.

6. a) $G(s,t) = \begin{cases} s(t-1) & \text{für } 0 \leqslant s \leqslant t \leqslant 1, \\ t(s-1) & \text{für } 0 \leqslant t \leqslant s \leqslant 1. \end{cases}$

b) $G(s,t) = \begin{cases} -s & \text{für } 0 \leqslant s \leqslant t \leqslant 1, \\ -t & \text{für } 0 \leqslant t \leqslant s \leqslant 1. \end{cases}$

c) $G(s,t) = \begin{cases} \dfrac{\sigma}{1+\sigma} st - s & \text{für } 0 \leqslant s \leqslant t \leqslant 1, \\ \dfrac{\sigma}{1+\sigma} ts - t & \text{für } 0 \leqslant t \leqslant s \leqslant 1. \end{cases}$

Aufgaben zu Nr. 4

1. Es ist dies ein bekannter Satz aus der Theorie der linearen Gleichungssysteme. Ein Beweis (in sehr viel allgemeinerem Rahmen) wird in Nr. 50 gegeben (s. Satz 50.2).

Aufgaben zu Nr. 6

3. Wir beweisen nur die Unvollständigkeit. Der bequemeren Notierung wegen betrachten wir den Raum $C := C[-1,1]$. Sei

$$x_n(t) := \begin{cases} 0 & \text{für } \ -1 \leqslant t \leqslant -1/n, \\ (nt+1)/2 & \text{für } -1/n < t < 1/n, \\ 1 & \text{für } \ 1/n \leqslant t \leqslant 1. \end{cases} \qquad \text{(Skizze!)}$$

x_n liegt in C. Für $p = 1, 2$ und alle hinreichend großen n, m ist

$$\int_{-1}^{1} |x_n(t) - x_m(t)|^p \, dt \leqslant \int_{-1}^{-\varepsilon} + \int_{-\varepsilon}^{\varepsilon} + \int_{\varepsilon}^{1} \leqslant 2\varepsilon \quad (0 < \varepsilon < 1),$$

(x_n) ist also eine d_p-Cauchyfolge. Würde sie im Sinne der d_p-Metrik gegen ein $x \in C$ konvergieren, so hätten wir

$$\int_{-1}^{-\varepsilon} |x_n(t) - x(t)|^p \, dt \leqslant \int_{-1}^{1} |x_n(t) - x(t)|^p \, dt \to 0 \quad \text{für } n \to \infty,$$

$$\int_{-1}^{-\varepsilon} |x_n(t) - 0|^p \, dt = 0 \quad \text{für alle hinreichend großen } n.$$

Wegen der eindeutigen Bestimmtheit des Grenzwertes (in $C[-1, -\varepsilon]$ mit der d_p-Metrik) wäre also $x(t) = 0$ auf jedem Intervall $[-1, -\varepsilon]$ $(0 < \varepsilon < 1)$, also $= 0$ auf $[-1, 0)$. Entsprechend sieht man, daß $x(t) = 1$ auf $(0, 1]$ sein müßte. Also kann x nicht in C liegen.

4. Aus

$$d(x_k, x) = \sum_{n=1}^{\infty} \frac{1}{2^n} \frac{|\xi_n^{(k)} - \xi_n|}{1 + |\xi_n^{(k)} - \xi_n|} \to 0 \quad \text{folgt} \quad \frac{|\xi_n^{(k)} - \xi_n|}{1 + |\xi_n^{(k)} - \xi_n|} \to 0 \quad \text{für } k \to \infty$$

und damit auch $\lim\limits_{k \to \infty} |\xi_n^{(k)} - \xi_n| = 0$. Nun strebe umgekehrt (x_k) komponentenweise gegen x. Nach Wahl eines beliebigen $\varepsilon > 0$ bestimme man ein $n_0 = n_0(\varepsilon)$, so daß $\sum\limits_{n=n_0+1}^{\infty} \frac{1}{2^n} < \frac{\varepsilon}{2}$ ausfällt. Dann ist für alle $k = 1, 2, \ldots$ erst recht

$$\sum_{n=n_0+1}^{\infty} \frac{1}{2^n} \frac{|\xi_n^{(k)} - \xi_n|}{1 + |\xi_n^{(k)} - \xi_n|} < \frac{\varepsilon}{2}.$$

Ferner kann man wegen der vorausgesetzten komponentenweisen Konvergenz ein $k_0 = k_0(\varepsilon)$ so bestimmen, daß

$$\sum_{n=1}^{n_0} \frac{1}{2^n} \frac{|\xi_n^{(k)} - \xi_n|}{1 + |\xi_n^{(k)} - \xi_n|} < \frac{\varepsilon}{2} \quad \text{für } k \geqslant k_0$$

ist. Aus den beiden letzten Abschätzungen ergibt sich sofort, daß $d(x_k, x) < \varepsilon$ ausfällt, sobald $k \geqslant k_0$ ist, d.h. aber, daß (x_k) im Sinne der (s)-Metrik gegen x konvergiert. Den (nunmehr ganz einfachen) Vollständigkeitsbeweis überlassen wir dem Leser.

Aufgaben zu Nr. 7

5. $F_1 := [(1,0,0), (0,1,0)]$, $F_2 := [(0,1,1)]$, $F_3 := [(0,1,-1)]$.

Aufgaben zu Nr. 8

3. $(\xi_1, \xi_2, \ldots) \mapsto (0, \xi_1, \xi_2, \ldots)$; $(\xi_1, \xi_2, \ldots) \mapsto (\xi_2, \xi_3, \ldots)$.

4. a) Sei $A: E \to F$ ein Isomorphismus von E auf F, $\{x_1, \ldots, x_n\}$ eine Basis von E und $y_k := Ax_k$ $(k = 1, \ldots, n)$. Die $y_1, \ldots, y_n$ sind linear unabhängig (s. Aufgabe 1), und jedes $y \in F$ läßt sich darstellen in der Form $y = Ax = A\left(\sum_{k=1}^{n} \xi_k x_k\right) = \sum_{k=1}^{n} \xi_k y_k$. Also ist $\{y_1, \ldots, y_n\}$ eine Basis von F und somit $\dim E = \dim F = n$.

b) Sei $\dim E = \dim F =: n$ und $\{x_1, \ldots, x_n\}$ eine Basis von E, $\{y_1, \ldots, y_n\}$ eine von F. Dann ist die Abbildung $\xi_1 x_1 + \cdots + \xi_n x_n \mapsto \xi_1 y_1 + \cdots + \xi_n y_n$ ($\xi_k \in \mathbf{K}$ beliebig) ein Isomorphismus von E auf F.

5. $y \in P(M) \Rightarrow y = Px$ mit $x \in M \Rightarrow P(y-x) = Py - Px = P^2x - Px = Px - Px = 0 \Rightarrow z := y - x \in N(P)$ $\Rightarrow y = x + z \in M + N(P)$.

6. Nach Satz 8.3 gibt es ein $B \in \mathscr{S}(F, E)$ mit $BA = I_E - P$ (P ein Projektor von E auf $N(A)$, also $AP = 0$). Daraus folgt $ABA = A$.

Aufgaben zu Nr. 9

6. Der Beweis verläuft fast wörtlich wie im Falle $l^1(n)$.

7. Zu $x, y \in \overline{F}$ existieren Folgen $(x_n), (y_n) \subset F$ mit $x_n \to x, y_n \to y$. Aus $x_n + y_n \to x + y$, $\alpha x_n \to \alpha x$ (Satz 9.13) ergibt sich $x + y \in \overline{F}$, $\alpha x \in \overline{F}$.

Aufgaben zu Nr. 10

4. $\|P\| = \|P^2\| \leqslant \|P\|^2 \Rightarrow 1 \leqslant \|P\|$.

14. Offenbar gilt bei a) und b) jedenfalls $\|Ax\| \leqslant M\|x\|$ für alle x, wobei M das jeweils auftretende Maximum sein soll. Wir brauchen also nur noch ein x_0 mit $\|x_0\| = 1$ und $\|Ax_0\| \geqslant M$ aufzutreiben.

a) O.B.d.A. sei $M = \sum_k |\alpha_{1k}| > 0$. Dann hat der Vektor x_0 mit den Komponenten $\xi_k := \overline{\alpha}_{1k}/|\alpha_{1k}|$, falls $\alpha_{1k} \neq 0$, $\xi_k := 0$ sonst, die Norm 1, und es ist $\sum \alpha_{1k}\xi_k = \sum |\alpha_{1k}| = M$, also $\|Ax_0\| \geqslant M$.

b) Sei etwa $M = \sum_i |\alpha_{ik_0}|$. Dann hat der Vektor x_0 mit den Komponenten $\xi_{k_0} := 1$, $\xi_k := 0$ für $k \neq k_0$ die Norm 1 und die i-te Komponente von Ax_0 den Wert α_{ik_0}, also ist $\|Ax_0\| = \sum |\alpha_{ik_0}| = M$.

c) ergibt sich sofort mit Hilfe der Cauchy-Schwarzschen Ungleichung.

16. Angenommen, K sei unstetig, also auch unbeschränkt. Dann gibt es eine Folge $(x_n) \subset E$ mit $\|x_n\| = 1$ und $\|Kx_n\| > n$. Für jede Teilfolge (x_{n_j}) der (beschränkten) Folge (x_n) ist $\|Kx_{n_j}\| > n_j$, also kann (Kx_{n_j}) nicht konvergieren - im Widerspruch zur definierenden Eigenschaft von K.

18. $x_n(t) := t^n$ für $0 \leqslant t \leqslant 1$ und $n = 1, 2, \ldots$. Es ist $\|x_n\|_\infty = 1$ und $\|\mathrm{d}x_n/\mathrm{d}t\|_\infty = n$.

Aufgaben zu Nr. 11

4. b) $\Rightarrow$: Sei $(x_n) \subset \overline{M}$. Zu jedem x_n gibt es ein $y_n \in M$ mit $d(x_n, y_n) < 1/n$. (y_n) enthält eine konvergente Teilfolge (y_{n_j}): $y_{n_j} \to y \in \overline{M}$. Dann strebt auch $x_{n_j} \to y$. - Die Richtung $\Leftarrow$ ist trivial.

9. Ist $\dim E<\infty$, so enthält nach Satz 11.7 (x_j) und damit auch (Kx_j) eine konvergente Teilfolge. - Sei nun $\dim K(E)<\infty$. Wegen $\|Kx_j\|\leqslant\|K\|\,\|x_j\|$ ist mit (x_j) auch die Bildfolge $(Kx_j)\subset K(E)$ beschränkt, enthält also nach Satz 11.7 eine konvergente Teilfolge. Übrigens braucht man nur in *diesem* Beweisteil die Stetigkeit von K ausdrücklich vorauszusetzen; im ersten Beweisteil ist sie wegen $\dim E<\infty$ automatisch vorhanden (s. Satz 11.5).

10. Sei (x_j) eine beschränkte Folge in $N(I-K)$. Dann enthält (Kx_j) eine konvergente Teilfolge, wegen $(I-K)x_j=0$ - also $x_j=Kx_j$ - besitzt daher auch (x_j) selbst eine solche. Nach Satz 11.7 muß somit $N(I-K)$ endlichdimensional sein.

11. Angenommen, $(I-K)^{-1}$ sei unstetig. Dann gibt es nach Satz 10.6 eine Folge $(x_n)\subset E$ mit $\|x_n\|=1$ und $(I-K)x_n\to 0$. Wegen der Kompaktheit von K existiert eine Teilfolge (x_{n_j}) mit $Kx_{n_j}\to y$. Somit strebt $x_{n_j}=Kx_{n_j}+(I-K)x_{n_j}\to y$, und wegen $\|x_{n_j}\|=1$ ist $\|y\|=1$. Da K nach A 10.16 stetig ist, ergibt sich nun $(I-K)x_{n_j}\to(I-K)y$, und mit $(I-K)x_n\to 0$ (s. oben) erhalten wir daraus $(I-K)y=0$, also $y=0$, im Widerspruch zu $\|y\|=1$.

Aufgaben zu Nr. 12

5. $\tilde{x}(s)=y(s)+2s\int_0^1 y(t)\,\mathrm{d}t \quad (0\leqslant s\leqslant 1)$.

14. $x=\sum_{n=0}^{\infty}K^n y\Rightarrow Kx=\sum_{n=0}^{\infty}K^{n+1}y=x-y\Rightarrow(I-K)x=y.$

Aufgaben zu Nr. 13

2. Sei $x\in L$ und $yx=e$. Für alle z mit $\|z\|<1/\|y\|$ ist dann $\|yz\|<1$ und somit $y(x+z)=e+yz=:u$ invertierbar, also $u^{-1}y(x+z)=e$. Infolgedessen liegt $x+z$ in L. - Sei $x_1,x_2\in L$ und $y_1x_1=e$, $y_2x_2=e$. Dann ist $(y_2y_1)(x_1x_2)=e$, also $x_1x_2\in L$. Die Behauptungen über die rechtsinvertierbaren Elemente werden ganz entsprechend bewiesen.

3. Der Beweis wird wie in der klassischen Analysis geführt (s. Heuser I, Satz 32.6).

5. Nach Aufgabe 4 konvergiert $\sum\|x^n/n!\|$ für alle x. Für beliebige x,y ist daher wegen Aufgabe 3

$$
\begin{aligned}
\mathrm{e}^x\mathrm{e}^y &= \left(\sum_{n=0}^{\infty}\frac{x^n}{n!}\right)\left(\sum_{n=0}^{\infty}\frac{y^n}{n!}\right)=\sum_{n=0}^{\infty}\left(\frac{y^n}{n!}+\frac{x}{1!}\frac{y^{n-1}}{(n-1)!}+\cdots+\frac{x^{n-1}}{(n-1)!}\frac{y}{1!}+\frac{x^n}{n!}\right)\\
&=\sum_{n=0}^{\infty}\frac{1}{n!}\underbrace{\left[y^n+\binom{n}{1}xy^{n-1}+\cdots+\binom{n}{n-1}x^{n-1}y+x^n\right]}_{=(x+y)^n,\ \text{falls } xy=yx\ \text{(binomischer Satz!)}}\\
&=\sum_{n=0}^{\infty}\frac{(x+y)^n}{n!}=\mathrm{e}^{x+y},\quad \text{falls } x,y \text{ kommutieren}.
\end{aligned}
$$

6. $\mathrm{e}^x\mathrm{e}^{-x}=\mathrm{e}^{-x}\mathrm{e}^x=\mathrm{e}^0=e\Rightarrow(\mathrm{e}^x)^{-1}=\mathrm{e}^{-x}$.

7. Wegen Satz 13.7 ist die Menge der nichtinvertierbaren Elemente von R abgeschlossen.

12. Wegen Satz 13.11 ist $r(x)=r(x-y+y)\leqslant r(x-y)+r(y)$, also $r(x)-r(y)\leqslant r(x-y)$. Daher gilt auch $r(y)-r(x)\leqslant r(y-x)=r(x-y)$. Aus diesen Ungleichungen folgt die Behauptung.

15.
$$\frac{e^{At}u(t)-e^{At_0}u(t_0)}{t-t_0}=e^{At}\frac{u(t)-u(t_0)}{t-t_0}+\frac{e^{At}-e^{At_0}}{t-t_0}u(t_0)$$
$$\to e^{At_0}u'(t_0)+A\,e^{At_0}u(t_0) \quad \text{für } t\to t_0.$$

18. Die Behauptung a) ist trivial.

b) Die Stetigkeit von A ist wieder trivial, die von A^{-1} eigentlich auch: Aus $L_{x_n}\Rightarrow L_x$ folgt nämlich $L_{x_n}r\to L_x r$, also $x_n r\to xr$ für jedes $r\in R$ und damit (wähle $r=e$) auch $x_n\to x$.

c) Wegen b) ist $\|L_x\|\leqslant\|A\|\,\|x\|$ (übrigens ist $\|L_x\|\leqslant\|x\|$) und $\|x\|\leqslant\|A^{-1}\|\,\|L_x\|$. Wegen Satz 10.7 ergibt sich daraus, daß $|\cdot|$ eine zu $\|\cdot\|$ äquivalente Norm auf R ist (der Normcharakter von $|\cdot|$ liegt auf der Hand). Es ist $|e|=\|L_e\|=\|I\|=1$.

Aufgaben zu Nr. 15

4. $\tilde{x}(s)=1+\frac{s^3}{2}+\frac{s^6}{2\cdot 5}+\frac{s^9}{2\cdot 5\cdot 8}+\frac{s^{12}}{2\cdot 5\cdot 8\cdot 11}+\cdots.$

5. $r(s,t)=e^{2(s-t)}$.

6. $x(s)=y(s)+\int_a^s \sinh(s-t)\cdot y(t)\,dt$. Im Falle $a=0$, $y(s)=s$ ist $x(s)=\sinh s$.

Aufgaben zu Nr. 16

7. $\tilde{x}(s)=-4-6s$. **8.** $\tilde{x}(s)=(3225s-105s^3)/2171$.

Aufgaben zu Nr. 17

7. $u_1(t)=e^{2t}+te^{2t}$, $u_2(t)=e^{2t}$. **8.** $u_1(t)=u_2(t)=\cosh t+\sinh t$.

Aufgaben zu Nr. 19

7. Die *Direktheit* der Summe $F+G$ ist trivial. *Abgeschlossenheit:* Sei $x_n=y_n+z_n$ ($y_n\in F$, $z_n\in G$) mit $x_n\to x$. Dann strebt $\|x_n-x_m\|^2=\|y_n-y_m\|^2+\|z_n-z_m\|^2\to 0$ für $n,m\to\infty$, also sind (y_n), (z_n) Cauchyfolgen in den Hilberträumen F bzw. G, und daher gibt es Vektoren $y\in F$, $z\in G$ mit $y_n\to y$, $z_n\to z$. Dann strebt $x_n=y_n+z_n\to y+z\in F+G$, also ist $x=y+z\in F+G$.

Aufgaben zu Nr. 21

6. Für a) und b) siehe Beweis des Hilfssatzes 42.1. Induktionsbeweis für c): Für $n=1$ ist die Behauptung trivial. Angenommen, sie sei richtig für ein $n\geqslant 1$, und $x:=\lambda_1x_1+\cdots+\lambda_{n+1}x_{n+1}$ sei eine konvexe Kombination der $x_1,\ldots,x_{n+1}\in K$. Im Falle $\lambda_1+\cdots+\lambda_n=0$ liegt x trivialerweise in K. Sei nun $\lambda_1+\cdots+\lambda_n>0$ und $\mu_k:=\lambda_k/(\lambda_1+\cdots+\lambda_n)$ für $k=1,\ldots,n$. Nach Induktionsvoraussetzung gehört $y:=\mu_1x_1+\cdots+\mu_nx_n$ zu K, und wegen der Konvexität von K liegt dann auch $x=(\lambda_1+\cdots+\lambda_n)y+\lambda_{n+1}x_{n+1}$ in K.

7. a) ist trivial.

b) Sei H die konvexe Hülle von M, K die Menge aller konvexen Kombinationen der Elemente von M. K ist offensichtlich eine konvexe Menge $\supset M$, also muß $H \subset K$ sein. Andererseits enthält H als konvexe Obermenge von M nach Aufgabe 6c gewiß alle konvexen Kombinationen von Elementen aus M, also ist auch $H \supset K$, insgesamt somit $H = K$.

8. Sei $K := \{\lambda_1 x_1 + \cdots + \lambda_n x_n : x_\nu \in K_\nu,\ \lambda_\nu \geqslant 0,\ \lambda_1 + \cdots + \lambda_n = 1\}$ und H die konvexe Hülle von $M := \bigcup_{\nu=1}^{n} K_\nu$. Nach Aufgabe 7b ist $K \subset H$. Da aber K offenbar eine konvexe Obermenge von M ist, muß auch $K \supset H$, insgesamt also $K = H$ sein.

9. Sei K eine konvexe Menge in einem normierten Raum und $\alpha x + \beta y$ eine konvexe Kombination der Elemente $x, y \in \overline{K}$ (= Abschließung von K). Zu x, y gibt es Folgen (x_n), $(y_n) \subset K$ mit $x_n \to x$, $y_n \to y$. Die Folge $(\alpha x_n + \beta y_n)$ liegt in K und strebt gegen $\alpha x + \beta y$, also gehört dieser Vektor zu $\overline{K}$.

Aufgaben zu Nr. 22

7. Wir beweisen nur die Aussage über die Nullstellen. Angenommen, sie sei falsch. Dann ist die Anzahl m der Vorzeichenwechsel von p_n in (a,b) gewiß $< n$. Diese Wechsel mögen an den Stellen $t_1, \ldots, t_m$ erfolgen, falls überhaupt $m \geqslant 1$ ist. Setze $q(t) := (t - t_1) \cdots (t - t_m)$ (im Falle $m = 0$ ist $q(t) \equiv 1$). Dann haben wir $\operatorname{Grad} q = m < n$, also $(p_n | q) = 0$. Da aber $p_n(t) q(t)$ in (a,b) ständig $\geqslant 0$ oder ständig $\leqslant 0$ ist und nur an endlich vielen Stellen verschwindet, muß $(p_n | q) > 0$ oder < 0 sein, im Widerspruch zu $(p_n | q) = 0$.

Aufgaben zu Nr. 24

6. Sei F ein Unterraum des metrischen Raumes E und M eine höchstens abzählbare, in E dicht liegende Menge. Zu jedem $y \in F$ und $n \in \mathbf{N}$ gibt es ein $x(y, 1/n) \in M$ mit $d(y, x(y, 1/n)) < 1/n$. Bei festem n ist $M_n := \{x(y, 1/n) : y \in F\}$ als Teil von M höchstens abzählbar, kann also in der Form $M_n = \{x_{n1}, x_{n2}, \ldots\}$ geschrieben werden. Zu jedem x_{nk} gibt es ein $y_{nk} \in F$ mit $d(y_{nk}, x_{nk}) < 1/n$ (das folgt unmittelbar aus der Definition von x_{nk}). Die Menge $\{y_{nk} : n, k = 1, 2, \ldots\}$ ist höchstens abzählbar und erweist sich leicht als dicht in F. Also ist F separabel.

Aufgaben zu Nr. 26

1. Sei E der Unterraum aller finiten Folgen $x \in l^2$ und $z := (\zeta_1, \zeta_2, \ldots)$ ein Element aus l^2 mit $\zeta_n \neq 0$ für alle n. Dann wird durch $f(x) := (x | z)$ eine stetige Linearform auf E definiert, die von keinem $y \in E$ erzeugt werden kann.

2. c) Für festes $x \in E$ ist $y \mapsto \overline{s(x,y)}$ eine stetige Linearform auf E. Nach dem Satz von Fréchet-Riesz gibt es also genau ein (von x abhängendes) $Ax \in E$ mit $\overline{s(x,y)} = (y | Ax)$, also mit $s(x,y) = (Ax | y)$ für alle $y \in E$. A erweist sich sofort als lineare Abbildung, die wegen b) stetig sein muß.

3. $m \|x\|^2 \leqslant |s(x,x)| = |(Ax|x)| \leqslant \|Ax\|\ \|x\| \Rightarrow m \|x\| \leqslant \|Ax\| \Rightarrow A^{-1}$ existiert und ist stetig mit $\|A^{-1}\| \leqslant 1/m$ (Satz 10.5) $\Rightarrow A(E)$ ist abgeschlossen (als Urbild des abgeschlossenen E; s. Satz 6.10) $\Rightarrow E = A(E) \oplus A(E)^\perp$ (Satz 22.1). Wäre nun $A(E) \neq E$, so gäbe es ein von 0 verschiedenes $y \perp A(E)$, und wir hätten dann absurderweise $0 = (Ay|y) = s(y,y) \geqslant m \|y\|^2 > 0$. Insgesamt ist also tatsächlich $A^{-1} \in \mathscr{L}(E)$.

4. Die Auswertungsfunktionale seien allesamt stetig. Dann gibt es nach dem Satz von Fréchet-Riesz zu jedem $t \in T$ ein $k_t \in E$ mit $x(t) = (x|k_t)$ für alle $x \in E$. Setze $k(s,t) := k_t(s) = (k_t|k_s)$. k erweist sich sofort als reproduzierender Kern. - Nun besitze umgekehrt E einen reproduzierenden Kern k. Für jedes feste $t \in T$ ist dann $|x(t)| = |(x|k_t)| \leqslant \|k_t\| \, \|x\|$, und somit muß jedes Auswertungsfunktional stetig sein. - Daß der Kern eindeutig bestimmt ist, liegt auf der Hand.

5.
$$\sum_{i,j=1}^{n} k(t_i,t_j)\xi_i\bar{\xi}_j = \sum_{i,j=1}^{n} k_{t_j}(t_i)\xi_i\bar{\xi}_j = \sum_{i,j=1}^{n} (k_{t_j}|k_{t_i})\bar{\xi}_j\xi_i$$
$$= \left(\sum_{j=1}^{n} k_{t_j}\bar{\xi}_j \,\middle|\, \sum_{i=1}^{n} k_{t_i}\bar{\xi}_i\right) = \left\|\sum_{j=1}^{n} k_{t_j}\bar{\xi}_j\right\|^2 \geqslant 0.$$

Aufgaben zu Nr. 29

1. Setze in (29.7) $B = A$.

3. a) $[Ax|x] = [x|Ax] = \overline{[Ax|x]} \Rightarrow [Ax|x] \in \mathbf{R}$.

b) Wird unter Berücksichtigung von a) wörtlich bewiesen wie Satz 29.9.

c) Vollziehe den Beweis des Satzes 29.5 nach.

6. a) $x \in F^\perp \Rightarrow (Ax|y) = (x|Ay) = 0$ für alle $y \in F \Rightarrow Ax \in F^\perp$.

b) A kompakt, $(x_n) \subset F^\perp$ beschränkt $\Rightarrow Ax_{n_k} \to z$ für eine Teilfolge (x_{n_k}). z gehört zu $F^\perp$, da $Ax_{n_k} \in F^\perp$ nach a) und $F^\perp$ abgeschlossen ist. Also ist $A|F^\perp$ kompakt.

Aufgaben zu Nr. 30

1. a) $\{u_1, u_2, \ldots\}$ sei ein maximales Orthonormalsystem in E und $Ax = 0$. Dann ist $0 = Ax = \sum \mu_n (x|u_n) u_n$, also (Pythagoras!) $\sum \mu_n^2 |(x|u_n)|^2 = 0$ und somit $(x|u_n) = 0$ für alle n, also $x = 0$. Daher scheidet 0 als Eigenwert aus.

b) Nun sei 0 *kein* Eigenwert. Ist $x \in E$ orthogonal zu allen u_n, so muß $Ax = \sum \mu_n (x|u_n) u_n = 0$, also auch $x = 0$ sein. Somit ist $\{u_1, u_2, \ldots\}$ maximal.

Aufgaben zu Nr. 32

5. $\alpha_{11} = 1/12$, $\alpha_{12} = \alpha_{21} = 0$, $\alpha_{22} = 1/60$, $p(\lambda) = (1/12 - \lambda)(1/60 - \lambda)$. Größte Nullstelle von $p(\lambda)$ ist $1/12 \approx 0{,}08333$.

9.
$$\mu_r = \max_{\substack{\|x\|_2 = 1 \\ x \perp u_1, \ldots, u_{r-1}}} (Ax|x) \geqslant \max_{\substack{\|x_0\|_2 = 1 \\ x_0 \perp u_1, \ldots, u_{r-1}}} (Ax_0|x_0) = \max_{\substack{\|\tilde{x}\|_2 = 1 \\ \tilde{x} \perp \tilde{u}_1, \ldots, \tilde{u}_n}} (A\tilde{x}|\tilde{x}) \geqslant \tilde{\mu}_r.$$

Ganz ähnlich verifiziert man die Abschätzung $\tilde{\mu}_r \geqslant \mu_{r+1}$, beginnend mit

$$\tilde{\mu}_r \geqslant \min_{\substack{\|\tilde{x}\|_2 = 1 \\ \tilde{x} \perp \tilde{u}_{r+2}, \ldots, \tilde{u}_n}} (\tilde{A}\tilde{x}|\tilde{x})$$

Aufgaben zu Nr. 36

1. Man braucht nur (36.11) zu ersetzen durch $\xi_0 \geqslant -p(-x_0 - y) - f(y)$ $(y \in F)$ und (36.12) durch

$$\sup_{y \in F} \{-p(-x_0 - y) - f(y)\} \leqslant \inf_{y \in F} \{p(x_0 + y) - f(y)\}.$$

2. Sei $x_0 \in \overline{[M]}$ und $f \in E'$ verschwinde auf M. Dann verschwindet f aus Linearitätsgründen auf $[M]$ und aus Stetigkeitsgründen dann auch auf $\overline{[M]}$, also ist $f(x_0)=0$. – Die Umkehrung ergibt sich sofort durch einen Widerspruchsbeweis aus Satz 36.3 mit $F := \overline{[M]}$.

Aufgaben zu Nr. 37

1. $E/N(A)$ und $A(E)$ sind isomorph nach Satz 37.2, $A(E)$ und U vermöge $A|U$. Also sind auch $E/N(A)$ und U isomorph.

2. Anleitung genügt.

3. $E/N(f)$ und $f(E)=\mathbf{K}$ sind isomorph (Satz 37.2) $\Rightarrow \dim E/N(f) = \dim \mathbf{K} = 1 \Rightarrow \operatorname{codim} N(f) = 1$ (Aufgabe 2) $\Rightarrow E = [x_0] \oplus N(f)$ mit einem geeigneten $x_0 \in E$.

4. a) $f \in E' \Rightarrow N(f)$ abgeschlossen (trivial).
b) $f \in E^*$ und $N(f)$ abgeschlossen $\Rightarrow E/N(f)$ ist eindimensionaler normierter Raum (s. Aufgabe 3; den trivialen Fall $f=0$ schließen wir hierbei aus) $\Rightarrow$ kanonische Injektion $\hat{f}$ ist stetig (Satz 11.5) $\Rightarrow f$ ist stetig (Satz 37.5).

5. Man kann wörtlich wie bei Aufgabe 4 schließen, wobei nur die Linearform f durch einen endlichdimensionalen Operator K zu ersetzen ist.

6. a) Es gebe einen stetigen Projektor P mit $P(E)=F$. Dann ist $F=N(I-P)$ abgeschlossen.
b) Sei F abgeschlossen und Q ein Projektor von E längs F auf einen endlichdimensionalen Komplementärraum zu F. Q ist ein endlichdimensionaler Operator mit dem abgeschlossenen Nullraum F, also nach Aufgabe 5 stetig. Damit ist $P := I - Q$ ein stetiger Projektor von E auf F.

8. Beachte, daß die kanonische Injektion $\hat{A}$ surjektiv und offen, also $\hat{A}^{-1}: F \to E/N(A)$ stetig ist.

9. G endlichdimensional $\Rightarrow h(G)$ ist endlichdimensionaler Unterraum des normierten Raumes E/F (hier wird die Abgeschlossenheit von F benutzt) $\Rightarrow h(G)$ ist abgeschlossen (Satz 11.4) $\Rightarrow F+G = h^{-1}(h(G))$ ist abgeschlossen (Satz 6.10).

10. $\overline{M}$ ist nach A 9.7 ein Unterraum von R. Die Eigenschaft „$a \in R, x \in \overline{M} \Rightarrow ax, xa \in \overline{M}$" beweist man wie „$\alpha \in \mathbf{R}, x \in \overline{M} \Rightarrow \alpha x \in \overline{M}$" in A 9.7.

Aufgaben zu Nr. 38

3. $\mathbf{R} = \bigcup_{x \in \mathbf{R}} \{x\}$. Kein $\{x\}$ enthält eine abgeschlossene Kugel.

4. $\mathbf{Q} = \bigcup_{r_n \in \mathbf{Q}} \{r_n\}$. Kein $\{r_n\}$ enthält eine abgeschlossene Kugel.

Aufgaben zu Nr. 39

3. a) ist trivial.
b) Sei (x_n) eine Cauchyfolge in D_A. Dann sind (x_n), (Ax_n) offenbar Cauchyfolgen in E bzw. F. Es gibt also Vektoren $x \in E$, $y \in F$ mit $x_n \to x$, $Ax_n \to y$. Wegen der Abgeschlossenheit von A ist $x \in D$ und $Ax = y$. Es folgt $\|x_n - x\|_A = \|x_n - x\| + \|Ax_n - Ax\| \to 0$, also ist D_A vollständig. Die Stetigkeit von $A: D_A \to F$ ist wegen $\|Ax\| \leqslant \|x\|_A$ trivial.

5. P erweist sich sofort als abgeschlossen. Die Behauptung folgt nun aus dem Graphensatz.

7. Sei $f \in E'$. Der Fall $f=0$ ist trivial, wir dürfen also $f \neq 0$ annehmen. Dann ist $E/N(f)$ eindimensional (s. A 37.3), also vollständig, und die kanonische Injektion $\hat{f}$: $E/N(f) \to \mathbf{K}$ surjektiv. Mit Hilfe der Sätze 37.5 und 39.2 erkennt man nun die Offenheit von f. Mit stetigen endlichdimensionalen Operatoren verfährt man ganz entsprechend.

10. A ist offen (Satz 39.2), also ist auch die kanonische Injektion $\hat{A}$: $E/N(A) \to F$ offen (Satz 37.5) und somit $\hat{A}^{-1}$: $F \to E/N(A)$ stetig (Satz 39.1). Daher existiert ein $M>0$ mit $\|\hat{A}^{-1}y\| < M\|y\|$ für alle $y \in F$. In $\hat{x} := \hat{A}^{-1}y$ gibt es trivialerweise stets ein $x \in E$ mit $Ax=y$ und $\|x\| \leqslant M\|y\|$.

Aufgaben zu Nr. 40

4. Wäre ein solches x_0 nicht vorhanden, so gäbe es zu jedem $x \in E$ ein $m=m(x)$, so daß $(\|A_{mn}x\|)_{n=1,2,\ldots}$ beschränkt bleibt. Mit den offenbar abgeschlossenen Mengen $F_{mk} := \{x \in E: \|A_{mn}x\| \leqslant k \in \mathbf{N}$ für $n=1,2,\ldots\}$ wäre dann $E = \bigcup_{m,k=1}^{\infty} F_{mk}$. Nach dem Baireschen Kategoriesatz enthält ein gewisses F_{mk}, etwa $F_{m_0k_0}$ eine abgeschlossene Kugel K. Es wäre also $\|A_{m_0n}x\| \leqslant k_0$ für alle $x \in K$ und $n \in \mathbf{N}$. Dann wäre aber $\|A_{m_0n}\| \leqslant \beta$ für alle $n \in \mathbf{N}$ (s. Beweis des Satzes 40.2), also auch $\|A_{m_0n}x_{m_0}\| \leqslant \beta\|x_{m_0}\|$ für $n=1,2,\ldots$, im Widerspruch zur Voraussetzung.

Aufgaben zu Nr. 42

3. c) $x \in \varrho M$, $|\alpha| \geqslant \varrho > 0 \Rightarrow x/\varrho \in M$, $|\varrho/\alpha| \leqslant 1 \Rightarrow (\varrho/\alpha)(x/\varrho) = x/\alpha \in M \Rightarrow x \in \alpha M$.

4. Sei M konvex und $\alpha,\beta \geqslant 0$, $\alpha+\beta=1$. Dann gilt für beliebige $x,y \in M$ stets $\alpha Ax + \beta Ay = A(\alpha x + \beta y) \in A(M)$. Also ist $A(M)$ konvex. Entsprechend verfährt man bei den anderen Behauptungen.

Aufgaben zu Nr. 49

5. Wir brauchen offenbar nur die Inklusion $[y_1,\ldots,y_n] \subset K(E)$ nachzuweisen. Sei $y := \alpha_1 y_1 + \cdots + \alpha_n y_n$. Zu $x_1^+,\ldots,x_n^+$ gibt es Vektoren $x_1,\ldots,x_n \in E$ mit $\langle x_\mu, x_\nu^+\rangle = \delta_{\mu\nu}$ (Satz 49.2). Setzen wir $x := \sum_{\mu=1}^{n} \alpha_\mu x_\mu$, so ist $Kx = \sum_{\nu=1}^{n} \left\langle \sum_{\mu=1}^{n} \alpha_\mu x_\mu, x_\nu^+ \right\rangle y_\nu = \sum_{\nu=1}^{n} \alpha_\nu y_\nu = y$, also $y \in K(E)$.

8. Jedes $x \in E$ hat die Darstellung $x = y_x + \sum_{\nu=1}^{n} \alpha_\nu x_\nu$ mit den im Beweis des Hilfssatzes 49.1 konstruierten Vektoren $y_x \in N := \bigcap_{\nu=1}^{n} N(f_\nu)$ und $x_1,\ldots,x_n$, für die $f_\nu(x_\mu) = \delta_{\nu\mu}$ ist. Es folgt nun sofort, daß die $x_1,\ldots,x_n$ linear unabhängig sind, $N \cap [x_1,\ldots,x_n] = \{0\}$, $E = N \oplus [x_1,\ldots,x_n]$ und somit $\operatorname{codim} N = n$ ist. Die Umkehrung benötigen wir im Haupttext nicht und überlassen ihren einfachen Beweis dem Leser.

9. Sei $Af := (f(x_\lambda): \lambda \in L)$. A ist offenbar linear. Aus $Af=0$ folgt $f(x_\lambda)=0$ für alle Basiselemente x_λ, also muß $f=0$ sein: A ist injektiv. Sei nun $(\alpha_\lambda: \lambda \in L)$ ein beliebiges Element des Produktraumes. Dann gibt es nach Satz 49.3 ein $f \in E^*$ mit $f(x_\lambda) = \alpha_\lambda$ für alle $\lambda \in L$. Mit diesem f gilt $Af = (\alpha_\lambda: \lambda \in L)$, also ist A auch surjektiv und damit insgesamt ein Isomorphismus.

13. Sei (E,E^+) ein Linksdualsystem. Dann gilt: $\langle x,x^+\rangle = \langle x,y^+\rangle = 0$ für alle $x \in E \Rightarrow \langle x, x^+ - y^+\rangle = 0$ für alle $x \in E \Rightarrow x^+ - y^+ = 0 \Rightarrow x^+ = y^+$. Nun sei (E,E^+) ein Bilinearsystem, und es gelte: $\langle x,x^+\rangle=\langle x,y^+\rangle$ für alle $x\in E\Rightarrow x^+=y^+$. Dann haben wir: $\langle x,x^+\rangle=0$ für alle $x\in E\Rightarrow\langle x,x^+\rangle=\langle x,0\rangle$ für alle $x\in E\Rightarrow x^+=0\Rightarrow(E,E^+)$ ist ein Linksdualsystem. - Die zweite Behauptung kann man auf die erste zurückspielen (oder auch ganz entsprechend beweisen).

Aufgaben zu Nr. 50

7. Sei K konjugierbar. Nach Satz 50.11 gibt es dann $x_\nu, x_\nu^+\in C[a,b]$ mit

$$(Kx)(s)=\sum_{\nu=1}^{n}\langle x,x_\nu^+\rangle x_\nu(s)=\sum_{\nu=1}^{n}\left(\int_a^b x(t)x_\nu^+(t)\,\mathrm{d}t\right)x_\nu(s)=\int_a^b\left(\sum_{\nu=1}^{n}x_\nu(s)x_\nu^+(t)\right)x(t)\,\mathrm{d}t$$

für alle $x\in C[a,b]$. Hat umgekehrt K diese Darstellung, so ist K nach Beispiel 50.6 konjugierbar.

8. Wegen des Graphensatzes genügt es, die Abgeschlossenheit von A und A^+ zu zeigen. Aus $x_n\to x$, $Ax_n\to y$ folgt für jedes $x^+\in E^+$

$$\langle Ax_n,x^+\rangle\to\langle y,x^+\rangle,$$

$$\langle Ax_n,x^+\rangle=\langle x_n,A^+x^+\rangle\to\langle x,A^+x^+\rangle=\langle Ax,x^+\rangle.$$

Es ist also $\langle y,x^+\rangle=\langle Ax,x^+\rangle$ für alle $x^+\in E^+$ und somit (Dualsystem!) $y=Ax$: A ist abgeschlossen. Aus Symmetriegründen muß dann auch A^+ abgeschlossen sein.

Aufgabe zu Nr. 51

Wir beweisen nur die Lösbarkeit des Systems (51.26). Sie ist gewährleistet, weil die m Zeilen der Systemmatrix

$$\begin{pmatrix}\langle x_1,z_1^+\rangle & \langle x_2,z_1^+\rangle\cdots\langle x_n,z_1^+\rangle\\ \cdots\cdots\cdots\cdots\cdots\cdots\cdots\cdots\\ \langle x_1,z_m^+\rangle & \langle x_2,z_m^+\rangle\cdots\langle x_n,z_m^+\rangle\end{pmatrix}$$

linear unabhängig sind, die Matrix also Maximalrang hat. Aus

$$\alpha_1(\langle x_1,z_1^+\rangle,\ldots,\langle x_n,z_1^+\rangle)+\cdots+\alpha_m(\langle x_1,z_m^+\rangle,\ldots,\langle x_n,z_m^+\rangle)=0$$

folgt nämlich

$$\left\langle x_\nu,\sum_{\mu=1}^{m}\alpha_\mu z_\mu^+\right\rangle=\sum_{\mu=1}^{m}\alpha_\mu\langle x_\nu,z_\mu^+\rangle=0\quad\text{für }\nu=1,\ldots,n,$$

nach der Definition von K^+ ist also

$$K^+\left(\sum_{\mu=1}^{m}\alpha_\mu z_\mu^+\right)=\sum_{\nu=1}^{n}\left\langle x_\nu,\sum_{\mu=1}^{m}\alpha_\mu z_\mu^+\right\rangle x_\nu^+=0;$$

da aber auch $(I^+-K^+)\left(\sum_{\mu=1}^{m}\alpha_\mu z_\mu^+\right)=0$ ist, folgt nun $\sum_{\mu=1}^{m}\alpha_\mu z_\mu^+=0$ und somit $\alpha_1=\cdots=\alpha_m=0$.

Aufgabe zu Nr. 52

Es ist $A=R(I-R^{-1}S)$ und $R^{-1}Sx=\sum_{i=1}^{n}\langle x,x_i^+\rangle R^{-1}x_i$. $R^{-1}S$ übernimmt die Rolle von K in der Aufgabe zu Nr. 51, und dementsprechend wird man als Konjugierte von $R^{-1}S$ den durch $(R^{-1}S)^+x^+:=\sum_{i=1}^{n}\langle x^+,R^{-1}x_i\rangle x_i^+$ definierten Operator verwenden. I^+ bedeute die identische Transformation auf E^+. Durch direkte Rechnung (ohne Verwendung der in diesem Falle nicht zuständigen Konjugationsregeln) sieht man, daß $(R^{-1}S)^+R^+=S^+$ ist und erhält nun dank der Aufgabe zu Nr. 51 die folgende Äquivalenzkette:

$Ax=y$ ist auflösbar $\iff (I-R^{-1}S)x=R^{-1}y$ ist auflösbar

$\iff \langle R^{-1}y,z^+\rangle=0$ für alle z^+ mit $(I^+-(R^{-1}S)^+)z^+=0$

$\iff \langle R^{-1}y,R^+x^+\rangle=0$ für alle x^+ mit $(I^+-(R^{-1}S)^+)R^+x^+=0$
(hier wird die Bijektivität von R^+ herangezogen)

$\iff \langle y,x^+\rangle=0$ für alle x^+ mit $(R^+-S^+)x^+=0$, d.h. für alle $x\in N(A^+)$.

Beachtet man wieder die Gleichung $(R^{-1}S)^+R^+=S^+$ oder also $S^+(R^+)^{-1}=(R^{-1}S)^+$, so ergibt sich entsprechend:

$A^+x^+=y^+$ ist auflösbar $\iff (I^+-S^+(R^+)^{-1})R^+x^+=y^+$ ist auflösbar

$\iff (I^+-(R^{-1}S)^+)R^+x^+=y^+$ ist auflösbar

$\iff \langle y^+,x\rangle=0$ für alle x mit $(I-R^{-1}S)x=0$

$\iff \langle y^+,x\rangle=0$ für alle x mit $R(I-R^{-1}S)x=0$, d.h. für alle $x\in N(A)$.

Die Aussagen $\alpha(A)=\beta(A)<\infty$, $\alpha(A^+)=\beta(A^+)<\infty$ ergeben sich wörtlich wie im Beweis des Satzes 52.1. Aus der letzten Äquivalenzkette läßt sich ablesen, daß $A^+(E^+)$ mit $(I^+-(R^{-1}S)^+)(R^+(E^+))=(I^+-(R^{-1}S)^+)(E^+)$ übereinstimmt. Mittels der Aufgabe zu Nr. 51 erhält man daher auch noch die verbindende Gleichung $\beta(A^+)=\beta(I^+-(R^{-1}S)^+)=\alpha(I-R^{-1}S)=\alpha(A)$.

Aufgaben zu Nr. 54

1. Mit x,y bezeichnen wir Elemente von E,F, mit x',y' solche von E',F'.

a) $\overline{A(E)}^\perp=N(A')$: $y'\in\overline{A(E)}^\perp \iff y'\in A(E)^\perp \iff \langle Ax,y'\rangle=0$ für alle $x \iff \langle x,A'y'\rangle=0$ für alle $x \iff A'y'=0 \iff y'\in N(A')$.

b) $\overline{A(E)}=N(A')^\perp$: $y\in\overline{A(E)} \Rightarrow y=\lim Ax_n \Rightarrow$ für $y'\in N(A')$ ist $\langle y,y'\rangle=\langle\lim Ax_n,y'\rangle=\lim\langle Ax_n,y'\rangle=\lim\langle x_n,A'y'\rangle=\lim\langle x_n,0\rangle=0 \Rightarrow \overline{A(E)}\subset N(A')^\perp$.

Sei $y\in N(A')^\perp$. Annahme: $y\notin\overline{A(E)}$. Dann gibt es ein y' mit $\langle Ax,y'\rangle=0$ für alle x, aber $\langle y,y'\rangle\neq 0$ (Satz 36.3). Es ist also $\langle x,A'y'\rangle=0$ für alle x, somit $y'\in N(A')$ und daher voraussetzungsgemäß $\langle y,y'\rangle=0$, im Widerspruch zu $\langle y,y'\rangle\neq 0$. Infolgedessen muß $N(A')^\perp\subset\overline{A(E)}$ sein.

c) $\overline{A'(F')}^\perp=N(A)$: wird ganz ähnlich bewiesen wie a).

d) $\overline{A'(F')}\subset N(A)^\perp$: wird ganz ähnlich bewiesen wie die Inklusion $\overline{A(E)}\subset N(A')^\perp$ in b). - Sei $A'(F')$ orthogonalabgeschlossen. Annahme: $N(A)^\perp\not\subset\overline{A'(F')}$, es gebe also ein $x_0'\in N(A)^\perp$, das nicht zu $\overline{A'(F')}$ gehört. Nach Hilfssatz 54.2 existiert dann ein x mit $\langle x,A'y'\rangle=0$ für alle y', aber $\langle x,x_0'\rangle\neq 0$. Es folgt $\langle Ax,y'\rangle=0$ für alle y', also $x\in N(A)$ und somit (nach Voraussetzung) $\langle x,x_0'\rangle=0$ - im Widerspruch zu $\langle x,x_0'\rangle\neq 0$. Infolgedessen muß $N(A)^\perp\subset\overline{A'(F')}$ sein.

2. Sei h der kanonische Homomorphismus von E auf E/F. Die in dem Hinweis erklärte Funktion x' ist $=f\circ h$, liegt also offenbar in $F^{\perp}$. Die durch $Af:=f\circ h$ erklärte Abbildung $A:(E/F)'\to F^{\perp}$ ist trivialerweise linear und injektiv. Sei nun x' ein beliebiges Element aus $F^{\perp}$. Definiere $f: E/F\to \mathbf{K}$ durch $f(\hat{x}):=x'(x)$ ($x\in\hat{x}$ beliebig). Die Definition ist eindeutig: $u,v\in\hat{x} \Rightarrow u-v\in F \Rightarrow x'(u-v)=0 \Rightarrow x'(u)=x'(v)$. f ist offensichtlich eine Linearform auf E/F. f ist stetig mit $\|f\|\leqslant\|x'\|$: $|f(\hat{x})|=|x'(x)|\leqslant\|x'\|\cdot\|x\|$ für alle $x\in\hat{x} \Rightarrow |f(\hat{x})|\leqslant\|x'\|\cdot\inf_{x\in\hat{x}}\|x\|=\|x'\|\cdot\|\hat{x}\|$. Aus $Af=x'$ ergibt sich nun, daß A surjektiv, aus $\|f\|\leqslant\|x'\|$ einerseits, $\|x'\|=\|f\circ h\|\leqslant\|f\|\,\|h\|\leqslant\|f\|$ andererseits, daß A normerhaltend ist. A erweist sich so als ein Normisomorphismus zwischen $(E/F)'$ und $F^{\perp}$.

3. Es ist sehr leicht zu sehen, daß die Abbildung $\widehat{x'}\mapsto x'|F$ eindeutig definiert (also unabhängig von der Wahl des Repräsentanten), linear und injektiv ist. Die Surjektivität ergibt sich zwanglos mit Hilfe des Satzes von Hahn-Banach: man setze ein vorgegebenes $y'\in F'$ zu einem $x'\in E'$ fort; dann ist y' das Bild von $\widehat{x'}$.

Aufgaben zu Nr. 55

6. A^{-1} ist stetig (Hilfssatz 55.1) mit $\|A^{-1}\|=\sup\{\|A^{-1}y\|/\|y\|: y\in A(E),\, y\neq 0\}$
$=\sup\{\|x\|/\|Ax\|: x\in E,\, x\neq 0\}=1/\inf\{\|Ax\|/\|x\|: x\in E,\, x\neq 0\}=1/\gamma(A)$.

Aufgaben zu Nr. 56

1. Jede stetige Linearform f auf (c) läßt sich mit eindeutig bestimmtem $\alpha_0\in\mathbf{K}$ und eindeutig bestimmter Folge $(\alpha_n)\in l^1$ in der Form

$$f(x)=\alpha_0\lim_{k\to\infty}\xi_k+\sum_{n=1}^{\infty}\alpha_n\xi_n,\qquad x:=(\xi_k), \tag{*}$$

darstellen. Umgekehrt wird durch (*) für jedes $\alpha_0\in\mathbf{K}$ und jedes $(\alpha_n)\in l^1$ eine stetige Linearform auf (c) definiert. Es ist

$$\|f\|=\sum_{n=0}^{\infty}|\alpha_n|.$$

Aufgaben zu Nr. 58

1. Fredholm-Fall: $(Kx)(t)=\int_a^b k(s,t)x(t)\,dt$. Dann ist $(K^*x)(t)=\int_a^b \overline{k(t,s)}x(t)\,dt$.

Volterra-Fall: $(Kx)(t)=\int_a^s k(s,t)x(t)\,dt$. Dann ist $(K^*x)(t)=\int_s^b \overline{k(t,s)}x(t)\,dt$.

2. Man beachte im folgenden, daß $E=F\oplus F^{\perp}$ und $F^{\perp\perp}=F$ ist.

a) $A(F)\subset F,\ v\in F^{\perp} \Rightarrow (u|A^*v)=(Au|v)=0$ für alle $u\in F \Rightarrow (u|A^*v)=0 \Rightarrow A^*v\in F^{\perp} \Rightarrow A^*(F^{\perp})\subset F^{\perp}$. Entsprechend zeigt man die Umkehrung $A^*(F^{\perp})\subset F^{\perp} \Rightarrow A(F)\subset F$.

b) F reduziert $A \Rightarrow F, F^{\perp}$ sind invariant unter A (Definition!) $\Rightarrow F^{\perp}$ ist invariant unter $A, F^{\perp\perp}=F$ invariant unter A^* (letzteres nach a)).

F ist invariant unter A und $A^* \Rightarrow F$ ist invariant unter $A, F^{\perp}$ invariant unter $A^{**}=A$ (letzteres nach a)) $\Rightarrow F$ reduziert A.

6. a) folgt sofort aus $N(A-\lambda I)=N((A-\lambda I)^*)=N(A^*-\bar{\lambda} I)$.

b) Aus $Au=\lambda u$, $Av=\mu v$ ergibt sich mit a): $\lambda(u|v)=(\lambda u|v)=(Au|v)=(u|A^*v)=(u|\bar{\mu}v)=\mu(u|v)$, also $(\lambda-\mu)(u|v)=0$. Wegen $\lambda\neq\mu$ muß daher $(u|v)=0$ sein.

8. Nach A 26.3 gibt es ein $A\in\mathscr{L}(E)$ mit $A^{-1}\in\mathscr{L}(E)$ und $s(x,y)=(Ax|y)=(x|A^*y)$ für alle $x,y\in E$, und nach Satz 26.1 ist $f(x)=(x|z)$ für alle $x\in E$ mit einem eindeutig bestimmten $z\in E$. Da A^* mit A bijektiv ist (Satz 58.1), muß es ein und nur ein $y\in E$ mit $z=A^*y$ geben, und nun haben wir $f(x)=(x|z)=(x|A^*y)=s(x,y)$ für alle $x\in E$.

10. A^* ist die Abbildung $(\eta_n)\mapsto\left(\sum_{k=n}^{\infty}\frac{1}{k^2}\eta_k\right)$.

Aufgaben zu Nr. 59

10. Es strebe $x_n\rightharpoonup x_0$ $(x_n\in K)$. Nach dem Satz 59.4 von Mazur gibt es zu jedem $n\in\mathbf{N}$ eine konvexe Kombination y_n der $x_1,x_2,\ldots$ mit $\|y_n-x_0\|<1/n$. y_n liegt in K (da K konvex ist), und es strebt $y_n\to x_0$.

Aufgaben zu Nr. 64

2. In Beispiel 64.6 wurde schon gezeigt, daß die von einer totalen Folge von Halbnormen erzeugte Topologie metrisierbar ist. Nun setzen wir umgekehrt voraus, τ_p sei metrisierbar. Dann bilden die Kugeln $K_{1/n}[0]$ $(n=1,2,\ldots)$ eine abzählbare Umgebungsbasis des Nullpunktes, infolgedessen gibt es auch eine abzählbare Umgebungsbasis $\{U^{(1)},U^{(2)},\ldots\}$ für 0, wobei jedes $U^{(k)}$ gemäß (64.1) durch endlich viele Halbnormen aus P und ein passend gewähltes ε festgelegt wird. Die Gesamtheit $\tilde{P}$ der hierbei benötigten Halbnormen ist eine Folge aus P und erzeugt offenbar τ_P. Da τ_P metrisierbar, also separiert ist, muß $\tilde{P}$ total sein (Satz 64.1).

Aufgaben zu Nr. 72

2. a) Sei AB kettenendlich mit $\operatorname{ind}(AB)=0$ und $p:=p(AB)$. Mit dem Indextheorem folgt dann $\alpha(A^pB^p)=\beta(A^pB^p)<\infty$, und daraus ergibt sich wegen

$$N(A^n)\subset N(B^nA^n)=N(A^nB^n)\subset N(A^pB^p),$$

daß $\alpha(A^n)\leqslant\alpha(A^pB^p)<\infty$ ist für alle $n\geqslant 0$. Also müssen $\alpha(A)$ und $p(A)$ endlich sein. Ganz entsprechend sieht man, daß $q(A)<\infty$ ist. Aus Satz 72.6 erhält man nun $\operatorname{ind}(A)=0$. Aus Symmetriegründen ist dann auch B kettenendlich mit $\operatorname{ind}(B)=0$.

b) Nun seien umgekehrt A und B kettenendlich mit $\operatorname{ind}(A)=\operatorname{ind}(B)=0$. Dank des Indextheorems ist dann auch $\operatorname{ind}(AB)=0$. Sei

$$U_1:=\bigcap_{n=1}^{\infty}(AB)^n(E),\qquad U_2:=\bigcap_{n=1}^{\infty}A^n(E),\qquad U_3:=\bigcap_{n=1}^{\infty}B^n(E).$$

U_1 ist unter B invariant und ein Teil von U_2 und von U_3. Indem wir nun mehrfach den Satz 72.8 anwenden, erhalten wir die folgende Schlußkette: $ABx=0$ mit $x\in U_1$ $\Rightarrow$ $A(Bx)=0$ mit $Bx\in U_1\subset U_2$ $\Rightarrow$ $Bx=0$ mit $x\in U_1\subset U_3$ $\Rightarrow$ $x=0$ $\Rightarrow$ $p(AB)<\infty$. Der Satz 72.6 garantiert nun die Kettenendlichkeit von AB.

Aufgaben zu Nr. 73

2. Trivialerweise ist $F^\perp \cap G^\perp = \{0\}$. Wegen Satz 73.2 gibt es einen stetigen Projektor P von E auf G längs F. Für beliebiges $x' \in E'$ sei $x'_1 := P'x'$, $x'_2 := (I' - P')x'$. Dann ist $x' = x'_1 + x'_2$ und $x'_1 \in F^\perp$, $x'_2 \in G^\perp$.

Aufgaben zu Nr. 74

4. Sei a relativ regulär, es gebe also ein c, so daß $aca = a$ ist. Mit $b := cac$ gilt dann $aba = acaca = aca = a$ und $bab = cacacac = cacac = cac = b$.

5. a) a ist relativ regulär $\Rightarrow$ $aba = a$ für ein gewisses b $\Rightarrow$ $aba - a = 0$ ist relativ regulär.

b) $aba - a$ ist relativ regulär $\Rightarrow$ $(aba - a)c(aba - a) = aba - a$ für ein gewisses c $\Rightarrow$ $a(b - c + bac + cab - bacab)a = a$ $\Rightarrow$ a ist relativ regulär.

6. a) a ist relativ regulär $\Rightarrow$ $aba = a$ für ein gewisses b $\Rightarrow$ $\hat{a}\hat{b}\hat{a} = \hat{a}$ $\Rightarrow$ $\hat{a}$ ist relativ regulär.

b) $\hat{a}$ ist relativ regulär $\Rightarrow$ $\hat{a}\hat{b}\hat{a} = \hat{a}$ für ein gewisses $\hat{b}$ $\Rightarrow$ $aba - a \in J$ $\Rightarrow$ $aba - a$ ist relativ regulär $\Rightarrow$ a ist relativ regulär (Aufgabe 5).

Aufgaben zu Nr. 80

4. Aus $K^n - \mu^n I = (K - \mu I)q(K) = q(K)(K - \mu I)$ folgt, da K^n kompakt ist, durch Restklassenbildung in $\mathscr{L}(E)/\mathscr{K}(E)$ die Gleichung

$$\hat{I} = \widehat{(\mu I - K)} \frac{1}{\mu^n} \widehat{q(K)} = \frac{1}{\mu^n} \widehat{q(K)} \widehat{(\mu I - K)},$$

also ist $\widehat{\mu I - K}$ invertierbar und somit $\mu I - K$ nach A 78.1 ein Fredholmoperator in $\mathscr{L}(E)$. Da $K^n - \mu^n I$ nach der Rieszschen Theorie kettenendlich ist und einen verschwindenden Index besitzt, gilt aufgrund der zu Anfang hingeschriebenen Gleichung und der Aufgabe 2 in Nr. 72 dasselbe für $\mu I - K$. – Sei nun μ ein Eigenwert von K, also $Kx = \mu x$ mit $x \neq 0$. Dann ist $K^n x = \mu^n x$, also μ^n notwendigerweise ein Eigenwert von K^n. Da die Eigenwerte des kompakten Operators K^n sich nur im Nullpunkt häufen können, gilt also dasselbe auch für die Eigenwerte von K.

Aufgaben zu Nr. 95

4. Widerspruchsbeweis: $\|r_\mu\| < 1/\delta(\mu)$ $\Rightarrow$ $\delta(\mu) < 1/\|r_\mu\|$ $\Rightarrow$ es existiert ein $\xi \in \sigma(x)$ mit $|\mu - \xi| < 1/\|r_\mu\|$ $\Rightarrow$ $\xi \in \varrho(x)$ (nach Satz 95.3 a): Widerspruch!

Aufgaben zu Nr. 96

10. Es ist $\|L^n\| = 1$ für $n = 1, 2, \ldots$, also $r(L) = 1$. Fast trivial ist die Gleichung $\sigma_p(L) = \{\lambda \in \mathbf{C} : |\lambda| < 1\}$. Aus dem bisher Bewiesenen folgt $\sigma(L) = \{\lambda \in \mathbf{C} : |\lambda| \leqslant 1\}$. Es ist ferner $\sigma_c(L) = \{\lambda \in \mathbf{C} : |\lambda| = 1\}$; denn jede finite Folge $(\eta_1, \eta_2, \ldots, \eta_n, 0, 0, \ldots)$ gehört zu $(\lambda I - L)(l^2)$, und die Menge dieser Folgen liegt dicht in l^2. Und nun muß trivialerweise $\sigma_r(L) = \emptyset$ sein.

11. $R^* = L$, $\quad r(R) = 1$, $\quad \sigma_p(R) = \emptyset$, $\quad \sigma_r(R) = \{\lambda \in \mathbf{C} : |\lambda| < 1\}$, $\quad \sigma_c(R) = \{\lambda \in \mathbf{C} : |\lambda| = 1\}$, $\sigma(R) = \{\lambda \in \mathbf{C} : |\lambda| \leqslant 1\}$.

Aufgaben zu Nr. 97

4. Ergibt sich ohne Mühe aus den entsprechenden klassischen Sätzen *via* stetige Linearformen.

5. Widerspruchsbeweis: Sei $\lambda_0 \in \Delta$ und $\|f(\lambda)\| \leqslant \|f(\lambda_0)\|$ für alle $\lambda \in \Delta$. Wegen der Nichtkonstanz von $\|f(\lambda)\|$ ist dann gewiß $f(\lambda_0) \neq 0$. Infolgedessen gibt es ein $x' \in E'$ mit $x'[f(\lambda_0)] = \|f(\lambda_0)\|$ und $\|x'\| = 1$. Für die in Δ holomorphe Funktion $\lambda \mapsto x'[f(\lambda)]$ gilt die Abschätzung

$$|x'[f(\lambda)]| \leqslant \|f(\lambda)\| \leqslant \|f(\lambda_0)\| = x'[f(\lambda_0)].$$

Nach dem klassischen Maximumprinzip für komplexwertige holomorphe Funktionen folgt nun $x'[f(\lambda)] \equiv \|f(\lambda_0)\|$. Da aber $\|f(\lambda)\|$ nicht konstant ist, muß für wenigstens ein $\lambda_1 \in \Delta$ gelten:

$$|x'[f(\lambda_1)]| \leqslant \|f(\lambda_1)\| < \|f(\lambda_0)\|.$$

Damit ist der gesuchte Widerspruch erreicht.

Aufgaben zu Nr. 100

1. Satz: *Sei E ein komplexer Banachraum, Γ ein Integrationsweg in* $\mathbf{C}$ *und $\lambda \mapsto A(\lambda)$ eine stetige $\mathscr{L}(E)$-wertige Funktion auf Γ. Dann ist*

$$\left(\int_\Gamma A(\lambda)\,\mathrm{d}\lambda\right)x = \int_\Gamma A(\lambda)x\,\mathrm{d}\lambda \quad \textit{für jedes } x \in E.$$

Beweis. In dem von der Integrationstheorie vertrauten Sinne streben die Riemannschen Summen

$$\sum A(\xi_k)(\lambda_k - \lambda_{k-1}) \Rightarrow A := \int_\Gamma A(\lambda)\,\mathrm{d}\lambda \in \mathscr{L}(E).$$

Infolgedessen konvergiert $\left(\sum A(\xi_k)(\lambda_k - \lambda_{k-1})\right)x \to Ax$ für jedes $x \in E$. Da aber die Funktion $\lambda \mapsto A(\lambda)x$ auf Γ stetig ist, konvergiert $\left(\sum A(\xi_k)(\lambda_k - \lambda_{k-1})\right)x = \sum A(\xi_k)x(\lambda_k - \lambda_{k-1})$ auch gegen $\int_\Gamma A(\lambda)x\,\mathrm{d}\lambda$. Also haben wir $Ax = \int_\Gamma A(\lambda)x\,\mathrm{d}\lambda$.

2. Sei zuerst $\lambda \in \varrho(A)$. Die Operatoren $\lambda I_k - A_k$ ($k = 1, 2$; $I_k := I|F_k$) sind trivialerweise injektiv. Zu beliebigem $y \in F_1$ gibt es ein $x = x_1 + x_2$ ($x_k \in F_k$) mit $y = (\lambda I_1 - A_1)x_1 + (\lambda I_2 - A_2)x_2$. Es folgt, daß $(\lambda I_2 - A_2)x_2 = 0$, also $y = (\lambda I_1 - A_1)x_1$ sein muß: $\lambda I_1 - A_1$ ist surjektiv, insgesamt also bijektiv, und somit gehört λ zu $\varrho(A_1)$. Entsprechend sieht man, daß λ auch in $\varrho(A_2)$ liegt. Somit ist $\varrho(A) \subset \varrho(A_1) \cap \varrho(A_2)$.

Nun sei $\lambda \in \varrho(A_1) \cap \varrho(A_2)$. Aus $(\lambda I - A)x = 0$ folgt mit $x = x_1 + x_2$ ($x_k \in F_k$), daß $(\lambda I_1 - A_1)x_1 = -(\lambda I_2 - A_2)x_2$, also $(\lambda I_k - A_k)x_k = 0$ und somit $x_k = 0$ sein muß. Also ist auch $x = x_1 + x_2 = 0$ und daher $\lambda I - A$ injektiv. Indem man ein vorgegebenes $y \in E$ in der Form $y = y_1 + y_2$ ($y_k \in F_k$) darstellt und die Gleichungen $(\lambda I_k - A_k)x_k = y_k$ ($k = 1, 2$) löst, erkennt man die Surjektivität von $\lambda I - A$. Also gehört λ zu $\varrho(A)$, und wir haben daher auch die Inklusion $\varrho(A_1) \cap \varrho(A_2) \subset \varrho(A)$.

Aus der nunmehr bewiesenen Gleichung $\varrho(A) = \varrho(A_1) \cap \varrho(A_2)$ ergibt sich durch Komplementbildung sofort die zweite Behauptung $\sigma(A) = \sigma(A_1) \cup \sigma(A_2)$.

5. Der Beweis kann sehr leicht direkt oder auch induktiv geführt werden.

6. Wir knüpfen an die in (99.4) verwendeten Bezeichnungen an und setzen $\sigma_1 := \sigma$, $\sigma_2 := \sigma(A) \backslash \sigma$. Es ist dann $P_\sigma = f_1(A)$ und somit

$$f(A)P_\sigma = f(A)f_1(A) = (ff_1)(A) = \frac{1}{2\pi \mathrm{i}} \int_{\Gamma_\sigma} f(\lambda) R_\lambda \,\mathrm{d}\lambda.$$

Aufgaben zu Nr. 105

2. Wäre $0 \in \varrho(A)$, so müßte $I = A^{-1}$ nach Satz 105.4 ein Rieszoperator sein. Das ist aber wegen $\dim E = \infty$ nicht möglich (es ist ja $\alpha(1 \cdot I - I) = \infty$).

Sei 0 ein Pol der Resolvente von A. Nach Satz 101.2 ist dann $E = N(A^p) \oplus A^p(E)$ (p = Polordnung = Kettenlänge $p(A)$, $A^p(E)$ abgeschlossen). Die Einschränkung $\tilde{A}$ von A auf $A^p(E)$ ist ein bijektiver Rieszoperator (Sätze 72.4 und 105.6). Nach dem schon Bewiesenen muß also $\dim A^p(E)$ endlich sein.

Ist umgekehrt eine Potenz von A endlichdimensional, so verfahre man wie bei A 101.2, d.h., man ziehe die Sätze 72.2 und 101.2 heran.

Aufgaben zu Nr. 108

1. Es ist $r(K) < 1$, also $\|K^\nu\| \leqslant q^\nu$ für $\nu \geqslant \nu_0$ mit einem geeigneten positiven $q < 1$. Für jedes natürliche p gilt dann $\|\nu^p K^\nu\| \leqslant \nu^p q^\nu \to 0$ für $\nu \to \infty$.

2. Ja. Man erkennt dies sofort mit Hilfe der Sätze 108.3 und 108.4.

3. Kraft des Gerschgorinschen Satzes ist 0 kein Eigenwert von A, also existiert A^{-1}.

Aufgaben zu Nr. 110

3. $\begin{pmatrix} 0 & 1 \\ 1 & 0 \end{pmatrix}$.

8. $A := \begin{pmatrix} 1/2 & 1/3 \\ 1/2 & 1/3 \end{pmatrix}$ hat die Spaltensummennorm 1 und den Spektralradius 5/6 (denn die Eigenwerte sind 0 und 5/6).

Aufgaben zu Nr. 113

1. $F_1 \perp F_2 \Rightarrow F_2 \subset F_1^\perp,\ F_1 \subset F_2^\perp \Rightarrow P_1 P_2 x = P_1(P_2 x) = 0,\ P_2 P_1 x = P_2(P_1 x) = 0$ für alle x $\Rightarrow P_1 P_2 = P_2 P_1 = 0$.

2. P ist symmetrisch und wegen $P^2 = (P_1 + \cdots + P_n)^2 = \sum_{j,k} P_j P_k = P_1 + \cdots + P_n + \sum_{j \neq k} P_j P_k = P$ auch idempotent, insgesamt also ein Orthogonalprojektor. Die Aussage über $P(E)$ versteht sich von selbst.

Aufgaben zu Nr. 116

1. a) Die Gleichung $(E_\lambda x|x) = \|E_\lambda x\|^2$ folgt aus (113.1). Für $\lambda \leqslant \mu$ ist $E_\lambda \leqslant E_\mu$, also $(E_\lambda x|x) \leqslant (E_\mu x|x)$ für alle $x \in H$.

b) Wegen $(E_\lambda x|y) = (E_\lambda^2 x|y) = (E_\lambda x|E_\lambda y)$ erhält man mit (18.8)

$$(E_\lambda x|y) = \left[\left\|E_\lambda \frac{x+y}{2}\right\|^2 - \left\|E_\lambda \frac{x-y}{2}\right\|^2\right] + \mathrm{i}\left[\left\|E_\lambda \frac{x+\mathrm{i}y}{2}\right\|^2 - \left\|E_\lambda \frac{x-\mathrm{i}y}{2}\right\|^2\right].$$

Die Funktionen in den eckigen Klammern sind als Differenzen monoton wachsender Funktionen gewiß von beschränkter Variation.

c) Die angegebenen Integraldarstellungen verstehen sich fast von selbst, weil die Riemann-Stieltjesschen Summen $\sum f(\lambda_k)(E_{\mu_k}-E_{\mu_{k-1}})$ dem Operator $f(A)$ im Sinne der Operatorennorm beliebig nahekommen.

2. Mit Hilfe von (116.5) erhalten wir $\|f_n(A)-f(A)\|=\|(f_n-f)(A)\|\leqslant\|f_n-f\|_\infty\to 0$.

4. J sei ein kompaktes Intervall, das $f([m,M])$ und $[m(f(A)), M(f(A))]$ umfaßt; (p_n) sei eine Folge von Polynomen, die gleichmäßig auf J gegen g konvergiert (Weierstraßscher Approximationssatz!). Es konvergiert dann $p_n\circ f\to g\circ f$ gleichmäßig auf $[m,M]$. Mit A 116.2 folgt nun $p_n(f(A))\Rightarrow g(f(A))$ und $p_n(f(A))=(p_n\circ f)(A)\Rightarrow(g\circ f)(A)$. Also ist $(g\circ f)(A)=g(f(A))$.

Aufgaben zu Nr. 117

2. a) Sei $\lambda\in\sigma_e(A)$. Dann ist λ nach Satz 112.4 ein isolierter Spektralpunkt unendlicher Vielfachheit oder ein Häufungspunkt von $\sigma(A)$. Im ersten Fall folgt aus Satz 117.4 sofort, daß $E_\beta-E_\alpha$ unendlichdimensional ist. Im zweiten Fall gibt es in (α,β) unendlich viele unter sich verschiedene $\lambda_n\in\sigma(A)$ und dazu Intervalle $J_n:=(\alpha_n,\beta_n)\subset(\alpha,\beta)$ mit $\lambda_n\in J_n$ und $J_n\cap J_m=\emptyset$ für $n\neq m$. Der Orthogonalprojektor $E(J_n):=E_{\beta_n}-E_{\alpha_n}$ ist $\neq 0$, also existiert ein $x_n\in H$ mit $\|x_n\|=1$ und $E(J_n)x_n=x_n$. Wegen $E(J_n)E(J_m)=0$ für $n\neq m$ (s. Anfang des Beweises von Satz 116.2) ist $x_n\perp x_m$ (Satz 113.2b). Offenbar ist $E(J_n)\leqslant E(J):=E_\beta-E_\alpha$; mit Satz 113.3 folgt daraus $E(J_n)(H)\subset E(J)(H)$, und somit liegt das Orthonormalsystem $\{x_1,x_2,\ldots\}$ in $E(J)(H)$. $E(J)$ ist also unendlichdimensional. b) Die Umkehrung ergibt sich mit Hilfe des Satzes 117.4 (Widerspruchsbeweis!).

3. a) Sei $\lambda\in\sigma_e(A)$. Wähle eine Folge von Intervallen $J_n:=(\alpha_n,\beta_n)$ mit $\lambda\in J_n$, $\alpha_n<\alpha_{n+1}<\beta_{n+1}<\beta_n$, $\beta_n-\alpha_n\to 0$. Es ist $E(J_{n+1})\leqslant E(J_n)$, also $E(J_{n+1})(H)\subset E(J_n)(H)$ (Satz 113.3), ferner $\dim E(J_n)(H)=\infty$ (Aufgabe 2). Indem man die Fälle „$E(J_n)\neq E(J_{n+1})$ *endlich* oft" und „$E(J_n)\neq E(J_{n+1})$ *unendlich* oft" unterscheidet, sieht man, daß es eine Folge orthonormaler Elemente $x_{n_k}\in E(J_{n_k})(H)$ gibt. Wegen der Orthonormalität strebt $x_{n_k}\rightharpoonup 0$ (s. A 27.3). Und nun ergibt sich wie gegen Ende des Beweises von Satz 117.1, daß $(\lambda I-A)x_{n_k}\to 0$ strebt.

b) Es existiere eine Folge (x_n), die den genannten Bedingungen genügt, und $J:=(\alpha,\beta)$ sei ein beliebiges (offenes) Intervall mit $\lambda\in J$. Wähle $\gamma<\min(\alpha,m)$, $\eta>\max(\beta,M)$. Für jedes $x\in H$ ist dann (s. A 116.1)

$$\begin{aligned}\|(\lambda I-A)x\|^2&=\int_\gamma^\eta(\lambda-\mu)^2\,\mathrm{d}\|E_\mu x\|^2\geqslant\int_\gamma^\alpha+\int_\beta^\eta\\&\geqslant(\lambda-\alpha)^2\|E_\alpha x\|^2+(\lambda-\beta)^2\|(I-E_\beta)x\|^2.\end{aligned}$$

Wegen $(\lambda I-A)x_n\to 0$ folgt daraus $E_\alpha x_n\to 0$ und $(I-E_\beta)x_n\to 0$, also auch

$$x_n-E(J)x_n\to 0\quad\text{mit}\quad E(J):=E_\beta-E_\alpha.$$

Daraus wiederum ergibt sich wegen $|\,\|x_n\|-\|E(J)x_n\|\,|\leqslant\|x_n-E(J)x_n\|$, daß

$$\|E(J)x_n\|\to 1 \tag{*}$$

strebt. Andererseits folgt aus $x_n\rightharpoonup 0$, daß auch $E(J)x_n\rightharpoonup 0$ strebt. Wäre $E(J)(H)$ endlichdimensional, so müßte also $E(J)x_n$ sogar im Sinne der Norm $\to 0$ konvergieren, im Widerspruch zu (*). Also ist $\dim E(J)(H)=\infty$ und nach Aufgabe 2 somit $\lambda\in\sigma_e(A)$.

Aufgabe zu Nr. 120

Sei $z \in E \backslash F$. Dann gibt es nach Satz 120.1 ein $y \in F$ mit $\|z-y\| = d := \inf_{x \in F} \|z-x\|$. Sei $x_1 := (z-y)/d$. Es ist $\|x_1\| = 1$ und

$$\inf_{x \in F} \|x - x_1\| = \frac{1}{d} \inf_{x \in F} \|dx - (z-y)\| = \frac{1}{d} \inf_{x \in F} \|z - (y + dx)\| = \frac{d}{d} = 1.$$

Aufgaben zu Nr. 121

2. Den Dual kann man mit $\mathbf{R}^2$ identifizieren, versehen mit der (nicht strikt konvexen) Norm

$$\|(\alpha, \beta)\| := \begin{cases} \dfrac{\alpha^2 + 4\beta^2}{4|\beta|}, & \text{falls } |\alpha| \leqslant 2|\beta|, \\ |\alpha|, & \text{falls } |\alpha| \geqslant 2|\beta|. \end{cases}$$

Aufgaben zu Nr. 123

1. Angenommen, die (eindeutig bestimmte Bestapproximation z an x in F sei $\neq y$. Dann muß $\|x-y\|_\infty > \|x-z\|_\infty$ sein, und wegen $z-y = (x-y)-(x-z)$ folgt daraus

$$\operatorname{sgn}[z(t_k) - y(t_k)] = \operatorname{sgn}[x(t_k) - y(t_k)] \quad \text{für } k = 0, 1, \ldots, n.$$

$z-y$ wechselt also das Vorzeichen an den $n+1$ verschiedenen Punkten $t_0, \ldots, t_n$ und muß somit mindestens n Nullstellen in $[a, b]$ besitzen. Wegen $z-y \neq 0$ widerspricht dies der Haarschen Bedingung. Wir müssen daher die Annahme, y sei *nicht* die gesuchte Bestapproximation, preisgeben.

2. Sei $x(t) = t^n$ und $y(t) := t^n - T_n(t)$, also $x(t) - y(t) = T_n(t)$. Offenbar ist

$$\|T_n\|_\infty = \frac{1}{2^{n-1}} \quad \text{und} \quad T_n\left(\cos k \frac{\pi}{n}\right) = \frac{(-1)^k}{2^{n-1}} \quad \text{für } k = 0, 1, \ldots, n,$$

mit $t_k := \cos k \dfrac{\pi}{n}$ haben wir also $x(t_k) - y(t_k) = (-1)^k \|x-y\|_\infty$ für $k = 0, 1, \ldots, n$. Nach Aufgabe 1 ist daher y die gesuchte Bestapproximation.

Literaturverzeichnis

Achieser, N. I.; Glasmann, I. M.: Theorie der linearen Operatoren im Hilbertraum. Berlin 1954

Aiena, P.: On a finite-dimensional characterization for some classes of operators. Bollettino U.M.I. (6) **3-A** (1984) 393–399

Aronszajn, N.; Smith, K.: Invariant subspaces of completely continuous operators. Ann. Math. **60** (1954) 345–350

Atiyah, M. F.; Singer, I. M.: The index of elliptic operators on compact manifolds. Bull. Amer. Math. Soc. **69** (1963) 422–433

Atkinson, F. V.: On relatively regular operators. Acta Sci. Math. Szeged **15** (1953) 38–56

Banach, S.: Théorie des opérations linéaires. Warszawa 1932

Beauzamy, B.: Introduction to operator theory and invariant subspaces. Amsterdam–New York–Oxford–Tokyo 1988

Bergman, S.: The kernel function and conformal mapping. New York 1950

Bonsall, F. F.; Duncan, J.: Numerical Ranges of Operators on Normed Spaces and of Elements of Normed Algebras. Cambridge 1971

Bückner, H.: Die praktische Behandlung von Integralgleichungen. Berlin–Göttingen–Heidelberg 1952

Buoni, J. J.; Faires, J. D.: Ascent, descent, nullity and defect of products of operators. Indiana Univ. Math. J. **25** (1976) 703–707

Calkin, J. W.: Two-sided ideals and congruences in the ring of bounded operators in Hilbert spaces. Ann. of Math. (2) **42** (1941) 839–873

Caradus, S. R.: On operators of Riesz type. Pacific J. Math. **18** (1966) 61–71

Carleson, L.: On convergence and growth of partial sums of Fourier series. Acta math. **116** (1966) 135–157

Collatz, L.: Eigenwertaufgaben mit technischen Anwendungen. Leipzig 1963

Conway, J. B.: A course in Functional Analysis. New York–Berlin–Heidelberg–Tokyo 1985

Davie, A. M.: The approximation problem for Banach spaces. Bull. London Math. Soc. **5** (1973) 261–266

Davis, M.: A first course in Functional Analysis. New York–London–Paris 1966

Day, M. M.: Normed linear spaces. 3rd ed. New York 1973

Dieudonné, J.: History of Functional Analysis. Amsterdam–New York–Oxford 1981

Dixmier, J.: Sur les bases orthonormales dans les espaces préhilbertiens. Acta Sci. Math. Szeged **15** (1953) 29–30

Douglas, R. G.: On majorization, factorization and range inclusion of operators in Hilbert spaces. Proc. Amer. Math. Soc. **17** (1966) 413–416

Dunford, N.: Spectral theory I. Convergence to projections. Trans. Amer. Math. Soc. **54** (1943) 185–217

Dunford, N.; Schwartz, J. T.: Linear Operators I, II, III. New York–London 1958, 1963, 1971

Dvoretzky, A.; Rogers, C. A.: Absolute and unconditional convergence in normed linear spaces. Proc. Nat. Acad. Sci. U.S.A. (3) **36** (1950) 192–197

Eberlein, W. F.: Weak compactness in Banach spaces I. Proc. Nat. Acad. Sci. U.S.A. **33** (1947) 51–53

Enflo, P.: A counterexample to the approximation problem in Banach spaces. Acta math. **130** (1973) 309–317

Fréchet, M.: Pages choisies d'analyse général. Paris 1953

Garabedian, P. R.; Schiffman, M.: On the solution of partial differential equations by the Hahn-Banach Theorem. Trans. Amer. Math. Soc. **76** (1954) 288–299

Gelfand, I. M.: Normierte Ringe. Mat. Sbornik N.S. **9** (51) (1941) 3–24

Gochberg, I. C.: Über eine Anwendung der Theorie normierter Ringe auf singuläre Integralgleichungen. Uspehi Mat. Nauk 7, Nr. 2 (48) (1952) 149–156 (Russisch)

Gochberg, I. C.; Markus, A. S.; Feldman, I. A.: Normal auflösbare Operatoren und mit ihnen verbundene Ideale. Bul. Akad. Stiince Rss Moldoven **10** (76) (1960) 51–69 (Russisch; englische Übersetzung in Amer. Math. Soc. Transl. (2) **61** (1967) 63–84

Goffman, C.; Pedrick, G.: First Course in Functional Analysis. Englewood Cliffs, N.J. 1965

Goldberg, S.: Unbounded Linear Operators. New York 1966

Gramsch, B.: Integration und holomorphe Funktionen. Math. Ann. **162** (1966) 190–210

Gramsch, B.; Lay, D. C.: Spectral mapping theorems for essential spectra. Math. Ann. **192** (1971) 17–32

Groetsch, C. W.: Generalized Inverses of Linear Operators. New York–Basel 1977

Hahn, H.: Über lineare Gleichungssysteme in linearen Räumen. J. f. Math. **157** (1927) 214–229

Hardy, G. H.: Notes on special systems of orthogonal functions IV. Cambridge Phil. Soc. **37** (1941) 331–348

Hardy, G. H.; Littlewood, J. E.; Pólya, G.: Inequalities. 3rd ed. Cambridge 1959

Harmuth, H. F.: Transmission of Information by Orthogonal Functions. Berlin–Heidelberg–New York 1969

Hellinger, E.; Toeplitz, O.: Integralgleichungen und Gleichungen mit unendlich vielen Unbekannten. Encyklopädie d. Math. Wiss. II C 13. Leipzig 1928. Nachdruck 1953 bei Chelsea Publishing Co. New York

Heuser, H.: Lehrbuch der Analysis, Teil 1. 8. Aufl. Stuttgart 1990 (zitiert als Heuser I)

Heuser, H.: Lehrbuch der Analysis, Teil 2. 6. Aufl. Stuttgart 1991 (zitiert als Heuser II)

Heuser, H.: Gewöhnliche Differentialgleichungen. 2. Aufl. Stuttgart 1991. Zitiert als Heuser (1991 a)

Heuser, H.: Über Operatoren mit endlichen Defekten. Inaug.-Diss. Tübingen 1956

Heuser, H.: Zur Eigenwerttheorie einer Klasse symmetrischer Operatoren. Math. Z. **74** (1960) 167–185

Heuser, H.: Eine Mandelbrojtsche Formel zur Bestimmung von Punkten aus dem Spektrum eines beschränkten Operators. Math. Ann. **162** (1966) 211–213

Heuser, H.: Algebraic theory of Atkinson operators. Revista Colombiana Mat. **2** (1968) 137–143 (Das fehlerhafte Referat Zbl. **193** (1970) 96 hat dessen Verf. in Zbl. **207** (1971) 452 korrigiert)

Hewitt, E.; Stromberg, K.: Real and Abstract Analysis. Berlin–Heidelberg–New York 1965

Hilbert, D.: Grundzüge einer allgemeinen Theorie der linearen Integralgleichungen. Leipzig 1912. Nachdruck bei Chelsea Publ. Comp. New York 1953

Hildenbrand, W.: Core and equilibrium of a large economy. Princeton, N. J. 1974

James, R. C.: A non-reflexive Banach space isometric with its second conjugate space. Proc. Nat. Acad. Sci. U.S.A. **37** (1951) 174–177

Jörgens, K.: Lineare Integraloperatoren. Stuttgart 1970

Karlin, S.: Positive Operators. J. Math. Mech. **8** (1959) 907–937

Kato, T.: Perturbation Theory for Nullity, Deficiency and Other Quantities of Linear Operators. J. d'Analyse Math. **6** (1958) 273–322

Kato, T.: Perturbation Theory for Linear Operators. 2nd ed. Berlin–Heidelberg–New York 1984

Kellog, O. D.: Foundations of Potential Theory. Heidelberg 1929. Nachdruck Berlin–Heidelberg–New York 1967

Kleinecke, D.: Almost-finite, compact and inessential operators. Proc. Amer. Math. Soc. **14** (1963) 863–868

König, H.: On certain applications of the Hahn-Banach and minimax theorems. Arch. Math. **21** (1970) 583–591

König, H.: On Some Basic Theorems in Convex Analysis. Chapter 3 in Optimization and Operations Research. Edited by B. Korte. Amsterdam 1982

Köthe, G.: Topologische lineare Räume I. 2. Aufl. Berlin–Heidelberg–New York 1966

Kroh, H.: Fredholmoperatoren in dualisierbaren Algebren. Inaug.-Diss. Frankfurt/M. 1970

Kroh, H.; Volkmann, P.: Störungssätze für Semifredholmoperatoren. Math. Z. **148** (1976) 295–297

Larsen, R.: Banach algebras. New York 1973

Lax, P. D.: On the existence of Green's function. Proc. Amer. Math. Soc. **3** (1952) 526–531

Lax, P. D.: Symmetrizable Linear Transformations. Comm. Pure Appl. Math. **7** (1954) 633–647

Lin, M.: On the uniform ergodic theorem. Proc. Amer. Math. Soc. **43**, 2 (1974) 337–340

Lindenstrauß, J.: A short proof of Liapounoff's Theorem. J. Math. Mech. **15**, No. 6 (1966) 971–972

Lomonosov, V. I.: On invariant subspaces of families of operators commuting with a completely continuous operator. Funkcional. Anal. i. Priložen **7** (3) (1973) 55–56

Loomis, L. H.: The converse of the Fatou Theorem for positive harmonic functions. Trans. Amer. Math. Soc. **53** (1943) 239–250

Marty, J.: Valeurs singuliers d'une équations de Fredholm. C.R. Acad. Sci. Paris **150** (1910) 1499-1502

Mertins, U.: Verwandte Operatoren. Math. Z. **159** (1978) 107-121

Mertins, U.: Zur Herleitung von Einschließungssätzen für Eigenwerte. In: Numerical Treatment of Eigenvalue Problems, Vol. 4. Basel-Boston 1987, 159-173

Michaelis, A. J.: Hilden's Simple Proof of Lomonosov's Invariant Subspace Theorem. Advances in Math. **25** (1977) 56-58

Mikhlin, S. G.: Singuläre Integralgleichungen. Uspehi Mat. Nauk **3** (1948) 29-112 (Russisch; englische Übersetzung in Transl. Amer. Math. Soc. Series 1, **10** (1962) 84-198)

Monna, A. F.: Functional analysis in historical perspective. Utrecht 1973

Murray, F. J.: On complementary manifolds and projections in spaces L_p and l_p. Trans. Amer. Math. Soc. **41** (1937) 138-152

Muskhelishvili, N. J.: Singular integral equations. Groningen 1952

Neumann, C.: Untersuchungen über das logarithmische und Newtonsche Potential. Leipzig 1877.

Newburgh, J. D.: The Variation of Spectra. Duke Math. J. **18** (1951) 165-176

Nieto, J.: Variations of a Theme by Mikhlin. Math. Ann. **162** (1966) 331-336

Nieto, J.: On the peripheral spectrum. Manuscripta math. **32** (1980) 137-148

Noether, F.: Über eine Klasse singulärer Integralgleichungen. Math. Ann. **82** (1921) 42-63

Palais, R. S.: Seminar on the Atiyah-Singer Index Theorem. Annals of Math. Studies 57. Princeton Univ. Press 1965

Read, C. J.: A solution to the invariant subspace problem. Bull. London Math. Soc. **16** (1984) 337-401

Read, C. J.: A short proof concerning the invariant subspace problem. J. London Math. Soc. (2) **34** (1986) 335-348

Reid, W. T.: Symmetrizable completely continuous linear transformations in Hilbert space. Duke. Math. J. **18** (1951) 41-56

Rektorys, K.: Variational methods in Mathematics, Science and Engineering. 2nd ed. Dordrecht-Boston-London 1980

Rellich, F.: Störungstheorie der Spektralzerlegung IV. Math. Ann. **117** (1940) 356-382

Riesz, F.: Les systèmes d'équations à une infinité d'inconnus. Paris 1913

Riesz, F.: Über lineare Funktionalgleichungen. Acta Math. **41** (1918) 71-98

Riesz, F.; Sz.-Nagy, B.: Leçons d'analyse fonctionnelle. 5me éd. Paris 1968

Ross, S. A.: A simple Approach to the Valuation of Risky Streams. J. of Business **51**, no. 3 (1978) 453-475

Schaefer, H. H.: Über singuläre Integralgleichungen und eine Klasse von Homomorphismen in lokalkonvexen Vektorräumen. Math. Z. **66** (1956) 147-163

Schaefer, H. H.: Banach Lattices and Positive Operators. Berlin-Heidelberg-New York 1974

Schäfke, F. W.; Schneider, A.: S-hermitesche Rand- und Eigenwertaufgaben I, II. Math. Ann. **162** (1965) 9-26. ibid. **177** (1968) 67-94

Schechter, M.: Riesz operators and Fredholm perturbations. Bull. Amer. Math. Soc. **74** (1968) 1139-1144

Schmeidler, W.: Integralgleichungen mit Anwendungen in Physik und Technik. Leipzig 1950

Schubert, H.: Topologie. 4. Aufl. Stuttgart 1975

Simmons, G. F.: Topology and Modern Analysis. New York 1963

Spellucci, P.; Törnig, W.: Eigenwertberechnung in den Ingenieurwissenschaften. Stuttgart 1985

Stone, M. H.: Linear Transformations in Hilbert Space and Their Applications to Analysis. New York 1932

Szegö, G.: Orthogonal Polynomials. Amer. Math. Soc. Colloquium Publications 23. Revised ed. New York 1959

Taylor, A. E.: Theorems on ascent, descent, nullity and defect of linear operators. Math. Ann. **163** (1966) 18-49

Taylor, A. E.; Lay, D. C.: Introduction to Functional Analysis, 2nd ed. New York-Chichester-Brisbane-Toronto 1980

Tricomi, F. G.: Vorlesungen über Orthogonalreihen. Berlin-Göttingen-Heidelberg 1955

Tschebyscheff, P. L.: Théorie des mécanismes connus sous le nom de parallelogrammes. Mém. Acad. Imp. Sc. St.-Petersburg VII (1854) 539-568. - Oeuvres de P. L. Tchebychef I, 111-143 (Nachdruck Chelsea Publ. Co. New York)

Volkmann, P.: Ein Störungssatz für abgeschlossene lineare Operatoren. Math. Ann. **234** (1978) 139-144

Wacker, H.-D.: Zur Störungstheorie kettenendlicher Operatoren. Inaug.-Diss. Karlsruhe 1980

Wacker, H.-D.: Über die Verallgemeinerung eines Ergodensatzes von Dunford. Arch. Math. **44** (1985) 539-546

Walter, W.: Einführung in die Potentialtheorie. Mannheim-Wien-Zürich 1971

Walter, W.: Gewöhnliche Differentialgleichungen. 4. Aufl. Berlin-Heidelberg-New York-Tokyo 1990

Weissinger, J.: Zur Theorie und Anwendung des Iterationsverfahrens. Math. Nachr. **8** (1952) 193-212

Wielandt, H.: Über die Unbeschränktheit der Operatoren der Quantenmechanik. Math. Ann. **121** (1949) 21

Wloka, J.: Funktionalanalysis und Anwendungen. Berlin 1971

Wouk, A.: A course of applied functional analysis. New York-Chichester-Brisbane-Toronto 1979

Yood, B.: Properties of linear transformations preserved under addition of a completely continuous transformation. Duke Math. J. **18** (1951) 599-612

Zaanen, A. C.: Linear Analysis. 4th printing. Amsterdam-Groningen 1964

Namen- und Sachverzeichnis

Kursive Zahlen verweisen auf Seiten in dem geschichtlichen Kapitel XIX: „Ein Blick auf die werdende Funktionalanalysis".